云南龙江水电站
枢纽工程设计

中水东北勘测设计研究有限责任公司
水利部寒区工程技术研究中心　组编

主　编　马　军　王常义
副主编　李润伟　史有富

中国水利水电出版社
www.waterpub.com.cn
·北京·

内 容 提 要

本书全面介绍了云南龙江水电站枢纽工程的设计成果，结合工程特点及难点，详细叙述了水利和动能、工程地质、水工建筑物、机电及金属结构、建筑系统、施工组织、移民征地及移民安置、水保环保、安全监测的设计特点。同时将工程设计完成的科研成果和试验结果进行了整编，归纳总结了工程设计经验、设计采用的新技术及关键技术。

本书可为水利水电工程技术人员提供参考和借鉴。

图书在版编目（CIP）数据

云南龙江水电站枢纽工程设计 / 马军，王常义主编；中水东北勘测设计研究有限责任公司，水利部寒区工程技术研究中心组编. -- 北京：中国水利水电出版社，2021.10
  ISBN 978-7-5226-0087-1

Ⅰ. ①云⋯ Ⅱ. ①马⋯ ②王⋯ ③中⋯ ④水⋯ Ⅲ. ①水力发电站－水利枢纽－工程设计－芒市 Ⅳ. ①TV7

中国版本图书馆CIP数据核字(2021)第210234号

书　　名	**云南龙江水电站枢纽工程设计** YUNNAN LONGJIANG SHUIDIANZHAN SHUNIU GONGCHENG SHEJI
作　　者	中水东北勘测设计研究有限责任公司 水利部寒区工程技术研究中心　组编 主　编　马　军　王常义 副主编　李润伟　史有富
出版发行	中国水利水电出版社 （北京市海淀区玉渊潭南路 1 号 D 座　100038） 网址：www.waterpub.com.cn E-mail：sales@mwr.gov.cn 电话：(010) 68545888 （营销中心）
经　　售	北京科水图书销售有限公司 电话：(010) 68545874、63202643 全国各地新华书店和相关出版物销售网点
排　　版	中国水利水电出版社微机排版中心
印　　刷	清淞永业（天津）印刷有限公司
规　　格	184mm×260mm　16 开本　53.5 印张　1302 千字
版　　次	2021 年 10 月第 1 版　2021 年 10 月第 1 次印刷
定　　价	**198.00 元**

本书编纂委员会

主　编：马　军　王常义

副主编：李润伟　史有富

篇　章　编　号		字数	撰写人	审稿人
第1篇 综述	第1章　工程概况	10952	李润伟　洪文彬　金　辉	马　军
	第2章　工程特点及难点	2100	李润伟　秦　刚	王常义
	第3章　设计采用的新技术及关键技术	4095	李润伟　金　辉　郑玉玲	马　军
第2篇 水利和动能	第4章　水文	22496	洪文彬	王常义
	第5章　水利和动能	24624		
	第6章　水库运行方式	4329		
	第7章　水库泥沙淤积	1344		
	第8章　库区水面线计算	4408		
	第9章　经验总结	777		
第3篇 工程地质	第10章　区域地质及地震	5304	秦　刚	王常义　孙广庆
	第11章　场址工程地质条件及评价	33696		
	第12章　不良地质条件及处理	23256		
	第13章　工程地质试验研究	4839		
	第14章　经验总结	2206		
第4篇 水工建筑 物设计	第15章　双曲拱坝设计	111000	金　辉	马　军
	第16章　引水系统设计	13780	郑玉玲	
	第17章　发电系统设计	25840	赵现建	
	第18章　高边坡设计	22032	金　辉	
	第19章　经验总结	2516	赵现建　郑玉玲	
第5篇 机电及 金属结 构设计	第20章　机电及金属结构设计概况	3990	徐丽英　袁　伟	刘岳山　葛光录
	第21章　水力机械设计	28417	徐丽英	刘岳山
	第22章　电气一次设计	64000		
	第23章　电气二次设计	23800		
	第24章　通信系统设计	4560		
	第25章　金属结构设计	31498	王绪建	李润伟　葛光录
	第26章　经验总结	2652	徐丽英　袁　伟	李润伟　刘岳山 葛光录
第6篇 建筑系统 设计	第27章　建筑设计	13987	武雷	王常义　邓安卫
	第28章　消防系统设计	23712		王常义　王承东
	第29章　通风、空调系统设计	18316		
	第30章　给排水系统设计	2294		
	第31章　经验总结	2640		王常义　邓安卫

篇	章 编 号	字数	撰写人	审稿人
第7篇 施工组织 设计	第32章 施工导流、施工度汛设计	21853	王富强	史有富
	第33章 料场开采规划设计	9360		
	第34章 混凝土温度控制设计	13120		
	第35章 施工总进度设计	6105		
	第36章 施工总布置设计	23370		
	第37章 场内公路设计	3441		
	第38章 经验总结	828		
第8篇 移民征地 与移民安置	第39章 移民征地概述	2356	杨文军	马 军
	第40章 征地范围的确定	3978		
	第41章 实物调查	7600		
	第42章 移民安置总体规划	5460		
	第43章 农村移民安置规划	24000		
	第44章 集镇迁建规划	11248		
	第45章 专业项目处理	2040		
	第46章 防护工程规划设计	2184		
	第47章 水库库底清理设计	8740		
	第48章 建设征用土地恢复和耕地占补平衡	418		
	第49章 建设征地及移民安置补偿	2304		
	第50章 经验总结	2340		
第9篇 水土保持 设计及环 境保护设计	第51章 水土保持设计	10360	赵会林 卞勋文	史有富 吕向军
	第52章 环境保护设计	18252		
第10篇 工程安全 监测设计	第53章 安全监测概述	8658	韩 琳	李润伟 李克绵
	第54章 变形监测控制网设计	5776		
	第55章 拱坝安全监测设计	17720		
	第56章 引水系统监测设计	2262		
	第57章 工程边坡监测设计	2244		
	第58章 巡视检查	4218		
	第59章 安全监测自动化系统总体设计	16302		
	第60章 安全监测技术要求	36075		
	第61章 蓄水验收安全监测的主要成果	6552		
第11篇 工程科研、 试验	第62章 火山灰及石灰石粉在拱坝混凝土中的应用研究	28094	隋 伟	王常义 李艳萍
	第63章 人工与天然混合骨料对混凝土性能影响研究	41600		
	第64章 木质杂物对混凝土性能的影响及其分选工艺研究	21845		

篇	章 编 号	字数	撰写人	审稿人
第11篇 工程科研、 试验	第65章 双曲拱坝抗震动力影响分析	37150	刘清利	李润伟
	第66章 双曲拱坝地质力学模型三维有限元分析	68552		
	第67章 混凝土拱坝温度应力仿真分析	37834	王富强	史有富
	第68章 进水口结构抗震分析研究	47619	赵现建	李润伟
	第69章 钢岔管有限元分析	28158		
	第70章 泄水建筑物整体水工模型试验	41600	赵现建	王常义
	第71章 进水口水工模型试验	8208	郑玉玲	王常义

前　言

云南龙江水电站枢纽工程为龙江流域梯级开发的第 11 级,是云南省重点水电建设项目。根据水利部的前期计划安排,中水东北勘测设计研究有限责任公司于 1996 年对云南龙江水电站枢纽工程进行现场踏勘,至 2006 年先后完成了水利行业可行性研究、水电行业预可行性研究及可行性研究。2006 年,工程开工建设。云南龙江水电站枢纽工程的建设对于实现"西电东送",推进"西部大开发"战略实施,促进经济发展有着积极的意义。

云南龙江水电站枢纽工程设计全过程充满了挑战。地形地质条件复杂,工程布置难度大;拱坝基础条件复杂,结构分析难度大;土质边坡高约百米,设计难度大;地震烈度高,拱坝抗震设计要求高,等等。根据这些特点难点,设计团队大胆探索,结合实际情况,首次采用火山灰混凝土浇筑高拱坝;刻苦钻研,发明创造了侧向进流漏斗式进水口、深槽混凝土置换组合基础;采用新方法,积极优化拱坝体形、优化钢岔管结构型式。在设计过程中,设计团队集思广益,勇于创新,付出大量的艰辛和努力,通过专门的科学研究和试验,解决了许多重大技术难题,为工程的建设提供了有力的技术支撑。

云南龙江水电站枢纽工程获"中国电力优质工程奖"、"全国优秀水利水电工程设计"金质奖、"吉林省优秀工程设计"一等奖、"吉林省优秀工程勘察"一等奖。还获国家发明专利 2 项、国家实用新型专利 1 项。多项关键设计技术属同期同类工程国际领先水平。云南龙江水电站枢纽工程已安全运行 10 年,大坝经历过 5 年一遇洪水考验,累计发电量 80 亿 kW·h,取得了巨大的经济效益和社会效益,为西南少数民族地区的繁荣发展发挥了重要作用。

本书共分 11 篇,按专业顺序全面阐述了云南龙江水电站枢纽工程的设计原则和设计方案,总结了工程设计经验和关键技术,并对重大科研、试验成果进行了整编,可为类似工程提供借鉴。

本书是参加云南龙江水电站枢纽工程所有设计者智慧与经验的结晶。本书的编写者为参加云南龙江水电站枢纽工程设计的主持人和专业设计负责人,由于水平有限,书中难免有不妥之处,敬请读者批评指正。

马　军

2020 年 11 月于长春

目 录

第2篇 水利和动能

第3篇 工程地质

第 5 篇　机电及金属结构设计

第 9 篇　水土保持设计及环境保护设计

第 10 篇　工程安全监测设计

第1篇 综 述

第1章 工 程 概 况

1.1 工程建设的必要性

云南龙江水电站枢纽工程（简称"龙江水电站"）位于云南省德宏州的龙江干流上，是以发电、防洪为主，兼顾灌溉，并为城市供水、养殖和旅游提供了有利条件的综合性枢纽工程。

龙江水电站枢纽总库容 12.17 亿 m^3，总装机容量 278MW（包括生态机组 20MW），作为龙江流域防洪控制性工程，控制整个流域面积的 49%，能有效地控制上游洪水，使沿江农村及城市的防洪能力进一步提高。电站是云南省德宏州境内可开发容量较大、调节性能好、运行特性较为优越的水电电源点，也是云南省待开发水电资源中指标较为优越的水电电源之一。项目建成后丰水期可向云南省电网提供 278MW 的电力和 11.48 亿 kW·h 的电量，枯水期可为云南电网提供 68.5MW 的保证出力。电站的建设对满足云南省负荷发展需要，填补云南省电负荷需求逐步增长和加大外送规模发挥重要作用。同时电站的建设对于实现"西电东送"，推进"西部大开发"，促使云南省将资源优势转化为经济优势，逐步形成以水电为主的支柱产业，实现云南省建设绿色经济强省的战略目标也有着积极的意义。

龙江水库的调节能力强，在云南省电网中承担调峰任务，电力电量平衡结果显示，该电站在枯水期均运行在峰荷。结合下游环境用水需求，通过安装 20MW 生态机组，在满足下游所需的 29.11m^3/s 环境流量要求的同时，既可保障电站的枯水期的调峰能力，又可增加汛期发电量。

1.2 自然条件

1.2.1 水文气象

龙江流域位于云南省西部地区，控制流域面积 5758km^2。本流域内共有水文站 6 个，共有 43 年代表性径流系列，坝址多年平均流量为 199m^3/s。四季无寒暑，干湿季分明，立体气候特征明显，坝址多年平均气温 19.5℃，极端最高气温 36.2℃，极端最低气温 -0.6℃。本流域的气候明显地分为雨季和旱季，暴雨主要发生在雨季的 6—10 月，个别发生在 5 月和 11 月上旬，坝址 100 年一遇洪水流量 3280m^3/s，500 年一遇洪水流量 4060m^3/s，2000 年一遇洪水流量 5200m^3/s。坝址多年平均年入库总沙量为 453.7 万 t，多年平均年悬移质输沙量为 378.1 万 t。

1.2.2 地质条件

坝址区地处云南高原西部，横断山脉的南延部分。区内地形复杂，地形切割强烈，属高原峡谷地貌。枢纽区河谷呈基本对称的 V 形，地形完整性较差，两岸山体均较单薄，工程区地震基本烈度为Ⅷ度。

坝址区地层为寒武系变质岩，主要为花岗片麻岩，两岸坡积层厚度一般小于 3m，河床冲积层厚度 12~15m。片麻岩岩石质密、坚硬，岩石节理发育，完整性差，坝轴线上下游均有较大规模断层。片麻岩风化剧烈，且极不均一，各部位风化深度差异较大，左岸坝肩全风化带厚度 36m，右岸坝肩全风化带厚度达 55m。左岸卸荷带水平深度一般为 8～18m，右岸卸荷带水平深度一般为 7.5～15m。左岸高高程坝肩部位有软岩出露，呈条带状分布，随埋深的增加有条数减少、宽度变窄的趋势。坝址区岩体主要为弱透水性岩体。

1.3 枢纽总布置

枢纽工程由混凝土双曲拱坝、坝身泄洪表孔、放水深孔、坝下消能塘、左岸发电引水系统及地面式厂房组成，枢纽工程平面布置见图 1.1。

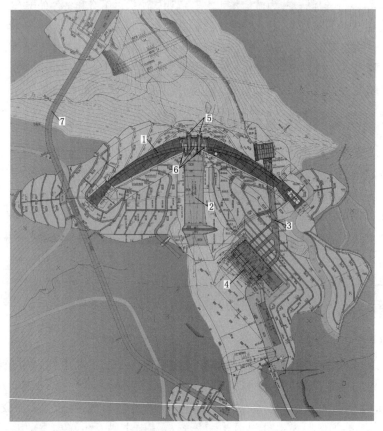

图 1.1 龙江水电站枢纽工程平面布置图

1—双曲拱坝；2—消能塘；3—发电引水洞；4—发电厂房；5—泄洪深孔；6—泄洪表孔；7—导流洞

大坝为椭圆混凝土双曲拱坝，拱坝包括挡水坝段、溢流坝段及重力墩坝段。坝顶中心线弧长 472.00m（包括溢流、重力墩坝段），坝顶高程 875.00m，最大坝高 110.00m，拱坝基本体形坝顶宽度由拱冠处 6.00m 渐变至拱端 6.30m。溢流坝段下游侧设 7.50m 宽的交通桥。坝顶人行道顶高程 876.20m，坝顶防浪墙顶高程为 876.35m，挡水坝段最低建基高程 765.00m。

泄洪建筑物布置在河床坝段，泄洪轴线半径为 200m，共布置 3 个开敞式坝身泄洪表孔，每孔净宽 12m，堰顶高程 860.00m，弧形工作闸门挡水，挡水高度 12.00m。放水深孔布置在表孔中墩下部，共 2 个坝身放水深孔，深孔出口尺寸 3.50m×4.50m（宽×高），放水深孔进口底板高程 810.00m，进口设事故平板闸门，出口设弧形工作闸门挡水，正常蓄水位挡水水头 62.00m，放水深孔供水库放空时使用。

泄水坝段下游采用消能塘消能，消能塘长 149.68m，底宽 37.20m，底板及边墙采用钢筋混凝土衬砌，底板厚度 2～4m，顶高程 769.00m。边墙厚度 1～2m，顶高程 801.00m。消能塘尾部布置二道坝，顶高程 779.00m，顶宽 3m，二道坝下游布置 20m 长护坦。

发电引水系统布置在左岸山体内，采用一洞四机的布置方式，由进水口和引水隧洞组成。进水口由引水明渠、进口段、闸门井段及闸后渐变段构成。进水明渠采用侧向进水，长约 30m，底宽约 28m，渠底高程为 822.00m。进口段由拦污栅、拦污栅墩、拦污栅井筒、漏斗式收缩段、立面转弯段、闸门井、启闭设备等组成。拦污栅井筒为矩形钢筋混凝土的独立结构，宽 29m，长 36m，拦污栅与闸门井间的流道是采用漏斗式收缩段及立面转弯段连接，进口设有三孔 7.00m×21.50m（宽×高）活动式拦污栅。闸门井底板高程 790.00m，闸门井内设两孔，孔口尺寸 4.50m×11.00m（宽×高），设有上游止水的事故检修门一道，闸门井为矩形钢筋混凝土的独立结构，宽 16.80m，长 8.50m。在高程 875.00m 处设有闸门检修平台，在高程 893.50m 处设有闸门启闭机平台，由固定启闭机启闭，闸门检修平台与大坝 22 号之间设交通桥。引水隧洞全长 207.7m，为圆形断面，隧洞内径为 11m，采用钢筋混凝土衬砌，衬砌厚 0.8m。钢岔管及压力钢管位于引水隧洞后部，压力钢管主管段内径为 11m，外包混凝土厚 1.0m，经由两个月牙肋钢岔管和一个贴边式岔管分出 4 条支管，大机组支管内径为 6m，外包混凝土厚 0.8m。生态机组支管内径为 3m，外包素混凝土厚度 0.8m。

地面式发电厂房位于大坝下游左岸，厂区主要由主厂房、副厂房、尾水渠、变电站等组成。厂内装有 4 台水轮发电机组，3 台大机组单机容量 86MW，生态机组单机容量 20MW。主厂房尺寸为 109m×25.4m×50.21m（长×宽×高）。顺水流从左至右分别为安装间、1 号机组段、2 号机组段、3 号机组段和生态机组段。主机间下游布置尾水副厂房，内宽 12.00m。厂房尾水设检修闸门，单向门机启闭。

220kV 开关站布置在左岸坝下 300m 处，厂前区下游布置 3 台 120MVA 和 1 台 20MVA 的变压器及 GIS 开关站。户内开关站尺寸为 84.8m×14.6m（长×宽）。厂房尾水检修闸门，有效防止了泄洪雾化对开关站的影响，保障工程正常运行。

龙江水电站接入云南省 220kV 系统，在系统中担负调峰、调频和备用任务。电站装机 4 台，其中 3 台单机容量为 86MW，发电机电压等级为 13.8kV；1 台单机容量为 20MW，发电机电压等级为 10.5kV。电站出线电压等级为 220kV，出线 1 回至芒市 220kV 变电站，距离 40km。电气主接线形式为：4 台发电机与 4 台变压器组合为一机一变单元接线，220kV 侧为单母线接线；厂用电源分别取自 2 台发电机机端分支线，并从地区变电所引接 10.5kV 厂用备用电源。

龙江水电站枢纽工程建设共有 4 个单位工程，分别为混凝土双曲拱坝、引水系统、发电厂房、升压变电站。工程总工期 47 个月，首台机组发电工期 43.6 个月，下闸蓄水工期 40.3 个月。工程总投资 282008 万元，静态投资 228555 万元。

1.4　勘测设计过程

《云南省龙江流域规划报告》中龙江水电站为 13 级开发方案中的第 11 级，具有防洪、发电、灌溉、供水等综合效益，规划报告已于 1994 年 6 月由云南省水利水电厅会同水利部水利水电规划设计总院审查通过，同意列为近期实施的重点工程。

根据水利部的前期计划安排，并受德宏州政府的委托，中水东北勘测设计研究有限责任公司（简称"中水东北公司"）于 1996 年对龙江水电站枢纽工程坝址进行了现场踏勘，1997 年开始进行水口可研设计，1999 年 1 月完成了水口可研阶段设计工作。2003 年 12 月 29 日受新华水利水电投资公司的委托，中水东北公司于 2004 年重新编制完成了《云南龙江水电站枢纽工程预可行性研究报告》，该报告通过了江河水利水电咨询中心的咨询评估。2005 年 6 月，云南省发展和改革委员会发出了《云南省发展和改革委员会关于做好德宏州龙江水电站枢纽工程核准工作的通知》。

受新华水利水电投资公司的委托，2006 年 8 月中水东北公司完成《龙江水电站枢纽工程可行性研究报告》，并于 2006 年 11 月通过水利水电规划设计总院审查。2006 年 11 月云南省发展和改革委员会核准了龙江水电站枢纽工程项目，项目正式立项。

受云南龙江水利枢纽工程开发有限公司的委托，中水东北公司开展了工程的招标和施工图设计工作。

1.5　工程建设里程碑节点

2006 年 11 月 28 日，工程开工建设。

2007 年 1 月 29 日，开始左坝肩开挖；2008 年 4 月 14 日，开始河床基坑开挖。

2008 年 2 月 8 日，实现龙江截流。

2008 年 5 月 31 日，开始右岸重力墩混凝土浇筑；2008 年 9 月 25 日，开始河床坝段混凝土浇筑。

2010 年 4 月 7 日，导流洞下闸，水库开始一期蓄水；2010 年 8 月 14 日，水库开始二期蓄水；2010 年 12 月 25 日，水库开始三期蓄水。

2010 年 7 月 3 日，大坝混凝土全部浇筑至坝顶高程。

2010 年 7 月 17 日，首台机组正式投产发电。

2010 年 10 月 29 日，3 号机组正式投产发电。

2012 年 9 月 22 日，枢纽专项工程通过竣工验收。

2014 年 12 月 23 日，水电站枢纽工程通过云南省发展改革委竣工验收批复。

1.6　工程特性

龙江水电站枢纽工程特性见表 1.1。

表 1.1　　　　　　　　龙江水电站枢纽工程特性表

序号	名　称	单位	数量或型式	备　注
一	水　文			
	全流域面积	km²	11828	
	坝址以上流域面积	km²	5758	
	利用的水文系列年限	年	43	

续表

序号	名　　称	单位	数量或型式	备　注
	多年平均年径流量	亿 m³	62.8	坝址
	多年平均流量	m³/s	199	坝址
	实测最大流量（1992年）	m³/s	2300	D站实测
	实测最小流量（1979年）	m³/s	10.2	D站实测
	设计洪水标准及流量（$P=0.2\%$）	m³/s	4060	坝址
	校核洪水标准及流量（$P=0.05\%$）	m³/s	5200	坝址
二	水　库			
	校核洪水位	m	874.54	
	设计洪水位	m	872.72	
	正常蓄水位	m	872.00	
	汛限水位	m	870.50	
	死水位	m	845.00	
	总库容	亿 m³	12.17	
	防洪库容	亿 m³	0.50	
	调节库容	亿 m³	6.79	
	共用库容	亿 m³	0.50	
	死库容	亿 m³	4.52	
	正常蓄水位相应库容	亿 m³	11.31	
	汛限水位相应库容	亿 m³	10.81	
三	主要建筑物			
1	坝			
	坝型		混凝土双曲拱坝	
	地基特性		片麻岩	
	地震基本烈度/抗震设防烈度	度	Ⅷ/9	
	坝顶高程	m	875.00	
	最大坝高	m	110	
	坝顶长度	m	472	
2	泄水建筑物			
	型式		坝顶溢流，开敞式	
	堰顶高程	m	860.00	
	消能方式		跌流消能	
	闸门型式、尺寸、数量		弧形门 3—12m×12.5m	
	设计泄洪流量	m³/s	3256	
	校核泄洪流量	m³/s	3982	

序号	名 称	单位	数量或型式	备 注
3	放水建筑物			
	型式		坝身有压放水孔	
	底板高程	m	810.00	
	消能方式		挑流消能	
	进口闸门型式、数量、尺寸		平板门 2—3.5m×5.5m	
	出口闸门型式、数量、尺寸		弧形门 2—3.5m×4.5m	
	设计泄量	m³/s	408（模型试验值）	库水位860m
4	消能建筑物			
	长度	m	149.68	
	宽度	m	37.20	
	底板高程	m	769.00	
	二道坝顶高程	m	779.00	
5	引水建筑物			
（1）	设计引用流量	m³/s	428.7/35.72	机组/生态机组
	进水口型式		岸塔式	
	闸门数量、尺寸		2—4.5m×11m	
（2）	引水道型式		引水隧洞	
	长度（包括岔管及压力钢管）	m	207.7	
	断面尺寸	m	D11	圆形
	衬砌型式		钢筋混凝土	
（3）	岔管型式		"卜"字形	
	衬砌型式		钢板衬砌	
	长度	m	75.34	
（4）	压力管道型式		钢板衬砌	
	每条压力管道长度	m	35.28、40.59、52.49、64.96	4条
	压力管道内径	m	D6/D3	机组/生态机组
6	厂房			
	型式		引水地面式	
	地基特征		片麻岩	
	主厂房尺寸（长×宽×高）	m	109×25.4×50.21	
	水轮机安装高程	m	786/783.12	
7	变电站及开关站			
	变电站面积（长×宽）	m×m	84.8×14.6	
	开关站型式		地面式GIS	

续表

序号	名　称	单位	数量或型式	备　注
四			主 要 机 电 设 备	
1	水轮机台数	台	3	
	型号		HLF180A₀75 - LJ - 390/ HLA743 - LJ - 200	机组/生态机组
	额定转速	r/min	166.7/333.3	机组/生态机组
	吸出高度	m	−4.55/−6.22	机组/生态机组
	最大/最小工作水头	m	81.5/50 81.7/50	机组/生态机组
	额定水头	m	66.2 65.5	机组/生态机组
	额定流量	m³/s	142.9 35.72	机组/生态机组
2	发电机台数	台	3+1	机组/生态机组
	型号		SF86 - 36/8570 SF20 - 18/3660	机组/生态机组
	单机容量	MW	86/20	机组/生态机组
3	其他主要设备			
	主变压器台数	台	3+1	
	容量	MVA	120 25	机组/生态机组
	桥式起重机	台	1	
	起重量	t	160+160/25	
五			工 程 效 益 指 标	
	发电效益			
	装机容量	MW	278	其中：生态机组20MW
	保证出力（P=90%）	MW	68.5	
	多年平均发电量	亿 kW·h	11.48	其中：生态机组0.90
	年利用小时数	h	4129	
六			淹没损失及工程永久占地	
1	耕地面积	亩①	9239.89	水田
			13954.18	旱地
	林地面积	亩	15780.48	
2	水库迁移人口	人	4123	
3	淹没区房屋	m²	127657.95	
4	机耕路	km	371.23	

续表

序号	名　称	单位	数量或型式	备　注
	淹没区公路长度（改线长度）	km	70 (82)	
	淹没桥梁	座	1	大桥
			13	小桥
5	淹没区电信线	km	32.8	电信线
	输电线长度	km	51.78	输电线
	通信站	处	2	通信站
6	工程永久占地	亩	277.77	旱地
			643.54	林地
7	工程临时占地	亩	0	水田
			390.88	旱地
			129.84	林地
			0.2	园地
七		施　工		
1	施工导流方式		隧洞导流	
2	施工总工期		47 个月	
八		经 济 指 标		
1	静态总投资	万元	228555	
2	总投资	万元	282008	
3	综合利用经济指标			
	水库单位库容投资	元/m³	1.88	静态
	水电站每千瓦投资	元/kW	8221	静态
	单位电能投资	元/(kW·h)	1.99	静态

① 1 亩≈666.67m²。

第2章 工程特点及难点

2.1 地形地质条件

（1）地形完整性差、山体单薄。枢纽区河谷呈基本对称的 V 形，谷底宽 50～70m，正常蓄水位高程河谷宽 290m，河谷宽高比约 3.3，两岸山体坡度 30°～40°。两岸山体均较单薄，左岸比右岸更单薄一些，两岸坝肩上游 30～60m 和下游 100～150m 处均发育有冲沟，切割深度 40～100m，地形完整性较差。左右两岸可利用山体在平面上的位置不对称，左岸偏向下游，右岸偏向上游。坝下河道逐渐向左岸转弯，泄洪消能后的水流出水不顺畅，泄洪轴线的布置难度大。

（2）坝址区地震烈度高。在坝址下游约 2km 处，有一条区域性大断裂通过，分北、南两支，北支靠近坝址，带宽达数百米，由多条近平行断层组成，大断裂最后一次活动时间为中、晚更新世。本区基本地震烈度为Ⅷ度，50 年超过概率 10％的基岩地震动峰值加速度为 0.18g，大坝设防烈度 100 年超过概率 2％的峰值加速度为 0.36g。

（3）坝址区断层规模大。坝址区断层主要有走向 NE、NW 两组，其中 NE 横河向规模较大。如 F_1 断层在左岸厂房下游，宽 50～90m，由 16 条小断层组成，至右岸迅速变窄。F_2 断层在左岸进水口上游，宽 10～12m，由多条小断层组成。F_{28} 断层宽 40～50m。

（4）岩石全风化带深、风化不均一。坝址两岸全风化带厚度普遍为 20～30m，最大超过 50m。强风化带没有或局部仅数米。岩石选择性风化，槽状、囊状、球状、夹层等风化形态均有出现，风化作用严重不均一。

（5）岩石完整性差。坝址岩石节理发育，总体完整性差。陡倾角节理发育，对坝肩抗滑稳定有影响的陡倾角节理连通率达 80％。

（6）坝基有软岩带分布。坝基高高程分布有含云母类或碱性长石类软岩，软岩用手可以捏碎，呈条带状，软岩具有吸水膨胀易风化的特点，主要是风化作用形成的，随着深度的增加风化作用趋于轻微。

2.2 枢纽布置

受地形条件限制，坝轴线基本唯一。基岩节理、构造发育，完整性差，两岸山体单薄，不利布置地下厂房。右岸坝轴线下游有冲沟，不利布置厂房。左岸坝轴线上下游均有较大断层分布，将引水发电系统布置限定在极其有限范围内，枢纽布置难度大。

2.3 高震区高拱坝设计

（1）高地震区、复杂地质条件薄拱坝设计具有挑战性。龙江拱坝地基条件复杂，基岩风化深、不均一，坝基节理裂隙发育，局部存在软岩；坝基岩体变形模量较低；两岸地形完整性差，可利用山体平面位置不对称；两岸坝头可利用岩面线较低；坝址区地震烈度较高，大坝设防烈度为9度。

（2）拱坝设计边界条件复杂、计算分析难度大。龙江水电站因地质条件复杂、地震烈度高，拱坝计算分析工作量大、计算分析更为复杂、难度也异乎寻常。通过各阶段的计算分析、积累和探索，并与科研单位或高校联合，进行专门研究，为拱坝设计奠定了坚实的理论基础。其中拱坝体形设计、抗震设计、坝肩稳定分析、组合基础综合变形模量计算分析、地质力学模型计算分析都是重点和难点。

2.4 发电引水进水口布置

龙江发电引水系统的进水口布置在大坝左岸，左岸坝头上游有一冲沟，冲沟附近有较大断层，坝前只有不到50m的范围可布置进水口，可布置区域非常狭小，且上游边坡全风化最大厚度达32m，地震情况对进水口的安全有较大的影响。为此，进水口的布置形式成为工程设计的重点和难点。

2.5 大直径钢岔管结构设计

龙江发电引水系统采用一洞四机布置，"卜"字形分叉输水，引水洞主洞内径为11m，钢岔管最大公切圆直径达12m，属于国内尺寸最大的月牙肋钢岔管。如何精细分析钢岔管结构及钢岔管与围岩联合作用的应力状态，成为工程设计的重点和难点。

2.6 GIS 高压开关站防雾化措施

龙江拱坝最大坝高110.00m，采用坝身表孔泄洪，最大单宽流量110.6m^2/s，经跌挑流进入下游消能塘水垫消能，下游河谷狭窄，坝下游一定范围将产生雾化，GIS开关站在坝下300m处，需考虑防止雾化措施。

2.7 枢纽区边坡

由于枢纽区岩石风化较深，且全风化层较厚，两岸山体陡峻，各建筑物的永久开挖边坡较高。大坝右岸坝顶以上开挖边坡总高度102m，其中全风化边坡高度95m；厂房及开关站高边坡总高度132m，其中全风化边坡高度90m；左岸缆机移动端边坡总高度188m，其中全风化边坡高度95m。龙江工程土质边坡的高度是水电工程中较高的，如何采取合理的开挖及支护措施，是工程设计的重点和难点。

2.8 少数民族聚居区移民征地

工程地处景颇族和傣族居住区，建设征地涉及人口905户4123人，涉及房屋12.77万 m^2，征收耕地面积22008.17m^2，林地15019.67m^2。移民征地问题处理得是否妥善直接影响到移民的情绪、民族的团结、社会的稳定。

第3章 设计采用的新技术及关键技术

3.1 高震区、宽河谷椭圆双曲高拱坝设计

椭圆拱坝为近几年国内新兴的拱坝线型，尚未广泛普及，截至 2012 年，虽然已有建成的椭圆高拱坝，但拱坝抗震设防烈度较低，均为 6 度，加速度 $0.05g$，高地震区还没有建成的椭圆拱坝。

龙江大坝为国内第一座完建的高震区的混凝土椭圆双曲拱坝，最大坝高 110m，厚高比 0.21，坝体弧高比 3.54，抗震采用 9 度设防，这是国内高地震区、宽河谷条件下，首次采用椭圆双曲拱坝，为椭圆拱坝在高地震区的应用起到了积极的推动作用。

3.2 深槽混凝土置换组合基础新方法

常规的拱坝坝基缺陷处理主要采用人工混凝土垫座基础、混凝土置换墙、混凝土置换洞、混凝土传力洞塞、大开挖回填混凝土等方法。

拱坝两岸坝肩地质条件复杂，坝基岩石破碎、断层交汇、夹有软岩。两岸坝肩地质条件变化是在坝肩开挖的过程中发现的，为避免大面积开挖，根据该部位拱端推力水平较低的特点，采用深槽开挖回填混凝土基础方案，使混凝土回填基础与下游岩体形成组合地基，共同承担坝肩荷载。

组合基础的发明和成功实施突破了常规的大开挖、大人工基础的坝基处理方式，拓展了高拱坝基础处理的方法，对拱坝基础处理理念和技术进步有着重要的推动作用。

3.3 无限地基辐射阻尼前沿理论

龙江拱坝抗震烈度高，拱坝设防烈度近 9 度，水平地震加速度峰值为 $0.36g$，坝体动应力较大，常规计算分析难以满足要求，抗震设计既是重点，更是难点。为此，采用国内较前沿的科研理念，计入无限地基辐射阻尼的有利影响，考虑了拱坝的横缝张开，较好地解决了高拱坝的抗震设计。将无限地基辐射阻尼和考虑拱坝横缝张开的先进理念应用到工程实际，这在国内高震区高拱坝设计中尚属首次，为该项先进理念的推广和应用提供了范例。

3.4 高震区、高拱坝体形优化

勇于采用新技术、新方法，应用"拱坝体形优化程序 ADASO"，对高震区、高拱坝的体形进行优化，拱坝混凝土方量为 40.1 万 m^3，比原方案节省了 16.5%，缩短工期 3 个多月。且优化设计时间很短，只需一个星期，设计达到同类工程国内最高水平。龙江拱坝的成功建成，为推广"拱坝体形优化程序"在水电建设中的应用具有重要的意义，为短时间内完成拱坝体形设计探索出一条新路，是国内拱坝设计的又一先例。

3.5 椭圆拱坝 CAD 辅助设计软件

采用计算机辅助设计，成功地解决了椭圆拱坝体形复杂、坝体结构布置难度大问题。由于龙江拱坝体形在平面上为椭圆形，在铅直方向为三次曲线，拱坝水平拱圈为变厚拱，使坝体成为一个异常复杂的空间壳体，这给拱坝的结构布置增加了设计难度。设计人员经过了大量的探索，根据拱坝体形特点，概化出数学模型，编制了坝体坐标计算程序，采用计算机 CAD 辅助设计，成功地解决了这一难题，提高了设计工作效率。为短时间内完成拱坝设计奠定了基础，为施工放线提供了有力的保障，为高拱坝施工图设计提供了一个典范。

3.6 火山灰混凝土新材料

火山灰混凝土作为一种筑坝材料，在国内拱坝的设计中少有采用，截至 2012 年，在高震区、高拱坝中尚未应用。龙江水电站大坝为常态混凝土拱坝，为减少水泥用量，降低混凝土水化热，原设计采用的混凝土掺合料为粉煤灰。工程开工后，由于云南地区水电建设项目众多，工程现场附近地区出现粉煤灰短缺，大坝混凝土掺合料改用运距较近的火山灰。通过现场的工程实践证明，火山灰混凝土各方面性能指标均能满足设计要求。龙江拱坝混凝土的掺合料采用火山灰，这在国内高震区、高拱坝中尚属首次应用，为类似工程提供了借鉴。

3.7 水工混凝土粗骨料中轻物质阻滞沉降分选方法

龙江大坝混凝土粗骨料采用河道天然砂砾石，汛期开采时发现粗骨料中含有木质杂物等轻物质，导致骨料中轻物质含量超标，轻物质含量超标将对混凝土的强度、耐久性、变形性能产生不利影响，易导致裂缝产生。为保证混凝土质量，从分选工艺方面开展研究工作，研制成功了"水工混凝土粗骨料中轻物质的阻滞沉降分选方法"，当分选水流量大于等于 $380m^3/h$ 时，骨料中木质杂物的分离率可达 100%，成功解决了这一难题，为今后其他类似工程提供了借鉴，该方法获得国家发明专利，并获得吉林省科技发明奖。

3.8 侧向进流漏斗式进水口

发电引水系统的进水口布置在大坝左岸，距大坝左岸坝头上游约 50m 处有一冲沟，冲沟附近有 F_2 断层，走向近似垂直于河道方向，断层破碎带宽 10～12m，上游边坡全风化最大厚度达 32m。常规的进水口布置形式难以避开断层，为适应地形、地质条件及工程总体布置的要求，设计采用了侧向进水漏斗式进水口，进水方向对着拱坝的方向，引水洞从坝基下穿过，在有限的布置范围内，既避开了 F_2 大断层，又防止了上游高边坡深风化层稳定问题对进水口运行的影响。

设计中突破常规的进水口布置形式，采用了新颖的侧向漏斗式进水口型式，在国内类似工程中尚属首创，成功地解决了一系列的工程难点，为水电工程进水口设计提供了典范。该设计获得国家发明和实用新型专利。

3.9　国内尺寸最大的月牙肋钢岔管优化设计

引水洞主洞内径为 11m，1 号钢岔管最大公切圆直径达 12m，属国内尺寸最大的月牙肋钢岔管，采用传统的结构力学方法的计算结果相对粗糙，无法了解岔管整体的应力分布，对岔管与围岩联合受力较为模糊。采用新技术、新方法，应用先进的 SDFEA 计算程序，精细分析钢岔管板壳与围岩组合体的应力状态，优化国内最大钢岔管的体形和结构尺寸，降低工程费用和施工难度。该项成果的成功应用，为今后埋藏式钢岔管设计具有较高的指导意义。

3.10　采用户内式 GIS 开关站防止泄洪雾化影响

高拱坝最大坝高 110m，采用坝身表孔泄洪、深孔放水，消能塘消能，下游河谷窄，坝下游一定范围将产生雾化。受工程布置限制，220kV 开关站布置在左岸坝下 300m 处，采用户内式的 GIS 开关站，有效防止了泄洪雾化对开关站的影响，保障工程正常运行。

3.11　百米级全风化土边坡设计

枢纽区的全风化土边坡较高，最高近百米，土质高边坡的设计是重点和难点。经地质勘察发现，全风化岩性质并不完全相同，上部基本呈土状，原岩结构消失，下部岩块增多，一定程度保留原岩结构，有的还可见到原有节理或片麻理，土状和块状全风化的强度存在一定的差异。针对这两种全风化岩的强度，进行了专门的原位测试和取样试验研究。结合可靠的地质参数，通过大量的计算分析，采取尽量减小开挖坡比，同时进行表面封闭、内部排水的支护措施，取得了较好的效果，积累了丰富经验，可为类似工程提供借鉴。

第2篇 水利和动能

第4章 水 文

4.1 气象

4.1.1 气象观测概况

龙江流域三个气象站有 1961 年以来 30 余年的气温、降水、蒸发及风等观测资料。龙江水电站的气象统计以近坝区的潞西站为基础统计。

4.1.2 气象特性

龙江流域位于低纬度、高海拔的印度洋季风气候区，气候类型由北部的中亚热带逐步过渡到南部的南亚热带气候。其特点是：四季无寒暑，干湿季分明。一般 11 月至次年 5 月为干季，6—10 月为雨季，立体气候特征明显。

流域内的年平均气温由南向北递减，坝址附近多年平均气温 19.5℃，极端最高气温 36.2℃ (1966 年)，极端最低气温 −0.6℃ (1963 年)。

本流域雨量充沛。由于地形、海拔高度及季风气候的影响，降水时空分布极不均匀。流域降水主要集中于 5—10 月；其降水量占全年的 82%，尤以 6—8 月为多。年降水量地区梯度较大，随高程增加而增大。干流河源及芒市大河上游，年降水量高达 3000mm 以上；流域上游地区年降水量 2500mm 左右；中游地区约 1700mm；下游河谷等地区年降水量在 1400mm 左右。

流域地处低纬度季风区，多西南风，潞西站最大风速为 15.7m/s，相应风向为西风。

潞西站累年各月各气象要素统计见表 4.1。

表 4.1 潞西站累年各月各气象要素统计表

项 目	月 份												
	1	2	3	4	5	6	7	8	9	10	11	12	全年
平均气温/℃	12.1	14.2	17.6	20.9	23.3	24.0	23.7	23.8	23.3	20.9	16.7	13.0	19.5
极端最低气温/℃	−0.6	1.4	3.6	8.1	13.5	16.7	15.9	17.6	15.1	9.3	3.9	−0.1	−0.6
极端最高气温/℃	25.7	28.9	32.9	35.4	36.2	34.9	34.1	35.3	34.5	32.4	29.7	26.8	36.2
降水量/mm	11.4	20.7	21.2	58.8	126.9	323.7	386.5	328.9	168.3	124.2	47.3	17.0	1634.9
蒸发量 (20cm 蒸发皿)/mm	111.4	140.1	206	217.5	197.3	140.7	112.8	131.6	138.4	125.1	103.9	96.1	1720.9
平均风速/(m/s)	0.7	1.0	1.3	1.4	1.3	1.1	1.0	0.9	0.9	0.7	0.7	0.6	1.0

4.2 水文基本资料

4.2.1 水文测站概况

流域内现有六个国家水文基本站。水文站基本站 20 世纪五六十年代设立，其中 D 水文站设立较早，1956 年 7 月设站。除 B 站 1969 年已撤销外，其余各站一直观测至今。各站均进行水位、流量测验和降水观测，其中 C、D、F 水文站部分年份还进行了泥沙测验。A、D 和 E 水文站还具有蒸发观测项目，各水文站情况见表 4.2。

表 4.2　　　　　　　　　　　　　流域水文测站及资料情况表

站名	建站日期	流域面积 /km²	资料系列				备注
			水位流量	泥沙	降水量	蒸发量	
A	1958-12-2	416	1959 年至今	—	1959 年至今	1966 年至今	
B	1958-11-25	2969	1959—1969 年	1964 年 9 月至 1966 年 6 月	1959—1969 年	—	已撤销
C	1958-12-9	3487	1959 年至今	1966 年至今	1959 年至今		
D	1956-7-1	7762	1956 年至今	1957 年、1965—1969 年、1986 年至今	1956 年至今	1961—1966 年	
E	1960-1-1	218	1960—1963 年、1965 年至今		1960 年至今	1982 年至今	
F	1958-12-21	1021	1959 年至今	1985 年至今	1959 年至今		

4.2.2　基本资料复核

本流域的六个水文站均为云南省水文水资源局设立的国家基本站，历年测验资料均已由云南省水文总站整编刊印。

龙江坝址洪水计算的主要依据站为 C、D 和 F 三个水文站。

通过对上述三个水文站 1992 年前的水文资料进行了复核分析，对各站存在的个别问题进行了核查，修正了明显不合理的资料，使各站整编成果更为合理。经复核修正后三个水文站资料精度较高，可在设计中应用。

4.3　径流

4.3.1　径流系列代表性分析

坝址处无水文站，坝址与干流上游的 C 水文站及下游的 D 水文站流域面积相差较大，根据测站的控制情况，其径流计算应以 C、D 和 F 三个水文站为基础进行分析。

径流与降水有密切的关系，1960—2002 年，地区的径流变化基本一致，都包括了相似的丰、平、枯水变化过程，每个周期约 3～8 年。经分析，丰枯水变化与年降雨量的变化规律对应，故采用 1960—2002 年 43 年径流系列具有代表性。

4.3.2　坝址年径流计算

坝址位于龙江下游段，控制流域面积为 5758km²。其上游有 C 水文站，流域面积为 3487km²，占坝址以上面积的 61%；下游有 D 水文站，支流上有 F 水文站，流域面积分别为 7762km² 和 1021km²，C～F 水文站中区间较坝址面积增大 17%，故龙江坝址径流不宜直接用单一水文站的设计成果推算。另外，本流域降雨地区分布变化较大，所以坝址径流计算不仅要考虑面积因素，还应考虑径流深分布不同的影响。

根据龙江坝址所处的特殊位置，其设计径流既可以用 C 水文站资料向下游推算，也可以由 D 水文站径流向上游推算，同时考虑径流分布规律，区间径流考虑用径流深修正，分别用以上两种方法进行坝址径流计算并比较，最终确定采用成果。

用 C 水文站资料向下游推算的公式为

$$Q_{坝址} = Q_C + Q_{C-坝址} \tag{4.1}$$

$$Q_{C-坝址} = Q_{C,F-D} \times \frac{F_{C-坝址}}{F_{C,F-D}} \times \frac{R_{C-坝址}}{R_{C,F-坝}} \tag{4.2}$$

式中：Q 为多年平均流量，m^3/s；F 为流域面积，km^2；R 为多年平均径流深，mm。

$R_{C-坝址}$、$R_{C,F-坝}$ 区间径流深均根据云南省年径流深等值线图量算，通过用 C 水文站资料向下游推算的方法计算坝址多年平均流量为 $202m^3/s$。

用 D 水文站径流向上游推算坝址径流计算公式为

$$Q_{坝址} = Q_D - Q_F - Q_{坝址、F-D} \tag{4.3}$$

$$Q_{坝址、F-D} = Q_F \times \frac{F_{坝址、F-D}}{F_F} \times \frac{R_{坝址、F-D}}{R_D} \tag{4.4}$$

式（4.3）、式（4.4）中：Q 为多年平均流量，m^3/s；F 为流域面积，km^2；R 为多年平均径流深，mm。

式（4.3）、式（4.4）中 $R_{坝址、F-D}$ 区间径流深系根据云南省年径流深等值线图量算。经计算，坝址多年平均流量为 $199m^3/s$。

两种方法计算结果相近，从安全考虑，采用从 D 水文站径流向上游推算坝址径流的方法。坝址多年平均流量为 $199m^3/s$，预可研阶段坝址多年平均流量为 $201m^3/s$，本阶段由于系列的变化减少接近 1%。

龙江坝址年、月径流系列也按上述方法推算，但由于资料条件所限，其径流深修正系数（$R_{坝址、F-D}/R_D$）取常数，不随年、月而变，这对成果影响不大。

4.3.3　年径流参数计算

对 C、D、F 三个水文站及坝址 1960—2002 年 43 年径流系列进行年径流参数计算，龙江坝址 43 年间年、月平均流量见表 4.3。

表 4.3　　　　　　　　　　　　龙江坝址多年平均流量表

月份	1	2	3	4	5	6	7	8	9	10	11	12	年平均
流量/(m^3/s)	82.3	71.4	62.9	53.3	72.3	247	431	435	339	298	180	108	199

4.3.4　径流成果合理性分析

流域多年平均降水量、径流深具有明显的自上游向下游递减的趋势，龙江流域中下游的 C 水文站—坝址区间，流域内径流系数的分布也反映了相同的规律。

经系列代表性分析，采用的 1960—2002 年 43 年径流系列具有较好的代表性，龙江坝址的径流成果合理，符合本流域降水和径流的分布规律。

4.3.5　水库蒸发增损计算

龙江水库正常高水位为 872.00m，LX 气象站的海拔高度为 913.80m，龙江水库多年平均水面蒸发采用潞西蒸发量。$\phi20$ 对 $E-601$ 的折减系数采用 E 水文站分析的系数 0.63，

E-601对大水体折减系数采用 0.95。库区的陆面蒸发用 F 水文站资料计算。经计算龙江水库多年平均蒸发增损量为 224mm。水库增损的年内分配采用潞西站蒸发量的多年平均分配比例计算，详见表 4.4。

表 4.4　　　　　　　　　　龙江水库多年平均逐月蒸发增损量表

月份	1	2	3	4	5	6	7	8	9	10	11	12	全年
增损量/mm	13.4	17.9	26.9	29.1	24.6	17.9	15.8	17.9	17.9	15.8	13.4	13.4	224

4.4　洪水

4.4.1　暴雨特性

受印度洋季风气候的影响，本流域明显的分为雨季和旱季。暴雨主要发生在雨季的 6—10 月，个别发生在 5 月和 11 月上旬。最早发生的暴雨在 5 月 9 日（1964 年），最晚发生的暴雨在 11 月 6 日（1973 年）。

造成本地区暴雨的天气系统较多，主要有低槽、孟湾风暴、台风及孟加拉湾低压边缘等天气系统。

本流域汛期阴雨连绵，特别是 6—8 月，雨日很多，每月降水日数达 25 天以上，因此，降雨场次界线不分明。据统计，本流域暴雨强度相对不大，大的暴雨过程主要集中在 3 天，D 水文站以上实测最大 3 天面平均雨量 160.2mm（1985 年 6 月 5—7 日），实测最大 1 天面平均雨量为 63mm（1985 年 6 月 6 日）。受流域地形的影响，暴雨空间分布梯度大，相邻站的雨量常相差很大。由于汛期降雨场次多，雨日多，各站年最大日降水并不发生在同一场降水中。概括地说，本流域暴雨的特点是：降雨的雨期长、次数多、暴雨量级不大、空间分布梯度大。流域内暴雨的相对高值区在龙陵地区及流域上游的高黎贡山的迎风坡地区。

4.4.2　洪水特性

本流域的洪水均由降雨形成，暴雨形成的洪水较大。由于流域内降雨的频繁出现，所以年内洪水出现的次数较多。据 D 水文站 1956—2002 年资料统计，每年大小洪峰出现次数为 3～10 次。洪水的发生时间与降雨一致，主要在 6—10 月，尤以 7 月最多。据 D 水文站和 C 水文站实测大洪水资料统计，年最大洪水发生在 7 月的次数超过 40%，其余分布在 6 月、8 月、10 月，9 月洪水发生概率较小。F 水文站年最大洪水发生在 7 月、8 月的次数相当，两月所占比例接近 90%。各站年最大洪峰出现次数统计成果见表 4.5。

表 4.5　　　　　　　　　年最大洪峰出现时间及次数统计表

站　名	洪　峰　出　现　次　数							总计
	5 月	6 月	7 月	8 月	9 月	10 月	11 月	
C	2	9	18	5	1	7	2	44
D	1	6	20	9	2	7	2	47
F	0	0	17	22	0	4	1	44

分析 C、D、F 等水文站的洪水过程线可知，由于汛期降雨频繁，场次不甚分明，故

中小洪水过程线常连成锯齿形，涨落水过程不规则。较大的洪水则多为单峰型。流域上游洪水过程呈尖瘦型，下游较矮胖。干流 C 水文站以下，较大洪水历时一般为 7～10 天，涨水历时一般 2～4 天，退水历时一般 5～6 天。洪峰持续时间 C 水文站 3～5h、D 站 6～9h。

据 C 和 D 两水文站大洪水资料统计，1 天洪量占 3 天洪量的 36.9%～50%，3 天洪量占 7 天洪量的 46.6%～62.2%，洪量不甚集中，详见表 4.6。

表 4.6   C、D 洪量集中程度表

站名	年份	W_1/亿 m^3	W_3/亿 m^3	W_7/亿 m^3	W_1/W_3/%	W_3/W_7/%
D	1974	1.85	4.56	8.54	40.6	53.4
	1976	1.49	4.04	7.40	36.9	54.6
	1985	1.95	4.87	7.64	40.0	63.7
	1986	1.54	4.17	7.64	36.9	54.6
	1989	1.70	4.13	6.61	41.2	62.5
	1992	1.90	4.34	6.56	43.8	66.2
C	1974	0.899	2.32	4.66	38.8	49.8
	1976	0.763	1.79	3.84	42.6	46.6
	1985	1.21	2.90	5.14	41.7	56.4
	1986	1.07	2.69	4.91	39.8	54.8
	1989	1.19	2.38	3.86	50.0	61.7
	1992	1.11	2.30	3.94	48.3	58.4

注　W_1、W_3、W_7 分别为 1 天、3 天和 7 天洪量。

受暴雨特性的制约，本流域干、支流年最大洪峰与年最大 3 天、7 天洪量在出现时间上有些年份不相包，即年最大洪峰发生在最大 3 天、7 天过程之外，个别的发生在不同的洪水过程中，从而使峰量关系（主要是洪峰与 7 天洪量）的相关性受到影响。

4.4.3　D 水文站洪水漫滩归槽订正分析

在坝址与 D 水文站之间的芒市大河汇口附近，河道展宽，地形开阔，当 D 水文站水位达到一定高度后，其上游洪水开始跑滩，使 D 水文站洪峰和短时段洪量较不跑滩时可能减小，用之分析坝址洪水，成果可能偏小。分析其影响有多大，具体做法是用河道地形图建立 D 水文站水位与跑滩水量的相关关系，对大水年洪峰和 24h 洪量进行还原计算。结果表明，还原后的峰、量变化不超过 2%，因此，D 水文站的洪水可不订正，可直接采用刊印成果。

4.4.4　大汛期洪水

4.4.4.1　历史洪水及重现期

本流域的历史洪水由云南省水文总站等单位多次进行了调查，并对一些较可靠点据进行了流量推算，洪峰用两种方法推求，即水位-流量关系法和比降法，成果已由云南省水文总站组织审查并加入了云南省历史洪水资料汇编。预可研阶段对其成果进行了复核分析，可研阶段对 1992 年后流域的大洪水情况进行了复核分析。1992 年后龙江干流各站未发生特大洪水，2004 年 C 水文站发生了实测首位洪水，但其量级远远小于调查的 1942 年

洪水，故干流各站历史洪水直接采用预可研阶段成果。支流芒市大河 F 水文站 2001 年发生了一场较大的陡涨陡落的洪水，洪峰流量达 649m³/s，比 1942 年洪水小 13％，但远大于实测第二位洪水，故将其作为特大值处理。

各站历史洪水重现期依据文献记载和历史洪水调查结果并经全流域综合分析确定。

C 水文站洪水当地无史料记载，1983 年调查到了 1942 年为本地大洪水，由两代人经历的最大洪水判断，1942 年是百年来最大的洪水，龙江水电站预可研阶段重现期确定为 100 年，考虑到可研阶段增加 11 年资料，故重现期按 110 年处理。

据《潞西县水利志》记载，D 水文站 1883 年、1941 年、1946 年、1948 年、1952 年、1953 年等为大水年，其中 1941 年、1946 年造成的灾情比较严重，以 1946 年为甚。在 D 水文站干流访问调查的大水年也为 1946 年。因此可判定 1946 年为 1883 年以来 D 水文站的首位洪水，可研阶将 1946 年洪水重现期按 1883 年首位处理，系列至 2004 年，重现期为 122 年。1946 年大洪水点据在适线时与实测点据偏离很大，由于历史纪录及调查最远大洪水发生在 1883 年，故其重现期无法考证到更久远，另外调查的洪痕点也可能存在一定的误差，所以 1946 年大洪水点据在频率曲线适线时仅作为参考。

F 水文站 1942 年是大水年，在全河规划时将 1941 年更改为 1942 年，龙江水电站预可研设计时，其重现期也定为 100 年。在可研阶段增加 10 年系列中，2001 年发生一场较大的陡涨陡落的洪水，洪峰流量达 649m³/s，为实测首位，但 3 天洪量并不突出，故可研阶段将 2001 年洪峰及 24h 流量也作大洪水处理。同 C 水文站一样首位洪水的重现期亦按 110 年处理。

4.4.4.2　峰、量系列统计与插补

各站的洪峰、洪量均采用年最大值独立取样，统计时段为洪峰、24h 洪量、3 天洪量和 7 天洪量。C、D 和 F 水文站还分别用本站的峰量关系插补了历史洪水洪量数值。可研阶段各站 1992 年前洪水系列直接采用龙江水电站预可研成果，可研阶段补充统计了 C、D 和 F 三个水文站 1993—2003 年的峰量系列及 2004 年 3 站的洪峰流量。

4.4.4.3　洪峰、洪量频率计算

可研阶段主要对 C、D 及 F 三个水文站设计洪水参数进行复核计算。复核项目为洪峰、24h 洪量、3 天洪量和 7 天洪量。

C 水文站洪水系列为 1959—2002 年、2004 年（45 年）。峰、量历史洪水均处理一个为 1942 年，重现期按 110 年处理。

D 水文站洪水系列为 1956—2002 年、2004 年（48 年），峰、量历史洪水均处理一个为 1946 年，1946 年洪水系列 1883 年以来首位，重现期为 122 年，但适线时此点据仅作参考。

F 水文站洪水系列为 1959—2002 年（44 年），洪峰、最大 24h 流量处理两个历史洪水：1946 年和 2001 年，3 天洪量和 7 天洪量处理一个为 1946 年，重现期按 110 年处理。

各站洪峰、洪量系列均考虑历史洪水加实测系列。统计参数用矩法公式初算，经验频率用数学期望公式：$P_M = [M/(N+1)] \times 100\%$ 和 $P_m = [m/(n+1)] \times 100\%$ 计算。$[P_M$ 为历史洪水经验频率，P_m 为实测洪水经验频率，M、m、N、n 分别为历史洪水排位（位）、实测洪水排位（位）、历史洪水重现期（年）、实测洪水系列长度（年）]。采用 P-Ⅲ型曲线配线。根据本地区的洪水特点，洪峰和最大 24h 流量采用 $C_s = 5C_v$，其他各时

段洪量采用 $C_s=4C_v$。在适当考虑历史洪水及成果间相互协调的情况下，按适线较好确定洪水参数。

可研阶段计算的各站设计洪水参数与龙江水电站预可研审定成果比较见表 4.7。

表 4.7 各站设计洪水成果比较表

站名	流域面积	统计项目	N	a	n	均值	设计值				阶段	备注
							0.01%	0.05%	0.20%	1%		
C	3487km²	$Q_m/$ (m³/s)	100	1	34 (1959—1992 年)	1090	4140	3560	3050	2460	预可研	采用
			110	1	45 (1959—2002 年，2004 年)	1080	4100	3520	3020	2440	可研	
		$Q_{24}/$ (m³/s)	100	1	34 (1959—1992 年)	945	3480	3000	2580	2090	预可研	采用
			110	1	45 (1959—2002 年，2004 年)	933	3430	2960	2550	2070	可研	
		$W_3/$ 亿 m³	100	1	34 (1959—1992 年)	1.94	6.6	5.76	5.03	4.16	预可研	采用
			110	1	45 (1959—2002 年，2004 年)	1.92	6.54	5.7	4.98	4.12	可研	
		$W_7/$ 亿 m³	100	1	34 (1959—1992 年)	3.67	11.4	10.1	8.86	7.43	预可研	采用
			110	1	45 (1959—2002 年，2004 年)	3.65	11.4	10	8.81	7.39	可研	
D	7762km²	$Q_m/$ (m³/s)	100	1	37 (1956—1992 年)	1560	5920	5090	4370	3530	预可研	采用
			122	1	47 (1956—2002 年，2004 年)	1540	5850	5020	4310	3480	可研	
		$Q_{24}/$ (m³/s)	100	1	37 (1956—1992 年)	1480	5450	4690	4040	3280	预可研	采用
			122	1	47 (1956—2002 年，2004 年)	1450	5330	4600	3960	3210	可研	
		$W_3/$ 亿 m³	100	1	37 (1956—1992 年)	3.21	10.9	9.54	8.33	6.89	预可研	采用
			122	1	47 (1956—2002 年，2004 年)	3.15	10.7	9.36	8.17	6.76	可研	
		$W_7/$ 亿 m³	100	1	37 (1956—1992 年)	6.08	18.9	16.7	14.7	12.3	预可研	采用
			122	1	47 (1956—2002 年，2004 年)	5.99	18.6	16.4	14.5	12.1	可研	
F	1021km²	$Q_m/$ (m³/s)	100	1	34 (1959—1992 年)	328	1030	898	787	656	预可研	
			110	2	44 (1959—2002 年)	323	1230	1050	904	730	可研	采用
		$Q_{24}/$ (m³/s)	100	1	34 (1959—1992 年)	264	798	701	617	517	预可研	
			110	2	44 (1959—2002 年)	260	957	824	710	576	可研	采用
		$W_3/$ 亿 m³	100	1	34 (1959—1992 年)	0.507	1.44	1.28	1.14	0.966	预可研	
			110	1	44 (1959—2002 年)	0.507	1.58	1.39	1.22	1.03	可研	采用
		$W_7/$ 亿 m³	100	1	34 (1959—1992 年)	0.979	2.78	2.47	2.19	1.87	预可研	
			110	1	44 (1959—2002 年)	0.984	2.88	2.55	2.26	1.91	可研	采用

由表 4.7 可见预可研与可研阶段 C 和 D 两水文站峰量均值及设计值相差不大，增加系列后均值有所减少，但减小幅度均未超过 3%（0.5%~2%），由于 C_v 及 C_s 相同，故设计值减少幅度亦未超过 3%。故该两站设计洪水成果直接采用原龙江水电站预可研成果。

F 水文站增加 10 年系列后。发生了实测首位的 2001 年洪水，该场洪水洪峰达 649m³/s，仅比调查的 1942 年洪水 749m³/s 小 13%，该年洪水的加入使 D 水文站峰量系列分布发生较大的变化，虽然均值几乎未变，但 C_v 增加较大。特别是洪峰、最大 24h 流

量 C_v 增大 20％左右，3 天洪量 C_v 增大 10％，7 天洪量 C_v 增大 3.4％，所以洪峰、最大 24h 流量 $P=1\%$ 设计值增大超过 10％，3 天洪量 $P=1\%$ 设计值增大 7％，7 天洪量 $P=1\%$ 设计值增大 2％。鉴于 D 水文站设计洪水参数变化较大，采用可研阶段成果。

4.4.4.4　洪水参数的合理性分析

对各站采用的洪水参数进行了单站比较和上、下游站比较分析。从单站分析来看，采用的各站洪峰与不同时段的洪量参数变化合理；不同时段洪量的频率曲线无相交现象。从面上分析，上、下游站之间的参数变化也基本上符合一般规律。把设计值点绘在峰-量相关图上可看出，不同频率的设计值与实测资料的外延分布趋势基本一致，说明设计洪水参数是比较合理的。在地区综合关系图中看，本流域的洪水参数也是比较合理的。

4.4.4.5　坝址设计洪水

坝址的设计洪水参数由地区综合关系推算。由于坝址位于 C 水文站和 D 水文站之间，因此综合关系线主要参考此两站的洪水参数。因可研阶段复核后两站设计洪水参数仍采用预可研阶段成果，故坝址设计洪水成果不变亦为预可研阶段成果，成果见表 4.8。

表 4.8　　　　　　　　　　流域设计洪水均值地区综合算式表

项　目	算式（F：km²）	项　目	算式（F：km²）
洪峰/(m³/s)	$Q_m=5.21F^{0.65}$	3 天洪量/亿 m³	$W_3=0.00493F^{0.73}$
24h 洪量/亿 m³	$Q_{24}=3.468F^{0.68}$	7 天洪量/亿 m³	$W_7=0.0078F^{0.75}$

龙江水库为狭长的河道型水库，河道比降较陡，库区内又无较大支流汇入，建库前后洪水无大变化，所以枢纽设计直接采用坝址设计洪水成果。龙江水库设计洪水成果见表 4.9。

龙江水利枢纽设计标准为 500 年，校核标准为 2000 年。考虑到历史洪水不够久远，坝址校核洪水（$P=0.05\%$）使用时加大了 10％。龙江坝址设计洪水成果见表 4.10。

表 4.9　　龙江坝址设计洪水成果表

项　目	各　频　率　设　计　值			
	0.05％	0.2％	0.5％	1％
$Q_m/(m^3/s)$	4730	4060	3610	3280
$W_{24}/$亿 m³	3.42	2.95	2.63	2.39
$W_3/$亿 m³	8.14	7.11	6.41	5.88
$W_7/$亿 m³	14.1	12.5	11.3	10.4

表 4.10　　　龙江坝址设计洪水采用成果表

项　目	各　频　率　设　计　值			
	0.05％	0.2％	0.5％	1％
$Q_m/(m^3/s)$	5200	4060	3610	3280
$W_{24}/$亿 m³	3.76	2.95	2.63	2.39
$W_3/$亿 m³	8.95	7.11	6.41	5.88
$W_7/$亿 m³	15.51	12.5	11.3	10.4

4.4.4.6　坝址设计洪水过程线

（1）坝址典型洪水过程线选择及推求。分析 D 水文站十几场大洪水过程可知，1985 年和 1986 年洪水是实测系列中峰高量大的前几位洪水，其中 1985 年洪水在峰顶附近出现峰值相近的双峰型，1986 年属较为肥胖的洪水过程，两种典型过程洪峰洪量的时程分配对工程不利，故选择这两年洪水作为典型洪水。

坝址典型洪水过程线由下列途径计算：分别摘取 D 水文站和 F 水文站 3h 的洪水过程，将 F 水文站洪水考虑传播时间 15h，移至 D 水文站。龙江坝址、F—D 区间的洪水过程以 F

水文站为典型按面积比缩放，时间不另修正，这样将 D 水文站洪水过程分别减去考虑 15h 传播时间的 F 水文站洪水过程和坝址、F—D 区间洪水过程，再用马斯京根法反演一个时段至坝址位置即得到坝址典型洪水过程。

（2）坝址设计洪水过程线放大。采用洪峰，24h 流量，3 天洪量和 7 天洪量同频率分段控制放大方法放大设计洪水过程线。过程线成果见图 4.1 和图 4.2。

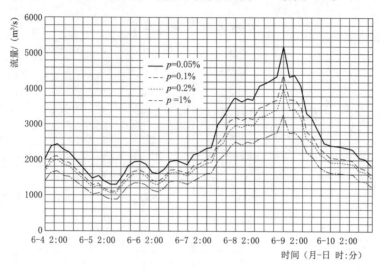

图 4.1　1985 年型龙江坝址设计洪水过程线

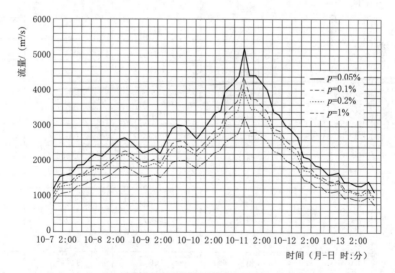

图 4.2　1986 年型龙江坝址设计洪水过程线

4.4.4.7　防洪断面组合洪水

龙江水库除发电、灌溉等效益外，还担负着下游防洪的任务。因为 D 水文站下游境内无大的支流汇入，因此以 D 水文站断面为防洪计算控制断面，故需研究 D 水文站断面的龙江和支流的洪水组合问题。为此统计了 6 场大洪水的 D 水文站洪量组成，见表 4.11。

从表 4.11 中可以看出，C 水文站的洪量已占 D 水文站洪量的 44.3%～70.1%，而 C

水文站至龙江坝址区间集水面积还有 $2271km^2$，所以说 D 水文站的洪水主要来自龙江坝址以上，而龙江坝址至 D 水文站区间所占比重较小，因此，组合洪水采用典型年法。为保证设计地区组合洪水的安全性，在 1985 年、1986 年坝址典型基础上又增加了区间来水相对较大的 1974 年和 1976 年典型。组合断面设计洪水过程线采用峰量同频率控制。成果见表 4.11，各年型坝址设计洪水过程线及坝址至 D 区间设计洪水过程线见图 4.3～图 4.10。

表 4.11   D 水 文 站 洪 量 组 成 表

年份	站名	名称	$Q_1/(m^3/s)$	$W_3/$亿 m^3	$W_7/$亿 m^3
1974	D	最大	2140	4.56	8.54
	C	相应	1040	2.32	4.66
		组成/%	48.6	50.8	54.6
	F	相应	266	0.696	1.29
		组成/%	12.4	15.3	15.1
1976	D	最大	1730	4.04	7.4
	C	相应	883	1.79	3.84
		组成/%	51	44.3	51.9
	F	相应	310	0.695	1.28
		组成/%	17.9	17.2	17.3
1985	D	最大	2260	4.87	7.64
	C	相应	1400	2.9	5.14
		组成/%	61.9	59.5	67.3
	F	相应	145	0.322	0.594
		组成/%	6.4	6.6	7.8
1986	D	最大	1780	4.17	7.64
	C	相应	1240	2.69	4.84
		组成/%	69.7	64.5	63.4
	F	相应	172	0.556	0.847
		组成/%	9.7	13.3	11.1
1989	D	最大	1970	4.13	6.61
	C	相应	1380	2.38	3.86
		组成/%	70.1	57.6	58.4
	F	相应	166	0.448	0.798
		组成/%	8.4	10.8	12.1
1992	D	最大	2200	4.34	6.56
	C	相应	1290	2.3	3.94
		组成/%	58.6	53	60.1
	F	相应	142	0.346	0.543
		组成/%	6.5	8	8.3

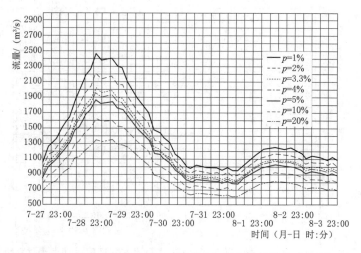

图 4.3　D 水文站控制 1974 年型龙江坝址设计洪水过程线

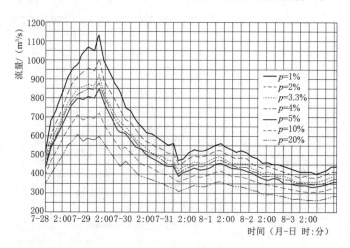

图 4.4　D 水文站控制 1974 年型龙江至 D 水文站区间设计洪水过程线

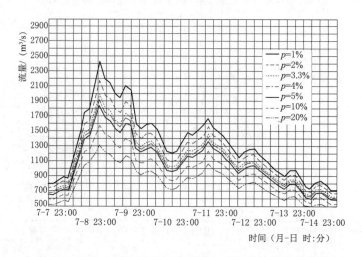

图 4.5　D 水文站控制 1976 年型龙江坝址设计洪水过程线

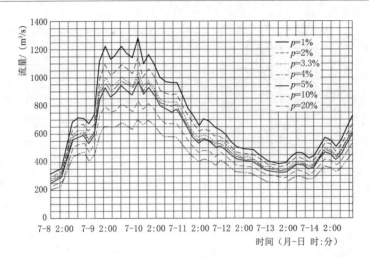

图 4.6 D 水文站控制 1976 年型龙江至 D 水文站区间设计洪水过程线

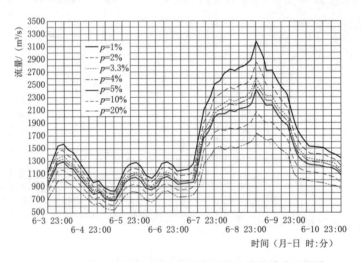

图 4.7 D 水文站控制 1985 年型龙江坝址设计洪水过程线

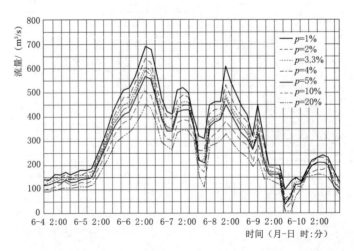

图 4.8 D 水文站控制 1985 年型龙江至 D 水文站区间设计洪水过程线

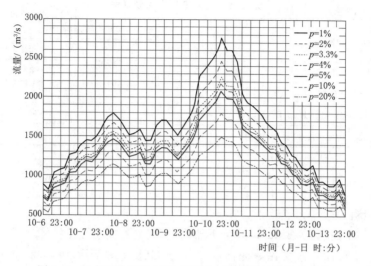

图 4.9 D 水文站控制 1986 年型龙江坝址设计洪水过程线

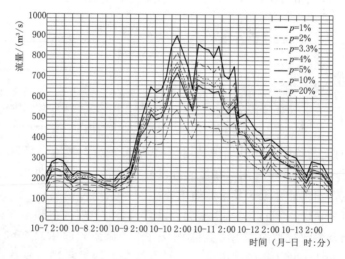

图 4.10 D 水文站控制 1986 年型龙江至 D 水文站区间设计洪水过程线

4.4.5 施工期洪水

根据流域洪水的季节性变化规律及洪水分布特性，并考虑工程设计的需要，将龙江水电站施工分期分为汛前期（5 月 1—31 日）；大汛期（6 月 1 日至 11 月 15 日）；汛后期（11 月 16 日至 12 月 31 日）和枯水期（1 月 1 日至 4 月 30 日）四段。

根据施工要求，除大汛期外，其他各施工分期及各月设计洪水成果由 D 水文站推求。各施工分期及各月洪峰统计原则为跨期 5 天，独立最大取样，统计系列为 1956—2002 年计 47 年。采用 P-Ⅲ型曲线配线，结合经验频率确定施工所要求各期各频率设计洪水成果。

大汛期直接采用坝址设计洪水成果，其他各期用 D 水文站设计成果按面积比的 2/3 次方修正到龙江坝址。成果见表 4.12。

表 4.12   龙江坝址分期设计洪水成果表

时 间	设计值/(m³/s)			
	$p=2\%$	$p=5\%$	$p=10\%$	$p=20\%$
汛前期（5月1—31日）	1150	951	860	704
大汛期（6月1日至11月15日）	2940	2480	2140	1780
汛后期（11月16日至12月31日）	1120	810	588	391
枯水期（1月1日至4月30日）	511	444	398	248

4.5 泥沙

4.5.1 基本资料

水库坝址集水面积 5758km²，其上下游有 3 个水文站进行泥沙测验，其中干流为 C、D 水文站，支流上为 F 水文站，龙江坝址位于 C 水文站下游 114.6km，D 水文站上游 14.4km，坝址至 D 区间有支流汇入。坝址处无泥沙观测资料，其泥沙分析计算以 C 水文站、D 水文站和 F 水文站为设计参证站。各站的实测悬移质泥沙系列见表 4.13。

表 4.13   设计参证水文站实测泥沙系列表

站名	流域面积/km²	系列长度/年	实测系列	备 注
C	3487	37	1966—2002 年	1966 年、1967 年部分月缺测
D	7762	22	1965—1969 年、1986—2002 年	1986 年部分月缺测
F	1021	18	1985—2002 年	

预可研阶段对上述各站 1992 年前的实测资料进行了分析复查，资料精度较好，符合有关规范要求，可以在设计中使用，在可研阶段补充收集了 1993—2002 年的实测资料。

4.5.2 悬移质泥沙资料插补延长及特征值统计

从表 4.13 可见，D、F 两水文站实测泥沙系列较短，且时间参差不齐，预可研阶段根据 1992 年前实测资料建立水沙关系将其插补至与年径流系列同步的 1960—1992 年系列，可研阶段补充了 1993—2002 年的实测资料，对各站原水沙关系进行复核。根据水沙关系特点建立各站的分月水沙关系，对主汛期点据趋势较一致的 7—10 月和枯水期 12 月至次年 4 月分别进行了合并线处理，5 月、6 月和 11 月单独定线。由于 D、F 两水文站增加资料系列较长，水沙关系发生了变化，故采用新的水沙关系重新插补两水文站泥沙资料。C 水文站水沙关系基本未变，故插补成果不变。经插补延长后，三水文站泥沙系列为 1960—2002 年计 43 年。各站具有完整资料年份的实测悬移质泥沙系列特征值见表 4.14。

表 4.14   实测悬移质泥沙系列特征值表

站名	实测系列	系列长度/年	多年平均流量/(m³/s)	多年平均输沙量/万 t	实测最大断面平均含沙量/(kg/m³)	出现日期
C	1968—1992 年	25	153	220.9	17.5	1982-9-5
	1968—2002 年	35	151	195.7		

站名	实测系列	系列长度/年	多年平均流量/(m³/s)	多年平均输沙量/万 t	实测最大断面平均含沙量/(kg/m³)	出现日期
D	1965—1969 年、1987—1992 年	11	262	522.9	18.4	1987 - 9 - 6
D	1965—1969 年、1987—2002 年	21	258	494.4		
F	1985—1992 年	8	36.7	44.2	22.8	1985 - 7 - 21
F	1985—2002 年	18	39.6	38.1		

各站多年悬移质泥沙特征值见表 4.15。

表 4.15　　　　　　　　　　水文站悬移质泥沙多年特征值表

站名	年限	多年平均流量/(m³/s)	多年平均输沙量/万 t	多年平均含沙量/(kg/m³)	侵蚀模数/(t/km²)
C	1960—2002 年	150	210.8	0.445	604
D	1960—2002 年	258	491.3	0.599	629
F	1960—2002 年	39.4	40.7	0.327	399

4.5.3　坝址悬移质输沙量计算

龙江坝址的多年平均悬移质输沙量由上下游站悬沙量内插，具体算体式如下。

$$S_坝 = S_C + (S_D - S_C - S_F) \times F_{C-坝}/F_{F,C-D} \tag{4.5}$$

式中：S 为多年平均输沙量，万 t；F 为流域面积，km²。

经计算坝址多年平均悬移质输沙量为 378.1 万 t，多年平均含沙量 0.602kg/m³。预可研阶段坝址悬移质输沙量为 447.3 万 t，可研阶段较预可研阶段减少 15%。

4.5.4　悬移质颗粒级配

水电站坝址无悬移质泥沙颗粒分析资料，预可研阶段收集了 D 水文站 1992 年实测悬移质级配成果，可研阶段仍采用该成果，见表 4.16。悬移质泥沙颗粒很细，中值粒径为 0.053mm，平均粒径为 0.0886mm。

表 4.16　　　　　D 水文站 1992 年实测悬移质泥沙颗粒级配成果表

d/mm	0.005	0.01	0.025	0.05	0.1	0.25	0.5	1
p/%	18	23.8	34.2	48	74	91.8	98	100
			$d_{50}=0.053$mm，$d_{cp}=0.0886$mm					

4.5.5　推移质输沙量估算

本流域无推移质泥沙测验资料，预可研阶段根据坝址以上植被、坡降并参照国内其他工程设计，坝址推移质沙量按悬移质沙量的 20% 推算。可研阶段仍采用上述比例推算，经计算坝址推移质年输沙量为 75.6 万 t。

床沙级配资料采用预可研阶段成果，即在库区附近河段实测的床沙取样分析成果，其中值粒径为 0.61mm，平均粒径为 0.87mm，见表 4.17。

表 4.17 床 沙 级 配 成 果 表

d/mm	0.05	0.1	0.25	0.5	1	2	5	10
小于某粒径百分数	0.3	2	10	38	77	96	99	100
$d_{50}=0.61\text{mm}$, $d_{cp}=0.87\text{mm}$								

4.5.6 入库总沙量

坝址多年平均悬移质输沙量为 378.1 万 t，推移质输沙量为 75.6 万 t，则多年平均入库总沙量为 453.7 万 t。

4.6 水位-流量关系曲线

坝下水位-流量线中低水部分用实测资料定线。1997 年 10—12 月，在龙江上坝址至下游 5km 河段内，共布设了 6 个水位观测站，并施测流量 10 次。测得最大流量为 901m³/s，最小流量为 83.2m³/s。在水尺设立前的 9 月 29 日，本河段发生了当年的最大洪水，D 水文站的洪峰流量为 1740m³/s，坝址河段的调查工作是在洪水发生当天进行的，因此水位调查值是可靠的。用 D 水文站流量与相应的 F 水文站流量计算确定坝址处 1997 年最大洪峰流量为 1560m³/s。另外，还对在坝下 4km 附近设立的水位站观测资料进行了分析，并加入可研阶段计算中，经计算坝址处 1992 年的最大洪峰流量为 1970m³/s。1992 年、1997 年调查点据作为适线参考。水位-流量关系曲线的高水部分用史蒂文森法外延，所用大断面为 1997 年实测成果。

2004 年本流域发生了较大洪水，9 月对坝址河段进行了洪水调查，利用调查成果对坝址水位流量关系曲线进行了复核。经复核后的坝址水位流量关系曲线基本无变化。坝下 200m 水位流量关系见图 4.11。

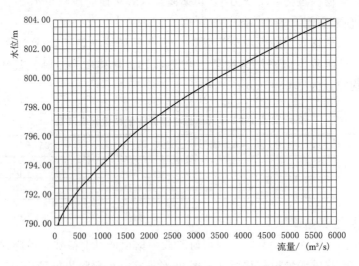

图 4.11 龙江水电站坝址下游 200m 水位和流量关系

第5章 水利和动能

5.1 流域概况及工程开发任务

龙江水电站枢纽位于云南省德宏州的龙江干流上，距云南省省会昆明市约850km，距潞西县城（芒市镇，州政府所在地）70km。

龙江水电站枢纽在龙江干流下游段控制流域面积5758km^2，坝址处多年平均流量199m^3/s，多年平均径流量62.8亿m^3。龙江水电站枢纽是以发电、防洪为主，兼顾灌溉，并为城市供水、养殖和旅游提供了有利条件的综合性枢纽工程。

5.2 电站供电范围及电力市场分析

5.2.1 供电范围

龙江水电站供电范围为云南省电网。

5.2.2 设计水平年

根据负荷发展的需要，以及龙江水电站前期工作的完成情况及施工进度安排，龙江水电站于2010年6月第一台机组投产，按《水利水电工程动能设计规范》（DL/T 5015—1996），采用设计水平年为2015年。

5.2.3 负荷水平及参数

根据云南省国民经济发展规划结合外送广东部分，对云南省电网的负荷进行了预测。2015年云南省电网（含外送广东部分）需电力26488MW，需发电量1597亿kW·h，其典型年负荷曲线、日负荷曲线及负荷参数见表5.1、表5.2。

表5.1　　　　　云南省2015年负荷曲线表（已含外送广东部分）　　　　ρ=0.951

月　份	1	2	3	4	5	6
负荷比例/%	90.73	91.48	93.76	94.51	91.36	99.16
月　份	7	8	9	10	11	12
负荷比例/%	95.79	94.95	96.63	100	95.27	97.54

表5.2　　　　　　　云南省2015年冬、夏季典型日负荷曲线表

时　刻	1	2	3	4	5	6	7	8	9	10	11	12	13
负荷比例（冬）	64	61	60	59	60	61	66	73	97	100	100	96	89
负荷比例（夏）	58	58	55	55	55	58	63	75	89	89	90	87	83
时　刻	14	15	16	17	18	19	20	21	22	23	24	γ	β
负荷比例（冬）	89	91	90	87	84	89	94	92	88	80	69	81	59
负荷比例（夏）	85	86	86	86	93	92	95	100	97	74	61	78	55

5.2.4 电源组成

截至 2005 年年底，云南省发电总装机容量 10400MW，其中水电 6790MW、火电 3610MW；全省发电量 475 亿 kW·h，其中水、火电厂分别发电 281 亿 kW·h 和 194kW·h。根据云南省电源建设安排，到 2015 年云南省投入的水电电源主要有苏帕河梯级、槟榔江梯级、南盘江梯级、文山盘龙河梯级、横江梯级、藤条江梯级。牛栏江梯级、李仙江梯级、怒江六库、龙江等中型电站和金安桥、小湾、漫湾二期、糯扎渡、大朝山、鲁布革、景洪等大型电站。

在上述电站中，根据有关协议，小湾按 3000MW 送广东，其余 1200MW 参加云南省电网系统平衡；糯扎渡由于 2015 年只有部分机组投产，不能完全满足糯扎渡送广东的需要，因此其投入的部分机组按全部送广东考虑。

参加云南省网电力电量平衡的各水电站主要指标见表 5.3。

表 5.3 参加云南省网电力电量平衡的各水电站主要指标表

电站名称	装机容量/MW	装机构成（台数×单机容量）	调节性能
金安桥电站	2400	4×600MW	周调节
小湾电站	4200	6×700MW（其中 1200MW 参加云南省平衡）	多年调节
漫湾电站	1655	5×250MW+300MW+105MW	季调节
大朝山电站	1350	6×225MW	季调节
鲁布革电站	600	4×150MW	季调节
已建有调节电源	1164.6	含以礼河、西洱河等梯级	
已建无调节电源	2845.4	已建地方无调节小水电	
拟建中型电站	4487.4	拟建具有一定调节能力的中型水电	
景洪电站	1750	5×350MW	季调节
龙江水电站	258	3×86MW	年调节

注 1. 拟建中型电站含李仙江梯级、文山盘龙河梯级、横江梯级、藤条河梯级、苏帕河梯级、牛栏河梯级、南盘江梯级、勐乃河梯级、怒江六库、橄榄坝等中型电站。

2. 漫湾二期工程装机容量 300MW。

5.3 电站建设的必要性

根据《德宏州国民经济和社会发展第十一个五年计划纲要》，德宏州将在积极发展蔗糖、边贸、生物资源、旅游四大支柱产业的同时，根据德宏州水能资源丰富这一实际情况在能源方面确定抓好电源点建设，积极开拓电力市场保障电冶结合工业良性循环。

盈江县和潞西市是德宏州的水能资源富集区，全州水能资源大多集中在两县、市境内。根据有关规划，2010 年前德宏州新增水电站总装机容量将达到 2686MW，而两县、市境内新增电源占全州新增水电站总装机容量的 90% 以上，龙江水电站是规划电源中装机容量较大的电站，其容量约占新增电源容量的 10%，它的建设，可促进德宏水电基地的建设，尽早将水能资源优势转化为经济效益，拉动德宏州社会经济的发展。

为在 2020 年云南省和全国同步实现全面小康，云南省的电力需求会以较快的速度增长，为满足全省负荷增长需求和达到外送目标，云南省 2010 年前需要新增装机约 15670MW；2015 年前需要新增装机约 14410～16410MW。龙江水电站是德宏州境内可开发容量较大、调节性能好、运行特性较为优越的水电电源点，也是云南省待开发水电资源中指标较为优越的水电电源之一。建成后可向云南省电网提供 278MW 的电力和 11.48 亿 kW·h 的电量，枯水期为云南电网提供 68.5MW 的保证出力，电站的建设对满足云南省负荷发展需要，填补云南省随着负荷需求逐步增长的缺口和加大外送规模起到一定的作用。同时电站的建设对于实现"西电东送"，促进"西部大开发"，促使云南省的资源优势转化为经济优势，逐步形成以水电为主的支柱产业，实现云南省建设绿色经济强省的战略目标也有着积极的意义。

综上分析可以看出，龙江水电站的建设符合云南省的能源建设思路，使德宏州的水能资源优势转化为经济效益和拉动全州的社会经济发展有积极作用。龙江水电站装机规模适中、交通施工条件好、工程的技术经济指标优越、易于开发，建成后发电效益显著，因此，龙江水电站的开发建设是十分必要的，可适当加快开发进程。

5.4　防洪

5.4.1　下游洪水灾害及防洪现状

5.4.1.1　洪水灾害

据 1950—2004 年 55 年不完全统计资料表明，全州除 1958 年、1975 年无洪灾外，不同范围的洪灾年份有 53 年之多，几乎年年有洪灾出现。2002 年洪水导致水库下游直接经济损失为 2274 万元；2004 年洪水造成直接经济损失达 5549 万元。

5.4.1.2　现状防洪能力

经河流治理，使治理河段的防洪体系初步形成。基本控制了下游河流的流向，通过河道整治、修筑堤防将 ZF 坝段和 YJ 坝段达到 10 年一遇防洪标准；使 JGKA 段达到 30 年一遇防洪标准。

5.4.1.3　存在的问题

截至 2012 年，龙江及其下游支流上缺乏控制性枢纽工程，河道防洪只靠堤防、钢筋石笼导流坝、干砌石护岸及生物措施等，且由于资金问题，下游河道的堤防工程不完善，尚没有形成完整的防洪体系，下游防洪问题仍然十分严峻。有必要在整修加固堤防的同时兴建水库防洪工程。

5.4.2　防洪保护对象、防洪标准、防洪工程总体方案

5.4.2.1　防洪保护对象

龙江干流下游河段的防洪保护范围为下游城市及下游沿岸的农田。

5.4.2.2　防洪标准

根据《防洪标准》（GB 50201—94）规定，同时考虑被保护城市的重要地位及保护区内少数民族人口较多，人口所占比重达 55.3%，提高保护区的防洪标准，不仅对本流域乃至西南地区经济发展具有积极的推动作用，而且对减小该地区与内地之间差距，维护边疆的稳定具有深远的社会意义，因此确定下游城市的防洪标准为 50 年一遇。

5.4.2.3　龙江干流下游防洪总体方案

龙江干流下游的防洪，通过修筑堤防、护岸等措施，使沿江两岸 ZF 坝区和 YJ 坝区

农田达 10 年一遇的防洪标准，RL 坝区农田达 20 年一遇的防洪标准；使下游城市的防洪标准达 30 年一遇。然后通过上游的龙江水库设置一定的防洪库容，削峰、错峰，使下游城市的防洪标准达到 50 年一遇。

5.4.3　防洪库容和汛限水位

5.4.3.1　龙江水电站枢纽工程承担的防洪任务

龙江水电站枢纽紧扼龙江最后一个峡谷，可以控制整个流域面积的 49％，能有效地控制上游洪水，从根本上提高下游的防洪标准，减少洪水灾害。龙江水电站建成后，设置一定的防洪库容，与下游堤防结合，通过合理调度，为下游削峰、错峰可使下游城市的防洪标准由 30 年一遇提高到 50 年一遇。

5.4.3.2　防洪库容

按调洪原则对 1974 年、1976 年、1985 年和 1986 年 4 个典型 50 年一遇组合洪水进行调算，计算的结果见表 5.4。为满足下游防洪任务，各年型所需防洪库容不一，从安全角度考虑，以最不利年型确定防洪库容，即该水库的防洪库容为 0.5 亿 m^3。

表 5.4　　　　　　　　　龙江水电站防洪库容计算表（50 年一遇洪水）

项　　目		固　定　泄　量　法			
		1974 年型洪水	1976 年型洪水	1985 年型洪水	1986 年型洪水
堤防安全泄量/(m³/s)	D 断面	2890			
	TH 断面	3010			
最大入库流量/(m³/s)		2210	2170	2840	2470
最大控制泄量/(m³/s)		1650	1650	2250	2250
最大组合流量/(m³/s)	D 断面	2752	2746	2734	2743
	TH 断面	2930	2980	2960	2990
防洪高水位/m		871.37	871.15	872.0	871.45
相应库容/亿 m³		11.10	11.02	11.31	11.13
汛限水位/m		870.50	870.50	870.50	870.50
相应库容/亿 m³		10.81	10.81	10.81	10.81
防洪库容/亿 m³		0.29	0.21	0.50	0.32

注　1. 流量值取整数。
　　2. 水位和库容值取小数点后两位。
　　3. 堤防防洪标准为 30 年一遇。

5.4.3.3　防洪限制水位

防洪限制水位是协调发电和下游防洪要求矛盾的重要参数。需综合考虑水库兴利蓄水、下游防洪、库区淹没等因素综合确定。在工程预可研阶段，推荐的汛限水位为 867.00m。预留防洪库容 1.58 亿 m^3。随着龙江下游堤防工程逐步实施，龙江水库的防洪任务发生了变化，根据流域防洪总体规划，经计算龙江水库预留 0.5 亿 m^3 防洪库容即可满足下游防洪要求。可研阶段在已确定正常蓄水位 872.00m 前提下，研究了三个比较方案，一是将防洪库容与兴利库容完全结合，汛限水位 870.50m 方案；二是防洪与兴利部分结合，汛限水位 871.30m 方案；三是防洪与兴利不结合，汛限水位 872.00m 方案。各方案的经济指标见表 5.5。

表 5.5　　　　　　　　　　　　　　不同汛限水位方案经济指标表

项　目	单位	汛限水位/m		
		870.50	871.30	872.00
正常蓄水位	m	872.00		
死水位	m	845.00		
多年平均发电量	亿 kW·h	10.2824	10.2954	10.3086
多年平均发电量差	亿 kW·h	0.013		0.0132
保证出力	MW	68.5	68.5	68.5
蓄满年数	年	43	43	43
设计洪水位	m	872.72	873.07	873.63
校核洪水位	m	874.54	874.69	874.82
水库淹没补偿投资	万元	62644.23	67586.6	68589.38
水库淹没补偿投资差	万元	4942.37		1002.78
静态总投资	万元	211623	217067	218475
静态总投资差	万元	5444		1408
年费用现值	万元	198814	203748	204943

汛限水位的抬高，虽然大坝工程量增加很少，方案间坝高仅增加 0.15m 和 0.13m，但水库防护工程量增加较多。汛限从 870.50m 抬至 871.30m，工程静态总投资增加 5444 万元（其中防护工程投资增加 3999.26 万元），871.30m 抬至 872.00m，工程静态总投资增加 1408 万元（其中防护工程投资增加 840.78 万元）。而汛限水位抬高，保证出力不变，增加电量有限，且均为汛期电量，显然汛限水位越低越好。从年费用现值来看也是 870.50m 方案最低。因此推荐汛期限制水位为 870.50m。

5.4.3.4　汛后回蓄情况分析

龙江水库汛限水位 870.50m，防洪库容 0.5 亿 m^3，全部设置在正常蓄水位之下。在主汛期 6 月 1 日至 8 月 31 日维持该水位运行，9 月 1 日之后即可视实际来水情况适当回蓄。从 1960—2002 年 43 年长系列来水情况看，9 月来水流量 75% 频率为 278 m^3/s，90% 频率为 218 m^3/s，每年均能蓄至正常蓄水位。因此设置汛限水位对电站的保证出力无影响。只是损失一些季节性电能。

5.4.4　后汛期洪水对水库淹没范围及大坝安全的影响分析

龙江洪水汛期是 6 月 1 日至 11 月 15 日，年最大洪水发生在 6—8 月概率较大，9 月基本无全年最大洪水发生，10 月和 11 月上旬虽有洪水发生，但频次较少。在充分分析洪水特性的基础上，考虑从 9 月 1 日起至最后一次洪水，利用部分防洪库容蓄水，最高可蓄到正常蓄水位 872.00m，以增加供水期的调节流量，变弃水能量和季节性电能为供水期的保证出力，增加水电站的调峰效益。

为研究后汛期水库水位抬高，最高蓄至正常蓄水位 872.00m 时对水库回水的淹没范围（5 年一遇、20 年一遇）和大坝安全是否产生影响，又对后汛期洪水进行调节计算。后汛期洪水典型选取了坝址以上来水较大且次峰靠后的 1986 年和 1992 年洪水（后汛期为 9 月 1 日至 11 月 15 日），按水库主汛期的防洪调度运行原则进行调算。计算结果表明：对水库淹没标准洪水，水库坝前最高水位仍为正常蓄水位；对于大坝设计、校核标准洪水，其坝前最高水位较主汛期相应频率最高洪水位分别低 0.72m 和 1.89m，所以汛后抬高水位运行对水库淹没和大坝安全均无影响。

5.5　灌溉

5.5.1　灌区概况

　　龙江下游支流河谷两侧有着宽阔的河谷盆地（亦称"坝子"），河漫滩地及二级阶地，土地资源丰富。本地属南亚低纬度热带季风区，多年平均降水量 1400～1900mm，雨量丰沛，多年平均气温近 20℃，较为湿热。全年大于等于 10℃ 的积温大于 7000℃；全年霜期 18～25 天，适于作物生长，优越的光、热、水、土条件为本地区的农业生产发展奠定了坚实基础，成为云南省的主要粮蔗生产基地。规划区内约有人口 7.6 万人；耕地 20 万亩，其中水田约 11.9 万亩，分布高程为 780.00～800.00m。农村收入中的 80％ 来源于农业收获。但是多年来，由于灌溉多为自流引水工程，缺少控制性蓄水工程，旱涝保收面积不足耕地面积的 1/3，经常受到干旱威胁的耕地约有 10.7 万亩，占耕地面积的 54％ 之多，也是复种指数不高的原因之一，单产也低于全省平均水平，未能充分发挥出本地自然条件的优势。因此，缺乏保证的灌溉水源是制约本地区农业发展的关键因素。在云南省农业综合开发规划中把 RL 坝灌区列入滇西南重点农业开发区内，可见本灌区在云南省农业发展中的作用。

　　因此为龙江库下的 ZF 坝灌区和 RL 坝灌区增加有调节的灌溉水源是必要的。

5.5.2　灌溉现状

　　干旱是本流域的主要自然灾害，旱季降水量仅占全年的 18％，又加上缺少骨干工程，特别是蓄水工程，而是多以引水工程自流引水，供水量不能稳定保证。尤其是旱季的 4—5 月，正是本地大宗作物水稻的播种与苗期，常不能满足作物需水要求，大部分流经沙土区的河流，含沙量较大，又加上渠系不配套，管理不善，造成取水口及渠道多有冲淤、坍塌，水流受阻或外溢。灌溉水量不足，供给质量不高，都直接影响当年农业粮食产量和边民收入。现有可垦荒地也不能投入垦殖。现将 ZF 坝灌区和 RL 坝灌区分述如下。

5.5.2.1　ZF 坝灌区

　　ZF 坝灌区灌溉以引水工程为主，所灌面积占总灌溉面积的 93％，少量的小（二）型塘坝、提水工程不起大的作用。现有缺水面积 6.3 万亩是现有灌溉面积 3.39 万亩的近两倍。分布于龙江下游支流两岸干旱片的面积有 3.28 万亩，主要引水工程有龙江大沟（含渠首）和弄坎大沟（含渠首）。龙江大沟全长约 2.3km，仅护砌 1.8km。渠首为两孔两闸，设计流量为 3.0m³/s，由于灌溉水流经当地较厚的沙性土，渠堤及沟坡坍塌段长，渗漏水量较大。闸前泥沙淤积严重，实际引水流量 1.8m³/s。实际灌溉约 5000 亩。弄坎大沟全长约 4.7km，渠道无衬砌。渠首为两孔两闸，设计流量为 3.0m³/s，同上述原因，实际只能引水 1.5m³/s，渠道每年得清淤，实际灌溉面积约有 6000 亩。

5.5.2.2　RL 坝灌区

RL 坝灌区地处江边，地势平坦，是德宏州的农业主产区。旱季现有部分高地及二级阶地缺水，土壤为第四纪洪积层，耕层 30～60cm，为砂壤土。本坝区的团结大沟是当地的骨干水利工程，始建于 1958 年，无坝取水，设计引水流量 5.25m³/s，但由于渠首位置不当，1975 年竣工将渠首上延 1.4km，可正常引水流量 6.0m³/s，最枯引水流量 4.6m³/s，实灌 2.82 万亩。但由于 RL 坝区全属沙性土，工程不配套，坍塌滑坡地段多，渗漏水量大，影响效益发挥，1990 年后，根据滇西南农业综合开发的需要分片开发，团结大沟是其骨干水利工程，需对团结大沟进行扩建、配套与衬砌防渗工程建设，经批复后于 1990 年 12 月动工至 1993 年 6 月完成一期工程，扩建后的渠首位于龙江水库下游 41km 处。引水流量可达 6.0m³/s，总干全长 22.5km（上有空流段 10.3km），控制灌溉面积 3.2 万亩（新增 0.4 万亩），以灌溉水稻为主。现已初步形成系统灌排网。现渠首进水闸 2 孔，孔宽 2.4m，高 1.8m，渠底高程 760.967m，年引水 3000 万 m³。此外，现有 3 处零星灌片，合计有灌溉面积 0.64 万亩，引用流量 0.9m³/s。

综上所述，龙江水库下游现有从龙江下游支流引水的灌溉面积为 4.94 万亩，全年引水量 0.51 亿 m³，正常引用流量为 10.2m³/s，尚有 5 万余亩耕地需要灌溉。

5.5.3　龙江水库的建成将大幅度增加下游灌溉水源

根据 1994 年 8 月云南省水利水电勘测设计研究院提出的《龙江流域灌溉专业报告》安排，库下有两片较大灌区即 ZF 坝灌区和 RL 坝灌区与龙江水库供水有关。

ZF 坝灌区是龙江水库的直供灌区，作为龙江水库的配套工程，设有东、西灌溉干渠。东干渠灌溉原龙江大沟灌区部位较高耕地，初拟渠道长 9.6km，设计流量 2.83m³/s；西干渠灌溉 NK 灌区位置较高耕地，干渠长 17.9km，设计引水流量 0.87m³/s，为保证这片灌区 3.28 万亩灌溉面积的要求，需引用流量 4.51m³/s。

RL 坝灌区利用已建团结大沟引水工程。控制 3.2 万亩农田供水，设计引水能力 6.0m³/s。团结大沟枯季进水闸前水深 1.3～1.5m，可引流量 4.6～6.0m³/s，进水闸底高程 761.00m，上游最枯水位 762.30m，即闸前水深近 1.3m，在 $P=95\%$ 时，尚有约 5000 亩耕地无水灌溉。此外还有需要灌溉的土地，故预留引水流量 5.5m³/s，待新建开发工程后利用。其他有 3 处分散小块灌片，合计引用 0.9m³/s，灌溉水田面积 6365 亩。

综合以上，龙江水库建成后下游将引用灌溉流量 16.81m³/s，相应灌溉面积 10.12 万亩，全年用水量 1.36 亿 m³（以上均含境外预留）。因枯水临界期水库放流为 60m³/s，远大于灌溉引水流量，因此，只要兴修新的供水工程就能扩大灌溉面积。目前，团结大沟在枯水年时，水位略偏低，不能全部满足引灌要求。据有关资料，取水口上游多年最枯流量为 30.0m³/s，一般年枯水期流量在 30.0～50.0m³/s；龙江水库建成后的枯水期月平均最低放流量为 60.0m³/s，可以大幅度地增加枯水期下游流量，相应较大地提高了河水位，可充分满足团结大沟的引水要求。

5.6　其他

龙江流域有 5576km² 的流域面积位于德宏州境内，海拔较高处重峦叠嶂瀑布发育，海拔较低处盆坝相间、泉潭密布，再加上温暖湿润气候条件，自然景观十分壮丽。但是，由于过去落后的农业生产方式的影响，有 60％以上的土地水土流失严重，地表剥蚀，冲沟发育，江河水由清渐浊，极大地破坏了自然环境，也阻碍了当地旅游业的发展。

龙江水电站枢纽工程的兴建，可为其他各业的发展提供充足的电力和免受洪水侵害的安全保障，又可为改善水库下游的水域环境、发展水产养殖业和进一步开发当地旅游资源创造有利条件，该工程的建设必将带动地方经济的全面发展，为边疆少数民族地区带来丰厚的经济效益。

5.7　水能计算及洪水调节

5.7.1　径流调节计算

龙江水电站枢纽是龙江流域规划开发的第 11 级工程，坝址以上流域面积为 5758km²，实测的多年平均流量为 199m³/s，水库正常蓄水位为 872.00m，相应库容为 11.31 亿 m³；死水位为 845.00m，相应库容为 4.52 亿 m³，兴利库容为 6.79 亿 m³。工程是以发电、防洪为主，兼顾灌溉的综合性枢纽工程，并为城市供水、养殖和旅游提供有利条件。电站总装机容量 278MW［3×86MW＋1×20MW（生态机组）］。

5.7.1.1　基本资料

（1）径流资料采用 1960—2002 年共 43 年长系列月平均流量，坝址多年平均流量为 199m³/s，预可研阶段坝址多年平均流量为 201m³/s，可研阶段由于系列的变化减少近 1％。

（2）水量损失：包括蒸发损失和渗漏损失，由于地质条件较好，永久渗漏损失量甚小可忽略不计，水库蒸发增损值见表 5.6。

表 5.6　　　　　　　　　　龙江水库多年平均逐月水面增损表

月份	1	2	3	4	5	6	7	8	9	10	11	12	全年
增损量/mm	13.4	17.9	26.9	29.1	24.6	17.9	15.8	17.9	17.9	15.8	13.4	13.4	224

（3）经复核后的水位-流量关系线与预可研阶段相比基本无变化。采用复核后的坝下 200m 处水位-流量关系曲线。

（4）水库面积、容积曲线采用 1∶10000 实测库区地形图量算成果。

（5）水头损失：

$$h_{损} = 1.6939 \times 10^{-5} \times Q^2 \tag{5.1}$$

式中：Q 为发电引用流量。

5.7.1.2　径流调节原则及方法

（1）水电站设计保证率为 90％。

（2）水库在汛期 6—8 月时，维持汛限水位 870.50m 运行，一般情况在大机组不发电时生态机组放流发电；在汛期为减少弃水，获得汛期电量生态机组和大机组可同时发电。

（3）经分析计算出力系数为 8.6。

（4）本水库属于年调节，计算中采用长系列等出力操作。

（5）计算时段为月。

5.7.1.3　径流调节计算成果

径流调节计算成果见表 5.7。

表 5.7　　　　　　　　　　龙江水电站径流调节计算成果表

项　目	单　位	指　标	备　注
正常蓄水位	m	872.00	
死水位	m	845.00	
多年平均流量	m³/s	199	
最大水头	m	81.5	
最小水头	m	50	
设计水头	m	66.5	
设计引用流量	m³/s	406.5	
总库容	亿 m³	12.17	
正常蓄水位相应库容	亿 m³	11.31	
调节库容	亿 m³	6.79	
装机容量	MW	278（258＋20）	生态机组 20MW
保证出力	MW	68.5	
多年平均发电量	亿 kW·h	11.48（10.58＋0.9001）	其中：生态机组 0.9001
水量利用系数	%	92.2	

5.7.2　洪水调节计算

5.7.2.1　基本资料

（1）洪水资料。下游地区的洪水组成情况采用了以 D 水文站为控制断面的几种典型，其一是以龙江区间流量较大的 1974 年型和 1976 年型；其二是以龙江坝址以上来水较大且主峰靠后的 1985 年和 1986 年洪水典型。坝址洪水选择洪峰洪量的时程分配对工程不利的两个典型，其中 1985 年洪水在峰顶附近出现峰值相近的双峰型，1986 年属较为肥胖的洪水过程。各频率设计洪水过程线采用峰量同频率分段控制放大。

龙江坝址的设计洪水参数由地区综合关系推算。由于坝址位于 C 站和 D 站之间，因此综合关系线主要参考此两站的洪水参数。

（2）下游控制断面及安全泄量。根据龙江流域防洪总体规划，下游城市堤防的防洪标准为 30 年一遇。根据地区洪水特性和断面的设计情况，下游城市的防洪控制断面选用 D 断面（水文站）和 TH 断面。D 断面和 TH 断面 30 年标准的堤防设计流量分别为 2890m³/s、3010m³/s，以此作为堤防的安全泄量。

（3）泄洪设备。龙江工程泄洪建筑物为开敞式溢洪道，共设 3 孔，单宽 12m，堰顶高程 860.00m。

5.7.2.2　调洪原则

龙江坝址以上控制流域面积 5758km²，坝址至 D 站区间流域面积为 2004km²。龙江坝址距下游 D 断面 14.4km，其间有支流汇入，龙江坝址至 D 断面洪水传播时间 3h，D 断面至 TH 断面 33.76 km，D 至 TH 区间流域面积为 479 km²。其间无大的支流汇入，洪水传播时间 6h。龙江水库的防洪调度是以坝前水位和入库流量作为判断条件，采用坝址洪水静库容调洪计算方法。首先根据水库下游防洪目标，对以 D 断面控制不同典型的地区组合洪水（$P=2\%$），按假定的调洪原则进行调节计算，将水库的下泄流量过程采用马斯京根法演进到 D 断面与区间洪水组合，组合后再演进到 TH 断面与区间洪水峰值叠加，以不超过堤防安全泄量为条件，最终确定调洪原则。调洪原则见表 5.8。

表 5.8　　　　　　　根据入库流量和库水位拟定的调洪原则表（872.00m 方案）

调洪方式	库水位控制 $Z_库$/m	入库流量控制 $Q_入$/(m³/s)	区间流量控 $Q_区$/(m³/s)	水库放流 $Q_放$/(m³/s)
固定泄量	(1) 870.5≤$Z_库$<871.37 (2) 871.37≤$Z_库$<872.0 (3) 872.0 ≤$Z_库$	$Q_入$<1650 $Q_入$≥1650		$Q_放=Q_入$ $Q_放=1650$ $Q_放=2250$ 按泄流能力泄流

注　退水根据具体时间及来水情况适当加大放流，降低水位，迎接后期洪水。
　　表中：$Q_入$为时段平均入库流量，m³/s；$Q_放$为时段平均放流量，m³/s；$Q_区$为区间流量，m³/s；$Z_库$为时段初库水位，m；$Z_防$为防洪高水位，m。

正常蓄水位 872.00m 方案水库防洪调度运行原则如下：

(1) 主汛期（6 月 1 日至 8 月 31 日），水库按汛限水位 870.5m 运行。

当水库水位低于 871.37m，且入库流量小于 1650m³/s 时，下泄流量等于入库流量；当水库水位低于 871.37m，且水库入流等于或大于 1650m³/s 时，下泄流量为 1650m³/s。

(2) 当水库水位等于或大于 871.37m，且小于 872.00m 时，控制下泄流量为2250m³/s。

(3) 当水库水位等于或大于水库正常蓄水位 872.00m 时，水库按泄流能力泄流。

(4) 当水库进入退水过程时，根据具体时间及来水情况适当加大放流，降低水位，迎接后期洪水。

(5) 在洪水调节计算中，当洪水小于、等于厂房校核标准洪水时，机组参与泄洪，当洪水超过厂房校核标准洪水时，则不考虑机组过流。

(6) 调洪时段为 3h。

5.7.2.3　水库特征水位

龙江水电站枢纽工程特征水位成果见表 5.9。

表 5.9　龙江水电站枢纽工程特征水位成果表

项　　目		特征水位值/m
大坝	校核（0.05%）	874.54
	设计（0.2%）	872.72
厂房	校核（0.5%）	872.13
	设计（1%）	872.03
正常蓄水位		872.00
汛限水位		870.50
防洪高水位		872.00
死水位		845.00

5.7.3　正常蓄水位选择

5.7.3.1　方案拟定

在《云南龙江水电站枢纽工程预可行性研究报告》（以下简称"预可研报告"）中

经过对水位 870.00m、872.00m、874.00m、876.00m 四个方案的综合比较，最后推荐正常蓄水位为 872.00m。可研阶段通过对动能经济指标、水库淹没范围、泥沙淤积情况和工程技术条件、投资费用等多方面进行综合比较，复核预可研阶段推荐的 872.00m 方案。为此拟定了 870.00m、871.00m、872.00m、873.00m、874.00m 五个方案。

5.7.3.2　影响正常蓄水位的地形、地质条件

坝址及库区地形不存在控制条件。地质方面、库区断层不发育，无横穿分水岭或通向库外的宽大断层，水库蓄水后不存在渗漏问题，坝址两岸山坡比高 200～300m，坡度一般小于 20°。库岸主要由混合片麻岩构成，夹少量变粒岩及大理岩。坡积层厚 3m 左右，河谷为横向谷，片麻理走向与河流呈 60°～80°斜交，倾向上游，倾角 45°～60°，对两岸岸坡稳定有利。因此库岸稳定问题不控制正常蓄水位。

5.7.3.3　不同正常蓄水位的库区淹没情况

根据水库淹没处理补偿标准，龙江水库耕地淹没范围采用 5 年一遇洪水水面线的外包线，坝前段回水外包线低于正常蓄水位加 0.50m 时，按高出正常蓄水位 0.50m 计算；淹没居民迁移线范围采用 20 年一遇洪水水面线的外包线，坝前段回水外包线低于正常蓄水位加 1.00m 时，按高出正常蓄水位 1.00m 计算。公路和公共设施的淹没范围采用 25 年一遇洪水水面线的外包线，坝前段回水外包线低于正常蓄水位加 1.00m 时，按高出正常蓄水位 1.00m 计算。淹没范围主要是潞西县、陇川县、梁河县 7 个乡 21 个村，各方案淹没实物指标见表 5.10。

表 5.10　　　　　　　　不同正常蓄水位主要淹没指标及补偿投资表

项　　目		单位	正　常　蓄　水　位 /m				
			870.00	871.00	872.00	873.00	874.00
淹没耕地		亩	15228	15479	15945	16465	17351
其中	水田	亩	6986	7056	7187	7560	8196
	旱田	亩	8242	8422	8758	8904	9155
淹没耕地差		亩	251	466		520	886
淹没林地		亩	20656	20966	21543	21707	21986
淹没林地差		亩	310	577		164	279
淹没房屋		m²	104429	106353	109925	116840	128613
淹没房屋差		m²	1924	3572		6915	11773
迁移人口		人	3926	3999	4133	4393	4836
迁移人口差		人	73	134		260	443
淹没处理补偿投资		万元	59804.09	60798.14	62644.23	66710.14	73633.17
淹没处理补偿投资差		万元	994.05	1846.09		4065.91	6923.03

5.7.3.4　能量指标分析

在进行能量指标计算中，各方案的防洪作用相同，即预留相同的防洪库容；水库的消落深度以 872m 方案进行初步分析 27m 左右较有利，为相应最大水头的 33%，并以此计算其他方案的消落深度；各方案的装机容量以装机利用小时数基本相同，并兼顾装机与保证出力倍比关系分析确定。各正常蓄水位方案的能量指标计算结果见表5.11。

表5.11 不同正常蓄水位动能指标

项 目	单位	正常蓄水位/m				
		870.00	871.00	872.00	873.00	874.00
装机容量	MW	234	237	240	243	246
装机容量差	MW	3		3	3	3
保证出力	MW	60.5	62.9	64.6	66.3	67.8
保证出力差	MW	2.4		1.7	1.7	1.5
多年平均发电量	亿 kW·h	10.08	10.20	10.33	10.46	10.59
多年平均发电量差	亿 kW·h	0.12		0.13	0.13	0.13
装机利用小时数	h	4308	4304	4304	4305	4305
装机与保证出力倍比	倍	3.87	3.77	3.72	3.67	3.63

5.7.3.5 主要工程量及投资

各正常蓄水位方案的主要工程量及投资见表5.12。

表5.12 不同正常蓄水位方案主要工程量表

项 目		单位	正常蓄水位/m				
			870.00	871.00	872.00	873.00	874.00
土方开挖		m³	1390163	1392525	1394888	1397250	1399613
石方开挖		m³	1212825	1215450	1218075	1220700	1223325
混凝土		m³	701930.3	712283.3	722635.3	733146.3	743658.3
钢筋量		t	6127	6149.5	6172	6201	6229
钢材量		t	72.24	72.24	72.24	72.24	72.24
固结灌浆		延米	47577	48127	48677	49227	49777
帷幕灌浆		延米	28160	28160	28160	28160	28160
回填灌浆		延米	13137	13137	13137	13137	13137
方案间差值	土方开挖	m³	2362	2363	2362	2363	
	石方开挖	m³	2625	2625	2625	2625	
	混凝土	m³	10353	10352	10511	10512	
	钢筋量	t	22.5	22.5	29	28	
	固结灌浆	延米	550	550	550	550	

5.7.3.6 正常蓄水位方案经济比较

龙江水电站枢纽工程各正常蓄水位方案经济比较，采用方案间差额投资经济内部收益率法，方案间效益差值用火电替代方法计算。计算的主要参数如下：

(1) 容量和电量的替代系数分别为 1.1 和 1.06。

(2) 火电单位千瓦投资取 5000 元/kW，标准煤单价 300 元/t，煤耗率取 350g/(kW·h)。

(3) 社会折现率 12%。

(4) 年运行费：水电取投资的 2%；火电取投资的 5%，另加燃料费。

(5) 电站的经济使用年限：土建 50 年；机电及金属结构 25 年；火电为 25 年，中间需进行一次设备更新。

各正常蓄水位方案动能经济指标见表 5.13。

表 5.13　　　　　　　　　　　不同正常蓄水位方案动能经济指标表

项　目	单位	正 常 蓄 水 位 /m				
		870.00	871.00	872.00	873.00	874.00
静态总投资	万元	203236	205162	207895	213031	221156
静态总投资差	万元	1926		2733	5136	8125
单位千瓦投资	元/kW	8685	8657	8662	8767	8990
单位电能投资	元/(kW·h)	2.01	2.01	2.01	2.04	2.09
补充单位千瓦投资	元/kW	6420		9110	17120	27083
补充单位电能投资	元/(kW·h)	1.55		2.10	3.98	6.11
经济内部收益率	%	13.42	13.51	13.49		13.18
差额投资内部收益率	%	24.79		12.44	3.08	—

(1) 从电能指标看，正常蓄水位越高，发电效益越大。870.00～874.00m 每抬高 1m，方案间保证出力增加 2.4～1.5MW；多年平均发电量增加 0.12 亿～0.13 亿 kW·h，各方案间差额不大。

(2) 从水库淹没实物指标及其处理补偿投资分析，各正常蓄水位方案淹没耕地分别为 15228 亩、15479 亩、15945 亩、16465 亩、17351 亩；淹没影响人口分别为 3926 人、3999 人、4133 人、4393 人和 4836 人；淹没林地分别为 20656 亩、20966 亩、21543 亩、21707 亩和 21986 亩。淹没处理补偿投资分别为 59804.09 万元、60798.14 万元、62644.23 万元、66710.14 万元和 73633.17 万元。水位 870.00m、871.00m、872.00m 方案间淹没影响人口分别增加 73 人和 134 人；而 872.00m 方案以上抬高 1m 将增加淹没影响人口 260 人 和 443 人，增幅较大。870.00～872.00m 之间每抬高 1m 方案间淹没处理补偿投资差值分别为 994.05 万元和 1846.09 万元；872.00～874.00m 之间每抬高 1m 方案间淹没处理补偿投资差值分别是 4065 万元和 6923.03 万元。从水库淹没实物指标和淹没处理补偿投资来看，是 872.00m 方案以下有利。

(3) 从工程量上看，方案间增加值比较均匀。

(4) 从单位经济指标来看，各方案单位千瓦投资为 8657～8990 元/kW；方案间补充单位千瓦投资为 6420～27083 元/kW。由于单位经济指标是工程投入与产出的综合指标，从其变化趋势可初步评价方案的经济性。从该项指标分析，872.00m 方案单位千瓦投资最低，且方案间补充单位千瓦投资与方案本身指标接近，而 872.00m 以上方案，方案间补充单位千瓦投资均远大于方案本身指标，同理，方案间补充单位电能投资亦成此规律，说明正常蓄水位 872.00m 方案是经济的。

（5）从经济指标看，正常蓄水位 870.00m、871.00m、872.00m、873.00m、874.00m 各方案经济内部收益率均大于 12%；870.00~872.00m 相邻方案间差额投资经济内部收益率分别为 24.79%、12.44%，方案间差额内部收益率大于社会折现率 12%，说明 872.00m 方案经济效果较好；872.00m 以上方案间差额投资经济内部收益率均小于社会折现率 12%，说明高于 872.00m 方案不经济。

综合以上因素，872.00m 方案较为经济合理，因此，选定龙江水电站枢纽工程的正常蓄水位 872.00m。

5.7.4　死水位选择

龙江水电站枢纽坝址以上流域植被良好，河水含沙量较小，淤积量不大，年平均悬移质输沙量为 378.1 万 t，水库运行期 50 年，坝前淤积高程达到 809.50m，死水位选择不受泥沙淤积高程限制。又因龙江水库的开发任务以发电、防洪为主，兼顾灌溉，坝上无取水要求，灌溉均在坝下河道引水，故死水位选择主要取决于发电指标。

可研阶段拟定了 843.00m、845.00m、847.00m、849.00m、851.00m、853.00m 六个死水位方案进行水能调节计算，其计算成果见表 5.14。

表 5.14　　　　　　　　　　不同死水位水能调节计算成果表

项　　目		单　位	死 水 位 方 案					
			853.00m	851.00m	849.00m	847.00m	845.00m	843.00m
正常蓄水位		m	872.00	872.00	872.00	872.00	872.00	872.00
装机容量		MW	240	240	240	240	240	240
保证出力		MW	63.4	64.8	66.2	67.4	68.4	69.2
多年平均发电量		亿 kW·h	10.45	10.41	10.38	10.35	10.32	10.30
方案间差值	保证出力	MW	1.4	1.4	1.2	1.0	0.8	
	多年平均发电量	亿 kW·h	−0.04	−0.03	−0.03	−0.03	−0.02	

从表 5.14 中数据可以看，随着死水位的降低保证出力呈增加的趋势，增加幅度在减小，845.00m 以下增幅降至 0.4MW/m；年发电量呈减小的趋势，但减幅不大。死水位每降低 2m 保证出力增加 0.80~1.4MW，年发电量减少 0.02 亿~0.04 亿 kW·h，从此角度看是死水位越低越有优势。

从龙江水电站的地理位置及其在德宏州电网中的作用来看，调节库容和保证出力以大些为宜，因此可研阶段推荐龙江水库死水位 845.00m。

5.7.5　装机容量选择

5.7.5.1　装机容量方案拟定

随着西部大开发战略的实施，德宏州经济快速发展，《云南省龙江流域规划报告》中推荐的龙江水电站 150MW 的装机容量，已不适合电网负荷发展的需要，龙江水电站工程的装机容量经过预可研阶段的进一步论证，推荐为 240MW。可研阶段围绕 240MW 方案拟定装机容量为 240MW（另装 20MW 生态小机组）、258MW（另装 20MW 生态小机组）和 276MW（另装 20MW 生态小机组）三个方案，20MW 生态小机组是为根据环境流量而装设，其运行只是在大机组不运行和有弃水的情况下运行，因此不参与系统平衡。

5.7.5.2　电力电量平衡

（1）设计代表年选择。电力电量平衡设计代表年选择，主要从能量的角度出发，根据龙江水电站径流调节成果，并考虑到设计电站的代表年平均电量与多年平均发电量的关系，水电站群汛、枯期及全年平均出力保证率等进行选择。设计枯水年在保证率 90％附近、设计平水年在保证率 50％附近、设计丰水年在保证率 10％附近，经分析比较，最终采用的代表年为：

丰水代表年：1988 年 6 月至 1989 年 5 月（10％）。

平水代表年：1989 年 6 月至 1990 年 5 月（50％）。

枯水代表年：1975 年 6 月至 1976 年 5 月（90％）。

龙江水电站三个代表年的年发电量分别为 112797.7 万 kW·h、104549.3 万 kW·h 和 95251.4 万 kW·h，三个代表年平均的年发电量为 104199.5 万 kW·h，与多年平均年发电量 105805.8 万 kW·h 仅相差 1.5％；上述三个代表年的平均流量分别为 220.15m³/s、195.76m³/s 和 173.70m³/s，三个代表年平均流量为 196.54m³/s，与龙江水电站多年平均流量 199m³/s 仅相差 1.05％。因此，三个代表年具有代表性。各水电站设计枯、平水代表年出力过程分别见表 5.15、表 5.16。

表 5.15　　　　　　　　水电站群各电站出力过程表（枯水年）　　　　　　单位：MW

电站		1 月	2 月	3 月	4 月	5 月	6 月	7 月	8 月	9 月	10 月	11 月	12 月
金安桥电站		420.5	394	407.2	491	1182.6	1723.4	1621.1	1879.8	1970.5	1056.4	706.1	506.3
小湾电站		342.9	439.5	342.9	410.8	592.3	447.9	431.7	480.6	588.3	599.5	676.9	520
漫湾电站		533.6	707.98	586.55	720.84	968.28	652.9	606.87	639.25	758.16	799.29	917.74	736.17
大朝山电站		463.6	588.3	489.6	614.7	875.1	569.8	548.2	555.4	617.1	629.7	809.8	664.9
鲁布革电站		112.2	97	60	60	139.6	600	600	600	445.3	350.1	193.8	133.0
已建有调节电源		525	395	321.6	300.7	493.2	331.6	410.2	476.9	668.2	400	304.6	538.5
已建无调节电源		763.9	623.7	613	620.7	616	1290.3	2274.8	2211.3	2194.7	1908	1244.7	1099.5
拟建中型电站		1425.8	1318	1196.8	1188.5	1263.5	2251.6	2916.9	3631.9	2949.7	2343.4	1852	1538.6
溪洛渡电站		270.6	270.6	270.6	270.6	287	0	0	0	0	0	448.5	282.2
景洪电站		1029	903.1	1086	1008.9	683.1	916.9	951.1	892.4	744.5	728.3	569.7	769.4
龙江	240	68.5	68.5	68.5	68.5	68.5	68.5	118.0	167.9	189.6	177.9	171.1	73.2
	258	68.5	68.5	68.5	68.5	68.5	68.5	115.6	167.5	189.4	177.5	170.8	73.0
	276	68.5	68.5	68.5	68.5	68.5	68.5	115.3	167.5	189.3	177.5	170.7	73.0
合计	240	5955.6	5805.7	5442.8	5755.2	7169.2	8852.9	10478.9	11535.9	11126.2	8992.6	7894.9	6861.7
	258	5955.6	5805.7	5442.8	5755.2	7169.2	8852.9	10476.2	11535.6	11125.8	8992.2	7894.6	6861.6
	276	5955.6	5805.7	5442.8	5755.2	7169.2	8852.9	10476.2	11535.6	11125.8	8992.2	7894.5	6861.6

表5.16　　　　　　　水电站群各电站出力过程表（平水年）　　　　　单位：MW

电站		1月	2月	3月	4月	5月	6月	7月	8月	9月	10月	11月	12月
金安桥电站		545.7	490.2	497.2	614.3	1002.4	1564.8	2400	2400	2400	1888.9	1085.7	680.1
小湾电站		552	543.1	531.9	519.7	509.1	549.6	456	997.6	1102.7	735	555.9	556.6
漫湾电站		815.77	857.64	889.36	929.2	632.97	845.24	651.92	1286.3	1379.98	921.49	743.67	771.82
大朝山电站		672.3	679.6	693.9	710.5	727.8	641.9	568.8	995.1	991.6	774.6	680.5	673.6
鲁布革电站		155.1	181.8	102.4	112.2	159.2	600	600	600	600	474.7	358.7	205.4
已建有调节电源		351.3	583.7	339.4	340.1	459.3	383.9	560.4	612.1	538.6	520.5	661.8	382.8
已建无调节电源		810.6	681.9	666.5	657.8	655.5	1420.2	2376.2	2389.6	2406.8	2090.6	1329	1209.6
拟建中型电站		1624	1541.1	1426.2	1386.1	1731.6	2565.7	3522.2	4143.5	3590.8	3491	2462.1	1865.6
溪洛渡电站		298.6	290.2	311.1	310.1	330.1	0	0	0	0	0	482.5	328.8
景洪电站		736.6	737.3	739	741.4	742.8	735.4	911.3	1678.2	1398.2	738.2	751.7	739.5
龙江	240	68.5	68.5	68.5	68.5	55.7	68.5	177.3	232.7	185.1	240.0	123.0	68.5
	258	68.5	68.5	68.5	48.0	68.5	68.5	175.0	232.7	184.7	258.0	122.8	68.5
	276	68.5	68.5	68.5	68.5	68.5	68.5	174.7	232.7	184.7	276.0	122.8	68.5
合计	240	6630.5	6655.0	6265.5	6389.9	7006.8	9375.2	12224.2	15335.1	14593.8	11875.0	9234.6	7482.3
	258	6630.5	6655.0	6265.5	6369.4	7019.6	9375.2	12221.9	15335.1	14593.4	11893.0	9234.4	7482.3
	276	6630.5	6655.0	6265.5	6369.4	7019.6	9375.2	12221.5	15335.1	14593.4	11911.0	9234.3	7482.3

（2）电力电量平衡的原则和方法。根据云南省水电站群径流补偿调节计算成果，采用设计枯、平水代表年各月各电站的平均出力参加云南省网2015年水平的电力电量平衡，以确定龙江水电站在系统中的工作容量和系统对其电量的吸收情况。

平衡原则和方法如下：

1）参加平衡各电源点工作位置安排。在电力电量平衡中，根据不同电源特性合理安排各类电站的工作位置，对于已投产及先于龙江水电站投产的电源优先安排其容量和电量；为使火电站减少油耗、煤耗并安全运行，一般安排在系统基荷运行，使其日内出力尽可能均匀；有日调节以上能力的电站参加系统调峰，在日负荷图上的工作位置，根据各电站各月的平均出力和可用容量而定。

2）备用容量。系统备用由事故备用和负荷备用两部分组成，分别按系统最大负荷的9％和3％设置，事故备用由水、火电分担，水、火电和水电站之间所分担的事故备用原则上按各电站之间工作容量比例分担，水电站在承担事故备用时，考虑其备用库容的限制。其中负荷备用全部由水电站承担。

3）检修安排。水、火电站机组的检修周期均按每年检修一次，每次检修时间按一个月计。水电站按逐台进行检修，即各电站每个月只检修一台机组；火电按面积安排检修。在不增加系统装机容量的情况下，尽量使水电站弃水损失最小，尽量利用水电站的空间容量和火电群的调峰容量；调节性能差的水电站检修安排在枯水期出力较小的月份，调节性能好的水电站和火电站机组的检修则根据系统负荷情况和电站出力情况进行安排。

（3）电力电量平衡成果分析。根据上述基础数据、平衡原则和方法对龙江水电站装机容量 3×80MW、3×86MW 和 3×92MW 三个方案进行了电力电量平衡计算。

从电力电量平衡结果来看，由于云南电网规模较大，龙江水电站的三个装机容量方案发电量系统均可以吸收，扣除检修容量、备用容量外，全部为工作容量，电站无受阻容量和空闲容量。

从 258MW 方案最大负荷月 10 月来看，龙江水电站工作容量为 229MW，事故备用容量 21MW，负载备用容量 8MW，本月不安排检修。该装机容量 258MW 方案的枯水年、平水年电力电量平衡结果见表 5.17、表 5.18。

表 5.17　　　　　　　　　　　云南电网枯水年电力电量平衡成果表　　　　　　　　　单位：MW

电源	项目	1月	2月	3月	4月	5月	6月	7月	8月	9月	10月	11月	12月
系统	装机容量	34171	34171	34171	34171	34171	34171	34171	34171	34171	34171	34171	34171
	工作容量	24047	24246	24783	24980	24152	26259	25385	25165	25602	26488	25243	25841
	事故备用	2392	2389	2365	2365	2365	2393	2383	2381	2386	2384	2388	2385
	负载备用	796	796	796	796	796	796	796	796	796	796	796	796
	计划检修	3516.4	3213.4	2797.4	2694.5	1971	1000	2930	2940	2630	1600	2719.9	2413.4
	空闲容量	3421.7	3525.7	3431.1	3335.2	4887.3	3724	2678	2889	2757	2903	3024.8	2734.6
	平均负荷	14039	14284	14529	14774	14496	16229	15738	15624	15984	16343	14774	15134
其他水电站	装机容量	19813.4	19813.4	19813.4	19813.4	19813.4	19813.4	19813.4	19813.4	19813.4	19813.4	19813.4	19813.4
	工作容量	12135.1	11926.6	11680.0	12021.3	13427.6	14952.0	15858.4	15798.2	15789.2	15732.6	14275.5	13483.9
	事故备用	1229.0	1210.0	1220.0	1213.0	1435.0	1357.0	1490.0	1497.0	1471.0	1416.0	1373.0	1256.0
	负载备用	788.0	788.0	788.0	788.0	788.0	788.0	788.0	788.0	788.0	788.0	788.0	788.0
	计划检修	3316.4	3213.4	2711.4	2608.5	285	0	0	0	0	0	1519.9	2413.4
	空闲容量	2344.9	2674.2	3414.9	3181.7	3878.3	2716.8	1676.5	1730.1	1764.3	1876.9	1856.6	1871.1
	平均负荷	5955.6	5805.7	5442.8	5755.2	7169.2	8852.9	10476.5	11535.6	11125.8	8992.2	7894.6	6861.6
龙江水电站	装机容量	258	258	258	258	258	258	258	258	258	258	258	258
	工作容量	222	225	162	162	162	221	231	232	228	229	226	228
	事故备用	28	26	2	2	2	30	19	18	23	21	24	22
	负载备用	8	8	8	8	8	8	8	8	8	8	8	8
	计划检修	0	0	86	86	86	0	0	0	0	0	0	0
	空闲容量	0	0	0	0	0	0	0	0	0	0	0	0
	平均负荷	69	69	69	69	69	69	116	168	189	178	171	73
火电站	装机容量	14100	14100	14100	14100	14100	14100	14100	14100	14100	14100	14100	14100
	工作容量	11688.8	12095.1	12940.4	12796.1	10562.6	11086.4	9295.1	9134.7	9584.9	10526.5	10741.4	12129.1
	事故备用	1134.4	1153.4	1143.4	1150.4	928.4	1006.4	873.4	866.4	892.4	947.4	990.4	1107.4
	负载备用	0	0	0	0	0	0	0	0	0	0	0	0
	计划检修	200	0	0	0	1600	1000	2930	2940	2630	1600	1200	0
	空闲受阻	1076.8	851.5	16.2	153.5	1009	1007.2	1001.5	1158.9	992.7	1026.1	1168.2	863.5
	平均负荷	6260	6018.2	5658.5	5950.1	7454.2	9489.1	10920.9	12460.6	12370.2	9733.3	8033.1	7148.7

表 5.18　　　　　　　　　云南电网平水年电力电量平衡成果表　　　　　　　　　单位：MW

电源	项目	1月	2月	3月	4月	5月	6月	7月	8月	9月	10月	11月	12月
系统	装机容量	34171	34171	34171	34171	34171	34171	34171	34171	34171	34171	34171	34171
	工作容量	24045	24242	24782	24978	24152	26259	25384	25161	25606	26509	25246	25841
	事故备用	2394	2393	2367	2367	2365	2394	2383	2385	2381	2363	2385	2386
	负载备用	796	796	796	796	796	796	796	796	796	796	796	796
	计划检修	3616.4	3413.4	2797.4	2694.5	1471	800	2900	3100	2700	1700	3069.9	2263.4
	空闲容量	3321.7	3325.8	3431.1	3335.1	5387.3	3924	2708	2729	2687	2803	2674.8	2884.6
	平均负荷	14039	14284	14529	14774	14496	16229	15738	15624	15984	16343	14774	15134
其他水电站	装机容量	19813.4	19813.4	19813.4	19813.4	19813.4	19813.4	19813.4	19813.4	19813.4	19813.4	19813.4	19813.4
	工作容量	12440.2	12426.5	12852.8	12869.6	13193	15004.7	15960	15930.1	15979.1	15900.1	14472.1	13848.2
	事故备用	1234	1222	1234	1226	1452	1362	1500	1510	1488	1431	1367	1278
	负载备用	788	788	788	788	788	788	788	788	788	788	788	788
	计划检修	3316.4	3213.4	2711.4	2608.5	285	0	0	0	0	0	1669.9	2263.4
	空闲容量	2034.8	2163.5	2227.2	2321.3	4095.4	2658.7	1565.4	1585.3	1558.3	1694.3	1516.4	1635.8
	平均负荷	7185.3	7096.7	6879.2	6908.1	7231.7	10193.6	12673.3	12643.6	12695.2	12517.1	9464.4	7903.8
龙江水电站	装机容量	258	258	258	258	258	258	258	258	258	258	258	258
	工作容量	220	221	161	161	162	220	230	228	232	250	229	228
	事故备用	30	30	3	3	2	30	20	22	18	0	22	23
	负载备用	8	8	8	8	8	8	8	8	8	8	8	8
	计划检修	0	0	86	86	86	0	0	0	0	0	0	0
	空闲容量	0	0	0	0	0	0	0	0	0	0	0	0
	平均负荷	68.5	68.5	68.5	48	68.5	68.5	175	232.7	184.7	258	122.8	68.5
火电站	装机容量	14100	14100	14100	14100	14100	14100	14100	14100	14100	14100	14100	14100
	工作容量	11383.7	11596.3	11766.7	11948.8	10796.7	11033.3	9194	9002.9	9395.9	10358.9	10545.2	11765.8
	事故备用	1129.4	1141.4	1129.4	1137.4	911.4	1001.4	863.4	853.4	875.4	932.4	996.4	1085.4
	负载备用	0	0	0	0	0	0	0	0	0	0	0	0
	计划检修	300	200	0	0	1100	800	2900	3100	2700	1700	1400	0
	空闲受阻	1286.9	1162.3	1203.9	1013.8	1291.9	1265.3	1142.6	1143.7	1128.7	1108.7	1158.4	1248.8
	平均负荷	10207.1	10440.9	11094	11210.3	10281.7	8815.2	5690.1	5558.5	5829.6	6653	8799.2	10795.4

第6章 水库运行方式

6.1 水库运行方式及多年运行特性

龙江水库正常蓄水位 872.00m，死水位 845.00m，有效库容 6.79 亿 m^3，死库容 4.52 亿 m^3，具有年调节性能，水库的主要任务是发电、防洪，其次是灌溉，灌溉在坝下河道取水，电站正常运行出流即能保证灌溉用水。泥沙对水库的运行方式没有什么特殊要求。因此，水库的运行方式主要从发电和防洪的角度来拟定。

6.1.1 水库的年运行方式

龙江水电站的供电范围为云南省电网，担任电网的调峰任务。也是电网主要调峰电源。

龙江水库的洪水可以划分为 6 月 1 日至 8 月 31 日的主汛期，9 月 1 日至 11 月 15 日为汛后期。且有主汛期洪水远大于后汛期洪水的特点，兼顾防洪和发电的需要，龙江水库采用防洪和发电库容重复利用的运行方式。经分析论证，6 月 1 日至 8 月 31 日，为满足防洪要求，水库应在正常蓄水位以下预留 0.5 亿 m^3 防洪库容，相应防洪限制水位 870.50m，8 月 31 日以后可根据径流调度的需要提高水位运行，最高可蓄至正常蓄水位 872.00m。

根据水库库容特性及长系列径流调节计算和洪水调节计算，绘制简易水库调度图。水库调度图由保证出力限制线和防弃水线组成，将水库分成保证出力区、降低出力区和加大出力区。其调度方式为：

（1）当库水位位于防弃水线和保证出力限制线之间时，水库按保证出力工作。

（2）当库水位位于保证出力限制线以下时，水库按 0.7 倍保证出力发电，但最低运行水位不得低于死水位，否则按天然来水流量发电。

（3）当库水位位于防弃水线以上时，水库按加大出力或装机容量发电，再有多余水量时水库弃水，使水位维持在正常蓄水位不变。

（4）主汛期水库水位维持防洪限制水位 870.50m 运行，具体洪水调度原则见表 6.1。

表 6.1 洪 水 调 度 原 则

调洪方式	库水位控制 $Z_库$ /m	入库流量控制 $Q_入$ / (m^3/s)	区间流量控制 $Q_区$ / (m^3/s)	水库放流量 $Q_放$ / (m^3/s)
固定泄量	（1）$870.5 \leqslant Z_库 < 871.37$ （2）$871.37 \leqslant Z_库 < 872.0$ （3）$872.0 \leqslant Z_库$	$Q_入 < 1650$ $Q_入 \geqslant 1650$		$Q_放 = Q_入$ $Q_放 = 1650$ $Q_放 = 2250$ 按泄流能力泄流

6.1.2 水库的日运行方式

根据水库年运行方式确定的日平均出力和电力系统的容量平衡决定水电站的日运行方

式。一般大汛期日平均出力较大，枯水期较小。当日平均出力达到装机容量时，水电站在基荷运行。日平均出力小于装机容量时，视日平均出力的大小，水电站在系统日负荷的腰荷或峰荷位置运行。

6.1.3 水电站的多年运行特性

按龙江水电站的选定参数及水库运行方式，采用1960年6月至2002年5月的径流系列进行调节计算。其主要多年运行特性如下。

6.1.3.1 水位特性

水库正常运行的最高水位为正常蓄水位872.00m，最低水位为死水位845.00m。43年中水库每年均可以蓄满，蓄满的概率达100%。龙江水库9月平均水位最高为871.25m；5月平均水位最低为855.08m。保证率50%的水位为871.30m。主汛后期开始蓄水，43年中均受到防洪限制水位870.50m的限制。从龙江水库多年运行水位过程可以看出，水库每年6月开始蓄水，一般在7月蓄到汛限水位；从12月或1月水库开始供水，发挥了水库对径流的调节作用。

6.1.3.2 水头特性

水电站最大月平均水头为78.70m，最小月平均水头为51.70m，水电站加权平均水头为74.99m。水电站在5月平均水头61.78m，10—12月平均水头最高78.66m，龙江水电站一般都维持在较高的水头下运行。

6.1.3.3 调节流量

从多年运行情况分析，龙江水库最大月平均出库流量392.23m³/s，最小月平均出库流量68.67m³/s，生态流量机组最小发电流量为29.11m³/s，保证率50%的出库流量128.15m³/s，枯水段平均出库流量107.22m³/s，比天然最枯月平均平均流量22.60m³/s，提高了84.62m³/s。

从龙江水电站径流过程看，其调节流量的逐月变化和来水的丰枯变化是相补偿的。汛期开始，天然来水较丰，水库就蓄水，调节流量较小。待蓄到汛期限制水位或正常蓄水位，调节流量就加大，甚至弃水。枯水期开始，来水量逐渐减少，调节流量逐渐加大，起到了水库蓄丰补枯的调节作用。

6.1.3.4 出力特性

作为系统主要调峰电站，其出力和调节流量相应，每年蓄丰补枯，把汛期水量转变成枯水期的保证出力。

通过对43年共516个月统计，仅有51个月保证出力破坏，水电站出力保证率达90%，保证出力为68.5MW，出力破坏系数一般为0.7倍，最小月为0.5倍。

6.2 初期蓄水计划

6.2.1 施工进度安排及水库最低发电水位确定

根据施工进度安排，龙江水电站枢纽工程施工期第四年的11月初水库具备下闸蓄水条件，初拟下闸时间11月1日。施工期第五年的1月10日，第一台水轮发电机组安装调试完毕，具备发电条件。施工期第五年的3月底和6月底，第二台和第三台水轮发电机组安装调试完毕，具备发电条件。

龙江水电站工程满足发电引水洞进水口不进气要求的最低水位为 845.00m，水轮机发电最小水头为 50m，考虑到引水系统的水头损失后，水轮发电机组发电最小水头相应的库水位为 845.00m。同时考虑龙江水库在 1 月入库流量最小 40m³/s 情况下，满足机组试运行所需水量，要求水库应预留 3525 万 m³ 左右库容，相应库水位 846.84m，因此该水库最低发电水位为 846.84m。

6.2.2　初期蓄水发电原则

　　龙江水库正常蓄水位 872.00m，相应库容 11.31 亿 m³，最低发电水位 846.84m，相应库容 4.87 亿 m³。按天然来流扣除下游最小环境流量（29.11m³/s），剩余部分蓄至水库内，水电站达到初期发电要求水位的时间可根据施工进度的安排和初期下闸的时间推求。施工组织进度安排对蓄水位没有限制，以龙江水库下闸蓄水时间 11 月 1 日为计算前提，从长系列径流资料选取保证率 75% 的来水年份计算结果来看，需 69 天的时间蓄至 846.84m；如按来水保证率 90% 的来水年份计算，只需 135 天的时间水库水位蓄至 846.84m，综合分析水库如果 11 月 1 日下闸蓄水需要 135 天左右时间水库具备初期发电条件。水库蓄水达到初期蓄水位后电站按保证出力发电运行直至水库水位蓄至正常蓄水位，使水库尽量在高水位运行。

6.2.3　初期发电效益

　　根据工程施工进度安排，龙江水库施工期第四年的 11 月初下闸蓄水，首台机组第五年的 1 月 10 日安装调试完毕，具备发电条件。其余两台机组发电时间分别为第五年的 3 月底、第五年的 6 月底安装调试完毕，具备发电条件。水库初期发电效益按 50% 来水年份径流资料计算，初期发电时间为第五年的 1 月 10 日至当年年底，水库初期发电量为 7.42 亿 kW·h。

第7章 水库泥沙淤积

7.1 流域水沙特性

龙江流域洪水均由降雨形成，受印度洋季风气候的影响，本流域明显地分为雨季和旱季，暴雨主要发生在雨季的6—10月，洪水的发生时间与降雨一致。流域泥沙主要为暴雨侵蚀地表所致，干支流输沙过程与洪水过程相应，水沙年内分配不均匀，但沙量较洪量更为集中。坝址上下游各水文站汛期6—10月水量占全年的74%～77%，而沙量则达89%以上，见表7.1。

龙江水库坝址处无泥沙观测资料，其输沙量由上下游的C、D、F三个水文站的泥沙资料推求。经计算坝址多年平均悬移质泥沙输沙量为378.1万t，多年平均含沙量0.602kg/m³，坝址推移质沙量按悬移质沙量的20%推算，推得坝址多年平均推移质输沙量为75.6万t，多年平均入库总沙量为453.7万t。

表7.1　水文站水沙年内分配统计表

站名	统计内容	11月至次年5月占全年/%	6—10月占全年/%
C	水量	23.6	76.4
	沙量	8.2	91.8
D	水量	25	75
	沙量	6.2	93.8
F	水量	26	74
	沙量	10.8	89.2

7.2 水库特性及淤积估算原则

7.2.1 水库特性

龙江水库正常蓄水位872.00m，相应库容11.31亿m³，死水位845.00m，死库容4.52亿m³。调节库容6.79亿m³，调节系数0.10，系不完全年调节水库。正常高水位时，坝前水深达86.5m，水库回水长度56.06km。库区天然河床比降J_o为1.34‰，水库淤积计算采用经验铺沙法确定坝前淤积高程及库区淤积分布。

7.2.2 水库淤积形态

水库淤积形态用《泥沙手册》（中国环境科学出版社，1992年）的公式判别，其公式为

$$\varphi = \frac{H}{\Delta h}\left(\frac{W_S}{W}\right)^{0.5} \tag{7.1}$$

式中：H 为水库多年平均水深，m；Δh 为水库多年平均水位变幅，m；W_S 为多年平均悬移质入库沙量，亿m³；W 为多年平均入库径流量，亿m³。

用上式计算后得 $\varphi = 0.08$，大于0.04，判定为三角洲淤积。龙江水库库容较大，回水长度较长，库区水深又大，洪水入库后流速锐减，虽然年内库水位变幅较大，但仍较坝前水深小得多，因此入库泥沙易于在上游库段集中落淤，所以龙江水库库区泥沙淤积采用三角洲淤积形态是比较合适的。

7.2.3　水库多年悬移质淤积量

随水流运动到坝前的泥沙有一部分会排出库外，水库多年运用的悬移质拦沙率 β 用布伦公式计算：

$$\beta = \frac{\dfrac{V}{W_\lambda}}{0.012 + 0.0102\dfrac{V}{W_\lambda}} \tag{7.2}$$

式中：$\dfrac{V}{W_\lambda}$ 为调节库容与年水量之比，%。

经计算 $\beta=88.4\%$，但考虑到龙江水库库容较大、回水长度较长、库区水较深等因素影响，洪水入库后流速锐减，可以移动到坝前的泥沙颗粒数量将有所减少，分析时 β 取 90%，则水库排沙比为 10%。悬移质泥沙干容重取 $1.3t/m^3$，推移质泥沙干容重取 $1.5t/m^3$，按水库运行 20 年、50 年考虑，则水库总淤积量分别为 0.6239 亿 m^3、1.5597 亿 m^3。

7.2.4　水库淤积估算铺沙原则

龙江水库悬移质中冲泻质与床沙质的分界粒径取 $d=0.02mm$，根据 D 水文站悬沙颗粒级配曲线，冲泻质占悬沙总量的 31%，床沙质占悬沙总量的 69%。水库在长期运行中，悬移质中的冲泻质部分除排出水库的沙量外其余按平铺在坝前段考虑，悬移质中造床质部分以及其余悬移质淤积在三角洲内，推移质的 90% 淤在三角洲内，10% 铺在尾部。

7.2.5　泥沙淤积估算参数

龙江水库正常蓄水位 872.00m，汛限水位 870.50m，水库的代表水位取 6—10 月按输沙量加权法推得的坝前平均水位。

三角洲洲面平衡比降采用联解水流连续方程、水流运动方程、挟沙能力及河相关系等方程推求的平衡比降公式估算，计算得三角洲洲面平衡比降 $J_k=0.63‰$，计算采用的洲头水深为 6.96m，由此得三角洲洲头高程为 860.52m。

三角洲的前坡比降 $J_{前}$ 及 $J_{尾}$ 采用经验公式估算：

$J_{前}=1.6J_0$（$J_0=1.34‰$），经计算 $J_{前}=2.14‰$。

$J_{尾}$ 按经验公式取用 0.88‰。

7.2.6　淤积估算成果

根据上述铺沙原则和计算条件，通过试摆淤积体的方法推求库区内泥沙淤积分布，经计算 20 年坝前淤积高程为 803.10m，50 年坝前淤积高程为 809.50m。

第8章 库区水面线计算

8.1 水库淹没处理设计洪水标准

根据《水电工程水库淹没处理规划设计规范》（DL/T 5064—1996）及《防洪标准》（GB 50201—94）的有关规定，结合库区的具体情况，龙江水库各项淹没实物指标采用的设计洪水标准见表 8.1。

表 8.1 　　　　　　　　　　　不同淹没对象的设计洪水标准表

淹 没 对 象	洪水标准（频率，%）	重现期/年
耕地、园地	20	5
林地、荒草地	正常蓄水位 872.00m	—
农村居民点、水利水电等专项设施	5	20
四级公路	4	25
35kV 输电线路、通信基站	2	50

（1）耕地、园地，按建库后主汛期和后汛期 5 年一遇洪水回水线确定其淹没征用线。同时考虑安全因素，在回水不显著的坝前段，按正常蓄水位加风浪爬高计算耕地征用线（经计算后取 0.5m），即低于 872.50m 的回水段按 872.50m 计算耕地征用范围。

（2）人口、房屋及附属设施（围墙、房前屋后的零星果木等）、中小型水利水电设施、中小型工矿企业、35kV 以下输电线路、一般通信线路、广播电视设施等按建库后主汛期和非汛期 20 年一遇洪水回水线的外包线确定淹没迁移线。同时考虑风浪爬高影响，在回水不显著的坝前段，按正常蓄水位加风浪爬高计算居民迁移线（经计算后取 1.0m），即低于 873.00m 的回水段按 873.00m 计算居民迁移范围。

（3）四级公路，按建库后主汛期和后汛期 25 年一遇洪水回水线的外包线确定淹没征用线。

（4）35kV 输电线路、通信基站，按建库后主汛期和后汛期 50 年一遇洪水回水线的外包线确定淹没征用线。

（5）林地、荒草地、未利用土地等均按正常蓄水位 872.00m 确定其淹没征用线。

上述各频率洪水回水位均考虑了干流 10 年的泥沙淤积影响，但未考虑上游弄另电站对龙江水库拦截泥沙而减少的淤积影响。

8.2 设计流量及坝前水位

（1）汛期回水采用最大流量、相应水位和最高水位、相应流量组成的外包线。

（2）后汛期回水采用正常蓄水位与不同频率设计洪水流量推求水面线。

5 年及 20 年主汛期、后汛期设计流量及坝前水位见表 8.2。

表 8.2　　　5 年及 20 年主汛期、后汛期设计流量及坝前水位成果表（选定方案）

频率	主　汛　期					后　汛　期	
$P=20\%$	坝前最高水位/m	870.55	最大流量/(m³/s)	1790.00	最大流量/(m³/s)		1330.00
	相应流量/(m³/s)	1790	相应水位/m	870.55	相应水位/m		872.00
$P=5\%$	坝前最高水位/m	871.44	最大流量/(m³/s)	2480	最大流量/(m³/s)		1850
	相应流量/(m³/s)	2480	相应水位/m	871.44	相应水位/m		872.00
$P=4\%$	坝前最高水位/m	871.48	最大流量/(m³/s)	2590	最大流量/(m³/s)		1930
	相应流量/(m³/s)	2590	相应水位/m	871.48	相应水位/m		872.00
$P=2\%$	坝前最高水位/m	872.00	最大流量/(m³/s)	2940	最大流量/(m³/s)		2180
	相应流量/(m³/s)	2340	相应水位/m	871.82	相应水位/m		872.00

8.3　糙率的采用

（1）历史洪水调查及洪水水面线成果。

（2）利用历史洪水水面线推求糙率。

（3）考虑 10 年泥沙淤积调整回水计算糙率。回水糙率选用见表 8.3。

表 8.3　　　　　　　　龙江水库回水糙率选用表（10 年泥沙淤积）

断面号	累加距/m	糙　率		
		天然	糙率降低 10%～5% 回水	
下坝	0	0	0	
上坝	430	0.0448	0.04032	
1 号	4620	0.0391	0.03519	
2 号	7140	0.0472	0.04248	
3 号	12180	0.0498	0.04482	
4 号	16730	0.0564	0.05076	
5 号	21760	0.0364	0.03276	10%
6 号	25000	0.0424	0.03816	
7 号	29450	0.0495	0.04455	
8 号	34300	0.0840	0.0756	
9 号	40280	0.1095	0.09855	
10 号	44260	0.0596	0.05364	
11 号	48970	0.0621	0.058995	
12 号	51900	0.0399	0.037905	5%
12-1 号	52900	0.0484	0.04598	
12-2 号	53900	0.0448	0.0448	
13 号	54670	0.0571	0.0571	不降低

续表

断面号	累加距/m	糙　率		
		天然	糙率降低10%~5%回水	
14 号	57200	0.0643	0.0643	不降低
15 号	62750	0.0935	0.0935	
L1 号	1910	0.0407	0.0407	不降低
L2 号	6280	0.034	0.034	

8.4　回水末端的处理

（1）回水末端设计终点位置。在库尾回水曲线不高于同频率天然洪水水面线0.3m的范围内，采用了水平延伸至河床相交位置为终点位置。

（2）回水尖灭点位置。龙江干流5年一遇和20年一遇回水尖灭点分别位于13-1号断面、14-1号断面，距离坝址分别为56.06km和68.91km，尖灭点5年一遇和20年一遇的回水高程分别为879.48m、882.98m；分别高于同频率天然水面线0.30m。

萝卜坝河20年一遇回水尖灭点位于L1-1号断面，距离13号断面（龙江和萝卜坝河交汇处）2.80km，尖灭点高程为881.15m；高于同频率天然水面线0.30m。

没有计算回水的其他小支流和小支沟，按沟口处相应的淹没处理标准征用范围高程的水平线进行调查。

河道天然水面线及水库干支流各频率洪水回水外包线（淹没处理范围）见表8.4。

表8.4　　龙江水电站枢纽工程水库回水成果汇总表（考虑10年泥沙淤积影响）

断面号	累加距/m	天然水面线/m				872m回水外包线（淹没处理范围）/m			
		$P=20\%$	$P=5\%$	$P=4\%$	$P=2\%$	$P=20\%$	$P=5\%$	$P=4\%$	$P=2\%$
下坝	0	796.86	798.59	799.14	800.20	872.50	873.00	873.00	873.00
上坝	430	797.93	799.68	800.12	801.12	872.50	873.00	872.00	873.00
1 号	4620	800.83	802.45	802.72	803.54	872.50	873.00	872.00	873.00
2 号	7140	802.93	804.37	804.6	805.31	872.50	873.00	872.00	873.00
3 号	12180	807.31	808.73	808.92	809.54	872.50	873.00	872.00	873.00
4 号	16730	811.29	812.74	812.92	813.59	872.50	873.00	872.00	873.00
5 号	21760	814.97	816.39	816.58	817.21	872.50	873.00	872.00	873.00
6 号	25000	818.44	819.86	820.06	820.68	872.50	873.00	872.00	873.00
7 号	29450	823.36	825.01	825.26	825.99	872.50	873.00	872.00	873.00
8 号	34300	834.07	836.31	836.71	837.65	872.50	873.00	872.00	873.00
9 号	40280	850.4	852.63	852.93	853.92	872.50	873.00	872.76	873.21
10 号	44260	856.34	858.39	858.68	859.59	872.87	874.00	873.86	874.44
11 号	48970	869.6	870.8	870.96	871.58	874.60	876.37	876.40	877.12

续表

断面号	累加距/m	天然水面线/m				872m 回水外包线（淹没处理范围）/m			
		$P=20\%$	$P=5\%$	$P=4\%$	$P=2\%$	$P=20\%$	$P=5\%$	$P=4\%$	$P=2\%$
12 号	51900	873.61	874.79	874.94	875.54	875.87	877.57	877.66	878.38
12-1 号	52900	875.49	876.75	876.91	877.52	876.92	878.55	878.67	879.37
12-2 号	53900	877.32	878.59	878.76	879.36	878.12	879.67	879.82	880.50
13 号	54670	878.71	880	880.18	880.77	879.09	880.59	880.77	881.43
13-1 号	56062	879.18				879.48			
14 号	57200	879.56	880.77	881.14	881.38		881.19	881.52	881.89
14-2 号	58587.5			882.75				883.04	
14-1 号	58865		882.68				882.98		
14-3 号	59975				884.33				884.63
15 号	62750	886.31	887.12	887.58	887.29				
L1 号	1910	879.96	880.55	880.75	881.03		880.90	881.08	881.56
L1-2 号	2465			881.39				881.68	
L1-1 号	2795.5		880.85				881.15		
L1-3 号	3607.5		885.22						885.52
L2 号	6280	892.44	892.75	892.9	892.79				

第9章 经验总结

9.1 防洪调度原则根据不同防洪目标设置

龙江干流下游河段的防洪保护范围为城市及下游沿岸的大片农田，根据下游城市及下游沿岸的大片农田各防洪保护目标的不同防洪标准，设置相应的控制下泄流量，并本着减少汛期回水淹没范围的原则，设计防洪调度原则，有利于实现防洪目标、减少库区淹没影响和枢纽效益最大化。

9.2 安装生态机组满足环境流量要求

在今后的水利水电建设过程中，越来越注重绿色发展，关注环境保护问题，环保有一票否决权。因此，在设计工作中，要充分考虑环境保护问题，做好环保流量的利用，可以考虑通过装设生态流量机组或者发电调度来实现，充分利用当地水资源，为当地经济社会发展服务。

由于机组的最小技术出力限制，发电调度往往较难实现，因此，装设生态流量机组是最优选择。在确定生态机组装机容量时，充分考虑装机容量以满足生态机组流量为宜，不宜过大，避免使电站的枯水期调峰能力减少太多。在计算生态小机组发电量时，要充分研究电站在电力系统中的作用和运行方式，龙江大机组在运行时，下泄流量均满足环境流量要求，当大机组不发电情况下可以开启生态机组，满足环境用水要求，同时又不至于使龙江水电站的枯水期调峰能力减少太多，电站在汛期利用生态机组还可增加一些汛期电量。

9.3 合理确定防洪库容与兴利库容

水利枢纽工程一般都涉及防洪问题，在工程设计中应充分重视。洪水过程线设计中考虑洪水成因和洪水特点，重视洪水组合问题；防洪调度运行方式根据洪水特点、防洪任务、防洪保护对象的不同标准，制定相应的防洪调度运行原则；防洪库容与兴利库容的结合方式涉及工程投资、效益、淹没等多因素，要通过经济比选最终确定防洪库容与兴利库容的结合方式。

第3篇　工程地质

第10章 区域地质及地震

10.1 地形地貌

龙江流域地处云南高原西部，横断山脉的南延部分。流域区内地形复杂，水系发育，沟谷纵横，地形切割强烈，属高原峡谷地貌。山脉、水系走向和盆地分布均受构造控制，多呈北东—南西向。以中山为主，海拔 1000.00～2500.00m。区内河流发育。龙江自东北向西南穿行，河流迂回曲折，切割深度逾百米。由于新构造运动频繁，且呈间歇性的抬升，区内四级剥夷面广泛发育，其高程分别为 2300.00～2500.00m、1800.00～2000.00m、1300.00～1600.00m、1000.00～1200.00m。

依据山体形态及切割程度，工程区属中山中切割长垣垄状地形。地貌形态受构造控制明显，山体沿若干条北东—南西向背斜轴及倒转背斜轴呈长垣状或脊状平行排列，绵延数十里。山脊两侧地形不对称，略显西陡东缓。山顶高程一般在 2100.00～2300.00m，呈浑圆状，山脊较为宽厚。主干河流多沿断层发育，切割深度 500.00～1000.00m。河谷多呈U形，谷坡在 30°以下，局部呈 V 形。

10.2 地层岩性

10.2.1 地层

区内地层发育较完整，以区域大断裂为界，分为东、西两区，其地层分布有明显差异。西区主要为下古生界变质岩系，包括分布广泛的寒武系强烈变质岩系和零星分布的奥陶—志留系（勐洪群），以及新生代的山间盆地沉积，上古生界至中生界缺失。东区则为未变质及轻微变质的寒武系至第四系地层。

全区岩性由老至新分述如下：

（1）寒武系（∈）。在东区，为一套深变质混合岩类，下部为混合岩、混合岩化片麻岩夹黑云斜长角闪岩，中部为混合岩化片麻岩、混合岩化变粒岩，上部为厚层状白云质结晶灰岩以及黏土板岩、硅质岩、黑云石英片岩等，总厚度大于 8600m，分布广泛。

在西区，为一套浅变质的碎屑岩（砂岩、页岩、粉砂岩夹少量浅海相碳酸盐岩），总厚度大于 8000m，分布在东南部。

（2）奥陶系（O）。下统以砂岩为主，局部夹砾岩，中统主要为紫红色泥质粉砂岩和砂、泥质白云岩。上统为泥质粉砂岩、页岩及砂质灰岩，分布在潞西区东南部。

（3）志留系（S）。下统为笔石页岩及少量粉砂岩，中上统主要为白云岩、泥质灰岩、砂岩及粉砂岩，在潞西区呈北东向展布。

（4）奥陶—志留系（O—S）。为板岩、变质砂岩、变质砂砾岩，在西区零星分布。

（5）泥盆系（D）。在西区仅见中统，下部为细砂岩、砾岩夹砂质白云岩，上部为白云岩、灰岩夹少量石英砂岩，呈北东向分布。

（6）二叠系（P）。下统下部曼里组为紫红色铁质砂岩、页岩夹鲕状赤铁矿，上部沙子坡组为白云质灰岩、泥质灰岩夹砂页岩，上统缺失，在潞西区呈北东向条带状分布。

（7）三叠系（T）。在西区仅有上统，主要为砂岩、页岩夹灰岩，呈条带状分布。

（8）侏罗系（J）。在西区下统缺失，中统下部勐戛组为紫红色砂岩、页岩夹少量灰岩，上部柳湾组为黄绿色页岩夹灰岩、砂岩、砾岩，上统为紫红色页岩、砂岩、砂砾岩夹少量灰岩。

（9）白垩系（K）。为紫红色泥质粉砂岩、细砂岩夹页岩，在西区仅小范围出露。

（10）上第三系（N）。为一套半胶结的灰绿—深灰色砂岩、砾岩夹黏土岩、炭质页岩及褐煤层，分布在东、西两区各山间盆地的边缘部位。

（11）第四系（Q）。主要分布在各山间盆地及河谷两岸阶地上，更新统冲洪积层分布在Ⅱ级阶地上，全新统以河流冲积的砂、砾层为主，冲洪积层分布在各盆地边缘及沟口部位，坡积、残积层广泛分布在山坡表部。

10.2.2　岩浆岩

区内地质构造复杂，岩浆活动频繁，岩类多样，多集中于测区东部及北部，其中燕山期岩浆活动最为强烈，次为加里东—华力西期及印支期。详见表10.1。

表 10.1　　　　　　　　　　　　岩 浆 岩 特 征 简 表

时代	代号	岩石特征	产状	分布位置	面积/km²	备注
喜山期	Q_4	致密状安山岩，气孔状安山岩		曼东、尖山垭、后库等地	53	喷出岩
燕山末期	β_5^4	硅化绿帘石化，杏仁状玄武岩，绿泥石化橄斑玄武岩		毕家寨等附近	7	喷出岩
燕山期	δ_5^4	斜方辉橄岩为主，纯橄榄岩次之	岩墙及岩株	三台山—弄炳一带	2	9个基性、超基性岩体
燕山期	γ_3^5	二云母碱性花岗岩，长英白云母碱性花岗岩，角闪黑云母二长花岗岩，斑状结构及粒状结构，块状构造	岩基、岩株、岩墙、岩脉	蚌渺、黄连沟、华桃林、平达、茅草寨一带	530	为四个阶段侵入酸性、碱性岩体
印支期	$\gamma\delta_5^1$ δ_5^1	花岗闪长岩、细粒含黑云母石英闪长岩、黑云母闪长岩	小岩株	河头街、邦角、李子坪、金竹寨、拉格共、西列山、接养等地	57	中—酸性侵入岩7个岩体
华力西晚期	υ_4^3	绿泥石化，次闪石化暗色辉长岩，闪石化辉长岩	岩株	邦歪、盆都一带	2	基性侵入岩
加里东晚期—华力西中期	γ_4^2 — γ_3^3	细—粗粒黑云母二长岩，花岗闪长岩、斑状黑云母花岗岩	岩基、岩株	平河、党速、蛮牛街、长兴寨、大雪山一带	730	酸性侵入岩类

10.3　地质构造与新构造运动

坝址区地处青、藏、滇、缅、印尼"歹"字形构造西支中段，与三江经向构造带及南岭纬向构造带的复合部位。按云南省大地构造分区图，隶属滇西褶皱带，并以区域断裂为界，分为两个二级构造单元。

自新第三纪，尤其是上新世以来，坝址区伴随着青藏高原的强烈隆升而快速隆起，使得在此前形成的准平原化夷平面被抬升为高原面。由于自南而北抬升幅度的不断增大，加之同时存在的作为断块边界的断裂构造的强烈活动，使得夷平面被抬升为高原面的同时而产生解体，形成许多构造盆地，而腾冲地区则发生强烈的火山喷发。可见本区内的新构造运动具有强烈而复杂的特征。

从运动类型来看，主要有以下几种：

（1）整体性间歇性抬升和掀斜运动。表现为南低北高的特点和河谷分布着多级阶地、剥夷面，整体性抬升运动具有掀斜式。

（2）断块间的差异升降运动。研究区断裂构造发育，它们将其划分成若干个活动块体。喜马拉雅运动使这些块体总的不断抬升，但其抬升幅度各不相同，由此造成了块体间的差异运动。

（3）断裂的新活动。新构造运动时期，断裂继承性活动频繁，早已存在的主要断裂构造均有明显的强烈活动表现，形成了一系列沿断裂带发育的新生代断陷或拉分盆地。

（4）岩浆活动。具有鲜明的多期次性和分布的条带性。

（5）地震活动。研究区属欧亚大陆强震多发区，地震活动强烈。

10.4　区域构造稳定性

10.4.1　区域构造格架

坝址区域横跨四个一级大地构造单元，即：冈底斯-念青唐古拉褶皱系、唐古拉-昌都-兰坪-思茅褶皱系、扬子准地台和印缅-苏门答腊褶皱系，其内又分布有若干个二级和三级构造单元。工程场地位于冈底斯-念青唐古拉褶皱系之二级构造褶皱束内。

10.4.2　区域构造稳定性

研究区位于密支那—滇西断块区，印度板块与欧亚板块碰撞带的东部边缘，全区垂直差异运动强烈，断裂构造复杂，新构造活动明显，地震活动频繁，总体上属构造稳定性较差的地区。工程场地稳定性相对较好，断裂构造水平走滑速率相对较小，以正断层为主要特征，第四纪以来垂直运动幅度较缓，地震活动较弱。历史上没有6级以上地震发生，但有过数次5～5.5级地震，总体来说，地震活动不是很强，是一个相对稳定区。

10.5　地震基本烈度与地震动参数

从区域地震地质环境看，研究区位于青藏高原南缘，地壳活动十分强烈，区内的全新世活动断裂，常有6级左右甚至7级以上地震，是区内最重要的地震构造。其他晚更新世活动断裂大多发生过6级以上地震，也是区内主要的地震构造。

近场区共发育有4条断裂，其中龙陵断裂带规模最大，长300多公里，为晚更新世以来活动断裂，具有发生 6.5 级左右地震的构造条件。殿厂—平山断裂和瓦德龙断裂，为晚更世以来活动断裂，沿断裂带近期和历史上都曾发生 5 级以上地震，具有发生 6 级地震的构造条件。WD 断裂为中更新世活动断裂，晚更新世以来无活动迹象，一般不具备发生 6 级以上强震的构造条件。

　　研究区域涉及多个地震带，工程场地位于龙陵地震带附近，历史上场地主要受该地震带的影响；其他地震带由于距离较远，或震源较深，对工程场地的影响较小。工程场地受历史地震的最大影响烈度为Ⅵ度。

　　近场区历史上有中强地震活动，但频度不高。自 1611 年迄今，共记载 $M \geqslant 4.7$ 级地震 6 次，最大地震为 5.5 级地震。现代小震活动较为零散，空间上随机分布，未形成丛集条带。

　　根据《中国地震动参数区划图》（GB 18306—2001），工程区地震动峰值加速度为 $0.20g$，相应地震基本烈度为Ⅷ度。

　　根据云南省地震工程研究院编制的《龙江遮冒水电站工程场地地震安全性评价与水库诱发地震研究报告》及 2008 年 12 月的复核报告，工程场地 50 年超越概率 10% 的基岩地震动峰值加速度为 $0.18g$，100 年超越概率 2% 的基岩地震动峰值加速度为 $0.36g$，100 年超越概率 1% 的基岩地震动峰值加速度为 $0.41g$。

第 11 章　场址工程地质条件及评价

11.1　水库区工程地质条件及评价

11.1.1　基本地质条件

水库正常蓄水位 872.00m，回水至老芒东附近，库长约 50km。

库区属中山中切割长垣垄状地形。龙江在老芒东以下大致呈北东向，至 MY 坝折为近东西向流经坝区。两岸山体高程多在 1600.00～2000.00m，最高峰为西北边的仙鹅抱蛋峰，高程达 2130.00m。峰、谷相对高差多在 500m 以上。库区除近坝库段河谷较开阔外，多深切呈 V 形谷。库区支流，右岸有伟碧河、难涨河、洪水河、南棉河及萝卜坝河；左岸有楠戛河及连河。支流多以大角度交汇干流，构成树枝状水系，河口多有冲、洪积堆积物。阶地少见，偶有零星分布。沿江村寨、耕地较少，仅有 MY 坝、买桑坝两处，库尾为勐养坝山间盆地。

库区出露的地层，主要为下古生界混合岩类，以混合岩和混合岩化片麻岩居多（约占80％），全风化带厚度一般 10～20m，局部厚度可达到 30m 左右。偶夹灰岩或大理岩，局部侵入有花岗岩体。

库区处于龙陵大断裂的北西侧，区内褶皱强烈，水库位于拱林背斜西翼，轴向为 NE向，片麻理倾向 NW，倾角 45°～60°。区内断层不甚发育，龙陵大断裂大致呈 N40°E 于水库外围通过。

库区物理地质作用较强，冲沟发育，切割强烈，局部因岩性、构造及地形地貌等因素影响，发育有少量滑坡及崩塌体。

11.1.2　主要地质问题及评价

11.1.2.1　渗漏

库区位于龙江下游峡谷河段，两岸山体雄厚，高程多在 1600.00m 以上。左岸距芒市河支流孔曲河（红求河）约 4.5～9km。库区无低矮或单薄分水岭。

库盆主要为弱透水的混合岩类组成，偶夹灰岩及大理岩，但其分布范围甚小，岩溶不发育，且岩层走向近与河谷平行，灰岩夹层不与邻谷相通，对水库渗漏无影响。库区断层不发育，无横穿分水岭或通向库外的宽大断层。两岸泉水和常流地表水出露，高程多在1000m 以上，远高于水库正常蓄水位，因此，水库蓄水后不存在永久性渗漏问题。

11.1.2.2　库岸稳定性

以 MY 乡为界，MY 乡至库尾为远坝库区段，坝址至 MY 乡为近坝库区段。

远坝库区段长约 43km，河流总体由北东流向南西。河谷多呈 V 形，局部河谷开阔，天然岸坡坡度一般 30°～50°，局部较缓。库岸主要由混合岩及混合岩化片麻岩构成。河段总体为纵向谷，片麻理走向近与河流平行，倾向右岸，对右岸岸坡稳定有利，左岸虽为顺坡分布，但片麻理倾角陡于岸坡天然坡角，故对左岸岸坡稳定也无大的影响。段内虽发育有滑坡 9 处，崩塌体 2 处，但规模均不大，距大坝较远，加之河流在 MY 弯折，对大坝安全不会有大的影响。其中滑坡 8 相对规模较大，达 100 万 m^3，据调查该滑坡属已停止活动的古滑坡，且位于正常蓄水位以上，水库蓄水不会改变其自然状态，滑坡复活的可能性很小，库岸稳定性也较好。

近坝库区段长约 7km，河流流向近东西向，河谷呈 U 形，谷宽 200～500m。两岸山坡比高 200～300m，坡度一般小于 20°。主要由混合岩化片麻岩构成，夹少量变粒岩及大理岩。片麻理走向与河流呈 60°～80°斜交，倾向上游，对岸坡稳定有利。近坝库区段内无严重影响岸坡稳定的结构体，亦无滑坡及崩塌体分布，水库蓄水后不存在库岸稳定问题。

水库蓄水后，库区内暂存场和弃渣场堆积的渣料以及左岸 875.00m 高程道路的弃渣料，在库水位的变动作用下，产生少量崩塌和塌滑现象，但未危及大坝的安全。左岸875.00m 高程的道路下部为全、强风化岩石，局部为堆碴，蓄水后在风浪冲刷下，对局部路段的安全造成一定的影响。右岸导流洞进口部位，上部为全风化片麻岩，在库水的浸润和风浪冲刷下，产生少量塌滑现象，但不会危及大坝和遮章公路的安全。

11.1.2.3　水库浸没

库区人烟稀少，耕地不多，也无重要工矿企业。

勐养坝长约 8.0km，宽约 2.3km，总面积 18.4 km^2。龙江在勐养坝附近平水期江面宽58.8～180.0m，江水面高程一般 871.40～879.20m，沿江有心滩分布，两岸为漫滩和一级阶地。下游萝卜坝河与龙江交汇处河水面高程 871.90m。

勐养乡上游漫滩一般宽 179.5～415.2m，最宽 527.8m，高程一般 877.60～880.90m，高出江水 1.5～1.7m；勐养乡下游漫滩一般宽 33.8～99.3m，最宽 137.5m，高程一般874.80～876.80m，高出江水 2.1～3.0m。

雨季或洪水期间龙江右岸部分低洼处的干枯河床形成季节性河流，个别漫滩以心滩的形式出现，堤外低洼处开始积水，从江心寨下游沿河堤流向龙江。

一级阶地高程 877.20～881.50m，宽一般 433.70～552.90m，比高 3.6～5.5m。

勐养坝周围为寒武系变质岩，华力西期侵入变质的混合花岗岩；盆地沉积了第三系的半胶结岩石；表部为第四系的松散堆积物，其中坡积、残积层主要为高液限黏土和黏土质砂，厚度一般为 2～3m；冲洪积层主要由高液限黏土、粉土、级配不良粗砂、级配不良砾、卵石混合土、混合土卵石组成，厚度一般为 2～5m。级配良好粗砂、级配不良中砂、级配不良细砂、碎石混合土连续性差，厚度不稳定，多呈透镜体状。

盆地内松散岩类孔隙水，赋存于级配不良粗（中、细）砂、级配不良砾及混合土卵石等地层当中，水量丰富，水位埋藏较浅，地下水埋深随地形坡度改变不明显，地下水埋深在 0.3～2.4m，个别靠近陡坎边和龙江沿线砂、卵、砾石当中的地下水位埋藏较深，地下水埋深达 3.30m 以上。

正常蓄水位为 872.00m 时，勐养坝不存在浸没问题。

11.1.2.4　水库诱发地震

水库存在以下有利于诱发地震活动的因素：①水库库坝高、库容大；②库区地形切割较大，属中山峡谷地形，存在有古老滑坡体；③库区位于背斜轴部，张性裂隙和伟晶岩体，以及高角度的小断层和节理裂隙比较发育，有利于库水下渗；④地壳活动程度较高，位于应力场高值区和高热流区附近，而且周边地震活动频繁；⑤库区应力场方向为北东—北北东向，与背斜轴向、伟晶岩体走向、北东高角度的断层和节理走向基本一致，构成有利于断层活动和结构面软化的环境，有利于诱发地震。

不利于诱发水库地震的因素有：①库区岩性透水性较弱，库区不存在大面积碳酸盐分布，存在着不利于库水下渗因素；②没有大规模断裂通过库区。

根据世界范围内同类岩性比较得知，类似于该水库的诸多建于片麻岩等变质岩之上的水库也有诱发地震的实例。此外，由于龙江水库库区地下水与外界的水力联系较差，具有良好的封闭环境，易造成水压力的局部增高，进而形成局部应力集中而发震。

综合以上分析，该水库建成蓄水后存在水库诱发地震的可能性。其中水库蓄水至满库容的 1～3 年是水库诱发地震的高峰期，估计诱发地震的最大震级为 Ms4.6 级。库首和库区中北部是较易发震地段，其烈度影响估计不超过Ⅶ度。据龙江工程强震观测资料，自水库蓄水以来，未发现有明显震感。

11.2　枢纽区工程地质条件及评价

11.2.1　基本地质条件

11.2.1.1　原始地貌及开挖后形态

枢纽区位于遮冒村上游约 6km 处的峡谷河段上，河流流向为南东东向，平水期江水面宽 30～90m，水深 2～5m。

枢纽区河谷呈基本对称的 V 形，谷底宽 50～70m，两岸山体高程 1350.00～1450.00m，比高约 550m～650m，坡度 30°～40°，河谷下部的沿江地段为陡崖。无阶地，坝线上游 30～60m 和下游 100～150m 处，左右两岸均发育有冲沟，切割深度 40～100m。

大坝左岸上坝公路（875.00m）以上开挖坡比为 1∶1.2，公路以下全风化边坡开挖坡比为 1∶1.2；弱风化边坡开挖坡比为 1∶0.6；微风化边坡开挖坡比为 1∶0.3；河床坝段建基高程 765.00m。

右岸公路（906m）以上开挖坡比为 1∶1.2，公路以下全风化边坡开挖坡比为 1∶1.2；弱风化边坡开挖坡比为 1∶0.6；微风化边坡开挖坡比为 1∶0.3。

11.2.1.2　地层岩性

坝址区地层为寒武系变质岩，坝址左右岸坝肩及尾岩抗力体部位主要为糜棱岩化花岗片麻岩（以下简称片麻岩），河谷除零星陡崖外，地表天然露头少见，均覆盖有第四系松散堆积层。

片麻岩（Gn）：灰白—深灰色，矿物成分主要为碱性长石、斜长石、石英和黑云母等。斑状变晶结构、糜棱结构，片麻构造和条带状构造。岩石质密、坚硬。

第四系松散层（Q）：主要分布于河谷及两岸山坡，残坡积层厚度一般小于 3m，河床冲积层厚度 12～15m，其表部有 2m 左右的中粗砂，下部主要为砂砾石层。

11.2.1.3　地质构造

坝址区片麻理总体产状为：走向 N45°～60°E，与河流流向近于正交，倾向 NW，倾角 40°～70°，局部具有肠状构造，片麻理褶曲发育。

枢纽区位于区域性断裂西侧，区域断裂在坝址下游约 2km 处通过。坝址区断裂构造较发育，已发现的断层有 50 余条，多数为走向 NE 的中陡倾角断层，断层宽度一般为 0.3～0.5m，少数很宽，如 F_1、F_2 断层；少数为走向 NW 的陡倾角断层，断层宽度一般为 0.1～0.4m，少数宽度 4～10m。

其中对枢纽工程影响较大的断层有：

(1) F_1 断层破碎带：出露于厂房下游，横河向，宽度达 55～120m，据开关站基础和导流洞开挖揭示，该断层破碎带系由多条宽 0.3～1.5m 的小断层及断层破碎带组成，破碎带岩块镶嵌较紧密，局部较完整。

(2) F_2 断层破碎带：出露于大坝上游，横河向，宽度 10～48m，据导流洞开挖揭示，该断层破碎带系由几条宽 0.3～6m 的小断层及断层破碎带、断层影响带组成。

(3) F_{30} 断层：出露于左岸坝肩，宽度 0.4～1.2m，走向 N44°W，倾向 NE，倾角 63°～80°，灰黄色，主要由碎裂岩、角砾岩及碎块岩、少量断层泥组成，断层泥分布不连续。

(4) F_{12} 断层：出露于河床，宽度 0.1～0.3m，走向 N65°～85°W，倾向 NE，倾角 65°～70°，局部倾角为 46°，主要由碎裂岩、灰白色断层泥组成，断层泥厚 1～3cm，局部达 5cm，分布不甚连续（该断层在左岸消能塘边坡出露宽度为 1.0～1.5m）。

(5) F_8 断层：出露于右岸坝肩及消能塘边坡和基础，宽度 1.0～3.6m，走向 N50°E，倾向 NW，倾角 55°～74°，灰黄色、灰色，主要由碎块岩、碎裂岩、糜棱岩组成，夹透镜状碎块岩和少量棕黄色不连续分布的断层泥，断层起伏（该断层在消能塘基础部位出露宽度仅为 0.1～0.3m）。

(6) F_{37} 断层：出露于右岸坝肩，宽度 0.17～0.4m，走向 N35°～65°W，倾向 NE，倾角 58°～65°，主要由糜棱岩、碎裂岩、片状岩、碎块岩及黄褐色断层泥组成，断层泥厚 1～3cm，不连续，下盘影响带 1.2～2.5m，岩体破碎。F_{37} 断层在下游侧边坡被 F_8 断层错断后产状为走向 N65°W，倾向 NE，倾角 37°～42°，编号为 F_{37-1} 断层。

片麻岩中的构造节理，主要有两组：

(1) 走向 N30°～60°W，多倾向 NE，少数倾向 SW，倾角 50°～80°，节理间距一般为 20～40cm，张开宽度 1～3mm，充填岩屑，节理面多平直、光滑，附铁锈，断续出露，节理发育。

(2) 走向 N40°～60°E，多倾向 NW，少数倾向 SE，倾角 50°～80°，节理间距一般为 25～50cm，张开宽度 1～5mm，充填岩屑，节理面多平直、粗糙，附铁锈，延伸较长，节理发育。

上述节理在地表附近多有泥质或岩屑充填，至弱风化带以下，渐趋闭合。

据坝基及两岸上、下游边坡和消能塘边坡揭露，坝址区缓倾角节理不发育，随机散布，分布规律不强，产状变化很大。局部见成组出现，即在某一范围内密集分布。主要见有以下两组：

(1) 走向 N40°～50°W，倾向 SW，倾角 20°～30°，节理面起伏光滑，延伸中等，可见长度一般小于 10m，多无充填，少数充填次生泥质。

(2) 走向 N30°～60°E，倾向 NW 或 SE，倾角 15°～30°。据两岸平洞资料，在 820.00m 高程附近倾向 SE 的缓倾角节理较发育，延伸中等，一般可见 5～10m，节理面波状起伏，局部充填次生黄色泥质。坝址区节理发育规律见图 11.1～图 11.4。

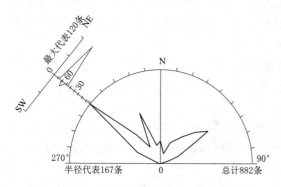

图 11.1　左岸裂隙走向玫瑰花图

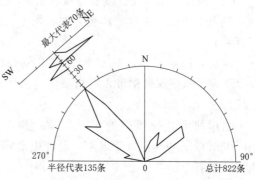

图 11.2　右岸裂隙走向玫瑰花图

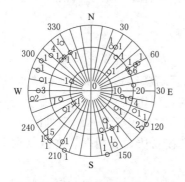

图 11.3　左岸缓倾角裂隙极点图

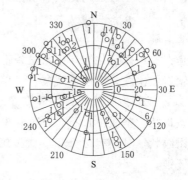

图 11.4　右岸缓倾角裂隙极点图

11.2.1.4　水文地质

枢纽区地下水主要为基岩裂隙水，其补给、排泄及动态变化主要受大气降水、地形地貌及岩体中节理发育程度及其性状所控制。区内地下水主要受大气降水补给，由于地形切割强烈，山高谷深，地下水径流途径短，循环交替迅速，其动态变化严格受降水制约，变幅较大。

两岸坝端地下水位高程 860.00～880.00m。坝址两岸地下水埋深一般为 21～42m。左岸水力坡降为 0.2；右岸地下水埋藏较深，局部达 68m，水力坡降为 0.16。

地下水化学类型属重碳酸钾钠镁钙水，多数对混凝土具一般酸性型弱腐蚀、碳酸型弱—中等腐蚀，少数对混凝土无腐蚀；江水属重碳酸镁钙钾钠水，对混凝土具溶出型弱腐蚀。

坝址区岩体主要为弱透水性岩体。岩体透水性随深度增加有减小的趋势。

11.2.1.5　物理地质现象

（1）岩体卸荷。由于河谷不断下切，坝址两岸局部形成陡崖，岩体向陡崖临空卸荷，表现为沿 NW 向陡倾角结构面迁就、追踪产生张剪破坏，形成陡坎和小型危岩体。

据地表测绘和平洞揭露，左岸 790.00～840.00m 高程，卸荷带水平深度一般为 8～18m，张开宽度 0.01～0.1m，充填岩屑或呈架空状；右岸 790.00～830.00m 高程，卸荷带水平深度一般为 7.5～15m，张开宽度 0.01～0.25m，充填岩块或呈架空状。

（2）风化。由于受气候和地质构造、环境及岩石微观结构影响，枢纽区片麻岩风化剧烈，且极不均一，条带状风化、球状风化、囊状风化、槽状风化等现象多见。各部位风化深度差异较大。

可研阶段勘察时，在左岸 ZK302 钻孔处发现一深风化带，后又在下游侧增加钻孔 ZK323，查明该深风化带未沿与坝轴线垂直方向向下游延伸，开挖揭露此深风化带走向与轴线近平行。

右岸坝肩开挖揭露的情况表明，岩石风化极不均一，右坝肩 ZK308 钻孔在高程 889.00m 以下均为弱风化岩体，但开挖揭露，该弱风化岩体呈条带状分布，两侧均为全、强风化岩石。

坝址区一般山脊部位风化较深，沟谷部位风化较浅；岸坡上部风化较深，下部风化变浅；河床部位很少有全、强风化层。根据开挖揭露，左岸坝肩全风化带厚度 36m，右岸坝肩全风化带厚度达 55m。

11.2.1.6　软岩带

软岩带是在弱—微风化岩体中，呈条带状分布的全、强风化岩带。

对带内软岩做薄片显微镜下观察，可见岩石呈斑状结构，由碎斑和基质组成。碎斑含量 20%～30%，成分为碱性长石、斜长石、石英，碎斑裂纹发育并见有沿裂纹破碎现象，呈透镜状、条带状。基质由长石、石英和少量新生矿物黑云母、绢云母组成，围绕碎斑分布，呈细的条纹状，其间有时分布一些极细的糜棱物质，表明软岩在微结构上比较破碎，易受地下水侵蚀。

软岩矿物成分分析表明，软岩带分为两种类型：一种是矿物以碱性长石、石英为主，碱性长石含量占 30%～40%，并普遍含有 10%～25% 的高岭石和伊利石；另一种是云母类矿物富集，含量超过 50%，并含有 7%～10% 的高岭石。软岩带矿物成分分析试验成果见表11.1。

表 11.1　　　　　　　　　　　软岩带矿物分析试验成果表

取样位置	野外编号	矿物分析/%						
		石英	碱性长石	斜长石	云母	伊利石	高岭石	角闪石
左岸 20 号坝段上游	YS01－1 YS01－2	38	37	13		8	4	
左岸 21 号坝段上游	YS02	16	7	15	55		7	
左岸 19～20 号坝段下游	YS03	41	29	5		14	11	
左岸拱坝下游 840m 以下边坡	YS04	11	4	6	67		9	3

根据镜下观察和矿物分析认为，软岩带是在复杂的变质环境下，局部亲水矿物或软弱矿物呈条带状富集，后经风化蚀变的产物。

具体特征如下：

（1）其走向与片麻理走向大体相同，走向 N43°～70°E，倾向 NW 或 SE，倾角以陡倾为主，少数为缓倾角，其走向与坝轴线多呈锐角相交，未发现贯穿坝基的软岩带。

（2）软岩带出露宽度一般为 5～30cm，长度 5～15m，长度与宽度稍大者仅有 R_{01}、R_{02}、R_{15}、R_{16} 和 R_{97}。软岩带有明显随埋深的增加条数减少、宽度变窄的趋势，多见于弱风化岩体中，微风化岩体中少见，并多集中于左岸坝肩与重力墩坝段，右岸 8 号、9 号坝段和消能塘上游侧零星分布。

（3）据坝基软岩带岩石抗压强度试验测定，软岩带的抗压强度多在 3～5MPa 之间，抗压强度有随深度加深而增加的趋势。

11.2.1.7 岩体物理力学性质

为研究坝址区岩石的物理力学性质，在可研设计阶段对岩石进行了 44 组岩样室内试验，试验成果见表 11.2。

表 11.2 坝址区岩石试验成果汇总表

岩石名称	风化程度	特征值	颗粒密度 /(g/cm³)	块体积密度 /(g/cm³)		紧密度/%	孔隙率/%	饱和吸水率/%	单轴抗压强度 /MPa		软化系数	弹性模量 /GPa	泊松比	抗剪断强度	
				烘干	饱和				烘干	饱和				f'	c' /MPa
片麻岩	弱风化	组数	15	15	15	15	15	15	15	15	15	8	8	8	8
		最大值	2.75	2.71	2.75	98.88	4.12	2.48	174.2	119.3	0.77	51.5	0.235	1.83	18.8
		最小值	2.64	2.52	2.53	95.88	1.12	0.20	56.7	29.3	0.50	30.5	0.195	1.26	10.0
		平均值	2.68	2.62	2.64	97.98	2.04	0.79	117.2	77.6	0.66	40.65	0.210	1.66	14.3
	微风化	组数	18	18	18	18	18	18	18	18	18	7	7	7	7
		最大值	2.75	2.72	2.73	98.91	3.35	0.93	173.7	142.3	0.90	59	0.24	1.81	20.6
		最小值	2.67	2.55	2.56	96.65	1.09	0.62	82.3	73.4	0.65	39	0.21	1.39	9.2
		平均值	2.70	2.64	2.65	98.19	1.81	0.62	134.2	97.4	0.76	49	0.23	1.56	15.2
	新鲜	组数	11	11	11	11	11	11	11	11	11				
		最大值	2.76	2.72	2.75	98.55	3.69	0.88	187.7	163.7	0.87				
		最小值	2.65	2.54	2.548	96.31	1.45	0.10	110.7	68.0	0.61				
		平均值	2.70	2.61	2.62	97.54	2.46	0.43	143.7	107.5	0.74				

可研阶段坝基岩体的有关地质参数建议值如下：

（1）混凝土/岩石抗剪断强度：$f'=1.0$，$c'=0.9$MPa。

（2）弱风化带岩体的抗剪断强度：$f'=1.0$，$c'=1.0$MPa。

（3）微风化带岩体的抗剪断强度：$f'=1.1$，$c'=1.1$MPa。

（4）弱风化带中、下部岩体变形模量：$E_0=5.0$GPa，波速：3.0～4.0km/s。

（5）微风化带上部岩体变形模量：$E_0=7$GPa，波速：4.0～4.5km/s。

（6）断层带抗剪断强度：$f'=0.30$，$c'=0.02$MPa。

（7）断层带变形模量：F_1、F_2、F_9 变形模量 $E_0=0.6$GPa；F_8 变形模量 $E_0=0.4$GPa；F_7、F_{12} 变形模量 $E_0=0.3$GPa。

（8）弱风化下部岩体泊松比：$\mu=0.35$；微风化上部岩体泊松比：$\mu=0.30$。

（9）全风化带上部岩体的抗剪断强度（饱和）：$f'=0.37$，$c'=0.06$MPa；全风化带上部岩体的抗剪断强度（天然）：$f'=0.42$，$c'=0.10$MPa。

（10）全风化带下部岩体的抗剪断强度（饱和）：$f'=0.39$，$c'=0.09$MPa；全风化带下部岩体的抗剪断强度（天然）：$f'=0.45$，$c'=0.15$MPa。

根据坝基开挖的实际情况和技术实施阶段试验成果，技术实施阶段对坝基的有关地质参数进行了调整：

（1）各坝段坝基岩体物理力学参数建议值见表 11.3。

表 11.3　　　　　　　　　　　　　坝基岩体物理力学参数建议值表

| 坝段 | 抗剪断强度 | | | | 岩体质量类别 | 岩石风化状态 | 变形模量 E_0/GPa | 泊松比 μ |
| | 混凝土/岩 | | 岩/岩 | | | | | |
	f'	c'/MPa	f'	c'/MPa				
1号、2号、3号	0.8	0.6	0.6	0.5	IV	弱风化	2.5	0.36
4号	0.9	0.7	0.8	0.7	III～IV	弱风化	3.5	0.35
5号	0.9	0.8	0.9	0.8	III	弱风化	5	0.32
6号	0.9	0.8	1.0	0.9	III	弱风化	6	0.30
7号	1.0	1.0	1.1	1.1	II	微风化	7	0.28
8号、9号	1.0	1.0	1.1	1.1	II	微风化	7	0.28
10～13号	1.0	1.0	1.1	1.1	II	微风化	7	0.28
14号	0.9	0.8	1.0	1.0	III	微风化	6	0.30
15号	1.0	1.0	1.1	1.1	II	微风化	7	0.28
16号、17号	1.0	1.0	1.1	1.1	II	微风化	7	0.28
18号	1.0	1.0	1.1	1.1	II	弱风化	7	0.28
19号	1.0	1.0	1.1	1.1	II	弱风化	7	0.28
20号	0.9	0.8	1.0	0.9	III$_1$	弱风化	6	0.30
21号	0.9	0.7	0.9	0.8	III$_1$	弱风化	5.5	0.32
22号	0.9	0.7	0.8	0.7	III$_2$	弱风化	5	0.34
23号	0.8	0.7	0.7	0.6	III$_2$～IV	弱风化	3.5	0.35
24号	0.8	0.6	0.7	0.7	III$_2$～IV	弱风化	3	0.36
25号、26号	0.8	0.6	0.7	0.7	IV	弱风化	2.5	0.36

（2）坝基下游侧岩体力学参数建议值见表 11.4。

表 11.4　　　　　　　　　　　　　坝基下游侧岩体力学参数建议值表

| 序号 | 部位及岩体状态 | 抗剪断强度 | | 变形模量 E_0/GPa | 泊松比 μ |
		f'	c'/MPa		
1	左岸重力墩下游侧岩体	0.6	0.5	2	0.38
2	右岸重力墩下游侧岩体	0.55	0.4	1.5	0.38
3	左岸拱坝23号坝段下游侧837.00m高程以上岩体				0.38
4	左岸拱坝23号坝段下游侧837.00m高程岩体	0.7	0.6	3	0.35

序号	部位及岩体状态	抗剪断强度		变形模量 E_0/GPa	泊松比 μ
		f'	c'/MPa		
5	左岸拱坝下游侧 835.00m 高程弱风化带岩体	0.7	0.6	3.5	0.35
6	左岸拱坝下游侧 849.00m 高程弱风化带岩体	0.6	0.5	2.5	0.40
7	左岸拱坝下游侧微风化带岩体	1.0	1.0	6	0.30
8	右岸拱坝下游侧弱风化带岩体	0.9	0.9	4.5	0.33
9	右岸拱坝下游侧微风化带岩体	1.1	1.1	7	0.30

左岸 20～21 号拱坝坝段垫座下游侧岩体承载力建议值为 3MPa；22～23 号拱坝坝段垫座下游侧岩体承载力建议值为 2MPa；20～23 号拱坝坝段垫座坑底岩体承载力建议值为 6MPa。

右岸拱坝垫座下游侧岩体承载力建议值为 4MPa；垫座坑底岩体承载力建议值为 6MPa。

R_{18}、R_{19}、R_{20} 软岩允许比降为 1；断层（无夹泥或不连续夹泥）、其余软岩允许比降为 3；断层（连续夹泥）允许比降为 2。

（3）断层、软岩带岩体力学指标建议值见表 11.5。

表 11.5　　　　　　　　　　断层、软岩带岩体力学指标建议值

部位	断层、软岩带	抗剪断强度		变形模量 E_0/GPa	泊松比 μ	出露位置
		f'	c'/MPa			
左岸	F_{30}、F_{36}断层	0.45	0.10	1.00	0.42	左岸 22 号坝基
	F_{43}断层	0.40	0.05	0.30	0.42	
	F_{44}断层	0.30	0.02	0.20	0.45	
	F_{45}断层	0.30	0.02	0.10	0.45	左岸坝后 PD02 平洞内
	F_{46}断层	0.40	0.05	0.30	0.42	
	F_{43}～F_{46}断层之间岩体	0.70	0.60	2.50	0.38	
	R_{01}、R_{02}软岩带			0.20	0.45	左岸下游边坡及 22 号坝基
	R_{03}、R_{04}软岩带			0.20	0.45	左岸下游边坡
	R_{15}、R_{16}软岩带			0.20	0.45	左岸 22 号、23 号、24 号、25 号坝基
	R_{82}、R_{83}软岩带	0.50	0.10		0.45	左岸 19 号坝基
	左、右岸其他建基面软岩带透镜体			0.50	0.45	
河床	F_{12}、F_{58}断层	0.45	0.10	1.00		河床 14 号坝基
右岸	F_8断层	0.40	0.05	0.60	0.45	右岸重力墩
	F_{42}断层	0.45	0.10	1.00	0.42	右岸 6 号、7 号坝基
	F_{37}断层	0.35	0.05	0.60	0.42	右岸 3 号、4 号坝基

11.2.2　拱坝边坡工程地质条件及评价

11.2.2.1　左岸边坡稳定性评价

左岸边坡高程765.00~922.00m，水库运行后多数边坡位于正常高872.00m以下。

高程890.00m以上边坡表部出露为覆盖层，下部为全风化片麻岩，开挖坡比1∶1.2，边坡采用锚钉、挂网喷混凝土支护；890.00~875.00m边坡主要为强风化片麻岩，开挖坡比1∶1.2，边坡采用锚钉或砂浆锚杆及混凝土面板支护。

左岸重力墩848.80~875.00m边坡，全、强风化带岩体开挖坡比1∶1.2，弱风化带岩体开挖坡比1∶0.6，其中端头边坡开挖坡比为1∶0.35。强、弱风化岩体多完整性差，呈镶嵌碎裂结构，部分弱风化岩体较完整，呈次块状结构。边坡采用锚杆、挂网喷混凝土支护。

拱肩槽下游875.00~860.00m边坡，开挖坡比1∶1.2，主要为全风化—强风化岩体。边坡采用锚钉、面板混凝土支护。

拱肩槽下游860.00~840.00m边坡，开挖坡比1∶0.6，岩体呈弱风化状态，岩质坚硬，节理较发育，岩体完整性差，呈镶嵌碎裂结构。边坡采取系统锚杆、挂网喷混凝土等支护。其中F_{30}断层两侧25~30m边坡，岩石风化严重，采取锚索等加固措施。

拱肩槽下游840.00~817.00m边坡，开挖坡比1∶0.6，岩体呈弱风化状态，岩质坚硬，节理较发育，岩体完整性差。边坡出露R_{01}、R_{02}软岩，宽度0.4~1.2m，倾向下游，倾角70°~80°；该段边坡发育一组顺向节理，倾向上游，倾角小于开挖坡角，边坡稳定性差。边坡采取系统锚杆、挂网喷混凝土及锚筋束、锚索等支护。

拱肩槽下游817.00~765.00m边坡，岩石主要呈弱风化状态，局部呈微风化状态，岩体完整性差。由于岩体中存在卸荷带，张开宽度0.5~2cm，局部张开10cm，对边坡稳定有不利影响。

总之，左岸边坡岩体主要呈弱风化状态，岩体完整性差，岩体中发育的NE向节理，与边坡交角较小，倾向坡外，倾角陡于或缓于开挖坡角。边坡采取系统锚杆、挂网喷混凝土及锚筋束、锚索等支护后，边坡整体稳定。

11.2.2.2　右岸边坡稳定性评价

右岸边坡高程765.00~978.00m，水库运行后多数边坡位于正常高程872.00m以下。

右岸遮章公路（906.00m）高程以上边坡出露主要为全风化片麻岩，开挖坡比1∶1.2，其中920.00m高程以上边坡采用锚钉、挂网喷混凝土支护；920.00~906.00m边坡采用锚钉加混凝土面板支护。

右岸重力墩857.50~906.00m边坡，875.00m以上边坡主要出露全风化岩体，岩体呈土状，岩质软弱，开挖坡比1∶1.2，边坡采用锚钉、面板混凝土支护；875.00m以下边坡主要出露弱风化岩体，岩体完整性差，多呈镶嵌碎裂结构，开挖坡比1∶0.1~1∶1.2，边坡采用系统锚杆、挂网喷混凝土支护。

拱肩槽下游800.00~857.50m边坡全风化岩体，开挖坡比1∶1.2，采用锚钉、面板混凝土支护；弱风化岩体，开挖坡比1∶0.6，边坡采用系统锚杆、挂网喷混凝土支护。

拱肩槽下游800.00m高程以下边坡，岩体主要呈微风化状态，岩体较完整，采用系统锚杆基混凝土板支护，边坡较稳定。

总之，右岸拱肩槽下游边坡，岩体主要呈弱—微风化状态，岩体较完整，岩体中发育的 NE 向节理，与边坡交角较小，倾向坡外，多陡于坡角。边坡采取系统锚杆、挂网喷混凝土支护后，边坡整体稳定。

11.2.3　坝基工程地质条件及评价

11.2.3.1　建基面标准及坝基岩体工程地质分类

按坝基岩体工程地质分类，两岸重力墩坝段岩石呈弱风化状态，岩体完整性差，抗滑、抗变形性能受岩石强度控制，主要属Ⅳ类岩体；4 号与 23 号坝段属Ⅲ～Ⅳ类岩体；其余斜坡坝段与河床坝段属Ⅱ～Ⅲ类岩体，抗滑、抗变形性能较好，属良好的混凝土坝地基。

建基标准：两岸重力墩坝段岩石呈弱风化状态，声波波速 $V_p \geq 3000\mathrm{m/s}$，变形模量 $E_0 = 2.5 \sim 3.5\mathrm{GPa}$；4 号与 22 号、23 号坝段声波波速 $V_p \geq 3500\mathrm{m/s}$，变形模量 $E_0 = 3.5 \sim 5\mathrm{GPa}$；其余斜坡坝段与河床坝段声波波速 $V_p \geq 4000\mathrm{m/s}$，变形模量 $E_0 = 5 \sim 7\mathrm{GPa}$。

坝基岩体为寒武系变质岩，岩质坚硬，饱和抗压强度 70～90MPa。

26～25 号重力墩坝段，岩石呈弱风化状态，岩质坚硬，节理发育—较发育，岩体完整性差，部分破碎。单孔平均波速（V_p）3.04～3.2km/s，变形模量 $E_0 = 2.5\mathrm{GPa}$。该段发育 F_{53}、F_{57} 两条断层及五条软岩带，断层规模较小，宽 0.2～0.4m，软岩带宽 5～30cm。属Ⅳ类岩体。

24～23 号坝段，岩石呈弱风化状态，岩质坚硬，岩体完整性差。单孔平均波速（V_p）为 3.73～3.93km/s，变形模量 $E_0 = 3.0 \sim 3.5\mathrm{GPa}$。该段发育九条软岩带，走向主要为 NE 向，宽度一般为 10～20cm，其中 R_{15}、R_{16} 软岩带宽 30～50cm，延伸较长。属Ⅲ$_2$～Ⅳ类岩体。

22～20 号坝段，岩石呈弱风化状态，岩质坚硬，岩体较完整—完整性差。单孔平均波速（V_p）为 3.53～4.59km/s，变形模量 $E_0 = 5.0 \sim 6.0\mathrm{GPa}$。该段出露 F_{30}、F_{36} 两条断层，出露宽度 0.4～1.2m。该段发育 15 条软岩带，走向主要为 NE 向，宽度一般为 10～20cm，其中 R_{01}、R_{02} 软岩带宽 20～120cm，延伸较长。属Ⅲ$_1$～Ⅲ$_2$类岩体。

19～16 号坝段，岩石呈弱—微风化状态，岩质坚硬，岩体较完整，局部完整性差。单孔平均波速（V_p）为 4.43～4.86km/s，变形模量 $E_0 = 7.0\mathrm{GPa}$。该段出露 F_{54}、F_{55}、F_{56} 三条断层，宽度一般为 0.1～0.4m。该段出露 4 条软岩带，宽度较窄，延伸较短。属Ⅱ类岩体。

15～11 号河床坝段，岩石呈微风化状态，岩质坚硬，岩体较完整，局部完整性差。单孔平均波速（V_p）为 4.87～5.12km/s，变形模量 $E_0 = 6.0 \sim 7.0\mathrm{GPa}$。出露 F_{12}、F_{58} 两条断层，其中 F_{12} 断层宽 0.1～0.3m（上游窄下游略宽），主要由碎裂岩、灰白色断层泥组成，断层泥厚 1～3cm，局部达 5cm，分布不甚连续；F_{58} 断层宽 0.1～0.2m，主要由碎裂岩组成，由上游延伸至坝基中部尖灭。属Ⅱ类岩体，其中 14 号坝段属Ⅲ类岩体。由于河床坝段岩石呈微风化状态，岩质坚硬，节理多闭合，岩体较完整，局部完整性差，单孔平均波速（V_p）值较高，通过的 F_{12} 断层较勘察期间宽度变小且性状好，故河床坝段建基面优化抬高了 5m。

10～7 号坝段，岩石主要呈微风化状态，岩质坚硬，岩体较完整。单孔平均波速（V_p）为 4.61～5.02km/s，变形模量 $E_0 = 7.0\mathrm{GPa}$。该段出露 F_{31}、F_{42} 断层，其中 F_{42} 断层出露宽度较宽，为 0.4～1.2m。该段出露六条软岩带，其中 R_{19}、R_{20} 软岩带宽 10～50cm，延伸较长。属Ⅱ类岩体。

6～4号坝段，岩石呈弱风化状态，岩质坚硬，岩体较完整—完整性差。单孔平均波速（V_p）为3.95～4.41km/s，变形模量$E_0=3.5～6.0$GPa。该段出露F_{37}、F_{42}两条断层，F_{37}断层宽度0.17～0.4m，下盘影响带宽1.2～2.5m；F_{42}断层出露宽度0.4～1.2m。属Ⅲ类岩体，其中4号坝段属Ⅲ～Ⅳ类岩体。

3～1号重力墩坝段，岩石呈弱风化状态，岩质坚硬，节理发育—较发育，岩体完整性差，部分破碎。单孔平均波速（V_p）为3.34～3.51km/s，变形模量$E_0=2.5$GPa。该段发育F_8、F_{29}、F_{33}、F_{35}四条断层，其中F_8断层宽1.0～3.6m，其余断层宽0.04～0.30m。属Ⅳ类岩体。

11.2.3.2　坝基主要工程地质问题及处理

（1）坝基建基面处理。左岸坝肩主要存在以下几个问题：①岩体完整性差、声波波速值偏低；②通过的软岩带多，性状差，其中基坑中的R_{03}、R_{04}是向上游缓倾的贯穿性软岩结构面，受其影响，断层附近岩体风化破碎；下游侧边坡的R_{01}、R_{02}、R_{15}、R_{16}软岩延伸较长；③22号坝段通过有斜穿坝基的F_{30}、F_{36}断层。

根据坝基开挖的实际情况与补充地质勘察工作的成果，对20～24号坝段进行了深挖置换混凝土处理。各坝段建基（置换）高程见表11.6。

表11.6　　　　　　　　　　　左岸20～24号坝段建基高程一览表

序号	坝段	坝体底高/m	混凝土置换体底高程/m	混凝土置换体下游侧厚度/m
1	20号	821.00～829.63	821.00～824.00	0～3.13
2	21号	829.63～837.80	824.00～829.70	3.13～8.1
3	22号	837.80～844.80	829.70～834.00	8.1～10.8
4	23号	844.80～853.80	834.00	10.8～19.8
5	24号	853.80	834.00～850.80	3.0～19.8

由于右岸拱坝下游山体较单薄，局部地段弱风化带顶板高程下降会导致下游抗力体厚度不足，影响坝肩稳定，根据右岸补充地质勘察工作的成果，将拱坝4～7号坝段在原建基高程基础上下挖5m，进行混凝土置换。另外，1～3号重力墩坝段因岩体较破碎、完整性差，建基面高程也下降深挖了3m。

（2）坝基地质缺陷处理。

F_8断层出露于右岸2号与3号重力墩坝段，宽1.0～3.6m，基础表部呈分叉状，已按设计要求进行深挖3.00m回填混凝土处理，深挖后F_8断层下部宽度较窄。并在回填混凝土底部铺设钢筋网。

F_{35}断层与破碎带出露于右岸2号重力墩坝段，已按设计要求进行部分深挖2m回填混凝土处理。并在回填混凝土底部铺设钢筋网。

F_{33}、F_{39}断层及节理密集带出露于右岸1号重力墩坝段，已按设计要求进行铺设钢筋网处理。

F_{37}断层出露于右岸4号坝段基础，宽度0.17～0.4m，下盘影响带宽1.2～2.5m，已按设计要求进行深挖 0.6m（局部扩挖）回填混凝土处理。F_{37} 断层处理及局部扩挖部位混凝土在 $F_{3\sim4}$ 坝缝处不分缝，且在该坝缝处的回填混凝土表面布置两层钢筋网。

F_{42} 断层出露于右岸 6 号和 7 号坝段，宽度 0.4～1.2m，已按设计要求进行深挖 1.00m 回填混凝土，并对坝缝附近的断层深挖、回填混凝土、表面布置钢筋网处理。

F_{12} 断层出露于河床 14 号坝段，上游侧宽 0.1m，未予处理；下游侧宽约 0.3m，已按设计要求进行深挖 1.00m 回填混凝土，并在混凝土塞中 14 号与 15 号坝段间的缝线处布置钢筋网处理。

对于出露于 8 号和 9 号坝段的 R_{19}、R_{20} 软岩带，已按设计要求，在帷幕下游采用了深井挖除并置换混凝土处理，并在深井的两侧进行加强固结灌浆与帷幕线相连接。另外，在深井上、下游进行深挖槽置换混凝土处理和加强固结灌浆等。

对于出露于 8 号坝段上游侧的 R_{113}、R_{119}、R_{120}、R_{121} 软岩，按设计要求进行深挖回填混凝土处理（开挖完成后，对软岩进行掏挖和压力冲洗），并在深槽开挖边坡上布置锚筋。

对于出露于坝基的其余小断层进行了浅层掏挖处理。部分节理密集带、岩石破碎部位进行了加强固结灌浆处理。

对坝基开挖起伏差比较大的部位，均铺设了抗裂钢筋。

11.2.3.3　坝基、坝肩防渗措施

根据坝址水文地质条件，大坝基础采用垂直防渗处理。防渗标准 10～17 号坝段透水率小于 1Lu，其他坝段及两岸透水率小于 3Lu。

根据压水试验检查成果，防渗帷幕透水率区间值 0.11～2.59Lu，满足设计防渗标准。

11.2.4　消能塘工程地质条件及评价

消能塘全长 136.5m，由底板、边坡、拦渣坝等组成。

11.2.4.1　消能塘底板

消能塘底板长 136.5m，宽 35.20m，轴线方向 S48°E。建基高程 765.00～767.00m。岩性为寒武系花岗片麻岩，岩石呈微风化状态。

岩体中的主要节理为：①走向 N40°E（片麻理方向），倾向 NW，倾角 50°～65°，延伸长度一般为 4～8m；②走向 N40°～60°W（顺河向），倾向 NE 或 SW，倾角 60°～75°，延伸长度一般为 5～8m。

通过的 F_8 断层规模较小，在中心线右侧宽 0.2～0.4m，局部经过浅层掏挖处理，可满足建基要求；在中心线左侧宽仅 0.1m，未进行处理。

消能塘底板岩石岩质坚硬、岩体较完整，抗冲刷能力较强，其他结构面倾角较陡，未构成不利组合，满足建基要求。

11.2.4.2　消能塘左岸边坡

开挖揭露两条断层，F_{12}、F_8 断层。

F_{12} 断层：产状：走向 N65°～85°W，倾向 NE，倾角 65°～70°（消能塘下游侧边坡倾角为 48°），宽度 0.2～0.6m，主要由碎裂岩及灰白色断层泥组成，断层泥厚 1～3cm，局部达 5cm，分布不连续。与边坡交角较小，倾向山里。

F_8 断层：产状走向 N50°E，倾向 NW，倾角 55°～65°，出露宽度 0.15～0.7m，主要由碎裂岩、角砾岩及少量灰白色断层泥组成，断层泥分布不连续。与边坡近正交。

主要发育两组节理：一组走向 N50°～70°W，倾向 NE（山里），倾角 65°～75°，延伸很长，节理发育。另一组走向 N40°～60°E，倾向 NW，倾角 60°～80°（横河向），延伸较长，节理较发育。缓倾角节理不发育，消能塘左岸边坡缓倾角节理连通率统计，连通率为 12％。

消能塘左岸边坡开挖高程 875.00～765.00m。坡高 110m，设四级马道。

高程 875.00～840.00m 两级边坡，开挖坡比 1∶1.2，边坡出露的岩石呈全风化状态，岩质软弱，呈土状。边坡采用锚钉、混凝土面板护坡。

高程 840.00～817.00m 两级边坡，开挖坡比 1∶0.6～1∶0.82，边坡出露的岩石多呈弱风化状态，岩体完整性差，多呈碎裂结构。边坡采用锚杆、挂网喷混凝土及锚索支护。

高程 817.00～801.00m 边坡，开挖坡比 1∶0.6。岩体呈弱风化状态，岩体完整性差—较完整，呈镶嵌碎裂结构—次块状结构。清坡后采取系统喷锚及锚索支护。桩号消 0+50m～消 0+60m，发育一条冲沟，冲沟上游侧节理多张开，岩块松动，局部开挖后形成反坡，采用混凝土回填处理。

高程 801.00～765.00m 边坡，开挖坡比 1∶0.4337。边坡岩体多呈弱风化状态，局部呈微风化状态，岩体较完整，岩质坚硬。采用混凝土面板护坡。

F_8 断层与边坡交角较大，F_{12} 断层倾向山里，对边坡稳定影响不大。发育的 NE 及 NW（倾向山里）向节理未构成不利组合，但由于节理发育，岩体完整性差，且边坡高度和坡度大于原始地形坡度，易于诱发卸荷裂隙发生和扩大，采取锚索及系统支护处理措施。

左岸消能塘边坡经系统支护后，边坡整体稳定。

11.2.4.3　消能塘右岸边坡

开挖揭露 6 条断层，F_8、F_{17} 断层及 f_{01}、f_{02}、f_{03}、f_{04} 四条规模较小的断层。

F_8 断层产状：走向 N35°～50°E，倾向 NW，倾角 55°～65°，高程 801.00～815.00m 出露宽度 8m；高程 801.00m 以下出露宽度 3.2～4.5m，主要由碎裂岩、角砾岩及少量灰白色断层泥组成，断层泥分布不连续。

F_{17} 断层产状：走向 N20°～30°E，倾向 NW，倾角 60°～70°，宽度 0.01～0.3m，主要由碎裂岩及灰白色断层泥组成，断层泥厚 0.5～1.0cm，分布不连续。

f_{01} 断层产状走向 N35°E，倾向 NW，倾角 75°～80°，灰黄色，出露宽度 0.1～0.3m，主要由角砾岩、碎裂岩及少量断层泥组成，断层泥厚 0.5～1.0cm。

f_{02} 断层产状走向 N30°E，倾向 NW，倾角 75°，灰绿色，出露宽度 0.2～0.4m，主要由角砾岩、碎裂岩及少量断层泥组成，断层泥厚 1～2cm，分布连续。

f_{03} 断层产状走向 N20°E，倾向 NW，倾角 50°，灰黄色，出露宽度 0.1～0.2m，主要由角砾岩、碎裂岩及少量断层泥组成。

f_{04} 断层产状走向 N35°E，倾向 NW，倾角 70°～75°，灰黄色，出露宽度 0.1～0.3m，主要由角砾岩、碎裂岩及少量断层泥组成，断层泥厚 0.5～1.0cm，分布连续。

主要发育二组节理：一组走向 N60°W，以倾向 NE 为主，倾角 68°～80°，该组节理在 801m 高程以下较发育，间距一般为 10～30cm，节理面多平直、光滑，附泥膜、铁锈，与边坡交角较小，倾向河床，倾角与边坡开挖坡坡角接近。另一组节理沿片麻理方向（横河向）发育。缓倾角节理不发育，随机散布。消能塘右岸边坡缓倾角节理连通率统计，连通率为 23%。

消能塘右岸边坡开挖高程 903.00～765.00m。坡高 138.00m，设 7 级马道。

高程 903.00～845.00m 三级边坡，开挖坡比 1：1.2，边坡出露的岩石呈全风化状态，岩质软弱，呈土状。高程 903.00～875.00m 采用锚钉、挂网喷混凝土护坡，高程 875.00～845.00m 采用锚钉、混凝土面板护坡。

高程 845.00m～815.00m 两级边坡，开挖坡比 1：1.1，边坡出露的岩石多呈强风化状态，其间夹有三条条带状分布的弱风化岩体，宽 2～12m。岩体破碎，局部完整性差，多呈碎裂结构。边坡采用锚钉、混凝土面板护坡。

高程 815.00～801.00m 边坡，开挖坡比 1：0.6～1：1.8。岩体主要呈全、强及弱风化状态，岩体完整性差—较完整，呈镶嵌碎裂结构—次块状结构，其中边坡中全风化岩体已全部挖除。边坡采用锚钉、混凝土面板及锚索护坡。

高程 801.00～765.00m 边坡，开挖坡比 1：0.4337。边坡岩体多呈弱风化状态，少数呈微风化状态，岩体完整性差—较完整，呈镶嵌碎裂结构—次块状结构，岩质坚硬。该段边坡不稳定因素：①R_{18} 软岩带出露于消能塘边坡与拱坝下游边坡交汇处，局部构成不稳定岩体；②F_{13}、F_{14}、F_{15}、F_{16} 断层出露于平洞 PD01 内，顺坡陡倾，与边坡小角度相交，对边坡稳定不利；③顺坡走向的 NW 向节理，倾向坡外，倾角略陡于边坡坡角或缓于边坡坡角，对边坡稳定不利；④F_8 断层及 F_{17}、f_{01}～f_{04} 小断层与边坡交角较大，对边坡稳定影响不大。在削坡过程中，在 800.00m 高程以上发现一些卸荷裂隙，已经挖除，但由于边坡高度和坡度大于原始地形坡度，易于诱发和扩大卸荷裂隙，边坡采用锚索及锚杆加固、混凝土面板护坡。

右岸消能塘边坡经过系统支护后，整体稳定。

11.2.4.4 拦渣坝

消能塘末端设拦渣坝，拦渣坝坝顶高程 779.00m，底板高程 766.50m，顶宽 3m，轴线方向为 N42°E，拦渣坝下游设 20m 长混凝土护坦。

拦渣坝基础岩性为片麻岩，灰—深灰色，粗粒—细粒变晶结构，片麻状构造。岩石呈微风化状态。片麻理产状为走向 N40°～60°E，倾向 NW，倾角 55°～75°。主要发育 NE 及 NW 向两组中陡倾角节理，岩体多呈次块状结构，岩质坚硬，岩体较完整，局部完整性差，岩体质量类别主要为 Ⅱ 类，少数为 Ⅲ 类。

基础左侧出露 f_{05} 断层，产状为走向 N60°E，倾向 NW，倾角 62°～75°，断层宽 0.2～0.3m，主要由角砾岩、碎裂岩及灰白色断层泥组成，断层泥厚约 1～5cm，分布不连续。断层下盘 1.0～1.50m 范围内岩石稍破碎，断层整体性状较好。

拦渣坝基础岩石呈微风化状态，岩质坚硬，岩体较完整，局部完整性差，岩体质量类别主要为 Ⅱ 类，少数为 Ⅲ 类，满足建基要求。

11.2.5 引水发电系统工程地质条件及评价

引水发电系统布置在左岸山体内，由进水口、引水隧洞及压力管道组成，采用一洞三机的布置方式，进水口位于左岸坝头上游侧约 50m 处，洞轴线方向为 S61°E。经"卜"字形分岔由三条压力钢管与蝶阀相连进入厂房。

岸塔式进水口由引水明渠、进口段、闸门井段及闸后渐变段构成。明渠底板高程为823.00m。渐变段位于闸门井后，长 15.00m，由 11.80m×11.00m 的矩形断面渐变为直径 11.00m 的圆形断面。

闸后渐变段至岔管前为引水隧洞段，全长 104.74m，洞径 11.00m。

岔管至厂房上游边墙为压力管道，岔管段内径由 11.00m 渐变为 6.0m，梳齿形岔管平行分出 3 条内径 6m 的支管，岔管段长 35.80m，3 条支管分别为 37.63m、35.14m、44.54m。

引水式地面厂房位于大坝下游左岸，距坝轴线约 170m，主要由主厂房、副厂房、尾水渠、变电站等组成。

主厂房由主机间、安装间组成，主厂房尺寸为 109.00m×25.40m×50.21m（长×宽×高），水轮机安装高程 786.00m，安装间地面高程 803.25m，发电机地面高程 798.75m。

11.2.5.1　进水口洞脸边坡

进水口位于大坝上游冲沟右侧，洞脸山坡比高约 50m，坡度 35°。高程 870.00～860.00m 岩石呈全风化状态，高程 860.00～845.00m 岩石主要呈强风化状态，高程 845.00～820.00m 岩石呈弱风化状态，岩体中发育的 NW 及 NE 向节理切割，岩体较破碎，节理间距一般为 10～40cm。其中 NW 向节理与洞脸边坡近于平行，倾向坡内及坡外，但倾角较陡，对边坡稳定影响不大。

冲沟部位出露 F_2 断层破碎带，倾向上游，对边坡及引水洞竖井稳定影响不大。边坡已采取了喷锚支护，边坡整体稳定。

11.2.5.2　闸门井

闸门井基础开挖高程为 787.00m，顶部开挖高程约为 825.00m。岩石主要呈弱至微风化状态，岩质坚硬，岩体中发育有 NW 及 NE 向两组中、陡倾角节理，高程 811.00m 附近以上岩体节理发育，岩体完整性差，为 Ⅳ 类围岩，以下岩体较完整，为 Ⅲ 类围岩。其中山里侧壁和下游侧壁的 Ⅳ 类围岩中，受 NW 及 NE 向节理切割，岩体完整性差，部分节理开挖中卸荷张开，对井壁稳定有较大影响，采用锚杆、锚筋束及锚索等支护措施。其余井壁采用系统锚杆支护后，井壁整体稳定。底板位于微风化岩体中，满足建基要求。井壁中出露的 F_{30}、F_{36} 断层，宽度较小，且倾向山里，对井壁稳定影响不大。

11.2.5.3　引水洞

其岩性为灰黑色—灰色片麻岩，主要矿物成分为石英、长石、黑云母等，细粒—粗粒变晶结构，片麻构造。岩石隐节理发育。

根据围岩工程地质条件，将该洞段共分五段。按桩号分述如下：

桩号 0+005m～0+020m，为进水口渐变段，岩石呈微风化状态。岩质坚硬，岩体完整性差，围岩呈镶嵌碎裂结构。节理较发育，开挖时有局部掉块。挂网喷混凝土和钢拱架支护后，围岩基本稳定。为 Ⅳ 类围岩（围岩总评分 $T=30$），单位弹性抗力系数 $K_0=1.0$GPa/m。

桩号 0+20m～0+70m，岩石呈微风化状态，岩质坚硬，岩体较完整，围岩呈次块状结构，在桩号 0+20m～0+30m 施工中因节理不利组合发生少量塌方。受 F_{51} 断层影响局部岩体破碎。出露的 F_{51} 断层及 R_{114}、R_{115}、R_{116} 软岩规模较小，与洞轴线近正交，局部稳定性差。为 Ⅲ 类围岩（围岩总评分 $T=50$），单位弹性抗力系数 $K_0=3.0$GPa/m。

桩号 0+070m～0+079.2m，岩石呈微风化状态，岩质坚硬，岩体较完整，围岩呈次块状结构，围岩基本稳定。为 Ⅱ 类围岩（围岩总评分 $T=73$），单位弹性抗力系数 $K_0=$

5.0GPa/m。

桩号 0+079.2m～0+099.07m，岩石呈微风化状态，岩质坚硬，岩体较完整性至破碎，围岩呈次块状结构—碎裂结构。为Ⅳ类围岩（围岩总评分 $T=44$），单位弹性抗力系数 $K_0=1.0$GPa/m。

桩号 0+099.07m～0+208.50m，岩石呈微风化状态，岩质坚硬，岩体较完整，部分破碎，围岩呈次块状结构，部分呈碎裂结构。出露的 F_{40}、F_{50}、F_{52} 三条小断层，倾角较陡，规模较小，与洞轴线大角度斜交，围岩局部稳定性差。为Ⅲ类围岩（围岩总评分 $T=55$），单位弹性抗力系数 $K_0=2.0$GPa/m。

11.2.5.4 压力管道

其岩性为灰黑色片麻岩，主要矿物成分为石英、长石、黑云母等，细粒变晶结构，片麻构造。岩石隐节理发育。

2 号压力管道：岩石呈微风化状态，岩质坚硬，节理较发育，岩体呈次块状—镶嵌碎裂结构。支护后，围岩局部稳定性差。为Ⅲ类围岩。

3 号压力管道：岩石呈微风化状态，岩质坚硬，节理发育—较发育，岩体呈碎裂—镶嵌碎裂结构，岩石较破碎。支护后，围岩局部稳定性差。为Ⅲ类围岩。

4 号压力管道：岩石主要呈微风化状态，节理发育，岩体呈镶嵌碎裂结构。围岩稳定性较差，支护后，围岩局部稳定性差。为Ⅲ类围岩。

11.2.5.5 厂房

厂房位于大坝下游左岸，距坝轴线约 170m，厂房长 109m，宽 25.4m，包含主机间、下游副厂房、安装间，机组纵轴线方向 N89°33′53″E。

主机间及下游副厂房建基高程约为 771.00m，岩石呈微风化状态，通过有 F_{40} 断层，宽度仅 10～30cm；安装间建基高程为 788.10m，岩石主要呈微风化状态。岩石隐节理发育，岩体完整性差，多呈镶嵌碎裂结构或碎裂结构，但岩质较坚硬，满足建基要求。

11.2.5.6 厂房后边坡

上坝公路以上边坡，开挖坡比 1∶1.0，主要为全风化片麻岩，875.00m 马道以上边坡锚钉、喷混凝土支护；875.00m 马道以下边坡用锚杆、混凝土面板支护，采取系统排水措施。

高程 875.00～860.00m 边坡，开挖坡比 1∶1.0。主要为全、强及弱风化片麻岩，采用混凝土面板护坡。冲沟回填部位结合 F_{41} 断层，采取锚索及网格梁支护处理。

高程 860.00～845.00m 边坡，开挖坡比 1∶1.0。主要为强—弱风化片麻岩，出露几条小断层，倾角为中陡倾角，与坡面大角度相交，对边坡稳定影响不大。另外 F_{41} 断层走向与边坡大致平行，倾向坡外，倾角 24°～35°，断层波状起伏，局部产状变化较大，宽度 0.1～0.3m，主要由碎裂岩及灰黄色断层泥组成，断层泥厚 3～5cm。经核算，F_{41} 断层及上覆岩体稳定性较差，采取锚索及网格梁支护处理。F_{41} 断层抗剪断强度：$f'=0.3$，$c'=0.03$MPa。

高程 845.00～815.00m 两级边坡，开挖坡比 1∶0.5。主要为弱—微风化片麻岩，出露几条小断层，倾角为中陡倾角，与坡面大角度相交，对边坡稳定影响不大。采用挂网喷混凝土支护。

高程 815.00～802.85m 边坡，开挖坡比 1∶0.3。主要为弱—微风化片麻岩，出露的小断层，倾角为中陡倾角，与坡面大角度相交，对边坡稳定影响不大。采用挂网喷混凝土支护。

另外，在已经完成厂房边坡系统支护的前提下，为提高厂房高边坡的安全裕度，2011年又在厂房边坡上增加了36束锚索（高程875.00～845.00m、孔深28m，内锚段11.50m，设计吨位为150t）及锚筋束（高程845.00～810.00m、长度15m）、深排水孔（高程875.00～860.00m、孔深25m）等加强支护措施，确保厂房边坡的安全。

厂房后边坡开挖高度超过70m。F₄₁缓倾角断层已经采取了工程处理措施，NE和NW向两组主要节理与边坡交角较大，出露的几条断层规模不大，与边坡有较大交角，边坡整体是稳定的。但边坡岩体构造还是较发育，岩体完整性较差，据观测孔资料显示，局部地下水位较高，应加强观测和分析，发现问题及时采取处理措施。

11.2.6　缆机移动端边坡工程地质条件及评价

缆机移动端边坡位于左岸坝址上游，边坡高程930.00～1115.00m。在施工过程中，出现多次塌方，对引水洞进水塔安全运行影响较大。后来经过审查，左岸缆机边坡确定为永久边坡，对开挖和支护方案进行了重新设计、施工。

高程1020.00m以上主要为全风化片麻岩，局部见条带状弱风化片麻岩。边坡均采用挂网喷护混凝土进行支护。

高程1020.00～1005.00m岩质边坡坡比1∶1～1∶1.04。岩性为片麻岩，灰黄—深灰色，呈全风化—弱风化状态，全风化岩石灰黄色，呈土状，分布于边坡两侧。弱风化片麻岩，浅—深灰色，岩质坚硬，节理间距50～70cm，呈块状岩体结构，较完整，主要分布在边坡中部。土质边坡采用锚钉（锚杆）、排水管、挂网喷护混凝土支护。

高程1005.00～990.00m岩质边坡坡比1∶1.02～1∶0.9。岩性为片麻岩，灰黄—深灰色，呈全风化—弱风化状态，全风化岩石灰黄色，呈土状，分布于边坡两侧。弱风化片麻岩，浅—深灰色，岩质坚硬，节理间距30～80cm，呈次块状—块状岩体结构。岩体完整—较完整，主要分布在边坡中部。边坡采用锚杆、排水管、挂网喷护混凝土支护。

高程990.00～975.00m岩质边坡坡比1∶0.6～1∶0.7。岩性为片麻岩，灰黄—深灰色，呈全风化—弱风化状态，全风化岩石灰黄色，呈土状，分布于边坡两侧。弱风化片麻岩，深灰色，岩质坚硬，节理间距10～30cm及小于10cm节理密集带，岩体呈碎裂—镶嵌碎裂结构，完整性差—较破碎，主要分布在边坡中部。边坡采用锚索网格梁、锚杆、排水管、挂网喷护混凝土支护。

高程975.00～960.00m岩质边坡坡比1∶0.6～1∶0.7。岩性为片麻岩，灰黄—深灰色，呈全风化—弱风化状态，全风化岩石灰黄色，呈土状，分布于边坡两侧。弱风化片麻岩，深灰色，岩质坚硬，节理间距10～30cm及小于10cm节理密集带，岩体呈碎裂—镶嵌碎裂结构，完整性差—较破碎，主要分布在边坡中部。支护采用锚筋束、排水管、挂网喷护混凝土。

高程960.00～945.00m岩质边坡坡比1∶0.6～1∶0.8。岩性为片麻岩，灰黄—深灰色，呈全风化—弱风化状态，全风化岩石灰黄色，呈土状，分布于边坡两侧。弱风化片麻岩，深灰色，岩质坚硬，节理间距10～30cm及小于10cm节理密集带，岩体呈碎裂—镶嵌碎裂结构，完整性差—较破碎，主要分布在边坡中部。支护采用锚索网格梁、锚杆、排水管、挂网喷护混凝土。

高程945.00～930.00m岩质边坡坡比1∶0.55～1∶0.30。岩性为片麻岩，灰黄—深灰色，呈全风化—弱风化状态，全风化岩石灰黄色，呈土状，分布于边坡两侧。弱风化片麻岩，深灰色，岩质坚硬，节理间距 50～100cm，块状结构，岩体较完整，主要分布在边坡中部。支护采用锚筋束、排水管、挂网喷护混凝土，局部加锚索支护。

缆机移动端边坡经锚索网格梁、锚筋束、锚杆、排水孔、挂网喷护混凝土以及高挡墙等系统支护后，边坡整体稳定。

11.3 天然建筑材料

11.3.1 可研阶段推荐的天然建筑材料

可研阶段根据各设计方案坝型的需求，选取了砂料、砂砾石料、人工骨料、土料、风化砂料共 6 个料场。

11.3.1.1 遮冒砂料场

遮冒砂料场位于坝址下游约 5km 处的龙江江心，系由 4 块大小不等的砂洲组成。地面高程 787.61～789.10m，高出江水位仅 0～1.5m，洪水期全部淹没。

料场长约 1400m，宽 190～360m，面积约 38.26 万 m^2。表部为甘蔗林，积有壤土、砂壤土和中细砂层，厚 0.50～1.70m；下部为砂砾石层，最大孔深至水下 15m 未见基岩。

经储量计算，其表部无用层平均厚度为 1.27m，体积为 53.25 万 m^3；有用层全部位于水下，平均厚度按 8.05m 计，勘探储量为 276.82 万 m^3，其中细骨料约为 216 万 m^3，约为需用量的 3 倍。据级配试验，其粗骨料的数量甚少，约占 20%，其中 5～20mm 占 10%，20～40mm 和 40～80mm 约各占 5%（见级配试验成果汇总表 11.11）。

根据试验资料，除砂和砾石的干松密度偏小外，其余指标均可满足质量要求（详见砂砾石试验成果汇总表 11.10）。

由于该料场位于江心部位，且料源全部为水下料，需采取水上采运措施。

11.3.1.2 MY 砂砾石料场

MY 砂砾石料场位于坝址上游约 4～6km 处 MY 桥上游及下游的龙江河段，地面高程 793.04～797.70m，多为水下地形，局部高出江水位约 0～1.5m，洪水期全部淹没。

料场由 MY 桥上游（Ⅰ区）及下游（Ⅱ区）两部分组成，两者相距约 1000m，料场长约 3600m，宽 100～230m，面积约 41.46 万 m^2。上部多分布有中细砂或含砾中粗砂，厚 0.00～2.30m 不等；下部为砂砾石，砾石含量由上至下逐渐增加、粒径也逐渐增大，砂砾石厚度 2.60～7.30m。砂砾石呈灰—浅灰色，中等蚀圆，砾石成分主要为片麻岩、少量石英岩及基性岩石，砂以中粗砂为主。下部为砾质低液限黏土和全风化片麻岩。

经储量计算，其上部砂也按有用层使用，则无用层体积为 0m^3；有用层多位于水下，平均厚度按 5.34m 计，勘探储量为 230.89 万 m^3（其中Ⅰ区储量为 58.89 万 m^3，Ⅱ区储量为 172.00 万 m^3），其中净砾石储量约为 105.78 万 m^3，净砂储量为 173.35 万 m^3。据级配试验，其粗骨料含量约占 40%，其中 5～20mm 占 16%，20～40mm 占 12%，40～80mm 约占 8%，80～150mm 约占 4%（详见表 11.7～表 11.10）。如若不足，可扩大开采范围，由料场上、下游料源予以补充。

根据试验资料，除砂含量较高、细骨料中堆积密度偏低外，其余指标均可满足质量要求。

取样对砂及砾石进行碱活性试验，试验结果表明，砂与砾石为非活性骨料。

由于该料场位于江心部位，且料源多为水下料，其采运条件相对较差，尚需考虑旱季开采、堆存等措施。

表 11.7　　　　　　　　　　　　　　　砾 石 分 级 储 量 表

净砾石储量 /万 m³	砾石堆积密度 /(g/cm³)	粒径组 /mm	分级含砾率 /%	分级砾石堆积密度 /(g/cm³)	砾石分级储量 /万 m³
105.78	1.65	150~80	10	1.47	11.87
		80~40	20	1.51	23.12
		40~20	30	1.51	34.67
		20~5	40	1.52	45.93

表 11.8　　　　　　　　　　　　　　净砾石、净砂储量表

砂砾石储量 /万 m³	砂砾石天然 密度/(g/cm³)	含砾率 /%	含砂率 /%	砾石堆积密度 /(g/cm³)	砂堆积密度 /(g/cm³)	净砾石储量 /万 m³	净砂储量 /万 m³
230.89	1.89	40	58	1.65	1.46	105.78	173.35

表 11.9　　　　　　　　　　　　　　　　储 量 表

料场位置	材料类型	勘察级别	料场分区	计算面积 /万 m²	平均厚度/m（无用层）	平均厚度/m（有用层）	无用层体积 /万 m³	有用层储量 /万 m³	总　评　价
MY砂砾石料场	砂砾石料	详查	Ⅰ区	10.38	0.00	5.40	0.00	58.89	该料场有公路通往坝址，路况较差。除砂含量较高、细骨料中堆积密度偏低外，其他各项指标满足要求，平行断面法计算，平均厚度法校核，误差小于10%
			Ⅱ区	31.08	0.00	5.28	0.00	172.00	
			合计	41.46	0.00	5.34	0.00	230.89	

表 11.10　　　　　　　　　　　　　　砂砾石试验成果汇总表

特征值	砂												
	干堆积密度	表观密度	泥块含量	含泥量	云母含量	轻物质含量	有机质含量	Fe_2O_3	CaO	MgO	K_2O	Na_2O	硫酸盐及硫化物含量换算成SO_3
	g/cm³		%				定性	%					%
组数	20	20	20	42	20	42	20	20	20	20	20	20	20
最大值	1.51	2.65	0.0	4.0	0.55	0.0		2.43	1.41	0.62	5.20	2.14	0.0
最小值	1.42	2.63	0.0	0.4	0.18	0.0		1.43	0.97	0.34	4.17	1.79	0.0
平均值	1.46	2.64	0.0	0.9	0.36	0.0	合格	1.88	1.17	0.47	4.78	1.97	0.0
质量标准值	>1.50	>2.55	—	<3	<2	≤1	浅于标准色	—	—	—	—	—	<1

表 11.11　天然砂砾石颗粒级配试验成果汇总表

天然砂砾石混合级配（含量/%）

特征值	>150	150~80	80~40	40~20	20~5	5~2.5	2.5~1.25	1.25~0.63	0.63~0.315	0.315~0.16	0.16~0.08	<0.08	粒度模数
组数	42	42	42	42	42	42	42	42	42	42	42	42	—
最大值	13	23	31	27	8	24	27	30	9	4	4	4	—
最小值	0	1	2	3	1	6	9	7	1	1	0	0	—
平均值	4	8	12	16	4	14	17	15	5	2	1	1	—

砾石的级配（含量/%）

特征值	150~80	80~40	40~20	20~5	粒度模数
组数	42	42	42	42	42
最大值	26	34	68	68	7.25
最小值	0	4	18	8	6.39
平均值	10	19	29	42	6.96

砂的级配（含量/%）

特征值	5~2.5	2.5~1.25	1.25~0.63	0.63~0.315	0.315~0.16	0.16~0.08	<0.08	粒度模数
组数	42	42	42	42	42	42	42	42
最大值	13	31	38	38	14	7	6	3.18
最小值	3	14	24	19	3	1	1	2.42
平均值	7	24	30	27	8	2	2	2.83

表 11.12　砂砾石试验成果汇总表

砂砾石　密度（g/cm³）

特征值	天然密度	干紧密度	干堆积密度	分级干紧密度 150~80	80~40	40~20	20~5	堆积密度	分级堆积密度 150~80	80~40	40~20	20~5	表观密度
组数	3	20	20	20	20	20	20	20	20	20	20	20	20
最大值	1.94	2.03	1.86	1.63	1.65	1.71	1.77	1.78	1.45	1.52	1.54	1.54	2.73
最小值	1.84	1.80	1.46	1.57	1.61	1.63	1.53	1.65	1.43	1.50	1.51	1.51	2.66
平均值	1.89	1.89	1.63	1.61	1.63	1.66	1.65	1.69	1.47	1.51	1.52	1.52	2.69
质量标准值	—	—	—	—	—	—	—	>1.6	—	—	—	—	>2.6

砾石　含量（%）及化学成分（%）

特征值	泥块含量	含泥量	吸水率	轻物质含量	针片状含量	软弱颗粒含量	有机质含量（定性）	Fe₂O₃	CaO	MgO	K₂O	Na₂O	硫酸盐及硫化物含量换算成 SO₃
组数	20	20	20	42	42	42	20	20	20	20	20	20	20
最大值	0.00	1.0	1.9	0.0	6.3	4.6	浅于标准色	2.69	2.26	1.17	5.60	2.90	0.0
最小值	0.00	0.0	0.3	0.0	0.8	0.8	—	2.00	1.38	0.70	4.13	2.08	0.0
平均值	0.00	0.4	1.0	0.0	3.1	2.2	合格	2.48	1.73	0.89	4.76	2.70	0.0
质量标准值	<1	—	<2.5	无	<15	<5	标准色	—	—	—	—	—	<0.5

11.3.1.3　盘龙山人工骨料场

盘龙山人工骨料场位于坝址下游左岸，距坝址约 5km。现有简易公路及乡间小路通至山脚。

料场位于盘龙山山顶，高程 1200.00～1270.00m。料场四周为陡壁，高 40～50m，陡壁下缓坡坡度一般为 20°～40°。

料场表部多为低液限黏土覆盖，厚度一般为 4～8m，溶沟部位可达 10m 以上。基岩岩性为白云质灰岩，夹少量灰质角砾岩，二者界线不明显，呈渐变接触关系，局部呈混杂分布，系同期沉积而成，在山顶零星出露，基岩面起伏较大。

白云质灰岩细粒结构，呈巨厚层构造，层理不甚明显。岩层走向 N40°～60°W，倾向 NE，倾角 45°～60°。岩石致密较坚硬，抗风化能力强，溶蚀现象不甚发育，局部仅见有沿陡倾角裂隙发育的深切溶沟，并有次生黏土充填。岩石隐节理发育，致使部分岩石强度试验成果偏低。

灰质角砾岩主要分布于料场北部及东南部，ZK310 钻孔附近呈孤岛状分布，细粒结构，巨厚层构造，层理不甚明显。岩质较软弱，溶蚀现象发育，地表露头多见溶沟、溶孔及溶洞，钻孔岩心多见溶孔、溶蚀裂隙。

料场采区发育有 3 条 NE 向小断层，破碎带宽一般为 2～4m，多为陡倾角断层。

白云质灰岩岩质坚硬，岩溶不发育，可作为人工骨料料源。而灰质角砾岩岩质软弱，岩溶发育，不可用作人工骨料料源。

经取样对白云质灰岩进行碱活性试验，试验结果表明，岩石无潜在碱活性危害。

选定料场产地面积约 5 万 m²，剥离层厚度一般 13～16m，受溶沟、溶槽发育深度的影响，剥离层厚度局部较深，无用层体积为 72.1 万 m³。开采底板高程为 1117.00m 时，可采储量为 360 万 m³，为需用量的 2 倍。

11.3.1.4　拱岭人工骨料场

拱岭人工骨料场位于坝址下游的拱岭山坡，沿公路距坝址约 22km。现有三级柏油公路及部分简易公路通至坝址，运距较远。

料场位于拱岭一浑圆状山体，正面为一采石场，开采底高程 1037.00m，地形坡度为 70°～80°，背面与整个山体相连，两侧地形坡度较缓，一般为 20°～30°，山顶高程 1122.00m。

料场正面及山顶基岩大多裸露，两侧表部多为低液限黏土覆盖，厚度一般为 1.0～5.0m。基岩岩性为灰岩。

灰岩，生物碎屑结构，层状构造，岩体中充填不规则方解石细脉，层理发育、产状稳定，层理走向 N35°E，倾向 NW，倾角 65°～70°，层厚一般为 20～50cm，局部可达 2～3m。由于岩体卸荷的影响，灰岩层间多充填有次生的低液限黏土，厚度一般为 0.5～20cm 不等，局部可达 50～100cm，一般表部充填较厚，深部渐薄。该低液限黏土呈黄色，多呈可塑状态，失水后呈硬塑状。灰岩岩石较坚硬、性脆，单轴饱和抗压强度平均值为 47MPa，岩体抗风化能力强。溶蚀现象不发育，据勘察及调查，发现有两处小的溶洞，洞径仅 1～2m，均为沿层理走向，可见延伸长度约 5～6m。岩石节理不发育，岩体较完整。岩石试验成果详见表 11.7～表 11.14。

取样对灰岩进行碱活性试验，试验结果表明，灰岩为非活性骨料。

选定料场产地面积约 2.5 万 m^2，剥离层厚度一般 $7\sim10m$，无用层体积为 22.4 万 m^3。开采底板高程为 1020.00m 时，可采储量为 95.6 万 m^3（详见表 11.7～表 11.13），但储量范围内仍不可避免地存在有少量次生充填的低液限黏土，开采过程中需采取加强冲洗、挑选剔除等处理措施。

表 11.13　　　　　　　　　　　　　　　　　储　量　表

料场位置	材料类型	勘察级别	计算面积/万 m^2	平均厚度/m		无用层体积/万 m^3	有用层储量/万 m^3	备注
				无用层	有用层			
拱岭	人工骨料	详查	2.5	8.5	45.0	22.4	95.6	采用平行断面法计算，三角形法校核，误差小于 10%

表 11.14　　　　　　　　　　　　　　岩石试验成果汇总表

特征值	颗粒密度/(g/cm^3)	块体积密度/(g/cm^3)			紧密度/%	孔隙率/%	自由吸水率/%	饱和吸水率/%	单轴抗压强度/MPa			软化系数	矿物化学分析/%					
		烘干	天然	饱和					烘干	饱和	天然		Fe_2O_3	CaO	MgO	K_2O	Na_2O	SO_3
组数	5	5	5	5	5	5	5	5	5	5	5	5	5	5	5	5	5	5
最大值	2.72	2.64	2.65	2.67	97.06	3.70	0.27	0.37	84	53	60	0.63	0.42	52.23	3.68	0.19	0.46	0.06
最小值	2.70	2.60	2.61	2.62	96.30	2.94	0.12	0.21	67	40	48	0.60	0.24	47.85	0.57	0.05	0.03	0.01
平均值	2.71	2.62	2.63	2.65	96.76	3.24	0.19	0.28	77	47	53	0.61	0.28	49.74	1.74	0.10	0.20	0.03

11.3.1.5　MY 土料场

MY 坝土料场位于坝址上游约 6km 处的左岸，现有公路相通，交通方便。

该料场为一低缓的岗地，地形坡度 $0°\sim20°$，局部因受冲沟切割，起伏较大。料场长约 700m，宽约 200m，面积 14 万 m^2。表部为厚约 0.5m 的耕植土，下部为褐红色的黏土，平均厚度 3.55m。

据试验资料，黏土天然含水量平均值为 32.4%，最大值为 36.5%，干密度平均值为 1.27g/cm^3；黏粒含量平均值为 48%，塑性指数平均值为 31.8；击实试验最大干密度平均值为 1.40g/cm^3；最优含水量平均值为 30.6%。从试验资料看，该土层一般指标尚可满足质量要求，天然含水量接近最优含水量，最大缺点是黏粒含量偏高，击实后干密度偏小。

经储量计算，其初查储量为 51.64 万 m^3，可满足工程所需。如若不足，可扩大开采范围，由料场四周料源予以补充。

11.3.1.6　风化砂料场

风化砂料场位于坝址两岸山坡，主要是利用两岸坝头开挖弃料的风化砂作为围堰防渗料。

坝址两岸料场部位地形坡度一般 $10°\sim30°$。左岸 B 区料场长近 90m，宽约 70m，面积 0.58 万 m^2；右岸 A 区料场长 150m，宽约 70m，面积 1.27 万 m^2。表部为厚约 0.5m 的耕植土，下部为低液限黏土和全风化片麻岩，平均厚度按 $10\sim12m$ 计。

本次勘察，分别对低液限黏土和全风化片麻岩（砂质低液限黏土）以及其掺合料进行取样试验。

据试验资料，表部低液限黏土天然含水量平均值为 28.4％，最大值为 38.8％，干密度平均值为 1.31g/cm³；黏粒含量平均值为 38.3％；塑性指数平均值为 26.5；击实试验最大干密度平均值为 1.80g/cm³；最优含水量平均值为 22.4％，渗透系数平均值为 9.6×10^{-8} cm/s。

全风化片麻岩（砂质低液限黏土）天然含水量平均值为 21.3％，最大值为 30.4％，干密度平均值为 1.50g/cm³；黏粒含量平均值为 20.1％；塑性指数平均值为 14.8；击实试验最大干密度平均值为 1.89g/cm³；最优含水量平均值为 17.3％，渗透系数平均值为 2.6×10^{-6} cm/s。

按低液限黏土与砂质低液限黏土 1∶1 掺合料，其试验指标为：黏粒含量平均值为 30％；塑性指数平均值为 17.8；击实试验最大干密度平均值为 1.89g/cm³；最优含水量平均值为 19.6％，渗透系数平均值为 9.1×10^{-8} cm/s。

按低液限黏土与砂质低液限黏土 1∶3 掺合料，其试验指标为：黏粒含量平均值为 26％；塑性指数平均值为 17.8；击实试验最大干密度平均值为 1.92g/cm³；最优含水量平均值为 18.2％，渗透系数平均值为 1.89×10^{-7} cm/s。

从试验资料看，低液限黏土和全风化片麻岩（砂质低液限黏土）以及其掺合料除天然含水量略高于最优含水量外，其他一般指标可满足围堰用料质量要求。经储量计算，其详查范围内储量总计为 21.72 万 m³，可满足工程所需。

11.3.2　施工阶段使用的天然建筑材料

施工阶段采用了下坝址拱坝方案。

盘龙山人工骨料场因高程很高、采运条件较差、岩体质量较差，不宜作为人工骨料场，施工阶段未使用该料场的料源；遮冒砂料场中粗骨料甚少，施工阶段采用质量相对较好的 MY 砂砾石料场作为天然骨料料源；拱岭人工骨料场由于道路交通及开采难度等问题施工阶段未使用，改用相同地层、开采难度较小、料源质量较好的户勒骨料场作为人工骨料料源；围堰防渗料采用坝肩两岸开挖风化砂料；MY 土料场施工阶段未使用。

（1）MY 砂砾石料场：开采天然粗骨料约 40 万 m³。工程所需细骨料均采自本料场。

（2）户勒人工骨料场：位于坝址下游的山坡，沿公路距坝址约 25km。岩性为灰岩，据试验资料，质量满足规范要求。施工阶段开采粗骨料约 35 万 m³。

第 12 章 不良地质条件及处理

12.1 坝基开挖过程中揭露的不良工程地质问题

施工期随着左岸坝基开挖的进行，发现坝基岩体中存在球状风化、囊状风化和条带状风化等不均匀风化现象，左岸坝肩下游侧边坡及坝基中发现有软岩带和 F_{30} 断层分布，软岩带岩质较软弱，其中 R_{01}、R_{02} 软岩带厚度较大，R_{03}、R_{04} 软岩带分布范围大，拱坝坝基工程地质条件严重恶化。为了查明软岩带的分布情况，对坝基进行了补充勘察工作。

右岸重力墩部位开挖至 874.00m 高程，发现岩石风化不均一，条带状和囊状风化发育，重力墩及与其相邻的拱间槽附近，地形向下游倾斜，如下游岩体弱风化带顶板下降，对拱坝抗滑稳定有不利影响。针对以上的工程地质问题，对右岸坝肩进行补充勘察，布置了 10 个机钻孔及孔内声波测试等工作。

12.2 坝基补充勘察工作布置

左岸坝肩补充勘察的目的是查明拱坝影响范围内软岩带的分布情况，确定与坝肩稳定、变形相关的物理力学参数。具体勘察布置：

（1）在钻孔内布置声波波速测定和孔内电视观测，确定低速带的性质（软岩带或节理密集带）及其位置、厚度和产状。

为此在 18～23 号拱坝坝段共布置勘探剖面 12 条，剖面间距 10m，剖面上布置勘探孔 5 个，孔距 5m，孔深 20m。

在 24～26 号三个重力墩坝段各布置勘探剖面 1 条，剖面上布置勘探点 3 个，孔深 10m。

（2）在坝下游 PD02 勘探平洞内布置勘探支洞 2 条，顺上游方向延伸至拱坝下游坝脚。

（3）布置机钻孔共 17 个。

（4）进行跨孔地震波测试。

（5）进行孔内岩体变形模量测试，确定岩体波速与变形模量之间的关系及变形模量的各向异性。

（6）进行岩石的薄片鉴定和软岩的矿物成分分析。

右岸坝基具体勘察布置：

（1）在 1～8 号重力墩坝段、拱坝坝段及下游共布置机钻孔 10 个。

（2）在 1～3 号重力墩坝段各布置风钻孔 3 个，测定孔内岩体波速。

（3）岩石薄片鉴定。

12.3 坝基不良工程地质问题及处理

12.3.1 左岸坝基工程地质问题

12.3.1.1 岩体风化带

坝址区片麻岩风化剧烈，表部岩石遭受强烈的化学风化，且各部位风化深度差异较大，一般在山脊部位风化较深，沟谷部位风化较浅；岸坡上部风化较深，下部风化变浅；河床部位很少有全、强风化层。

可研阶段勘察时，在 ZK302 号钻孔附近发现 1 条深厚全风化带，为查明其走向及分布情况，在下游侧增加 1 个钻孔 ZK323。通过钻孔查明该深风化带未沿垂直坝轴线方向延伸。2007 年 5 月，现场开挖揭露此深风化带沿近平行于坝轴线方向延伸。为此对坝基进行补充勘察，根据勘察成果，采用了对左岸 20～25 号坝段进行了下挖 3～9m 的处理方案。

12.3.1.2　断层

坝址区断层较发育，靠近左岸坝基上游 40～60m 发育有规模较大的横河向 F_2 断层，断层破碎带宽度约 44m。此外左岸开挖和补充勘探过程中共揭露断层 9 条，其中与拱坝有关的断层有 F_{30} 顺河向断层和 f_{43}～f_{46} 四条集中发育的小断层。

其中 F_{30} 与坝轴线方向呈大角度相交，对拱端轴向变形不利，且作为侧向滑移面，需核算其稳定性；集中发育的 f_{43}～f_{46} 四条小断层处于 19～22 号坝段的下游抗力体内，至下游坝脚的距离为 20m 左右，需验算对下游压缩变形的影响。

12.3.1.3　节理密集带

通过钻孔声波和孔内电视综合解译，一部分低速带为软岩带，另一部分为节理密集带，在 18～25 号坝段 60 个风钻孔中，共发现节理密集带 76 条。

经整理分析，节理密集带的产状比较分散，走向为 NW 向的约占 2/3，NE 向约占 1/3，缓倾角节理密集带有 4 条。建基面以下节理密集带 41 条，多为节理闭合、镶嵌紧密，纵波速度一般大于 3.0km/s，规模小，延伸短，对拱坝稳定不构成影响。

12.3.1.4　软岩带

软岩带是在弱—微风化岩体中，呈带状分布的全、强风化岩带。

对带内软岩做薄片显微镜下观察，岩石呈斑状结构，由碎斑和基质组成。碎斑含量 20%～30%，成分为碱性长石、斜长石、石英，碎斑裂纹发育并见有沿裂纹破碎现象，呈透镜状、条带状。基质由长石、石英和少量新生矿物黑云母、绢云母组成，围绕碎斑分布，呈细的条纹状，其间有时分布一些极细的糜棱物质，表明软岩在微结构上比较破碎，易受地下水侵蚀。

软岩矿物成分分析表明，软岩带有两种类型：一种是矿物以碱性长石、石英为主，碱性长石含量占 30%～40%，并普遍含有 10%～25% 的高岭石和伊利石；另一种是云母类矿物富集，含量超过 50%，并含有 7%～10% 的高岭石。

通过开挖揭露观察，软岩带的发育有随埋深的增加而减弱的趋势，多见于弱风化岩带中，微、新岩体中少见。从整个枢纽区来看，以左坝肩附近最为发育。

坝址左岸通过开挖揭露、物探孔声波速度及孔内电视影像综合判断，统计软岩带见表 12.1、表 12.2。软岩带极点图如图 12.1 所示。

R_{01}、R_{02} 软岩带在 19～21 号坝段下游边坡和 22 号坝段基坑内出露，延伸至 F_{30} 断层，水平方向延伸较长，但在 PD02 探洞的两条支洞（高程 818.00m）内均未出露，判定软岩带沿垂直方向迅速变窄尖灭。R_{15} 和 R_{16} 软岩带位于 23～24 号坝段坝基内，致使该坝段波速较低。R_{03}、R_{04} 为缓倾角软岩带，分布在 20 号坝段。

表 12.1　　　　　　　　　　　　　　左岸开挖揭露软岩带统计表

编号	产 状			地 质 描 述	宽度 /m	可见长 度/m	出露位置
	走向	倾向	倾角/(°)				
R_{01}	N40°～70°E	SE	46～65	灰白—黄褐色，矿物成分除石英颗粒外，其他矿物已风化蚀变，长石高岭土化，矿物成分呈条带状分布，岩质软弱，手掰易碎	0.4～0.7	80	下游边坡
R_{02}	N40°～70°E	SE	46～65		0.4～0.7	80	下游边坡
R_{03}	N30°E	SE	25	灰褐色，矿物成分除石英颗粒外，其他矿物已风化蚀变，长石高岭土化，矿物成分呈条带状分布，岩质软弱，手掰易碎	0.1～0.2	25	下游边坡
R_{04}	N70°E	NW	10～15	灰黑色，斑状变晶结构，片麻状构造，斑晶主要为长石、石英，基质主要为云母。岩质软弱，手掰易碎	0.05～0.2	25	下游边坡及坝基
R_{08}	N55°E	SE	73	灰黑色，斑状变晶结构，片麻状构造，斑晶主要为长石、石英，基质主要为云母。部分长石风化为高岭石，岩质软弱，手掰易碎	2.0～3.0	85	上游边坡及进水口边坡
R_{09}	N60°E	SE	75	灰—灰黑色，斑状变晶结构，片麻状构造，斑晶主要为长石、石英，基质主要为云母。岩质软弱，手掰易碎	1.20～1.5	25	上游边坡及进水口边坡
R_{10}				灰—灰白色，斑状变晶结构，糜棱状构造，斑晶主要为长石、石英，基质主要由长英质物质及云母组成。岩质软弱，手掰易碎	0.8	25	上游边坡及进水口边坡
R_{11}	N60°E	SE	67	灰—灰白色，斑状变晶结构，糜棱状构造，斑晶主要为长石、石英，基质主要由长英质物质及云母组成。岩质软弱，手掰易碎	0.1～0.25	25	上游边坡及进水口边坡
R_{13}	N47°E	SE	70	灰黑色，斑状变晶结构，片麻状构造，斑晶主要为长石、石英，基质主要为云母。部分长石风化为高岭石，岩质软弱，手掰易碎	1.0～1.5	35	上游边坡及进水口边坡
R_{15}	N55°E	NW	66	灰绿—灰白色，矿物成分除石英颗粒外，其他矿物已风化蚀变，长石高岭土化，矿物呈条带状分布，岩质软弱，手掰易碎	0.3～0.8	30	23号、24号坝基

续表

编号	产状			地 质 描 述	宽度/m	可见长度/m	出露位置
	走向	倾向	倾角/(°)				
R_{16}	N55°E	NW	66	灰白—黄褐色，矿物成分除石英颗粒外，其他矿物已风化蚀变，长石高岭土化，矿物呈条带状分布，岩质软弱，手掰易碎	0.3～0.5	30	23 号、24 号坝基

表 12.2　　　　　　坝址左岸坝基物探确认软岩带统计表

软岩编号	产状			宽度/m	出露高程/m	纵波速/(km/s)	延伸长度/m	出露位置
	走向	倾向	倾角/(°)					
R_{14}	N17°W	NE	32	0.67	805.42～806.12	2.39	7.75	18 号坝段 1—4 钻孔
R_{17}	N80°E	SE	68	0.24	806.36～806.99	2.30	10.00	18 号坝段 2—3 钻孔
R_{18}	N68°E	SE	60	0.17	805.48～805.75	2.80	5.00	18 号坝段 2—3 钻孔
R_{19}	N60°E	SE	60	1.89	808.54～810.64	2.44	9.00	18 号坝段 2—4 钻孔
R_{20}	N10°E	SE	60	1.21	805.74～807.14	2.72	11.00	18 号坝段 2—4 钻孔
R_{21}	N79°W	NE	47	0.20	810.64～810.84	2.32	5.53	18 号坝段 2—5 钻孔
R_{22}	N18°E	SE	18	0.35	814.32～814.72	1.95	5.86	19 号坝段 3—1 钻孔
R_{23}	N55°W	SW	59	3.10	817.31～820.75	2.14	8.38	19 号坝段 3—2 钻孔
R_{24}	N4°E	NW	61	3.88	810.95～815.45	3.3	16.00	19 号坝段 3—2 钻孔
R_{25}	N37°W	SW	56	0.26	818.91～819.21	2.00	5.76	19 号坝段 4—1 钻孔
R_{26}	N51°W	NE	24	0.69	808.38～809.17	2.70	6.00	19 号坝段 4—2 钻孔
R_{27}	N18°W	NE	66	0.25	819.18～819.48	2.80	5.70	19 号坝段 4—3 和 4—4 钻孔
R_{28}	N61°W	SW	51	0.07	808.31～808.41	2.20	5.00	19 号坝段 4—4 钻孔
R_{29}	N35°E	NW	36	0.19	816.67～816.87	2.50	3.70	19 号坝段 4—5 钻孔
R_{30}	N45°W	NE	48	0.44	822.23～822.73	2.25	10.00	20 号坝段 5—6 钻孔
R_{31}	N28°E	NW	43	0.14	822.08～822.24	3.30	7.00	20 号坝段 5—2 钻孔
R_{32}	N21°W	NE	57	0.54	811.66～812.24	2.33	4.50	20 号坝段 5—2 钻孔
R_{33}	N32°W	NE	37	0.09	811.09～811.19	3.06	4.80	20 号坝段 5—2 钻孔
R_{34}	N72°W	SW	54	0.09	815.98～816.08	2.10	3.97	20 号坝段 5—3 钻孔
R_{35}	N64°W	SW	58	1.02	811.22～812.32	3.00	12.60	20 号坝段 5—3 钻孔
R_{37}	N40°E	SE	59	0.10	815.12～815.27	4.20	4.89	20 号坝段 6—1 钻孔
R_{38}	N15°W	NE	64	1.20	813.07～815.50	2.83	10.30	21 号坝段 6—2 钻孔
R_{39}	N16°E	SE	61	0.04	811.04～811.55	2.90	6.20	17 号坝段 1—2 钻孔
R_{40}	N13°E	SE	61	0.05	810.16～810.74	2.90	8.20	17 号坝段 1—2 钻孔
R_{41}	N60°E	NW	49	1.80	810.60～813.40	2.07	9.78	17 号坝段 1—3 钻孔
R_{42}	N43°W	SW	54	0.07	814.83～814.91	2.30	2.40	21 号坝段 7—1 钻孔
R_{43}	N60°W	NE	39	0.09	824.84～824.94	2.22	3.20	21 号坝段 7—2 钻孔

软岩编号	产状			宽度/m	出露高程/m	纵波速/(km/s)	延伸长度/m	出露位置
	走向	倾向	倾角/(°)					
R_{44}	N14°W	NE	62	0.24	822.19～822.47	2.10	5.00	21 号坝段 7—2 钻孔
R_{45}	N35°E	NW	28	0.5	826.98～827.03	1.95	2.50	21 号坝段 7—4 钻孔
R_{46}	N26°E	NE	31	0.09	822.23～822.33	2.90	4.90	21 号坝段 7—4 钻孔
R_{47}	N43°E	SE	53	0.02	828.30～828.33	2.80	2.00	22 号坝段 8—3 钻孔
R_{48}	N75°W	NE	49	0.01	825.34～825.44	3.10	4.00	22 号坝段 8—3 钻孔
R_{49}	N77°W	NE	67	0.02	820.70～820.72	2.60	9.60	22 号坝段 8—3 钻孔
R_{50}	N12°E	NW	69	0.19	826.60～827.00	2.60	7.00	22 号坝段 8—4 钻孔
R_{51}	N85°W	SW	51	0.09	831.26～831.36	2.20	5.00	22 号坝段 9—1 钻孔
R_{52}	N10°W	NE	60	0.08	831.47～831.57	3.50	2.50	23 号坝段 10—1 钻孔
R_{53}	N71°E	SE	47	0.65	831.08～831.79	2.00	5.80	23 号坝段 10—2 钻孔
R_{54}				1.60	842.00～845.00	2.00	15.00	23 号坝段 11—1 钻孔
R_{57}	N36°W	SW	78	0.70	843.30～844.18	2.75	8.00	23 号坝段 11—4 钻孔
R_{58}	N20°W	NE	45	1.39	837.58～839.08	2.43	12.00	23 号坝段 11—4 钻孔
R_{59}	N16°W	SW	64	0.34	843.19～843.59	2.25	9.00	24 号坝段 12—6 钻孔
R_{60}	N77°E	SE	53	0.79	841.29～842.32	2.30	5.40	24 号坝段 12—6 钻孔
R_{61}	N62°W	NE	63	0.85	848.02～849.02	2.10	5.00	24 号坝段 12—7 钻孔
R_{62}	N54°W	NE	64	1.86	842.22～844.42	2.30	13.00	24 号坝段 12—7 钻孔
R_{64}	N27°W	NE	52	0.13	843.47～843.62	2.00	1.75	24 号坝段 12—9 钻孔
R_{65}	N31°E	SE	52	0.13	831.02～831.16	2.50	4.70	22 号坝段 19—1 钻孔
R_{66}	N59°W	NE	54	0.71	805.10～805.90	2.40	11.28	17 号坝段 1—5 钻孔
R_{67}	N59°E	SE	66	0.42	809.16～809.66	2.24	8.37	18 号坝段 2—3 钻孔

基坑和边坡出露的软岩带，普遍具有厚度大、延伸长的特点，其走向基本上为 NE 向，但倾向、倾角不同。钻孔揭露的深部软岩带则有不同特征，从图中可以直观地看出，深部软岩带的产状比较分散，发育方向和倾角都没有明显的规律性，此外，深部软岩带规模均较小，延伸不长，呈透镜状分布。总体而言，深部软岩带的存在对坝基岩体工程地质条件影响不大。

12.3.1.5　缓倾角节理

在可研勘察阶段，曾对缓倾角节理的发育问题做了大量的调查工作，基本认识是坝基岩体中缓倾角节理不发育，散布随机分布，

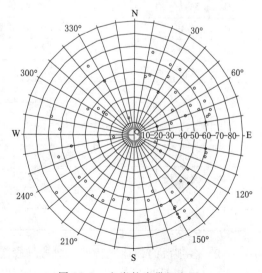

图 12.1　左岸软岩带极点图

没有特定的连续结构面构成底滑面。工程稳定分析中以走向 N30°～60°E，倾向 NW 或 SE，倾角 10°～25°的缓倾角节理作为潜在底滑面。采用节理面抗剪参数取值为 $f'=0.50$，$c'=0.05$MPa，节理连通率按 40%计算。

坝肩开挖所揭露的缓倾角结构面很少，延伸较短，规模较大的有 3 条，分别是 20 号坝段建基面以上的 R_{03}、R_{04} 软岩带和 PD02 平洞内的 J77 缓倾角节理密集带。

J77 缓倾角节理密集带宽度 1m 左右，由 40 余条节理组成，节理间距一般 2～5cm，延伸长度 15～20m，产状为走向 N10°～40°E，倾向 SE，倾角 15°～20°，面较平直、光滑，充填少量碎屑及泥质。

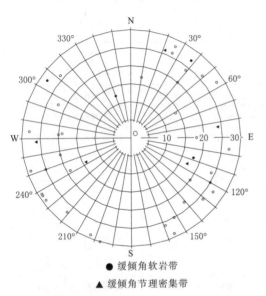

图 12.2　左岸缓倾角结构面极点图

通过对坝基 60 个勘探孔总进尺 1166m 孔内电视图像判读确认，揭露的缓倾角节理 31 条、缓倾角节理密集带 5 条、缓倾角软岩带 5 条、缓倾角结构面的线裂隙率 0.03 条/m。

对坝基缓倾角结构面进行统计，绘制极点等值线图如图 12.2 所示。

上述统计表明坝基缓倾角结构面不发育，除 R_{03}、R_{04} 和 J77 外，其延伸长度均小于 5～10m，且产状比较离散，在发育程度上没有超出前期基本认识，采用的连通率 40%有一定的安全裕度。

12.3.1.6　各坝段建基高程与声波特性

（1）建基高程。根据补充地质勘察工作的成果，对左岸 20～26 号坝段建基高程进行了适当调整，调整后各坝段建基高程见表 12.3。

表 12.3　　　　　　　　各坝段建基高程表

序号	坝段	坝体底高程/m	混凝土置换体底高程/m	混凝土置换体下游侧厚度/m
1	18 号	793.00～807.00	—	—
2	19 号	807.00～821.00	—	—
3	20 号	821.00～827.50	821.00～824.00	0～3.50
4	21 号	827.50～837.80	824.00～829.70	3.50～8.10
5	22 号	837.80～844.80	829.70～834.00	8.10～10.80
6	23 号	844.80～853.80	834.00	10.80～19.80
7	24 号	853.80	850.80	3.00
8	25 号	853.80	—	
9	26 号	853.80	—	

（2）各坝段的弹性波特性。对各坝段建基岩体的声波测井成果，按照加权平均的统计方法，以建基面以下 0～5m、5～10m 和 10m 以上分段统计见表 12.4。

表 12.4 各坝段声波测井成果表

序号	坝段	纵波速度 μ_p/(km/s)		
		0~5m	5~10m	>10m
1	18 号	5.80	6.03	5.64
2	19 号	5.32	5.44	5.61
3	20 号	5.04	5.20	5.71
4	21 号	4.86	5.37	5.40
5	22 号	4.44	5.25	5.37
6	23 号	4.12	5.00	5.06
7	24 号	3.49	4.34	5.39
8	25 号	2.58	3.67	4.34
9	26 号	3.47	3.38	

　　从表 12.4 可以看出，18~22 号坝段岩体质量较好，纵波速度接近或超过 4.5km/s，左岸重力墩坝段纵波速度在 3~3.5km/s 之间，岩体质量稍差。

　　对左岸坝肩不同高程拱端至置换体、置换体以外岩体声波测试成果统计见表 12.5。

表 12.5 左岸坝肩不同高程岩体声波测试成果统计表

高程/m	平均纵波速度 μ_p/(km/s)			备 注
	拱端至置换体部位	置换体以外 0~20m	置换体以外 20~40m	
852.00~851.00		2.45	3.87	
849.00~848.00	2.71	2.99		
846.00~845.00	2.95	3.53		
842.00~841.00	3.38	3.68		
838.00~837.00	2.67	4.71		
835.00~834.00	2.77	4.77		
832.00~831.00	2.65	4.07		
828.00~827.00	2.74	4.66	5.12	
824.00~823.00	3.29	4.60	4.91	
821.00~820.00		5.05	5.36	没有混凝土置换体
818.00~817.00		5.48	5.28	没有混凝土置换体
814.00~813.00		5.26	5.10	没有混凝土置换体
810.00~809.00		5.26	5.67	没有混凝土置换体
807.00~806.00		5.75	5.69	没有混凝土置换体
804.00~803.00		5.84	5.59	没有混凝土置换体
800.00~799.00		5.59		没有混凝土置换体
796.00~795.00		5.82		没有混凝土置换体
793.00~792.00		5.59		没有混凝土置换体

从表 12.5 中可以看出，拱端至置换体部位岩体声波速度明显低于置换体以外岩体声波速度，而置换体以外岩体不同部位声波速度差别不大。

原建基面以下跨孔地震波成果见表 12.6。

表 12.6　　　　　　　　　　坝基跨孔地震波成果表

序号	坝段	发射	接收	方向	跨距/m	高程/m	纵波速度 μ_p/(km/s)
1	21~22 号	ZF8-1	ZF19-1	轴向	14.47	828.90~828.20	3.71
						826.90~826.20	3.71
						824.90~824.20	3.71
						822.90~822.20	4.52
						820.90~820.20	4.82
						平均值	4.01
2		ZF18-1	ZF19-2	轴向	16.75	828.85	3.90
						826.85	4.09
						824.85	4.19
						822.85	4.53
						820.85	4.79
						平均值	4.30
3	22~23 号	ZF19-1	ZF11-1	轴向	15.73	831.24~833.18	4.77
						829.24~831.18	4.92
						827.24~829.18	4.92
						825.24~827.18	4.92
						824.24~826.18	4.92
						平均值	4.89
4		ZF19-2	ZF11-3	轴向	18.80	832.72~837.24	3.24
						830.72~835.24	4.27
						828.72~833.24	4.59
						826.72~831.24	5.70
						824.72~829.24	4.95
						平均值	4.55
5	23~24 号	ZF12-6	ZF11-1	轴向	10.55	839.75~840.18	1.73
						837.75~838.18	1.76
						835.75~836.18	3.64
						833.75~834.18	5.28
						831.75~832.18	4.06
						平均值	3.29
6		ZF12-9	ZF11-3	轴向	10.71	841.12~842.24	1.85
						839.12~840.24	2.43
						837.12~838.24	2.61
						835.12~836.24	3.25
						833.12~834.24	2.82
						平均值	2.59

续表

序号	坝段	发射	接收	方向	跨距/m	高程/m	纵波速度 μ_p/(km/s)
7	23 号	ZF11-1	ZF11-3	径向	12.46	838.18~838.24	2.71
						836.18~836.24	1.60
						834.18~834.24	1.60
						832.18~832.24	1.66
						830.18~830.24	1.62
						平均值	1.84

从表 12.6 的跨孔与表 12.4 中的单孔纵波速度相比，除 23 号坝段 ZF11-1 与 ZF11-3 穿过 R_{15}、R_{16} 软岩低速带，纵波速度值低外，两者同高程波速值比较接近，跨孔测试值略低于单孔测试值。

12.3.1.7　各坝段拱端变形模量

（1）岩体变形特点与弹性波速度的相关性。前期勘察阶段，坝址区共进行现场大型岩体变形试验 6 组（30 个试验点），弱风化带中下部岩体的水平变形模量大体在 4~5.5GPa 之间。微风化带上部岩体变形模量一般在 6~9.5GPa 之间。从应力-应变曲线看，不可逆变形占总变形值的 45%~65%，而且大多数试件的变形模量随压力的增加而减小，体现了岩体完整性差的变形特征。

施工阶段，利用左坝肩下游抗力体内高程 817m 的 PD02 号平洞，对变形试验点进行声波测试，分析了解变形模量与纵波速度的相关性。变形试验点编号为 PD02-E_1 ~ PD02-E_5，在每个试验点上沿加荷方向打两个声波测试孔，孔深 2m，孔距 0.6m 左右，测试成果见表 12.7，绘制成变形模量与纵波速度的关系见图 12.3。

表 12.7　　　　　　　　　PD02 号平洞变形试验点声波测试成果表

试验点编号	变形模量 /GPa	测试孔间距 /m	平均纵波速度/(km/s)	
			跨孔法	单孔法
PD02-E_1	5.81	0.62	4.71	4.46
PD02-E_2	5.39	0.63	4.63	4.60
PD02-E_3	10.6	0.52	4.24	4.71
PD02-E_4	3.58	0.39	3.56	4.11
PD02-E_5	4.58	0.48	4.22	4.41

从表 12.7 和表 12.3 中可以看出，除 PD02-E_3 变形试验点比较异常外，其他 4 点基本存在一定的相关性。

（2）坝基岩体变形模量与纵波速度的关系。根据前期地质勘察成果和 PD02 变形试验点实测资料，建立坝基岩体变形模量与纵波速度对照关系，列于表 12.8 中，作为坝基岩体变形参数取值的参考依据。

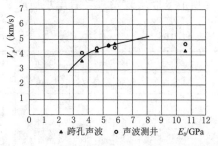

图 12.3　PD02 试验点变形模量与纵波速度关系图

表 12.8　　　　　　　　　　　　坝基岩体变形模量取值参考表

序号	风化状态	岩体质量类别	纵波速度/(km/s)	变形模量/GPa
1	强	Ⅳ	2.1	2
2	弱上	Ⅳ	3.2	3
3	弱下	Ⅲ	4.0	4
4	弱下	Ⅲ	4.5	5
5	微	Ⅱ	5.0	7
6	微	Ⅱ	>5.3	8

（3）各坝段拱端岩体质量及变形模量。依据坝基声波探测成果，结合以往地质勘察成果，参照表 12.8；各坝段拱端岩体质量的划分及变形模量取值见表 12.9。

表 12.9　　　　　　　　　　　　各坝段拱端岩体质量及变形模量

坝段	风化状态	岩体质量类型	纵波速度/(km/s)	变形模量/GPa
18 号	微	Ⅱ	5.80	8
19 号	弱	Ⅱ	5.32	8
20 号	弱	Ⅱ	5.04	7
21 号	弱	Ⅱ～Ⅲ	4.86	6
22 号	弱	Ⅲ	4.44	5
23 号	弱	Ⅲ	4.12	3.5
24 号	弱	Ⅲ	3.49	3
25 号	弱	Ⅳ	2.58	2.5
26 号	弱	Ⅳ	3.47	2.5

12.3.2　右岸坝基工程地质问题

右岸坝肩现场开挖揭露的情况发现，岩石风化不均一，ZK308 钻孔位于条带状弱风化岩体上，两侧均为全、强风化岩石，下游边坡主要为全风化岩石。对坝基岩体进行补充勘察，根据勘察资料，设计对右岸坝基部分坝段进行了深挖处理。

坝址区断层较发育，右岸坝肩断层特征见表 12.10。

表 12.10　　　　　　　　　　　　右岸坝肩断层特征表

编号	产状			宽度/m	描　述	出露部位及工程影响
	走向	倾向	倾角/(°)			
F_8	N45°E	NW	70	0.8～1.3	主要由碎裂岩、糜棱岩及少量碎块岩组成。起伏，夹透镜体，锈黄色。下盘侧岩石破碎，呈碎裂结构。逆断层。	位于 2 号、3 号坝基及 4～8 号坝段下游抗力体内，下游压缩变形

续表

编号	产状			宽度/m	描述	出露部位及工程影响
	走向	倾向	倾角/(°)			
F_{13}	N60°W	NE	55～62	0.3	主要由碎裂岩及断续分布的灰黄色断层泥组成，断层泥厚 0～4.0cm 不等。逆断层	位于 7 号、8 号坝段，轴向压缩面和侧向滑移面
F_{14}	N60°W	NE	70	0.3～0.4	由碎裂岩及断续分布的灰黄色断层泥组成，断层泥厚 0～4.0cm 不等。正断层	位于 8 号、9 号坝段，轴向压缩面和侧向滑移面
F_{15}	N48°W	NE	60	0.3～0.4	由碎裂岩及断续分布的灰黄色断层泥组成，断层泥厚 0～1.0cm 不等	位于 7 号、8 号坝段，轴向压缩面和侧向滑移面
F_{16}	N67°W	NE	73	0.2～0.35	由碎裂岩、片状岩及断层泥组成，断层泥较连续，厚度 0.2～2.0cm	位于 7 号坝段，轴向压缩面和侧向滑移面
F_{37}	N50°～80°W	NE	46～62	0.15～2.5	主要由黄褐色断层泥、糜棱岩、碎裂岩、碎块岩组成，断层泥厚 2～10cm，在坝基呈 3 条分支。逆断层	位于 3 号、4 号坝段，4 号坝段轴向压缩面
F_{42}	N40°W	NE	75～80	1.3～1.5	灰白色，以碎块岩为主，夹少量角砾岩组成。逆断层	位于 6 号、7 号坝段，轴向压缩面和侧向滑移面

右岸坝肩软岩带不发育，目前仅发现两条软岩带，分别叙述如下：

R_{68}：产状 N41°E，SE∠37°，出露长度约 3m，宽度 15～20cm，灰色，矿物除石英颗粒外，其余已风化蚀变，岩质软弱，手掰易碎。出露于 4 号坝段下游侧边坡。

R_{12}：产状 N46°E，NW∠40°，可见长度约 50m，宽度 50～120cm，灰色，矿物除石英颗粒外，其余已风化蚀变，岩质软弱，手掰易碎。出露于 4～6 号坝段上游侧。

从坝基开挖揭露的情况看，未发现延伸较长、成组出现的缓倾角节理，说明右岸坝肩缓倾角节理不发育，随机散布，没有特定的连续结构面构成底滑面，这也与前期勘探资料基本相吻合。

右岸重力墩部位布置了 4 个钻孔，各钻孔情况统计结果见表 12.11。

表 12.11　　　　　　　　　右岸重力墩补充勘察钻孔情况统计表

项　　目		ZK11	ZK12	ZK15	ZK16	备注
位　　置		下游边线		上游边线		
孔口高程/m		876.24	875.31	875.73	874.26	
孔深/m		27.17	27.07	16.28	25.08	
全风化带下限	孔深/m	10.50	3.30	5.20	2.50	
	高程/m	865.74	872.01	870.53	871.76	
弱风化带上限	孔深/m	10.50	19.40	5.20	6.10	
	高程/m	865.74	855.91	870.53	868.16	

续表

项　目			ZK11	ZK12	ZK15	ZK16	备注
弱风化岩石	短柱状、半合柱状、碎块状	孔深/m	10.50～23.96	19.40～27.07	—	11.80～14.40 22.80～23.80	ZK16号钻孔弱风化中夹有全风化透镜体
		高程/m	865.74～852.28	855.91～848.24	—	862.46～859.86 851.46～850.46	
	柱状或半合柱状	孔深/m	23.96～27.17	终孔岩芯呈半合柱状	5.20～16.28	6.10～11.80 14.40～22.80 23.80～25.08	
		高程/m	852.28～849.07		870.53～859.45	868.16～862.46 859.86～851.46 850.46～849.18	
平均岩心采取率			97%	81%	94%	91%	
平均 RQD 值			7%	6%	50%	35%	弱风化带

4 个钻孔均钻至弱风化带岩石以下，一般 5.2～18.98m，平均深度 12.13m；各钻孔终孔岩芯呈柱状或半合柱状。

根据重力墩部位钻孔资料，结合前期地勘资料，建议重力墩在补充勘察钻孔部位的建基高程见表 12.12。

表 12.12　　　　　　　　补充勘察钻孔部位重力墩的建基高程

孔号	孔口高程/m	弱风化出露高程/m	钻孔部位建议建基深度/m	建议建基高程/m	原建基高程/m	下挖深度/m	备　注
ZK11	876.24	865.74	17.40	858.84	860.50	1.66	ZK12 号钻孔在基坑下游，强风化厚 16.1m，该部位开挖后将进行深挖处理；ZK15 号钻孔对建基面几乎无影响
ZK12	875.31	855.91	23.40	851.91		8.59	
ZK15	875.73	870.53	10.40	865.33		0.17	
ZK16	874.26	868.16	14.50	859.76		0.74	

右岸拱坝部位布置了 6 个钻孔（包括下游的两个钻孔），各钻孔情况统计结果，见表 12.13。坝基范围内各钻孔部位拱坝建议建基高程见表 12.14。

表 12.13　　　　　　　　右岸拱坝补充勘察钻孔情况统计表

项　目	ZK13	ZK14	ZK17	ZK18	ZK19	ZK20	备注
位　置	4 号坝段下游边坡	6 号坝段上游边线	6 号坝段下游边线	9 号坝段下游边坡	4 号坝段下游	6 号坝段下游	
孔口高程/m	874.13	866.46	858.11	833.33	871.93	859.66	
孔深/m	20.62	45.11	40.26	50.13	51.20	50.18	

续表

项　目		ZK13	ZK14	ZK17	ZK18	ZK19	ZK20	备注
全风化带下限	孔深/m	11.50	25.10	10.80	1.00	18.62	8.40	ZK13、ZK14 号钻孔全风化中夹有弱风化透镜体
	高程/m	862.63	841.36	847.31	832.33	853.31	851.27	
弱风化带上限	孔深/m	11.50	25.10	12.00	8.50	34.30	8.40	ZK19 号钻孔强风化中夹有弱风化透镜体
	高程/m	862.63	841.36	846.11	824.83	837.64	851.27	
微风化带上限	孔深/m	弱风化带未钻穿	40.60	38.00	37.58	弱风化带未钻穿	39.60	
	高程/m		819.86	820.11	795.75		820.07	
平均岩心采取率		94%	96%	99%	91%	89%	96%	
平均 RQD 值		34%	59%	42%	42%	14%	40%	弱风化带

表 12.14　　　　　　　　　　　　钻孔部位拱坝建基高程

孔号	孔口高程/m	弱风化出露高程/m	微风化出露高程/m	钻孔部位建议建基深度/m	建议建基高程/m	原建基高程/m	建基面下挖深度/m
ZK13	874.13	862.63	弱风化带未钻穿	19.50	854.63	855.19	0.56
ZK14	866.46	841.36	819.86	31.50	834.96	835.65	0.69
ZK17	858.11	846.11	820.11	23.00	835.11	835.72	0.61
ZK18	833.33	824.83	795.75	36.33	797.00	796.82	0.18

　　补充勘察拱坝部位 6 个钻孔中 ZK13、ZK19 钻至弱风化带岩石,其他 4 个钻孔均钻至微风化带岩石。从表 12.14 与钻孔岩芯来看,原建基面高程在钻孔部位所揭露的岩石基本可以满足建基要求,建基于弱风化带中下部。

　　拱坝下游,由于右岸拱坝 6 个坝段前期勘察时只布置了 4 个钻孔,而且都集中在上游侧,下游侧仅有一个钻孔,很难控制下游抗力体。此次补充勘察拱坝部位 6 个钻孔中,其中 4 个钻孔弱风化带顶板较原勘察资料下降 1.36～10.73m,平均下降 5.82m;另外有 2 个钻孔弱风化带顶板有所抬升,具体见表 12.15。

　　从地质平切图分析,右岸尾岩岩体比左岸偏小。设计核算后对坝基建基面进行了下挖处理。

表 12.15　　　　　　　　　　各钻孔部位弱风化带顶板出露情况

孔号	弱风化出露高程/m	微风化出露高程/m	原钻孔部位弱风化顶板高程/m	弱风化顶板下降深度/m	备注
ZK13	862.63	弱风化带未钻穿	860.00	+2.63	抬升
ZK14	841.36	819.86	852.09	10.73	下降

续表

孔号	弱风化出露 高程/m	微风化出露 高程/m	原钻孔部位弱风化 顶板高程/m	弱风化顶板 下降深度/m	备注
ZK17	846.11	820.11	847.47	1.36	下降
ZK18	824.83	795.75	820.54	4.29	下降
ZK19	837.64	弱风化带未钻穿	844.53	6.89	下降
ZK20	851.27	820.07	839.13	+12.14	抬升

根据补充勘察资料，设计采取对右岸重力墩基础下挖 3m，局部下挖 8.5m 的处理。但开挖时发现，ZK12 号钻孔附近为两条条带状破碎带，且延伸不长，后期再局部进行深挖处理。右岸重力墩基础最终下挖 3m，拱坝基础 4～7 号坝段下挖 5m。

12.3.3　开挖岩体表部弱化

在对左、右岸坝肩及重力墩基础孔内声波测试时，发现普遍存在开挖面以下即表部岩体波速偏低，对 12 个坝段 73 个钻孔表部声波速度低于 2500m/s 的厚度统计见表 12.16。

表 12.16　　　　　各坝段开挖面表部低速岩体厚度统计表

序号	坝段	岩面高程 /m	岩体风化 状态	统计 孔数	分布厚度/m 最大值	最小值	平均值	平均波速 /(km/s)
1	18 号	812.90～815.60	弱	8	2.3	0.8	1.4	2.1
2	19 号	820.8～824.2	弱	10	2.5	1.9	2.2	2.3
3	20 号	823.0～827.0	弱	10	3.2	0.4	1.1	2.4
4	21 号	827.4～833.6	弱	10	4.6	1.4	2.7	2.1
5	22 号	835.8～836.2	弱	4	5.8	2.2	3.8	2.1
6	23 号	840.0～847.2	弱	8	5.4	1.6	3.7	2.1
7	24 号	849.7～851.2	弱	7	3.8	0.6	2.7	2.1
8	25 号	853.9～854.4	弱	4	4.3	1.6	3.0	2.1
9	26 号	854.1～854.5	弱	3	2.1	0.5	1.5	2.1
10	1 号	858.0～858.6	弱	3	3.6	1.2	2.7	2.2
11	2 号	857.7～858.0	弱	3	2.7	1.1	1.9	2.1
12	3 号	855.3～857.9	弱	3	2.9	1.9	2.3	2.2

从表中可以看出，开挖面表部低速岩体厚度除 22 号、23 号坝段平均厚度较高，达 3.7～3.8m，与该部位岩体质量较差有关外，在坝基的其他部位没有明显的相关性，故对全部测试孔进行数理统计和厚度分段统计，见表 12.17 和表 12.18。

表 12.17　　　　　开挖面表部岩体总体低速厚度统计表

频数 n/点	标准差/S	变异系数/δ	平均值/m
73	1.23	0.54	2.3
67	0.97	0.47	2.0

表 12.18　　　　　　　　　　开挖面表部岩体低速厚度分段统计表

厚度分段/m	$\chi \leqslant 0.5$	$0.5 < \chi \leqslant 1.0$	$1.0 < \chi \leqslant 2.0$	$2.0 < \chi \leqslant 3.0$	$3.0 < \chi \leqslant 4.0$	$\chi > 4.0$
频数	4	10	21	21	10	7
频率/%	5.5	13.7	28.8	28.8	13.7	9.5

注　χ 为厚度分段。

从表 12.17 中可以看出，在舍弃 6 个离散点之后，变异系数为 0.47，且标准差为 0.97，接近平均值 2.0m 的 50%，反映了厚度数据具有很大的离散性。从表 12.18 中可以看出，统计数据基本符合正态分布，厚度主要分布在 1～3m，占 57.6%。

总之，在坝基开挖时，开挖面表部岩体普遍存在低速区，小于 2.5km/s 的分布厚度大多在 1～3m，平均厚度在 2m 左右。产生弹性波速显著降低的原因除开挖卸荷回弹外，主要是开挖爆破对岩体结构的破坏和震动松弛，导致岩体力学性质的弱化。

12.3.4　缺陷处理

对于在坝基出露的 F_8、F_{37}、F_{42}、F_{30}、R_{01}、R_{02}、R_{15}、R_{16} 等构成坝基地质缺陷的断层带和软岩带，建议建基面以下一定深度内全部清除，回填混凝土，将坝体荷载传递到槽侧完整岩体上。

右岸以 F_{42} 为侧滑面，左岸以 F_{30} 为侧滑面，缓倾角结构面为底滑面进行抗滑稳定性分析。

分布在坝基内部，延伸短且不集中的透镜状软岩带、节理密集带，对坝体稳定不构成大的影响，可不进行处理；在建基面出露的可做适当清除处理。

对左岸 R_{01}、R_{02}、$f_{43} \sim f_{46}$、F_{30} 和右岸 F_8 的压缩变形进行计算，必要时采取相应的处理措施。

对于表部岩体的开挖弱化问题：一方面开挖时采取适当的方式，加强爆破控制，注意保护建基岩体；另一方面，开挖弱化实质是岩体松弛、原有裂隙张开和扩大、产生新的裂隙等恶化了岩体原有结构，可以通过固结灌浆得以部分恢复，通过固结灌浆试验确定灌浆参数。

12.4　岩体物理力学参数

（1）各坝段坝基岩体力学参数建议值见表 12.19。

表 12.19　　　　　　　　　　坝基岩体力学参数建议值表

坝　段		抗剪断强度				变形模量 E_0 /GPa	泊松比 μ
		混凝土/岩		岩/岩			
		f'	c'/MPa	f'	c'/MPa		
1～3 号	表部低波速岩体	0.8	0.6	0.6	0.5	2.0	
	下部高波速岩体	0.9	0.8	1.0	1.0	5	
4 号		0.9	0.7	0.8	0.7	3.5	0.35

坝　段	抗剪断强度				变形模量 E_0 /GPa	泊松比 μ
	混凝土/岩		岩/岩			
	f'	c'/MPa	f'	c'/MPa		
5 号	0.9	0.8	0.9	0.8	5	0.32
6 号	1.0	1.0	1.1	1.1	8	0.28
7 号	1.0	1.0	1.1	1.1	8	0.28
18 号	1.0	1.0	1.1	1.1	8	0.28
19 号	1.0	1.0	1.1	1.1	8	0.28
20 号	0.9	0.8	1.0	0.9	7	0.28
21 号	0.9	0.7	0.9	0.8	6	0.30
22 号	0.9	0.7	0.8	0.7	5	0.32
23 号	0.8	0.7	0.7	0.6	3.5	0.34
24 号	0.8	0.6	0.7	0.7	3	
25 号	0.8	0.6	0.7	0.7	2.5	
26 号	0.8	0.6	0.7	0.7	2.5	

（2）坝基下游侧岩体力学参数建议值见表 12.20。

表 12.20　　　　　　　　　坝基下游侧岩体力学参数建议值表

序号	部位及岩体状态	抗剪断强度		变形模量 E_0 /GPa	泊松比 μ
		f'	c' /MPa		
1	左岸重力墩下游侧岩体	0.6	0.5	2	
2	右岸重力墩下游侧岩体	0.55	0.4	1.5	
3	左岸拱坝下游侧 835.00m 高程弱风化带岩体	0.7	0.6	3.5	0.35
4	左岸拱坝下游侧 849.00m 高程弱风化带岩体	0.6	0.5	2.5	0.4
5	左岸拱坝下游侧微风化带岩体	1.0	1.0	6	0.30
6	右岸拱坝下游侧弱风化带岩体	0.9	0.9	4.5	0.33
7	右岸拱坝下游侧微风化带岩体	1.1	1.1	7	0.30

左岸 20～21 号拱坝坝段垫座下游侧岩体承载力建议值：3MPa；垫座坑底岩体承载力建议值：6MPa。

左岸 22～23 号拱坝坝段垫座下游侧岩体承载力建议值：2MPa；垫座坑底岩体承载力建议值：6MPa。

右岸拱坝垫座下游侧岩体承载力建议值：4MPa；垫座坑底岩体承载力建议值：6MPa。

（3）断层、软岩带岩体力学指标建议值见表 12.21。

表 12.21　　　　　　　　　　断层、软岩带岩体力学指标建议值表

断层、软岩带	抗剪断强度		变形模量	泊松比	出露位置
	f'	c'/MPa	E_0/GPa	μ	
F_{30} 断层	0.45	0.1	0.4	0.45	左岸 22 号坝基
f_{43} 断层	0.40	0.05	0.3	0.45	左岸坝后 PD02 平洞内
f_{44} 断层	0.30	0.02	0.2	0.5	
f_{45} 断层	0.30	0.02	0.1	0.5	
f_{46} 断层	0.40	0.05	0.3	0.45	
$f_{43} \sim f_{46}$ 断层之间岩体	0.7	0.6	2.5	0.38	
F_8 断层	0.40	0.05	0.4	0.5	右岸重力墩
F_{42} 断层	0.45	0.1	1	0.45	右岸 6 号、7 号坝基
F_{37} 断层	0.35	0.03	0.4	0.45	右岸 3 号、4 号坝基
R_{01} 软岩带			0.1	0.5	左岸下游边坡及 22 坝基
R_{02} 软岩带			0.1	0.5	
R_{03} 软岩带			0.1	0.5	左岸下游边坡
R_{04} 软岩带			0.1	0.5	左岸下游边坡
R_{15} 软岩带			0.2	0.5	左岸 22 号、23 号、24 号坝基
R_{16} 软岩带			0.2	0.5	
其他建基面出露的软岩带透镜体			0.2	0.5	

（4）构造结构面物理力学指标：

1）侧向切割面节理的抗剪断强度：$f'=0.55$，$c'=0.1MPa$；连通率：80%。

2）底滑面节理的抗剪断强度：$f'=0.50$，$c'=0.05MPa$；连通率：40%。

第13章 工程地质试验研究

13.1 坝址区全风化层物理力学试验

龙江水电站枢纽工程特点之一是岩体全风化带深厚,坝址区岩性为寒武系片麻岩,受年代及气候影响岩体风化剧烈,两岸全风化带厚度普遍为20~30m,最大超过50m。为确定全风化岩体物理力学性质,对坝址全风化岩体进行了原位抗剪试验,分别于块状全风化片麻岩和土状全风化片麻岩中进行。

试件加工主要采用人工手钎修凿,加工高度35cm,试件加工后采用φ6的钢筋及高强度砂浆进行包封,在试件底部预留2cm的剪切缝。包封后在试件周围用砂浆修筑围堤,为模拟施工高边坡雨季的特点,在围堤内注水浸泡剪切面,浸泡时间大于48h。

块状全风化片麻岩,灰—浅灰色,主要矿物成分为长石、石英、黑云母等,粗粒变晶结构,片麻状构造。结构构造依稀可见,片麻理较发育,产状为走向N40°E,倾向NW,倾角约58°,长石矿物已高岭土化,暗色矿物已风化蚀变,岩石风化较强烈,密实,但手可掰碎,呈块状,锹镐可掘进。通过3组15块原位抗剪试验,试验结果在浸水48h后,每个试件5组法向压力进行连续剪切的条件下,抗剪断强度范围值为$\tan\varphi'$:0.36~0.38,c':0.07~0.09MPa。

土状全风化片麻岩,灰—深灰色,片麻理发育,长石矿物已高岭土化,暗色矿物含量较多,多呈条带状沿片麻理分布,均已风化蚀变,岩石风化剧烈,稍密实,手掰易碎,已风化呈土状,锹镐易于掘进。通过1组5块试件原位抗剪试验,其中$\tau4-1$、$\tau4-2$试验数据明显偏离于另3点回归所在的直线以上,且岩石性状也有别于土状全风化片麻岩,故未予以采用。该组的试验结果(3点回归)在浸水48h后的条件下,抗剪断强度值为$\tan\varphi'$:0.32;c':0.04MPa。

由于暗色矿物分布的不均一性,全风化片麻岩分为块状和土状两种,土状全风化岩的抗剪断强度明显低于块状全风化岩。

13.2 坝址区岩体变形模量试验

为研究岩体及断层破碎带物理力学性质,在坝址两岸平洞进行岩体变形试验6组,其中弱风化带上部、中部、下部各做1组(均为水平方向),弱风化带下部垂直方向1组,微风化带上部1组(水平方向),断层破碎带1组(水平方向)。各点试验结果见表13.1、表13.2、表13.3、表13.4。

将高荷载时变形模量值进行归纳,试验结果及分析如下:

(1)断层破碎带变形模量(水平)最小值为0.01GPa,最大值为0.06GPa,一般在0.022~0.033GPa之间。该试验点位于F_1断层破碎带中部,主要由断层泥及糜棱岩组成,岩石呈全风化状态,故试验值较低。

表 13.1　　　　　　　　　　　**PD01 平洞岩体变形试验成果汇总表**

岩石风化状态	编号	桩号	项　目	压力 P/MPa				
				0.77	1.59	2.37	3.15	3.93
弱风化带上部（水平）$\mu=0.35$	PD01－E1	0+15.5	变形模量 E_0/GPa	0.18	0.17	0.17	0.16	0.16
			弹性模量 E/GPa	0.30	0.30	0.32	0.32	0.32
	PD01－E2	0+20.0	变形模量 E_0/GPa	2.83	2.02	1.76	1.59	1.47
			弹性模量 E/GPa	5.86	3.12	2.31	2.50	2.22
	PD01－E3	0+21.0	变形模量 E_0/GPa	0.19	0.16	0.16	0.16	0.17
			弹性模量 E/GPa	0.36	0.35	0.36	0.38	0.37
	PD01－E4	0+22.0	变形模量 E_0/GPa	0.76	0.83	0.40	0.31	0.27
			弹性模量 E/GPa	0.85	1.13	0.70	0.68	0.72
	PD01－E5	0+24.0	变形模量 E_0/GPa	0.54	0.47	0.45	0.47	0.48
			弹性模量 E/GPa	0.87	0.82	0.79	0.87	0.91
弱风化带下部（水平）$\mu=0.35$	PD01－E6	0+35.0	变形模量 E_0/GPa	7.43	5.87	5.13	4.62	4.84
			弹性模量 E/GPa	20.27	10.20	10.93	9.46	9.23
	PD01－E7	0+37.0	变形模量 E_0/GPa	6.69	5.16	4.46	4.27	3.98
			弹性模量 E/GPa	13.72	12.52	10.50	9.59	8.07
	PD01－E8	0+38.3	变形模量 E_0/GPa	7.63	5.53	4.52	4.36	4.30
			弹性模量 E/GPa	17.48	8.85	6.71	6.54	6.71
	PD01－E9	0+39.5	变形模量 E_0/GPa	5.49	5.03	4.17	4.19	4.09
			弹性模量 E/GPa	8.58	8.34	7.10	5.98	6.94
	PD01－E10	0+41.0	变形模量 E_0/GPa	10.13	9.33	9.05	8.15	8.12
			弹性模量 E/GPa	27.19	16.44	13.66	10.95	11.32

表 13.2　　　　　　　　　　　**PD02 平洞岩体变形试验成果汇总表**

岩石风化状态	编号	桩号	项　目	级　别						
				1	2	3	4	5	6	7
弱风化带中部（水平）$\mu=0.35$	PD02－E1（0+25.5）	0+25.5	压力 P/MPa	0.83	1.63	2.43	3.24	4.04	4.84	
			变形模量 E_0/GPa	4.67	5.42	5.50	5.63	5.81	5.80	
			弹性模量	7.29	7.90	7.95	8.07	8.16	8.51	
	PD02－E2（0+32.5）	0+32.5	压力 P/MPa	0.83	1.63	2.47	3.27	4.07		
			变形模量 E_0/GPa	5.72	5.28	5.17	5.32	5.39		
			弹性模量	9.95	7.60	7.07	7.10	6.90		
	PD02－E3（0+35）	0+35.0	压力 P/MPa	0.63	1.23	1.83	2.43	3.04	3.64	4.24
			变形模量 E_0/GPa	16.07	17.14	13.73	11.77	10.60	9.97	10.18
			弹性模量	26.30	35.36	25.52	20.97	19.20	16.12	17.14
	PD02－E4（0+24.5）	0+24.5	压力 P/MPa	0.80	1.58	2.36	3.14	3.93		
			变形模量 E_0/GPa	13.88	6.06	4.25	3.94	3.58		
			弹性模量	17.57	9.79	6.83	7.11	6.55		
	PD02－E5（0+29.0）	0+29.0	压力 P/MPa	0.80	1.58	2.36	3.14	3.93		
			变形模量 E_0/GPa	4.59	4.61	4.68	4.63	4.58		
			弹性模量	13.88	11.34	8.76	8.10	7.48		

表 13.3 　　　　　　　　　　　　　PD06 平洞岩体变形试验成果汇总表

岩石风化状态	编号	桩号	项目	压力 P/MPa				
				0.77	1.57	2.37	3.15	3.92
弱风化带下部（垂直）$\mu=0.35$	PD06 - E1	0+11.4	变形模量 E_0/GPa	2.95	2.90	2.93	2.92	3.00
			弹性模量 E/GPa	6.77	5.96	5.72	5.66	5.56
	PD06 - E2	0+12.7	变形模量 E_0/GPa	19.60	9.13	9.07	8.04	8.73
			弹性模量 E/GPa		19.90	18.05	14.60	15.39
	PD06 - E3	0+13.5	变形模量 E_0/GPa	15.48	14.11	10.74	9.59	8.86
			弹性模量 E/GPa			17.71	16.05	13.42
	PD06 - E4	0+15.3	变形模量 E_0/GPa	2.23	2.43	2.46	2.59	2.71
			弹性模量 E/GPa	3.12	2.95	3.25	3.46	3.54
	PD06 - E5	0+16.3	变形模量 E_0/GPa	13.82	10.57	9.59	8.44	8.07
			弹性模量 E/GPa		16.36	15.18	12.97	12.61
微风化带上部（水平）$\mu=0.30$	PD06 - E6	0+19.5	变形模量 E_0/GPa	8.22	6.82	5.98	5.57	5.49
			弹性模量 E/GPa	16.94	13.88	13.53	12.01	12.16
	PD06 - E7	0+20.0	变形模量 E_0/GPa	12.92	11.01	10.40	9.02	8.36
			弹性模量 E/GPa	15.39	15.31	17.53	16.12	16.06
	PD06 - E8	0+20.5	变形模量 E_0/GPa	16.44	11.93	9.54	8.70	9.23
			弹性模量 E/GPa		29.36	23.40	24.68	25.07
	PD06 - E9	0+22.5	变形模量 E_0/GPa	7.76	5.64	4.86	4.51	4.40
			弹性模量 E/GPa	14.90	12.65	11.74	10.02	9.43
	PD06 - E10	0+26.5	变形模量 E_0/GPa	7.91	7.86	7.22	6.88	6.94
			弹性模量 E/GPa	15.61	15.62	15.41	16.40	15.58

表 13.4 　　　　　　　　PD03 平洞断层破碎带变形试验成果汇总表（$\mu=0.50$）

编号	项目	级别					
		1	2	3	4	5	6
PD03 - E1（水平）	压力 P/MPa	0.328	0.627	0.927	1.260	1.560	1.959
	变形模量 E_0/GPa	0.044	0.051	0.052	0.051	0.050	0.053
	弹性模量 E/GPa	0.068	0.088	0.091	0.093	0.090	0.106
PD03 - E2（水平）	压力 P/MPa	0.394	0.827	1.227	1.360		
	变形模量 E_0/GPa	0.024	0.026	0.026	0.025		
	弹性模量 E/GPa	0.045	0.056	0.062	0.064		
PD03 - E3（水平）	压力 P/MPa	0.471	0.895	1.072			
	变形模量 E_0/GPa	0.030	0.034	0.033			
	弹性模量 E/GPa	0.054	0.072	0.070			
PD03 - E4（水平）	压力 P/MPa	0.315	0.604	0.892	1.180	1.309	
	变形模量 E_0/GPa	0.022	0.024	0.024	0.023	0.022	
	弹性模量 E/GPa	0.048	0.056	0.060	0.064	0.065	

续表

编号	项　目	级　别					
		1	2	3	4	5	6
PD03－E5（水平）	压力 P/MPa	0.111	0.176	0.328	0.406	0.504	0.602
	变形模量 E_0/GPa	0.017	0.013	0.013	0.012	0.012	0.012
	弹性模量 E/GPa	0.027	0.026	0.026	0.027	0.032	0.060

（2）弱风化带上部变形模量试验（水平），最大值为 1.7GPa，其他 4 点一般在 0.1～0.5GPa 之间。该部位岩石较破碎，完整性差，故试验值较低。

（3）弱风化带中部变形模量试验（水平），除一点试验值明显偏大外，其他 4 点的变形模量大体在 4～5.5GPa 之间。

（4）弱风化带下部变形模量试验（水平），最大值为 9GPa，其他 4 点变形模量一般为 4～5GPa 左右。该部位节理发育，岩体完整性差，故试验值偏低。

（5）弱风化带下部变形模量试验（垂直），除 2 点试验值仅为 3GPa 左右，其他 3 点均高于 8.0GPa。

（6）微风化带上部变形模量试验（水平），最大值为 10.0GPa，最小值为 4.8GPa，其他 3 点一般在 6～9.5GPa 之间。该试验点虽为微风化带上部，但岩体完整性差，故试验值偏低。

试验结果反映了随着岩体风化程度由强到弱，变形模量呈从低到高的变化趋势。垂直方向加压的变形模量值比水平方向加压的变形模量值略高一些。

从岩体变形试验成果中可以看出如下基本规律：

（1）对弱风化中、下部和微风化岩体而言，岩体变形性大小的控制性因素是岩体完整性，即节理发育程度和节理产状与加荷方向之间的关系，岩石风化状态的影响是第二位的。

（2）从应力-应变曲线看，不可逆变形占总变形值的 45%～65%，表明岩体完整性差，变形主要来源于节理被压缩。

（3）大多数试件的变形模量随压力的增加而减小，也反映出完整性差岩体变形的特点。

13.3　缓倾角结构面原位抗剪试验

缓倾角结构面作为拱坝稳定计算的底滑面，其物理力学参数对拱坝稳定影响很大。为此，在右岸 PD01 平洞内沿缓倾角结构面进行现场原位抗剪强度试验 1 组（5 个点），代表的结构面类型为无充填的结构面，节理面波状起伏。各试点剪切面差异较大，其抗剪参数试验建议值：抗剪断强度 $f'=0.64$，$c'=0.07$MPa。

第14章 经 验 总 结

14.1 工程地质特点

龙江工程地质条件具有的四个特点：地震烈度高、断层规模大、全风化深厚、岩石破碎。

（1）地震烈度高。根据《中国地震动参数区划图》，本区地震动峰值加速度 $0.2g$，相应基本烈度为Ⅷ度。云南省地震工程研究院鉴定，100 年超越概率 2% 的峰值加速度 $0.36g$（设防烈度）。在坝址下游约 2km 处，有一条区域性深大断裂通过，走向 $N40°\sim60°E$，分北、南两支，北支靠近坝址，带宽达数百米，有多条近平行断层组成。在龙陵附近与近南北向的怒江断裂交汇，长约 300km。沿断裂带有花岗岩和少量基性岩浆侵入，有温泉分布，并形成多个新生代断陷盆地。据测量资料，区域断裂最后一次活动时间为中、晚更新世。

（2）断层规模大。坝址区断层主要有走向 NE、NW 两组，其中 NE 向（横河向）规模较大，如 F_1、F_2、F_{28}。F_1 断层在左岸宽 $50\sim90m$，由 16 条小断层组成，至右岸迅速变窄。F_2 断层宽 $10\sim48m$，有多条小断层组成。F_{28} 断层宽 $40\sim50m$。由于两岸风化层太厚，给地表测绘造成很大困难。施工开挖结果表明，勘察期间对断层的控制和查明存在明显不足。

（3）全风化深厚。两岸全风化带厚度普遍为 $20\sim30m$，最大超过 50m。强风化带没有或局部仅数米。选择性风化，风化作用严重不均一，各种风化形态（槽状、囊状、球状、夹层）均有出现。左岸风化槽沿轴线分布。

（4）岩石破碎。节理发育，总体完整性差，节理以 NE、NW 两组陡倾角节理发育。

14.2 施工中揭露的地质问题处理

14.2.1 坝基软岩带

左岸坝基开挖到建基高程时，发现坝基及边坡弱风化岩体内出露多条软岩带。软岩带岩质软弱，手可以捏碎，呈条带状，宽度几厘米至几十厘米不等，延伸几米至几十米，走向大多为 NE 向（近似平行坝轴线），倾向 NW（上游）或 SE（下游）。其中 R_{01}、R_{02} 两条软岩，宽度 $0.4\sim0.7m$，呈灰白—灰绿色，出露于左岸下游边坡；上游边坡有多条软岩带宽度大于 1m，最宽的一条（R_{08}）宽度达 3m；在 20 号坝段出露两条缓倾角软岩带，宽度 $0.1m\sim0.2m$，R_{03} 倾角 $25°$，R_{04} 倾角 $10°\sim15°$。

（1）软岩带成因探讨。对软岩带的成因，内外意见不一，有构造（断层）、蚀变、风化成因说法。施工期间曾邀请地质专家到工地咨询，专家认为软岩带形成有两种可能：第一种是坝址区岩石具有糜棱页理，岩性可称为糜棱岩，易受不均匀风化影响而形成；第二种是软岩带由于矿物集中而形成的，其中一种是云母类矿物富集，另一种是碱性长石富集

（包括钾长石、钠长石）。这两类矿物具有吸水膨胀易风化的特点，软岩带主要是风化作用形成的，随着深度的增加风化作用会趋于轻微。经过开挖取样分析，第二个观点即软岩带是由于矿物集中而形成的观点得到证实。坝基开挖揭露后，云母类软岩只有 F_{30} 断层两侧的 R_{01}、R_{02}、R_{15}、R_{16}，以及右岸 8 号、9 号坝段出露的 R_{19}、R_{20}，其余均为碱性长石类软岩带。

（2）软岩带分布情况勘察。为了查明坝基和下游边坡软岩带的分布情况，进行了大量的补充勘察工作。

由于软岩带分布无规律，采用了等间距网格勘察，在 18～23 号六个坝段，勘探剖面垂直于坝轴线布置，剖面间距 10m，剖面上钻孔间距 5m，钻孔深度为当时开挖面以下20m。孔内进行波速测试和孔内电视观测，确定低速带的性质及其产状（低速带区分为软岩带和节理密集带两种）。根据勘察成果，确定软岩带的具体分布情况。

为查明下游软岩带和断层的分布情况，在 PD02 探洞（位于坝下游，高程 817m）布置两条支洞，延伸到下游坝脚。

为了确定岩体波速与变形模量的相关性，对原有的变形试验点进行了波速测试，并进行了 36 点钻孔变形模量测定，但结果比较离散。

（3）确定坝基处理方案。根据补充勘察地质资料和坝基开挖现状，在不改变拱坝体型的前提下，挖除不合格岩体，采用混凝土置换形成传力塞，构成复合地基。该方案分别在现场和北京召开地质和设计咨询会上通过了审查。

14.2.2　全风化岩体抗剪强度研究

龙江枢纽区全风化带深厚，两岸高高程部位厚达 35～55m，两岸坝肩、进水口、厂房以及缆机平台开挖均面临全风化高边坡问题。

勘察过程中，发现全风化岩体上部基本呈土状，原岩结构消失，下部呈块状，一定程度保留原岩结构，可见到原生节理或片麻理，这两种岩体物理力学性质存在一定的差异，因此针对土状全风化岩体和块状全风化岩体的抗剪强度进行了专门的试验研究。根据分层试验成果，对边坡稳定重新进行核算，确定了开挖坡比，边坡开挖至今安全运行。实践证明，全风化岩体分层试验研究成果是成功的、可靠的。

第4篇 水工建筑物设计

第15章 双曲拱坝设计

15.1 坝址、坝型比选

15.1.1 坝址、坝型比选原则

上、下两坝址相距 400m，坝址比选是在正常蓄水位和装机容量相同的基础上进行的。首先分别选定上、下两个坝址的代表坝型，然后采用这两个代表坝型进行坝址比较，最终确定坝址、坝型。

15.1.2 上坝址基本坝型比选

（1）坝型拟定。根据上坝址的地形、地质条件，当地材料坝和混凝土坝均可行。

当地黏土料含水量较高，不宜压实；当地雨季较长，不利黏土料的填筑施工。上坝址河谷呈宽 V 形，两岸地形基本对称，岸坡坡度为 25°～35°。当地石料比较丰富，可采用沥青混凝土心墙堆石坝。

上坝址河谷底宽和正常蓄水位处河谷宽分别比下坝址宽约 20m 和 90m，从地形条件上看，上坝址修建拱坝不如下坝址条件好，考虑下坝址拟定了混凝土拱坝坝型，因而上坝址不再拟定混凝土拱坝坝型。上坝址初步拟定为混凝土重力坝。

综上分析，上坝址初步选用沥青混凝土心墙堆石坝与混凝土重力坝两种坝型进行比选。

（2）上坝址堆石坝方案枢纽布置。上坝址堆石坝方案挡水建筑物为碾压式沥青混凝土心墙堆石坝，泄洪兼放空洞位于右岸，引水发电系统布置在左岸。

受地形条件限制，在左岸布置岸坡溢洪道，其开挖较深，靠山侧开挖边坡高达百余米。由于该部位全风化层厚达 20～30m，在高地震烈度情况下，边坡无法维持稳定，且难以采取合理的加固措施，为节省工程投资，将导流洞以"龙抬头"方式进行改造，使之与泄洪、放空洞结合使用，两条泄洪放空洞并列布置在右岸。

引水发电系统布置在左岸，采用一洞四机的布置方式，厂房为地面式。

（3）上坝址混凝土重力坝方案枢纽布置。上坝址混凝土重力坝方案挡水建筑物为常态混凝土重力坝，泄水坝段位于河床左侧，坝后式厂房布置在河床右侧，坝身放水深孔紧靠溢流坝布置在左岸。

由于坝址处河道略有弯曲，河谷地形狭窄，为使下泄水流能挑入主河床，沿原河道主流方向顺利与下游衔接，同时尽量减少厂房的开挖量，将泄水坝段布置在主河床左侧，厂房坝段布置在主河床右侧。坝身布置三孔溢流表孔，为保证大坝在特殊情况下能够放水检修，在坝身设一个放水深孔。

发电引水系统采用坝式进水口，单管单机布置方式。

（4）坝型确定。根据地形地质条件、工程布置、施工条件、施工工期、运行管理和工程投资等多方面综合比较分析，堆石坝方案大坝对基础要求较低，施工比较简单，工程投

资比重力坝方案节省 6103 万元，但在工程布置及运行上相对差一些，施工工期相对长 4 个月。综合比较，上坝址选堆石坝方案参与坝址比选。

15.1.3　下坝址基本坝型比选

（1）坝型拟定。根据下坝址的地形、地质条件，两岸山体上、下游均有较大的冲沟。对于采用当地材料坝的优劣比选，如采用心墙防渗型式的当地材料坝，由于地震控制坝坡稳定，坝坡较缓，坝体将两岸山体覆盖，发电引水系统将穿过 $50\sim90m$ 宽的 F_1 断层。另外，泄洪系统如采用泄洪洞，也将穿过 F_1 断层；如采用溢洪道，由于两岸全风化深约 $30\sim50m$，开挖的全风化边坡在地震情况下难以维持稳定，处理工程量很大。下坝址河谷呈 V 形，谷底宽度和正常蓄水位处河谷宽度分别比上坝址少 $20m$ 和 $90m$，如采用混凝土面板堆石坝，由于不均匀沉降，易使面板产生裂缝，对坝体稳定不利，同样，泄洪和引水发电系统存在致命的缺陷。因此，下坝址当地材料坝不具备优势，本次坝型比选不考虑该方案。

综上分析，下坝址选用混凝土重力坝和混凝土双曲拱坝两种坝型进行比选。

（2）下坝址混凝土拱坝方案枢纽布置。下坝址混凝土拱坝方案枢纽由混凝土双曲拱坝及左岸地面引水式厂房组成。混凝土双曲拱坝包括溢流坝段、挡水坝段及重力墩坝段。

坝址处河谷地形狭窄，两岸山脊较单薄，上游的 F_2 断层破碎带宽度 $10\sim12m$，下游的 F_1 断层破碎带宽度 $50\sim90m$，且抗冲能力较差。考虑上述影响，拱冠梁布置在 F_2 断层破碎带下游 $25m$ 处，坝肩布置在两岸山脊上游侧；将溢流坝段布置在主河床上，两岸布置非溢流坝段，可以保证泄放的洪水沿原河道主流方向平顺地与下游衔接；泄水方式采用坝顶表孔跌流，可以避免对 F_1 断层的冲刷。引水系统布置在左岸山体内，由进水口和引水隧洞组成，采用一洞四机的布置方式。厂房布置为地面式厂房，厂内装有 4 台水轮发电机组

（3）下坝址混凝土重力坝方案枢纽布置。下坝址混凝土重力坝方案挡水建筑物为混凝土重力坝，泄水坝段位于主河床，下游采用底流消能，放水深孔布置在泄水坝段右侧的河床坝段，引水发电系统布置在左岸。

从地形条件看，左岸比右岸略缓，厂房布置在左岸，引水洞线短，且厂房开挖量小，对外交通易于连接，因此引水发电系统布置在左岸，进水口为坝式进水口，采用二洞四机的布置方式，地面式发电厂房。

（4）坝型确定。根据地形地质条件、工程布置、坝体应力稳定、施工条件、施工工期、运行管理和工程投资等多方面综合比较分析，拱坝方在地形、地质条件上比重力坝方案略差一些；在坝体的应力、稳定及运行上基本相当；在工程布置、施工条件上略优于重力坝；在投资上，拱坝方案比重力坝方案直接投资节省约 1.04 亿元，优势较明显。综合比较，下坝址推荐混凝土双曲拱坝方案参与坝址比选。

15.1.4　坝址、坝型确定

上坝址堆石坝方案与下坝址混凝土拱坝方案进行最终比选。

上下坝址地质条件相近，下坝址地形条件略优于上坝址；下坝址枢纽布置紧凑，优于上坝址；下坝址施工条件优于上坝址；拱坝方案施工工期比堆石坝方案短约 4 个月；工程运行上下坝址拱坝方案优于上坝址堆石坝方案；工程效益上下坝址电能指标略高于上坝址；下坝址拱坝方案对环境影响相对较小；下坝址河谷狭窄，其工程量及投资与上坝址相比具有明显的优势。综合上述各方面的比较，确定下坝址为选定坝址。

15.2　坝轴线确定

根据下坝址的地形、地质条件，影响拱坝轴线选择的主要因素如下：

（1）从地形条件分析，左右两岸可利用山体在平面上的位置不对称，左岸偏向下游，右岸偏向上游。两岸山体均较单薄，左岸比右岸更单薄一些，两岸坝肩上、下游均有较大的冲沟。为保证坝肩有足够的抗力岩体，在满足拱坝建基要求的前提下，尽量使坝轴线向上游及拱坝中心线偏向右布置。

（2）从泄洪布置上，由于坝下河道逐渐向左岸转弯，如果拱坝中心线偏向右岸布置，下泄水流对右岸产生冲刷，影响岸坡稳定。考虑泄洪消能布置，右岸拱端布置在可利用山体偏向下游。

综上所述，受地形、地质条件限制，拱坝坝轴线选择的范围有限，左、右岸拱端的位置基本是唯一的。

15.3　混凝土双曲拱坝设计

15.3.1　拱坝体形设计

15.3.1.1　设计原则

（1）充分利用地形地质条件。枢纽区河流流向为近东西向，河谷呈基本对称的 V 形，谷底宽 $50 \sim 70m$，正常蓄水位高程河谷宽 $290m$，河谷宽高比约 3.3。两岸山体高程 $1350.00 \sim 1450.00m$，比高约 $550 \sim 650m$，坡度 $30° \sim 40°$，河谷下部的沿江地段为陡崖，无阶地。坝线上游 $30 \sim 60m$ 和下游 $100 \sim 150m$ 处，左右两岸均发育有冲沟，切割深度 $40 \sim 100m$。地形完整性较差，对拱坝的坝端选择有一定影响。

坝址区出露的地层，主要为寒武系的片麻岩和第四系松散堆积层。

坝址区的主要断层有 F_1、F_2、F_8、$F_{12} \sim F_{16}$、F_{37}。其中坝下游约 $250m$ 的 F_1 断层、出露于右坝端的 F_8 断层对坝体稳定影响不大，但 F_8 在右岸拱端下游，其压缩变形可能对拱端变位有影响。其中 F_{13}、F_{14}、F_{15}、F_{16} 在坝基处未出露。坝址区陡倾角构造节理发育，缓倾角节理不发育，缓倾角节理随机分布。

枢纽区片麻岩风化剧烈，且各部位风化深度差异较大，一般在山脊部位风化较深，沟谷部位风化较浅；岸坡上部风化较深，下部风化变浅；河床部位很少有全、强风化层。坝址区岩体完整性较差。

总体来看，坝址区两岸山体较单薄，拱坝轴线选择的范围有限，影响拱坝布置的主要因素是坝址处左右两岸可利用山体在平面上的位置不对称，左岸偏向下游，右岸偏向上游。在满足建基面要求的基础上，坝线应尽量向上游布置。

由于坝基弱风化岩层较厚，因此，选择大坝建基面为弱风化岩石的中下部及微风化岩石的上部，考虑坝基岩体及地质构造的综合变形模量很难客观评价，这要求拱坝体形应适应坝基岩体变形模量的变化。较大的拱端厚度对坝基变形模量的敏感性较小，整个坝体采用等厚拱又使得混凝土用量较大，因此，采用变厚拱圈。

（2）便于泄洪布置。坝址区为 V 形河谷，河床较窄，为减轻泄洪对下游两岸及河床的冲刷，泄洪中心线位置及走向宜与下游河道走势相协调。如前所述，地形、地质条件要求拱坝中心线向右岸，而泄洪中心线则向左岸较有利，因此，确定拱坝中心线应充分考虑泄洪布置因素。

（3）约束条件。通常大坝的工程量主要取决于坝体混凝土的方量，"拱坝体形优化程序（ADASO）"以坝的体积作为目标函数，同时将几何约束、应力约束等作为约束函数，寻求理想的坝体体形。

1）几何约束条件。综合考虑坝址的地形地质条件、坝体泄洪建筑物的布置及坝顶交通等要求，拱坝体形优化的几何约束条件如下：

坝中心线方位为 NW311°30′00″；

坝顶厚度≥6m；

坝体上、下游倒悬度≤0.3（水平比铅直）；

拱圈的半中心角约束≤50°；

拱圈的中心角约束≤95°。

2）应力约束条件。坝体应力力求分布均匀，控制标准应满足规范的要求。

静力情况下，对于持久状况基本荷载组合，拉应力应≤1.2MPa。施工期在坝体横缝灌浆以前坝体最大拉应力≤0.5MPa。

（4）尽量减少坝体混凝土方量和坝基岩石开挖量。坝体体形优化设计的目标是寻求一个既满足坝肩稳定、坝体应力要求及其他约束条件，而具有较小坝体体积、造价较小的合理坝体体形。坝基开挖量难以反映在优化函数中，它可以根据地形、地质条件及坝体下游拱端的水平拱向嵌入深度和梁向开挖深度，拟定各高程下游拱端至拱坝中心线的距离来反映。拱坝下游坝脚的拱向嵌入深度及梁向开挖深度详见表 15.1，下游拱端至拱坝中心线的距离见表 15.2。

表 15.1　　　　　　　　　　　　拱坝下游坝脚开挖深度表

高程/m	拱向嵌入深度/m		梁向开挖深度/m	
	左岸	右岸	左岸	右岸
875.00	重力墩	重力墩	重力墩	重力墩
862.00	重力墩	重力墩	重力墩	重力墩
849.00	44	28	32	22
835.00	29	24	33	17
821.00	17	22	41	19
807.00	22	22	31	26
793.00	15	19	24	22

表 15.2　　　　　　　　　　坝体下游拱端至拱坝中心线的距离表

项目	高　程/m								
	875	862	849	835	821	807	793	776	760
左岸距离/m	178.00	170.00	148.00	117.00	92.00	73.00	58.00	40.00	26.85
右岸距离/m	169.00	161.00	139.00	114.00	93.00	77.00	63.00	41.00	27.09

（5）稳定安全系数满足控制标准。以刚体极限平衡法为坝肩抗滑稳定分析的基本方法，抗滑稳定安全系数控制见表 15.3。

表 15.3　　　　　　　　　　　抗滑稳定安全系数控制表

荷载组合	K（安全系数法）	控制标准（分项系数法）
基本组合	3.5	1.32
特殊组合（非地震情况）	3	1.12
特殊组合（地震情况）	—	1.31

15.3.1.2　拱坝体形

根据坝址河谷形状、地质条件、泄洪消能布置和施工条件，可研阶段采用"拱坝体形优化程序（ADASO）"选定了椭圆双曲拱坝。建基高程 760m，最大坝高 115m。

施工图阶段 11～15 号河床坝段开挖至 765.00m 高程后，岩体可满足建基要求。将河床坝段大坝建基面抬高 5m。将原体形在 765.00m 高程以下平切掉，原设计的建基高程由 760.00m 高程抬高至 765.00m 高程。

施工图阶段拱坝基本体形特征参数见表 15.4。拱圈中心线 X、Y 相对坐标见表 15.5，拱坝体形参数见表 15.6。拱坝体形图详见图 15.1～图 15.3。

表 15.4　　　　　　　　　　　拱坝基本体形特征参数表

项　目	参数值	项　目	参数值
坝顶高程/m	875.00	最大拱端厚度/m	27.84（793.00m 高程右拱端）
最大坝高/m	110.00	坝体弧高比	3.54
顶拱上游面弧长/m	394.45	坝体厚高比	0.21
坝顶中心线弧长/m	389.80	最大半中心角/(°)	44.617（849.00m 高程左拱端）
坝顶中心线弦长/m	351.21	最大中心角/(°)	87.978（849.00m 高程）
拱冠梁顶宽/m	6.00	顶拱中心角/(°)	81.928（875.00m 高程）
拱冠梁底宽/m	23.01	坝体柔度系数	16.2
顶厚/底厚（拱冠梁）	0.26	坝体体积/万 m³	39.47

表 15.5　　　　　　　　　　　拱圈中心线 X、Y 相对坐标表

拱圈中心线 X 相对坐标参数表

高程/m	875.00	862.00	849.00	835.00	821.00	807.00	793.00	776.00	765.00
左岸									
拱圈中心线 Y 相对坐标/m	180.11								
	176.689	174.419							
	159.068	157.744	154.306						
	130.082	129.995	128.422	124.705					
	105.814	106.431	106.041	101577	100.698				
	86.613	87.545	87.811	87.086	85.156	82.251			
	70.551	71.579	72.178	72.144	71.236	69.556	67.154		

拱圈中心线 X 相对坐标参数表

高程/m	875.00	862.00	849.00	835.00	821.00	807.00	793.00	776.00	765.00
左岸									
拱圈中心线 Y 相对坐标/m	48.932	49.858	50.592	51.058	51.05	50.535	49.452	47.407	
	31.676	32.356	32.958	33.468	33.744	33.714	33.292	32.142	31.494
	0	0	0	0	0	0	0	0	0
	−32.087	−32.791	−33.413	−33.939	−34.232	−34.228	−33.85	−32.708	−31.923
	−49.334	−50.273	−51.016	−51.495	−51.533	−51.122	−50.191	−48.154	
	−75.43	−76.411	−76.908	−76.724	−75.716	−74.076	−71.82		
	−90.202	−91.018	−91.135	−90.276	−88.373	−85.762			
	−105.917	−106.404	−105.937	−104.158	−101.113				
	−125.904	−125.754	−124.306	−121.105					
	−148.737	−147.589	−144.744						
	−167.237	−165.095							
	−171.045								
右岸									

拱圈中心线 Y 相对坐标参数表

左岸

高程/m	875.00	862.00	849.00	835.00	821.00	807.00	793.00	776.00	765.00
拱圈中心线 X 相对坐标/m	422.461								
	425.452	423.097							
	439.85	438.307	434.827						
	460.025	459.9	457.933	454.037					
	473.66	474.752	474.152	471.745	468.036				
	482.399	484.423	484.921	483.781	481.265	478.122			
	488.343	491.088	492.469	492.402	490.954	488.705	485.954		
	494.403	497.971	500.403	501.69	501.672	500.676	498.856	495.759	
	497.657	501.711	504.787	506.948	507.917	507.826	506.728	504.066	502.425
	500	504.425	508.006	510.882	512.701	513.422	513.005	510.91	508.595
	497.541	501.55	504.59	506.737	507.741	507.731	506.724	504.039	502.118
	494.181	497.658	500.025	501.305	501.389	500.587	498.972	495.807	
	486.363	488.738	489.777	489.452	487.948	485.843	483.292		
	480.462	482.112	482.316	481.043	478.66	475.859			
	472.999	473.835	473.138	470.885	467.629				
	461.713	461.496	459.679	456.264					

拱圈中心线 Y 相对坐标参数表

				左岸					
高程/m	875.00	862.00	849.00	835.00	821.00	807.00	793.00	776.00	765.00
拱圈中心线 X 相对坐标/m	446.30	444.91	441.90						
	431.81	429.51							
	428.59								
				右岸					

表 15.6　　　　　　　　拱 坝 体 形 参 数 表

拱圈厚度参数表

				左岸					
高程/m	875.00	862.00	849.00	835.00	821.00	807.00	793.00	776.00	765.00
拱圈厚度/m	6.394								
	6.359	12.738							
	6.219	11.616	17.956						
	6.088	10.553	14.916	22.332					
	6.036	10.123	13.664	18.209	25.428				
	6.015	9.952	13.16	16.517	20.793	27.261			
	6.006	9.879	12.939	15.762	18.684	22.435	27.842		
	6.001	9.836	12.81	15.31	17.396	19.423	21.777	26.885	
	6	9.826	12.778	15.198	17.069	18.64	20.17	22.568	25.306
	6	9.823	12.771	15.175	16.998	18.467	19.809	21.591	23.011
	6	9.826	12.779	15.197	17.057	18.593	20.054	22.495	25.549
	6.001	9.836	12.812	15.3	17.324	19.152	21.128	26.428	
	6.008	9.893	12.997	15.862	18.744	22.061	26.624		
	6.017	9.969	13.243	16.591	20.549	25.697			
	6.034	10.111	13.691	17.905	23.756				
	6.073	10.43	14.686	20.777					
	6.155	11.094	16.731						
	6.268	11.996							
	6.298								
				右岸					

曲率半径参数表

				左岸					
高程/m	875.00	862.00	849.00	835.00	821.00	807.00	793.00	776.00	765.00
曲率半径/m	439.489								
	430.070	425.997							

续表

曲率半径参数表

高程/m	875.00	862.00	849.00	835.00	821.00	807.00	793.00	776.00	765.00
	左岸								
曲率半径/m	385.454	379.193	371.293						
	325.106	315.027	303.637	289.567					
	285.901	272.656	258.003	241.667	222.680				
	261.504	245.928	228.693	210.087	191.216	168.915			
	245.257	227.939	208.675	188.047	168.582	148.937	132.137		
	228.996	209.750	188.140	164.931	144.095	126.370	112.073	108.711	
	220.394	200.043	177.035	152.162	130.156	113.003	99.678	90.862	95.903
	211.874	190.145	166.333	141.054	119.192	103.240	91.089	77.640	80.142
	215.939	194.663	172.371	149.553	130.219	115.629	104.226	94.257	95.644
	224.841	204.877	184.178	163.215	145.289	130.716	119.008	113.511	
	245.935	228.810	211.414	194.001	178.244	162.568	149.185		
	262.197	247.042	231.835	216.570	201.723	184.479			
	283.169	270.327	257.589	244.549	230.202				
	315.691	306.021	296.500	286.005					
	361.545	355.671	349.741						
	406.117	403.346							
	416.171								
	右岸								

中心角参数表

高程/m	875.00	862.00	849.00	835.00	821.00	807.00	793.00	776.00	765.00
	左岸								
中心角/(°)	−41.424								
	−40.824	−43.941							
	−37.62	−40.721	−44.617						
	−31.894	−34.883	−38.688	−43.633					
	−26.653	−29.428	−33.021	−37.753	−43.167				
	−22.226	−24.727	−28.019	−32.43	−37.493	−42.743			
	−18.347	−20.535	−23.46	−27.45	−32.074	−36.766	−41.117		
	−12.907	−14.548	−16.789	−19.927	−23.639	−27.345	−30.769	−33.437	
	−8.421	−9.533	−11.071	−13.267	−15.914	−18.547	−20.985	−23.366	−21.557
	0	0	0	0	0	0	0	0	0
	8.721	9.956	11.575	13.763	16.236	18.544	20.605	23.03	22.232
	13.298	15.105	17.438	20.524	23.943	27.128	29.95	32.776	
	19.957	22.442	25.56	29.546	33.848	37.907	41.494		
	23.55	26.311	29.722	34.009	38.597	42.997			
	27.211	30.189	33.81	38.296	43.081				
	31.615	34.766	38.537	43.15					

中心角参数表									
高程/m	875.00	862.00	849.00	835.00	821.00	807.00	793.00	776.00	765.00
左岸									
中心角 / (°)	36.293	39.533	43.361						
	39.809	43.062							
	40.504								
右岸									

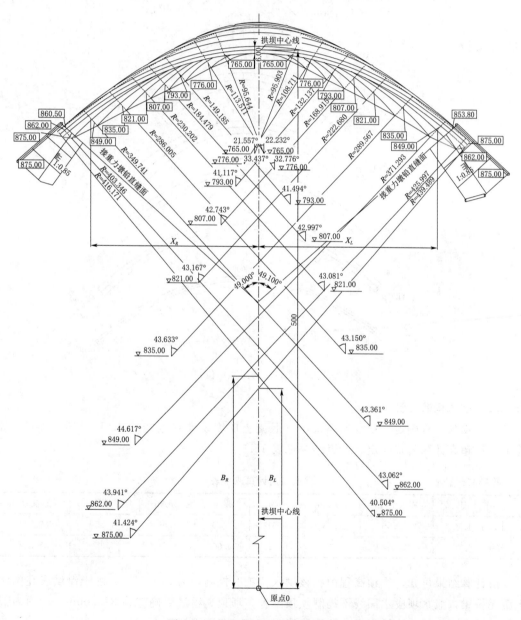

图 15.1 拱坝体形平面图 (单位: m)

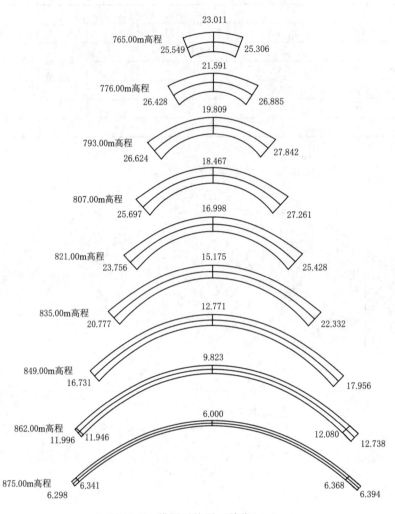

图 15.2 拱圈平均图（单位：m）

15.3.2 坝体构造设计

（1）坝顶高程确定。坝顶超高采用《混凝土拱坝设计规范》（DL/T 5346—2006）规定的坝顶超高计算公式确定，计算结果见表 15.7。

表 15.7 坝顶超高计算成果表

计算工况	库水位/m	$h_{1\%}$/m	h_z/m	h_e/m	Δh/m	防浪墙高/m	坝顶高程/m
正常蓄水位	872.00	1.35	0.51	0.70	2.56	1.35	873.21
校核洪水位	874.54	0.65	0.23	0.50	1.38	1.35	874.57

由计算结果可知，坝顶高程由校核洪水位工况控制，为 874.57m。由于泄洪表孔闸墩上游无桥梁，泄水坝段水面线不控制坝顶高程，坝顶高程最终确定为 875.00m。考虑内部人行道加高，为保证防护安全，防浪墙取为 1.35m，防浪墙顶高程为 876.35m。

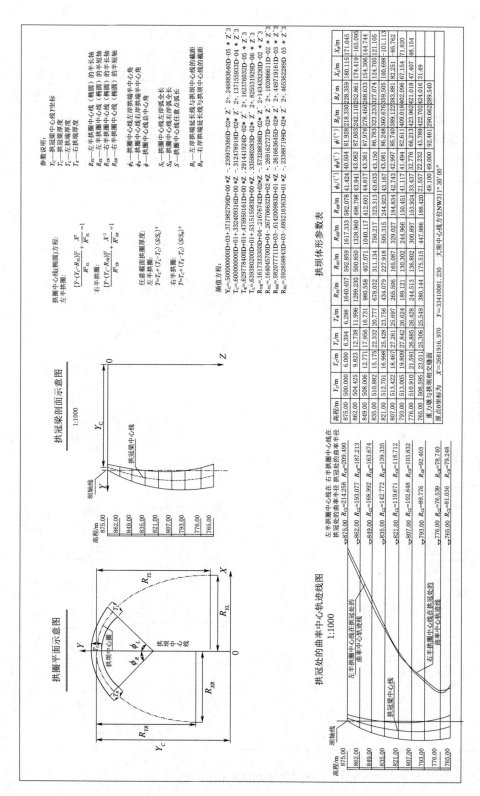

图 15.3　拱圈体形定义图

（2）坝顶布置。坝顶中心线弧长（包括溢流、重力墩坝段）472.00m，拱冠梁处坝顶宽度 6.00m，坝底宽度 23.01m，坝顶高程 875.00m，防浪墙顶高程为 876.35m。拱坝基本体形坝顶宽度由拱冠处 6.00m 渐变至拱端 6.39m。根据泄洪表孔及放水深孔布置，边墩顶长 26.50m，中墩顶长 34.04m，在泄洪坝段下游侧设 5.6m 宽的交通桥。重力墩坝段坝顶宽度为扩散布置，左岸由 12m 扩散为 25m，右岸由 12m 扩散为 23m，上游面为铅直，下游面坡比 1：0.85。坝顶上游侧布置电缆沟，电缆沟以上为人行道，宽 1.1m，顶高程 875.20m，上游防浪墙顶高程 875.35m，宽 0.4m；坝顶下游侧布置排水沟，排水沟以上为人行道，宽 1.0m，顶高程 875.20m，下游挡墙顶高程 875.35m，宽 0.3m。坝顶平面布置和典型剖面见图 15.4、图 15.5。

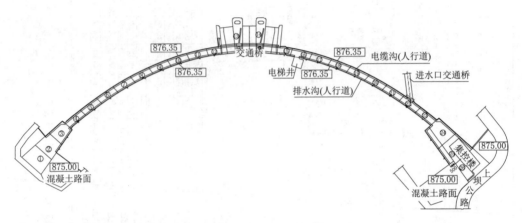

图 15.4　坝顶平面布置图

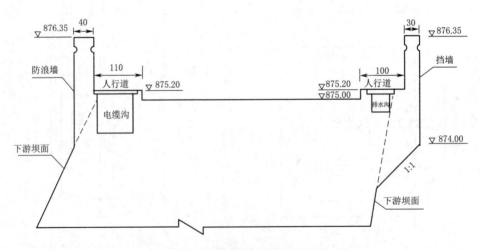

图 15.5　挡水坝段坝顶典型剖面图

（3）坝体分缝分块。

1）布置。基本体形坝顶中心线弧长为 389.8m，为使左、右岸重力墩与拱坝以铅直面连接，左、右岸端部坝体以重力墩代替，左岸基本体形坝体减短 18.53m，右岸基本体形坝体减短 7.36m，此时，拱坝中心线弧长变为 364.00m。坝体由右岸至左岸共布置 25 条横缝，共 26 个坝段。其中 24～26 号及 1～3 号为左、右岸重力墩段、4～11 号及 16～23 号为挡水坝段，12～15 号坝段为泄洪坝段。根据混凝土浇筑能力和泄洪建筑物布置等要求，以拱坝顶拱中心线弧长确定横缝位置，其中 13 号、14 号坝段弧长为 20m，其余拱坝坝段弧长为 18m，左岸重力墩每坝段长 20m，右岸重力墩每坝段长 16m。

坝体横缝为铅直缝，拱坝横缝面上设置球形键槽，重力墩横缝面上设置梯形键槽，并根据封拱灌浆的要求，每 12～15m 高设置灌浆分区，待混凝土达到设计封拱温度时，进行封拱灌浆。坝体不设施工纵缝，采用通仓浇筑。横缝标准灌区和球形键槽分布见图 15.6。

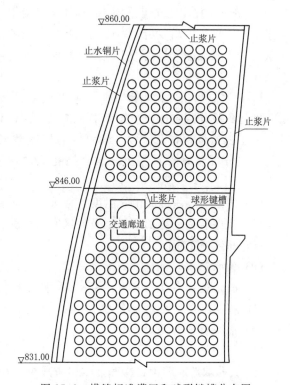

图 15.6　横缝标准灌区和球形键槽分布图

2）横缝灌浆主要技术要求。

a. 蓄水前应完成蓄水初期最低库水位以下各灌区的接缝灌浆及其验收工作，蓄水后各灌区的接缝灌浆应在库水位低于灌区底部高程时进行。

b. 灌区两侧坝块混凝土的温度必须达到设计灌浆温度，各高程灌浆温度如下：

高程 862.00～875.00m 之间为 18℃；

高程 849.00～862.00m 之间为 17℃；

高程 835.00～849.00m 之间为 16℃；

高程 835.00m 以下 15℃；

坝基回填混凝土基础为 18℃。

c. 接缝的张开度不宜小于 0.5mm。

d. 除顶层外，灌区上部宜有 6.0m 厚混凝土压重，且其温度应达到设计规定值。

e. 灌区两侧坝块混凝土及上部压重混凝土的龄期应大于 3 个月。

f. 灌浆压力应用与排气槽同一高程处的排气管管口的压力表示，灌浆压力定为 0.3MPa，进浆管灌浆压力可近似按下列公式计算：

$$P_\text{进} = P_\text{排} + \gamma_\text{浆} H + \varepsilon \gamma_\text{浆} H \tag{15.1}$$

式中：H 为灌区高度，m；$\gamma_{浆}$ 为浆液容重；ε 为缝面压力损失系数。

　　g. 浆液水灰比变换可采用 2、1、0.6 三个比级。一般情况下，开始可灌注水灰比为 2 的浆液，待排气管出浆后，即改用水灰比为 1 的浆液灌注。当排气管出浆水灰比接近 1 或水灰比为 1 浆液灌入量约等于缝面容积时，即改用最浓比级水灰比为 0.6 的浆液灌注，直至结束。

　　h. 灌浆结束条件：当排气管出浆达到或接近最浓比级浆液，且排气管口压力或缝面增开度达到设计规定值，注入率不大于 0.4L/min 时，持续 20min，灌浆即可结束。

　　i. 工程质量检查及验收。各灌区的接缝灌浆质量检查工作应在灌浆结束 28 天以后进行，以分析灌浆资料为主，结合钻孔取芯、槽检等质检成果，从以下几个方面进行评定：

　　（a）灌浆时坝块混凝土的温度是否满足设计要求。

　　（b）灌浆管路、缝面通畅以及灌区密封情况。

　　（c）灌浆施工情况。

　　（d）灌浆结束时排气管的出浆密度和压力。

　　（e）灌浆过程中有无中断、漏浆和管路堵塞等情况。

　　（f）灌浆前、后接缝张开度的大小及变化。

　　（g）灌浆材料的性能。

　　（h）缝面注入水泥量。

　　（i）钻孔取芯、缝面槽检和压水检查成果以及孔内探缝、孔内电视等测试成果。

　　上述九条中（a）和（d）条必须满足设计要求，且其他方面也基本符合有关要求时，灌区质量可以认定合格。

　　第九条是评定灌浆质量的辅助手段，钻孔取芯、缝面槽检和压水检查应选择有代表性的灌区进行。具体检查部位应由监理、设计共同商定。重点宜放在根据灌浆资料分析被评为不合格的灌区，若该区检查结果较好，灌区质量可重新评定。横缝灌区灌浆质量合格标准：①根据灌浆资料分析，当灌区两侧坝块混凝土的温度达到设计规定，两个排气管均排出浆且有压力，排浆密度均达 1.5g/cm³ 以上，其中有一个排气管处压力已达设计压力的 50% 以上，而其他方面也基本符合有关要求时，灌区灌浆质量可以认定合格。②横缝灌浆灌区的合格率应在 80% 以上，不合格灌区的分布不得集中，且每一条横缝内灌浆灌区的合格率不应低于 75%，即可认定合格。

　　（4）坝体廊道及交通系统布置。

　　1）布置。为满足基础灌浆、坝体接缝灌浆、排水、观测检查、交通等要求，在坝体内部高程 842.00m、803.00m 处设置两层纵向水平交通廊道，在高程 765.00m 处设置纵向水平基础廊道，并沿两岸坝基设置基础爬坡廊道与上述各层廊道及坝肩帷幕灌浆平洞相连。基础灌浆廊道尺寸为 2.5m×3.5m（宽×高），城门洞型，水平交通廊道尺寸为 2.0m×2.5m（宽×高），城门洞型。

　　大坝内部的垂直交通是在 16 号坝段坝体下游侧布置电梯井，断面尺寸为 4.85m×4.60m（长×宽），各层水平纵向廊道均设置横向交通廊道与电梯井相连。根据坝后交通及施工的要求，在高程 842.00m、827.29m、803.00m 处设置三层坝后交通桥。

坝顶表孔交通桥桥面总宽度 5.6m，每孔桥面由 5 根 T 型梁组成，均为预制混凝土梁。T 型梁高 120cm，梁宽 18cm，其中四根梁翼板宽 108cm，一根梁翼板宽 118cm，翼板厚 8～14cm，梁总跨度 13.72m，理论支撑线间距 13.22m，采用橡胶支座。梁端与闸墩之间设有橡胶衬垫作为抗震措施。

大坝对外交通主要通过左岸上坝公路与坝顶相连。

2）廊道结构配筋设计。廊道应力计算方法按平面问题小孔理论计算，根据不同部位廊道应力场分别计算在静力作用下的配筋。廊道周围混凝土标号为 C30，钢筋采用 Ⅱ 级钢筋。

根据对大坝基础和交通廊道在静力作用下的配筋计算，考虑地震影响的不确定性，选取配筋如下：

803.00m 高程以下基础廊道：顶拱、边墙、底板配筋为 Φ28@20，分布钢筋 Φ16@20。

803.00～842.00m 高程之间基础廊道、803.00m 和 842.00m 交通廊道：顶拱、边墙、底板配筋为 Φ25@20，分布钢筋 Φ16@20。

842.00m 高程以上基础廊道：顶拱、边墙、底板配筋为 Φ22@20，分布钢筋 Φ16@20。

观测廊道：14 号坝段观测廊道主筋选配 Φ28@20，分布钢筋 Φ16@20；4 号、23 号坝段观测廊道主筋选配 Φ22@20，分布钢筋 Φ16@20；其余坝段观测廊道主筋选配 Φ25@20，分布钢筋 Φ16@20。

3）表孔交通桥结构设计。设计时参考公路桥梁标准图集，参考桥梁的设计条件：车辆荷载为 2 级荷载（汽-20 级，挂-100）；桥梁的跨度为 16.00m。

每根主梁的受拉钢筋为 8Φ32、2Φ16。主梁混凝土标号 C30。

（5）坝体止水、排水布置。为了降低坝体的扬压力，在坝体上游侧设置排水管，排水管与纵向廊道相连，管距 3.00m，内径 20cm，渗水经各层纵向廊道及坝肩爬坡廊道排入 13 号坝段的集水井。集水井总高度 10.50m，其中 759.50～763.00m 高程平面尺寸为 6.60m×2.00m，763.00～770.00m 高程平面尺寸为 6.60m×4.60m。在集水井内设排水泵，设计排水量为 240m³/h。

横缝上游侧及溢流表孔的溢流面设一道铜止水片及一道橡胶止水片（兼作止浆片），铜止水距上游面 0.40m，橡胶止水（浆）片距铜止水 0.40m。坝体横缝下游设一道橡胶止水片（兼作止浆片）。根据坝体横缝的灌浆分区，设置水平橡胶止浆片，与上、下游橡胶止水片相连，形成封闭的横缝灌浆系统。

（6）坝体混凝土强度分区。龙江拱坝在静力情况下，坝体的应力水平较低，C25 混凝土足以满足坝体拉、压应力的要求。动力分析结果表明，坝体的压应力不控制，但坝体局部的拉应力较大，为满足坝体拉应力的控制要求，根据动力分析成果，将坝体混凝土进行了强度分区。另外，在拱座附近，为适应基础变形影响，适当提高了混凝土的强度等级。同时，考虑坝身表、深孔等泄水消能设施。各区混凝土的主要技术指标见表 15.8，强度等级分区示意详见图 15.7～图 15.8。

表 15.8　　　　　　　　　　　大坝混凝土设计主要技术指标表

编号	工程部位	混凝土设计强度等级	龄期/d	水泥品种	级配	限制水灰比	极限拉伸值(28d)	备注
1	坝体、二道坝内部	C25W8F50	90	中热硅酸盐水泥	三、四	0.5	≥0.8×10^{-4}	加火山灰 25%
2	坝体约束区、坝体回填基础	C25W8F50	90	中热硅酸盐水泥	三、四	0.5	≥0.85×10^{-4}	加火山灰 25%
3	坝体	C30W8F50	90	中热硅酸盐水泥	三、四	0.5	≥0.8×10^{-4}	加火山灰 25%
4	坝体约束区、坝体回填基础	C30W8F50	90	中热硅酸盐水泥	三、四	0.5	≥0.85×10^{-4}	加火山灰 25%
5	深孔、表孔闸墩	C30W8F50	28	普通硅酸盐水泥	二、三	0.5		
6	深孔、表孔过水面、消能塘底板和二道坝表面及消能塘边墙	C35W8F50	28	普通硅酸盐水泥	二、三	0.45		抗冲耐磨

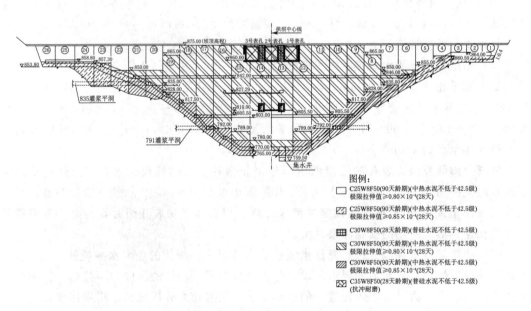

图 15.7　拱坝混凝土强度等级分区展示图（单位：m）

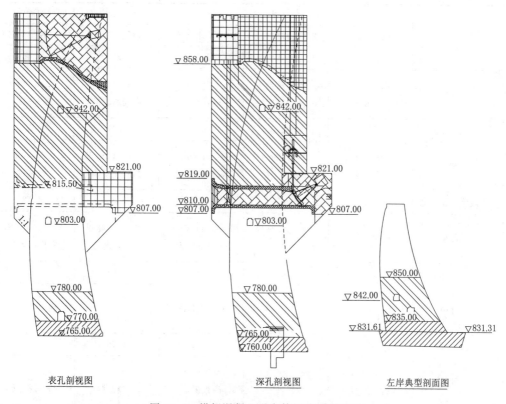

表孔剖视图　　　　　　深孔剖视图　　　　　　左岸典型剖面图

图 15.8　拱坝混凝土强度等级分区剖面图

15.3.3　坝体应力分析

（1）静力情况下坝体应力分析。拱坝应力计算采用了拱梁分载法和有限元法。拱坝体形优化设计及静力情况下应力分析采用中国水利水电科学研究院结构材料所的"拱坝体形优化程序（ADASO）"，为了进一步了解坝体应力状况，又采用了中国水利水电科学研究院抗震研究中心的拱梁分载法程序 SDTLM88 及三维有限元程序 ADAP—CH89进行了坝体应力复核计算。本次按《混凝土拱坝设计规范》（DL/T 5346—2006）进行复核。

1）拱梁分载法程序 ADASO 静力情况下坝体应力分析。

a. 未考虑开表孔坝体应力分析。坝体在基本荷载组合下，上、下游面最大主压应力分别为 4.08MPa（正常温降）、3.97MPa（设计洪水位温升），上、下游面最大主拉应力分别为 0.31MPa（正常温升）、0.64MPa（死水位温升）。坝体在偶然荷载组合下，上、下游面最大主压应力分别为 3.46MPa、4.12MPa，上、下游面最大主拉应力分别为 0.32MPa、0.47MPa，均满足应力控制标准的要求。荷载组合 1～5 的坝体应力特征值及其部位见表 15.8。

b. 考虑开表孔坝体应力分析。为了解泄洪表孔对坝体应力的影响，计算坝体开表孔情况时坝体的主拉、主压应力。考虑开表孔的上述组合坝体应力特征值及其部位见表15.9，其结果均满足应力控制标准的要求。

表 15.9　　　　坝体应力特征值及其部位表（分载法 ADASO、静力）　　　单位：MPa

项　目		基　本　组　合				偶然组合
		1（正常温降）	2（正常温升）	3（设计温升）	4（死水位温升）	5（校核温升）
不考虑开表孔	上游面 最大主压应力	4.08	3.30	3.31	2.27	3.46
	部位	835.00m 高程拱冠	821.00m 高程拱冠	821.00m 高程拱冠	793.00m 高程右拱端	821.00m 高程拱冠
	最大主拉应力	0.14	0.31	0.30	0.17	0.32
	部位	776.00m 高程左拱端	776.00m 高程左拱端	776.00m 高程左拱端	807.00m 高程左拱端	776.00m 高程左拱端
	下游面 最大主压应力	3.7	3.95	3.97	2.38	4.12
	部位	底拱拱冠	807.00m 高程左拱端附近	807.00m 高程左拱端附近	807.00m 高程左拱端附近	807.00m 高程左拱端附近
	最大主拉应力	0.62	0.48	0.46	0.64	0.47
	部位	776.00m 高程拱冠	底拱左拱端	底拱左拱端	835.00m 高程左拱端	底拱左拱端
考虑开表孔	上游面 最大主压应力	4.14	3.33	3.59	2.26	3.53
	部位	835.00m 高程拱冠	821.00m 高程拱冠	862.00m 高程拱冠	793.00m 高程右拱端	835.00m 高程拱冠
	最大主拉应力	0.14	0.31	0.30	0.17	0.32
	部位	776.00m 高程左拱端	776.00m 高程左拱端	776.00m 高程左拱端	807.00m 高程左拱端	776.00m 高程左拱端
	下游面 最大主压应力	3.70	3.97	3.99	2.38	4.15
	部位	821.00m 高程右拱端附近	807.00m 高程左拱端附近	807.00m 高程左拱端附近	807.00m 高程左拱端附近	807.00m 高程左拱端附近
	最大主拉应力	0.62	0.48	0.46	0.64	0.47
	部位	776.00m 高程拱冠	底拱左拱端	底拱左拱端	835.00m 高程左拱端	底拱左拱端

c. 坝基岩体变形模量变化对坝体应力影响敏感性分析（未考虑开表孔）。为了解坝基岩体变形模量变化对坝体应力的影响，将基岩变模分别增减 20%，对坝体应力进行敏感性分析。坝体在基本荷载组合下，上、下游面最大主压应力变化很小，最大值为 4.18MPa（正常温降），与基本岩体变模情况相比，极值应力增加 2%。上、下游面最大主拉应力变化较大，但最大值仅 0.89MPa（正常温降），极值应力增加 43.5%。考虑基岩体变形模量变化时，坝体的主压应力变化不大，主拉应力虽有较大变化，但均满足应力控制标准的要求。上述组合坝体应力特征值及其部位见表 15.10。

表 15.10　　　　坝体应力特征值表（分载法 ADASO、基岩变模敏感性、不开表孔）　　单位：MPa

项　目		1（正常温降）			2（正常温升）		
		岩石基础变模降低 20%	岩石基础变模	岩石基础变模提高 20%	岩石基础变模降低 20%	岩石基础变模	岩石基础变模提高 20%
上游面	最大主压应力	4.18	4.08	4.00	3.43	3.30	3.21
	部位	821.00m 高程拱冠	835.00m 高程拱冠	835.00m 高程拱冠	821.00m 高程拱冠	821.00m 高程拱冠	821.00m 高程拱冠
	最大主拉应力	0.1	0.14	0.18	0.28	0.31	0.35
	部位	776.00m 高程左拱端	776.00m 高程左拱端	776.00m 高程左拱端	776.00m 高程左拱端	776.00m 高程左拱端	793.00m 高程左拱端
下游面	最大主压应力	3.64	3.7	3.97	3.96	3.95	4.05
	部位	821 右拱端	底拱拱冠	底拱拱冠	821 右拱端	807.00m 高程左拱端附近	底拱拱冠
	最大主拉应力	0.89	0.62	0.51	0.49	0.48	0.47
	部位	776.00m 高程拱冠	776.00m 高程拱冠	底拱左拱端	底拱左拱端	底拱左拱端	底拱左拱端

d. 坝体混凝土弹性模量变化对坝体应力影响敏感性分析（未考虑开表孔）。为了了解坝体混凝土弹性模量变化对坝体应力的影响，将混凝土弹性模量分别增减 20%，对坝体应力进行敏感性分析。坝体在基本荷载组合下，上、下游面最大主压应力变化很小，最大值为 4.14MPa（正常温降），与基本坝体混凝土弹模情况相比，极值应力增加 1.5%。上、下游面主拉应力变化较大，但最大值仅 0.77MPa（正常温降），极值应力增加 24%。考虑坝体混凝土弹性模量变化时，坝体的主压应力变化不大，主拉应力虽有较大变化，但均满足应力控制标准的要求。上述组合坝体应力特征值及其部位见表15.11。

表 15.11　　坝体应力特征值（分载法 ADASO、坝体混凝土弹模敏感性、不开表孔）　　单位：MPa

项　目		1（正常温降）			2（正常温升）		
		坝体混凝土弹模降低 20%	坝体标准混凝土弹模	坝体混凝土弹模提高 20%	坝体混凝土弹模降低 20%	坝体标准混凝土弹模	坝体混凝土弹模提高 20%
上游面	最大主压应力	4.01	4.08	4.14	3.38	3.3	3.21
	部位	835.00m 高程拱冠	835.00m 高程拱冠	835.00m 高程拱冠	821.00m 高程拱冠	821.00m 高程拱冠	821.00m 高程拱冠
	最大主拉应力	0.2	0.14	0.11	0.34	0.31	0.32
	部位	776.00m 高程左拱端	776.00m 高程左拱端	776.00m 高程左拱端	793.00m 高程左拱端	776.00m 高程左拱端	776.00m 高程左拱端

续表

项　目		1（正常温降）			2（正常温升）		
		坝体混凝土弹模降低20%	坝体标准混凝土弹模	坝体混凝土弹模提高20%	坝体混凝土弹模降低20%	坝体标准混凝土弹模	坝体混凝土弹模提高20%
下游面	最大主压应力	4.05	3.7	3.68	4.12	3.95	4.08
	部位	底拱拱冠	底拱拱冠	821.00m高程右拱端	底拱拱冠	807.00m高程左拱端附近	821.00m高程右拱端
	最大主拉应力	0.51	0.62	0.77	0.48	0.48	0.47
	部位	底拱左拱端	776.00m高程拱冠	776.00m高程拱冠	底拱左拱端	底拱左拱端	底拱左拱端

2）拱梁分载法程序 SDTLM88 静力情况下坝体应力分析（未考虑开表孔）。采用分载法程序 SDTLM88 只计算正常温降和死水位温升两种组合，由静力计算结果可知，正常蓄水位时大坝上、下游面最大主拉应力分别为 0.09MPa 和 1.02MPa。坝面最大主压应力为上游面 4.18MPa，下游面 3.69MPa。死水位时大坝静态最大主拉应力与正常蓄水位时差异不大，最大主压应力则有明显降低，上、下游面最大主压应力仅为 2.45MPa 和 2.27MPa，均满足应力控制标准的要求。上述组合坝体应力特征值及其部位见表 15.12。

表 15.12　　　　坝体应力特征值及其部位表（分载法 SDTLM88、静力）　　　单位：MPa

项　目		最大主拉应力		最大主压应力	
		数值	部位	数值	部位
组合1（正常温降）	上游面	0.09	765.00m高程拱冠	4.18	835.00m高程拱冠右侧
	下游面	1.02	776.00m高程左拱端	3.69	765.00m高程左拱端
组合4（死水位温升）	上游面	0.03	765.00m高程拱冠	2.45	776.00m高程拱冠左侧
	下游面	0.98	776.00m高程左拱端	2.27	793.00m高程拱冠

3）有限元法程序 ADAP - CH89 静力下坝体应力分析（未考虑开表孔）。采用有限元法程序 ADAP - CH89 只计算正常温降和死水位温升两种组合。由静力计算结果可知，有限单元法在坝体中部区域给出了与拱梁分载法类似的分布规律和接近的应力数值，但在坝基交接面附近的应力水平受应力集中影响明显偏高。最大主拉应力为 1.8MPa，为正常温降组合上游坝踵；坝面最大主压应力为 8.95MPa，为正常温降组合下游底拱右拱端。与试载法结果比较，受角缘应力集中效应影响，有限元法在坝体与基础交接面处出现了较高水平的拉、压应力。总体来讲，两种计算方法显示了较为接近的坝面应力的分布规律。上述组合坝体应力特征值及其部位见表 15.13。

4）地质力学模型三维有限元静力分析。经地质力学模型三维有限元分析复核，静力情况下，坝体的等效应力结果为：最大第一主应力为 1.09MPa（正常温降），最大第三主应力为 4.77MPa（正常温升），坝体的应力水平不高，数值满足规范要求。

表 15.13　　　　坝体应力特征值及其部位表（有限元法 ADAP - CH89、静力）　　　单位：MPa

项目		最大主拉应力		最大主压应力	
		数值	部位	数值	部位
组合 1（正常温降）	上游面	1.80	坝踵	3.97	842.00m 高程拱冠右侧
	下游面	0.16	顶拱拱冠附近	8.95	坝底右端
组合 4（死水位温升）	上游面	1.33	800.00m 高程右拱端	3.68	770.50m 高程左拱端
	下游面	0.59	842.00m 高程右拱端附近	6.59	坝底右端

（2）动力情况下坝体应力分析。动力情况下应力分析采用反应普法，其分析的基本方法采用拱梁分载法程序 SDTLM88，同时采用三维有限元程序 ADAP - CH89 进行了坝体动应力复核计算。

分载法程序 SDTLM88 在地震情况下的应力计算考虑了顺河向和横河向两个方向的地震作用，总的地震效应为顺河向和横河向两个方向地震效应平方和的方根值。有限元程序 ADAP - CH89 在地震情况下的应力计算考虑了顺河向、横河向及竖向三个方向的地震作用，竖向地震加速度代表值取为水平向的 2/3，即设计地震时 0.239g，校核地震时 0.273g。总的地震效应为顺河向、横河向及竖向三个方向地震效应平方和的方根值。

1）拱梁分载法程序 SDTLM88 动力下坝体应力分析。采用分载法程序 SDTLM88 在动力下计算了正常温降和死水位温升二种组合。按反应谱法计算得到的大坝静动叠加的坝面最大主应力结果表明，正常蓄水位时上游面最大主拉应力 4.84MPa，出现于顶部拱冠。上游面主拉应力大于 2.65MPa 的区域有两个，一个是坝顶拱冠附近，由较大的动态拱应力引起；另一个则位于中部高程拱冠附近，由较高水平的梁向动应力引起。下游面高拉应力区主要分布于中部高程左 1/4 拱圈至右 1/4 拱圈的区域，范围较大。下游面出现高主拉应力区，一方面是由于该区域的下游面动态梁应力水平较高，另一方面更主要的原因是该处的动态剪应力较大。

死水位时坝面主拉应力分布规律与正常蓄水位时大体相同。由于水位降低大坝上部高程拱冠附近的静态拱向压应力大幅降低，导致该部位的主拉应力有所增加，增幅约为 19%，高拉应力区域的分布范围亦有所扩大。下游面最大主拉应力，与正常蓄水位时相比，由于梁向动应力的降低，主拉应力最大值略有下降，高拉应力分布区域也略有缩小。

由于大坝静态荷载下的压应力水平较低，其正常蓄水位时上、下游面静动综合的最大主压应力分别为 9.37MPa 和 6.94MPa，死水位时更小。

校核地震下试载法结果显示，两种水位条件下大坝静动综合的坝面最大拉应力较设计地震时均有所增加，高拉应力区范围亦有所扩大，而最大主压应力增幅明显小于主拉应力增幅。有限元结果给出了与试载法大致相同的变化规律。

对比可行性研究阶段和技施阶段动力情况下坝体应力成果可以看出：坝体应力分布趋势基本相同，应力极值点位置基本没有变化；上、下游面静动综合的最大主压应力变化较小，技施阶段比可研阶段仅减小 1.4%；上、下游面静动综合的最大主拉应力技施阶段比可研阶段增大了 12.4％，相应应力值（对比主拉应力＞3.8MPa）范围增大了 4.2％。变化原因是坝基抬高使荷载减小和高高程坝基变形模量降低二者产生的综合影响。

技术施工阶段从现场大坝混凝土试验值统计可以知道，C30 混凝土 90 天龄期的抗压强度多在 35MPa 以上，远大于设计采用的 C30 混凝土标准值 26.2MPa，实际混凝土是超强的。

从规范不同龄期混凝土强度统计可以知道，混凝土 180 天龄期强度较 90 天龄期强度都有一定提高。

同时，考虑坝体中上部高程为抗震的薄弱部位，对坝体上、下游面高拉应力区均配置了抗震钢筋。竖向受拉钢筋采用Ⅱ级 ϕ36 钢筋，间距 30cm，分布钢筋采用Ⅱ级 ϕ25 钢筋，间距 40cm，钢筋保护层厚度 20cm。

考虑实际混凝土的超强、后期强度及抗震钢筋三个有利因素，在强震下坝体强度是有一定保障的。

分载法静动叠加应力特征值及其部位见表 15.14。

表 15.14　　　　　坝体应力特征值及其部位表（分载法 SDTLM88、动力）　　　　单位：MPa

项　目			最大主拉应力		最大主压应力	
			数值	部位	数值	部位
设计地震	正常温降	上游面	4.84	顶拱拱冠	9.37	862.00m 高程，拱冠右侧
		下游面	4.13	835.00m 高程，右 1/4 拱	6.94	862.00m 高程，右 1/4 拱
	死水位温升	上游面	5.43	顶拱拱冠	7.05	顶拱拱冠右侧
		下游面	4.05	862.00m 高程，右 1/4 拱	6.21	835.00m 高程，右 1/4 拱
校核地震	正常温降	上游面	5.77	顶拱拱冠	10.22	862.00m 高程，拱冠右侧
		下游面	4.87	835.00m 高程，右 1/4 拱	7.65	862.00m 高程，右 1/4 拱
	死水位温升	上游面	6.28	顶拱拱冠	7.92	顶拱拱冠右侧
		下游面	4.75	862.00m 高程，右 1/4 拱	6.88	835.00m 高程，右 1/4 拱

2）有限元法程序 ADAP－CH89 动力下坝体应力分析。采用有限元法程序 ADAP－CH89 在动力下计算了正常温降和死水位温升两种组合。大坝静动叠加的坝面最大主应力结果表明，有限元法表现出与拱梁分载法基本类似的最大主拉应力的分布规律。除中上部拱冠区域和 1/4 拱圈区域外，在上游坝踵区域受角缘应力集中效应影响，有限元法给出了较高水平的拉应力，且正常水位时更大。至于大于 2.65MPa 的高拉应力区，两种水位条件下有限元结果显示其范围更大，死水位时的下游面更是如此。

大坝静动叠加的坝面最大主压应力有限元法在坝体中上部给出了与拱梁分载法较为接近的数值，而在下游坝趾、上游坝踵区域，有限元法给出了较高水平的压应力，尤以正常水位时下游坝趾附近更大。

有限元法静动叠加应力特征值及其部位见表 15.15。

表 15. 15　　　　　　　特征值及其部位表（有限元法 ADAP - CH89、动力）　　　　单位：MPa

项　目			最大主拉应力		最大主压应力	
			数值	部位	数值	部位
设计地震	正常温降	上游面	6.50	坝踵	9.69	855.50m 高程拱冠右侧
		下游面	4.83	828.00m 高程右拱端	12.95	768.00m 高程左拱端
	死水位温升	上游面	5.63	顶拱拱冠右侧	8.33	768.00m 高程右拱端
		下游面	4.94	顶拱拱冠左侧	10.49	768.00m 高程左拱端

3）计入地基辐射阻尼和横缝张开影响的大坝非线性有限元波动反应分析及评价。龙江拱坝坝高 110m，设计地震作用水平较高，常规分析表明大坝中上部动力放大效应明显。以粘弹性边界吸收散射波以考虑无限地基辐射阻尼的作用，以 LDDA 动接触理论模拟横缝非线性张开，深入进行大坝动力分析，进一步揭示大坝的动力反应，研究分析大坝抗震安全性。

考虑正常水位和死水位两种情况下在规范标准反应谱生成的人工地震波作用下的静动力反应，考虑到无限地基辐射阻尼对坝体动力响应影响的不确定性，考虑坝体开缝分别按完全不考虑辐射阻尼、计入 50％辐射阻尼、完全考虑辐射阻尼（即辐射阻尼按 100％计入）。设计地震下计入 50％辐射阻尼的方法是先将不考虑辐射阻尼与 100％考虑辐射阻尼的梁、拱应力叠加后折半，然后再求得主应力。静动叠加应力特征值及其部位见表 15.16，动力计算成果分析及评价如下：

a. 无限地基辐射阻尼效应使得大坝地震动力响应显著降低。两种水位条件下，考虑无限地基辐射阻尼的影响，总体上动拱梁应力都有较大幅度的降低，最大降幅约为 40％～50％。已有研究成果表明，地基岩体越软弱，其辐射阻尼的影响越显著。龙江拱坝地基综合变形模量一般为 4.5～7.0GPa，仅为坝体混凝土弹模的1/3～1/4，无限地基辐射阻尼对龙江拱坝地震动力反应影响十分显著。

b. 坝体横缝张开对大坝地震动力反应影响显著。设计地震作用下，大坝横缝出现了不同程度的张开，坝体横缝张开对大坝地震动力反应影响显著。不计地基辐射阻尼时，正常蓄水位和死水位时的横缝最大张开度分别为 12.02mm 和 13.50mm。考虑辐射阻尼影响后横缝张开度大幅下降，正常蓄水位和死水位时分别为 4.60mm 和 5.48mm。总体上龙江大坝的横缝张开度明显小于小湾、溪洛渡、大岗山、上虎跳峡等拱坝（低水位时分别约为 6.7mm、8.2mm、8.7mm、14.75mm）。龙江拱坝最大不超过 6mm 的横缝张开不会引起缝间止水破坏。

由于横缝间无初始抗拉强度，地震作用下动态拉拱应力一旦超过静态预压的拱应力，横缝将张开，使得拱向拉应力不再发展。无论是否计入地基辐射阻尼影响，不计横缝影响的整体坝在坝体中上部拱冠附近的拱向动态拉应力，在考虑了横缝张开的有缝坝情况下大幅下降。随着横缝张开导致坝体拱向拉应力的释放，大坝动态梁向拉应力有所增加。

c. 考虑横缝张开的非线性影响后，与不计地基辐射阻尼效应的无质量地基相比，考虑无限地基辐射阻尼影响的大坝的静动综合应力水平有较大幅度降低。采用有限元法应力成果进行大坝抗震强度安全评价并无规定。本书参照现行抗震规范中有关拱梁分载法成果进行评价的指标进行评价，即地震工况下大坝 C30 混凝土等效允许动态抗压、抗拉强度分别为 18.68MPa、2.65MPa。应该指出，对于坝基建基面附近的高应力集中区域，上述评价指标并不适用。

考察对大坝抗震安全起控制作用的坝面最大拉应力可见：

不计无限地基辐射阻尼影响时：设计地震正常蓄水位情况下，上、下游面静动综合最大主拉应力分别为 4.57MPa、3.20MPa，分别发生于应力集中效应明显的上游坝踵和842m 高程拱冠附近，上游中部拱冠附近亦有超过 2.65MPa 的局部区域，坝基交界面附近有较大超过 2.65MPa 的应力集中区域；设计地震死水位情况下，上、下游面静动综合最大主拉应力分别达 3.38MPa、3.72MPa，分别发生于 868.50m 高程拱冠左侧和 842.00m高程拱冠附近。总体可见，不计无限地基辐射阻尼影响时由于大坝动态应力较大，大坝的静动综合拉应力水平较高，除去应力集中区域外，最大值接近 3.8MPa。

全部计入无限地基辐射阻尼影响时（即 100%辐射阻尼）：设计地震正常蓄水位情况下，上、下游面静动综合最大主拉应力分别为 3.98MPa、1.91MPa，均发生于应力集中效应明显的顶拱左岸建基面附近，上游坝踵附近由于应力集中效应也有局部超过 2.65MPa的区域，但较不计无限地基辐射阻尼影响时大为缩小，在坝体中上部拱冠区域，最大拉应力数值不超过 1.8MPa；设计地震死水位情况下，上、下游面静动综合最大主拉应力分别为 1.79MPa、1.81MPa，分别发生于 814.00m 高程左拱端和 842.00m 高程的右 1/4 拱圈附近。总体来看，全部计入辐射阻尼影响后，大坝的静动综合拉应力水平大为降低，除去应力集中区域外，不超过 2.0MPa，较不计辐射阻尼影响时降幅达 47%。

折半计入无限地基辐射阻尼影响时（即 50%辐射阻尼）：设计地震正常蓄水位情况下，上、下游面静动综合最大主拉应力分别为 3.75MPa、1.60MPa，分别发生于应力集中效应明显的上游坝踵附近和 842.00m 高程拱冠附近，上游中部拱冠附近最大拉应力数值不超过 2.0MPa，上游坝踵附近大于 2.65MPa 的区域与全部计入辐射阻尼影响时基本相当；设计地震死水位情况下，上、下游面静动综合最大主拉应力分别为 1.65MPa、2.42MPa，分别发生于 828.00m 高程拱冠和 828.00m 高程的右 1/4 拱圈附近。总体来看，折半计入辐射阻尼影响后，大坝的静动综合最大拉应力，除了应力集中区域外，不超过 2.5MPa，较不计地基辐射阻尼影响时降幅为 34%。

d. 设计地震情况下，考虑横缝张开影响后，两种水位条件下，无论是否计入辐射阻尼影响，大坝静动综合最大主压应力为 7.86MPa，小于允许值。

e. 无限地基辐射阻尼总体上全面降低了大坝的静动综合应力反应，对大坝的抗震安全无疑是一有利因素。从控制性的主拉应力来看，除在正常蓄水位工况下，应力集中效应显著的坝顶左拱端及上游坝踵处出现主拉应力大于 2.65MPa 的局部区域超出该区域混凝土的动态容许抗拉强度外，其他部位的主拉应力均不超过 2.0MPa，小于 C30 混凝土动态抗拉强度 2.65MPa，可以满足大坝抗震强度安全要求。

f. 从折半考虑无限地基辐射阻尼影响的结果来看，尽管总体上大坝拉应力水平有所提高，但两种水位条件下设计地震时的大坝最大主拉应力不超过 2.5MPa，也小于混凝土动态容许抗拉强度，大坝抗震强度安全可以满足。

g. 校核地震作用下的大坝动力反应较设计地震时有所增加。计入无限地基辐射阻尼影响后，正常蓄水位时，上、下游面静动综合最大主拉应力分别为 4.48MPa、2.22MPa，较设计地震时分别增加了约 12.6%、16.2%，发生部位一致。上游坝踵附近超过 3.0MPa 的区域略有扩大，在坝体中上部拱冠区域，最大拉应力数值不超过 2.0MPa；死水位情况下，上、下游面静动综合最大主拉应力分别为 2.12MPa、2.14MPa，较设计地震时分别增加约 18.4%、18.2%，发生位置未变。总体来讲，计入无限地基辐射阻尼影响后，尽管校核地震下大坝静动综合拉应力较设计地震有所增加，但增幅不大，除去坝踵局部区域外，坝体最大拉应力为 2.14MPa，未超过大坝混凝土的动态抗拉强度。

表 15.16　　　　　　　　　　坝体静动综合主应力最大值表　　　　　　　　　　单位：MPa

计 算 条 件			最大主拉应力		最大主压应力	
			数值	发生部位	数值	发生部位
无辐射阻尼设计地震分缝坝	正常蓄水位	上游面	4.57	▽771.00m 拱冠附近	9.05	▽856.00m 拱冠附近
		下游面	3.20	▽842.00m 拱冠右侧	9.56	▽772.00m 左拱端
	死水位	上游面	3.37	▽869.00m 拱冠附近	7.79	▽869.00m 拱冠右侧
		下游面	3.71	▽842.00m 拱冠附近	8.20	▽869.00m 拱冠附近
50%辐射阻尼设计地震分缝坝	正常蓄水位	上游面	3.75	▽771.00m 拱冠附近	7.31	▽856.00m 拱冠附近
		下游面	1.60	▽842.00m 拱冠左侧	7.86	▽772.00m 右拱端
	死水位	上游面	1.65	▽842.00m 拱冠附近	5.45	▽871.00m 左拱端
		下游面	2.42	▽828.00m 拱冠右侧	6.11	▽772.00m 左拱端
100%辐射阻尼设计地震分缝坝	正常蓄水位	上游面	3.98	▽871.00m 左拱端	6.55	▽856.00m 拱冠附近
		下游面	1.91	▽871.00m 左拱端	8.00	▽772.00m 右拱端
	死水位	上游面	1.78	▽814.00m 左拱端	7.15	▽871.00m 左拱端
		下游面	1.81	▽814.00m 右拱端	6.13	▽772.00m 右拱端
100%辐射阻尼校核地震分缝坝	正常蓄水位	上游面	4.47	▽871.00m 左拱端	6.98	▽856.00m 拱冠附近
		下游面	2.22	▽871.00m 左拱端	8.29	▽772.00m 右拱端
	死水位	上游面	2.12	▽814.00m 左拱端	7.78	▽871.00m 左拱端
		下游面	2.14	▽828.00m 拱冠右侧	6.37	▽772.00m 右拱端

4）地质力学模型三维有限元动力分析。经地质力学模型三维有限元坝体动力分析复核，计算成果给出了与前述成果基本一致的应力分布趋势，采用粘弹性边界（100%阻尼）计算的应力比采用固定边界（无阻尼）计算的应力明显偏小。

固定边界模型（无辐射阻尼）在设计地震两种水位情况下，坝体的第三主应力最大值为 8.77MPa，满足规范要求；死水位时第一主应力最大值为 2.93MPa，正常蓄水位时最大值为 5.89MPa。

粘弹性人工边界（100%辐射阻尼）在设计地震死水位时第一主应力最大值为 1.43MPa，正常蓄水位时最大值为 5.31MPa。

粘弹性人工边界（50%辐射阻尼）设计地震时，死水位时第一主应力最大值为

2.18MPa，正常蓄水位时最大值为 5.60MPa。

上述第一主应力最大值均在坝踵部位很小区域，其他部位坝体的应力均不超过 C30 混凝土动态抗拉强度 2.65MPa，可以满足大坝抗震强度安全要求。

校核地震时，坝体应力也有相同的变化规律，只是数值有所不同。在相同水位下，由于校核地震的作用比设计地震强，导致校核地震下最大应力及位移数值比设计地震下稍大，局部超出坝体混凝土抗拉强度的范围也有所扩大。

经地质力学模型三维有限元分析复核，正常蓄水位设计地震作用下，采用无质量地基（无阻尼）时横缝最大张开度为 5.88mm，采用粘弹性边界（100％阻尼）时横缝张开度为 3.09mm。比前述采用 LDDA 理论计算的横缝张开成果要小得多，安全裕度更大。

（3）坝体径向位移分析。采用分载法程序 ADASO、SDTLM88 及有限元法程序 ADAP - CH89 计算的坝体径向位移见表 15.17，计入横缝张开的坝体最大相对顺河向动位移见表 15.18。由表可知，静力情况下坝体的最大位移为组合 1（正常温降）控制，有限元法程序 ADAP - CH89 计算的坝体径向位移值最大，为 5.23cm。ADASO 程序计算的位移最大值为 4.4cm，方向为向下游。考虑开表孔坝体最大径向位移为 4.5cm，与未考虑开表孔基本相同，只是发生部位稍有变化；考虑坝基岩体变形模量变化对坝体应力影响敏感性分析可知，坝体最大径向位移最大值为 4.8cm，增加 9％；考虑坝体混凝土弹模变化对坝体应力影响敏感性分析可知，坝体最大径向位移最大值为 5.1cm，增加 16％。动力情况下，坝体的最大位移为组合 6（正常温降＋地震）控制，分载法程序 SDTLM88 计算的坝体径向位移值最大，为 7.21cm。考虑横缝张开时，死水位无辐射阻尼设计地震情况坝体顺河向动位移最大，为 6.82cm。

表 15.17　　　　　　　　　坝体最大径向位移表　　　　　　　　　单位：cm

荷载组合	项目	ADASO（未开表孔）	ADASO（开表孔）	ADASO（基岩变模敏感性，未开表孔）	ADASO（坝体弹模变模敏感性分析，未开表孔）	SDTLM88（未开表孔）	ADAP - CH89（未开表孔）
1（正常温降）	位移最大值	4.4	4.5	4.8（降低 20％）	5.1（降低 20％）	5.14	5.23
	相应部位	顶拱拱冠	862.00m高程拱冠	顶拱拱冠	顶拱拱冠	顶拱拱冠	顶拱拱冠
2（正常温升）	位移最大值	3.6	3.7	4.1（降低 20％）	4.3（降低 20％）		
	相应部位	835.00m高程拱冠	849.00m高程拱冠	849、835.00m高程拱冠	849.00m高程拱冠		
3（设计温升）	位移最大值	3.7	3.8				
	相应部位	849.00m高程拱冠	849.00m高程拱冠				

第15章　双曲拱坝设计

续表

荷载组合	项目	ADASO（未开表孔）	ADASO（开表孔）	ADASO（基岩变模敏感性，未开表孔）	ADASO（坝体弹模变模敏感性分析，未开表孔）	SDTLM88（未开表孔）	ADAP-CH89（未开表孔）
4（死水位温升）	位移最大值	1.4	1.4			1.21	1.09
	相应部位	807.00m高程拱冠	807.00m高程拱冠			807.00m高程拱冠	807.00m高程拱冠
5（校核温升）	位移最大值	3.9	4.0				
	相应部位	849.00m高程拱冠	849.00m高程拱冠				
6（正常温降+地震）	动位移最大值					6.33（设计地震）7.21（校核地震）	6.28
	相应部位					顶拱拱冠	顶拱拱冠
8（死水位温升+地震）	动位移最大值					5.67（设计地震）6.46（校核地震）	5.7
	相应部位					顶拱拱冠	顶拱拱冠

表15.18　　　　　计入横缝张开坝体最大相对顺河向动位移表　　　　　单位：cm

计　算　条　件			最大位移
设计地震无辐射阻尼	正常蓄水位	分坝缝	6.72
	死水位	分坝缝	6.82
设计地震100%辐射阻尼	正常蓄水位	分坝缝	5.65
	死水位	分坝缝	4.64
校核地震100%辐射阻尼	正常蓄水位	分坝缝	6.52
	死水位	分坝缝	5.38

（4）坝体应力综合分析和评价。

1）在静力情况下，采用两种分载法程序 ADASO 和 SDTLM88 及一种有限元法程序 ADAP-CH89 进行分析。以 ADASO 程序作为基本程序，其计算的坝体最大主拉、主压应力均由正常工况控制，最大主拉应力为 0.64MPa（死水位温升，下游面），最大主压应力为 4.08MPa（正常温降，上游面），SDTL 程序正常工况的最大主拉应力为 1.02MPa（正常温降，下游面）最大主压应力为 4.18MPa（正常温降，上游面），均满足规范要求，且有富裕度。由有限元法 ADAP-CH89 的计算结果可知，坝体的最大主拉应力为

1.80MPa（正常温降，上游面），最大主压应力为 8.95MPa（正常温降，下游面）。上述三种软件计算成果应力分布趋势基本一致，有限元法计算的坝体应力稍大一些，主要是由于有限元计算的角缘应力集中影响。

2）由正常蓄水位温升、温降两种温度荷载条件的比较可知，对于控制大坝安全的最大主拉应力，温降工况是控制工况。

3）在静力情况下，采用分载法 ADASO 程序进行的坝体开表孔应力分析可知，坝体主压、主拉应力峰值在基本组合基本没有变化；在偶然组合坝体主拉应力基本没有变化。坝体主拉、主压应力峰值均满足规范要求。因此，考虑开表孔对坝体应力影响较小。

4）在静力情况下，采用分载法 ADASO 程序进行的坝基岩体变形模量变化对坝体应力影响敏感性分析可知，当坝基岩体变形模量分别增减 20％情况下，坝体在基本荷载组合下，坝体的主压应力变化不大，主拉应力虽有较大变化，但其峰值均满足应力控制标准的要求，且有很大安全裕度。由坝体混凝土弹性模量对坝体应力影响敏感性分析可知，当坝体混凝土弹性模量分别增减 20％情况下，坝体在基本荷载组合下，坝体的主压应力变化不大，主拉应力虽有较大变化，但其峰值均满足应力控制标准的要求，且有很大安全裕度。

5）动力情况下，拱梁分载法分析结果表明，大坝正常蓄水位温降和水库死水位温升时的坝面静动综合最大主压应力分别为 9.37MPa 和 7.05MPa，大坝采用 C30 混凝土时的抗压强度抗震安全满足现行抗震规范要求，且有很大安全裕度。校核地震作用下正常蓄水位和死水位时大坝静动综合最大主压应力分别为 10.22MPa 和 7.92MPa，也可满足相应于抗震规范相应与设计地震的动力抗压强度要求。

6）动力情况下，拱梁分载法分析结果表明，按大坝混凝土强度等级为 C30，大坝在正常蓄水位遇设计地震时的上、下游面静动综合最大主拉应力分别为 4.84MPa 和 3.90MPa，水库死水位遇设计地震时上、下游面静动综合最大主拉应力分别为 5.43MPa 和 4.05MPa，均不同程度超出了现行抗震规范承载能力极限状态的设计要求。校核地震作用下，大坝超过相应于设计容许抗拉强度的范围进一步增加。

7）龙江拱坝地基综合变形模量一般为 4.5～7.0GPa，仅为坝体混凝土弹模的 1/3～1/4，无限地基辐射阻尼对龙江拱坝地震动力反应影响十分显著，使得大坝地震动力响应显著降低。两种水位条件下，考虑无限地基辐射阻尼的影响，总体上动拱梁应力都有较大幅度的降低，最大降幅约为 40％～50％。

8）地震作用下横缝张开对大坝动力反应有重要影响。无论是否计入地基辐射阻尼影响，不计横缝影响的整体坝在坝体中上部拱冠附近的拱向动态拉应力，在考虑了横缝张开的有缝坝情况下大幅下降。随着横缝张开导致坝体拱向拉应力的释放，大坝动态梁向拉应力有所增加。

9）地震作用下，大坝横缝出现了不同程度的张开，坝体横缝张开对大坝地震动力反应影响显著。不计地基辐射阻尼时，正常蓄水位和死水位时的横缝最大张开度分别为 12.02mm 和 13.50mm。考虑辐射阻尼影响后横缝张开度大幅下降，正常蓄水位和死水位时分别为 4.60mm 和 5.48mm，总体上龙江大坝的横缝张开度明显小于国内其他高震区的

高拱坝。最大不超过 6mm 的横缝张开不会引起缝间止水破坏。

10）考虑横缝张开及无限地基辐射阻尼的综合影响后，大坝的静动综合应力大幅度降低。全部计入无限地基辐射阻尼影响时（即 100％辐射阻尼），大坝的静动综合拉应力，除去应力集中区域外，不超过 2.0MPa，较不计辐射阻尼影响时降幅达 47％。折半计入无限地基辐射阻尼影响时（即 50％辐射阻尼），大坝的静动综合最大拉应力，除了应力集中区域外，不超过 2.5MPa，较不计地基辐射阻尼影响时降幅为 34％。

11）设计地震情况下，考虑横缝张开影响后，两种水位条件下，无论是否计入辐射阻尼影响，大坝静动综合最大主压应力为 7.86MPa，小于允许值。

12）从控制性的主拉应力来看，计入横缝张开和无限地基辐射阻尼影响后，设计地震时，除正常蓄水位工况在应力集中效应显著的坝顶左拱端及上游坝踵处出现主拉应力大于 2.65MPa 的局部区域超出该区域混凝土的动态容许抗拉强度外，其他部位的主拉应力均不超过 2.0MPa，小于混凝土容许动态抗拉强度，可以满足大坝抗震强度安全要求。

从考虑 50％无限地基辐射阻尼影响的结果来看，尽管总体上大坝拉应力水平有所提高，但两种水位条件下设计地震时的大坝最大主拉应力不超过 2.5MPa（除上游坝踵局部出现应力集中区域外），也小于混凝土容许动态抗拉强度，大坝抗震强度安全可以满足。

至于坝基交界面的应力集中问题历来是基于弹性力学的有限单元法固有的问题。实际上由于岩体中存在的微细裂隙和混凝土本身具备一定塑性性质对于该部位高应力集中的缓解作用，以及坝面与岩基面并非理论上的直线相交，该处的实际应力应小于计算值。从为数不多的混凝土坝震害可知，震后尽管坝体部分出现了较为严重的震损，建基面未见明显破坏迹象。因此，坝踵部位很小区域的超过混凝土动态容许抗拉强度的拉应力不会对大坝抗震安全带来威胁。

13）校核地震作用下的大坝动力反应较设计地震时有所增加。计入无限地基辐射阻尼影响后，正常蓄水位时，上、下游面静动综合最大主拉应力较设计地震时分别增加了约 12.6％、16.2％。死水位情况下，上、下游面静动综合最大主拉应力较设计地震时分别增加约 18.4％、18.2％。总体来讲，计入无限地基辐射阻尼影响后，尽管校核地震下大坝静动综合拉应力较设计地震有所增加，但增幅不大，除去坝踵局部区域外，坝体最大拉应力为 2.14MPa，未超过大坝混凝土的动态抗拉强度。

14）综上所述，静力情况下坝体应力满足要求，且有较大的安全裕度。设计地震情况下，拱梁分载法分析结果表明，按大坝混凝土强度等级为 C30，上、下游坝面高拉应力区均不同程度超出了现行抗震规范承载能力极限状态的设计要求。考虑实际混凝土的超强、后期强度及抗震钢筋三个有利因素，我们认为在强震下坝体强度是有一定保障的。校核地震情况下大坝静动综合最大主压应力仍满足相应于抗震规范相应与设计地震的动力抗压强度要求，大坝超过相应于设计容许抗拉强度的范围进一步增加。考虑横缝张开及无限地基辐射阻尼的综合影响后，大坝的静动综合应力大幅度降低，除了应力集中区域外均可满足要求。同时，地质力学模型三维有限元坝体应力分析复核，基本给出了相同的趋势和结论。

15.3.4　坝肩抗滑稳定分析

（1）地质条件。枢纽区河谷呈基本对称的 V 形，谷底宽 50～70m，两岸山体高程 1350.00～1450.00m，比高约 550～650m，坡度 30°～40°，局部为陡崖。两岸冲沟发育，坝线上游 40～100m 和下游 100～150m 处，左右两岸均分布有冲沟，切割深度 40～100m，地形完整性较差。

坝址区地层为寒武系变质岩，坝址左右岸坝肩及尾岩抗力体部位主要为糜棱岩化花岗片麻岩（以下简称片麻岩），河谷除零星陡崖外，地表天然露头少见，均覆盖有第四系松散堆积层。

片麻岩（Gn）：灰白—深灰色，矿物成分主要为碱性长石、斜长石、石英和黑云母等。斑状变晶结构、糜棱结构，片麻构造和条带状构造。岩石质密、坚硬。

第四系松散层（Q）：主要分布于河谷及两岸山坡，残坡积层厚度一般小于 3m，河床冲积层厚度 12～15m，其表部有 2m 左右的中粗砂，下部主要为砂砾石层。

1）断层。对工程影响较大的断层有：

F_8 断层：产状走向 N50°E，倾向 NW，倾角 55°～74°，出露于坝址右岸坝肩，为横河向，延伸较长，性质为逆断层。宽 1.0～3.6m，灰黄色、灰色，主要由碎块岩、碎裂岩、糜棱岩组成，夹透镜状碎块岩和少量棕黄色不连续分布的断层泥，断层起伏。

F_{37} 断层：出露于右岸坝肩，宽度 0.17～0.4m，走向 N35°～65°W，倾向 NE，倾角 58°～65°，主要由糜棱岩、碎裂岩、片状岩、碎块岩及黄褐色断层泥组成，断层泥厚 1～3m，不连续，下盘影响带宽 1.2～2.5m，岩体破碎。F_{37} 断层在下游侧边坡被 F_8 断层错断后产状为走向 N65°W，倾向 NE，倾角 37°～42°，编号为 F_{37-1} 断层。

F_{42} 断层：产状走向 N45°～55°W，倾向 NE，倾角 65°～85°，出露于坝址右岸，为顺河向，性质为逆断层。宽度 0.4～1.2m，主要由碎块岩、角砾岩及灰黄色断层泥组成，断层泥厚 1～3cm，不连续。

F_{31} 断层：产状走向 N45°W，倾向 NE，倾角 71°，出露于坝址右岸，为顺河向，性质为逆断层。宽度 0.05～0.1m，主要由碎块岩、角砾岩组成。

F_{30} 断层：产状走向 N40°W，倾向 NE，倾角 63°～80°，出露于坝址左岸坝肩，为顺河向，逆断层。出露宽度 40～120cm，主要由灰黄色，主要由碎裂岩、角砾岩组成。

F_{13}、F_{14}、F_{15}、F_{16} 断层：出露于坝址右岸坝肩下游，据右岸 PD01 平洞查明，其走向均为近顺河向，倾向山外，倾角 55°～73°，规模较小，宽度一般为 0.2～0.4m。

以上 F_{13}～F_{16}、F_{37}、F_{30} 断层构成了坝肩三维典型滑块的侧滑面。

2）节理裂隙。

a. 陡倾角节理。坝肩范围内陡倾角节理主要有二组，是构成侧滑面及上游拉裂面的主要结构面。

走向 N40°～60°E，多倾向 NW，少数倾向 SE，倾角 50°～80°，节理间距一般为 25～50cm，张开宽度 1～5mm，充填岩屑，节理面多平直、粗糙，附铁锈，延伸较长，节理较发育。该组节理为横河向，构成上游拉裂面。

走向 N30°～60°W，多倾向 NE，少数倾向 SW，倾角 50°～80°，节理间距一般为 20～40cm，张开宽度 1～3mm，充填岩屑，节理面多平直、光滑，附铁锈，断续出露，节理发育。该组节理构成了典型滑移块体的侧滑面。上述节理在地表附近多有泥质或岩屑充填，至弱风化带以下，多趋闭合。

b. 缓倾角节理。坝址区缓倾角节理不发育，主要见有以下二组：

走向 N30°～60°E，倾向 NW 或 SE，倾角 15°～30°，据两岸平洞资料，在 820m 高程附近倾向 SE 的缓倾角较发育，延伸较长，一般可见 5～10m，节理面波状起伏，局部充填次生黄色泥质。

走向 N40°～50°W，倾向 SW，倾角 20°～30°，节理面起伏光滑，延伸较长，多无充填，少数充填次生泥质。据钻孔资料，在左岸 770～860m 高程和右岸 750～840m 高程均有分布，分布规律是随机散布。

缓倾角节理是构成底滑面的主要结构面。

（2）坝肩稳定分析计算方法及荷载。

1）计算方法及安全系数。坝肩抗滑稳定分析采用刚体极限平衡法计算，控制标准分别对应于《混凝土拱坝设计规范》（SL 282—2003）的安全系数法、《混凝土拱坝设计规范》（DL/T 5346—2006）和《水工建筑物抗震设计规范》（DL 5073—2000）的分项系数法。

SL 282—2003 规范静力情况下允许安全系数：基本组合 3.5，偶然组合 3.0。

DL/T 5346—2006 规范静力情况下类推安全系数：

$$基本组合：k = \frac{R(\cdot)}{S(\cdot)} = \gamma_0 \varphi \gamma_d = 1.1 \times 1.0 \times 1.2 = 1.32 \tag{15.2}$$

$$偶然组合：k = \frac{R(\cdot)}{S(\cdot)} = \gamma_0 \varphi \gamma_d = 1.1 \times 0.85 \times 1.2 = 1.12 \tag{15.3}$$

DL 5073—2000 规范动力情况下类推安全系数：

$$k = \frac{R(\cdot)}{S(\cdot)} = \gamma_0 \varphi \gamma_d = 1.1 \times 0.85 \times 1.4 = 1.31 \tag{15.4}$$

2）荷载。

a. 静力荷载。坝肩抗滑稳定静力计算的荷载为分载法（ADASO）相应组合的拱端力系成果、岩体自重、扬压力。拱端力系包括拱端轴向力 H_A、拱端径向力 V 及梁向铅直力 G。各高程的拱端力系见表15.19、表15.20。扬压力计算简图见图15.9，其中扬压力折减系数：正常排水时 $\alpha = 0.30$，排水失效时 $\alpha = 0.50$。

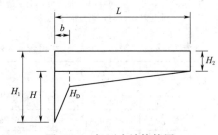

图 15.9 扬压力计算简图

b. 地震荷载。动力计算的荷载为分载法（SDTLM）或有限元法（考虑开缝及计入50%辐射阻尼）相应组合的拱端力系成果、岩体自重、扬压力、岩块地震惯性力。岩块地震惯性力同时计入顺河向、横河向及竖向作用，并假定岩块的地震惯性力代表值和拱端推力最大值同时发生。设计情况水平向地震加速度代表值 $\alpha_h = 0.36g$，校核情况水平向地震加速度代表值 $\alpha_h = 0.41g$。相应的竖向峰值加速度代表值取为水平向的 2/3，即设计地震时 0.239g，校核地震时 0.273g。

拱端力系为静动叠加拱端力系成果，正常温降和死水位温升的拱端力系见表15.19、

表 15.20。采用分载法及有限元法，其中有限元法计算采用时程数值分析方法。

表 15.19　　　　　　　**组合 1（正常温降）拱端静力力系表**

岸别	高程 /m	拱端径向力 V /100t	拱端轴向力 H_A /100t	拱端铅直力 G /100t	拱端径向角 /(°)	岸坡角 /(°)	拱端宽度 B /m
左岸	875.00	1.128	10.625	0.000	41.424	23.791	6.394
	862.00	1.167	12.776	3.510	43.941	23.791	12.738
	849.00	4.309	22.241	7.480	44.617	60.824	17.956
	835.00	15.180	41.971	13.890	43.633	68.360	22.332
	821.00	18.967	39.919	23.180	43.167	63.262	25.428
	807.00	27.022	51.308	33.750	42.743	56.340	27.261
	793.00	27.023	46.675	42.210	41.117	50.540	27.842
	776.00	33.529	39.406	46.630	33.437	52.366	26.885
	765.00	21.732	13.948	46.400	21.557	90.000	25.306
右岸	875.00	0.954	10.351	0.000	40.504	24.851	6.298
	862.00	0.950	12.509	3.330	43.062	24.851	11.996
	849.00	4.204	23.313	7.010	43.361	61.380	16.731
	835.00	12.625	41.140	13.850	43.150	63.153	20.777
	821.00	19.925	46.415	23.050	43.081	58.667	23.756
	807.00	21.870	44.857	32.890	42.997	51.209	25.697
	793.00	24.547	43.721	40.630	41.494	48.456	26.624
	776.00	41.023	42.265	45.410	32.776	57.584	26.428
	765.00	22.208	13.693	46.920	22.232	90.000	25.549

注　1. 径向力 V 方向：向上游为负，向下游为正。轴向力 H_A 方向：指向山里为正。
　　2. 铅直力 G 方向：铅直向下为正。

表 15.20　　　　　　　**组合 4（死水位温升）拱端静力力系表**

岸别	高程 /m	拱端径向力 V /100t	拱端轴向力 H_A /100t	拱端铅直力 G /100t	拱端径向角 /(°)	岸坡角 /(°)	拱端宽度 B /m
左岸	875.00	−0.413	10.760	0.000	41.424	23.791	6.394
	862.00	−0.541	11.079	2.730	43.941	23.791	12.738
	849.00	−2.249	15.395	7.270	44.617	60.824	17.956
	835.00	−3.495	20.591	11.990	43.633	68.360	22.332
	821.00	2.478	16.906	17.930	43.167	63.262	25.428
	807.00	9.734	22.402	24.730	42.743	56.340	27.261
	793.00	13.625	22.356	32.600	41.117	50.540	27.842
	776.00	19.512	20.233	40.400	33.437	52.366	26.885
	765.00	12.873	7.109	44.020	21.557	90.000	25.306

续表

岸别	高程 /m	拱端径向力 V /100t	拱端轴向力 H_A /100t	拱端铅直力 G /100t	拱端径向角 /(°)	岸坡角 /(°)	拱端宽度 B /m
右 岸	875.00	−0.434	10.448	0.000	40.504	24.851	6.298
	862.00	−0.565	10.718	2.630	43.062	24.851	11.996
	849.00	−2.488	15.539	6.800	43.361	61.380	16.731
	835.00	−2.801	20.603	11.550	43.150	63.153	20.777
	821.00	3.189	20.549	17.530	43.081	58.667	23.756
	807.00	8.370	20.468	24.780	42.997	51.209	25.697
	793.00	12.691	21.592	32.320	41.494	48.456	26.624
	776.00	23.916	21.954	39.990	32.776	57.584	26.428
	765.00	13.146	7.110	44.300	22.232	90.000	25.549

注 1. 径向力 V 方向：向上游为负，向下游为正。轴向力 H_A 方向：指向山里为正。

2. 铅直力 G 方向：铅直向下为正。

3）荷载组合。

a. 基本组合。

组合1（正常温降）：正常温降工况拱端力系成果＋岩体自重＋扬压力。

组合2（正常温升）：正常温升工况拱端力系成果＋岩体自重＋扬压力。

组合3（设计温升）：设计温升工况拱端力系成果＋岩体自重＋扬压力。

组合4（死水位温升）：死水位温升工况拱端力系成果＋岩体自重＋扬压力。

b. 偶然组合。

组合5（校核温升）：校核温升工况拱端力系成果＋岩体自重＋扬压力。

组合6：组合1中排水失效。

组合7：组合2中排水失效。

组合8（正常温降＋地震）：正常温降遇地震工况拱端力系成果＋岩体自重＋扬压力＋岩块地震惯性力。

（3）坝肩平面抗滑稳定分析

1）计算参数的选取。坝肩平面抗滑稳定计算无特定底滑面，假定底滑面为基岩面，底滑面抗剪强度参数采用该面所穿过岩层的抗剪断强度值确定。

根据地质资料，两岸侧向切割面走向 N30°～60°W，多倾向 NE，少数倾向 SW，倾角 50°～80°，连通率为 80%，抗剪强度为 $f'=0.55$，$c'=0.1$MPa。侧滑面上摩擦系数及凝聚力均按弱风化岩体和裂隙所占的比例进行加权平均，侧滑面计算范围在侧向切割面 NW30°～60°范围以外的计算参数按岩体抗剪强度参数取值。设计选用的底滑面及侧滑面的综合抗剪强度参数取值见表 15.21。

2）荷载。岩体自重荷载按相应单高拱圈对应梁底宽那一条岩体的重量计算。静力下核算拱座稳定见图 15.10，动力下核算拱座稳定见图 15.11。

3）坝肩平面抗滑稳定计算成果及分析。分别对高程 776.00m、793.00m、807.00m、821.00m、835.00m 和 849.00m 的两岸坝肩进行平面抗滑稳定计算，计算成果见表 15.22。

表 15.21　　　　　　　　　　各高程拱圈综合抗剪强度参数表

岸别	高程/m	底 滑 面		侧 滑 面	
		f_2	c_2/MPa	f_1	c_1/MPa
左岸	849.00	0.55	0.4	0.55	0.16
	835.00~821.00	0.7	0.6	0.58	0.20
	821.00 以下	1	1	0.64	0.28
右岸	849.00	0.9	0.9	0.62	0.26
	835.00~821.00	0.9	0.9	0.9	0.9
	821.00 以下	1.0	1.0	1.0	1.0

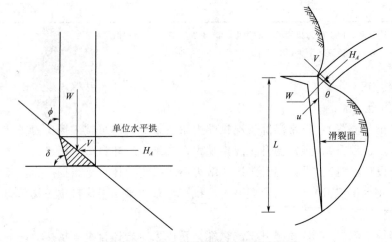

图 15.10　静力下核算拱座稳定示意图

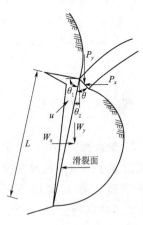

图 15.11　动力下核算拱
座稳定示意图

静力情况下（组合 1～组合 7），计算结果表明，基本组合的正常温降工况为控制工况，坝肩最小安全系数出现在左岸 776.00m 高程，数值为 1.48（4.19）＞1.32（3.5）；偶然组合的控制工况为工况 6（正常温降＋排水失效），坝肩最小安全系数出现在左岸 776.00m 高程，数值为 1.38（3.95）＞1.12（3.0）。

动力情况下组合 8（正常温降＋设计地震）分别采用有限元法力系和分载法力系进行计算复核，其中分载法计算的坝肩最小安全系数出现在左岸 793.00m 高程，数值为 2.42＞1.31。有限元法是采用时程力系计算的时程安全系数，坝肩最小安全系数出现在左岸 793.00m 高程，数值为 1.87＞1.31。采用两种力系计算的安全系数相差不大，其中采用分载力系法计算的最小安全系数略大。

综上所述，从各工况的最小安全系数分析，左岸坝肩抗滑稳定最小安全系数均小于右岸，主要原因是由于左岸岩块计算侧滑面为 80％连通率的裂隙面，而右岸岩块计算的侧滑面不是裂隙面的主节理方向，按剪断岩体计算。坝肩平面抗滑稳定最小安全系数在静、动力情况下均满足规范的要求，坝肩平面抗滑是稳定的。

表 15.22　　　　　　　　坝肩平面抗滑稳定安全系数表

岸别	荷载组合	工况	拱端力系计算方法	计算高程/m						允许值
				849.00	835.00	821.00	807.00	793.00	776.00	
左岸	基本组合	工况 1	分载法力系	6.56 (2.39)	7.06 (2.60)	7.20 (2.61)	5.59 (2.01)	4.66 (1.68)	4.19 (1.48)	3.50 (1.32)
		工况 2	分载法力系	6.47 (2.36)	7.19 (2.65)	7.33 (2.65)	5.66 (2.03)	4.71 (1.69)	4.28 (1.51)	3.50 (1.32)
		工况 3	分载法力系	6.32 (2.30)	7.02 (2.58)	7.22 (2.61)	5.69 (2.02)	4.55 (1.63)	4.25 (1.49)	3.50 (1.32)
		工况 4	分载法力系	18.74 (6.86)	31.42 (11.58)	23.26 (8.46)	13.83 (4.95)	9.11 (3.26)	7.55 (2.68)	3.50 (1.32)
	偶然组合	工况 5	分载法力系	5.90 (2.15)	6.60 (2.43)	6.86 (2.48)	5.41 (1.94)	4.39 (1.57)	4.12 (1.45)	3.00 (1.12)
		工况 6	分载法力系	6.36 (2.30)	6.81 (2.49)	6.83 (2.45)	5.23 (1.86)	4.29 (1.52)	3.95 (1.38)	3.00 (1.12)
		工况 7	分载法力系	6.28 (2.28)	6.94 (2.54)	6.99 (2.50)	5.30 (1.88)	4.33 (1.54)	4.03 (1.41)	3.00 (1.12)
		工况 8（地震）	有限元法力系计 50%阻尼	3.97	4.59	3.13	3.16	1.87	2.15	1.31
			分载法力系	3.56	3.81	3.08	2.90	2.42	2.67	
右岸	基本组合	工况 1	分载法力系	10.96 (3.98)	10.32 (3.72)	8.97 (3.18)	9.14 (3.25)	9.51 (3.39)	6.15 (2.16)	3.50 (1.32)
		工况 2	分载法力系	11.10 (4.04)	10.71 (3.86)	8.74 (3.11)	9.62 (3.40)	9.68 (3.44)	6.29 (2.21)	3.50 (1.32)
		工况 3	分载法力系	10.77 (3.92)	10.44 (3.77)	8.60 (3.06)	9.57 (3.38)	9.43 (3.33)	6.18 (2.16)	3.50 (1.32)
		工况 4	分载法力系	36.57 (13.14)	54.46 (19.41)	29.25 (10.34)	21.96 (7.71)	17.54 (6.17)	10.48 (3.67)	3.50 (1.32)
	偶然组合	工况 5	分载法力系	9.91 (4.34)	9.80 (3.54)	8.20 (2.92)	9.24 (3.27)	9.14 (2.23)	6.02 (2.10)	3.00 (1.12)
		工况 6	分载法力系	10.74 (3.89)	10.02 (3.60)	8.58 (3.02)	8.64 (3.04)	8.88 (2.13)	5.74 (1.99)	3.00 (1.12)
		工况 7	分载法力系	10.88 (3.95)	10.40 (3.73)	8.37 (2.96)	9.08 (3.18)	9.04 (3.18)	5.83 (2.02)	3.00 (1.12)
		工况 8（地震）	有限元法力系计 50%阻尼	4.13	5.06	5.40	4.93	4.23	3.04	1.31
			分载法力系	4.62	4.71	4.20	4.06	4.16	3.73	

注　括号内为分项系数法相应数值。地震工况均为设计地震。

（4）坝肩三维稳定分析。

1）计算参数的选取。

a. 坝基岩体的力学参数。坝址区抗滑稳定分析岩体地质参数建议值详见表 11.3、表 11.4。

b. 坝址区抗滑稳定分析结构面地质参数。坝址区抗滑稳定分析结构面地质参数建议值详见表 11.5。

c. 坝肩抗滑稳定分析侧滑面、底滑面参数选取。对于由节理裂隙所组成的结构面的典型滑移块体，其侧滑面及底滑面所采用的计算参数是岩石面及节理面的加权平均值，即按裂隙连通率比值计算侧滑面及底滑面的抗剪断综合参数。对于侧滑面为断层所组成的滑移块体，其侧滑面抗剪断计算参数采用的是断层的地质力学参数值。构成三维典型滑块的结构面的计算综合参数，按照式（15.5）、式（15.6）计算：

$$f' = f'_1(1 - N_1) + f'_2 N_1 \qquad (15.5)$$
$$c' = c'_1(1 - N_1) + c'_2 N_1 \qquad (15.6)$$

式中：f'、c' 为三维典型滑块滑面计算综合抗剪断摩擦系数及凝聚力；f'_1、c'_1 为三维典型滑块块体岩石的抗剪断摩擦系数及凝聚力；f'_2、c'_2 为三维典型滑块滑面节理裂隙、断层等抗剪断摩擦系数及凝聚力；N_1 为三维典型滑块滑面节理裂隙、断层连通率。

2）坝肩岩体滑动模式分析。一般情况下，坝肩岩体三维典型滑块是由特定的侧滑面、底滑面所组成。本工程由于陡倾角节理裂隙发育，裂隙连通率占 80%，分布较广；缓倾角节理在左岸和右岸均有分布，分布规律是随机散布的，所以构成典型滑移块体的侧滑面和底滑面是随机散布的。

a. 左岸坝肩抗滑稳定模式分析。左岸山体上游有冲沟切割，地形略向下游敞开，大坝拱座低高程坝肩建基于 Ⅱ 类岩体，高高程坝肩建基于 Ⅲ 类岩体。岩体中发育有走向 N40°～60°E，倾向 NW 或 SE，倾角 55°～80°和走向 N25°～55°W，倾向 NE，倾角 55°～75°的陡倾角节理及走向 N30°～50°W，多倾向 SW（少数倾向 NE），倾角 15°～30°、走向 N25°～40°E，倾向 NW 或 SE，倾角 15°～30°的缓倾角节理。由于岩体中存在 F_{30}、F_{55}、F_{56} 等断层、NW 向陡倾角节理及 NE、NW 向缓倾角节理，对拱座岩体稳定不利。以下对拱座岩体的抗滑稳定条件进行分析。

侧向滑移面：通过坝基及下游侧的 F_{56} 断层，在平切图上可以看出，F_{56} 沿下游方向侧滑面不出露；F_{30} 断层为顺河向，在拱肩槽及边坡均有出露，可视为拱座岩体侧向滑移面。在无断层部位，岩体中发育的走向 N25°～55°W，倾向 NE，倾角 55°～75°的陡倾角节理，可视为拱座岩体侧向滑移面。该组节理延展性较好。抗滑稳定计算时侧滑面连通率建议按 80% 计算，抗剪参数取值 $f' = 0.55$，$c' = 0.1 \text{MPa}$。F_{30} 断层作为侧向滑移面抗滑稳定计算时以全贯通考虑。

底滑面：岩体中随机散布的缓倾角 N30°～50°W，倾向 SW（少数倾 NE），倾角 15°～30°（该组节理在消能塘边坡 0+40m 以前有出露，以后未见出露）、走向 N25°～40°E，倾向 NW 或 SE，倾角 15°～30°作为底滑面（该组节理在消能塘边坡未发现出露）。另外根据 PD_{02} 平洞资料，有一组缓倾角节理在 818.00m 高程出露（出露于距洞口约 50m 处），其走向为 N10°～40°E，倾向 SE，倾角 15°～20°，延伸较长。左岸底滑面缓倾角节理连通率按

30％计算，节理面抗剪参数取值为 $f'=0.50$、$c'=0.05\mathrm{MPa}$。

上游拉裂面：岩体中发育的走向 N40°～60°E，倾向 NW 或 SE，倾角 55°～80°的陡倾角节理，与河流方向近于垂直，与拱推力方向大角度相交，抗滑稳定计算时，可作为拱座岩体上游拉裂面，不考虑抗拉强度。

b. 右岸坝肩抗滑稳定模式分析。右岸山体上、下游均有冲沟切割，坝肩地形完整性较差，坝下地形呈向下游扩散的趋势。大坝拱座低高程坝肩建基于Ⅱ类岩体，高高程坝肩建基于Ⅲ类岩体。岩体中发育有走向 N25°～60°W，多倾向 NE，少数倾向 SW，倾角 55°～75°、走向 N30°～60°E，多倾向 NW，少数倾向 SE，倾角 50°～70°的陡倾角节理和零星散布的缓倾角节理。由于岩体中存在 F_{13}、F_{14}、F_{15}、F_{16}、F_{31}、F_{42}、F_{37} 等断层、NW 及 NE 向陡倾角和缓倾角节理，对拱座岩体稳定不利。以下对拱座岩体的抗滑稳定条件进行分析。

侧向滑移面：拱座下游岩体通过的 F_{13}、F_{14}、F_{15}、F_{16} 断层出露于右岸下游山体，在坝基没有出露。F_{13}、F_{14}、F_{15}、F_{16} 四条断层均为顺河向，倾向河床，在下游被横河向的 F_8 断层切断，可视为拱座岩体侧向滑移面。从地质剖面图中可知，F_{13}、F_{14}、F_{15} 断层靠近河谷，倾角较缓，所切割的山体在坝肩部位极少，并且从作图法做出的块体看，该两组块体不能构成坝肩典型滑块。F_{16}、F_{37} 和缓倾角节理裂隙可组成坝肩典型滑块。

同左岸一样，岩体中发育的走向 N25°～60°W，多倾向 NE，少数倾向 SW，倾角 55°～75°节理，可视为拱座岩体侧向滑移面。该节理虽断续分布，但连通性较好，抗滑稳定计算时侧滑面连通率按 80％计算，节理面抗剪参数取值为 $f'=0.55$、$c'=0.1\mathrm{MPa}$。分析地质地形图及拱坝平面布置图中，节理走向小于 NW60°时，沿下游方向侧滑面不出露，因此右岸典型滑块的侧滑面走向只考虑了 NW60°。

断层作为侧向滑移面抗滑稳定计算时以全贯通考虑。NW 向侧向切割面大致平行山体展布，F_8 上游侧向切割面为 F_{16}、F_{37}，F_8 下游的侧向切割面为 NW 向节理或通向临空面方向的岩体剪断面。

底滑面：岩体中随机散布的缓倾角 N10°～80°W，多倾向 NE，倾角 15°～30°、走向 N15°～70°E，多倾向 NW，少数倾向 SE，倾角 15°～30°（该两组节理主要出露于坝基与消能塘边坡），作为底滑面。另外根据 PD01 平洞资料，有一组缓倾角节理在 820m 高程出露，其走向为 N40°E，倾向 SE，倾角 15°～22°（该组节理沿走向方向延伸较长，沿倾向方向延伸较短）。右岸底滑面缓倾角节理连通率按 30％计算，节理面抗剪参数取值为 $f'=0.50$，$c'=0.05\mathrm{MPa}$。由于拱坝下游侧边坡及消能塘边坡在高程 821.00m 以上缓倾角节理不发育，连通率很低，故 F_{37} 断层作为侧向滑移面进行稳定计算时，底滑面缓倾角连通率可按 20％考虑。

上游拉裂面：同理，抗滑稳定计算时，发育的走向 N30°～60°E，多倾向 NW，少数倾向 SE，倾角 50°～70°的陡倾角节理可作为拱座岩体上游拉裂面，不考虑抗拉强度。

c. 坝肩抗滑稳定模式分类。按典型滑块的块体分类：①有固定侧滑面的典型滑块，即以 F_{16}、F_{37} 断层为侧滑面的典型滑块；②没有固定侧滑面的典型滑块，即以节理面为侧滑面的典型滑块。计算时考虑不同倾向、不同高程出露的底滑面与侧滑面进行组合，以确定最不利典型滑块。

按典型滑块的滑动模式分类：①没有尾块抗力作用的典型滑块；②有尾块抗力作用的典型滑块。

为便于分析，根据可研阶段成果（可研阶段共计算了105块），选取其中安全系数较小的滑块，以及施工过程中新揭露的不利的典型滑块进行稳定复核计算，并对其重新编号：左岸以陡倾角裂隙为侧滑面的典型滑块编号为1～4，以 F_{30} 为侧滑面的典型滑块编号为5；右岸以 F_{37} 为侧滑面的典型滑块编号为6～7，以 F_{16} 为侧滑面的典型滑块编号为8。典型滑块计算综合参数详见表15.23。

表 15.23 典型滑块抗滑稳定计算综合参数表

滑块编号	侧 滑 面		底 滑 面		备 注
	f'	c'/MPa	f'	c'/MPa	
1～4	0.64	0.28	0.85	0.715	
5	0.45	0.1	0.64	0.505	侧滑面 F_{30}
6～7	0.35	0.05	0.82	0.65	首块侧滑面 F_{37}
	0.62	0.24			尾块侧滑面为节理
8	0.588	0.244	0.92	0.785	侧滑面 F_{16} 占比20%

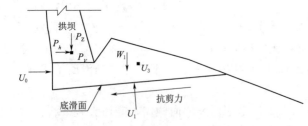

图 15.12 坝肩三维稳定计算单滑块示意图

3）坝肩滑移块体的稳定计算方法。坝肩三维典型滑块的抗滑稳定计算采用刚体极限平衡法计算。龙江拱坝坝肩三维典型滑块按滑动模式分类分为有尾块抗力作用的典型滑块及没有尾块抗力作用的典型滑块两类。

a. 没有尾块抗力作用的典型滑块。根据可研阶段成果，没有尾块抗力作用的典型滑块的抗滑稳定安全系数相对较大。计算示意图见图15.12。

b. 有尾块抗力作用的典型滑块。左、右岸坝肩典型滑移块体底滑面倾向下游时，滑移块体没有明显的临空面，根据地质条件分析，确定了倾向上游的节理面为典型滑移块体的尾块。首块滑移体主要受到岩体自重、坝基荷载、上游水压力、渗透压力及尾部块体的抗力作用；尾块抗力体主要受首块压力、自重及渗透压力作用。计算此类滑移块体的稳定安全系数需采用等K法进行计算，即按首块及尾块具有相同的抗滑稳定安全系数来计算。计算示意图见图15.13。

4）坝肩三维抗滑稳定结

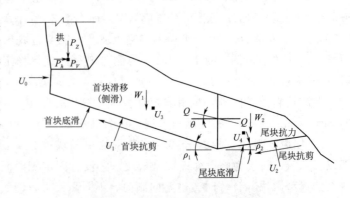

图 15.13 坝肩三维稳定计算组合滑块示意图

果分析。由于坝址区地质构造较为复杂，使龙江拱坝坝肩三维典型滑块形式多样，抗滑稳定分析难度较大，通过对侧滑面节理裂隙和底滑面节理裂隙的不同组合，可研阶段计算了105 个滑块的稳定安全系数，由此论证龙江拱坝坝肩拱座稳定。

根据可研阶段计算成果，右岸以节理裂隙为侧滑面的坝肩三维典型滑块，在基本组合，静力最小抗滑稳定安全系数最小值为 6.48，远大于以断层为侧滑面的滑块，以 F_{16} 断层为侧滑面的典型滑块的抗滑稳定安全系数最小值为 3.28，因基本条件变化较小，所以本次只复核以断层为侧滑面的典型滑块；左岸坝肩山体较单薄，以节理裂隙为侧滑面的三维典型滑块为控制性滑块，在基本组合，抗滑安全系数最小值为 3.57。实际开挖揭露的右岸 F_{37}、左岸 F_{30} 断层其产状对坝肩抗滑稳定都较不利，本次复核增加对以这两个断层为侧滑面的典型滑块的抗滑稳定计算分析。

通过施工图阶段复核分析，坝肩三维典型滑块抗滑稳定计算结果见表 15.24，典型滑块 4 和滑块 8 详见图 15.14、图 15.15。

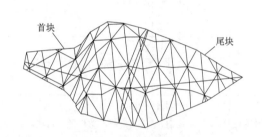

图 15.14　滑块 4：侧滑面 793.00m 高程，走向 NW25°，倾向 NE75°；底滑面 776.00m 高程，走向 NE40°，倾向 SE15°+NW15°

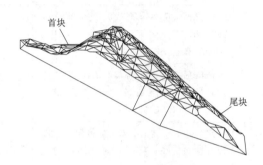

图 15.15　滑块 8：侧滑面 F16，走向 NW67°，倾向 NE73°；底滑面 769.00m 高程，走向 NE15°，倾向 SE20°+NW15°

滑块 1～滑块 5 为左岸坝肩滑块，基本组合 1（正常温降）的抗滑稳定安全系数（滑块 4）最小值 1.77（4.70）>1.32（3.50），满足抗滑稳定要求。偶然组合 5（校核温升）的抗滑稳定安全系数（滑块 2）最小值 1.6（4.18）>1.12（3.00），满足抗滑稳定要求；偶然组合 8（正常温降＋设计地震）分载法计算的抗滑稳定安全系数最小值为 1.76>1.31（滑块 2），有限元法计算的抗滑稳定安全系数最小值 1.63>1.31（滑块 2），两者相差不大，均满足抗滑稳定要求。

滑块 6～滑块 8 为右岸坝肩滑块，以 F_{37} 断层为侧滑面的典型滑块 6 控制右岸坝肩抗滑稳定，基本组合 1（正常温降）的抗滑稳定安全系数最小值 1.37（3.64）>1.32（3.50），满足抗滑稳定要求；偶然组合 5（校核温升）的抗滑稳定安全系数最小值 1.32（3.49）>1.12（3.00），满足抗滑稳定要求；偶然组合 8（正常温降＋设计地震）分载法计算的抗滑稳定安全系数最小值 1.46>1.31，有限元法计算的抗滑稳定安全系数最小值为 1.44>1.31（滑块 2），两者基本相同。校核地震时分载法抗滑稳定安全系数最小值为 1.39>1.31，有限元法抗滑稳定安全系数最小值为 1.45>1.31，两者相差不大，仍然满足抗震要求。

表 15.24　　　　　　　　　　坝肩三维典型滑块抗滑稳定安全系数表

编号	三维滑块块体	安全系数 K			
		基本组合	偶然组合		
		组合1（正常温降）	组合5（校核温升）	组合8（正常温降＋设计地震）	
		分载法力系	分载法力系	有限元法力系计50%阻尼	分载法力系
1	侧滑面 821.00m 高程，走向 NW25°，倾向 NE75°；底滑面 793.00m 高程，走向 NE40°，倾向 SE25°＋NW15°	6.93	6.59	—	3.28
2	侧滑面 807.00m 高程，走向 NW25°，倾向 NE75°；底滑面 776.00m 高程，走向 NE40°，倾向 SE15°＋NW15°	4.72 (1.78)	4.18 (1.6)	1.63	1.76
3	侧滑面 807.00m 高程，走向 NW25°，倾向 NE75°；底滑面 793.00m 高程，走向 NE40°，倾向 SE15°＋NW15°	6.72	6.45	—	2.53
4	侧滑面 793.00m 高程，走向 NW25°，倾向 NE75°；底滑面 776.00m 高程，走向 NE40°，倾向 SE15°＋NW15°	4.70 (1.77)	4.48	1.76	1.87
5	侧滑面 F_{30}，走向 NW44°，倾向 NE66°；底滑面 807.00m 高程，走向 NE40°，倾向 SE15°＋NW15°	19.17	17.24	—	2.67
6	侧滑面 F_{37}，走向 NW66°，倾向 NE65°；底滑面 821.00m 高程，走向 NE15°，倾向 SE30°＋NW15°	3.64 (1.37)	3.49 (1.32)	1.44（校核地震时为 1.45）	1.46（校核地震为 1.39）
7	侧滑面 F_{37}，走向 NW66°，倾向 NE65°；底滑面 821.00m 高程，走向 NE70°，倾向 SE30°＋NW15°	7.12	6.79	1.85	1.88
8	侧滑面 F_{16}，走向 NW67°，倾向 NE73°；底滑面 769.00m 高程，走向 NE15°，倾向 SE20°＋NW15°	4.37	4.06	1.48	1.69
	允许安全系数	3.5 (1.32)	3.0 (1.12)	1.31	

注　1. 括号内为分项系数法数值。
　　2. 未计入深槽回填混凝土的抗剪断强度。
　　3. 水平地震力耦合系数：顺河向 1.0，横河向 0.5，竖向地震力耦合系数为 0.5。
　　4. 编号 1～5 为左岸坝肩滑块，编号 6～8 为右岸坝肩滑块。

　　5）地质力学模型三维有限元坝肩抗滑稳定分析复核。经地质力学模型三维有限元分析复核，基本组合 1（正常温降）左岸坝肩抗滑最小安全系数为 4.52＞3.5，满足规范要求。偶然组合 8（正常温降＋设计地震）不考虑辐射阻尼时抗滑稳定安全系数最小值为 2.20＞1.31，考虑 50％辐射阻尼为 2.36＞1.31，考虑 100％辐射阻尼为 2.53＞1.31，满足抗震要求。校核地震不考虑辐射阻尼时为 1.97＞1.31，考虑 50％辐射阻尼时为 2.13＞1.31，考虑 100％辐射阻尼时为 2.25＞1.31，仍满足设计地震情况下对应的抗滑稳定要求。

基本组合 1（正常温降）右岸以 F37 为侧滑面的坝肩抗滑最小安全系数为 4.25＞3.5，满足规范要求。偶然组合 8（正常温降＋设计地震）不考虑辐射阻尼时抗滑稳定安全系数最小值为 2.26＞1.31，考虑 50％辐射阻尼时为 2.30＞1.31，考虑 100％辐射阻尼时为 2.40＞1.31，满足抗震要求。校核地震不考虑辐射阻尼时为 1.98＞1.31，考虑 50％辐射阻尼时为 2.13＞1.31，考虑 100％辐射阻尼时为 2.23＞1.31，仍满足设计地震情况下对应的抗滑稳定要求。

6）坝肩抗滑稳定分析结论。综上所述，左、右岸坝肩各典型滑块在静力、设计地震情况下皆满足抗滑稳定要求，在校核地震情况下，亦满足设计地震情况下对应的抗滑稳定要求，坝肩抗滑是稳定的。同时，经地质力学模型三维有限元分析复核，其各滑块的计算结果均大于采用分载法程序 SDTL 和有限元程序（LDDA 理论）拱端力系计算的结果，安全裕度更大。

另外，在消能塘 0＋90.00m 桩号以前两岸边坡布置加强锚索作为安全裕度，左岸 793.00～832.00m 高程布置 6 排，右岸 793.00～809.00m 高程布置 3 排，间距 6m，排距≥5.5m，吨位 100～200t，深度 30.00～45.00m，共 106 根。

（5）重力墩稳定分析。

1）重力墩基面抗滑稳定分析。

a. 设计采用的地质参数。取混凝土/岩体和岩体/岩体抗剪断参数的小值：

左岸抗剪断强度：$f'=0.7$，$c'=0.6$MPa；

右岸抗剪断强度：$f'=0.6$，$c'=0.5$MPa。

b. 荷载组合。①基本组合。（正常温降）拱端力系成果＋重力墩自重＋静水压力＋扬压力。②偶然组合。基本组合＋地震。

c. 计算成果。采用刚体极限平衡法，对左、右岸重力墩进行整体计算。经计算，重力墩基面抗滑稳定安全系数见表 15.25，由表可知，基本组合 1（正常温降）的抗滑稳定安全系数最小值为 2.06＞1.32；偶然组合 8（正常温降＋设计地震）的抗滑稳定安全系数最小值为 3.85＞1.31，校核地震时为 3.57＞1.31，采用有限元法力系计算的安全系数比分载法的偏小，但仍能满足规范要求。

同时，经地质力学模型三维有限元分析复核，基本组合 1（正常温降）的抗滑稳定安全系数最小值为左岸 6.64＞3.5；偶然组合 8（正常温降＋设计地震）不考虑辐射阻尼时的抗滑稳定安全系数最小值为 1.78＞1.31，考虑 50％辐射阻尼时为 2.54＞1.31，考虑 100％辐射阻尼时为 2.97＞1.31。校核地震不考虑辐射阻尼时为 1.59＞1.31，考虑 50％辐射阻尼时为 2.32＞1.31，考虑 100％辐射阻尼时为 2.77＞1.31，仍满足设计地震情况下对应的抗滑稳定要求。地质力学模型三维有限元分析结果比 LDDA 理论有限元稍大。

左、右岸重力墩抗滑稳定安全系数在静、动力情况下均满足规范的要求，重力墩基面抗滑是稳定的。

2）重力墩基础深层抗滑稳定分析。重力墩基础深层抗滑稳定分析实际上是坝肩三维抗滑稳定分析的一部分。其荷载及荷载组合同基面抗滑稳定分析。采用刚体极限平衡法，对左、右岸重力墩进行整体计算。

表 15. 25　　　　　　　　　**重力墩基面抗滑稳定安全系数表**

荷　载　组　合		岸别	计算安全系数	控制安全系数
基本组合 1（正常温降）	分载法力系	左岸	5.45（2.87）	3.5（1.32）
		右岸	5.74（2.06）	
偶然组合 8（正常温降＋设计地震）	有限元法力系计 50％阻尼	左岸	2.67	1.31
		右岸	2.37	
	分载法力系	右岸	3.85（校核地震时为 3.57）	

注　括号内为分项系数法数值。

　　a. 设计采用的地质参数。岩体的抗剪断强度取弱风化带岩体的抗剪断强度。

　　（a）左岸岩体抗剪断强度：$f'=0.6$，$c'=0.5$MPa；

　　侧滑面的综合抗剪强度参数：$f'=0.56$，$c'=0.18$MPa；

　　底滑面的综合抗剪强度参数：$f'=0.57$，$c'=0.365$MPa。

　　（b）右岸抗剪断强度：$f'=0.55$，$c'=0.4$MPa；

　　侧滑面的综合抗剪强度参数：$f'=0.55$，$c'=0.16$MPa；

　　底滑面的综合抗剪强度参数：$f'=0.535$，$c'=0.295$MPa。

　　b. 计算成果分析。经计算，基本组合和偶然组合下重力墩深层抗滑稳定安全系数见表 15.26，由表可知，重力墩深层抗滑稳定由动力情况下控制，设计地震时最小安全系数为 1.39＞1.31，校核地震时为 1.38＞1.31，仍然满足稳定要求。重力墩深层抗滑稳定安全系数在静、动力情况下均满足规范的要求，左、右岸重力墩深层抗滑是稳定的。

表 15. 26　　　　　　　　　**左、右岸重力墩深层抗滑稳定安全系数表**

岸别	三维典型滑块	安全系数 K			
		基本组合	偶然组合		
		组合 1（正常温降）	组合 5（校核温升）	组合 8（正常温降＋设计地震）	
		分载法力系	分载法力系	有限元法力系计 50％阻尼	分载法力系
左岸重力墩	侧滑面 825.50m 高程，走向 NW25°，倾向 NE75°；底滑面 800.00m 高程，走向 NE40°，倾向 SE25°＋NW25°	11.91（4.50）	11.31（4.28）	1.78	1.74
右岸重力墩	侧滑面 851.00m 高程，走向 NW60°。倾向 NE55°；底滑面 825.00m 高程，走向 NE15°，倾向 SE30°＋NW30°	7.30（2.75）	7.02（2.66）	1.38（校核地震时为 1.37）	1.39（校核地震时为 1.38）
允许安全系数		3.5（1.32）	3.0（1.12）	1.31	

注　1. 水平地震力耦合系数：顺河向 1.0，横河向 0.5，竖向地震力耦合系数 0.5。
　　2. 括号内为分项系数法数值。
　　3. 未计入深槽回填混凝土的抗剪断强度。

同时，经地质力学模型三维有限元分析复核，基本组合 1（正常温降）的抗滑稳定安全系数最小值为 8.71＞3.5；偶然组合 8（正常温降＋设计地震）不考虑辐射阻尼时的抗滑稳定安全系数最小值为 2.28＞1.31，考虑 50％辐射阻尼时为 3.7＞1.31，考虑 100％辐射阻尼为 4.07＞1.31。校核地震不考虑辐射阻尼时为 1.93＞1.31，考虑 50％辐射阻尼时为 3.36＞1.31，考虑 100％辐射阻尼时为 3.72＞1.31，仍满足设计地震情况下对应的抗滑稳定要求。地质力学模型三维有限元分析结果的安全裕度更大。

15.3.5 地质力学模型三维有限元整体稳定分析复核

采用地质力学模型三维有限元分析，对整体模型进行静力整体稳定性评价时，考虑到刚体极限平衡法的计算成果，只针对安全系数较小的三块典型滑块进行了稳定性计算。在计算过程中，块体四周设置接触面薄层，然后逐步对块体周围的接触面进行降强，相应块体上特征点位移突变时刻降强系数的倒数即为块体的安全系数。计算所得最小安全系数为 4.0，与采用地质力学模型三维有限元法拱端力系的刚体极限平衡法所得最小安全系数（4.25）接近，符合性较好，比采用分载法程序 ADASO 拱端力系的刚体极限平衡法计算所得最小安全系数（3.64）略大。

设计地震情况下，随着地震时间的增加，固定边界（无阻尼）计算的塑性破坏区的范围逐渐增大。校核地震情况比设计地震情况下地基屈服区域有所增加，但是增加的范围并不大。由于边界对地震波的吸收，粘弹性边界（100％辐射阻尼）的塑性破坏区比固定边界（无阻尼）的范围要小，深度也小。与静力情况下的地基屈服情况相比，地震情况下的屈服范围虽有一定的扩展，但范围并不大，均没有形成贯通的滑动通道。从整体上来看，龙江工程的抗震安全性是有保障的。

15.3.6 地质力学模型三维有限元超载分析

静力超载是以超水容重的方式进行整体超载安全度的计算。经计算，最小超载系数为 4.2，与采用地质力学模型三维有限元法拱端力系的刚体极限平衡法（4.25）、地质力学模型三维有限元法的静力整体降强法（4.0）所得最小安全系数接近，复合性较好，比采用分载法程序 ADASO 拱端力系的刚体极限平衡法计算所得最小安全系数（3.64）略大。

动力超载是以超峰值加速度的方式进行整体超载安全度的计算。粘弹性边界（100％辐射阻尼）超载峰值加速度为 0.91g，固定边界（无辐射阻尼）超载峰值加速度为 0.71g。两者相比，粘弹性边界比固定边界大 28.2％，辐射阻尼的作用明显。两者与校核加速度相比，粘弹性边界是其 2.195 倍，固定边界为 1.732 倍，为设计加速度的 2.528 倍和 1.972 倍。

据以上分析，在静、动力情况下，龙江拱坝具有一定的安全储备。

15.3.7 坝肩变形稳定分析

（1）坝基综合变形模量影响分析。

1）地质条件分析。根据坝基开挖实际揭露的地质情况，左、右岸高程 821.0m 以上拱座基础及下游侧岩体的变形模量较小，与原可研设计的 5GPa 相比，有一定程度降低。其中左岸降低较多，同时左岸拱端及下游侧分布有 F_{30}、F_{43}～F_{46} 断层及 R_{01}、R_{02}、R_{15}、

R_{16}等多条软岩带,右岸拱端及下游侧分布有 F_8、F_{37}、F_{42} 等断层,断层的变形模量在 $0.1\sim1.0$GPa 之间,软岩的变形模量在 0.2GPa 左右,这些地质缺陷对相应部位坝基的综合变形模量也有一定的影响。影响左右岸变形稳定的主要构造及其物理力学指标见表 15.27,835.00m 高程平切图见图 15.16、图 15.17。

表 15.27　　　　　　　　　断层、软弱岩带岩体力学指标建议值表

部位	断层、软弱岩带	变形模量 $E_0/$GPa	泊松比 μ	出 露 位 置
左岸	F_{30}断层	1.0	0.42	左岸 22 号坝基
	R_{01}、R_{02}软岩带	0.2	0.45	左岸下游边坡及 22 号坝基
	R_{03}、R_{04}软岩带	0.2	0.45	左岸下游边坡
	R_{15}、R_{16}软岩带	0.2	0.45	左岸 22～25 号坝基
右岸	F_8断层	0.6	0.45	右岸重力墩
	F_{42}断层	1.0.	0.42	右岸 6 号、7 号坝基
	F_{37}断层	0.6	0.42	右岸 3 号、4 号坝基

　　龙江工程的地质构造具有一定的规律性,从整体规律来看,横河向断层延伸较长,规模较大,而顺河向断层规模都较小,延伸不深,在拱端附近的断层多为顺河向小断层,F_8 断层为横河向,规模稍大,宽 $1.3\sim2.8$m,但距离拱端较远。软岩多为透镜体形状,长度和深度方向都延伸不深,同时由于对拱座基础采取了深挖并回填混凝土,使其形成组合基础,并进行了加强固结灌浆等相应工程处理措施,这些工程措施对坝基的综合变形模量也有较大影响。

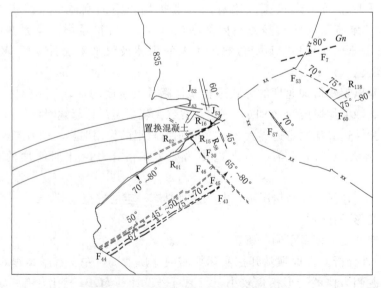

图 15.16　左坝肩高程 835.00m 平切图

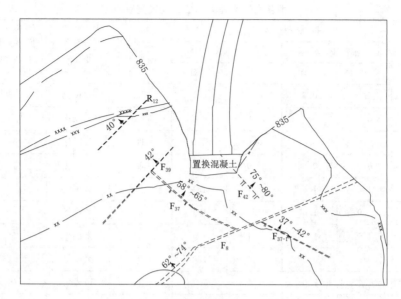

图 15.17　右坝肩高程 835.00m 平切图

2）计算方法及基本假定。采用有限元计算程序 ANSYS10.0，按平面应变理论，分别选取受地质构造影响较大、基岩变模较低的 849.00m、835.00m、821.00m 高程坝肩及两岸重力墩部位，分析坝基的综合变形模量。通过分别考虑基础回填混凝土（重力墩）、岩体、断层、软岩等各自的变形模量参数，计算坝基综合变形模量。综合变形模量计算根据变位相等理论，即在基础某一特定区域内，考虑各种岩体结构（含软弱结构面和条带）及基础处理措施对坝基变形的影响，将该特定区域内的非均质基础，根据变形等效的原则转换成均质基础的变形模量。计算方法为：计算实际接露情况下的坝基变位，然后利用变位相等理论，计算出坝基的综合变模。

由于各结构（包括回填混凝土、岩体、地质构造）在拱端及梁向的分布存在不同，拱端拱向及梁向的内力亦不相同，采用平面理论计算的两向综合变形模量存在差异，因此，对各高程分别计算了拱向及梁向综合变形模量，然后根据拱端梁、拱向内力大小，按比例分配计算坝基综合变形模量。

计算考虑了拱端影响范围内的断层、软岩等构造，根据地质平切图、剖面图，计算范围取为 3～5 倍拱端宽度，岩体边界为全约束，拱向及梁向有限元计算网格剖分和坝肩岩体材料分区典型图见图 15.18～图 15.21（已考虑消能塘、厂房、进水口的开挖影响）。

3）荷载组合。计算荷载均按正常温降组合计算。荷载组合如下：

a. 坝肩拱向：拱端剪力＋拱端推力＋回填混凝土基础承担的上游水压力。

b. 坝肩梁向：梁基剪力＋梁向铅直力＋回填混凝土基础承担的上游水压力。

c. 重力墩轴向：拱端推力。

d. 重力墩上下游方向：拱端剪力＋上游水压力。

4）计算参数。拱坝基础及下游侧岩体变形模量见表 15.28～表 15.32。混凝土变形模量取 22GPa，泊松比 0.167。坝肩拱向和梁向典型材料分区表见表 15.33、表 15.34。

表 15.28　　　　　　　　　　　　坝基岩体物理力学参数建议值表

坝段	抗 剪 断 强 度				岩体质量分类	岩石风化状态	变形模量 E_0/GPa	泊松比 μ
	混凝土/岩		岩/岩					
	f'	c'/MPa	f'	c'/MPa				
1～3 号	0.8	0.6	0.6	0.5	IV	弱风化	2.5	0.36
4 号	0.9	0.7	0.8	0.7	III～IV	弱风化	3.5	0.35
5 号	0.9	0.8	0.9	0.8	III	弱风化	5	0.32
6 号	0.9	0.8	1.0	0.9	III	弱风化	6	0.30
7 号	1.0	1.0	1.1	1.1	II	微风化	7	0.28
8 号、9 号	1.0	1.0	1.1	1.1	II	微风化	7	0.28
10～13 号	1.0	1.0	1.1	1.1	II	微风化	7	0.28
14 号	0.9	0.8	1.0	1.0	III	微风化	6	0.30
15 号	1.0	1.0	1.1	1.1	II	微风化	7	0.28
16 号、17 号	1.0	1.0	1.1	1.1	II	微风化	7	0.28
18 号	1.0	1.0	1.1	1.1	II	弱风化	7	0.28
19 号	1.0	1.0	1.1	1.1	II	弱风化	7	0.28
20 号	0.9	0.8	1.0	0.9	III$_1$	弱风化	6	0.30
21 号	0.9	0.7	0.9	0.8	III$_1$	弱风化	5.5	0.32
22 号	0.9	0.7	0.8	0.7	III$_2$	弱风化	5	0.34
23 号	0.8	0.7	0.7	0.6	III$_2$～IV	弱风化	3.5	0.35
24 号	0.8	0.6	0.7	0.7	III$_2$～IV	弱风化	3	0.36
25 号、26 号	0.8	0.6	0.7	0.7	IV	弱风化	2.5	0.36

表 15.29　　　　　　　　　　　坝基下游侧岩体力学参数建议值表

序号	部位及岩体状态	抗剪断强度		变形模量 E_0/GPa	泊松比 μ
		f'	c'/MPa		
1	左岸重力墩下游侧岩体	0.6	0.5	2	0.38
2	右岸重力墩下游侧岩体	0.55	0.4	1.5	0.38
3	左岸拱坝 23 号坝段下游侧 837.00m 高程以上岩体				0.38
4	左岸拱坝 23 号坝段下游侧 837.00m 高程岩体	0.7	0.6	3.0	0.35
5	左岸拱坝下游侧 835.00m 高程弱风化带岩体	0.7	0.6	3.5	0.35
6	左岸拱坝下游侧 849.00m 高程弱风化带岩体	0.6	0.5	2.5	0.4
7	左岸拱坝下游侧微风化带岩体	1.0	1.0	6	0.30
8	右岸拱坝下游侧弱风化带岩体	0.9	0.9	4.5	0.33
9	右岸拱坝下游侧微风化带岩体	1.1	1.1	7	0.30

表 15.30　　　　　　　　　断层、软岩带岩体力学指标建议值表

部位	断层、软岩带	抗剪断强度		变形模量 E_0/GPa	泊松比 μ	出露位置
		f'	c'/MPa			
左岸	F_{30}、F_{36}断层	0.45	0.1	1.0	0.42	左岸 22 号坝基
	f_{43}断层	0.40	0.05	0.3	0.42	左岸坝后 PD02 平洞内
	f_{44}断层	0.30	0.02	0.2	0.45	
	f_{45}断层	0.30	0.02	0.1	0.45	
	f_{46}断层	0.40	0.05	0.3	0.42	
	f_{43}~f_{46}断层之间岩体	0.7	0.6	2.5	0.38	
	R_{01}、R_{02}软岩带			0.2	0.45	左岸下游边坡及 22 号坝基
	R_{03}、R_{04}软岩带			0.2	0.45	左岸下游边坡
	R_{15}、R_{16}软岩带			0.2	0.45	左岸 22 号、23 号、24 号、25 号坝基
	R_{82}、R_{83}软岩带	0.5	0.1	0.2	0.45	左岸 19 号坝基
	左、右岸其他建基面出露的软岩带透镜体			0.5	0.45	
河床	F_{12}、F_{58}断层	0.45	0.1	1.0	0.45	河床 14 号坝基
右岸	F_8断层	0.40	0.05	0.6	0.45	右岸重力墩
	F_{42}断层	0.45	0.1	1.0	0.42	右岸 6 号、7 号坝基
	F_{37}断层	0.35	0.05	0.6	0.42	右岸 3 号、4 号坝基

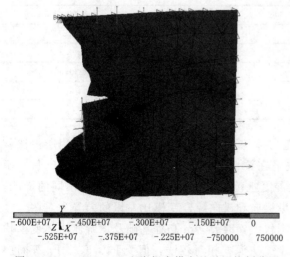

图 15.18　▽835.00m 左岸坝肩拱向基础网格剖分图

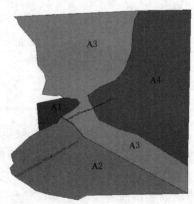

图 15.19　▽835.00m 左岸坝肩拱向基础材料分区图

表 15.31　　　　　　　　　　左岸▽835.00m 拱向材料分区表

分区	材　料　属　性	变形模量 E_0/GPa	泊松比 μ
A1	混凝土	22	0.167
A2	上、下游弱风化岩体	3.5	0.35
A3	过渡带岩体	5	0.32
A4	微风化岩体	6.0	0.30
A5	软岩	0.2	0.45
A6	$F_{43} \sim F_{46}$、F_{30}	1.0	0.42

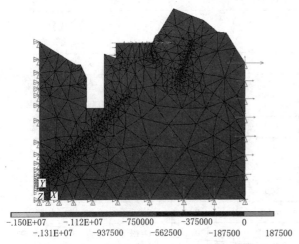

图 15.20　▽835.00m 左岸坝肩梁向基础网格剖分图

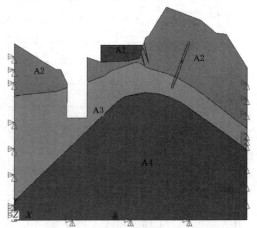

图 15.21　▽835.00m 左岸坝肩梁向基础
材料分区图

表 15.32　　　　　　　　　　左岸▽835.00m 梁向材料分区表

分区	材　料　属　性	变形模量 E_0/GPa	泊松比 μ
A1	混凝土	22	0.167
A2	上、下游弱风化岩体	3.0	0.35
A3	过渡带	4.5	0.33
A4	微风化岩体	6	0.30
A5	软岩、$F_{43} \sim F_{46}$	0.2	0.45

5）计算结果及分析。拱向和梁向坝基岩体综合变模不同，按拱梁内力作用所占比例计算综合变模。由于断层、软岩等地质缺陷在梁向和拱向分布（规模、位置、产状）不同、岩面的变化也不尽相同，加之受回填混凝土范围（宽度、深度、形状）不同的影响，使得梁向和拱向的综合变模有所差异，右岸梁向和拱向综合变模比左岸的差异大一些。左岸二次深挖处理较深，相应回填混凝土范围较大，849.00m 高程基础及下游侧岩体变模均较小，综合变模较原设计值有所降低；右岸二次深挖相对较浅，但受 F_8、F_{37}、F_{42} 等断层影响，849.00m 高程综合变模较原设计值有所降低；左右岸重力墩基础及下游侧岩体变模均下降较多，综合变模较原设计值降低较多。计算结果见表 15.33。

表 15.33 坝基综合变形模量表

岸别	高程/m	处理后综合变模/GPa					可研设计综合变形模量/GPa	差值/GPa	影响程度/%
		拱 向		梁 向		梁拱综合			
		变形模量	所占比例/%	变形模量	所占比例/%				
左岸	重力墩	4.5	89	5.0	11	4.6	10	−5.4	−54
	849	4.5	75	4.5	25	4.5	5.0	−0.5	−10
	835	5.8	75	4.1	25	5.4	5.0	0.4	8
	821	4.5	63	5.8	37	5.0	5.0	0	0
右岸	重力墩	4.5	93	5.9	7	4.6	10	−5.4	−54
	849	4.3	77	5.8	23	4.6	5.0	−0.4	−8
	835	5.1	75	11	25	6.6	5.0	1.8	32
	821	6.0	—			7.0	5.0	1.0	20

注 表中百分比，负值表示降低，正值表示提高。

（2）坝基基础压缩变形影响分析。

1）地质条件分析。左岸有 R_{01}、R_{02}、R_{15}、R_{16} 等透镜体软岩带，性状较差，且变形模量较低，为 0.1～0.2GPa。F_{43}～F_{46} 断层规模较小，出露宽度在 0.05～1.0m，且位于拱端下游侧，与拱端推力近乎平行，即不在拱端主推力方向上，压缩变形应较小；F_{30} 断层仅为 0.08～0.5m 宽，只在 835.00m 高程较长，在 821.00m 高程已远离拱端，距拱端 46m，并进入微风化岩体内，在 849.00m 高程已出露于下游边坡，且变形模量较高，为 1.0 GPa。

右岸拱端下游侧分布有规模较大的 F_8 断层，出露斜宽 1.0～3.6m，倾向上游，倾角 62°～74°；另有与拱端小角度相交的 F_{37} 断层，出露宽度 0.17～0.4m，倾向左岸，倾角 37°～67°。由于上述断层变模较小，均为 0.4GPa。这些不利的地质缺陷对相应部位拱端的变形可能有一定的影响。

从以上分析可知，软岩是影响左岸变形的主要构造，断层是影响右岸变形的主要构造。

2）计算方法及基本假定。为了解断层、软岩对拱端位移的影响，采用有限元程序，按平面应变理论，分别选取不同高程进行计算。主要研究拱端下游有、无断层（或软岩）及采取置换处理三种情况下的拱端变位情况。拱向及梁向有限元计算网格剖分和坝肩岩体材料分区典型图见图 15.18～图 15.21。

3）计算参数。计算工况采用拱端力系较大的正常温降组合，分析不利地质构造在大坝拱端力、上游水压力作用下的压缩变量。

4）计算结果及分析。

a. 左岸坝肩变形稳定分析。左岸在考虑、不考虑软岩及对软岩进行混凝土置换处理三种情况下，左岸梁底最大位移比较见表 15.34。由计算分析可知，软岩在拱坝下游侧时对拱坝变位影响较小。

为进一步分析回填混凝土基础下游岩体对坝基变形稳定的影响，设计对假定回填混凝土基础下游侧临空，进行了分析，849.00m 高程梁底最大位移比较见表 15.35。计算结果进一步说明，下游侧岩体对梁向变位影响较小；当假定梁底软弱时（把梁底岩体用较低变模代替）变位变化较大，由此可知坝基岩体质量对变位起控制性作用。因此，软岩对拱端位移的影响不大，无须专门处理。

表 15.34　　　　　　　　　　　左岸软岩各高程处理前后变位比较表

计算高程 /m	处理前变位 /mm	无软岩时变位 /mm	变位差 /mm	变位百分比 /%	处理后变位 /mm	变位差 /mm	变位百分比 /%
849.00	9.56	8.72	−0.84	−8.8	8.59	−0.97	−10.1
835.00	5.38	5.17	−0.21	−3.9	4.80	−0.58	−10.8

表 15.35　　　　　　　　　　　假定计算变位比较表

计算高程 /m	处理前变位 /mm	下游临空时变位/mm	变位差 /mm	变位百分比 /%	底部软弱 0.2GPa /mm	变位差 /mm	变位百分比 /%
849.00（左岸）	9.56	11.50	1.94	20.3	44.64	35.08	367

b. 右岸坝肩变形稳定分析。右岸在考虑、不考虑断层及对断层进行混凝土置换处理三种情况下，各高程拱端最大位移比较见表 15.36。右岸在不考虑与考虑断层影响进行比较，拱端位移变化值为 3.1%～10%。其中，高程 849.00m 处变化量最大，为 10%，但位移值仅增加 2.4mm；考虑断层与对断层采用混凝土置换处理进行比较，拱端位移变化值为 3.7%～13.6%，其中，高程 849.00m 处变化量最大，为 13.6%，位移值仅增加 3.3mm。因此，断层对拱端位移的影响不大，只进行浅层处理即可。

表 15.36　　　　　　　　　　　右岸断层各高程处理前后变位比较表

计算高程 /m	处理前变位 /mm	无断层时变位 /mm	变位差 /mm	变位百分比 /%	处理后变位 /mm	变位差 /mm	变位百分比 /%
849.00	24.2	21.8	−2.4	−10.0	20.9	−3.3	−13.6
835.00	26.4	25.4	−1.0	−3.8	25.3	−1.1	−4.3
821.00	32.6	31.6	−1.0	−3.1	31.4	−1.2	−3.7

c. 因上述成果是采用平面理论进行分析计算的，未计入三向协调作用，实际拱端位移值应小于此种方法计算结果。因此，断层、软岩对拱端位移的影响不大，无须进行专门的深层处理，只进行浅层处理即可。

（3）坝基二次深挖回填混凝土组合基础应力影响分析。由于左右岸下游侧岩体的变形模量均较小，其中左岸 3.5GPa，右岸 4.5GPa，与原设计 5GPa 有一定降低，同时，左岸分布有 R_{01}、R_{02} 等软岩带及 F_{43}～F_{46}、F_{30} 断层，右岸分布有规模较大的 F_8、F_{37}、F_{42} 等断层，这些不利的地质缺陷对相应部位拱端及梁底的应力分布有一定的影响，加之不同部位回填混凝土范围的不同，对拱端及梁底应力的分布及传递也有所改变。

为了解组合基础的应力状况，采用有限元程序 ANSYS8.1，按平面应变理论，分别选取 849.00m、835.00m、821.00m 高程拱向和梁向进行分析。计算考虑了地质构造对回填混凝土组合基础的影响，根据地质平切图及径向剖面图，计算范围取 5～8 倍拱端宽度，岩体边界为全约束。

因回填混凝土强度远大于附近岩体的强度，同时受拱端或梁底力系作用分布（方向及梯度）影响，多在拱端或梁底下游侧出现应力集中，角缘处更为明显（有限元计算方法本身也不可避免地会产生应力集中），但这些局部现象不作为评价范围；拱端及梁底应力的传递在回填混凝土中，尤其是在力的作用方向上变化明显，改善了应力分布（除角缘应力集中外），对受力方向上的相对软弱的岩体应力分布起到了有利的协调作用。经计算，下游岩体的第三主应力最大值出现在右岸 821.00m 高程拱端下游侧，为 1.80MPa（压应力，角缘部位除外），其余部位的第三主应力大多小于 1MPa，满足地质建议相应部位岩体承载力 4MPa 的要求。左岸出现在 835.00m 高程拱端下游侧，为 1.44MPa（压应力，角缘部位除外），其余部位的第三主应力大多小于 1MPa，满足地质建议相应部位岩体承载力 2MPa 的要求。

15.4　泄洪表孔设计

15.4.1　泄洪中心线和泄洪轴线

（1）泄洪中心线选择。大坝采用双曲拱坝，拱坝中心线在坝下 100m 范围内与主河道中心线基本重合（NW311°30′00″）。拱冠处的曲率半径为 200m 左右。河道流向在坝下 300m 河段向左岸转弯，若泄洪中心线与拱坝中心线重合，则水流冲刷下游右岸拐弯段岸坡，因此，从水流下泄条件分析，泄洪中心线的布置应采用与拱坝中心线成一夹角的形式。从消能塘布置上看，左右岸不对称，左侧开挖方量过大，且影响左岸拱坝坝肩的稳定。经综合分析比较，选定泄洪中心线与拱坝中心线重合。出消能塘后有一定的调整河段，以改善对右岸的冲刷。

（2）泄洪轴线选择。泄洪轴线的半径取值对泄洪建筑物入塘水流的落点分布有较大影响，半径取值越小，入塘水流向心集中现象就越严重，塘内动水压力和脉动压力等也就越大；如果半径取值越大，入塘水流宽度就会越大，虽然塘内能量分散、压力降低，但水流可能打击岸坡，影响岸坡的稳定。结合本工程河谷狭窄、两岸陡峭的地形特点，经计算分析，泄洪轴线的半径取为 200m，并定在表孔堰顶处。

15.4.2　泄洪表孔结构布置与体型设计

泄洪表孔布置主要考虑以下方面：

（1）安全下泄各频率洪水，并有一定超泄能力。

（2）为节省工程投资，坝顶超高不宜过多。

（3）孔口布置满足金属结构及土建设计要求，并方便坝顶交通。

（4）孔口布置在水舌不打击岸坡的条件下，尽量减少消能塘两岸开挖，保证拱坝坝肩的稳定。

（5）放空深孔的布置需要。在 12～15 号坝段骑缝布置 3 个泄洪表孔，每孔净宽 12m。表孔堰面采用开敞式 WES 实用堰，堰顶高程 860.00m，定型设计水头 H_s 按堰顶最大作用水头 H_{max} 的 75%～95% 计算，取为 12.00m。曲线方程为：

$$\frac{x^2}{3.48^2}+\frac{(2-y)^2}{2^2}=1 \tag{15.7}$$

针对河床狭窄、水流宽度小的问题，采用使水舌纵向拉开的办法，减轻下泄水流对消能塘底板的冲击动水压力和避免水流扩散打击岸坡，在三个表孔堰面出口设置差动齿坎。经整体水工模型试验验证，两侧边孔（1 号和 3 号孔）坎宽 9.0m、高 3.5m、挑角 20°，齿坎均布置在靠中孔一侧，且边墩各收缩 1.0m，收缩角度 10°。中孔（2 号孔）坎宽 7.0m、高 2.0m、俯角 5°，齿坎布置在中间位置。表孔出口低坎均为俯角 20°。

每个表孔各设一道弧形工作门，弧形门由设在坝顶的液压式启闭机启闭。坝顶表孔中闸墩最大厚度取 9.64m，最小厚度为 6.17m，中墩总长 31.48m。边墩最小厚度为 3.0m，边墩尾部为收缩布置，边墩尾部厚度为 4.0m，总长 26.57m。

按常规在中、边墩均布设扇形辐射钢筋。在堰面设置 1m 厚 C35 抗冲耐磨混凝土，闸墩其他部位采用 C30 混凝土。

考虑坝顶交通要求，在泄洪表孔下游侧布置交通桥，满足检修时使用。表孔布置详见图 15.22、图 15.23。

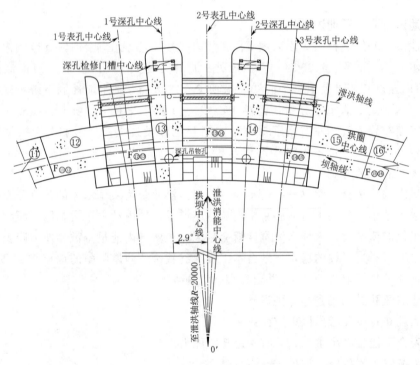

图 15.22　表孔平面布置图（单位：cm）

15.4.3　泄洪表孔泄流能力和流态

（1）泄流能力。溢流坝段的泄流能力按下式计算：

$$Q = MBH^{3/2} \tag{15.8}$$

式中：Q 为流量，m^3/s；B 为溢流堰净宽，m，$B = 3 \times 12.00 = 36.00m$；$M$ 为综合流量系数，$M = 2.0$；H 为堰顶作用水头，m。

设计洪水时，$Q = 3256m^3/s$（$P = 0.2\%$）；校核洪水时，$Q = 3982m^3/s$（$P = 0.05\%$）。

从 1/60 整体水工模型试验结果看，本工程表孔泄流能力可以满足设计要求。当宣泄 2000 年一遇校核洪水时，测得 $Z_库 = 874.25m$，低于设计值（$Z_库 = 874.54m$）0.29m，流量系数 $m = 0.4646$；当宣泄 500 年一遇设计洪水时，$Z_库 = 872.46m$，低于设计值（$Z_库 = 872.72m$）0.26m，$m = 0.4645$。

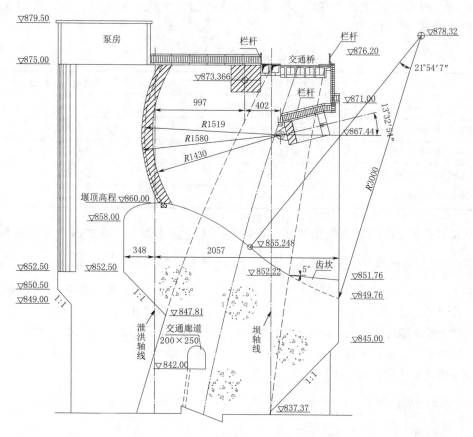

图 15.23　2 号表孔剖视图（单位：cm）

（2）泄流流态。

1）库区流态：库区水面较为平静，进流顺畅，敞泄时闸墩未见旋涡，当闸门局部开启控泄时，1 号孔右侧、3 号孔左侧闸墩进口处有漩涡。

2）水舌流态：由于差动齿坎作用，各孔水舌分层错开，1 号孔与 3 号孔（两边孔）水舌组成近似大椭圆弧线，跌落于消能塘水面上，2 号孔（中孔）水舌独自以小椭圆弧线被括在 1 号、3 号水舌弧线内，分区分层沿弧线均匀散开。三孔全开时，各工况水舌入水距坝脚最远距离约 65m，最近距离约 32m。

15.5　放水深孔设计

15.5.1　放水深孔结构布置

本工程坝高库大，坝址区地震基本烈度为Ⅷ度，在特殊情况下，水库放水检修是必要的。水库 50 年淤沙高程为 809.50m 左右，引水建筑物进水口底板高程为 823.00m，为有利于进水口和大坝检修，确定放水深孔底板高程为 810.00m。正常情况下，放水深孔不参与泄洪，但在超标准洪水位时，为确保大坝安全，深孔可参与泄洪。放空设施的设计原则：库水位高于 860.00m 由表孔和机组联合泄水；库水位在 860.00～845.00m（死水位）由放水深孔和机组联合泄水，死水位以下的库水由深孔单独泄放。根据地区气候条件、水文资料及水库运行曲线，水库放空时间拟取 11 月，深孔放空时间见表 15.37。

表 15.37　深孔放空时间表

库水位/m	泄水运行方式	泄水时间/h（或 d）
872.00～863.00	表孔与机组联合	60（3）
863.00～860.00	表孔与机组联合	22（1）
860.00～845.00	深孔与机组联合	107（4）
845.00～816.80	深孔	513（21）
872.00～816.80	—	702（29）

放水深孔布置在河床表孔中墩部位，共两个坝身泄水深孔。泄水深孔进口底板高程 810.00m，进口为喇叭形，顶曲线为 $\dfrac{x^2}{5.50^2}+\dfrac{y^2}{1.833^2}=1$，侧曲线为 $\dfrac{x^2}{2.4^2}+\dfrac{y^2}{0.8^2}=1$，进口底缘曲线为 $R=2.0$m 的圆弧，进口段设一扇 3.50m×5.50m（宽×高）的平板事故检修闸门。单孔洞身段尺寸为 3.50m×5.50m（宽×高），长 30m，放水深孔出口孔口尺寸 3.50m×4.50m（宽×高），设一扇 3.50m×4.50m（宽×高）的弧形工作门，弧形工作门由设在闸墩上的液压式启闭机启闭，深孔出口段闸墩宽 3.0m。出口底缘曲线为 $R=2.0$m 的圆弧，泄水水流射入消能塘内消能。深孔布置详见图15.24、图 15.25。

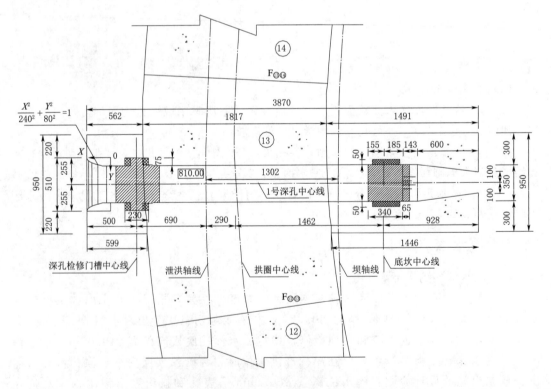

图 15.24　1 号深孔 810.00m 高程平面图（单位：cm）

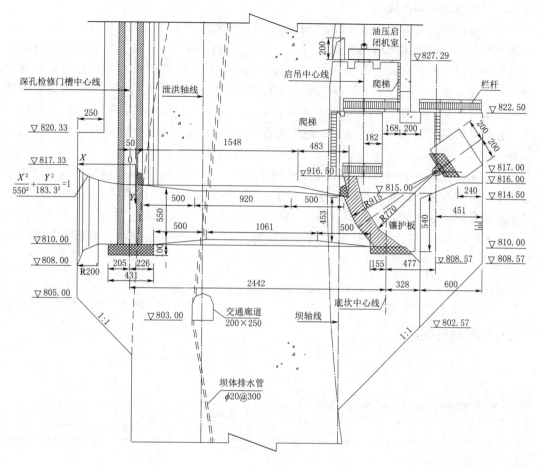

图 15.25 1 号深孔中心线纵剖面图 (单位: cm)

15.5.2 放水深孔的泄流能力

可研阶段放水深孔的设计泄流能力按下式计算:

$$Q = \mu A_k \sqrt{2gH_z} \tag{15.9}$$

式中: A_k 为出口处的面积; μ 为流量系数; H_z 为自由泄流时为孔口中心线处的作用水头。

当库水位为 860.00m 时, 单孔泄量 408m³/s, 出口流速 25.9m/s。

经 1/60 整体水工模型试验研究, 放水深孔泄流能力小于原设计值, 小 5.7%。由于放水深孔不参加泄洪, 不会影响大坝安全, 只是放空时间稍有增加。

15.6 消能塘设计

15.6.1 主要控制尺寸确定

本工程为Ⅰ等工程, 泄洪建筑物级别为 1 级, 因此消能防冲按百年一遇洪水设计。消能塘底板高程为 769.00m。消能塘长 149.68m, 底宽度为 37.20m, 拦渣坝顶高程为 779.00m。经 1/60 水工模型试验表明, 以上结构尺寸在各种运行工况下都能够满足消能要求。

15.6.2 消能塘结构布置

消能塘两侧边坡坡比根据地形、地质条件及拱座稳定要求确定为 1：0.6～1：0.4。边墙顶高程根据校核洪水下游水位确定为 801.00m，高程 801.00m 以下采用贴坡式混凝土边墙护坡，厚度为 1～2m。高程 801.00m 设有马道，左岸在高程 801.00m 以上采用挂网喷混凝土保护措施，右岸采用混凝土板保护措施，厚度 20cm，并均布设系统锚筋、系统浅表排水孔。另外，在右岸高程 816.00m、831.00m、846.00m 处布设三排 10m 深排水孔，在左右两岸 792.50m、795.50m 高程布设两排 20m 深排水孔，以降低两岸山体渗透压力。

消能塘设计洪水 $P=1\%$ 情况，下游水垫厚度 30.44m，完全能满足消能的要求，不需设壅水二道坝，消能塘按不检修设计。为防止石渣进入消能塘，在消能塘末端设拦渣坝，拦渣坝顶高程 779.00m，顶宽 3m，上、下游坡度均为 1：0.7，底高程为 766.50m，顶部总长为 69.17m。拦渣坝下游设 20m 长的混凝土护坦，护坦末端设齿坎。底板抗浮锚筋分布详见表 15.38，消能塘布置详见图 15.26、图 15.27。

表 15.38　　　　　　　　　　　消能塘底板抗浮锚筋分布表

桩 号 范 围	锚筋型式	备 注
消 0−004.50～消 0+040.00m	2ϕ32	间排距为 1.5m，锚深 9m
消 0+040.00～消 0+106.50m	2ϕ28	间排距为 1.5m，锚深 7m
消 0+106.50～消 0+136.50m	ϕ32	间排距为 1.5m，锚深 5m
二道坝基础上下游侧分别布设两排	ϕ32	间排距为 1.5m，锚深 5m
护坦	ϕ25	间排距为 1.5m，锚深 4m

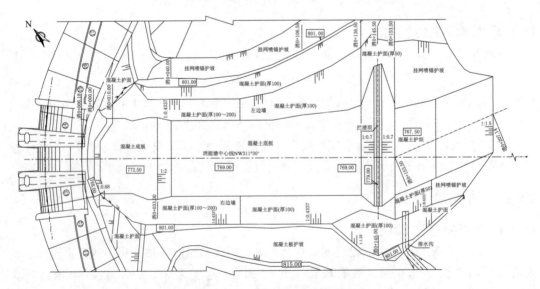

图 15.26　消能塘平面布置图

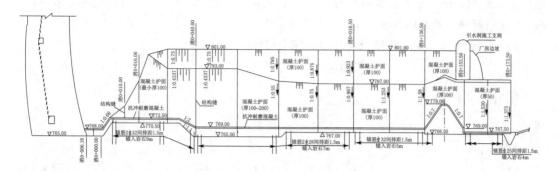

图 15.27 消能塘纵剖视图（单位：m）

15.6.3 底板抗浮稳定计算

根据消能塘的工作特点，主要进行了底板抗浮稳定计算，计算时考虑了消能塘底板采取的锚固措施。

（1）计算工况。根据《溢洪道设计规范》（DL/T 5166—2002）规定，按承载能力极限状态复核底板抗浮稳定，计算基本组合和偶然组合。

1）持久设计状况下的基本组合。设计洪水工况（$P=1\%$）：底板自重＋时均压力＋脉动压力＋扬压力＋锚固地基重。

2）偶然设计状况下的偶然组合。校核洪水工况（$P=0.05\%$）：底板自重＋时均压力＋脉动压力＋扬压力＋锚固地基重。设计洪水（$P=1\%$）止水失效工况：底板自重＋时均压力＋脉动压力＋扬压力＋锚固地基重。

（2）计算荷载。

1）消能塘底板结构自重。混凝土容重 24kN/m³。

2）底板上的动水压力（包括时均压力和脉动压力）。

时均压力：当底板为水平时，作用在其上的时均压力，可近似按计算断面的水垫厚度＋动水冲击压力，动水冲击压力采用板内平均值。

脉动压力：作用于一定面积上的脉动压力代表值可按下式计算，其中正、负号应按不利设计条件选定。

$$Q_2 = 3\xi\sigma_P A \qquad (15.10)$$

式中：σ_P 为脉动压力均方根值，kPa，采用最大值点与最大相邻点平均值；ξ 为点面脉动压力转换系数，基本组合为 0.5，止水失效偶然组合为 1.0；A 为作用面积，m²。

3）底板底面扬压力。作用于护坦底面上的扬压力，按作用在全部底面积上考虑。本工程底板周边及内部无纵横排水廊道，只是在大坝基础廊道设置斜排水孔，伸入消能塘底部，以降低消能塘底板的渗压力。大坝基础帷幕结合排水孔，渗透压力折减系数为 0.25，基础廊道下游侧的斜排水孔处渗透压力折减系数取 0.5。

4）锚固地基的有效重。锚固地基有效重标准值为：

$$G_2 = (\gamma_r - 10) \eta T A \qquad (15.11)$$

其中

$$T = S - L/3$$

式中：G_2 为锚固地基有效重标准值，kN；γ_r 为锚固地基岩体的重度，26.5kN/m³；A 为底板计算面积，m^2；η 为锚固地基有效深度折减系数，取 0.95；T 为锚固地基有效深度，m；S 为锚筋锚入地基的深度，m；L 为锚筋间距，m。

（3）稳定计算。底板抗浮稳定按承载能力极限状态计算。

$$\gamma_0 \psi S(\cdot) \leqslant (1/\gamma_d)R(\cdot) \tag{15.12}$$

作用效应函数：

$$S(\cdot) = \gamma_{Q2}Q_2 + \gamma_{Q3}Q_3 \tag{15.13}$$

抗力函数：

$$R(\cdot) = \gamma_{G1}G_1 + \gamma_{Q1}Q_1 + \gamma_{G2}G_2 \tag{15.14}$$
$$G_1 = \gamma_c ZA$$

式中：G_1 为底板自重标准值，kN；γ_{G1} 为底板自重分项系数，0.95；G_2 为锚固地基有效重标准值，kN；γ_{G2} 为锚固地基有效自重分项系数，0.95；Q_1 为底板顶面时均压力标准值，kN，$Q_1 = P_{tr}A$；γ_{Q1} 为底板顶面时均压力分项系数，0.95；Q_2 为底板顶面脉动压力标准值，kN，$Q_2 = 3\beta_m P_{fr}A$；γ_{Q2} 为底板顶面脉动压力分项系数，1.3；Q_3 为底板底面扬压力标准值（包括渗透压力和浮托力），kN；γ_{Q31} 为底板底面渗透压力分项系数，1.2；γ_{Q32} 为护坦底面浮托力分项系数，1.0；γ_c 为底板混凝土重度，kN/m^3；P_{tr} 为护坦时均压强代表值，kN/m^2；P_{fr} 为护坦脉动压强代表值，kN/m^2；β_m 为面积均压泵数；A 为底板计算面积，m^2；Z 为护坦厚度，2m、4m；γ_0 为结构重要性系数，3 级建筑物，结构安全级别为 Ⅱ，取 1.0；ψ 为设计状况系数，对应于持久状况、偶然状况，分别取用 1.0、0.85；γ_d 为结构系数，1.05。

（4）计算结果。消能塘底板抗浮稳定计算结果见表 15.39，由表可知，消能塘底板抗浮是稳定的。

表 15.39　　　　　　　消能塘底板抗浮稳定计算成果表　　　　　单位：kN

工况	位置/m	作用函数 $S(\cdot)$	抗力函数 $R(\cdot)$	$\gamma_0\psi S(\cdot)$	$(1/\gamma_d)R(\cdot)$
基本组合 设计洪水 （$P=1\%$）	消 0+004.06～0+016.06	56370	61647	56370	58711
	消 0+040.00～0+057.50	93605	100206	93605	95435
	消 0+075.00～0+091.50	78456	85451	78456	81382
	消 0+106.50～0+121.50	65120	72322	65120	68878
偶然组合 校核洪水 （$P=0.05\%$）	消 0+004.06～0+016.06	58795	63549	49976	60523
	消 0+040.00～0+057.50	97056	102979	82498	98076
	消 0+075.00～0+091.50	82483	88066	70110	83872
	消 0+106.50～0+121.50	67773	72989	57608	69514
偶然组合 设计洪水 止水失效 （$P=1\%$）	消 0+004.06～0+016.06	56370	61647	47915	58712
	消 0+040.00～0+057.50	98519	100206	83741	95435
	消 0+075.00～0+091.50	81526	85451	69297	81382
	消 0+106.50～0+121.50	65120	72322	55352	68878

15.6.4　拦渣坝稳定计算

根据消能塘的工作特点,进行拦渣坝的抗滑稳定和抗倾覆稳定计算。

(1) 宣泄 100 年一遇($P=1\%$)设计洪水。根据水工模型试验成果,当宣泄 100 年一遇($P=1\%$)设计洪水时,表孔泄流量 $Q=2788 \text{m}^3/\text{s}$,水舌入水宽度约 54m,入水范围在消 $0+37\sim0+55$m,拦渣坝的轴线位置为消 $0+145$m,在消 $0+130$m 处消能塘两岸水位涌浪高程左岸为 802.69m,右岸为 802.06m,在消 $0+150$m 处消能塘两岸水位涌浪高程左岸为 802.12m,右岸为 803.02m,说明拦渣坝塘内外水位差为 $0.56\sim0.96$m,差值不大,而且都高出拦渣坝顶高程。因此对拦渣坝产生的动水压力较小,该工况不是控制工况,故不进行结构稳定计算分析。

(2) 当消能塘内无水,拦渣坎下游水位为 779.00m。抗滑稳定及抗倾稳定均采用单宽计算。抗滑稳定按承载能力极限状态公式计算,经计算拦渣坝抗滑稳定满足要求,计算公式及参数如下。

$$\gamma_0 \psi S(\gamma_G G_K, \gamma_Q Q_K, a_K) \leqslant \frac{1}{\gamma_{d1}} R\left(\frac{f_K}{\gamma_m}, a_K\right) \tag{15.15}$$

式中:γ_0 为结构重要性系数,3 级建筑物,结构安全级别为 Ⅱ,取 1.0;ψ 为设计状况系数,短暂状况取 0.95;$S(\cdot)$ 为作用效应函数;$R(\cdot)$ 为结构及构件抗力函数;γ_G 为永久作用分项系数,自重 1.0;γ_Q 为可变作用分项系数,静水压力 1.0,渗压力 1.2,浮托力 1.0;G_K 为永久作用标准值;Q_K 为可变作用标准值;a_K 为几何参数的标准值;f_K 为材料性能的标准值;γ_m 为材料性能分项系数;$\gamma_{mf'}$ 为 1.3;$\gamma_{mc'}$ 为 3.0;γ_{d1} 为基本组合结构系数,1.2。

$$\gamma_0 \psi S(\cdot) = 628 \text{kN}$$

$$\frac{1}{\gamma_{d1}} R\left(\frac{f_K}{\gamma_m}, a_K\right) = 5099 \text{kN} > 628 \text{kN}$$

经计算,抗倾覆稳定安全系数为 2.28>1.3,所以抗倾覆稳定满足规范要求。

根据以上计算成果分析,在不考虑拦渣坝底部锚杆的作用时,拦渣坝的抗滑稳定和抗倾覆稳定均满足规范要求。

15.7　基础开挖与处理设计

15.7.1　大坝基础开挖

(1) 原设计大坝基础开挖标准。大坝建基标准为:河床部位建基于弱风化带中下部;两岸坝肩 820.00m 高程以下为微风化岩体中上部;右岸 820.00～850.00m 高程为弱风化岩体的中下部;左岸 820.00～850.00m 高程为微风化岩体的上部至弱风化岩体的中上部;两岸 850m 高程以上为弱风化岩体的中上部。左岸重力墩设计建基高程 853.80m,右岸重力墩设计建基高程 860.50m。两岸重力墩建基于弱风化岩体的中上部。大坝建基面岩体波速初步确定为:Ⅲ类岩体不低于 3.0km/s,Ⅱ类岩体不低于 4.0km/s。

大坝基础开挖采用全径向开挖,不同高程控制点直线连接,保证满足大坝轮廓的要求,并方便施工。坝基开挖边坡每 20m 高差设一级马道,马道径向宽度 3m。

坝基岩石为坚硬片麻岩,坝基永久开挖边坡坡度如下:碎石混合土 1:1.5;全风化岩石 1:1.2;弱风化岩石 1:0.6;微风化—新鲜岩石 1:0.3。

（2）坝肩地质条件变化及对拱坝的影响。左岸坝肩开挖过程中，发现 821.00～853.80m 高程之间坝基岩体中有球状风化、囊状风化、条带状风化等不均匀风化现象。左岸坝肩下游侧边坡及坝基中发现有软岩带和 F_{30} 断层分布，软岩带岩质较软弱，其中 R_{01}、R_{02}、R_{15}、R_{16} 软岩带厚度较大，R_{03}、R_{04} 软岩带分布范围大，拱坝坝基工程地质条件恶化。

右岸坝肩现场开挖揭露的情况发现，岩石风化不均一，重力墩及与其相邻的拱间槽附近地形向下游倾斜，下游岩体弱风化带顶板下降，对拱坝稳定有不利影响。右岸坝肩软岩带不发育，发现出露 R_{12}、R_{17} 等 5 条软岩带。

由于两岸坝肩断层、软岩等构造分布及岩面线、坝基岩体抗剪强度指标的降低，对原设计的建基面岩体综合变模、拱坝应力、坝基变形稳定及坝肩抗滑稳定有一定影响，因此，原设计建基面已达不到拱坝建基要求。为保证左、右岸坝肩 821.00m 以上高程及重力墩基础的抗滑稳定及变形稳定，满足大坝建基要求，考虑下游拱肩槽已开挖成型，不宜重新削坡，左岸 821.00m 高程以上拱端力系较小等因素，对两岸 821.00m 高程以上的拱坝及重力墩基础进行了深槽开挖并回填混凝土处理。

（3）坝基建基标准。坝基建基标准见表 15.40，表中的纵波控制标准为基础开挖后、坝基固结灌浆之前的标准，且为开挖后建基面以下 2m 的数值，在建基面 2m 范围以内开挖后纵波波速降低值不超过表中数值的 5%，纵波波速达到设计标准的保证率应为 80%（断层、软岩不在此控制标准之内）。

表 15.40　　　　　　　　　　　　　坝 基 建 基 标 准 表

坝段	风化状态	岩体质量类型	纵波速度/(km/s)	备注
1～3 号	弱	IV	≥3.0	重力墩基础
4 号	弱	III～IV	≥3.5	回填基础底部
5～7 号	弱（7 号为微）	III（7 号为 II）	≥4.0	回填基础底部
8～19 号	微（18 号、19 号为弱）	II（14 号为 III）	≥4.0	原建基面
20～21 号	弱	III_1	≥4.0	回填基础底部
22～23 号	弱	III_2（23 号为 III_2～IV）	≥3.5	深挖齿槽槽底回填基础底部
24～26 号	弱	IV（24 号为 III_2～IV）	≥3.0	重力墩基础

各坝段固结灌浆前声波检测结果详见表 15.41，灌浆前坝基满足建基要求。

15.7.2　固结灌浆

（1）固结灌浆设计。坝址区地层为片麻岩，陡倾角节理裂隙极为发育，岩体完整性较差，另外，由于受基础开挖的影响，基础浅层一定范围内的岩体受到不同程度的损伤，产生新的裂隙，影响坝基岩体的完整性，降低了岩体的强度。为增强坝基的整体性和均一性，提高坝基的承载力、地基变形模量及提高基础浅层岩体的抗渗能力，对坝基进行了固结灌浆。固结灌浆采用自上而下分段灌浆法施工，并分序加密钻孔，基本间排距 3m 或 2.5m 不等，梅花形布置。由于坝基岩体完整性较差，对整个坝基（包括重力墩）扩大范围进行固结灌浆，即上游坝踵以外增加一排固结灌浆，下游坝趾以外增加两排固结灌浆。

根据坝址区施工揭露的地质条件，固结灌浆在基岩内基本孔深一般为 12m，因基础深挖后回填处理的坝段灌浆孔深度为 9~12m；上游侧边孔深度 9~15m，下游侧边孔深度 15m。对于断层、软岩及其交汇带等处进行深孔固结灌浆，孔深加深至 20m。固结灌浆深度分布详见表 15.41。

表 15.41 坝基岩石固结灌浆分布表

部 位	灌浆孔深/m	备 注
1~7 号坝段	9	铅直孔入岩
8 号坝段	9~12	铅直孔入岩
9~13 号坝段	12	铅直孔入岩
14 号坝段	15	铅直孔入岩
15~19 号坝段	12	铅直孔入岩
20 号坝段	9~12	铅直孔入岩
1 号坝段	9~15	铅直孔入岩
2 号坝段	15	铅直孔入岩
23 号坝段	15~21	铅直孔入岩
24 号坝段	15~18	铅直孔入岩
25~26 号坝段	12	铅直孔入岩
右岸回填混凝土基础下游	15	加强斜孔入岩
左岸回填混凝土基础下游	18	加强斜孔入岩
断层、裂隙等较发育处及特殊构造地段	15	

(2) 固结灌浆质量检查与分析。固结灌浆波速测试的质量评定标准为：在坝基固结灌浆后，各测试孔平均波速合格率应大于 85%，同时，各孔平均波速最小值应满足表 15.42 的要求（断层带和软岩带不受此标准控制）。坝基固结灌浆灌前、灌后地震波波速见表 15.43，固结灌浆后，各坝段跨孔地震波波速提高 5.68%~10.96%；单孔地震波波速提高 4%~8.81%。固结灌浆对提高坝基岩体质量有明显的效果。

表 15.42 坝基岩石固结灌浆质量评定标准表

坝 段	纵波速度/(km/s)	备 注
1~3 号	≥3.15	重力墩基础
4 号	≥3.68	回填基础底部
5~7 号	≥4.20	回填基础底部
8~19 号	≥4.20	原建基面
20~21 号	≥4.20	回填基础底部
22~23 号	≥3.68	深挖齿槽槽底、回填基础底部
24~26 号	≥3.15	重力墩基础

固结灌浆压水试验检查的质量评定标准为：一般压水试验透水率标准不大于 5Lu，最外边孔不大于 7Lu，合格标准为孔段合格率应在 85%以上。

通过灌前压水成果资料分析，表层接触段压水的成果值较大，大于 50Lu 的试段均在混凝土和基岩的接触部位；大于 10Lu 的都在接触段的下一段，小于 5Lu 的基本上都在最终段；灌前压水平均吕荣值为 21.43Lu。

通过灌浆成果资料分析，Ⅰ序孔平均注入灰量为 17.7kg/m，Ⅱ序孔平均注入灰量为 12.4kg/m，Ⅰ序孔与Ⅱ序孔之间有较明显递减趋势，灌浆成果明显。灌后压水平均吕荣值为 2.80Lu，检查孔压水均小于 5Lu。

表 15.43　　　　　　　　　坝基灌前、灌后地震波波速对比表

坝段	孔数	跨 孔				增长率 /%	单 孔				增长率 /%
		灌前		灌后			灌前		灌后		
		测点	平均波速 /(m/s)	测点	平均波速 /(m/s)		测点	平均波速 /(m/s)	测点	平均波速 /(m/s)	
1～3 号	20	111	3787	111	4202	10.96	752	4507	986	4904	8.81
4 号	6	34	4030	34	4438	10.12	143	4587	350	4863	6.02
5～22 号	110	682	4525	682	4782	5.68	3946	4924	7424	5146	4.51
23 号	6	45	4238	45	4608	8.73	249	4801	509	4993	4.00
24～26 号	18	87	3889	105	4300	10.57	817	4545	1212	4964	9.22

15.7.3　坝肩地质缺陷处理

（1）一般处理措施。为避免不均匀变形和改善坝基的受力条件，对建基面出露的断层、节理裂隙密集带等地质缺陷进行表层加固处理。加固处理的方式根据断层的规模、性状、产状及所在建筑物部位受力条件确定。

基本处理方案为：将缺陷部位进行挖除，挖除深度根据缺陷的部位及性状具体确定，一般为 1.0～1.5 倍的断层宽度。同时，在已挖除深度的基础上对断层应掏挖一定的深度，然后利用混凝土塞回填。混凝土强度等级与该部位坝体相同，即 C25W8F50 或 C30W8F50。

两岸坝肩的地质勘探平洞，大部分在拱座附近，对拱座的传力及变形有一定影响，对坝肩传力范围以内的平洞进行回填混凝土处理。回填混凝土强度等级 C20，外掺 MgO 膨胀剂。对顶拱进行回填灌浆，灌浆压力 0.3MPa。

（2）特殊处理措施。

1）左右岸坝肩 821.00m 高程以上深挖回填混凝土处理。两岸坝肩地质条件变化是在坝肩开挖的过程中发现的，当时左岸已开挖至 830.00m 高程，坝肩下游开挖边坡已达 45m 高，右岸已开挖至 860.00m 高程，坝肩边坡已达 30m 高，两岸部分边坡已完成支护，另外，由于两岸下游山体较单薄，为保护下游尾岩，不宜进行二次扩挖。为不影响施工进度，在补充勘探工作基础上，对两岸坝肩建坝条件进行了初步分析，考虑龙江拱坝 821.00m 高程以上拱端力系水平较低，单高径向力仅 2000t 左右，因此确定采用深槽开挖回填混凝土基础方案，使混凝土回填基础与下游岩体形成组合地基，共同承担坝肩荷载。

根据新的地质资料和新确定的两岸坝肩建基标准，对基础地质缺陷部位进行二次深槽开挖，使其达到建基标准，为减小二次开挖范围，左岸深挖基础向下游扩挖 3m，右岸深挖基础向下游扩挖 5m，左岸深挖基础上、下游侧皆采用铅直开挖，右岸深挖基础上、下

游侧开挖坡比为 1：0.3。

左岸深挖处理范围为高程 853.80～821.00m，从 25～20 号共 6 个坝段。其中，从 25 号重力墩坝段开始处 6m 宽范围下挖 3m 至高程 850.80m。对受 F_{30} 断层及软岩密集带影响的 23 号坝段，局部深挖至高程 834.00m，并向 24 号坝段渐变，回填基础形成传力塞，将部分拱端推力传至重力墩基础。其余坝段上游侧挖深 5～13m，下游侧挖深 3～8m。

右岸深挖处理范围为高程 860.50～813.00m，从 1～8 号共 8 个坝段。其中，重力墩 1～3 号坝段平均下挖 3m 至高程 857.5m，由于 4～8 号坝段下游尾岩可利用岩面线降低，为保证坝肩稳定，将其较原设计建基面平均深挖 5m。

对二次开挖深槽进行回填混凝土处理，使混凝土回填基础与下游岩体形成组合地基。左岸拱坝回填基础向坝踵以外延伸 4m，向坝趾以外延伸 3m，一般深度为 3～13m。右岸拱坝回填基础向坝踵以外延伸 2m，向坝趾以外延伸 4m，深度为 5m。回填混凝土标号与该部位拱坝混凝土强度等级相同，22 号、5 号坝段及其以上高程回填基础采用 C25W8F50，21 号、6 号坝段及其以下高程回填基础采用 C30W8F50。

对回填混凝土基础分铅直横缝，缝面与坝体横缝相同，横缝处设键槽及止水，并进行接缝灌浆，使之形成整体。处理图见图 15.28。

为提高深槽基础岩体的整体性及抗渗性，对深挖后的基础进行固结灌浆。对于重力墩表部弱化部位采取加强固结灌浆处理。因回填基础下游与岩石接触面的坡面比较陡，对其进行接触灌浆，保证回填基础与下游岩体整体传力。

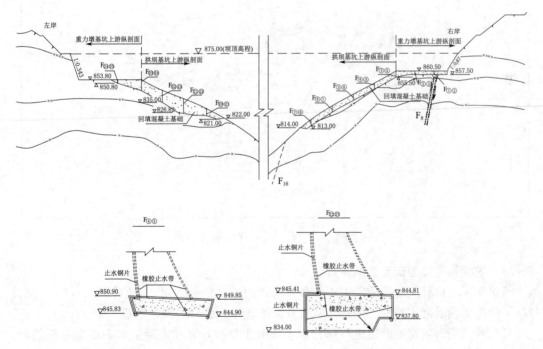

图 15.28　坝肩 821.00m 高程以上深挖回填混凝土处理图

2）R_{19}、R_{20} 软岩部位处理。右岸 8 号和 9 号坝段实际揭露出斜穿两个坝段的 R_{19}、R_{20} 软岩，为保证坝基渗透稳定，和拱肩变形稳定，对其进行置换处理，形成封闭的防渗线路和传力塞。在 R_{19}、R_{20} 软岩所在坝基表部开挖并回填 C30W8F50 混凝土塞。为加强回填混凝土与岩石之间的连接，在高边坡侧设 ϕ22 锚筋，入岩 2m。在灌浆洞下游侧，沿着软岩产状开挖一个置换井，挖至软岩尖灭点以下 0.5m，并对置换井回填 C25F50 混凝土（与平洞连通段回填 C20W8 混凝土），外掺 MgO 膨胀剂。表部混凝土塞开挖完成后，对软岩进行钻孔，穿透软岩，用压力水对软岩带进行冲洗，将软岩及充填泥冲洗出来，并回填 C30W8 一级配混凝土。在竖井与灌浆洞衬砌混凝土之间设 ϕ22 插筋。处理图见图 15.29。

为提高软岩周围岩体的防渗能力，在竖井与帷幕之间布置高压加强固结灌浆，孔深 15～35m。最大灌浆压力 2.0MPa。

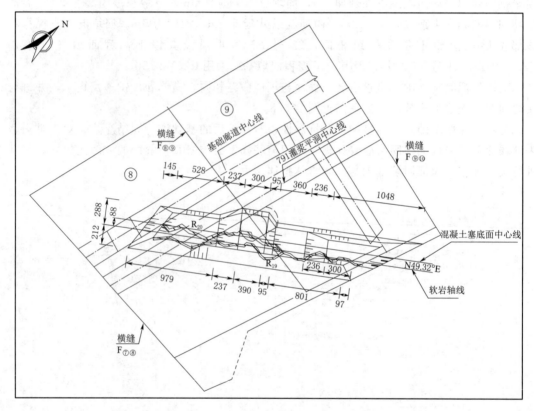

图 15.29　R_{19}、R_{20} 软岩处理平面示意图

15.7.4　大坝基础处理安全影响评价

根据两岸坝肩补充的地质勘察工作和已揭露的地质条件，对 1～7 号、20～24 号坝段进行了深挖置换混凝土处理，使其与基础及下游岩体一起形成组合地基。

对坝基范围内较宽的断层进行深挖回填混凝土处理，并在混凝土塞表面布置钢筋网。对于出露于坝基的其余小断层或软岩进行了浅层掏挖处理。

对于出露于 8 号和 9 号坝段的 R_{19}、R_{20} 软岩带，在帷幕下游采用了深井挖除并置换混凝土处理，并在深井的两侧进行加强固结灌浆与帷幕线相连接，在深井上、下游进行深挖槽（未予挖穿）置换混凝土和加强固结灌浆处理等。

部分节理密集带、岩石破碎部位进行了加强固结灌浆处理，并布置钢筋网。对坝基开挖起伏差比较大的部位，均铺设了抗裂钢筋。

结合揭露的地质条件，对坝基固结灌浆进行了加密、加深处理。对承受的水头大、渗径短的部位，帷幕灌浆按主、副双排布置，对断裂构造等地质缺陷部位，适当增加了帷幕灌浆孔。

静力情况下，与可研设计相比较，坝体上、下游面最大主压应力变化较小，坝体最大主压应力、主拉应力均满足应力控制标准的要求，且有较大的安全裕度。从抗震计算复核结果来看，与可研设计相比较，坝体应力变化较小，高应力区范围也基本相同，说明虽然两岸坝肩变模有一定变化，河床坝段坝基抬高了 5m，但对大坝静、动应力影响均较小。

坝肩抗滑稳定条件有所变化，与可研报告相比，本次复核的坝肩抗滑稳定安全系数均降低，但安全系数仍然满足规范的要求，坝肩抗滑是稳定的。从重力墩的平面及三维抗滑稳定分析可知，两岸重力墩的基面及深层抗滑是稳定的。

通过计算分析，坝体应力、组合基础应力、坝肩变形稳定、抗滑稳定是满足要求的，说明两岸坝肩经处理后是安全的，处理方案是合适的。

15.8　渗流控制设计

15.8.1　帷幕灌浆

（1）防渗帷幕设计。两岸坝端地下水位高程为 860.00～880.00m。坝址两岸地下水埋深一般为 21～42m，右岸地下水埋藏较深，局部达 68m。坝址区岩体主要为弱透水性岩体，岩体透水性随深度增加有减小的趋势。

防渗帷幕的深度，根据岩体的透水率和坝体高度，防渗帷幕设计标准：10～17 号坝段按透水率 $q \leqslant 1Lu$ 控制，其他坝段及两岸按 $q \leqslant 3Lu$ 控制。

防渗帷幕线范围确定为：河床坝基为 705.00m 高程，两岸山体帷幕均在两岸地下水位线以内，左岸为坝头向山里延伸 63m，右岸为坝头向山里延伸 49m。

帷幕灌浆孔的布置：坝基 7～21 号坝段，帷幕承受的水头大、渗径短，灌浆孔按主、副帷幕双排布置，其余部位按单排布置。帷幕灌浆采用分序加密法进行钻孔灌浆，Ⅰ序孔孔距为 8.0m，Ⅱ序孔加密到孔距为 4.0m，Ⅲ序孔加密到基本孔距 2.0m，排距为 0.8m。副帷幕深度按主帷幕的 60% 考虑，遇断裂构造、软岩等地质缺陷部位视具体情况适当加密缩小孔距。灌浆压力详见表 15.44。

表 15.44　　　　　　　　　　帷幕灌浆的灌浆压力参考值表

灌浆段	孔深/m（基岩以下）	灌浆压力/MPa		
		Ⅰ序孔	Ⅱ序孔	Ⅲ序孔
1（接触段）	≤2	1.6	1.8	1.8
2	2～7	2.0	2.2	2.5
3	7～12	2.5	3.0	3.0
4	12～17	3.0	3.5	3.5
5	>17	4.0	4.0	4.0

坝基帷幕灌浆在大坝基础廊道内进行。两岸坝肩及山体帷幕灌浆在灌浆平洞内进行，各层灌浆平洞之间的防渗帷幕均采用衔接帷幕，衔接帷幕深度12.00m，上层帷幕底线伸入下层灌浆平洞底板高程以下5.00m。

　　引水洞穿过大坝防渗帷幕，做大坝帷幕灌浆时，在引水洞周边预留一定范围，待引水洞混凝土浇筑完成后，再做阻水帷幕与大坝帷幕灌浆相衔接，因此做好引水隧洞的帷幕灌浆及与大坝帷幕灌浆的衔接是十分重要的。大坝835.00m高程灌浆平洞的帷幕灌浆底线为803.00m，大坝进行灌浆时，先预留距引水隧洞开挖边线约3m范围作为大坝帷幕灌浆边线，引水洞的阻水帷幕灌浆与大坝的帷幕灌浆相互搭接5m（即：左右侧及引水隧洞顶部的灌浆深度约为8.5m）。下部的阻水帷幕灌浆底线达到749.00m高程。引水隧洞的帷幕灌浆孔呈放射状，钻孔较深，为使钻孔边缘的帷幕灌浆封闭良好，加大灌浆孔的密度，在洞内的帷幕灌浆孔不至于太密，且与大坝帷幕相衔接良好，帷幕灌浆孔按双排孔布置，排距为0.8m。与大坝相接的防渗帷幕灌浆的基本方法为自灌浆孔外向孔内分段循环灌浆。灌浆工序自孔外向孔内分四次进行。为防止一次性灌浆压力过大对引水洞的破坏，第一次工序钻孔深为5m，灌浆压力为1.0MPa；第二次工序钻孔深为5m，灌浆压力为2.0MPa；第三次工序钻孔深为5m，灌浆压力为3.0MPa；第四次工序钻孔达到设计深度，灌浆压力为4.0MPa。

　　（2）防渗帷幕质量检查与分析。帷幕孔各孔段在灌前都进行简易压水试验，其简易压水试验成果见表15.45。

表15.45　　　　　　　　　　　　基础廊道帷幕灌浆前透水率成果表

孔序	孔数	压水段数	透水率/Lu区间 [段数/频率%]					平均透水率/Lu	递减率/%
			<1	<3	<5	<10	>10		
Ⅰ	67	628	70/11.50	210/33.09	171/27.23	111/17.67	66/10.51	4.49	100
Ⅱ	67	562	131/23.31	220/39.15	101/17.97	74/13.16	36/6.41	3.59	20
Ⅲ	134	1139	429/37.66	349/30.65	156/13.69	149/13.08	56/4.92	3.10	31

　　根据帷幕灌浆前透水率成果，表明岩体灌前透水率值随着灌浆孔序的不断加密而呈现出依序递减的灌浆规律，说明经过前序灌浆处理后，后序孔的透水性逐渐降低，灌浆效果显著。

　　根据帷幕灌浆各孔、段的灌浆原始记录，整理、统计分析的灌浆单位注入量见表15.46。

表15.46　　　　　　　　　　　　基础廊道灌浆单位注入量成果表

孔序	孔数	灌浆段数/m	水泥量/kg	灌浆段数	单位注入量/(kg/m)	平均单位注入量/(kg/m)
Ⅰ	67	3053.1	52217.1	628	17.17	
Ⅱ	67	2699.7	29490.3	562	10.92	12.32
Ⅲ	134	5520.4	48723.9	1139	8.83	
合计	268	11273.2	130431.4	2329		

Ⅰ序、Ⅱ序、Ⅲ序孔的单位注入量分别为 17.17kg/m、10.92kg/m、8.83kg/m，Ⅱ、Ⅲ序孔较Ⅰ序孔分别递减 6.25kg/m、8.34kg/m，其递减率分别为 36%、48%，表明灌浆单位注入量随着灌浆孔序的不断加密而呈现出依序递减的变化趋势，且递减明显，符合一般灌浆规律，说明灌浆效果显著。

　　对基础廊道 1 号～26 号坝段及左岸高程 791.00m、右岸 R_{791}、左岸高程 835.00m 灌浆平洞帷幕灌浆进行灌后压水试验检查，共布置检查孔 77 个，压水试验 668 段，灌浆后透水率平均值 0.11～2.59Lu，均满足设计防渗标准。

15.8.2　灌浆平洞布置

　　帷幕灌浆深度在河床为 65.00m，在左岸最深达 99.00m，在右岸最深达 75.00m。为改善灌浆施工条件，保证灌浆质量，在两岸坝肩布置灌浆平洞。

　　结合坝内交通廊道及坝后桥的布置，在左岸 835.00m、791.00m 高程分别布置两层灌浆平洞，在右岸 791.00m 高程布置一层灌浆平洞。灌浆平洞分别与基础廊道相连，各灌浆平洞断面均为 2.5m×3.5m。城门洞型采用全断面衬砌，衬砌厚度 0.50m，对围岩进行回填灌浆和固结灌浆，固结灌浆孔距 2.50m，梅花形布置，孔深 5.00m。在上游侧及底板布置锚筋，锚筋采用 $\phi22$，锚深 3.0m，间距 2.0m，梅花形布置。

15.8.3　坝基排水布置

　　基础排水孔布置在大坝基础范围内，在防渗帷幕的下游侧。河床坝基排水孔底线高程为 725.00m，排水孔范围至两岸重力墩基础。排水孔深度按主帷幕的 0.6 倍考虑。排水孔基本孔距为 3.00m，排水孔孔径为 90mm。

　　为排大坝及坝基渗水，在 13 号坝段布置集水井，在集水井内设排水泵，设计流量为 240m³/h。

15.9　封堵设计

15.9.1　导流洞封堵设计

　　导流洞布置在右岸，全长 840.70m，进口底高程 790.00m，纵向坡度为 2.387‰，城门洞型剖面，标准断面尺寸为 12.00m×12.00m。

　　(1) 导流洞封堵段平面位置确定。为了确保封堵效果良好，根据导流洞的布置情况，封堵段选定在大坝帷幕灌浆线与导流洞交叉处。封堵段扩挖楔型最大断面尺寸为 14.80m×13.60m（宽×高）。

　　(2) 导流洞封堵段要求。导流洞封堵是按永久水工建筑物进行设计。挡水的设计洪水标准为 500 年一遇，洪水位 872.72m；校核洪水标准为 2000 年一遇，校核洪水位 874.54m。为保证封堵段安全运行，在封堵段设计上，导流洞封堵段位置选择在围岩条件较好的Ⅱ类围岩洞段上；封堵段封堵施工期进行固结灌浆和帷幕灌浆对围岩进行加强处理；采用微膨胀混凝土，解决温控和防裂问题；采用接缝灌浆以增加封堵段混凝土与围岩之间的粘结力。通过这些设计措施，保障封堵段的安全可靠。

　　(3) 导流洞封堵段长度确定。

　　1) 计算方法。封堵计算断面为导流洞城门洞型标准断面（开挖轮廓），不考虑已有混凝土衬砌。分别按三种方法计算：

a. 按《水工隧洞设计规范》(DL/T 5195—2004) 推荐方法，按柱状封堵体进行抗滑稳定计算。公式为：

$$\gamma_0 \psi S(\cdot) \leqslant R(\cdot)/\gamma_d \tag{15.16}$$

$$S(\cdot) = \sum P_R \tag{15.17}$$

$$R(\cdot) = f_R \sum W_R + C_R A_R \tag{15.18}$$

式中：γ_0 为结构重要性系数，取 1.1；ψ 为设计状况系数，基本组合持久状况取 1.0，特殊组合偶然状况取 0.85；γ_d 为结构系数，取 1.2；$S(\cdot)$ 为作用效应函数（考虑荷载分项系数）；$R(\cdot)$ 为结构抗力函数；$\sum P_R$ 为滑动面上封堵体承受全部切向作用之和，对于导流洞来说主要是内水压力；$\sum W_R$ 为滑动面上封堵体全部法向作用之和，向下为正，对导流洞来说主要是封堵体自重；f_R 为混凝土与围岩的摩擦系数，0.9；C_R 为混凝土与围岩的黏聚力，0.9MPa；A_R 为除顶拱外，封堵体与围岩接触面的面积。

b. 按照经验公式 $L = mHD$ 进行封堵段长度计算。一般 m 取 0.0125 或 0.02，结合龙江水电站枢纽工程的实际情况，取 $m = 0.02$。

$$L = 0.02 HD \tag{15.19}$$

式中：L 为封堵段长度；H 为作用于封堵段的水头；D 为封堵断面直径［非圆形时，D 为等效直径，$D = (4A/\pi)^{0.5} = 13.22\text{m}$，$A$ 为封堵断面面积］。

c. 按《水工隧洞设计规范》(SL 279—2002) 推荐方法"圆柱面冲压剪切原则"确定封堵段长度。

$$L = P/([\tau]A) \tag{15.20}$$

式中：P 为作用于封堵段头部的推力，MN；$[\tau]$ 为混凝土与围岩的容许剪应力，MPa；A 为封堵段剪切面有效计算周长，m。

封堵段断面抗剪截面长度 $A = 24.8\text{m}$（取底板和边墙长度），封堵段封堵材料采用 C20 混凝土。混凝土与围岩的容许剪应力 $[\tau] = 0.2\text{MPa}$。

2) 计算参数。

a. 混凝土的容重取 24.0kN/m^3，水的容重取 10.0kN/m^3。

b. 计算断面为标准的过流断面（开挖轮廓），即 $12.4\text{m} \times 12.4\text{m}$ 的城门洞型，偏安全考虑断面周长不计顶拱长度。

c. 计算水头：封堵段开始桩号为导 0+343.69m，底板高程为 789.18m，各种水位下的水头及水压力见表 15.47。

表 15.47　　　　　　　　导流洞封堵体水头及水压力表

水位情况	水库水位/m	水头/m	水压力/MN
正常蓄水位	872.00	82.82	0.828×137.26
设计洪水位	872.72	83.54	0.835×137.26
校核洪水位	874.54	85.36	0.854×137.26

3) 计算结果。各种计算情况下封堵段长度见表 15.48。

以上三种计算方法，圆柱面冲压剪切法计算出的封堵段长度最大，根据实际情况，综合考虑，最终取封堵段长度 30m。

表 15.48		导流洞封堵体长度		
计 算 情 况	承受水头 H/m	封堵体长度/m		
		方法一	方法二	方法三
正常蓄水位 872.00m 情况	82.82	17.96	21.90	22.92
设计洪水位 872.72m 情况	83.52	18.11	22.09	23.12
校核洪水位 874.54m 情况	85.36	15.73	22.57	23.62

（4）封堵型式的确定。考虑到封堵段洞周固结灌浆和帷幕灌浆等需要，导流洞封堵分两期施工，即一期混凝土施工时预留 3.0m×4.0m 的灌浆廊道，待固结灌浆和帷幕灌浆结束后再进行二期混凝土浇筑。封堵纵剖面图详见图 15.30。

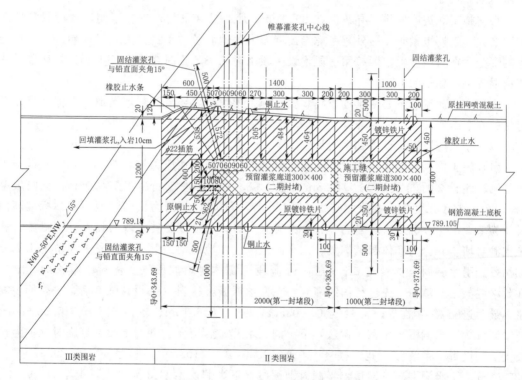

图 15.30　导流洞封堵段纵剖面图

一期混凝土施工时，洞内砂浆抹面应全部凿除，对洞内衬砌混凝土和喷混凝土进行凿毛处理，喷混凝土应达到 C20 混凝土的设计要求，否则应凿除；导流洞施工时，在第一段的混凝土底板部位设置了两道铜止水，后发现在该部位刚好有 F_7 断层从顶拱部位通过，因此，本次封堵时将铜止水后移至帷幕灌浆位置，原第一道铜止水处粘贴 BW-Ⅱ型橡胶止水条，保证回填灌浆和接缝灌浆区封闭，在导流洞封堵段末段部位增设一道止浆片，同时要求沿止水坑每 1.5m 设置两根长度 2.0m、入岩 1.5m 的 φ25 锚杆，用于定位和固定止水；为满足灌浆要求，在封堵段施工缝处（导 0+363.69m）灌浆廊道周围和封堵段末端（导 0+373.69m）一、二期混凝土之间设置橡胶止水带；二期混凝土施工时，对一期封堵的混凝土面亦应进行凿毛处理；一、二期混凝土之间在洞两侧壁上和端头部位分别布置两排间距1.5m，长度2.0m的φ22插筋。

一期封堵结束后，须在预留廊道内依次进行顶拱回填灌浆、洞壁周围岩体固结灌浆和帷幕灌浆，顶拱部分的固结灌浆孔和帷幕灌浆孔兼作回填灌浆孔，回填灌浆不再单独设置灌浆系统；二期封堵结束后只在顶拱进行回填灌浆；最后进行混凝土与侧壁岩石间的接缝灌浆。为了减少混凝土钻孔工程量，固结灌浆和帷幕灌浆均须在一期封堵混凝土内预埋φ50mm PVC管。要求固结灌浆孔径不小于38mm，帷幕灌浆孔径不小于46mm。

回填灌浆压力采用0.3MPa；固结灌浆压力采用1.2MPa；帷幕灌浆分段进行，接触段灌浆压力采用1.6MPa，第二段灌浆压力2.5MPa，第三段灌浆压力3.5MPa。固结灌浆和帷幕灌浆在环间和环内均需分两序施工，并要求按照由浅入深的方向进行施工。接缝灌浆压力0.6MPa。

根据施工总进度安排，导流洞在2010年4月7日（汛前）进行下闸，这使封堵施工难度增大、工期更紧张，另外，考虑导流洞塌方段地质条件不良，为了确保导流洞封堵施工的安全，在封堵段上游紧接第一段增设一段临时堵头，临时封堵段长12m，封堵段采用普通混凝土，标号为C20。

由于生态放流和下游回水的影响，实际施工中增设了导流洞封堵围堰，以保证导流洞封堵的安全施工。

15.9.2　引水隧洞施工支洞封堵设计

（1）施工支洞封堵基本布置。引水隧洞施工支洞布置在压力钢管前部，其中心线与引水隧洞轴线相交的桩号引0+094.25m，全长93.116m，进口底高程788.00m，纵向坡度为0.089，与引水隧洞中心线相交处的高程为779.70m，断面为城门洞型剖面，标准断面尺寸为7.3m×14.30m。根据整个引水隧洞施工支洞的布置及其采取的临时支护措施，施工支洞封堵，共分为实体封堵洞段、下半洞混凝土回填洞段、下半洞混凝土回填上半洞衬砌洞段。引水隧洞至桩号支0+056.15m洞段为实体封堵洞段（实体封堵段长约30m），在封堵混凝土回填前，先进行固结灌浆，在回填混凝土达到70%设计强度后，进行回填灌浆，最后进行接缝灌浆；桩号支0+035.57～0+056.15m、桩号支0+010.00～0+030.57m为下半洞混凝土回填洞段，下半洞回填C20混凝土，并对上半洞（临时支护为锚喷支护）设置了系统排水孔；桩号支0+000.00～0+010.00m、桩号支0+030.57～0+035.57m为下半洞混凝土回填上半洞衬砌洞段，下半洞回填C20混凝土，上半洞采用1m厚的钢筋混凝土衬砌，并对衬砌段进行了回填和固结灌浆。在实体封堵段的末端，设置了两根φ300mm的排水管引至洞口。封堵平面及纵剖面图详见图15.31、图15.32。

（2）施工支洞堵头长度的计算。封堵计算断面分别取施工支洞城门洞形标准断面（开挖轮廓）和下半洞回填后上半洞城门洞型断面，不考虑已有喷混凝土支护。

1）计算方法。

a. 按《水工隧洞设计规范》（DL/T 5195—2004）推荐方法，按柱状封堵体进行抗滑稳定计算。

b. 按《水工隧洞设计规范》（SL 279—2002）推荐方法"圆柱面冲压剪切原则"进行计算。

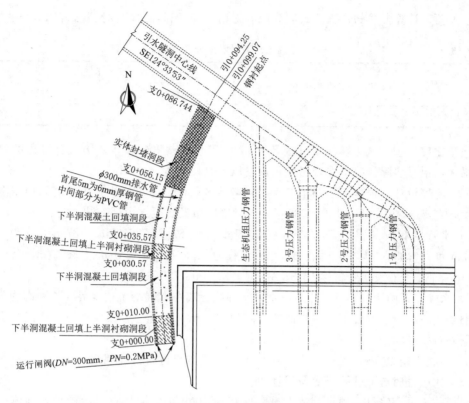

图 15.31　引水隧洞施工支洞封堵段平面布置图

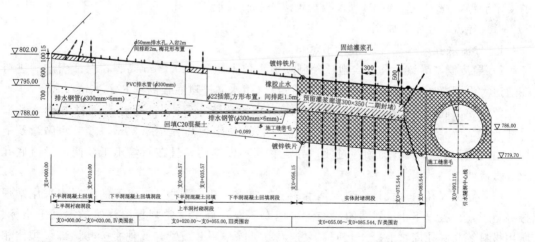

图 15.32　引水隧洞施工支洞封堵段纵剖面图（单位：高程、桩号为 m　其他尺寸为 cm）

2）计算参数。

a. 混凝土的容重取 24.0kN/m³，水的容重取 10.0kN/m³。

b. 封堵混凝土与岩石之间的抗剪断摩擦系数 $f'=0.7$，黏结力 $c'=0.6$MPa。

c. 计算断面为标准的过流断面（开挖轮廓），即 $7.30\text{m}\times14.15\text{m}$ 的城门洞型，偏安全考虑断面周长不计顶拱长度。

以上两种计算方法的计算公式同导流洞封堵，经计算，封堵段长度见表 15.49。

表 15.49　　　　　　　　　　　　　　施工支洞封堵体长度

计算情况	承受水头 H/m	封堵体长度/m	
		方法一	方法二
最大内水压力情况	128	22.41	29.60

成果比较，按《水工隧洞设计规范》（DL/T 5195—2004）推荐方法计算出的封堵段长度最大，根据实际情况，综合考虑，最终取封堵段长度 30m。

（3）温控设计。根据引水洞施工支洞封堵结构条件，为了加快施工进度和控制混凝土的温度，在支 0+056.15～支 0+085.544m 封堵段布设混凝土内部冷却水管：

1）水管的布设高程为 781.87m、783.37m、784.87m、786.37m、787.87m、793.63m、795.13m 和 796.63m。其中，通仓布设水管高程为 783.37m、784.87m、786.37m、787.87m、795.13m；非通仓布设水管高程为 781.87m、793.63m、796.63m。

2）水管布设间距以 1.5m 控制，垂直洞轴线距离左右混凝土边缘界面的距离为 80cm，平行洞轴线距离前后混凝土边缘界面的距离为 200cm（非通仓边缘界面为新浇混凝土与施工支洞岩石接触面）。

3）混凝土闷温 5～7 天的平均温度达到 18℃后方可进行接缝灌浆。

15.9.3　大坝临时导流底孔布置及设计

根据施工进度安排，预计坝体上升高度将在 2009 年汛期超过上游围堰，坝体拦洪度汛标准为大汛 50 年重现期。为保证引水发电系统的度汛安全，根据工程实际进度和面临的度汛形势，在 13 号、14 号坝段骑缝增设一孔临时泄洪底孔。

（1）导流底孔布置原则。

1）导流底孔底板高程定为 788.50m。

2）导流洞与导流底孔联合泄流控制坝前水位不超过 820.00m 高程，保证引水洞进口在遭遇大汛期超 30 年重现期洪水时不被淹没（引水洞进口底板高程 822.00m）。

（2）导流底孔结构布置。在 13 号、14 号坝段骑缝布置，共一孔，断面为矩形，孔口尺寸 8m×9m（进口）/8m×8.3m（出口），矩形，底板高程 788.50m，进口两侧缘及上缘采用曲线为 R=1.0m 的圆弧过渡，导流底孔不设闸门，且在封堵施工期间，导流底孔没有水流通过。

（3）导流底孔封堵设计。对封堵混凝土的要求：在离顶板 1m 以下的混凝土采用常规振捣施工，顶板以下 1m 范围的混凝土采用有压泵送施工。常规振捣浇筑的混凝土指标、所用材料等与底孔周边混凝土相同；泵送混凝土除采用 Ⅱ 级配，其他指标与该部位坝体相同。导流底孔全断面配置 ϕ28 钢筋，分布筋 ϕ22，为防止封堵混凝土的上下游迎水面发生裂缝，在封堵混凝土的上下游面布置 ϕ25@25 抗裂钢筋。封堵混凝土强度与该部位坝体相同，即 C25W8F50。待封堵混凝土达到设计灌浆温度时，对两侧及顶拱进行接缝灌浆。封堵纵剖面图详见图 15.33。

（4）导流底孔封堵段稳定计算。封堵计算断面取导流底孔矩形标准断面，同时按最不利情况考虑，不计入其顶部和下压段的抗剪断强度。

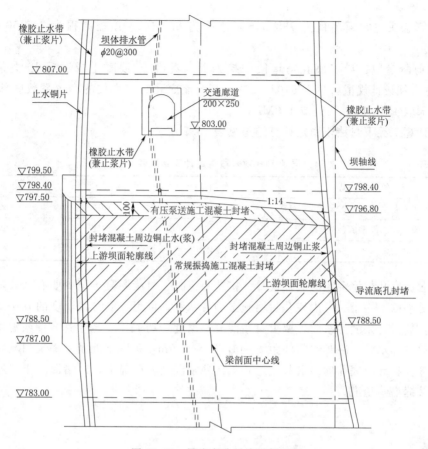

图 15.33　导流底孔封堵纵剖面图

1）计算公式。按《水工隧洞设计规范》（DL/T 5195—2004）推荐方法，按柱状封堵体进行抗滑稳定计算。公式为

$$\gamma_0 \psi S(\cdot) \leqslant (1/\gamma_d) R(\cdot) \tag{15.21}$$

$$S(\cdot) = \sum P_R \tag{15.22}$$

$$R(\cdot) = f_R \sum W_R + C_R A_R \tag{15.23}$$

式中：γ_0 为结构重要性系数，取 1.1；ψ 为设计状况系数，基本组合取 1.0，偶然组合取 0.85；γ_d 为结构系数，取 1.2；$S(\cdot)$ 为作用效应函数（考虑荷载分项系数）；$R(\cdot)$ 为结构抗力函数；$\sum P_R$ 为滑动面上封堵体承受全部切向作用之和，对于导流底孔来说主要是外水压力；$\sum W_R$ 为滑动面上封堵体全部法向作用之和，向下为正，对导流底孔来说主要是封堵体自重和扬压力；f_R 为混凝土与围岩的摩擦系数，底部取 1.1，两侧取 1.0；C_R 为混凝土与围岩的凝聚力，底部取 1.2MPa，两侧取 1.0MPa；A_R 为除顶拱部位（90°～120°）外，封堵体与围岩接触面的面积，对导流底孔来说，计算中未计入顶部的抗剪断作用。

2）计算过程及结果。

a. 混凝土的容重取 24.0kN/m³，水的容重取 10.0kN/m³。

b. 计算断面为标准的过流断面，即 8m×9m 的矩形，偏安全考虑断面周长不计顶部长度。

c. 计算水头：底板高程为 788.50m，水头为 83.50m，顶板高程为 797.50m，水头为 74.5m。

d. 抗剪断参数：导流底孔封堵段的接触面为混凝土/混凝土或混凝土/灌浆，根据《混凝土重力坝设计规范》（DL 5108—1999），导流底孔封堵部位的摩擦系数底部取 1.1；凝聚力底部取 1.1MPa，两侧取 1.0MPa。

各种计算工况下封堵段稳定计算结果见表 15.50。

表 15.50 导流底孔封堵段稳定计算结果表

计 算 工 况	作用值/t	抗力值/t	备注
正常蓄水位 872.00m	6257	16127	满足
设计洪水位 872.72m	5367	16126	满足
校核洪水位 874.54m	5489	16125	满足

（5）导流底孔封堵混凝土温控设计。接缝灌浆时，封堵混凝土至少要有 28d 龄期，但是还没有足够的干缩量，考虑底孔封堵施工的特殊性，可用降低灌浆温度的方法来抵偿干缩之不足，故进行接缝灌浆时，要求封堵混凝土温度达到 13℃。为了达到灌浆温度，封堵混凝土埋设冷却水管，冷却水管间距 1.0m，层高 1.0m，每一层混凝土浇筑初凝后即可开始通水冷却。在导流底孔周边混凝土达到坝体稳定温度的情况下，封堵混凝土应连续通水冷却达到接缝灌浆温度。

第16章 引水系统设计

16.1 引水洞线选择

16.1.1 地形、地质条件

根据已选定的坝址处的地形地质条件，经枢纽布置比选，厂房位于大坝左岸，相应引水系统布置在左岸。

引水系统进水口位置的选定考虑了以下因素：进水口底板高程需满足淹没深度的要求；大坝上游左岸山体的地形地质条件；连接进水口与厂房的引水隧洞要求洞线较短，且水流顺畅，洞身段的地质条件相对较好等因素。

大坝左岸山体地面高程为 800.00~940.00m，表部覆盖层较薄，为 2~3m。距大坝左岸坝头上游约 80m 处有一冲沟，冲沟附近有 F_2 陡倾角断层，走向平行冲沟。断层破碎带宽 10~12m，由 9 条小断层组成。左岸坝肩存在有 F_7 断层，其走向平行河道，倾角 75°~80°，宽度 4~6m。

若将进水口布置在冲沟的上游侧，由于受淹没深度的限制，因而进口前沿开挖及边坡处理工程量较大，另外，隧洞将穿过 F_2 断层破碎带的不良地质段，并从沟底穿过，而沟底地面高程为 830.00m，隧洞直径为 11m，所以穿沟洞线上覆岩体较薄，无法成洞，需要采用管桥或其他的工程措施，无疑增加了工程的投资以及工程的设计与施工的难度。因此，进水口布置在大坝左坝头上游冲沟的下游侧较优。

16.1.2 方案拟定

根据选定的进水口的位置，结合厂位比选，根据地形地质条件，引水洞线布置了三个方案进行比较。三个方案均为一洞四机"卜"字形分岔布置，进水口均位于大坝左坝头上游冲沟的下游，厂房分别选用顺河向、横河向，岔管均采用"卜"字形分岔。

方案一：进口布置在大坝左岸上游冲沟的下游侧，引水隧洞轴线在大坝重力墩下部穿过后转角，经"卜"字形分岔由四条压力管道与横河向厂房相连。

方案二：进口布置在大坝左岸上游冲沟的下游侧，引水隧洞轴线在大坝重力墩下部穿过后转角，经"卜"字形分岔由四条压力管道与顺河向厂房相连。

方案三：进水口位于大坝左岸上游冲沟的下游侧，为岸塔式，采用侧向进水。拦污栅底板高程为 823.00m，闸门井底板高程为 790.00m。拦污栅与闸门井采用漏斗式收缩段及立面转弯相连接。闸门井后接引水隧洞，引水隧洞从 22 号坝段基础以下的岩石内穿过，洞顶距坝基约 39m，经"卜"字形分岔由四条压力管道与顺河向厂房相连。

16.1.3 方案选定

从地质、地形条件上，三个方案的引水隧洞距左岸坝肩 F_7 断层的距离分别为 8m、20m 和 28m，方案三最优。方案一、方案二由于是正向进水，进水渠开挖边坡高度分别为 120m 和 100m，方案是侧向进水，开挖边坡仅为 20m，避免了高边坡开挖。

从洞线布置上看，方案一洞身段有两个立面转弯和一个平面转弯，方案二洞身段有两个立面转弯，方案三仅在进水口处布置一个立面转弯，且由于进水口处断面较洞身断面大，因而立面转弯处水头损失较小。另外洞身段布置为直线，没有平面和立面转弯，且洞线长度最短。

　　从进水口的布置上看，三个方案均为岸塔式结构，方案一、方案二为正向对称进水，而方案三为侧向进水，相比之下，方案三的进水条件较前两个方案略差。

　　从投资上看，方案三投资居中，较方案一投资多609万元，较方案二投资少338万元。

　　综上所述，方案三与前两个方案相比，虽然造价上不是最优的，但洞线布置较顺畅、平直，洞线最短，方案三的总水头损失较前两个方案少30cm，而且地质条件最为有利，进口不存在开挖高边坡，长期运行下较为安全，最终选定方案三。

16.2　引水系统布置

　　引水系统布置在左岸山体内，由进水口、引水隧洞及压力管道组成，采用一洞四机的布置方式，进水口位于左岸坝头上游侧约50m处，引水隧洞在拱坝22号坝段下穿过，经"卜"字形分岔由四条压力钢管与厂房内的三台发电机组和一台生态机组相连。发电机组单机引用流量142.90m³/s。生态机组引用流量35.6m³/s。经计算不需要设置调压井。布置详见图16.1和图16.2。

16.2.1　进水口布置

　　进水口布置分为整体布置进水口和独立布置进水口。整体布置进水口应与枢纽工程主体建筑物型式相适应，如坝式、河床式进水口；独立布置进水口应根据地形地质条件选择相应的型式，如塔（岸塔）式、岸坡式、闸门井竖井式进水口。但有一些工程，受地形地质条件限制以及枢纽建筑物布置的影响，进水口可布置区域狭小，而且进流方向与引水隧洞轴线方向不一致，这就给进水口的布置带来了极大的困难，采用常规的布置型式，均无法解决，因此，鉴于目前水利水电工程进水口布置的条件，研究探讨适用于地形地质条件复杂、布置区域狭小的新型进水口型式已成为设计和科研人员非常关注的问题。

　　龙江水电站引水系统的进水口布置在大坝左岸，距大坝左岸坝头上游约50m处有一冲沟，冲沟附近有F₂断层，走向近似垂直于河道方向，断层破碎带宽10～12m，上游边坡全风化最大厚度达32m。

　　本工程侧向进水漏斗式进水口设计思路：

　　（1）拦污栅段。进水方式为侧向进水，即拦污栅中心线方向与进水口后引水隧洞轴线不一致。拦污栅底板高程根据实际的地形地质条件选择，为利于进流，拦污栅可布置在朝向河谷一侧，拦污栅井筒为矩形钢筋混凝土结构。

　　（2）闸门井段。闸门井底板高程要根据实际地形地质条件、整个枢纽及引水发电系统的布置进行选择，通过降低闸门井底板高程（与拦污栅底板高程相比）和调整引水隧洞的底坡，可以规避如进口段隧洞埋深不够、穿越坝基及不良地质洞段的问题；闸门井筒为矩形的钢筋混凝土结构，由于拦污栅段与闸门井段布置紧凑，因此，拦污栅井筒与闸门井筒可共用边墙，节省了工程量，增加了整体稳定性。

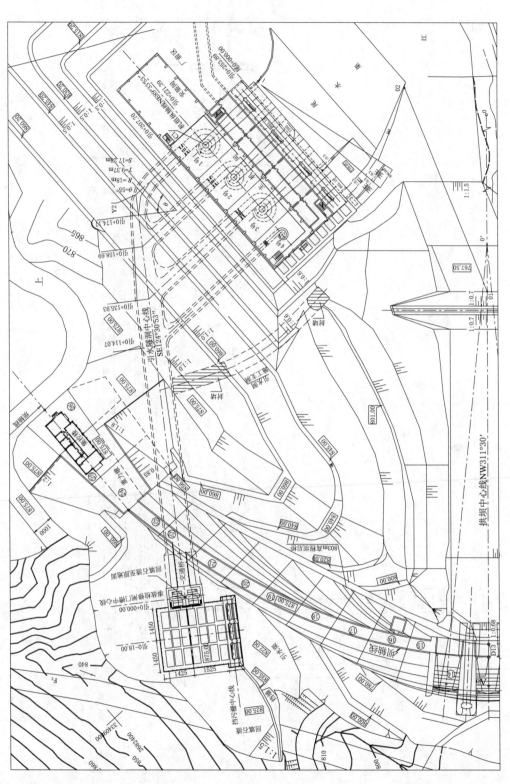

图 16.1　推荐方案平面布置图

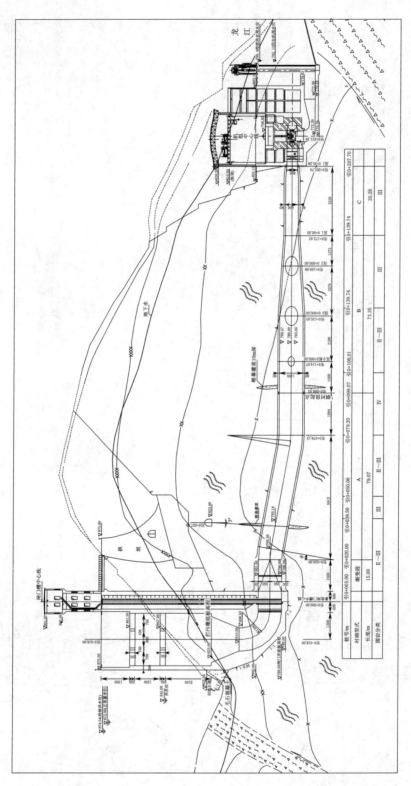

图 16.2　推荐方案剖面布置图

（3）漏斗式收缩段和立面转弯段。拦污栅与闸门井间的流道是采用漏斗式收缩段和立面转弯段连接。漏斗式收缩段拦污栅底板高程处，流道的断面较大（大于或等于整个拦污栅的面积），采用漏斗式收缩，在竖直断面上，流道的断面变为与闸门井断面相同，经过一定的竖直段平顺水流后，再采用立面转弯与闸门井相连。

（4）启闭设备。拦污栅井筒和闸门井井筒顶部设有检修平台，拦污栅及闸门的启闭和检修可通过设在检修平台上门机或启闭机（可单独设启闭机平台）等设备进行启闭。检修平台设有交通桥或路，进行对外交通。

本工程侧向进水漏斗式进水口设计优点及效果：

（1）进流方向与引水隧洞方向不一致。利用进流方向与其后引水隧洞方向不一致，将拦污栅朝向河谷，解决了进水口前端引水渠无法布置的问题。

（2）适用进水口不良地质条件。侧向进流漏斗式进水口，拦污栅朝向河谷一侧，其余三面为钢筋混凝土结构，形成拦污栅井筒，有效地降低了边坡的开挖高度，即使边坡局部不稳定，通过设在拦污栅井筒周围的平台缓冲或避免山体滑坡对井筒冲击的影响，同时又避免了滑坡的渣体滚入进水口，造成进水口阻塞。因此，侧向进流漏斗式进水口可以有效降低进水口其余三面边坡开挖高度，并可以解决边坡可能不稳导致进水口阻塞问题。

（3）进水口各部位布置紧凑。采用漏斗式收缩段和立面转弯段连接拦污栅与闸门井间的流道，使进水口布置紧凑，解决了进水口因可布置区域狭小布置困难的问题。

（4）解决进水口最小淹没水深不能满足的问题。采用侧向进流漏斗式进水口可以降低闸门井底板高程，解决了由于河道以及地形地质条件等原因而导致进水口底板高程不能满足最小淹没水深要求，避免了进水口产生吸气漏斗。

（5）利于尽早进洞。采用侧向进流漏斗式进水口可以降低闸门井底板高程，解决了闸门井后隧洞进洞点上覆岩体不够的问题，避免进洞点后移，节省了工程量。

（6）利于引水隧洞布置。采用侧向进流漏斗式进水口可以解决引水系统与枢纽建筑物布置的矛盾问题，如某工程进水口布置在大坝的坝头位置，若采用常规布置，引水隧洞要绕过坝头在坝肩的山体内通过，布置起来较为困难，采用侧向进流漏斗式进水口，则引水隧洞可以在坝下基岩允许的安全距离以外通过，解决了引水系统与枢纽布置的矛盾的问题。采用侧向进流漏斗式进水口，通过调整闸门井底板高程和调整隧洞的底坡，可以避免或降低不良地质段对引水系统的影响。由于采用侧向进流，即进流方向可以与引水隧洞轴线方向不一致，因而引水隧洞的布置可以更平直顺畅，可以使洞线更短，减少水头损失；通过调整闸门井底板高程和隧洞底坡，可以缩短或取消了隧洞斜（竖）井布置，降低了施工难度。

本工程进水口布置结构简单，运行安全可靠，施工方便，适用于独立布置进水口，尤其对于布置区域狭小、地形地质条件复杂的进水口，针对通常进水口型式不能完全适用于水利水电工程纷繁复杂条件的不足，提出一种具有布置紧凑、结构稳定、水头损失小、引水系统布置平直顺畅、应用范围广等优点的一种独立布置进水口型式。

进水口建筑物级别为 3 级，但洪水设计标准与大坝一致。校核洪水位为 874.54m（$P=0.05\%$），设计洪水位 872.72m（$P=0.2\%$），正常蓄水位 872.00m，死水位

845.00m。进水口检修平台高程取与坝顶同高程为 875.00m。整个进水口由引水明渠、进口段、闸门井段及闸后渐变段构成。

（1）引水明渠。进水口布置在大坝 22 号坝段上游约 50m 处冲沟的右侧，由于采用侧向进水，因此引水明渠方向与引水洞线垂直，朝向河谷内。引水明渠底宽约 28m，渠底高程为 822.00m，长约 30m。引水明渠左侧设有半重力式挡墙，挡墙顶高程为 835.00m，挡墙后回填石渣，在挡墙后形成一个宽约 22m 的平台，避免冲沟左侧山体滑坡冲击挡墙。

（2）进口段。进水口轴线方位角 SE124°33′53″，进口段由拦污栅、拦污栅墩、拦污栅井筒、漏斗式收缩段、立面转弯段、闸门井、启闭设备等组成。

进口设有三孔 7m×21.5m（宽×高）活动式拦污栅，栅前流速 0.97m/s，栅底高程 823.00m，栅顶高程 844.50m。

拦污栅中心线方向与引水隧洞中心线垂直，布置在朝向河谷一侧。拦污栅两侧边墩厚为 2.0m，中墩厚 2.0m，底板厚 4.0m，坐落在弱风化岩体上部。拦污栅井筒为矩形钢筋混凝土的独立结构，宽 29m，长 36m。井筒的三面边墙厚 2m，拦污栅上部胸墙厚 1.5m。为增加拦污栅井筒的整体性，提高抗震性，在高程 847.00m、861.50m 处设计"井"字形联系梁，高程 847.00m 顺水流方向设置两根 100cm×250cm（宽×高）的梁，垂直水流方向设置三根 150cm×250cm（宽×高）的梁；高程 861.50m 顺水流方向设置两根 100cm×250cm（宽×高）的梁，垂直水流方向设置三根 100cm×250cm（宽×高）的梁；在高程 875.00m 处设计 100cm×245cm（宽×高）的斜梁等构造。在高程 875.00m 以上结构全部采用板梁及墙体结构。墩顶及墙顶设有拦污栅检修平台，在拦污栅检修平台设有门机启闭拦污栅。由于拦污栅井筒靠近闸门井一侧的边墙是拦污栅井筒与闸门井筒共用的，因此，拦污栅检修平台与闸门井检修平台相连。

拦污栅与闸门井间的流道是采用漏斗式收缩段及立面转弯段连接。漏斗式收缩段：高程 823.00m 处，流道的断面为 22.00m×22.80m，采用漏斗型式收缩，至高程 810.00m 处，流道的断面为 11.00m×11.80m。经过 2.5m 长的竖直段后，采用立面转弯与闸门井相连。立面转弯的半径为 13m。

（3）闸门井段。闸门井中心线桩号为 0+000.00m，底板高程 790.00m，底板厚 3.0m，边墙厚 2.5m。闸门井内设两孔，孔口尺寸 4.50m×11.00m（宽×高），设有上游止水的事故检修门一道。闸门井为矩形钢筋混凝土的独立结构，宽 16.80m，长 8.50m。在高程 875.00m 处设有闸门检修平台，在高程 893.50m 处设有闸门启闭机平台，由固定启闭机来启闭事故闸门，启闭机室净高 7.5m。闸门检修室和启闭机室全部采用钢筋混凝土结构。闸门检修平台下部设两个爬梯通向闸门井下部，上部设一个钢梯通向启闭机室。闸门检修平台与大坝 22 号之间设交通桥，作为对外交通，桥宽 4.8m，桥长约 17m，共一跨，桥面高程 875.00m。

（4）闸后渐变段。渐变段位于闸门井后，长 15m，由 11.80m×11.00m 的矩形断面渐变为直径 11m 的圆形断面，采用钢筋混凝土衬砌，衬砌厚 2m。后接引水隧洞。

（5）进水口基础处理。进水口基础无较大的地质缺陷，地基承载力满足设计要求，无须对基础及围岩进行处理。

16.2.2　引水洞、钢岔管及压力钢管布置

引水隧洞位于渐变段后，桩号为引 0+020.00～引 0+099.07m，为圆形断面，隧洞内径为 11m，采用钢筋混凝土衬砌，衬砌厚 0.8m。钢岔管及压力钢管位于引水隧洞后，从桩号引 0+099.07～引 0+207.70m（厂房上游墙），压力钢管主管段内径为 11m，外包混凝土厚 1.0m，经由两个月牙肋钢岔管和一个贴边式岔管分出 4 条支管，从左至右依次为 1 号、2 号、3 号、4 号支管，1 号、2 号、3 号支管连接发电机组，内径为 6m，外包混凝土厚 0.8m。4 号支管连接生态放流机组，生态放流管内径为 3.00m，外包素混凝土厚度 0.80m。

16.3　引水系统相关计算

16.3.1　水力计算

（1）最小淹没水深计算。进水口最小淹没水深采用戈登公式计算，公式如下：

$$S = CVd^{1/2} \tag{16.1}$$

式中：S 为最小淹没深度；C 为系数，对称水流取 0.55，边界复杂和侧向水流取 0.73；d 为闸孔高度，m；V 为闸孔断面平均流速，m/s。

其中，闸孔高度 d 为 11m；根据进水口地形，系数 C 取 0.73；又根据隧洞最大引用流量 462.7m³/s，闸孔断面平均流速为 4.67m/s，经计算，进水口最小淹没深度为 11.3m。进水口死水位高程 845.00m，进水口底板高程为 801.00m，实际淹没水深为 44m，远大于最小淹没水深要求。

（2）引水系统水损计算。引水发电系统水头损失计算按式（16.2）、式（16.3）计算。

沿程水头损失计算公式如下：

$$\Delta h_{fi} = \lambda_i \frac{l_i}{4R_i} \frac{v_i^2}{2g} \tag{16.2}$$

式中：Δh_{fi} 为各段沿程水头损失，m；λ_i 为各段沿程水头损失系数；l_i 为各段长度，m；v_i 为各段平均流速，m/s；R_i 为各段水力半径，m。

局部水头损失计算公式如下：

$$\Delta h_{ji} = \zeta_i \frac{v_i^2}{2g} \tag{16.3}$$

式中：Δh_{ji} 为各段局部水头损失，m；ζ_i 为各段沿程水头损失系数；v_i 为各段平均流速，m/s。

经过计算，4 号机引水系统最大水头损失为 3.42m，三台大机最大水头损失为 2.73m。

（3）水工模型试验。通过水工模型试验得出以下结论：引水明渠、进水口前和进水塔内流态较好，无回流、漩涡等不良流态，各运行工况水位，库区至进水口前的水面平稳，水位变化幅度较小，进水塔内水面平稳，无明显水位壅高或跌落。拦污栅断面的平均流速，除三台机组运行库水位为 853.98m 和 861.09m 时个别闸孔略大于 1.00m/s 外，其余均小于 1.00m/s，基本满足试验要求。各闸孔过栅流速，三台机组运行时最大，为 1.04～1.51m/s，过栅流速分布不均匀系数在 1.19～1.53 之间，基本上满足规范"不宜大于 1.5"的要求。进水口段的水头损失，三台机组运行进水口段的水头损失在 0.64～1.10m

之间，库水位为861.09m时最大，达1.10m，进水口段的水头损失系数随库水位的升高而增大，库水位为844.98m时水头损失系数为0.89，库水位为871.02m时，增大到1.28。对于本进水口，由于库水位与进水塔内水位接近，因此库水位一定，水头损失系数就是常数。此方案基本满足了规范的要求，可以在工程中应用。

16.3.2 结构设计

（1）进水口抗震设计。根据进水口抗震专门计算分析，对进水口相应部位进行配筋设计。根据进水口动力与静力组合后的各部位内力，对进水口结构进行配筋，经计算，进水口主要结构配筋见表16.1。

表16.1 进水口主要结构配筋表

进水口结构部位	竖 向 钢 筋	水 平 钢 筋
高程835.00m以下	拦污栅井筒及拦污栅墩采用Φ32@20； 其他部位均为Φ28@20	Φ28@20
高程835.00~850.00m	Φ28@20	Φ32@15
高程850.00~875.00m	Φ28@20	Φ28@20
高程875.00~893.50m	顺水流方向墙体采用Φ22@20； 垂直水流方向墙体采用Φ28@20	Φ28@20
高程893.50m以上	Φ16@20	Φ16@20

（2）渐变段设计。

1）计算原则和假定。计算方法：渐变段取单宽按平面框架计算。

2）计算荷载。计算荷载有：衬砌自重、山岩压力、内水压力、外水压力及灌浆压力。内水压力：内水压力按正常蓄水位计。

外水压力：外水压力按正常蓄水位计。

3）作用效应组合与计算情况。

a. 持久状况基本组合：衬砌自重＋山岩压力＋内水压力＋外水压力。

b. 短暂状况基本组合：衬砌自重＋山岩压力＋外水压力。

4）计算结果。控制工况为短暂状况基本组合，计算配筋结果见表16.2。

表16.2 渐变段配筋计算成果表

项 目	渐 变 段
起始断面（内口尺寸）	11.8m×11m（宽×高）中墩厚2.42m
结束断面（内径）	11m
衬砌厚	2m
控制工况	检修工况
内水压力	0
外水压力	76.5m

项 目	渐 变 段	
计算抗弯钢筋和抗剪型钢 （采用抗弯钢筋和抗剪型钢 与计算结果相同）	抗弯钢筋 0+005.00～0+013.00m 底板：内层环向钢筋Φ22@100 外层环向钢筋Φ36@200 边墙：内层环向钢筋Φ32@100 外层环向钢筋Φ36@100 顶板：内层环向钢筋Φ22@100 外层环向钢筋Φ36@100 0+013.00～0+025.00m 内层环向钢筋Φ32@200 外层环向钢筋Φ32@200 中墩 环向钢筋Φ32@100	抗剪型钢 0+005.00～0+008.00m 底板：每米4根工22a 边墙：每米5根工22a 顶板：每米3根工22a 0+008.00～0+010.00m 底板：每米3根工22a 边墙：每米3根工22a 顶板：每米2根工22a 0+010.00～0+012.00m 底板：每米2根工22a 边墙：每米2根工22a 顶板：每米2根工22a 0+012.00～0+014.00m 底板：每米2根工20a 边墙：每米2根工20a 顶板：每米2根工20a 0+014.00～0+016.00m 底板：每米1根工20a 边墙：每米1根工20a 顶板：每米1根工20a

（3）引水洞设计

1）计算原则和假定。

a. 计算方法及程序：引水洞衬砌计算方法采用《水工隧洞设计规范》（DL/T 5195—2004）中的"公式法"，计算程序采用"SDCAD"。

b. 按限裂设计，裂缝开展宽度≤0.25mm。

c. 围岩的最小覆盖厚度计算：

根据《水工隧洞设计规范》（DL/T 5195—2004），计算公式如下：

$$C_{Rm} = \frac{h_s \gamma_w F}{\gamma_R \cos\alpha} \tag{16.4}$$

式中：C_{Rm} 为岩石的最小覆盖厚度，m；h_s 为洞内静水压力水头，取引水洞首端为 874.54 −801≈74（m），平段约为 874.54−791.5≈83（m）；γ_w 为水的重度，10kN/m³；F 为经验系数，一般取 1.3～1.5，本处取 1.3；γ_R 为岩石的重度，26kN/m³；α 为河谷岸边的边坡倾角，此处计算上覆岩体取 $\alpha=0°$。

经计算引水洞斜坡段 $C_{Rm}=37\text{m}$，引水洞平段 $C_{Rm}=42\text{m}$；从地质图中量取，取上覆岩体和侧向围岩中最小的厚度，引水洞斜坡段约为 40m，平段约为 55m；满足覆盖厚度要求；且大于 3 倍开挖洞径 3×12.6=37.8（m）。

综上，根据《水工隧洞设计规范》（DL/T 5195—2004）中 11.3.1 的第 2 条规定，可按厚壁圆筒方法进行计算，计算中应考虑围岩的弹性抗力。围岩单位弹性抗力系数分别按 $K_0=1000\text{MPa/m}$、$K_0=3000\text{MPa/m}$ 计算。

2）计算荷载。计算荷载有衬砌自重、山岩压力、内水压力、外水压力及灌浆压力。其中，内水压力：正常运行时以最高压力（设计洪水位＋水锤压力）128m 水头。

外水压力：按与上覆岩体等高，$H=89$m 水头。

3）作用效应组合与计算情况。

a. 持久状况基本组合：衬砌自重＋山岩压力＋内水压力＋外水压力。

b. 短暂状况基本组合：衬砌自重＋山岩压力＋外水压力。

4）计算结果。控制工况为持久状况基本组合，计算配筋结果见表 16.3。

表 16.3　　　　　　　　　　　引水洞衬砌计算配筋成果表

围岩弹抗/（MPa/m）	1000	3000
隧洞内径/m	11	11
衬厚/m	0.8	0.8
衬砌弹模/MPa	2.55×10^4	2.55×10^4
内水压力/m	128	128
外水压力	0	0
裂缝开展宽度	<0.25	<0.25
计算配筋	内、外侧 Φ28@100	内、外侧 Φ18@200
实际配筋	内、外侧 Φ28@100	内、外侧 Φ22@100

（4）压力钢管设计。

1）计算原则和假定：

a. 计算方法：按地下埋管结构分析方法；

b. 钢管采用的钢材为 Q345C。

2）计算荷载。计算荷载有内水压力、外水压力。其中，内水压力：正常运行时的最高内水压力 132m 水头；外水压力：按与上覆岩体等高，$H=89$m 水头。

3）作用效应组合与计算情况。

a. 持久状况的正常运行情况（钢管单独承受内水压力情况）；

b. 短暂状况的放空情况。

4）计算结果。压力钢管的各项应力指标均满足规范要求，其中钢管的管壁厚度为 28mm，加劲环厚度 20mm，高度 200mm，间距 2400mm。

（5）钢岔管设计。通过有限元计算分析，对引水系统中的岔管体型进行了合理的优化，最终采用月牙肋型式钢岔管，钢材采用 Q390C，钢岔管的各项应力指标均满足规范要求，其中 1 号钢岔管的管壁厚度为 40mm，肋板厚度为 72mm，肋宽比 0.28；2 号钢岔管的管壁厚度为 36mm，肋板厚度为 62mm，肋宽比 0.274。

第17章 发电系统设计

引水式地面厂房的布置及厂区建筑物的组成,主要考虑适应地形、地质条件,满足机电设备布置和使用功能,保证工程安全可靠、管理、运行及维护方便,同时考虑经济合理性。本章针对龙江水电站工程的实际情况,结合国内外其他引水发电厂房设计经验,对厂房布置、厂房结构设计、厂房基础处理等方面分别进行阐述。

17.1 发电厂房设计

17.1.1 设计标准及基础资料

17.1.1.1 工程等别及洪水标准

根据《防洪标准》(GB 50201—1994)及《水电枢纽工程等级划分及设计安全标准》(DL 5180—2003),按库容确定工程规模为大(1)型,工程等别为Ⅰ等;按装机容量划分,水发电系统(厂房系统)为3级建筑物。

发电厂房校核洪水标准采用200年一遇($P=0.5\%$),设计洪水标准采用100年一遇($P=1\%$)。本工程厂房系统建筑物有发电厂房和GIS开关站。

17.1.1.2 地震烈度设计标准

根据《中国地震动参数区划图》(GB 18306—2001),本工程区地震动峰值加速度为$0.2g$,地震基本烈度为Ⅷ度。根据《水电工程水工建筑物抗震设计规范》(DL 5073—2000)、《水工建筑物抗震设计规范》、云南省地震工程研究院的《龙江工程场地地震安全性评价报告复核意见》,引水发电建筑物抗震类别为3类。引水发电建筑物抗震设计标准采用50年超越概率5%,水平地震加速度代表值为$0.23g$;枢纽区边坡抗震设计标准采用50年超越概率5%,水平地震加速度代表值为$0.23g$。

17.1.1.3 地质资料

厂房位于大坝下游左岸,距坝轴线约170m,厂房长109m,宽25.4m,高46.7m,布置于隧洞出口处岸边,分别为主机间、下游副厂房、安装间。

厂房部位地面高程810.00~840.00m,覆盖层厚2~4m,基岩为片麻岩,弱风化带厚20~30m,微风化带厚约35m。主机间及下游副厂房建基高程约为771.00m,岩石呈微风化状态,岩质较坚硬,满足建基要求。4号机组建基面山里侧出露有F_{40}断层,倾向山里,倾角52°~65°,宽度仅0.1~0.3m,对厂房基础无大的影响;安装间建基高程为788.10m,岩石主要呈微风化状态。岩石隐节理发育,岩体完整性差,多呈镶嵌碎裂结构或碎裂结构,但岩质较坚硬,满足建基要求。厂房安装间下游规模较大的断层为与构造线方向一致的横河向断层F_1,断层特征见表17.1。

由于受气候和地质构造及环境影响,引水发电系统部位岩石风化强烈,全风化带厚度一般为10~32m,且各部位风化深度差异较大。

根据前期勘察钻孔岩芯的RQD值统计,一般仅为7%~49%,平均值为31.8%,岩体质量均较差。详见表 17.2。综合坝址区岩体完整性评价，引水发电系统部位岩体较破碎，质量较差。

表 17.1 引水发电厂房部位断层特征表

编号	产 状			宽度 /m	特 征	出露位置
	走向	倾向	倾角/(°)			
F_1	N25°～60°E	NW	55～80	75～85	由多条小断层组成，宽度 0.1～1.5m 不等。主要由糜棱岩、碎裂岩及灰色断层泥组成，断层泥厚 0.2～6cm，多不连续。小断层间岩块镶嵌紧密，具不同方向陡倾角逆向擦痕。上盘影响带岩石节理发育，较破碎，呈镶嵌碎裂结构。性质为逆断层	厂房安装间下游

表 17.2 引水发电系统部位岩体质量指标 RQD 值统计表

部位	引 水 洞			厂 房				
钻孔编号	ZK24	ZK302	ZK401	ZK21	ZK22	ZK315	ZK402	ZK403
RQD 值平均值/%	29	31	49	23	40	45	30	7

尾水渠部位覆盖层厚约 15m，由砂卵砾石组成，下伏基岩为弱风化片麻岩，通过有 F_1 断层，抗冲刷能力较差，需采取必要的防护措施。

由于厂房斜跨冲沟布置，厂房后边坡高度超过 80m，主要为弱风化—微风化岩体，岩体中发育的 NE、NW 向节理与随机散布的缓倾角节理可能构成不利组合，局部边坡稳定性差。厂房后边坡经系统支护后整体稳定对于厂房边坡，需考虑暴雨期间地表水流对厂房的冲刷问题，同时由于沟内和两侧山坡均有不同厚度的覆盖层及全风化岩，暴雨期间一旦坍滑，将会严重危及厂房安全。对此，应予以充分重视。

17.1.1.4 地质参数

厂房基础抗剪参数：

(1) 混凝土/岩石抗剪断强度：$f'=1.0$，$c'=0.9$MPa。

(2) 弱风化带岩体的抗剪断强度：$f'=1.0$，$c'=1.0$MPa。

(3) 微风化带岩体的抗剪断强度：$f'=1.1$，$c'=1.1$MPa。

17.1.2 厂址选择及厂区防洪

17.1.2.1 厂址选择

根据地质地形条件，河谷呈宽 V 形，谷底宽约 50m，由于山体较陡，若厂房布置在坝后，对泄水、放水、消能建筑物及电厂房的布置都不理想，工程量明显偏大，在经济、技术上都不合理，因此厂址只对左岸引水式地面发电厂房、右岸引水式地下厂房的两个布置方案的进行比选。

坝肩两岸山体均较单薄，左岸更单薄一些，布置地面厂房方案。坝下约 250m 有一横穿河床的 F_1 大断层，宽度 50～90m。为不使引水洞穿过 F_1 断层，发电厂房只能布置在 F_1 断层的上游。两岸坝下游山体均有冲沟，左岸冲沟较小，地形较缓，可在 F_1 断层上游布置左岸地面发电厂房。右岸冲沟较大，冲沟上游为消能冲坑范围，冲沟及 F_1 断层之间为一地形较陡的山头，不具备布置地面发电厂房的条件，因此，发电厂房在右岸考虑布置在山体内地下厂房方案。

从地质条件分析，左、右岸地质条件差别不大，因右岸为地下厂房，节理、构造等构成的组合岩体潜在的不稳定因素，对厂房围岩稳定有一定影响；由于地下洞室群较大，使拱坝右岸坝肩稳定存在不利因素；防止泄洪消能产生的雾化对地下厂房影响较小，但由于右岸为凸岸，泄洪中心线偏向右岸，泄洪水流对尾水影响相对较大；厂房对外交通需由左岸经跨江桥至右岸公路进厂。左岸地面厂房的地形、地质条件优于右岸地下厂房，左岸地面厂房对外交通直接由左岸公路进厂，地面厂房在通风、照明、消防等方面具有明显的优势；左岸地面厂房的基础明挖量相对较大，右岸地下厂房的洞室开挖量相对较大。经技术、经济、运行及管理等综合因素比较确定了左岸地面厂房方案。

17.1.2.2　厂区防洪

由于坝下游河道狭窄，三个表孔同时开启时（闸门全开或局部开），入水的水舌横向基本布满消能塘水面宽，水垫塘内波动大，使水垫塘内两岸涌浪较高，二道坝后没有明显的跌落。当超过 100 年一遇洪水流量泄洪时，在左岸的电厂尾水平台和进厂公路均受涌浪冲击。

由于厂房地处消 $0+170\mathrm{m}$ 左右，此桩号涌浪在大坝泄洪时，按 $P=0.5\%$ 消 $0+150\mathrm{m}$（802.34m）和消 $0+190\mathrm{m}$（800.27m）两处涌浪插值为 801.31m，由于涌浪高度不完全是线性分布，按照内插取值不安全，按消 $0+150\mathrm{m}$ 桩号涌浪加安全加高确定，综合考虑确定厂前区地面高程 803.15m，主机间端山墙、副厂房端山墙及副厂房下游窗下均为混凝土结构，端部墙并适当加厚。各工况消能塘内及下游两岸水位（涌浪）统计见表 17.3。

表 17.3		消能塘及下游河道两岸水位涌浪统计表			
工　况		$P=0.05\%$ $Q=3983\mathrm{m}^3/\mathrm{s}$ $Z_库=874.25\mathrm{m}$	$P=0.2\%$ $Q=3256\mathrm{m}^3/\mathrm{s}$ $Z_库=872.46\mathrm{m}$	$P=0.5\%$ $Q=3017\mathrm{m}^3/\mathrm{s}$ $Z_库=871.85\mathrm{m}$	$P=1\%$ $Q=2788\mathrm{m}^3/\mathrm{s}$ $Z_库=871.25\mathrm{m}$
桩号/m	开启状态	表孔 1～3 号孔全开，深孔全关（水位/m）			
0+28		797.96	796.79	798.45	797.67
0+40	左	800.43	800.35	800.25	799.32
	右	801.27	800.88	800.35	799.08
0+70	左	802.43	801.36	801.15	800.92
	右	803.39	802.08	801.97	801.86
0+100	左	803.39	802.98	802.71	801.94
	右	806.03	803.85	802.65	801.72
0+130	左	804.98	803.54	803.01	802.69
	右	805.03	803.56	802.35	802.06
0+150	左	805.05	803.16	802.34	802.12
	右	806.39	804.06	803.37	803.02
0+190	左	802.01	800.92	800.27	799.84
	右	805.25	801.78	801.27	800.86

大洪水泄洪时，因在二道坝护坦末断面（消 0＋173.5m）至下游河道消 0＋290m 两岸流速较大，故引起河道两侧冲刷，中间淤积。在右岸受弯道影响，岸坡淘刷较大，二道坝护坦末右侧局部随泄流量的增加冲刷较大，因二道坝高程低于下游河道 10m，并受两岸地形及厂房侧墙和尾水渠挡墙的影响，在二道坝后左侧有不同程度的淤积，随流量的增加淤积越大。当 100 年一遇洪水泄洪时，二道坝护坦末右侧冲刷高程为 773.43m，二道坝左侧最大淤积高程为 775.56m，消能塘内没有砾石。

大洪水泄洪时，在沿厂房至尾渠挡墙末的外侧均有冲刷，在电厂尾水渠内有淤积。100 年一遇洪水泄洪时，最大冲刷在尾水平台外侧高程为 775.71m，尾水渠挡墙末外侧冲刷高程为 788.43m。尾水渠内淤积最大在其末端，高度约 1m。各工况泄洪时在尾水渠内均有不同程度的淤积，随流量的减小淤积范围和淤积量也减小，从淤积物看大多为覆盖层和砾石。小洪水泄洪时，河道地形冲淤变化较小。

由于淤积，消能塘末端至尾水渠末端应预先清理顺畅，岩石部位为混凝土护底、护坡，非岩石部位格宾护底、护坡，避免泄洪淤积尾水渠，影响厂房运行。

17.2　厂房建筑物布置

17.2.1　厂区布置

引水式地面厂房厂址位于大坝下游左岸，距坝轴线约 170m，厂房机组纵轴线方位角为 NE89°33′53″。主厂房尺寸 109m×25.4m×50.21m（长×宽×高），厂内装有 4 台水轮发电机组，其中 3 台大机单机容量 86MW，水轮机安装高程 786.00m，单机引用流量 142.90m³/s。1 台生态机组单机容量 20MW，水轮机安装高程 783.12m。

根据厂区地形和对外交通条件，将主机间布置在靠河床侧，安装间布置在岸坡侧。厂区地面高程 803.15m，尾水渠自尾水管出口以 1∶4 反坡向下游延伸约 80m 与主河道连接，尾渠两侧设有尾水挡墙。尾水渠左侧挡墙与山坡之间回填石渣形成变电站和进场公路。

主变及 GIS 开关站位于厂前区距安装间下游墙 20m 处，为三层混凝土结构，建筑物尺寸 84.8m×14.6m（长×宽）。一层为主变室，下设事故油池；二层为电缆夹层；三层为 GIS 室；出线场布置于此建筑物屋顶。

副厂房布置在主机间下游侧，通过电缆母线道与变电站相连。

电缆母线道位于厂前区地面以下，与尾水副厂房下游侧相接，长 10.5m 后向下游转角 35°斜穿厂前区，与主变室外边墙交角 105°，全长约 43m。

主厂房及变电站四周均设有环形消防通道，通道靠山脚和尾水渠侧设有排水沟。厂区平面布置见图 17.1。

17.2.2　厂房布置

17.2.2.1　平面尺寸确定

顺水流方向，从左至右主厂房分为安装间、1 号机组段、2 号机组段、3 号机组段和 4 号（生态）机组段。

根据水轮发电机组蜗壳及尾水管尺寸、调速器、油压装置、蝶阀的吊装等布置要求以及机组检修的需要，机组段长度取为 19.50m，生态机组段长度为 15.00m，主机间全长为 73.50m，安装间长 35.50m，主厂房总长 109.00m。主机间与安装间上部宽度均为 25.40m。相邻机组段之间、机组段与生态机组段之间、主机间与安装间之间设有结构缝。

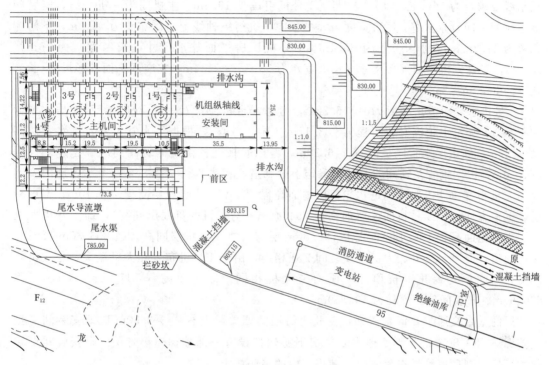

图 17.1　厂区平面布置图（单位：m）

主机间下游布置有尾水副厂房，内宽为 12.00m。尾水副厂房下游部分为尾水平台，宽度 12.30m，其中下游有 6.00m 宽的消防通道。

17.2.2.2　厂房控制高程

水轮机安装高程按一台机组在额定出力时的过流量所对应的尾水位来确定。本电站一台机组额定出力时的相应尾水位为 790.55m，水轮机吸出高度 $H_s=-4.55m$。据此，确定水轮机安装高程为 786.00m。

根据尾水管尺寸，确定尾水管底板顶高程为 772.39m，底板混凝土厚 2m，厂房基础建基高程为 770.39m，建基于微风化片麻岩上；蝶阀廊道高程为 780.80m；水轮机层地面高程即蜗壳顶板混凝土顶面高程为 790.10m；母线层地面高程为 794.45m；发电机层地面高程为 798.80m；根据校核洪水尾水位 799.48m 和《龙江水电站枢纽工程泄水建筑物整体水工模型试验报告》中的"消能塘及下游河道两岸水位涌浪统计表"及布置等条件，确定厂前区高程为 803.15m，安装间层高程按高于厂前区高程 0.15m 考虑，确定高程为 803.30m；轨顶高程为 815.50m，屋架底高程为 820.60m。

主机间发电机层以上高度 21.80m，发电机层以下高度 28.41m；安装间地面以上高度 17.30m，安装间地面以下高度 15.20m。厂房总高度为 50.21m。

17.2.2.3　厂房结构布置

主厂房从左至右依次为 1 号机、2 号机、3 号机、4 号机（20MW）。安装间布置在左端紧邻 1 号机。结构上分成四个机组段，其中 4 号机为生态机组段，考虑大件起吊时吊钩限制线要求，为 15m 长。1 号、2 号、3 号机组段长 19.5m。主机间为一机一缝，安装间与主机间之间设永久缝。厂房宽度与大机相同。机组纵轴线上游侧布置为 14.2m，下游侧布置为 11.2m，厂房总跨度为 25.4m。4 号机厂房平面外形尺寸（长×宽）为 15m×25.4m，三台大机平面外形尺寸（长×宽）为 58.5m×25.4m，安装间平面外形尺寸（长×宽）为 35.5m×25.4m。

4 号机水轮机吸出高度 $H = -6.22m$，考虑半台机流量 $Q = 17.8m^3/s$，下游尾水位为 789.34m，确定水轮机安装高程为 783.12m（导叶中心）。根据尾水管尺寸，尾水管总高度 5.27m，确定尾水管底板高程 776.38m，考虑底板开挖浇筑的时间问题确定建基高程 774.50m。根据钢管及蝶阀的安装，确定上游廊道底板高程为 780.80m；考虑各层的安装及与大机布置协调等要求确定水轮机层地面高程 785.75m；母线层高程 790.10m；考虑交通、运输方便，把 4 号机的风罩加高至 794.45m（与大机的母线层同高），即 4 号机发电机层楼板地面高程 794.45m；之上 798.80m 层与大机发电机层同高。在 803.30m 层设有交通通道，便于与场外、大机及安装间交通相连，由于 4 号机布置在大机端头，与大机同厂房，因此厂房跨度、轨顶、厂顶均与大机相同，即轨顶高程 815.50m，厂顶高程 820.60m。安装间地面高程为 803.30m。

厂内垂直交通主要依靠楼梯，在此机组段第四象限设有从 803.30m 层即安装间层至上游廊道 780.80m 的楼梯，尾水副厂房下游端部设有一部楼梯通至各层。在安装间层端部主厂房、副厂房均设有消防门，满足厂内的消防要求。

上下游墙均为常规混凝土墙体结构。厂房屋盖系统则采用轻型屋架结构。厂房结构布置见图 17.2 和图 17.3。

17.2.2.4　设备布置

（1）主机间设备布置。主机间内布置 4 台水轮发电机组，其中 3 台大机单机容量 86MW，1 台生态机组单机容量 20MW，共分五层，即发电机层、母线层、水轮机层、蜗壳层和尾水管层。发电机层布置有机旁盘，母线层布置了机组的调速器及油压装置，水轮机层布置了蝶阀用的油压装置和调速器，蜗壳层在上游蝶阀廊道 1 号机组段布置渗漏集水井，在厂房两端头设有通往各层的楼梯，每台机组段均设有蝶阀吊物孔。根据吊运设备需要，厂内设置一台跨度为 22.00m，起吊重量为 160t+160t/25t 的桥式吊车。风罩内径 12.14m，外径 13.34m，风罩厚 0.60m，在风罩的第二象限为机组中性点引出线位置，与机组中心线成 45°夹角，在风罩的第三象限为机组主引出线位置，与机组中心线成 45°夹角。机墩为圆筒形混凝土结构，内径 5.40m，外径 11.60m，机墩厚 3.10m。机墩进人门布置在第三象限，与机组中心线成 45°夹角。蜗壳进人门和尾水管进人门布置在蝶阀廊道层。主机间设备布置见图 17.4。

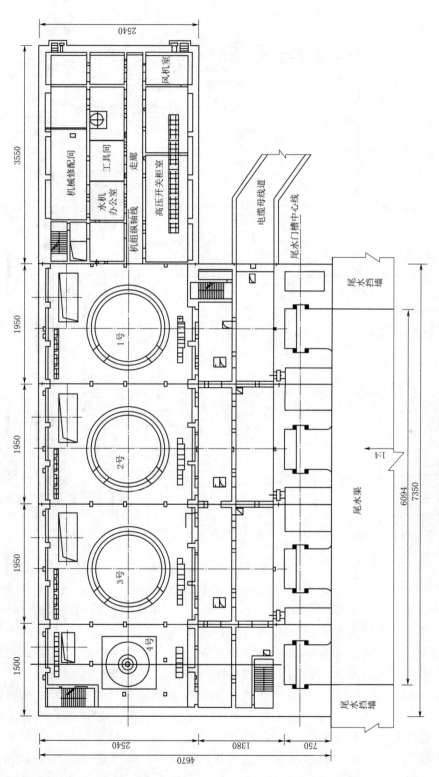

图 17.2 发电厂房平面图（单位：高程为 m，长度为 cm）

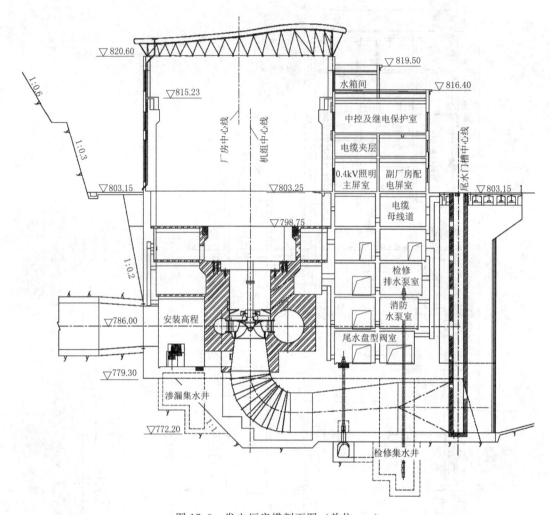

图 17.3 发电厂房横剖面图（单位：m）

（2）副厂房设备布置。副厂房布置在主机间下游，共分八层。地面以上三层，第一层高程 803.30m，布置了 0.4kV 公用电主屏室、0.4kV 自用电主屏室、0.4kV 照明主屏室等；第二层高程 816.80m，为电缆夹层；第三层高程 810.80m，布置了中央控制及继电保护室、通讯机房、计算机室、蓄电池室、直流设备室、继电保护试验室、仪表试验室、自动化试验室等；在 1 号机组段副厂房上游侧布置了建筑消防水箱间及上吊车梁的通道，地面高程为 815.30m。地面以下五层，第一层高程 798.80m，与发电机层同高，上游侧布置发电机断路器柜室、发电机隔离开关柜室，下游侧为电缆母线道；第二层高程 794.45m，与母线层同高，布置了励磁变压器柜、电压互感器柜等；第三层高程 790.10m，与水轮机层同高，上游侧布有电缆及吊物孔，下游布置了检修排水泵室及其控制盘柜；第四层高程 785.80m，布置了机电消防水泵室、建筑消防水泵室等；第五层高程 781.30m，为尾水盘型阀操作

层。副厂房与主机间各层相连通，副厂房两端各设一部楼梯通往各层和两个消防
门。副厂房设备布置见图 17.5。

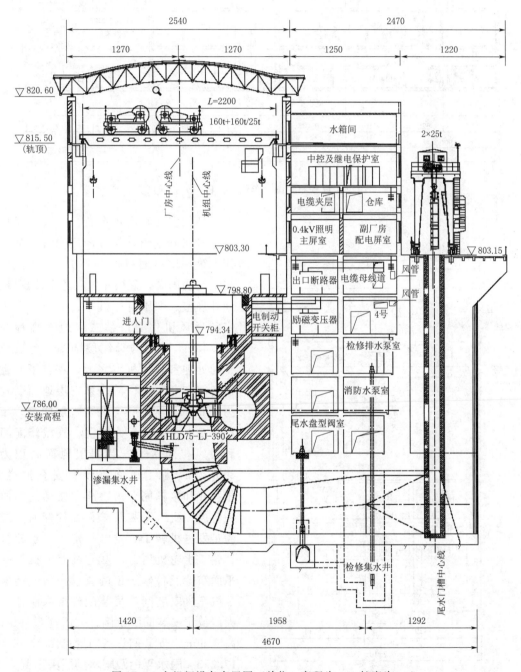

图 17.4 主机间设备布置图（单位：高程为 m，长度为 cm）

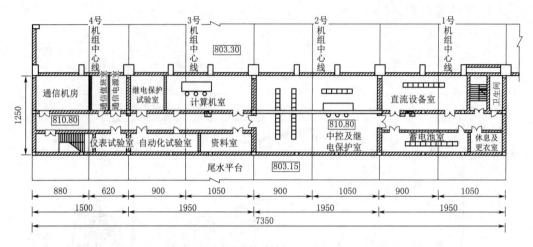

图 17.5　副厂房设备布置图（单位：高程为 m，长度为 cm）

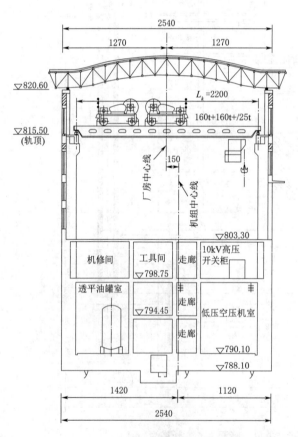

图 17.6　安装间设备布置图
（单位：高程为 m，长度为 cm）

（3）安装间设备布置。安装间段位于主机间段左侧，共分四层布置。从底往上第一层地面高程为 790.10m，此层与水轮层同高，此层布置有透平油罐室、油处理室、中压空压机室、低压空压机室和通风机房等；第二层地面高程为 794.45m，此层与母线层同高，此层位于油处理室和风机室之上，布置了起重设备间和通风机房等；第三层地面高程为 798.80m，此层与发电机层同高，布置了 10kV 高压开关柜室、机械修配间和通风机房等；安装间层地面高程为 803.30m，靠主机间侧设有安全护栏、吊物孔和楼梯间，吊物孔和楼梯间均通往各层。机组安装及扩大性检修时，能满足发电机转子、发电机定子、水轮机转轮、水轮机顶盖、发电机上下机架等平面布置及检修通道的要求，同时能满足汽车进安装间，吊装配件要求。进厂大门位于安装间下游侧，大门宽 6.30m，高 6.60m。安装间设备布置见图 17.6。

17.2.3　尾水平台及尾水副厂房布置

根据发电机层高程及运输需要，确定尾水平台高程与厂区地面同为

803.15m。尾水平台宽度与大机相同，为 12.3m。共用型号为 QM－2×250kN－32m 尾水单向门机，跨度为 3.5m，尾水门孔口尺寸（宽×高）为 6.44m×6.44m。尾水副厂房有七层房间，各层均与大机各层相同并相通，布置有通讯机房、仪表实验室、励磁变压器柜室及一部通至各层的封闭楼梯等，各个房间的门直通下游的走廊，走廊对外有两个出口，均通向尾水平台，对内设有两个通道通向厂内；各层高程从上至下分别为 810.80m、807.80m、803.30m、798.80m、794.45m、790.10m、785.75m，尾水管盘型阀操作室布置在 785.75m 层。

17.2.4　尾水渠布置

尾水建筑物由尾水平台、尾水渠及两侧的混凝土挡土墙组成。尾水平台高程为 803.15m，上部设有 2×25t 单向门机，尾水平台顶宽 12.30m，下游侧设有 6m 宽消防通道，满足厂房环向消防交通的要求。尾水出口共 3 孔，单机单孔，孔口尺寸 6.44m×6.44m，出口底高程 772.39m，尾水渠底宽为 62.44m，尾水渠自尾水管出口以 1∶4 反坡向下游延伸约 80m 与主河道连接，尾水渠反坡岩石部位采用混凝土护坡，厚度为 30cm，非岩石部位采用格宾护底，厚度为 50cm，在尾水渠出口设一道混凝土拦砂坎，坎高 1m。尾渠两侧设有尾水挡墙。尾水渠左侧挡墙与山坡之间回填石渣形成变电站和进场公路，地面高程为 803.15m。

尾水渠右侧设有混凝土重力导流墙，墙顶高程为 792.50m，左侧修建混凝土重力挡墙至厂前区末端，墙后面回填石渣，形成进厂交通道路及厂前区。墙顶高程与厂前区地面同高 803.15m。

17.3　厂房基础处理

厂房 2 号、3 号机组排水廊道上游岩石节理较发育，完整性差，因此此部位进行了固结灌浆处理。灌浆共分三组，其中一组 6 孔，孔深 3m，间距 3m，排距 4m，方形布置；一组 11 孔，孔深 9m，间距 2.50m，排距 2.50m，梅花形布置；一组 10 孔，孔深 5m，间距 3m，排距 4m，方形布置。

17.4　主要结构设计

17.4.1　发电厂房稳定及应力计算

17.4.1.1　荷载及荷载组合

1. 基本组合

正常运行工况。

荷载组合：结构自重＋永久设备重＋水重＋回填土石重＋静水压力＋扬压力＋土压力。

2. 特殊组合

（1）机组检修工况荷载组合：结构自重＋水重＋回填土石重＋静水压力＋扬压力＋土压力；

（2）机组未安装工况荷载组合：结构自重＋水重＋回填土石重＋静水压力＋扬压力＋土压力；

（3）非常运行工况荷载组合：结构自重＋永久设备重＋水重＋回填土石重＋静水压力＋扬压力＋土压力；

（4）地震情况荷载组合：结构自重＋永久设备重＋水重＋回填土石重＋静水压力＋扬压力＋土压力＋地震作用力。

地震惯性力：

$$P = K_{\mathrm{H}} C_Z F W \qquad (17.1)$$

式中：K_{H} 为水平向地震系数，$K_{\mathrm{H}} = 0.23$；C_Z 为综合影响系数，取 $C_Z = 0.25$；F 为地震惯性力系数，当 $H_1 \leqslant 30\mathrm{m}$ 时，$F = 1.1$；W 为建筑物和设备自重。

地震时水的激荡力：

$$P = 0.65 K_{\mathrm{H}} C_Z \gamma_0 H_1^2 L \qquad (17.2)$$

式中：γ_0 为水的容重；H_1 为水深；L 为激荡力作用长度。

17.4.1.2　计算公式

1. 抗滑稳定计算

抗剪强度计算公式如下：

$$K = \frac{f \sum W}{\sum P} \qquad (17.3)$$

式中：K 为按抗剪强度计算的抗滑稳定安全系数，基本组合 $K = 1.1$，特殊组合 $K = 1.05$，特殊组合地震工况 $K = 1.0$；f 为滑动面的抗剪摩擦系数，$f = 0.65$；$\sum W$ 为全部荷载对滑动面的法向分值；$\sum P$ 为全部荷载对滑动面的切向分值。

2. 抗浮稳定计算

抗浮稳定计算公式如下：

$$K_f = \frac{\sum W}{U} \qquad (17.4)$$

式中：K_f 为抗浮稳定安全系数，任何情况下均不小于 1.1；$\sum W$ 为机组段（或安装间段）的全部重量（力）；U 为作用于机组段（或安装间段）的扬压力总和。

抗浮稳定性计算按规范可选择机组检修、机组未安装、非常运行三种最不利的工况进行即可。

3. 稳定应力计算公式

厂房地基面上的垂直应力计算公式为

$$\sigma = \frac{\sum W}{A} \pm \frac{\sum M_x y}{J_x} \pm \frac{\sum M_y x}{J_y} \qquad (17.5)$$

式中：σ 为厂房地基面上垂直正应力；$\sum W$ 为作用于机组段（或安装间段）上全部荷载（包括或不包括扬压力）在计算截面上法向分力的总和；$\sum M_x$、$\sum M_y$ 分别为作用于机组段（或安装间段）上全部荷载（包括或不包括扬压力）对计算截面形心轴 X、Y 的力矩总和；x、y 分别为计算截面上计算点至形心轴 Y、X 的距离；J_x、J_y 分别为计算截面对形心轴 X、Y 的惯性矩；A 为基础面受压部分的计算截面积。

17.4.1.3　计算结果

厂房抗滑、抗浮稳定安全系数见表 17.4，由表 17.4 可知，主厂房及安装间抗滑稳定安全系数均大于规范规定的 1.0；抗浮稳定安全系数均大于规范规定的 1.1，满足规范要求，地基应力均小于允许地基强度。

表 17.4　　　　　　　　　　厂房稳定安全系数及地基应力成果表

工　况		抗滑安全系数		抗浮安全系数		应力/(kN/m²)			
						计扬压力		不计扬压力	
		计算值	允许值	计算值	允许值	σ_{max}	σ_{min}	σ_{max}	σ_{min}
主机间段	正常运行	129.3	3.0	—	1.1	204.6	88.2	478.9	308.0
	机组检修	112.7	2.5	2.15	1.1	240.2	143.8	433.8	282.9
	机组未安装	91.7	2.5	1.29	1.1	120.6	−56.6	394.9	163.2
	非常运行	129.3	2.5	1.55	1.1	204.4	87.8	479.0	307.9
	地震情况	12.4	2.3	—	1.1	276.6	145.6	477.7	292.2
安装间段	正常运行	73.75	3.0	1.55	1.1	74.1	53.0	184.5	166.4
	非常运行	73.75	2.5	1.54	1.1	70.7	52.6	184.5	166.4
	地震情况	12.79	2.5	4.35	1.1	147.0	94.8	187.3	135.1

17.4.2　厂房排架柱结构计算

17.4.2.1　结构布置

厂房排架分为安装间排架和主机间排架，安装间排架体系主要由 6 组排架柱构成，柱体尺寸为 1700mm×750mm，柱间最大净距 6.30m，最小净距 5.93m。主机间排架体系主要由 15 组排架柱构成，柱体尺寸为 1700mm×750mm，柱间最大净距 6.30m，最小净距 5.50m（相邻机组段排架柱除外）。各组排架柱间以混凝土墙为联系体，墙厚 0.30m。安装间柱根部在高程 798.75m 与下部大体积混凝土连接，主机间柱根部在高程 794.15m 与下部大体积混凝土连接。柱顶高程均为 820.60m，每组排架柱顶以刚性屋架连接。

17.4.2.2　计算理论

建立排架线性体系，排架柱底部与大体积混凝土连接部位视为固端连接，顶部与屋架为铰接，中部刚度较大联系板梁为铰接，屋架为刚性体。选取窗间墙柱体为计算单元，以力矩分配法为基本计算方法，计算柱根截面、节点截面和柱端截面弯矩、轴力及剪力，并配置钢筋。

17.4.2.3　荷载及荷载组合

按《水电站厂房设计规范》（SL 266—2001）要求，厂房排架（吊车柱）共计算了 7 种工况：

（1）持久状况，基本组合（一），吊车满载：（结构自重＋厂房地面以下外墙填土压力＋屋面活荷载＋吊车轮压＋吊车水平制动力）。

（2）持久状况，基本组合（一）吊车空载（结构自重＋厂房地面以下外墙填土压力＋屋面活荷载＋吊车轮压＋风荷载）。

（3）短暂状况，基本组合（二）吊车满载（结构自重＋厂房地面以下外墙填土压力＋屋面活荷载＋吊车轮压＋吊车水平制动力＋风荷载）。

（4）短暂状况，基本组合（二），施工期（结构自重＋吊车轮压＋施工荷载）。

（5）偶然状况，偶然组合，吊车空载（结构自重＋厂房地面以下外墙填土压力＋吊车轮压＋地震作用）。

（6）偶然状况，偶然组合，吊车空载＋校核洪水水压力。

（7）短暂状况，短期组合，吊车满载（结构自重＋安装间屋面永久机电设备重＋屋面活荷载＋厂房地面以下外墙填土压力＋吊车轮压＋风荷载）。

17.4.2.4　计算原则

对排架柱的柱根截面、节点截面和柱端截面进行配筋计算，根据荷载及作用组合，排架柱选取以下不利的组合作为配筋计算工况：

（1）M_{max} 及相应的 N、Q。

（2）M_{min} 及相应的 N、Q。

（3）N_{max} 及相应的 M、Q。

（4）N_{min} 及相应的 M、Q。

17.4.2.5　抗震计算

（1）地震工况中，柱根截面按弯矩设计值的 1.25 倍进行配筋设计；剪力设计值按结构分析得出的剪力设计值的 1.1 倍进行配筋设计；柱的轴压比不宜大于 0.8。

（2）高地震区采用对称配筋形式。

（3）在每组柱间高程 809.90m、813.50m 及 818.80m 设置横向连系梁，防止柱间墙体破坏。

（4）梁柱节点部位水平箍筋的体积配筋率不小于 0.8%。

（5）对以下部位箍筋加密，加密区箍筋直径 $\phi=10mm$，间距 100mm：①柱顶区段，柱顶以下 500mm；②吊车梁区段，取上柱根部至吊车梁顶面以上 300mm；③柱根区段，取基础顶面至地坪以上 500mm；④牛腿区段，取牛腿全高；⑤柱间支撑与柱连接的节点和柱变位受约束的部位，取节点上、下各 300mm。

17.4.2.6　计算结果

按照计算结果及以上配筋原则，厂房排架配筋如下：

厂房主机间排架柱配筋形式为：外侧纵向配置 7ϕ32＋3ϕ32 钢筋，内侧纵向配置 7ϕ32＋3ϕ32 钢筋，柱周边配置纵向 ϕ22 钢筋，箍筋采用 4 肢箍，ϕ10@200。并按照抗震要求将箍筋在局部予以加密。

17.4.3　尾水挡墙稳定计算

17.4.3.1　结构布置

龙江尾水厂区侧挡墙共分为 15 段，1～6 号挡墙为衡重式挡墙，7～8 号挡墙为衡重式与重力式挡墙间的过渡型式，9～15 号挡墙为重力式挡墙，其中 13 号挡墙因施工工序等原因设计成 L 形。整个挡墙段全长 168.0m，由桩号尾 0＋000～尾 0＋168m，挡墙墙前为厂房尾水渠，墙后为厂前区和 GIS 变电站。尾水挡墙计算简图见图 17.7。

17.4.3.2　计算理论

按《水工挡土墙设计规范》（SL 379—2007）对挡土墙进行稳定和结构计算，取挡墙单宽进行计算，墙后主动土压力采用朗肯土压力计算公式，将墙后填土面路面荷载和变电站基底荷载换算为土层高度，地震力采用拟静力法，将重力作用、设计地震加速度与重力加速度比值、动态分布系数三者的乘积作为设计地震力。

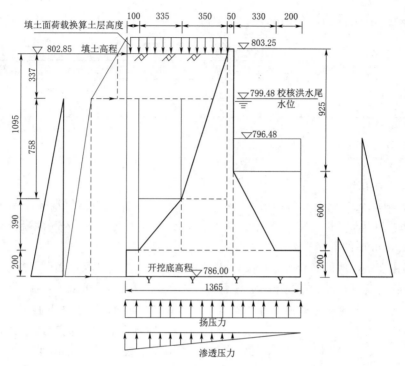

图 17.7　尾水挡墙计算简图（单位：高程为 m，长度为 cm）

17.4.3.3　计算参数

1～9 号挡墙基础为弱风化岩体：地基承载力 $f_k = 3\text{MPa}$；混凝土/岩石抗剪断强度 $f' = 0.7$，$c' = 0.7\text{MPa}$；10～15 号挡墙基础为全风化岩体：地基承载力 $f_k = 300\text{kPa}$；混凝土/岩石抗剪断强度 $f' = 0.38$，$c' = 0.07\text{MPa}$。

本地区的地震基本烈度为Ⅷ度，尾水挡墙为 3 级建筑物，抗震设防标准与引水发电系统相同，设防标准为基准期 50 年内超越概率为 5%，设计地震水平向加速度代表为 $0.23g$，地震作用的效应折减系数 $\zeta = 0.25$，质点 i 的动态分布系数 α_i，参考土石坝动态分布系数，底部 $\alpha_i = 1.0$，顶部 $\alpha_i = 2.5$。

17.4.3.4　荷载组合

尾水挡墙共计算了 4 种工况：

（1）完建期工况（结构自重、填土压力、填土表面荷载、墙后地下水压力、渗透压力）。

（2）校核洪水期工况（结构自重、填土压力、填土表面荷载、校核水位下水压力、渗透压力、基底扬压力）。

（3）运行期工况（结构自重、填土压力、填土表面荷载、运行水位下水压力、基底扬压力）。

（4）地震工况（结构自重、填土压力、填土表面荷载、地震作用、运行水位下水压力、基底扬压力）。采用拟静力法计算地震作用效应，其中地震动土压力 1317kN，挡土墙水平向地震惯性力 165kN。

17.4.3.5　计算结果

各计算工况下挡墙抗滑、抗倾稳定计算成果见表 17.5。通过各种工况计算，尾水挡墙选取不利的组合作为配筋计算工况。

表 17.5　　　　　　　　　　　　　　抗滑抗倾稳定计算成果表

荷载组合	抗滑稳定安全系数	抗倾稳定安全系数	荷载组合	抗滑稳定安全系数	抗倾稳定安全系数
完建期工况	8.45	2.73	运行期工况	7.02	1.91
校核期工况	8.98	1.60	地震工况	6.09	2.51

17.5　变电站设计

17.5.1　变电站布置

主变及 GIS 开关站位于厂前区距安装间下游墙 20m 处，为三层混凝土结构，建筑物尺寸 84.8m×14.6m（长×宽）。一台主变一缝，缝间两侧均设 50cm 厚混凝土墙，里外侧为 80cm、100cm 厚的混凝土结构。

一层为主变室，地面高程 803.35m，从下游开始依次布置 1 号、2 号、3 号主变室，长度为 21m，缝间墙为 50cm 厚混凝土墙，1 号变、2 号变的外墙为 80cm，余为 100cm 厚的混凝土结构，在变电站上游端头里侧设有电缆和母线通道室，电缆、母线从下游副厂房经厂区母线道至此房间，外侧设有楼梯间直通屋顶，一层总长 84.8m；在楼梯间下设有一层，地面高程为 798.60m，外侧布有 8.5m×6.8m 的事故油池，里侧为电缆和母线通道，与厂区母线道相通；二层为母线及电缆夹层，地面高程 815.95m，电缆、母线从一层的端头直通此层后与对应的主变相接，两端设有楼梯，上游端头楼梯连通上下层，下游端头设有室外楼梯通至一层室外地面，缝间墙为 50cm 厚混凝土墙，1 号变、2 号变的外墙为 80cm，余为 100cm 厚的混凝土结构，二层总长 84.8m；三层为 GIS 室，对应 3 号主变的上方布置，布置 GIS，地面高程 821.95m；内设置一台跨度为 12.00m，起吊重量为 10t 的桥式吊车，在上游端头设有楼梯通往各层及屋顶，端墙为 50cm 厚混凝土墙，外墙为 80cm 厚混凝土墙，三层总长 42.8m。出线场布置于此 GIS 室的屋顶上，地面高程 831.90m，端侧楼梯间通至此屋顶，周边设一圈 1.30m 高的女儿墙；一回 220kV 出线至潞西变，出现场占地面积 15m×11m，出线架为人字构架，架高 15m，钢梁跨度 15m，出线架上设 4m 高的避雷线支架。

变电站四周均设有环形消防通道，通道靠山脚和尾水渠侧设有排水沟。变电站设备布置见图 17.8。

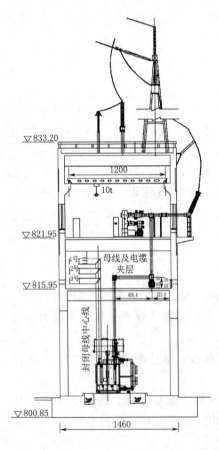

图 17.8　变电站设备布置图
（单位：高程为 m，长度为 cm）

17.5.2　主要结构设计

17.5.2.1　GIS 变电站墙体

（1）结构布置。变电站为混凝土结构，跨度为

14.6m，一台主变一缝，缝间两侧均设 50m 厚混凝土墙，上下游为 80m、100m 厚的混凝土结构。

（2）计算理论。将 GIS 变电站墙体简化为框架结构，框架约束为固定支座，框架各节点均为刚接，取单宽进行计算。地震力采用拟静力法，将重力作用、设计地震加速度与重力加速度比值、动态分布系数三者的乘积作为设计地震力。

（3）计算参数。本地区的地震基本烈度为Ⅷ度，变电站为 3 级建筑物，采用基本烈度进行抗震设计，设防标准为基准期 50 年内超越概率为 5%，设计地震水平向加速度代表为 0.23g，地震作用的效应折减系数 $\zeta=0.25$，质点 i 的动态分布系数 α_i，参考水闸闸顶机架动态分布系数，底部 $\alpha_i=2$，顶部 $\alpha_i=4$。

（4）荷载组合。GIS 变电站墙体共计算了两种工况：①运行期工况（结构自重+风荷载、屋面活荷载、出线架拉线拉力）。②地震工况（结构自重、风荷载、屋面活荷载、出线架拉线拉力、地震作用）。

（5）计算成果。通过各种工况计算，地震工况是控制工况。根据荷载及作用组合，GIS 变电站墙体结构选取地震工况组合作为配筋计算工况。墙体全部采用对称配筋形式；墙体上部横梁按混凝土深梁结构配筋，下部纵向受拉钢筋全部伸入支座，并按照抗震要求将箍筋在局部予以加密；在结构节点处采取措施增加钢筋锚固长度加强墙体与楼板的联系。GIS 变电站墙体构造能够满足抗震要求。

17.5.2.2　出线架计算

出线架为人字构架，架高 15m，材料采用 Q235 钢管，根开 3m。钢梁跨度 15m，出线架上设 4m 高的避雷线支架。按《钢结构设计标准》（GB 50017—2003）、《变电站构架设计手册》进行结构计算，简化为门形刚架。出线架人字柱共计算了两种工况：

（1）运行期工况（结构自重+避雷线张力+避雷线风压+导线张力+导线风压）。

（2）地震工况（结构自重+避雷线张力+避雷线风压+导线张力+导线风压+地震作用）。

人字柱应力计算成果见表 17.6。

表 17.6　　　　　　　　　　人字柱应力计算成果表

荷 载 组 合	拉杆应力值/(N/mm²)		压杆应力值/(N/mm²)	
	A 点	B 点	A 点	B 点
运行期工况	61.69	56.45	−87.68	−77.92
地震工况	75.52	69.29	−106.59	−95.83

通过各种工况计算，地震工况是控制工况。根据荷载及作用组合，人字柱构架结构选取地震工况组合作为结构设计依据。钢构架采用材料为 Q235 钢管，钢管外径 400mm，内径 380mm。

第18章 高边坡设计

18.1 枢纽区边坡情况概述

本工程枢纽区的基岩为片麻岩，岩石风化较深。两岸覆盖层厚2～7m。坝址区一般山脊部位风化较深，沟谷部位风化较浅；岸坡上部风化较深，下部风化变浅；河床部位很少有全、强风化层。根据实际开挖部位情况，左岸坝肩全风化带厚度达36m，右岸坝肩全风化带厚度达55m。枢纽区岩石全风化带较深，建筑物基础开挖的全风化岩边坡较高，永久边坡稳定问题较重要。枢纽区高边坡的部位主要为大坝两岸坝头以上边坡、消能塘两岸边坡、厂房后边坡、进水口边坡、左岸缆机移动端边坡。

18.2 边坡级别

根据《水电枢纽工程等级划分及设计安全标准》（DL 5180—2003）及《水电水利工程边坡设计规范》（DL/T 5353—2006）的规定，根据边坡所属枢纽工程等级、建筑物级别、边坡所处位置、边坡重要性和失事后的危害程度，确定各部位的边坡级别为：大坝边坡为1级，消能塘、进水口、厂房及缆机边坡级别为2级。

本地区的地震基本烈度为Ⅷ度，各部位边坡均采用基准期50年内超越概率为5%进行抗震设计，水平地震加速度为0.23g。

18.3 计算参数

边坡地质参数计算值详见表18.1。

表 18.1　　　　　　　　　　　　　　边坡计算地质参数表

参　数		全风化岩石上部	全风化岩石下部	弱风化岩石	左岸缆机岩质边坡结构面
天然容重/(kN/m³)		18	19	3450.90	—
饱和容重/(kN/m³)		21	22	26	—
f'	天然	0.42	0.45	—	0.50
	饱和	0.37	0.39	0.90	
c'/MPa	天然	0.10	0.15	—	0.08
	饱和	0.06	0.09	0.90	

18.4 大坝边坡

（1）大坝边坡稳定条件。

1）右岸坝头边坡。左岸坝头最高开挖高程为923.00m，右岸坝头最高开挖高程为977.00m。右岸坝头全风化岩厚约55m，边坡高度100m左右，为大坝基础开挖边坡稳定条件的控制部位。土质全风化边坡，开挖坡比 1:1.2，高程每 15~20m 设一级 2~3m 宽马道。两岸坝肩已开挖并支护完成，为永久边坡。

2）左岸下游边坡。左岸下游边坡较高，坡顶高程 875.00m，坡脚高程 853.80~793.00m。开挖坡比：高程 860.00m 以上为 1:1.2，高程 860.00m 以下为 1:0.6。

左岸下游片麻岩边坡中片麻理发育，岩层产状为走向 N45°~60°E，近似平行边坡，倾向 NW（上游），倾角 40°~70°，其裂隙连通率为 100%。因岩石边坡开挖坡比较缓，左岸下游边坡不存在深层稳定问题。

（2）计算方法、荷载及组合。

1）计算方法。全风化土质边坡采用简化毕肖普法，计算部位为拱坝左、右坝头边坡，采用单宽边坡计算。

2）荷载及荷载组合。

a. 基本组合（持久状况）：自重＋地下水压力。

b. 基本组合（短暂状况）：自重＋地下水压力。

c. 偶然组合（偶然状况）：持久状况＋地震。

短暂状况下，考虑因连续降雨而引起的地下水位线升高，计算假定地下水位线为全风化层厚度的 1/2。其中由于右坝头边坡高，最高高程约为 965.00m，覆盖层较厚，最厚约为 50m，假定地下水位线上升到全风化层的 1/3。

（3）计算结论。大坝边坡的抗滑稳定最小安全系数见表 18.2。由表可知，各工况边坡稳定满足规范要求，边坡是稳定的。

表 18.2　　　　　　　　　　大坝边坡的抗滑稳定最小安全系数表

荷 载 组 合		右坝头全风化坡	左坝头全风化坡	控制安全系数
		1级	1级	1级
基本组合	持久状况	1.70	1.98	1.25
	短暂状况	1.17	1.47	1.15
偶然组合	偶然状况（地震）	1.52	1.79	1.05

（4）大坝边坡支护措施。为保证大坝开挖边坡表层局部岩体稳定，对大坝边坡进行系统喷锚支护处理，喷混凝土厚度 10cm，喷混凝土强度等级 C20。锚筋共两种，$\phi25$ 入岩 4m，$\phi28$ 入岩 6m，对局部不稳定岩体采用锚筋束锚固，锚筋束为 $3\phi25$，入岩 9~12m。喷混凝土面布置系统排水孔。大坝左岸深挖基础对应的下游岩石边坡除上述支护形式外，在高程 840.50~851.50m 之间布置 3 排 150t 级锚索，间排距 4.0m，孔深 23.90m。

全风化边坡根据不同部位采用挂网喷混凝土及混凝土板护面两种处理措施，其中喷混凝土厚度 15cm，喷混凝强度等级 C20，为限制喷混凝土面开裂，喷混凝土中掺聚丙烯纤维；素混凝土板护面防护处理，厚度 20cm，混凝强度等级 C20。系统锚钉锚固，混凝土面布置系统表层排水孔，为防止全风化边坡排水孔失效，在排水孔内埋入软式透水管。同时在高程 906.50m 以上设置三排深排水孔，入岩 15m，孔径 $\phi90mm$。右岸坝头边坡和左岸下游边坡开挖典型剖面见图 18.1、图 18.2。

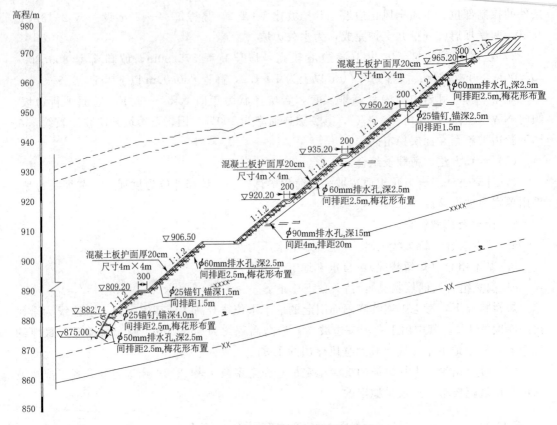

图 18.1　右岸坝头边坡开挖支护剖面图

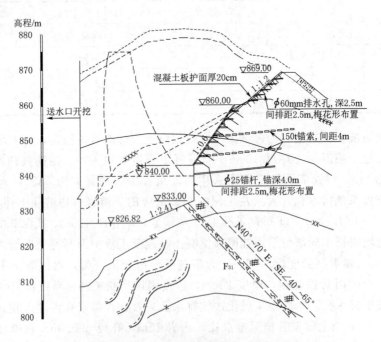

图 18.2　左岸下游边坡开挖支护剖面图

18.5　消能塘边坡

（1）消能塘边坡稳定条件。消能塘两岸边坡基岩为寒武系片麻岩，左岸主要发育两组节理：一组走向 N50°～70°W，倾向 NE（山里），倾角 65°～75°，延伸很长，节理发育。另一组节理走向 N40°～60°E，倾向 NW，倾角 60°～80°（横河向），延伸较长，节理较发育。缓倾角节理不发育。高程 875.00～840.00m 两级边坡，出露的岩石呈全风化状态，岩质软弱，呈土状。高程 840.00m 以下边坡为弱～微风化岩体，边坡整体稳定。

右岸主要发育两组节理：一组走向 N60°W，以倾向 NE 为主，倾角 68°～80°，该组节理在 801.00m 高程以下较发育，与边坡交角较小，倾向河床，倾角与边坡开挖坡坡角接近。另一组节理沿片麻理方向（横河向）发育。缓倾角节理不发育，随机散布。右岸顺坡节理不产生深层不利组合。右岸桩号消 0+110.00～0+145.00m 区段高程 801.00m 以上边坡较高且覆盖层较厚，对边坡稳定不利。

左岸高程 875.00～840.00m 两级边坡，开挖坡比 1∶1.0～1∶2.0，高程 840.00～801.00m 两级边坡，开挖坡比 1∶0.6～1∶1.594。右岸高程 903.00～845.00m 三级边坡，开挖坡比 1∶1.2，高程 845.00～801.00m 三级边坡，开挖坡比 1∶1.1～1∶1.5。消能塘边坡开挖平面详见图 18.3。

（2）计算方法、荷载及组合。

1）计算方法。全风化土质边坡采用简化毕肖普法，计算部位为右岸边坡，采用单宽边坡计算。

2）荷载及荷载组合。

a. 基本组合（持久状况）：自重＋地下水压力。

b. 基本组合（短暂状况）：自重＋地下水压力。

c. 偶然组合（偶然状况）：持久状况＋地震。

对短暂状况，考虑因连续降雨而引起的地下水位线升高，计算假定地下水位线为全风化层厚度的 1/2。

（3）计算结论。消能塘边坡的抗滑稳定安全系数见表 18.3。由表 18.3 可知，各工况边坡稳定满足规范要求，边坡是稳定的。

表 18.3　　　　　　　消能塘边坡的抗滑稳定最小安全系数表

荷 载 组 合		消能塘 0+130.00m 全风化边坡	控制安全系数
		2 级	2 级
基本组合	持久状况	1.93	1.15
	短暂状况	1.39	1.05
偶然组合	偶然状况（地震）	1.52	1.05

（4）消能塘边坡支护措施。消能塘 801.00m 高程以下采用贴坡式混凝土边墙护坡，厚度为 1～2m。高程 801.00m 设有马道，两岸边坡混凝土边墙防护段（801.00m 高程以下）布设 $\phi28$ 锚筋，间排距为 1.50m×1.50m，锚深 8.00m。左岸在 801.00m 以上采用挂网喷混凝土保护措施，并布设 $\phi25$ 锚筋，间排距为 1.50m×1.50m，锚深 6.00m；右岸采

用混凝土板保护措施，厚度 20cm，在高程 801.00～845.00m，布设 ϕ25 锚筋，间排距为 2.00m×6.00m，锚深 3.90m，在高程 801.00m 以上，布设系统 ϕ25 锚钉，间排距为 2.00m× 2.00m，锚深 1.50m，并布设系统浅表排水孔。另外，在右岸 816.00m、831.00m、846.00m 高程布设 3 排 10m 深排水孔，在左、右两岸 792.50m、795.50m 高程布设两排 25m 深排水孔，以降低两岸山体渗透压力。消能塘支护典型剖面详见图 18.4。

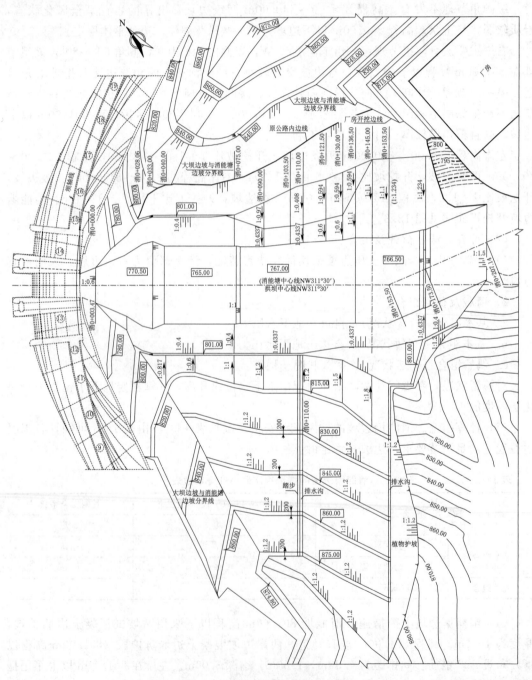

图 18.3　消能塘边坡开挖平面图

另外，为了增强消能塘边坡的抗震安全性，同时也为了提高坝肩尾岩的抗震稳定性，在消能塘 0+90.00m 桩号以前两岸边坡布置加强系统锚索，左岸 793.00～832.00m 高程布置 6 排，右岸 793.00～809.00m 高程布置 3 排，间距 6m，排距约 5.5m，吨位 100～200t，深度 30.0～45.0m，共 106 根。消能塘左岸边坡锚索布置详见图 18.5。

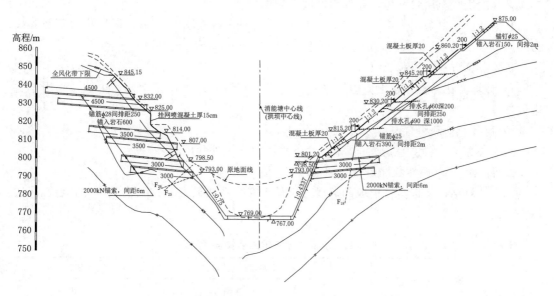

图 18.4　消能塘边坡 0+090.00m 桩号剖面支护图

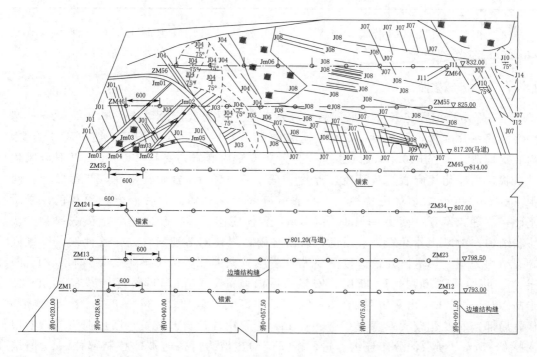

图 18.5　消能塘左岸边坡锚索布置立视图（单位：cm）

18.6　进水口边坡

（1）进水口边坡稳定条件。覆盖层为低液限黏土，厚度 3～4.5m。以下为片麻岩。高程 838.00m 以上为强风化状态，高程 838.00m 以下主要为弱风化状态。灰色，岩质坚硬，岩体多为次块状至块状结构，局部为镶嵌碎裂结构。

开挖坡比：覆盖层为 1:1.5，覆盖层至 831.06m 高程段为 1:2，弱风化岩石竖井段 809.59m 以上为 1:0.423，闸门井和竖井段 809.59m 以下为垂直段。

（2）计算方法、荷载及组合。

1）计算方法。全风化土质边坡采用简化毕肖普法，进水口左岸开挖边坡，采用单宽边坡计算。

2）荷载及荷载组合。

a. 基本组合（持久状况）：自重＋地下水压力＋坡外水压力。

b. 偶然组合（偶然状况）：持久状况＋地震。

（3）计算结论。进水口边坡的抗滑稳定最小安全系数见表 18.4。由表可知，各工况边坡稳定满足规范要求，边坡是稳定的。

表 18.4　　　　　　　　　　进水口边坡的抗滑稳定最小安全系数表

荷 载 组 合		进水口全风化坡	控制安全系数
		2 级	2 级
基本组合	持久状况	2.73	1.15
偶然组合	偶然状况（地震）	2.29	1.05

（4）进水口边坡支护措施。进水口左侧开挖边坡采用喷混凝土支护；回填石渣到 825.00m 高程作为护脚。

18.7　厂房边坡

（1）厂房边坡稳定条件。厂房后山坡覆盖层主要为低液限黏土，厚 0.5～2m；基岩为寒武系片麻岩，深灰色，矿物成分主要为石英、黑云母和长石，细粒变晶结构，片麻状构造。高程 860.00m 以上基本上为全风化片麻岩，高程 875.00m 以下全风化呈块状；强风化片麻岩，灰黄色，厚度一般 1.5～15m，岩质较坚硬，节理发育，间距一般 10～30cm，岩体完整性差，呈镶嵌碎裂结构；弱风化片麻岩，深灰色，岩质坚硬，节理较发育，间距一般 10～50cm，岩体完整性差—较完整，呈镶嵌碎裂—次块状结构；微风化片麻岩，灰黑色，岩质坚硬，岩体隐节理发育，完整性差，以镶嵌碎裂结构为主。厂房已开挖边坡主要发育断层 6 条断层，为 F_1 断层、F_{40} 断层、F_{41} 断层、F_{47} 断层、F_{48} 断层、F_{49} 断层。安装间后山坡 845.00m 马道附近出露有 F_{41} 断层，走向 N70°～85°E，出露可见约 65～70m 长，倾向 SE，倾角 24°～35°，断层波状起伏，局部产状变化较大，宽度 0.1～0.3m，主要由碎裂岩及灰黄色断层泥组成，断层泥厚 3～5cm，断层泥分布连续。这两个部位的边坡为厂房边坡的控制部位。F_{41} 断层抗剪参数 $f'=0.3$，$c'=0.03$MPa。

（2）计算方法、荷载及组合。

1）计算方法。土质边坡采用简化毕肖普法，采用水科院土质边坡计算程序 STAB 2005 版计算。岩石边坡采用刚体极限平衡法。采用单宽边坡计算。计算部位包括厂房后山坡和厂房 F_{41} 断层边坡。

2）荷载及荷载组合。

a. 基本组合：（持久状况）：自重＋地下水压力＋加固力。

b. 基本组合：（短暂状况）：自重＋地下水压力＋加固力。

c. 偶然组合（偶然状况）：持久状况＋地震。

考虑因连续降雨而引起的地下水位线升高，计算假定地下水位线为全风化层厚度的 1/2。

（3）计算结果及结论。由计算结果可以得出，影响厂房边坡的断层主要为 F_{40} 断层、F_{41} 断层。F_{40} 断层在 2 号压力钢管上部 3～5m 部位出露，洞挖时采取了可靠的措施，不影响上部边坡稳定。F_{41} 缓倾角断层在高程 845.00m 马道出露，分布连续的断层泥厚 3～5cm，对上部边坡稳定不利。由计算可知，基本组合短暂工况为边坡稳定的控制工况，厂房 F_{41} 断层边坡稳定不满足规范要求，其余边坡各工况均满足稳定要求。

厂房边坡的抗滑稳定安全系数见表 18.5。由表可知，在以 F_{41} 断层为底滑面的边坡范围内，采用预应力锚索加固的方法增加边坡的抗滑能力。通过计算，平均单宽需要施加 60t 锚固力能够满足要求，此时基本组合及偶然组合地震情况均满足抗滑稳定要求，边坡是稳定的。

表 18.5　　　　　　　　　　厂房边坡的抗滑稳定最小安全系数表

荷载组合		875.00m 高程公路以上	F_{41} 断层为底滑面（锚索加固前）	F_{41} 断层为底滑面（锚索加固后）	控制安全系数
		2 级	2 级	2 级	2 级
基本组合	持久状况	1.81	—	1.34	1.15
	短暂状况	1.20	0.80	1.11	1.05
偶然组合	偶然状况（地震）	1.57	—	1.15	1.05

（4）厂房边坡支护措施。厂房部位高程 845.00m 以上边坡开挖坡比为 1：1，高程 845.00～815.00m 边坡开挖坡比为 1：0.5，高程 815.00～779.30m 边坡开挖坡比为 1：0.3。高程 875.00m 以上边坡采用挂网喷锚护坡；高程 875.00～845.00m 边坡采用混凝土板护坡；高程 845.00m 以下边坡安装间侧部分采用混凝土板护坡，其余部位采用喷锚护坡，ϕ25 锚杆，锚杆深 3.5m，间排距为 2m。各级边坡均采取系统排水措施。F_{41} 断层影响部位布置预应力锚索，其中 845.00～860.00m 马道之间布置 2 排，分别为高程 851.00m 布置 10 根、高程 856.00m 布置 9 根，锚索水平间距 7m；860.00～875.00m 马道之间布置 3 排，分别为高程 861.00m 布置 6 根、高程 866.00m 布置 5 根、高程 870.00m 布置 6 根，锚索水平间距 7m。布置在高程 851.00m 的为 150t 级锚索，其他为 100t 锚索。在回填体部位还布置了网格梁以加强坡体整体稳定性。

因龙江厂房边坡较高、坡度较陡，根据1号机组启动验收有关专家及龙江公司的建议，为提高厂房后边坡的整体安全度，对其进行整体加强，具体措施为：

在高程851.00m以水平间距7m在原锚索两侧布置8根锚索，其中主机间侧5根，安装间侧3根；在高程856.00m以水平间距7m在原锚索两侧布置8根锚索，其中主机间侧5根，安装间侧3根；在高程858.00m以水平间距7m布置10根锚索，因该位置靠近回填渣体，锚索间设置混凝土联系梁加强整体稳定性；在高程866.00m以水平间距7m在原锚索两侧布置10根锚索，其中主机间侧6根，安装间侧4根；预应力锚索为150t无黏结锚索，超张拉10%，长度30m。

在高程845.00~835.00m、高程815.00m以下边坡的主机间侧各布置两排共143束锚筋束，锚筋束采用$3\phi25$，长度为15m，入岩14.7m，弯折0.2m；方向为坡面径向，仰角5°。高程861.00m边坡上布置一排深排水孔，排水孔直径$\phi=90mm$，孔间距5m，孔深25m，仰角5°~10°，共26孔。

18.8　左岸缆机移动端边坡

18.8.1　缆机边坡地质条件

缆机移动端边坡位于拱坝左岸上游，高程930.00~1118.00m，地形坡度一般为30°~38°，局部为陡崖坡度60°左右。覆盖层厚度一般为1.5~3m，主要为含碎石低液限黏土等组成，基岩为寒武系片麻岩，灰黄色，局部为深灰色，矿物成分主要为石英、黑云母和长石等，粗粒斑状变晶结构（斑晶大小0.5~2cm），片麻状构造。

片麻理不甚发育，总体产状：走向N40°~60°E，倾向NW，倾角60°~75°。

岩石风化较强烈，且不均一，风化厚度变化较大，局部呈条带状。片麻岩中云母含量较高，部分集中部位，已形成软岩带。

边坡地下水主要受大气降水补给，地下水径流途径短，开挖期间，坡面干燥，未见地下水出露。

对于全风化边坡，结合现场实际情况，按坡比1∶1.1对全风化边坡进行开挖。对于岩质边坡，高程945.00m以上采用1∶0.6~1∶1.0坡比进行开挖，高程945.00m以下维持原设计坡比不变。

未发现特定的缓倾角节理分布，主要发育以下几组节理：

J1：走向N40°~60°W，倾向NE，倾角55°~65°，节理间距一般为20~40cm，节理较发育-中等发育，延伸很长。

J2：走向N70°~80°W，倾向SW，倾角45°~60°，节理间距一般为50cm左右，节理中等发育，局部延伸较长。

J3：走向N35°E，倾向SE，倾角65°~75°，节理间距一般为100cm，节理不发育，延伸较长。

J4：走向N40°~60°E，倾向NW，倾角65°~70°（片麻理方向），节理间距一般为10~30cm，节理较发育，延伸较长。

J5：走向N60°E，倾向SE，倾角45°~60°，节理间距一般为10~30cm，节理较发育，延伸较长。

18.8.2　全风化边坡稳定分析

左岸缆机移动端边坡开挖及支护平面见图 18.6。

经分析，选定的计算剖面为相对危险的 5—5 剖面和欠挖部位相对较高的 13—13 剖面，对开挖后的全风化边坡分不同工况进行抗滑稳定计算。

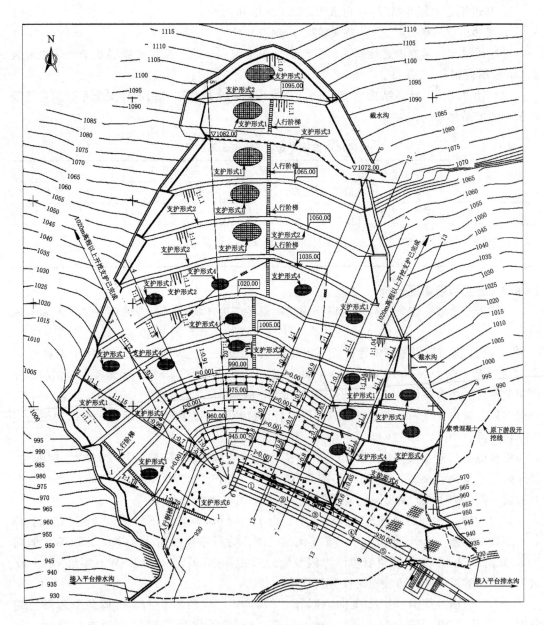

图 18.6　左岸缆机移动端边坡开挖及支护平面图

（1）计算方法、荷载及组合。

1）计算方法。全风化土质边坡采用水科院 STAB2005 软件的简化毕肖普法，计算部位为缆机边坡高高程。岩质边坡采用刚体极限平衡法，计算部位为缆机边坡低高程。采用单宽边坡计算。

2）计算荷载及组合。计算荷载主要为全风化岩、岩体的自重、地下水压力、坡外水压力、地震荷载。

a. 基本组合（持久状况）：自重＋地下水压力。

b. 基本组合（短暂状况）：自重（表部 2m 饱和）。

c. 偶然组合（偶然状况）：持久状况＋地震。

对短暂状况，考虑因连续降雨而引起的地表土饱和，计算拟定覆盖层及全风化边坡表部 2m 范围内饱和。

（2）计算结论。计算结果见表 18.6。由表可知，全风化边坡的设计安全系数满足规范要求，边坡是稳定的。

表 18.6　　　　　　　　　全风化边坡抗滑稳定最小安全系数表

项　目		运　用　条　件		
		持久工况	短暂工况	偶然工况
规范规定值		1.15~1.25	1.05~1.15	1.05
计算结果	5—5 剖面	1.263	1.062	1.076
	13—13 剖面	1.382	1.157	1.227

18.8.3　岩质边坡稳定分析

（1）岩质边坡稳定条件分析。根据现场揭露的节理产状，岩石边坡存在以下不利节理组合：

1）1~4 剖面间岩体稳定性分析（主要为 990.00m 高程以下岩体）。岩体中发育有 J1 走向 N50°W，倾向 NE，倾角 55°~65°和 J2 走向 N80°W，倾向 SW，倾角 45°~60°的中陡倾角节理作为楔形块体滑移面。J3 走向 N35°E，倾向 SE，倾角 65°~75°、J4 走向 N50°E，倾向 NW，倾角 65°~70°中陡倾角节理作为后缘拉裂面。以上述节理组合，进行边坡稳定性分析计算。

根据侧向切割面倾角的不同组合，楔形体底棱线倾角 θ 在 16.92°~26.37°之间变化，棱线最陡倾角 θ＝26.37°，为侧向切割面 N50°W，NE，∠65°和 N80°W，SW，∠60°组合时形成（图 18.7），此棱线倾角偏缓，楔形体滑动的可能性不大。

2）4~13 剖面间岩体稳定性分析（主要为 1020.00m 高程以下岩体）。4~5 剖面：J3 走向 N35°E，倾向 SE，倾角 65°~75°陡倾角节理作为后缘拉裂面。J1 走向 N50°W，倾向 NE，倾角 55°~65°中等倾角节理作为侧滑面。J2 走向 N80°W，倾向 SW，倾角 45°~60°做为底滑面的组合进行边坡稳定性分析计算。

5~13 剖面：组合 1：J3 走向 N35°E，倾向 SE，倾角 65°~75°陡倾角节理做为侧滑面，J1 走向 N50°W，倾向 NE，倾角 55°~65°中等倾角节理做为后缘拉裂面，J2 走向 N80°W，倾向 SW，倾角 45°~60°作为底滑面的组合；组合 2：J4 走向 N50°E，倾向 NW，倾角 65°~70°中等倾角节理作为侧滑面，J2 走向 N80°W，倾向 SW，倾角 45°~60°作为上游拉裂面，J5 走向 N60°E，倾向 SE，倾角 45°~60°作为底滑面的组合。

其中，底滑面 N80°W，倾向 SW，倾角 45°～60°与坡面交角很小，近似顺坡向，计算中采用单宽断面计算，只计入底滑面参数，此种情况下不计入侧滑面，所以边坡稳定安全应小于以上既有底滑面又有侧滑面的组合，不再对以上分析的组合 1、2 进行计算。

3）软岩带稳定分析（主要为 1020.00m 高程以下岩体）。岩体中存在 R_{06} 走向 N55°W，倾向 NE，倾角 65°和 R_{07} 走向 N30°～40°E，倾向 NW，倾角 55°～65°的软岩带作为楔形块体滑移面。J4 走向 N50°E，倾向 NW，倾角 65°～70°中陡倾角节理作为后缘拉裂面。以上述软岩带、节理组合，进行边坡稳定性分析计算。

该楔形体底棱线倾角 θ 在 47.8°（图 18.7），此棱线倾角偏陡，楔形体有滑动的可能。

经上述分析可知，1～5 剖面间可能存在组合楔形体滑动形式，5～13 剖面间可能存在单一的底滑面滑动形式。

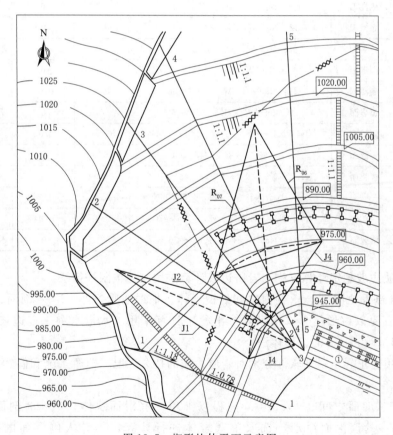

图 18.7　楔形块体平面示意图

（2）荷载及荷载组合。

1）持久设计工况：主要为岩质边坡正常运用工况。

荷载主要为岩体自重＋上部土体重量，在采用锚索支护时，计入锚索锚固力。

2）偶然设计工况：主要为岩质边坡正常运用遭遇地震的情况。

荷载主要为岩体自重＋上部土体重量＋地震荷载，在采用锚索支护时，计入锚索锚固力。

（3）滑面计算参数的选取。滑面计算参数采用逆推法结果，即 $c' = 0.08\text{MPa}$，$f' = 0.5$。各组合结构面及地质参数计算取值见表 18.7。

表 18.7　　　　　　　　缆机边坡主要结构面及地质参数计算取值表

位置	结构面划分	结 构 面 产 状	结构面抗剪断参数计算值		备注
			f'	c'/MPa	
1～4 剖面间岩体	组合滑面	J1：N50°W，NE，∠55°～65°	0.5	0.08	
		J2：N80°W，SW，∠45°～60°	0.5	0.08	
	拉裂面	J3：N35°E，SE，∠65°～75°	0	0	不考虑抗拉强度
		J4：N50°E，NW，∠65°～70°			
4～5 剖面间岩体	侧滑面	J1：N50°W，NE，∠55°～65°	0	0	
	底滑面	J2：N80°W，SW，∠45°～60°	0.5	0.08	
	拉裂面	J3：N50°W，NE，∠55°～65°	0	0	不考虑抗拉强度
5～13 剖面间岩体	侧滑面	J3：N50°W，NE，∠55°～65°	0	0	
	底滑面	J2：N80°W，SW，∠45°～60°	0.5	0.08	
	拉裂面	J1：N50°W，NE，∠55°～65	0	0	不考虑抗拉强度
12～13 剖面间岩体	侧滑面	J4：N40°～60°E，NW，∠65°～70°	0.50	0.05	
	底滑面	J5：N60°E，SE，∠45°～60°	0.50	0.05	
	拉裂面	J2：N70°～80°W，SW，∠45°～60°	0	0	不考虑抗拉强度
3～5 软岩带间岩体	组合滑面	R06：N55°W，NE，∠65°	0.4	0.04	
		R07：N30°～40°E，NW，∠65°～70°	0.4	0.04	
	拉裂面	J4：N50°E，NW，∠65°～70°	0	0	不考虑抗拉强度

（4）岩质边坡稳定计算方法。岩质边坡计算采用刚体极限平衡法。

1）1～4 剖面之间、3～5 剖面之间的楔形体。根据地质条件，1～4 剖面、3～5 剖面之间的岩体主要以楔形体形式滑动，抗滑稳定计算采用《水电水利工程边坡设计规范》（DL/T 5353—2006）中的楔形体法。

计算利用理正岩土系列软件分别对岩质边坡的持久工况、短暂工况和偶然工况进行抗滑稳定计算。

2）5～13 剖面之间、937.00m 高程以上单一底滑面块体。5～13 剖面之间的岩体主要以单一的底滑面滑动，选取单宽岩体进行计算，不计入侧滑面的抗剪强度，底滑面角度 45°～60°。对 6—6 剖面、12—12 剖面、7—7 剖面分别计算，取安全系数较小值。

由于本方案在高程 927.00～937.00m 设置了挡墙支挡潜在滑动岩体，计算先假定挡墙是稳定的，对 937.00m（挡墙顶高程）以上的边坡进行稳定计算，然后再对挡墙进行应力、稳定复核。

（5）计算结果与分析。

1）937.00m 高程以上（即挡墙以上）边坡。计算结果见表 18.8、表 18.9。因 5—5 剖面以前开挖范围与原设计方案相同，计算部位和条件相同，所以计算结果相同；5—5 剖面以后，由于设置高挡墙支挡，边坡计算底高程抬高至墙顶 937.00m。由表 18.8 可知，当不采用预应力锚索支护时，在地震情况下岩质边坡的抗滑稳定系数不满足规范要求。由表 18.9 可知，在采用预应力锚索进行支护的措施下，岩质边坡的抗滑稳定安全系数满足要求，边坡是稳定的。

表 18.8　　　　不用锚索支护时 937.00m 高程以上岩质边坡抗滑稳定最小安全系数表

项　目	持久工况（正常运用）	偶然工况（正常运用＋地震）
规范规定	1.15～1.25	1.05
1～4 剖面计算结果	2.768（棱线倾角 16.92°） 2.517（棱线倾角 26.37°）	2.594（棱线倾角 16.92°） 2.388（棱线倾角 26.37°）
5～13 剖面计算结果 （7—7 剖面）最小	1.32（底滑面倾角 45°）	0.95（底滑面倾角 45°）
3～5 软岩带间岩体计算结果	1.200（棱线倾角 47.8°）	1.152（棱线倾角 47.8°）

表 18.9　　　　采用锚索支护时 937.00m 高程以上岩质边坡抗滑稳定最小安全系数表

项　目	持久工况（正常运用）	偶然工况（正常运用＋地震）
规范规定	1.15～1.25	1.05
5～13 剖面计算结果（7—7 剖面）最小	1.48	1.11

2）927.00m 高程以上（即挡墙底部以上）边坡。当不设置挡墙时，边坡计算底高程为 927.00m。由表 18.10 可知，当不采用预应力锚索支护时，岩质边坡的抗滑稳定系数不满足规范要求。在采用预应力锚索进行支护的措施下，持久工况岩质边坡的抗滑稳定安全系数为 1.138，已接近允许值 1.15，地震工况下安全系数不满足规范要求，需增加工程措施。

表 18.10　　　　无挡墙时 927.00m 以上岩质边坡抗滑稳定最小安全系数表

项　目		持久工况（正常运用）	偶然工况（正常运用＋地震）
规范规定		1.15～1.25	1.05
5～13 剖面计算结果 （7—7 剖面）最小	无锚索时	1.041	0.738
	加锚索后	1.138	0.812

18.8.4　挡墙稳定分析

（1）设计原则。为保持 1020.00m 高程以上已支护完成的边坡不动，只能对高程

1020.00m 以下 5—5～13—13 剖面之间的局部边坡进行削坡减载。因削坡范围小，剩余下滑力较大，在高程 927.00～937.00m 设置混凝土挡墙支挡岩质边坡潜在不稳定块体，挡墙上部垂直坡面方向设置 200t 锚索。

为保证边坡整体稳定，挡墙的应力、稳定应满足要求。

（2）岩质边坡滑面分析。结合现场揭露的节理产状，选取不利节理组合进行挡墙应力、稳定分析。滑面底高程与挡墙基础高程相同为 927.00m，滑面倾角为 45°。选取单宽挡墙及岩体进行计算，不计入岩体侧滑面的抗剪强度。7—7 剖面边坡及挡墙计算简图见图 18.8。

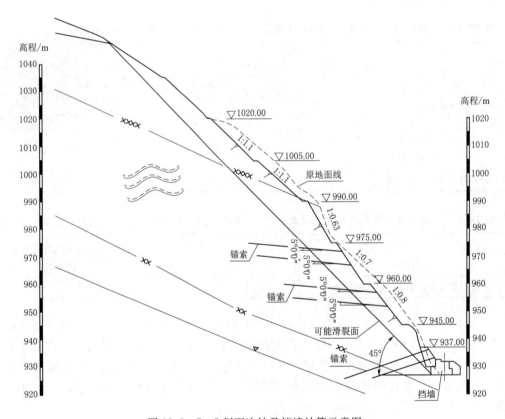

图 18.8　7—7 剖面边坡及挡墙计算示意图

（3）荷载及荷载组合。基本组合：岩体自重＋挡墙自重＋边坡及挡墙锚索锚固力。

特殊组合：岩体自重＋上部土体重量＋挡墙自重＋边坡及挡墙锚索锚固力＋地震荷载。

（4）计算方法。挡墙抗滑稳定计算采用刚体极限平衡法，应力计算采用材料力学法。

（5）计算结果与分析。计算结果见表 18.11、表 18.13。由表可见，无挡墙时，边坡稳定不满足要求，有挡墙时，挡墙承担边坡剩余下滑力，地震情况下为控制工况，挡墙抗滑稳定、抗倾覆稳定安全系数及基底应力满足相应规范要求。

表 18.11　　　　挡墙抗滑稳定最小安全系数 K_c 计算结果表

项　　目	基本组合	特殊组合
规范规定	3.0	2.3
5～13 剖面计算结果（7—7 剖面）最小	—	3.04

表 18.12　　　　挡墙抗倾覆稳定最小安全系数 K_0 计算结果表

项　　目	基本组合	特殊组合
规范规定	1.5	1.3
5～13 剖面计算结果（7—7 剖面）最小	—	1.41

表 18.13　　　　挡墙基底应力计算结果表

项　　目		基本组合	特殊组合
规范规定		>0 kPa	>−100kPa
5～13 剖面计算结果（7—7 剖面）最小	σ_u	—	25.58
	σ_d	—	285.91

18.8.5　缆机边坡支护措施

1020.00m 高程以上全风化坡面采用挂网喷混凝土支护，坡面设排水孔。1020.00m 高程以下的全部边坡开挖及支护处理如下：

高程 990.00～975.00m、高程 960.00～945.00m、高程 975.00～960.00m（局部）边坡支护措施为锚索网格梁，锚索设计吨位 200t；锚索方向 6—6 剖面以前为坡面径向，6—6 剖面以后为 NE10°，仰角 5°。锚索网格梁宽 0.6m，高 0.4m，锚索的根数和具体点位可根据坡面实际地质情况做出调整。

锚筋束：锚筋束采用 3ϕ25，长度分为 15m 和 9m 两种。15m 锚筋束入岩 14.7m，弯折 0.2m；9m 锚筋束入岩 8.7m，弯折 0.2m，两种锚筋束均与坡面钢筋网相连，方向为坡面径向，仰角 5°。灌注砂浆标号 M20，钢筋束的砂浆保护层不小于 2cm。锚筋束的根数和具体点位可根据坡面开挖后实际情况作出调整。

锚杆：岩质边坡采用 ϕ25 砂浆锚杆，长度 6.3m，入岩 6m，外部弯折 0.2m，间排距 2.5m，梅花形布置，并与坡面钢筋网连接，砂浆标号 M20，砂浆保护层不小于 1cm。

锚钉：全风化边坡采用 ϕ25 锚钉，长度 1.5m，入岩 1.28m，外部弯折 0.1m，间排距 1.5m，梅花形布置，并与坡面钢筋网连接。强风化岩坡及高程 990.00～1020.00m 之间的 1:1 弱风化岩坡采用相同参数的砂浆锚杆替代 ϕ25 锚钉。

坡面浅表排水：岩质坡面设置 ϕ50mm 排水孔，孔深 3m，孔仰角 5°～10°；排水孔间排距 3m，在坡面上以梅花形布置。

坡面深排水：根据审查意见，在高程 1020.00m 以下的每级马道之间设两排深排水孔。岩质坡面设置 ϕ90mm 排水孔，孔深 20m，孔仰角 5°～10°；排水孔间距 6m，排距 3m，在坡面上以梅花形布置。全风化坡面除孔内安装 ϕ80mm PVC 透水管（包裹无纺布）以外，其余参数与岩质边坡相同。

坡面喷厚度为 15cm 的 C20 混凝土，内置 Φ6.5@200mm 钢筋网，钢筋保护层 3.5cm，钢筋网布置在混凝土喷护层的表部，并与锚杆及锚筋束连接；喷护混凝土层按每块宽度 10m（上下游方向）设置伸缩缝，缝间夹 2cm 厚沥青木板。开挖坡线与截水沟之间清除覆盖层后素喷厚度 15cm 的 C20 混凝土。

高程 975.00～960.00m，945.00～930.00m 边坡支护措施，除采用 15m 长锚筋束代替锚索外，其余支护同高程 990.00～975.00m、960.00～945.00m 边坡。

990.00m 高程以上边坡、全风化坡面采用挂网喷混凝土支护，坡面设排水孔。

混凝土挡墙：在高程 927.00～937.00m 设置 C20 混凝土挡墙支挡岩质边坡的潜在滑动体，挡墙设计利用原缆机轨道基础混凝土，挡墙底高程与缆机轨道基础底高程相同为 927.00m，范围为对应缆机基础①～③和④的前 10m，长度为 67m，高度为 10m，分缝位置与缆机轨道基础分缝位置相同，共 4 段，前 3 段为 19m 长，第 4 段为 10m 长。垂直坡面方向设置 200t 锚索和系统锚杆，挡墙与缆机轨道基础之间设置连接锚筋，上部挡墙配置抗裂钢筋网。在第 4 段以后对 932.50～930m 范围缆机轨道混凝土上游侧原空置部位进行混凝土回填。

缆机基础拱桥下冲沟表部堆积了开挖弃渣，上部厚 10～13m，下部厚 3～6m，弃渣坡度 30°～40°，局部达 50°左右，经复核，不满足抗滑稳定要求，应挖除处理。

第19章 经 验 总 结

（1）坝肩基础处理采用组合基础设计理论。两岸坝肩地质条件变化是在坝肩开挖的过程中发现的，当时左岸坝肩下游开挖边坡已达45m高，右岸坝肩边坡已达30m高，两岸部分边坡已完成支护，另外，由于两岸下游山体较单薄，为保护下游尾岩，不宜进行二次扩挖，常规的人工混凝土大垫座基础已不适合龙江工程的实际情况。考虑龙江拱坝821.00m高程以上拱端力系水平较低，单高径向力仅2000t左右，因此确定采用深槽开挖回填混凝土基础方案，使混凝土回填基础与下游岩体形成组合地基，共同承担坝肩荷载。通过大量的计算分析和专题研究，坝体应力、组合基础应力、坝肩变形稳定、抗滑稳定均满足要求，说明两岸坝肩经处理后是安全的，该处理方案是合适的。

我公司所承担的拱坝设计中，先后采用了多种地质缺陷处理方法，从江口工程的置换洞、藤子沟的人工基础到龙江的组合基础，为以后的工程设计提供了丰富的设计经验和理论基础，增强了对不同问题探讨、深层次研究的途径和信心。

（2）根据拱坝应力特点和揭露的地质条件进行体形优化。大坝地震设防烈度近9度，地震工况是大坝设计的控制工况，静力情况下坝体应力水平较低，根据双曲拱坝的这一特点，在可研设计阶段，对拱坝的体形进行了大量的优化设计工作，并进行了专门的科研研究，使拱坝混凝土工程量减少了8万 m³。

施工时11～15号河床坝段开挖至765.00m高程后，岩石呈微风化状态，岩质坚硬，节理多闭合，岩体较完整，局部完整性差，单孔声波平均波速值较高，均大于4.87km/s，通过的断层较勘察期间的断层窄且性状好，岩体可满足建基要求。为缩短直线工期，节约投资，将河床坝段大坝建基面抬高5m。将原体形在765.00m高程以下平切掉，原设计的760.00m高程抬高至765.00m高程，相应布置及结构随之调整。

（3）对拱坝动应力敏感性的认识。龙江拱坝地震设防烈度高达9度，静力情况不控制坝体的应力，动力情况下控制坝体的应力。在可研阶段，大坝混凝土的设计龄期为90d，考虑混凝土的掺和料采用粉煤灰，后期强度增长较大，地震情况下设计采用了混凝土180d龄期的抗拉强评价坝体的拉应力，此时坝面拉应力超出规范要求的范围小于5%，在考虑了混凝土后期强度、地基条件为原条件下，坝体拉应力才基本满足规范要求，没有充分认识到坝基岩石条件变化对坝体应力的敏感性影响、混凝土材料变化对混凝土抗拉强度的影响，设计安全裕度预留不足。在施工图阶段，当混凝土的掺合料由粉煤灰改成火山灰后，由于火山灰的活性比粉煤灰小得多，使混凝土的后期强度增长比原设计要小得多，混凝土的抗拉强度比原设计小，另外两岸坝肩地质条件变化后，动力情况下坝体拉应力数值和范围明显增大，坝体拉应力评价不能满足规范要求。为此设计开展了大量的专门分析工作，考虑了在强震作用下横缝张开坝体应力的重分配和地震能量向远域地基逸散的"辐射阻尼"因素（规范没有明确规定的前沿课题），并对地震情况下的高应力区增加了抗震钢筋，才基本解决了应力超标问题。

（4）全风化土质高边坡设计。龙江的全风化边坡均较高，最高约 100m，土质高边坡的设计是重点和难点。经地质勘察发现全风化岩性质并不完全相同，上部基本呈土状，原岩结构消失，下部岩块增多，一定程度保留原岩结构，有的还可见到原有节理或片麻理，这两者的强度存在一定的差异，针对这两种全风化岩的强度，进行了专门的原位测试和取样试验研究。结合可靠的地质参数，通过大量的计算分析，采取了合理的边坡处理方案，取得了较好的效果。

（5）漏斗式侧向进水口设计。漏斗式侧向进水口布置由于布置紧凑且进水方向改变，既避开了 F₂ 大断层，又防止了上游高边坡深风化层的稳定问题对进水口运行的影响，成功地解决了一系列的工程设计难点。结构简单，运行安全可靠，施工方便，适用于独立布置进水口，尤其对于布置区域狭小、地形地质条件复杂的进水口，针对通常进水口型式不能完全适用于水利水电工程纷繁复杂条件的不足，提出一种具有布置紧凑、结构稳定、水头损失小、引水系统布置平直顺畅、应用范围广等优点的一种独立布置进水口型式。但事故检修闸门要布置在进口漏斗后面的竖井后，使闸室及闸门承受水头增加，且进口井筒跨度较大，联系梁施工较困难，技施阶段将检修平台井字梁改为斜梁，来减小跨度。

第5篇 机电及金属结构设计

第20章　机电及金属结构设计概况

龙江水电站枢纽工程总装机容量278MW，装机4台，其中3台水轮发电机组（编号：1号、2号、3号）单机容量为86MW，1台生态水轮发电机组（编号：4号）单机容量为20MW。电站多年平均发电量11.48亿kW·h，年利用小时为4129h，在系统中担负调峰、调频和备用任务。

20.1　水力机械

4台水轮机组均为立轴、金属蜗壳、弯肘型尾水管、混流式水轮机，设有4台调速器，每台调速器配有一套油压装置。

4台水轮发电机励磁装置选用自并激可控硅励磁系统，每台机组配备1套。

每台水轮机组安装一台进水阀，作为机组正常停机、事故停机和检修停机时截断水流的设备。

主厂房内安装1台160t+160t/25t/10t+10t双小车桥式起重机，跨度22m；GIS室内安装1台额定起重量为10t的电动单梁桥式起重机，跨度12m。

电站技术供水直接采用自流减压供水（水力控制减压阀方式）方式，从每台机蝶阀后取水作为主水源，经2台全自动滤水器（一主一备）过滤后向机组各用水对象提供冷却水；另外从1号和3号机组蝶阀前取水联结形成全厂备用总管作为备用水源。

压缩空气系统分为低压和中压两个系统，低压系统供机组制动和检修维护用气，中压系统供机组调速系统油压装置供气。

透平油系统主要用油设备为机组各轴承油槽、调速系统等设备。本工程不设厂外透平油库，仅在厂内设置中间油罐室，透平油通过运油车运至厂房安装间。绝缘油系统的在设计时进行了简化，取消了绝缘油库，绝缘油罐，只保留了绝缘油过滤设备。

20.2　电气一次

龙江电站接入德宏州电力网，电站出线电压等级为220kV，出线1回至芒市220kV潞西变电站，距离42km，导线截面选用2×LGJ-300/40。

4台发电机与4台变压器组合均为一机一变单元接线，220kV侧为单母线接线，1回出线接至芒市220kV潞西变电站。

本工程设有3台额定电压高压侧为242kV、低压侧为13.8kV、额定容量为120MVA、升压电力变压器和1台额定电压高压侧为242kV、低压侧为10.5kV，额定容量为25MVA升压电力变压器。主变压器及中性点设备在进厂公路旁的变压器室内一列布置。

220kV配电装置选用气体绝缘金属封闭开关设备（GIS）设备，与主变压器分上下两层布置于进厂公路旁的专用房间内，GIS母线为三相共筒，共6个间隔，包括4个主变压器进线间隔、1个电压互感器避雷器间隔、1个出线间隔。

厂用电高压厂用电源采用10.5kV，低压采用0.4kV，工作电源分别从1号、3号发电机13.8kV机端引接，经两面高压限流熔断器组合保护装置及两台降压变压器分别接至高压厂用10.5kV母线的Ⅰ、Ⅱ段上；另从地区35kV变电所引接一回电源作为厂用电备用电源。

0.4kV厂用电采用厂内公用电和机组自用电分开供电的方式，两台厂内自用电变压器和两台机组公用电变压器均分别由10.5kV高压厂用电的Ⅰ段和Ⅱ段母线引接，厂内公用电和机组自用电低压主屏均采用单母线二分段接线，每两段低压母线之间设备投开关互为备用。

坝区供电采用10.5kV电压等级，由厂内10.5kV高压厂用电的Ⅰ段和Ⅱ段母线各引接1回10.5kV电缆至坝顶集控楼内，分别接两台坝上配电变压器，在坝区配电所内设置了一台400kW柴油发电机组作为备用电源。

20.3 电气二次

电站采用开放式分层分布计算机监控系统，分设电站主控级和现地控制单元级。主控级由服务器、工作站以及相应的外围设备组成，除完成对电站的监视控制外，还实现与上级调中心的通信，发送上行信号，接受下行的控制调节命令，是整个电站的控制核心。现地控制单元直接面向生产过程，负责对现场数据的采集和预处理，能够独立或按上层控制级的命令完成对机组及其附属设备、厂内公用设备、开关站设备等的监视控制。

计算机监控系统设计充分考虑和采用了现代计算机控制的各种先进技术，满足对生产设备全面监视和控制的要求，能实现容错功能和系统冗余功能，最大程度保证电厂的安全和高效率生产。

全厂继电保护设计按设备电压等级、性能及布置情况，划分为发电机保护、变压器保护、220kV线路保护、厂用电系统保护等。本电站继电保护的配置均按《水力发电厂继电保护设计导则》（DL/T 5177—2003）的要求执行。

20.4 通信系统

龙江水电站枢纽工程通信系统由电力系统调度通信、厂内通信、对外通信、工业电视及通信电源等部分组成。

龙江水电站枢纽工程的电力系统调度通信主通道采用光纤通信方式，1根12芯OPGW光缆架设在龙江水电站——潞西变电站的220kV输电线上，经潞西变至云南省调和德宏地调。

在厂房通信机房内设置1套512线数字程控调度总机。厂内通信网络采用以各生产单元为单位的直接配线方式，厂内各处电话用户均由相应分线箱和通信机房总配线架引出。厂内程控调度总机用于全厂生产调度和行政管理通信，与电力系统交换机不联网。

龙江水电站对外通信利用施工期建设的通信线路接入当地电信局。

龙江水电站设置1套工业电视系统，由设在厂房内外各主要生产单元的44套前端设备、设在电厂中控室的1套控制中心设备、前端设备与控制室间联接电缆三部分组成。

龙江水电站枢纽工程设1套－48V/200A高频开关电源和2组300Ah免维护蓄电池组，向光通信设备、调度程控交换机供电。高频开关电源的交流输入取自两段独立的厂用电源，经整流后对 2 组 -48V 蓄电池组浮充供电，当交流电源中断或故障时，通信电源设备能自动切换到蓄电池组供电。

20.5　金属结构

龙江水电站枢纽工程金属结构主要包括泄水系统、引水发电系统和施工导流系统等 3 个系统金属结构设备。

泄水系统布置在双曲拱坝，由泄洪表孔和放水深孔组成。泄洪表孔共设 3 孔，每孔设有一道弧形工作闸门，用于宣泄洪水，采用液压启闭机操作。放水深孔共设 2 孔，用于泄洪或水库放空时使用。放水深孔进水口设有一道事故闸门，共 2 扇，采用液压启闭机配吊杆操作。放水深孔出口设有一道弧形工作闸门，共 2 扇，配摇座式液压启闭机操作。当出口弧门不进行泄水时，采用放水深孔进水口事故闸门挡水。

引水发电系统设有一条引水隧洞向 3 台机组及生态放流管供水，引水发电系统进水口依次布置拦污栅、进水口事故闸门，厂房尾水设有检修闸门。进水口拦污栅采用单向门机配自动抓梁操作，进水口事故闸门采用高扬程固定卷扬启闭机操作，厂房尾水检修闸门采用单向门机配自动抓梁操作。

龙江水电站枢纽导流洞布置在大坝右岸，导流洞设有 2 个进水口，每个进水口设一道平面工作闸门，采用固定卷扬启闭机配吊杆分别操作。

第21章 水力机械设计

21.1 水轮机技术参数

21.1.1 型式

水轮机组均为立轴、金属蜗壳、弯肘型尾水管、混流式水轮机，通过法兰与同步转速的发电机直接连接，转动方向为俯视顺时针方向。

21.1.2 额定值和主要数据

21.1.2.1 水轮机组（编号：1号、2号、3号）

(1) 额定转速：166.7r/min。

(2) 工作水头：

1) 最大水头：81.5m。

2) 加权平均水头：74.77m。

3) 额定水头：66.2m。

4) 最小水头：50m。

(3) 额定功率：88.21MW。

(4) 额定流量：142.9m³/s。

(5) 飞逸转速：343r/min。

(6) 吸出高度：－4.55m。

(7) 转轮直径：3.9m。

(8) 转轮叶片数：13个。

(9) 固定导叶数：24个。

(10) 活动导叶数：24个。

(11) 蜗壳型式：金属蜗壳，包角335°。

(12) 尾水管型式：弯肘型。

21.1.2.2 生态水轮机组（编号：4号）

(1) 额定转速：333.3r/min。

(2) 工作水头：

1) 最大水头：81.7m。

2) 加权平均水头：74.9m。

3) 额定水头：65.5m。

4) 最小水头：50m。

(3) 额定功率：21.07MW。

(4) 额定流量：35.6m³/s。

(5) 吸出高度：－6.22m。

（6）转轮直径：1.93m。

（7）蜗壳型式：金属蜗壳，包角 345°。

（8）尾水管型式：弯肘型。

21.1.3　主要性能保证值

21.1.3.1　水轮机组（编号：1号、2号、3号）

（1）额定功率：88.21MW。

（2）额定流量：142.9m³/s。

（3）额定点效率：95.44%。

（4）最高效率：95.8%。

（5）水轮机加权平均效率值：92.9%。

（6）空蚀保证。水轮机在合同文件规定的水质、泥沙特性、水头和尾水位范围内，自投入运行之日算起，基准运行 8000h，其中功率小于各相应水头 45% 功率保证值运行的时间不大于 800h，超过最大保证功率运行时间不大于 100h，尾水位不能满足吸出高度的累计运行时间不超过 400h 的情况下，磨损和空蚀损坏的限制值为：

1）转轮的空蚀和磨损总失重量不大于 6.5kg。

2）转轮的总空蚀面积不大于 1500cm²。

3）导水机构和尾水管里衬的全部空蚀和磨损失重量不大 3.0kg；总空蚀面积不大于 500cm²。

4）表面任何点的空蚀剥落深度不超过 6.9mm。

（7）安装高程：786.00m。

（8）可靠性指标。在规定的运行工况下，机组及其附属设备的可靠性指标如下：

1）可用率：不小于 99.5%。

2）无故障连续运行时间 20000h。

3）大修间隔时间（指将转轮、顶盖、底环和导叶全部吊出检修）：8 年。

4）退役前的使用期限 40 年。

（9）导水机构漏水量。

1）水轮机在刚投入商业运行时，在 66.2m 水头下，导水机构的漏水量不超过 0.43m³/s。

2）水轮机投入商业运行 8000h 内，在 66.2m 水头下，导水机构的漏水量不超过 0.71m³/s。

（10）运行稳定性和噪声。

1）在合同文件规定的运行水头范围及各相应水头下 45%～100% 机组保证功率范围内，水轮机均可稳定运行。水轮机空载情况下应能稳定运行。

2）水轮机正常运行时，在水轮机机坑脚踏板上方 1m 处所测得的噪声不大于 90dB（A），在距尾水管进人门 1m 处所测得的噪声不大于 95dB（A）。

（11）振动。

1）在各种工况下（包括各种运行工况和过渡工况），水轮机各部件不应产生共振和有害变形。

2）在机组保证的稳定运行范围内，顶盖垂直方向振动值应不大于 0.09m，水平方向振动值应不大于 0.07m。

（12）压力脉动。尾水管压力脉动值 $\Delta H/H$ 保证不大于表 21.1 所列数值。

表 21.1

尾水管压力脉动值 $\Delta H/H$ 保证净水头/m	允许机组功率百分比/%	脉动相对值 $\Delta H/H$/%	脉动主频率/Hz
81.5	45～100	7	0.69～2.78
74.77	45～100	7	0.69～2.78
66.2	45～100	7	0.69～2.78
50	45～100	9	0.69～2.78

21.1.3.2　生态机组（4 号）

（1）额定功率：21.07MW。

（2）额定流量：35.6m³/s。

（3）额定点效率：92%。

（4）最高效率：93%。

（5）空蚀保证。水轮机在合同文件规定的水质、泥沙特性、水头和尾水位范围内，自投入运行之日算起，基准运行 8000h，其中功率小于各相应水头 45% 功率保证值运行的时间不大于 800h，超过最大保证功率运行时间不大于 100h，尾水位不能满足吸出高度的累计运行时间不超过 400h 的情况下，磨损和空蚀损坏的限制值为：

1）水轮机转轮的最大允许金属失重不超过 $0.4D_1^2$ kg。

2）水轮机转轮任何空蚀面积上最大允许剥落深度不超过 $5D_1^{0.4}$ cm。

3）一个叶片的空蚀质量不超过整个转轮空蚀质量的 0.3 倍。

4）固定部件材料的最大允许金属失重不超过 $0.2D_1^2$ kg。

5）固定部件材料任何空蚀面积上最大允许剥落深度不超过 $5D_1^{0.4}$ cm。

（6）安装高程：783.12m。

（7）可靠性指标。在规定的运行工况下，机组及其附属设备的可靠性指标如下：

1）可用率：不小于 99.5%。

2）无故障连续运行时间：20000h。

3）大修间隔时间（指将转轮、顶盖、底环和导叶全部吊出检修）：5 年。

4）退役前的使用期限：40 年。

（8）导水机构漏水量。在额定水头下，机组保证期内导叶漏水量应不大于水轮机额定流量的 3‰，在其他水头下测出的导叶漏水量通过水头比率平方根校正成额定水头下漏水量。

（9）运行稳定性和噪声。

1）在合同文件规定的运行水头范围及各相应水头下 45%～100% 机组保证功率范围内，水轮机均可稳定运行。水轮机空载情况下应能稳定运行。

2）水轮机正常运行时，在水轮机机坑脚踏板上方 1m 处所测得的噪声不大于 90dB（A），在距尾水管进人门 1m 处所测得的噪声不大于 95dB（A）。

（10）振动。

1）在各种工况下（包括各种运行工况和过渡工况），水轮机各部件不应产生共振和有害变形。

2）在机组保证的稳定运行范围内，顶盖垂直方向振动值应不大于 0.06m，水平方向振动值应不大于 0.05m。

（11）压力脉动。在机组保证功率范围内，原型水轮机压力脉动值不大于相应水头的 7%，尾水管进口下游侧压力脉动值不大于 10m 水柱。

21.2　水轮机主要部件结构特点

21.2.1　水轮机组（编号：1号、2号、3号）

水轮机型式为立轴、金属蜗壳（包角 335°）、弯肘型尾水管、混流式水轮机，通过法兰与同步转速的发电机直接连接，转动方向为俯视顺时针方向。

水轮机由转轮、主轴、主轴密封、水导轴承、座环、蜗壳、顶盖、底环、止漏环、抗磨板、尾水管及里衬、导水机构、导叶接力器、机坑里衬、基础环、机坑内环形吊车等组成。

21.2.1.1　转轮

转轮为 ZG0Cr13Ni4Mo 不锈钢铸焊整体结构，布置有 13 个叶片。转轮直径 3.9m，高 2.4m，重 36.4t。转轮与水轮机主轴通过螺栓连接。

21.2.1.2　主轴

水轮机主轴采用锻 20SiMn 钢锻制，带有锻制法兰。水轮机主轴上端法兰与发电机轴法兰采用铰制孔螺栓连接，水轮机轴下端法兰与转轮的联接采用法兰螺栓连接靠摩擦传递扭矩。

水轮机和发电机连接在一起时主轴的临界转速不小于机组最大飞逸转速的 1.2 倍。

21.2.1.3　主轴密封

主轴密封采用 Cestidur（进口密封材料）轴向密封型式。工作密封元件采用耐腐蚀材料。密封的冷却和润滑水采用压力钢管减压供水，正常润滑水量 240L/min，润滑水压 0.2~0.3MPa。主轴密封润滑水直接排入厂内渗漏集水井内。

主轴还设有充气围带式检修密封，检修密封由电站压缩空气系统供给压力为 0.5~0.7MPa 的压缩空气。

21.2.1.4　水导轴承

水导轴承采用分块瓦式轴承，水导轴承润滑采用自润滑循环方式，润滑油采用 L-TSA46汽轮机油（透平油）。水导轴承运行时不漏油、不甩油，机组从最大飞逸转速惯性滑行直至停机（不加制动）的全部过程中，水导轴承能安全承受。水导轴承设有摆度监测系统。

水导轴承瓦采用巴氏合金材料，不需要在工地研刮。水导轴承共设有 18 个报警温度计及每片瓦 1 个 RTD 测温电阻。在油槽内，设有 6 个 RTD 测温点组及 3 个报警温度计。

水导轴承内置的冷却器管采用紫铜管材料，冷却器设计压力 0.4MPa，冷却水量 225L/min，油量 1200L。水导轴承油箱上配有 1 个目测油位计信号器及液位变送器，并有高低油位报警接点。

水导轴承冷却水中断后，机组仍能安全运行 15min。

21.2.1.5 座环

座环为平板焊接结构，最大直径为 5.9m，设有 24 个固定导叶。座环的材质为 16MnR－Z35＋Q345－B＋Q235－A，分为 2 瓣，单瓣重量 21.4t，在厂内进行整体预装。

21.2.1.6 蜗壳

蜗壳用钢板焊接制成，材料选用 Q345 可焊性好的高强度低合金钢板制作。

蜗壳进口段设有一个直径 600mm 的蜗壳检修进人门，进人门安全可靠、密封性能优良，法兰钻孔并攻丝，采用不锈钢顶起螺丝。进人门设有不锈钢把手、不锈钢压紧螺栓、不锈钢铰链销和一个不锈钢针型阀，针型阀位于进人门下方。

在蜗壳进口段设有两个管接口（一个直径约为 450mm，一个直径为 500mm），两个管接口将分别作为机组冷却取水口和蜗壳检修排水口。

从蜗壳进口至进水阀为蜗壳延伸段，该段所用钢板与蜗壳钢板相同，且在进水阀侧留有不少于 100mm 的裕量。

蜗壳设有 4 个不锈钢测压计测头，采用蜗壳压差法精确测量水轮机流量。

在蜗壳进口段分别设有 4 个不锈钢测压计测头，以测量水轮机净水头和进水阀差压。

在蜗壳末端设有 2 个不锈钢测压计测头，以测量蜗壳末端水压力。

蜗壳设有带有液压操作机构、机械锁锭机构的液压盘形排水阀（直径为 500mm）及排水管（供至尾水管）。

蜗壳进人门平台及其爬梯采用铝合金材料，易于移动，安放于进水阀廊道地面。工作平台高度距蜗壳进人门下边沿约 0.7m。平台应能支承 2500N/m² 的均布荷载。

21.2.1.7 顶盖和底环

顶盖和底环采用钢板焊接结构，材料为 Q235－B。顶盖最大外径为 5.18m，底环最大外径/内径为 4.975m/4.068m，均不分瓣。

顶盖和底环设有不锈钢抗磨板，抗磨板厚度为 14mm。

顶盖设有一台排水泵，可在自流排水受阻时排除顶盖积水。

顶盖设有排水设施，将上迷宫漏水排入尾水管内，以减少水推力。

顶盖用螺栓和定位销连接到座环的法兰上，并设有顶起顶盖的专用螺孔。

底环置于基础环上，用螺栓与基础环连接，并能从基础环上拆卸。

为了与导叶下轴颈配合，在底环上设有无油自润滑的轴承。

21.2.1.8 止漏环和抗磨板

在顶盖和底环上应装有不锈钢止漏环，它与转轮上的止漏环相匹配，但硬度适当低于转轮上的止漏环。顶盖和转轮之间的环形间隙应均匀，同时能方便检查。止漏环材料为转轮上、下环 ZG0Cr13Ni4Mo（与转轮上、下环为一体）顶盖及基础环 1Cr18Ni9Ti。

顶盖和底环与导叶上、下端面对应部位设有抗磨板。上、下抗磨板的宽度覆盖至与座环相接的表面。抗磨板用不锈钢制造，抗磨板厚 14mm，能保证在其表面微小损伤时，现场进行补焊而不至于引起板的变形。导叶处于关闭状态时，导叶上、下端面和两抗磨板之间只有微小的间隙。

在抗磨板的导叶关闭位置上设有弹性聚氨酯密封,使机组停机时导叶漏水量最小。密封用不锈钢螺栓可靠地固定在抗磨板上。

与转轮匹配的顶盖静止止漏环与顶面板分开单独设置。

21.2.1.9 尾水管及里衬

尾水管采用弯肘型,包括尾水锥管、肘管及扩散段三部分,其中锥管分 3 瓣,肘管分 7 瓣运输。尾水管里衬钢板厚度为 20mm,自基础环出口延伸到肘管出口。肘管里衬的材料为 00Cr13Ni5Mo+Q235-A。在尾水管锥管里衬顶端有不小于 500mm 高度的不锈钢管段,下段里衬材料为普通碳素钢。尾水管里衬设有长度不少于 100mm 的补偿段以适应混凝土浇筑面的高程误差。里衬与基础环连接采用现场焊接。

金属弯肘管上附两个箱形的盘形阀钢基础,长×宽×高约 1400mm×1400mm×1500mm。靠尾水管内侧设有可拆卸的钢制拦污栅,以防止盘形阀堵塞。固定螺栓采用不锈钢。

尾水管锥管段上设有一个 600mm×800mm 的人孔门。在人孔门下面设有一个不锈钢的阀门,以检查进人孔处是否有积水。

在尾水管进口设有 4 个、尾水管出口设有 4 个不锈钢测压测头,各测头位置与模型上各测头位置相对应,材料为不锈钢,测头可用螺塞密封。

每台机设有两套带有液压操作机构、机械锁锭机构、轴、轴座及套管的 $\phi500mm$ 尾水管盘形排水阀,及尾水管盘形排水阀操作用油槽车及其连接软管、附件等全厂一台套。该阀安装在尾水管最低点。

盘形阀操作杆设有导轴承,装在尾水管箱形钢基础顶部并提供密封填料箱,防止沿盘形阀操作杆的渗漏。液压操作机构油缸和油槽车能在最大水压力下操作盘形排水阀。

为了满足水轮机导叶部分开启状态下稳定工作的要求,水轮机设有大轴自然补气系统。补气系统能自动开启和自动停止。

设有一套水轮机维修时所需的工作平台和安装于尾水管中的全套支承架梁,盖板采用铝合金材料。工作平台安装在距转轮下环底端约 2.0m 处的高程上。平台应能支承 2500N/m² 均布荷载。

21.2.1.10 导水机构

导水机构主要由控制环、活动导叶及其传动机构、导叶接力器等组成。导水机构在厂内预装,导水机构从全开至空载有自关闭水力特性。

单台机组活动导叶数量 24 个,导叶高度 1307mm、单重 0.94t,在顶盖外部设有限位装置。导叶采用三支点轴承结构,轴承采用自润滑材料。

活动导叶的材料为 ZG0Cr13Ni4Mo,三台机组的所有导叶连同匹配的导水叶臂可以互换。

导叶轴颈的轴承为自润滑式,无须设润滑系统。在导叶轴颈通过顶盖处的轴承箱中设有切实可靠的导叶轴颈密封,导叶有可靠的立面金属密封,端面密封为橡胶条密封。

在每个导叶的传动机构上设有机组运行中可更换的保护装置,保护装置由高耐疲劳特性材料制造,具有足够的强度来承受最大的正常操作力,但如果一个和几个导叶被卡堵,保护装置能够在关闭方向的力作用下破断,以保护传动机构的其他部件不致被破坏。保护装置能顺利地剪断并不发生变形。每个导叶保护装置装有保护信号装置，当保护装置破断时能自动报警。

导叶操作机构由拐臂、连杆、导叶控制环、接力器杆、自润滑轴承、导叶保护装置、限位装置等部件组成。具有相对运动的接触部件为自润滑型。设有在机组运行中更换导叶保护装置和措施。

控制环采用钢板焊接结构。控制环的耳环与推拉杆连接的轴孔设自润滑瓦衬，推拉杆上设有可靠的微调活塞位置的措施。支承控制环的结构部件有足够的强度和刚度，不致因接力器的受力不平衡而产生过分的弯曲。

导叶和导水机构在厂内进行预装配和导叶动作试验，并进行尺寸检查和导叶间隙检查。

21.2.1.11　导叶接力器

水轮机设有油压操作的导叶接力器，布置在＋Y 方向上，操作接力器的油压力为6.3MPa。接力器的型式为直缸接力器，数量为 2 个。接力器的材料为无缝钢管 20＋锻35。单个导叶接力器工作容积 105L。接力器的操作容量为 659kN·m。接力器最大行程500mm，活塞直径 80mm。

接力器缸、活塞和盖采用钢板制造，并设有可靠密封结构以防止漏油，接力器活塞设活塞环，以达到通过活塞的漏油最小。接力器活塞杆用高精度加工的合金钢制造，每一个接力器缸设有两个排油接头，并配备全套管道、配件和阀门以及从接力器缸排除空气用的两个针阀。接力器缸两端设有压力表。调速器电气反馈机构连接到接力器推拉杆上。

每个接力器装设有可调的慢关闭装置，以改变导叶从空载至全关位置的关闭速度。

21.2.1.12　机坑里衬

水轮机设有钢板焊接的机坑里衬，从座环到发电机下挡风板之间全部衬满，机坑里衬厚度为 12mm。在水轮机机坑内设有一套电动单轨起重葫芦设备，以便在检查和维修时能方便吊运、拆卸和安装水轮机部件。在机坑里衬和发电机下机架下面设有环形轨道。水轮机室里衬上均匀布置 8 盏照明灯具，其中 6 盏为工作照明，2 盏为事故照明。灯型为嵌入墙内的伸缩式结构，其安装高度 2m。

21.2.1.13　基础环

基础环采用钢板焊接制造。基础环上应提供支座面，以备水轮机与发电机分开时，支承水轮机主轴和转轮重量。另外，为了卸除大轴联接和推力瓦，支座面和转轮之间留有足够的轴向间隙，以满足转轮的轴向移动。基础环下端设有连接设施，以便与尾水管里衬的顶端相连。

为便于预埋部件的压力灌浆，基础环设有足够的直径 45mm 的孔，以保证满足混凝土浇捣时排气、排浆和振捣要求。孔位配备螺纹堵塞，以备灌浆作业完毕后，将灌浆和排气孔封焊死。

21.2.1.14　过道、平台、楼梯和护栏

水轮机机坑设有方便的走道、平台、楼梯、踏板和扶手等以便于检查和检修。所有走道、平台、踏板是分块的，拆去其中任何一块不会影响其他部分的承力和稳定。走道、平台和踏板采用防滑花纹钢板制造，每块重量不超过 30kg，护栏采用不锈钢管制造。

21.2.2 生态机组（编号：4 号）

21.2.2.1 转轮

转轮采用抗空化性能优良、可焊性好的铬（13%）镍（4%～6%）不锈钢制造，采用铸焊结构。转轮叶片材料为 ZG04Cr13Ni5Mo 不锈钢铸件，上冠、下环采用 ZG06Cr13Ni5Mo。叶片毛坯采用 VOD 精炼工艺，以确保不锈钢的化学成分，叶片整体铸造后用数控机床加工，以保证叶形的精度，上冠、下环铸造后用电弧焊（或自动焊）与叶片组合成整体，并经退火热处理消除残余应力，然后打磨和抛光。

水轮机转轮具有足够的刚度和强度。转轮叶片在最大荷载条件下正常运行时，转轮各部位最大应力不超过材料屈服极限的 1/5；在最高飞逸转速时，转轮各部位最大应力不超过材料屈服极限的 2/5。在水轮机轴与转轮脱离时，转轮应能放在基础环上。

转轮泄水锥采用不锈钢制造，泄水锥连接在转轮的上冠底部并设有防脱落的措施。转轮和水轮机轴的传动方式采用摩擦传动。

转轮的上冠和下环设有不锈钢的止漏环，其材料硬度高于顶盖和底环上相匹配的固定止漏环材料的硬度。

止漏环与转轮一起在制造厂内作静平衡试验。

水轮机转轮的全部加工、组焊的检验均在制造厂内完成，整体运至工地。

21.2.2.2 主轴

水轮机主轴采用优质合金钢锻制，带有锻制法兰。水轮机主轴上端法兰与发电机轴法兰的连接、水轮机轴下端法兰与转轮的连接均采用法兰螺栓，靠摩擦或键传递扭矩。

水轮机和发电机连接在一起时主轴的临界转速不小于机组最大飞逸转速的 1.2 倍。

21.2.2.3 主轴密封

主轴工作密封元件采用耐腐蚀材料。密封采用水润滑和水冷却。密封的冷却和润滑水采用压力钢管减压供水，正常润滑水量 240L/min，润滑水压 0.2～0.3MPa。主轴密封润滑水直接排入厂内渗漏集水井内。

主轴还设有充气围带式检修密封，检修密封由电站压缩空气系统供给压力为 0.5～0.7MPa 的压缩空气。

21.2.2.4 水导轴承

水导轴承采用分块瓦式轴承，水导轴承润滑采用自润滑循环方式，润滑油采用 L–TSA46 汽轮机油（透平油）。水导轴承运行时不漏油、不甩油，机组从最大飞逸转速惯性滑行直至停机（不加制动）的全部过程中，水导轴承能安全承受。水导轴承设有摆度监测系统。

水导轴承设有 2 个报警温度计及每片瓦 1 个 RTD 测温电阻。在油槽内，设有 2 个 RTD 测温点组。

水导轴承内置的冷却器管采用紫铜管材料，冷却器设计压力 0.4MPa。水导轴承油箱上配有一个目测油位计信号器。

水导轴承冷却水中断后，机组仍能安全运行 15min。

21.2.2.5 座环

座环为钢板焊接结构，其上下抗拉边伸进蜗壳里面。座环具有足够的强度和刚度，在承受所有通过其传递的载荷和水轮机所有运行工况的最大水压力下，无有害变形。座环用地脚螺栓固定在混凝土支墩上，机坑里衬用螺栓固定或焊接到座环上。顶盖用螺栓固定到座环内侧。座环能把水轮机机坑的渗漏水自流排到电站的集水井。

21.2.2.6　蜗壳

蜗壳用钢板焊接制成，其材料选用可焊性好的高强度低合金钢板制作。

在蜗壳进口段设有一个直径 600mm 的蜗壳检修进人门，进人门应安全可靠、密封性能优良，法兰钻孔并攻丝，采用不锈钢顶起螺丝。进人门设有不锈钢把手、不锈钢压紧螺栓、不锈钢铰链销和一个不锈钢针型阀，针型阀位于进人门下方。在蜗壳进口段设有两个直径约为 300mm 的管接口，管接口连接处补强。两管接口将分别作为机组冷却取水口和蜗壳检修排水口。

从蜗壳进口至进水阀为蜗壳延伸段，该段所用钢板与蜗壳钢板相同，且在进水阀侧留有不少于 100mm 的裕量。

蜗壳设有 4 个不锈钢测压计测头。测采用蜗壳压差法精确测量水轮机流量。在蜗壳进口段分别设有 4 个不锈钢测压计测头，以测量水轮机净水头。在蜗壳末端设有 2 个不锈钢测压计测头，以测量蜗壳末端水压力。

蜗壳设有带有液压操作机构、机械锁锭机构的液压盘形排水阀（直径为 300mm）及排水管（供至尾水管）。液压操作机构额定工作压力为 6.3MPa。

蜗壳进人门平台及其爬梯采用铝合金材料，易于移动，安放于进水阀廊道地面。工作平台高度距蜗壳进人门下边沿约 0.7m。平台应能支承 2500N/m² 的均布荷载。

21.2.2.7　顶盖和底环

顶盖和底环采用钢板焊接结构，具有足够的强度和刚度。顶盖和底环设有不锈钢抗磨板。该抗磨板与顶面板分开，并能分别拆卸。

顶盖设有排水泵，可在空心固定导叶座环排水受阻时排除顶盖积水。顶盖设有排水设施，将上迷宫漏水排入尾水管内，以减少水推力。

顶盖采用 Q235 - B 钢板焊接制作，顶盖能在各种工况下产生的轴向力、径向力和过渡过程中波动压力的作用下安全运行而不出现焊缝裂纹和结构上的任何有害变形。顶盖用螺栓和定位销连接到座环的法兰上，并设有顶起顶盖的专用螺孔。

底环由 Q235 - B 钢板焊接而成，能安全可靠地承受最大水压力和所有作用在其上面的负载。底环具有足够的刚度和强度，防止充水后变形。底环置于基础环上，用螺栓与基础环连接，并能从基础环上拆卸。

为了与导叶下轴颈配合，在底环上设有无油自润滑的轴承。

21.2.2.8　止漏环和抗磨板

在顶盖和底环上装有不锈钢止漏环，它与转轮上的止漏环相匹配，但硬度适当低于转轮上的止漏环，且应便于更换。顶盖和转轮之间的环形间隙均匀，同时能方便检查。

顶盖和底环与导叶上、下端面对应部位设有可拆卸和更换的抗磨板。上、下抗磨板的宽度覆盖至与座环相接的表面。抗磨板用不锈钢制造，用不锈钢螺栓固定，螺栓低于抗磨板，抗磨板的厚度为 12mm，能保证在其表面微小损伤时，现场进行补焊而不至于引起板的变形。导叶处于关闭状态时，导叶上、下端面和两抗磨板之间只有微小的间隙。

在抗磨板的导叶关闭位置上设有弹性聚氨酯密封，使机组停机时导叶漏水量最小。密封用不锈钢螺栓可靠地固定在抗磨板上。

与转轮匹配的顶盖静止止漏环与顶面板分开单独设置，并能分别拆卸。

21.2.2.9　尾水管及里衬

尾水管采用弯肘型。尾水管扩散段出口尺寸为 3320mm × 3320mm，底板高程为 776.38m。

尾水管里衬钢板厚度为锥管 16mm、肘管 12mm，自基础环出口延伸到肘管出口。在尾水管锥管里衬顶端设有 500mm 高度的不锈钢管段，下段里衬材料为普通碳素钢。尾水管里衬设有长度 100mm 的补偿段以适应混凝土浇筑面的高程误差。里衬与基础环连接采用现场焊接。

尾水管锥管段上设有一个 600mm×800mm 的人孔门。尾水管锥管段开设进人孔的位置作适当补强，人孔门装有向外开的铰链，铰链坚固，并有足够的间隙以保证门能启闭自如，同时门不漏水。为了密封的目的，在门槽中设有高强度不锈钢螺栓与 O 形橡皮密封环或与之相当的密封，门的内表面和里衬的内表面齐平，设有顶起螺栓，以方便启门。人孔门设有一个把手，其把手、门框、铰链销、固定螺栓、顶起螺栓等均用不锈钢制造。在人孔门下面设有一个不锈钢的针型阀，以检查进人孔处是否有积水。

尾水管里衬在工厂车间预装。

在尾水管进口设有 6 个不锈钢测压测头，用于测量尾水管进口压力和压力脉动，材料为不锈钢。

21.2.2.10　导水机构

导水机构设有适当数目的导叶以控制和引导水流到水轮机转轮，保证水轮机在运转时无有害的振动。导水机构在厂内预装，导水机构从全开至空载有自关闭水力特性。

导叶采用三支点轴承结构，采用铜基复合材料镶嵌。导叶采用不锈钢制造。所有导叶连同匹配的导水叶臂应可以互换。

导叶轴颈的轴承为自润滑式，不需设润滑系统。每一个导叶设有一个可调节的自润滑推力轴承，在导叶轴颈通过顶盖处的轴承箱中设有切实可靠的导叶轴颈密封。导叶有可靠的立面密封。

在每个导叶的传动机构上设有机组运行中可更换的保护装置，保护装置由高耐疲劳特性材料制造，它应具有足够的强度来承受最大的正常操作力，但如果一个和几个导叶被卡堵，保护装置能在关闭方向的力作用下破断，以保护传动机构的其他部件不致被破坏。保护装置能顺利地剪断并不发生变形。每个导叶保护装置装有保护信号装置，当保护装置破断时能自动报警。

导叶操作机构由拐臂、连杆、导叶控制环、接力器杆、自润滑轴承、导叶保护装置、限位装置等部件组成。操作机构部件具有足够的强度和刚度，以承受不利运行工况时的最大载荷。具有相对运动的接触部件为自润滑型。

控制环采用钢板焊接结构，具有足够的强度和刚度。控制环的耳环与推拉杆连接的轴孔设有自润滑瓦衬，推拉杆上设有可靠的微调活塞位置的措施。支承控制环的结构部件具有足够的强度和刚度，不致因接力器的受力不平衡而产生过分的弯曲。

导叶和导水机构在厂内进行预装配和导叶动作试验，并进行尺寸检查和导叶间隙检查。

21.2.2.11 导叶接力器

水轮机设有油压操作的导叶接力器，操作接力器的油压力为 6.3MPa。

在接力器缸最低油压下，接力器的总容量能满足导叶承受最大水力矩加摩擦力矩时，调速器按规定的导叶关闭或开启时间驱动导叶的需要。接力器行程留有 10% 余量，并满足 110% 导叶最大开度的要求。接力器的型式为直缸接力器。

接力器缸、活塞和盖采用铸钢制造，并具有可靠密封结构以防止漏油，所有进排油口设在接力器缸上方，接力器活塞设活塞环，以达到通过活塞的漏油最小，接力器活塞杆采用高精度加工的合金钢制造，每一个接力器缸设有两个排油接头，并配备全套管道、配件和阀门以及从接力器缸排除空气用的两个针阀。接力器缸两端设有压力表。

调速器电气反馈机构应能连接到接力器推拉杆上。

为指示导叶的开度和接力器的行程，接力器设有带指针的合适的刻度尺，刻度尺以安装后接力器活塞行程（mm）和导叶开度的百分数（%）来分度。

在导叶接力器关闭的终端设有缓冲装置，以缓冲导叶的最终关闭速度，避免设备的疲劳和损坏。

在接力器上或导叶控制环上设有可靠的油压操作锁定装置，以便水轮机导叶能可靠地锁定在关闭位置上。导叶锁定机构包括带触点的限位开关。限位开关在锁定位置完全啮合或脱开时动作。在接力器上或导叶控制环上还设有合适的手动操作的机械锁定装置，以便能可靠地锁定水轮机导叶在开启或关闭位置上，在手动锁定装置上设有挂锁。

21.2.2.12 机坑里衬

水轮机设有钢板焊接的机坑里衬，从座环到发电机下挡风板之间全部衬满，机坑里衬厚度为 12mm，里衬内径尺寸能整体吊出顶盖。

在水轮机机坑内设有起吊装置，以便在检查和维修时能方便吊运、拆卸和安装水轮机部件。

水轮机室里衬上均匀布置有照明灯具，包括正常照明和应急照明。灯型为嵌入墙内的伸缩式结构，照明电压均为 220V。

21.2.2.13 基础环

基础环采用钢板焊接制造。基础环上应提供支座面，以备水轮机与发电机分开时，支承水轮机主轴和转轮重量。另外，为了卸除大轴联接和推力瓦，支座面和转轮之间留有足够的轴向间隙，以满足转轮的轴向移动。基础环下端设有适当的联接设施，以便与尾水管里衬的顶端相连。

为便于预埋部件的压力灌浆，基础环设有足够的具有 45mm 直径的孔，以保证满足混凝土浇捣时排气、排浆和振捣要求。孔位配备螺纹堵塞，以备灌浆作业完毕后，将灌浆和排气孔封焊死。

21.2.2.14 过道、平台、楼梯、护栏及进人门

水轮机机坑设有方便的过道、平台、楼梯、踏板和扶手等以便于检查和检修。所有走道、平台、踏板是分块的，拆去其中任何一块不会影响其他部分的承力和稳定。走道、平

台和踏板采用防滑花纹钢板制造，每块重量不超过 30kg，护栏采用不锈钢管制造。

21.2.2.15　补气系统

为了满足水轮机导叶部分开启状态下稳定工作的要求，水轮机设有大轴自然补气系统。补气系统能自动开启和自动停止并尽可能减少由于补气而导致水轮机效率降低。

21.3　调速器及油压操作系统

龙江水电站设有 4 台调速器及油压装置，采用 PID 调节规律数字式电液调速器，正常工作油压 6.3MPa。机组主配压阀直径 100mm，生态机组主配压阀直径 80mm。每台调速器配有一套油压装置，油压装置额定工作压力 6.3MPa。

调速器投运以来，能够满足机组正常运行/各种工况转换和过渡过程调节保证的要求。

21.4　进水阀及油压操作系统

龙江水电站每台水轮机组安装一台进水阀及其配套附属设备，作为机组正常停机、事故停机、检修停机时截断水流的设备。

21.4.1　水轮机组（编号：1 号、2 号、3 号）

进水阀选用卧轴通流、双平板、双偏心式蝴蝶阀；接力器型式为直缸摇摆式；操作方式为油压开启，蓄能罐关闭。进水阀公称直径 5.2m，设计压力 1.25MPa。单台蝶阀本体重量 118.6t。进水阀整体制造、装配，整体运输。

进水阀阀体采用钢板焊接结构。阀体设有两个水平轴承来支撑活门和阀轴。阀体带有连接上游侧延伸管和下游侧伸缩节的法兰。阀体设有一整体的支承底座。阀体外部设有活门位置指示器。

进水阀活门为双平板、双偏心框架结构，用钢板焊接制造。活门与阀轴的连接采用切向双楔销紧固连接并传递扭矩的连接形式。

阀轴与轴承及轴颈密封接触的部位采取热套不锈钢轴套的防锈措施。阀轴轴瓦采用钢背复合塑料材料，轴承具有自润滑性能。

活门周圈采用硬橡胶密封圈密封，密封为整圈。进水阀轴颈密封采用多重组合密封结构。

进水阀设置旁通阀，其型式为针型液压阀，用油压自动操作，开启和关闭时间在正常操作条件下在 10~20s 范围内可调。为便于检修，旁通阀的两侧设有可靠的手动阀门。

进水阀下游侧设置伸缩节。上游延伸管一端与进水阀用法兰连接，另一端与压力钢管焊接。

每台进水阀配供两个空气阀，位于进水阀下游延伸管顶部，空气阀的直径 250mm。

进水阀设有蓄能罐，可实现自关闭。

进水阀活门全开和全关位置设有可靠的锁定装置。锁定装置采用液压操作，液压操作油源取自进水阀油压装置。

21.4.2　生态机组（编号：4 号）

生态机组进水阀选用卧轴通流、双平板、双偏心式蝴蝶阀。进水阀公称直径 2.7m，设计压力 1.25MPa。进水阀整体制造、装配，整体运输。

进水阀阀体采用钢板焊接结构。阀体设有两个水平轴承来支撑活门和阀轴。阀体带有连接上游侧延伸管和下游侧伸缩节的法兰。阀体设有一整体的支承底座。阀体外部设有活门位置指示器。

进水阀活门为双平板、双偏心框架结构，用钢板焊接制造。活门与阀轴的连接采用切向双楔销紧固连接并传递扭矩的连接形式。

阀轴与轴承及轴颈密封接触的部位采取热套不锈钢轴套的防锈措施。阀轴轴瓦采用钢背复合塑料材料，轴承具有自润滑性能。

活门周圈采用硬橡胶密封圈密封，密封为整圈。进水阀轴颈密封采用多重组合密封结构。

进水阀设置旁通阀，其型式为针型液压阀，用油压自动操作，开启和关闭时间在正常操作条件下在 $10\sim20\mathrm{s}$ 范围内可调。为便于检修，旁通阀的两侧设有可靠的手动阀门。

进水阀下游侧设置伸缩节。上游延伸管一端与进水阀用法兰连接，另一端与压力钢管焊接。

进水阀在进水阀下游延伸管顶部设有空气阀。进水阀配有工作压力 6.3MPa 的油压装置作为操作的压力油源。

进水阀活门全开和全关位置设有可靠的锁定装置。锁定装置采用液压操作，液压操作油源取自进水阀油压装置。

21.5　起重设备

21.5.1　主厂房内桥式起重机

机组安装检修时，最终的吊运件为发电机转子带轴重 230t，在主厂房内安装 1 台160t＋160t/25t/10t＋10t 双小车桥式起重机，跨度 22m。

主厂房桥式起重机主要参数见表 21.2。

表 21.2　　　　　　　　　　主厂房桥式起重机主要参数

项　　目	参　　数
主钩额定起重量	160t＋160t
副钩额定起重量	25t
电动葫芦额定起重量	10t＋10t
跨度	22m
主钩起升高度和起升速度	34m，0.1～1.0m/min（无级调速）
副钩起升高度和起升速度	34m，0.3～3.0m/min（无级调速）
电动葫芦起升高度和起升速度	37m，7m/min（可点动）
大车行走速度	2.8～28m/min（无级调速）
小车行走速度	1.3～13m/min（无级调速）
电动葫芦行走速度	20m/min（可点动）
轨道型号	QU100
桥机总重	180t

21.5.2　GIS 桥式起重机

龙江水电站 GIS 开关站设置 1 台额定起重量为 10t 的电动单梁桥式起重机，跨度 12m。

GIS 桥式起重机主要参数见表 21.3。

表 21.3　　　　　　　　　　　　GIS 桥式起重机主要参数

项　　目	参　　数	项　　目	参　　数
额定起重量	10t	小车行走速度	20m/min
跨度	12m	工作级别	A3
起升高度和起升速度	25m，8m/0.8m/min	操纵方式	地面遥控
大车行走速度	20m/min	轨道型号	38kg/m

主厂房桥机和 GIS 桥机安装完成后，均按相关规范要求进行了检测和负荷试验，实测数据均符合设计和规范要求。

经 4 台机组安装、GIS 设备安装和大件吊运以及机组检修的考验，主厂房桥机和 GIS 桥机选型和参数选择合理，可以满足电站重大部件的吊运及机组安装、检修需要。目前各台桥式起重机运行状况正常。

21.6　水力机械辅助设备

21.6.1　技术供水系统

技术供水系统供水对象为机组各轴承冷却用水、发电机空冷器用水、主轴密封用水等。

龙江水电站工作水头范围为 50～81.7m，机组额定水头 66.2m，生态机组水头 65.5m。本电站技术供水可采用自流带减压旁路供水（采用节流孔板减压方式）和直接采用自流减压供水（水力控制减压阀方式）两种供水方式，其中第一种供水方式设备费较低，但每次减压时必须人工开启减压旁路进行；第二种供水方式设备费较高，但无须人工操作，自动化程度较高。考虑目前国内在建电站均趋向采用无人值班、少人值守运行方式，故本电站采用第二种供水方式即直接采用自流减压供水方式，从每台机蝶阀后取水作为主水源，经 2 台全自动滤水器（一主一备）过滤后向机组各用水对象提供冷却水，另外从 1 号、3 号机蝶阀前取水联结形成全厂备用总管作为备用水源。

本电站技术供水系统不包括电站的消防用水，技术供水系统承压按 1.6MPa 设计。

21.6.2　厂内渗漏、检修排水系统

21.6.2.1　厂房渗漏排水系统

龙江水电站厂内渗漏水主要有两部分：一部分是水工建筑物渗漏水，另一部分是设备渗漏水。由于渗漏水量难以准确计算，而且数量不会一成不变。所以只能参照类似电站运行的实测资料估算，确定厂房渗漏水量为 $1.5m^3/min$。

集水井的有效容积按 30～60min 的渗漏水量考虑，确定为 $70m^3$；排水泵扬程按下游校核洪水位 799.49m 考虑。选用 2 台 350QCJ250-46*1 型井用潜水泵，1 台工作，1 台

备用，自动控制，定期切换。水泵的生产率为 250m³/h，扬程为 46m。

21.6.2.2　机组检修排水系统

龙江水电站引水系统为 4 台机共用一条引水隧洞，在厂房前分成 4 根岔管至厂房，厂内设有进水阀门（蝶阀）。所以 1 台机组检修时关闭蝶阀及尾水闸门，需用水泵排除蜗壳、转轮室、尾水管积水及蝶阀、尾水闸门的漏水；当引水洞检修时，可关闭进水口事故闸门及尾水闸门，需用水泵排除尾水位以下的压力钢管、蜗壳、转轮室、尾水管内的积水及进口闸门、尾水闸门的漏水。

按 1 台机组检修，另 3 台机组发电进行检修排水系统设计，按引水洞检修进行校核。引水洞检修时须排出的总积水量约 12863m³，排水时间约为 33h。

检修排水采用间接排水方式排水，每台机组蜗壳进口前设 1 个 ϕ500mm 的盘形排水阀，经排水管将蜗壳和引水段的积水排至尾水管，在每台机组尾水管最低处设两个 ϕ500mm 的盘形排水阀通过 ϕ500mm 管道与排水廊道（1500mm×2000mm）连通。

生态机组蜗壳进口前设 1 个 ϕ250mm 的排水阀，经排水管将蜗壳和引水段的积水排至尾水管，在机组尾水管最低处设 1 个 ϕ300mm 的盘形排水阀通过 ϕ300mm 管道与排水廊道（1500mm×2000mm）连通。

排水廊道贯穿全厂与设在 1 号机与 2 号机尾水管边墩中的集水井相接，在集水井上部（787.76m 高程）设 2 台 350RJC300 - 15 ＊ 3 型深井水泵，水泵扬程为 36m，流量为 300m³/h。水泵的控制方式为：2 台水泵同时排除积水时为手动操作，当排除积水后维持水位时，由 1 台水泵排除闸门漏水量时为自动控制，1 台工作，1 台备用。

21.6.3　压缩空气系统

压缩空气系统分为低压和中压两个系统。低压系统供机组制动和检修维护用气。中压系统供机组调速系统油压装置供气。

21.6.3.1　低压压缩空气系统

为保证机组制动时气源可靠、气压稳定充足，机组制动用气自成系统。制动供气由制动空压机提供的压缩空气供至制动储气罐，再经由供气干管分别向各台机组制动柜供气。

机组制动空压机选用 2 台风冷式空压机，其主要参数为 $Q=1.2$m³/min，$Q=0.8$MPa。

2 台空压机可分别设定为手动、主备、轮流三种控制方式。当 2 台空压机设定为主备控制方式时，根据压气系统的压力变化，1 台为工作，1 台备用；压力低时 2 台同时工作。当 2 台空压机设定为轮流控制方式时，根据压气系统的压力变化，1 台工作，1 台备用；压力低时 2 台同时工作。工作机和备用机每次自动切换（切换周期可调）。

机组制动储气罐选用 2 只 $V=5$m³、$P=0.8$MPa 的立式储气罐。

检修维护供气由检修维护空压机提供的压缩空气供至检修维护储气罐，再经由供气干管分别向各用气位置供气。检修维护空压机选用 1 台风冷式空压机，其主要参数为：$Q=6.0$m³/min，$P=0.8$MPa。空压机可分别设定为手动或自动两种控制方式。检修维护储气罐选用 1 只 $V=0.8$m³、$P=$压力为 0.8MPa 的立式储气罐。

另选一台风冷移动式空压机供厂区临时用气使用，其主要参数为：$Q=6.0$m³/min，$P=0.8$MPa。

21.6.3.2　中压压缩空气系统

中压压缩空气系统由中压空压机提供的压缩空气供至中压储气罐，经空气干燥器过滤后，由供气干管分别向各机组油压装置供气。中压空压机选用 2 台风冷式空压机，其主要参数为：$Q=0.6\text{m}^3/\text{min}$，$P=8\text{MPa}$。空气干燥器选用 1 台吸附式空气干燥器，其主要参数为：$Q=2\text{m}^3/\text{min}$，$P=8\text{MPa}$。中压储气罐选用 2 只 $V=3\text{m}^3$、$P=8\text{MPa}$ 的立式储气罐。

2 台空压机可分别设定为手动、主备、轮流三种控制方式，当 2 台空压机设定为主备控制方式时，根据压气系统的压力变化，1 台工作，1 台备用，压力低时 2 台同时工作。当 2 台空压机设定为轮流控制方式时，根据压气系统的压力变化，1 台工作，1 台备用，压力低时 2 台同时工作。工作机和备用机每次自动切换（切换周期可调）。

21.6.4　油系统

电站油系统分为透平油系统和绝缘油系统。

21.6.4.1　透平油系统

透平油系统主要用油设备为机组各轴承油槽、调速系统等设备。龙江水电站不设厂外透平油库，仅在厂内设置中间油罐室，透平油通过运油车运至厂房安装间。在主厂房安装间下设有 1 个中间油罐室和 1 个油处理室。中间油罐室布置 4 只 10m^3 透平油罐和 1 只 2m^3 的透平油罐。油处理室内布置有真空滤油机、压力滤油机、油泵、潜水排污泵、油管路和阀门、事故油池等设备和设施。

事故排油采用耐油型潜水排污泵，其主要参数为：$Q=25\text{m}^3$、$H=30\text{m}$。由透平油事故油池和主变事故油池公用。

透平油系统油处理设备选用 2 台 LY-50 型压力滤油机、1 台 ZJB3KY-Ⅱ型真空滤油机和 2 台 KCB-75 型齿轮油泵。压力滤油器主要参数为：$Q=50\text{L/min}$、$P=0.5\text{MPa}$。真空滤油器主要参数为：$Q=50\text{L/min}$、$P<0.5\text{MPa}$。齿轮油泵主要参数为：$Q=6.0\text{m}^3/\text{h}$、$P=0.45\text{MPa}$。

高压油顶起装置、调速器油压装置回油箱油泵、顶转子油泵由主机厂配套提供。

透平油为 L-TSA-46 号汽轮机油。每台机组总油量约为 56t。

油化验设备与绝缘油系统合用一套，按简易分析标准要求配置。

21.6.4.2　绝缘油系统

设计绝缘油系统时，考虑到现今主变压器的制造水平较之过去有了很大幅度的提高，主变压器用油生产商一般均能保证 50 年免更换过滤。通过与业主的沟通，经业主确认，将龙江水电站的绝缘油系统的设计进行了简化，取消了绝缘油库，绝缘油罐，只保留了绝缘油过滤设备。减少了绝缘油系统的设备投资和占地面积，优化了管路设计，减少了电站的运行维护工作。

绝缘油系统有处理设备选用 2 台 LY-100 型压力滤油机、1 台 ZJB6KY-Ⅱ型真空滤油机和 2 台 KCB-150 型齿轮油泵。压力滤油器主要参数为：$Q=100\text{L/min}$、$P=0.5\text{MPa}$。真空滤油器主要参数为：$Q=100\text{ L/min}$、$P<0.5\text{MPa}$。齿轮油泵主要参数为：$Q=9.0\text{m}^3/\text{h}$、$P=0.6\text{MPa}$。绝缘油系统油处理设备平时存放在永久设备库内。

21.6.5　水力监测系统

水力监测系统的主要任务是在线或定期地监测机组和全厂性水力监测系统的性能参

数，以保证电站的安全经济运行。本电站设有微机监控系统，水力监测系统的重要项目按进入微机监控系统设计。

21.6.5.1　全厂性水力监测系统

全厂性水力监测项目包括：上游水库水温、上游水库水位、进口拦污栅前后压差、进口闸门均压、下游水位、中压供气总管压力、制动供气总管压力、渗漏集水井水位、检修集水井水位、主厂房 780.80m 上游蝶阀廊道防淹、781.30m 尾水副厂房防淹、电站静水头。

21.6.5.2　机组段水力监测系统

机组段水力监测项目包括：尾水闸门均压、进水阀均压、蜗壳进口压力、蜗壳末端压力、尾水进口压力、尾水出口压力、尾水肘管压力、水轮机顶盖（转轮上腔）压力、水轮机工作流量、水轮机工作水头、顶盖水位、主轴摆度、各部位振动；上导、推力、水导轴承油槽，机组用压力油罐，回油箱和漏油箱，蝶阀用油压装置油位；上导、推力、水导轴承油槽，回油箱（包括机组油压装置和蝶阀油压装置），机组漏油箱油混水；技术供水总管压力、机组冷却水压力、机组冷却水流量、机组相对效率等。

21.7　过渡过程计算与分析

21.7.1　概述

龙江水电站为引水式布置，引水系统为 4 台机共用一条引水隧洞，在厂房前分成 4 根岔管至厂房，厂内设有进水阀门（蝶阀）；下游尾水系统采用单机单管的布置方式。

水轮机组的生产厂家为 ALSTOM 公司，由于龙江水电站是后增设的生态机组，因此 ALSTOM 公司提供的龙江水电站水轮机过渡过程计算，只对 3 台机组进行了过渡过程分析，并没有考虑到生态机组带来的影响。

21.7.2　调节保证计算合同保证值

21.7.2.1　水轮机组（编号：1 号、2 号、3 号）

机组在 66.2m 净水头带额定负荷运行和机组在 81.5m 净水头带额定负荷运行突甩满负荷时，最大转速上升率不大于 50%，蜗壳进口前最大压力上升值不大于 50%，蜗壳进口最大水压力（$H+\Delta H$）122m 水柱，尾水管进口处最大真空度不大于 8m 水柱。

21.7.2.2　生态机组（编号：4 号）

机组在 65.5m 净水头带额定负荷运行和机组在 81.7m 净水头带额定负荷运行突甩满负荷时，最大转速上升率不大于 50%，蜗壳进口前最大压力上升值不大于 50%，蜗壳进口最大水压力（$H+\Delta H$）128m 水柱，尾水管进口处最大真空度不大于 8m 水柱。

21.7.3　导叶关闭规律

机组采用两段关闭：第一段导叶关闭时间（导叶开度由 100% 至 45%）4s，第二段导叶关闭时间（由导叶开度 45% 至全关）9s。

生态机组采用一段关闭，导叶关闭时间 6.5s。

21.7.4　过渡过程计算成果

21.7.4.1　水轮机组（编号：1 号、2 号、3 号）

在未考虑生态机组的条件下，ALSTOM 公司对 3 台机组进行了过渡过程分析计算，其计算成果见表 21.4。

表 21.4　　　　　　　　　　3 台机组调节保证计算成果表

工况	机组	蜗壳进口最大压力/m	机组最大速率上升/%	尾水管真空度
最大水头下 3 台机同时突甩额定负荷	1 号机	112.54	36.99	无真空
	2 号机	112.06	36.85	无真空
	3 号机	111.94	36.69	无真空
额定水头下 3 台机同时突甩额定负荷	1 号机	99.31	44.62	无真空
	2 号机	98.77	44.42	无真空
	3 号机	98.16	44.18	无真空
保证值		≤122	≤50	≤8mH₂O

结论：计算检查了速率上升、压力上升和尾水管的负压。最大/额定水头下 3 台机同时突甩额定负荷，在发电机 GD^2 为 8000t·m² 和导叶关闭时间（见 7.3 节）下，满足了调节保证值的要求。

21.7.4.2　生态机组（编号：4 号）

生态机组调节保证计算成果见表 21.5。

表 21.5　　　　　　　　　生态机组调节保证计算成果表

最大水头甩额定功率工况		额定水头甩额定功率工况	
机组飞轮力矩/(t·m²)	450	机组飞轮力矩/(t·m²)	450
导叶关闭时间/s	6.5	导叶关闭时间/s	6.5
最大压力上升/%	32.31	最大压力上升/%	37.39
蜗壳最大压力/m	117.6	蜗壳最大压力/m	104.8
最大速率上升/%	33.36	最大速率上升/%	44.6
尾水管最大真空度/m	1.36	尾水管最大真空度/m	0.263

结论：由表 21.5 可以看出，最大水头甩额定功率工况控制压力上升，此时蜗壳末端最大压力计算值为 117.6m，压力上升率为 43.78%，考虑计算误差并留有一定余量，机组过渡过程蜗壳末端最大压力保证值取 128m；额定水头甩额定功率工况控制速率上升，此时机组最大速率上升值为 44.6%。

经计算，小波动是稳定的。

21.7.5　主要机电设备布置

（1）主厂房布置及控制尺寸。

1）机组段长度。本电站厂房机组段长度受发电机风罩、蜗壳平面尺寸联合控制，同时考虑各层设备布置，本阶段确定机组段长度为 19.5m。

2）厂房宽度。由发电机风罩尺寸、机旁盘布置、蜗壳尺寸、进水阀布置及上、下游通道控制，确定厂房宽度 22m，厂房上游侧为 12.5m，下游侧为 9.5m。

3）发电机层。发电机层的高程为 798.80m，机旁盘分别布置在发电机层的上、下游侧，安装间设有楼梯至发电机层、母线层、水轮机层及蝶阀操作廊道，每个机组段均设有楼梯间至水轮机层，水轮机层设有楼梯间至蝶阀操作廊道。安装间设有吊物孔至发电机层、母线层、水轮机层及蝶阀操作廊道，每个机组段均设有吊物孔至水轮机层及蝶阀操作廊道。

4）母线层。母线层的高程为 794.45m。调速器、油压装置布置在第一象限内。

5）水轮机层。水轮机层的高程为 790.10m。调速设备管路布置在第一象限内。蝶阀操作系统和蝶阀控制柜布置在第二象限上游侧。

6）蝶阀操作廊道层。蝶阀操作廊道层高程为 780.80m，廊道宽度为 6.2m。蝶阀及其操作管路、漏油装置、厂内渗漏排水集水井及蜗壳排水盘形阀布置在廊道内。

7）安装间及轨顶高程。安装间位于厂房的右端（面向上游），安装间高程为803.30m，其长度按放置发电机上机架、发电机转子、水轮机顶盖、水轮机转轮等大件考虑，长度为 34.5m。

安装间地面至轨顶高度为 12.2m，受转子联轴吊运控制。确定桥机轨顶高程为 815.50m。

（2）辅助设备布置。

1）机组检修泵及厂房渗漏排水泵。机组检修泵布置在尾水副厂房 790.10m 高程。检修集水井底板高程为 765.00m。

厂内渗漏排水立式潜水深井泵布置在高程为 780.80m 厂内蝶阀廊道的渗漏集水井中，检修集水井底板高程为 772.80m。

2）透平油室及其油处理室。透平油油罐室和油处理室布置在安装间下的 790.10m 高程，在油处理室下面设有事故油池，其容积为 24m³。为防止事故时油溢出室外，在油罐室的交通门下设 300mm 高的挡油坎。

透平油罐室面积为 127.44m²。油处理室面积为 110.39m²。

3）空压机室。中压空压机室和低压空压机室布置在安装间下 790.10m 高程，中压空压机室面积 72.76m²，低压空压机室面积 116.96m²。

4）消防供水泵布置。消防供水泵布置在尾水副厂房的 785.75m 高程。

5）尾水管排水盘形阀。尾水管排水盘形阀布置在尾水副厂房的 781.30m 高程尾水盘形阀操作廊道层。

经复核，增容后各辅助系统设备型式、参数变化较小，因此其布置与增容前相同，副厂房尺寸基本不变。

第22章　电气一次设计

22.1　电站接入电力系统及电气主接线

22.1.1　电站特性及在电力系统中的作用

龙江水电站距德宏州政府所在地芒市70km，多年平均发电量10.28亿kW·h，年利用小时为4283h。电站水库为年调节，在系统中担负调峰、调频和备用任务。

22.1.2　电站接入系统方式

按照云南省电力设计院2007年3月提供的《龙江电站接入系统设计》（系统一次部分）的要求：龙江电站接入德宏州电力网，根据德宏州电力系统规划，龙江电站出线电压等级为220kV，出线1回至芒市220kV潞西变电站，距离42km，导线截面选用2×LGJ-300/40。

22.1.3　电气主接线

龙江水电站装机4台，其中3台机组单机容量为86MW，发电机电压等级为13.8kV；1台生态机组单机容量为20MW，发电机电压等级为10.5kV。4台发电机与4台变压器组合为一机一变单元接线，220kV侧为单母线接线，1回出线接至220kV潞西变电站。

22.2　水轮发电机组

22.2.1　发电机组（编号：1号、2号、3号）

本工程共有3台单机容量为86MW的水轮发电机。

22.2.1.1　水轮发电机型式和主要参数

水轮发电机型式和主要参数（一）见表22.1。

表22.1　　　　　　　　　　水轮发电机型式和主要参数表（一）

序号	名　　称	参　　数
1	型号	SF86-36/8570
2	结构型式	三相、立轴、半伞、密闭循环全空冷
3	额定容量/(MW/MVA)	86/98.29
4	充电功率/Mvar	77
5	额定电压/V	13800
6	额定电流/A	4112
7	额定频率/Hz	50
8	额定功率因数	0.875
9	额定转速/(r/min)	166.7
10	旋转方向（俯视）	顺时针
11	飞逸转速下转动部件的安全系数	1.5

序号	名　　称	参　　数
12	电抗值：(额定容量、额定电压时的标幺值)	
	纵轴同步电抗 X_d（不饱和值）/%	99.20
	纵轴瞬态电抗 $X_d{}'$（不饱和值）/%	29.20
	纵轴瞬态电抗 $X_{ds}{}'$（饱和值）/%	26.40
	纵轴超瞬态电抗 $X_d{}''$（不饱和值）/%	21.20
	纵轴超瞬态电抗 $X_{ds}{}''$（饱和值）/%	18.00
	横轴同步电抗 X_q（不饱和值）/%	61.70
	横轴瞬态电抗 $X_q{}'$（不饱和值）/%	61.70
	横轴瞬态电抗 $X_{qs}{}'$（饱和值）/%	56.00
	横轴超瞬态电抗 $X_q{}''$（不饱和值）/%	19.70
	横轴超瞬态电抗 $X_{qs}{}''$（饱和值）/%	17.10
13	负序电抗 X_2/%	20.40
14	零序电抗 X_0/%	10.60
15	定子漏抗 X_e/%	14.70
16	保梯电抗 X_p/%	22.10
17	定子绕组每相电阻（75℃）R_1/Ω	0.00597
18	负序电阻 R_2/Ω	0.0256
19	零序电阻 R_0/Ω	0.0140
20	转子励磁绕组电阻（95℃）R_f/Ω	0.1274
21	转子阻尼绕组电阻 R_k/Ω	直轴 0.02275/交轴 0.02653
22	定子绕组每相对地电容/μF	0.625
23	横轴超瞬态电抗与纵轴超瞬态电抗比值（$X_q{}''/X_d{}''$）	0.92
24	时间常数	
	纵轴瞬态开路时间常数 $T_{do}{}'$/s	9.698
	纵轴超瞬态开路时间常数 $T_{do}{}'$/s	0.127
	横轴瞬态开路时间常数 $T_{qo}{}'$/s	0.192
	横轴超瞬态开路时间常数 $T_{qo}{}'$/s	0.192
	定子绕组短路时间常数 T_a/s	0.198
	纵轴瞬态短路时间常数 $T_d{}'$/s	2.802
	纵轴超瞬态短路时间常数 $T_d{}'$/s	0.093
25	发电机损耗（在额定电压、额定电流和额定功率因数时）	
	定子铜损/kW	297
	转子铜损/kW	204
	铁芯损耗/kW	231
	风阻损耗/kW	333

序号	名　称	参　数
	轴承损耗/kW	121
	电刷摩擦损耗/kW	1.0
	电刷电气损耗/kW	1.0
	励磁系统损耗/kW	17
	杂散损耗/kW	163
	总损耗/kW	1368
26	发电机主引出电流互感器	
	型式	母线式
	型号	LMZD1-20
	额定一次电流/A	6000
	额定二次电流/A	1
	准确级	5P20/0.2；5P20/5P20
	输出容量/VA	30/30；30/30
27	发电机中性点电流互感器	
	型式	母线式
	型号	LMZD1-20，LZZBJ10-10
	额定一次电流/A	6000；600
	额定二次电流/A	1
	准确级	5P20/5P20；5P20/5P20
	输出容量/VA	30/30；30/30
28	发电机中性点柜	
	接地变压器	干式，H级绝缘、环氧树脂浇注，$P_n=30kVA$, $U_{1N}=13.8kV$, $U_{2N}=0.23kV$
	隔离开关	GN1-20/400, $I_N=200A$
	电阻器	$P_N=45kW$, $U_N=0.23kV$, $R=0.4164\Omega$

22. 2. 1. 2　水轮发电机结构性能特点

（1）机座采用分瓣结构（4瓣）、整体加工，分瓣运至工地，在现场调整组焊成整体后叠片和下线。

（2）定子采用在现场安装间进行叠片、在机坑下线的整圆叠装结构。

（3）定子铁芯采用优质、高导磁率、低损耗、无时效、叠片系数高、机械性能优良的冷轧硅钢片，整体冲制成型。

定子铁芯内径为7800mm，定子铁芯外径为8570mm，定子铁芯高度为1330mm。

定子绕组为条形绕组，绕组为3个并联支路，主引出线和中性点引出线的绝缘均按线电压设计。

定子绕组为星形接线，6个引出线，其中3个主引出线；另外3个为中性点引出线，引出线三相的相序排列为面对出线端从左到右水平方向为 U、V、W。

（4）转子由转子支架、磁轭、磁极和制动环等部件组成。转子支架为圆盘式焊接结构，分瓣运到现场组装。磁轭与转子支架间的连接采用切向键的方式，以保证转子正常运行和暂时过载运行状态下的圆度和同心度。磁轭冲片应采用高强度优质钢板。磁极铁芯使用薄钢板冲片叠成，并采用螺栓拉紧，磁极用磁极键紧固在磁轭上。磁极为 F 级绝缘。磁极线圈与极间连接线之间的采用螺栓连接。转子装有交、直阻尼绕组，阻尼条与阻尼环的连接采用银铜焊，阻尼绕组间应采用柔性连接。

（5）发电机主轴采用优质钢锻造而成，主轴长度为 3685mm，主轴直径为 1000mm。

（6）推力轴承与导轴承组成组合轴承。推力轴承采用内循环冷却方式。推力轴承的支撑方式为弹性支撑结构。推力瓦共有 12 块，均为巴氏合金瓦。推力轴承内径为 1650mm，推力轴承外径为 2380mm。

（7）上机架由中心体和 8 个斜支臂焊接而成。在保证稳定的情况下，尽可能减小机坑混凝土墙所受的径向力。上机架设计考虑在不拆下集电环的情况下即可取出上导轴承和油冷却器，并在不拆除上机架的前提下能够取出空气冷却器。

（8）下机架为径向 8 支臂焊接结构，可以从定子内整体吊入或吊出。

（9）发电机采用密闭自循环无风扇空气冷却系统。利用发电机转子的风扇作用来促使空气循环产生足够风量，风洞内设有 8 个空气冷却器，8 个空气冷却器沿定子机座外围对称布置。

（10）机组采用电气、机械联合制动停机方式。在机械制动装置单独使用时，当机组转速下降到 30% 额定转速时投入，直至完全停机，制动时间不大于 2min，反冲气时间不大于 1min。当机组的导叶漏水达 1‰ 水轮机额定流量时，保证机组能正常制动停机。

（11）发电机采用水灭火方式，水灭火系统为水压型。每台发电机设有一台火灾报警控制器，用于监测发电机火情。

（12）发电机机坑内等距离布置 8 套除湿装置。

（13）每台发电机组配有一套中性点接地设备，每套中性点设备包括单相隔离开关、电流互感器、接地变压器及连接于二次侧的接地电阻器等设备，通过电缆与发电机中性点连接。

（14）机组各部位设置感温元件，压力计和油位计，示流信号器，检测机组振动和摆度检测器、局部放电检测系统等，信号送入计算机监控系统和现地控制盘上，可随时监视温度、振动和摆度。

（15）发电机主引出线布置在第三象限偏 −Y 轴 45°，采用 13.8kV 三相共箱母线，发电机中性点引出线布置在第二象限偏 ＋Y 轴 45°，中性点接地变压器柜设备布置在机墩风罩处。

22.2.2　生态发电机组（编号：4 号）

本工程有 1 台容量为 20MW 的水轮发电机组。

22.2.2.1　水轮发电机型式和主要参数

水轮发电机型式和主要参数（二）见表 22.2。

表 22.2 水轮发电机型式和主要参数表（二）

序号	名 称	参 数
1	型号	SF20 - 18/3660
2	结构型式	三相、立轴、悬垂式、密闭循环空冷
3	额定容量/(MW/MVA)	20/23.529
4	充电功率/Mvar	18.3
5	额定电压/V	10500
6	额定电流/A	1293.8
7	额定频率/Hz	50
8	额定功率因数	0.85
9	额定转速/(r/min)	333.3
10	旋转方向（俯视）	顺时针
11	飞逸转速下转动部件的安全系数	1.25
12	电抗值：（额定容量、额定电压时的标幺值）	
	纵轴同步电抗 X_d（不饱和值）/%	98.51
	纵轴瞬态电抗 $X_d{}'$（不饱和值）/%	30.62
	纵轴瞬态电抗 $X_{ds}{}'$（饱和值）/%	31.9
	纵轴超瞬态电抗 $X_d{}''$（不饱和值）/%	20.27
	纵轴超瞬态电抗 $X_{ds}{}''$（饱和值）/%	20.69
	横轴同步电抗 X_q（不饱和值）/%	66.71
	横轴瞬态电抗 $X_q{}'$（不饱和值）/%	66.71
	横轴瞬态电抗 $X_{qs}{}'$（饱和值）/%	65.37
	横轴超瞬态电抗 $X_q{}''$（不饱和值）/%	20.23
	横轴超瞬态电抗 $X_{qs}{}''$（饱和值）/%	19.82
13	负序电抗 X_2/%	20.46
14	零序电抗 X_0/%	6.55
15	定子漏抗 X_e/%	10.93
16	保梯电抗 X_p/%	19.86
17	定子绕组每相电阻（75℃）R_1/Ω	0.025
18	负序电阻 R_2/Ω	0.2114
19	零序电阻 R_0/Ω	0.25
20	转子励磁绕组电阻（75℃）R_f/Ω	0.262
21	转子阻尼绕组电阻 R_k/Ω	0.2114
22	定子绕组每相对地电容/μF	0.284
23	横轴超瞬态电抗与纵轴超瞬态电抗比值（X'_q/X'_d）	0.98
24	时间常数	
	纵轴瞬态开路时间常数 $T_{do}{}'$/s	4.16

序号	名　称	参　数
	纵轴超瞬态开路时间常数 T_{do}'/s	0.046
	横轴瞬态开路时间常数 T_{qo}'/s	0.092
	横轴超瞬态开路时间常数 T_{qo}'/s	0.0278
	定子绕组短路时间常数 T_a/s	0.026
	纵轴瞬态短路时间常数 T_d'/s	1.26
	纵轴超瞬态短路时间常数 T_d''/s	0.0295
25	发电机损耗（在额定电压、额定电流和额定功率因数时）	
	定子铜损/kW	124.83
	转子铜损/kW	125.66
	铁芯损耗/kW	231
	定子铁损/kW	69.18
	轴承损耗/kW	1115.76
	风阻损耗/kW	118
	电刷摩擦损耗/kW	5
	电刷电气损耗/kW	5
	励磁系统损耗/kW	15
	杂散损耗/kW	26
	总损耗/kW	640.43
26	发电机中性点电流互感器	
	型式	母线式
	型号	LMZD2 - 10
	额定一次电流/A	2000
	额定二次电流/A	1
	准确级	5P20/0.2；5P20/5P20
	输出容量/VA	20/20；20/20
27	发电机中性点柜	
	接地变压器	干式，H级绝缘、环氧树脂浇注，$P_n=10\mathrm{kVA}$，$U_{1n}=10.5\mathrm{kV}$，$U_{2n}=0.173\mathrm{kV}$
	隔离开关	GN19 - 12/400，$I_n=400\mathrm{A}$
	电阻器	$P_n=10.08\mathrm{kW}$，$R=0.93\Omega$

22.2.2.2　水轮发电机结构性能特点

（1）定子为采用分两瓣结构，铁芯两瓣叠片后分瓣运至工地，在现场完成组圆及下线。

（2）定子铁芯采用优质、高导磁率、低损耗、无时效、优质冷轧硅钢片。

定子铁芯内径为 3710mm，定子铁芯外径为 5360mm，定子铁芯高度为 2600mm。

定子绕组为条式波绕组，由一个支路组成、星形连接，主引出线和中性点引出线的绝缘均按线电压设计。

定子绕组 6 个引出线，其中 3 个主引出线；另外 3 个为中性点引出线，引出线三相的相序排列为面对出线端从左到右水平方向为 U、V、W。

（3）转子由转子支架、磁轭、磁极和制动环等部件组成。

转子采用焊接结构的转子支架，热套在转轴上。磁轭与转子支架间的联接采用切向键的连接方式，以保证转子正常运行和暂时过载运行状态下的圆度和同心度。磁轭采用低合金板冲片叠压而成，在工厂内叠压完毕、组装、打键。发电机转子的支架、磁轭、制动环等部件在工厂内组装成整体，在现场进行磁极挂装。磁极为 F 级绝缘。转子装有纵横阻尼绕组，阻尼条与阻尼环采用银焊连接，阻尼绕组间应采用柔性连接。

（4）发电机主轴采用优质钢锻造而成，主轴长度为 6600mm，主轴直径为 500mm。

（5）发电机具有上、下导轴承和推力轴承，推力轴承、上导轴承置于上机架油槽内，下导轴承置于下机架油槽内。推力轴承采用水冷内循环冷却方式。推力轴承的支撑方式为弹性托盘结构。推力瓦共有 8 块，均为弹性金属塑料扇形瓦。推力轴承内径为 580mm，推力轴承外径为 1300mm。

（6）上机架为十字支臂式。上机架设计考虑在不拆下集电环的情况下即可取出上导轴承。

（7）下机架为十字支臂式，可以从定子内整体吊入或吊出。

（8）发电机采用双路循环径向密闭通风形式。利用发电机转子的风扇作用来促使空气循环产生足够风量，风洞内设有 8 个空气冷却器，8 个空气冷却器沿定子机座外围对称布置。

（9）机组采用机械制动方式。正常情况下，当机组转速下降到 20% 额定转速时投入机械制动装置，直至完全停机，制动时间不大于 2min，在紧急情况下允许在 35% 额定转速时投入制动，停机时间不大于 2min。

（10）发电机采用水喷雾灭火方式，水灭火系统为水压型。灭火系统采用自动监测报警，消防水投入采用手动、自动操作方式。

（11）发电机机坑内等距离布置除湿装置。

（12）每台发电机组配有一套中性点接地设备，每套中性点设备包括单相隔离开关、电流互感器、接地变压器及连接于二次侧的接地电阻器等设备，通过电缆与发电机中性点连接。

（13）机组各部位设置感温元件，压力计和油位计，示流信号器，检测机组振动和摆度检测器、局部放电检测系统等，信号送入计算机监控系统和现地控制盘上，可随时监测温度、振动和摆度。

22.3　13.8kV 发电机电压回路设备

13.8kV 发电机电压回路设备主要包括共箱封闭母线、电压互感器柜、电制动开关柜、发电机出口断路器柜、高压限流同短期组合保护装置、电压互感器避雷器柜。

励磁变压器、发电机电压互感器柜及电制动开关柜布置于母线层下游电气副厂房内。发电机出口断路器柜布置在发电机层下游副厂房内。由发电机主引出至断路器、母线道、主变压器低压侧之间均采用 13.8kV 三相共箱封闭母线连接。厂内三相共箱封闭母线布置在下游副厂房母线层、发电机层。副厂房至变电站之间设有地下母线道。

22.3.1　13.8kV 共箱封闭母线主要技术参数

13.8kV 共箱封闭母线型式和主要参数见表 22.3。

表 22.3　　　　　　　　　13.8kV 共箱封闭母线型式和主要参数表

序号	名　　称	参　　数
1	型式	全连自冷
2	型号	BGFM - 13.8/5000 - Z - I（主母线） BGFM - 13.8/3000 - Z - I（分支母线）
3	额定电压/kV	13.8
4	最高工作电压/kV	15.8
5	额定电流/A	5000（主母线）/3000（分支母线）
6	相数	3
7	频率/Hz	50
8	额定短时耐受电流/kA	63
9	额定短路持续时间/s	2
10	额定峰值耐受电流/kA	160
11	母线正常运行最高允许温度/℃	90
12	母线接头最高允许温度/℃	105
13	外壳连续运行最高允许温度/℃	70
14	1min 工频耐压/kV	51
15	雷电冲击耐受电压/kV	95
16	泄漏比距/(mm/kV)	20
17	测温装置型式	表盘式
18	监测数量	3 台套
19	单位长度损耗/(W/三相·m)	297（主母线） 201（分支母线）
20	导体电阻/($10 - 6\Omega$/m)	5.86
21	导体电抗/($10 - 6\Omega$/m)	18.2
22	电压降/(V/m)（$\cos\phi = 0.9$、1 时）	0.014
23	三相对地电容/(pF/m)	64
24	外壳最大感应电压/V	24
25	防护等级	IP42
26	整体寿命/年	30
27	单位长度重量/(kg/三相·m)	220（主母线） 120（分支母线）
28	导体材料/外壳材料	铜/铝
29	断面尺寸 ($L×W×T$)/(mm×mm×mm)	1350×600×4

22.3.2　电压互感器（电压互感器及避雷器）柜主要技术参数

电压互感器（电压互感器及避雷器）柜型式和主要参数见表 22.4。

表 22.4　　　　　　**电压互感器（电压互感器及避雷器）柜型式和主要参数表**

序号	名　　称		参　　数
1	柜体	型式	户内三相铠装移开式金属封闭柜
		额定电压/kV	13.8
		最高运行电压/kV	15
		额定电流/A	630
		相数	3
		额定频率/Hz	50
		雷电冲击绝缘水平（全波、峰值）/kV	95
		1min 工频耐受电压（有效值）/kV	51
		母线型式及材质	矩形/铜
2	电压互感器	型式	户内环氧树脂浇注式
		型号	JDZX19 – 15
		额定电压比	$13.8/\sqrt{3} : 0.1/\sqrt{3} : 0.1/3$
		相数	单相
		额定输出容量/VA	30/150
		准确级	0.2/3P
		额定绝缘水平：工频/冲击/kV	55/105
3	高压熔断器	型式	户内限流式
		型号	RN2 – 15/0.5
		额定电压/kV	15
		额定电流/A	0.5
		额定断流容量/MVA	1000
4	避雷器	型式	氧化锌
		型号	HY5WZ2 – 18/40
		避雷器额定电压/kV	18
		避雷器持续运行电压/kV	15
		雷电冲击残压/kV	40
		2ms 方波通流容量/A	600

22.3.3　电制动开关柜规范技术参数

22.3.3.1　电制动开关柜主要技术参数

电制动开关柜型式和主要参数见表 22.5。

表 22.5   电制动开关柜型式和主要参数表

序号	名 称		参 数
1	发电机电气制动开关柜本体	型式	户内空气绝缘铠装移开式金属封闭开关柜
		额定电压（最高电压、有效值）/kV	15
		额定电流/A	2500
		电气制动工况工作电流/A	4500（短时）
		相数	3
		额定频率/Hz	50
		电气制动工况运行时间/s	300
		雷电冲击水平（全波，峰值）/kV	95
		1min 工频耐受电压（有效值）/kV	42
		电气制动工况时导体温升/K	50
		电气制动工况时外壳温升/K	30
		冷却方式	自冷
		外形尺寸/mm	1000×1500×2200
2	真空断路器	型式	户内、真空断路器
		额定电压/kV	15
		额定电流/A	2500
		电气制动工况工作电流/A	4500（短时）
		电气制动工况运行时间/s	300
		额定操作顺序	O－180S－CO－180S－CO
		断路器操作时间　合闸时间/ms	75
		固有分闸时间/ms	65
		额定雷电冲击耐受电压（全波）/kV	95
		1min 工频耐受电压/kV	42
		真空断路器操作机构型式	电机弹簧式
		真空断路器操作电源	DC 220V
		真空断路器控制电源	DC 220V
		真空断路器的机械寿命/次	10000
		额定电流开断次数/次	10000
		安装方式	抽出型
3	隔离插头	额定电流/A	≥2500
		电气制动工况工作电流/A	≥4500（短时）
		电气制动工况运行时间/s	300

22.3.3.2 设备主要性能

（1）制动开关装置可远方和现地操作，接收和执行计算机监控系统发出的分、合闸指令并与发电机出口断路器、励磁和调速系统等实现电气联锁。

（2）当运行在电气制动工况时，导体的温升不超过50K。

（3）真空断路器具有就地分、合闸的操作设施。

（4）真空断路器的操动机构设置有防止误分、误合的闭锁装置。

22.3.4 发电机出口断路器柜技术参数

发电机出口断路器柜型式和主要参数见表22.6。

表 22.6　　　　　　　　发电机出口断路器柜型式和主要参数表

序号	名　称		参　数
1	发电机出口断路器柜本体		
1.1	型式		XGN-15
1.2	额定电压/kV		15
1.3	额定频率/Hz		50
1.4	额定电流/A		5000
1.5	相数		3
1.6	额定绝缘水平		
	额定工频绝缘1min耐受电压/kV　对地		≥42
	额定雷电冲击耐受电压峰值（全波1.2/50μs）/kV　对地		≥95
1.7	额定短时耐受电流/kA		63
1.8	额定短路持续时间/s		2
1.9	额定峰值耐受电流/kA		173
1.10	外形尺寸		
	宽/mm		1800
	深/mm		500
	高/mm		2500
2	断路器		3AH3713-4
2.1	型式		户内真空断路器
2.2	额定电压/kV		17.5
2.3	额定频率/Hz		50
2.4	额定电流/A		5000
2.5	额定绝缘水平		
	1min工频耐压（干式）（有效值）/kV	相对地	42
		断口间	50
	雷电冲击耐压（1.2/50μs）（峰值）/kV	相对地	95
		断口间	110

序号	名　称		参　数
2.6	外绝缘爬电比距/(cm/kV)		2
2.7	额定短路开断电流/kA		
	交流分量有效值/kA		63
	直流分量百分数/%		60
2.8	额定短路关合电流（峰值）/kA		160
2.9	额定失步开断电流/kA		
	对称开断电流	交流分量（有效值）/kA	31.5
		直流分量百分数/%	20
	非对称开断电流	交流分量（有效值）/kA	31.5
		直流分量百分数/%	60
2.10	额定峰值耐受电流/kA		173
2.11	额定短时耐受电流/kA		63
2.12	额定短时耐受电流持续时间/s		2
2.13	预期瞬态恢复电压		
2.13.1	系统源预期瞬态恢复电压（峰值）/kV		29
	首开极系数		1.5
	TRV 上升率/(kV/μs)		4.5
	振幅系数		1.5
2.13.2	发电机源预期瞬态恢复电压（峰值）/kV		
	首开极系数		
	TRV 上升率/(kV/μs)		
	振幅系数		
2.13.3	失步开断预期瞬态恢复电压（峰值）/kV		45
	首开极工频恢复电压（有效值）/kV		18.4
	TRV 上升率/(kV/μs)		4.5
	振幅系数		1.45
2.14	额定操作顺序		CO – 30min – CO
2.15	额定时间参量		
	分闸时间/ms		≤50
	合闸时间/ms		≤80
	合分时间/ms		≤80
	开断时间/ms		≤55
	相间不同期性		
	合闸操作/ms		≤3
	分闸操作/ms		≤3

续表

序号	名　　称	参　　数
3	接地开关	
3.1	型式	
3.2	额定电压/kV	15
3.3	额定电流/A	
3.4	额定频率/Hz	50
3.5	额定绝缘水平	
	雷电冲击耐受电压（峰值）/kV　对地	95
	1min 工频耐受电压（有效值）/kV　对地	50
3.6	额定短时耐受电流及持续时间（有效值）/kA	50
3.7	额定短时耐受电流持续时间/s	1
3.8	额定峰值耐受电流/kA	125
4	电流互感器	单相、浇注绝缘
4.1	型号	LMZBJ
4.2	额定电压/kV	15
4.3	额定频率/Hz	50
4.4	额定电流比、准确级	6000/1A，5P20 6000/1A，0.2
4.5	额定输出容量	5P20 级 15VA 0.2 级 15VA
4.6	额定绝缘水平	
4.6.1	一次绕组	
	雷电冲击耐压（$1.2/50\mu s$）（峰值）/kV　相对地	95
	1min 工频耐压（干试）（有效值）/kV　相对地	50
4.6.2	二次绕组	
	1min 工频耐压（干试）（有效值）/kV　相对地	3
	在 1.2 倍额定电压下，其局部放电水平/PC	≤50
4.7	额定峰值耐受电流	173
4.8	额定短时耐受电流及持续时间/(kA，s)	63，2
4.9	绝缘耐热等级	F 级

22.3.5　高压限流熔断器组合保护装置主要技术参数

高压限流熔断器组合保护装置柜型式和主要参数见表 22.7。

表 22.7　　　　　　　　高压限流熔断器组合保护装置柜型式和主要参数表

序号	名　称		参　数
1	柜体	型式	户内三相铠装移开式金属封闭柜
		额定电压/kV	13.8
		额定电流/A	200
		额定频率/Hz	50
		雷电冲击绝缘水平（全波、峰值）/kV	95
		1min 工频耐受电压（有效值）/kV	40
		母线型式/材质	矩形/铜
2	电流互感器	型式	户内环氧树脂浇注式
		型号	LZZBJ18－20
		额定一次电流/A	100
		额定二次电流/A	1
		准确级	10P/10P
		输出容量/VA	15/15
3	限流熔断器	额定电压/kV	24
		额定电流/A	160
		开断电流/kA	待确定
		最小不熔断电流/(A/h)	待确定
4	隔离开关	型式	GN19－20
		额定电压/kV	20
		额定电流/A	630
		雷电冲击绝缘水平（全波、峰值）/kV	95
		1min 工频耐受电压（有效值）/kV	40
5	断路器	型式	气体绝缘和灭弧，自然风冷
		额定电压/kV	13.8
		最大工作电压/kV	17.5
		额定电流/A	630
		额定频率/Hz	50
		额定短路开断电流/kA	25
		雷电冲击绝缘水平（全波、峰值）/kV	95
		1min 工频耐受电压（有效值）/kV	40
		额定操作循环	O－180s－CO－180s－CO
		机械寿命	额定电流开断次数 2000 次合—分操作循环；在此期间，应免维修
		操作方式	三相电气联动，可电动和手动操作
		动力电源	三相交流 380V，50Hz

序号	名 称		参 数
5	断路器	操作电源	直流 220V
		辅助接点	不少于 12 对常开以及 12 对常闭接点，接点容量 DC 220V，5A
6	氧化锌电阻	额定电压/kV	13.8
		截流过电压不应超过	25kA

22.4 10.5kV 发电机电压设备

10.5kV 发电机电压回路设备主要包括 10.5kV 三相共箱封闭母线、电流互感器及电压互感器柜、电流互感器柜、电压互感器柜、发电机出口断路器柜、电压互感器及避雷器柜、隔离开关柜。

励磁变压器、发电机电压互感器柜、发电机出口断路器柜等 10.5kV 发电机电压设备布置于高程 794.45m 下游电气副厂房内。由发电机主引出至发电机电压配电装置、主变压器低压侧之间均采用 10.5kV 三相共箱封闭母线连接，三相共箱封闭母线布置在下游副厂房高程 790.10m 层、794.45m 层及母线道内。

22.4.1 10.5kV 三相共箱封闭母线

10.5kV 共箱封闭母线型式和主要参数见表 22.8。

表 22.8 　　　　　　　　10.5kV 共箱封闭母线型式和主要参数表

序号	名 称	参 数
1	型式	不隔相共箱、自然冷却、多点接地式
2	型号	BGFM - 10.5/2000 - Z - I
3	额定电压/kV	10.5
4	最高工作电压/kV	12
5	额定电流/A	2000
6	相数	3
7	频率/Hz	50
8	额定短时耐受电流/kA	31.5
9	额定短路持续时间/s	2
10	额定峰值耐受电流/kA	80
11	母线正常运行最高允许温度/℃	90
12	母线接头最高允许温度/℃	105
13	外壳连续运行最高允许温度/℃	70
14	1min 工频耐压/kV	42
15	雷电冲击耐受电压/kV	75

序号	名　　称	参　　数
16	泄漏比距/(mm/kV)	20
17	防护等级	IP42
18	整体寿命/年	≥30
19	导体材料/外壳材料	T2牌号铜材/铝
20	断面尺寸（长×宽）/(mm×mm)	1000×600

22.4.2　电流互感器及电压互感器柜主要技术参数

电流互感器及电压互感器柜型式和主要参数见表22.9。

表22.9　　　　　　　　　电流互感器及电压互感器柜型式和主要参数表

序号			名　　称	参　　数
1	柜体		型式	户内铠装移开中置式金属封闭开关柜
			额定电压/kV	12
			额定电流/A	3150
			相数（相）	3
			额定频率/Hz	50
			额定峰值耐受电流（峰值）/kA	80
			额定短时耐受电流（有效值）/kA	31.5
			额定短路持续时间/s	4
			雷电冲击水平（全波，峰值）/kV	75
			1min工频耐受电压（有效值）/kV	42
			冷却方式	自冷
2	电流互感器及电压互感器柜	电流互感器	型式	户内、环氧树脂浇注式
			型号	LZZBJ$_9$-10
			额定电压/kV	12
			额定一次电流/A	100
			额定二次电流/A	1
			额定峰值耐受电流（峰值）/kA	≥50
			额定短时耐受电流（有效值）/kA	≥20
			额定短路持续时间/s	1
			准确等级、额定容量	5P20/0.2、20VA
		电压互感器	型式	户内、环氧树脂浇注式
			型号	JDZX11-10G
			额定电压/kV	10.5
			额定电压比	$10.5/\sqrt{3}：0.1/\sqrt{3}：0.1/\sqrt{3}：0.1/3$

续表

序号	名　称			参　数
2	电流互感器及电压互感器柜	电压互感器	相数（相）	3
			最大容量/VA	100/100/150
			精度（级）	0.5/0.2/6P
		高压熔断器	型式	户内、限流式
			型号	XRNP1-10
			额定电压/kV	10.5
			额定电流/A	0.5
			额定开断电流/kA	50

22.4.3　电流互感器柜型式和主要参数

电流互感器柜型式和主要参数见表 22.10。

表 22.10　　　　　　　　　　电流互感器柜型式和主要参数表

序号	名　称			参　数
1	柜体		型式	户内铠装固定式金属封闭开关柜
			额定电压/kV	12
			额定电流/A	3150
			相数（相）	3
			额定频率/Hz	50
			额定峰值耐受电流（峰值）/kA	80
			额定短时耐受电流（有效值）/kA	31.5
			额定短路持续时间/s	4
			雷电冲击水平（全波，峰值）/kV	75
			1min 工频耐受电压（有效值）/kV	42
			冷却方式	自冷
2	电流互感器柜	电流互感器	型式	户内、环氧树脂浇注式
			型号	LZZBJ$_9$-10
			额定电压/kV	12
			额定一次电流/A	2000
			额定二次电流/A	1
			额定峰值耐受电流（峰值）/kA	≥160
			额定短时耐受电流（有效值）/kA	≥100
			额定短路持续时间/s	1
			准确等级、额定容量	0.2/0.2/0.2S/5P20、20VA

22.4.4　电压互感器柜主要技术参数

电压互感器柜型式和主要参数见表22.11。

表 22.11　　　　　　　　　　　电压互感器柜型式和主要参数表

序号	名　称			参　数
1	柜体		型式	户内铠装移开中置式金属封闭开关柜
			额定电压/kV	12
			额定电流/A	3150
			相数（相）	3
			额定频率/Hz	50
			额定峰值耐受电流（峰值）/kA	80
			额定短时耐受电流（有效值）/kA	31.5
			额定短路持续时间/s	4
			雷电冲击水平（全波，峰值）/kV	75
			1min工频耐受电压（有效值）/kV	42
			冷却方式	自冷
2	电压互感器柜	电压互感器	型式	户内、环氧树脂浇注式
			型号	JDZX11-10G
			额定电压/kV	10.5
			额定电压比	$10.5/\sqrt{3} : 0.1/\sqrt{3} : 0.1/\sqrt{3} : 0.1/\sqrt{3}$
			相数（相）	3
			最大容量/VA	100/100/100
			精度（级）	0.5/3P/0.5
		高压熔断器	型式	户内、限流式
			型号	XRNP1-10
			额定电压/kV	10.5
			额定电流/A	0.5
			额定开断电流/kA	50

22.4.5　发电机出口断路器柜型式和主要参数及性能

22.4.5.1　发电机出口断路器主要技术参数

发电机出口断路器柜型式和主要参数见表22.12。

表 22.12　　　　　　　　　　　发电机出口断路器柜型式和主要参数表

序号	名　称	参　数
1	柜体	型式　户内铠装固定式金属封闭开关柜
		额定电压/kV　　12
		额定电流/A　　3150

序号	名　称			参　数
1	柜体	相数（相）		3
		额定频率/Hz		50
		额定峰值耐受电流（峰值）/kA		80
		额定短时耐受电流（有效值）/kA		31.5
		额定短路持续时间/s		4
		雷电冲击水平（全波，峰值）/kV		75
		1min 工频耐受电压（有效值）/kV		42
		冷却方式		自冷
2	发电机出口断路器柜	发电机出口断路器	型式	户内、真空断路器
			型号	VTK-12/T3150-40（F）
			额定电压/kV	12
			额定电流/A	3150
			额定绝缘水平	
			1min 工频耐压（干式）（有效值）/kV — 相对地	≥42
			断口间	≥50
			雷电冲击耐压（1.2/50μs）（峰值）/kV — 相对地	≥75
			断口间	≥85
			额定短路开断电流/kA	40
			额定短路失步开断电流/kA	20
			直流分量百分数/%	≥75
			额定短路关合电流（峰值）/kA	110
			额定峰值耐受电流/kA	110
			额定短时耐受电流/kA	40
			额定短时耐受电流持续时间/s	4
			系统源预期瞬态恢复电压（标准值）— 峰值电压/kV	22
			参考时间/μs	5.5
			上升率/（kV/μs）	4
			额定短路开断电流开断次数/次	8
			额定负荷开断电流开断次数/次	50
			额定操作顺序	合分—15min—合分
			机械寿命/次	10000
			三相合分闸同期性/ms	≤2
			合闸触头弹跳时间/ms	≤3
			相间中心距离/mm	275±1
			平均分闸速度（在起始75%开距时）/（m/s）	1.1±0.2
			平均合闸速度/（m/s）	0.8±0.2
			合闸时间/ms	≤65
			分闸时间/ms	≤50

序号	名　称			参　数
2	发电机出口断路器柜	电流互感器	型式	户内、环氧树脂浇注式
			型号	LZZBJ$_9$-10
			额定电压/kV	12
			额定一次电流/A	2000
			额定二次电流/A	1
			额定峰值耐受电流（峰值）/kA	≥160
			额定短时耐受电流（有效值）/kA	≥100
			额定短路持续时间/s	1
			准确等级、额定容量	5P20/5P20、20VA
		过电压保护器	型式	户内、干式、带间隙
			型号	SHK-TBP-B-12.7
			额定电压/kV	10
		接地开关	型式	户内、三相、手动
			型号	JN16-12
			额定峰值耐受电流（峰值）/kA	80
			额定短时耐受电流（有效值）/kA	31.5
			额定短路持续时间/s	2

22.4.5.2　设备主要性能

（1）在周围空气最高温度为40℃时，发电机出口断路器能长期承载连续额定电流，母线连接处的温升不超过50K，外壳及支撑件不超过25K。

（2）断路器操作方式为远方、现地、三相联动。

（3）断路器机构型式为弹簧储能式机构。

（4）操动机构具有防跳跃、防非全相合闸、防失压慢分合、保证合分时间的能力。

22.4.6　电压互感器及避雷器柜型式和主要参数

电压互感器及避雷器柜型式和主要参数见表 22.13。

表 22.13　　　　　　　电压互感器及避雷器柜型式和主要参数表

序号	名　称		参　数
1	柜体	型式	户内铠装移开中置式金属封闭开关柜
		额定电压/kV	12
		额定电流/A	3150
		相数（相）	3
		额定频率/Hz	50
		额定峰值耐受电流（峰值）/kA	80
		额定短时耐受电流（有效值）/kA	31.5

续表

序号	名称		名称	参数
1	柜体		额定短路持续时间/s	4
			雷电冲击水平（全波，峰值）/kV	75
			1min工频耐受电压（有效值）/kV	42
			冷却方式	自冷
2	电压互感器及避雷器柜	电压互感器	型式	户内、环氧树脂浇注式
			型号	JDZX11-10G
			额定电压/kV	10.5
			额定电压比	$10.5/\sqrt{3}:0.1/\sqrt{3}:0.1/\sqrt{3}:0.1/3$
			相数（相）	3
			最大容量/VA	100/100/150
			精度（级）	0.5（3P）/3P/6P
		高压熔断器	型式	户内、限流式
			型号	XRNP1-10
			额定电压/kV	10.5
			额定电流/A	0.5
			额定开断电流/kA	50
		氧化锌避雷器	型式	复合绝缘
			型号	HY5WZ-17/45
			避雷器额定电压/kV	17
			避雷器持续运行电压/kV	13.6
			标准波雷电冲击残压/kV	45

22.4.7　隔离开关柜型式和主要参数

隔离开关柜型式和主要参数见表22.14。

表22.14　　　　　　　　　隔离开关柜型式和主要参数表

序号	名称	名称	参数
1	柜体	型式	户内铠装固定式金属封闭开关柜
		额定电压/kV	12
		额定电流/A	3150
		相数（相）	3
		额定频率/Hz	50
		额定峰值耐受电流（峰值）/kA	80
		额定短时耐受电流（有效值）/kA	31.5
		额定短路持续时间/s	4

序号	名　称			参　数
1	柜体		雷电冲击水平（全波，峰值）/kV	75
			1min 工频耐受电压（有效值）/kV	42
			冷却方式	自冷
2	隔离开关柜	电流互感器	型式	户内、环氧树脂浇注式
			型号	LZZBJ₉-10
			额定电压/kV	12
			额定一次电流/A	2000
			额定二次电流/A	1
			额定峰值耐受电流（峰值）/kA	≥160
			额定短时耐受电流（有效值）/kA	≥100
			额定短路持续时间/s	1
			准确等级、额定容量	5P20/5P20、20VA
		隔离开关	型式	户内
			型号	GN22-12
			额定电压/kV	12
			额定电流/A	1600
			雷电冲击绝缘水平（全波、峰值）/kV	85
		接地开关	型式	户内、三相、手动
			型号	JN16-12
			额定峰值耐受电流（峰值）/kA	80
			额定短时耐受电流（有效值）/kA	31.5
			额定短路持续时间/s	2

22.5　主变压器和高压配电装置

22.5.1　220kV 主变压器（容量为 120MVA）

本工程设有 3 台额定电压高压侧为 242kV、低压侧为 13.8kV，额定容量为 120MVA 的三相油浸双线圈铜绕组组合无励磁调压强迫导向油循环、风冷、全密封、免维护、升压电力变压器。主变低压侧经油/空气套管与 13.8kV 共箱封闭母线连接，高压侧通过油/SF₆ 套管与 GIS 设备连接。主变中性点经隔离开关接地。

3 台主变压器及中性点设备布置在进厂公路旁的变压器室内。

22.5.1.1　主变压器型式和主要参数

主变压器及附属设备主要技术参数见表 22.15。

22.5.1.2　主要部件结构

（1）变压器铁芯采用优质硅钢片。

表 22.15　　　　　　　　**主变压器及附属设备主要技术参数表**

序号	名　称			参　数
一	变压器基本技术参数			
1	型式及型号			SFP10－H－120000/220
2	额定容量/MVA（绕组温升 65K）			120
3	最高工作电压（高压/低压）/kV			252/17
4	额定电压（高压/低压）/kV			242/13.8
5	额定电流（高压/低压）/A			286.3/5020.4
6	额定电压比/kV			242
7	短路阻抗/%			13
8	联结组标号			YNd11
9	额定频率/Hz			50
10	绝缘耐热等级			A
	额定绝缘水平			
11	高压侧	雷电冲击耐受电压峰值（全波/截波）/kV		950
		短时工频耐受电压有效值/kV		395
	低压侧	雷电冲击耐受电压峰值（全波/截波）/kV		105
		短时工频耐受电压有效值/kV		45
	中性点	雷电冲击耐受电压峰值/kV		480
		短时工频耐受电压有效值/kV		200
12	损耗	空载损耗/kW		<99
		负载损耗/kW		<335
		附件损耗/kW		<55
13	效率/%			99.94
14	局部放电量（pC）$1.5U_m/\sqrt{3}$			<100pC
15	噪声水平/dB（A）			<65
16	无线电干扰电压/μV			<2500
二	变压器套管			
	额定绝缘水平			
1	高压侧	雷电冲击耐受电压峰值/kV		1050
		短时工频耐受电压有效值/kV		435
	低压侧	雷电冲击耐受电压峰值/kV		125
		短时工频耐受电压有效值/kV		58
	中性点	雷电冲击耐受电压峰值/kV		325
		短时工频耐受电压有效值/kV		147

序号	名　　称		参　　数
2	套管外绝缘爬距		
	高压/mm		6930
	低压/mm		744
	中性点/mm		3150
3	套管端子允许载荷（高压/低压）		
	纵向/N		1000/500
	横向/N		1000/500
	垂直拉力/N		1500/750
4	套管式电流互感器		2
	中性点	电流比/A	150/1
		准确级	5P20
		额定输出/VA	30
三	冷却器		
	工作组数		4
	备用组数		1
	冷却风扇电机功率/kW		0.37
	油泵电机容量/kW、电压/kV		2.2, 0.4
四	变压器中性点接地装置		
	型号		JXC - 220
	隔离开关		GW13 - 126/630（W）
	避雷器		YH1.5W5 - 144/320
	电流互感器		LZZBJ9 - 10
	配套支架		3.5m 高
五	其他技术要求		
1	安装基础（纵向×横向）/(mm×mm)		9930×2950
2	充气运输重/t		3×40.28
3	上节油箱重/t		4.35
4	油重/t		46.19
5	总重/t		179.17
6	变压器外形尺寸（长×宽×高)/(mm×mm×mm)		12900×5750×6250
7	变压器运输尺寸（长×宽×高)/(mm×mm×mm)		3530×3100×3350

（2）变压器高压线圈中性点装有满容量无励磁分接开关，额定调压范围为 $242\pm2\times2.5\%kV$。

（3）变压器油箱的结构型式为钟罩式。油箱上部设滤油阀，下部装有事故放油阀。

（4）冷却器冷却装置由多组 YF 型空气冷却器组成，每组冷却器附有电动机驱动的油泵，用以导向驱动变压器油循环。其中有一组备用冷却器。变压器投入或退出运行时，工作冷却器均可通过控制开关自动投入与停止运行。

（5）变压器高压侧采用油/（SF_6）气套管与 GIS 设备连接。低压侧和中性点采用电容式瓷套管。

（6）变压器设有绕组测温、油温测量装置、压力释放装置、气体继电器。

22.5.2　220kV 主变压器（容量为 25MVA）

本工程设有 1 台额定电压高压侧为 220kV、低压侧为 10.5kV，额定容量为 25MVA 三相油浸双线圈铜绕组无励磁调压自然油循环、风冷、全密封、免维护、升压电力变压器。变压器 220kV 侧采用油/（SF_6）气套管与 220kV GIS 连接；10.5kV 侧采用三相共箱封闭母线与发电机主引出连接

主变压器及中性点设备布置在进厂公路旁的变压器室内，与 3 台机组的变压器一列布置。

22.5.2.1　变压器型式和主要参数

主变压器及附属设备主要技术参数见表 22.16。

表 22.16　　　　　　　　　　　主变压器及附属设备主要技术参数表

序号	名　称		参　数
一	变压器基本技术参数		
1	型式及型号		三相油浸、全密封、免维护
2	额定容量/kVA（绕组温升 65K）		25000
3	最高工作电压/kV	高压	242
		低压	12
4	额定电压/kV	高压	220
		低压	10.5
5	额定电流/A	高压	59.6
		低压	1374.6
6	额定电压比/kV		$242\pm2\times2.5\%/10.5$
7	短路阻抗/%		13
8	联结组标号		YN，d11
9	额定频率/Hz		50
10	绝缘耐热等级		A

序号	名　称		参　数
11	额定绝缘水平		
	高压侧	雷电冲击耐受电压峰值/kV 全波/截波	950/1050
		短时工频耐受电压有效值/kV	395
	低压侧	雷电冲击耐受电压峰值/kV 全波/截波	75/85
		短时工频耐受电压有效值/kV	35
	中性点	雷电冲击耐受电压峰值/kV 全波	400
		短时工频耐受电压有效值/kV	200
12	局部放电量（pC）$1.5U_\mathrm{m}/\sqrt{3}$		≤100
13	噪声水平/dB（A）		≤65
14	无线电干扰电压/μV		≤500
二	变压器套管		
1	额定绝缘水平		
	高压侧	雷电冲击耐受电压峰值/kV	950
		短时工频耐受电压有效值/kV	395
	低压侧	雷电冲击耐受电压峰值/kV	75
		短时工频耐受电压有效值/kV	30
	中性点	雷电冲击耐受电压峰值/kV	450
		短时工频耐受电压有效值/kV	200
2	套管外绝缘爬距		
	低压/（mm/kV）		≥25
	中性点/mm		≥3150
3	套管端子允许载荷		高压/低压/中性点
	纵向/N		1500/500/1000
	横向/N		1000/250/750
	垂直拉力/N		1000/300/750
4	套管式电流互感器		
	中性点	电流比/A	50/1
		准确级	5P20/5P20
		额定输出/VA	20
三	变压器中性点接地装置		
1	型号		THT-TNP-220
2	隔离开关		GW13-126/630
3	避雷器		Y1.5W-144/320
4	电流互感器		100/1A，5P20/5P20，20VA
5	配套支架高度/m		3

续表

序号	名　称	参　数
四	其他技术要求	
1	带油运输重/t	49.29
2	上节油箱重/t	6.03
3	油重/t	19.505
4	总重/t	58.93
5	变压器外形尺寸（长×宽×高）/（mm×mm×mm）	5064×5220×5570
6	运输外形尺寸（长×宽×高）/（mm×mm×mm）	5914×2600×2922

22.5.2.2　主要部件结构

（1）变压器铁芯采用优质硅钢片。

（2）变压器高压线圈中性点装有满容量无励磁分接开关，额定调压范围为 $242\pm2\times2.5\%$ kV。

（3）变压器油箱上部设滤油阀，下部装有事故放油阀。

（4）冷却装置由多组 YF 型空气冷却器组成，并有足够的容量保证变压器能在额定负荷下连续运行而不超过规定的温升。其中有一组备用冷却器。变压器投入或退出运行时，工作冷却器均可通过控制开关自动投入与停止运行。

（5）变压器高压侧采用油/（SF_6）气套管与 GIS 设备连接。低压侧和中性点采用电容式瓷套管。

（6）变压器设有绕组测温、油温测量装置、压力释放装置、气体继电器。

22.6　220kV GIS 及出线场设备

本电站 220kV 配电装置选用气体绝缘金属封闭开关设备（GIS）设备，与主变压器分上下两层布置于进厂公路旁的专用房间内。GIS 母线为三相共筒，共 6 个间隔，其中 4 个主变压器进线间隔、1 个电压互感器避雷器间隔、1 个出线间隔。GIS 设备包括断路器、母线、隔离开关、电压互感器、避雷器、电流互感器、现地控制柜、套管等设备。220kV 出线设备布置在 220kV 变电站屋顶 831.85m 高程的户外出线场。

22.6.1　GIS 性能参数

220kV GIS 设备主要技术参数见表 22.17。

表 22.17　　　　　　　　GIS 设备主要技术参数表

序号	名　称		参　数
1	使用环境条件		
		最高温度/℃	40
		最低温度/℃	−25
		最大温差/K	20

续表

序号	名　称	参　数
1	运输最低温度/℃	>0
	相对湿度（20℃）	1
	海拔高度/m	≤1000
	耐地震能力	
	水平方向	0.3g
	垂直方向	0.15g
2	额定参数	
	额定电压/kV	252
	额定频率/Hz	50
	额定电流/A	2500
	母线电流/A	2500
	额定短路开断电流/kA	50
	额定峰值耐受电流/kA	125
	额定短时耐受电流及耐受时间	50kA, 3s
	额定工频耐受电压	
	相对地/kV	460
	断口间/kV	460+146
	额定雷电冲击耐受电压	
	相对地（1min）/kV	1050
	断口间（1min）/kV	1050+206
	外壳及二次电缆外皮	
	长期感应电压/V	≤24
	故障感应电压/V	≤100
	温升	
	运行人员易触及部分/K	30
	运行人员易触及操作时不触及/K	40
3	辅助回路	
	控制回路（直流）/V	220
	信号回路（直流）/V	220
	电热回路（交流、50Hz）/V	220
	电压波动/%	±10
4	SF₆气体	
	额定工作压力/MPa	0.6/0.4（断路器气室/其他气室）
	报警压力/MPa	0.55/0.35（断路器气室/其他气室）

续表

序号	名　称	参　数
4	报警解除压力/MPa	＞0.55/0.35（断路器气室/其他气室）
	闭锁压力/MPa	0.50（断路器气室）
	闭锁解除压力/MPa	＞0.50（断路器气室）
	额定运行密度/MPa	0.6/0.4（断路器气室/其他气室）
	最小运行密度/MPa	0.55/0.35（断路器气室/其他气室）
	SF_6 气体水分含量/PPM	≤150/300（断路器气室/其他气室）
	年漏气率/％	＜0.5
	大修年限/年	＞10
5	绝缘子	
	局部放电	
	试验电压/kV	160
	放电量	
	每个元件/pC	≤3
	每个完整三相间隔/pC	≤10
	最高工作相电压下电场强度/(kV/mm)	＜1.5
	机械强度	
	破坏压力/MPa	3.9
	最低破坏压力（抽样％)/MPa	3.9
	试验压力/MPa	0.78
	工作压力/MPa	0.6
	安全系数	5
6	母线与壳体	
	材质	铝合金
	外径与壁厚/mm	$\phi 640 \times 10 / \phi 100 \times 8$（壳体/母线）
	母线电阻/($\mu\Omega$/m)	10
	母线电容/(μF/m)	40
	母线波阻抗/Ω	450
	外壳损耗/(W/m)	1
	内部燃弧烧穿时间	
	开断电流100%时/s	0.5
	开断电流50%时/s	1.0
	开断电流25%时/s	2.0
	外壳压力	
	设计压力/MPa	0.78
	试验压力/MPa	0.78

序号	名　称	参　数
6	运行压力/MPa	0.60
	安全系数	3.5
	外壳的设计温度/℃	105
7	断路器	
	断路器型式	立式
	额定电压/kV	252
	额定频率/Hz	50
	额定电流/A	2500
	额定操作顺序	$0-0.3s-C0-180s-CO$
	额定开断时间/ms	≤50
	额定分闸时间/ms	≤25
	固有分闸时间/ms	≤20
	合分时间/ms	50
	相间最大不同期性	
	合闸/ms	<3
	分闸/ms	<2
	额定绝缘水平	
	工频耐受电压（1min、断口、对地）/kV	460
	冲击耐受电压（$1.2/50\mu s$、断口、对地）/kV	1050
	短路开断能力	
	额定短路开断电流	
	有效值/kA	50
	直流分量/kA	20
	额定短时耐受电流及耐受时间/(kA/s)	50/3
	额定峰值耐受电流/kA	125
	额定关合电流/kA	125
	近区故障开断特性/kA	90%×50，75%×50
	失步开断特性/kA	25%×50
	额定线路充电开断电流/A	100
	额定电缆充电开断电流/A	31.5
	开断额定电流次数/次	>2000
	开断额定开断电流次数/次	20
	机械寿命/次	>6000
	操作机构	
	操作机构型式	液压弹簧操作机构

续表

序号	名　　称	参　数
7	断路器的 SF₆ 气体压力/MPa	
	最高/MPa	0.7
	最低/MPa	0.55
	正常/MPa	0.60
	报警/MPa	0.55
	闭锁/MPa	0.50
	断路器年漏气率/%	<0.5
	断路器内 SF₆ 气体允许的含水量/PPM	≤150
8	隔离开关	
	额定参数	
	额定电压/kV	252
	额定频率/Hz	50
	额定电流/A	2500
	额定短时耐受电流	50kA，3s
	额定峰值耐受电流（峰值）/kA	125
	分闸时间/s	≤6
	合闸时间/s	≤6
	分闸平均速度/(m/ms)	20
	合闸平均速度/(m/ms)	20
	额定绝缘水平	
	工频（1min）耐受电压（对地、断口）/kV	460
	雷电冲击耐受电压（对地、断口）/kV	1050
	开断环流能力/A	1600
	开断电容电流能力/A	≥0.5
	开断电感电流能力/A	≥2
	操作机构	
	型式	电动机构
	控制电压/V	DC 220
	锁定装置	机械联锁
	辅助接点	6 常开/6 常闭
	机械稳定性次数/次	≥3000
9	快速接地开关	
	额定参数	
	额定关合电流/kA	125
	关合与开断感应性电流（容性及感性）/kA	10/160A，15

续表

序号	名　称	参　数
9	合闸时间/ms	＜200
	分闸时间/ms	＜200
	分合闸时触头速度/(m/s)	2
	操作机构	
	型式	电动弹簧
	机械稳定性次数/次	≥3000
10	检修接地开关	
	额定参数	
	合闸时间/s	≤6
	分闸时间/s	≤6
	操作机构	
	型式	电动机构
	机械稳定性次数/次	≥3000
11	电流互感器	
	型式	环形铁芯型
	绝缘材料	SF_6 气体
	额定绝缘水平/kV	460（工频）/1050（雷电冲击）
	额定短时耐受电流及耐受时间/(kA/s)	50/3
	额定峰值耐受电流/kA	125
	准确级	0.2s、0.2、5P
	5P级准确限值系数	20
12	母线电压互感器	
	型式	电磁式
	额定电压/kV	252
	电压变比	$220/\sqrt{3}:0.1/\sqrt{3}:0.1\sqrt{3}/0.1$
	额定频率	50
	准确级次及容量	0.2/3P/3P
	额定耐受电压	
	额定雷电冲击耐受电压（峰值）/kV	1050
	额定工频耐受电压（有效值）/kV	460
	绝缘材料	SF_6 气体
13	氧化锌避雷器	
	形式	氧化锌（ZnO）
	绝缘材料	SF_6 气体
	系统额定电压/kV	220

序号	名　　称	参　　数
13	避雷器额定电压/kV	200
	2ms 方波通流容量/A	800
	直流 1mA 参考电压/kV	≥290
	额定雷电冲击耐受电压（峰值）/kV	1050
	标称放电电流/kA	10
	雷电冲击电流下残压（峰值）/kV	≥520
	中心接地方式	有效接地
14	SF_6/空气套管	
	额定电压/kV	252
	额定电流/A	2500
	额定绝缘水平	
	额定冲击耐受电压（峰值）：对地及相间/kV	1050
	额定 1min 工频耐受电压（有效值）/kV	460
	爬电比距/(mm/kV)	31
	SF_6/空气套管端子的允许荷载	1000N/1500N/100N（横向/纵向/垂直）

22.6.2　GIS 设备结构特点

（1）GIS 划分成若干个隔室，每个隔室均装设了足够数量的吸附剂装置、充气阀、排气阀。

（2）GIS 的适当部位装设伸缩节和压力释放装置。

（3）断路器进线为三相联动操作机构，出线为分相操作机构。断路器操作机构有就地紧急分闸装置。

（4）GIS 外壳采用多点接地方式。GIS 配电装置设一条贯穿所有 GIS 间隔的接地母线，并将 GIS 的接地线均引至接地母线，由接地母线再与接地网多点连接。

22.6.3　220kV 出线设备

220kV 出线设备包括 3 台 220kV 电容式电压互感器、3 台 220kV 金属氧化锌避雷器、2 台 220kV 线路阻波器、3 只高压支柱绝缘子。

22.6.3.1　220kV 电容式电压互感器

（1）型式：户外、单相、单柱结构、叠装型、电容式。

（2）型号：TYD220/$\sqrt{3}$-0.005H。

（3）额定频率：50Hz。

（4）设备最高电压：252kV。

（5）额定一次电压：220/$\sqrt{3}$kV。

（6）额定二次电压：

1）0.1/$\sqrt{3}$kV（测量绕组）。

2）0.1/$\sqrt{3}$kV（保护绕组）。

3）0.1kV（剩余绕组）。

（7）额定容量及准确级：

1）测量绕组：50VA、0.2 级。

2）保护绕组：100VA、3P 级。

3）剩余绕组：100VA、3P 级。

（8）三相组合绕组连接方式：Y/Y/Y/△。

（9）中间变压器绕组连接组：I/I/I/I-0-0-0。

（10）电容分压器总电容额定值：5000pF。

（11）电容偏差应不超过-5%或+10%。

（12）额定绝缘水平。

（13）电容分压器高压端绝缘耐压：

1）雷电冲击耐受电压（峰值）：950kV。

2）1min 工频耐受电压（有效值）：395kV。

（14）电容分压器低压端绝缘耐压：一次绕组低压端对地 1min 工频耐压 10kV。

22.6.3.2 220kV 氧化锌避雷器

（1）型式：电站型复合绝缘无间隙金属氧化物避雷器。

（2）型号：HY10WZ5-200/520。

（3）额定电压（有效值）：200kV。

（4）系统标称电压（有效值）：220kV。

（5）持续运行电压（有效值）：156kV。

（6）额定频率：50Hz。

（7）标称放电电流（波形为 8/20μs）：10kA。

（8）直流 1mA 参考电压：≥290kV。

（9）避雷器 2ms 通流容量：800A。

（10）0.75 倍直流参考电压下的漏电流不超过 50μA。

（11）残压：

1）雷电冲击电流残压（峰值）：≤520kV。

2）陡波冲击电流残压（峰值）：≤582kV。

3）操作冲击电流残压（峰值）：≤442kV。

（12）避雷器在 1.05 倍持续运行电压下的局部放电量应不大于 50pC；无线电干扰电压不大于 2500μV。

（13）爬电比距：≥28mm/kV。

（14）每只避雷器均应配置 1 只放电计数器。

22.6.3.3 220kV 线路阻波器

（1）型式：户外，悬式，全封闭。

（2）型号：XZF-1250/1.0-31.5-B5。

（3）系统额定电压：252kV。

（4）主线圈的额定电感：1.0mH。

(5) 额定电流：1250A。

(6) 额定短时耐受电流：31.5kA。

(7) 额定短路电流持续时间：1s。

(8) 额定短时电流的非对称峰值：80kA。

22.6.3.4　高压支柱绝缘子

(1) 型式：户外实心棒形支柱瓷绝缘子。

(2) 型号：ZSW-252/8。

(3) 额定电压：252kV。

(4) 机械弯曲负荷：≥8kN。

(5) 爬电比距：≥20mm/kV。

22.7　厂用电系统

22.7.1　厂用电电源

按电站的装机规模和运行条件，厂用电工作电源分别从 1 号、3 号发电机 13.8kV 机端分别引接，经两面高压限流熔断器组合保护装置及两台降压变压器（21T、22T）分别接至高压厂用 10.5kV 母线的 Ⅰ 段、Ⅱ 段上；另从地区 35kV 变电所引接一回电源作为厂用电备用电源。机组停运时经主变压器从系统倒送厂用电。这样保证了全厂机组运行时有 3 个独立的厂用电源，部分机组运行或全厂停机时有 2 个独立的厂用电源。

22.7.2　厂用电电压

本电站厂用电供电范围包括厂内及坝区，由于坝区厂用电供电范围较广，供电距离较远，0.4kV 一级电压满足不了供电质量要求，故采用两级厂用电电压供电。高压厂用电源采用 10.5kV，低压采用 0.4kV。

22.7.3　10.5kV 高压厂用电接线

10.5kV 高压厂用电系统由 3 段母线构成，10.5kV 母线的 Ⅰ 段、Ⅱ 段厂用工作母线电源分别引自两台降压变压器（21T、22T）；Ⅲ 段厂用备用电源引自地区 35kV 变电所。高压厂用电三段母线正常时分段运行，Ⅰ 段、Ⅱ 段和Ⅲ 段母线之间均设联络开关，可实现备投、互为备用。

22.7.4　0.4kV 厂用电接线

0.4kV 厂用电采用厂内公用电和机组自用电分开供电的方式，即两台厂内自用电变压器（41T、42T）和两台机组公用电变压器（43T、44T）均分别由 10.5kV 高压厂用电的 Ⅰ 段和 Ⅱ 段母线引接，厂内公用电和机组自用电低压主屏均采用单母线二分段接线，分别为 1D、2D（机组自用电）和 3D、4D（全厂公用电），每两段低压母线之间设备投开关互为备用。正常工作时两段母线分段运行，当一段母线电源故障时，母线连接的厂用变压器低压侧断路器开断，另外一段母线通过两段母线之间的备投开关自动投入。

22.7.5　坝区供电

因坝区距离厂内距离较远且坝区供电负荷较大，所以坝区供电采用 10.5kV 电压等级，即由厂内 10.5kV 高压厂用电的 Ⅰ 段和 Ⅱ 段母线各引接一回 10.5kV 电缆至坝顶集控楼内，分别接两台坝上配电变压器（47T、48T），两台坝上配电变压器低压侧分别接坝上 0.4kV 配电主屏，配电主屏之间设备投开关互为备用。坝区供电的 0.4kV 母线为单母线二分段，正常工作时两段母线分列运行，当一段母线电源故障时，母线连接的厂用变压器低压侧断路器开断，另外一段母线通过两段母线之间的备投开关自动投入。在坝顶集控楼内分别设置 0.4kV 分屏，分屏的电源采用电源自动互投开关分别接至 7D 和 8D 两段母线上。为了保证坝区供电的可靠性，在坝区配电所内设置了一台 400kW 柴油发电机组作为备用电源。

22.7.6　厂用电设备

22.7.6.1　13.8kV 高压厂用变压器

全厂厂用电最大负荷发生在 1 台机组检修，其他机组正常运行时，负荷分析统计为 1480.99kW。为保证供电电源的质量和可靠性，选定 2 台高压厂用变压器。其运行方式为每台高压厂用变压器可带 100% 低压厂用电负荷，高压厂用变压器额定容量确定为 1600kVA。13.8kV 高压厂用变压器技术参数见表 22.18。

表 22.18　13.8kV 高压厂用变压器技术参数表

序号	名　称	参　数
1	形式	SC
2	型号	SC9－1600/13.8
3	冷却方式	AN
4	额定频率/Hz	50
5	额定容量/kVA	1600
6	额定电流：高压/低压/A	66.9/88.0
7	阻抗电压/%	10
8	联结组标号	Y, d11
9	调压方式	无激磁
10	绕组绝缘耐热等级	H
11	绕组绝缘水平：全波冲击/工频/kV	105/45
12	损耗（额定工况下）	
	空载损耗/W	3588
	负载损耗/W	16120
	空载电流/%	1.1
	总损耗/W	19708
13	绕组温升/K	100
14	铁芯温升/K	100
15	绝缘材料	环氧树脂
16	外壳材料/防护等级	铝合金/IP20

22.7.6.2 10kV 高压开关柜

10kV 高压开关柜为 26 面户内铠装中置移开式金属封闭开关柜。10kV 高压开关柜技术参数见表 22.19。

表 22.19　　　　　　　　　　　　　10kV 高压开关柜参数表

序号	名　称		参　　数
1	开关柜本体	型式	户内铠装中置移开式金属封闭开关柜
		额定电压/kV	12
		额定电流/A	630
		额定峰值耐受电流（峰值）/kA	50
		额定短时耐受电流（有效值）/kA	20
		额定短路持续时间/s	4
		雷电冲击水平（全波，峰值）/kV	75
		1min 工频耐受电压（有效值）/kV	42
2	断路器	型式	户内、真空断路器
		额定电压/kV	12
		额定电流/A	630
		额定短路开断电流/kA	20
		额定短路关合电流（峰值）/kA	50
		额定峰值耐受电流（峰值）/kA	50
		额定短时耐受电流（有效值）/kA	20
		额定短路持续时间/s	4
		额定雷电冲击耐受电压（全波）/kV	75
		1min 工频耐受电压/kV	42
		直流分量开断能力/%	>40
3	电流互感器	型式	户内、环氧树脂浇注式
		型号	LZZBJ$_9$ - 10
		额定电压/kV	12
		额定一次电流/A	150；100；50；20，10
		额定二次电流/A	1
		额定峰值耐受电流（峰值）/kA	≥7.5
		额定短时耐受电流（有效值）/kA	≥3.0
		额定短路持续时间/s	1
		准确等级	5P10/0.5
4	电压互感器	型式	户内、环氧树脂浇注式
		型号	JDZX11 - 10G；JDZ9 - 10
		额定电压/kV	10.5

续表

序号	名　称		参　数
4	电压互感器	额定电压比	$10.5/\sqrt{3}:0.1/\sqrt{3}:0.1/3:10.5/0.1$
		最大容量/VA	30
		精度/级	0.2
5	高压熔断器	型式	户内、限流式
		型号	XRNP1 - 10
		额定电压/kV	10.5
		额定电流/A	0.5
		额定开断电流/kA	50
6	氧化锌避雷器	型式	复合绝缘
		型号	HY5WZ - 17/45
		避雷器额定电压/kV	17
		避雷器持续运行电压/kV	13.6
		标准波雷电冲击残压/kV	45
7	过电压保护器	型式	户内、干式、带间隙
		型号	TBP - 12.7/J

22.7.6.3　厂用变压器

厂用变压器为环氧树脂浇注变压器，厂用干式变压器技术参数见表 22.20。

表 22.20　　　　　　　　　厂用变压器技术参数表

序号	名　称	规　格	单位	数量
1	厂内公用电变压器	1250kVA/10.5kV	台套	2
2	坝区及进水口配电变压器	630kVA/10.5kV	台套	2
3	照明有载调压变压器	250kVA/10.5kV	台套	2
4	机组自用电变压器	250kVA/10.5kV	台套	2

22.7.6.4　柴油发电机组

柴油发电机组技术参数见表 22.21。

表 22.21　　　　　　　　　柴油发电机组技术参数表

序号	名　称	参　数
1	型式	三相四线制，卧式发电机
2	额定功率/kW	400
3	额定电压/V	400/230
4	额定转速/ (r/min)	1500
5	额定功率因数	0.8（滞后）

22.8 接地及过电压保护

22.8.1 接地系统

22.8.1.1 接地网设计

本工程高压配电装置为 220kV，属大电流接地系统。220kV 主变压器中性点经隔离开关接地。发电机中性点采用接地变压器接地。0.4kV 厂用电系统为接地、接零系统。全厂220kV、发电机电压 13.8kV、高压厂用电 10.5kV、三相四线制 0.4kV 低压厂用电和操作控制、继电保护、计算机、通信等设备的工作接地、保护接地和防雷接地均使用全厂总的接地网系统。

本工程接地网主要由坝区接地网和厂房接地网两部分组成，其间在引水洞采用 2 根铜绞线连接。结合枢纽工程总体布置条件，全厂接地网由自然接地体、人工接地体和集中辅助接地体三部分组成。各接地体之间用不少于两根－50×5 扁钢连接形成完整的接地系统。

（1）自然接地体。利用的自然接地体有大坝及进水口结构钢筋、拦污栅及闸门槽、压力钢管、厂房及尾水底板结构钢筋网及锚筋、蜗壳、尾水闸门槽等。

（2）人工接地体。尾水渠水下、厂区、大坝库区、消能塘等均设置－50×5 扁钢的水平接地网；变电站铺设－50×5 扁钢作均压网和设备接地线。

（3）辅助接地体。根据土壤条件必要时将采用人工降阻措施以降低接地的冲击接地电阻值。

22.8.1.2 接地电阻允许值

根据《水力发电厂接地设计技术导则》（DL/T 5091—1999）的有关规定并经计算，本电站全厂接地装置的工频接地电阻值应满足 $R \leqslant 2000/I = 0.71$ （Ω），220kV 出线场和220kV GIS 配电装置室的接触电位差不应超过 259.2V、跨步电位差不应超过 524.7V。

22.8.1.3 接地测量

本工程接地网实测工频接地电阻值为 0.4869Ω，满足设计要求。

22.8.2 过电压保护

（1）直击雷保护。本电站高压侧额定电压为 220kV，为中性点直接接地系统，电站高压侧为单母线接线；220kV 高压配电装置采用六氟化硫全封闭组合电器（GIS）设备，三台主变压器布置在变电站室内。出线场门型构架布置在变电站 GIS 配电装置室屋顶，将送电线路的避雷线引接到出线场门型构架上作为直击雷保护装置。

主厂房与生产副厂房在结构上已连为一体，为钢筋混凝土结构，按规程规定不需设直击雷保护装置。

（2）雷电侵入波过电压保护。在变电站 220kV 母线上装设一组 YH10W-200/520 型氧化锌避雷器作为 220kV 设备的雷电侵入波保护；另在每台主变压器中性点分别装设一组 HY1.5WZ2-144/320 型氧化锌避雷器，以防止主变压器中性点不接地运行时，其绝缘因受大气过电压或运行操作时工频和暂态过电压作用而损坏。

第23章 电气二次设计

23.1 计算机监控系统设计

23.1.1 概述

龙江水电站采用开放式分层分布计算机监控系统,分设电站主控级和现地控制单元级。主控级由服务器、工作站以及相应的外围设备组成,除完成对电站的监视控制外,还实现与上级调度中心的通信,发送上行信号,接收下行的控制调节命令,是整个电站的控制核心。现地控制单元直接面向生产过程,负责对现场数据的采集和预处理,能够独立或按上层控制级的命令完成对机组及其附属设备、厂内公用设备、开关站设备等的监视控制。

计算机监控系统设计充分考虑和采用了现代计算机控制的各种先进技术,满足对生产设备全面监视和控制的要求,能实现容错功能和系统冗余功能,最大程度保证电厂的安全和高效率运行。

23.1.2 系统设计原则及特点

根据龙江水电站的运行特点和计算机控制技术的发展状况,其监控系统在方案设计时考虑以下原则:

(1)在满足可靠性和实用性的前提下,尽量按国际先进水平设计,采用"无人值班、少人值守"的运行值班方式。

(2)采用开放的分层分布式结构,当系统中任一设备发生故障时,系统整体以及系统内其他部分仍能继续工作,且各现地控制单元(LCU)能脱离主控级独立运行。

(3)系统高度可靠、冗余。上位机采用双机冗余热备结构,监控网络采用双光纤以太网,LCU采用双网双CPU热备冗余配置。

(4)系统采用成熟、可靠、标准化硬件、软件、网络结构,且具有长期的备品备件和技术服务支持。

(5)系统高度可靠,实时性好,抗干扰能力强,适应现场环境。

(6)人机接口功能强大,界面友好,操作简便、灵活、可靠,适应电站运行操作习惯。

23.1.3 系统结构

电站计算机监控系统采用开放式分层分布系统,全分布数据库。整个计算机监控系统由调度控制级、电站控制级和现地控制单元级组成。系统各项功能分布在系统的各个节点上,每个节点严格执行指定的任务和通过系统网络与其他节点进行通信。

23.1.3.1 调度控制级

目前云南省调EMS系统通过光纤通道和载波复用通道连接龙江水电站计算机监控系统。龙江水电站计算机监控系统不包括调度控制功能,仅与云南省调EMS系统连接和通信。向调度发送电站信息，执行调度控制命令。

23.1.3.2 电站控制级

龙江水电站的电站控制级接收云南省调指令，可进行二次分配后送给电站各相应的现地控制单元，也可直接下至相应的现地控制单元，实现对机组的 AGC/AVC 控制；并负责电站主要运行设备的数据采集和处理、安全运行监控等，并向省调发送上行信号。

在电站控制室设置 2 台操作员工作站、1 台彩色网络打印机、1 台语音及电话报警服务器。在计算机室设置 2 台主机服务器、1 套工程师站兼培训工作站、1 台厂内通信工作站、2 台调度通信装置、1 台黑白网络打印机、时钟同步系统（GPS）；另外还设置厂长终端 1 套。

23.1.3.3 网络结构

网络结构为双以太网，星型结构，传输介质为光纤，网络传输速率为 100MB/s。

23.1.3.4 现地控制级

现地控制级由七个现地控制单元（LCU1～LCU7）组成，分别为机组现地控制单元（LCU1～LCU3，LCU7）、220kV 开关站现地控制单元（LCU4）、公用设备现地控制单元（LCU5）、坝区现地设备控制单元（LCU6）组成。监控系统 I/O 配置点量统计详见表 23.1。

LCU 采用 ABB AC800M 系列（具有可编程能力）。具有热备冗余、双 CPU、双电源、智能 I/O 接口等相应硬件组成。所有模件及远程 I/O 模件均满足带电热插拔要求，输出模块故障可预定义。在现地控制单元控制柜上均能实现手动或分步操作功能。

各 LCU 能脱离电站控制级直接完成各自生产过程的实时数据采集及预处理、被控设备的状态监视、控制和调整等功能。各 LCU 经其 I/O 接口、通信接口与生产过程相连，LCU 控制器通过光口直接与网络连接，实现与电厂控制级交换信息。监控系统 I/O 配置点量统计。

表 23.1   I/O 配置点量统计表

模块	控制单元					
	SOE	DI	DO	AI	AO	RTD
单台机组 LCU1～LCU3	75	211	69	29	1	95
4 号机组 LCU7	79	227	55	57	2	78
开关站 LCU4	73	124	76	24	0	0
公用 LCU5	79	111	43	7	0	0
坝区 LCU6	0	44	9	3	0	0

23.1.4 计算机监控设备布置

23.1.4.1 现地控制单元

机组现地控制单元（LCU1～LCU3，LCU7），分别用于四台机组，每套 LCU 设有 3 面屏，布置在各机组段发电机层。220kV 开关站现地控制单元（LCU4），设有 3 面屏，布置在 220kV 变电站 GIS 室。公用设备现地控制单元（LCU5），设有 2 面屏，布置在中控室。坝区现地设备控制单元（LCU6）设有 1 面屏，布置在坝顶集控楼控制室。

23.1.4.2　电站控制级设备

在中控室设置 2 台操作员工作站、1 台彩色网络打印机、1 台语音及电话报警服务器。在计算机室设置 2 台主机服务器、1 套工程师站兼培训工作站、1 台厂内通信工作站、2 台调度通信装置、1 台黑白网络打印机、时钟同步系统（GPS）；另外还设置厂长终端 1 套。

23.1.5　计算机监控系统功能

23.1.5.1　电厂级监控具有以下功能

（1）数据采集和处理。接收各现地控制单元发送的有关数据并存入数据库，用于显示器画面更新、控制调节、记录检索、操作指导及故障记录分析。故障报警信号优先传送，并登录故障发生的时间。数据采集除周期性进行外，在所有时间内，可由操作员或应用程序发命令采集任何一个现地控制单元的过程信息。接收调度系统的命令、信息，自动接收电厂监控系统以外的数据信息，进行必要的比较、处理和更新实时数据库和历史数据库。

（2）运行监视。在中央控制室每台操作员工作站设置 2 台彩色液晶显示器，用于安全运行监视，包括状态变化监视、越限检查、过程监视、趋势分析和监控系统异常监视，开关量的状态变化监视，运行设备运行状态的改变，保护装置的动作以及来自操作运行人员的控制命令等。

（3）控制和调节。监控系统根据预定的原则及运行人员实时输入的命令进行机组的正常开机，停机及自动并网，运行工况转换，断路器跳合，隔离开关分合及联锁操作，同时监控系统可由运行人员或远方调度的给定值或增减命令进行机组出力的手动或自动调节。

（4）人机接口。

（5）画面显示。

（6）报警显示。

（7）记录、报告、统计制表。

（8）联网与通信。

（9）系统自诊断。

（10）软件开发及系统管理。

（11）培训功能。

（12）电站设备运行管理及指导。

（13）时钟同步功能。

23.1.5.2　现地控制级功能

（1）数据采集和处理。

1）采集机组各电气量和非电气量，做标度变换和预处理，并上送到电站控制层，其中交流电气量采用交流采样。

2）接收机组有功电度和无功电度，分时计算和做标度值变换，求得机组发电电度的实际值，然后上送到电站控制层。

3）收集反映主辅设备、继电保护装置和自动装置的状态，当发生变化时，能够适时存储各项时点参数，并上送电站控制层。

4）PLC 监控系统采集模拟量 4～20mA 的直流电流量。

（2）运行监视。现地控制单元通过液晶触摸显示屏、信号指示灯、表计对现场各电气量和非电气量进行监视。完成机组监控对象状态监视、越限检查、过程监视及现地控制单元的异常监视，确保机组安全运行。

1）状态监视。当监视对象发生变化和继电保护及自动装置动作时，其动作信号在现地控制单元显示器上以图形或文字有简明的显示，并上送电站控制层。

2）越限检查。对采集到的电气量或非电气量，单元控制板具有限值检查功能，当其越限时，显示器显示报警提示，并发出报警音响，越限检查主要有机组功率、定子电压、定子电流、转子电压、电流、机组各轴承的瓦温、油温、定子线圈和铁芯温度及变压器油温、机组振动、摆度及其他被监视的参数。

3）过程监视。监视机组处于停机、启机、发电各个环节，当发出开机的指令后，监视机组启机过程及工况转换的顺序，当工况转换受阻，在运行人员认可后转停机。同样还可以监视停机过程。

4）现地控制单元的异常监视。现地控制单元的硬、软件故障时，除在现地报警显示外，还应送电站控制层显示、记录。

（3）控制和调节。机组现地控制单元应能自动完成工况变换和有功/无功功率的调整任务；机旁屏上设置控制权选择开关，开关置于"远方"时，机组受控于电厂主控级；置于"现地"时，则由运行人员在现地通过机组单元控制器对机组进行控制，现地控制单元均有返回信息。根据机组调试和检修的需要，可在机旁通过触摸显示器完成机组分步控制。

机组启停方式：

停机备用——启动空载运行方式。

停机备用——启动同期并列发电运行。

发电——正常停机、正常卸负荷解列停机。

发电——紧急停机、解列停机。

机组控制单元可完成机组断路器、隔离开关的手动或自动控制及其相互闭锁。

自动检测本单元，监视设备、继电保护和自动装置的动作情况，当发生状态变化时，上送电站控制层。

（4）数据通信。现地控制单元具有与电厂级计算机通信的功能，完成与电站控制层的数据交换，实时上送电站控制层，接收电站控制层的控制和调整命令，并将执行情况回送到主控制级，实现与机组微机调速器、微机励磁及继电保护设备等设备之间的数据交换。

（5）自诊断功能。可在线或离线自检设备的故障及其应用软件；当在线运行检测到故障时，能适时显示故障并上送至电厂主控级报警。当诊断出故障点时能自动闭锁控制出口，并将故障信息上送主控制级；同时，在现地控制单元上有显示和报警。现地控制单元的软件自诊断能诊断出故障软件功能块及其故障性质。

（6）时钟同步。使 LCU 时钟与电站控制层时钟和卫星时钟同步。

（7）软件开发。可在线或离线编辑单元级数据库和 PLC 中的程序。

23.1.6 电站运行控制方式

（1）调度中心远方控制方式（调度级）。本电站由云南省调度中心调度管理。云南省电网调度中心可以通过 EMS 系统向电站主控级计算机发出自动发电控制（AGC）指令，由电站主控级计算机完成最优发电计算（需具备以下三种控制方式：①定频率控制方式；②定联络线功率控制方式；③联络线功率与频率偏差控制方式），可采用以下两种方式来实现自动发电控制。

1）根据机组状态和优先权，确定电站发电机组台数、机组组合及机组间的负荷分配。

2）由云南省调EMS系统通过计算机监控系统对机组的分散控制系统发出设定值或升/降脉冲，调节机组水轮机导叶开度，控制机组出力。

（2）电站中控室控制方式。通过监视控制系统的主控级对电站设备实现监视控制，其控制方式可分为：

1）电站自动控制：电站控制级计算机按预先给定的负荷曲线、频率、准则或系统实时给定的负荷，完成对全站各机组的控制和最优负荷分配；运行人员能够选择开环和闭环控制方式。开环方式时，参数给定值和启停操作仅作为运行指导，由运行人员确认后进行下一步程序；闭环方式时，则直接作用到现地控制单元，进行调节和机组启停操作。

2）操作员工作站控制：操作员通过中控室的键盘和鼠标实现对电站设备的控制。对于功率控制，分为单机控制和成组控制两种。前者的控制命令将作用到机组的现地控制单元，后者则由人工给定全站的总有功功率或无功功率，通过计算机系统完成机组的最优负荷分配。

（3）电站现地控制方式。运行人员通过现地控制盘上的鼠标键盘和监视器，实现对电站主设备的控制和调节。

控制方式的选择在中控室和现地分别实现。调度中心/电站中控室的控制权选择在控制室，通过操作员工作站实现。远方/现地的控制权选择在现地实现。

23.1.7　GPS时钟同步系统

时钟同步系统包括同步时钟、天线、前置放大器、低损耗同轴电缆等组成的全球定位卫星时钟系统，确保监控系统内部以及与有关的微机型控制子系统（例如继电保护）之间的时钟同步。GPS的输出信号至少包括分脉冲、秒脉冲和IR1G－B信号。在失去卫星同步信号的情况下，接收器应有高精度的内部时钟，其时间误差每24h少于10ms。在接收器损坏的情况下，计算机也应有内部高精度时钟，以便以降级的精度继续对事件进行时间标记。

23.1.8　水力机械保护

1～3号机组在正常运行中的有关参数和状态信号均送至PLC可编程控制器中，当某一参数超过所规定的限值，PLC设备可发出报警或启动调节、保护、解列和停机程序。另考虑到当计算机监控系统出现故障或退出运行时，确保机组在任何事故状态下能够可靠停机，机组配置一套简易常规机械保护回路。

当机组过速$155\%nr$或机组事故停机遇剪断销剪断时，由紧急停机继电器（42KES）动作机组紧急停机、跳机组出口断路器、灭磁。机旁屏设紧急停机和事故停机按钮。

机组水力机械保护采用独立的PLC完成功能，发生重要的水机事故或现地控制单元冗余系统全部故障或工作电源全部失去时，水力机械事故停机的独立PLC应能执行完整的停机过程控制。

水力机械事故停机的简化的独立PLC电源与现地控制单元的相独立，其输入信号也与现地控制单元相独立，仅在发生重要的水力机械事故，包括过速、轴承瓦温过高、事故低油压、按下事故停机按钮、按下紧急落快速门等情况下启动。

23.1.9 主要设备特性参数

23.1.9.1 电站控制级设备

相关特性参数见表 23.2～表 23.8。

表 23.2   主机服务器（单台）特性参数

服务器品牌	HP Proliant DL380 G5 服务器
中央处理器	两颗英特尔®安腾®四核处理器 5450
CPU 主频	3.0GHz
CPU 字长	64 位
浮点处理能力	1333MHz 前端总线
内存	4GB
硬盘	7 * 146GB SAS

表 23.3   操作员工作站、工程师工作站、厂长终端特性参数

工作站品牌	HP XW8600 工作站
中央处理器	单颗四核酷睿™英特尔® 至强® 处理器 5430
CPU 主频	2.66GHz/1333MHz 前端总线
CPU 字长	64
内存	4GB
硬盘	250GB SATA

表 23.4   厂内通信工作站端特性参数

工作站品牌	HP XW4600 工作站
中央处理器	酷睿™ 2 双核处理器 E8300
CPU 主频	2.83GHz/1333MHz 前端总线
CPU 字长	32
内存	2GB
硬盘	160GB SATA

表 23.5   调度通信装置（单台）端特性参数

工作站品牌	MOXA 嵌入式通信控制器
中央处理器	AMD Geode LX800@0.9W
CPU 主频	500MHz
CPU 字长	32
内存（CF 卡）	8GB

表 23.6　　　　　　　　　　　　　　　　　语音报警 ON-CALL 工作站特性参数

工作站品牌	HP XW4600 工作站
中央处理器	酷睿™ 2 双核处理器 E8300
CPU 主频	2.83GHz/1333MHz 前端总线
CPU 字长	32
内存	2GB
硬盘	160GB SATA

表 23.7　　　　　　　　　　　　　　　　　　　GPS 时钟

制造厂	上海岭通电子科技有限公司
型号	PN20 主时钟
接口标准	IEEE 802.3
时钟精度	输出时间与协调世界时（UTC）时间同步准确度：≤1μs
网络对时精度	10/100Base-TX 接口符合 IEEE802.3/IEEE802.3u 标准，NTP 对时精度 1~50ms
IRIG-B 对时精度	每秒 1 帧，包含 100 个码元，每个码元 10ms。脉冲宽度编码
接口数量及输出方式	4 路 IRIG-B 隔离输出；8 路静态接点输出，4 路分脉冲，4 路秒脉冲设置；双路 RJ45，10/100Base-TX 以太网；2 路光接口输出，IRIG-B000 码，多膜 1310nm，传输距离 10km；1 路 IRIG-B 信号输出

表 23.8　　　　　　　　　　　　　　　　　　网络交换机

制造厂	MOXA	
型号	EDS-72610G	
接口数量	8 个 100M 多模接口	16 个 RJ45 100M 接口

23.1.9.2　系统性能保证

各性能见表 23.9～表 23.15。

表 23.9　　　　　　　　　　　　　　　　　　实时性

1	现地控制单元数据采集时间	
(1)	状态和报警点采集周期	<1s，可自由设置　50ms~24h
(2)	模拟量采集时间	
	电量	<1s
	非电量	<1s
(3)	事件顺序记录点分辨率	0.4ms
2	现地控制单元从接收控制命令到开始执行的时间	≤1s
3	时钟同步精度	1ms
4	主站级数据采集时间（包括现地控制单元级采集时间和相应数据输入主站级数据库的时间）	≤1s
5	人机接口响应时间	

续表

(1)	调用新画面的响应时间	≤1s
(2)	在已显示画面上实时数据刷新时间	≤1s
(3)	从数据库刷新后操作员执行命令发出到控制单元回答显示的时间	≤1.5s
(4)	报警或事件产生到画面字符显示和发出音响的时间	≤1s
6	电站级控制功能的响应时间	
(1)	有功功率联合控制任务执行周期	≤1s～15min，可组态
(2)	无功功率联合控制任务执行周期	≤1～15s，可组态
(3)	自动经济运行功能处理周期	≤1～15s，可组态
7	双机切换时间	
	主机服务器	连续任务不中断

表 23.10　　　　　　　　　　可　靠　性

1	平均故障间隔时间 MTBF	
(1)	主控计算机（含磁盘）	≥40000h
(2)	现地控制单元	≥53000h
2	可维护性平均修复时间 MTTR	≤0.5h
3	计算机监控系统可利用率	>99.97%

表 23.11　　　　　　　　　　系　统　安　全

1	在重载情况下，CPU 的最大负载率	
(1)	数据服务器	≤35%
(2)	应用程序工作站	≤35%
(3)	操作员工作站	≤35%
2	在任一个 5min 内，磁盘的平均使用率	
(1)	数据服务器	≤30%
(2)	应用程序工作站	≤30%
(3)	操作员工作站	≤30%

表 23.12　　　　　　　　　　可　扩　性

1	主站级点容量或存储容量极限	主站级每个服务器支持 512000 个标签，系统支持 64 个服务器
2	现地控制单元存储器容量的极限	16MB
3	现地控制单元级点容量	每个现地控制器支持 2460 块 I/O 模块。每个模拟量模块 8 个 I/O 点，每个数字量模块 16 个 I/O 点
4	使用的程序、地址、标志或缓冲器的极限	每个现地控制器（PM861）用户编程空间为 8.616MB
5	数据速率的极限	现地控制单元（10/100MB）主站级（100/1000MB）
6	主站级计算机存储器容量裕度	>60%

表 23.13 可 变 性

对电站级和现地控制单元级装置中点设备的参数或结构配置应容易实现改变	根据需要增加操作员工作站等节点 适应多种网络结构；ABB 的控制系统既支持星形网络结构，也支持环形网络结构；用户可根据现场的实际情况来选择不同的结构； 可在线或离线增加或减少 LCU 及上位机的数据点或标签 根据需要对有关数据报警限值进行修改

表 23.14 现地控制单元性能保证参数

1	存储容量	≥	16MB
2	扫描周期（最小值）	≤	可自由设置 50ms～24h
3	数字量输出接点容量	≥	5A，220V，AC
4	模/数和数/模转换精度		12/14
5	MTBF	≥	5300h
6	MTTR	≤	0.5h
7	共模抑制比	≥	75dB
8	差模抑制比	≥	90dB

表 23.15 电 气 特 性

1	绝缘电阻	≥10MΩ
2	交流对地	≥1MΩ
3	直流对地	2kV，1min
4	共频耐压	2kV
5	浪涌抑制能力	2kV
6	抗电磁干扰能力	30～500MHz，10V·m
7	抗静电干扰能力	静电放电 150Pf-150Ω，8kV

23.2 继电保护设计

全厂继电保护设计按设备电压等级、性能及布置情况，划分为发电机保护、变压器保护、220kV 线路保护、厂用电系统保护等。本电站继电保护的配置均按《水力发电厂继电保护设计规范》（NB/T 35010—2013）、《国家电网公司关于印发〈水电厂重大反事故措施〉的通知》（国家电网基建〔2015〕60 号）要求执行。

23.2.1 发电机、主变压器继电保护

23.2.1.1 水轮发变组（编号：1 号、2 号、3 号）

水轮发变组配置 A、B 两套许继集团公司生产的 WFB - 805A 大型发变组微机保护装置。

发电机组保护配置如下（3 台机组相同）：

发电机纵联差动保护。

发电机横差保护。

100％定子接地保护。

转子一点接地保护。

复合电压过电流保护。

过电压保护。

对称过负荷保护。

轴电流保护。

失磁保护。

励磁变过电流保护。

励磁变过负荷保护。

PT 断线闭锁。

主变压器纵联差动保护。

主变压器零序电流保护。

主变高压侧过电流保护。

主变重瓦斯保护。

主变轻瓦斯保护。

主变冷却器全停。

主变压力释放。

主变温度保护。

主变油位异常保护。

保护装置动作可直接作用于发信、解列、停机、灭磁，并将信号送至计算机监控系统。每套发变组继电保护装置设置 3 面保护屏，布置在各自机组的机旁，保护的参数整定或修改均在保护屏计算机上进行。并可打印出保护装置的各种参数，定值表等。

23.2.1.2　水轮发电机组（编号：4 号）

4 号机水轮发电机组配置 1 面继电保护屏。采用了南京南瑞继保电气有限公司生产的 PCS-985RS 机组微机保护装置。

发电机组保护配置如下：

发电机纵联差动保护。

95％定子接地保护。

转子一点接地保护。

电流记忆复压过电流保护。

过电压保护。

过负荷保护。

失磁保护。

励磁变过电流保护。

励磁变速断保护。

励磁变温度保护。

保护装置动作可直接作用于发信、解列、停机、灭磁，并将信号送至计算机监控系统。发电机继电保护装置设置 1 面保护屏，布置在 4 号机组的机旁，保护的参数整理、确定、修改均在保护屏计算机上进行。并可打印出保护装置的各种参数、定值表等。

23.2.1.3　4 号主变保护

4 号主变保护配置 2 面继电保护屏。采用了由南京南瑞继保电气有限公司生产的 PCS - 978NE、PCS - 974A 变压器微机保护装置。

4 号主变保护按照双重化配置，PCS - 978NE 保护设完整的差动及后备保护，PCS - 974A 为变压器本体保护。整套保护能反应主变的各种故障及异常状态，并能自动跳闸和发信号。

主变保护（双套保护）配置如下。

主变压器纵联差动保护。

差电流速断保护：

主变压器复合电压启动过电流保护。

主变零序保护：

变压器过负荷保护。

变压器本体保护：

（1）主变重瓦斯和轻瓦斯。

（2）变压器温度保护。

（3）变压器冷却系统保护。

（4）变压器压力释放。

（5）变压器油位及油温等。

4 号主变继电保护装置设置 2 面保护屏，布置在 4 号机组的机旁，保护的参数整理、确定、修改均在保护屏计算机上进行。并可打印出保护装置的各种参数、定值表等。

23.2.2　220kV 系统及线路部分继电保护

（1）220kV 线路保护型号：RCS - 902B，RCS - 931BM。由南瑞成套供货。线路保护配置如下：

1）光纤差动保护。

2）距离保护。

3）自动重合闸。

（2）220kV 母线配置 2 套差动保护，由许继成套供货。型号为 WMH - 800A。

（3）龙江电站配置 2 套 SCS - 500 安稳装置，由南瑞成套供货。

（4）220kV 系统配置一套故障录波，型号：GGL - 800 - G22 由许继成套供货，4 号机新增设备 WGL - 811，WGL - 801C 由许继成套供货。

以上设备的配置保证了龙江水电站发电机、变压器、220kV 线路等设备的安全、可靠性运行。

23.2.3　厂用电继电保护

23.2.3.1　厂高变 21T、22T 保护

因 21T、22T 厂用变高压侧选用上海西屋开关有限公司提供的高压限流熔断器柜，故采用熔丝作为 21T、22T 作为厂高变的主保护。另为了保证设备安全可靠运行，厂高变 21T、22T 各选用一台许继生产的 WCB-821 微机保护装置，保护配置如下：

（1）限时电流速断保护：作为厂用变压器内部及引出线短路故障的主保护。动作于跳开低压侧断路器。

（2）过电流保护：作为厂用变压器及相邻元件短路故障的后备保护。带时限动作于跳开低压侧断路器。

（3）过负荷保护：带时限动作于信号。

（4）厂用变温度保护：上限瞬时动作于信号。上上限动作于跳开低侧断路器。

23.2.3.2　10.5kV 厂用电备用电源自动投入装置

厂用变 10.5kV Ⅰ、Ⅲ（Ⅱ、Ⅲ）段联络开关的备投运行方式为：正常运行时，10.5kV Ⅰ、Ⅱ 段母线分别由厂用变 21T、22T 供电，Ⅰ、Ⅲ 段或 Ⅱ、Ⅲ 段联络开关任投其中之一，带厂用电Ⅲ段。当任何 Ⅰ（Ⅱ）段母线失去电压时，备投装置都会启动。首先确认失去电压的那段母线进线断路器无流、母线无压，另一段母线有压、低压侧断路器有流，就先跳开失去电压的那段母线的变压器低压侧断路器，再合 Ⅰ、Ⅲ 段（Ⅱ、Ⅲ 段）联络开关。厂用变 21T、22T 的高、低压侧断路器的手动及 PLC 跳闸均闭锁备投装置。

（1）备用电源自动投入装置采用许继生产的 WXH-822 微机保护装置。

（2）备用电源自动投入装置只允许动作一次。

（3）当自动投入装置动作时，如备用电源投入故障时，应使其保护后速动作。

（4）厂用变 21T（22T）低压侧断路器的合闸回路串有 10.5kV 联络断路器（13LZK/23LZK）分闸位置辅助接点的闭锁回路，防止两个电源并列运行。

（5）厂用变 21T（22T）高、低压侧断路器的手动操作都要闭锁备投装置。

（6）10.5kV 联络断路器（13LZK/23LZK）合闸回路串有进线断路器辅助接点闭锁。

23.2.3.3　厂用变 41T、42T 保护

厂用变 41T、22T 各选用一台许继生产的 WCB-822 微机保护装置，保护配置如下：

（1）电流速断保护：作为厂用变压器内部及引出线短路故障的主保护。动作于跳开高、低压侧断路器。

（2）过电流保护：作为厂用变压器及相邻元件短路故障的后备保护。带时限动作于跳开高、低压侧断路器。

（3）过负荷保护：带时限动作于信号。

（4）厂用变温度保护：上限瞬时动作于信号；上上限动作于跳开高、低侧断路器。

23.2.3.4　0.4kV 厂用电备用电源自动投入装置

厂用变 0.4kV Ⅰ、Ⅱ 段联络开关的备投运行方式为：正常运行时，0.4kV Ⅰ、Ⅱ 段母线分别由厂用变 41T、42T 供电，当任何 Ⅰ（Ⅱ）段母线失去电压时，备投装置都会启动，首先确认失去电压的那段母线进线断路器无流、母线无压，另一段母线有压、低压侧断路器有流，就先跳开失去电压的那段母线的变压器低压侧断路器，再合 Ⅰ、Ⅱ 段（41LZK）联络开关。厂用变 41T、42T 的高、低压侧断路器的手动及 PLC 跳闸均闭锁备投装置。

（1）备用电源自动投入装置采用许继生产的 WBT - 821 微机保护装置。

（2）备用电源自动投入装置的最大动作时限应保证自起动电动机不致中断运行。

（3）备用电源自动投入装置只允许动作一次。

（4）当自动投入装置动作时，如备用电源投入故障时，应使其保护后速动作。

（5）厂用变 41T（42T）低压侧断路器的合闸回路串有 0.4kV 联络断路器（41LZK）分闸位置辅助接点的闭锁回路，防止两个电源并列运行。

（6）厂用变 41T（42T）高、低压侧断路器的手动操作都要闭锁备投装置。

（7）0.4kV 联络断路器（41LZK）合闸回路串有进线断路器辅助接点闭锁。

23.3　励磁系统设计

23.3.1　概述

本电站 1～3 号水轮发电机励磁装置选用了广州电器科学研究院提供的"EXC9000 系列自并激可控硅励磁系统"，每台机组配备 1 套，每套包括励磁变压器 1 台，励磁调节屏 1 面，励磁切换屏 1 面，励磁功率屏 2 面，灭磁屏 1 面。4 号水轮发电机励磁装置选用了长江三峡能事达电气股份有限公司提供的"IAEC - 4000 型自并励可控硅励磁系统"，包括励磁调节屏 1 面，励磁功率整流屏 1 面，灭磁屏 1 面。

23.3.2　励磁参数

具体参数详见表 23.16 和表 23.17。

表 23.16　　　　　　　　　　1～3 号机组励磁参数

项　目	参　数	项　目	参　数
额定励磁电流/A	1465	正向顶值电压/V	340
最大励磁电流/A	1611.5	额定励磁电压/V	170
空载励磁电流/A	800		

表 23.17　　　　　　　　　　4 号机组励磁参数

项　目	参　数	项　目	参　数
额定励磁电流/A	583	空载励磁电流/A	298
额定励磁电压/V	173	励磁顶值电压/V	346

23.3.3　励磁变压器

具体数据详见表 23.18 和表 23.19。

表 23.18　　　　　　　　　　1～3 号励磁变

种　类	参　数	种　类	参　数
型式	环氧干式变	绝缘等级	H
额定容量/kVA	800	联结方式	Yd11
额定温升/K	100	短路阻抗/%	6
额定电压/kV	13.8/0.35		

表 23.19　　　　　　　　　　　　　　**4　号　励　磁　变**

种　类	参　数	种　类	参　数
型式	三相干式	绝缘等级	H
额定容量/kVA	400	联结方式	Yd11
额定温升/K	100	短路阻抗/%	6
额定电压（高压/低压）/kV	10.5/0.34		

23.3.4　励磁系统组成

励磁系统包括励磁调节器屏、励磁功率屏、灭磁开关屏及励磁变压器等组成。

励磁调节器采用双自动调节通道，一套手动控制单元。自动调节通道之间以及自动通道和手动调节之间均设有平衡跟踪装置。平衡跟踪装置具有防止跟踪异常情况或故障情况的措施，以保证当自动励磁调节器故障时，自动切换装置能适时地从工作自动调节转换到备用自动调节或从自动调节转换到手动调节，且发电机无功功率无大幅度波动。1～3 号机采用了广州电器科学研究院提供的型号为 EXC9000 的调节器，调压范围：5%～130% 发电机额定电压。4 号机采用了长江能事达电气股份有限公司生产的型号为 IAEC - 4000 的调节器，调压范围：10%～130% 发电机额定电压。

功率屏为三相全控桥式整流，整流桥并联支路数为二路。当一个并联支路退出运行时，保证机组在所有运行方式下均能连续运行，包括强励在内。1～3 号机组硅元件采用 ABB - 5STP24H2800 型产品，4 号机组硅元件采用 ABB - 5STP09D1801 型产品。

励磁系统设有带磁场断路器的自动灭磁装置。正常停机时采用逆变灭磁方式，电气故障时跳发电机磁场断路器启动氧化锌非线性灭磁电阻装置，以便迅速灭磁。1～3 号机组磁场断路器型号：ABB - E3H/E MS - 2500A/1000V，其额定电流为 2500A，最大分断电流 60000A。灭磁电阻采用 SIC 非线性电阻。4 号机组磁场断路器型号 DMZⅢ - 800/2，其额定电流为 1250A，最大分断电流 5000A。灭磁电阻采用 SIC 非线性电阻。

23.4　交、直流电源

本工程直流系统采用 220V 电压等级，厂房内及坝区集控楼各设置了一组 220V 免维护蓄电池。根据电站无人值班少人值守的运行管理实际情况，在全厂交流电源消失时，蓄电池的供电时间按 1 小时进行计算。

23.4.1　厂内直流系统

厂房内 220V 直流系统蓄电池采用两组 400Ah 阀控式铅酸免维护蓄电池 400Ah（德国 HOPPECHE Opzv 系列）、双套智能高频开关充电装置、单母分段、无硅堆降压配电接线方案。该直流系统由两面直流馈线屏 AP1，AP6；两面充电屏 AP2，AP5；两面联络屏 AP3，AP4 及两组阀控式密封铅酸蓄电池组（容量 400Ah，104 只/组）组成。厂房直流 220V 系统主要负荷是：厂内控制、继电保护和操作电源、逆变器电源、电气试验室电源等。直流系统采用微机控制的高频开关整流模块作为直流系统的整流装置。蓄电池布置在厂内 810.75m 高程蓄电池室。

为了便于设备检修，机旁、220kV 开关站分别设有直流分电屏。励磁、调速器、机组微机保护等设备的直流工作电源，分别取自机旁电源屏 APG7（1～3 号机），APG6（4 号机）；220kV 系统的保护及控制设备直流工作电源分别取自 GIS 室 PLC 控制屏 AP8。中控室继电保护及 PLC 屏直流工作电源取自直流馈线屏 AP1 或 AP6。

厂内直流设备布置在下游副厂房高程 810.75m 直流设备室内。

23.4.2　坝区直流系统

坝区集控楼直流系统设置一面直流蓄电池屏 AP6 含一组 220V 蓄电池（100Ah），一面直流充电屏 AP4，一面直流馈线屏 AP5。系统的主要负荷是坝区继电保护工作电源和大坝渗漏排水泵控制电源。

直流设备（南瑞）布置在坝区集控楼控制室 AP4～AP6 屏内。

23.4.3　交流逆变电源系统

本电站按"无人值班"自动控制方式设计，为了保证电站计算机监控系统及网络设备工作电源稳定可靠，机组安全可靠运行，全厂采用两套连续工作无时限切换的在线式逆变电源装置。

厂内交流控制电源系统。直流设备室布置两面交流逆变屏 AP8（15kVA）、AP10（15kVA），两面交流负荷屏 AP7 和 AP9，分别提供厂内 AC 220V 控制电源。

为了便于设备检修，机旁、220kV 开关站分别设有交流电源屏。励磁、调速器、机组微机保护等设备交流工作电源分别取自机旁电源屏 APG7（1～3 号机组），APG6（4 号机组）；220kV 系统的保护及控制设备交流工作电源分别取自 GIS 室 PLC 控制屏 AP8。中控室继电保护及 PLC 屏直流工作电源取自直流负荷屏 AP7 或 AP9。

第24章　通信系统设计

龙江水电站枢纽工程通信专业技术施工方案依据《220kV龙江水电站送出工程初步设计》及审查意见，水利水电行业相关设计规程、规定完成设计。龙江水电站枢纽工程通信系统由电力系统调度通信、厂内通信、对外通信、工业电视及通信电源等部分组成。

24.1　电力系统调度通信

根据电站无人值班、少人值守的运行特点及整个电站布置情况，龙江水电站枢纽工程的电力系统调度通信主通道采用光纤通信方式，1根12芯OPGW光缆架设在龙江水电站——潞西变的220kV输电线上，经潞西变至云南省调和德宏地调。光纤类型为ITU-T G.652。光端机选用华为METRO 1000光传输设备（光口1+1配置），传输速率为155M。PCM配置两套，对云南省调通信选用3630智能化（D/I型）PCM终端接入设备，对德宏地调通信选用F02AV-D PCM终端接入设备。综合配线架配置一套，其中ODF按48芯配置，DDF按48系统配置。备用通道采用载波通信方式，载波机型号为ZBD-68D型数字载波机。在龙江水电站——220kV潞西变线路的A相上组织一条电力线路载波通道作为保护专用通道，在该线路B相上组织一条电力线路载波通道作为通信及调度自动化的备用通信通道。

24.2　厂内通信

在厂房通信机房内设置一套512线数字程控调度总机。公用系统按1+1冗余配置，并配置两个智能调度台、一套数字时标录音装置及一套1000回线音频配线架。厂内通信网络采用以各生产单元为单位的直接配线方式，在发电机层下游侧墙布置一个20对电话分线箱，在母线层下游侧墙布置两个20对电话分线箱，在坝上配电房布置一个20对电话分线箱。各电话分线箱由市话电缆与总配线架连接，厂内各处电话用户均由相应分线箱和通信机房总配线架引出。厂内程控调度总机用于全厂生产调度和行政管理通信，与电力系统交换机不联网。龙江水电站调度通信采用220kV潞西变调度交换机放小号方式完成，分别通过电力光纤通信系统和载波通信系统连接到龙江水电站。

24.3　对外通信

龙江水电站对外通信利用施工期建设的通信线路接入当地电信局。

24.4　工业电视

电站设置一套工业电视系统，由设在厂房内外各主要生产单元的44套前端设备（摄像机、云台、防护罩、镜头等）、电厂中控室的控制中心设备（网络视频服务器、视频管理服务器、网络交换机、监控终端等）和前端设备与控制室间连接电缆三部分组成。工业电视设备由海康卫视公司系统集成。

（1）系统功能及结构。

本系统通过设在电站的前端设备对每个监视点进行实时监视，摄像机将采集到的实时图像信息通过视频电缆汇集到电站中控室的中心监视设备，通过图像采集设备对视频信号进行数字化处理，然后根据生产调度的需要进行正常记录和存储。监视终端可通过网络视频服务器及前端系统进行实时监视和调看所存储的数字化录像文件。系统可实现对网络中所有视频信号的传输、存储、回放、切换、报警联动、控制等各种功能。全厂设置 44 套前端摄像设备，均采用 SONY 系列产品。各前端摄像设备布置如下：在中央控制室和通信机房各配置一套 FCB EX980P 型吸顶式球型一体化彩色摄像机；在 3 个水车室各配置一套 EX480 型彩色一体化枪型摄像机；在尾水平台、坝上、进厂大门、变电站共配置五套 FCB EX980P 型室外一体化快球彩色摄像机；在主厂房发电机层主机间、母线层主机间、水轮机层主机间、安装间、计算机室、中压空压机室、低压空压机室、油处理、励磁变、消防水泵室等处共配置 34 套 FCB EX980P 型室内一体化快球彩色摄像机。工业电视系统中心控制设备包括视频管理服务器、网络视频服务器、网络交换机、监控终端及电源。在中控室设置一面控制屏，屏内布置一套视频管理服务器、四套（DS-8016HF）网络视频服务器、一套网络交换机及电源设备，三套监控终端分别布置在中控室操作台、厂长办公室和总工办公室。前端摄像设备的视频信号和控制信号通过视频电缆及控制电缆传输至中心控制设备的网络视频服务器，电源采用集中供电方式。

（2）主要技术参数及性能指标。

1）彩色一体化摄像机及镜头。选用索尼彩色一体化摄像机，其摄像元件采用索尼 1/4 寸 Color CCD，有效像素 752（V）×582（H）PAL，水平解像度 520 电视线，信噪比大于 48dB，电子快门 $1/10000\sim1/50s$，最低照度彩色 0.07Lux（黑白 0.01Lux），26 倍光学变焦三可变镜头，其灵敏度、像素和照度特性符合工业环境要求。

2）网络视频服务器。选用 DS-8016HF 网络视频服务器，可提供 16 路视频输入，视频压缩标准 H.264，图像分辨率（PAL 制）为 704×576，1 个 100M/1000M 自适应以太网口。支持 TCP/IP 协议，通过网络设置参数，实时浏览视频和音频信号、查看视频服务器状态，实现网络报警联动；通过网络存储压缩码流，支持动态宽带拨号接入互联网（PPPoE 协议）；还可通过网络控制云台和镜头；升级软件，实现远程维护；RS-485 与 RS-232 接口支持网络透明通道连接，客户端可以通过视频服务器的透明通道控制串行设备；支持窄带传输，多级用户权限管理，保证系统安全；支持多区域移动侦测；支持 OSD 和水印（WATERMARK）技术。

3）监控系统软件平台。监控系统可以对多个视频服务器任意组合，实行远程监控。分割显示画面，自动或手动切换画面，可以保存通过网络传输的码流（视音频复合码流），并进行回放，具有对指定画面进行抓图存储、检索并打印的功能；远程配置视频服务器支持双向语音对讲；三级用户管理和视频服务器的校时。

24.5   通信电源

龙江水电站配备一套－48V/200A 高频开关电源和两组 300Ah 免维护蓄电池组，向光通信设备、调度程控交换机供电。高频开关电源的交流输入取自两段独立的厂用电源，经整流后对蓄电池充供电，当交流电源中断或故障时，通信电源设备能自动切换到蓄电池组供电。

第25章 金属结构设计

龙江水电站枢纽工程金属结构设备主要布置在泄水系统、引水发电系统和施工导流系统。泄水系统由泄洪表孔和放水深孔组成，泄洪表孔共设3孔，每孔设有一道弧形工作闸门，用于宣泄洪水。放水深孔共设2孔，用于泄洪或水库放空时使用。发电系统设有一条引水隧洞向3台机组及生态放流管供水，引水发电金属结构设备包括进水口拦污栅、进水口事故闸门和厂房尾水检修闸门。导流洞布置在大坝右岸，导流洞设有两个进水口，每个进水口设一道平板工作闸门。

25.1 泄水系统金属结构设备布置

泄水系统布置在双曲拱坝上，由泄洪表孔和放水深孔组成，平面布置见图25.1。

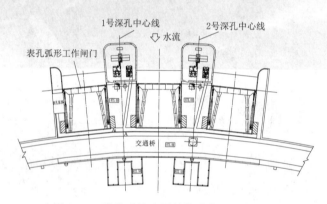

图25.1 泄洪系统金属结构设备平面布置图

泄洪表孔共设3孔，孔口尺寸为12m×12m（宽×高，下同），堰顶高程860.00m，每孔设有一道弧形工作闸门，共3扇。弧门采用2×1250kN液压启闭机操作，一门一机一站布置，共3台（套）。根据1960年以来坝址处的水位过程曲线资料，水库每年4—6月处于枯水期，绝大多数年份的库水位均处于堰顶860.00m高程以下，且该地区在此时期满足工作闸门检修要求，故不在弧形工作闸门上游侧设检修闸门。考虑到今后极个别年份枯水期的库水位有可能漫过堰顶但水位不高，可采用沙袋堆叠成临时围堰以满足表孔工作闸门及其埋件的检修要求。

在泄洪表孔之间的支墩内设有两个放水深孔，每个深孔进水口设有一道平面滑动事故闸门，孔口尺寸3.5m×5.5m，2孔共设2扇事故闸门，采用1×2500kN液压启闭机操作，一门一机一站布置，共两台（套），其中1号深孔事故闸门液压启闭机泵站设在2号表孔弧门液压启闭机泵房内，2号深孔事故闸门液压启闭机泵站设在3号表孔弧门液压启闭机泵房内。每孔放水深孔出口设有一道弧形工作闸门，孔口尺寸3.5m×4.5m，2孔共设2扇弧形工作闸门，分别采用1600kN/800kN摇座式液压启闭机操作，一门一机一站布置，液压启闭机泵站设在高程827.29m平台上。

在放水深孔进水口 860.00m 高程处设检修平台对事故闸门进行组装和检修。在 875.00m 高程处设检修平台对事故闸门 1×2500kN 液压启闭机进行检修。为了方便拆装事故闸门吊杆，在每个放水深孔进水口 875.00m 高程处设有一套 1×50kN 电动葫芦。

在放水深孔出水口 822.50m 高程设有液压启闭机检修平台，816.50m 高程处设检修平台供放水深孔弧形工作闸门进行检修。每个放水深孔在 875.00m 高程处都设有一个吊物孔供摇座式液压启闭机安装使用。

非汛期时放水深孔进口事故闸门闭门挡水，可以避免深孔流道渗水，提高流道使用条件。

放水深孔金属结构设备布置详见图 25.2。

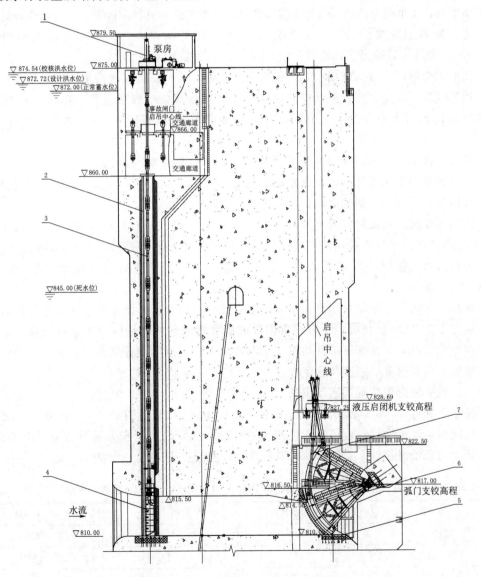

图 25.2　放水深孔金属结构设备布置图

1—事故闸门液压启闭机；2—事故闸门埋件；3—事故闸门吊杆；4—事故闸门；

5—工作闸门埋件；6—工作闸门；7—工作闸门液压启闭机

25.1.1　表孔弧形工作闸门

由于表孔弧形闸门平时处于挡水状态，且依据水工资料，表孔弧形闸门在超过正常蓄水位时应泄洪，故闸门按正常蓄水位（872.00m）＋地震荷载组合工况进行设计，闸门启门力按正常蓄水位计算。

弧形工作闸门由门叶结构、支臂结构、水封装置、侧轮装置、支铰装置组成。弧形工作闸门为双主横梁式、斜支臂结构，支臂与门叶、支臂与支铰之间均采用螺栓连接。弧形工作闸门按正常蓄水 872.00m 设计，弧门面板半径 $R=15000\text{mm}$。

门叶为面板、主梁、边梁、次梁组成的焊接结构，主梁为焊接实腹"工"字形梁，次梁为工字型钢，底小梁为槽钢。门叶根据运输尺寸按要求分 5 节制造运输，工地焊接为整体。

支臂为箱型焊接结构，上下支臂由立柱和斜支撑连接，上下支臂最大开口弦长 6391mm，为满足运输要求，支臂分段运输，工地焊接为整体。

弧形工作闸门支铰为球面铰，支铰由固定铰座、活动铰链、支铰轴、球面轴承、密封圈、挡环组成。固定铰座、活动铰链材料为 ZG270-500，支铰轴直径 400mm，材料 40Cr 合金结构钢。轴承为自润滑关节轴承，关节轴承参数：内径 400mm。外径 580mm。宽度 215mm。

弧形工作闸门侧水封选用 L 形橡胶止水。底水封选用 I 形橡胶止水。

侧轮装置为简支式导向轮，在闸门启闭过程中起导向作用，设在闸门边梁腹板外侧，左右各四套，共八套。侧轮由轴、导向轮、焊接轮架组成。

弧形工作闸门主要材料为 Q345B。弧形工作闸门埋件侧轨材料为 Q235B 钢板、型钢及 1Cr18Ni9Ti 组成的焊接结构，底槛材料为 Q235B 钢板和型钢组成的焊接结构。

表孔弧形工作闸门可局部开启，但局部开启时，要调整弧门的开度，避开闸门震动区。

弧形工作闸门主框架采用平面体系假定进行分析计算，面板按四边支撑弹性薄板进行计算，并考虑 2mm 防锈层，所有承重构件的验算方法采用许用应力法进行计算，小横梁按多跨连续梁计算。其他零部件均按《水利水电工程钢闸门设计规范》（DL/T 5039—95）有关规定验算其强度、刚度及稳定性。

25.1.2　表孔弧形工作闸门启闭设备

经布置和计算，3 扇弧形工作闸门由 3 套 QHLY-2×1250kN-6.2m 液压启闭机操作。启闭机可现地操作，也可远程控制。液压启闭机泵站采用互为备用的油泵电动机组，以保证动力系统可靠性。启闭机基本资料及设计参数见表 25.1。

表 25.1　表孔弧形工作闸门液压启闭机 QHLY-2×1250kN-6.2m 主要特性表

项　目	技术参数	项　目	技术参数
缸径/mm	360	活塞杆径/mm	200
启门力/kN	1250	工作行程/mm	6000
闭门力	自重下门	最大行程/mm	6200
有杆腔计算压力/MPa	17.76	起升时间/min	11~13
有杆腔试验压力/MPa	22.2	无杆腔计算压力/MPa	0.5

该启闭机控制具备现地、远方"手动"和"自动"控制功能,"自动"工作模式下的控制系统能对故障实施必要的处理,如工作泵故障时,备用泵应能自动启动。工作泵与备用泵还能实现自动轮换启动。活塞杆每次运行至上限、下限极限位置时,行程控制装置能够发出停机信号和闸门开度显示。液压泵站设备具有压力保护及报警、滤油器堵塞报警、油箱油位异常报警、油箱温度异常报警、两吊点不同步偏差超限保护及报警等功能,设备亦具有手动分步操作和一次指令完成启门或闭门操作的功能,并能实现闸门启闭过程中各种工况参数的自动监测、显示以及各种故障状态的声光报警。

25.1.3 深孔事故闸门

深孔进水口事故闸门孔口尺寸为 3.5m×5.5m,闸门底板高程为 810.00m。闸门平时处于挡水状态,闸门结构按正常蓄水位(872.00m)+地震荷载($a_h = 0.36g$)组合工况进行设计。

深孔事故闸门为平面滑动结构,由门叶结构、主滑道、反向滑块、侧轮装置、水封装置、充水阀等组成。

门叶由面板、工字型实腹等截面焊接主梁、型钢次梁及边梁焊接组成。分 3 节制造运输,节间现场焊接。闸门主体材料为 Q345B,单吊点,正向支承采用高强度复合材料滑道,反向为弹性滑块,侧向设简支轮导向。闸门面板布置在上游侧,止水布置在下游,利用全水柱动水闭门。启门时利用门顶充水阀充水平压后,静水启门,启门水头差不大于 3m。

闸门设计计算采用平面体系假定进行分析,闸门面板按四边支撑弹性薄板方法进行计算,并考虑 2mm 防锈层。承重构件的验算方法采用许用应力法,小横梁按多跨连续梁计算,主梁按均布荷载简支梁计算,主支撑滑道按线接触情况进行验算。其他零部件均按规范有关规定验算其强度、刚度及稳定性。

25.1.4 深孔事故闸门启闭机

深孔事故闸门可采用高扬程固定卷扬操作,也可采用液压启闭机配拉杆操作。经布置和计算,每扇事故闸门各由 1 台 QPPY - 1250kN/2500kN(启门力/持住力)- 6.7m 液压启闭机配吊杆操作,启闭机可现地操作,也可远程控制。启闭机泵站采用互为备用的油泵电动机组,以保证动力系统可靠性。液压启闭机基本资料及设计参数见表 25.2。

表 25.2　　　　QPPY - 1250kN/2500kN - 6.7m 液压启闭机主要特性表

项　目	技术参数	项　目	技术参数
缸径/mm	450	活塞杆径/mm	240
启门力/kN	1250	工作行程/mm	6500
持住力/kN	2500	最大行程/mm	6700
启门压力/MPa	11	闭门力	自重+水柱
持住压力/MPa	22	试验压力/MPa	27.5
闭门速度/(m/min)	1	启门速度/(m/min)	1

每扇事故闸门的控制不仅具备现地、远方"手动"和"自动"控制功能,还具备事故闸门的启闭控制、液压泵站的自动启停、工作泵与备用泵切换等控制功能,并能够对启闭

过程中各种工况参数自动监测、显示以及对各种故障状态进行声光报警,"自动"工作模式下的控制系统还能对故障实施必要的处理。泵站内设有足够的照明设备。

25.1.5 深孔事故闸门吊杆

事故闸门吊杆由吊杆结构、连接轴及连接板组成。吊杆结构为"工"字形截面焊接结构,共 2 套 18 节。

25.1.6 深孔弧形工作闸门

根据水工资料,闸门平时处于开启状态,在洪水标准低于大坝校核洪水标准时,该闸门不参与泄洪,但该闸门在校核洪水位时参与泄洪。该闸门按设计洪水位(872.72m,$P=0.2\%$)设计,设计水头按系列水头取为 64m。在校核洪水位(874.54m,$P=0.05\%$)时,按系列水头取为 66m。此时,闸门结构最大应力值比设计水头时提高 3%。根据规范,在校核条件下容许应力值提高 15%,故在校核工况时该闸门是安全的。

放水深孔出水口弧形工作闸门孔口尺寸为 3.5m×4.5m。闸门底板高程为 810.00m,该闸门挡水水位按设计洪水位 872.72m 设计,闸门支铰布置在 817.00m 高程,操作方式为动水启闭。

弧形工作闸门由门叶结构、支臂结构、水封装置、侧轮装置、支铰装置组成。弧形工作闸门为双主纵梁式、直支臂结构,支臂与门叶、支臂与支铰之间均采用螺栓联接,弧门面板半径 $R=8500mm$。

门叶为面板、主梁、边梁、次梁组合焊接结构,主梁为焊接实腹"工"字形梁,次梁为型钢。门叶整体制造运输。顶、底横梁为钢板焊接成异型断面并与面板焊成整体。两侧边梁为 T 形焊接结构。支臂为实腹箱形焊接结构,上下支臂由立柱和斜支撑连接。

弧形工作闸门支铰为圆柱铰,支铰由固定铰座、活动铰链、支铰轴、滑动轴承、密封圈组成。固定铰座、活动铰链材料为 ZG340-640,支铰轴材料 40Cr 合金结构钢,轴承为自润滑复合材料轴承。

弧形工作闸门侧水封选用方头 P 形橡胶止水;顶止水设两道,一道为闸门上的 P 形橡胶止水,另一道为埋件上的 Ω 形橡胶止水,底水封选用 I 形橡胶止水。侧轮装置为简支式导向轮,在闸门启闭过程中起导向作用,设在闸门边梁腹板外侧,左右各 2 套,共 4 套。弧形工作闸门埋件侧轨材料为 Q235B 钢板、型钢及 1Cr18Ni9Ti 焊接结构,底槛材料为 Q235B 钢板和型钢组成的焊接结构。

弧门可局部开启,但局部开启时,要调整弧门的开度,避开闸门震动区。

弧形工作闸门主框架采用平面体系假定进行分析计算,面板按四边支撑弹性薄板进行计算,并考虑 2mm 防锈层,所有承重构件的验算方法采用许用应力法进行计算,小横梁按多跨连续梁计算。其他零部件均按规范有关规定验算其强度、刚度及稳定性。

25.1.7 深孔弧形工作闸门启闭机

弧形闸门按工作特点和机械传动的方式主要可分为固定卷扬式启闭机和液压启闭机启闭。其中,固定卷扬式启闭机是一种传统的型式。液压启闭机由于具有控制方式灵活多样、运行平稳和易于安全保护的特点目前已广泛应用于大型水电站中,已基本成为深孔弧门优选的启闭设备。

经布置和计算,每扇弧形工作闸门各配置一台 QHSY-1600kN/800kN(启门力/下压力）-7.2m 液压启闭机，启闭机可现地操作，也可远程控制。启闭机泵站采用互为备用的油泵电动机组，以保证动力系统可靠性。液压启闭机基本资料及设计参数见表 25.3。

表 25.3　　　　　　QHSY-1600kN/800kN-7.2m 液压启闭机主要特性表

项　目	技术参数	项　目	技术参数
缸径/mm	450	活塞杆径/mm	280
启门力/kN	1600	工作行程/mm	7000
闭门力/kN	800	最大行程/mm	7200
有杆腔计算压力/MPa	16.42	无杆腔计算压力/MPa	5.03
有杆腔试验压力/MPa	20.5	无杆腔试验压力/MPa	7.5
启门时间/(m/min)	8～10	闭门时间/(m/min)	14～15

　　每扇深孔弧形工作闸门的控制不仅具备现地、远方"手动"和"自动"控制功能，还具备对工作闸门的启闭控制、液压泵站的自动启停、工作泵与备用泵切换等控制功能，并能够对启闭过程中各种工况参数自动监测、显示以及对各种故障状态进行声光报警，"自动"工作模式下的控制系统还能对故障实施必要的处理。泵站内设有足够的照明设备。

25.2　引水发电系统金属结构布置

　　引水发电系统设有一条引水隧洞向 4 台机组（其中 1 台为生态放水机组）供水。引水发电系统金属结构设备由进水口拦污栅、平面事故闸门和厂房尾水检修闸门组成。拦污栅孔口尺寸为 7m×21.5m，共 3 扇。拦污栅操作条件为静水启闭，由设置在 875.00m 高程检修平台上的一台 2×400kN 单向门机配自动抓梁操作。拦污栅下游侧设有一道事故闸门，共 2 扇，孔口尺寸为 4.5m×11m，在机组和引水隧洞发生事故时可起到保护作用。进水口平面事故闸门采用一门一机的布置方式，闸门检修和组装平台设在 875.00m 高程，平时该闸门存放在 875.00m 高程的平台上。该闸门的启闭设备选用 1×4000kN-90m 高扬程固定卷扬式启闭机操作。在厂房尾水出口处设有一道平面检修闸门，4 台机组共设 4 个尾水出口，设有两种共 4 扇尾水检修闸门。尾水检修闸门的检修和组装在 803.15m 高程的尾水平台上进行，该闸门启闭设备选用尾水平台 2×250kN 单向门机配自动抓梁操作。进水口金属结构平面布置详见图 25.3，进水口金属结构立面布置详见图 25.4。

25.2.1　发电进水口拦污栅

　　发电进水口布置 3 孔共 3 扇拦污栅，底槛高程为 823.00m，孔口尺寸为 7.0m×21.5m。拦污栅检修平台高程为 875.00m，采用 2×400kN 单向门机配自动抓梁启闭。清污采用提栅人工清污的方式，清理出的污物通过交通桥运出厂外。

　　拦污栅采用框架直立活动式结构，双吊点，主体材料为 Q235B。整扇拦污栅由 7 节栅叶通过销轴连接成一体。每节栅叶由两个"工"字形焊接结构主梁支撑，边梁亦采用工字形焊接结构。根据栅条净距要求布置栅条，每节栅叶设有 55 根栅条，栅条通过卡板连成整体，卡板通至边梁与栅叶框架焊成一体，可以提高栅条抗震性能及其动力稳定性。顶节栅叶设有挂体，与机械自动抓梁上的卡体配合能实现自动挂脱拦污栅的功能。

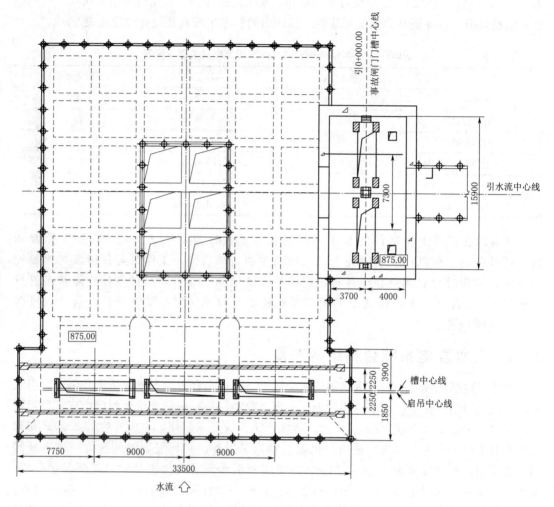

图 25.3　进水口金属结构平面布置

进水口建筑物体形高耸且位于Ⅷ度地震区，拦污栅在抗震稳定中的地震力计算应采用动力法计算确定，根据其边界条件进行动力分析。为保证拦污栅在地震状况下安全稳定，设计时采用 5m 的水位差进行结构静强度设计，同时委托大连理工大学结合水工进水口动力研究课题对该拦污栅结构动力进行计算分析，确定拦污栅在正常运用条件下的地震响应，复核栅体（栅条及主梁）的动力稳定性及拦污栅各部位应力值。计算分析结论认为拦污栅的地震反应不显著，最大应力在 100MPa 左右，与设计采用 5m 水位差计算的应力值相当。

25.2.2　发电进水口拦污栅启闭设备

发电进水口拦污栅启动设备为 1 台 2×400kN 单向门机，该门机通过机械自动抓梁操作，拦污栅操作条件为静水启闭，拦污栅整体启闭分 7 节吊运。该门机装设在进水口 875.00m 高程平台上。门机工作环境温度 -0.6～36.2℃，多年平均气温 19.5℃，最大风速 15.7m/s。

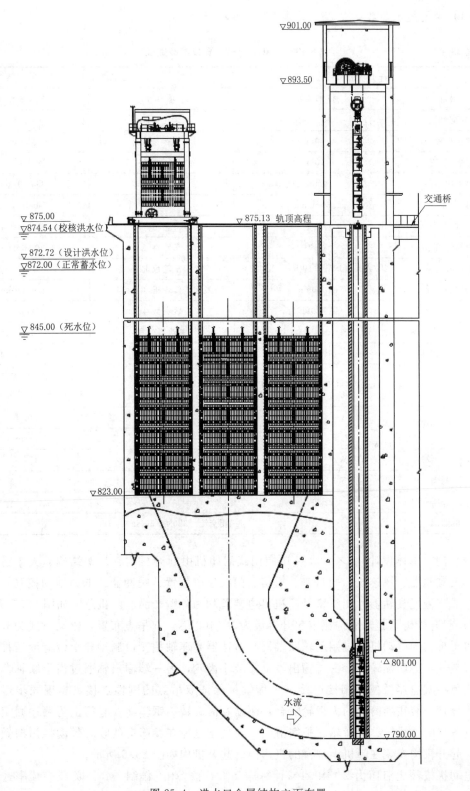

▽901.00

▽893.50

交通桥

▽875.00
▽874.54（校核洪水位）

▽875.13　轨顶高程

▽872.72（设计洪水位）
▽872.00（正常蓄水位）

▽845.00（死水位）

▽823.00

△801.00

水流

▽790.00

图 25.4　进水口金属结构立面布置

（1）主要技术参数见表25.4、表25.5和表25.6。

表25.4　　　　　　　　**2×400kN单向门机主要技术参数表**

起升机构			大车走行机构		
项目		技术参数	项　目		技术参数
额定容量		2×400kN	运行荷载		100kN
总扬程		40m	运行速度		2.06～20.6m/min
轨上扬程		10m	运行距离		≈21m
吊点中心距		4.0m	工作级别		Q3-中
启闭速度		1.67m/min	轨距		4.5m
工作级别		Q2-轻	轮距		8.4m
滑轮组倍率		6	车轮直径		800mm
钢丝绳型号		20ZAB6×19W+IWR1570ZS223	车轮数量		4个
卷筒直径		φ1000mm	最大工作轮压（动/静）		330kN/420kN
电动机	型号	YZ200L	轨道型号		QU80
	额定功率	15kW	夹轨器型号		JG120-TZ-QU80
	转速	710r/min	供电方式		电力电缆卷筒
减速器	型号	QJS-D335-40Ⅴ（Ⅵ）P	减速电机	型号	KV107R77T DV112M4/BMG/HF/C
	速比	40		额定功率	4.0kW
				转速	1420r/min
制动器	型号	YWZ5-315/E30		速比	174
	制动力矩	250～400N·m			
	推动器型号	Ed30/6			
电源		三相交流　380V　50Hz			

（2）门机总体设计。2×400kN单向门式启闭机由起升机构、门架结构、大车运行机构、液压夹轨器、风速仪、司机室、机房、门机供电装置、缓冲器、电力拖动控制及附属设备组成。液压夹轨器、司机室及门机供电装置均为外购产品。门机总图如图25.5所示。

1）起升机构。起升机构额定起升容量为2×400kN，双吊点布置，驱动方式为分别驱动。布置形式为电动机通过制动轮联轴器与减速器高速轴相接，制动轮上装有液压推杆制动器。减速器为两端输出，一端输出轴上安装小齿轮，另一端输出轴通过齿形联轴器和平衡轴与另一减速器低速轴相接连接（平衡轴可保证双吊点的刚性连接，实现同步运行）。小齿轮分别与装在卷筒上的大齿轮啮合，驱动卷筒旋转。钢丝绳在卷筒上为两端固定并分别穿过各自的动滑轮、定滑轮、平衡滑轮，通过钢丝绳在卷筒上的收放带动拦污栅做升降运行。起升机构安装在门机上平台的机房内。起升机构如图25.6所示。

电动机按额定启门力2×400kN计算净功率，按S3工作制、40%负载持续率选择电动机，电动机型号为YZ200L，功率为15kW。该电机为起重及冶金用三相异步电动机，过载能力强，适用于水电工程工况。

　　根据电动机功率、减速器承载能力、校核力矩和减速比等要求，选用 QJS – D335 –40V
（Ⅵ）P 型中硬齿面减速器，该系列减速器承载能力强，安全可靠。

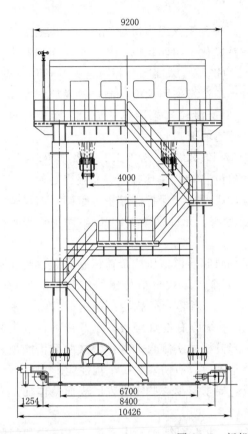

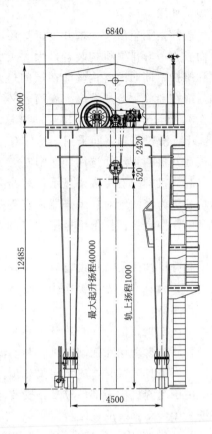

图 25.5　门机总图（单位：mm）

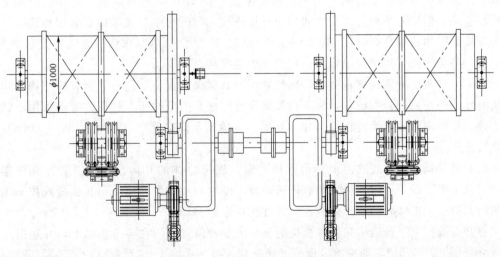

图 25.6　起升机构（单位：mm）

制动器是起升机构中非常重要的安全保护装置，采用了 YWZ5‑315/E30 制动器，该系列制动器已被广泛应用，动作灵敏，安全可靠。制动器设置在减速器高速轴端，每套起升机构各设一个制动器，按总制动力矩进行选择，每个制动器的安全系数不低于 1.25，满足规范要求。

卷筒采用折线型绳槽并配置垫环，既解决了高扬程钢丝绳多层缠绕问题。也随之减小从而省去一套排绳机构装置，大大减少卷筒的重量简化了启闭机的结构，有利于安装、调试和维护；同时改善钢丝绳在层间过渡中所造成的挤压、摩擦和磨损，延长其使用寿命。钢丝绳在卷筒上 3 层缠绕，卷筒名义直径 1000mm，卷筒采用钢板卷制焊接卷筒，卷筒材料 Q345B。滑轮组为 6 倍率，动滑轮、定滑轮、平衡滑轮均采用热轧滑轮，滑轮材料为 Q345B，滑轮与轴之间采用铜基体双金属自润滑滑动轴承。

起升机构钢丝绳选用 20ZAB6×19W+IWR1570ZS 223（GB/T 8918）优质钢丝绳。

起升机构设有带数码显示仪表的高度指示及限位装置，并具有声、光报警功能。高度指示装置为多圈绝对式编码器，安装在卷筒轴端，实现电气保护。其中，编码器测量全行程开度，控制拦污栅上下极限位置和抓梁挂脱位置等。允许误差 ±10mm，防护等级不低于 IP65。

起升机构两吊点均设有启闭荷载限制器。荷载限制器包括压式负荷传感器和数码显示仪表，并具有声、光报警功能，负荷传感器数量 2 个。压式负荷传感器安装在定滑轮轴端。传感器精度不低于 0.5%，系统精度不低于 2%。当起升荷载达到额定荷载时，系统应给出声光报警信号。当达到 110% 额定荷载时，系统应有红灯警报显示及蜂鸣音响报警信号，同时自动切除拖动电机、制动器上闸，对起升机构实施自动保护。减载后仍能恢复工作。当吊具欠载时，应给出欠载预警信号。传感器应具有防潮、抗干扰性能。

由于起升机构零部件较多，安装高程不一致，要求支承这些零部件的表面整体加工来保证机械传动系统的安装精度。

2）门架结构。门架是门机的主要金属结构件，由上部结构、中横梁、下横梁和门腿组成。门架结构各主要受力构件均采用箱形断面，用 Q235B 板材焊接。为保证门腿上部为刚性节点，门架上平台与门腿之间采用焊接连接，门腿与中横梁采用普通螺栓连接，门腿与下横梁采用铰制孔螺栓定位、普通螺栓连接。上平台整体制作后按运输单元划分为 3 段运输，各段之间采用定位销定位、拼接板焊接拼接。

门架上部机房外侧设有走台，门架的外侧设有斜梯。走台、作业平台和梯子均采用具有防滑性能的花纹钢板制成，走台和斜梯均设有栏杆，门机的所有栏杆均要求采用不锈钢管焊接，不锈钢管按《无缝钢管尺寸、外形、重量及允许偏差》（GB/T 17395—2008）标准执行。

根据起升机构的布置确定上平台梁格布置，确定总体的几何尺寸。门架计算根据规范，按第 Ⅰ 类荷载工作时的最大荷载进行强度、刚度和稳定性计算，第 Ⅱ 类荷载按非工作时的最大荷载或工作时的特殊荷载进行强度和稳定性验算。

起升荷载按上平台梁格布置各机构的荷载大小及位置作用在各个小梁上，并通过小梁传递给主梁（2—2梁），形成支腿框架平面荷载，再传递给 1—1 梁形成门架平面荷载，作为计算小梁时的假设。小梁自重荷载按集中荷载考虑并作用在起升荷载作用点上。主梁的自重荷载按均布荷载考虑并将机房自重荷载计入主梁的均布荷载中，门架上其他自重荷载按集中荷载考虑并作用在底梁上。平台梁格布置如图 25.7 所示。

起升机构荷载组合按规范 DL/T 5167—2002 执行，按启闭机设计规范 DL/T 5167—2002 从强度、刚度、稳定性三方面进行计算分析。

3）大车运行机构。大车运行机构由 4 个车轮支承，采用 2 点分别驱动型式，运行机构由变频减速电机、车轮、下横梁等组成，主动车轮组如图 25.8 所示。

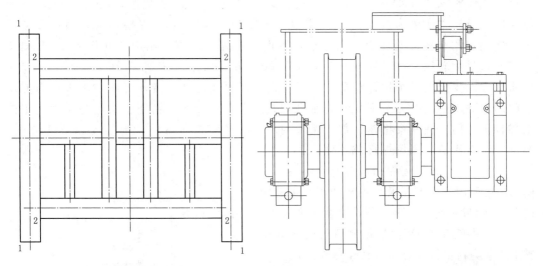

图 25.7　平台梁格布置　　　　　　　图 25.8　主动车轮组

驱动部分选用 2 台德国 SEW 公司生产的 KV107R77TDV112M4/BMG/HF/C 型"三合一"减速电机，减速器低速轴为空心花键轴。其中，电机为变频调速三相异步电动机，并自带手动释放制动器，制动器的手动释放装置带自锁功能，电动机自带防雨罩，电机功率为 4.0kW。大车走行机构具备 1∶10 无级调速功能。

走行机构装设有两个极限位置行程开关，并具有声、光报警功能，用来控制门机运行的极限位置。门机的走行机构设置 2 个弹簧式电动液压夹轨器。下横梁端部设碰撞式缓冲器，在轨道终端设撞头。

4）门机附属设备。门机供电装置采用电动式电力电缆卷筒装置收放电缆供电。门机轨道长度约 31m。供电点位于门机全行程的端部。

门机选用两台 JG120‑ZT‑QU80 型弹簧液压夹轨器，适用轨道 QU80。夹轨器设有限位开关，与大车走行机构及风速仪进行联锁保护。

门机设有司机室，位于门机下游侧中横梁上。司机室有操纵各机构的联动台、PLC 触摸屏、显示仪表、空调、座椅等。通过操作手柄可操纵起升机构、大车走行机构的运行。

门机的起升机构设有机房，电气柜放置在门机起升机构机房内，电气柜底面镶嵌非金属隔热材料。电气柜的旁边放置灭火器，并具备可靠的防雨、防潮措施。门机布线时动力线与控制线分开设置，所有电线、电缆穿管走线。

在门机的最高处设置一台风速仪，当风速接近极限风速时，门机控制系统发出声光报警，当风速达到极限风速时，切断起升和运行电源，并自动放下夹轨器夹紧轨道。

5）电气设备。设置了短路保护、过流保护、失压保护、零位保护、缺相保护、限位保护、过载保护、联锁保护、主隔离开关和断开总电源的紧急开关等。电控系统还具有防止溜钩功能。控制系统由电源及主起升、行走及供电、照明、接地等部分组成，电气柜由电源及主起升控制柜、大车柜组成。

25.2.3　发电进口事故闸门

进水口拦污栅下游侧布置一道二扇平面事故闸门，事故闸门孔口尺寸为 4.5m×11m，设计水头 82m。闸门为潜孔式平面定轮闸门，焊接结构，闸门主体材料为 Q345B，门叶主横梁为焊接组合工字梁，纵隔板实腹式 T 型焊接结构，面板布置及顶、侧止水均布置在上游侧，底止水在靠面板底缘下游侧。闸门正向设置 16 套筒支式定轮，最大轮压为 4500kN，定轮直径 900mm，采用合金铸钢 ZG35Cr1Mo，要求调质处理。反向支承采用弹性简支轮，侧向支承采用悬臂式定轮。闸门上部设有充水小门用于静水启门时充水平压，充水孔口尺寸为 ϕ500mm。由于水头过高，闸门不能依靠自重闭门，在其梁格及顶部压重箱内均堆叠了铸铁压重块。闸门按运输单元分 5 节进行制造运输，现场焊接成一体。

引水发电系统流道内的水流速度不高，因此闸门门槽采用了 I 型门槽。主轨选用与主轮相同的 ZG35Cr1Mo 合金铸钢，制造时要求调质处理，硬度高于主轮 50HBW，根据制造厂的热处理及其加工能力将主轨分为 3000mm 一节。

闸门平时锁定在检修平台上，采用半自动的卡体锁定装置，如图 25.9 所示。闸门锁定时需人工操作，闭门时可自动解锁。该装置由埋设于检修平台上支承座及门叶顶部压重箱两侧的卡体装置组成。卡体与水平成 45°支承于支承座上，闭门时需将闸门提起一定高度，卡体绕轴在自重作用下脱离支承座解锁，通过电气控制可以与启闭机配合实现远程自动闭门功能。

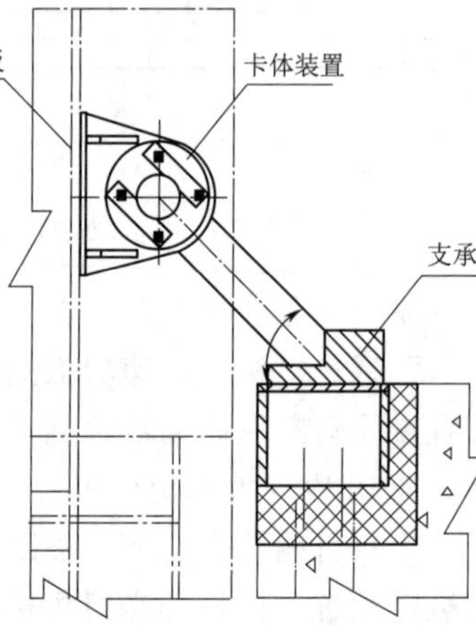

图 25.9　事故闸门锁定装置（锁定状态）

25.2.4　发电进水口事故闸门启闭设备

发电进水口事故闸门 1×4000kN 固定卷扬式启闭机共 2 台，该启闭机用于操作进水口事故闸门，闸门操作方式为动闭静启，充水方式为小门充水。闸门通过卡块锁定在孔口。启闭机采取现场控制和集控楼远程控制两种方式。出事故需闭门时，先按起升按钮将闸门从锁定位置起升约 450mm 后自动停机，锁定卡块自动落下，然后按下降按钮将闸门关闭。

当需开启该闸门时，先按起升按钮将充水小门起升约 450mm 后自动停机，闸门充水平压后，然后按起升按钮将闸门提起。闸门锁定需人工操作。在现地可进行启门和闭门操作，在集控楼内只能进行闭门操作，不能进行启门操作。固定卷扬启闭机装设在发电引水洞进水口 893.5m 高程启闭机室内。该启闭机工作环境温度 −0.6～36.2℃，多年平均气温 19.5℃，最大风速 15.7m/s。

压重箱腹板　　卡体装置

支承座

（1）启闭机主要技术参数。

表 25.5　　　　　　1×4000kN 固定卷扬式启闭机主要技术参数表

项　目	技术参数	项　目		技术参数
起升容量	1×4000kN	卷筒直径		φ2050mm
起升扬程	90m	工作行程		7000mm
启闭速度	1.52m/min、2.13m/min，恒功率同步变频调速	电动机	型号	YZPBF355L2-8
			额定功率	160kW
			额定转速	742r/min
工作级别	Q3-中	减速器	型号	QJRS-D1000-80（Ⅶ）P
			速比	80
滑轮组倍率	8	制动器	型号	YWZ5-500/E201
			制动力矩	2000～3600N·m
钢丝绳型号	54ZAB6×41SW+IWR1770ZS1830 GB8918	电源		三相交流　380V　50Hz

（2）启闭机总体设计。1×4000kN 固定卷扬启闭机是指除总电源及预埋在一期混凝土中的预埋件以外的整套设备，由起升机构、机架、电控系统，以及必要的附属设备组成。启闭机总图如图 25.10 所示。

1）起升机构。起升机构额定起升容量为 1×4000kN，单吊点布置，电动机通过齿形制动轮联轴器与减速器高速轴相连，减速器选用双输入轴端形式，其中电机与减速器间的制动轮上装工作制动器，另一侧的制动轮上装安全制动器。减速器输出轴安装小齿轮，小齿轮与装在卷筒上的大齿轮相啮合，驱动卷筒旋转。钢丝绳在卷筒上为两端固定，四层缠绕，并分别穿过动滑轮、定滑轮、平衡滑轮，带动机构运行。荷载限制器选用压式负荷传感器，安装于平衡滑轮轴的下方。高度指示装置采用机械限位开关加多圈绝对式编码器，安装在卷筒轴端。

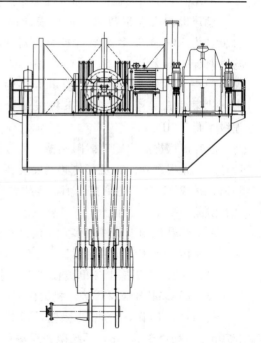

图 25.10　启闭机总图

起升机构电动机按额定启门力 1×4000kN 计算净功率，按 S3 工作制、40％负载持续率选择电动机，电动机型号为 YZPBF355L2-8，功率为 160kW。该电机为起重及冶金用三相异步变频电动机，电动机自带超速开关控制启闭机闭门失速，并配风机。启闭机运行采用两档恒功率超同步变频调速方案，闸门在孔口段运行（闸门在下极限至 1.5 倍的闸门孔口高度，闸门运行约 16.5m），外荷载为额定启闭力 4000kN，此时，电机频率为 50Hz，起升速度为 1.52m/min。闸门在孔口段以上至上极限区间运行（闸门运行约 70m），外荷载为闸门自重 3000kN，此时，电机频率为 70Hz，起升速度为 2.13m/min。起升速度由1.52m/min 调到 2.13m/min 为恒功率变频调速。该电动机过载能力强，适用于水电工程工况。

根据电动机功率、减速器承载能力、校核力矩和减速比等要求，选用 QJRS - D1000 - 80（Ⅶ）P 型中硬齿面减速器，该系列减速器承载能力强，安全可靠。

起升机构在高速轴设置 2 台 YWZ5 - 500/E201 型电力液压块式制动器，其中 1 台为工作制动器，1 台为安全制动器，安全制动器延时 2s 制动，提前 2s 松开。工作制动器和安全制动器可进行切换使用，这样使起升机构的安全性能大大增加。该系列制动器已经广泛应用，动作灵敏，安全可靠。制动器设置在减速器高速轴端。

卷筒采用双联卷筒和折线型绳槽，钢丝绳在卷筒上 4 层缠绕，卷筒名义直径 2050mm，卷筒采用钢板卷制焊接卷筒，卷筒材料 Q420B。滑轮组为 8 倍率，动滑轮、定滑轮、平衡滑轮均采用热轧滑轮，滑轮材料为 Q345B，滑轮与轴之间采用铜基体双金属自润滑滑动轴承。

起升机构钢丝绳选用 54ZAB6×41SW＋IWR1770ZS1830 GB8918 优质钢丝绳。

对各轴承座、联轴器、标准件等均按标书及规范规定的有关标准执行。

起升机构设有带数码显示仪表的高度指示装置，并具有声、光报警功能。高度指示装置为 ROQ425 多圈绝对式编码器加机械式限位开关，安装在卷筒轴端，实现机械电气双保护，数量 1 套。其中，编码器用来全行程开度测量，闸门上下极限位置、充水小门提升位置、脱开闸门锁定卡块的提升位置及调速位置均通过编码器控制实现，机械式限位开关用来控制上下极限位置和抓梁挂脱位置等。允许误差±10mm，防护等级不低于 IP65。

起升机构设有启闭荷载限制器。荷载限制器包括压式负荷传感器和数码显示仪表，并具有声、光报警功能，负荷传感器安装在平衡滑轮轴的一端，荷载限制器的控制值为欠载 60%、超载 110%。达到控制值后停机并自动复位，停机后能够重新恢复工作。传感器应具有防潮、抗干扰性能。

由于起升机构零部件较多，安装高程不一致，要求支承这些零部件的表面整体加工来保证机械传动系统的安装精度。

2）机架。机架是由各单腹板"工"字形断面梁及支承座等结构焊成一体组成的金属结构架。用 Q345B 板材焊接。机架四周设走台、不锈钢栏杆，机架一侧设走梯。

机架整体制作，分两段运输，机架最大运输单元外形尺寸 6360mm×3394mm×2350mm，均小于 3.4m，不超限。运输单元拼接采用铰制孔螺栓连接。

根据起升机构的布置确定机架梁格布置，按标书要求确定总体的几何尺寸。机架计算根据规范，按第Ⅰ类荷载工作时的最大荷载进行强度、刚度和稳定性计算；第Ⅱ类荷载按非工作时的最大荷载或工作时的特殊荷载进行强度和稳定性验算。

起升荷载按机架梁格布置各机构的荷载大小及位置作用在各个小梁上，并通过小梁传递给主梁。小梁自重荷载按集中荷载考虑并作用在起升荷载作用点上；主梁的自重荷载按均布荷载考虑。

按照启闭机设计规范 DL/T 5167—2002 执行，从强度、刚度、稳定性三方面进行计算分析。

3) 电气设备。设置了短路保护、过流保护、失压保护、零位保护、缺相保护、限位保护、过载保护、联锁保护、主隔离开关和断开总电源的紧急开关等。电控系统还具有防止溜钩功能。控制系统由电源、主起升及供电、照明、接地等部分组成,电气柜由电源和主起升控制柜组成。

25.2.5 尾水检修闸门

尾水检修闸门为平面滑动结构,由门叶结构、主滑块、反向滑块、侧轮装置、水封装置组成,尾水闸门按 797.46m($P=5\%$)尾水位进行设计。

门叶按运输单元分三节设计、制造、运输,在工地拼成整体。门叶由主梁、小梁、面板等构件组成的焊接组合结构。闸门采用铸铁滑块支承,闸门面板、止水均布置在厂房侧。闸门操作条件为静水启闭,采用机组旁通阀充水平压。

尾水检修闸门设计计算采用平面体系假定进行分析,闸门面板按四边支撑弹性薄板方法进行计算,并考虑 2mm 防锈层。承重构件的验算方法采用许用应力法,小横梁按多跨连续梁计算,主梁按均布荷载简支梁计算,主支撑滑块按线接触情况进行验算。其他零部件均按《水利水电工程钢闸门设计规范》(DL/T 5039—95)有关规定验算其强度、刚度及稳定性。

25.2.6 尾水检修闸门启闭设备

厂房尾水 2×250kN 单向门机 1 台,该门机通过机械式自动抓梁操作尾水检修闸门。该门机装设在厂房尾水 803.15m 高程的尾水闸门检修平台上。环境温度 $-0.6\sim36.2$℃,多年平均气温 19.5℃。最大风速 15.7m/s。

(1) 门机主要技术参数。

表 25.6 2×250kN 单向门机主要技术参数表

起升机构		大车走行机构	
项目	技术参数	项目	技术参数
额定容量	2×250kN	运行荷载	260kN
总扬程	32m	运行速度	2.2～22.1m/min
轨上扬程	8.5m	运行距离	≈59m
吊点中心距	4.0m	工作级别	Q₃-中
启闭速度	1.69m/min	轨距	3.5m
工作级别	Q2-轻	轮距	8.1m
滑轮组倍率	2	车轮直径	ϕ710mm
钢丝绳型号	24ZAB6×19W+FC1770ZS 336 GB/T8918	车轮数量	4 个
卷筒直径	ϕ700mm	最大工作轮压(动/静)	233/286kN
电动机 型号	YZ200L	轨道型号	P43
电动机 额定功率	15kW	夹轨器型号	THJ-FT-5T
电动机 转速	710r/min	供电方式	电力电缆卷筒

起升机构		大车走行机构		
项　目	技术参数	项　目		技术参数
减速器 型号	QJRS－D400－80Ⅴ（Ⅵ）P	减速电机	型号	KV107TDV112M4/BMG/HF/C
减速器 速比	80	减速电机	额定功率	4.0kW
		减速电机	速比	143.47
制动器 型号	YWZ5－315/E30	减速电机	转速	1420r/min
制动器 制动力矩	250~400N·m	限位开关		LX10－11J
制动器 推动器型号	Ed30/6	限位开关		
电源		三相交流　　380V　　50Hz		

　　（2）门机总体设计。2×250kN 单向门式启闭机由起升机构、门架结构、大车运行机构、液压夹轨器、风速仪、司机室、机房、门机供电装置、缓冲器、电力拖动控制及附属设备组成。液压夹轨器、司机室及门机供电装置均为外购产品。厂房尾水门机见图 25.11。

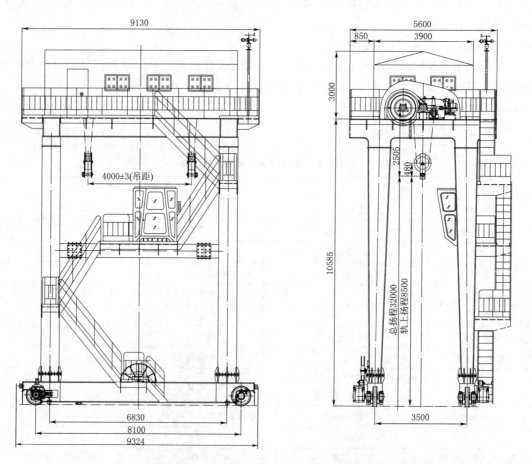

图 25.11　厂房尾水门机总图（单位：mm）

1）起升机构。起升机构额定起升容量为 $2\times250kN$，双吊点布置，驱动方式为集中驱动。布置形式为电动机通过制动轮联轴器与减速器高速轴相接，制动轮上装有液压推杆制动器。减速器为两端输出，一端输出轴上安装小齿轮，另一端输出轴通过齿形联轴器和平衡轴与另一小齿轮装置连接（平衡轴可保证双吊点的刚性连接，同步运行）。小齿轮分别与装在卷筒上的大齿轮啮合，驱动卷筒旋转。钢丝绳在卷筒上为两端固定并分别穿过各自的动滑轮、平衡滑轮，通过钢丝绳在卷筒上的收放带动闸门做升降运行。起升机构安装在门机上平台的机房内，见图 25.12。

起升机构电动机按额定启门力 $2\times250kN$ 计算净功率，按 S3 工作制、40％负载持续率选择电动机，电动机型号为 YZ200L，功率为 15kW。该电机为起重及冶金用三相异步电动机，过载能力强，适用于水电工程工况。

根据电动机功率、减速器承载能力、校核力矩和减速比等要求，选用 QJRS－D400－80Ⅴ（Ⅵ）P 型中硬齿面减速器，该系列减速器承载能力强，安全可靠。

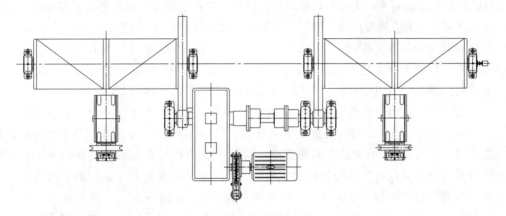

图 25.12　起升机构

制动器是起升机构中非常重要的安全保护装置，采用了 YWZ5－315/E30 制动器，该系列制动器已经广泛应用，动作灵敏，安全可靠。制动器设置在减速器高速轴端，设一个制动器，按总制动力矩进行选择，制动器的安全系数不低于 1.75，满足规范要求。

卷筒采用螺旋绳槽，钢丝绳单层缠绕，卷筒名义直径 700mm，卷筒采用铸造卷筒，卷筒材料 HT200。滑轮组为 2 倍率，动滑轮、平衡滑轮均采用热轧滑轮，滑轮材料为 Q345B，滑轮与轴之间采用铜基体双金属自润滑滑动轴承。

起升机构钢丝绳选用 24ZAB6×19W＋FC1770ZS 336 GB/T 8918 优质钢丝绳。

对各轴承座、联轴器、标准件等均按标书及规范规定的有关标准执行。

起升机构设有带数码显示仪表的高度指示及限位装置，并具有声、光报警功能。高度指示装置为多圈绝对式编码器，安装在卷筒轴端，实现电气保护，数量 1 套。其中，编码器测量全行程开度，控制闸门上下极限位置和抓梁挂脱位置等。允许误差±10mm，分辨率不大于 5mm，防护等级不低于 IP65。

起升机构两吊点均设有启闭荷载限制器。荷载限制器包括压式负荷传感器和数码显示仪表，并具有声、光报警功能，负荷传感器数量 2 个。压式负荷传感器安装在平衡滑轮轴端。传感器精度不低于 0.5%，系统精度不低于 2%。当起升荷载达到额定荷载时，系统应给出声、光报警信号。当达到 110% 额定荷载时，系统应有红灯警报显示及蜂鸣音响报警信号，同时自动切除拖动电机、制动器上闸，对起升机构实施自动保护。减载后仍能恢复工作。当吊具欠载时，应给出欠载预警信号。传感器应具有防潮、抗干扰性能。

由于起升机构零部件较多，安装高程不一致，要求支承这些零部件的表面整体加工来保证机械传动系统的安装精度。

2）门架结构。门架是门机的主要金属结构件，由上部结构、中横梁、下横梁和门腿组成。门架结构各主要受力构件均采用箱形断面，用 Q235B 板材焊接。为保证门腿上部为刚性节点，门架上平台与门腿之间采用焊接连接，门腿与中横梁采用普通螺栓连接，门腿与下横梁采用铰制孔螺栓定位、普通螺栓连接。上平台整体制作后按运输单元划分为 3 段运输，各段之间采用定位销定位、拼接板焊接拼接。

门架上部机房外侧设有走台，门架的外侧设有斜梯。走台、作业平台和梯子均采用具有防滑性能的花纹钢板制成，走台和斜梯均设有栏杆，门机的所有栏杆均要求采用不锈钢管焊接，不锈钢管按《无缝钢管尺寸、外形、重量及允许偏差》（GB/T 17395—2008）标准执行。

根据起升机构的布置确定上平台梁格布置，按标书要求确定总体的几何尺寸。门架计算根据规范，按第 Ⅰ 类荷载工作时的最大荷载进行强度、刚度和稳定性计算；第 Ⅱ 类荷载按非工作时的最大荷载或工作时的特殊荷载进行强度和稳定性验算。

起升荷载按上平台梁格布置各机构的荷载大小及位置作用在各个小梁上，并通过小梁传递给主梁（2—2 梁）（形成支腿框架平面荷载，再传递给 1—1 梁形成门架平面荷载，作为计算小梁时的假设）。小梁自重荷载按集中荷载考虑并作用在起升荷载作用点上；主梁的自重荷载按均布荷载考虑并将机房自重荷载计入主梁的均布荷载中；门架上其他自重荷载按集中荷载考虑并作用在底梁上。平台梁格布置如图 25.13 所示。

荷载组合按规范《水电水利工程启闭机设计规范》（DL/T 5167—2002）执行。

按照启闭机设计规范《水电水利工程启闭机设计规范》（DL/T 5167—2002）从强度、刚度、稳定性三方面进行计算分析。

3）大车走行机构。走行机构由 4 个车轮支承。采用 2 点分别驱动型式，机构由变频减速电机、车轮、下横梁等组成。如图 25.14 所示。

驱动部分选用 2 台德国 SEW 公司生产的 KV107TDV112M4/BMG/HF/C 型"三合一"减速电机，减速器低速轴为空心花键轴。其中，电机为变频调速三相异步电动机，并自带手动释放制动器，制动器的手动释放装置带自锁功能，电动机自带防雨罩，电机功率为 4.0kW。大车走行机构具备 1∶10 无级调速功能。

走行机构装设极限位置行程开关，并具有声、光报警功能，数量 2 个。用来控制门机运行的极限位置。门机的走行机构设置 2 个弹簧式电动液压夹轨器。下横梁端部设碰撞式缓冲器，在轨道终端设撞头。

4）门机附属设备。门机供电装置采用电动式电力电缆卷筒装置收放电缆供电。门机轨道长度约 68m。供电点位于门机全行程的端部。

门机选用两台 THJ-FT-5T 型弹簧液压夹轨器，适用轨道 P43。夹轨器设有限位开关，与大车走行机构及风速仪进行联锁保护。

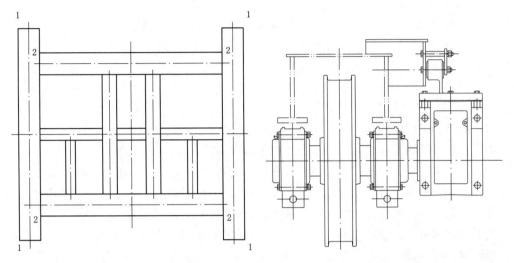

图 25.13　平台梁格布置　　　　　　　图 25.14　主动车轮组

门机设有司机室,位于门机下游侧中横梁上。司机室内部设有操纵各机构的联动台、PLC 触摸屏、显示仪表、空调、座椅等。通过操作手柄可操纵起升机构、大车走行机构的运行。

门机的起升机构设有机房,电气柜放置在门机起升机构机房内,电气柜底面镶嵌非金属隔热材料。电气柜的旁边放置灭火器,并具备可靠的防雨、防潮措施。门机布线时动力线与控制线分开设置,所有电线、电缆穿管走线。

在门机的最高处设置一台风速仪,当风速接近极限风速时,门机控制系统发出声、光报警,当风速达到极限风速时,切断起升和运行电源,并自动放下夹轨器夹紧轨道。

5) 电气设备。设置了短路保护、过流保护、失压保护、零位保护、缺相保护、限位保护、过载保护、联锁保护、主隔离开关和断开总电源的紧急开关等。电控系统还具有防止溜钩功能。控制系统由电源及主起升、行走及供电、照明、接地等部分组成;电气柜由电源及主起升控制柜、大车柜组成。

25.3　导流系统金属结构布置

龙江水电站枢纽工程导流洞布置在大坝右岸,导流洞设有 2 个进水口,每个进水口设一道平板工作闸门,供下闸蓄水时封堵导流洞使用。闸门底槛高程为 790m,最终挡水位为 850.37m,相应设计水头为 62m,闸门操作条件为动水启闭,闸门采用 2×1600kN 固定卷扬式启闭机配拉杆操作。

在导流洞进水口上方 811.00m 高程上设有闸门组装平台,启闭机平台高程为 827.50m。

25.3.1　导流洞工作闸门

导流洞工作闸门为潜孔式,孔口尺寸为 6m×12m,底槛高程为 790.00m,设计挡水位 850.37m,挡水水头为 62m,操作条件为动水启闭,支承跨度为 6.9m,荷载高度为 12.3m,吊点距为 5.2m。

导流工作闸门按运输单元分5节制造、运输，工地焊接为整体，闸门主要材料为Q345B，采用下游止水，侧止水为P形橡皮，底止水为I形橡皮。闸门主支撑采用高强度复合材料滑道，反向采用铸铁滑块支撑，侧向设有直径为300mm导向轮。闸门操作条件为动水启闭，闸门采用Ⅱ型门槽，门槽底槛及孔口以下均采用钢板镶护，闸门反轨、底槛为Q235B材料组合焊接结构，主轨为Q235B厚钢板材料和1Cr18Ni9Ti组合焊接结构。

25.3.2　导流洞工作闸门运行要求

由于下游环境用水需求，在导流洞下闸初期蓄水至水位811.92m之前（按75%保证率需22天），采用导流洞进口一孔闸门控制开启度通过导流洞泄流向下游供水，待水库蓄水位达到811.92m后，利用坝体放水深孔放流向下游控制供水，以保证下游供水要求，此后导流洞完全下闸断流并进行封堵段施工。

当下闸时水位不高于796.95m时，闸门可依靠自重动水关闭，下闸后当水位不高于810.84m时，可以动水开启，导流工作闸门采用2×1600kN固定卷扬式启闭机操作。

导流工作闸门按以上参数设计后，根据环保需要拟在第一扇导流工作闸门下闸后，水位达到811.92m前，由第二扇导流工作闸门局部开启放流29.11m³/s生态流量的要求。水位达到并超过811.92m高程以后将由大坝深孔闸门完成泄放生态流量的要求。因此，第二扇导流工作闸门在水位达到811.92m之后完全关闭断流，最终完成导流工作闸门下闸程序。由于第二扇闸门下闸水位的变更（由796.95m提高至811.92m），对闸门及启闭机进行复核，复核结果表明：局部开启泄放29.11m³/s环保流量的一扇导流闸门，在811.92m水位下依靠自重不能动水关闭，需加配重后才能实现动水关闭。配重需170t，加重后闸门关闭时，启闭机基础荷载满足原设计荷载的要求。

当确定满足下闸要求后，先将其中不加配重的一扇导流闸门完全关闭，再将另一扇加配重后的导流闸门关闭，当闸门下降至距底槛大约400mm时，立即停止，闸门处于局部开启状态，用以保证环境流量。当水位升至811.92m时，此闸门关闭。

导流闸门下闸后，不加配重的闸门在水位不超过810.84m时可以开启，加配重的闸门在水位不超过800.00m时可以开启。因此，一些应急情况的处理可根据上述两个水位确定实施方案。

闸门局部开启过程中，要密切关注闸门的振动情况，如果出现振动、流态不稳等不利情况，可将该闸门开度进行适当调整，以消除不利影响，确保安全可靠。

25.3.3　导流洞工作闸门设计

导流工作闸门设计计算采用平面体系假定进行分析，闸门面板按四边支撑弹性薄板进行计算。承重构件的验算方法采用容许应力法进行计算，小横梁按多跨连续梁计算，主梁按均布荷载简支梁计算，滑块支承采用线荷载进行分析计算。其他零部件均按《水利水电工程钢闸门设计规范》（DL/T 5039—95）有关规定计算其强度、刚度及稳定性。

25.3.4　导流洞工作闸门启闭机

导流洞工作闸门启闭机布置在进水口上方827.50m启闭机平台上。

启闭机容量 2×1600kN，启闭机为固定卷扬式启闭机，吊点距 5.2m，扬程 14m，现地操作。启闭机基本资料及设计参数见表 25.7。

表 25.7　　导流闸门 QP-2×1600kN-14m 固定卷扬启闭机主要特性表

主要参数		起升机构
起升容量/kN		2×1600
起升速度/(m/min)		1.436
起升高度/m		14
钢丝绳		36ZAB6×19W-FC1770ZS478
滑轮组倍率		6
电动机	型号	YZR280S
	功率/kW	37
	转速/(r/min)	572
减速器	型号	$ZQ-85-50-\dfrac{V}{VI}Z\ (\phi130)$
	总传动比 i	228.973
制动器	型号	YWZ$_5$-400/E80
	制动力矩/(N·m)	630~1120

启闭机上还设有带数码显示仪表的高度限制器、过负荷装置等安全措施。

25.3.5　导流工作闸门吊杆

导流工作闸门吊杆由吊杆结构及连接轴组成。吊杆结构为工字形截面焊接结构，两套共 8 节。

吊杆主要材料为 Q345B，吊轴材料为 45 钢，轴径 190mm。

25.4　金属结构防腐设计

25.4.1　闸门及埋件防腐方案

（1）所有闸门、拦污栅及锁锭梁等金属结构设备均采用热喷锌防腐。所有门槽埋件，埋入混凝土中的构件表面采用含 3% 苛性钠水泥浆防腐，其他部位采用热喷锌防腐（铸钢轨工作踏面、不锈钢表面除外）。

（2）所有闸门中的主轮轴、侧向和反向支承轮轴、吊耳轴等表面采用镀铬防腐，第一层为乳白铬，第二层为硬铬，每层厚度均为 0.05mm。

（3）所有采用喷锌防腐的表面，待制作完毕并组装、验收合格后再进行表面预处理，表面预处理质量评定合格后立即进行热喷锌防腐施工。

25.4.2　启闭机防腐方案

固定式、移动式启闭机相关部件及液压启闭机的支架、支铰埋件制作完毕并组装、验收合格后再进行涂漆防腐。

（1）所涂装技术要求符合 SL 105 及 DL/T 5358—2006 中 3.5.3 条有关规定。

（2）启闭机出厂前，所有外露加工面应做好涂油防腐工作。

25.5　设计过程中的方案调整与优化

可研阶段，进水口拦污栅孔口尺寸为 6.5m×21.5m；技施阶段，拦污栅孔口尺寸调整为 7m×21.5m。

可研阶段，机组尾水出口一机两孔，三台机组设 3 套共 6 扇尾水检修闸门；技施阶段，一机一孔，三台机组及生态放流管共设 4 扇尾水检修闸门。

第26章 经验总结

26.1 水轮发电机及附属设备

龙江水电站进水阀采用的是液压站和蓄能器组作为压力油源，较之传统采用油压装置作为压力油源的方式，取消了对进水阀油压操作系统的补油和补气，简化了透平油系统及压缩空气系统的管路设计和安装，减少了电站的运行维护工作，提高了水电站的自动化水平。

26.2 绝缘油系统设计

在设计绝缘油系统时，考虑到现今主变压器的制造水平较之过去有了很大幅度的提高，主变压器用油生产商一般均能保证50年免更换过滤。通过与业主的沟通及经业主确认，将龙江水电站的绝缘油系统的设计进行了简化，取消了绝缘油库，绝缘油罐，只保留了绝缘油过滤设备。减少了绝缘油系统的设备投资和占地面积，优化了管路设计，减少了电站的运行维护工作。

26.3 水力监测系统

龙江水电站在水轮机工作流量的测量设计上，除了采用传统的蜗壳内外侧差压测量的方式以外，还设计使用了超声波流量测量系统，超声波测量装置布置在高程为798.80m的发电机层机组仪表屏内，传感器布置在压力钢管中，电缆从蝶阀层的压力钢管面对上游的右上方引出。超声波流量计在电站运行条件下，能够更加正确可靠地监测本工程的各台水轮机过机流量，提高了水电站的自动化程度。

26.4 施工导流闸门及启闭设备在工程实际使用中应注意的事项

本工程施工导流洞于2010年4月下闸封堵，导流闸门在QP-2×1600kN固定卷扬机操作下关闭。开始阶段闸门下降平缓顺利，闸门下降一段时间后，现场人员发现启闭机钢丝绳松动，经检查发现闸门无法继续关闭，闸门两侧高度不一，闸门出现卡阻。为调整该导流闸门，开始提升闸门，闸门轻微抬升后不再移动，启闭机继续工作，造成钢丝绳拉力过大，钢丝绳润滑油被挤出。由于该启闭机未安装过负荷装置，造成启闭机负荷过大时，无法自动切断电源。

针对导流闸门及启闭机在实际下闸蓄水过程中出现的问题，今后在进行导流闸门及启闭机的设计、安装及下闸时应注意以下几点：

（1）导流闸门作为临时性闸门，使用率低，但导流闸门一旦出现问题，对整个工程的建设将会造成很大损失，对导流闸门及启闭机的设计、制造、安装和使用等环节应提高重视程度。

（2）导流闸门下闸前应对闸门门槽、底槛及锁定等部位进行仔细检查，清理干净门槽及底槛异物，避免闸门运行中出现卡阻等异常现象。

（3）导流闸门启闭设备应设置过负荷装置和高度指示装置，确保导流闸门启闭机使用安全。

26.5　蓄水初期放水深孔弧形工作闸门及启闭设备运行存在的问题及处理

放水深孔弧形工作闸门在工程运行期平时处于开启状态，由其上游侧的事故闸门挡水，在发生超标洪水或水库需要放空时开启该闸门。

在本工程蓄水初期，该闸门用以控制库水位，故该闸门每天频繁地调度。在频繁调度使用过程中发现，尽管放射水装置的预压止水与弧门理论间隙为 0，但实际情况是闸门离开全关位置后，闸门面板与门楣止水存在间隙，造成弧门在控泄过程中水流从此间隙中不停射出，容易诱发闸门的振动。故对于频繁使用且水头低于 85m 的深孔弧门，设置的压紧式止水应尽量采用转铰式止水，即在闸门孔顶部位胸墙埋件上设置能适应闸门径向变位的转动顶止水，配合闸门上的顶止水联合运用，达到封水目的。

26.6　三维可视化辅助设计软件在金属结构设计中的应用

依托软件技术的发展及设计手段的丰富，本电站中部分水工金属结构采用了 Solidworks三维软件进行设计。

从布置设计角度看，软件采用的是全参数化驱动方式，可建立内含逻辑关系的布置简图，通过更改个别主动参数达到改变其他被动参数的目的，在对弧形工作闸门及启闭机布置或其他关联尺寸特别多的情况下进行设计时非常直观且高效，便于设计人员在众多比选方案中择优设计。

从结构设计角度看，设计者可以建立三维模型，直观地对设计产品结构进行布置，对某些传统计算手段不宜解决的空间受力问题还可采用三维有限元计算进行分析，做到重点问题重点分析，细节问题认真分析，全方位保证产品的结构安全。例如进水口事故闸门锁定装置的设计，该锁定装置的卡体设于门叶边柱腹板上，卡座埋设在闸墩上，卡体受力方向与水平面成 45°，水平分力与竖向力相当。在观察三维模型时就能发现边柱腹板处结构较为薄弱，通过加强结构设计结合有限元分析，顺利完成了该部位的结构优化，保障了设备的运行安全。

从施工图纸角度看，三维辅助软件可直接对设计产品进行图纸的自动绘制，保证图纸中各视图关系及尺寸的准确性，极大地避免了人为因素导致的图纸错误问题。通过应用三维可视化软件辅助设计，设计人员从繁重的图纸绘制工作中解放出来，更加专注于产品结构的设计，对提高产品设计质量意义长远。

第6篇　建筑系统设计

第 27 章 建 筑 设 计

龙江水电站枢纽工程的生产和辅助建筑物共划分为七个区域：大坝，进水口和输水系统，主、副厂房，尾水渠，地面升压站，厂前区。

27.1 总平面布置

枢纽由混凝土双曲拱坝、坝顶泄洪表孔、放水深孔、消能塘及左岸地面引水式厂房组成。

厂址位于大坝下游左岸，距坝轴线约 170m。厂房型式为地面式厂房，主厂房尺寸为 109m×25.4m×50.21m（长×宽×高）。主变及 GIS 开关站位于厂前区距安装间下游墙 20m 处，副厂房布置在主机间下游侧，通过电缆母线道与变电站相连。电缆母线道位于厂前区地面以下，与尾水副厂房下游侧相接。

电站的对外交通由电站下游的户拉村等级公路引来，沿龙江左岸公路直接到达电站的厂房、220kV 开关站、左坝头集控楼。尾水渠左侧挡墙与山坡之间回填石渣形成变电站和进厂公路。厂前区和左坝头设有回车场。厂区地面高程为 803.15m。集控楼室外地面高程为 875.00m。主厂房及变电站四周均设有环形消防车道。厂区入口设有门卫室及电动推拉门，220kV 开关站前利用花池将人行道与车行道隔开，主厂房前弧形区域设一个长 5.4m ×1.6m 的标志牌。

27.2 建（构）筑物设计

随着现代社会发展和水电工程的提升，建筑造型新颖、丰满等特点越来越多地被应用在各类工业建筑中，尤其是在一些有特殊要求的水电站项目上，不仅要满足基本的保温、抗风、隔热、防水、抗震等使用功能，还要求造型新颖，与周围大坝、园区环境相协同。在设计中按照适用、经济、绿色、美观的建筑方针，满足安全、卫生、环保等基本要求。因此，精细的建筑设计显得尤为重要。

27.2.1 坝上建（构）筑物

坝上建（构）筑物主要有集控楼、坝上表孔启闭机室、2 个坝上深表孔启闭机室、坝上电梯井房。

27.2.1.1 集控楼

（1）平面布置。坝上集控楼位于左坝头坝上。建筑物南北向布置，地上二层，总建筑面积 649.76m²；框架结构，长 29.31m，总宽 11.84m；室外地面高程为 875.00m，±0.000 相当于绝对标高 875.15m，室内外高差 0.15m。一层布置门厅、强震管理站、大坝配电室和柴油发电机室。二层布置休息厅、楼梯、值班室、办公室、控制室、活动室、男女卫生间，每层设一部疏散楼梯。主入口设在东侧，设 3.0m×3.85m 的不锈钢平开门，门上设轻型玻璃雨篷。柴油发电机室直接对外设出口，3.0m×3.85m 的灰白色卷帘门。窗采用单框单玻咖啡色塑钢窗。室内门根据功能要求设置相应级别的防火门外，其他采用免漆实木门。

（2）立面设计。建筑物东西端的女儿墙 1.4m 高，其他墙体高为 0.5m，在立面上有高低，再加上南侧外立面设计的凸凹线条，是整个建筑物显现出挺拔、生动。外墙面以浅米黄色外墙涂料为主，凸出线条为浅白色外墙涂料。

（3）剖面设计。一层层高 4.2m，二层层高 3.9m，建筑高度 8.55m。

（4）屋面设计。屋面设女儿墙，采用为有组织的外排水。屋面采用传统的防水保温层构造，做法为：钢筋混凝土屋面板→最薄 30mm 厚 LC5.0 轻集料混凝土 2％ 找坡层→80mm 厚挤塑聚苯乙烯保温层→20mm 厚 1∶3 水泥砂浆找平层→4mm 厚 APP 改性沥青防水层→10mm 厚石灰砂浆隔离层→40mm 厚 C20 刚性防水混凝土面层。

（5）室内装修设计。室内装修设计见表 27.1。

表 27.1　　　　　　　　　　　　　　集 控 楼 室 内 装 修 表

名称	房间名称	地面	踢脚	墙面	天棚
集控楼	强震管理站、大坝配电室、门厅、活动室、楼梯间、值班室、监测管理站、控制室、走廊、办公室	防滑地砖	面砖	刮大白	刮大白
	卫生间	防滑地砖		面砖	PVC 吊顶
	油罐室、柴油发电机室	防油细石混凝土	水泥砂浆	防潮白色涂料	防潮白色涂料

27.2.1.2　坝上表孔启闭机室

坝上启闭机室为地上一层，砌体结构，建筑面积 20.11m²，建筑高度：4.70m，±0.000 相当于绝对高程 875.00m，室内外高差 0.2m。墙体采用 Mu10.0 红砖、M5.0 混合砂浆砌筑。启闭机室在上下游方向各设一樘 1.0m×2.1m 的钢制防盗门。东西侧各设二樘 1.2m×1.8m 单框单玻塑钢窗。

（1）屋面。屋面设女儿墙，为有组织的外排水方式。屋面采用传统的防水隔热构造。做法为：钢筋混凝土屋面板→最薄 30mm 厚 LC5.0 轻集料混凝土 2％ 找坡层→60mm 厚挤塑聚苯乙烯保温层→20mm 厚 1∶3 水泥砂浆找平层→4mm 厚 SBS 改性沥青防水层→绿豆沙保护层。

（2）外立面。外墙面以浅米黄色外墙涂料为主，局部为白色外墙涂料。做法为：墙体→刷聚合物水泥浆一道→6 厚 1∶3 水泥砂浆打底扫毛或划出纹道→刷素水泥浆一道（内掺水重 5％ 的建筑胶）→12 厚 1∶2.5 水泥砂浆抹面→刷米黄色外墙涂料二遍

（3）室内装修设计。室内装修设计见表 27.2。

表 27.2　　　　　　　　　　　　　坝上启闭机室室内装修表

地　面	踢　脚	墙　面	天　棚
细石混凝土	水泥砂浆	白色内墙涂料	白色内墙涂料

27.2.1.3　大坝深表孔启闭机室

设有 2 个大坝深表孔启闭机室，为地上一层，砌体结构。每个大坝深表孔启闭机室的建筑面积 92.34m²，建筑高度 4.70m，±0.000 相对于绝对高程 875.20m，室内外高差 0.2m。窗为单框单玻塑钢窗，设一个直接对外出口，外门为成品防盗门。

（1）屋面。屋面设挑檐，为自由排水方式。屋面采用传统的防水隔热构造。做法为：钢筋混凝土屋面板→最薄 30mm 厚 LC5.0 轻集料混凝土 2‰ 找坡层→60mm 厚挤塑聚苯乙烯保温层→20mm 厚 1∶3 水泥砂浆找平层→4mm 厚 SBS 改性沥青防水层→绿豆沙保护层。

（2）外立面。外墙面以浅米黄色外墙涂料为主。做法为：墙体→刷聚合物水泥浆一道→6 厚 1∶3 水泥砂浆打底扫毛或划出纹道→刷素水泥浆一道（内掺水重 5% 的建筑胶）→12 厚 1∶2.5 水泥砂浆抹面→刷米黄色外墙涂料二遍。

（3）室内装修设计。深表孔启闭机室室内装修与表孔启闭机室相同。

27.2.1.4　坝上电梯房

大坝电梯房地上二层，钢筋混凝土结构，建筑面积 60.02m²，建筑高度 9.75m，±0.000 相对于绝对高程 875.15m，室内外高差 0.15m。窗为单框单玻塑钢窗，外门为成品白钢门，内门为普通木门，刷棕色调合漆。

屋面及外立面做法同坝上启闭机室，室内装修设计见表 27.3。

表 27.3　　　　　　　　　　　　　坝上启闭机室室内装修表

地　　面	踢　　脚	墙　　面	天　　棚
米黄色防滑地砖	面砖	白色内墙涂料	白色内墙涂料

27.2.1.5　观测房

大坝观测房地上一层，砌体结构，建筑面积 7.58m²，建筑高度 3.9m，室内外高差 0.20m。窗为深棕色单框单玻塑钢窗，设一个直接对外出口，外门为成品防盗门。

（1）屋面。屋面设挑檐，为自由排水方式。屋面采用传统的防水隔热构造。做法同坝上启闭机室。

（2）外立面。外墙面以深棕色哑光面砖，顶部为主白色外墙涂料，勒脚为灰白色火烧板，局部凸出横线条。做法为：墙体→12 厚 1∶3 水泥砂浆打底扫毛或划出纹道→3.6 厚 1∶2.5 水泥砂浆（内掺建筑胶）黏结层→粘贴 10 厚深棕色仿石面砖，在砖粘贴面上随贴随涂刷一遍混凝土界面处理剂→棕色水泥掺色砂浆勾缝。

（3）室内装修设计。室内装修设计见表 27.4。

表 27.4　　　　　　　　　　　　　坝上观测房室内装修表

地　　面	踢　　脚	墙　　面	天　　棚
米黄色防滑地砖	水泥砂浆	白色内墙涂料	白色内墙涂料

27.2.2　进水口建（构）筑物

进水口建（构）筑物主要有进水口、交通桥、检修平台栏杆。

27.2.2.1　进水口、交通桥、检修平台栏杆

进水口交通桥、检修平台栏杆及进水口平台栏杆，栏杆总高度为 1200mm，栏杆底部为 600mm 高 C25 浇筑素混凝土实体栏板，上部 600mm 高为透空的栏杆，栏杆横向为两道直径 30mm 钢管，扶手为直径 80mm 钢管、竖向间距 930mm 设 20mm 厚钢隔板立柱，所有钢材先除锈，刷防锈漆一遍，后外刷墨绿色调合漆两遍。

27.2.2.2　进水口

进水口为钢筋混凝土结构，±0.000 相对于绝对高程 875.00m。窗为单框单玻塑钢窗，设一个直接对外出口，门为成品防盗门。

（1）屋面。屋面设挑檐为自由排水。屋面采用传统的防水隔热构造。做法同坝上启闭机室。

（2）外立面。外墙面以白色外墙涂料，做法同坝上启闭机室。

27.2.3　主、副厂房

27.2.3.1　平面设计

（1）主厂房平面设计。主厂房为钢筋混凝土结构。从左至右主厂房分为安装间、1 号机组段、2 号机组段、3 号机组段和生态放流管段。主机间与安装间上部同宽 25.4m，主机间全长为 73.50m，安装间长 35.50m。主厂房总长 109.00m，共分五层：发电机层、母线层、水轮机层、蜗壳层和尾水管层。发电机层布置有机旁盘，母线层布置了机组的调速器及油压装置，水轮机层布置了蝶阀用的油压装置和调速器，蜗壳层在上游蝶阀廊道 1 号机组段布置渗漏集水井，在厂房两端头设有通往各层的楼梯间。

安装间及主机间发电机层的上游侧在每个柱网距安装间地面 1.2m（804.50m 高程）韵律设两樘 1.8m×5.4m 雾绿色单框单玻平开采光窗；与 804.50m 高程窗位置上下对应在 811.10m 高程设 1.8m×2.4m、816.10m 高程设 1.8m×2.7m 的雾绿色单框单玻平开采光窗满足天然采光。方便为进出大型车辆设置 6.3m×6.6m 钢质电动卷帘门，钢质卷帘门上设有供生产人员出入的便门，便门采用安装间下游侧入口平开门，并在安装间下游侧另两个柱网距安装间地面 1.2m（804.50m 高程）各设两樘 1.8m×5.4m 雾绿色单框单玻平开采光窗；在 804.50m 高程窗位置上下对应的 816.10m 高程设 1.8m×2.7m 的雾绿色单框单玻平开采光窗。主机间右侧山墙设一樘 1.8m×2.7m 白钢玻璃平开门与厂区室外地面相连。

屋面体系进行了合理的优化，摒弃了以往传统的预制钢筋混凝土结构体系，采用了适应于大空间的球形网架结构，网架上覆压型钢板防水屋面板，使得屋面荷载得以大大减小，施工工期和工程造价得到有效的控制。

（2）副厂房平面设计。副厂房为钢筋混凝土结构，布置在主机间下游。副厂房长 73.50m，宽度 12m。副厂房共分八层。地面以上三层，第一层高程 803.30m，布置了 0.4kV 公用电主屏室、0.4kV 自用电主屏室、0.4kV 照明主屏室等；第二层高程 807.80m，为电缆夹层；第三层高程 810.80m，布置了中央控制及继电保护室、通信机房、计算机室、蓄电池室、直流设备室、继电保护试验室、仪表试验室、自动化试验室等；在 1 号机组段副厂房上游侧布置了建筑消防水箱间及上吊车梁的通道，地面高程为 815.30m。地面以下五层：第一层高程 798.80m，与发电机层同高，上游侧布置发电机断

路器柜室、发电机隔离开关柜室，下游侧为电缆母线道；第二层高程 794.45m，与母线层同高，布置了励磁变压器柜、电压互感器柜等；第三层高程 790.10m，与水轮机层同高，上游侧布有电缆及吊物孔，下游布置了检修排水泵室及其控制盘柜；第四层高程 785.80m，布置了机电消防水泵室、建筑消防水泵室等；第五层高程 781.30m，为尾水盘型阀操作层。副厂房与主机间各层相连通，副厂房两端各设一部通往各层楼梯间。

副厂房上游侧在 804.50m 高程（安装间层）距地面 1.2m（804.50m 高程）设双层窗，平面均匀设置，外侧设 1.8m×5.4m 雾绿色单框单玻平开采光玻璃条窗，内侧窗为 1.8m×1.8m 雾绿色单框单玻平开采光窗；807.80m 高程电缆夹层与 804.50m 高程窗位置上下对应在距地面 0.6m（808.40m 高程）设 1.8m×1.5m 雾绿色单框单玻平开采光窗。810.80m 高程平面在距地面 0.9m 设 1.8m×2.4m 的双层雾绿色单框单玻平开采光窗。

副厂房在 803.15m 高程左、右侧设两个直接对外出口与厂前区相连，设置白钢玻璃平开门。室内根据使用功能设置相应级别的防火门和普通平开门。

副厂房屋面采用钢筋混凝土屋面板，板上设置防水保温层。屋面设有女儿墙，采用有组织的外排水。

27.2.3.2 剖面设计

（1）主厂房。安装间地面高于主机间发电机层 4.5m，安装间地面以上高度 17.30m，安装间地面以下高度 15.20m；主机间发电机层以上高度 21.80m，发电机层以下高度 28.41m，母线层层高 4.4m，水轮机层层高 4.3m，蜗壳层层高 4.35m，尾水管层层高 4.55m。屋架底高程为 820.60m。厂房总高度为 50.21m。厂前区高程为 803.15m，安装间层高程为 803.30m，室内外高差 0.15m。安装间同厂前区地面相连。

（2）副厂房。副厂房地面以上三层，第一层高程 803.30m，层高 4.3m；第二层电缆夹层层高 3.0m；第三层高程 810.80m，层高 4.5m。

地面以下五层，第一层高程 798.80m，与发电机层同高，层高 4.45m；第二层高程 794.45m，与母线层同高，层高 4.4m；第三层高程 790.10m，与水轮机层同高，层高 4.3m；第四层高程 785.80m，与蜗壳层同高，层高 4.35m；第五层高程 781.30m，与尾水管层同高，层高 4.55m。

副厂房总高度为 12.15m。厂前区高程为 803.15m，副厂房与厂前区地面相连的盘屏室高程为 803.30m，室内外高差 0.15m。

27.2.3.3 立面设计

主厂房为规整的钢筋混凝土结构，在立面处理上通过有规律竖向条窗打破主厂房 109.00m 长度的呆板，形成有韵律的一组组线条，形成虚实对比，体现水电站厂房的端庄大气，再加上优美的曲线屋面，既美观大方又能满足有组织的自由排水的要求，使发电厂房端庄又不失动感。立面采用在钢筋混凝土墙体外喷涂简洁美观的米黄色外墙涂料。

27.2.3.4 屋面

厂房屋面采用防水保温的压型彩钢板。

副厂房屋面采用传统的防水保温层构造。做法为：钢筋混凝土板→最薄 30mm 厚水泥珍珠岩 3% 找坡层→20mm 厚 1：3 水泥砂浆找平层→40mm 厚挤塑聚苯乙烯保温层→20mm 厚 1：3 水泥砂浆找平层→4mm 厚 SBS 改性沥青防水层→10mm 厚石灰砂浆隔离层→20mm厚1∶3水泥砂浆保护层（内配 φ1 镀锌钢丝网每1m 见方用 10mm×20mm 木条分隔）。

27.2.3.5　装修设计

（1）天棚。主间发电机层、安装间天棚采用球形网架上覆压型钢板防水屋面，网架杆件涂刷白色防火涂料。

发电机层以下各层，副厂房地面以下各层除中控室、卫生间外天棚为防潮白色涂料。做法为：在钢筋混凝土板下刷素水泥浆一道（内掺水重3％～5％的107胶）后，先抹3.5mm厚1∶3水泥砂浆打底扫毛或划出纹道，再抹2.5mm厚1∶2.5水泥砂浆罩面、压实赶光，面层喷（刷）防潮涂料。

中控室（高程810.80m）天棚采用轻钢龙骨铝板吊顶。

（2）墙面。内墙面地下部分采用防潮白色涂料。做法为：在钢筋混凝土墙面上刷素水泥浆一道（内掺水重3％～5％的107胶）后，先抹3.5mm厚1∶3水泥砂浆打底扫毛或划出纹道，再抹2.5mm厚1∶2.5水泥砂浆罩面、压实赶光，面层喷（刷）防潮涂料。

地上部分采用白色涂料。做法为：在钢筋混凝土墙面上刷素水泥浆一道（内掺水重3％～5％的107胶）后，先抹3.5mm厚1∶3水泥砂浆打底扫毛或划出纹道，再抹2.5mm厚1∶2.5水泥砂浆罩面、压实赶光，面层喷（刷）白色涂料。

副厂房卫生间内墙面采用白色内墙瓷砖。

（3）踢脚。安装间（高程798.80m）及（高程803.30m）层，中控室（高程810.80m）、第一层盘屏室（高程803.30m）踢脚为环氧涂层腻子刮平。做法为：在钢筋混凝土墙面上刷素水泥浆一道，先抹8mm厚1∶3水泥砂浆打底划出纹道，再抹6mm厚1∶0.5∶2水泥砂浆找平层，面层为1mm厚环氧涂层腻子刮平。

安装间高程794.50m、高程790.15m层，副厂房地面以下高程798.80m、高程794.45m、高程790.10m、高程785.80m、高程781.30m各层踢脚为粘贴面砖。做法为：在钢筋混凝土墙面上刷素水泥浆一道（内掺水重3％～5％的107胶）后，20mm厚1∶2水泥砂浆粘贴10mm厚100mm高面砖，最后用素水泥浆擦缝。

主机间发电机层及以下各层、副厂房地面以上第二层电缆夹层（高程807.80m）踢脚为水泥砂浆面层。做法为：在钢筋混凝土墙面上抹10mm厚1∶3水泥砂浆打底扫毛，再抹8mm厚1∶2.5水泥砂浆压实抹光面层。

安装间楼梯段踢脚面层为面砖。做法为：在钢筋混凝土墙面上刷素水泥浆一道（内掺水重3％～5％的107胶）后，20mm厚1∶2水泥砂浆粘贴10mm厚100mm高面砖，最后用素水泥浆擦缝。

（4）地面。主机间发电机层、安装间高程798.80m及803.30m层地面面层为环氧自流平。做法为：在钢筋混凝土楼板上做40mm厚C25细石混凝土随打随抹平层，然后先刮2mm厚环氧底料一道，再刮自流平环氧胶泥，面层为1mm厚封闭面层。

安装间高程794.50m、高程790.15m层地面为面层为防滑地砖。做法为：在钢筋混凝土楼梯踏步上做40mm厚1∶4干硬性水泥砂浆找平层，然后用1∶1水泥细砂浆，铺10mm厚普通防滑地砖，最后用素水泥浆擦缝。

主机间发电机层及以下各层采用在钢筋混凝土楼板上做50mm厚细石混凝土随打随磨

光面层。

水轮机层透平油罐室油处理室地面为防油地砖，做法为：在钢筋混凝土墙面上做30mm 厚 1∶4 干硬性水泥砂浆找平层，然后用 1∶1 水泥细砂浆，铺 30mm 厚耐酸防滑地砖，最后用素水泥浆擦缝。

楼梯面层为防滑地砖。做法为：在钢筋混凝土楼梯踏步上做 40 厚 1∶4 干硬性水泥砂浆找平层，然后用 1∶1 水泥细砂浆，铺 10mm 厚普通防滑地砖，最后用素水泥浆擦缝。

（5）楼梯栏杆扶手。采用方钢栏杆、木扶手。

室内装修设计见表 27.5。

表 27.5　　　　　　　　　　　　厂 房 室 内 装 修 表

名称	房间名称	地面	踢脚	墙面	天棚
主厂房	安装间高程 803.30m	自流平环氧胶泥	环氧涂层腻子刮平	白色涂料	球形网架上覆压型钢板
	安装间高程 798.80m	自流平环氧胶泥	环氧涂层腻子刮平	白色涂料	白色涂料
	安装间高程 794.50m、高程 790.15m 各层	防滑地砖	粘贴面砖	防潮白色涂料	防潮白色涂料
	主机间发电机层	自流平环氧胶泥	水泥砂浆	防潮白色涂料	防潮白色涂料
	主机间母线层、水轮机层、蜗壳层、尾水管层	细石混凝土	水泥砂浆	防潮白色涂料	防潮白色涂料
	安装间楼梯	防滑地砖	粘贴面砖	防潮白色涂料	防潮白色涂料
	主机间楼梯	防滑地砖	水泥砂浆	防潮白色涂料	防潮白色涂料
副厂房	中控室	白色涂料	面砖	干挂铝塑板	轻钢龙骨铝合金板吊顶
	通信机房、通信电源室	防静电架空地板	面砖	白色涂料	白色涂料
	盘屏室	自流平环氧胶泥	环氧涂层腻子刮平	白色涂料	白色涂料
	电缆夹层	细石混凝土	水泥砂浆	白色涂料	白色涂料
	地上其他房间	防滑地砖	面砖	白色涂料	白色涂料
	地下其他房间	防滑地砖	面砖	防潮白色涂料	防潮白色涂料

27.2.4　地面升压站

主变及 GIS 开关站位于厂前区距安装间下游墙 20m 处，为三层混凝土结构，建筑面积 3136.68m²，建筑高度 32.95m，建筑物尺寸 84.8m×14.6m（长×宽）。一层为主变室，地面高程 803.35m，下设事故油池；二层为母线及电缆夹层，地面高程815.95m；三层为 GIS 室，地面高程 821.95m。在两端设有楼梯通往各层及屋顶。出线场布置于此 GIS 室的屋顶上，地面高程 831.90m，端侧楼梯间通至此屋顶，周边设一圈

1.30m 高的女儿墙。变电站四周均设有环形消防通道，通道靠山脚和尾水渠侧设有排水沟。室内设有 3 台油浸式变压器室和 GIS 室，房顶为出线场。室内配备 MF/ABC5 磷酸铵盐手提式灭火器。

27.2.4.1　屋面

屋面设女儿墙，采为有组织的外排水方式。屋面采用传统的防水保温层构造。做法为：钢筋混凝土屋面板→最薄 30mm 厚 LC5.0 轻集料混凝土 2‰ 找坡层→60mm 厚挤塑聚苯乙烯保温层→20mm 厚 1∶3 水泥砂浆找平层→4mm 厚 SBS 改性沥青防水层→10mm 厚石灰砂浆隔离层→20mm 厚 1∶3 水泥砂浆保护层（内配直径为 1mm 镀锌钢丝网每 1m 见方用 10mm×20mm 木条分隔）。

27.2.4.2　外立面

外墙面为外墙涂料。做法为：墙体→刷聚合物水泥浆一道→6mm 厚 1∶3 水泥砂浆打底扫毛或划出纹道→刷素水泥浆一道（内掺水重 5% 的建筑胶）→12mm 厚 1∶2.5 水泥砂浆抹面→刷米黄色外墙涂料二遍。

27.2.4.3　室内装修设计

（1）顶棚。顶棚刷白色内墙涂料。做法为：在钢筋混凝土屋面板下刷素水泥浆一道甩毛（内掺建筑胶），抹 5mm 厚 1∶3 水泥砂浆打底扫毛或划出纹道，5mm 厚 1∶2.5 水泥砂浆抹面，刷白色内墙涂料。

（2）内墙面。做法为：墙体→15mm 厚 1∶3 水泥砂浆打底扫毛或划出纹道→5mm 厚 1∶2.5 水泥砂浆抹面→刷内墙涂料。

（3）踢脚。做法为：墙体→7mm 厚 1∶3 水泥砂浆打底→素水泥浆一道→5mm 厚 1∶2.5 水泥砂浆抹面压实赶光。

楼梯段踢脚面层为面砖。做法为：在钢筋混凝土墙面上刷素水泥浆一道（内掺水重 3%～5% 的 107 胶）后，20mm 厚 1∶2 水泥砂浆粘贴 10mm 厚 100mm 高面砖，最后用素水泥浆擦缝。

（4）地面。三层 GIS 室地面采用自流平环氧胶泥地面。其他房间均采用钢筋混凝土板上 50mm 厚细石混凝土随打随磨光。

楼梯面层为防滑地砖。做法为：在钢筋混凝土楼梯踏步上做 40mm 厚 1∶4 干硬性水泥砂浆找平层，然后用 1∶1 水泥细砂浆，铺 10mm 厚普通防滑地砖，最后用素水泥浆擦缝。

（5）栏杆扶手。楼梯采用方钢栏杆、木扶手。

室内装修设计见表 27.6。

表 27.6　　　　　　　　　　　　地面开关站室内装修表

名称	房间名称	地面	踢脚	墙面	天棚
地面开关站	三层 GIS 室	自流平环氧胶泥	环氧涂层腻子刮平	白色涂料	白色涂料
	其他房间	细石混凝土	水泥砂浆	白色涂料	白色涂料

27.2.5　厂前区

厂前区入口处设电动大门和门卫室，尾水挡墙内设有种植花池。厂区路面采用 C30 混凝土路面,路面面层厚 25cm,面层下为 10cm 厚级配碎石基层和 15cm 厚碎石垫层。门卫室为内设进厂区门卫房和强震观测室,门卫室为单层砌体结构,建筑面积 $44.8m^2$,建筑高度 3.45m,外墙面为刷外墙涂料。室内装修顶棚刷白色内墙涂料。内墙面刷白色内墙涂料。150mm 高面砖踢脚,地面铺防滑地砖。

第28章 消防系统设计

28.1 主要生产场所布置

本工程主、副厂房贴邻建造。副厂房位于主厂房的下游侧。主厂房为地上一层、地下四层，副厂房为地上三层、地下四层。

主厂房长109.00m，宽25.40m，最大高度为19.30m，发电机层（地面高程为798.80m）布置在半地下室（地下一层）中，安装间层地面高程为803.30m；安装间与室外的厂前区回车场直接相通。

副厂房的地上一层及其以下各层均为各种输、变电用房，地上二层为母线层，地上三层为中控、通信人员的工作场所。

地面开关站室内设有3台油浸式变压器室和GIS室，房顶为出线场。

大坝左坝头的集控楼27.0m×11.0m为地上两层的建筑物，一层设大坝观测室、柴油发电机室，二层设监测管理室、控制室及库房。

16号坝段处的电梯底标高780.00m，上至坝顶875.00m。

厂前区道路宽阔，在厂房和开关站均设计了环形消防车道，并且与外界公路相联接。

大坝的左坝头有公路与进场公路相连，设有10m宽的上坝公路，坝头两端设有回车场；进水口有交通桥与大坝左坝头的回车场相连。

28.2 建筑防火设计

28.2.1 火灾危险性分类和耐火等级

根据《水利水电工程设计防火规范》（SDJ 278—90）第3.0.1条规定，龙江水电站的主、副厂房的火灾危险性定为丁类，耐火等级为二级。厂区主要建筑物、构筑物生产火灾危险性类别和耐火等级见表28.1；建筑构件的燃烧性能和耐火极限见表28.2。

表28.1 建筑物、构筑物生产火灾危险性类别和耐火等级一览表

序号	建（构）筑物名称	火灾危险性类别	耐火等级
1	油浸式变压器室	丙	一级
2	中控及继电保护室、蓄电池室、通信机房、计算机房、油罐室、油处理室、烘箱室、母线洞、电缆夹层、电缆母线洞等	丙	二级
3	直流屏室、公用电主盘和10kV高压开关柜室、0.4kV自用电主盘和0.4kV照明主盘室、高压厂用变压器室、发电机断路器柜室、励磁变和电压互感器柜室、机械修配间、通风机室、水机室、低压、中压空压机室、主厂房的发电机层、水轮机层、涡轮层、尾水管层、GIS配电装置室等	丁	二级
4	消防泵室、集水泵室、检修排水泵室、起重设备间、轴室、工具间等	戊	二级

对于丙类生产危险场所依据《水利水电工程设计防火规范》的规定进行设防。

表 28.2 建筑构件的燃烧性能和耐火极限一览表

名称	构件名称		材料	结构厚度或截面最小尺寸/cm	燃烧性能	耐火极限/h
主厂房 副厂房	外墙	地上	钢筋混凝土	50	非燃烧体	≥10.5
		地下	钢筋混凝土	100	非燃烧体	≥10.5
	内墙	地上	砖混	37	非燃烧体	≥10.5
		地下	钢筋混凝土	40	非燃烧体	≥10.5
	柱		钢筋混凝土	50×100	非燃烧体	≥3.5
	梁	屋面梁	钢屋架刷防火漆		非燃烧体	≥2.0
		楼面梁	钢筋混凝土	≥30×50	非燃烧体	≥2.0
	楼梯		钢筋混凝土	10	非燃烧体	≥1.0
	楼板	主机间	钢筋混凝土	25	非燃烧体	≥2.5
		其他	钢筋混凝土	15	非燃烧体	≥2.5
	主厂房屋架		钢屋架	网架杆件涂刷白色防火涂料	非燃烧体	≥0.25
变电站	外墙			30	非燃烧体	≥8.0
	内墙		砖混	20	非燃烧体	8.0
	柱		钢筋混凝土	40×40	非燃烧体	5.0
	梁		钢筋混凝土	—	非燃烧体	2.0
	楼板		钢筋混凝土	10	非燃烧体	2.0

28.2.2 防火间距

地面式厂房，主厂房尺寸为 109m×25.4m×50.21m（长×宽×高）。主变及 GIS 开关站与安装间距离 20m 处，副厂房布置在主机间下游侧。

28.2.3 消防车道

为节约用地，将日常生产、生活所需的交通道路与消防车道相结合，道路可直接通至各生产建、构筑物的主要出入口。

厂前区道路宽阔，消防车可直接到达主、副厂房及开关站。

设有 10m 宽的上坝公路，其两端设有回车场，并且，大坝的左坝头有公路与进场公路相连；进水口有交通桥与大坝左坝头的回车场相连。进水口通过交通桥与大坝右坝头的回车场相连。

厂房、变电站及其附属建筑物的周围均设有环形车道。

消防车道利用交通道路，其宽度均不小于 4.0m，当道路上空有障碍物，距地面净高大于 4.0m。

28.2.4 消防设施

龙江水电站枢纽工程水库总库容 $12.17×10^8 m^3$，总装机容量 278MW，根据《水利水电工程设计防火规范》（SDJ 278—90）第 4.0.9 条的规定，根据工程特点配备相应的消防设施，不设消防站和消防车。

28.2.5 厂房防火设计

（1）防火分区。根据《水利水电工程设计防火规范》（SDJ 278—90）第5.1.4条的规定，主厂房、副厂房分别设为独立的防火分区，防火分区之间用防火墙隔开，防火墙上的门均为甲级防火门或相当于甲级防火门的卷帘门。主厂房防火分区内的地上一层（安装间层）与地下一层（发电机层）为一个防火分区，发电机层以下各层分别划分为一个防火分区；副厂房的地上部分（高程803.30m以上）为两个防火分区，地下部分高程803.30m为一个防火分区，母线层以下为一个防火分区。

（2）安全疏散。主厂房在安装间层高程803.30m设一个直接对外出口。副厂房设2个直接对外出口。满足《水利水电工程设计防火规范》（SDJ 278—90）第5.2.1条的规定。

主厂房的设2部上下联通的楼梯，在母线层及以下为封闭楼梯间，门上设甲级防火门；副厂房每层设有两部封闭楼梯间，两部楼梯均直通室外。主、副厂房在蜗壳层、水轮机层、母线层、发电机层的防火墙上设有甲级防火门，可作为相邻两个防火分区间之间的第二安全出口。室内任意一点到安全出口的距离均小于50.00m。

开关站设有两个直接对外出口。

大坝左坝头的集控楼，地上二层，总建筑面积649.76m²，设置一个安全出口。

（3）疏散楼梯。由于厂房采取"无人值班、少人值守"的管理方式，厂房内工作人员数量不多，主、副厂房、集控楼、开关站室内楼梯梯段净宽为1.10m，通道净宽度为1.40m，净高度不小于2.20m，疏散用门的宽度为1.50m。满足《水利水电工程设计防火规范》（SDJ 278—90）的规定。

16号坝段的坝中电梯分别在780.00m、803.00m、827.93m、842.00m处与水平交通廊道或坝后桥相连。

（4）防火构造措施。

1）防火分隔。①厂房防火分区间用甲级防火门进行分隔，楼梯间、设备用房根据火灾危险等级的不同确定相应等级的防火门。②防火墙、房间隔墙均砌筑至顶板不留缝隙，除各类竖井，待管线安装完毕后，楼板进行防火封堵，其耐火极限等同楼板。

2）防火封堵。①防火墙、房间隔墙均砌筑至顶板不留缝隙，除各类竖井，待管线安装完毕后，楼板进行防火封堵，其耐火极限等同楼板。②吊物孔：所有吊物孔盖板板底均刷防火涂料，使其耐火极限不低于楼板耐火极限。③竖井孔洞及缝隙：电梯井、电缆井、管道井与房间、走廊等相连通的孔洞均采用不低于墙体及楼板耐火极限的防火封堵材料封堵。④防烟、排烟、通风等的管道及其他管道，在穿越防火隔墙、楼板和防火墙处的缝隙均采用防火封堵材料封堵。⑤油罐室和油处理室各设两个安全疏散出口，出口的门为向外开启的甲级防火门，在油罐室防火门下部设有挡油坎。

3）防火门。本工程所设计的围护墙体及楼板均能满足防火规范对一级耐火等级建筑构件的要求。在主、副厂房之间的分隔墙，主厂房内地下各层楼梯间出口，电缆母线道室内、外的分隔墙，透平油罐室，通风机室，蓄电池室等部位设置甲级防火门。

地下室所有设备房间、副厂房楼梯间出口的部位设置乙级防火门。

发电厂房防火门统计详见表 28.3。

表 28.3　　　　　　　　　　发电厂房防火门统计表

序号	编　号	规格型号	单位	数量	备　注
1	FM 甲 1521	1500×2100	樘	49	甲级防火门
2	FM 甲 1221	1200×2100	樘	6	甲级防火门
3	FM 甲 1021	1000×2100	樘	7	甲级防火门
4	FM 乙 1821	1800×2100	樘	3	乙级防火门
5	FM 乙 1521	1500×2100	樘	47	乙级防火门
6	FM 乙 1021	1000×2100	樘	6	乙级防火门
7	FM 甲 1827	1800×2700	樘	1	甲级防火门
8	FM 甲 1024	1000×2400	樘	2	甲级防火门
9	FJM 甲 6366	6300×6600	樘	1	防火卷帘门

4）厂房的室内装修。主厂房采用墙面、地面、天棚等装修材料满足《建筑内部装修设计防火规范（2001 年局部修订条文）》（GB 5022—95）（2001 年修订版）的要求，装修材料选用非燃或难燃的装修材料。

28.2.6　坝上集控楼消防设计

坝上集控楼为地上二层建筑物，建筑面积 649.76m²，整幢建筑物划分为一个防火分区，配置场所的危险等级为柴油发电机室按严重危险级设计，其余按中危险级设计。一层配备 MF/ABC5 磷酸铵盐手提式灭火器 6 个，二层配备手提式灭火器 4 个。

28.2.7　坝上启闭机室消防设计

坝上 1 号、2 号、3 号启闭机室为地上一层构筑物，1 号启闭机室建筑面积 20.11m²，2 号、3 号启闭机室建筑面积相同，均为 92.34m²，每幢建筑物划分为一个防火分区，室内各设 2 个 MF/ABC5 磷酸铵盐手提式灭火器。

28.2.8　电梯房消防设计

电梯间主体地上二层建筑物，建筑面积 60.02m²，整幢建筑物划分为一个防火分区，大坝电梯井共 12 层，每层设两个 MF/ABC5 磷酸铵盐手提式灭火器，共 24 个。

28.3　厂房消防系统

28.3.1　消防水源及消防用水量

主副厂房消防用水水源取自尾水渠。为了保证室内消防管网的工作压力，在厂房建筑消防水泵室内设置两台消防水泵，一用一备，流量为 30L/s，扬程为 68m。在消防水泵前设置滤水器，对尾水进行过滤处理。

室内消防用水量为 10L/s，每根竖管的最小流量为 10L/s。室外消防用水量为 20L/s。

28.3.2　室内外消防管网的布置

厂房内各层均设置消火栓，栓口距地 1.1m，同时使用的水枪数为 2 支，每支水枪的流量为 5L/s，消火栓口径为 DN65，水龙带长度为 25m，水枪喷嘴口径 19mm；消火栓布置间距按两股充实水柱同时到达室内任何部位确定。消火栓箱内设有能启动消防水泵的启

表 28.4

主副厂房灭火器配置一览表

| 序号 | 配置部位 | 危险等级 | | | 火灾种类 | | | | 单元保护面积/m² | 单元灭火级别 | 单元灭火器设置点数量/个 | 设置点灭火级别 | 灭火器类型规格 | 灭火器数量/个 |
| | | 严重 | 中危 | 轻危 | A | B | C | D | 带电 | | | | | | |

序号	配置部位	严重	中危	轻危	A	B	C	D	带电	单元保护面积/m²	单元灭火级别	单元灭火器设置点数量/个	设置点灭火级别	灭火器类型规格	灭火器数量/个
1	781.30m 高程		△		△					576	12A	2	6A	MF/ABC5	4
2	生态机组 786.50m 高程		△		△					245	12A	2	6A	MF/ABC5	4
3	蜗壳层		△		△					1300	36A	6	6A	MF/ABC5	12
4	水轮机层		△		△					3410	66A	11	6A	MF/ABC5	22
5	母线层		△		△					3650	66A	11	6A	MF/ABC5	22
6	发电机层		△		△					3700	66A	11	6A	MF/ABC5	22
7	安装间层		△		△					2100	32A	8	6A	MF/ABC5	16
8	副厂房电缆夹层		△		△					890	18A	3	6A	MF/ABC5	6
9	副厂房中控室层	△			△					890	18A	3	6A	MF/ABC5	6

动按钮。

为了保证初期火灾的十分钟消防用水量，在下游副厂房顶部设有 10m^3 的消防水箱。

室内消防供水管网为环状，由尾水引入的消防水经消防水泵接出两条 DN150 的管道与室内消防管网成环状连接。

消防管道采用内外壁热浸镀锌钢管，承压能力为 1.0MPa。

室外设置 4 个地下式消火栓；其间距不大于 80m，保护半径不大于 150m。室外消防水由室内消防管网接出，并设 1 台消防水泵接合器。

28.3.3　灭火器的配置

根据《建筑灭火器配置设计规范》（GB 50140—2005）的要求，为有效地扑救初起火灾，减少火灾损失和保护电站人员的安全，在有关部位配置一定数量的磷酸铵盐干粉灭火器，灭火器 5kg/具；各场所的灭火级别系数：设消火栓的部位取 0.9，不设消火栓的部位取 1.0。

28.3.4　消防工程主要设备材料表

主副厂房灭火器配置见表 28.4，消防工程主要设备材料见表 28.5。

表 28.5　　　　　　　　　　消防工程主要设备材料表

序号	名称	型号规格	单位	数量	备注
1	室内消火栓	SN65	套	67	
2	室外消火栓	SN65	套	4	地下式
3	水泵接合器		套	1	地下式
4	消防水泵	XBD6.8/30 - 100L，$Q = 30\text{L/s}$，$H = 0.68\text{MPa}$，$N = 37\text{kW}$	台	2	一用一备
5	手提式灭火器	MF/ABC5	具	114	
6	液力自动阀	DN150，$P=1.0\text{MPa}$	个	2	具有止回功能
7	蝶阀	DN150，$P=1.0\text{MPa}$	个	25	
8	蝶阀	DN100，$P=1.0\text{MPa}$	个	24	
9	蝶阀	DN70，$P=1.0\text{MPa}$	个	8	
10	逆止阀	DN150，$P=1.0\text{MPa}$	个	1	
11	手动滤水器	ZLS - 150，$P_n=1.0\text{MPa}$	套	2	

28.4　主要机电设备消防设计

28.4.1　消防给水设计

根据《水利水电工程设计防火规范》（SDJ 278—90）的要求，机电设备需要设置水喷雾灭火装置的主要设备为：水轮发电机、主变压器。透平油罐室及绝缘油罐室采用化学灭火器消防。

水轮发电机消防供水水量 $Q=162\text{m}^3/\text{h}$，环管进口水压 0.5MPa，喷头水压 0.35MPa；主变消防供水水量 $Q=450\text{m}^3/\text{h}$，喷头前水压 0.35MPa。

本电站只有一条引水洞，备用水源设置困难，如从上游直接引水则引水管较长且增加一定开挖量；电站水头范围 50～81.5m，不能完全满足自流消防供水水压要求，因此消防给水采用水泵供水方式。系统设置两台水泵,一台工作,一台备用,水泵取水口设在尾水渠最低水位以下,两个水泵进水口之间设有联络管网。两台水泵出口分别与全厂消防供水环管相连接,再由消防供水环管引出若干支管至各消防用户,以保证各消防用户所必需的水压和水量要求。当火灾发生时,火灾自动报警装置的信号反映至机旁盘和中控室,值班人员确认火灾发生时可在机旁盘和中控室或现地启动消防水泵投入消防。

消防供水的上半环管和下半环管是通过两个常开阀门来实现的,当其中任意一半环管故障或冲洗排砂时,手动关闭阀门,另一半环管仍能保证供水。在消防供水环管一端设有冲洗排砂管,由阀门控制,可手动定期排污排砂。

消防水泵的流量以满足各设备中消防用水量一个最大用户一次火灾用水量确定。本电站消防用水量最大的用户是主变压器,其用水量为 $450m^3/h$,所需扬程80m,据此选定水泵型号和参数如下:

型号:XBD8/150-250

流量:$396m^3/h \sim 540m^3/h \sim 612m^3/h$

扬程:86m~80m~72m

功率:160kW

转速:1450r/min

28.4.2 水轮发电机消防

水轮发电机采用水喷雾灭火,消防水直接取自全厂消防供水环管,并通过消防控制柜引至发电机内部消防供水双环管。消防控制柜内设有雨淋阀装置。发电机消防用水可自动或手动投入。当火灾发生时,火灾探测器将报警信号送至中控室,值班人员确认火灾发生时,启动消防水泵,并在中控或现地自动操作雨淋阀装置,使消防水进入发电机消防环管,经喷雾头喷水达到灭火的目的,火灾解除后再操作雨淋阀装置,关闭供水。

28.4.3 主变压器消防

主变压器全厂共设3台,每台变压器的容量为120MVA。主变压器的消防采用水喷雾和化学灭火器消防。水喷雾灭火,经计算,每台主变配置64个高速喷雾器。消防用水取自全厂供水环管,并通过雨淋阀装置引至主变消防供水支管,当主变压器有火灾报警信号时,值班人员确认火灾发生后可在中控室或现地操作消防水泵启动并开启雨淋阀装置喷水雾灭火。

化学灭火器消防按《建筑灭火器配置设计规范》(GB 50140—2005)第3.2条规定,灭火器配置场所的危险等级属中危险级。按《建筑灭火器配置设计规范》(GB 50140—90)第3.1条规定,火灾种类属B类火灾。主变室确定灭火器设置点两个,每个设置点的灭火器选用推车式干粉灭火器,型号为MFT/ABC20,每个设置点1具。

在主变压器下设有充填卵石的集油坑,在集油坑底部通过排油管与主变事故油坑相连。三台主变共用一个事故油坑。事故油坑的容积为 $V=230m^3$,可以容纳一台主变的全部油量和0.4h的消防水量。

28.4.4 透平油罐室和油处理室消防

透平油系统按《水利水电工程设计防火规范》(SDJ 278—90)第8.0.5条规定,当其充油油罐总容积小于 $200m^3$,同时单个充油油罐的容积小于 $80m^3$ 时,可不设固定式水喷雾灭火系统,因此透平油罐室及油处理室采用化学灭火器消防。按建筑灭火器配置设计规范，油罐室及油处理室灭火器配置场所的危险等级属中危险级，火灾种类属 B 类火灾。油罐室确定灭火器设置点两个，每个设置点的灭火器选用推车式干粉灭火器，型号为 MFAT25，每个设置点 1 具。油处理室确定灭火器设置点两个，每个设置点选用推车式干粉灭火器 1 具，型号为 MFT/ABC20。

透平油事故油池的容积按油罐室内油罐正常储油量（2 个大油罐加 1 个补油罐）加 5％空气容积计算，应不小于 25m³。

透平油罐室、油处理室与其他房间用防火墙隔开；油罐室设置两个安全疏散出口，出口的门为向外开的甲级防火门；为防止静电引起的火灾，每个油罐采取良好的接地措施；为防止火灾时油罐爆炸后，油溢出油罐室，在每个出口的门下设有挡油坎，在油罐室设有排油地漏，将油排至事故油池；为防止油罐室发生火灾时的事故扩大，在每个油罐下有事故排油管和事故排油阀，可在油处理室操作将阀门打开，将油罐中的油排至事故油池中。

28.4.5　绝缘油罐室和油处理室消防

绝缘油系统按《水利水电工程设计防火规范》（SDJ 278—90）第 8.0.5 条规定，当其冲油油罐总容积小于 200m³，同时单个充油油罐的容积小于 80m³ 时，可不设固定式水喷雾灭火系统，因此绝缘油罐室及油处理室采用化学灭火器消防。按建筑灭火器配置设计规范，油罐室及油处理室灭火器配置场所的危险等级属中危险级，火灾种类属 B 类火灾。油罐室确定灭火器设置点两个，每个设置点的灭火器选用推车式干粉灭火器，型号为 MFAT25，每个设置点 1 具。油处理室确定灭火器设置点两个，每个设置点的灭火器选用推车式干粉灭火器 1 具，型号为 MFT/ABC20。

绝缘油事故油池的容积按油罐室内油罐正常储油量（2 个油罐）加 5％空气容积计算，为 65m³。

绝缘油罐室、油处理室与其他房间用防火墙隔开；油罐室设置两个安全疏散出口，出口的门为向外开的甲级防火门；为防止静电引起的火灾，每个油罐采取良好的接地措施，为防止火灾时油罐爆炸后，油溢出油罐室，在每个出口的门下设有挡油坎，在油罐室设有排油地漏，将油排至事故油池；为防止油罐室发生火灾时的事故扩大，在每个油罐下有事故排油管和事故排油阀，可在油处理室操作将阀门打开，将油罐中的油排至事故油池中。机电设备消防系统主要设备详见表 28.6。

表 28.6　　　　　　　　　机电设备消防系统主要设备表

名　称	规格型号	单位	数量	备注
离心水泵	型号：XBD8/150－250 流量：396m³/h～540m³/h～612m³/h 扬程：86m～80m～72m 功率：160kW	台	2	
发电机消防柜		面	3	主机厂供
主变消火喷头	ZSTG11/126	个	192	
雨淋阀装置	Dg250　P_n=1.0MPa	套	3	
自动滤水器	Dg250　P_n=1.0MPa	台	2	
推车式干粉灭火器	MFAT25	具	14	

28.5 主要电气设备消防设计

28.5.1 设计依据

本工程的消防设计遵照"预防为主,防消结合"的方针,确保国家财产和职工生命的安全,做到促进生产,保障安全,方便使用,经济合理。在消防设计中以下列规范作为设计依据。

(1)《水利水电工程设计防火规范》(SDJ 278—90)。

(2)《建筑设计防火规范》(GB 50016—2006)。

(3)《火力发电厂与变电站设计防火规范》(GB 50299—2006)。

28.5.2 室内电气设备消防

28.5.2.1 电气设备布置

(1)主厂房电气设备布置。主厂房内发电机层每个机组段上游侧布置有机旁控制屏及机组保护屏,下游侧布置有机组励磁屏及机旁动力配电屏;安装间段布置有10.5kV高压开关柜及风机配电屏。

母线层主机间每台发电机组的主引出线位于第Ⅲ象限,采用共箱封闭母线引至下游电气副厂房,每台机组第Ⅱ象限的中性点引出线下方机墩旁布置有发电机中性点接地变压器柜,主机间下游侧布置有机组电气制动开关柜和检修动力屏。

(2)下游电气副电气设备布置。13.8kV发电机电压设备分两层布置在下游电气副厂房内。母线层对应每台发电机主引出母线下方布置有励磁变压器柜及电压互感器柜,励磁变压器柜,励磁变压器柜13.8kV电源进线与发电机电压共箱封闭母线的分支线连接。发电机层布置有发电机出口断路器柜,该设备进出线均与共箱封闭主母线连接,主引出共箱封闭母线经电缆母线道引至220kV变电站。

另外在电气副厂房安装间层下游布置有高压厂用变压器、高压限流熔断器组合保护装置、电压互感器避雷器柜、低压厂用变压器、0.4kV自用电主屏、0.4kV公用电主屏和0.4kV照明主屏。

在母线层上、下游侧均设有电缆桥架通道,并在每个机组段间设置贯穿上、下游的电缆桥架。

(3)220kV GIS电气设备布置。220kV GIS设备布置在厂房东南侧主厂房下游进厂公路旁的高程803.35m主变上层的220kV GIS配电装置室内。在变压器和220kV GIS配电装置室之间设有电缆夹层。

28.5.2.2 电气设备消防

以上设备均为无油设备,按《水利水电工程设计防火规范》(SDJ 278—90)的要求,在厂内配电装置室及各主要通道的适当处均配置手提式灭火器;厂用变压器室及各配电装置室长度超过7m时均设置两个安全出口,并用非燃材料堵塞对外的管沟、孔洞。

220kV GIS配电装置室内配置手提式灭火器、砂箱等灭火器材。

28.5.3 屋外电气设备消防

(1)变和220kV出线场电气设备布置。220kV变电站布置在厂房东南侧主厂房下游进厂公路旁的803.35m高程地面,220kV变电站包括主变压器、GIS配电装置室和户外出线场三部分。主变压器布置在一层户外,其上设有电缆夹层,GIS 配电装置室布置在变压器电缆夹层上。户外出线场布置在 GIS 配电装置室屋顶。

(2) 电气设备消防。三台主变压器为三相油浸式,每台充油量为 45t,主变压器采用强迫油循环风冷却的冷却方式。主变间距为 21m,每台主变压器之间设防火隔墙。主变压器周围设有水喷雾灭火装置。每台主变压器下均设置能贮存 20% 变压器油量的填充卵石的贮油坑。另设置一个容积大于一台主变油量和一台主变 24min 灭火水量之和的公共集油池,贮油坑至公共集油池间有排油管相连通。进出变压器室的孔洞四周均用防火堵料封堵。

户外出线场内配置手提式灭火器、砂箱等灭火器材。

28.5.4 电缆防火

主厂房、副厂房、电缆母线道内均设有电缆桥架,主、副厂房电缆桥架经设在副厂房的电缆竖井连通,电缆竖井由水轮机层直至中控室地板下。电缆桥架由发电机层经电缆母线道至 220kV 变电站电缆夹层。

(1) 架空敷设的电缆防火。厂内电缆道、穿越各机组段之间架空敷设的动力电缆、控制电缆和通讯电缆均按防火要求分层敷设于电缆桥架上,动力电缆布置在控制电缆上方。并在动力电缆桥架上敷设防火隔板。

电缆廊道与电缆夹层之间、电缆夹层与电缆竖井之间、均设防火分隔。

(2) 墙上、楼板上电缆孔洞封堵。电缆通过墙和楼板孔洞处采用专用防火包封堵,并对孔洞两侧各 1m 段和盘柜下 1~1.5m 范围内的电缆涂以防火涂料。盘柜下孔洞采用防火包和柔性防火堵料封堵。

电缆母线道及电缆夹层内均配置手提式灭火器。

28.5.5 消防电气

根据《水利水电工程设计防火规范》(SDJ 278—90)的有关规定,在厂内设置具有明显标志的专用消防配电盘,消防配电盘电源分别从厂内 0.4kV 厂用公用电主盘的两段母线上的专用回路引接,并作明显标志。

厂内各主要通道、廊道、楼梯口及疏散用安全通道均设有火灾事故照明及疏散指示标志,照明灯具和疏散指示标志灯采用玻璃防护罩,火灾事故照明照度不低于 0.5lx,事故照明时间不少于 30min,其电源均取自厂内不间断电源屏的专用回路。

全厂事故照明电源电缆及配线电缆、疏散指示标志灯电源配线电缆、消防水泵配线电缆等均采用耐高温防火电力电缆。事故照明灯和疏散指示标志灯的保护罩采用玻璃材料,主要材料表见表 28.7。

表 28.7　　　　　　　　　　　主 要 材 料 表

序号	名　　　称	型　　　号	单　位	数　　　量
1	电缆防火隔板		m^2	3000
2	防火包	PFB	t	40
3	防火涂料	G60-3	t	5
4	防火堵料	DFD-Ⅲ	t	20
5	耐高温防火电力电缆		km	5

28.6　火灾自动报警（带消防联动控制功能）系统

28.6.1　火灾自动报警（带消防联动控制功能）系统装设的依据和特点

根据《水利水电工程设计防火规范》（SDJ 278—90）和《火灾自动报警系统设计规范》（GB 50116—98）的要求，龙江水电站应装设火灾自动报警（带消防联动控制功能）系统。

电站的监控管理为"无人值班"（少人值守）方式。电站厂内火警控制中心设在中央控制室，在中央控制室内设置一台火险管理机及一台火灾自动报警控制（带消防联动控制功能）装置。

28.6.2　火灾自动报警系统

龙江水电站的火灾自动报警系统选用智能环型两总线系统，可接入线型红外光束感烟探测器、防爆探测器、感烟和感温探测器、红外火焰探测器及缆式测温探测器（模拟量）等，每个探测器能与控制器间实现双向通信，随时根据系统运行状态对各个探测器的火灾探测逻辑进行调整，准确地分辨真、伪火情。以上设备主要用来监测电站内主机间，中央控制室，高、低压开关柜室，继电保护室，直流设备室，主变压器室，220kV GIS室，油罐室，空压机室等房间和设备是否发生火灾。厂内的电缆夹层、电缆道、电缆竖井等采用缆式测温探测器来检测。这个系统具有自适应编址、自动隔离故障、联动方式灵活可靠等优点。

发电机组风罩内的火灾探测器、报警装置和手、自动消防系统由机组制造厂设计配套供给的，按每台机组为单位引出火警信号送至全厂火灾自动报警系统。

28.6.3　消防控制方式

电站内任何部位发生火灾时，探测器动作后，在中控室火警报警控制屏上有音响及光字牌显示，同时根据"输入的闭锁逻辑"自动关闭火灾部位的通风系统并灭火。运行人员也可根据火险管理计算机显示的画面，结合电站所设工业电视系统的画面来确定火灾性质，可手动关闭火灾部位的通风系统并灭火。

消防联动系统应具备如下功能：室内消防栓系统的联动控制；自动喷水灭火系统的联动控制；通风、空调、防烟排烟设备及电动防火阀的联动控制。

对于发电机和主变压器自动灭火联锁条件除采用两个以上火灾探测器动作外，还将其设备的电气保护出口和断路器、灭磁开关跳闸联动接点引入作为自动喷水灭火的必要条件，如果只有探测器动作信号，只能作为报警指示。电站运行初期，厂内有少数人员值班，为安全起见，发电机组的喷水灭火宜由运行人员确认火警后，就地手动控制。

主厂房及副厂房的各消火栓箱内设有消防按钮，一经操作，便能联动启动消防泵。

28.6.4　消防系统电源

全厂火灾自动报警系统（带消防联动功能）的电源应由专用电源供电，电压等级为AC 220V。该套装置内部应根据本系统用电容量配置UPS，时间为2h。消防联动控制设备的控制电压为DC 24V。

整个系统的连接总线电缆和控制电缆应采用屏蔽阻燃电缆，所有消防布线应采取埋管方式。

火灾自动报警系统主要设备详见表 28.8。

表 28.8　　　　　　　　　火灾自动报警系统主要设备表

编号	设 备 名 称	型号规格	单位	数量	备　注
1	火灾报警控制器（区域）	待定	台	1	数量仅满足现阶段设计要求，施工中根据实际情况有所调整
2	火警系统管理计算机	待定	套	1	
3	智能型火灾探测器	待定	个	400	
4	智能型现场控制输入输出模块	待定	个	60	
5	防爆型点式火灾探测器	待定	个	10	
6	声光报警器	待定	个	10	
7	缆式感温电缆	待定	套	30	
8	手动报警开关（包括消防栓按钮）	待定	个	70	
9	线性红外感烟探测器	待定	对	8	防爆型1对
10	红外火焰探测器	待定	个	16	
11	阻燃电缆	待定	m	2000	
12	C—总线	待定	m	400	
13	预埋接线盒	待定	个	500	
14	直流电源设备	待定	套	1	

28.6.5　消防通信

龙江水利枢纽消防通信设计考虑在主副厂房、变电站、油罐室、中控室等地设消防电话，电话调度总机必须有 110、119 接警、出警功能。

28.7　消防设备明细

龙江水利枢纽消防设备详见表 28.9。

表 28.9　　　　　　　　　　消 防 设 备 表

序号	名　称	规格型号	单位	数量	备　注
1	离心水泵	型号：125-500（I） 流量：109.2m³/h～327.6m³/h～380.4m³/h 扬程：86m～76m～71m 功率：110kW 重量：1435kg	台	2	
2	发电机消防柜		面	3	主机厂供
3	雨淋阀装置	Dg250　$P_n=1.0$MPa	套	3	
4	自动滤水器	Dg250　$P_n=1.0$MPa	台	2	
5	推车式干粉灭火器	MFAT25	具	14	
6	电缆防火隔板		m²	3000	

续表

序号	名称	规格型号	单位	数量	备　注
7	防火包	PFB	t	40	
8	防火涂料	G60－3	t	5	
9	防火堵料	DFD－Ⅲ	t	20	
10	耐高温防火电力电缆		km	5	
11	火灾报警控制器		台	1	
12	消防联动控制系统		套	1	
13	智能型火灾探测器		个	120	
14	智能型现场控制模块		个	40	
15	防爆型电式火灾探测器		个	10	
16	声光报警器		个	10	
17	模拟量感温电缆		m	1000	
18	火灾报警管理系统		套	1	
19	阻燃电缆		m	2000	
20	手动报警开关（包括消防栓按钮）		个	30	
21	消防联动设备现地控制箱		个	15	
22	消防水泵	$Q=160\mathrm{m}^3/\mathrm{h}$，$H=70\mathrm{m}$	台	2	787.76m 高程水泵室
23	室内消火栓	SN65	套	50	主副厂房
24	室外地上式消火栓	SX100	套	10	厂　区
25	手提式磷酸铵盐干粉灭火器	MF5，5kg/具	具	80	主副厂房
26	FM甲1521	1500×2100	樘	49	甲级防火门
27	FM甲1221	1200×2100	樘	6	甲级防火门
28	FM甲1021	1000×2100	樘	7	甲级防火门
29	FM乙1821	1800×2100	樘	3	乙级防火门
30	FM乙1521	1500×2100	樘	47	乙级防火门
31	FM乙1021	1000×2100	樘	6	乙级防火门
32	FM甲1827	1800×2700	樘	1	甲级防火门
33	FM甲1024	1000×2400	樘	2	甲级防火门
34	FJM甲6366	6300×6600	樘	1	防火卷帘门

28.8　生态机组消防设计

28.8.1　建筑防火设计

　　4号机安装在已建的厂房内，厂房的安全疏散出口、安全疏散楼梯、厂房室内装修均符合防火规范的要求。

28.8.2　厂房消防系统

　　厂房内小机各层均设置消火栓，消火栓口距地 1.1m，同时使用的水枪数为 2 支，每支水枪的流量为 5L/s，消火栓口径为 DN65，水龙带长度为 25m，水枪喷嘴口径 19mm。消火栓布置间距按两股充实水柱同时到达室内任何部位确定，小机各层消火栓与厂房内消火栓环状管网相连接。消火栓箱内设有能启动消防水泵的启动按钮。

　　消防管道采用内外壁热浸镀锌钢管，承压能力为 1.0MPa。

　　根据《建筑灭火器配置设计规范》（GB 50140—2005）的要求，为有效地扑救初起火灾，减少火灾损失和保护电站人员的安全，在有关部位配置一定数量的磷酸铵盐干粉灭火器，灭火器 5kg/具。各场所的灭火级别系数：设消火栓的部位取 0.9，不设消火栓的部位取 1.0。消防工程主要设备材料见表 28.10。

表 28.10　　　　　　　　　　　　　消防工程主要设备材料表

序号	名称	型号规格	单位	数量	备　　注
1	室内消火栓	SN65	套	24	铝合金框，镜面玻璃
2	手提式灭火器	MF/ABC5	具	32	磷酸铵盐

28.8.3　机电设备消防设计

28.8.3.1　消防给水设计

　　根据《水利水电工程设计防火规范》（SDJ 278—90）的要求，机电设备需要设置水喷雾灭火装置的主要设备为水轮发电机。主变压器采用化学灭火器消防。

　　水轮发电机消防用水水量 $Q=60\mathrm{m}^3/\mathrm{h}$，喷头前水压 0.35MPa。

　　本电站 4 号机组消防水引自原电站消防供水环管，供至发电机消防环管，漏水排向集水井。消防供水压力满足发电机消防要求。

28.8.3.2　主要机电设备消防设计

　　(1) 水轮发电机消防。水轮发电机采用水喷雾灭火，消防水直接取自原电站消防供水环管，并通过消防控制柜引至发电机内部消防供水双环管。消防控制柜内设有雨淋阀装置。发电机消防用水可自动或手动投入。当火灾发生时，火灾探测器将报警信号送至中控室，值班人员确认火灾发生后，可在中控室或现场操作，启动并开启雨淋阀装置，使消防水进入发电机消防环管，经喷雾头喷水达到灭火的目的，火灾解除后再操作雨淋阀装置，关闭供水。

　　(2) 主变压器消防。生态机组设一台主变压器，变压器的容量为 25MVA。主变压器的消防采用化学灭火器消防。

　　化学灭火器消防：按《建筑灭火器配置设计规范》（GB 50140—2005）第 3.2 条规定，灭火器配置场所的危险等级属中危险级。按《建筑灭火器配置设计规范》（GB 50140—2005）第 3.1 条规定，火灾种类属 B 类火灾。主变室确定灭火器设置点两个，每个设置点的灭火器选用手提式干粉灭火器，型号为 MF/ABC4，每个设置点 1 具，共 2 具。

　　在主变压器下设有充填卵石的集油坑，在集油坑底部通过排油管与主变事故油池相连。4 号机主变与原电站主变共用一个事故油池。

机电设备消防给水系统设备详见表 28.11。

表 28.11　　　　　　　　　　机电设备消防给水系统设备表

名　称	规格型号	单位	数量	备　注
发电机消防柜		面	1	主机厂供
手提式干粉灭火器	MF/ABC4	具	2	

28.8.4　主要电气设备消防设计

28.8.4.1　室内电气设备消防

(1) 电气设备布置。4 号发电机主引出线布置在第Ⅲ象限偏 $-Y$ 轴 $10°$（面对上游侧，下同），采用 6.3kV 三相共箱母线，中性点设备布置在机墩风罩处。励磁变压器、6.3kV 高压开关柜设备布置于 4 号机组母线层（▽794.45m）下游电气副厂房的专用房间内。

(2) 电气设备消防。所有布置在室内的电气设备均为无油设备，按《水利水电工程设计防火规范》（SDJ 278—90）要求，在厂内配电装置室及各主要通道的适当处均配置手提式灭火器；配电装置室均设置两个安全出口，并用非燃材料堵塞对外的管沟、孔洞。

28.8.4.2　屋外电气设备消防

(1) 电气设备布置。4 号机组的主变压器布置在主厂房下游尾水渠左侧进厂公路旁，与 1 号、2 号、3 号机组的变压器一列布置，占地面积为 179.58m²。220kV GIS 开关站在主变上方分两层布置，出线场布置在 GIS 室屋顶。

(2) 电气设备消防。4 号主变压器为三相油浸式，充油量为 8.5t，主变压器采用强迫油循环风冷却的冷却方式。主变压器下均设置能贮存 20％变压器油量的填充卵石的贮油坑。进出变压器室的孔洞四周均用防火堵料封堵。

开关站出线场内配置手提式灭火器、砂箱等灭火器材。

28.8.4.3　电缆防火

动力电缆、控制电缆和通讯电缆均按防火要求分层敷设于电缆桥架上，并在动力电缆桥架上敷设防火隔板。

电缆通过墙和楼板孔洞处采用专用防火包封堵，并对孔洞两侧各 1m 段和盘、柜下 1～1.5m 范围内的电缆涂以防火涂料。盘、柜下孔洞采用柔性防火堵料封堵。

28.8.4.4　消防电气

各主要通道、廊道、楼梯口及疏散用安全通道均设有火灾事故照明及疏散指示标志，照明灯具和疏散指示标志灯采用玻璃防护罩，火灾事故照明照度不低于 0.5lx。

火灾事故照明电源及疏散指示标志灯电源均取自厂内专门设置的不间断应急电源装置。

28.8.5　火灾自动报警及消防联动控制系统

根据《水力发电厂火灾自动报警系统设计规范》（DL/T 5412—2009）和《火灾自动报警系统设计规范》（GB 50116—98）的要求，龙江水电站已安装了火灾自动报警及消防联动控制系统一套，并投入运行。

电站厂内火警控制中心设在中央控制室。在中央控制室内设置一套火灾自动报警控制装置及一套消防联动控制装置。

（1）生态机组火灾自动报警系统及消防联动系统。生态机组火灾自动报警系统的选用智能环型两总线系统，可接入感烟探测器和模拟量感温电缆等，每个探测器能与控制器间实现双向通信，随时根据系统运行状态对各个探测器的火灾探测逻辑进行调整，准确地分辨真、伪火情。这个系统与全厂火灾自动报警系统相连形成一个完整的火灾自动报警系统。生态机组机的火灾自动报警探测器及消防联动系统的埋管已形成。

发电机组风罩内的火灾探测器、报警装置和手、自动消防系统一般是由机组制造厂设计配套供给的，但要以每台机组为单位引出火警信号与全厂火灾自动报警系统相连接。

（2）生态机组机消防控制方式。对于发电机和主变压器自动灭火联锁条件除采用两个以上火灾探测器动作外，还将其设备的电气保护出口和断路器、灭磁开关跳闸联动接点引入作为自动喷水灭火的必要条件，如果只有探测器动作信号，只能作为报警指示。

主厂房 4 号机的各消火栓箱内设有消防按钮，一经操作，便能联动启动消防泵。

整个系统的连接总线电缆和控制电缆应采用屏蔽阻燃电缆，所有消防布线应采取埋管方式。

火灾自动报警系统主要设备详见表 28.12。

表 28.12　　　　　　　　　　火灾自动报警系统主要设备表

编号	设 备 名 称	型号规格	单位	数量
1	智能型火灾探测器		个	8
2	模拟量感温电缆		m	200
3	智能型火灾探测器		个	10
4	智能型现场控制模块		个	8
5	声光报警器		个	2
6	手动报警开关（包括消防栓按钮）		个	2
7	阻燃电缆		m	200
8	消防联动设备现地控制箱		个	2

第 29 章　通风、空调系统设计

改革开放以来，随着国民经济的高速发展，我国水电工程建设进入了一个高速发展阶段。各类型水电站项目相继开工、投产发电，各种先进技术和设备不断在工程中被广泛应用。与此同时，先进的设备和运行人员对环境要求的提高，促进了与环境密切相关的通风、空调技术进一步发展和提高。

发电厂房是水电站工程的主体建筑物、核心建筑物。目前，国内外水电站的设计多以"无人值班，少人值守"为设计原则，可靠的暖通空调系统可以降低机电设备故障率。在能源越来越匮乏的今天，采用高效、自然、节能及环保的通风、空调方案对水电站发电厂房及附属建筑物具有重大意义。

水电站通风、空调系统的作用可简单概括为：创造并保持一个适宜的温、湿度环境，此环境可改善电站机电设备和人员的工作效率。

结合水电站厂房通风、空调系统自身的特点，设计中如何有效、安全、经济、合理、节能，是水电站通风空调设计的核心问题。

29.1　地面厂房通风方案概况

水电站厂房作为发电的主体建筑，是整个水利枢纽工程的核心部位。按其布置在地面或地下分为地面厂房或地下厂房。水电站厂房本身又分为设置水轮发电机组的主厂房及设置各类电气设备、水力机械设备以及人员办公、运行管理的副厂房。从 20 世纪 50 年代水电勘测设计建设初始阶段，水电站通风、空调设计就开始同步发展。各大勘测设计院通风、空调专业设计人员开始对水电通风、空调设计的特殊性进行探索，为水电系统通风、空调专业的开创和技术导向做出了巨大贡献，同时亦为以后水电站通风、空调专业技术人员的培养、指导起到了示范作用。虽然通风、空调专业在水电系统设计各专业中属于辅助专业，但通风、空调及防排烟设施对确保水电站的安全运行、发电设备的正常运转都有着极其重要的作用。水电系统对通风、空调系统设置也提出更高的要求。

龙江水电站枢纽工程地处云南省德宏州，属热带季风气候，具有四季不明显、春温高、夏季长、秋多雨、冬季短、雨热同期、干冷同季、年温差小、日温差大的特点。龙江水电站枢纽工程发电厂房的通风、空调设计与其他地区有很大区别，进行热带地区厂房通风、空调的设计工作，首要任务就是确定厂房的进风温度和通风方案的比选及论证。因此，在设计过程中我们查阅相关资料并进行咨询和调研，汲取了其他兄弟设计院的先进经验。

29.2　设计参数确定

29.2.1　室外空气计算参数

龙江水电站枢纽工程室外空气计算参数取自云南省德宏州芒市气象站室外气象资料。

（1）冬季采暖室外计算温度（℃）：6。

（2）冬季通风室外计算温度（℃）：8。

（3）冬季空调室外计算温度（℃）：8。

（4）夏季通风室外计算温度（℃）：25.4。

（5）夏季空调室外计算温度（℃）：29.3。

（6）最热月月平均温度（℃）：24.2。

（7）年平均温度（℃）：19.5。

（8）夏季室外计算相对湿度（%）：90。

（9）冬季空调室外计算相对湿度（%）：71。

（10）夏季空调室外计算湿球温度（℃）：20.7。

（11）夏季大气压力（mbar）：831.6。

（12）冬季大气压力（mbar）：866.7。

（13）夏季室外风速（m/s）：1.1。

（14）冬季室外风速（m/s）：1.6。

29.2.2　室内空气设计参数

温度和湿度是衡量厂房工作环境的重要参数。龙江水电站枢纽工程发电厂房室内温湿度设计标准可参考《水力发电厂供暖通风与空气调节设计规范》（DL/T 5165—2002）中的相关规定，并结合本工程自身特点及通风、空调系统布置而确定。室内空气设计参数见表 29.1。

表 29.1　　　　　　　　　　　　　　室内空气设计参数表

生产场所	夏季			冬季		
	工作区温度/℃	相对湿度/%	工作区风速/(m/s)	机组运行工作区温度/℃	停机或检修工作区温度/℃	相对湿度/%
发电机层	≤29	≤75	0.2~0.8	≥10	≥5	<75
母线层	≤30	≤80	0.2~0.8	≥5	≥5	<80
水轮机层	≤29	≤80	0.2~0.8	≥8	≥5	<80
油处理室	≤30	≤80	不规定	10~12	≥5	<80
空压机室	≤33	≤75	不规定	≥12	≥12	<75
机修间	≤30	≤75	不规定	≥14	≥14	<75
电工试验室	≤30	≤70	不规定	≥16	≥16	<70
电气修理间	≤30	≤70	不规定	≥14	≥14	<70
中央控制室	26~28	45~65	≤0.3	18~22	18~22	<70
通信值班室	≤29	≤70	0.2~0.5	18~22	18~22	<70
蓄电池室	≤33	≤75	不规定	≥5	≥5	<75
油罐室	≤33	≤75	不规定	≥10	≥10	<75
电缆夹层	≤33	≤70	不规定	≥5	≥5	<70

从表 29.1 可见，重要工作场所（中央控制室、通信值班室）的温度、湿度均按较高

的标准设计。厂房母线层、水轮机层设计时取用的温、湿度标准与规范规定的基本一致，由于该区域运行人员相对较少，设备较多，设计标准不宜再进行提高，应针对不同场所的热、湿负荷的特点采用不同的措施予以保证。

29.3　进风温度的确定

进风温度是确定厂房的通风方案的一个重要因素。按照《水力发电厂供暖通风与空气调节设计规范》（DL/T 5165—2002）中的相关规定，夏季通风室外计算温度采用历年最热月的月平均温度的平均值，确定龙江水电站枢纽工程夏季室外计算温度为 24.2℃。

29.4　通风设计方案比选

厂房通风系统的设计可选择四个方案进行比选，即：自然进风、自然排风，自然进风、机械排风，机械进风、自然排风，机械进风、机械排风。

29.4.1　自然进风、自然排风

利用自然通风达到消除室内余热、余湿的目的，应与厂房机电设备的工艺布置、围护布置密切结合。采用该系统时应注意尽量降低进风侧外窗离地高度，主进风面应尽量垂直于夏季主导风向，且角度不宜小于 45°，同时避免大面积围护结构受日晒影响。

该系统优缺点为：

（1）充分利用自然资源，运行成本低、投资少。

（2）进排风面积大，且风量不易控制，增加夏季空调冷负荷。

（3）厂房发电机层可获得良好的通风效果，但地面以下各层的余热、余湿很难尽除。

（4）对厂房朝向影响较大。

（5）空气新鲜问题对厂房尤为重要。自然进入的新风量取决于室内外的高差、室内外空气的温差和整个系统的阻力，所以地面厂房仅靠自然进风，其风量很不稳定；加之厂房由于设备布置的需要，常用墙体分隔成多个区域，自然的通风气流无法到达所有区域。由此单从新风风量角度分析，大型厂房单靠无组织的自然通风无法满足所需新鲜空气量的要求。

29.4.2　自然进风、机械排风

该系统为负压通风系统，室外新风经发电机层外窗进入厂房；在厂房各层设置排风机，新风在负压的作用下通过楼梯间、吊物孔、进风竖井自然进入厂房各层。

该系统优缺点为：

（1）通风系统简单，只要打开排风机和进风外窗就可运行，运行简便。

（2）通风效果不受室外风速、风向的影响。

（3）容易获得合理的气流组织，确保气流通畅，也易于做到与防排烟或事故通风相结合。

（4）对发热量比较集中的区域降温效果有限，需增设空调机。

（5）对于比较潮湿的部位除湿效果有限，需增设移动式除湿机。

29.4.3　机械进风、自然排风

该系统为正压通风系统，根据厂房内不同部位的温、湿度要求，对室外空气进行过

滤，冷却（或加热）处理后通过风机、风管送入上述部位，消除余热、余湿后的热空气在热压的作用下最终经厂房顶部的排风装置排至室外。

该系统优缺点为：

（1）室外新风可经过处理，不仅能满足夏季通风降温的要求，而且进风质量较高。

（2）正压进风可适当降低空调冷负荷。

（3）运行管理较为复杂。

（4）设备、风道占地面积大，建设投资与运行管理费用很高。

（5）不能有效的排除有害气体和事故通风。

29.4.4　机械进风、机械排风

该系统为全面机械通风系统，与上述三种方案相比，能有效提高进排风能力，更有效的排除室内的热、湿空气，改善通风气流组织。可根据室内卫生、环保和工艺条件的要求进行设计，是一种理想的通风方式。但建设投资与运行管理费用相对最高，对运行管理人员的要求也最高。

29.5　通风设计方案的确定

通过对上述四个方案的定性分析与比较，结合龙江水利枢纽工程所在地的气候特点及自然环境，最终确定自然进风、机械排风的通风方式最为适合本工程。该方案投资费用适中，通风气流组织合理，易于同事故通风相结合。在有人值守的重要房间和发热量较大的电气设备房间内辅以局部空调系统，在湿度较高的部位设置移动式除湿机，完全可以使厂房各部位获得比较良好的温、湿度环境。

自然进风、机械排风的通风设计方案在专家论证会中得到通风评审专家的认可。

29.6　厂房通风系统设计原则

（1）散发热、湿及有害气体的房间，当发生源分散或不固定时应采用全面通风，如GIS室、电缆夹层等。

（2）对于产生有害气体或火灾危险性较大的房间，为避免对运行人员的危害、污染、危及相邻房间，送风量应小于排风量，以保证房间负压。一般送风量为排风量的80%。

（3）电气设备房间散热量计算应按最大负荷的工艺设备散热量计算；经常但不稳定的散热量，应按最大值计算。

（4）进、排风应使室内气流从有害物浓度较低的部位流向有害物浓度较高的部位，特别是应使气流将有害物从人员停留区带走。

（5）房间内同时发散余热、余湿和有害物质时，换气量按其中最大取值。

（6）厂房内透平油罐室、油处理室、蓄电池室、GIS室等产生易燃、易爆或有害气体的部位及房间，采用单独的排风系统。

（7）消除余热所需要的换气量 G_1（kg/h）：

$$G_1 = 3600Q/(t_p - t_j) \times c$$

式中：Q 为余热量，kW；t_p 为排出空气的温度，℃；t_j 为进入空气的温度，℃；c 为空气的比热，1.0kJ/(kg·K)。

(8) 消除余湿所需要的换气量 G_2（kg/h）：

$$G_2 = G_{ah}/(d_p - d_j)$$

式中：G_{ah} 为余湿量，g/h；d_p 为排出空气的含湿量，g/h；d_j 为进入空气的含湿量，g/h。

(9) 稀释有害物所需要的换气量 G_3（kg/h）：

$$G_3 = \rho M/(c_y - c_j)$$

式中：ρ 为空气密度，kg/m³；M 为室内有害物的散发量，mg/h；c_y 为室内空气中有害物质的最高允许浓度，mg/m³；c_j 为进入空气中有害物质的浓度，mg/m³。

29.7　通风量计算

29.7.1　计算原则

(1) 龙江水电站枢纽工程主要承担电网系统中的调峰、填谷任务，结合电站运行工况，通风系统运行应按照两班制考虑。

(2) 主厂房发电机层、母线层、副厂房电气房间等应按通风排热计算风量。

(3) 对于以排除有害气体为主而进行通风的房间，为保证有害物质浓度值低于允许浓度值，根据相关设计标准的规定，通风量应按下列换气次数计算：蓄电池室 6 次/h；透平油罐室 4 次/h；油处理室 6 次/h；GIS 室正常运行通风量为 2 次/h，事故通风量为 4 次/h。且上述房间均应保持负压，一般送风量为排风量的 80%。

29.7.2　计算结果

经过计算，厂房内各层主要部位通风量见表 29.2。

表 29.2　　　　　　　　厂房主要生产场所通风量分配表

生产场所	通风量/(m³/h)	生产场所	通风量/(m³/h)
尾水副厂房 781.25m 高程	15880	810.80m 高程蓄电池室	1800
尾水副厂房 785.75m 高程	16800	安装间下副厂房高压开关柜室	8429
尾水副厂房 790.07m 高程	20240	安装间下副厂房机修间、工具间	2585
尾水副厂房 794.45m 高程	40460	安装间下副厂房起重设备室、空压机室	11560
尾水副厂房 798.80m 高程	54140	安装间下副厂房透平油罐室	4700
尾水副厂房 803.25m 高程	56700	安装间下副厂房油处理室	3200
尾水副厂房 807.80m 高程	25900	合计	262394

29.8　通风设计

龙江水电站枢纽工程厂房通风系统分为两部分：尾水副厂房通风系统、安装间下副厂房通风系统。

厂房通风流程见图 29.1。

原则上把厂房主机间视作一个大型的进风主通道，室外新鲜空气通过厂房上游墙高窗进入主机间，经楼梯间和吊物孔进入厂房各个部位。各房间进风量由该房间排风量决定。充分利用了自然风，进而简化了通风系统，节约了通风系统投资和运行费用。

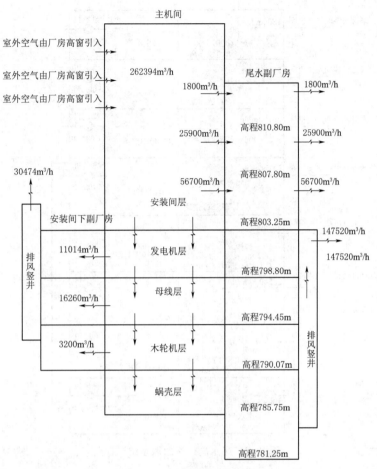

图 29.1　厂房通风流程图

厂房总进风量 262394m³/h，总排风量为 260594m³/h。其中，尾水副厂房进风量为 231920m³/h，排风量为 230120m³/h；安装间下副厂房进风量为 30474m³/h，排风量为 30474m³/h。

29.8.1　尾水副厂房通风系统

尾水副厂房通风系统流程见图 29.2。

尾水副厂房共八层，其中尾水副厂房高程 781.25m、785.75m、798.07m、794.45m 及 798.80m 均位于地面以下，高程 803.25m、807.80m 及 810.80m 位于地面以上。高程 781.25~798.80m 室内排风均由排风竖井引至室外。通过风量计算，每一机组段需设置两个排风竖井：高程 781.25~790.07m 为水机房间排风竖井，三层合用；高程 794.45m 和 798.80m 为电气房间排风竖井，两层合用。水机房间排风竖井结构尺寸为 150cm×60cm，电气房间排风竖井结构尺寸为 100cm×60cm。

尾水副厂房高程 781.25m 由盘型阀室和机组检修、渗漏集水井室组成，位于尾水副厂房最底层，坐落于尾水管上方；尾水副厂房 785.25m 高程由机电消防水泵室和建筑消防水泵室组成。这两个高程的尾水副厂房房间常年处于低温潮湿的环境中。只有有效地去

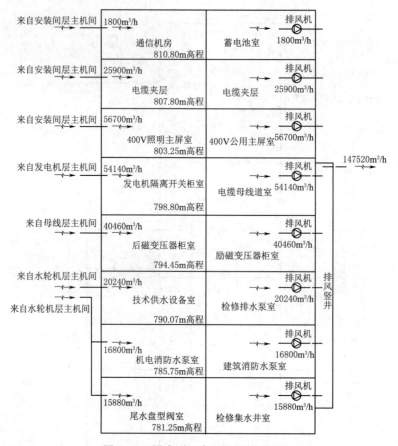

图 29.2　尾水副厂房通风系统流程图

除余湿，才能保证机电设备和管路的正常运行。最终确定的通风方案为：尾水副厂房
781.25m 高程和 785.25m 高程副厂房进风均取自水轮机层主机间，空气由水轮机层主机间与尾水副厂房隔墙内设置的三台轴流送风机经送风竖井送入机电消防水泵室、尾水盘型阀室，送入的空气分别经过尾水副厂房隔墙上的进风-防火一体化风口进入消防水泵室和检修集水井室；室内排风经排风管道，由设置在尾水副厂房下游墙的六台轴流风机排入尾水副厂房水机房间排风竖井后，最终排至室外。为了形成良好的气流组织，进风口底部距地 0.5m；排风口底部距地 3.0m。

　　尾水副厂房 790.07m 高程为检修排水泵室，该房间进风取自水轮机层主机间，空气由水轮机层主机间与尾水副厂房隔墙上的进风-防火一体化风口引入；室内排风经下游侧排风管道，由设置在尾水副厂房下游墙的三台轴流风机排入尾水副厂房水机房间排风竖井后，最终排至室外。

　　尾水副厂房 794.45m 高程为励磁变压器柜室，设备发热量较大。进风取自母线层主机间，空气由母线层主机间与尾水副厂房隔墙内设置的轴流送风机送入；室内排风经排风管道，由设置在尾水副厂房下游墙的三台斜流排风机排入尾水副厂房电气房间排风竖井，最终排至室外。

尾水副厂房 798.80m 高程由发电机隔离开关柜室和电缆母线道室组成，设备发热量较大。进风取自发电机层主机间，空气由发电机层主机间与尾水副厂房隔墙内设置的轴流送风机引入；室内排风经排风管道，由设置在尾水副厂房下游墙的三台斜流风机排入尾水副厂房电气房间排风竖井，最终排至室外。

尾水副厂房 803.25m 高程由 0.4kV 照明主屏室和 0.4kV 公用主屏室等电气房间组成，设备发热量相对较大。该层进风取自主机间，空气由安装间层主机间与尾水副厂房隔墙内设置的轴流送风机引入；室内排风由设置在尾水副厂房下游墙的七台壁式风机直接排至室外。

尾水副厂房 807.80m 高程为电缆夹层。该层进风取自主机间，空气由安装间层主机间与尾水副厂房隔墙内设置的轴流送风机引入；室内排风由设置在尾水副厂房下游墙的七台壁式风机直接排至室外。由于该层层高较低，且电缆桥架层数较多，为避免室内气流不畅，加速空气流动，在上下游房间的隔墙上除设置了进风-防火一体化风口外，还设置了八台扰流风机。

尾水副厂房 810.80m 高程为电站管理人员用房，主要由计算机室、通信机房、交接班室、中控室、蓄电池室和各类实验室组成，由于上下游房间均设置外窗，且设备发热量较小，自然通风就可满足通风换气要求。蓄电池室设置了事故通风系统，换气次数按 6 次/h 确定，防爆型排风机位于房间下游墙。

29.8.2　安装间下副厂房通风系统

安装间下副厂房通风系统流程见图 29.3。

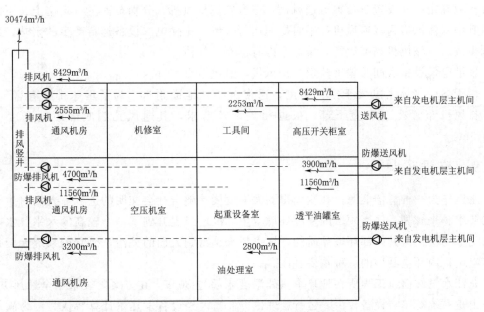

图 29.3　安装间下副厂房通风系统流程图

安装间下副厂房共 3 层，共设置 5 个风机室，4 条排风竖井。

安装间下副厂房水轮机层油处理室为独立的通风系统。进风取自水轮机层主机间，空气由送风机经送风管道送至室内；室内排风经排风管道由风机室内的离心风机排至排风竖井，最后排至室外。油处理室平时排风与事故通风结合考虑，进风量按排风量的 80％计算，保证该房间为负压。送风机、排风机均为防爆型。

安装间下副厂房母线层通风系统由透平油罐室通风系统和空压机室通风系统组成。

（1）透平油罐室进风取自母线层主机间，空气由送风机经送风管道送至室内；室内排风经排风管道由风机室内的离心风机排至排风竖井，最后排至室外。透平油罐平时排风与事故通风结合考虑，进风量按排风量的 80％ 计算，保证该房间为负压。送风机、排风机均为防爆型。

（2）低压空压机室、中压空压机室、起重设备间进风取自走廊，空气经侧墙处进风-防火一体化风口进入室内；室内排风经排风管道由风机室内的轴流风机排至排风竖井，最后排至室外。

安装间下副厂房发电机层通风系统由机修间通风系统和高压开关柜室通风系统组成。

（1）机修间进风取自发电机层主机间，空气由送风机经送风管道送至室内；室内排风经排风管道由风机室内的轴流风机排至排风竖井，最后排至室外。

（2）高压开关柜室进风取自走廊，空气经侧墙处进风-防火一体化风口进入室内；室内排风经排风管道由风机室内的轴流风机排至排风竖井，最后排至室外。由于高压开关柜室电气设备发热量较大，为了加速空气流动，在进风-防火一体化风口内设置了三台扰流风机。

29.8.3　地面开关站 GIS 通风系统

GIS 室进风取自室外，正常排风量按 2 次/h 换气次数确定，事故排风量按照 4 次/h 换气次数确定。共设置三台轴流送风机、三台斜流排风机，分别布置在 GIS 室上、下游两侧。其中斜流风机为双速风机，平时低速运行排风，排除电气设备运行产生的余热；发生泄漏事故后，该风机高速运行，排除室内有毒有害气体。

辅助电气设备房间布置轴流送、排风机，进风取自室外。

由于 SF_6 气体密度大于空气密度，通常沉积在地面附近。为了迅速排除有害气体，送、排风机布置在 GIS 室下部，根据相关规范要求，其通风孔洞底部距地高度应小于 0.3m。

29.9　空调设计

水电作为一种清洁能源，在我国得到大力发展。随着社会文明的进步，人们对生活品质的要求越来越高，民用领域的室内环境卫生标准已经提升到了一个较高的水平。水电站虽为工业场所，但其内部环境品质的好坏也越来越得到人们的关注，而空调系统无疑是提高水电站室内环境品质的一种重要手段。

龙江水电站枢纽工程所在地夏季室外温度未超过 30℃，在方案阶段采用全通风方案，其理由是系统简单，设备较少，运行管理也方便。但经设备发热量计算后认为，为满足厂房温、湿度的要求，通风量近 50 万 m³/h。发电机层以下各层的热负荷特性不同，母线层以散热为主。水轮机层以散热散湿为主，蜗壳层以散湿为主。采用全通风方案后，虽然母线层可用排风的方式从排风竖井排除，但对水轮机层、蜗壳层的温、湿度调节非常不利。因为大风量系统，室外空气带入的含湿量将增大，当厂房发热设备发热量较小时，环境的相对湿度很难降低。当通风系统不做自动调节时，厂房的相对湿度很难控制，有可能产生温度不高，相对湿度却很大的不利环境。另外采用全通风的方式，通风设备及管路体积庞大，设备及管路布置困难。

由上可知，地面厂房采用通风加空调的方式是较为合理的方案。在系统设计中把副厂房的温、湿度作为主要控制对象，并确定送风量，这种方式送风量仅为全通风方案的 30%～40%。由于采用较小的风量，室外空气与厂房发电机层的空气充分混合，温度适宜，且湿度较低，空调机内焓值也较小，机械制冷量可相对较小。

龙江水电站枢纽工程厂房内电气设备用房主要为：尾水副厂房 794.45m 高程励磁变压器柜室；尾水副厂房 798.80m 高程发电机隔离开关柜室、电缆母线道室；副厂房 803.25m 高程 0.4kV 照明主屏室、0.4kV 公用主屏室；207.80m 高程电缆夹层；810.80m 高程通信机房、直流设备室；安装间下副厂房发电机层高压开关柜室。由此可见，电气设备用房相对集中在尾水副厂房内。因高压开关柜室、励磁变压器柜室、发电机隔离开关柜室、电缆母线道室均位于厂房地面以下，且上述房间通风量按消除上述房间全部电气设备产生余热确定，故龙江水电站枢纽工程厂设置空调区域为尾水副厂房地面以上房间，电站运行管理人员用房也在该范围内。

空调方案比选：

空调系统的组成部件主要包括：冷热源、末端设备、输送设备及管路（水管、风管、冷媒管等）、控制部分等。

不同水电站在地理位置、形式、规模、机电布置等方面都存在差异，因此在水电站的空调系统选择上存在多样性。选择一种合理的空调系统对水电站来说，除了能取得良好的环境调节效果外，还能降低厂用电使用率，在节约运行费用方面获得收益。

目前应用于水电站项目中的主要集中空调系统形式见表 29.3。

表 29.3　　　　　　　　　　　　主要集中空调系统形式对比表

冷（热）源	机组名称	空调形式	优点	缺点
人工冷源	水冷冷水机组	空气处理机＋风机盘管＋新风	最常见的系统形式；技术比较成熟；辅助设备较多，运行可靠	系统较为复杂；空间需求较大
	水源热泵冷水机组	风机盘管＋新风	能效比高、节能	需有合适水源，具有很大局限性；河水外网较复杂
	风冷热泵机组	空气处理机＋风机盘管＋新风	系统简单，运行、维护相对简便	能效比低
	风冷 VRV 多联机	风机盘管＋新风	系统简单，系统配管长，布置灵活；运行、维护简便；占用空间小	管路系统冷媒管采用铜管，成本相对较高
天然冷源	低温库区水	表冷器	节能，系统简单	对温度、湿度调节有限，受库区水环境影响较大
	循环水蒸发冷却	热交换器	节能	只适合于气候干燥地区使用，温、湿度调节不可控制

通过不同空调系统优缺点的比较，结合龙江水电站枢纽工程所在地气候特点、厂房机电设备布置情况，最终决定采用风冷式 VRV 多联空调系统。空调室外机布置在尾水副厂房屋面，机组制冷量 73kW。空调室内机分别布置在尾水副厂房高程 803.25m、807.80m、810.80m 房间内。空调室内机形式根据房间建筑装修确定，设有吊顶的房间选用四面出风式空调室内机；无吊顶的房间选用壁挂式空调室内机。室内机和室外机之间由气液管相连，空调室内机自带冷凝水提升装置，空调冷凝水排水就近排至卫生间。

29.10　除湿设计

龙江水电站枢纽工程厂房最底层为蜗壳层，发热设备除照明外主要为水泵，且为连续发热，水泵布置主要集中在尾水副厂房侧。蜗壳层设有进水管、球阀以及与之配套的冷却水管，这些设备均为金属体，库水充满了这些管路时，表面的温度近似于库水温度，可看作为面积较大的吸热面。所以大部分时间内蜗壳层表现为温度不高，湿度却很大。2010年 1 号机进入机组安装调试，输水钢管中充满了 12℃左右的低温水，所有金属表面均严重结露，经现场实测相对湿度在 95％～98％，大大偏离了设计要求，为此，马上提前安装该层的除湿机，投入除湿机运行后小区域的相对湿度明显下降。当 1 号机投入运行后，结露现象基本消除，机组运行正常。

从近几年运行来看，当蜗壳层冷却水温度低于空气露点温度时，就必须启动除湿机，否则结露无法避免。一般水温在 12～15℃之间最易结露，结露时间多发生 4—5 月，当进入雨季，虽室外空气相对湿度很大，但对厂房的影响相对较小。一般在 4 月中除湿机投运可避免结露现象。本工程在蜗壳设置升温型移动除湿机 12 台，单台除湿量 10kg/h。水轮机层与蜗壳层情况类似，在水轮机层主机间和尾水副厂房共设置升温型移动除湿机 14 台，单台除湿量 10kg/h。

从以上分析和蜗壳层、水轮机层实际运行情况看，设除湿机是完全必要的，设计时应考虑电站建设各个时期的散湿量，特别在电站投运初期，厂房温度较低，散湿量很大的情况下，除湿机必须提前安装，及时投运。设计时除湿量必须按最大散湿量确定，以保证电站初期安全运行。当电站全部建成后，除湿机容量有富裕，可作为备用容量，以防库水温度过低的季节管路结露。

29.11　设计特点

（1）厂房进风温度确定为 24.2℃，室外新风无须降温处理可从厂房主机间高窗直接进入室内。新风在各部位排风机的负压作用下进入厂房各类型房间，有利于厂房内部保持气流通畅。自然通风、机械排风系统相对简单，设备购置和安装投资较低，运行维护和管理相对比较容易。

（2）全厂通风机均选择高效、低噪声和防腐性能好的风机。人员相对较为密集的尾水副厂房地面以上各层均选用壁式风机。

（3）通风管道采用不燃、耐腐蚀、强度高、密封性能好的无机玻璃钢材料，其外观精美、重量轻，可由厂家现场加工制作，又可根据现场实际情况调整风管尺寸，避免造成返工和浪费。防火阀、排烟阀、防火风口及调节阀采用不锈钢材料制作，以避免腐蚀影响阀门的正常工作。

（4）龙江水电站枢纽工程空调系统设备均为高效、节能、低噪声、防腐性能好的产品，空调机的冷媒流量可根据室内温度变化而自动调节。冷媒管路采用优质铜管，制冷剂为环保冷媒。既可排除设备房间余热，又可为运行人员提供舒适的办公环境。

（5）在厂房内相对湿度较高的蜗壳层、水轮机层设置升温型移动式除湿机，以满足厂内湿度要求。

为了验证通风空调系统的合理性和可靠性，在系统调试和运行期间做了大量的测试工作，从大量的实测数据和电厂运行情况表明，通风空调系统的设计是成功的，达到了预期的效果。

第30章 给排水系统设计

30.1 生活给水水源及用水量

厂房及坝上集控楼内的生活用水取自厂房内消防水管,通过设在建筑消防水泵室内的浮动床式全自动过滤器和压力式活性炭过滤器过滤后送至 $8m^3$ 的生活水箱。生活水箱的水通过两套变频供水装置,一套(两台变频泵,一用一备)将水箱内的水送至厂房内的各用水点,生活用水量为 1.85L/s。一套(两台变频泵,一用一备)将水箱内的水送至坝上集控楼内的各用水点,生活用水量为 1.41L/s。

生活饮用水采用桶装水。

30.2 生活排水系统

厂房卫生间的污水通过排水立管直接排至室外的污水检查井后,再通过室外排水管网排至室外化粪池。原水经化粪池后进入调节水箱,在调节水箱前端设置格栅,格栅间隙为3mm,截留污水中大颗粒的污物。调节水箱内的污水通过污水泵提升到 BMR 一体化污水处理设备,通过填料表面的微生物新陈代谢作用降解污水中的污染物,通过反复的好氧、厌氧、兼氧作用,去除水中有机物、氨氮等污染物,再由鼓风机给微生物提供氧气,保证微生物的正常活动。BMR 一体化污水处理设备处理达标后进入清水池,利用清水泵排至下游江中。BMR 一体化污水处理设备需泄水时,打开与清水箱的连接阀,使水位降低到所需高度。污水处理站为全地埋式,处理量为 1t/h。

污水处理站工艺流程:化粪池上清液→格栅→调节水箱→污水提升泵→BMR 一体化设备→清水箱→清水泵→排放。

坝上集控楼卫生间的污水通过排水立管直接排至室外的污水检查井,再通过室外排水管网排至室外化粪池,定期清掏。

厂房给排水主要设备材料配置见表 30.1。

表 30.1　　　　　　　　厂房给排水主要设备材料配置一览表

序号	名　称	型号及规格	数量	单位	材料及备注
1	集控楼变频生活给水设备	50AAB12-120-7.5 $N=7.5kW$ $H=120m$, $Q=12m^3/h$	1	套	水泵两台,一用一备,配套变频控制柜
2	厂房变频生活给水设备	50AAB12-45-3 $N=3kW$ $H=46m$, $Q=10m^3/h$	1	套	水泵两台,一用一备,配套变频控制柜

续表

序号	名　称	型号及规格	数量	单位	材料及备注
3	离心泵	FLG20－160 $N=0.75\mathrm{kW}$ $H=33\mathrm{m}$，$Q=1.8\mathrm{m^3/h}$	1	台	
4	浮动床式全自动过滤器	SYS－FDC600，处理量：$12\mathrm{m^3/h}$	1	套	需加装定容式风机一套
5	压力式活性炭过滤器	SYS－HCG，处理量：$12\mathrm{m^3/h}$	1	套	
6	生活水箱（长×宽×高）	2000mm×2000mm×2000mm	1	座	不锈钢
7	蹲式大便器		6	套	所有给排水设备均以实际发生为准，自带阀门
8	洗脸盆		2	套	
9	液力自动阀	DN50，承压能力 1.0MPa	2	个	具有止回功能
10	液力自动阀	DN50，承压能力 1.6MPa	2	个	具有止回功能
11	铜闸阀	DN70，承压能力 1.0MPa	1	个	
12	铜闸阀	DN50，承压能力 1.0MPa	16	个	
13	铜闸阀	DN50，承压能力 1.6MPa	6	个	
14	铜闸阀	DN40，承压能力 1.0MPa	2	个	
15	逆止阀	DN50，承压能力 1.0MPa	2	个	
16	液位浮球阀	DN50，承压能力 1.0MPa	2	个	
17	化粪池	$9\mathrm{m^3}$	1	座	4 号钢筋混凝土化粪池
18	污水检查井	砖砌	1	座	
19	BMR 一体化污水处理设备	处理量 1t/h	1	套	

第31章 经验总结

31.1 建筑总平面布置及立面设计

龙江水电站对外交通由电站下游的户拉村等级公路接沿龙江左岸公路直接到电站的厂房、220kV 开关站、左坝头集控楼。整个规划布局形态是分散与集中相结合，在区域分界处设有围墙、大门，既相对独立、自成一体，又方便联系。

从各建筑物的体型、色彩、门窗开启、建筑室内、室外装饰装修以及建筑构造与经济等方面进行设计，各建筑物外观立面效果、细部比例、尺度和色彩装饰等作为统一整体设计，体现水电站的建筑特点。

龙江水电站坝顶中心线弧长 472.00m，最大坝高 110.00m，启闭机房为坝顶的主要建筑物，采用了简洁形体的方式，立意上将启闭机房喻为青鸟，栖停于坝顶。

发电厂房位于厂区建筑最醒目的地方，采用了大面积开窗与实墙的对比。屋面采用了适应于大空间的球形网架结构，网架上覆压型钢板防水屋面板，曲线屋面与竖向条窗彼此呼应，具有造型优美、韵律明快的立面效果。

根据功能要求，开关站剖面为高地跨形式，在立面处理上采用分段式外窗，通过有规律竖向及横条窗形式，打破立面上 10.50m 高差的不平衡性，完好地处理了零碎、不整齐、不协调的感觉。

31.2 合理确定通风空调系统形式

对于规模不大，旅游重要性一般的电站可以采取全通风方式，这样可以节省能源；对于规模一般，有较高的旅游价值的电站可以采取通风和空调相结合的方式，通风为主，空调为辅；而对于规模较大的水电站，特别是母线层通风量往往很大，这时应该加大空调的投入。应根据实际情况，并经过经济比较确定。

水电站通风和空调的气流组织和常规建筑通风、空调气流组织一样，除考虑室内温湿度参数及其允许波动范围，工作区允许风速、室内消声和防尘等要求外，还应结合围护结构、工艺布置和设备散热、散湿等因素进行综合考虑。不同的水电站有适合自身的气流组织，但应注意以下事项：

（1）水电站通风首先确定进风路径和进风温度。

（2）母线层的发热量往往占到全厂机电设备发热量的 40%～50%，如果将母线层的进风与主厂房分开，主厂房就可以大量利用一次回风，通风量与空调规模都可大幅度减少。这个问题的难度在于厂房布置，应和水工专业协商。

（3）处理好风压平衡，设置必要的、灵活的调节措施，而这些措施还应配置自动控制装置，同时还要处理好排风倒流问题。

（4）对于规模较大、气流组织较为复杂的系统应做模拟试验。

（5）应采用升温降湿和机械除湿相结合的除湿方式。在低温潮湿地方，最好使用移动式除湿机，如蜗壳层、水轮机层。

（6）通风空调的自动控制。在水电站"无人值班、少人值守"的政策指导下，水电站通风、空调系统的自控已经变得相当重要，全厂通风空调监控系统应与电站计算机监控系统综合考虑，在水电站中央控制室内监控台上，能自动监视全厂通风、空调设备运行的实际情况，并能远程控制启停。

第7篇　施工组织设计

第 32 章　施工导流、施工度汛设计

32.1　施工导流方式

　　龙江水电站枢纽工程大坝为椭圆混凝土双曲拱坝，最大坝高 115.00m，坝址处在龙江干流下游河段的咽喉地带，河床呈基本对称的 V 形河谷，谷底宽 50～70m，两岸山体高程 1350.00～1450.00m，比高 550～650m，地形坡度 30°～40°，河谷下部的沿江地段为陡崖，河谷宽高比为 1:10，由于河谷狭窄，本工程不具备分期导流条件。坝址两岸山体陡峻，无阶地，冲沟发育，切割深度 40～100m，亦不具备明渠导流条件。结合坝址区地形、地质条件，经综合分析和比较后，本工程大坝的导流方式采用围堰一次拦断河床，隧洞泄流的导流方式。

　　根据工程的洪水分期划分特点，对围堰一次拦断河床，隧洞泄流的导流方式又进行了两个方案比较，即大坝围堰挡大汛期施工洪水，坝体全年施工方案和大坝围堰挡非大汛期施工洪水，坝体施工需在大汛期停工度汛的施工方案。根据水文条件，本工程每年的 6 月 1 日至 11 月 15 日为大汛期，大汛期历时较长，约占全年的 50%。当采用大坝围堰挡非大汛期施工洪水，坝体施工需在大汛期停工度汛的施工方案，虽导流工程量较小，投资较省，但采用过水围堰必然会减少大坝的有效施工时间，增加工程工期和损失发电效益，同时因采用过水围堰也将增加过水围堰防护和基坑过水后清理基坑的工程量和工程投资。经综合分析，本工程采用大坝围堰挡大汛期施工洪水，坝体全年施工的方案。

　　综合以上，大坝施工导流方式采用围堰一次拦断河床、基坑全年施工、隧洞泄流的导流方式。

32.2　施工导流标准及度汛标准

32.2.1　大坝导流标准及度汛标准

　　龙江水电站枢纽工程等别为一等工程，大坝建筑物级别为 Ⅰ 级，根据《水利水电工程施工组织设计规范》（SDJ 338—89），相应的施工导流临时建筑物级别为 Ⅳ 级。根据规范规定，施工导流标准，当采用混凝土围堰时，洪水重现期为 5～10 年；当采用土石围堰时，洪水重现期为 10～20 年。结合本工程特点，大坝上、下游围堰均采用土石围堰，其设计洪水标准选用大汛 10 年洪水重现期，相应洪峰流量 2140m³/s。

　　坝体度汛标准：当坝体高程浇筑到不需围堰保护时，坝前拦洪库容大于 1 亿 m³，但小于 10 亿 m³，坝体临时度汛洪水标准为大汛 50 年洪水重现期，相应洪峰流量 2940m³/s；导流洞封堵后，坝体度汛洪水标准为大汛 100 年洪水重现期，相应洪峰流量 3280m³/s。

32.2.2　导流洞进、出口导流标准

　　导流洞进、出口土石围堰设计洪水标准：根据保护对象及过水时间，按大汛 5 年洪水重现期设计，相应洪峰流量 1790m³/s。

32.3　施工导流程序

施工导流程序如下:

第一年 12 月 1 日至第二年 10 月 15 日, 导流洞施工, 导流洞进出口预留岩埂及围堰挡水, 原河床过流。

第二年 10 月 15 日至第二年 10 月 31 日, 导流洞进出口岩埂及围堰拆除, 截流戗堤进占, 并于 10 月 31 日截流, 导流洞开始过流。

第二年 11 月 1 日至第三年 4 月 30 日, 围堰基础处理、基坑抽水, 上、下游围堰继续填筑到设计高程, 围堰开始挡水, 导流洞过流, 坝基开挖和坝体混凝土开始浇筑。

第三年 5 月 1 日至第四年 5 月 31 日, 大坝上、下游围堰挡水, 导流洞过流, 第四年 4 月 30 日坝体混凝土继续浇筑到 830.00m 高程。

第四年 6 月 1 日至第四年 10 月 31 日, 导流洞与放水深孔泄流, 坝体挡水度汛, 第四年 10 月 31 日坝体混凝土继续浇筑到 863.00m 高程。

第四年 11 月 1 日导流洞下闸蓄水, 第四年 11 月 1 日至第五年 5 月 31 日, 坝体表孔泄流, 坝体浇筑到坝顶高程, 第五年 1 月 10 日首台机组发电, 其余两台机组相继于第五年 3 月底、6 月底投入运行。

导流水力学计算成果及施工导流特性见表 32.1。

表 32.1　　　　　　　　　导流水力学计算成果及施工导流特性表

导流时段	标准	流量 /(m³/s)	泄流条件	水位 /m		堰顶高程 (坝体浇筑高程) /m		挡水条件
				上游	下游	上游	下游	
第一年 12 月 1 日至第二年 10 月 15 日	大汛 $P=20\%$	1790	天然河床过流	797.40	796.15	798.40	797.15	预留岩埂挡水 (导流洞施工)
第二年 10 月 15 日至第二年 10 月 31 日	10 月下旬旬平均 $P=20\%$	328	导流洞过流	795.38	791.48	796.40	792.00	戗堤进占、截流
第二年 11 月 1 日至第四年 5 月 31 日	大汛 $P=10\%$	2140	导流洞过流	822.36	797.70	823.40	798.70	围堰挡水
第四年 6 月 1 日至第四年 10 月 31 日	大汛 $P=2\%$	2940	导流洞过流与放水深孔泄洪	827.05	798.92	830.00~863.00		坝体挡水
第四年 11 月 1 日至第五年 5 月 31 日	大汛 $P=1\%$	3280	表孔泄洪	862.62	799.59	863.00 至坝顶		坝体泄洪度汛, 导流洞下闸封堵

32.4　施工导流建筑物布置与设计

32.4.1　大坝上、下游围堰的布置与设计

32.4.1.1　大坝上、下游围堰的布置

根据枢纽布置及地形、地质条件，大坝上游围堰轴线布置在距坝轴线约 160m 处，堰顶长 138m，上游围堰堰顶高程 823.40m，最大堰高约 35.40m；大坝下游围堰轴线布置在距坝轴线约 420m 处，堰顶长度 105m，下游围堰堰顶高程 798.70m，最大堰高约 10.70m。大坝上、下游围堰顶宽均为 10.00m，两侧堆石边坡坡比均为 1∶1.5。

32.4.1.2　大坝上下游围堰基础防渗型式比选

坝址处河床覆盖层较厚，约 12～15m，上部为砂砾石层，渗透系数 50m/d，下部为块石夹少量砂砾石，渗透系数 100m/d，其下为片麻岩。针对地质条件，围堰基础防渗型式比较了两种方案：混凝土防渗墙防渗和高压喷射灌浆防渗。

方案一：混凝土防渗墙防渗。

本方案主要利用冲击钻钻孔至基岩，然后回填混凝土进行防渗。防渗墙厚度 0.8m，防渗墙面积 2400m²，回填混凝土约 2000m³。

方案二：高压喷射灌浆防渗。

本方案只适用于软基，主要利用地质钻机钻孔，水泥浆依靠压力喷入覆盖层中形成板墙防渗。

方案一和方案二的主要优缺点比较见表 32.2。

表 32.2　　　　　　　　　　　方案一和方案二优缺点比较表

方案	优　点	缺　点
方案一	块石夹少量砂砾石层部位可以处理，防渗效果好，基坑排水量小，抽排需要设备少	围堰基础处理造价较高，施工程序相对复杂，施工工期长，围堰填筑在汛前难以达到设计高程
方案二	围堰基础处理造价较低，施工工期短，和方案一相比，施工方案简单易行	基坑排水量较大，施工期需要抽排设备较多

经过上述比较，可以看出方案二无论从技术上还是从经济上均优于方案一。所存在的问题主要是基坑渗水量较大，但考虑到汛期洪峰持续时间较短，围堰几乎在常水位状态下工作，根据计算，常水位的基坑排水量仅为 4214m³/d，施工难度不大。因此，选用方案二作为大坝上、下游围堰基础处理的选定方案。

32.4.1.3　大坝上、下游围堰堰体防渗型式比较

围堰堰体防渗型式主要比较了三个方案：黏土心墙防渗、土工膜防渗及风化砂防渗。各个方案的优缺点比较见表 32.3。

表 32.3　　　　　　　　　　　堰体防渗方案优缺点比较表

方案	优　点	缺　点
黏土心墙防渗	可就在取材，围堰造价较低，防渗效果较好	地质勘探的土料场，黏粒含量高，塑性指数大；黏土施工受降雨影响大，施工速度慢；施工工期相对较长

续表

方案	优　点	缺　点
土工膜防渗	施工速度快，不受降雨影响，防渗效果最好	围堰造价相对较高，对垫层料要求比较严格
风化砂防渗	可利用岸坡覆盖层开挖风化料，节省工程投资，较少工程弃渣；施工速度较快；受降雨影响小	天然含水量略高

经综合比较，风化砂防渗施工速度快，受降雨影响较小，直接利用大坝岸坡覆盖层开挖的风化料，既节省了工程投资，又减少了工程开挖弃渣量，因此堰体防渗采用风化砂防渗形式。

32.4.1.4　过渡料选择

据地质勘探成果，本工程砂砾石料场的砂砾料级配很差，较难满足过渡料的要求，坝区地层岩性为片麻岩，片麻理较发育，新鲜岩石的湿抗压强度为 $60 \sim 80 \mathrm{MPa}$，但岩体完整性差。导流洞洞挖石料大块剔除后，级配较好，可以作为过渡料使用。根据施工总进度的安排，导流洞的洞挖料，可以先运至临时堆料场暂存后用于围堰过渡料填筑。

经综合比较，大坝上下游围堰基础采用高压喷射灌浆防渗，堰体采用风化砂心墙防渗，过渡料采用导流洞洞挖料。上游围堰顶高程 823.40m，最大堰高约 35.40m；下游围堰顶高程 798.70m，最大堰高约 10.70m。为满足大规模机械化施工，堰顶宽度均为 10.00m，两侧堆石边坡为 1:1.5；风化料两侧填筑边坡 1:0.3；过渡料填筑边坡 1:0.5。

大坝上、下游围堰设计剖面结构型式分别见图 32.1、图 32.2。

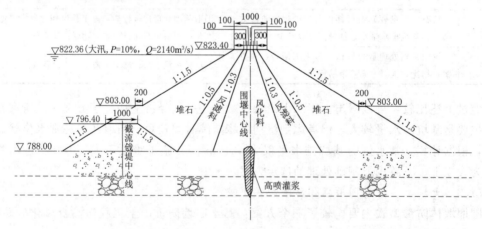

图 32.1　大坝上游围堰设计横剖面图

（注：图中高程以 m 计，尺寸以 cm 计）

32.4.2　导流洞进出口围堰的布置与设计

导流洞进出口围堰布置原则：进出口围堰的布置尽量不占原河床的行洪断面；有条件情况下，尽量考虑预留岩埂挡水；满足导流洞进出口混凝土施工要求；考虑进出口围堰与

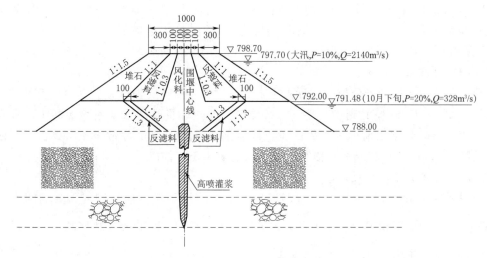

图 32.2　大坝下游围堰设计横剖面图

（注：图中高程以 m 计，尺寸以 cm 计）

右岸出渣公路相接，满足行车要求。

根据地形、地质条件，结合导流洞进、出口的布置形式，导流洞进口围堰采用预留岩埂围堰型式挡水，出口围堰采用预留岩埂与局部结合草袋土的围堰型式挡水。进口围堰轴线距进洞点距离约 58m，岩埂长度 50m，顶高程 798.40m，岩埂高度 8.40m，顶宽 5.00m，两侧边坡 1∶0.5；出口围堰轴线至导流洞出口距离约 50m，堰顶长度 55m，堰顶高程 797.15m，围堰高度 9.15m，岩埂局部不足部分采用草袋土填筑，堰顶宽度 8.00m，两侧边坡 1∶0.5。

32.4.3　导流洞布置与设计

32.4.3.1　导流洞布置原则

导流洞轴线尽量与 F_1 大断层正交；导流洞穿过冲沟时，应满足其埋深；进出口的布置尽量选在水流条件较好及具备成洞条件的位置，并尽量避免明挖量过大；进出口高程的选择，应考虑原河床比降及截流时的分流要求；在满足上述要求的前提下，充分考虑地形、地质条件，尽量缩短洞线。

根据工程地形地质条件和水工枢纽布置，导流洞布置在右岸，导流洞全长 837.70m，进口底板高程 790.00m，出口底板高程 788.00m，底坡 2.39‰。导流洞设两个转弯段，转弯半径均为 100m。

32.4.3.2　洞型洞径设计

导流洞的断面型式比较了圆形和方圆形。圆形断面受力条件较好，但施工相对复杂；方圆形断面底部过水面积大，方便截流，施工程序简单，设计选用方圆形断面。

洞径比较：主要比较了 8m×8m、9m×9m、10m×10m、11m×11m、12m×12m、13m×13m 及 14m×14m（宽×高，过水断面尺寸）七种洞径，围堰的填筑料全部考虑利用，导流投资比较进行了 8m×8m、10m×10m、12m×12m 及 14m×14m 四种洞径方案，投资分别约为 6080 万元、6940 万元、7860 万元、8700 万元。比较表明：在流量一定的条件下，隧洞的断面越小，围堰就越高，导流工程费用越低。但不能只考虑经济断面，同时应考虑围堰施工工期的要求（即在一个枯水期内完成），且应满足后期导流和度汛的需要。综合工期、经济等因素，设计选用了 12m×12m（过水断面尺寸）的方圆形隧洞。

32.4.3.3　导流洞洞身支护

根据导流洞地质围岩分类，设计采用全断面衬砌或锚喷支护措施。其中Ⅳ类、Ⅴ类围岩采用 1.20～1.50m 厚混凝土衬砌，系统锚杆；Ⅱ类、Ⅲ类围岩采用喷混凝土，Ⅲ类围岩打系统锚杆，封堵段前局部破碎的Ⅲ类围岩洞段采用 1.20m 厚混凝土衬砌。全断面衬砌段长度 333.9m，占 37.5%；锚喷支护段长度 503.8m，占 62.5%。

32.4.3.4　导流洞进水口设计

为增强导流洞的泄流能力，导流洞进口的上缘采用了椭圆曲线型式，其椭圆方程为 $\dfrac{x^2}{12^2}+\dfrac{y^2}{4^2}=1$，后部设闸门启闭平台，初步选定平台高程 824.00m，封堵闸门采用进口设中墩的两扇平板钢闸门。

龙江水电站枢纽工程施工导流布置见图 32.3。

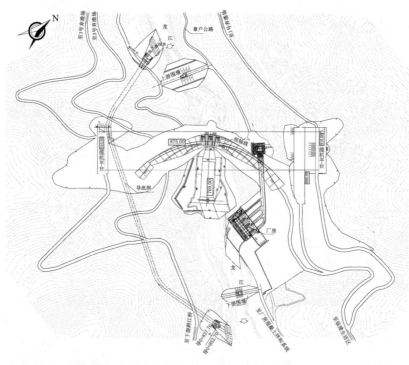

图 32.3　龙江水电站枢纽工程施工导流平面布置图

32.5　截流及基坑排水

32.5.1　截流

32.5.1.1　截流标准

根据《水利水电工程施工组织设计规范》（SDJ 338—89）规定"截流标准可采用截流

时段重现期 5 年~10 年月或旬平均流量"。本工程截流标准采用截流时段重现期 5 年旬平均流量。戗堤进占标准也采用进占时段重现期 5 年旬平均流量。

32.5.1.2　龙口宽度的选择

截流设计拟采用单戗堤两侧同时进占，立堵截流方式，顺序为先上游戗堤进占，上游戗堤合龙后，下游戗堤进占合龙。按不同龙口宽度，计算龙口处最大落差、平均流速、最大流速及所需抛投石料的当量粒径，以确定适宜的龙口宽度。龙口宽度计算成果见表 32.4。

表 32.4　　　　　　　　　　　　龙口宽度计算成果表

	龙口底宽/m	70	60	50	40	30	20
$Q=355\text{m}^3/\text{s}$（10 月中旬，旬平均 $P=20\%$）	龙口最大落差/m	0.10	0.17	0.23	0.36	0.63	1.23
	龙口平均流速/(m/s)	1.51	1.74	1.95	2.26	2.55	2.78
	龙口最大流速/(m/s)	2.27	2.61	2.93	3.39	3.83	4.17
	最大抛投粒径/m	0.20	0.26	0.33	0.45	0.57	0.68
$Q=328\text{m}^3/\text{s}$（10 月下旬，旬平均 $P=20\%$）	龙口最大落差/m	0.10	0.16	0.22	0.34	0.61	1.18
	龙口平均流速/(m/s)	1.44	1.69	1.89	2.20	2.49	2.71
	龙口最大流速/(m/s)	2.16	2.54	2.84	3.30	3.74	4.07
	最大抛投粒径/m	0.18	0.25	0.31	0.42	0.54	0.64
$Q=280\text{m}^3/\text{s}$（11 月上旬，旬平均 $P=20\%$）	龙口最大落差/m	0.10	0.13	0.18	0.29	0.48	0.98
	龙口平均流速/(m/s)	1.42	1.52	1.73	2.05	2.35	2.57
	龙口最大流速/(m/s)	2.13	2.28	2.60	3.08	3.53	3.89
	最大抛投粒径/m	0.17	0.20	0.26	0.37	0.48	0.58
$Q=204\text{m}^3/\text{s}$（11 月中旬，旬平均 $P=20\%$）	龙口最大落差/m	0.08	0.10	0.15	0.24	0.39	0.80
	龙口平均流速/(m/s)	1.29	1.40	1.55	1.85	2.12	2.32
	龙口最大流速/(m/s)	1.94	2.10	2.33	2.78	3.18	3.48
	最大抛投粒径/m	0.14	0.17	0.21	0.30	0.39	0.47
$Q=157\text{m}^3/\text{s}$（11 月下旬，旬平均 $P=20\%$）	龙口最大落差/m	0.07	0.09	0.13	0.21	0.34	0.68
	龙口平均流速/(m/s)	1.18	1.27	1.42	1.69	1.95	2.14
	龙口最大流速/(m/s)	1.77	1.91	2.13	2.54	2.93	3.21
	最大抛投粒径/m	0.12	0.14	0.17	0.25	0.33	0.40
$Q=138\text{m}^3/\text{s}$（12 月上旬，旬平均 $P=20\%$）	龙口最大落差/m	0.07	0.08	0.12	0.17	0.30	0.61
	龙口平均流速/(m/s)	1.11	1.25	1.39	1.59	1.86	2.06
	龙口最大流速/(m/s)	1.67	1.88	2.09	2.39	2.79	3.09
	最大抛投粒径/m	0.10	0.13	0.17	0.22	0.30	0.37
$Q=119\text{m}^3/\text{s}$（12 月中旬，旬平均 $P=20\%$）	龙口最大落差/m	0.06	0.09	0.12	0.17	0.29	0.60
	龙口平均流速/(m/s)	1.06	1.24	1.39	1.58	1.81	1.97
	龙口最大流速/(m/s)	1.59	1.86	2.09	2.37	2.72	2.96
	最大抛投粒径/m	0.09	0.13	0.17	0.22	0.28	0.34

续表

龙口底宽/m		70	60	50	40	30	20
$Q=109\text{m}^3/\text{s}$（12月下旬，旬平均 $P=20\%$）	龙口最大落差/m	0.06	0.09	0.11	0.18	0.28	0.59
	龙口平均流速/(m/s)	1.05	1.17	1.35	1.55	1.78	1.92
	龙口最大流速/(m/s)	1.58	1.76	2.03	2.33	2.67	2.88
	最大抛投粒径/m	0.08	0.12	0.16	0.21	0.28	0.32

从以上计算结果来看，最大抛投料块石粒径相差不大，当龙口宽度为 20～40m 时，龙口平均流速为 1.55～2.78m/s，龙口最大落差为 0.17～1.23m；当龙口宽度为 70～50m 时，龙口平均流速为 1.05～1.95m/s，龙口最大落差为 0.06～0.23m。根据施工总进度安排，考虑施工工期和河床抗冲、龙口截流强度等条件，截流时间选定在第二年 10 月底，截流设计标准按 10 月下旬 5 年重现期，相应旬平均流量为 328m³/s，戗堤进占时间为 10 月下旬，预进占戗堤龙口宽度为 60m（底宽）。

32.5.1.3　截流设计水力计算成果

截流水力计算成果见表 32.5。

表 32.5　　　　　　　　截流水力计算成果表（10 月下旬，旬平均 $P=20\%$）

龙口底宽/m		60	50	40	30	20	10	5	0
截流流量/(m³/s)		328	328	328	328	328	328	328	328
泄量/(m³/s)	导流洞	63	66	70	81	103	139	169	220
	龙口	265	262	258	247	225	189	159	108
落差/m		0.16	0.22	0.34	0.61	1.18	2.13	2.89	3.90
平均流速/(m/s)		1.69	1.89	2.20	2.49	2.71	3.04	3.28	3.58
最大流速/(m/s)		2.54	2.84	3.30	3.74	4.07	4.56	4.92	5.37
抛投料最大粒径/m		0.25	0.31	0.42	0.54	0.64	0.81	0.95	1.13

从以上计算结果来看，截流难度并不大，龙口最大落差为 0.16～3.90m；龙口平均流速为 1.69～3.58m/s，龙口最大流速为 2.54～5.37m/s，龙口抛投料块石粒径为 0.25～1.13m。

32.5.2　基坑排水

基坑排水由初期一次性基坑排水和施工期经常性基坑排水两部分组成。

32.5.2.1　初期基坑排水

大坝围堰进占流量为 328m³/s，进占水位为 791.48m，合龙闭气时最大水深 3.48m，初期基坑排水量为 15.59 万 m³，按每天水位下降不大于 0.5m 控制排水，则平均排水强度为 930m³/h。根据排水强度初期基坑排水选择 4 台 4B91 型水泵和 5 台 3BA－6 型水泵。

32.5.2.2　施工期排水

由于围堰防渗采用高喷灌浆防渗，堰体及其防渗基础渗流量较小，考虑混凝土养护用水和围堰接头施工原因漏水，经计算排水量为 12960m³/d，将一次性排水设备用于经常性排水，排水强度为 540m³/h。

32.5.2.3　基坑排水

基坑排水设备见表 32.6。

表 32.6　　　　　　　　　　　　　　基 坑 排 水 设 备 表

排水阶段	排水强度 /(m³/h)	水泵型号	扬程 /m	流量 /(m³/h)	台数	备用 台数	合计/台
一次性排水	930	4B91	81	115	4		4
		4BA-8	47.6	109	5		5
经常性排水	540	4B91	81	115	3	1	4
		4BA-8	47.6	109	2	1	3

由表 32.6 可见，基坑排水设备数量由初期基坑排水控制，水泵总台数为 9 台。

32.6　下闸蓄水及导流洞封堵

根据施工总进度安排，导流洞下闸时间初定第四年 10 月末，首台机组发电时间为第五年 1 月 10 日。导流洞下闸标准为 10 月下旬 $P=20\%$ 旬平均流量 $Q=328\mathrm{m}^3/\mathrm{s}$，下闸水位 796.95m，水深为 6.95m。为满足下游供水要求（供水量为 29.10m^3/s），设计考虑将导流洞两孔闸门的其中一孔闸门采用局部开启方式向下游供水，待水库水位蓄至 815.00m 以上后，该孔闸门方可以下闸，此时将利用坝体深孔放流向下游控制供水。导流洞闸门设计挡水标准为汛后期 $P=1\%$ 重现期，设计流量 $Q=1380\mathrm{m}^3/\mathrm{s}$，设计挡水位 850.37m。

根据施工总时度安排，导流洞封堵时间初定第四年 11 月 10 日至第五年 1 月。

32.7　施工图阶段导流标准及围堰结构型式的优化

32.7.1　原设计导流标准及围堰结构型式

龙江水电站工程属于一等工程，大坝及泄水建筑物为 1 级建筑物，根据《水利水电工程施工组织设计规范》（SDJ 338—89）的规定，工程导流建筑物为 4 级建筑物，其挡水设计标准确定为大汛 10 年重现期洪水，相应设计流量为 2140m^3/s。

大坝上游围堰基础防渗采用高压喷射灌浆防渗，堰体防渗采用风化料心墙防渗。上游围堰顶高程 824.00m，最大堰高约 35.40m，为满足大规模机械化施工，堰顶宽度均为 10m，两侧堆石边坡为 1：1.5；风化料心墙顶宽 2.0m，两侧填筑边坡为 1：0.3；过渡反滤料顶宽 1.00m，填筑边坡为 1：0.5。

32.7.2　导流标准及围堰结构型式的优化

2008 年 2 月 3 日，云南省发展和改革委员会组织有关专家对龙江大江截流和安全度汛进行审查，根据审查意见，将大坝围堰的挡水标准由大汛 10 年重现期洪水提高到大汛 20 年重现期洪水，相应洪峰流量 2480m^3/s，围堰顶高程由 823.40m 提高到 828.60m。

2008 年 1 月 7—8 日，云南龙江水利枢纽开发有限公司召开了围堰型式及截流方案的专题咨询会议，根据专家的咨询意见，将上游围堰岩体风化料防渗心墙型式改为土工膜心墙防渗型式。

32.7.2.1　围堰设计标准的调整

根据《水利水电工程施工组织设计规范》（SDJ 338—89）的规定，Ⅳ级导流建筑物的设计洪水标准为 20～10 年洪水重现期。

根据规范的规定，在下列情况下，导流建筑物洪水标准可用上限值：①河流水文实测资料系列较短（小于 20 年）或工程处于暴雨中心区；②采用新型围堰结构型式；③处于关键施工阶段，失事后可能导致严重后果；④工程规模、投资和技术难度用上限值与下限值相差不大。

围堰采用的是很常规的土工膜和风化料心墙土石围堰型式；围堰设计洪水标准采用上限值（大汛期 20 年）时，围堰高度较采用下限值（大汛期 10 年）增加了 5.20m，其导流工程规模和技术难度无实质性差异。

本工程的导流方式是采用一次性拦断河床、隧洞泄流的导流方式，在围堰的保护下大坝基坑全年进行施工，因此围堰的挡水标准的选择直接影响到施工期间大坝基坑过水、淹没的风险度，直接影响工程的发电工期和工程投资。围堰挡水标准由大汛 10 年重现期洪水提高至 20 年重现期洪水，将有效地降低围堰过水、基坑淹没的风险，有利于保证大坝工程施工工期和机组发电工期，有利于减少大坝基坑过水淹没的投资损失。

围堰的安全性和防渗的可靠性关乎整个工程的施工工期和机组发电时间，是工程成败的关键项目，且一旦失事，其后果是极其严重的。根据溃堰洪水分析的成果，在遭遇 20 年一遇洪水上游围堰发生局部溃决情况下，在水库下游将淹没乡镇及较大村屯 20 个，中等规模村屯 18 个，小村屯 8 个，涉淹人口约 2.97 万人。

综上所述，结合围堰的高度和围堰所拦挡的水库库容（约 1.9 亿 m³），并综合考虑基坑过水、淹没的风险分析，以及淹没工期和工程投资损失等综合因素，将围堰的设计洪水标准提高至上限值 20 年重现期洪水是合理的，有利于保证工程施工安全，有效地减少了围堰过水和失事的概率，有利于保证工程的发电工期和正常施工。

32.7.2.2　围堰结构型式、堰体防渗型式的优化

围堰型式更改后采用的土工膜和风化料心墙联合防渗型式存在以下优点：①土工膜施工较快，有利于汛前完成围堰的填筑，保证安全度汛；②土工膜和风化料心墙联合防渗有利于确保围堰堰身的防渗效果；③围堰基础高喷防渗由原来的摆喷改为旋喷增加了高喷墙体的厚度，保证了基础防渗的可靠性；④围堰基础采用高喷灌浆墙、堰体采用土工膜和风化料心墙联合防渗的方案，如果一旦基础高喷灌浆墙存在防渗缺陷或土工膜在施工过程中冲砸破损，可利用土工膜两侧的风化料对基础和堰身防渗采取补救措施将会相当便利。

变更后的大坝上游围堰堰顶全长 153.62m，围堰堰顶高程 828.60m，最大堰高 44.10m，围堰顶宽为 8.00m，两侧堆石边坡 1∶1.6，堰体防渗采用土工膜心墙两侧填筑风化料，土工膜两侧风化料顶宽各为 2.0m，风化料外侧设顶宽为 1.5m 的过渡料，过渡料填筑边坡为 1∶0.5。大坝上游围堰基础防渗仍然采用高压喷射灌浆防渗，考虑高喷防渗墙的成墙和防渗效果，将高喷灌浆由原来的摆喷改为旋喷。

变更后的大坝上游围堰横剖面见图 32.4。

龙江水电站于 2008 年 2 月 8 日顺利实现大江截流，上游围堰基础高喷灌浆工程于

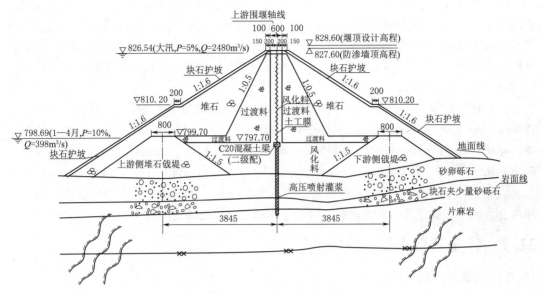

图 32.4 变更后大坝上游围堰横剖面图

(注：图中高程以 m 计，尺寸以 cm 计)

2008 年 3 月初完成，于 2008 年 4 月末完成堰体填筑，达到堰顶设计高程，堰体边坡块石和钢筋石笼防护在大汛前完成，保证了工程的顺利施工。

32.8 施工图阶段导流洞优化

在施工图阶段，与原设计方案相比：根据实际地形地质条件，导流洞的长度略有增加，全长由原设计的 837.70m 调整为 840.70m；由于进出口岩体较为破碎，增加了洞脸边坡防护的工程量；洞脸明挖有所减少，洞身暗挖基本相当。

主要变化如下：

（1）根据现场降雨情况，为保证进出口明挖边坡稳定和边坡排水的需要，增加了边坡截水沟，并在土质边坡挂网部位增加了锚钉（$\phi 20mm$，$L=1.6m$）和排水管（$\phi 50mm$，$L=0.3m$）。

（2）由于地质条件的变化，对导流洞进口明挖边坡进行了调整，因而增加了二次削坡；为保证洞脸稳定，确保安全进洞，对导流洞进口正脸部位采取了钢筋束和固结灌浆加固措施。

（3）受遮陇公路建设的限制，导流洞出口右侧边坡开口线内缩，致使高程 885.00m 以上边坡放陡，为保证边坡的稳定，在高程 885.00~902.50m 增设了浆砌石贴坡挡墙。

（4）随着设计深度和精度的提高，导流洞进口明挖边坡优化放陡，明挖开口线内收，同时进口闸门室上部结构优化为框架结构。

由于取消了进口启闭机平台后山坡的交通桥（钢筋混凝土桥），为满足进口闸门和启闭机运输吊运的需要，将原进口结构两侧 805.00m 高程以下的土石回填改用 C15 四级配混凝土回填，并将左侧高程提高至 811.00m，以便与导流洞施工道路连接。

（5）可研设计阶段，导流洞全长 837.70m，洞身全断面衬砌段长度 333.9m，喷锚支护段长度 503.8m，实际施工中，导流洞洞长略有增加，长了 3m，实际开挖后根据围岩分类及时调整衬砌断面型式，洞身全断面衬砌段长度 300.7m，喷锚支护段长度 540.0m，衬砌厚度由可研阶段 1.20～1.50m 优化为施工图阶段 1.00～1.50m；喷混凝土由可研设计的 20cm 优化为 10～20cm。

（6）导流洞导 0＋002～导 0＋038m、导 0＋050～导 0＋060m、导 0＋165～导 0＋220m、导 0＋260～导 0＋305m、导 0＋330～导 0＋350m、导 0＋390～导 0＋415m 右侧边墙、导 0＋400～导 0＋430m 左侧边墙、导 0＋430～导 0＋460m、导 0＋460～导 0＋600m、导 0＋605～导 0＋620m、导 0＋635～导 0＋650m、导 0＋705～导 0＋720m、导 0＋745～导 0＋840m 等洞段受或遇断层，岩体完整性差，或节理发育，岩体破碎，局部节理组合构成不利组合等因素的影响，因而存在超挖超填现象。

32.9　导流洞塌方处理

32.9.1　塌方段工程地质条件

导流洞塌方部位山体正处一个冲沟附近，高程在 831.00～858.00m，冲沟底高程 831.20m，谷坡平均坡度 30°。导流洞塌方段位于冲沟上游，距沟底 15.00～39.00m，桩号为导 0＋088～导 0＋112.60m。

塌方段埋深 30.00～55.00m，覆盖层厚 6.00～10.00m，主要由低液限黏土等组成，围岩为寒武系片麻岩，灰黄色—灰色，矿物成分主要为长石、石英和黑云母等，粗粒变晶结构，片麻状构造。岩质较坚硬，节理发育，岩体破碎—较破碎。

根据勘察资料，本地段有 F_2、F_5 两条断层，F_2 断层横跨两岸规模较大，总体产状 N40°～50°E，倾向 NW，倾角 70°～84°，由多条断层组成，宽度约 17.0m；F_5 断层宽度约 6.0m，产状推测与 F_2 断层相同。

上半洞开挖揭露，F_2 与 F_5 之间仍存在小断层及断层破碎带，因此将 F_2 和 F_5 合并，统称 F_2 断层破碎带。

F_2 断层破碎带出露位置为顶拱中心桩号导 0＋073.90～导 0＋122.00m，出露宽度约 48.0m。系由断层破碎带、断层影响带及 f_{14}、f_{15} 等多条小断层组成，总体产状为走向 N40°～50°E，倾向 NW，倾角 70°～84°。其中 f_{15} 断层宽 0.3～0.5m，主要由糜棱岩及碎块岩组成；f_{14} 断层宽 6.0m，主要由糜棱岩、碎裂岩和少量灰黄色断层泥组成，断层泥厚 3～5cm，不连续，胶结差；断层破碎带宽约 14.0m，由多条宽度 40～60cm 的小断层组成，岩质较软弱，风化强烈，岩石多呈碎块状；断层影响带宽约 28.0m，岩体完整性差，呈镶嵌碎裂结构，节理发育，间距一般为 10～30cm。

浅埋段冲沟常年有地表水活动。

上半洞开挖时间为 5—6 月，还未到丰水期，F_2 断层破碎带（桩号导 0＋100.00m）顶拱多处线状流水，桩号导 0＋120.00～导 0＋122.50m 顶拱渗水，其余洞段洞壁潮湿。塌方段下半洞开挖时间为 7—8 月，为雨季，地下水活动明显加剧。

地质报告中，根据 ZK309 和 ZK310 两个钻孔资料，推测塌方段的弱风化岩顶板高程在 816.00～834.00m。考虑到浅埋洞段和 F_2、F_5 断层因素，桩号导 0＋36.11～导 0＋

153.24m 定为 Ⅴ 类围岩，长度 117.13m。实际开挖后，塌方段位于 F₂ 断层破碎带内，根据围岩、断层出露情况，重新进行了围岩分类，桩号导 0+065.00～导 0+125.00m 范围仍为 Ⅴ 类围岩，段长 60.00m，比前期 Ⅴ 类围岩少 57.13m。该段是整个导流洞唯一为 Ⅴ 类围岩的洞段。

32.9.2　塌方状况说明

导流洞于 2006 年 11 月开始施工。塌方段上导洞于 2007 年 5 月 27 日开始开挖，6 月 23 日上导洞贯通，塌方段下导洞于 7 月 26 日开始开挖。

2007 年 8 月 5 日晚 11 点，导流洞桩号导 0+080～导 0+110m 顶拱突然涌水，钢拱架变形，现场施工人员感觉情况危险，纷纷撤出，至当天夜里 12 点左右就发生了大范围的塌方，塌方部位全部被碎渣封堵。经现场测量导流洞塌方部位洞顶桩号为导 0+088～导 0+112.60m，经检查在相应部位的地面也出现了较大的塌陷，面积约 500m²。

32.9.3　塌方原因分析

导流洞上半洞于 6 月 23 日贯通至 8 月 6 日大塌方，前后间隔达 45 天，开挖临空时间过长，Ⅴ 类围岩岩体（断层破碎带）早已卸荷，加之 7 月、8 月两月正值雨季，8 月 5 日前连续降雨数天，大量雨水渗入岩石裂隙及洞顶覆盖层内，使围岩及洞顶覆盖层达到饱和。而洞顶地表又没有良好的排水设施，又加快了围岩及洞顶覆盖层达到饱和的速度。围岩及洞顶覆盖层达到饱和后，抗剪切能力下降，围岩失稳而产生塌方。

32.9.4　塌方段工程处理

根据业主、监理、设计、施工单位等各方参加的龙江水电站枢纽工程导流洞塌方处理专题会议，专家组就工程现场地质情况和施工环境以及工期等综合因素考虑分析，通过采用洞外明挖的方法进行处理方案。

32.10　导流洞封堵围堰

导流洞布置在右岸，全长 840.70m，进口底高程 790.00m，纵向坡度为 2.387‰，城门洞形剖面，标准断面尺寸为 12.00m×12.00m。根据施工进度安排，导流洞在 2010 年 4 月 7 日（汛前）进行下闸，对导流洞进行封堵。但由于生态放流和下游回水的影响，实际施工中增设了导流洞封堵围堰，以保证导流洞封堵的安全施工。

第33章 料场开采规划设计

工程所需的天然建材有混凝土骨料，围堰填筑的堆石料、防渗料和过渡料。按照施工总进度的安排，经过土石方平衡计算，围堰填筑的堆石料利用开挖弃料，防渗料利用大坝岸坡开挖的风化料，围堰填筑的过渡料利用导流洞开挖的弃渣料。混凝土骨料由天然砂砾石料筛分获得，粗骨料不足部分从石料场开采后经人工破碎获得。

33.1 料场自然条件

33.1.1 砂砾石料场

33.1.1.1 MY砂砾石料场

MY砂砾石料场位于坝址上游约4～6km处MY桥上游及下游的龙江河段，地面高程793.04～797.70m，多为水下地形，局部高出江水位约0～1.5m，洪水期全部淹没。料场由MY桥上游（Ⅰ区）及下游（Ⅱ区）两部分组成，两者相距约1000m，料场长约3600m，宽100～230m，面积约41.46万m²。上部多分布有中细砂或含砾中粗砂，厚0.00～2.30m不等；下部为砂砾石，砾石含量由上至下逐渐增加、粒径也逐渐增大，砂砾石厚度2.60～7.30m。砂砾石呈灰—浅灰色，次凌角状，砾石成分主要为片麻岩、少量石英岩及基性岩石，砂以中粗砂为主。下部为砾质低液限黏土和全风化片麻岩。

经储量计算，其上部砂也按有用层计算，该料场没有无用层；料场多位于水下，以水下开采为主，平均开采厚度按5.34m计，勘探储量为230.89万m³（其中Ⅰ区储量为58.89万m³，Ⅱ区储量为172.00万m³），其中净砾石储量约为105.78万m³，净砂储量为173.35万m³。

根据试验成果，除砂含量较高、细骨料中堆积密度偏低外，其余指标均可满足质量要求。取样对砂及砾石进行碱活性试验，均无潜在碱活性危害。

由于该料场位于江心部位，且料源多位于水下，其开采和运输条件相对较差，尚需考虑旱季开采、堆存等措施，该料场有公路通往坝址，但路况较差。

MY砂砾石料场的储量见表33.1，其颗分成果见表33.2。

表33.1   MY砂砾石料储量特性表

料场名称	料场分区	计算面积/万 m²	无用层平均厚度/m	无用层体积/万 m³	有用层平均厚度/m	有用层体积/万 m³
MY砂砾石料场	Ⅰ	10.38	0.00	0.00	5.40	58.89
	Ⅱ	31.08	0.00	0.00	5.28	172.00
	合计	41.46	0.00	0.00	5.34	230.89

表 33.2 MY 天然砂砾料颗分成果表

料场名称	天然砂砾石混合级配/%							砾石的粒度模数	砂的粒度模数
	>150 mm	150~80 mm	80~40 mm	40~20 mm	20~5 mm	5~0.16 mm	<0.16 mm		
MY 砂砾石料场	2	4	8	12	16	55	3	6.96	2.83

33.1.1.2　遮冒砂砾石料场

遮冒砂砾石料场位于坝址下游约 5km 处的龙江江心，系由 4 块大小不等的砂洲组成。地面高程 787.61~789.1m，高出江水位仅 0~1.5m，洪水期全部淹没。

料场长约 1400m，宽 190~360m，面积约 38.26 万 m²。表部为甘蔗林，积有壤土、砂壤土和中细砂层，厚 0.50~1.70m；下部为砂砾石层，最大孔深至水下 15m 未见基岩。

经储量计算，其表部无用层平均厚度为 1.27m，体积为 53.25 万 m³；有用层全部位于水下，平均厚度按 8.05m 计，勘探储量为 276.82 万 m³，可满足工程所需。

根据试验成果，除砂和砾石的干松密度偏小外，其余指标均可满足质量要求。

由于该料场位于江心部位，且料源全部为水下料，需采取水上开采和运输措施。

遮冒砂砾石料场的储量见表 33.3，其颗分成果见表 33.4。

表 33.3 遮冒砂砾石料储量特性表

料场名称	计算面积/万 m²	无用层平均厚度/m	无用层体积/万 m³	有用层平均厚度/m	有用层体积/万 m³
遮冒砂砾石料场	38.26	1.27	53.25	8.05	276.82

表 33.4 遮冒天然砂砾料颗分成果表

料场名称	遮冒天然砂砾石混合级配/%						砾石的粒度模数	砂的粒度模数
	150~80 mm	80~40 mm	40~20 mm	20~5 mm	5~0.16 mm	<0.16 mm		
遮冒砂砾石料场	0.40	4.80	6.60	10.60	74.70	2.90	6.74	2.77

33.1.2　人工骨料场

33.1.2.1　拱岭人工骨料场

拱岭人工骨料场位于坝址下游公路东侧约 3.5km 处的拱岭山坡，沿公路距坝址约 22km，现有三级柏油公路及部分简易公路通至坝址。

料场位于拱岭一浑圆状山体，正面为一采石场，开采底高程 1037.00m，地形坡度为 70°~80°，背面与整个山体相连，两侧地形坡度较缓，一般为 20°~30°，山顶高程 1122.00m。

料场正面及山顶基岩大多裸露，两侧表部多为低液限黏土覆盖，厚度一般为 1.0~5.0m，基岩岩性为灰岩。

取样对灰岩进行碱活性试验，无潜在碱活性危害。

选定料场产地面积约 2.5 万 m²，剥离层厚度一般 7~10m，无用层体积为 22.4 万 m³。

开采底板高程为 1020.00m 时，可采储量为 95.6 万 m³，但储量范围内仍不可避免地存在有少量次生充填的低液限黏土，开采过程中需采取加强冲洗、挑选剔除等处理措施。

拱岭人工骨料场储量见表 33.5，岩石物理力学性质成果见表 33.6。

表 33.5 拱岭人工骨料场储量表

料场名称	计算面积 /万 m²	无用层平均厚度 /m	无用层体积 /万 m³	有用层平均厚度 /m	有用层体积 /万 m³
拱岭	2.5	8.5	22.4	45.0	95.6

表 33.6 岩石物理力学性质成果表

岩石名称	颗粒密度 /(t/m³)	饱和密度 /(t/m³)	紧密度 /%	孔隙率 /%	饱和吸水率 /%	饱和抗压强度 /MPa	软化 系数
灰岩	2.71	2.65	96.76	3.24	0.28	47.0	0.61

33.1.2.2 盘龙山人工骨料场

盘龙山人工骨料场位于坝址下游左岸，距坝址约 5km，现有简易公路及乡间小路通至山脚。

料场位于盘龙山山顶，高程 1200.00～1270.00m。料场四周为陡壁，高 40～50m，岩性为白云质灰岩，夹少量灰质角砾岩，二者没有明显的界线，局部呈混杂分布。料场表部多为低液限黏土覆盖，厚度一般为 4～8m，溶沟部位可达 10m 以上。

选定料场产地面积约 5 万 m²，剥离层厚度一般 13～16m，受溶沟、溶槽发育深度的影响，剥离层厚度局部较深，无用层体积为 72.1 万 m³。开采底板高程为 1117.00m 时，可采储量为 360 万 m³。

经碱活性试验表明，白云质灰岩无潜在碱活性危害。

盘龙山人工骨料场储量见表 33.7，岩石物理力学性质成果见表 33.8。

表 33.7 盘龙山人工骨料场储量表

料场名称	计算面积 /万 m²	无用层平均厚度 /m	无用层体积 /万 m³	有用层平均厚度 /m	有用层体积 /万 m³
盘龙山	4.9	15.3	72.1	77.9	364.5

表 33.8 岩石物理力学性质成果表

岩石名称	比重 /(t/m³)	饱和密度 /(t/m³)	紧密度 /%	孔隙率 /%	饱和吸水率 /%	饱和抗压强度 /MPa	软化 系数
白云质灰岩	2.88	2.80	97.51	2.49	0.41	44.5	0.78

33.1.3 风化砂料场

风化砂料场位于坝址两岸山坡，主要是利用两岸坝头开挖弃料的风化砂作为围堰防渗料。坝址两岸料场部位地形坡度一般为 10°～30°。左岸 B 区料场长近 90m，宽约 70m，面积 0.58 万 m²；右岸 A 区料场长 150m，宽约 70m，面积 1.27 万 m²。表部为厚约 0.5m 的耕植土，下部为低液限黏土和全风化片麻岩，平均厚度 10～12m。

根据试验成果，低液限黏土和全风化片麻岩（砂质低液限黏土）以及其掺合料除天然含水量略高于最优含水量外，其他一般指标可满足围堰用料质量要求。

经储量计算，其详查范围内储量总计为 21.72 万 m³，可满足工程所需。

33.1.4　土料场

MY 坝土料场位于坝址上游约 6km 处的左岸，现有公路相通，交通方便。

该料场为一低缓的岗地，地形坡度 0°～20°，局部因受冲沟切割，起伏较大。料场长约 700m，宽约 200m，面积 14 万 m²。表部为厚约 0.5m 的耕植土，下部为褐红色的黏土，平均厚度 3.55m。

根据试验成果，该土层一般指标尚可满足质量要求，天然含水量接近最优含水量，最大缺点是黏粒含量偏高，击实后干密度偏小。

经储量计算，其初查储量为 51.64 万 m³，可满足工程所需。

33.2　料场选择

本工程混凝土及喷混凝土总量 75.92 万 m³，其中大坝混凝土及喷混凝土 56.08 万 m³。根据勘察的天然砂砾料场成果可以看出，两个料场的天然砂砾料级配均较差，粗骨料偏少，砂偏多。根据骨料平衡计算成果分析，如完全采用天然骨料，只开采一个料场，其储量不能满足要求，需要开采两个料场，这样的结果是料场的开采量大，弃料量也很大，不经济；如全部采用人工骨料，制砂费用过高。为解决天然料场粗细骨料供需不平衡的矛盾，设计采用天然骨料与人工骨料混合方案，即天然砂砾料的开采量由砂的需要量控制，粗骨料不足部分需从石料场开采后经人工破碎的人工骨料补充。

33.2.1　天然砂砾石料场选择

天然砂砾石料场共勘察了两个料场，即 MY 砂砾石料场和遮冒砂砾石料场，并对两个料场的质量、储量及开采条件等进行了综合比较。从砂砾料的天然级配分析，MY 砂砾石料场的级配曲线好于遮冒砂砾石料场，也就是说粗骨料占的比重较大，这样与人工骨料配合，其弃料量要少，另外 MY 砂砾石料场没有无用层。从开采运输条件分析，遮冒砂砾石料场的开采条件好于 MY 砂砾石料场，其原因是遮冒砂砾石料场位于坝址下游，开采受洪水影响小，而 MY 砂砾石料场位于坝址上游库区内，开采受洪水影响大，遇洪水须停采。两料场运输距离相当，但 MY 砂砾石料场由于筛分系统布置高程较高，毛料运输需增加公路运输。两料场优缺点比较见表 33.9。

表 33.9　　　　　　　　　　　　砂砾石料场优缺点比较表

名称	优　　点	缺　　点
MY 砂砾石料场	（1）没有无用层剥离，开采条件好； （2）级配曲线较好，粗骨料含量较高，需人工骨料补充较少	（1）料场开采受洪水影响较大； （2）该料场位于坝址上游，受初期发电水位控制，筛分系统需布置在 850.00m 高程以上，毛料需增加公路运输
遮冒砂砾石料场	料场开采受洪水影响较小	（1）需进行无用层剥离，开采条件较差； （2）级配曲线较差，粗骨料含量较低，需人工骨料补充较多

综上所述，选择 MY 砂砾石料场较为经济，主要是该料场的料源级配相对较好，虽然料场在库区，开采受洪水影响，但考虑龙江洪水是陡涨陡落型洪水，一次洪水过程只有 7 天，只要考虑一部分的毛料储存，就能较好地解决此问题。此外，该料场在库区，符合少占地的原则。根据骨料平衡计算，确定选择 MY 砂砾石料场 Ⅱ 区作为主要开采区。

33.2.2 人工骨料场选择

对人工骨料场进行了拱岭人工骨料场和盘龙山人工骨料场的比较，盘龙山人工骨料场主要问题是覆盖层较厚，料源夹层较多，且料场位于山顶，开采运输条件较差，而拱岭人工骨料场，目前就已开采有掌子面，开采条件好，但该料场距坝址距离较远，约 22km，二者优缺点见表 33.10。

表 33.10 人工骨料场优缺点比较表

名称	优　　点	缺　　点
拱岭人工骨料场	(1) 无用层较薄； (2) 交通条件较好，现有公路通往坝址； (3) 开采条件较好； (4) 石料质量较好	运距远，运输费用较高
盘龙山人工骨料场	运距短，运输费用较低	(1) 无用层较厚； (2) 需新建施工道路 6km； (3) 开采条件较差； (4) 石料质量很差，夹层较多

经上述两个料场综合分析，选择拱岭人工骨料场作为工程推荐的人工骨料场方案。

33.2.3 围堰防渗料场选择

围堰堰体防渗料场进行了 MY 坝土料场和坝址两岸风化砂料场的比较，二者优缺点见表 33.11。

表 33.11 围堰堰体防渗料场优缺点比较表

名称	优　　点	缺　　点
MY 坝土料场	防渗效果好	(1) 运距远； (2) 黏粒含量高，塑性指数大； (3) 黏土施工受降雨影响大，施工速度慢，施工工期相对较长
坝址两岸风化砂料场	(1) 运距短； (2) 可利用坝坡开挖风化料，减少工程弃渣，节省工程投资，施工速度较快； (3) 受降雨影响小	(1) 天然含水量略高； (2) 防渗效果较好

经上述综合分析，围堰堰体防渗料场采用坝址两岸风化砂料场。

33.3　料场开采及骨料运输

33.3.1　砂砾石料场开采

MY 砂砾石料场位于江心部位，且料源多为水下料，地面高程 793.04～797.70m，多为水下地形，局部高出江水位约 0～1.5m，洪水期全部淹没。

本工程砂砾石料需要量 41.88 万 m³，砂砾石料全部位于水下，采用 750m³/h 的采砂船采料，其最大挖深 20m，船体吃水深度 3.10m。353kW 拖轮牵引砂驳运输，再由 1500t/h 输砂趸船卸料，经胶带输送机送至 20t 自卸汽车后运输至筛分厂。当汛期洪水超标时，砂砾石料考虑停采。根据水文气象资料，本流域的洪水主要由降雨形成，较大洪水历时一般为 7～10 天，涨水历时 2～4 天，退水历时 5～6 天，因此砂砾石料筛分加工厂考虑高峰期 10 天的砂砾成品料用量进行堆存，以解决当超标洪水时砂砾料停采的矛盾。经计算分析，天然砂石料的开采及运输设备生产能力可以满足"汛期停采"期间骨料生产及贮存需要。

33.3.2　人工骨料场开采

拱岭人工骨料场位于拱岭一浑圆状山体，正面为一采石场，开采底高程 1037.00m，地形坡度为 70°～80°，背面与整个山体相连，两侧地形坡度较缓，一般为 20°～30°，山顶高程 1122.00m。

料场正面及山顶基岩大多裸露，两侧表部多为低液限黏土覆盖，厚度一般为 1.0～5.0m。基岩岩性为灰岩。

本工程石料需要量 52.59 万 m³。

覆盖层开挖：采用 3m³ 挖掘机挖装，20t 自卸汽车运至边缘暂存场。

石料场开采：采用 YQ150 型潜孔钻钻孔，梯段爆破，梯段高度 6～9m，爆破石料采用 3m³ 装载机挖装，20t 自卸汽车运至人工骨料破碎系统。

33.3.3　骨料运输

本工程混凝土人工骨料破碎系统设于坝址下游约 6km 的遮冒村附近，工厂设有粗碎和中碎机各一台，设两组筛分机。该系统主要补充天然砂砾石料中砾石不足的 5～150mm 的骨料。毛料自采石场用自卸汽车运输至破碎系统，经粗碎、中碎、筛分后堆存至成品料堆，3m³ 装载机装料，20t 自卸汽车运至混凝土拌和系统。

本工程混凝土天然骨料筛分系统设于坝址上游 1 号渣场处，工厂设有两组筛分机。毛料自砂砾料场开采筛分后堆存至成品料堆，3m³ 装载机装料，20t 自卸汽车运至混凝土拌和系统。

33.4　混凝土骨料来源优化

在可研设计阶段选择 MY 天然砂砾石料场作为本工程混凝土骨料料源，由于天然料级配不均匀，含砾率偏低，粗骨料存在不足，设计提出以天然砂为主、人工碎石补充的设计方案，因此对少量不足的粗骨料设计提出以人工骨料的方式加以补充。

实际施工时，由于受先于龙江水电站完工的上游弄另电站蓄水发电限制放流，致使MY 天然砂砾石料场开采水位降低，采砂船开采能力受限，同时由于在本工程勘察后、开工前 MY 天然砂砾石料场已被翻采过，致使混凝土骨料无法满足工程需要，因而增加了外购粗骨料和人工粗骨料量。

第 34 章　混凝土温度控制设计

34.1　坝体封拱温度标准

当坝体冷却到规定温度并进行接缝灌浆后，坝体受力形式由扇形截面的悬臂梁转向由拱、梁承受荷载的整体结构，从而可以承受荷载，因此，接缝灌浆，即"封拱"是拱坝施工的一个重要环节。

根据坝体稳定温度场及准稳定温度场计算成果，结合仿真计算，确定了龙江大坝设计封拱温度。设计封拱平均温度为 18（坝顶）～15℃（坝基），确定的封拱温度见表 34.1，二次深挖回填混凝土基础封拱温度为 18℃。

表 34.1　　　　　　　　　　　　　　　拱坝设计封拱温度表

高程/m	875.00～862.00	862.00～849.00	849.00～835.00	835.00～760.00
封拱温度/℃	18	17	16	15

34.2　温控标准

34.2.1　基础容许温差和坝体混凝土容许最高温度

根据龙江水利枢纽坝体混凝土特性，依据有关规范规定和参考类似工程经验，并结合本工程封拱温度要求及相应的计算分析，确定龙江拱坝基础容许温差及坝体混凝土容许最高温度分别见表 34.2 和表 34.3。

表 34.2　　　　　　　　　　　　基　础　容　许　温　差　　　　　　　　　标准单位：℃

部　　位		允 许 温 差
拱坝坝段	0～0.2L	21
	0.2L～0.4L	24
重力坝段 （1～3 号）	0～0.2L	18
	0.2L～0.4L	21
重力坝段 （24～26 号）	0～0.2L	17
	0.2L～0.4L	20

注　L 为浇筑块长边尺寸。

表 34.3　　　　　　　　　　　　坝体混凝土容许最高温度　　　　　　　　　单位：℃

部位	区域	月　份			
		12月至次年2月	3、11	4、10	5—9
拱坝坝段	基础约束区	31	31～33	32～34	33～35
	非基础约束区	32～34	34～36	36～38	38～39

续表

部位	区域	月　份			
		12月至次年2月	3、11	4、10	5—9
重力坝段 （1～3 号）	基础约束区	30	30～32	31～33	32～34
	非基础约束区	32～34	34～36	36～38	38～39
重力坝段 （24～26 号）	基础约束区	29	29～31	30～32	31～33
	非基础约束区	32～34	34～36	36～38	38～39
消能塘和二道坝		30	32	34	35

34.2.2　上、下层温差

在老混凝土（龄期超过 28 天）面上浇筑新混凝土时，新混凝土受老混凝土的约束，上下层温差越大，新老混凝土中产生的温度应力也越大。

本工程允许上下层温差 17～20℃。对连续上升坝体且浇筑高度大于 0.5L（浇筑块长边尺寸）时，取允许上下层温差上限值；浇筑块侧面长期暴露、上层混凝土高度小于 0.5L 或非连续上升时应加严要求，取允许上下层温差下限值。

34.2.3　水管冷却温差和降温速率

为防止水管冷却时水温与混凝土浇筑块温差过大和冷却速度过快而产生裂缝，初期通水冷却温差按 20～22℃控制，后期冷却水管冷却温差按 25～28℃控制。冷却温差取用原则是在规定范围内基础块从严，正常块从宽。混凝土日降温速度控制在每天 0.5～1℃范围内。

34.3　混凝土温控措施

34.3.1　优化混凝土配合比，提高混凝土抗裂能力

混凝土原材料性能及配合比直接影响混凝土的强度、变形、抗裂性能和温升的高低、快慢。因此要进一步加强对混凝土原材料及配合比的试验、研究，优化粉煤灰掺量，采用中热大坝水泥，配制水化热温升低、线胀系数小、抗拉强度或极限拉伸值较高的混凝土，有效降低混凝土水化热温升，提高混凝土抗裂性能。

混凝土施工时，除需满足混凝土标号、抗冻、抗渗、极限拉伸值等主要设计指标外，还应满足混凝土均质性指标。同时，加强混凝土拌和、运输、浇筑过程中的施工管理和质量控制，保证混凝土施工质量满足各项要求。

34.3.2　合理安排施工程序和施工进度

坝体混凝土由于浇筑时间、约束情况及边界条件的差异，所产生的温度应力差别很大，因此温控要求有宽、有严。

每年 11 月至次年 3 月低温时段在条件允许的情况下，尽量多浇、快浇混凝土；基础约束区混凝土应尽量避开 5—9 月高温季节施工；如果高温季节进行施工，应利用早晚、夜间及阴天浇筑混凝土，以确保浇筑质量，并可节省温控费用。

34.3.3　控制浇筑层厚和层间间歇期

基础约束区采用薄层、短间歇、连续浇筑法。对于大坝基础约束区和岸坡坝段基础混

凝土，浇筑层厚 1.5～2.0m；非约束区浇筑层厚 3m。

层间间歇期从散热、防裂和施工作业方面综合考虑，层间间歇期不应小于 4 天，也应避免大于 15 天。混凝土浇筑时力争均匀上升，对于有严格温控防裂要求的基础约束区和重要结构部位混凝土间歇时间 5～7 天，超出 28 天应视为老混凝土处理。

34.3.4　采用制冷工艺，控制混凝土浇筑温度

要满足温控要求，高温时段混凝土浇筑温度可从降低混凝土出机口温度、减少运输环节中混凝土温度回升和减少仓面浇筑过程混凝土温度回升三方面进行。

降低出机口温度主要是对混凝土拌和料应进行预冷。预冷方式可采用骨料堆场降温、冷水拌和、加片冰、风冷粗骨料、水冷骨料等单项或多项综合措施。施工过程中，要根据各时段气温条件及必需的混凝土降温幅度确定混凝土拌和料的冷却组合方式。应首先考虑采用冷水或加冰拌和（每立方米混凝土加 10kg 片冰可降低混凝土出机口温度 1.0～1.3℃），不能满足要求时，再采用风冷粗骨料。

减少运输环节中混凝土温度回升，高温季节应严格控制混凝土运输时间和等待卸料时间，并且运输设备应采取隔热遮阳措施。

减少仓面浇筑过程混凝土温度回升，高温季节浇筑混凝土时，减少浇筑块覆盖前的暴露时间，加快混凝土入仓速度和覆盖速度，浇筑完毕后，立即覆盖保温材料进行临时保温。在混凝土浇筑仓内采用喷雾措施，改变仓内小环境，降低施工环境温度，提高仓内湿度，减少水分蒸发，防止混凝土表面失水，改善混凝土层间结合性能，提高混凝土质量。

通过计算，各坝段各月设计要求浇筑温度分别见表 34.4、表 34.6。

表 34.4　　　　　　　　　　拱坝坝段基础各月浇筑温度　　　　　　　　　　单位：℃

月份	1	2	3	4	5	6	7	8	9	10	11	12
1.5m 层厚	自然入仓	自然入仓	自然入仓	20.51	20.40	19.40	19.80	19.70	20.40	20.51	自然入仓	自然入仓
2.0m 层厚	自然入仓	自然入仓	自然入仓	18.20	17.80	17.10	17.40	17.30	17.80	18.20	自然入仓	自然入仓

表 34.5　　　　　　　　　　1～3 号重力墩坝段各月浇筑温度　　　　　　　　　单位：℃

月份	1	2	3	4	5	6	7	8	9	10	11	12
1.5m 层厚	自然入仓	自然入仓	自然入仓	20.00	18.90	17.90	18.40	18.20	18.90	20.00	自然入仓	自然入仓
2.0m 层厚	自然入仓	自然入仓	17.60	16.20	15.80	15.10	15.40	15.30	15.80	16.20	自然入仓	自然入仓

表 34.6　　　　　　　　　24～26 号重力墩坝段各月浇筑温度　　　　　　　　　单位：℃

月份	1	2	3	4	5	6	7	8	9	10	11	12
1.5m 层厚	自然入仓	自然入仓	自然入仓	17.50	16.40	15.00	15.60	15.50	16.40	17.50	自然入仓	自然入仓
2.0m 层厚	自然入仓	自然入仓	15.50	14.20	13.80	13.00	13.30	13.20	13.80	14.20	16.50	自然入仓

非约束区混凝土采用 3m 浇筑层厚，5—9 月控制浇筑温度为 21~22℃；其他时段可自然入仓。

34.3.5　控制内外温差，加强表面保护

混凝土内部和外部温度变化不一致时会产生内约束应力，因此要控制内、外温差。在基础约束区，为了避免产生基础贯穿性裂缝，必须降低混凝土最高温度，减少基础温差。控制混凝土浇筑温度、通水冷却降温、薄层浇筑等都是服务于这个目的措施。

超出基础约束区，坝体呈无外部约束的自由变形状态，而这种状态的体积变形是不产生应力的。在坝体上部，产生温度应力的原因是内部混凝土和外部混凝土降温速度不一致，变形不均匀所致。为了减小这种应力（防止表面裂裂缝），加速内部降温速度，限制内部最高温度固然有效，但由于外部温度随气温急剧下降时，内温不可能与之同步下降，因此，采用表面保温来减缓表面混凝土的降温速度更为合理。

根据分析计算，气温骤降时混凝土的影响深度仅 0.5~1.0m，气温年变化影响深度也仅 3~5m。由于表层混凝土受气温影响深度相对较浅，只要保温材料的隔热性能相当于 1~2m 厚混凝土，就可使原来表层混凝土温度梯度变化最陡部分发生在保温材料内，而使表层混凝土温度变化速度减缓，梯度变平，从而减小表层混凝土温度应力。

气温骤降对坝体表面会引起相当大的拉应力，而龙江坝址区昼夜温差较大，寒潮频发，因此，施工中混凝土表面保温是十分重要的。

表面保护材料应选择保温效果好且易于施工的材料。可选择聚苯烯泡沫塑料、高压聚乙烯泡沫塑料、单膜或双膜气垫薄膜、岩棉等。不同部位不同条件下保温标准不同，其保温后混凝土表面等效放热系数要求如下：

（1）大体积混凝土永久暴露面（如上、下游面等）10 月至次年 4 月浇筑的混凝土，拆模后立即进行保温；5—9 月浇筑的混凝土，10 月初开始保温，保温材料等效放热系数 $\beta \leqslant$ 2.0W/（m² · ℃）。保温时间至少一个低温季节。

（2）结构混凝土的永久暴露面，如泄洪中孔、表孔，10 月至次年 4 月浇筑的混凝土，拆模后立即进行保温，5—9 月浇筑的混凝土，10 月初开始保温。保温材料等效放热系数 β $\leqslant$1.5W/（m² · ℃），保温时间应一个低温季节以上。

（3）日平均气温 2~3 天内连续下降超过（含等于）6℃时，28 天龄期内混凝土表面，包括浇筑层顶面、侧面必须进行表面保护，保温材料等效放热系数 β 值大体积混凝土 $\beta \leqslant$ 3.0W/（m² · ℃），结构混凝土 $\beta \leqslant$2.0W/（m² · ℃）。

（4）5—9 月所浇混凝土永久或长间歇表面如在 10 月以前遇气温骤降仍须采取保温措施。永久保温持续时间至少超过一个低温季节。

（5）模板拆除的时间应根据混凝土的强度和混凝土内外温差而定，且应避免在夜间或气温骤降期间拆模。低温季节，预计到拆模后混凝土的表面降温可能超过 6℃时，应推迟拆模时间，如必须拆模时，拆模后应立即采取表面保护措施。

（6）高温季节浇筑预冷混凝土时，为防止温度倒灌，浇筑完成后立即采用保温材料覆盖，待混凝土温度升至环境温度后再打开散热。

（7）每年入秋后将泄洪中孔、廊道及其他所有孔洞进出口进行封堵保护，以防冷风贯通产生混凝土表面裂缝。

34.3.6　混凝土表面养护

在混凝土浇筑完毕后，对表面及时进行养护，在一定时间内保持适当的温度和湿度，形成混凝土良好的硬化条件，是保证混凝土强度增长、不发生干裂必要措施。

混凝土表面养护范围包括各坝段上、下游永久暴露面；各坝块左右侧面、水平面；孔的侧面、水平面、消能塘底板，二道坝等。

表面养护的一般要求如下：

（1）混凝土养护一般采用河水。

（2）混凝土浇筑完毕后，对混凝土表面及所有侧面应及时洒水养护，以保持混凝土表面经常湿润。低流态混凝土浇筑完毕后，应加强养护，并延长养护时间。

（3）混凝土浇筑完毕后，早期应避免太阳光曝晒，混凝土表面宜加遮盖。

（4）一般应在混凝土浇筑完毕后 12～18h 内即开始养护，但在炎热、干燥气候情况下应提前养护。

（5）混凝土养护应保持连续性，养护期内不得采用时干时湿的养护方法。

根据龙江水电站的气温及浇筑特点，对各部位、各种条件下具体养护办法如下：

（1）永久暴露面养护。永久暴露面采用长期流水养护，采用 ϕ25mm 的钢管（或塑料管），每隔 20～30cm 钻 ϕ1mm 左右的小孔，挂在模板上或外露拉条筋上，孔口对混凝土壁面通自来水养护，通水量为 15L/min 左右。拆模后即开始流水养护，水管随模板上升而上升，白天实行不间断的流水养护，夜间（20：00—6：00）可实行间断流水养护，即流水养护 1h，保持湿润 1h，当夜间气温超过 25℃时，实行不间断流水养护。

养护时间不应少于混凝土的设计龄期。进入低温季节，永久暴露表面需要覆盖保温材料进行表面保温时，可停止养护。

（2）坝块左右侧面养护。左右两侧使用的键槽模板，不易挂水管，应进行小流量的水喷洒或人工洒水养护，特别是低块浇筑时，既要养护好侧面又不能将水流到浇筑仓内。养护时间为不少于 90h。

（3）水平面养护。水平仓面的养护，当浇筑的混凝土初凝后，能抵抗自然流水破坏时，表面即可进行洒水养护，为避免水量集中，洒水时在水龙头上加莲蓬头，仓面的养护时间直至上仓浇筑为止。

（4）夏季养护。夏季外界环境温度高，太阳光直射强度大，混凝土表面水分蒸发快，养护工作尤其重要。对坝块表面养护工作必须严格按上述各部位的养护办法进行，并从严控制。

（5）雨天养护。对于雨天的养护，当下雨持续时间超过 0.5h 时，应停止各坝块表面及侧面养护工作，关闭水管；当下雨持续时间超过 1h 时，停止上、下游坝面及外露孔口侧面的流水养护，雨停后 1h 内恢复正常的养护工作。

34.3.7　坝体冷却水管布置及通水冷却要求

34.3.7.1　坝体冷却水管布置

坝体内部冷却水管可采用 ϕ25mm 钢管（基础灌浆区）或 ϕ32mm 聚乙烯塑料管（PE 管），冷却水管在坝内按蛇形布置。坝内冷却水管间距：钢管—基础约束区为 1.5m 或 2.0m（浇筑层厚）×1.5m（水管间距）；PE 管—基础约束区为 1.5m 或 2.0m（浇筑层厚）×1.5m（水管间距）；其他正常浇筑块采用 3.0m（浇筑层厚）×2.0m（水管间距）。一根冷却水管长度，一般情况下钢管控制在 200m 之内，PE 管控制在 300m 之内，以确保冷却效果。

34.3.7.2　坝体混凝土通水冷却要求

（1）初期通水。初期（一期）通水冷却时间 15～20 天，通水后，每天进出水方向互换一次，日降温速度不超过 1℃。每年 11 月至次年 3 月通河水冷却。高温季节采用预冷混凝土浇筑坝体时，最高温度仍可能超过允许最高温度，应采取初期通水冷却，削减其最高温度。基础约束区，高温季节必须进行初期通水，采用 6～8℃制冷水，通水流量不小于 18L/min，在混凝土浇筑收仓后 12h 内开始进行。对预计要过水的坝块宜适当延长初期冷却时间，在过水前将混凝土内部温度降至 28℃。

基础约束区通制冷水，当出水的温度达到 20～22℃时，通水时间超过 12 天的，即可进行闷温。闷温的时间为 3 天。脱离约束区的部位，可通江水，当出水口温度达 24℃，通水时间超过 15 天可进行闷温，闷温时间为 3 天。若闷温后，约束区的温度小于 25℃，脱离约束区的温度小于 29℃，即可停止初期通水；当闷温的温度超过上述数值时，按每超 1℃延长通水时间 2 天，然后再闷温。

经过初期通水。坝块内温度一般降到 25～28℃。

（2）中期通水。为确保混凝土安全过冬，削减混凝土内外温差，预防产生混凝土表面裂缝，对 4—10 月浇筑的混凝土应进行中期冷却通水，以降低混凝土内外温差梯度。每年 9 月初开始对当年 5—8 月浇筑的大体积混凝土坝体、10 月初开始对当年 4 月及 9 月浇筑的大体积混凝土坝体、11 月初对 10 月浇筑的混凝土坝体进行中期通水冷却。中期通水冷却采用江水，通水流量 20～25L/min，应保证每月通水时间不少于 600h，总通水时间一般为 1.5～2.5 个月，以混凝土坝体内部温度达到 20～22℃为准，通水结束后对坝体进行闷温测得坝体实际温度。

中期通水前，先检查冷却水管的出水温度在出水温度高于进水 2℃以上时，方可进行正式通水，若出水的水温低于进水温度可延后一段时间，等江水温度降至比坝内温度低时再行通水。在通水期间，凡进水水温与出水水温持平，或相差在 1℃以内，可终止通水，隔 3～5 天后再恢复。通水时，每天互换一次进出水方向。当出水的水温低于 18℃时，即可结束通水并进行抽样闷温，待坝体内温度降至 20～22℃时，进行全面闷温，闷温时间为 3 天。

9 月和 10 月浇筑的混凝土，进行初期通水后，紧接着中期通水。对进行连续初、中期通水的混凝土坝体，前 15 天按初期通水的要求作测、闷温资料，然后再按中期通水的要求进行闷温检测。

（3）后期通水。需进行坝体接缝灌浆的部位，在灌浆前必须进行后期冷却。后期冷却一般从 10 月开始。通水时间以坝体达到灌浆温度为准，后期冷却一般用制冷水，水温为 6～10℃。后期通水时间约为 30～40 天。在具体实施时，后期通水应根据封拱具体要求进行调整。后期通水要求如下：

1）在后期通水前，应对各坝块进行闷温，闷温时间为 3 天。根据实际测温资料，分析确定通水的水温及通水时间。对于混凝土坝体温度超过制冷水 15℃时，先用江水降温，等温度降至一定程度后，再用制冷水冷却到坝体灌浆温度。

2）为使混凝土初温在封拱前一个月达到初始条件，宜在封拱前2个月开始后期通水冷却。通水期间要根据实测的混凝土温度，随时调整冷却时间和冷却水水温，并要求每天改变一次水流方向，使混凝土温度均匀降低。最终达到后期冷却对混凝土接缝灌浆的要求。

3）对需要接缝灌浆的灌区，灌区的上一个灌区和下一灌区所在的混凝土块体必须同时冷却，达到接缝灌浆所需要的温度时，才开始施灌。

4）根据施工工期要求，在特殊条件下，如需高温季节进行后期冷却，因混凝土表面受外界气温影响，很难降到封拱温度，必须采取可靠的表面保温措施。由于该措施的施工条件要求严，成本费用高，而且封拱要求的温度难以保证，通常情况下，不宜采取该措施。

34.3.8 其他特殊部位温控要求

34.3.8.1 孔口悬臂浇筑块

龙江水利枢纽拱坝最大坝高115.0m，且本身坝身较薄，拱坝坝身开设2个放水深孔、3个表孔、3层廊道，孔口悬臂较多，结构复杂，因此通过计算，温控措施应当从严。

（1）孔口周边，特别是孔与下游悬臂联结处，应力状态复杂，其混凝土允许最高温度应较正常浇筑块低3℃。

（2）孔口下游外伸悬臂表面，该部位厚度较薄，初期混凝土抗拉能力低，有发生裂缝的可能性，因此需严格控制混凝土浇筑温度，做好通水冷却和表面保护工作，并应适当延长拆模时间。

34.3.8.2 岸坡坝段

岸坡坝段与基岩是倾斜的接触面，接触面积较大，岸坡坝段因受边坡岩体约束将产生较大的拉应力，因此，在岸坡坝段的下部，应进行较严的温度控制，采用1.5～2m厚薄层短间歇施工，确保混凝土施工质量。

34.3.8.3 坝体度汛

龙江大坝河床坝段混凝土浇筑从2008年6月开始，根据招标文件，坝体在2009年汛前应达到833.00m高程。大坝12～15号坝段顶部设3个表孔，河床大坝13号、14号坝段设2个放水深孔（进口底板高程810.00m，单孔洞身尺寸3.50m×5.50m单孔出口孔口尺寸3.5m×4.5m）。

导流度汛方案为汛期由坝体挡水，导流洞和放水深孔联合泄流。所以汛期放水深孔将过流。

根据布置，放水深孔在混凝土内部温度较高时，表面受到冷水冲击，其表层温度梯度较冷空气冲击要陡、要急，而且混凝土与流水接触表面的放热系数较比空气接触的表面放热系数β大得多［一般空气β为$12\sim23$W/（$m^2\cdot℃$），流水的β为$580\sim120$W/（$m^2\cdot℃$）］，因而很容易开裂，放水深孔一旦出现表面裂缝，后期往往容易发展成贯穿性裂缝。因此，必须采取较严的温控措施。

（1）加强洪水预报，按度汛要求，达到预期的施工面貌，保证混凝土具有一定的强度和自身抗裂能力。

（2）降低混凝土浇筑温度，加强初期通水冷却，力争在过水之前，通过二期通水冷却，混凝土内部温度降至 30℃ 以下，减少度汛过水时的混凝土内外温差，并通过进度安排，尽可能使该部位混凝土在低温季节浇筑。

（3）在度汛层混凝土表面布置限裂钢筋，限制表面裂缝的产生和扩展。

34.3.8.4 消能塘及二道坝

消能塘混凝土厚度一般为 2.0m，最大厚度 4.0m，受基础约束较大，应分层浇筑，并着重做好表面保护及养护以防止裂缝发生。

二道坝为大体积混凝土，除采取表面保护、养护措施外，还应控制混凝土的浇筑温度不超过混凝土允许最高温度。

34.4 坝体温控设计的优化

为满足 2010 年 1 月底具备下闸蓄水条件，根据现场坝体混凝土的实际浇筑进度拖后情况，将 2009 年 8 月底开始浇筑的大坝 8～18 号坝段 860.00m 高程以下非约束区混凝土内部冷却水管由原来的 3m 层厚加密至 1.5m 层厚，调整后的冷却水管布设原则为 1.5m×1.5m（层厚×水管间距）。

第35章 施工总进度设计

35.1 设计依据

(1) 龙江水电站枢纽工程由混凝土双曲拱坝、引水式发电厂房和引水隧洞等组成。其主要工程量(主体及导流工程量):土石方开挖 327.70 万 m³,其中土方开挖 163.43 万 m³,石方开挖 164.27 万 m³;土石方填筑 51.15 万 m³;混凝土浇筑及喷混凝土 75.49 万 m³;金属结构及压力钢管安装 4972t;水轮发电机组三台,单机容量 80MW。

(2)《水利水电工程施工组织设计规范》(SDJ 338—89) 和《水利水电枢纽工程项目建设工期定额》(1990) 中有关规定,并参考国内外有关工程资料。

(3) 根据《水利水电工程施工组织设计规范》(SDJ 338—89) 附录规定,常态混凝土施工,日降雨量大于 10mm(机械化程度较低的工程)或日降雨量大于 20mm(机械化程度较高的工程)时,若无防雨措施,一般应停工;月平均气温高于 25℃时,若温控措施费用过高,考虑白班停工。

根据上述规定,本工程混凝土浇筑考虑日降雨量大于 10mm 时停工,法定节日不施工,平均气温高于 25℃时停工。经分析,混凝土年有效施工天数为 299.5 天,设计时年有效施工天数取为 300 天。

35.2 施工分期及总工期

施工期分为筹建期、施工准备期、主体工程施工期和工程完建期。工程总工期(不包括筹建期)为 44 个月。施工准备工期从第一年 11 月起至第二年 10 月末,历时 12 个月;主体施工期从第二年 11 月初起至第五年 1 月 10 日,历时 26 个月零 10 天;工程完建期从第五年 1 月 11 日起至第五年 6 月底,历时 5 个月零 20 天。本工程截流时间为第二年 10 月底,开始蓄水时间为第四年 11 月初,首台机组于第五年 1 月 10 日发电,其余两台机组发电时间分别为第五年 3 月底和第五年 6 月底。

35.2.1 施工筹建期工程

筹建期工程主要项目包括:供电线路架设;混凝土拌和系统、骨料破碎系统、骨料筛分系统招标及筹建等。

35.2.2 施工准备工程进度

准备工程主要项目有:场内交通;生产生活房屋建筑;风、水、电、通信工程;施工工厂;混凝土拌和系统;骨料破碎系统;骨料筛分系统;缆机平台施工及设备安装等。根据导流工程和主体工程施工的要求,场内交通须在第二年 12 月末之前完成;风、水、电、信工程,随着主体工程的相继开工,到第二年 9 月末,全部施工完毕;临时生产生活房屋和永久生产生活房屋,根据工程的需要,分别在第一年和第二年修建；混凝土拌和系统、骨料破碎系统、骨料筛分系统，为了满足大坝混凝土浇筑进度要求，分别在第三年 1 月之前相继通过试运行；缆机平台施工及设备安装在第三年 2 月末投入运行。

35.2.3 施工总进度计划

35.2.3.1 导流工程

本工程采用围堰一次断流，隧洞过流的导流方式。导流工程量：土石方开挖 45.34 万 m³，喷混凝土及混凝土浇筑 3.75 万 m³，土石方填筑 24.12 万 m³。

导流洞全长 837.70m，进、出口明挖于第一年的 12 月初至第二年 1 月末施工，开挖强度 4442m³/d，完成工程量 30.71 万 m³。洞身暗挖从第二年 2 月初开始进洞，至同年 8 月末贯通，开挖强度 803m³/d，施工工期 7 个月，月平均综合进尺 120m/月，一个工作面月平均综合进尺 60m/月，完成石方暗挖 14.06 万 m³。洞身衬砌长度 333.9m，从第二年 6 月初开始，至同年 9 月末完成，浇筑强度 190m³/d，施工工期 4 个月，完成衬砌混凝土 1.90 万 m³。导流洞进出口混凝土浇筑于第二年 3—8 月进行，进出口混凝土浇筑平均强度 43.00m³/d，施工工期 6 个月，完成工程量 6387.00m³，平均上升高度 5.8m/月。

第二年 10 月中，导流洞进、出口岩埂围堰拆除，同时大坝上游围堰戗堤开始进占，并于月底完成大江截流，导流洞开始过水，至第三年 4 月末，完成大坝上、下游围堰填筑。

第四年 11 月初，导流洞下闸蓄水，导流洞进行封堵，大坝围堰拆除，第五年 1 月 10 日首台机组发电。

35.2.3.2 大坝工程

本枢纽坝型为混凝土拱坝，坝顶全长 472.00m，最大坝高 115.0m。两岸岸坡开挖较深，岸坡土方开挖从第二年 1 月初开始，于第二年 5 月末完成，开挖强度 6399m³/d，完成工程量 79.99 万 m³。岸坡石方开挖从第二年 2 月初开始，至第二年 11 月中结束，开挖强度 2623m³/d，完成工程量 44.45 万 m³。

大坝基坑开挖，从第二年 12 月初开始，并于第三年 2 月末开挖结束，施工历时 3 个月，完成工程量：土方开挖 4.48 万 m³，石方开挖 4.55 万 m³，土方开挖强度 717m³/d，石方开挖强度 728m³/d。

大坝混凝土浇筑从第三年 3 月初开始，至第五年 4 月末全部结束。第四年 4 月末坝体全线浇筑到 830.00m 高程以上，以满足坝体拦洪度汛的要求，历时 14 个月，高峰月平均混凝土浇筑强度 1023m³/d，完成混凝土工程量 24.56 万 m³，平均月上升高度 5.0m/月；第四年 10 月末，坝体继续浇筑到 863.00m 高程，历时 6 个月，完成混凝土工程量 16.53 万 m³，浇筑强度 1102m³/d，平均月上升高度 5.5m/月。至第五年 2 月末，坝体浇至坝顶高程 875.00m，施工历时 4 个月，完成混凝土工程量 5.11 万 m³，日平均浇筑强度 414m³/d，月上升高度 3.0m/月。

消力塘工程于第三年内完成。

35.2.3.3 引水系统工程

引水系统由进水口竖井、引水隧洞和压力钢管三部分组成。进水口竖井（未含闸门启闭机室）高约 85m；引水隧洞长 191.59m，衬砌后内径 10.5m；压力钢管共 3 条，内径 5.7m，长度 105.61m。

进水口开挖从第三年 1 月开始，第三年 3 月末结束，历时 3 个月，完成土石方开挖 5.34 万 m³，土方平均开挖强度 1008m³/d，石方平均开挖强度 228m³/d；进水口石方开挖，从第三年 8 月中开始至第三年 10 月中贯通，工期 2 个月，完成石方暗挖 2.90 万 m³，日平均开挖强度 580m³/d。进水口混凝土浇筑从第三年 4 月初开始，至第四年 4 月末结束，工期为 12 个月，平均浇筑强度 145m³/d，共计完成混凝土量 3.70 万 m³。

引水隧洞洞身石方暗挖，从第三年 4 月初开始进洞，第三年 8 月中贯通，工期 4.5 个月，完成石方暗挖 2.69 万 m³，日平均开挖强度 239m³/d，混凝土衬砌于第三年 10 月中开始至第三年 12 月末完成，平均浇筑强度 81m³/d。钢管安装、外包素混凝土施工、固结灌浆、回填灌浆及接触灌浆工程，到第四年 11 月中全部施工完成。

35.2.3.4　厂房工程

发电厂房位于大坝下游的左岸，为岸坡式厂房。厂房尺寸（长×宽×高）为 90m× 24m×47.57m。

厂房工程从第二年 2 月初开始，至第二年 12 月末完成岸坡部分土石方开挖，厂房基础开挖从第三年 1 月初开始至第三年 4 月末完成，工期为 11 个月，完成土石方工程量 70.80 万 m³，土方开挖强度 834m³/d，石方开挖强度 3148m³/d。

厂房水下混凝土浇筑从第三年 4 月初开始，至第四年 3 月末结束，工期为 12 个月，完成混凝土量 4.12 万 m³，日平均浇筑强度 137m³/d；水上混凝土浇筑从第四年 1 月初开始，至第四年 11 月末结束，历时 11 个月，完成混凝土量 3090m³，日平均浇筑强度 12m³/d。

35.2.3.5　机组安装

机组安装从第四年 5 月初开始，水库于第四年 11 月初开始蓄水，达到初期发电运行水位设计保证率 75％时需 69 天，第一台机组发电时间为第五年 1 月 10 日，其余两台机组发电时间分别为第五年 3 月底、第五年 6 月底。

金属结构安装工程伴随各部位混凝土施工进行，至第五年 4 月末全部安装结束。

龙江水电站枢纽工程施工总进度安排见表 35.1。

35.2.4　关键线路

根据施工进度的分析和安排，本工程施工进度的关键线路为：场内道路施工（1 个月）→导流洞施工（10.5 个月）→围堰填筑及基础防渗处理（1.5 个月）→大坝基坑开挖（3 个月）→坝体混凝土浇筑（20 个月）→机组安装（8 个月）。

35.3　工程实施进度

工程于 2006 年 11 月 28 日开工，2008 年 2 月 8 日截流，导流洞于 2010 年 4 月 7 日下闸，水库开始蓄水，2010 年 7 月 3 日，坝体混凝土全部浇筑至坝顶高程，首台机组于 2010 年 6 月 21 日首次启动成功，3 号机组于 2010 年 10 月 29 日首次启动成功，由于导流洞塌方处理致使截流时间推迟近 3 个月，工程实际施工总工期 47 个月。

龙江水电站枢纽工程施工总进度安排表

工程项目	单位	数量	第一年 年度工程量	第一年 III	第二年 年度工程量	第二年 III	第二年 IV	第三年 年度工程量	第四年 年度工程量	第五年 年度工程量
准备工程										
厂内公路修建及维护	km	22.50								
临时生产生活房屋修建	m²	19200								
永久生产生活房屋修建	m²	4700								
供风管路铺设及维护	项	1								
供水管路铺设及维护	项	1								
供电线路架设及维护	项	1								
通信线路架设及维护	项	1								
混凝土拌和系统	项	2								
骨料破碎及筛分系统	项	2								
企业各厂	项	7								
缆机平台施工及设备安装	台	2								
砂砾石料场开采	项	1								
石料场开采	项	1								
导流工程 — 导流洞工程										
土方明挖	m³	84981	84981		83399					
石方明挖	m³	222108	111054		111054	442				
石方暗挖	m³	140558			140558					
锚喷混凝土	m³	7043			7043	56				
衬砌混凝土	m³	18956			18956	803	192			
混凝土浇筑	m³	6600			6600	9	3			
石方回填	m³	2188			2188		57			
封堵混凝土	m³	5399							3599	
拉底素混凝土	m³	3710			3710	49				
回填灌浆	m²	7549			7549	86				
固结灌浆	m	1928			1928	26				
接缝灌浆	m²	792								792
进口岩埂开挖	m³	4842			4842		337			
草袋土填筑	m³	3135			3135	25				
出口岩埂开挖	m³	5195			5195		415			
进出口围堰拆除	m³	3135			3135		251			

下闸蓄洪　▽72　1800

续表

工程项目		单位	数量	第一年 年度工程量	第二年 年度工程量	第三年 年度工程量
导流工程 / 大坝围堰	堆石填筑	m³	140753	54133	86620	
	反滤料填筑	m³	45558	15186	30372	
	风化料填筑	m³	48834	16278	32556	
	高喷灌浆	m²	3107	3107		
	钢筋石笼	m³	795		795	
	围堰拆除	m³	100356			100356
大坝工程	土方开挖	m³	844700	826770	17930	
	石方开挖	m³	49000	453600	36400	
	石方洞(井)挖	m³	4500		4500	
	灌浆洞混凝土	m³	2200		2200	
	基础处理混凝土	m³	45700		45700	
	坝体混凝土浇筑	m³	46200		143320	29800
	坝缝灌浆	m²	2600		5780	13000
	固结灌浆	m	32100		12840	19260
	帷幕灌浆	m	28100		8265	19835
	置换洞回填灌浆	m²	800		800	
	灌浆洞回填灌浆	m²	1600		1600	
	灌浆洞固结灌浆	m	6400		6400	
	边坡喷混凝土	m³	4400	4400		
泄洪孔	闸墩及回填悬部分	m³	12600			3150
	闸墩	m³	27600			6900
	表孔周边	m³	6300			
	交通桥	m³	48			
消力塘	土方开挖	m³	115900		115900	
	石方开挖	m³	10700		10700	
	底板·边墙混凝土	m³	30600		30600	
	二道坝混凝土	m³	4700		4700	
	边坡喷混凝土	m³	2400		2400	
	回填石渣	m³	2000		2000	
	浆砌石	m³	800		800	

续表

工程项目		单位	数量	第一年年度工程量	第二年年度工程量	第三年年度工程量	第四年年度工程量	第五年年度工程量
进水口	土方开挖	m³	50377			50377（@1008）		
	石方开挖	m³	5700			5700（@223）		
	石方井挖	m³	28983			28983（@580）		
	结构混凝土	m³	28967			14484（@145）	14483（@145）	
	挡墙混凝土	m³	8000			8000（@80）		
	石渣回填	m³	13300			13300（@77）		
引水隧洞	洞身暗挖	m³	26895			26895（@239）		
	衬砌混凝土	m³	5037			5037（@81）	1211（@5）	
	压力钢管	t	1211				3596（@17、@16）	
	外包混凝土	m³	3596				3596（@25）	
	回填灌浆	m²	3360				3360	
	固结灌浆	m²	5057				5057（@7）	
	接缝灌浆	m²	1269				1269	
厂房工程	土方开挖	m³	146000		146000（@834、@834）	90550（@906）		
	石方开挖	m³	562000		471450（@8148、@8148）			
	土石方回填	m³	38850			38850	38850（@777）	
	砖砌体	m³	·3850				3850（@5）	
	水下混凝土浇筑	m³	41200			30900（@137）	1030C（@137、@12）	
	水上混凝土浇筑	m³	3090				3090（@10）	
	吊车梁混凝土	m³	245				245（@10）	
	尾水渠底板混凝土	m³	1500				1500（@10）	
	挡墙混凝土浇筑	m³	16000				16000（@107）	
	厂区混凝土浇筑	m³	540				540（@11）	
引水发电系统	喷混凝土	m³	4065		4065（@41）			
	浆砌石	m³	800		800（@16）			

续表

工程项目		单位	数量	第一年度工程量	第三年度工程量	第四年度工程量	第五年度工程量
表孔	弧形闸门及埋件	t／套	351／3				351
	启闭机及其他	t	120				120
中孔	平面闸门及埋件	t／套	150／2			150	
	平板门启闭机及其他	t	154			154	
	弧形工作门及埋件	t／套	250／2			250	
	弧门启闭机及其他	t	92			92	
进水口	拦污栅及埋件	t／套	249／3		124	125	
	拦污栅启闭机	t	125			125	
	事故门及埋件	t／套	855／2	125	427	428	
	启闭机及其他	t	220			220	
尾水	检修闸门及埋件	t	198			198	
	启闭机及其他	t	86			86	
导流洞	导流闸门及埋件	t／套	553／2			428	
	启闭机及其他	t	225			225	
金属结构安装							
桥机及轨道安装		台	1				
水轮发电机组安装		万kV／台	24／3				

第 36 章　施工总布置设计

36.1　施工总布置的原则

根据工程枢纽布置和施工特点，结合施工场地条件，施工总布置规划遵循因地制宜、有利生产、方便生活、资源节约、环境友好、经济合理、满足工程建设和运行管理要求的总原则。

（1）施工总布置方案力求协调紧凑，节约用地，尽量利用荒地、滩地和水库淹没土地，少占耕地和林地。

（2）场内外交通线路简捷，方便运输。

（3）混凝土拌和系统等临建设施应尽可能靠近施工现场；危险品仓库布置宜远离施工现场及生活办公区，并满足有关安全规程的要求。

（4）施工场地布置应满足防洪及场地排水要求，满足环境保护及水土保持要求。

（5）合理利用工程开挖料，减少弃渣，降低工程造价。

36.2　施工场地布置

工程附近两岸山体陡峻，坝址下游 5km 的左岸地形较为开阔。鉴于这一地形特点，本着因地制宜、有利生产、方便生活、易于管理、安全可靠及经济合理的原则，施工场地均布置在左岸，施工分区布置如下。

36.2.1　施工临建区

本区主要布置在坝下游 5km 的左岸，地形比较开阔平坦，主要布置施工企业各厂、施工机械设备物资仓库、办公及临时生产房屋、油库等临建设施；筛分系统靠近砂砾石料场布置，使开采、加工两道工序连城一线；破碎系统布置在临建区附近的对外交通公路旁，距坝址 6km，高程在 820.00～830.00m 左右，就近加工。施工工厂建筑面积 3140m²，施工仓库建筑面积 10000m²，施工临时福利设施房屋 19200m²。总占地面积 169700m²。

36.2.2　大坝施工区

坝区主要布置缆机平台、混凝土拌和系统、供水系统、炸药库等。缆机供料平台位于左岸 890.00m 高程，与大坝混凝土拌和系统出料高程一致。由于厂房建基高程和大坝混凝土拌和系统地面高程相差较大，运距较远；而且缆机浇筑范围覆盖不到厂房。因此为了满足厂房混凝土浇筑要求，另设混凝土拌和系统，厂房混凝土拌和系统位于大坝下游左岸 1.0km 处，布置高程 810.00m 左右。炸药库布置在坝下公路桥下游右岸约 500m 处。

36.2.3　渣场

根据土石方平衡计算成果和枢纽区地形条件，本工程共设三个弃渣场和一个暂存料场。1 号弃渣场位于大坝上游约 3km 处的左岸山沟内，弃渣容量 210 万 m³（松方）；2 号弃渣场位于大坝下游左岸 2km 处，沿公路弃渣，弃渣容量 30 万 m³（松方）；3 号弃渣场位于大坝上游约 4km 的右岸沟口处，弃渣容量 280 万 m³（松方）；暂存料场位于大坝下游右岸约 1km 处，堆渣容量 10 万 m³（松方）。渣场、暂存料容量均满足工程需要。

36.2.4　施工临时房屋

生活福利设施的建筑规模，根据《水利水电工程施工组织设计规范》（SDJ 338—89）规定的人员计算方法和人均建筑面积的综合指标确定，建筑面积按人均 8～12m² 计算。

生产临时房屋依据施工总进度、外来物资运输量及工程规模进行计算。临时房屋建筑面积与占地面积见表 36.1。

表 36.1　　　　　　　　　　　　　施工临建面积一览表　　　　　　　　　　　　单位：m²

序号	项目	建筑面积	占地面积	序号	项目	建筑面积	占地面积
一	施工工厂设施	3140	55480	二	施工仓库	10000	37900
1	筛分系统	150		1	爆破材料库	300	1800
2	破碎系统	180	22000	2	油库	300	3600
3	大坝拌和系统	930	11000	3	水泥库	800	3200
4	厂房拌和系统	350	3000	4	永久机电设备库	4300	16400
5	综合加工厂	240	9620	5	施工设备库	1500	4500
6	汽车保修站	400	3200	6	生活物资库	1100	3300
7	机修站	400	3200	7	房建材料库	800	2400
8	施工供水系统	250	860	8	其他仓库	900	2700
9	施工供电系统	200	2000	三	办公及生活福利设施	19200	48000
10	施工通信系统	40	600	四	转运站	2400	33350
	总　计					34740	174730

36.2.5　混凝土骨料筛分及骨料破碎加工系统

混凝土骨料加工系统主要承担工程混凝土所需的成品骨料的加工任务，根据需要生产不同粒径的成品骨料，其生产能力需满足混凝土高峰浇筑强度的要求。本工程混凝土及喷混凝土总量 75.92 万 m³（主体、导流及缆机平台工程量），混凝土由四种级配组成，混凝土高峰浇筑强度为 1474m³/d。根据混凝土配合比试验成果并参考概算定额进行计算，共需要成品骨料 173.34 万 t。成品骨料用量及综合级配见表 36.2。

表 36.2　　　　　　　　　　　成品骨料用量及综合级配表

项目	单位	粒　径/mm					合计
		150～80	80～40	40～20	20～5	5～0.16	
混凝土骨料需要量	万 t	23.64	36.87	38.70	36.41	37.72	173.34
综合级配	%	13.64	21.27	22.33	21.00	21.76	100

混凝土骨料平衡计算结果见表 36.3。根据混凝土骨料平衡计算结果及天然砂砾石料的级配，确定采用增加人工碎石系统的方案以补充粗骨料的不足部分。本方案的特点是充分利用 MY 天然砂砾石料场的料源，通过人工碎石系统破碎粗骨料，调节了天然砂砾石料的级配，使得混合料级配接近于混凝土骨料的设计级配，同时弃料量也为最少。

天然砂砾石加工系统布置在 MY 天然砂砾石料场附近的 1 号弃渣场上，厂址地面高程 850.00m 左右，毛料在料场经输砂泵船送至自卸汽车后运输至加工厂毛料仓，经由胶带输送机送往筛洗楼筛洗，分级堆存。

人工碎石系统布置在坝下临建区附近的对外交通公路旁,距坝址约 6km,地势较平缓,厂址地面高程 820.00～830.00m,石料由拱岭石料场采用自卸汽车送至人工碎石加工厂,经粗、中破碎后,由胶带输送机送往筛洗楼筛洗,将 5～150mm 的成品骨料送至成品料堆分级堆存。

本工程混凝土高峰日平均浇筑强度为 1474m³/d,为满足混凝土骨料的使用要求,确定混凝土骨料加工厂粗碎加工能力为 263t/h,天然砂砾石加工厂筛分能力为 100t/h。砂石加工系统共生产成品骨料 173.34 万 t,天然砂砾石处理量 76.23 万 t,破碎加工量为 134.15 万 t,级配不平衡弃料量为天然砂砾石 3.95 万 t,碎石 15.66 万 t。

混凝土骨料加工系统成品骨料堆储存量为天然砂砾石 6600m³,可满足混凝土高峰浇筑强度五天所需骨料的用量;人工碎石 4200m³,可满足混凝土高峰浇筑强度两天所需骨料的用量。筛分系统所选用的筛分设备为圆振动筛。人工破碎系统的中碎加工与筛洗楼形成闭路循环,可随时调整骨料的级配,调整后的成品骨料经胶带输送机送至成品骨料堆分级堆存。

混凝土骨料加工系统采用两班工作制,每班工作 6h,每月生产 25 天。

人工碎石加工系统工艺流程见图 36.1,天然砂砾石筛分系统工艺流程见图 36.2。

人工碎石加工系统主要技术指标见表 36.4,天然砂砾石筛分系统主要技术指标见表 36.5。

人工碎石加工系统主要设备见表 36.6,天然砂砾石筛分系统主要设备见表 36.7。

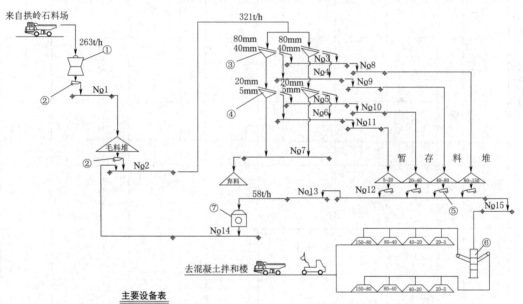

主要设备表

序号	名 称	规 格	单位	数量	备 注
1	旋回破碎机	PX700/100	台	1	
2	电磁振动给料机	GZ_6	台	6	
3	圆振动筛	2YAH1536	台	2	
4	圆振动筛	2YA1236	台	2	
5	电磁振动给料机	GZ_4	台	10	
6	双臂堆料机	SD4014	台	1	
7	圆锥破碎机	PYB1750	台	1	

说明:
1.本图设备表中仅列主要设备。
2.图中①②…为设备编号,
No1、No2…为胶带输送机编号。

图 36.1 人工碎石加工系统工艺流程图

表 36.3　混凝土骨料平衡计算表

序号	项　目	单位	合计	骨料径级/mm						
				>150	150~80	80~40	40~20	20~5	5~0.16	<0.16
1	混凝土骨料用量	万 t	173.34		23.64	36.87	38.70	36.41	37.72	
2	混凝土骨料综合级配	%	100.00		13.64	21.27	22.33	21.00	21.76	
3	混凝土骨料损失率	%			4.00	4.00	4.00	4.00	4.00	
4	混凝土骨料损失量	万 t	7.22		0.98	1.54	1.61	1.52	1.57	
5	混凝土骨料需要量	万 t	180.56		24.62	38.41	40.31	37.93	39.29	
6	成品骨料需要量级配	%	100.00		13.64	21.27	22.33	21.00	21.76	
7	天然砂石料级配	%	100.00	2.00	4.00	8.00	12.00	16.00	55.00	3.00
8	开采损失率	%	18.00	2.00	2.00	2.00	2.00	2.00	5.00	5.00
9	剩余量级配	%	96.30	2.00	3.92	7.84	11.76	15.68	52.25	2.85
10	开采调整级配	%	100.00	2.08	4.07	8.14	12.21	16.28	54.26	2.96
11	加工运输损失率	%		100.00	5.00	5.00	5.00	5.00	5.00	100.00
12	运输后剩余	%	90.22		3.87	7.73	11.60	15.47	51.54	
13	运输调整级配	%	100.00		4.29	8.57	12.86	17.15	57.14	
14	(6)／(13)				3.18	2.48	1.74	1.23	0.38	
	以 0.16~5 控制加工量	万 t	68.77		2.95	5.90	8.84	11.79	39.29	
	混凝土骨料缺少量	万 t	111.79		21.67	32.51	31.47	26.13		
15	各方案骨料不平衡弃料量	万 t								
	筛分加工损失量	万 t	7.46	1.58	0.16	0.31	0.47	0.62	2.07	2.26

续表

序号	项 目	单位	合计	骨料径级/mm >150	150~80	80~40	40~20	20~5	5~0.16	<0.16
15	毛料加工量	万t	76.23	1.58	3.10	6.21	9.31	12.41	41.36	2.26
	毛料开采损失量		2.93		0.06	0.13	0.19	0.25	2.18	0.12
	开采量	万t	79.16	1.58	3.17	6.33	9.50	12.67	43.54	2.37
	骨料不平衡弃料量		3.96	1.58						2.37
16	人工碎石需要加工量	万t	111.79		21.67	32.51	31.47	26.13		
	一级破碎级配	%	100.00		33.77	27.93	16.15	14.74	7.41	
	二级破碎级配	%	100.00			16.99	36.96	31.88	14.17	
	二级破碎碎各粒径破碎量	万t	29.46		21.37	8.09				
	加工破碎后分级含量	万t	127.44		21.66	32.51	31.47	28.18	13.62	
	加工破碎后碎石级配	%	100.00		17.00	25.51	24.69	22.11	10.69	
	碎石骨料平衡弃料	万t	15.66				0.00	2.05	13.62	
	碎石工艺加工损失量	万t	6.71		1.14	1.71	1.66	1.48	0.72	
	碎石加工量	万t	134.15		22.80	34.22	33.13	29.66	14.34	
	碎石开采损失	%			3.00	3.00	3.00	3.00	3.00	
	碎石开采损失量		4.15		0.71	1.06	1.02	0.92	0.44	
	碎料开采量	万t	138.30		23.51	35.28	34.15	30.58	14.78	

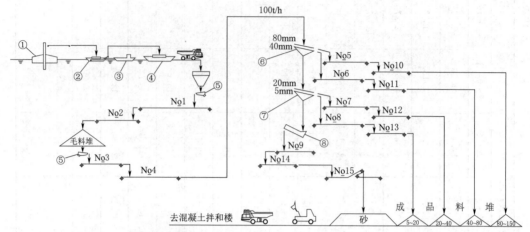

主要设备表

序号	名　称	规　格	单位	数量	备　注
1	采砂船	750m³/h	艘	1	
2	砂驳	180m³	艘	2	
3	拖轮	353kW	艘	2	
4	输砂泵船	1500t/h	艘	1	
5	电磁振动给料机	GZ_5	台	12	
6	圆振动筛	2YAH1536	台	1	
7	圆振动筛	2YAH2148	台	1	
8	螺旋洗砂机	FC-15	台	1	

说明：1.本图设备表中仅列主要设备。
2.图中①②…为设备编号，No1、
No2…为胶带输送机编号。

图 36.2　天然砂砾石筛分系统工艺流程图

表 36.4　　　　　　　　　人工碎石加工系统主要技术指标表

序号	项　目		单位	指标	备注
1	粗碎	总量	万 t	134.15	
		处理能力	.t/h	263	
2	中碎处理能力		t/h	58	
3	筛洗能力		t/h	321	
4	工作制度		班/天	2	
5	成品料堆储存量		m³	4200	不含砂料
6	毛料堆储存量		m³	3900	自然方
7	人员		人/班	28	
8	用水量		m³/h	493	
9	用电量		kW	559.6	
10	建筑面积		m²	600	
11	占地面积		m²	22000	

表 36.5 天然砂砾石筛分系统主要技术指标表

序号	项目		单位	指标	备注
1	处理能力	总量	万 t	76.23	
		小时	t/h	100	
2	工作制度		班/天	2	
3	成品料堆储存量		m³	6600	
4	毛料堆储存量		m³	56000	
5	人员		人/班	15	
6	用水量		m³/h	188	
7	用电量		kW	112.1	
8	建筑面积		m²	150	
9	占地面积		m²	42000	

表 36.6 人工碎石加工系统主要设备表

编号	名称	型号	单位	数量	功率/kW
1	旋回破碎机	PX700/100	台	1	145
2	圆锥破碎机	PYB1750	台	1	155
3	圆振动筛	2YAH1536	台	2	2×15
4	圆振动筛	2YA1236	台	2	2×11
5	电磁振动机	GZ4	台	10	10×0.45
6	电磁振动机	GZ6	台	6	6×1.5
7	双臂堆料机	SD4014	台	1	44

表 36.7 天然砂砾石筛分系统主要设备表

编号	名称	型号	单位	数量	功率/kW
1	采砂船	750m³/h	艘	1	
2	砂驳	180m³	艘	2	
3	拖轮	353kW	艘	2	
4	输砂泵船	1500t/h	艘	1	
5	圆振动筛	2YAH1536	台	1	15
6	圆振动筛	2YAH2148	台	1	22
7	螺旋洗砂机	FC-15	台	1	9.7
8	电磁振动机	GZ5	台	12	7.8

36.2.6 混凝土拌和系统

混凝土拌和系统主要生产主体及临时工程所需的混凝土。本工程混凝土及喷混凝土总量 75.92 万 m³（主体、导流及缆机平台工程量），其中临时工程混凝土量及喷混凝土为

4.85万 m³。为降低混凝土的运输距离，保证混凝土的浇筑质量，根据施工区的分布情况，确定在大坝、厂房施工区各设置一处混凝土拌和系统。

36.2.6.1 大坝施工区混凝土拌和系统

大坝施工区混凝土拌和系统主要供应大坝、引水隧洞进水口等部位工程的混凝土。根据施工部位的分布及运输路线的布置情况，大坝施工区混凝土拌和系统布置在距大坝左岸坝头约50m处，场地高程为890.00～920.00m。

大坝施工区高峰月混凝土日平均浇筑强度为1247m³/d，为满足要求确定拌和系统生产能力为95m³/h，三班制生产，选择两座 HL75-2F1500 型拌和楼，其铭牌产量为70～90m³/h，可以满足混凝土浇筑的使用要求。

本工程使用的水泥采用袋装和散装水泥，水泥由厂家或工地水泥库用汽车运至拌和系统。拌和系统设袋装水泥仓库和散装水泥罐，袋装水泥仓库建筑面积为400m²，储存袋装水泥500t，散装水泥罐储存量为3800t，水泥储存量可满足混凝土高峰时段连续3天的水泥用量。水泥的场内运输采用机械运输与气力输送相结合的形式。拌和混凝土所需的骨料由骨料加工厂运来，储存在拌和系统的骨料仓中，由胶带输送机将骨料送至拌和楼。骨料仓可储存骨料4520m³，满足高峰月3天的使用量。

大坝施工区混凝土拌和系统在夏季采用预冷骨料及加冰拌和的方式，以降低混凝土的出机口温度。

大坝施工区混凝土拌和系统工艺流程见图36.3，主要技术指标见表36.8，主要设备见表36.9。

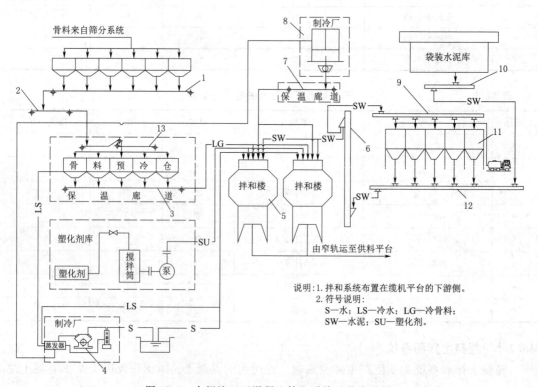

图 36.3 大坝施工区混凝土拌和系统工艺流程图

表 36.8　　　　　　　　　大坝施工区混凝土拌和系统主要技术指标表

序号	项　目		单位	大坝	备注
1	系统生产规模	设计能力	m^3/h	95	
		生产能力	m^3/h	2×（70~90）	
2	储存能力	水泥	t	4300	
		骨料	m^3	4520	
3	工作制度		班/天	3	
4	电机容量		kW	656	
			HP	40	制冰设备
5	用水量		t/h	20.9	
6	建筑面积		m^2	930	
			m^2	860	保温廊道
7	占地面积		m^2	11000	
8	人员指标		人/班	31	

表 36.9　　　　　　　　　大坝施工区混凝土拌和系统主要设备表

编号	名　称	型　号	单位	数量	功率/kW
1	拌和楼	HL75-2F1500	座	2	2×72
2	斗式提升机	D250S	台	1	5.5
3	螺旋输送机	GX 型 φ250	台	2	11
4	螺旋输送机	GX 型 φ250	台	2	11
5	螺旋输送机	GX 型 φ250	台	2	11
6	胶带输送机	B800	条	1	11
7	胶带输送机	B800	条	1	7.5
8	胶带输送机	B800	条	1	30
9	胶带输送机	B800	条	1	5.5
10	胶带输送机	B650	条	1	5.5
11	氨压机	S8-12.5	台	6	5×75
12	片冰机	M4×15	台	3	2×20

36.2.6.2　厂房施工区混凝土拌和系统

厂房施工区混凝土拌和系统主要供应大坝消力塘、厂房、引水隧洞及其出水口等部位主体及临时工程的混凝土。厂房施工区混凝土拌和系统布置在距厂房下游侧约 300m 处的公路附近，场地高程为 810.00m 左右。

厂房施工区高峰月混凝土日平均浇筑强度为 446m^3/d，经计算确定拌和系统生产能力为 55m^3/h，三班制生产，选择一座 HL75-2F1500 型拌和楼，其铭牌产量为 70~90m^3/h，可以满足混凝土高峰浇筑强度的使用要求。

厂房混凝土拌和系统由拌和楼、袋装水泥库、散装水泥罐、骨料仓等组成，水泥由厂家或工地水泥库运至拌和系统。袋装水泥仓库建筑面积为 $150m^2$，储存袋装水泥 165t，散装水泥罐储存量为 660t，水泥储存量可满足混凝土高峰时段连续 3 天的水泥用量。混凝土骨料采用骨料仓储存，储存量为 $4950m^3$，满足高峰月 3 天的骨料使用量，成品骨料由骨料加工厂用汽车运至拌和系统。

厂房施工区混凝土拌和系统工艺流程见图 36.4，主要技术指标见表 36.10，主要设备见表 36.11。

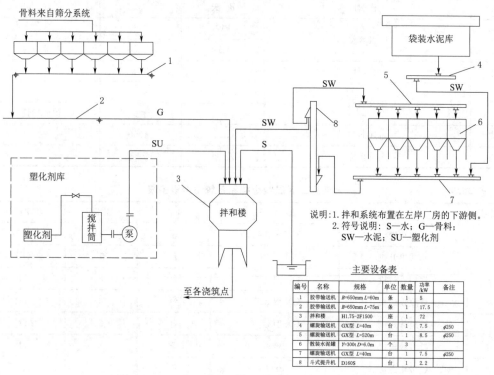

编号	名称	规格	单位	数量	功率/kW	备注
1	胶带输送机	B=650mm L=60m	条	1	5	
2	胶带输送机	B=650mm L=75m	条	1	17.5	
3	拌和楼	H1.75-2F1500	座	1	72	
4	螺旋输送机	GX型 L=40m	台	1	7.5	ϕ250
5	螺旋输送机	GX型 L=520m	台	1	8.5	ϕ250
6	散装水泥罐	V=300t D=6.0m	个	3		
7	螺旋输送机	GX型 L=40m	台	1	7.5	ϕ250
8	斗式提升机	D160S	台	1	2.2	

说明:1. 拌和系统布置在左岸厂房的下游侧。
2. 符号说明: S—水; G—骨料;
SW—水泥; SU—塑化剂

主要设备表

图 36.4　厂房施工区混凝土拌和系统工艺流程图

表 36.10　　　　　　　　**厂房施工区混凝土拌和系统主要技术指标表**

序号	项　目		单位	指标
1	系统生产规模	设计能力	m^3/h	55
		生产能力	m^3/h	70~90
2	储存能力	水泥	t	825
		骨料	m^3	4950
3	工作制度		班/d	3
4	电机容量		kW	120.2
5	用水量		t/h	12.1
6	建筑面积		m^2	400
7	占地面积		m^2	3000
8	人员指标		人/班	26

表 36.11　　　　　　　　　厂房施工区混凝土拌和系统主要设备表

编号	名　称	型　号	单位	数量	功率/kW
1	拌和楼	HL75 - 2F1500	座	1	72
2	斗式提升机	D160S	台	1	2.2
3	螺旋输送机	GX 型 ϕ250	台	1	7.5
4	螺旋输送机	GX 型 ϕ250	台	1	8.5
5	螺旋输送机	GX 型 ϕ250	台	1	7.5
6	胶带输送机	B650	条	1	5
7	胶带输送机	B650	条	1	17.5

36.3　土石方平衡及渣场规划

本工程土方开挖总量为 476.72 万 m³（自然方），石方开挖总量为 174.62 万 m³（自然方），土石方填筑总量为 113.24 万 m³（实方）。由于地形条件的限制，本工程大坝施工区附近弃渣场地不足，因此根据开挖料的性质，在设计上考虑尽量多利用开挖石渣作为工程填筑料，以减少渣场占地，降低造价。

经过土石方平衡计算，本工程共利用土石方 107.01 万 m³（自然方），主要利用部位为上、下游土石围堰工程；厂房、引水系统等建筑物土石方回填工程；缆机平台回填，公路路基填筑等，利用料主要来源于大坝基础及岸坡、厂房基础、引水系统、消能系统、导流洞、缆机平台及公路路基等的土石方开挖料。本工程除利用料以外的土石方开挖渣料均做弃料处理，合计弃料量 467.53 万 m³（堆方）。

本着就近弃渣，尽量减少工程投资的原则，根据工程区场地条件，工程共设弃渣场三处和暂存料场一处，即大坝上游左岸弃渣场（1 号弃渣场）、大坝下游左岸弃渣场（2 号弃渣场）、大坝上游右岸弃渣场（3 号弃渣场）和大坝下游右岸暂存场，各堆场规划如下：

（1）1 号弃渣场。1 号渣场位于大坝上游约 3km 处的左岸山沟内，容渣量为 210.00 万 m³。1 号渣场弃渣量 190.03 万 m³（堆方），弃渣主要来自大坝基坑及左岸岸坡、厂房、消能系统、引水系统明挖、上游土石围堰拆除、公路路基等工程开挖，其中土方弃渣量 72.10 万 m³（堆方），石方弃渣量 117.92 万 m³（堆方）。另有大坝左岸岸坡开挖的填筑上游围堰利用石方 5.75 万 m³（堆方）需在此渣场暂存。

（2）2 号弃渣场。2 号渣场位于大坝下游左岸 2km 处，容渣量为 30 万 m³。2 号渣场弃渣量 28.74 万 m³（堆方），弃渣主要来自厂房土方、引水系统洞挖、导流洞出口、围堰拆除等工程开挖，其中土方弃渣量 19.41 万 m³（堆方），石方弃渣量 9.33 万 m³（堆方）。根据施工进度安排，此渣场可在工程开工初期作为左岸石方利用料的暂存料场，其存料总量为 5.57 万 m³（堆方），该利用料主要用于上、下游围堰，厂区土石方回填工程。

（3）3 号弃渣量。3 号渣场位于大坝上游约 4km 的右岸沟口处，容渣量为 280 万 m³。3 号渣场弃渣量 248.76 万 m³（堆方），弃渣主要来自大坝右岸岸坡、导流洞进口及洞身、右岸缆机平台、公路路基等工程开挖，其中土方弃渣量 150.98 万 m³（堆方），石方弃渣量 97.78 万 m³（堆方）。

（4）暂存料场。暂存料场位于大坝右岸下游约 1km 处，可堆渣 10 万 m³。该暂存料场主要堆存导流洞开挖石方利用料，堆存总量为 9.94 万 m³（堆方），该利用料主要用于上、下游围堰石方填筑工程。

36.4　工程实施施工场地布置

36.4.1　施工场地布置

结合工程进展、征地情况、分标规划（本工程主要分为五个标段：砂石开采及加工系统建设和运行标、导流洞土建及金属结构安装标、大坝土建及金属结构安装标、厂房土建及金属结构安装标、机电设备安装标）以及现场实际场地条件，砂石开采及加工系统建设和运行标临时设施主要布置在上游左岸，导流洞土建及金属结构安装标临时设施主要布置在右岸，大坝土建及金属结构安装标临时设施主要布置在上游左岸，厂房土建及金属结构安装标临时设施主要布置在下游左岸，具体布置如下：

（1）综合加工厂及临时仓库。大坝综合加工厂（含施工仓库）布置在左岸上游约 1.3km 的左岸弃渣场上，高程 865.00m 左右，占地面积 7000m²。厂房综合加工厂（含施工仓库）布置在左岸下游约 2.5km 跨江桥处，高程 810.00～820.00m，占地面积 3236m²。导流洞综合加工厂（含施工仓库）大坝下游右岸约 0.8km 遮陇公路至导流洞出口道路旁，高程 800.00～830.00m，占地面积 8650m²。临时仓库兼做机电设备库，布置在大坝下游 4.5km 的左岸盘龙山脚下遮陇公路旁，高程 800.00～830.00m，占地面积 20522m²。

坝区还主要布置有缆机系统、大坝混凝土受料平台、施工供水系统、施工供电系统等。

（2）施工临时房屋。大坝生活办公区布置在左岸上游约 1.3km 的左岸弃渣场上，高程 865.00m 左右，占地面积 6000m²。厂房生活办公区布置在左岸下游约 2.5km 跨江桥处，高程 810.00～820.00m，占地面积 3310m²。导流洞生活办公区布置在右岸上游约 3.6km 上坡上，高程 860.00m 左右，占地面积 5910m²。布置在左岸上游约 1.3km 的左岸弃渣场上，高程 865.00m 左右，占地面积 6000m²。

永久生活办公区兼做临时办公和机电设备标生活办公区，布置在大坝下游 5km 的左岸地形比较开阔平坦遮陇公路旁，高程 800.00～810.00m，占地面积 28887m²。

（3）砂石加工及混凝土拌和系统。天然砂砾石加工筛分系统布置在左岸弃渣场上游约 0.6km MY 天然砂砾石料场附近的山坡上，厂址地面高程 880.00m 左右，毛料由料场经输砂泵船送至码头后经自卸汽车转运至加工厂毛料仓，经由胶带输送机送往筛洗楼筛洗，分级堆存。天然砂砾石加工筛分系统占地面积 20000m²。

大坝混凝土拌和系统主要供应大坝、消力塘等部位工程的混凝土。根据施工部位的分布及运输路线的布置情况，大坝混凝土拌和系统布置在大坝上游左岸约 1.6km 的左岸弃渣场和砂砾石加工筛分系统之间，场地高程为 880.00m 左右。大坝混凝土拌和系统占地面积 5000m²。

厂房混凝土拌和系统主要供应厂房、引水隧洞及其进、出水口等部位工程的混凝土。厂房混凝土拌和系统布置在左岸距厂房下游侧约 400m 处的公路附近，场地高程为 810.00m 左右。厂房混凝土拌和系统占地面积 3000m²。

导流洞混凝土拌和系统主要导流隧洞及其进出水口等部位工程的混凝土。导流洞混凝土拌和系统布置在毗邻右岸弃渣场的上游，场地高程为 7900.00～8000.00m。导流洞混凝土拌和系统占地面积 11637m²。

（4）临时设施规模与占地。施工临建面积见表 36.12。

表 36.12　　　　　　　　　　施工临建面积一览表　　　　　　　　　单位：m²

序号	项目	建筑面积	占地面积	备注	序号	项目	建筑面积	占地面积	备注
一	施工工厂设施	57750	61383		二	施工仓库	8000	20522	
1	筛分系统	150	20000		1	临时仓库	8000	20522	兼作机电设备库
2	大坝拌和系统	1400	5000		三	办公及生活福利设施	9900	44107	
3	厂房拌和系统	350	3000		1	大坝生活办公区	3000	6000	
4	导流洞拌和系统	200	11637		2	厂房生活办公区	2000	3310	
5	大坝综合加工厂	1700	7000	含施工仓库	3	导流洞生活办公区	1500	5910	
6	厂房综合加工厂	1200	3236	含施工仓库	4	永久生活办公区	3400	28887	兼作临时生活办公区
7	导流洞综合加工厂	500	8650	含施工仓库	四	其他	450	41330	
8	施工供水系统	250	860		1	码头	250	13000	
9	施工供电系统	200	2000		2	缆机系统	200	28330	
						总计	76100	167342	

36.4.2　渣场

根据工程建设时间和征地等情况，共设三个弃渣场和一个暂存料场。右岸弃渣场位于大坝上游约 1.5km 处的右岸库区内，可弃渣 40 万 m³；右岸临时弃渣场位于大坝上游右岸 0.7km 处遮陇公路旁，可弃渣 40 万 m³；左岸弃渣场位于大坝上游约 1.3km 的左岸山沟内，可弃渣 150 万 m³；右岸暂存料场位于大坝下游右岸约 1km 遮陇公路至导流洞出口道路旁，可堆渣 20 万 m³。堆弃料场特性详见表 36.13。

表 36.13　　　　　　　　　　　　堆 弃 料 场 特 性 表

序号	名称	堆弃渣容量/万 m³	渣顶高程/m	占地面积/万 m²	备注
1	右岸弃渣场	40	820.00	2.34	位于库区内死水位以下
2	右岸临时弃渣场	40	920	4.07	
3	右岸暂存场	20	805	0.57	
4	左岸弃渣场	150	865	6.40	
合计		250		13.38	

第37章 场内公路设计

37.1 场内公路设计

场内交通运输主要包括土石方的开挖出渣、混凝土骨料和混凝土的运输以及各施工工厂及生活区人员、物资运输。场内交通线路布置以永久对外交通及场内永久公路为主干线，辅以临时公路连接各施工点。

在工程施工前期，大坝上下游围堰尚未形成，为解决两岸的交通，主要利用大坝下游2.5km处现有一座公路桥。

结合本工程土石方开挖量大的特点，在大坝左右岸共布置了五条出渣道路。

左岸出渣道路的布置：①910.00m高程道路，解决大坝左岸上部岸坡开挖、缆机平台的出渣；②820.00m高程道路，解决大坝左岸下部岸坡、引水洞进口以及大坝基坑、厂房基础及大坝混凝土拌和系统等部位的开挖出渣。以上两条道路均通向上游1号弃渣场，820.00m高程道路还通向下游2号弃渣场。

右岸出渣道路布置：①到缆机平台的910.00m高程道路，与下游公路桥相连，解决缆机运输和缆机平台的开挖；②870.00m高程道路，解决大坝右岸上部岸坡开挖出渣；③820.00m高程道路，联系导流洞的进出口，同时解决大坝右岸下部岸坡、大坝基坑的开挖出渣。

场内新建永久道路5.0km，为三级公路；新建临时道路22.5km，为三级、四级及等外公路。

工程永久上坝及进厂公路布置在大坝下游左岸，与对外交通公路相连接。永久公路路基防洪标准为25年重现期洪水，施工临时道路干线路基防洪标准为大汛10年重现期洪水。

场内永久公路新建5.0km，标准为三级路，路面为混凝土路面。其中路面宽为7.0m。

场内临时施工道路总长22.5km，均为新建公路，干道标准为三级，长约11.0km；支线道路标准为四级，长约6.1km。路面为泥结碎石路面，路面宽7.0m。另有5.4km为施工辅助道路，如基坑道路，至炸药库、筛分系统等辅助设施道路等。场内永久公路布置见表37.1，场内临时公路布置见表37.2。

表 37.1　　　　　　　　　　　场内永久公路布置统计表　　　　　　　　　　单位：km

名　称	永久公路里程	备注	名　称	永久公路里程	备注
进厂公路	1.5	三级	永久公路合计	5.0	
左岸上坝公路	3.5	三级			

表 37.2　　　　　　　　　　　　场内临时公路布置统计表　　　　　　　　　　单位：km

名　称	临时公路里程	备注	名　称	临时公路里程	备注
至3号渣场（910m）	6.9	三级	至1号渣场（820m）	3.6	三级
四级公路小计	6.1		基坑道路	1.5	等外
临建区内主干路	0.5	三级	至炸药库	0.5	等外
三级公路小计	11.0		渣场内道路	2.0	等外
左岸缆机平台公路	0.9	四级	其他	1.4	等外
至1号渣场（910m）	1.0	四级	等外公路小计	5.4	等外
至3号渣场（820m）	3.2	四级	合计	22.5	
临建区内支路	1.0	四级			

37.2　场内公路设计优化

37.2.1　永久交通工程

可研设计场内永久公路里程为 5.0km，工程实施阶段为 4.31km，场内永久公路里程减少 0.69km。在实际施工中，左岸上坝公路调整了线路走向并适当加大公路纵坡，因而缩短了公路里程，进场公路与上坝公路连接点进行了靠近厂区的调整，缩短距离，上游左岸 875 公路经改扩建为库区居民出行的永久公路。同时道路路面宽度有原设计方案的 7.0m，调整为 7.5m。

龙江水电站枢纽工程场内永久公路里程对比见表 37.3。

表 37.3　　　　　　　　　　　　场内永久公路里程对比表

项　目	单位	可研阶段	实施阶段	差值（实施一可研）	备注
左岸上坝三级公路	km	3.50（7.0m 宽）	2.41（7.5m 宽）	−1.09	沥青路面
进厂三级公路	km	1.50（7.0m 宽）	0.42（7.5m 宽）	−1.08	混凝土路面
左岸 875 公路	km		1.48（7.5m 宽）	1.48	混凝土路面
合计	km	5.00（7.0m 宽）	4.31（7.5m 宽）	−0.69	

37.2.2　临时桥梁码头工程

可研设计中，仅布置临时交通桥一座，即导流洞进口明渠桥，长 13.0m。工程实施阶段调整为：导流洞出口布置贝雷桥一座，长度 16.0m，同时左岸上游新增码头 1 座。

（1）导流洞出口贝雷桥。根据实际施工中场内道路的布置方案和导流洞的进口地质条件，取消了导流洞进口明渠桥，但为了保证导流洞进出口以及上下游的交通联系，在导流洞出口增加了临时贝雷桥一座，长度 16.0m。

（2）左岸上游码头。为了满足 MY 砂砾石料场的开采和运输，增加了左岸上游码头一座。

37.2.3　施工支洞工程

（1）导流洞施工支洞。可研设计中，导流洞施工未设置施工支洞。实际施工过程中，导流洞施工进度滞后，为了保证施工进度，确保工程按期截流，增加了一条长 121.8m 导流洞施工支洞，以增加导流洞施工工作面，加速导流洞洞身开挖及混凝土衬砌施工。

（2）引水隧洞施工支洞。可研阶段引水隧洞的混凝土浇筑通过汽车运输运送混凝土至引水洞出口，由混凝土泵泵送入仓。钢岔管安装需对 1 号岔管进行扩挖处理，作为运输安装通道，以满足施工需要。施工阶段，由于引水隧洞施工过程中受征地移民、相邻标段施工干扰等因素的影响，使引水隧洞施工工期滞后。为了加快施工进度，满足工期要求，解决厂房施工干扰和引水洞施工交通的问题，在引水隧洞压力钢管前部增设了一条临时施工支洞。同时为保证汛期度汛，避免引水发电系统被淹，施工支洞进口新增闸门结构混凝土和闸门埋件。

引水隧洞施工支洞布置在压力钢管前部，其中心线与引水隧洞轴线相交的桩号引 0＋094.25，全长 93.12m，进口底高程 788.00m，纵向坡度为 0.09，与引水隧洞中心线相交处的高程为 779.70m，断面为城门洞型剖面，标准断面尺寸为 7.3m×14.30m。

第 38 章 经 验 总 结

38.1 导流标准及围堰结构型式的优化

龙江水电站工程导流建筑物大汛 10 年重现期洪水时，相应设计流量为 $2140m^3/s$，上游围堰顶高程 823.40m；大汛 20 年重现期洪水，相应洪峰流量 $2480m^3/s$，上游围堰顶高程 828.60m。经综合比较分析，大坝上游围堰的挡水标准由大汛 10 年重现期洪水提高到大汛 20 年重现期洪水，同时将上游围堰防渗型式型式由原设计的岩体风化料防渗心墙型式更改为土工膜和风化料心墙联合防渗型式。

在导流流量增加不大，围堰高度增加不大，工程投资增加不多，技术难度无实质性差异的条件下，为保证工程安全顺利施工，有效地减少了围堰过水和失事的概率，保证工程的发电工期和正常施工，确保下游人民生命财产的安全，适当提高导流标准，是十分必要的；保证围堰堰身和基础防渗的安全和可靠，为工程顺利实施创造条件也是十分重要的。

导流标准及围堰结构型式的优化后工程直接投资增加了 166 万元，与围堰过水、淹没基坑的发电工期损失和投资损失相比，增加的投资较小，但其带来的工期效益是极其显著的。

38.2 坝体冷却水管布设优化

为满足混凝土浇筑温度和拱坝接缝灌浆要求，本工程采用风冷骨料、加冰拌和、坝内埋管通水冷却及坝体表面保温和表面养护等温控措施。为满足 2010 年 1 月底具备下闸蓄水条件，根据现场坝体混凝土的实际浇筑进度拖后情况，将 2009 年 8 月底开始浇筑的大坝 8～18 号坝段 860.00m 高程以下非约束区混凝土内部冷却水管由原来的 3m 层厚加密至 1.5m 层厚，即水管布设原则为 1.5m×1.5m（层厚×水管间距）。加密冷却水管后，坝体表面仅出现了少许的表面裂缝，坝体在接缝灌浆前均达到了坝体封拱温度，满足了接缝灌浆的要求。工程已安全运行了多年，实践证明温控措施是安全可靠的，也为类似工程提供了宝贵的借鉴经验。

第8篇　移民征地与移民安置

第39章 移民征地概述

39.1 移民规划设计工作过程

2004年7月,中水东北勘测设计研究有限责任公司完成了龙江水电站枢纽工程预可行性研究阶段《水库淹没处理及工程占地设计报告》,并通过了云南省发展改革委员会同水利水电规划设计总院的审查。

2005年5月完成了《龙江水电站枢纽工程可行性研究阶段水库淹没处理及工程占地设计报告》,同年9月通过了云南省发展和改革委员会同水利水电规划总院的审查。

2006年11月28日龙江工程开工建设,从2007年4月开始,中水东北勘测设计研究有限责任公司承担了龙江水电站枢纽工程招标设计阶段(实施阶段)建设征地移民安置综合设计工作。

2007年6月,根据中水东北勘测设计研究有限责任公司编制的《云南龙江水电站枢纽工程招标设计阶段土地分户调查建卡细则》,在项目业主单位组织下,中水东北勘测设计研究有限责任公司组织技术人员会同地方政府,对水库淹没及搬迁实物指标进行了全面的测量复核调查和分解细化工作。其中:土地分户复核调查从2007年6月1日开始,2007年9月16日完成;房屋、人口实物复核于2007年8月17日开始,2007年10月15日完成;参加实物复核工作的单位有业主单位、设计单位、州指挥部、县(市)移民实施单位、移民安置综合监理等有关单位,复核调查成果经产权人签字并公示后,经库区乡镇和所在县市人民政府确认。

2007年6月,中水东北勘测设计研究有限责任公司编写了《龙江水电站枢纽工程招标设计阶段建设征地和移民安置实施规划设计大纲》;2007年6月至2008年9月,中水东北勘测设计研究有限责任公司在可行性研究阶段基础上进行了库区移民安置及专项设施迁改建招标阶段移民安置规划设计工作。在资料收集、库周资源调查、内业分析整理和综合平衡的基础上,提出了落实到户的移民搬迁方案和移民生产规划方案,编制了MY乡集镇迁建新址的建设性详细规划,完成了13个移民集中安置点新址的建设规划,并按有关规定提出了公路等专项设施的复建及处理措施规划。在此基础上,编制了云南龙江水电站枢纽工程招标设计阶段《移民安置实施规划设计报告》。

云南省移民开发局委托省移民开发技术服务中心于2008年12月16日对《建设征地移民安置实施规划设计报告》进行了审查,此报告作为地方政府组织实施的依据。

2012年4月完成了《龙江水电站枢纽工程建设征地移民安置竣工验收设计工作报告》,同月顺利通过建设征地移民安置专项验收。

39.2 主要成果

39.2.1 水库淹没影响区主要实物指标

龙江水电站枢纽工程水库水位872.00m时,水库淹没影响涉及3个县(市)7个乡

（镇）21 个行政村 65 个村民小组和 7 个土地承包户的居住点、1 个香料厂及绿色工人独立的种植单位，并且淹没 1 处乡政府所在地集镇（包括 16 个企事业单位及 86 个个体工商户）。

经实施规划阶段复核调查、公示确认，龙江水电站枢纽工程水库移民和补偿的主要淹没影响实物指标为：

（1）人口 905 户 4123 人。

（2）房屋面积 12.77 万 m²，其中框架结构房 0.60 万 m²，砖混结构房 0.55 万 m²，砖木结构房 7.32 万 m²，土木结构房 2.60 万 m²，竹草结构房 0.93 万 m²，杂房 0.77 万 m²。

（3）耕地 22008.17 亩，其中水田 8962.99 亩、旱地 13045.18 亩；园地 598.43 亩；林地 15019.67 亩，其中用材林 10110.94 亩、经济林 896.48 亩、灌木林 3249.50 亩、竹林 760.56 亩、苗圃 2.10 亩。

（4）淹没影响章～遮四级公路干线 16km；西线公路 54km；机耕路 371.2km；淹没影响 35kV 输电线路 19.80km，35kV 变电站 1 座；10kV 输电线路 31.98km；淹没影响通信线路 32.8km，通信基站 3 座。其中 LH 县淹没部分只进行防护处理，不做移民安置规划。

39.2.2 移民安置和专项迁改建主要规划设计成果

（1）建设征地农业移民生产安置人口：2008 年库区移民的生产安置人口共计 4029 人。

（2）移民安置去向：直接淹没和间接影响 2008 年时的人口总计为 4123 人，其中农村移民 3705 人，集镇人口 418 人。经环境容量计算和地方人民政府统筹规划、综合考虑，农村移民纳入农村移民安置，集镇移民随集镇迁建新址安置。

受淹的乡集镇迁建去向：县人民政府对受淹没影响的乡政府驻地集镇规划为就近重建。

（3）专项项目有章～遮二级公路、西线公路、电信改建、输电线路等。章～遮二级公路和西线公路按照一期审定的标准进行补偿，电信改建、输电线路按设计进行复建。

39.2.3 建设征地移民安置补偿投资

建设征地移民安置补偿静态投资为 64659.52 万元，其中水库淹没影响征地移民投资 62918.69 万元，枢纽工程建设征地移民投资 1740.83 万元。

第40章 征地范围的确定

40.1 水库淹没影响范围

40.1.1 水库淹没处理标准及回水计算

按照可研审定成果，水库淹没区包括正常蓄水位以下的经常淹没区和正常蓄水位以上受水库洪水回水和风浪、船行波等影响形成的临时淹没区。

水库淹没区范围在考虑水库泥沙淤积20年的基础上，分别计算了5年、20年一遇分期洪水的回水位组成的上包线。以设计洪水回水水面线与同频率天然洪水水面线差值小于0.3m处的计算断面为水库回水末端断面。水库回水末端断面上游的淹没范围，采取水平延伸至与同频率天然水面线相交处确定。在回水影响不显著的坝前段，计算了风浪爬高（水库无航运要求）作为水库安全超高值，耕地的水库安全超高计算值低于0.5m的按0.5m确定，居民点的水库安全超高计算值低于1.0m的按1.0m确定。

干流龙江水库回水成果和调查采用水位详见表40.1。

支流水库回水成果和调查采用水位详见表40.2。

表 40.1　　　　　　　　干流龙江水库回水成果和调查采用水位表　　　　　　单位：m

断面号	累加距	天然水面线		872m 回水外包线		水库淹没处理范围	
		$P=20\%$	$P=5\%$	$P=20\%$	$P=5\%$	$P=20\%$	$P=5\%$
下坝	0	796.86	798.59	872.00	872.00	872.50	873.00
上坝	430	797.93	799.68	872.00	872.00	872.50	873.00
3 号	12180	807.31	808.73	872.00	872.00	872.50	873.00
6 号	25000	818.44	819.86	872.00	872.00	872.50	873.00
9 号	40280	850.4	852.63	872.57	873.12	872.57	873.12
12 号	51900	873.61	874.79	875.57	877.46	875.57	877.46
12 - 3 号	54631.5	878.64	879.93	878.94	880.47	878.94	880.47
14 - 1 号	58310	880.91	882.04	881.04	882.34		882.34
15 号	62750	886.31	887.12	886.31	887.15		

表 40.2　　　　　　　　支流水库回水成果和调查采用水位表　　　　　　单位：m

断面号	累加距	天然水面线		872m 回水外包线		水库淹没处理范围	
		$P=20\%$	$P=5\%$	$P=20\%$	$P=5\%$	$P=20\%$	$P=5\%$
13 号	0	878.71	880.00	878.99	880.52		880.52
L1 号	1910	879.96	880.55	879.99	880.86		880.86
L1 - 1 号	2055.7	880.38	880.96	880.41	881.26		881.26
L2 号	6280	892.44	892.75	892.44	892.75		

40.1.2　水库淹没影响范围

（1）浸没影响。龙江水库库岸稳定，不存在滑坡、坍岸不良地质现象，仅对蓄水后的浸没影响进行了预测。

1）浸没标准。根据野外收集的资料、试验成果，浸没标准确定为：

作物根系深度采用 0.5m；

建筑物砌置深度采用 0.5m；

高（低）限黏土（CH、CL）毛管水上升高度采用 1.20m。

预测水库浸没的水位为水库正常蓄水位。

2）浸没评价结果。龙江和支流两岸多为漫滩地形，正常蓄水位 872.00m，无库岸失稳问题，局部存在浸没现象；正常蓄水位库区浸没范围均在淹没处理范围内。

（2）库区孤岛。水库蓄水后形成的较小的孤岛按淹没影响处理，孤岛上的居民按搬迁处理，孤岛上的 35kV 变电站结合 35kV 线路改建择址搬迁。

40.2　枢纽工程建设区征占地范围

枢纽工程建设区范围包括枢纽工程建设区（含水库淹没重叠部分）建筑物及工程永久管理区、料场、渣场、施工企业、场内施工道路、工程建设管理区（主要为施工人员生活设施，包括工程施工需要的封闭管理区）等区域。

枢纽工程建设区按最终用途确定用地性质，分为临时用地与永久占地。根据龙江水电站枢纽施工组织设计选定的施工总布置方案提供的施工用地范围图，逐块落实各区块用地性质，将工程建设临时使用，且可以恢复原用途的土地划归临时用地范围；将工程建设永久使用的土地，以及虽属临时使用但不能恢复原用途的土地划归永久占地范围。枢纽工程建设区与水库淹没区重叠部分，按用地时序要求应归入枢纽工程建设区。

龙江水电站枢纽永久占地范围包括枢纽工程建筑物及运行管理区、场内永久公路；库区内的渣场和临时公路，临时工程用地范围包括施工企业、库区外的渣场、生活福利设施等可以恢复原用途的土地划归临时用地范围。

40.3　移民工程建设征地范围

移民工程征地主要包括安置点征地和库周交通恢复建设征地，依据移民安置点和库区交通改建征地范围图和坐标确定征地范围。对防护工程，其所占土地全部为水库淹没土地，已包含在水库淹没土地中。移民工程征地不计入主体工程征地，另行计入移民工程设计文件中。

40.4　永久界桩的测设

40.4.1　永久界桩的测设目的和范围

（1）目的。根据云南龙江水电站枢纽工程水库区和施工区移民安置和工程建设的需要，按征地界限测设并埋设了永久界桩。

（2）范围。本次永久界桩的测设范围为：龙江水库区永久淹没用地和施工区永久建设用地。

40.4.2　界桩点的布设与测绘

（1）界址点布设。以 1：2000 现状地形图为设计图纸，依据《龙江水电站枢纽工程可行性研究报告—水库淹没处理及工程占地（审定本）》设计的征地范围线，在用地范围线的拐点处布设界址桩，直线布设加桩，直线上界址桩之间的距离不超过 70m。水库区布设并实地埋设混凝土界址桩 4443 点，界址桩形成相邻界址点距离不大于 70m，界址线周长为 246075.59m 的封闭范围线；施工区布置并实地埋设界址桩 155 点，界址桩形成相邻界址点距离不大于 70m，共征用七块永久用地，界址线周长 9319.37m。

（2）界址桩测量方法。按照界址点布置图结合实地地形和地物现状，利用全站仪，采用极坐标法进行界址点的放样和联测。

2007 年 4 月开始进行外业永久界桩测设，8 月中旬完成外业工作，9 月中旬完成内业整理和技术报告的编制，并于 2007 年 12 月 21 日通过云南省国土资源厅的验收。

第41章 实 物 调 查

41.1 调查组织与程序

（1）调查组织。可研阶段实物调查人员包括设计人员、业主工作人员、地方政府工作人员、涉及的村组干部等。

实施阶段，设计单位会同业主单位、地方政府、移民安置综合监理以及水库淹没涉及的州、县市和乡镇村、组干部一道组成联合调查组，按照《征地移民设计大纲》的要求，对龙江水电站枢纽工程水库正常蓄水位872.00m淹没影响实物进行了全面的测量复核调查。

（2）调查程序。可研阶段在进行实物调查之前，编制《实物调查细则》，并到地方政府征求意见，依据地方政府的意见，对《实物调查细则》进行修改，按照地方先行的补偿政策和标准确定实物调查项目和分类。实物调查人员进入现场后，首先由测量人员划定水库淹没和施工占地范围，调查人员以组为单位进行逐户、逐地块调查，调查成果要求权属人和调查人员签字确认，然后以组、村、乡为单位进行逐级汇总并签字盖章，最后将整个工程的实物调查向政府汇报，并由县级人民政府确认。

实施阶段对新增占地范围，按可研阶段实物调查程序和方法对新增占地部分进行实地调查；对可研阶段确定的占地范围存在异议或遗漏的实物，以组为单位上报县级移民安置实施单位，然后设计人员组织业主、移民综合监理、县级实施单位、乡镇和村组干部进行复核，对复核确实存在问题的实物进行登记造册，由权属人和调查人签字确认。

41.2 调查方法和要求

（1）社会经济调查。

1）以村民组为单位，调查填写各村民组的户数、人口、耕地、林地、荒地等项目的实有数；

2）以村为单位，收集调查前3年的经济统计年报；

3）收集统计年鉴；

4）收集涉淹县、乡（镇）10个五年计划资料，了解国民经济主要指标，以及国民经济和社会发展的近期计划和远景规划；

5）收集涉淹县、乡（镇）、村的土地利用现状资料和涉淹乡（镇）农业区划报告；

6）收集涉淹县农副产品、交通运输、能源、建筑材料价格以及人工工资等资料；

7）收集涉淹县、乡（镇）现实实际人口自然增长率；

8）典型单价调查，调查水库淹没区各类房屋及附属建筑物的重置单价，并由设计单位会同地方城建部门进行房屋典型设计，计算房屋重置单价。

（2）人口调查。设计人员会同州、县（市）、乡（镇）工作人员在村、组干部的配合下，对测量人员施测范围内的居民按《实物调查细则》及《调查大纲》要求逐户登记户数、人口，对农村、集镇的人口，分农业、非农业人口调查并调查其民族构成、劳动力数量、文化程度等。

1）计为调查人口的：长期居住在调查范围内有住房和户籍的人口；有户籍和生产资料的无住房人口；上述家庭中超计划出生人口和已结婚嫁入（或入赘）的无户籍人口；暂时不在调查范围内居住，但户籍、住房在调查范围内的人口，如升学后户口留在原籍的学生、外出打工人员；在调查范围内有住房和生产资料，户口临时转出的义务兵、中小学生、劳改劳教人员；在调查范围内有住房和职业，户籍不在调查范围内的人口；根据当地的实际情况把绿色承包户计入淹没人口中。

2）不计为调查人口的：户籍在调查搬迁范围内，但无产权房和生产资料，居住在搬迁范围外的人口；户籍在调查范围内，未注销户籍的死亡人口。

（3）房屋及附属设施调查。对测量人员施测范围内的居民房屋及附属建筑物，实地逐处、逐栋、逐户（单位）进行丈量登记造册，以及逐处、逐栋、逐户（单位）进行照相，按《实物调查细则》及《调查大纲》要求逐户登记房屋及附属建筑物的数量，对调查成果由产权人和调查人签字确认。

（4）耕地调查。耕地分水田、旱地、甘蔗、菜地、园地等地类，持 1：5000 库区地形图、土地利用现状图，现场实地逐片核对每块图斑的面积、地类、权属，然后量算出各种地类的面积，并按规定对线性地物和田埂进行扣除，在此基础上统计出各类耕地的受淹面积，土地面积均按水平投影以标准亩进行计算。为准确地反映库区净耕地面积及标准亩与报表统计亩之间的关系，在调查过程中，对耕地净耕地系数及习惯亩系数进行了调查分析。

耕地净耕地系数是指耕地（园地）毛面积扣除大于等于 1m 的田埂、渠道等其他占地后的面积与耕地（园地）毛面积的比值。

土地分类依据国土资源部颁发的《国土资源部关于印发试行〈土地分类〉的通知》（国土资发〔2001〕255 号）进行分类。

（5）林地调查。林地按林地类别主要划分为用材林、疏林地、灌木林地、宜林地和未成林造林地五种，持 1：5000 库区地形图、林相图、林斑卡片现场实地逐片核对每块图斑的面积、种类、权属、蓄积量，然后量算出每块图斑的水平投影面积。

林地类别确定如下：

1）用材林：树木郁闭度不小于 20％的天然林、人工林；

2）疏林地：树木郁闭度不小于 10％但大于 20％的疏林地；

3）灌木林地：覆盖度不小于 40％的灌木林地；

4）宜林地：树木郁闭度大于 10％的适宜种植树木的荒山、荒地；

5）未成林造林地：树木尚未长成的林地；

6）其他土地调查：与耕地、林地同时调查，调查方法相同。

（6）专项设施调查。等级公路根据在 1：5000 地形图结合实地现状，量算确定淹没影响长度；输电线、通信线、广播线等，先由有关部门提供资料，调查人员到实地调查核实其等级、规格和淹没影响长度。

（7）集镇调查。库区淹没影响 LC 县 MY 乡政府所在地。调查的内容为：行政范围面积；人口数量、职业构成、近 3 年人口自然增长率；房屋和附属建筑物面积、结构、规模和质量，商业、小型加工业和交通运输业现状；零星耕地、园林地、鱼塘和果树木等。

其调查方法同以上调查方法。

其他项目的调查方法按《实物调查细则》及《调查大纲》要求进行调查。

（8）文物古迹调查。文物古迹调查委托文物主管部门进行，提出文物调查报告和文物处理费用。

（9）矿产资源调查。矿产资源调查委托矿产主管部门进行，提出矿产资源处理意见报告。

41.3　调查成果

41.3.1　水库淹没区调查成果

经复核调查，龙江水电站枢纽工程 872.00m 方案水库淹没影响涉及 3 个县（市）7 个乡（镇）21 个行政村 65 个村民小组和 7 个土地承包户的居住点、1 个香料厂及绿色工人独立的种植单位，并且乡政府驻地受到不同程度的淹没影响。2008 年 7 月对实物指标成果进行了认定，在认定前实际自然增长的人口已经纳入实物成果，龙江水电站枢纽工程水库移民淹没影响实物如下：

（1）人口。水库淹没影响的总人口为 905 户 4123 人，其中农业人口 3716 人，非农业人口 407 人。

（2）房屋。水库淹没影响的房屋总建筑面积为 12.77 万 m²。在淹没影响房屋面积中，农村房屋为 10.67 万 m²，占淹没影响房屋总建筑面积的 83.6%，集镇房屋为 2.10 万 m²，占淹没影响房屋总建筑面积的 15.4%。

（3）土地面积。水库淹没土地征用线以下陆地总面积 28.8km²（43258.75 亩）。

1）水库淹没影响农用地总面积 38107.13 亩，占总土地面积的 88.09%。其中耕地面积 22426.65 亩，占农用地面积的 58.85%；园地面积 598.43 亩，占农用地面积的 1.57%；林地面积 15076.33 亩，占农用地面积的 39.56%；其他农用地 5.72 亩。

2）水库淹没影响未利用地总面积 2735.50 亩，其中荒草地 1921.37 亩，占总土地面积的 4.44%，沙滩地、裸岩等不可利用地 814.13 亩，占总土地面积的 1.88%。

3）建设用地 2416.12 亩，占总土地面积的 5.59%。

41.3.2　施工占地区调查成果

（1）工程征收土地实物指标。根据《水电工程建设征地处理范围界定规范》（DL/T 5376—2007），枢纽工程建设区与水库淹没区重叠部分，应归入枢纽工程建设区，但由于该项目建设单位工程建设区与水库淹没区重叠部分的土地补偿采用和库区交叉兑付，因此重叠部分纳入淹没区概算中。位于水库淹没区内的工程征用土地，按征收土地处理。工程建设征收土地总面积 1948.50 亩，其中处在淹没区的土地面积 950.35 亩（即工程建设区与淹没区重叠部分），非淹没区部分 998.15 亩。工程建设区涉及拆迁房屋面积 390.59m²，其中征用土地范围拆迁房屋 37.60m²。

（2）工程征用土地实物。工程征用土地总面积 556.59 亩，其中耕地 390.88 亩，园地 0.20 亩，用材林 125.94 亩，灌木林 3.90 亩，草地 32.48 亩，河道 3.19 亩。

41.4　水库淹没对地区社会经济的影响分析

41.4.1　有利影响

（1）发电效益。龙江水电站建成后可向省电网提供 278MW 的电力和 10.28 亿 kW·h 的电量，由于该电站投资指标较好，上网电价较低，可降低电网的运行成本。龙江水电站所在地距离德宏州计划通过 500kV 线路与云南省电网相联线路较近，龙江水电站建成后，为满足电站送出，需要建设 220kV 电网与主网连接，这不仅加强了省统调电网与州电网的连接，同时为州其他中小水电的外送创造了条件，有利于促进德宏州地方经济的发展。

（2）防洪效益。龙江水库汛限水位 870.50m，防洪库容 0.5 亿 m³，全部设置在正常蓄水位之下。龙江水电站枢纽工程建成后，与下游堤防结合，通过合理调度，为下游削峰、错峰，可使下游的防洪标准由 30 年一遇提高到 50 年一遇。

（3）灌溉效益。龙江水库建成后下游将引用灌溉流量 16.81m³/s，相应灌溉面积 10.12 万亩，全年用水量 1.36 亿 m³。龙江水库建成后可以大幅度增加枯水期下游流量，较大地提高了河水位，可充分满足引水要求。

（4）养殖效益。龙江水电站枢纽水库水位为 872.00m 时，相应的水库面积为 33.33km²。给水库区养鱼、网箱养鱼、库岔养鱼创造了条件，参照同一地区水库大水面养鱼 5kg/亩、库弯拦网养殖平均 45kg/亩、网箱精养平均 2400kg/亩估算，龙江水库每年增加水产品产量不少于 1800t，增加收入不少于 1500 万元。

（5）旅游效益。本流域有 5576km² 的流域面积位于德宏州境内，海拔较高处重峦叠嶂瀑布发育，海拔较低处盆坝相间泉潭密布，再加上温暖湿润气候条件，自然景观十分壮丽。但是，由于过去落后的农业生产方式的影响，有 60% 以上的土地水土流失严重，地表剥蚀，冲沟发育，江河水由清渐浊，极大地破坏了自然环境，也阻碍了当地旅游业的快速发展。

龙江水电站枢纽的建设为进一步开发当地旅游资源创造有利条件，结合地区中长期发展规划和产业结构调整，抓住机遇、开辟新的旅游线路，大力发展旅游业，可带动相关产业，增加就业机会，提高本地区居民收入水平。

（6）消落区土地利用增加移民收入。龙江水电站枢纽水库消落区面积 15.37km²，多为淹没前的耕地、草地，水土资源好。在满足水电站安全运行调度的前提下，合理开发利用消落区土地，科学进行牧草、粮食轮作，坚持水库周边的移民开发利用优先，可为移民增加非常可观的收入。

（7）给产业结构调整带来机遇。龙江水库淹没耕地面积大，对涉淹区无疑是很大的直接损失。通过移民安置开垦耕地，安置点调整耕地，复垦搬迁村原址居民点占地、工程建设废弃地等，配套水利灌溉设施、坡改梯，可以保证稳定的粮食收入。针对水库消落区 15.37km²，耕地、草地面积较多的优越条件，可以利用消落区种草发展畜牧业；水库建成后，形成宽阔的水面，可以开展水产、水禽养殖；水库淹没区的专项工程恢复建设、移民村搬迁、防护工程建设需要大量的有相应资质的设计、施工、监理队伍，需要劳务人员、建筑材料及相应的服务措施，建筑业、运输业、矿业、服务业存在大量的商业机会；这些机遇给产业结构调整创造了条件。

（8）基础设施建设大为改观。随着移民安置区的建设，道路、通信、输电、村容村貌、给水、排水、绿化、广播电视、医疗卫生、文化教育等方面的基础设施都有明显的改善，合理利用淹没补偿资金，抓住机遇，工程建设的周边地区可以提前进入小康社会。

（9）提升区域形象。由于龙江水电站枢纽工程的建设，涉淹区的有关市县得到宣传，对外扩大了区域的知名度。有关市县区可以主动配合枢纽宣传策划工作，提前进入角色、借助龙江水电站枢纽工程树立区域形象，努力创出自己的名优品牌。

（10）增加地方税收。

1）施工期税收。龙江水电站枢纽工程部分合计投资为 155523 万元，水库淹没处理和水保环境部分投资为 13031.89 万元。施工单位上缴的营业税约为 5900 万元，城市维护建设税为 295 万元，教育费附加为 177 万元。

水库淹没处理补偿中税费合计为 12110.40 万元。

2）运行期税收。经测算，龙江水电站枢纽工程投入运行后，运行管理单位每年应上缴增值税 5332 万元、城市维护建设税 267 万元、教育费附加 160 万元。

根据西部大开发有关政策，运行管理单位在工程还贷后每年应上缴企业所得税 2553 万元。

41.4.2 不利影响

（1）工程建设失去水田 9381.47 亩，旱地 13045.18 亩，园地 598.43 亩，林地 15076.33 亩，养殖水面 5.72 亩，每年减少农业总收入约 1750 万元。

（2）移民的生产生活水平在短期内会有所下降。安置区土地需要整治和配套水利设施，新开耕地要有熟化过程。

（3）水库建设改变了天然河道的水流形态，大坝阻断了河道，对陆生生物和水生生物产生一定不利影响。

（4）移民数量大，移民的生产生活需要一个适应安置区的过程。如不妥善安排好移民的生产生活，做好正确的舆论引导，将对移民心理产生不利影响，损害政府形象，移民上访数量剧增，会造成区域内社会不安定。

（5）工程施工期较长，对施工区周围人群健康产生不利影响；人员增加、活动区域加大，可能造成疾病传播。

第42章 移民安置总体规划

42.1 移民安置规划的指导思想、原则和目标

42.1.1 指导思想

云南龙江水电站水库建设征地移民安置实施规划设计，以审定的《龙江水电站枢纽工程可行性研究阶段水库淹没处理及工程占地设计报告》（审定本）为基础，结合移民意愿调查、合理优化调整，并根据国务院471号令《大中型水利水电工程建设征地补偿和移民安置条例》的精神，结合库区各县市的实际情况和中长期发展规划，制定移民安置规划的指导思想是：兼顾国家、集体和个人三者的利益，走开发性移民安置的路子；贯彻"前期补偿、补助和后期扶持"的方针，统筹规划，经济合理地利用补偿投资，因地制宜地开发库区的各种资源，以大农业为主、以土地为依托，广开生产门路、长短结合，积极稳妥地安置移民；对专项设施迁建按原标准、原规模、恢复原有功能的原则，科学合理地制定受淹集镇和专项设施的复建规划。使移民的生产生活水平和基础设施条件达到或超过搬迁前的水平，并为今后发展留有余地，实现移民区和非移民区经济的同步增长，使库区移民能够安居乐业，长治久安。

42.1.2 规划原则

（1）贯彻开发性移民方针，移民的生产恢复和生活设施配套应全面论证、统筹规划，使移民的生活达到或超过原有水平。

（2）顾全大局，兼顾国家、集体、个人三者利益，坚持国家扶持、政策优惠、各方支援、自力更生的原则。坚持"以人为本""尊重移民意愿"，保护移民合法权益的原则。

（3）移民安置规划要与库区社会经济发展规划相协调，与脱贫致富相结合，但在资金来源方面必须把建设征地补偿投资和库区经济发展所需的资金严格区分开来。

（4）移民生产安置要以大农业为主、以土地为依托。移民安置规划要尽量利用现有资源和优先开发宜农荒地资源，并在严格保持水土、改善生态与环境的条件下，合理规划宜农荒地资源开发。

（5）切实保护耕地，节约集约用地，尽量减少建设用地、提高占地的利用效率。合理规划和配置集镇、村庄的用地规模和基础设施规模。

（6）移民村庄搬迁要遵循有利生产、方便生活、节约用地、依山就势和确保安全的原则，移民村庄迁建新址应尽可能接近生产开发区，对外交通比较方便，无不良的地质问题；移民村庄搬迁要在环境容量允许的前提下，尽可能就近后靠。

（7）受淹乡镇和专项设施的复建规划要符合原标准、原规模、恢复原有功能的原则，并应处理好复建和发展的关系。

（8）合理计算补偿投资，移民进度与工程进度要相互衔接，并应突出重点、远近结

合。移民搬迁在资金到位的情况下，宜早不宜晚。

（9）建设征地补偿安置必须确保被征收土地农民原有生活水平不降低、长远生计有保障。

（10）移民安置要考虑少数民族地区的特点和习惯。

42.1.3　规划目标

移民安置的总体目标是：使移民的生产生活水平和基础设施条件达到或超过搬迁前的水平，并有发展的余地，实现移民区和非移民区经济的同步增长，促使库区的社会经济发展和生态环境保护良性循环，使库区移民能够安居乐业，长治久安。根据移民区现状的人均资源情况和收入水平，经综合分析制定规划目标值如下：

（1）规划水平年。龙江水电站枢纽工程水电站第 1 台机组预计于 2009 年 12 月发电，移民需要在下闸蓄水前全部搬迁完毕，移民安置规划的水平年采用 2009 年，实物指标复核截至 2008 年 7 月，故计算人口基准年为 2008 年，计算经济指标基准年为 2007 年。

（2）增长率。工程建设征地涉及区人口自然增长率采用 12.45‰；农作物产量增长率 1％；人均纯收入增长率 5％。

（3）收入目标。农村移民人均纯收入规划基准年 LX 1000～1100 元，规划水平年按年增长 5％计算为 1103～1213 元。

（4）粮食目标。农村移民人均粮食产量规划基准年 458kg，规划水平年按年增长 1％计算为 467kg。

42.2　移民安置的任务

龙江水利枢纽工程移民安置的任务是，确定建设征地处理范围，调查建设征地实物指标，研究建设征地移民安置对德宏地区社会经济的影响，提出移民安置的总体规划，进行农村移民安置、集镇安置、专业项目处理、库底清理、移民安置区环境保护和水土保持规划设计，提出水库水域开发和移民后期扶持措施，编制建设征地移民安置补偿费用执行概算。

42.3　安置标准

42.3.1　安置标准

（1）生产安置标准。根据龙江水电站枢纽工程库区的特点，结合移民原来占有耕地面积情况，就地后靠和出村、出乡镇外迁安置的安置区情况，农业移民人口配置的耕地面积为：人均耕地 2～2.5 亩，其中水田 1.0～1.5 亩/人，旱地 1.0 亩/人。经投入产出分析，1 亩旱地折算成 0.75 亩水田。

（2）移民安置点建设用地标准。集镇新址建设用地 120m²/人；农村移民点建设用地 100m²/人。集镇居民宅基地标准为 240m²/户；农村移民宅基地标准为 300m²/户。

（3）基础设施目标。移民村庄的通车率达到 100％；通电率 100％；100％的移民乡村接通电话；大部分移民户用上自来水；MY 乡新址能收看卫星电视。

移民安置主要标准详见表 42.1。

表 42.1　　　　　　　　　　移民安置标准和规划目标表

序号	项目	单位	标准和规划目标值	
			LX 市	LC 县
1	生产安置标准			
(1)	人均水田/人均旱地	亩/人	1.5/1.0	1.5/1.0
(2)	人均粮食	kg/人	458	458
(3)	人均纯收入	元/人	1000	1100
2	搬迁安置标准			
(1)	农村人均建设用地标准	m²/人	100	
(2)	集镇人均建设用地标准	m²/人	120	
(3)	人均生活用水标准	L/(人·天)	150	
(4)	户均用电标准	kW/户	1.5	
(5)	规划主街道路面宽	m	6.5m，砂石路面	
(6)	规划次街道路面宽	m	5m，砂石路面	
(7)	居民点对外交通路路面宽	m	6.5m，四级公路，砂石路面	

42.3.2　专项工程建设规模和标准

工程建设规模和标准，按照其原规模、原标准或恢复原功能的原则。其中，根据现状，低于国家标准低限的，按国家标准低限执行；现状高于国家标准高限的，按国家标准高限执行。龙江水库淹没区和工程建设区，涉及淹没影响章（章风）～遮（遮放）四级公路 16km，地方政府在龙江水利枢纽建设前已经做了规划设计，标准为二级公路，根据已审批的一期移民安置规划成果，对淹没的 16km，按业主与地方政府的协议，以 70 万元计算补偿费，交由地方政府投入当地二级公路建设，以取代受淹公路的功能；西线公路按 54km 补偿，交地方政府具体实施，恢复地方交通功能；输电线路结合移民安置规划进行了设计；电信线路给予合理的补偿。

42.4　移民安置总体方案

42.4.1　农村移民安置

龙江水库移民安置规划水平年的生产安置人口为 4068 人，规划水平年的搬迁人口为 3733 人。

根据搬迁人口确定移民安置方案：后靠 357 户，1530 人；外迁 352 户，1560 人；投亲靠友 134 户，643 人。详见表 42.2。

表 42.2　　　　　　　　　　移民安置总体去向汇总表

项　目	合　计		项　目	合　计	
	户数/户	人口/人		户数/户	人口/人
农村移民安置	843	3733	(2) 分散后靠	91	371
1. 后靠安置	357	1530	2. 外迁安置	352	1560
(1) 集中后靠	266	1159	3. 投亲靠友安置	134	643

42.4.2　集镇迁建

2008 年的迁建人口为 912 人，按照当地政府意见，搬迁至原址附近淹没影响章（章风）～遮（遮放）四级公路两侧进行规划设计。

42.4.3　专业项目处理

龙江库区淹没影响章（章风）～遮（遮放）四级公路、库区的西线公路、输电线路、通信线路及其他专业项目，按原标准与原功能结合地方的农村建设规划进行恢复建设或处理。

第43章 农村移民安置规划

43.1 农村移民安置人口

43.1.1 生产安置人口

（1）生产安置人口复核计算。

1）计算原则。根据《水电工程建设征地移民安置规划设计规范》（DL/T 5064—2007）的要求，生产安置人口应以其主要收入来源受淹没影响的程度为基础研究确定。龙江水电站水库淹没影响的耕地是其主要收入来源，依赖这些耕地生存的农业人口均需要进行生产安置，这些人口即为生产安置人口。

2）计算依据。

a. 水库淹没影响耕地面积，其面积是有关各方共同完成并签字认可的分村民组实物指标汇总成果。

b. 库区两县（市）2007年分组农村统计年报。

c. 库区两县（市）国民经济和社会发展"十一五"规划及2010年远景目标纲要。

由于水库淹没影响土地面积均按投影面积计算，计量单位为标准亩（1亩 ≈ 666.67m²），地方统计报表按习惯亩统计，为使计算中各项资料保持一致，在进行规划任务、耕地亩产值、环境容量等的分析计算时，对统计报表耕地面积均进行了修正。

3）计算单元。根据《水电工程建设征地移民安置规划设计规范》（DL/T 5064—2007）的规定，龙江水电站招标设计阶段水库淹没影响生产安置人口计算的基本单元为村民组。

4）计算方法。根据《中华人民共和国土地管理法》和《水电工程建设征地移民安置规划设计规范》（DL/T 5064—2007）的规定，各村民组2008年的生产安置人口数，主要根据该村民组2007年末的人均耕地面积和龙江水电站水库淹没影响的耕地面积确定，即主要按龙江水电站水库淹没影响各村民组的耕地面积除以受淹没影响各村民组的人均耕地面积计算。

5）计算成果。根据生产安置人口的计算原则、计算依据和计算方法，计算得本工程2008年的生产安置人口为4029人，规划水平年2009年生产安置人口为4068人。

（2）设计生产安置人口与可研规划对比分析。经计算生产安置人口基准年2008年为4029人，设计水平年2009年为4068人。可研阶段的规划水平年为2008年，生产安置人口为2749人。招标设计阶段2008年生产安置人口比可研阶段多出1280人，主要是由于淹没影响耕地面积的大幅增加导致生产安置人口的增加。新开耕地不应参与生产安置人口计算，考虑到新开地已经作为当地居民收入来源的一部分，故计算了生产安置人口。生产安置人口相比可研增加46.56%（主要影响因素耕地面积增加42.12%）。根据分析的结果，生产安置人口采用计算的设计水平年2009年的4068人。

43.1.2　搬迁安置人口

（1）搬迁安置人口计算。

1）计算原则。搬迁人口是在淹没影响调查数的基础上，结合生产安置人口设计成果及水库淹没影响实际情况，确定必须搬迁的人口和随迁的人口。

2）计算依据。

a.水库淹没影响人口，该人口是有关各方参与共同调查完成并经移民签字认可的分村民组实物指标汇总成果。

b.2008 年初分村民组的生产安置人口计算成果。

3）计算单元。根据《水电工程建设征地移民安置规划设计规范》（DL/T 5064—2007）的规定，龙江水电站招标设计阶段水库搬迁人口计算的基本单元为村民组和耕地种植单位。

4）计算方法。搬迁人口以村民组和单位为基本计算单元，各村民组或单位 2008 年的搬迁人口为直接淹没影响人口，以及因淹地不淹房影响人口中必须搬迁的人口和其他原因必须搬迁的人口。

搬迁人口根据各村组淹没土地情况和剩余资源条件经过细致的移民意愿调查，由地方政府参与，复核认定后确定移民搬迁方案。

复核后的 2008 年的搬迁安置人口为 3705 人，规划水平年 2009 年搬迁安置人口为 3733 人（一期移民规划水平年为 2008 年，二期移民规划水平年为 2009 年）。

（2）设计搬迁安置人口与可研规划对比分析。可研阶段规划水平年为 2008 年，搬迁人口为 3834 人。招标设计阶段 2008 年实物复核搬迁人口 3705 人，比可研阶段少 129 人，原因是人口正常流动所致。根据分析结果，采用推算到设计水平年的搬迁人口为 3733 人。

43.2　移民安置方案

43.2.1　移民安置区环境容量分析

移民环境容量与自然环境和经济活动相关，一般来说，环境质量越好，生产技术越先进，经济越发达，其环境容量越大；对农村移民环境容量而言，土地既是环境要素，又是重要的生产资源，环境容量的大小直接取决于土地资源丰富程度、生产水平和安置目标值的大小。

（1）分析目的。移民环境容量分析的目的是在符合社会经济可持续发展，保护生态环境向良性循环演变的前提下，分析安置移民的区域可利用资源的现实环境容量和潜在环境容量，计算出该区域可安置移民的数量，以指导移民安置规划。

（2）分析依据。

1）库区两县（市）2007 年分组农经统计年报。

2）库区两县 2007 年国民经济与社会发展年报。

3）库区两县 2007 年土地利用现状变更情况。

4）库区两县"十一五"计划及 2010 年远景目标纲要。

5）水库淹没处理设计有关成果、库区两县（市）实地调查研究成果。

（3）分析原则。

1）贯彻开发性移民方针，多渠道、多方位安置移民；农村移民安置以土地为依托，以大农业安置为主要途径，因地制宜地选择适宜的生产项目，多种途径解决移民的生产生活。

2) 移民环境容量分析的范围应按照本组、本村、本乡（镇）、本县、本州的顺序进行。优先选择受淹没影响的乡（镇）安置，当本乡（镇）内资源不足以安置全部移民时，扩大在本县的临近乡（镇）范围安置。当本县范围内无法全部安置时，可考虑扩大到外县范围内安置。

3) 将安置区作为一个整体进行分析，选择的生产开发项目应和地区的整体经济发展规划相适应，为保证安置区以后的健康发展，计算移民安置环境容量时应留有余地。

4) 由于库区移民文化素质较低，生产技能以传统的农业生产为主，加之两县（市）农村二、三产业还处于起步阶段，其发展结果难以预测，所以本阶段暂不考虑二、三产业环境容量。

5) 应充分考虑移民的民族风俗习惯。

（4）分析方法。为了既能科学合理地反映移民环境容量的真实状况，又减少资料采集分析的工作量，本环境容量分析采用基本面分析与技术面分析相结合，定性分析与定量分析相结合，循序渐进、逐步深入的分析方法。即通过基本面的定性分析，合理确定移民环境容量分析的范围和移民安置的可能方式，通过定量分析落实移民环境容量。

1) 定性分析。龙江水电站水库淹没影响涉及移民中景颇族、傣族、阿昌族等少数民族较多，移民生产生活具有很强的特殊性。因此，移民环境容量分析首先在该民族聚居或群居的库区进行，当库区容量不足时再分析其他区域。

从社会经济条件分析，区域经济以农业为主，在国内国民生产总值中，农业产值所占比重较大，二、三产业所占比重很小。

从移民的收入来源分析，根据农村住户抽样调查资料，在移民的收入中，家庭收入占88.7%，其中依赖于土地的种植业、林业和牧业收入合计占86.8%。这反映了移民当前对土地的依赖程度仍然很高。

从移民自身素质分析，移民文化程度较低，文盲、半文盲占移民大多数。

从移民的技术水平、创新能力分析，本工程移民主要是从事简单农业耕作的农业人口，技术水平低下，创新能力较差，通过短期培训转入二、三产业难度较大。

根据上述分析，龙江水电站水库移民主要通过大农业途径安置，不考虑二、三产业安置，因此，移民环境容量分析范围主要为两县（市）的农业环境容量。

对于两县（市）农业环境容量，收集相关资料，按下列条件在全县范围内筛选，以确定移民环境容量分析的初步范围。

a. 气候条件要适宜移民生产生活的区域。

b. 水、电、路、通信、文教卫生等基础设施相对较完善或有条件完善的区域。

c. 现有或预期的经济发展水平要满足规划目标。

d. 可调剂的耕地数量较多或耕地改造潜力较大的村民组。

e. 宜农荒地资源数量较多并相对集中的区域。

在此基础上，计算出安置区域能容纳移民的数量，并征求地方政府及有关部门的意见。对双方均认为能够容纳移民的村民组和集中安置区，实地逐单位逐片进行查勘，着重落实土地资源，水、电、路等配套基础设施，并考虑移民安置规划实施的可操作性，最终计算出切实可行的移民环境容量。

2）定量分析。环境容量分析以村民组（后靠安置和集中安置区）为单位计算，具体如下：

a. 改田改土的移民环境容量计算方法。根据拟定的各村民组土地开发利用方向（土改田、坡改梯、坡改园）及种植模式规划，计算出土地开发后的耕、园地总面积、粮食总产量、种植业收入等经济总量指标；再根据拟定的移民安置规划目标（人均耕地和园地、人均粮食、人均纯收入）分别计算环境容量，取其中最小值为该单位的环境容量；各村民组环境容量若大于该村民组的人口数，则该村民组可接纳移民，其差值即为移民环境容量。

b. 开垦宜农荒地的环境容量计算方法。根据现场调查并结合图上量算出的两县（市）可开发利用的宜农荒地资源数量，考虑适宜的利用系数，分析各片土地开发利用的方向和数量；计算出土地开发后的耕地和园地总面积、粮食总产量、种植业收入等经济总量指标；再根据拟定的移民安置规划目标（人均耕地和园地、人均粮食、人均纯收入）分别计算环境容量，取其中最小值为该片宜农荒地开发所能承载的移民环境容量。

c. 调剂耕地的移民环境容量计算方法。库区内剩余环境容量计算，以村民组为单位，通过人口、耕地、粮食等指标，再根据拟定的移民安置规划目标（人均耕地和园地、人均粮食、人均纯收入）分别计算环境容量，取其中最小值为该单位的环境容量；各村民组环境容量与该村民组的人口数环境容量的差值为后靠人口数量的环境容量。在库区外人均耕地较多、粮食单产水平及人均纯收入相对较高的村民组，通过人口、耕地、粮食等指标，再根据拟定的移民安置规划目标（人均耕地和园地、人均粮食、人均纯收入）分别计算环境容量，取其中最小值为该单位的环境容量；各村民组环境容量若大于该村民组的人口数，则该村民组可接纳移民（接纳移民所调剂的耕地不得超过该村民组耕地总量的10%），其差值即为移民环境容量。

d. 库区乡（镇）农村经济现状。通过对 2007 年社会经济调查，列出库区各乡村和外迁安置区农村经济基本情况。

e. 分析结果。根据移民环境容量分析，龙江库区移民可在本县市得到妥善安置。

43.2.2　安置方案

根据移民环境分析，其移民环境容量总量较大，且有一定富余。

库周后靠安置点的自然条件和社会环境与库区相似，移民安置后可基本保持其原有的生产生活习惯，社会网络关系也不发生大的变化，易于适应，且搬迁距离近，恢复周期短。本着就近搬迁、集中安置、侧重移民发展潜力的基本思路，选择自然条件较为优越，发展潜力较大，基础设施较为完备的外迁集中安置区和库周后靠安置区安置农业移民，再结合两县（市）人民政府和乡（镇）、村、组的意见，以及移民意愿调查，主要采取后靠、外迁、投亲靠友三种安置方式。

一期（截流前）：后靠（两个县总的）158 户，680 人，外迁 147 户，933 人；投亲靠友 113 户，562 人。

二期（蓄水前）：后靠（两个县总的）199 户，850 人，外迁 205 户，933 人；投亲靠友 113 户，562 人。

43.2.3　枢纽工程建设区移民安置

由于枢纽工程建设区征占用土地涉及少数农户，通过环境容量分析，征占用土地区涉及村组具有环境容量，涉及移民采取零星后靠，在本村小组内调剂划拨耕地进行安置。

43.3　生产安置规划方案

龙江水电站枢纽工程移民土地补偿费直接发放给移民个人，对于后靠移民，种植剩余土地和自行调剂耕地，旱地开发水田，增加农业收入；对于外迁移民，政府组织在安置地附近调剂耕地，进行大农业生产。

43.3.1　调剂耕地生产安置规划

水库一期移民后靠安置 64 户，294 人，无须调剂耕地；外迁 147 户，627 人，调剂耕地 1567.50 亩。

水库二期移民后靠安置 199 户，844 人，无须调剂耕地；外迁 205 户，933 人，调剂耕地 2332.50 亩。投亲靠友 86 户，411 人，按标准自行调剂耕地。

43.3.2　调整产业结构规划

根据当地气候特点，发展商品农业。开发茶叶、咖啡等亚热带经济作物是移民以种植业为基础，一个补充经济收入致富的重要途径。可组织移民进行产业结构调整，种植经济作物，发展茶叶、咖啡种植基地增加产值，提高移民的生产生活水平。

种植咖啡、茶树，既能绿化荒山，又起到水土保持作用，移民还能增加收入，是一个既有社会效益又有经济效益的投资项目。茶树、咖啡是多年生的经济作物，寿命较长，建园初期见效慢，在茶树、咖啡没见效期间，套种短期经济作物，如大豆、花生、生姜和其他蔬菜，也可于 6—7 月套种秋西瓜，9—10 月采收上市，获得较好的经济效益，达到以短养长的目的。

计划在库区开垦坡荒山 2660 亩种植茶园，年纯收入 213 万元；开垦坡荒山 2740 亩种植小粒咖啡，年纯收入 329 万元。种植茶园及咖啡投入产出见表 43.1。

表 43.1　　　　　　　　　　种植茶园及咖啡投入产出分析表

项　　目		年　份					
		第 1 年	第 2 年	第 3 年	第 4 年	第 5 年	第 6 年
种植茶园	投入/万元			60			
	年投入/(元/亩)	3500	200	200	200	200	200
	单产/(kg/亩)			40	75	100	150
	净收入/(元/亩)			100	500	800	800
种植咖啡	投入/万元						
	年投入/(元/亩)	4000	200	200	200	200	200
	单产/(kg/亩)			75	150	150	150
	净收入/(元/亩)			600	1200	1200	1200

43.4　农村居民点规划

43.4.1　移民居民点现状

据 2007 年的复核成果，龙江水库淹没影响的有 3 个县（市）7 个乡（镇）21 个行政村的 65 个村民组和一个香料厂，共计 905 户，人口 4123 人，受淹房屋面积 12.77 万 m^2。受淹居民点的现状如下：

（1）房屋。农村房屋以砖木结构为主，在受淹的农村房屋中，框架结构房占 4.7%，砖混结构房占 4.31%，砖木结构房占 57.32%，土木结构房占 20.36%，竹草结构房占 7.28%，杂房占 6.03%。

受淹农村人口的人均住房面积为 35.4m^2/人，其中 LX 市人均住房面积为 21.2m^2/人，LC 县人均住房面积为 39.5m^2/人。

（2）人畜饮水。农村居民现有的供水方式主要有：山泉、井水、自来水、河水等。

（3）交通。库区居民点的现有对外交通主要依靠公路。涉及的行政村都有乡村公路相通，道路等级较低。内部交通主要以居民点街道为主，村民居住较分散，缺乏统一的规划布局。

（4）供电。库区大部分居民点均已通电，也有少数尚未通电的村民小组（自然村寨）。

（5）通信和广播电视。在淹没影响的村民委员会中，大部分居民点有固定电话相通，村民看电视主要依靠卫星地面接收系统，尚无有线电视设施。

（6）文化、教育和卫生。在涉及的村民委员会中，所有学生均在乡中心小学就读，村民委员会均有文化室，近半数村民委员会有卫生室。

43.4.2　规划原则与标准

（1）规划原则。根据《德宏州人民政府关于龙江工程库区移民安置工作的实施意见》（德政发〔2007〕19 号）及移民相关政策的精神，并依据国家及行业相关规范，确定"有利生产、方便生活、节约用地、确保安全"为居民点规划总原则。

1）居民点新址的地质条件要好，应避开山洪、滑坡、塌岸、沉陷、泥石流等不良地质地段，并应避开有开采价值的地下资源和地下采空区。

2）居民点迁建新址应靠近生产开发区，生产半径应尽量控制在 2km 以内。

3）居民点新址应具有较好的人畜用水条件，离水源点要近，水源要充足，水质符合国家规定；人畜饮水规划标准采用 150L/（人·天）。

4）居民点新址离电源点应较近、对外交通应较易解决，并尽可能靠近公路或码头。

5）居民点迁建应节约用地，尽可能不占或少占耕地，结合少数民族地区实际，人均建设用地控制在 100m^2 范围内。

6）在其他条件允许的情况下，居民点新址应尽量选在坡度较缓、地形较为平坦的地段，并应依山就势，避免大挖大填。

7）居民点的迁建位置要高于龙江水库校核洪水位 874.54m。

8）在环境容量允许的前提下，尽可能采取就近后靠或近迁的方式；确需远迁时，应尽可能以村组为单位成建制迁建居民点。

9）居民点搬迁应尽可能考虑当地的风俗习惯，特别要注意尊重少数民族的风俗习惯。

（2）规划标准。居民点安置的总体目标是使居民点的基础设施条件达到或超过搬迁前的水平，并有发展的余地；移民居民点的通车率达到 100%（主要指农用车）；通电率 100%；100% 的移民乡村接通电话；100% 的移民户用上安全饮用水；使库区人民能够安居乐业。

在规划中，根据《云南省龙江水电站枢纽工程招标设计阶段建设征地和移民安置规划设计大纲》，确定移民安置规划目标值详见表43.2，作为居民点规划标准。

表 43.2　　　　　　　　　　　　　居民点规划主要指标

序号	项　　　目	单位	规划目标值	备　　注
1	农村人均建设用地标准	m²/人	100	
2	人均生活用水标准	L/(人·天)	150	
3	户均用电标准	kW/户	1.5	
4	规划主街道路基宽	m	6.5	砂石路面
5	规划次街道路基宽	m	5	砂石路面
6	居民点对外交通路基宽	m	6.5	砂石路面

43.4.3　移民居民点规模

（1）移民居民点人口。库区农村搬迁人口总计843户，3733人（包括直接淹没和间接影响）。其中农业人口3708人（含28人自然增长）、非农业人口27人。

移民共计规划了13个集中安置点，其中本村后靠的集中安置居民点有6个（一期后靠安置点4个）、外迁集中安置的居民点有7个（一期外迁安置点3个）。移民集中安置居民点共计安置移民2716人，占农村搬迁人口的72.56%，其余搬迁人口自行安置。

（2）移民居民点建设用地。

1）居民点的选址。淹没村与安置区的对接，要充分考虑淹没区与移民安置区生产方式的差异，社会经济状况的区别，生活水平的差异及民族、语言、风俗习惯和移民的意愿与要求及安置区对移民的态度等因素。淹没村与安置区的对接及移民点新址位置选择要广泛征求移民代表和安置区代表的意见。移民居民点的对接和新址位置选择是以地方政府为主，移民代表参与，设计单位配合，移民综合监理单位参与下共同完成的。移民新址的选择具备了交通方便，便于生产和生活；对新址进行了水文地质勘测，水源有保障，水质良好；新址具备便于排水和通风向阳等条件。在满足上述条件下最后对拟定的移民新址进行地质灾害评估，满足工程地质条件。

2）建设征地。根据《镇规划标准》（GB 50188—2007）5.2.1条关于人均建设用地指标分级的规定，结合库区实际情况，移民新村人均建设用地不宜超过表43.3中第二级标准，受安置区地形限制，移民居民点人均建设用地标准采用100m²/人进行村镇规划。

人均建设用地指标分级详见表43.3。

表 43.3　　　　　　　　　　　　　人均建设用地指标分级表

级别	一	二	三	四
人均建设用地指标/(m²/人)	>60～80	>80～100	>100～120	>120～140

13个农村移民集中居民点的总征地面积为406.50亩。

居民点迁建新址征用的主要土地类型均为旱地。

43.4.4　移民居民点规划设计

43.4.4.1　规划依据、原则及标准

（1）规划依据。

1）政策法规依据。

a.《中华人民共和国环境保护法》。

b.《中华人民共和国防洪法》。

c.《中华人民共和国水土保持法》。

d.《中华人民共和国城乡规划法》。

e.《村庄和集镇规划建设管理条例》。

f.《建设项目环境保护条例》。

g.《云南省建设项目环境保护管理规定》。

2）规程规范依据。

a.《防洪标准》（GB 50201—94）。

b.《水电工程建设征地移民安置规划设计规范》（DL/T 5064—2007）。

c.《村镇规划标准》（GB 50188—93）。

d.《镇规划标准》（GB 50188—2007）。

e.《云南省村镇规划定额标准》。

f.《城市用地分类与规划建设用地标准》（GBJ 137—90）。

g.《水利水电工程初步设计报告编制规程》（DL 5021—93）。

3）相关文件依据。

a.《龙江水电站枢纽工程可行性研究报告》（审定本）（2005 年 12 月版）。

b.《龙江水电站枢纽工程可行性研究修改补充报告》（2006 年 10 月版）。

c.《龙江水电站枢纽工程招标设计阶段建设征地和移民安置规划设计大纲》2007 年 6 月版。

d.《龙江水电站枢纽工程招标设计阶段水库一期移民安置规划设计报告》（审定本）。

e.移民居民点 1∶1000 现状数字化地形图。

f.相关工程行业取费及概预算资料。

g.其他相关资料。

（2）原则及标准。居民点规划设计的原则是要综合考虑村镇的层次与规模，当地经济社会特点，新址居住地的地形、地势、地质等实际状况，做到充分体现因地制宜、就地取材、经济实用的原则；兼顾远期与近期，充分考虑当地少数民族地区生活习俗的原则；居民点建设应充分体现节地、节水、节能和节材的"四节"方针，体现合理布局，充分发挥土地的经济效益的原则；规划先行，实事求是，量力而行的原则；建章立制，规范操作的原则；统筹考虑，科学安排，协调发展的原则。

农村移民安置点的设计由两县市分别委托有资质的设计单位完成，安置点设计单位根据国家法律法规及相关行业规范，结合"十一五"规划与新农村建设，按照地方政府建设规模的要求，进行规划设计。中水东北公司作为设计归口单位，依据地方委托的设计单位设计的居民点安置规划，根据《龙江水电站枢纽工程招标设计阶段建设征地和移民安置规

划设计大纲》及国家规定的农村移民安置点设计规范的要求，结合涉及村组实际搬迁人口规模及安置方式，计算出农村移民安置点占地规模，并根据各移民安置点的占地规模规划计算出移民安置点的单项工程量，作为本次移民安置点规划的设计标准。

43.4.4.2　规划设计内容要求

（1）竖向及防护规划。

1）规划原则、标准及方法。居民点竖向规划原则：安全、适用、经济、美观的原则；充分发挥土地潜力，节约用地的原则；合理利用地形、地势、地质条件，满足规划用地使用要求的原则；有利于排水，尽量减少土石方及防护工程量的原则；保护周边生态环境，增强村庄景观效果，打造生态人居环境的原则。

位于丘陵区的居民新址，要依山就势，避免大填大挖，尽量减少工程量。规划中应合理比选，居民点内的各等级道路平整坡度可控制在 8% 以内，合理确定最大平整坡度，不宜过大也不宜过小，对于地面坡度大于 8% 的地段，场地宜分成台阶布置，设置台地。台阶连接处设置挡墙或护坡等防护工程。台地的长边宜沿等高线布置，相邻台地应设置台阶或坡道。

规划考虑到高填方区域自然沉降的原因，近期不宜进行永久建筑物的建设，按照挖填平衡的原则，适当放宽竖向规划道路最大纵坡，减少填方数量，取消外借土石方，尽量做到少弃土石方。

2）规划内容。

a. 居民点测绘 1:1000 现状数字化地形图，按照其高程为 85 国家高程基准，采用1954 年北京坐标系绘制。

b. 道路竖向规划：根据合理利用地形、地质条件，满足规划用地的使用要求的规划原则，设计标高尽可能利用原有自然标高。规划道路标高按照比居住用地室外地坪低0.10m 的原则进行布置，依据平面中道路网的布置，在道路竖向规划图中确定道路交叉点和转折点的控制标高、道路的长度及坡度。

c. 场地竖向规划：按道路竖向规划图中定出的控制标高结合原有地形的标高进行场地平整，尽量做到土方开挖平衡，居住建筑室内高程较室外高。

d. 竖向及防护规划应结合地质灾害评估来实施规划，确保居民点稳定安全。居民点土石方平整量根据居民点 1:1000 地形图，采用网格法计算取得。

3）规划工程量。规划居民点场地平整及防护工程量总计挖方 3949488.64m³，填方52117m³，毛石挡护体 19808.78m³。

（2）街道规划。

1）规划原则、标准及方法。街道规划原则：满足村内用地布局的骨架要求原则；满足村内交通运输要求的原则；满足环境要求原则；满足布置管线要求原则；满足经济合理的原则。

主干道路面宽度 6.5m，路面设计为砂石路面；次干道设计为砂石路面，路面宽度5m。

2）规划内容。

a. 平面规划。居民点街道采用"丰"字形或"井"字形布置，规划居民点户数较多时采用"井"字形布置为宜，否则采用"丰"字形布置。道路交叉处设置过路涵管，居民点庭院与道路连接每户均设排水涵管，道路交叉口处转弯半径均为4m。

b. 路基规划。道路纵坡控制在8%以内，依据场地竖向规划确定道路纵坡。道路均设有路拱，路拱坡度控制在1%～2%。路基要求碾压夯实，满足设计荷载要求。

c. 路面规划。路面规划为砂石路面，结构层分两层：15cm砂砾石基层，10cm风化砂面层。

3）规划工程量。规划各居民点道路总计长度15137.63m，其中主干道4449.13m；次干道10688.51m。

（3）排水规划。

1）规划原则、标准及方法。从居民点实际出发，规划排水采用明沟支砌、雨污合流制。沿道路布置排水沟收集生活污水和雨水，生活污水在进入排水系统前必须经三仓化粪池进行预处理，牲畜粪便直接进入沼气池处理，雨水直接就近排出。雨水、污水排放标准：移民居民点排水工程要满足生活污水排放和天然降水排放的设计流量要求，主要考虑天然降水。

2）规划内容。

a. 设计排水量的计算。设计排水量＝生活污水量＋设计暴雨量。生活污水量按设计用水量的80%计，雨水按当地1年重现期的最大暴雨强度计算。

计算公式为
$$Q = q \cdot \psi \cdot F \tag{43.1}$$

式中：Q为雨水量，L/s；q为当地暴雨强度，L/(s·h)；ψ为径流系数；F为汇水面积，hm^2。

b. 截、排水沟的布设。沿区内干道、支道两侧布设排水支沟，并外接排水干沟，主排水沟为矩形断面，宽0.5m，沟深0.5m。支排水沟为矩形断面，宽0.4m，沟深0.4m。排水沟均采取红砖衬砌，沟顶用12cm预制混凝土板铺盖，居民点庭院与道路连接按每户设排水涵管。排水规划占地含在公路占地里。

根据道路布局来确定居民点排水沟、排水涵管的长度，对于汇水面积较大的集中居民点以及对于地形起伏较大的居民点采取设置截流沟，高水高排。其断面可根据相应的水利计算确定。

3）规划工程量。规划各居民点排水总长17284.77m，其中主排水沟6520.00m；次排水沟10764.77m。

（4）给水规划。

1）规划原则、标准及方法。在地表水源和水质能够保证的情况下，首先考虑集中供水方案；在可用地表水源较远或水质难以保证的情况下，首先宜考虑在居住点区域打深水井，再进行集中供水设计；当规划规模较小时，也可考虑每户打小口井的方式进行分散供水。

根据确定的地表水源、水井位置及井深，按照审定的可研报告的指标150L/(人·天)，通过水力计算，进行供水输、配水管网的布置，并对地表水源或水井及管道等工程进行设计，计算工程量及投资。

2）规划内容。

a. 水源规划。移民居民点的水源以山泉水、河水、地下水为主，根据现场调查，选定的居民点要有合格可靠的水源，水量满足居民点用水量的要求，根据居民点及其周围区域的水文地质勘察，兼顾居民点少数民族生活习俗，确定该居民点水源形式，并经检验水质应符合现行《生活饮用水卫生标准》（GB 5749）的有关规定。

b. 居民用水量计算。根据《镇规划标准》（GB 50188—2007）和安置区实际情况，安置区居民用水量主要包括人畜用水量、浇洒道路和绿化用水量、管网漏失水量和未预见用水量。

c. 管网布设及管径的确定。根据移民新址的规模和地形情况布置配水主供水管和支供水管。居民点给水方式分自来水和打小口井两种方式进行规划，每户打小口井不需要进行管网布设及确定管径所需要的水力计算。配水管网一般沿街道网络采用明敷方式进行布设，输水管线是从水源地到高位蓄水池规划的管线，输水和配水管材一般采用镀锌钢管，管径经水力计算确定。

d. 蓄水池容量的确定。蓄水池容量按照居民最大日用水量的 60％计。

3）规划工程量。规划各居民点管线工程量总计长度 57798.77m，其中输水管线长度 33.90km，配水干线长度 6025.00m；配水支线长度 17873.77m；水井 101 眼。

（5）电力规划。

1）规划原则、标准及方法。结合当地地形、地貌特点，电力线沿村内干道和绿化带架空布置，路径宜短捷、顺进，并应减少同道路的交叉，消除安全隐患。根据各移民居民点的人口规模，每户设计负荷按 1.5kW，架设 10kV 输电线路至居民点生活区，再由区内架设 220V 和 400V 两种低压配电线路至用户，变压器一般布置在村民活动中心区。

2）规划内容。

a. 变压器容量的计算。安置区居民用电由居民生活用电、公共公用设施用电和不可预见用电等部分组成。农村居民点生活用电每户设计负荷按 1.5kW 考虑，根据电力规范有关变压器功率因数选取的规定，确定负荷率及负荷同时系数，兼顾居民点将来的发展，规划中预留一部分用电容量，按容量增加 10％计算出居民点的变压器容量。居住区安装的变压器型号一般采用 S9 型，容量可取 30kVA、50kVA、63kVA、80kVA、100kVA、125kVA、160kVA 等。

变压器负荷容量计算公式为

$$S_e = (S/\beta) \times \gamma \times 1.1 \qquad (43.2)$$

式中：S 为计算负荷容量，kW；S_e 为变压器容量，kVA；β 为负荷率（通常取 80％～90％），本规划取 0.9；γ 为负荷同时系数取 0.8。

b. 线路规划。10kV 线路规划路径宜短捷、顺进，导线采用 LGJ - 35mm^2；0.4kV 以下线路规划沿道路网络进行架空布设，贯通支街并接入移民户，400V 导线一般采用 LGJ - 25mm^2；220V 导线一般采用 BLV - 10mm^2。

3）规划工程量。规划各居民点电力输配线工程量总计长度 31749.63m，其中 10kV 线长度 13.17km，配电干线 400V 长度 5341.13m；配电支线 220V 长度 13242.51m。

（6）电信规划。本规划不做居民点内部电信规划，外部线路规划在专项工程规划内。

（7）对外交通规划。

1）规划原则、标准及方法。居民点道路规划主要解决安置区各居民点与安置区原有居民点相互之间的联系，本着"有利于生产，方便生活"的原则，很好地结合安置区的自然地理条件、居民点布局、耕地分布情况、现有道路，合理规划其路网走向，满足安置区交通、环境、地面排水等要求。

外接道路设计为弹石路面，采用标准四级路，路基宽 6.50m（弹石路面宽 5m，路肩宽 1.5m），排水沟一侧宽 0.75m，绿化一侧宽 2.00m，道路横坡度按 3.5％控制，最大纵坡按 8％控制，平曲线最小半径 15.00m，竖曲线最小半径 100.00m。

2）规划内容。按照公路设计的规程规范，在外业勘测的基础上，做道路平曲线设计，竖曲线设计，道路横断面设计，进行土石方计算及调配，桥涵设计，料场的选择，施工组织设计及该预算的编制等。

3）规划工程量。规划二期各居民点对外道路工程量总计长度 1510.00m。本规划投资计列在库周交通恢复规划投资里。

（8）居民点公共建筑与住宅规划。

1）规划原则、标准及方法。对于居民点住宅和公共建筑恢复建设，原则上应以库区原有的淹没实物量与质量予以补偿。对公用共用设施如学校、医疗、商业、办公场所等，遵照资源共享、因需设置的原则设置。但对学校，整村寨搬迁一处的，按原有淹没面积设计。淹没搬迁分为两处或多处安置的，新居民点附近有学校，但需扩建，其扩建面积按当地或搬迁前人均拥有的面积进行扩建设计。淹没搬迁分为多处，新居民点附近无学校，其新建学校面积按搬迁前人均拥有的面积进行新建学校面积设计。

建筑设计要贯彻适用、经济、安全和美观的原则。考虑搬迁移民的生活习惯和实际需要，在保持地方特色和民族风格的前提下，进行各居民点公共建筑的建筑设计与结构设计。对于移民住宅建筑，要提出多种样式、不同规模的户型建筑设计与结构设计，以供移民在实施中选择。

2）规划内容。农村移民房屋建设采用集中联建和自行购房（含投亲靠友建房）两种方式。

集中联建：对淹没人口比重较大且生产开发区相对集中，耕作半径较小的村组，以及成建制外迁的移民，只要地形地貌和基础设施条件允许，且不需占用耕园地和拆迁原有居民房屋的，一般采用集中联建的方式。

建筑色彩及造型：结合当地民族特色，建议以浅色系为主，不宜采用太夸张的色彩。每户移民住宅建筑造型为 1 层或 2 层，院内布置厩房（主要便于布置沼气池、水井、摆放农具和饲养家禽等），建筑结构采用砖混结构。

建筑材料：使用青、红砖、水泥彩瓦或青瓦等乡土建筑材料，并结合运用一些地方建筑材料，如竹、石等。

根据移民户家庭人口规模、资金等情况，共设计了 A、B、C、D、E、F、G 七种户型供移民选择，移民房屋建设户型多数选择以下户型：

A 户型：257.00m² ，二层为砖混结构。

B 户型：167.40m²（6.6m×12.0m），一层为砖混结构，二层为砖木结构。

E 户型：80.26m²（6.8m×11.2m），一层为砖木结构。

按以上 3 种占地户型住宅进行规划，以满足不同家庭人口规模要求，设计深度应满足施工图要求。

居民点公共建筑与住宅规划作为居民点建设补充规划来完善，在水库移民安置的规划内实施但不计列投资。

（9）环境保护规划。

1）规划原则、标准及方法。以龙江水电站枢纽工程建设、移民搬迁为契机，全面落实科学发展观，按照"生产发展、生活宽裕、乡风文明、村容整洁、管理民主"的总体要求，围绕建设新家园的思路，全面建设环境优美的社会主义新农村。按照当前新农村建设的要求，做到村容整洁，保护生态环境，提高移民的生活软环境，也是移民居民点规划的一项内容。大力推广农村沼气，进一步美化农村生活环境。使居民点生活垃圾清运率达100%，农户卫生厕所建造率达100%，人畜粪便和生活污水治理率达85%以上，环境污染治理合格率达95%以上。

2）规划内容。

a. 垃圾处理。规划在每个片区设 1 个垃圾收集池，倡导垃圾分类，生活垃圾及其他垃圾均要及时定点分类收集、密闭贮存、运输至垃圾填埋场。生活垃圾收集点的服务半径不宜超过 70m，生活垃圾收集点可放置垃圾容器或建造垃圾容器间。垃圾收集点、垃圾转运站的建设应做到防雨、防渗、防漏。医疗垃圾等固体危险废弃物必须单独收集、单独运输、单独处理，杜绝二次污染。

b. 厕所设置。规划在村民活动中心区设置公共厕所，公厕为水冲式。户用旱厕粪便和分散饲养的禽畜粪便应及时收集并用密闭管道送至沼气发酵池中。公共厕所和家庭厕所的建设、管理和粪便处理，均应符合国家现行有关技术标准的要求，推广采用水冲式厕所，采用"三格式"化粪池的形式。对于公厕、户厕、禽畜饲养场（点），均应进行及时清扫和消毒等防控疫病等管理措施。

c. 厨、卫设施。村民生活燃料应多种能源并举，逐步减少以柴草作为主导燃料，积极利用沼气。村民厨房应有排水设施，给水水质应达到国家生活饮用水标准，排水设施应与村内的排水沟相连接。

环境保护规划作为居民点补充发展规划来完善，不在水库移民安置的规划内实施及计列投资。

（10）防灾减灾规划。

1）规划原则、标准及方法。居民点的防灾减灾本着实事求是、科学规划、预防为主的原则，对于可能的人为不可抗力造成的自然灾害要有一定的预防方案，使灾害损失降到最低。

2）规划内容。居民点防洪排涝规划：根据《防洪标准》（GB 50201—94）的相关规定，库周新建居民点的最低高程应高于 20 年一遇洪水达到的高程，对于上游汇水面积较大或水土流失较严重的居民点，应在上游设置必要的截水沟；对于排水不畅且地势较低的居民点宜设置必要的排水设施设备，减少较大洪水的滞留时间。

a. 防震减灾规划。虽然对每个居民点都有地质灾害性危险评估，并也采取了相应的规划措施，但由于规划区基本属于地震多发区，而地震又容易诱发泥石流和山体滑坡，所以根据居民点周围的地形地势，宜采用"避""抗"等有效措施，减小泥石流、山体滑坡等不可抗力的自然灾害对居民点的威胁。在区域范围内对可能造成滑坡的山体、坡地，应加砌石块护坡或挡土墙。

b. 消防规划。居民都应把预防火灾作为自己应尽义务，自觉遵守消防法规，积极灭火救灾。鼓励村民自发组织义务消防队。规划在村内布置消防沙池，并利用用地范围内的水源作为消防水源，配置相应的消防器具，达到消防的目的。

防灾减灾规划作为居民点补充发展规划来完善，不在水库移民安置的规划内实施及计列投资。

43.5　生活水平预测和资金平衡分析

43.5.1　移民生活水平预测

后靠移民人均收入目标值按原人均纯收入 5% 增长至 2009 年计算，外迁移民按目标值 1000~1100 元，按 5% 增长至 2009 年计算。按剩余耕地，每亩产 350kg 计算出剩余人均粮食，根据现行粮食单价计算出种植业收入，扣除 20% 成本，得出人均纯收入，再根据原人均收入和外迁移民的目标值，计算出人均纯收入的增加值。计算结果个别组人均纯收入比搬迁前增加幅度较大，主要原因为个别组后靠居住环境限制，根据移民意愿一些移民进行外迁或投亲靠友安置，后靠移民剩余耕地较多造成的。

43.5.2　资金平衡分析

龙江水库移民土地补偿费主要用于移民生产开发，土地流转划拨配置所需费用。对于外迁移民由政府协调在安置地调剂耕地，后靠移民除种植剩余土地外，不足部分自行调剂开发。经计算，外迁调剂耕地金额为 2992 万元，而外迁移民在库区的耕地补偿费及安置补助费共计 24748 万元。除了支付安置区土地流转费之外，尚需为移民另辟其他生产和经营门路，方能保持原有生活水平。调配的土地只可解决种植业收入部分。土地补偿费还要为养殖业、林果业和村办企业支付资金。总体讲移民生产开发资金是可以保证的。

43.6　水库移民后期扶持规划

43.6.1　后期生产发展扶持的必要性

根据《大中型水利水电工程建设征地补偿和移民安置条例》"国家提倡和支持开发性移民，采取前期补偿、补助与后期生产扶持的办法"，又根据国务院文件"国务院关于完善大中型水库移民后期扶持政策的意见"（国发〔2006〕17 号），对 2006 年 7 月 1 日以后搬迁的水库移民，从其完成搬迁之日起扶持 20 年。

43.6.2　后期扶持政策的指导思想、目标和原则

（1）指导思想。以邓小平理论和"三个代表"重要思想为指导，坚持以人为本，全面贯彻落实科学发展观，做到工程建设、移民安置与生态保护并重，继续按照开发性移民的方针，完善扶持方式，加大扶持力度，改善移民生产生活条件，逐步建立促进库区经济发展、水库移民增收、生态环境改善、农村社会稳定的长效机制，使水库移民共享改革发展成果，实现库区和移民安置区经济可持续发展。

（2）目标。中长期目标是，加强库区和移民安置区基础设施和生态环境建设，改善移民生产生活条件，促进经济发展，增加移民收入，使移民生活水平不断提高，逐步达到当

地农村平均水平。

（3）原则。

1）坚持前期补偿补助与后期扶持相结合的原则。

2）坚持解决温饱问题与解决长远发展问题相结合的原则。

3）坚持国家帮扶与移民自力更生相结合的原则。

（4）扶持标准。对纳入扶持范围的移民每人每年补助 600 元。

（5）扶持期限。对纳入扶持范围的移民，从其完成搬迁之日起扶持 20 年。

（6）扶持方式。后期扶持资金能够直接发放给移民个人的应尽量发放到移民个人，用于移民生产生活补助；也可以实行项目扶持，用于解决移民生产生活中存在的突出问题；还可以采取两者结合的方式。具体方式由地方各级人民政府在充分尊重移民意愿并听取移民村群众意见的基础上确定，并编制切实可行的水库移民后期扶持规划。

（7）生产安置人口和搬迁人口。建设征地移民规划水平年生产安置人口 4068 人，搬迁农业人口 3745 人。

（8）移民后期扶持人口。龙江工程移民后期扶持人口（设计水平年）包括搬迁安置农业移民人口 3733 人和不动迁的生产安置人口 1782 人，合计 5515 人。

第44章 集镇迁建规划

在可研设计阶段，设计单位会同地方政府及有关部门，对受淹集镇的迁建地点进行了多方案比较论证，并编制了《集镇恢复迁建规划》。

在施工图设计阶段，地方政府委托城市规划设计单位编制完成"集镇搬迁安置修建性详细规划"，并通过一期审查。

44.1 集镇现状及受建设征地影响概况

44.1.1 现状概况

涉及淹没乡镇位于德宏州西南部，总面积 1931km²。2004 年末，全县总户数 41696 户，总人口 17.17 万人。LC 县有常住少数民族 22 个，少数民族人口 94189 人，占全县总人口的 54.86%。

涉及淹没乡镇地处县城东南部，辖区内有山区、半山区和坝区，境内最高海拔 1350m，最低海拔 780m。

新址位于原 MY 乡政府所在地的南面山地，用地周边有新建的三级道路章遮路穿过，区位优势极为明显。

涉及淹没乡国土总面积 181.5km²，1809 户、10165 人。2007 年末 MY 乡实有耕地面积 26191 亩，其中水田 5868 亩，旱地 20323 亩。2007 年 MY 乡完成经济总收入 1306.47 万元，比上年增长 45%。

44.1.2 淹没概况

龙江水电站枢纽工程一期围堰截流水位 827.60m 时，乡址将被部分淹没；水库正常蓄水位 872.00m 时，乡址将被全部淹没。

乡址总占地面积为 150 亩；现有乡镇单位 16 个，个体工商户 86 户；现有常住人口 912 人；现有房屋总面积 20974.74m²；水库淹没主街道 2 条，街道长 1.5km，淹没次街道 2 条，街道长 0.6km；水库淹没蓄水池 2 座、120m³，供水主管 6500m、支管 2100m，排水沟 2100m；水库淹没的供电设施有 10kV 输电线路 1.5km，150kVA 变压器 1 台；水库淹没邮电支局 1 个，邮电所 1 个，程控交换机 1 套；广播站 1 个，初级中学 1 所。

44.2 规划原则及标准

44.2.1 迁建规划原则

受淹集镇的迁建规划应根据库区经济和社会发展的要求，考虑需要和可能、近期和远期相结合，合理安排水、电、路、集贸市场等基础设施，适应并促进库区经济发展，把库区集镇逐步建成经济繁荣、布局合理、交通方便、环境优美的新型集镇。集镇迁建规划应遵循以下原则：

（1）保证集镇安全，规划建设用地必须处在水库最低建设高程以上、经勘探为地质整体稳定的地带，应避开滑坡、沉陷、泥石流等地质灾害影响区。

（2）集镇规划编制应当依据国民经济和社会发展规划以及当地的自然环境、资源条件、历史情况、现状特点，统筹兼顾、综合部署。

（3）集镇总体规划应当和区域规划、江河流域规划、土地利用总体规划相协调。

（4）集镇规划必须符合我国国情，正确处理近期和远期、局部和整体、需要和可能的关系。集镇规划首先要满足受淹的行政、企事业单位以及公共建筑和居民房屋的迁建需要，合理安排建设程序，做到基础设施先行，同时也应为长远发展留有余地。

（5）编制集镇规划必须从实际出发，科学预测集镇远景发展的需要。集镇的发展规模、各项建设标准、定额指标、开发程序，应当同国家和地方的经济社会发展水平相适应，并与国家补偿标准和地方建设资金投入能力相协调。

（6）编制集镇规划应当贯彻合理用地、节约用地的原则。集镇用地应尽量使用荒地、少占或不占良田沃土。规划布局应依山就势、相对集中、避免大挖大填、尽量减少挖填方量，在综合技术经济论证的基础上，经济合理地确定有关技术指标。

（7）按照原规模、原标准、原功能编制近期建设规划，合理确定近期迁建人口和用地规模以及基础设施迁建标准。按原规模和原标准新建集镇的投资，列入工程执行概算；扩大规模和提高标准增加的投资，由地方人民政府自行解决。

（8）编制集镇规划，应当注意保持民族传统和地方特色，应当注意保护和改善集镇生态环境，防止污染和其他公害，加强集镇绿化和市容环境卫生建设，保护历史文化遗产、集镇传统风貌、地方特色和自然景观。

（9）编制集镇规划应当贯彻有利生产、方便生活、促进流通、繁荣经济、促进科学文化教育事业的原则。

44.2.2　迁建规划标准

根据国家和云南省的有关政策法规和规程规范，结合库区的实际情况，MY 乡迁建规划采用的主要标准和参数如下：

（1）建设用地。集镇人均建设用地采用 $120 m^2/$ 人。

（2）道路宽度。主街道的红线宽度 12m，水泥路面；区内支街道的红线宽度 8m，弹石路面。

（3）供水工程。生活用水采用的标准为：150L/（人·天）。

（4）排水工程。沿区内干道一侧、支道两侧布设排水沟，并外接排水干沟。干沟断面尺寸 50cm×60cm；支沟断面尺寸 30cm×50cm；排水沟采取红砖衬砌，沟顶用 12cm 预制混凝土板铺盖。

（5）供电。生活用电：按用电负荷 3.0kW/户计算。

44.3　集镇性质与规模

44.3.1　集镇性质

（1）集镇定位。强调独特的旅游度假环境建设和高水平的设施开发，通过区域整体旅游度假情况的分析，确定旅游小镇的发展定位和建设目标，塑造与周边地区差异性明显的旅游度假形象，以确保旅游产业的良好发展和经济效益的长效性。

强调建设开发的实际操作性，通过对搬迁项目的综合研究，在立足近期满足乡政府工作延续的前提下，确定各搬迁项目开发规模和开发项目的先后建设时序，以最有利于当前和未来的发展。

（2）集镇发展方向。该用地区位交通优势明显，有新建的三级道路章遮公路呈北西、南东向呈 S 形穿越于新址驻地中部，区位优势极为明显，有利于乡镇的长远发展。

按照乡政府所在地应具备"高效、安全、经济、合理"的搬迁安置要求，利用独特的景颇族人文资源和搬迁用地紧邻龙江水库良好的区位及用地内山体植被等自然资源发展旅游产业，建设成为环境优美并独具特色的民族风情旅游小镇。

44.3.2　规划设计水平年

规划设计基准年为 2008 年 4 月（移民签字认可时间），规划设计水平年 2008 年 4 月。按现状实际人口进行规划。

44.3.3　集镇人口规模

实施规划由于常住人口发生变化以及学校教职工及学生的增加，按现有人口随集镇迁入新址职业不变。

迁建实施规划人口为：集镇范围内水库居民迁移线以下迁往新址的人口及在乡中心学校住校就读的学生。规划基准年 2008 年人口采用现状实际居住人口为准。集镇实施规划安置 130 户，1220 人。

44.3.4　集镇用地规模

实施规划集镇总体规划占地 494.4 亩，其中居住用地 40.9 亩，每户宅基地 240m²；公共设施用地 89.3 亩；道路广场用地 26.3 亩；商业及旅游服务用地 26.9 亩；公共绿地及其他用地 145.8 亩，人均占地 270.2m²。为今后 20 年发展的最终规模，系按照县人民政府要求进行规划。

根据该集镇搬迁补偿重建拟定的集镇人均迁建用地标准和迁建规划人口规模，确定规划占地 164.16 亩，人均占地 120m²，迁建规划用地的土地类型为旱地。

44.4　集镇迁建规划设计

44.4.1　公用及住宅建筑设计

（1）设计原则。MY 乡建筑设计应遵循适用、经济、卫生、节能、美观的原则，积极推广节能、绿色环保建筑材料，避免单一、呆板的布局方式。低层住宅宜采用连排式，鼓励多层公寓式住宅建设。住宅建筑风格应适合农村特点，体现地方特色。

1）建筑风格。住宅建筑的总体设计风格强调两个特色：一个是地方文化特色，另一个是生态建筑特色。地方文化特色主要延续或保留一些反映当地气候环境和民族文化特色的民居建筑空间和形式、符号，诸如架空的平台、屋顶外形、相关的图案纹理及市内格局等，以此来突出和尊崇景颇族不同的生活习俗与民族认同感。生态建筑的手法应用在建筑设计的各个方面，考虑规划范围内地形复杂，用地坡度较大，规划为了加强对自然风与自然光的利用，采用进深较小的建筑形式，以达到合理的通风采光目的。同时设计考虑环境渗透的绿化设计，注重住宅绿化与外部绿化的有机结合，注重利用自然资源的建筑室内设计。

2）建筑色彩。公建建筑和住宅建筑采用不同色彩。

乡政府办公楼、文化站、卫生院等公共建筑立面采用较为庄重的色彩，以灰、白、青等冷色系为主；住宅建筑立面可采用乳白、奶黄、淡蓝等较为活泼明快的色彩为主，屋面采用黑灰色或红色瓦面，使建筑整体色彩热烈而鲜明，富于变化又不失严整的规律，反映出景颇族人热情、明快的审美观。

3）建筑材料。建筑材料尽量采用本地的石材、木材等材料，适当使用高强混凝土、高强钢筋等高性能、低材耗的建筑材料，并鼓励各住户选用可再生的材料及产品。

由于面砖和马赛克等建筑外墙面传统装饰墙砖耗能大、安全性差，建筑外墙装饰考虑采用原始的石材或环保性涂料。

4）建筑节能技术。安置地为南亚热带季风气候类型，且规划用地位于山脊，常年日照充足，有发展太阳能的有利条件。现状 MY 乡居民生活燃料主要为柴火，砍伐树木将对当地植被造成较大破坏，并影响 MY 乡建设旅游小镇的外部环境，因而，MY 乡搬迁建设中，住宅建筑建设中应尽量利用建筑节能技术，包括太阳能、沼气等。

5）建筑自然通风。自然通风在实现原理上有利用风压、利用热压、风压与热压相结合以及机械辅助通风等几种形式。

考虑到 MY 乡属南亚热带季风气候类型以及节约能源的需要，故设计充分考虑建筑的自然通风。住宅设计不仅通过原始的开窗、开门通风，还综合利用室内外条件来实现同样的目的。如根据建筑周围环境、建筑布局、建筑构造、太阳辐射、气候、室内热源等，来组织和诱导自然通风。在建筑构造上，通过中庭、风塔、门窗、屋顶等构件的优化设计，来实现良好的自然通风效果。

（2）公共建筑设计。

1）政府办公楼设计。政府办公楼设计在充分尊重用地的自然地形地貌的基础上，充分考虑了 MY 乡本地的文化、气候、时空等特征以及建筑本身特色和景观效果，兼顾与周边环境的融合、渗透，形成特色鲜明、景观对景和借景独特的建筑风貌。

建筑内部空间力求丰富动人、充满活力。设计将行政办公与日常会议分别布置于建筑左侧和右侧，形成两个动静分区明确、布局合理的办公空间。整个办公建筑共 4 层，两个区，其中左侧包括 180m² 大会议室 1 个，108m² 小会议室 1 个，108m² 多媒体室 1 个。建筑右侧主要为办公区，包括传达室、接待打印复印室以及 30 个办公室。总建筑面积 2060m²。

结合政府办公设计两种公寓式职工宿舍。其中双职工公寓为两室一厅，建筑面积 77.5m²，套内使用面积 71.5m²；单职工公寓为一室一厅，建筑面积 52.2m²，套内使用面积 46.8m²。

2）中小学建筑设计。中小学设计考虑其年龄差距大，教学管理不方便等问题，设计将教学楼分为小学和中学两栋建筑，方便管理。

12 班小学教学楼，平面布局紧凑，楼内皆为教室，各教室通风、采光良好，造型简洁朴实。建筑共 3 层，每层各 329.6m²，建筑总面积 988.8m²。

6 班中学教学楼结合教师办公综合设置，该建筑包括右侧的教师综合办公区和左侧的中学教室。设计以入口门厅、半开敞内庭等活动空间满足功能需求。内庭的设置既丰富了楼内的空间环境，同时也对办公区和教学区形成了一种分割，更有利于两种环境的塑造。整个建筑共分 3 层，总建筑面积 1647.7m²。

根据需要设计 3 层男女宿舍楼各一栋，总建筑面积都为 649.5m²，床位都为 74 个。

3) 卫生院建筑设计。卫生院空间布局紧凑，在总建筑面积一定的情况下，做到了内部空间功能的最大化。设计将建筑分为两个区：包括前部的门诊医疗部分和后部的住院部分。其中住院部分共设置两床病房 5 间，基本能满足该医院的需要。

卫生院建筑共两层，其中一层建筑面积 886.3m²，二层建筑面积 740.8m²，总建筑面积 1627.1m²。

(3) 住宅建筑设计。建筑色彩及造型：结合当地民族特色，建议以浅色系为主，不宜采用太夸张的色彩。每户移民住宅建筑造型为 1 层或 2 层，院内布置厩房（主要便于布置沼气池、水井、摆放农具和饲养家禽等），建筑结构采用砖混结构。

建筑材料：使用青、红砖、水泥彩瓦或青瓦等乡土建筑材料，并结合运用一些地方建筑材料，如竹、石等。

根据移民户家庭人口规模，资金等情况，共设计了 A、B、C、D、E、F、G 七种户型供移民选择。同农村户型，设计深度应满足施工图要求。

44.4.2　公用工程设施规划

(1) 竖向规划。

1) 规划原则、标准及方法。集镇竖向规划本着以下原则：安全、适用、经济、美观的原则；充分发挥土地潜力，节约用地的原则；合理利用地形、地势、地质条件，满足规划用地使用要求的原则；有利于排水，尽量减少土石方及防护工程量的原则；保护周边生态环境，增强村庄景观效果，打造生态人居环境的原则。

位于丘陵区的居民新址，要依山就势，避免大填大挖，尽量减少工程量。规划中应合理比选，集镇内的各等级道路平整坡度可控制在 8% 以内，合理确定最大平整坡度，不宜过大也不宜过小，对于地面坡度大于 8% 的区域，场地宜分成台阶布置，设置台地。台阶连接处设置挡墙或护坡等防护工程。台地的长边宜沿等高线布置，相邻台地应设置台阶或坡道。由于地形相对复杂，本集镇迁建需做台地规划。

考虑到高填方区域自然沉降的原因，近期不宜进行永久建筑物的建设，按照挖填平衡的原则，适当放宽竖向规划道路最大纵坡，减少填方数量，取消外借土石方，尽量做到少弃土石方。

2) 规划内容。

a. 居民点测绘 1:1000 现状数字化地形图，按照其高程为 85 国家高程基准，采用 1954 年北京坐标系绘制。

b. 道路竖向规划：根据合理利用地形、地质条件，满足规划用地的使用要求的规划原则，设计标高尽可能利用原有自然标高。规划道路标高按照比居住用地室外地坪低 0.10m 的原则进行布置，依据平面中道路网的布置，在道路竖向规划图确定道路交叉点、转折点的控制标高，道路的长度，以及坡度。

c. 场地竖向规划：场地的平整，按道路竖向规划图中确定的控制标高结合原有地形的标高进行平整，尽量做到土方开挖平衡，居住建筑室内高程较室外高。

d. 竖向及防护规划应结合地质灾害危险性评估来实施规划，确保居民点稳定安全。居民点土石方平整量根据居民点 1∶1000 地形图，采用网格法计算取得。

　　(2) 道路交通规划。

　　1) 规划原则、标准及方法。因地制宜原则：在用地内道路设置上，以因地制宜为首要原则。修建道路应依山就势，不强行挖坡破山。节约原则：用地内道路建设尽量利用原有道路拓宽改造，避免修建低效性道路，减少道路建设面积，在满足道路的最小纵坡要求下，尽量减小道路施工土石方量，适当降低区内机动车行驶速度。高效性原则：为使用地内各功能区之间形成便捷的交通联系，增强可达性，在道路的设置上应在结合地形的基础上尽量实现简洁顺畅的道路体系，最大程度提高道路的使用效率。

　　主干道宽 12m，水泥路面；次干道宽 8m，弹石路面。

　　2) 规划内容。

　　a. 平面规划。用地内道路分为四级。过境道路章遮路约 8m，规划主干道路确定为 12m，次级道路确定为 6m，入户道路确定为 4m，步行道确定为 1.5～2m。集镇道路系统采用环状加枝状道路系统。用地内主要道路为环形结构，通过与章遮路的两个交叉口联系对外交通。次要道路及入户道路主要为枝状布局布置，在联系各组团交通的前提下尽量减少道路面积。步行道利用宅间用地和绿化带建设。

　　b. 路基规划。道路纵坡控制在 8% 以内，依据场地竖向规划确定道路纵坡，道路均设有路拱，路拱坡度控制在 1%～2%。路基要求碾压夯实，满足设计荷载要求。

　　3) 路面规划。主干道为水泥路面，次干道为弹石路面。

　　(3) 给水工程规划。

　　1) 规划原则、标准及方法。在地表水源和水质能够保证的情况下，首先考虑集中供水方案；但在可用地表水源较远或水质难以保证的情况下，首先宜考虑在居住点区域打深水井，再进行集中供水设计；当规划规模较小时，也可考虑每户打小口井的方式进行分散供水。

　　根据确定的地表水源、水井位置及井深，按照审定的可研报告的指标 150L/(人·天)，通过水力计算，进行供水输、配水管网的布置，并对地表水源或水井及管道等工程进行设计，计算工程量及投资。

　　2) 规划内容。

　　a. 水源规划。MY 乡搬迁地给水水源确定为崩陇河，崩陇河位于 MY 乡搬迁地西南方，为地表水，年枯水量 0.1m³/s，日产水量 8640m³/d，水质经 LC 县疾病预防控制中心检测，除铁、浑浊度和细菌总数不符合生活饮用水卫生标准外，其他各项检测均符合《生活饮用水卫生标准》(GB 5749—2006)。水源出水口标高 1054.00m。

　　b. 用水量计算。本次 MY 乡规划用水主要是村民生活用水，用水规模较小，按 LC 县农村居民综合用水定额确定为 80L/(人·天)。根据《镇规划标准》(GB 50188—2007) 及村庄实际用水情况考虑用水量指标，规划最高日生活用水量标准为 150L/(人·天)。现乡政府驻地人口为 912 人，其中机关单位 16 个，人口 164 人；街道居民 62 户，人口 254 人；MY 乡中心小学在校学生为 494 人。规划综合生活用水总量：136.8m³/d，取 150m³/d。

c. 管网布设及管径的确定。崩陇河水源可完全满足 MY 乡搬迁地规划用水量。规划在 MY 乡搬迁地规划中小学南侧山头上新建一小型给水站，通过规划的 D250 的 UPVC 输水管对给水站引水。给水站配置小型净水设施，对崩陇河水源输水进行净化处理，满足《生活饮用水卫生标准》。给水站出水口 945.00m，位于 MY 乡搬迁地最高点，通过规划给水管对 MY 乡搬迁地进行重力给水。

（4）排水工程规划。

1）规划原则、标准及方法。排水体制，结合 MY 乡发展需要，实行雨污完全分流制。雨污水均采用重力自流排放。布置原则，排水坡度在满足规范的情况下，尽可能接近道路坡度，采用单侧布置，且均布置在人行道下，雨水口 50m 设置 1 个。按照排水坡度的设计原则，本次排水规划根据规划道路竖向坡度进行设计。

沿区内干道、支道两侧布设排水支沟，并外接排水干沟。主排水沟为矩形断面，宽 0.5m，沟深 0.6m；支排水沟为矩形断面，宽 0.3m，沟深 0.5m；排水沟均采取红砖衬砌，沟顶用 12cm 预制混凝土板铺盖。

2）规划内容。

a. 雨水排水规划。雨水总量计算：雨水设计根据周边规划片区积水面积及使用功能进行道路各段雨水灌渠的计算。由于 LC 县没有独立的暴雨强度公式，因此 MY 乡搬迁地暴雨强度根据滇西北地区暴雨计算公式进行计算，暴雨流量公式为

$$Q = \Psi F q \tag{44.1}$$

$$q = \frac{4342 \times (1 + 0.96 \lg P)}{t + 13 \times P^{0.09}}$$

式中：Q 为计算流量；q 为暴雨强度，L/s；t 为降雨历时，min；F 为汇水面积，hm^2；P 为重现期，年，设计重现期为 1 年；Ψ 为径流系数，取 0.6。

流速计算公式： $$Q = vA$$
其中 $$v = (1/n)R^{2/3}I^{1/2} \tag{44.2}$$

式中：v 为设计流速，m/s；A 为流水断面面积，m^2；R 为水力半径，m；I 为水力坡降；n 为糙率。

计算得出，规划区域内雨水设计流量为 0.73m^3/s，设计流速为 1.5～2m^3/s。

雨水管网规划：规划用地紧邻龙江水库，区内雨水排水主要通过在 MY 乡内沿道路布设雨水管渠，收集区内雨水后直接排入龙江水库。雨水管管径为 D150～D600。

b. 污水排水规划。污水总量计算：污水采用总用水量的 80% 排入市政管网进行计算，设计排水坡度大体与雨水一致。MY 乡搬迁地内污水主要为村民生活污水。区内规划用水量约为 150m^3/d，农村污水量按生活用水量 80% 计，则近期规划污水量为 120m^3/d。

污水管网规划：由于规划用地紧邻龙江水库，规划用地内的污水全部由 MY 乡内道路沿线污水支管统一收集，并排入沿章遮路布设的规划污水干管，最终排入 MY 乡搬迁地东部的规划二级小型污水处理厂处理，达到水库排放标准后方可排入龙江水库。

由于污水管径较小，易堵塞，为便于疏通，污水检查井间距宜设置为 20～30m，检查井材料采用石砌。管道坡度基本与道路坡度一致。

（5）电力工程规划。

1）规划原则、标准及方法。结合集镇地形、地貌特点，电力线沿镇内干道和绿化带架空布置，应减少同道路交叉，消除安全隐患。根据集镇的人口规模，每户设计负荷按 3kW，架设 10kV 输电线路至居民点生活区，再由区内架设 220V 和 380V 两种低压配电线路至用户，变压器一般布置在集镇活动中心区。

供电实行一户一表。电力线路架空敷设时，与建筑物及构造物之间的水平净距应大于 2m。

2）规划内容。

a. 变电所规划。区域内现状供电设施主要为 35kVLXZF 变和 35kV 埋桑变，MY 乡政府现所在地承担供电任务的 10kV 线路来自 35kV 埋桑变。近期 35kV 埋桑变将搬迁至 MY 乡搬迁地，规划在 MY 乡搬迁地东部邻章遮路新建（35kV 埋桑变搬迁）变电所，变电容量为 1×2000kVA，35kV 进线 1 回（线路接自陇把—嘎中 35kV 线路），10kV 出线 4 回，其中 10kV 出线 1 回为 MY 乡规划搬迁区域供电。

b. 线路规划。10kV 线路规划路径宜短捷、顺进，导线采用 $LGJ - 35mm^2$；0.4kV 以下线路规划沿道路网络进行架空布设，贯通直接并接入移民户。

（6）环卫设施规划。近期规划在 MY 乡搬迁地设置垃圾转运站一座，收集转运 MY 乡搬迁地居民生活垃圾。规划在集镇内设置水冲式公厕 5 座。

生活垃圾收集点的服务半径不宜超过 150m，生活垃圾收集点可设置垃圾箱。

（7）其他基础设施规划。燃气、环境保护、防洪、抗震防灾、人防等基础设施，本次新村规划均不涉及。

44.5　集镇迁建费用概算

在总体规划的基础上，根据第一期迁建规划的项目和规模，进行了迁建用地与建筑平面布局和竖向规划，并对主要基础设施做出了详细规划，提出了集镇的基础设施工程量和投资。

根据《一期移民实施报告》的审查意见"按照可研审定成果和 2008 年一季度价格水平进行订正"，经计算，新建乡基础设施费为 836.73 万元。该费用作为实施集镇迁建基础设施建设费用。

第45章　专业项目处理

45.1　交通设施恢复与改建

45.1.1　章（章风）～遮（遮放）四级公路

水库淹没涉及章（章风）～遮（遮放）四级公路总里程16km。该公路原路面为泥结碎石，路面宽度6m。2004年，规划章（章风）～遮（遮放）四级公路提高到二级，路面为渣油路面，结合龙江水电站建设，淹没影响段的改建，结合二级路的建设，改在龙江坝址下游跨龙江，并于2007年竣工通车。

根据一期审查意见，对被淹没路段按原标准、原规模或恢复原功能的原则，淹没长度16km，给予补偿70万元/km，补偿投资作为地方政府建设二级公路的资金投入。

45.1.2　西线公路

西线公路为等外公路，是龙江河谷大开发公路工程，也是连接龙江右岸各居民点的重要通道，道路全长54km，公路将被全部淹没。

根据一期审查意见，对该路段按淹没长度54km、21.6万元/km的补偿价格给予一次性补偿，由地方交通规划部门综合安排恢复建设，规划长度约82km。

45.2　输电线路恢复与改建

35kV变电站位于龙江河谷内，该变电站建于2002年，系州政府为落实省政府的扶贫目标而新建的电力配套项目。该项目包括变电站、35kV输电线路、10kV线路。

由于龙江水电站工程的兴建，按50年一遇的洪水标准洪水位高程为873.00m，变电站地面高程为880.00m。水库建成后，变电站四面被水围困，形成孤岛，不仅进出线路受到很大影响，而且变电站本身由于地基被水浸泡，对变电站的安全造成很大威胁，为确保变电站的运行安全，必须迁移改建。

45.3　电信设施恢复与改建

淹没光缆线路全长18.90km，改建长度为24.57km；淹没电缆线路全长4.55km，改建长度为5.92km；明线杆路淹没全长5.12km，不需要改建。

3个通信基站按迁改建处理，改建位置位于乡新址附近。

45.4　库周交通恢复与改建

由于水库淹没影响库周原有居民点和后靠移民点对外交通，需要根据复改建的公路和移民安置总体规划恢复库周交通。

库周交通规划总计等外路12.9km，其中新修10.7km，改造1.4km，原有0.8km，拆除补偿吊桥3座，新建渡口码头2处。

45.5　文物古迹保护规划

45.5.1　淹没影响概况

受业主委托，云南省文物考古单位于 2005 年 6—7 月对工程建设及淹没区域进行了文物评价工作，经实地考古调查勘探，于工程淹没区内发现了文化遗址。根据《中华人民共和国文物保护法》的有关规定，为保证龙江枢纽工程建设的顺利进行，同时又使工程淹没区内的文物得到有效保护，云南省文物考古单位负责实施工程淹没区域的文物保护工作。在接受委托后，实施单位经云南省文物局报请国家文物局，依据《田野考古工作规程》(ISBN 97875010 27193) 所规定的原则和方法开展了相关的抢救性考古发掘保护工作。

45.5.2　地下文物保护措施

考古发掘工作重点针对文化堆积保存相对较完整的遗址进行，该遗址地处龙江左岸二级阶地之上，海拔 860.00～874.00m，分布面积约 33000m²，龙江水电站处正常蓄水位期间，遗址大部分将被淹没。对其余的遗址进行了小规模的局部发掘，以切实把握各文物的性质及其间的联系。

针对地下文物的价值及保存状况等实际情况，规划制定了考古勘探、考古发掘和登记建档等保护措施。

45.5.3　文物考古结论

截流前与龙江水电站枢纽工程相关文物考古发掘保护的外业工作均已全部结束，将不再制约电站工程建设。

45.6　矿产资源处理规划

根据 2004 年 11 月完成的《云南龙江水电站枢纽工程项目压覆矿产评估报告》，拟建工程水库淹没区范围内有硅石矿合法采矿权 1 个，除此之外无已探明的矿产资源分布，故拟建工程建设用地及淹没区没有压覆重要矿产资源。

库区内的硅矿场已于 2007 年 12 月到期，到期后不具备开采价值，地上无建筑物。

第46章 防护工程规划设计

46.1 防护对象基本情况

防护对象位于龙江水库末端龙江右支流汇合口上游的阶地上。现有总人口 285 户 1283 人，并有一大型糖厂，现有耕地 14622 亩，耕地分布高程为 874.00～882.00m，且大部分水田都集中在水库库末的滩地上，居民居住地高程为 883.00～885.00m。

龙江水库计入 10 年泥沙淤积影响后，正常蓄水位 872.00m 方案水库 5 年一遇和 20 年一遇洪水回水末端水位分别为 879.48m、882.98m，将淹没影响耕地 4059.96 亩，淹没影响人口 9 户 38 人。

为更好解决因水库末端泥沙淤积产生淹没等问题，拟对筑堤防护方案与一次性补偿方案进行比较。

46.2 堤防工程设计标准及排涝标准

46.2.1 堤防工程级别

按照《防洪标准》（GB 50201—94）规定，保护农田面积小于 5 万亩，工程等别定为Ⅴ等，主要建筑物级别为 5 级。

46.2.2 防洪标准

按照《堤防工程设计规范》（GB 50286—98）的规定，堤防工程的防洪标准应根据防护区内防洪标准较高的防护对象的防洪标准确定。因为本次设置堤防的防护对象主要为耕地（面积 4059.96 亩），其防洪标准为 5 年一遇，故确定堤防工程设计标准为 5 年一遇。

46.2.3 排涝标准

排涝标准采用 5 年一遇，由于防护区耕地主要为甘蔗下田，根据其抗涝程度、排涝历时确定为 1 天降雨 3 天排出。

46.3 堤防布置方案

水库 $P=20\%$ 回水尖灭点高程为 879.48m，其上游堤防按 5 年一遇洪水尖灭点高程 879.48m 防护，库末堤防共分 3 段，全长 8.104km。

龙江右岸堤防：该段堤防全长段长 3652m（包括支流左岸堤防）。

龙江左岸堤防：该段堤防全长段长 2040m。

支流右岸堤防：该段堤防长 2412m。

46.4 堤防工程设计

（1）堤顶高程。根据《堤防工程设计规范》（GB 50286—98）的规定，堤防高程应按设计洪水位加堤顶超高确定。堤顶超高按下式计算确定

$$Y = R + e + A \tag{46.1}$$

式中：Y 为堤顶超高，m；R 为设计波浪爬高，m；e 为设计风壅增水高度，m；A 为安全加高，m；本工程堤防级别为 5 级，$A = 0.5$m。

风区长度：0.25km，汛期多年平均最大风速 10.82m/s，计算风速为 16.23m/s。经计算，堤顶超高 $Y = 0.9$m，设计洪水位为 879.48m，堤顶高程为 880.50m。

（2）堤防段面设计。各段堤防级别均为 5 级，堤顶宽度确定为 3.5m，为会车需要每隔 500m 设 10m 长的会车道，会车道处堤顶宽度为 5.0m。堤防迎水面和背水面堤坡均为 1：2.5，设 0.3m 厚的干砌石护坡，在堤顶铺设 0.3m 厚的砂砾石路面。在迎水坡堤脚处加大干砌石护坡基础。

（3）堤基处理。龙江及支流堤防表部为第四系的覆盖层，自上而下分别为 0.5～3.4m 厚的低液限黏土，0～4.5m 厚的中、粗砂，2.0～6.0m 厚的混合卵石。根据地质条件，一般堤段基础不用特殊处理，桩号堤右 1+080.00～2+380.00m 段及桩号堤 L1+900.00～2+412.00m 段地基表部没有黏土、粉土铺盖且水头较大，渗透稳定性相对较差，在堤防临河侧堤脚处设置土工膜垂直防渗墙，土工膜嵌入基础 3m、嵌入堤身 3m，并在堤外侧堤脚处做干砌石排水沟，并在干砌石底部设置一道土工膜反滤层。

46.5　工程占地

防护工程占用水田 333.48 亩、其他土地 58.85 亩，生产安置人口 2008 年 173 人，2009 年 176 人，计划在本村小组内调剂划拨耕地进行安置，不需动迁建房。

46.6　方案比较

淹没补偿投资静态总投资为 7499.21 万元，修防护工程方案总投资 2985.66 万元，通过投资比较，选用防护工程是合理的。

在实施阶段，将防护工程包干给地方实施。

第47章 水库库底清理设计

47.1 库底清理范围

为保证枢纽工程及水库运行安全,保护水库环境卫生,控制水传染疾病,防止水质污染,并为水库发电、防洪、供水、旅游等综合开发利用创造有利条件,在水库蓄水前必须进行库底清理。

水库库底清理设计根据《水电工程水库库底清理设计规范》(DL/T 5381—2007)要求进行。

结合龙江水电站水库的运行方式、淹没对象、地表植被、综合利用任务等,确定库底清理为一般清理。

(1)卫生清理范围为居民迁移线以下的水库淹没区。

(2)一般建(构)筑物清理范围为居民迁移线以下的水库淹没区。

(3)大体积建(构)筑物清理范围为居民迁移线以下至死水位 845.00m 以下 3m(842.00m)范围内。

(4)林木清理范围为正常蓄水位 872.00m 以下的水库淹没区。

47.2 库底清理技术要求

47.2.1 卫生清理

卫生清理应遵循以下原则:坚持依法、科学清理;与固体废物清理、建筑物清理统筹安排;明确对象,突出重点,分类处理;坚持清理与处理相结合,防止二次污染。

卫生防疫清理应在卫生防疫部门指导下,在建构筑物拆除前进行,由淹没涉及两县组织专业队伍实施。

(1)一般污染源。

1)化粪池、沼气池、粪池、公共厕所、牲畜栏。

a. 化粪池、沼气池、粪池、公共厕所、牲畜栏中的粪便应彻底清掏至库外,其无法清掏的残留物,应加等量生石灰或按 $1kg/m^2$ 撒布漂白粉混匀消毒后清除。处理后的粪便应符合《粪便无害化卫生标准》(GB 7959—2001)的要求。

b. 化粪池、沼气池、粪池、牲畜栏的坑穴用生石灰或漂白粉(此处和以下使用的漂白粉有效氯含量均以大于 20% 计算)按 $1kg/m^2$ 撒布、浇湿后,用农田土壤或建筑渣土填平、压实。公共厕所地面和坑穴表面用 4% 漂白粉上清液按 $1\sim2kg/m^2$ 喷洒。

2)普通坟墓。

a. 有主坟墓应限期迁出库区,过期无人管理一律按无主坟墓处理。

b. 埋葬 15 年以内的墓穴及周围土应摊晒,或直接用 4% 漂白粉上清液按 $1\sim2kg/m^2$ 或生石灰 $0.5\sim1kg/m^2$ 处理后,回填压实。无主坟墓,要将尸体挖出焚烧。

c. 埋葬超过 15 年的无主坟墓压实处理。

（2）传染性污染源。

1）传染病疫源地。污染地点的污水、污物、垃圾和粪便的无害化处理按照原卫生部《消毒技术规范》（2002 版）执行。

2）医疗卫生机构工作区、兽医站、屠宰场和牲畜交易场所。

a. 厕所、贮粪池的粪便残留物按 10∶1（v/v）加漂白粉进行消毒处理，混合 2h 后清除。

b. 粪坑、贮粪池用漂白粉按 1kg/m² 撒布、浇湿后，用农田土或建筑渣土填平、压实。

c. 地面和地面以上 2m 的墙壁等，应用 4％漂白粉上清液按 0.2～0.3kg/m² 喷洒，消毒时间不少于半小时。

3）医院垃圾处理。医院垃圾可焚烧部分须及时焚烧，其焚烧残留物应集中填埋，集中焚烧的医院垃圾应按照《危险废物焚烧污染控制标准》（GB 18484—2001）执行；不能焚烧部分，消毒后集中填埋，消毒方法参照《消毒技术规范》（2002 版）执行。

4）传染病死亡者墓地和病死畜掩埋地。

a. 在专业人员的指导下，制定实施方案与应急措施，并严格按照实施方案操作。

b. 炭疽墓穴清理和尸体处理的主体工作必须由专业人员进行，辅助人员必须经过专门技术培训；操作人员按卫生防护要求进行操作，使用专门工具，配备防护用品。

c. 墓地开挖及其消毒处理应选在无风晴天的日间进行。

d. 炭疽尸体和墓穴的处理：挖掘前在墓基和即将挖掘的土层应喷洒 20％浓度的漂白粉液使保持湿润；挖掘时每挖出一堆墓穴土，随即铺洒一层干漂白粉（土与漂白粉的比例为 5∶1）；人、畜尸骨不得迁至库外，必须与棺椁同时就地焚烧；在墓穴底部铺 3～5cm 厚的干漂白粉，用水浸透，墓穴侧面喷洒 20％漂白粉上清液；墓穴回填土每 10cm 加漂白粉 3cm 逐层压实；覆土表面及其周围 5m 范围内撒泼 20％漂白粉上清液，至少浸透到地表以下 30cm；手工挖掘工具、防护器具必须全部及时焚烧处理。

e. 因其他传染病死亡而埋葬的牲畜尸体挖出后就地焚烧或焚烧炉焚烧，坑穴用 10％漂白粉上清液按 1～2kg/m² 处理后填平。

（3）灭鼠。

1）灭鼠范围为居民区、集贸市场、仓库、码头、屠宰场和垃圾堆及其周围 100m 的区域和耕作区。

2）居民区、集贸市场、仓库、码头、屠宰场及其周围 100m 的区域应在搬迁后拆除前完成。耕作区在蓄水前 2～3 个月完成。

3）应该使用抗凝血剂灭鼠毒饵，禁止使用强毒急性鼠药。投放敌鼠钠或杀鼠迷饵料量每堆 20g，也可投放溴敌隆或大隆毒饵料量每堆 10g。

4）居民区室内面积小于 15m²，投放毒饵 2 堆，室内面积大于 15m² 时，投放毒饵 3 堆。

5）集贸市场、仓库、码头、屠宰场和垃圾场及其周围 100m 区域每 10m² 投放毒饵 1 堆。

6）在耕作区灭鼠应在田埂上投饵，每亩投放毒饵 10 堆。

7）投放毒饵后 5 天，检查毒饵消耗情况，全被吃光处再加倍投放饵料。同时收集鼠尸并立即进行焚烧或距地面 1m 深埋处理；投饵 15 天后，收集并妥善处理鼠尸和剩余毒饵。

（4）固体废物。

1）固体废物在收集、清除和处理处置中应保护生态环境，防止破坏和污染环境，保障人群健康。

2）固体废物的清理按生活垃圾、工业固体废物、危险废物和废放射源分类清理及处理处置。

3）固体废物的收集、清除、装运、处置过程中，应采取密闭、遮盖、捆扎、喷淋、建密封容器、防渗层等防扬散、防流失、防渗漏及其他防止污染环境的措施。运输过程中不得沿途丢弃、遗撒。

（5）生活垃圾的处理处置。

1）生活垃圾堆放场应根据垃圾堆龄、组成及体积进行无害化处理、资源化处理和就地处理处置。

2）无害化处理一般可采取堆肥法、焚烧法和卫生填埋法等方法。经无害化处理的废物应化学性质稳定、病原体被杀灭，达到国家有关固体废物无害化处理卫生评价标准要求。

3）资源化处理可采取化害为利，变废为宝，回收再生资源等多途径综合利用措施。

4）大型生活垃圾堆场的处理应进行方案比选、专项设计。

47.2.2　建（构）筑物的拆除与清理

（1）建（构）筑物的拆除与清理对象。清理范围内的建（构）筑物和易漂浮物，以及清理范围内大体积建筑物和构筑物残留体（如桥墩、碑坊、线杆、墙体等）。

1）各种类型、结构的房屋，包括城乡居民、单位、工矿企业的各类房屋，按结构分为土木、砖木（含木结构）、砖混、框架及附属房屋五类。

2）各类构筑物，包括大中型桥梁、围墙、独立柱体、砖（瓦、石灰）独窑、砖厂砖窑、各类线杆、人防井巷、闸坝、烟囱、牌坊、水塔、储油罐、水泥窑、冶炼炉等。

3）建（构）筑物拆除物中比重小于水的材料，如木质门窗、木檩椽、木质杆材等，伐倒的树木及其枝丫，田间和农舍旁堆置的柴草、秸秆等易漂浮物。

（2）清理方法。

1）建筑物拆除。

a. 土木、砖木、附属房屋及三层以下砖混结构的房屋采用人工或机械方式拆除。

b. 四层以上砖混结构的房屋采用机械或爆破方式拆除。

c. 框架结构房屋采用爆破与机械结合方式拆除。

d. 建筑物密集区采用爆破方式拆除应考虑对移民迁移线以上房屋及设施的影响，必要时应采用定向爆破方式拆除。

e. 医疗卫生机构、工矿企业贮存有毒有害物质的仓库和屠宰场等建筑物，按卫生清理及危险废物清理技术要求消毒处理后再拆除。

2）构筑物拆除。

a. 围墙分砖（石）墙和土墙两类，采用人工或机械方式推倒。

b. 用于烧砖（瓦、石灰）的独窑采取人工方式破除坍塌。

c. 牌坊和高出地面的水池可采用人工或机械方式推倒。

d. 线杆包括铁塔、水泥杆、木杆等，各类线杆采取人工方式拆除，拆除的线材、铁制品、木杆等应回收运出库外。

e. 低于 5m 的烟囱及水塔可采用人工或机械方式拆除，5m 以上的烟囱及水塔采用爆破方式拆除。

f. 砖厂砖窑、水泥窑、冶炼炉等采用爆破或机械方式拆除，能够利用的材料运出库外。

g. 地面的储油罐、油槽拆除后运出库外，不需拆除的地下的储油罐、油槽经卫生处理后封堵。

3）防漂浮处理。建（构）筑物拆除后的木质门窗、木檩椽、木质杆材等，应及时运出库外或尽量利用，临时库外堆放应加以固定，防止洪水冲入水库。

4）人防、井巷工程。水库水位消落区的水井（坑）、地窖、隧道、人防工程、井巷工程等地下建筑物，应根据库区地质情况和水库水域利用要求，采取填塞、封堵、覆盖或其他处理措施。

（3）技术要求。

1）建筑物、构筑物清理后，残留高度不得超过地面 0.5m，拆除的线材、铁制品、木杆不得残留库区。

2）建筑物、构筑物清理后的易漂浮材料，不得堆放在库区移民迁移线以下，且需有固定措施。

3）田间和农舍旁堆置的柴草、秸秆等，残留量不应大于清理量的 1/1000。

4）对库岸稳定性有利的建筑物基础、挡土墙等可不予拆除，对确实难清理的较大障碍物，应设置蓄水后可见标志，并在地形图上注明其位置与标高。

47.2.3 林木清理

（1）清理对象。林木清理对象为清理范围内各类林木。

（2）清理方法。

1）需清理的各类林木，应尽可能齐地砍伐并清理外运。

2）林木砍伐残余的枝丫、枯木、灌木丛以及柴草等易漂浮物应及时运出库外或采取防漂措施。

3）林木清理过程中，严禁放火烧林。

（3）技术要求。林木经清理后，残留树桩高度不得超过地面 0.3m。

47.3 库底清理组织和验收

龙江水电站水库建、构筑物和卫生防疫清理由库区两县人民政府牵头，组织相关部门成立库底清理临时小组，对其统一管理和实施，并建议以政府名义向各移民村发出通告，使移民家喻户晓。

林地清理由当地人民政府组织实施。加强领导与组织协调，库底清理的验收，由云南省移民办会同当地人民政府组织有关部门按照库底清理的内容和技术要求进行初验，并将初验结果和资料再报送工程验收委员会，经复验合格并批准后，方能下闸蓄水。

47.4　库底清理实物数量

以水库淹没实物为基础，结合库区实物数量增长确定本工程库底各清理对象的实物数量。本工程库底清理对象单一，经计算，本工程主要需清理各类房屋面积 $127658m^2$，林地 15076.27 亩，零星树木 137773 株，医院及兽医站 1 所，粪池 $538.94m^3$ 以及各类专项设施等。

47.4.1　卫生清理的对象与数量

库区内清理粪池 $538.94m^3$，清理医院及兽医站 1 所，坟墓 244 座。

47.4.2　建（构）筑物清理对象与数量

库区内清理房屋 $127658m^2$，清理围（挡）墙 $17479m^3$，清理砖瓦窑 7 座，清理桥梁 14 座。

47.4.3　农作物秸秆清理的对象与数量

库区内清理林地 15076.27 亩，清理园地 598.43 亩，清理零星林木 137773 株，清理耕地 22426.65 亩。

第 48 章　建设征用土地恢复和耕地占补平衡

48.1　征用土地恢复

工程建设征用土地结束后需要复垦恢复占地前的功能。待工程临时用地结束后，清理临时占地范围内的建筑、生活垃圾，再从库区内将耕种土壤运回平铺于地面。旱地、园地清理厚度 0.8m，旱地复垦 6973.68 元/亩，没有水田复垦。

48.2　耕地占补平衡规划

根据水利水电工程用地特点，以下情况新增加的土地可以视同补充耕地。

（1）为安置移民的生产和生活新开发的耕地及按有关规定新开发出的可以调整为耕地的园地；通过土地整理、坡地改梯田新增加的耕地、新增加的可以调整为耕地的园地。

（2）结合工程施工开发复垦整理土地新增加的耕地。计费包括水田、旱田、园地、移民新址征地，并扣除 25°以上坡耕地 1786.64 亩和移民安置生产发展规划中新开垦种植茶叶和咖啡 5400.00 亩。需缴纳耕地开垦费的耕地数量为水田 6786.67 亩、旱地 2366.70 亩。

第49章 建设征地及移民安置补偿

49.1 补偿概算编制的原则和依据

49.1.1 补偿执行概算编制的依据

(1) 国务院《大中型水利水电工程征地补偿和移民安置条例》。

(2)《中华人民共和国土地管理法实施条例》。

(3)《省土地管理实施办法》。

(4)《水电工程建设征地移民安置规划设计规范》(DL/T 5064—2007)。

(5)《水电工程建设征地移民安置补偿费用概(估)算编制规范》(DL/T 5382—2007)。

(6) 各专业部门的有关规程规范。

(7) 2007 年复核调查的水库淹没实物指标。

(8) 审定的《可研报告》。

(9) 审定的《一期移民安置设计报告》。

(10) 移民安置实施规划及专项设施复建规划成果。

(11) 省人民政府《关于贯彻落实国务院大中型水利水电工程建设征地补偿和移民安置条例的实施意见》(云政发〔2008〕24 号)。

49.1.2 补偿执行概算编制的原则

(1) 价格水平年按一期移民和二期移民分期制定。一期移民的房屋及附属物单价采用 2008 年第一季度的物价,二期移民的房屋及附属物单价采用 2008 年第三季度的物价,土地补偿标准按可研成果编制。

(2) 以复核调查的水库淹没实物指标和工程建设区的征占用实物指标为依据,按照国家的有关政策和规程规范,参照云南省人民政府颁布的有关规定,结合库区的实际情况,和可研阶段审定的补偿标准。

(3) 水库移民安置和专业项目的复(改)建所需的投资,按照原规模、原标准、恢复原功能迁移或复建所需的投资,按实际情况和设计成果列入水库淹没处理补偿投资。凡结合迁移、改建需要提高标准或扩大规模增加的投资,由地方人民政府或有关单位自行解决。

(4) 有关部门利用水库水域发展兴利事业所需的投资,按照"谁受益、谁投资"的原则,由兴办这些事业的部门承担。

(5) 水库库底清理的投资列入水库淹没处理补偿执行概算内。

49.2 库区征地移民安置补偿

经计算,水库淹没区建设征地移民安置补偿费用的静态总投资为 62918.69 万元。

建设征地移民安置补偿费用执行概算静态总投资汇总详见表 49.1。

表 49.1　　龙江水电站枢纽工程建设征地移民安置补偿费用执行概算总表　　单位：万元

序号	项目	金额	序号	项目	金额
一	农村移民安置补偿费	35487.37	七	库底清理费	226.54
二	集镇迁建补偿费	1958.01	八	环境保护工程	98.00
三	专项工程复建补偿费	4306.81	九	独立费用	3508.79
四	矿产开采及补偿费	0	十	有关税费	12110.40
五	文物古迹保护费	10.00	十一	基本预备费	2243.25
六	防护工程建设费	2969.51	十二	静态总投资	62918.69

49.3　枢纽工程征地移民安置补偿

49.3.1　永久征收土地

工程永久征收土地设计水平年取实物复核调查年份为 2008 年。工程永久征地面积 920.7 亩，静态投资为 1086.16 万元。

49.3.2　临时征用土地

工程临时占地占一年补一年产值，占用 4 年补偿 4 年，水库淹没各类土地补偿费高于 4 倍的按 4 倍补偿，低于 4 倍的按其倍数补偿，不计算安置补助费，两年续办一次手续，不做移民安置规划。其中青苗补偿费按一年产值补偿。

临时占地耕地复垦费为旱地、园地按 6973.68 元/亩，恢复占用前的功能，不计算耕地占用税。工程临时占地面积 391.08 亩，静态投资 654.67 万元。

第50章 经 验 总 结

50.1 实物复核有利于征地移民实施

2006年11月28日龙江工程开工建设，从2007年4月开始建设征地移民实物进行复核，对上阶段有异议的实物有关方面调查代表进行现场核实，最终签字确认。利用确认的实物指标，根据审查的单价，计算出各户移民的补偿费，建立补偿档案，在补偿资金兑付过程中，98％以上的移民户无异议，对于2％有异议的，经过有关方到现场查看，在查阅原始资料及影像资料的基础上给予合理的解释、解决。

50.2 协调好综合设计与专项设计工作

移民综合设计很烦琐，涉及的单项工程比较多，主要有移民安置点的规划设计、集镇规划设计、专业项目规划设计等，单项设计工作由地方委托其他设计部门。因此，综合设计单位作为技术归口单位，设计时间进度受到其他设计单位的影响。对此综合设计单位向业主和地方相关部门多次提出按照计划提供相应项目设计报告。但由于种种原因，单项设计报告仍没有按时提供，对移民工作进度产生一定影响。

移民综合设计相对独立，设计按国家的标准规范进行。设计的原则和目的是本着对业主对移民负责的态度进行的，不应受到其他干涉，保证设计的独立自主性。

50.3 移民实施单位应全力配合综合设计

龙江水电站土地分户调查过程中，大批移民砍树，将林地变成耕地，旱地改为水田等现象非常严重，据统计，新增6523亩耕地。这本来是可以避免的，在土地分户调查中，调查人员多次向业主和有关部门反映问题，要求制止，但是问题并没有得到解决，群众的乱砍滥伐行为越来越激进，问题也越来越严重。综合设计单位只能按照地方政府及项目业主的意见进行分户调查，由此造成4000万元的补偿费无出处，最后从发电税费中支付。由此可见，相关部门应全力配合综合设计单位，加强组织协调力度，做好移民思想工作是完成移民征地搬迁工作的必要条件。

50.4 处理好临时过渡问题与保证移民安置的稳定性

龙江工程一期移民的临时过渡对龙江移民工作提出很大挑战，问题处理得是否妥善直接影响到移民的情绪、社会的稳定。在业主的大力支持和积极推动配合下，地方政府、移民实施单位、移民综合设计单位及移民监理单位形成一个强有力的移民工作整体，深入到移民中，对移民过渡生活问题给予一一解决，使龙江一期移民顺利过渡搬迁，学生得到很好分流安置，移民的生产生活也得到很好安排。可以看出，强有力的组织是临时过渡成功的关键因素。

50.5　安置点设计应尽量满足移民要求

地方政府从移民的长远考虑，提高了设计标准，移民在工程建设中切实得到了实惠，提高了移民配合的积极性，使移民搬迁顺利进行，是值得肯定的明智之举，但高标准设计导致投资增加，难以纳入设计概算中，由地方财政承担。

第9篇　水土保持设计及环境保护设计

第51章 水土保持设计

51.1 水土流失防治责任范围

水土流失防治责任范围指工程对因生产建设行为可能造成的水土流失而采取有效措施进行预防和治理的范围，包括工程各组成部分直接占压、开挖、回填、管理及工程建设影响的区域。

水土流失防治责任范围应在现场踏勘与调查的基础上，以工程施工总布置、施工组织设计、工程占地为基础，结合查阅设计资料、图纸量算等，确定工程的水土流失防治责任范围。

51.2 工程建设产生的水土流失影响

龙江水电站的建设将扰动地表面积 188.57hm²，主要为耕地、林地、水域及其他用地，损坏水土保持设施面积 102.92hm²，电站处于峡谷地带，山高坡陡，电站的施工建设使施工征地范围内原地貌均受到不同程度开挖、碾压、占压等形式破坏和影响，损坏了一定量的水土保持设施，使其原有的保水、保土功能降低或消失。

龙江水电枢纽工程土石方开挖总量 476.72 万 m³（自然方，以下同），利用土石方量 107.01 万 m³，弃渣总量 369.71 万 m³。永久弃渣压占了原地表，降低了局域水土保持功能，形成的渣体存在安全稳定、加大水土流失程度、危害周围环境安全以及破坏区域生态环境协调性等问题。

因工程的建设，大量地破坏原地表、挖料和弃渣等，使新增水土流失增加，降低了土地生产力，破坏了土地资源，也使水资源大量流失。

此外，因大量水土流失，易对区域生态环境、河道水质、电站本身等造成不同程度危害和影响。

51.3 水土保持措施设计

龙江水电站防治分区分为主体工程区、弃渣场区、料场区、交通设施区、施工生产生活区、永久办公生活区、移民安置区，对各防治分区因地制宜、合理有效地采取防护措施，防治水土流失。

根据各区后期覆土绿化需土料质量和数量要求，对各防治区原地表进行表土剥离，林草地剥离厚 30cm，耕地剥离厚 50cm，将剥离的表土临时堆置在各防治区征地范围内，并采取临时防护措施，堆体坡脚设置编织袋挡墙，挡墙高 1.0m，顶宽 0.5m，边坡为 1∶0.5；堆体坡面散播草籽防护。

51.3.1 主体工程区

51.3.1.1 防护范围

本区防护范围主要包括坝头及上下游开挖边坡、大坝下游扰动地表、开挖平台及边坡等坝区和厂区两个区域。

51.3.1.2　防护措施

主体工程区的水土流失防治以各枢纽组成为基本单元，主要设计内容有表土剥离、临时防护、截排水、坡面防护和其他裸露地表绿化等。

（1）坝区。大坝的坝头、上下游开挖边坡等区域，弱风化岩坡坡比为 1：0.3～1：0.6，主体工程采用喷混凝土的防护措施，有效防止了坡面水土流失，避免了滚石、滑坡等灾害发生；强风化和清覆盖层边坡坡比为 1：1.2～1：1.5，水土保持采取工程和植物相结合的防治措施。

1）坡面排水措施。为防止坡洪下泄冲刷渣场，在左岸缆机浇筑平台开挖边坡顶部上方设有浆砌石截水沟，在平台内侧靠开挖边坡坡脚及填筑边坡坡脚设置浆砌石排水沟，截、排水沟底宽 1.0m，深 0.5m，两侧边坡 1：1.5。

消能塘右岸混凝土挡墙后设浆砌石排水沟，排水沟底宽 1.0m，高 1.0m，两侧边坡 1：1.5。

2）覆土绿化措施。在右岸坝头及下游坡面、左岸下游防治区域剥离表土并临时堆存防护，施工结束后区域内的新生地表采取灌草结合的植物措施进行防护，先覆表层土，然后在新生地表上栽植灌木炮火绳，株行距 2m×2m；均匀撒播狗牙根种子，用量 8g/m²。右岸 827.00m 高程混凝土挡墙后的坡面采用灌草措施进行防护，方式、用量同上。

左岸 890.00m 高程浇筑平台的开挖土质边坡及填筑边坡坡面采用喷播植草绿色防护措施。

消能塘下游水位以上左岸边坡采用灌草措施进行防护，灌木选择炮火绳，株行距 2.0m×2.0m；狗牙根种子均匀撒播，用量 8g/m²。

3）拦挡措施。消能塘右岸 823.00m 高程处设混凝土挡墙；左岸 890.00m 高程布置缆机浇筑平台，在平台开挖边坡处设浆砌石挡墙。挡墙高 3m，顶宽 0.5m，墙面垂直墙背坡 1：0.5，挡墙后回填石渣。

（2）厂区。

1）排水措施。主体工程在厂区周围设置矩形浆砌石排水沟，将厂区及周围边坡来水排入河道，排水沟底宽 1.0m，深 1.0m。

2）覆土绿化措施。厂房后山坡、右侧高边坡、左侧消防通道等部位裸露的边坡，在施工前进行表土剥离并临时堆存防护，主体施工结束后在坡面回填表土，栽植灌木炮火绳，株行距 2m×2m；均匀撒播狗牙根种子，用量 8g/m²。

51.3.2　弃渣场区

51.3.2.1　弃渣场布置

根据土石方平衡成果，工程弃渣总量 467.53 万 m³（松方，以下同）。根据工程区地形条件，工程布置了 3 个弃渣场和 1 个暂存场，其中 1 号和 3 号弃渣场布置在死水位以下，在水库蓄水后将被淹没。

弃渣主要为土石混合松散料，弃渣过程中采用分层堆置的方式，堆置高度较大时，需分阶梯堆置，每 10～15m 高差设一道马道，马道宽 2.0m。

51.3.2.2　防护范围

弃渣场和暂存场的防护范围包括渣体的坡脚、坡面及顶面等区域。

51.3.2.3 防护措施

弃渣场的水土流失防治以各弃渣场为基本单元，主要设计内容有表土剥离和临时防护、土地整治、截排水、坡脚拦挡、坡面防护、表面绿化等。

(1) 弃渣场。为防止水土流失，根据渣场地形、地貌、地质等特性，对弃渣场进行综合防治，形成以护脚拦渣及护坡工程为主体，排水工程、绿化工程相配套的水土流失防治体系，其中1号和3号弃渣场仅采取蓄水前排水、坡脚挡渣墙、护坡等临时防护措施。

1) 表土剥离和临时防护。对2号弃渣场在弃渣前进行表土剥离并临时堆存在征地范围内，采取坡脚挡墙和坡面种草绿化的防护措施防治表土流失。

2) 排水措施。为防治坡洪下泄冲刷渣场，在渣场顶部上方设有浆砌石截水沟，沟底宽1.0m，高1.0m，两侧边坡1：1.5。

3) 坡脚挡渣墙。在弃渣场坡脚外缘砌筑高2.0m的挡渣墙，以确保渣料不流失。挡渣墙采用浆砌石结构，顶宽0.8m，底宽2.2m，高2.0m。

4) 护坡措施。对1号和3号弃渣场斜坡面采用干砌石护坡。

5) 植物措施。为了减少水土流失，2号弃渣场在弃渣结束后，恢复渣场区植被，改善施工区景观。

弃渣结束后，将开挖覆盖层覆盖在渣场顶面，并进行碾压，形成0.15m厚的防渗层，然后覆表土，在新生地表上采用炮火绳和狗牙根灌草混交植物防护措施。炮火绳选用1年营养袋苗，株行距2.0m×2.0m；均匀撒播狗牙根种子，用量$8g/m^2$，防止水土流失。

(2) 暂存场。暂存场主要堆存导流洞开挖石方利用料，堆存总量为8.58万m^3（松方），该利用料主要用于上、下游围堰石方回填工程。

暂存场堆料全部为石料，堆料坡度为1：1.5，施工期间为避免石料滚落、滑失，在坡脚四周视不同情况修筑干砌石拦渣墙。

51.3.3 料场区

51.3.3.1 料场布置

根据用料平衡计算成果分析，工程采用天然骨料与人工骨料混合使用方案，布置1个砂砾石料场，天然砂砾料开采量由砂的需要量控制，其他用料外购。

51.3.3.2 防护范围

本防治区主要防护范围为砂砾石料场开采区域，但用料为水下开采，故除无用层临时防护外不再采取其他水土保持防治措施。

51.3.3.3 防护措施

料场主要设计内容为无用层临时堆存与防护等。

先剥离表层覆盖层，在砂砾石料场征地范围内就近暂存。堆存时将砾石或含碎石较多的覆盖层堆置在底部和中间，将表层土或含土较多的覆盖层堆置在堆体表面，上面撒播狗牙根种子，用量$8g/m^2$，待工程完建后用于筛分系统场地回填。

同时要求，料场开采应由浅入深，分片开采；汛期停止采挖，以减少水土流失。

51.3.4 交通设施区

51.3.4.1 交通道路布置

工程的场内交通运输主要包括土石方开挖出渣、混凝土骨料和混凝土运输以及各施工工厂及生活区人员、物资运输。

场内新建永久公路 4.31km，标准为三级路，路面为沥青和混凝土路面，路面宽为 7.5m。

新建临时公路 22.5km，干道标准为三级，长约 11.0km；支线道路标准为四级，长约 6.1km。路面均为泥结碎石路面，路面宽 7.0m。

另有 5.4km 为施工辅助道路，如基坑道路，至炸药库、筛分系统等辅助设施道路等。

工程永久上坝及进场公路布置在大坝下游左岸，与对外交通公路相连接。永久公路路基防洪标准为 25 年重现期洪水，施工临时道路干线路基防洪标准为大汛 10 年重现期洪水位以上。

51.3.4.2　防护范围

本区防护范围主要为场内永久公路和临时工路的路肩、路堑及临时公路后期地表需恢复植被区域，以道路建设施工两侧为重点防治区域。

51.3.4.3　防护措施

交通道路的水土流失防治以每条道路为基本单元，主要设计内容有表土剥离和临时防护、土地整治、边坡和临时路面使用绿化等。

（1）永久公路。扩建公路只考虑利用原有路基，重新修筑路面；原有公路两侧植被发育，可不采取措施。

新建永久公路路堤边坡采用喷播植草绿色防护工程。路堑岩石边坡采用坡脚穴状种植一行三叶地锦，株距 1m；路堑土质边坡采用喷播植草绿色防护工程。

（2）临时公路。施工前先剥离占地范围内的表土并临时堆存在征地范围内，采取坡脚挡护和堆体表面种草防护措施。

临时公路施工及使用期间路堤和路堑边坡进行喷播植草绿色防护。

工程完建后经土地整治恢复地表植被，在新生地表上种植炮火绳，株行距 2.0m×2.0m。

51.3.5　施工生产生活区

51.3.5.1　施工场地布置

根据实际需要，工程在左岸布置两个施工场地。

（1）临建区。本区主要布置在坝下游 5km 的左岸，地形比较开阔平坦，适合布置施工企业各厂、施工机械设备物资仓库、办公及临时生产房屋、油库等临建设施；筛分系统靠近砂砾石料场布置，使开采、加工两道工序联成一线；破碎系统布置在临建区附近的对外交通公路边，距坝址 6km，高程在 820.00～830.00m 左右，就近加工。

（2）大坝施工区。大坝施工区主要布置缆机、混凝土拌和系统、供水系统、炸药库等。缆机供料平台位于左岸 890.00m 高程，与大坝混凝土拌和系统出料高程一致。由于厂房建基高程和大坝混凝土拌和系统地面高程相差较大，运距较远，而且缆机浇筑范围覆盖不到厂房，故厂房混凝土浇筑另设拌和系统，高程 810.00m 左右，位置在坝下游 1.0km 处的左岸。炸药库布置在坝下公路桥下游右岸约 500m 处。

51.3.5.2　防护范围

施工生产生活区防护范围主要为两个施工区的扰动区域，包括各种建筑、场地占地及扰动区域。

51.3.5.3　防护措施

施工生产生活区水土流失防治以临建设施为基本单元，主要设计内容有表土剥离和临时防护、土地整治、裸露地表绿化及临时堆土防护等。

在施工区施工建设前，先将占地范围内的表土进行集中剥离并堆存在征地范围内的适宜区域，堆存边坡为 1∶2，在堆体表面撒播狗牙根种子，用量 $8g/m^2$。

工程完建后将临建设施拆除，进行场地平整，将表土回填并全面整地，以保证其原土地使用功能。场地平整时，削凸填凹，在新生地表上采用炮火绳和狗牙根灌草混交的植物防护措施。炮火绳为 1 年生小苗，株行距 2.0m×2.0m。均匀撒播狗牙根种子，用量 $8g/m^2$，防止水土流失。

51.3.6　永久办公生活区

51.3.6.1　永久办公生活区布置

永久办公生活区布置在电站下游约 5km 处的龙江左岸滩地上，地势平坦，原地表主要为草地，交通顺畅。由现场办公楼、职工住宅楼和门卫三部分组成，区内配有房屋、道路和绿化美化等设施和区域。

51.3.6.2　防护范围

永久办公生活区防护范围主要为区域周边的征地范围及区内裸露地表。

51.3.6.3　防护措施

永久办公生活区的水土流失防治主要设计内容有土地整治、道路和永久办公生活区周边及绿化场地绿化美化等。

对裸露地表进行全面整治，区内沿道路两侧种植乔灌木、花草；在现场办公楼前的小型喷泉广场前布置两个半圆形花草池；绿化区域主要栽植灌木和种草，间或点缀几株乔木和花卉，高低错落，色彩生动；在永久办公生活区周边征地范围内栽植乔木防护林。

乔木选择云南松，株高 2.5m 以上，株行距为 3.0m×2.0m；灌木选择三角梅，地径 3cm 以上，株行距为 1.5m×1.5m；草种选择地毯草，草种用量 $10g/m^2$。

51.3.7　移民安置区

51.3.7.1　移民安置区布置情况

(1) 移民安置。龙江水电站移民安置有集中后靠、外迁、投亲靠友等多种方式，新建集中安置点的防护属于水土流失防治范畴，外迁和投亲靠友移民场所水土流失防治要与地方建设相协调，本工程不予考虑。

村庄迁建新址占用的主要土地类型为旱地，村庄建设主要以十字主街为中心骨架，支街采用方格式布置，主道红线宽度 6.5m，支道红线宽度 5m，路面为砂石路面；居住建筑用地选用向阳坡，布置在污染源上游、并避开风口和窝风地段；商店、医务室、村委会和文化娱乐等公用设施居中布置；学校在就读半径适宜的前提下，避开喧闹地带，靠村侧布置。

因移民新址地形坡度较大，场地平整在保证建筑物、道路、供排水等合理布局的情况下进行挖方和填方的合理调配，并对阶差较高的岸坡进行浆砌石护砌。

(2) 专项设施改建区。龙江水电站工程因水库淹没影响需对受影响的公路、电信和输电线路进行改建。

1）交通道路。水库淹没影响章（风）～遮（放）四级公路 16km，需改线新建 22km；淹没影响库区右岸等外公路 54km，需改线新建 82km。

淹没影响村屯等库周交通，规划新建和改造等外路 12.9km。

2）电信线路。工程淹没影响光缆线路长 18.9km，改建线路长 24.57km；淹没影响电缆线路长 4.55km，改建线路由长 5.92km。

3）输电线路。工程淹没影响 35kV 跨江线路，改由原弄巴—嘎中线引 35kV 线至新建站址所在地，线路长度 8km。

51.3.7.2 防护范围

本区防护范围主要为新建移民安置点及专项设施改建线路等的扰动区域，包括移民安置点周边、道路、绿化场地等区域以及淹没改线道路的开挖边坡、路肩等区域。因电信光缆和输电线路均为地上工程，开挖扰动仅为桩基挖填，面积较小，水土保持要求各施工方在回填后将原地表草皮回铺或撒播草籽，不再采取其他防护措施。

51.3.7.3 防护措施

（1）移民集中安置点。移民集中安置点水土流失防治以新建居民点为基本单元，主要设计内容有土地整治、村屯街巷道和村周边及绿化场地绿化美化等。

对需采取防护措施的区域先进行土地整治，削凸填凹、清理地表杂石土块后采取植物措施。

在安置点周边及街巷道栽植灌木炮火绳，在绿化场地布置乔灌草措施，选择云南松、三角梅、地毯草等树草种，乔木株行距为 3.0m×2.0m，灌木株行距为 2.0m×2.0m，草种用量为 10g/m²。

（2）淹没改线公路。淹没改线公路的水土流失治理工程以改建公路为基本单元，主要水土保持工程内容有沟槽开挖、边坡覆土、撒播灌草籽、路肩植树等。

在路肩栽植西南桦；土质填方边坡和缓于 1：2 的土质挖方边坡撒播紫花苜蓿和狗牙根种子，陡于 1：2 的挖方边坡采取框格梁结合种植紫花苜蓿和狗牙根种子的措施；在临山侧的路肩外，布置一条排水沟，排泄上游侧来水，防止对公路造成冲刷；路堑边沟外侧适宜区域栽植三角梅等灌木，株行距为 1.5m×1.5m。

51.4 设计的经验和思考

随着生态文明的建设与发展，对水土保持的重视度越来越高。水利水电等工程后期的生态建设中，表土的保护与利用、合理的植物措施配置尤为重要。

（1）表土保护。水利水电工程类项目可利用的表土主要集中在河滩地、坡脚等部位的占地范围内，此类工程对地表扰动面积较大，破坏表层土严重，需做好表层土保护。可利用表层土通常包括水库淹没区、永久办公生活区、施工生产生活区、交通道路区、弃渣场、暂存场、料场和新建移民安置点、专项设施改建等区域。

在实际施工过程中，本工程存在一定区域的混料情况，施工时将剥离的表土与渣料混合堆放，甚至有的将表土随弃渣同时堆弃在弃渣场废弃处理，未能有效地保护表土资源，尤其对于水利水电工程，工程占地面积、扰动地表较大，破坏表土资源严重，如不能对表土加以保护和利用，势必会对地表植被恢复产生影响，进而影响区域生态环境的稳定性。

对表土资源充分保护和利用应引起各参建方足够重视。

（2）边坡生态性的设计理念。以往水土保持侧重于"治"，以达到较好的治理效果为目的，忽视生态环境修复和可持续发展的理念。比如，枢纽开挖边坡一味地采用混凝土护坡等，这样防护，能有效地起到防治水土流失的效果，但失去了局部的生态系统的景观性和协调性，在施工图设计和实际施工中，可在具备绿化条件的枢纽开挖边坡采取植物措施或综合防治措施等。

对于类似区域水土流失防治，应优先考虑植物措施以及工程和植物相结合的复合生态措施，避免局部石料、混凝土裸露，破坏流域生态的整体性、协调性和可持续性。

第52章 环境保护设计

52.1 环境保护范围和对象

环境保护范围主要包括受工程建设及运行影响的水环境、大气环境、声环境、生态环境、土壤环境以及施工和移民过程中的相关人员保护等。

环境保护对象主要指保护范围内的受影响对象，主要为水环境、大气环境、声环境、生态系统的敏感区和敏感对象等。

环境敏感区泛指需要特殊注意影响和保护的区域，建设项目环境影响评价分类管理所称的环境敏感区是指依法设立的各级各类自然、文化保护地以及对建设项目的某类污染因子或者生态影响因子特别敏感的区域，主要包括需特殊保护地区、生态敏感与脆弱区和社会关注区。需特殊保护地区指国家法律、法规、行政规章及规划确定或经县级以上人民政府批准的需要特殊保护的地区，主要包括饮用水水源保护区、自然保护区、风景名胜区、生态功能保护区、基本农田保护区、水土流失重点防治区、森林公园、地质公园、世界遗产地、国家重点文物保护单位、历史文化保护地等；生态敏感与脆弱区主要包括沙尘暴源区、荒漠中的绿洲、严重缺水地区、珍稀动植物栖息地或特殊生态系统、天然林、热带雨林、红树林、珊瑚礁、鱼虾产卵场、重要湿地和天然渔场等；社会关注区主要包括人口密集区、文教区、党政机关集中的办公地点、疗养地、医院等，以及具有历史、文化、科学、民族意义的保护地等。

52.2 工程建设对环境的影响

52.2.1 对局地气候的影响

电站建成后，库区水位壅高，水流变缓，水深变大，下垫面性质发生改变，使大部分陆地变为水域，导致库区周围的局地气候发生一定变化。

（1）气温。由于水库的面积和水量骤增，水体热容量变大，对当地气温可起到调节作用。在周围气温高于水体表层水温的暖季或晴朗的白天，大量热能被储存于水体之中而使周围气温上升缓慢，水库起到"冷源"作用；在水体表层水温高于周围气温的季节或夜间，水体又不断地将热能释放给周围大气，起"热源"作用。受此影响，库区周围气温发生一定程度变化，日较差和年较差变小，气温变化缓和，年平均气温有所升高。

（2）降水、蒸发、相对湿度。建库后，气温、水温和水体蒸发等使库区及周围一定范围区域的降水分布和时间发生改变。在降水集中的夏季白天水面温度低于原下垫面（陆地）温度，气流由水域流向周围陆地，上方空气下沉补充，大气对流减弱，不利于形成降水，库区的降水将有所减少；在库区常年盛行风的下风向一定范围内，由于水分条件较建库前充沛，在地形等条件作用下，降水会有所增加。在温度较低的冬季，水库水体温度相对较高，周围区域气流流向库区水面，大气对流增强，利于降水，库区降水有所增加。

建库后原陆地变为水面，水气来源充足，平滑的水面代替了凸凹不平的陆地，风速加大，蒸发量大于建库前，使空气中水汽含量增多，从而导致相对湿度增大。

（3）其他。积温和无霜期变化相似。春季，各农业界限积温初始日期和终霜期都将后延；秋季，各农业界限温度终止日期和初霜期也将后延。

综上所述，由于下垫面性质的改变，各气象要素都将随之而发生变化。但由于电站水库水域面积有限，对局地气候的影响也有限。

52.2.2　对水环境的影响

（1）施工期对水环境的影响。工程建设在施工期对水环境的影响主要为施工期间产生的生产废水和生活污水对水体的影响。

1）水下取砂、围堰施工、筛分废水等对水质的影响。施工期，河滩地挖砂取石、围堰截流向水中投入大量的砂石料、筛分系统产生废水等，容易搅浑河水、混合废水，使水体浊度升高，造成河水中悬浮物含量增加。

2）混凝土的拌和、养护废水对水质的影响。混凝土拌和的冲洗及养护的废水中，悬浮物含量增加和 pH 值升高，流入水体会污染水体。

3）汽车、施工机械维修站对水质的影响。施工区设有汽车和机械维修站，在车辆维修和保养过程中产生含油废水，如果处理不当，随雨水径流将对河水造成油类污染。

4）临时生活区对水质的影响。生活区的生活污水主要是施工人群生活过程中各种厨房用水、洗涤用水和卫生间用水等产生的废水，不经处理排入河道后，将对水质产生影响，使水体的 BOD_5、COD、悬浮物以及氨氮等浓度大幅升高，排放后破坏局地水体平衡，造成水体污染。

（2）运行期对水环境的影响。

1）发电泄流对水质的影响。电站发电泄流对下游河道产生冲刷，使河底泥沙浮起和河水暂时混浊，悬浮物浓度增加。

2）机组检修等对水质的影响。机组检修等将产生一定量的含油废水，废水随水渗流和排出，将污染地下水或地表水的水质。

3）永久生活区对水质的影响。永久生活区的生活污水若不经处理排放将对水体的水质产生一定的影响。

52.2.3　对生态环境的影响

（1）对陆生生态的影响。工程影响区域在水库蓄水后，沼泽化、潜育化仅在少数低洼地发生，对陆生植物整体性不会产生大的影响，植物区系组成和植被类型不会发生大的变化，仅植物数量有所减少，植被覆盖率有所降低，但总体上对该区的陆生植被影响不大。

电站在建设过程中，一些植被的破坏和其他人类活动使区域内的动物群落受到一定影响。电站建设过程中，影响区范围内的动物因栖息地和生存环境改变而发生迁移，使动物的数量整体呈减少趋势；电站建成后，随着生境逐步稳定，库周林缘地带及居民点附近的动物数量有所上升。动物群落数量的下降和上升变化幅度较小，不会导致区域生态失衡。水域面积的扩大，同时也为陆生脊椎动物的物种多样性、均匀性创造了条件，有利于增强区域的生态平衡。

（2）对水生生态的影响。水库建成后，水面扩大，水库富营养化呈现，浮游生物量增加。电站运行的放水一定程度上破坏下游水生生物的生存环境，因水温较低、局地气候变化等，致使坝下一定范围内的水生生物种类减少，数量降低。流域内鱼类种类较多，但基本未发现有重要经济价值的种类；原有的云南省珍稀保护鱼类云纹鳗鲡也因下游缅甸境内先期建成的斑达水电站的建设而阻断了其洄游通道而使种类消失，龙江水电站的建设不对云纹鳗鲡种类的消亡起绝对作用；龙江水电站建成后，适应新的水文情势变化的水生生物将迅速繁衍，鱼类也将向新的适应于稳水状态下生存的种群演替；总体来说，工程建设对鱼类影响较小。

52.2.4　对大气环境、声环境的影响

（1）对大气环境的影响。工程的施工作业区域没有工业企业，距村庄也较远，且地处山区、河旁，地域空旷，没有其他环境空气污染源；水利水电工程属清洁能源工程，正常远行期间不存在对环境空气质量的影响问题，对居民及周围环境影响小。但施工作业点及运输线路沿线的施工和运输，使尘土飞扬，危害操作人员的健康，污染大气环境。

（2）对声环境的影响。电站选址在深山峡谷，远离村屯，没有人为噪声污染源，电站运行期水轮机组与发电机组均封闭在厂房内，并通过消音防噪设施减噪；厂房外无噪声源。在施工期间，工程的噪声主要来自施工区的用料开采与加工、厂洞的开挖和爆破以及车辆运输等，施工噪声源较分散，且大多数噪声源距居民点等敏感区域较远，仅有部分交通道路穿过村屯对村民有影响，工区车辆运行距临时生活区较近时和各施工区的机械设备运行对施工人员均有影响，其余对周围声环境影响不大。

52.2.5　对人群健康的影响

水库蓄水后，水域面积增加，库周居民与库区水体接触机会增多，一些介水传染病的发病率增加。另外，由于浅水区域增加，杂草、藻类衍生，适于蚊虫繁殖，加之水库淹没使鼠类的营居地上移，虫媒病的发病率有所上升。

在施工期，大量施工人员集中生活在施工营地中，使饮食和环境卫生变得复杂，增加了痢疾、肝炎等疾病流行的可能性。

52.2.6　对移民环境的影响

（1）移民迁出区的环境影响。移民迁出后产生的残垣断壁、弃渣、厕所及圈舍等，一部分属于淹没范围，一部分留在库岸，其将产生污染水体、破坏库岸的生态环境和景观等影响。

（2）移民迁入区的环境影响。移民迁入区的建设产生占用土地资源、新增水土流失、破坏植被等影响，此部分影响程度较小，但新建的移民迁入区，成为新的环境敏感点，其日常生活垃圾及生活污水排放等将成为新的环境污染源，需通过适宜的防治措施严加控制，避免对水体和周围环境带来新的影响和危害。

（3）专业项目复改建的环境影响。专业项目复改建主要包括交通道路、输电和通信线路等，施工中会破坏植被，造成扬尘和噪声污染，但工程量较小，其对环境的影响轻微。

52.3　环境保护措施设计

依据《云南龙江水电站枢纽工程环境影响报告》和主体工程设计成果，并结合工程现场施工的实际情况，进行相应的环境保护设计，主要包括水环境保护、声环境保护、大气

环境保护、固体废弃物处理、生态环境保护、人群健康保护的设计。

52.3.1　水环境保护设计

52.3.1.1　生活污水处理

（1）施工作业区（含各施工工厂）施工期生活污水处理。

1）污染源分析。施工期，在各施工区均布置有临时办公和宿营地，每天产生大量生活污水，主要污染因子为 COD_{Cr}、SS、NH_3 - N、BOD_5、粪大肠菌群、动植物油类等。

2）处理工艺。为防止施工作业区的施工人员随地大小便随雨水径流汇入龙江污染水体，在电站的施工工厂区、临时生活福利区、骨料加工场、砂石骨料筛分与混凝土拌和等施工人员作业点、休息地点建防渗公厕。

厕所为砖混结构，水泥勾缝，顶盖为石棉瓦，蹲位之间用高度为 1.2m、厚为 100mm 的混凝土板隔断；地下部分的积液坑，用防渗材料做好防渗处理，坑深 2.0m，底宽 2.0m；墙基和蹲位现场浇筑。积液坑露天部分坑口周边高出地面 0.15m，避免雨水汇入，平时加盖封闭，设孔口并加盖，可供吸粪车插管吸粪用，盖板也可全部掀开供人工清掏。

设专人负责厕所的卫生清扫、喷药灭蝇、撒漂白粉杀毒，定期用吸粪车将粪便就近运送到平坝农田堆肥场，与生活垃圾掺混后进行好氧发酵堆肥。

另外，对施工工地所有远离公厕的临时办公点、值班室等处均设置方便少数人使用的简易免冲厕所，为防止粪便污染环境，专门设置接粪尿用的塑料桶或塑料袋。制订严密的管理制度，确保粪尿统一送到堆肥场处理。不许将人粪尿随意抛撒、渗透或堆放，以免随雨水径流入河污染水体。

对于厨余的含油废水经收集后运至机修保养站处与其含油废水统一处理。

（2）永久生活办公区生活污水处理。工程的施工宿营地布置较集中，地势相对较平整且向龙江方向下倾，永久生活区结合布置在最低端的靠近水体侧，整个施工宿营地的洗浴、餐饮、清洗地面、部分厕所排污污水等，均通过管网集中到生活区污水处理厂处理。

污水处理采用 A_2N 法—反硝化除磷脱氮工艺设备，原水首先进入厌氧池，反硝化聚磷菌在池内大量吸收有机物并以 PHB（聚-β-羟基丁酸酯）的形式贮存在胞内，同时释放出大量的磷。随后，泥水混合液经中沉池快速分离后，富含氨氮和磷的上清液流向好氧池进行硝化反应，同时将剩余有机物完全好氧降解。在中沉池内沉淀下来的污泥直接进入厌氧池，污泥中的反硝化聚磷菌以体内的 PHB 为电子供体，并完成反硝化脱氮和过量吸磷作用。在厌氧池后设置后曝气池可达到吸收剩余磷之目的。

此种处理方法的工艺流程见图 52.1。

本工程好氧段采用生物接触氧化工艺，其特点是微生物在水环境中载体的表面牢固吸附，并在其上生长和繁殖，由细胞内向外伸展的胞外多聚物使微生物细胞形成纤维状的缠结多孔网状结构，这样形成的生物膜具有很强的吸附性能；对冲击负荷具有较

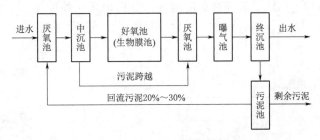

图 52.1　A_2N 反硝化除磷脱氮工艺流程图

强的适应能力，可保证出水效果稳定；不需回流污泥，产生剩余污泥量少；不会产生污泥膨胀，不产生池蝇，环境卫生条件好。与传统的活性污泥法相比生物膜法具有操作方便、微生物量大、剩余污泥少、抗冲击负荷能力强和适用于小型污水处理厂等特点。

（3）移民安置区生活污水处理。工程移民搬迁安置方式主要有后靠、外迁、投亲靠友三种安置方式，其中零散外迁和投亲靠友安置的生活污水处理等环境保护措施须顺应当地管理规定运作，本工程不予考虑。

对集中安置的居民要做好环境保护工作，强化对水环境和生态环境的保护，避免产生二次污染。

根据安置点的布置及实际情况，采用建沼气池的措施进行移民安置区废污水处理。

沼气池兼化粪池采用新型塑性混凝土等材料，具有坚固耐用、密封性好、避免二次污染等优点，通过加强管理、合理利用等措施，可达到生活污水处理标准。具备产沼条件时作沼气池使用，当不具备产沼条件时作化粪池使用。

沼气池的清掏物可以用于农家肥的制作原料，通过沼气池的厌氧反应，既可对废水进行处理，又提供了农用肥料。在移民安置点的生活污水处理中，要以生活污水处理为根本，以废物的资源化、无害化为目标，达到治、用统一的目的。

52. 3. 1. 2 生产废水处理

（1）施工期。

1）筛分废水。

a. 污染源分析。砂石骨料加工系统筛分废水中主要污染物为 SS，其平均值在 9000mg/L 左右，最高可达 24000mg/L 左右。废水中的粒径为 $d_P \leqslant 0.037$mm 颗粒部分，由于静电相斥作用，沉淀速度极慢，静止沉淀数天尚不分层。

b. 处理工艺及布置。根据Ⅲ类水质保护目标要求，因筛分废水水量大、悬浮物过高，直接入龙江将使龙江水严重超标。借鉴以往的工作经验，并结合本工程环境特征，采用沉淀—净化处理的工艺方法。

工程的砂石筛分系统布置在龙江坝址下游约 6km 的蹦洞村与砂砾石采料场之间的龙江滩地上，该滩地地势较平缓。筛分废水中含泥沙量较大，泥沙颗粒粒径 $d_P \geqslant 0.037$mm 者占 60%左右，颗粒在水中沉积较快；而 $d_P \leqslant 0.037$mm 部分，特别是由细化颗粒所形成的胶体物质，沉淀速度极慢。为此，当出水达不到规定排放标准时，工程采取化学絮凝法促其沉淀，直至达标外排。从节水和合理利用水资源角度，筛分废水经净化处理后，回用于生产的重复利用率可达 50%以上。本工程的筛分废水净化后可回用于筛分系统用水和场地抑尘用水，或通过周围滩地砂砾再净化后外排。

此种处理方法的工艺流程见图 52.2。

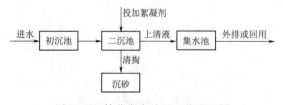

图 52.2 筛分废水处理工艺流程图

此种处理方法回用水水质保证率高，且有利于节水和减缓对河道水体的污染。出水外排经滩地的砂砾层自然过滤排放，更加有效地提高排水的水质。

2）含油废水处理。

a. 污染源分析。施工区主要油污

染源来自汽修、机修站等。由于工程修配系统用水随机性较强且不定量，布点也分散，在山区又无法用管道连通，含油废水处理采取分片收集、集中处理的方式。含油废水中石油类浓度约 $50 \sim 1000 \text{mg/L}$。

b. 处理工艺及布置。在汽车维修保养站内设检修保养车库，车库内设检修地沟，地沟一端设置集水井，含油废水通过沟道集中到集水井，再进行除油深度处理。库内设混凝土防渗地面，使冲洗地面含油废水及拆卸车落地油都能汇集到集水井中；设油布箱一个，带油的油麻丝和油抹布不得随地乱丢，集中于油布箱内与收集的油污统一处理。

含油废水从集水井用泵扬送到集油池，然后用泵提升打入油水分离器进行油水分离。浓缩油回收由专业部门进行处理，其余废水再流经沉淀池，投加 OBT 生物修复剂进行生物反应及沉淀净化，使水中剩余的微量油在 OBT 生物修复剂的作用下变成水和二氧化碳。处理后的废水主要用于林地绿化、路面洒水等。

含油废水处理工艺流程见图 52.3。

此种方法处理含油废水效果基本能满足环保要求，处理方法简单易操作，但其占地面积较大，生物修复剂修复油污水的周期一般较长。

3）基坑废水处理。

a. 污染源分析。基坑初期排水为围堰截留的河水、基坑积水和降雨形成的地表径流，水体中污染物

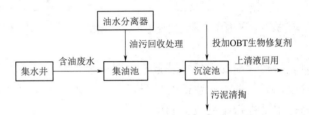

图 52.3　生物修复法含油废水处理工艺流程图

种类和浓度与工程所处的河段水体基本相同，一般不作处理。基坑废水处理通常指经常性排水。经常性排水主要是围堰渗水、混凝土养护废水和降水等，水体 pH 值一般为 $9 \sim 12$，污染物主要为 SS，浓度可达 2000mg/L 左右。其排水量为不定量，如果直接将基坑废水排入河道，会将河道底泥冲起，造成水体中 SS 的重度污染，对河流景观造成破坏。

b. 处理工艺及布置。鉴于本工程大坝及厂房施工区均地处峡谷江段，在河床两岸布置沉砂池、调节池等设施较困难，故将基坑排水直接排入滩地通过砂滤后进入河道。为避免排水冲力过大，造成地表的冲刷，引发河道 SS 浓度增大，在排水口处设置固定木筏船，在木筏船上重叠摆放 $3 \sim 5$ 层木板条栅，并使上下木板条栅摆放方向互相垂直，便于减缓水流流速，使水流变成水滴，避免水流对滩地的直接冲刷使 SS 随径流流入河道污染水体。对基坑水进行 pH 值在线监测，当水体呈碱性时自动在排出管道中加酸混合以完成对 pH 值的调整。

4）混凝土拌和及养护废水处理。

a. 污染源分析。混凝土拌和冲洗养护废水主要来源于拌和楼料罐、搅拌机以及地面冲洗、混凝土构筑物的养护等，废水呈碱性，pH 值一般为 $10 \sim 12$；污染主要为 SS，浓度一般可达 $2000 \sim 5000 \text{mg/L}$。如果此类废水排放强度过大，使局段河道 pH 值居高不下，将对水生生物直接构成危害。

b. 处理工艺及布置。该废水不含有毒物质，排放具有间断性和分散性特点，冲洗废水可采用平流式沉淀池法进行处理，利用悬浮物的重力和投加絮凝剂进行絮凝反应，使废

水在通过沉淀池并沉淀后得到处理；养护废水多与基坑废水同步处理。

沉淀池平面为矩形，进出口分别设在池体的两侧，废水在沉淀池中停留时，投加絮凝剂使悬浮物絮凝沉淀，根据检测的 pH 值情况计算并投加酸性中和剂进行中和反应。絮凝后将沉渣排出干化后可运至弃渣场进行填埋处理。此类废水通常在混凝土拌和每台班末排入平流式沉淀池中，静置、絮凝、沉淀、中和至下一台班末排出，沉淀时间一般 6h 以上。沉淀后的清液回用或外排，工程所需水量不足部分可补充新水。

其处理工艺流程见图 52.4。

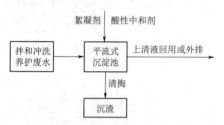

图 52.4 平流式沉淀池法处理工艺流程图

（2）运行期。运行期生产废水主要为机组检修等含油废水，水电站的运行不产生其他生产废水。在检修系统范围内建集水井，将集水井中间用隔板隔成汇流井和清水井两部分，全厂所有渗漏水均排至汇流井内，并通过隔墙下部的通流孔与清水井相通。设 3 台排水泵，吸水管均设在清水井内。汇流井上方设置工业摄像头，用以监测水体上部的油污含量，当油污含量达到监测限值时，启动含油污水处理装置。该装置吸水侧与汇流井相通，排水侧与清水井相通，分离后的废油回收并由专业部门进行进一步处理，脱油后的废水注入清水井。在清水井，将废水通过水泵进行排放或再利用。

52.3.1.3 满足下游生态流量需求和避免出现坝下脱水段措施

为保护区域的生态环境及保障大坝下游对生态流量的要求，在坝址处采取相应的措施，保证下游流域对生态流量的用水需求，避免大坝下游出现脱水段，影响下游的生态用水，破坏局部生态环境。

根据环境保护部门的要求，为解决下游环境用水，需龙江水库每天不间断泄放流量 $29.11 m^3/s$。为避免坝下脱水段的出现，在工程截留期间，利用导流洞两孔闸门的其中一孔闸门采用局部开启方式向下游供水，满足生态流量的要求；在库区水位蓄到 815.00m 后，将导流洞泄流的闸门下闸，利用坝体深孔放流向下游控制泄放生态流量；后期在厂房内设置生态小机组，既满足了龙江水电站机组检修期间泄放生态流量的需求，又增加了一些电量。

52.3.2 声环境保护设计

对可在室内操作的工人建操作室、休息间。在操作室和休息间增设隔音防噪结构设施，作业人员可集中在隔音室内依靠电脑控制等观察作业或休息。隔音室为混凝土框架结构，空心砖填充墙，内外抹灰，双层门窗，并以隔音材料进行隔（吸）音处理。隔音效果应确保室内噪声强度低于 70dB（A）。

对必须进行室外作业且直接受噪声侵害者，发放隔音减噪头盔、加戴防噪耳塞等，并以规章制度保证"定期轮岗作业"。

施工采用先进的低噪声设备和工具，加强对施工设备和工具的保养及维护，降低设备噪声。开挖及爆破等尽量采用湿法施工方式。

此外，要合理制定运输制度，在环境敏感区段施工应尽量安排在白天进行，禁止在

22：00 至次日 6：00 期间施工，防止噪声扰民；经过居民区和施工生活区时，运输车辆要限速行驶，一般不超过 30km/h，并禁止鸣笛，以免影响施工人员或居民的正常休息。

52.3.3　大气环境保护设计

（1）施工期开挖、交通降尘措施。在开挖区附近定期洒水降尘，时间为无雨日每天 3～5 次，间隔时间 2～4h。

交通扬尘主要来源于施工车辆行驶。为了施工人员以及周围居民不受扬尘影响，施工期间应采取防护措施。工程区配备洒水车，对汽车行驶道路及开阔场地洒水。施工阶段对开阔场地地面洒水，无雨日每天平均 3～4 次，在干燥大风天气情况下适当增加洒水次数。施工运输道路坚持无雨日每天洒水 3～5 次，时间可在上午 9：00—12：00，下午 13：00—16：00。

（2）燃油废气消减与控制措施。施工场地的设备尾气排放必须符合环保标准。发动机耗油多、效率低、尾气超标的老、旧车辆要及时更新或采取有效的防护措施（如加装尾气净化装置等），否则不许进入施工区。

注意施工设备保养与维修，调整至最佳状态后运行。

（3）混凝土拌和与水泥倒袋扬尘过程的大气环境。水泥倒袋、散装水泥装卸过程必须在封闭的库房中进行，对工程施工单位所选用的混凝土拌和设施，要求必须配备除尘器。

（4）表土剥离防尘。对表层腐殖土进行剥离过程在有风天时应先洒水后剥离，对剥离下来的腐殖土进行堆存并采取水土保持临时防护措施，以防风吹扬尘。

52.3.4　生态环境保护设计

52.3.4.1　陆生生态保护

陆生生态保护的对象为陆地野生的动植物资源，重点为珍稀、保护、濒危、特有的物种及有重要经济和科研价值的野生动植物。

（1）植物保护。水库淹没影响区和施工征占地作业区有国家级和地方级保护、地方特有的植物、珍稀濒危植物、区域特有植物等 90 余种，为保护这些物种的数量和种类，采取挂牌、就近异地移植等保护措施。

树木移植的地点选择与地方人民政府、林业部门等沟通后，选择在工程使用并平整后的迹地、永久道路的路旁、移民安置点附近的可利用荒山、疏林地及其他用地等区域，移植地点既有单株分散移植点，又有集中连片移植点。

不需要移植的保护植物的挂牌工作结合实际情况，在全流域内开展，重点是沿河两侧、居民区附近、农用地和交通便利处等区域，同时要加强宣传和管理，保护生态系统的完整性和多样性。

为保护流域生态环境，对施工作业区所处的小流域因工程建设而扰动影响的区域，结合水土保持进行生态恢复，主要区域为开挖边坡、施工营地、道路修建、堆弃渣场等部位，措施主要为林草措施。

同时成立生态保护领导小组，负责项目生态工程的组织、实施、监督和管理等，必要时，小组成员要进行岗前培训或集中学习。

（2）动物保护。水库淹没影响区和施工征占地作业区有国家级和地方级保护的动物 24 种，为保护这些物种的数量和种类，采取对动物驱赶、对施工人员进行普法教育等保护措施。

鸟类会飞，可随时选择适于生存的去处，爬行类有逃避本能，哺乳类有驱避功能等，受工程施工影响大部分动物可随时选择适于生存的地方继续生存。在水库淹没范围内原有的动物栖息地将被淹没不可恢复，在水库蓄水淹没前，组织一定的人力，沿着淹没范围轰赶动物，将幼鸟或鸟卵收集起来进行人工繁殖和养育；在淹没范围外投食招诱库区内的动物远离库区。

对施工人员进行普法教育，增强环保意识和对野生动物的保护意识；实施施工生态保护立法，制定奖惩管理办法等。

52.3.4.2 水生生态保护

水生生态是水域系统中生物与生物、生物与非生物之间相互作用的统一体，其保护主要是从局部生物资源的保护出发，保护水生生物的繁衍、栖息和洄游等。

（1）鱼类的保护。水利水电工程的水生生态保护对象主要为鱼类。工程区原有云纹鳗鲡（*Anguilla nebulosa*），属云南省珍稀保护动物，为江河与海洋间洄游性鱼类。位于电站下游缅甸境内斑达水电站的建设，阻断了云纹鳗鲡的洄游通道，改变了其生存、繁衍、栖息的环境，致使此种鱼类在此水系的数量逐渐减少，直至消亡。在电站的建设和运行期间，对有洄游性鱼类游到坝下，工程采取网捕并用水车运送方式运到上游，再按季节网捕、运送使之洄游。

（2）发电洞进水口鱼类保护。在引水发电系统进口附近有鱼类等水生生物时，引水发电会对鱼类产生冲撞损伤或随水体进入水轮机受到机械性损伤。为了保护鱼类不受电站运行时的影响，在引水洞进水口增加小孔拦鱼网，布置在工程的拦污栅上，避免或减少鱼类等水生生物靠近进水口。拦鱼网选用尼龙网，网的大小依进出水口和主体工程拦污栅的大小而定。拦鱼网的孔口不宜过大，避免过多的小体型鱼类进入输水洞和发电系统而造成鱼类数量和种类的减少，小孔的大小控制在 $2cm \times 2cm$ 左右。

52.3.5 固体废弃物处理

固体废弃物主要产生于施工区和移民安置区，包括生活垃圾、建筑和生产垃圾、医疗废物等。各类固体废弃物要分类收集、堆存和处理。医疗废物属于危险品范畴，其处置应交由具有处理许可的医疗废物处理单位进行处置，并执行相应的标准。

（1）生活垃圾。厨余、粪便、果皮蔬叶等垃圾可运至田间地头进行堆肥处置或运至永久生活区的一体化生活污水处理设施中与生活污水统一处理；纸类、纤维、竹木、塑料、皮革等垃圾采用回收利用、焚烧和卫生填埋等处理方法。

对可回收利用的废金属、砖石等尽量回收利用；对其他垃圾可运至弃渣场等进行弃渣填埋处理。

危险垃圾应交由有相应处理资质和能力的单位进行处理。

（2）建筑和生产垃圾。废砖石、废木材和钢筋等，可分类收集并尽量回收利用；渣土、废混凝土等经综合考虑用于路基填筑等；其余施工区产生的不含有毒物质的建筑和生产垃圾结合工程弃渣，进行弃渣填埋处理。移民安置区的建筑垃圾中除可回收利用之外的垃圾可能会含有一些细菌、病毒等，处理应参照生活垃圾填埋处理的方式，必要时先进行消毒处理。

（3）医疗废物。医疗废物主要包括棉球棉签、纱布、针头、输液器具和一些废弃药物等。对医疗废物进行分类管理，由专人定时收集，并采取集中储运、消毒灭菌、焚烧及其他处理方法等必要的防护措施。处置应由取得县级以上人民政府环境保护行政主管部门许可的医疗废物集中处置单位处置。

52.3.6 人群健康保护

52.3.6.1 身体健康保护

人群健康保护是对因水利水电工程建设影响，引起环境改变和加大外来病、地方病传播和流行的概率，给人群健康带来影响所采取的环境保护措施。

（1）卫生清理。卫生清理和消毒的范围为施工生产生活区和移民安置区。施工生产生活区主要为施工人员的生活区、集中活动场所，移民安置区主要为移民安置旧址和新址区域。清理的重点为厕所、粪坑、畜圈、垃圾堆放点和坟墓等。对清理区域的废弃物进行清理，选用石碳酸用机动喷雾消毒。对粪坑、畜圈、垃圾堆放点的坑穴采用生石灰灭菌消毒，并用净土或建筑渣土填平、压实；厕所地面和坑穴用4%漂白粉上清液进行消毒，用量为$1\sim2kg/m^2$。卫生清理和消毒在施工人员撤场后、库区蓄水前和移民安置点迁入前进行。

卫生清理中，灭蚊蝇鼠等可有效地控制自然疫源性疾病和虫媒传染病的传染源。要清除施工生产生活区和移民安置区的杂草、垃圾，清除积水，保持居住房屋的环境清洁，创造施工人员和移民良好的居住环境。对室内外、厕所等场所喷洒药水消毒，有效地控制虫媒传播疾病的途径。进行鼠情监测，施工生产生活区每月进行1次，移民安置区可在搬迁期间和搬迁后的前几年每年进行1次。灭鼠以药物毒杀为主，应在鼠类繁殖季节与疾病流行季节之前，将鼠药投放到鼠类活动频繁的地点，在投放期间，应注意毒饵的补充。

（2）体检和预防注射。为了解施工人员的身体健康情况，便于及时发现控制疾病的传播等，在施工人员进场前和施工期需对施工人员进行体检、抽检并建档。调查和建档内容主要包括年龄、性别、健康状况、传染病史、来源地等，普查项主要为肺结核、传染性肝炎、痢疾等。施工人员进场前体检1次，工程开工后每年进行抽检，抽检通常按施工总人数的20%选取。对食堂工作人员每年体检1次，如发现属传染病毒（菌）携带者，应马上调离食品供应岗位。对进入施工现场工作5个月以上的人员，最少进行1次抗乙肝、预防疟疾的疫苗预防注射；对连续在岗工作者以后每年进行预防注射1次。

移民人群健康保护可由当地政府移民办组织实施，实施以预防为主，尽量杜绝在搬迁过程中突发健康事故，关注重点对象是移民群体中的老弱病残孕幼等弱势群体，关注时段为从搬迁准备起直至入住新居后15天内结束。对移民安置人口中老弱病残孕幼人群在搬迁前后各进行1次必要的体检，加强在移民搬迁过程中的人群健康保护。

在施工营地、移民搬迁过程中和搬迁后要加强疫情监控管理，落实责任人，一旦发现疫情，及时采取治疗、隔离、观察等措施，并将疫情上报。

（3）隔离治疗。对各种传染病，一旦发生发现，必须马上采取消毒、隔离和对症治疗措施，并对其他相关人员及时采取观察、抽检和防范措施。

（4）加强宣传教育。对施工区工作人员和移民安置人员，首先进行安全教育，进行疫源、虫媒、介水传染病的传播途径、预防方法的科普教育，积极灭鼠、灭蚊蝇，注意饮食卫生。

52.3.6.2　饮用水安全保护

饮用水源直接关系到施工人群和移民安置人员的健康和安全，必须由卫生防疫部门坚持常规监测化验，一旦发现水质出了问题，必须立即停止饮用，暂以矿泉水或其他合格的水源代替，并积极采取整改措施，尽快落实治理污染源头措施。待水质治理达到饮用标准后方可再次饮用。

对施工生产生活区的饮用水出口和施工人员经常用水点的水体，在施工期定期进行采样检验，每次采样周期不超过 2 个月；对移民安置区新址的饮用水源出口的水体，每半年进行 1 次采样分析。

新建集中安置点常采用新建水源井集中供水的方式，除了对饮用水质加强监测管理外，还要采取环境保护措施保证水质安全。在每处水源地立警示牌一块，牌上简单扼要说明保护条款。环水源井在直径为 30m 的周边立钢筋混凝土界桩，界桩高 2m 左右（地上部分 1.5m 左右），间距 3～5m。沿桩从下到上每隔 0.3m 固定一道铁蒺藜，形成防护网。在防护网内外各植两圈卫生防护林。防护网外为灌丛，防护网内为乔木，树种选为当地适生品种。

52.4　设计的经验和思考

在水利水电类工程建设过程中，环境保护措施的实施要注重适宜性、经济性，并重点关注措施的效果性和影响性。

根据龙江水电站环境保护设计和实施情况，结合同类工程环境保护的建设经验，对环境保护措施的应用及注意事项进行总结。

（1）珍惜、保护植物的保护。水利水电类项目一般涉及地表面积较大，对陆生生态环境的影响和破坏相对也较大。影响区范围内经常会有国家级、省级或各地区的保护植物，在各类保护植物的保护措施中，通常采取移栽、挂牌等措施。植物的移栽可以结合附近景观和人文环境进行布设，布置在流域的河道两侧、道路沿线、永久生活区等部位，既满足了保护植物的移栽保护，也达到了生态保护和景观建设的目的。

本工程区内有国家级和省级保护、珍稀濒危植物以及国家、省和州特有植物等 90 余种，采用了挂牌、就近异地移植等保护措施。在措施设计和实施过程中，要注意与地方政府、林业部门和工程建设方等多部门进行必要沟通，便于保护措施顺利实施。

（2）生态流量的控制。下游生态流量是保障区域生态平衡的基本条件，各类工程建设必须充分考虑此条件，采用合理泄流措施，以满足区域生态用水需求。

下泄生态流量措施以往常采用增设生态放流管、利用导流洞和泄洪洞以及闸门控制等泄流方式，现在增设小机组成为了一项保证生态放流的重要也是主流措施，此项措施在其他水利水电工程建设中可推广使用。

（3）移民集中安置区的生活污水防治。对较大规模的移民集中安置区，可采取建污水处理厂的措施防治生活污水。

对移民集中安置规模较小或零散分布的安置点，可采取独家独户的治理措施，以往多采取建简易化粪池的方式，但此种方式如果处理不当，会产生生活污水渗漏，造成二次污染。

本工程的移民集中安置点采用建沼气池的环保措施，沼气池具有更好的密闭性、耐用性，兼有化粪池的功能，产生的沼气作为清洁能源使用，达到了环保目的。

经化粪池、沼气池处理后的废液、废渣进行定期清掏，运输至田间地头进行好氧堆肥或运至永久生活区通过一体化污水处理设施统一处理。

沼气池的使用可与新农村建设的有关要求相结合，在料源、材料和温度上继续研究探索，实现变废为宝、清洁生产的环保目标。

第10篇　工程安全监测设计

第 53 章 安 全 监 测 概 述

53.1 安全监测的目的

随着经验的积累和技术水平的不断提高，拱坝建设的总趋势是坝的高度不断增加，拱坝的厚度逐渐减小，坝的长度因从窄河谷到宽河谷建造而增长，坝型则向双曲拱坝方向发展，设计的允许应力也明显提高，对地形、地质条件也有所放宽，甚至在不良的地形、地质条件下也建成了不少高拱坝。

中国是世界上建造拱坝最多的国家，改革开放后中国水利水电建设突飞猛进，建成了很多高坝大库，工程师们为保障工程的安全性，在设计、施工、运行维护的过程中付出了很大努力，也积累了丰富的实践经验。

安全监测是及时发现水利水电工程安全隐患的一种有效方法，通过监测仪器和巡视检查，对工程进行系统监测和巡查，可以及时获取工程安全的有关信息，对获得的有关信息进行分析和判断，及时采取有效的防范措施，在安全事故发生前加强管理维护，便有可能避免事故的发生或减免损失，降低工程安全风险。

众所周知，水利水电工程安全至关重要，它不仅涉及财产安全还涉及生态安全、国民经济发展和社会稳定，是全社会所关心的公共安全问题。正因工程失事后造成灾难的严重性，因此进行可靠、有效、持续的安全监测显得非常必要。

随着社会发展，工程安全管理理念从单纯的工程结构安全管理变化到工程安全风险管理，以往的工程安全管理理念是把全部精力放在建筑物自身的安全上。现在正在开始进行工程运行过程中的动态风险管理和控制，以降低工程安全风险到可接受的程度为导向，贯穿于日常运行维护、安全状况评价、加固补强、应急管理、降等退役各个环节，是一种科学、客观、经济合理的做法，安全监测工作在上述各环节中可以提供重要的技术支撑，具有举足轻重的作用，安全监测是安全管理工作的需要。

综上所述，安全监测犹如水利水电工程的"医生"，是水利水电工程安全的耳目，其主要目的和作用在于：

（1）监控工程安全。安全监测是降低工程安全风险的重要手段，可为实施工程安全预警和制定应急预案提供基础。监控工程安全包括监控施工期和运行期安全，在施工期，监控临时建筑物及永久性建筑物在建设过程中可能发生的安全问题，如基坑、边坡、洞室等开挖爆破，大体积混凝土浇筑，土石方填筑等施工过程对工程安全可能造成的不利影响；在水库首次蓄水期，建筑物及基础开始逐步承受巨大的水压力作用，需要密切监控建筑物及其基础性状的变化，及时发现工程隐患；运行期，监控永久性建筑物在长期运行中，因性态变异而发生的异常迹象，以便及时采取措施，防止或避免重大事故发生，保证建筑物正常运行，同时根据长期运行积累的监测资料掌握建筑物的运行规律，预测、预报其未来性态及发展趋势，对建筑物的安全状态进行评估，为调度运行和加固处理等提供科学依据。

（2）指导施工和运行。施工期间的监测资料，主要反映了施工质量和施工条件以及临时建筑物的安全性，据此评价所采用的施工技术的适用性、优越性，提出改进的措施等。运行期间的监测资料，反映建筑物的运行状态，通过监测资料的分析研究，可以及时发现水利水电工程的异常迹象，分析异常状态的成因和危险程度，预测水利水电工程安全趋势，制定工程的控制运行计划和维护改造措施，为充分发挥工程经济效益提供技术服务和安全保障。

（3）反馈设计和科学研究，促进水利水电工程科技发展。由于对自然规律的认识有待深入，目前尚不能对影响大坝的各种因素都进行精确计算，设计时往往采用一些经验公式、试验系数或简化公式作为近似解。已建大坝是真正的原型，通过对长期积累的监测资料分析、计算和进一步研究，可验证设计的正确性。

53.2　安全监测的设计原则

安全监测设计是整个枢纽工程设计的重要组成部分，主要内容包括设计目的、设计依据、设计原则、监测项目、监测布置、实施要求、巡视检查及资料分析等。为实现安全监测的目的，监测设计应遵循以下原则：

（1）以监控工程安全，降低工程风险为主，同时兼顾设计、施工、科研和运行的需要为指导思想。

（2）以目的明确、突出重点，控制关键，兼顾全面，相关项目统筹安排，统一规划、分步实施为基本原则。

（3）对关键部位的测点或项目宜冗余设置，在恶劣环境条件下仍能进行重要项目的监测。

（4）监测断面的选取应根据建筑物所处地形、地质条件，结合各工况下的计算成果，在地质条件较差部位、计算成果安全系数较小剖面以及其他对评价建筑物工作性状有代表性的地方设置监测断面。

（5）各部位、各区域的各类监测项目或仪器设备，尽量能够具备相互验证、相互补充、相互校核的功能，确保监测资料的完整性、准确性和可靠性。

（6）监测方法和仪器类型选择应与计算分析成果相匹配，对监测仪器应尽量统一选型，并兼顾其适用性，遵循"可靠、耐久、实用、经济，力求先进和便于实现自动化监测"的原则。

（7）重视监测资料的综合分析与反馈，强调工程信息的搜集与整编，重视人工巡视检查和记录，以弥补仪器覆盖面不足。

（8）监测设计中应系统考虑各个阶段的需求以及施工的实际情况，在施工过程中进行动态调整和优化。

（9）必要时可设置临时监测设施。临时监测设施与永久监测设施宜建立数据传递关系，确保监测数据的连续性。

53.3　安全监测范围及项目

枢纽由混凝土双曲拱坝、左岸引水系统及地面式厂房组成。按库容确定工程规模为大（1）型，工程等别为Ⅰ等；大坝及泄水建筑物为1级建筑物，引水发电系统及消能建筑物为 3 级建筑物。针对工程的特点、存在的工程问题以及安全监测的重点，确定的安全监测范围包括：坝体、坝基、坝肩、消能建筑物、引水系统以及对工程安全有重大影响的边坡等。

安全监测项目设置以实现各建筑物安全监测目的为前提，根据工程规模、工程等别、建筑物级别、安全监控的需要，并结合工程地质条件、建筑物布置、结构设计及施工方式等具体特点，按照《混凝土坝安全监测技术规范》（DL/T 5178—2003）所规定的监测内容确定本工程的安全监测项目。安全监测包括巡视检查和仪器监测。

巡视检查，包括日常巡视检查、年度巡视检查和特别巡视检查。巡视检查是建筑物安全监测的重要手段，它包括施工期和运行期的巡视检查。在施工期主要对坝区的边坡稳定和坝体混凝土有无裂缝等表面现象进行检查；运行期主要为初期蓄水大坝有无异常、坝肩和坝基渗漏、边坡有无滑移征兆等现象进行的巡视检查。

龙江枢纽工程仪器监测的项目和主要内容见表 53.1～表 53.3。

表 53.1　　　　　　　　　　拱坝及消能塘监测项目和主要内容表

建筑物或部位	监测类别	监测项目	主 要 监 测 内 容
拱坝	变形	坝体位移	水平位移、垂直位移
		坝肩位移	水平位移、岩体内部变形、谷幅、弦长监测
		倾斜	坝基、坝体倾斜
		接缝变形	建基面接缝、坝体横缝开合度
		坝基位移	水平位移、垂直位移、基岩内部变形
		近坝岸坡位移	水平位移、内部变形
	应力应变及温度	坝体应力、应变	混凝土应力应变、拱端推力
		混凝土温度	混凝土表面温度、混凝土内部温度
		坝基温度	基岩内不同深度温度
	渗流	渗流量	坝体、坝基渗漏量
		扬压力	基础纵向扬压力、基础纵横向扬压力
		绕坝渗流	左右坝肩地下水位
		水质分析	排水孔、绕坝渗流监测孔或坝基、坝肩、渗水点进行水质分析
	环境量	上下游水位	
		气温	
		库水温监测	
		降水量	
	专项监测	坝体地震反应	根据记录计算测点的地震反应谱、功率谱、加速度峰值、速度峰值、地震动持续时间等
消能塘	变形	接缝变形	混凝土底板与基岩接触缝变形
	应力应变	锚杆应力	护坦、护坡锚杆应力
	渗流	扬压力	护坦底面上的扬压力

表 53.2　　　　　　　　　　引水系统监测项目和主要内容表

建筑物或部位	监测类别	监测项目	主 要 监 测 内 容
引水隧洞	变形	围岩变形	内部变形
		接缝变形	围岩与混凝土衬砌接触缝
	渗流	渗透压力	钢筋混凝土衬砌结构外水压力
	应力应变及温度	应力应变	钢筋混凝土衬砌结构应力应变及温度
		锚杆应力	支护结构应力
钢岔管	应力应变及温度	混凝土应力应变	外包混凝土应力应变
		钢板应力	
引水支管	应力应变及温度	钢板应力	轴向和环向钢板应力

表 53.3　　　　　　　　　　边坡监测项目和主要内容表

建筑物或部位	监测类别	监测项目	主 要 监 测 内 容
边坡	变形	表面位移	水平位移(右岸坝头高边坡、消能塘两岸边坡、厂房及变电站后边坡、左岸缆机平台后边坡)
		内部位移	钻孔轴向岩体相对位移(右岸坝头高边坡、消能塘两岸、厂房及变电站后边坡、左岸缆机平台后边坡)
			钻孔横向岩体相对位移(右岸坝头高边坡、左岸缆机平台后边坡、厂房及变电站后边坡)
	渗流	地下水位	右岸坝头高边坡、消能塘两岸边坡、厂房及变电站后边坡、左岸缆机平台后边坡
	应力应变	锚杆应力	右岸坝头高边坡、厂房及变电站后边坡、左岸缆机平台后边坡
		锚索应力	消能塘边坡、左岸缆机平台后边坡

53.4　监测设计考虑的主要工程问题与设计重点

从拱坝受力特点来看，应把"拱坝＋地基"作为一个统一体来对待，其监测范围包括坝体、坝基、坝肩以及对拱坝安全有重大影响的近坝区岸坡和其他与大坝安全有直接关系的建筑物。本工程主要考虑的工程问题与监测设计重点主要有以下几方面。

53.4.1　坝肩稳定与坝基变形

枢纽区河谷呈基本对称的 V 形，地形完整性较差，坝址区两岸山体较单薄。坝基弱风化岩层较厚，地基综合变形模量一般为 $4.5 \sim 7.0$ GPa，仅为坝体混凝土弹性模量的 $1/3 \sim 1/4$，大坝建基面为弱风化岩石的中下部及微风化岩石的上部，坝址区岩体完整性较差。

出露于河床部位的主要断层有：顺河向的陡倾角断层 F_{12}，宽度 $0.10 \sim 0.30$m。

出露于右岸坝肩的主要断层有：横河向的陡倾角断层 F_8，宽 $1.00 \sim 3.60$m；陡倾角断层 F_{37}，宽度 $0.17 \sim 0.40$m；顺河向陡倾角断层 F_{42} 断层，宽度 $0.40 \sim 1.20$m；顺河向陡倾角断层 F_{31}，宽度 $0.05 \sim 0.10$m；近顺河向陡倾角断层 F_{13}、F_{14}、F_{15}、F_{16}，宽度一般为 $0.20 \sim 0.40$m。

出露于坝址左岸坝肩主要断层有：顺河向陡倾角断层 F_{30}，出露宽度 $0.40\sim1.20m$。左岸坝肩分布有 R_{01}、R_{02}，R_{15}、R_{16} 等透镜体软岩带，性状较差。

上述这些不利的地质构造变形模量都较低，可能对坝肩的变形产生影响。为了解坝肩、坝基抗滑情况以及基础及坝体混凝土材料受外荷载产生的压缩、拉伸等变形情况，因此，本工程的坝体、重力墩、坝基及坝基岩体、坝肩岩体的变形监测是安全监测的重点。

53.4.2 坝体结构变化

数值分析表明：总体上龙江双曲拱坝的静态应力水平不高，对大坝设计不起控制作用。大坝设计地震水平较高，通过分载法分析，在静动荷载叠加作用下，大坝的主压应力不起控制作用，主拉应力水平较高，上、下游面静动综合最大主拉应力分别为 5.43MPa 和 4.05MPa，为满足坝体拉应力的控制要求，采取了对坝体混凝土强度分区等工程措施。又因拱坝坝体相对单薄，结构和受力条件复杂，在变温荷载的作用下，坝体的温度应力相对较大，同时基岩的变形对坝体应力的影响也比较显著，故坝体温度和应力应变监测是拱坝安全监测的重点。

53.4.3 渗流压力与地下水位

由于应把"拱坝＋基础"作为一个统一体来对待，渗透压力不仅能在岩体中形成相当大的渗透压力推动岩体滑动，而且会改变岩体的力学性质（降低抗压强度和抗剪强度），是控制坝肩岩体稳定的重要因素之一，渗流的作用对基岩和拱座的稳定始终存在着潜伏的危险性，渗流对拱坝的影响不容忽视，故拱坝扬压力、基础渗透压力、渗流量和绕坝渗流也作为拱坝的重点监测项目。

53.4.4 高地震区

龙江工程区相应地震基本烈度为 Ⅷ 度，100 年超越概率 2%，水平向地震影响系数为 $0.36g$。数值计算表明：在地震作用下，大坝横缝出现了不同程度的张开，坝体横缝张开对大坝地震动力反应影响显著。不计地基辐射阻尼时，正常蓄水位和死水位时的横缝最大张开度分别为 12.02mm 和 13.50mm。考虑辐射阻尼影响后横缝张开度大幅下降，正常蓄水位和死水位时分别为 4.60mm 和 5.48mm，横缝的张开将对大坝的整体性有一定的影响。故本工程拱坝的强震监测和横缝的变形监测作为监测的重点。

53.4.5 高边坡稳定

枢纽区高边坡的部位主要为大坝两岸坝头以上边坡、消能塘两岸边坡、厂房后边坡、进水口边坡、左岸缆机移动端边坡。枢纽区岩石全风化带较深，建筑物基础开挖的全风化岩边坡较高，永久边坡稳定问题较重要。边坡涉及的地质环境较复杂，实际开挖部位的情况如下：

左岸坝头最高开挖高程为 923.00m，右岸坝头最高开挖高程为 977.00m。右岸坝头全风化岩厚约 55m，边坡高度约 100m，为大坝基础开挖边坡稳定条件的控制部位。

左岸缆机边坡虽距离进水口较远，但边坡高度为 88m，覆盖层厚度一般为 $1.5\sim3m$，岩质边坡地质条件复杂。

厂房后边坡开挖高度 70 多米，主要发育断层 6 条断层，为 F_1、F_{40}、F_{41}、F_{47}、F_{48}、F_{49}。安装间后山坡高程为 845.00m 马道附近出露有 F_{41} 断层，这两个部位的边坡为厂房边坡的控制部位。

消能塘左岸边坡开挖揭露 F_{12}、F_8 断层，开挖高程 875.00～765.00m，坡高 110m，设 4 级马道。由于节理发育，岩体完整性差，且边坡高度和坡度大于原始地形坡度，易于诱发卸荷裂隙发生和扩大。已采取锚索、锚杆等支护处理措施。

鉴于工程边坡的重要性和复杂性，边坡监测项目重点是变形、地下水位和支护效应。

53.4.6　消能塘底板抗浮稳定

消能塘是泄水建筑物的有机组成部分，大坝泄水时，其结构将承受高速水流的动水压力、振动、冲刷等的综合作用，消能塘底板的抗浮稳定及边坡的稳定决定其安全性，消能塘结构的安全与大坝安全有直接的关系，因此，消能塘底板的抗浮稳定及边坡的稳定性监测同样是本工程安全监测的重点。

53.4.7　引水洞高压岔管结构变化

钢岔管及压力钢管位于引水隧洞后，从桩号引 0+099.07～引 0+207.70m（厂房上游墙），压力钢管主管段内径为 11.0m，外包混凝土厚 1.0m。岔管段水流条件及受力情况复杂，应进行重点监测。

第54章 变形监测控制网设计

变形监测控制网设计包括水平位移监测控制网设计和垂直位移监测控制网设计。建立变形监测控制网的目的在于为工程表面变形监测提供外部基准，联合工作基点测定建筑物、工程边坡以及近坝区岩体的表面变形。

由于工作基点往往会受水压、温度影响或遭受人为破坏而产生位移或本身就设在不稳定的基础上，工作基点的不稳定将影响整个监测成果的可靠性，使监测资料失真。因此，工作基点需进行校测，变形监测控制网主要作用是监测各工作基点的稳定情况，测量其绝对位移。

监测控制网网点由基准点、工作基点、监测点组成。外部基准点是指建筑物以及基础在施工期和运行期内，在自重、上下游动水压力和静水压力、地震等外荷载影响之外的点，是为变形监测而布设的长期稳定可靠的监测控制点；工作基点又称起测基点，是为直接监测位移测点而在位移测点附近布设的相对稳定的测量控制点；位移测点是布设在建筑物上和建筑物牢固结合，能代表建筑物变形的监测点。

54.1 监测控制网设计原则

根据龙江水电枢纽工程的布置以及监测设计的重点问题等具体情况，视工程变形监测部位的分布，确定本工程变形监测控制网控制范围需覆盖拱坝、拱坝左右岸边坡、两岸坝肩岩体、泄水建筑物、下游消能区岸坡、发电厂房及变电站。

本工程变形监测控制网的设计在满足安全监测设计总原则的基础上，其主要设计原则如下：

（1）网点的设置应兼顾工程施工期及运行期监测的需求，应考虑监测工作人员的交通便利和人身安全。

（2）基准点应布置在工程施工影响范围之外稳定区域。工作基点应布置在方便观测监测点，且相对稳定的地方。

（3）变形监测网的稳定性、精度、可靠性、经济性等各项建网质量标准指标中以稳定性和精度指标为主，可靠性及灵敏度指标为辅。

（4）通过优化设计，选定经济合理的设计方案，满足精度、稳定性、灵敏度、可靠性及经济等项要求的前提下进行优化设计，确定监测网网型。

（5）采用目前比较成熟的先进技术和设备，优先考虑能以较小的观测工作量、简便有效的作业方法，达到最优监测目的。

（6）变形监测控制网应与施工控制网的坐标系统保持一致，并宜与国家控制网坐标系统建立联系。

54.2 监测网精度确定

变形监测基准点一般要求精度高于待定点，以减少起始数据误差的影响。建立变形监测控制网的目的在于为工程表面变形监测提供外部基准，平面监测控制网工作基点测定工程表面变形测点的水平位移，水准监测控制网工作基点测定工程表面的垂直方向位移。因此，变形监测控制网主要以监测点点位精度为控制性指标，精度选择以建筑物位移量中误差作为主要参考依据，以能对监测网点稳定性作出正确分析评价为基本原则，变形监测网的精度确定如下：

54.2.1　水平位移监测控制网

混凝土拱坝、岩体高边坡变形监测网网点位移量中误差 $M \leqslant \pm 1.5$mm。按照《工程测量规范》（GB 50026—2007）要求，龙江水电枢纽平面监测控制网按最弱点点位中误差 $M \leqslant \pm 1.5$mm。水平位移监测网的可靠性因子不宜小于 0.2。

54.2.2　垂直位移监测控制网

垂直位移监测控制网精度设计按两种观测方法考虑：一种是几何水准法，另一种是对边坡无法通过几何水准观测的监测点，将通过三角高程对向观测的方法进行。

通过几何水准法观测坝体测点垂直位移量中误差 $\leqslant \pm 1$mm；边坡测点垂直位移量中误差 $M \leqslant \pm 2.0$mm，对照平面精度设计的计算分析，按垂直位移量中误差 $M \leqslant \pm 2.0$mm 进行高程监测网设计，高程最弱点点位中误差，相对于高程基准点而言需 $M \leqslant \pm 2.0$mm。

54.3　平面监测控制网布置

布设平面监测控制网的主要目的是为拱坝表面变形监测及左、右岸高边坡提供工作基点。同时校测坝体内倒垂线的稳定性。

平面监测控制网一般采用三角形网，包括三角网、测边网和边角网三种。在三角形网观测中，测角主要是控制横向误差，测边主要是控制纵向误差。单纯的测角或测边网对组成网的三角形网形要求较高，由于边角测量其精度具有互补性，故采用边角测量的边角网点位的精度受网形限制较小。由于角度观测受大气折光的影响较大且难以消除，故测角带来的横向误差随着边长的增加显著增大。而测边时由于其固定误差保持不变，而显出其优越性，尤其在边长达 300m 以上的高精度变形监测中，只有借助于测边或既测边又测角才能达到精度要求。

目前随着全站仪的普遍应用，纯测角网已逐渐减少，纯测边网也很少采用，国内外各种类型的大坝尤其是大中型工程中的平面变形控制网一般均采用边角网法，因此，本工程平面监测控制网采用边角网法，根据监测精度的要求，本工程平面监测控制网确定为一等边角网。

依据监测网设计原则，视工程的地质、地形条件以及通视情况，选择 8 个基点组成一等边角网，包括 2 个工作基点。龙江水电站平面监测控制网见图 54.1。

稳定的基准点是变形监测网的根本，因此在选取基准点时，必须充分考虑其稳定性。边角交会监测利用两个基准点（TS7、TS8）作为控制测站，将全站仪固定安置在控制测站上。可自动、半自动或人工观测，可按设定的测点观测方案，实施自动观测、外业观测数据的动态检验与传输、观测数据的计算处理，整个自动观测过程无须人工干扰，并可实施远程控制。同时，为提高监测精度与成果的可靠性，利用校准基点坐标信息，在保证控制点点位坐标不发生变化或其坐标变化量能够被完全掌控的前提下，对校准基点和测点同时实时观测，以校准基点的坐标和高程变化作为校准依据，实施对测点坐标、高程监测成果的必要修正，这种自校准的数据处理方式，对解决监测点相对分散，且测点距固定测站测距较长的不利条件具有针对性。半自动三维监测与上述全自动方式相类似，只是由于受地形条件等制约而采用流动搬站方式进行观测，不考虑自校准数据处理，节省了数据传输及全站仪供电系统。

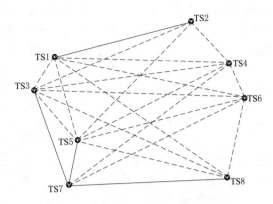

图 54.1 龙江水电站平面监测控制网

利用全站仪的自动扫描系统即 ATR 方式进行测量，由于其望远镜不需要人工聚焦或精确照准目标，测量的速度明显加快，较常规方式测量速度平均提高 1 倍以上，其监测精度不依赖于有经验、高水平的测量员，可对坝体及坝肩部位测点进行 24h 全天候连续观测。其变形监测自动化机载及后处理软件具有原始数据、处理结果、精度信息等数据与管理功能，可供调用与查询，对数据进行检验与分析，加快了监测成果的信息化反馈，提高了工作效率，从而能够较好地达到安全监测的目的。

该系统工作基点网的观测采用边角网测量方法，以 TS7、TS8 基准点作为固定基准，按经典平差方法获得工作基点的平面坐标，平面监测控制网网点 TS7、TS8 设置在距库区 1km 以外的主坝下游岸坡稳定岩体上，工作基点可利用基准点进行校核，且基准点亦作为工作基点使用。对于坝体下游坡面及边坡设置的表面变形测点，水平位移采用边角交会法进行监测。

54.4 水准监测控制网布置

布设水准监测控制网的目的主要是为校测各水准工作基点的稳定性，为工程各部位的垂直位移观测提供高程基准。水准监测控制网由水准基点、水准工作基点以及线路上的水准点组成。其布设一般遵循以下原则：

（1）应分级布网、逐级控制。首级网有条件时应尽量设成闭合环形状，加密时可以考虑布设附合路线或结点网。

（2）水准基点是垂直位移观测的基准点，其稳定与否直接影响整个观测成果的准确性，应埋设在不受库区水压力等荷载影响的地区。

（3）为了便于观测，减小高程传递误差，工作基点（起测点）应设在距坝较近处。

（4）有条件时高程控制点尽量与水平位移监测控制网网点共用一个标墩，以方便使用和节约成本。

根据本工程的交通及枢纽布置情况以及垂直位移监测精度的要求，本工程水准监测控制网布设为一等水准环线。在右岸大坝下游约 2.0km 处布设 1 组水准基点，水准基点由 4 个水准标石组成，其中 1 个为主点，另 3 个为辅点。4 个水准基点组成一个边长约为 60m 的等边四角形，并在四角形的中心，与水准基点等距离的地方设置固定测站，由固定测站定期观测基点之间的高差，即可检验水准基点是否有变动，编号分别为 LB01、LB02、LB03 和 LB04。水准工作基点是垂直位移观测的起始点，在坝顶高程 875.00m 左、右岸靠坝肩位置，共布置 2 组 4 个水准标石，作为坝顶垂直位移监测的工作基点，编号分别为 LS1-1、LS1-2、LS2-1 和 LS2-2。沿左、右岸上坝公路及枢纽重要部位布设 10 个水准点，编号分别为 EM01、EM02、…、EM10。水准监测控制网见图 54.2。

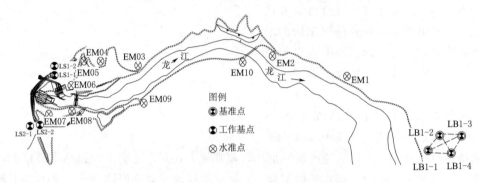

图 54.2　龙江水电站水准监测控制网

第55章 拱坝安全监测设计

拱坝坝体重点监测部位应结合计算成果、拱坝体型等因素，以坝段为梁向监测断面，以高程为拱向监测基面，构成空间的拱梁监测体系。梁向监测断面应设在监控安全的重要坝段，其数量应结合工程等别、地质条件、坝高和坝顶弧线长度以及参考国内类似工程确定。其中，拱冠梁坝段是坝体最具代表性的部位，且该部位的各项指标很多是控制性极值出现处；左右岸 1/4 拱坝段一般可同时兼顾坝体、坝肩变形，在坝段空间分布上具有代表性，宜作为梁向监测断面的典型坝段。拱向监测基面应与拱向推力、廊道布置等因素结合考虑。拱坝监测点宜布置于拱向监测基面和梁向监测断面交汇的节点处，以便与多拱梁法和有限元法的计算成果予以对比分析。

根据本工程的地质条件、计算成果和廊道的布置情况，选择 14 号河床拱冠梁坝段为关键断面监测，10 号、17 号坝段作为 1/4 拱监测，同时兼顾坝肩变形监测，为重点断面监测，形成 3 个梁向监测断面，在平面上选择高程 765.00m、801.00m、821.00m、835.00m 拱圈，形成 4 拱向监测基面，构成本工程的变形监测 5 梁 5 拱，应力应变及温度监测 3 拱 4 梁的监测体系。

55.1 变形监测

变形监测的成果资料在建筑物安全评价中比较直观，是建筑物结构形态变化的集中体现，因而变形监测是安全监测中的重要项目之一，是通过人工或仪器手段观测建筑物整体或局部的变形量，用以掌握建筑物在各种原因量的影响下所发生的变形量的大小、分布及其变化规律，从而了解建筑物在施工和运行期间的变形性态，监控建筑物的变形安全。为此，本工程在监测设计时将变形监测作为重点监测项目。

拱坝的变形监测按其监测部位不同又分为坝体、坝基和坝肩表面变形监测及接缝变形监测和内部变形监测。表面变形监测主要是测量建筑物的表面位移情况，根据变形方向的不同，又可分为水平位移监测和垂直位移监测；内部变形监测主要是测量结构内部或岩体内部的变形情况，又可分为钻孔轴向变形、钻孔横向变形监测等。变形监测成果直观、可靠、分析简便，是工程安全稳定性评价的重要依据之一。

55.1.1 坝体和坝基水平位移监测

拱坝水平位移一般采用正倒垂线组、表面变形监测点、GNSS 测量系统等。其中，表面变形监测点、GNSS 测量系统还可同时监测水平和垂直位移。坝基、坝肩水平位移一般采用垂线法等。

纵观国内拱坝表面位移监测，因测量精度问题，目前 GNSS 测量系统在混凝土坝位移监测中的应用尚不普遍，拱向监测基面的水平位移监测普遍采用表面变形监测点；垂线在大坝水平位移的监测中处于中心位置，它不仅能监测大坝有关高程的水平位移，而且它常常为各类准直线提供位移基准值，垂线法可以同时测得大坝不同高程径向和切向位移，方法简单，准确度高，易实现自动化监测，它已成为当今国内外拱坝水平位移监测的主流方法。但限于倒垂钻孔要求高，其费用也较高，垂线只能适当设置，不宜用来做全面观测。因此，龙江拱坝采用坝后前方交会法和垂线法相结合的布置形式，作为全面观测坝体和基础水平位移的手段，同时测定坝体挠度。

表面变形监测点采用水平位移监测网的 TS5 和 TS6 两个基准点作为水平位移监测的工作基点，用前方交会法观测径、切向位移。拱向监测基面上坝体表面变形测点布置兼顾全局，主要布置在坝顶下游侧及下游坝后栈桥上。

在坝顶 875.00m 高程每个坝段中心线上各布设 1 个测点，编号分别为 875TP01、875TP02、…、875TP26，共计 26 个测点；根据坝后交通的布置情况，在 842.00m 高程下游坝后栈桥的 6 号坝段到 21 号坝段每个坝段中心线上各布设 1 个测点，编号分别为 842TP06、842TP07、…、842TP21（13 号和 14 号坝段为表孔泄洪，没有布设测点），共计 14 个测点；在 803.00m 高程下游坝后栈桥的 9 号坝段到 17 号坝段每个坝段中心线上各布设 1 个测点，编号分别为 803TP09、803TP10、…、803TP17，共计 9 个测点；坝体水平位移监测共布设 49 个测点。

由于体型的限制，主要采用正、倒垂线组监测拱坝坝体梁向监测断面的水平位移。正、倒垂线一般都是成组布置在坝体重点监测坝段，重点监测坝段的选择应结合地质条件、计算成果和工程处理措施等因素，在平面上以能监控整个坝体、坝基及坝肩的宏观变形为原则。首先选择地质或结构复杂的坝段，其次是最高坝段和其他有代表性的坝段，位于河床部位的拱冠梁坝段，由于坝体高、变形大是必测部位。对与较高的坝或坝顶弧线长度较长时，还宜在 1/4 拱弧和坝顶拱端部位。

根据本工程坝体剖面形状及廊道的布置，在选定的 10 号、14 号、17 号 3 个坝段为重点监测坝段，在梁向监测断面内设置正、倒垂线组，用以监测坝基和坝体不同位置、不同高程的水平位移。由于拱坝结构的特殊性，4 个观测基面位置分别为：1—1 监测断面平行 13～14 号坝缝，距该缝 4.01m、2—2 监测断面平行 13～14 号坝缝，距该缝 9.81m、3—3 监测断面平行 10～11 号坝缝，距该缝 5.00m、4—4 监测断面平行 16～17 号坝缝，距该缝 1.25m，在上述 3 个坝段的 842.00m 和 803.00m 高程观测廊道，布设 7 条正垂线，设置 12 个正垂测点，正垂线均悬挂在坝顶或坝体各分层廊道的观测站内。在上述 3 个坝段的基础观测廊道布设 3 条倒垂线，设置 3 个倒垂测点。正垂线与倒垂线在坝基廊道的观测站内相衔接，凡是垂线通过的廊道内均设置监测站。垂线人工观测采用光学垂线仪，自动化观测采用遥测垂线仪。

将上述 10 号、14 号、17 号 3 个坝段布设的三条正垂线的悬挂点设在坝顶，与联系三角点位于同一个测墩上，通过联系三角点检查倒垂锚固点和控制网中测点的相对稳定性。

拱坝挠度的监测一般没有直接的监测方法，是利用同一坝段不同高程的正倒垂线组不同测点的变形测值通过合理的数学算法累加计算至某一测点处。

55.1.2　坝体和坝基垂直位移监测

垂直位移监测主要是测定建筑物在垂直方向（高程）上的变形，主要目的是监测坝体和坝基的不均匀沉陷和坝体倾斜。坝基岩石的塑性变形引起的坝基不均匀沉陷或局部压缩变形过大，往往会导致坝基浅层岩体开裂或坝踵开裂；较大范围岩体的沉陷和河谷的缩窄等，会导致坝体开裂。因此，坝体垂直位移监测也是整个监测工作中重要的一部分。垂直位移监测的方法主要有几何水准、三角高程、双金属标和静力水准等。

几何水准测量是垂直位移最通用的方式。几何水准法的优点是测点结构简单、布置灵活、测值直观可靠；缺点是观测工作量大，不便实现自动化观测，但精度能满足相关标准的要求。双金属标在为廊道内水准观测提供工作基点的同时，还可监测所在位置的垂直位移，精度能满足相关标准的要求，且容易实现自动化，因需要施钻深孔，所以不宜进行全面监测。因此，本工程坝体和坝基的垂直位移采用几何水准测量与双金属标相结合的方法。几何水准测量为一等水准测量，并应尽量组成水准网。

几何水准测量是从水准基点或工作基点起测，将各个测点贯穿于整个水准线路中，最后回到工作基点，形成附合或闭合水准线路。外业成果合格后，再按水准线路平差方式，计算出各监测点的高程，在根据监测点的高程与初始高程、上次测量高程进行比较，求得各监测点的累计垂直位移变化量和期内变化量。

根据地质及坝体结构情况本工程拱坝水准测点的布置分 4 个高程设置，共设置 56 个测点。在坝顶 875.00m 高程每个坝段布设 1 个测点，共 26 个测点；842.00m 高程廊道测点设在 6~21 号坝段，每个坝段布设 1 个测点，共 16 个测点；803.00m 高程廊道测点设在 9~18 号坝段，每个坝段布设 1 个测点，共 10 个测点；基础廊道测点设在 12~15 号坝段，每个坝段布设 1 个测点，共 4 个测点。

为了便于观测，减小高程传递误差，在 10 号、14 号、17 号坝段的基础廊道内布设双金属标，作为廊道内水准观测的工作基点。同时还作为上述 3 个坝段基础垂直位移的监测点。

为校核双金属标（廊道水准工作基点）的稳定性，以便修正上述装置的垂直位移监测成果，需要将外部变形水准监测控制网的绝对位移传入坝体内部，与枢纽区水准监测控制网的网点进行校测，并传递起测高程。因此，设立了拱坝竖直传高系统。竖直传高系统通过 10 号、14 号、17 号的垂线孔，采用铟钢带尺悬挂重锤用几何水准观测的方式进行传递，根据观测廊道和垂线孔的布设情况，共布设了 9 条铟钢带尺。

55.1.3　坝体和坝基倾斜

倾斜系指建筑物如坝体沿铅垂线或水平面的转动变化。倾斜的监测方法有直接监测法和间接监测法两类。直接监测法系采用倾斜仪直接测读大坝的倾斜角；间接监测法是通过观测相对垂直位移确定倾斜，一般采用几何水准测点和液体静力水准系统。本工程采用几何水准测量的方法进行间接测量坝体、坝基的倾斜值，借以判断大坝是否可能倾覆。

拱坝倾斜监测主要布置于同一梁向观测断面的不同高程的廊道和坝顶。在 10 号、14 号、17 号坝段的横向观测廊道沿上、下游方向各设 1 个水准标点，采用精密水准法进行观测，上游测点利用廊道内水准测点，共布设 9 个测点。拱坝外部变形监测布置见图 55.1。

55.1.4　接缝变形

本工程拱坝接缝变形监测主要包括建基面与坝体之间接触缝和大坝横缝的开合度的变化监测。

大坝与基础的结合部位是工程的一个薄弱环节，也是大坝状态反应敏感的区域，是接缝监测的重点部位，坝体混凝土与基岩接触缝的开度变化是评价坝体和岩体整体作用的重

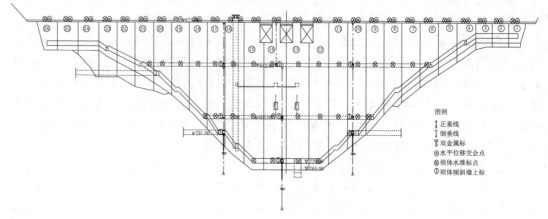

图 55.1　拱坝外部变形监测布置图

要依据；基于横缝灌浆质量对于拱坝整体作用的重要性，拱坝横缝开合度监测也是重点监测项目之一，主要的目的是在施工期指导接缝灌浆的时机、压力和监测灌浆效果，在运行期监视其横缝的开合度变化，为大坝的整体性评价提供依据。接缝变形监测主要采用测缝计进行监测。

（1）建基面与坝体之间接触缝。为了解坝体混凝土与基岩面的结合情况，在 14 号、10 号、17 号 3 个梁向断面的坝基布置单向测缝计进行观测。主要布置在坝踵、坝趾距坝面 2.0m 处，每个监测断面布设 2 支测缝计，3 个监测断面共 6 支。

（2）大坝横缝。拱坝需要进行接缝灌浆形成空间整体传力结构，横缝开度受温度、河谷形状、坝段高差及蓄水等因素影响较大，灌浆的时机、质量及灌浆后横缝开度的变化对拱坝整体结构影响较大，因此需要进行拱坝横缝开度监测。

测缝计的布置以 13～14 号坝段分缝为中心，沿左、右岸方向隔缝布设，共选择了 7 条横缝，以河床坝段的横缝为主，分 4 个高程布置，在每条接缝的各个高程处，分别设置 3 支单向埋入式测缝计，即上、下游面及坝中各布设 1 支测缝计，总共 60 支。

55.1.5　坝基及拱座的内部变形

拱坝主要依靠材料的强度，特别是抗压强度来保证大坝安全，坝体结构既有拱作用又有梁作用。其承受的荷载一部分通过拱的作用传向两岸山体或重力墩，另一部分通过竖直梁的作用传到坝底基岩。坝体的稳定主要是依靠两岸拱端的反力作用来维持，应该把坝体和坝基、坝肩作为统一体来考虑，安全监测的设计也是如此。

龙江枢纽左岸坝肩有 R_{01}、R_{02}、R_{15}、R_{16} 软岩和 F_{30} 断层，右岸坝肩有 R_{19}、R_{20} 软岩和 F_8、F_{37}、F_{42} 断层，坝体基础岩体的变形模量偏低，因此需要对其加强监测，以便了解不同工况下，坝基岩体和基础处理工程结构的工作状况，分析其状态是否正常，监控大坝安全运行。拱坝坝基及内部变形监测布置见图 55.2。

（1）坝基内部变形。根据工程的实际情况，结合坝体变形监测布置，选择拱冠 10 号坝段、14 号坝段为主要监测梁向断面，在基础廊道和观测廊道内分别向坝基岩石内钻孔，埋设滑动测微计导管与测量标志，用滑动测微计监测沿钻孔轴线方向不同深度的基础混凝土和岩体轴向位移或应变分布。滑动测微计其特点是精度高、测点多，连续位移、应变分布，可在整个测孔深度内以 1m 为间隔单位连续监测。但是，需要人工将探头放入钻孔内，逐点测读，工作量较大。

10 号坝段和 14 号坝段布设在观测廊道垂直向下钻孔，用以观测坝址区域可能产生的压缩变形。每个监测孔深 30m。

（2）拱座岩体内部变形。为观测坝基拱座岩体变位，选择 2 个高程拱圈（高程为 842.00m 和 791.00m）与两岸相交的拱座为主要观测部位，分别布设滑动测微计和多点位移计对岩体变位进行观测。

滑动测微计钻孔方向一般垂直开挖面，具体方向应根据实际情况考虑，选择 3 个拱座（6 号、17 号、21 号）分别布设 1 孔，共布置 3 套滑动测微计，同时各布置 1 套多点位移计，多点位移计用于监测钻孔轴向的变形，用于观测基岩变位并与滑动测微计互相校核。

（3）重力墩变形。为监测重力墩变形，在 3 号坝段和 24 号坝段各布设 1 个测斜孔，利用高边坡已有的双轴滑动测斜仪观测重力墩测斜孔不同深度的钻孔横向变形。

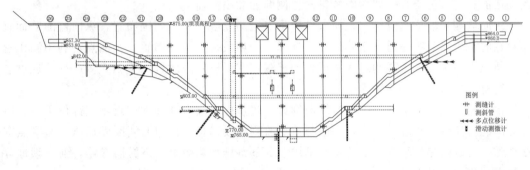

图 55.2　拱坝坝基及内部变形监测布置图

55.1.6　拱坝坝肩谷幅变形监测

拱坝两岸坝肩在承受各种荷载后，河谷的宽度将发生变化，谷幅持续的张开和收缩对拱坝受力是不利的。因此，有必要通过监测河谷谷幅的伸长或缩短，研究其变化规律，为分析坝肩的稳定性提供依据。

坝址上游受库水作用，下游受拱推力作用，拱坝谷幅监测测线应在坝址上下游范围和不同高程均有布置，本工程在近拱坝弦线附近、上下游坝肩岩体，分别布置了 3 条谷幅测量线，用全站仪量测测线长度的变化。第一条谷幅测点布置在拱坝上游，利用枢纽区外部变形监测网的网点 TS1 和 TS4 两个测点；第二条谷幅测点布置在拱坝弦线附近，编号为 G1 和 G2；第三条谷幅测点布置在拱坝下游两岸坝肩，编号为 G3 和 G4。通过平面监测控制网观测的测值，进行高程改平后计算两岸坡不同范围和高程的谷幅变化。测量河谷谷幅的伸长或缩短，研究其变化规律，分析坝肩的稳定性。

55.2　渗流监测

渗流监测的主要目的是检验防渗控制措施的防渗和降压效果，以及判断是否存在物理和化学侵蚀性渗透破坏，渗流监测主要包括：基础扬压力监测、渗流量监测、绕坝渗流和水质分析。

55.2.1　扬压力

坝基扬压力的存在减少了坝体的重量,降低了坝的抗滑能力。扬压力的大小直接关系到大坝的安全性和经济性。扬压力对坝与坝基岩体均能产生破坏作用。它不但具有自身随时间和空间分布而变化的特性,而且将会引起其他作用力的变化。例如使滑动面内抗剪强度降低,对坝体胶结材料有溶蚀作用,对岩层中充填物有冲蚀及溶解作用等。

坝基扬压力的大小和分布情况,主要与基岩地质特性、裂隙程度、帷幕灌浆质量、排水系统的效果以及坝基轮廓线和扬压力的作用面积等因素有关。通过扬压力的分布和变化可以判断坝基和帷幕是否拉裂、帷幕灌浆和排水的效果、坝体是否稳定和安全等。因此,扬压力也是拱坝重要的监测项目。

坝基扬压力监测应根据工程规模、坝基地质条件和渗流控制的工程措施,并结合变形及应力应变监测坝段的布置等因素进行设计布置。

基础扬压力布置应综合考虑坝基地质条件和渗排工程措施,并结合变形及应力应变监测坝段的布置等因素,一般应布置纵向监测断面和横向监测断面。

纵向监测坝段应重点结合地质条件和重点监测坝段按适当间隔布置,纵向监测断面宜布置在防渗帷幕后第一道排水幕线前,选择 9 个坝段每一坝段布置一个测点,利用测压管上安装压力表进行人工观测,为实现自动观测,在测压管内放置一支弦式渗压计,通过监测电缆将信号传至自动监测系统。

横河向监测断面选择考虑坝基纵向廊道、建基面压应力计和坝体近坝基部位梁向、拱推力向的应变计组布置等因素,一般与重点监测坝段结合。横向监测断面扬压力监测点宜在坝踵、上游防渗帷幕后、上游排水幕线上、下游排水幕线上、下游防渗帷幕前、坝趾等特征点部位适当考虑。

选择 10 号、14 号、17 号坝段,在有坝基纵向廊道的部位布置测压管,每个坝段横向监测断面上的扬压力布置 3 个测点,其中第一个测点与纵向扬压力共用。

在建基面布置有压应力计和坝体布置有近坝基梁向、拱推力向的应变计组坝段,在相应部位 6 号和 21 号建基面上各布置 2 支渗压计,监测仪器编号分别为 6P1、6P2、21P1、21P2;在大坝混凝土置换基础布置 3 支渗压计,监测仪器编号分别为 6P3、6P4、6P5、21P3、21P4、21P5;在 10 号、14 号、17 号建基面上各布置 3 支渗压计,监测仪器编号分别为 10P1、10P2、10P3、14P1、14P2、14P3、17P1、17P2、17P3。

55.2.2　渗流量

渗流量是指库水穿过大坝地基介质和坝体孔隙产生的渗透水量。坝基浅表部位基岩的拉裂、帷幕的拉裂与失效、坝基浅层剪变位增大和地质缺陷溶蚀等均可引起坝基渗流量的增大,因此可利用渗流量的观测资料,综合分析拱坝坝基的工作性态。根据较多的工程实例,拱坝失事大多是出现在坝基、坝肩等部位,故渗流量监测是评判拱坝安危的重要监测项目之一。

坝体靠上游面排水管渗漏水以及坝体混凝土缺陷、冷缝和裂缝的漏水为坝体渗流,大多流入基础廊道上游侧排水沟内,可根据排水沟设计的渗流水流向,分段集中量测,坝基排水孔排出的渗漏水为坝基渗流,一般流入基础廊道下游侧排水沟,同时还可在坝体廊道或坝基的排水井集中观测。

大坝共布置 10 座量水堰，分区观测渗流量的变化。在 803.00m 高程廊道、842.00m 高程廊道的排水沟内分左右区，布置 4 个量水堰，基础廊道内分别位于集水井两侧的排水沟内布设 4 座；左、右岸灌浆平洞分别位于平洞内上下游排水沟内布设 2 座，为实现自动观测，分别放置量水堰微压计。在基础廊道集水井内设置 1 台集水井测量仪，以量测总的漏水量。

55.2.3　绕坝渗流

绕坝渗流是指库水环绕与大坝两坝肩连接的岸坡产生的流向下游的渗透水流。基于拱坝的受力特点，渗透水对拱坝拱座的稳定性有明显影响，渗流将减少岩体的抗剪能力，是产生拱座岩体滑动的直接原因之一。因此，需要进行近坝部位的坝肩抗力体内和地质条件薄弱带的绕坝渗流和渗透压力监测。

绕坝渗流水位孔布置应根据地形、枢纽布置、工程地质及水文条件、排渗设施、绕坝渗流区渗透特性及渗流计算成果综合考虑，测点布置以观测成果能绘出绕流等水位线为前提。

根据本工程地质情况，在两岸帷幕后顺帷幕方向布置 3 排，共计 18 个绕坝渗流监测孔。为实现自动观测，在绕坝渗流监测孔内放置渗压计。

55.2.4　水质分析

水质监测设置的目的主要为了解地下水水质变化，探明渗流水来源。通过水质分析监测，了解渗流、渗透剂溶蚀状况，及时发现可能出现的问题以便采取措施保证工程正常运行。

水质分析主要取样点为有代表性的排水孔、扬压力测压管、地下水监测孔及水库库水，宜定期进行水质分析，包括渗流水的物理性质、pH 值和化学成分分析。

55.3　应力应变及温度监测

为了保证大坝安全，混凝土坝设计时必须遵循两个原则：一是坝体和坝基保持稳定，二是坝体应力控制在材料强度允许的范围之内。混凝土的应力应变观测就是为了了解坝体应力的实际分布，寻求最大应力（拉、压和剪应力）的位置、大小和方向，以便估计大坝的安全程度，为大坝的运行和加固维修提供依据。通过应力观测成果还可以检验设计，提高科技水平。

混凝土温度监测的目的是了解混凝土在水化热、水温、气温和太阳辐射等因素影响下坝体内部温度分布和变化情况，以研究温度对坝体应力及位移的影响，分析坝体的运行状态，随时掌握施工中混凝土的散热情况，借以研究改进施工方法，进行施工过程中的温度控制，防止产生温度裂缝，确定灌浆时间并为科研、设计积累资料。

应力应变及温度监测应与变形监测和渗流监测项目相结合布置，重要的物理量布设互相验证的监测仪器。拱坝应力应变及温度监测布置见图 55.3。

55.3.1　坝体应力应变

拱坝坝体应力监测布置应结合应力计算成果、拱坝体型等因素。基于拱坝是一个超静定的空间壳体结构，在外部荷载变化时坝体变形和应力均具有很强的自身调节能力，与重力坝应力应变侧重单坝段监测不同，拱坝的应力应变监测必须构成一个整体体系，以监测

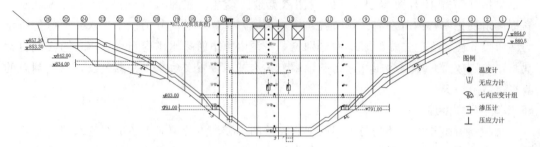

图 55.3　拱坝应力应变及温度监测布置图

在不同工况下拱坝应力的分布和变化特征。通常情况下，以坝段为梁向监测断面，以高程为拱向监测基面，构成应力应变的拱梁空间监测体系。在拱冠、1/4 拱弧处选择布置梁向监测断面 3 个，应变计组主要布置在 10 号、14 号、17 号 3 个坝段观测断面内，在不同高程上布置拱向监测基面 3 个，分别为距建基面 5m 或 10m（10 号坝段高程为 790.00m、14 号坝段高程为 765.00m 和 17 号坝段高程为 790.00m）、803.00m 高程和 842.00m 高程，每个高程面上布设 2 组，在距坝上、下游面 2m 的部位，3 个坝段共计 22 组（154 支应变计）。由于拱坝的应力情况较为复杂，在布设应变计组时按空间应力状态考虑，由 7 支应变计组成七向应变计组。为扣除应变计组观测结果中混凝土的非应力应变，在每个应变计组旁边各布设 1 支无应力计，3 个坝段共 22 支。无应力计与相应的应变计组距坝面相同，无应力计与应变计组之间的中心距 1.2m。

55.3.2　拱推力观测设计

为监测坝基拱座岩体变位与拱推力，在左岸各选择 2 个高程，分别为 786.20m 和 836.00m，在右岸各选择 2 个高程，分别为 788.70m 和 834.20m，以左右岸拱圈与两岸相交的拱座为主要观测部位，布置压应力计和渗压计进行拱推力观测。

沿拱座推力方向布设压应力计，每个拱座沿上、下游方向各设 1 支，选择 4 个拱座共布设 8 支压应力计。

渗压计布置在基础混凝土与岩石接缝处，每个拱座沿上、下游方向各设 1 支，共布设 6 支。主要目的是因为压应力计的测值包括渗压引起的应力，所以拱推力数值为压应力计数值减去渗压计数值。

55.3.3　坝体温度

坝体温度监测应与应力监测统筹考虑，温度监测点布置应根据混凝土结构的特点和施工方法及计算分析的温度场状态进行布置。一般按网格布置温度测点，网格间距为 8～15m，在温度梯度较大的坝面或孔口附近测点宜适当加密，以能绘制坝体等温线的大小和方向，能和计算成果及模型试验成果进行对比，能与其他监测资料综合分析，满足工程需要。

在 10 号、14 号、17 号 3 个坝段监测横断面（坝体温度监测与应力监测取同一坝段布置），可在不同高程布置水平监测截面。竖向沿不同高程，水平向沿上、下游方向按照网格状布置测点。以 14 号坝段为例，在高程 769.00m、775.00m、785.00m、795.00m、806.00m、815.00m、825.00m、835.00m、845.00m、850.00m、860.00m、865.00m 及

870.00m，主要设在距混凝土表面 70mm 和梁剖面中心线上，沿上、下游方向分别布设 3～5 支温度计（在设有测温功能的其他仪器位置不再布设温度计），共布设 28 支，3 个监测断面共计 64 支温度计。设在接近混凝土表面的温度计兼测库水温。应力应变及温度监测剖面布置见图 55.4。

55.3.4 基岩温度

为掌握基岩在混凝土水化热温升时对基础温度传递和基础不同深度下温度分布，综合评价基础工作状态，采用坝基布设的滑动测微计的测温功能来进行监测。

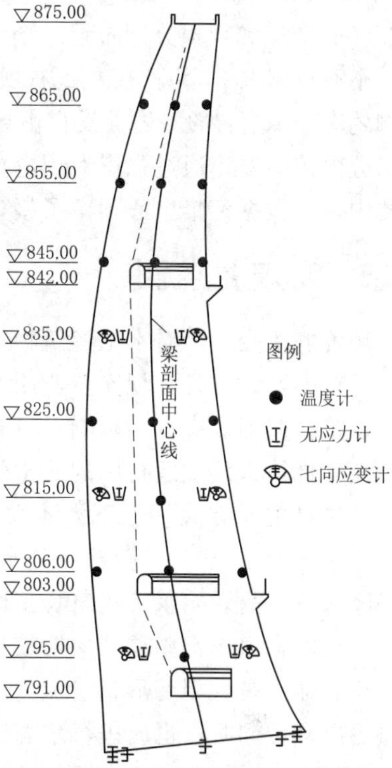

55.4 强震动安全监测

强震动是指地震和爆破等引起的场地或工程结构强烈震动。强震动安全监测是用专门仪器记录强震时，工程结构和场地的地震反应，为评估水工建筑物安全而进行的监测。主要目的是监测大坝周围一定距离的中强天然地震时，分析地震对大坝的影响程度，了解大坝在地震作用下的反应特性，评估其抗震能力，为震后评估大坝的安全性和修复以及工程安全运行决策提供依据，同时也为以后大坝的抗震设防提供参考资料。

根据《中国地震动参数区划图》（GB 18306—2001），本工程区地震动峰值加速度为 $0.2g$，地震基本烈度为Ⅷ度。

大坝为 1 级建筑物，抗震类别为甲类，设计地震设防标准采用基准期 100 年内超越概率 2‰的概率水准，校核地震设防标准采用基准期 100 年内超越概率 1‰的概率水准，水平设计地震动峰值加速度为 $0.36g$；校核地震动峰值加速度为 $0.41g$。

强震监测系统由加速度传感器、强震记录器、计算机、传输线路四部分组成。加速度传感器布置在各测点处，通过数据传输线路将信息传送至强震记录器，由强震记录器存储并在满足预设的触发条件下触发传输至工程强震监测管理站进行分析。

水工建筑物强震动监测台阵包括建筑物结构反应台阵和场地效应台阵。强震动监测台阵设计是在工程地质勘察、建筑物设计和结构动力计算的基础上，把测点布置在能反映输入地震动和建筑物反应特征的部位，既要考虑建筑物的整体反应，又应突出重点部位。

龙江拱坝的强震观测重点部位有 3 个：1 个顶拱圈、1 个拱冠梁和 1 个基础输入。沿拱冠梁的不同高程布置，以求得其动力放大倍数，沿坝顶不同坝段布置，以求其地震运动相位与振型；为了解坝肩运动受坝的惯性和振动反应的影响，在左右坝肩上分别布置测点；为获得作为大坝地震动输入的场地运动特性，了解大坝与地基的相互作用，在自由场布置测点，自由场测点必须布设在距坝及其附属建筑物足够远的地方，使之不受坝及其附

▽875.00
▽865.00
▽855.00
▽845.00
▽842.00
▽835.00
▽825.00
▽815.00
▽806.00
▽803.00
▽795.00
▽791.00

梁剖面中心线

图例
● 温度计
Ⅱ 无应力计
七向应变计

图 55.4　应力应变及温度监测剖面布置图

属建筑物的存在与振动的影响。

龙江拱坝由于需监测的范围比较广，共设计了 12 个测点，一个强震监测中心。强震数据分析处理中心设在坝顶中控楼内。具体布置如下：

14 号坝段为基本观测基面，在基本观测面内的基础廊道 770.00m 高程、806.00m 高程、842.00m 高程和坝顶分布布置 1 个测点（共 4 个）；同时在 10 号坝段的基础廊道、842.00m 高程和坝顶分别布置 1 个测点（共 3 个）；20 号坝段 842.00m 高程和坝顶分别布置 1 个测点（共 2 个）；在左、右坝肩分别布设 1 个测点（共 2 个）；在大坝下游、距右岸坝脚约 250m 左右的基岩处设自由场测点 1 个。测点的加速度计分别使用一分向、二分向和三分向传感器，通过强震专用电缆传至数据汇集中心。数据汇集中心设在大坝坝顶的中控楼内，在数据汇集中心预留了接口，可通过光缆进行网络传输。

55.5　环境量监测

环境的改变，会对水工建筑物的工作状态产生很大影响，环境是影响结构内部应力应变的外在因素，也是大坝安全监测的重要组成部分。环境量监测的目的是掌握环境量的变化对建筑物监测效应量的影响。只有取得准确的环境量数据，才能客观地分析效应量的成因和变化规律，发现运行中的异常效应量。

环境量主要有大坝上下游水位、降水量、气温、库水温、坝前淤积、下游冲淤和冰冻。上、下游水位（水荷载），是水工建筑物需要承担的主要荷载，外界气象条件包括气温、降水量等是影响水工建筑物工作状态的主要因素，水位和环境温度是必测项目。对于高坝大水库，由于水库调节周期较长，水库的温度和原河流的水温有很大不同。库水温和库水位一样，是大坝变形、渗流、应力的主要影响因素，也是大坝运行管理的重要依据，在监测库水位同时，也应进行水温监测。因此，根据实际情况，本工程主要对大坝上下游水位、降水量、气温、库水温的数据进行采集，采取与龙江水电站枢纽工程水情自动测报系统的数据共享的方式获取上述观测数据。相关的测站布置如下：

55.5.1　大坝上下游水位

坝上水位雨量一体站设在龙江水利枢纽大坝 6 号坝段处，由相关采集设备和中心站接收软件构成。数据采集通过 GPRS/GSM 网络由短信方式传回水情中心站。

坝下水位站位于龙江水电站厂房尾水处，由相关采集设备和中心站接收软件构成，数据采集通过 GPRS/GSM 网络由短信方式传回水情中心站。

55.5.2　降水量

龙江水情测报系统库区雨量站为虚拟站，由中心站系统软件直接通过互联网通道在德宏州气象局雨情信息发布网站上采集需要的 9 个雨量站信息，通过数据规整后传输至中心站数据库服务器。坝上水位雨量由坝上水位雨量一体站监测。

55.5.3　气温监测

气温采集设置百叶箱在变电站位置，采用温度计采集，通过 GSM 传输至大坝安全自动化监测系统。

55.5.4　库水温度监测

水库的水温随着气温、入库水流温度及泄流条件等变化，不同区域、不同深度的水温也有差异。监测目的是了解水温对坝体结构应力和变形的影响。温度监测主要采用埋设温度计的方法观测。

龙江大坝为双曲拱坝，坝体准稳定温度主要与上游水温、下游水温、气温、坝基础温度等边界条件有关，尤以水库水温垂直分布对坝体准稳定温度场影响较大。故温度计主要布置在坝体上游侧，不同水深处，具体布置在 10 号坝段、14 号坝段、17 号坝段，且与坝体应力温度监测坝段一致，温度计布置在距混凝土表面 70mm 处。

55.6　消能塘监测设计

消能防冲建筑物是泄水建筑物的有机组成部分，担负着消散部分或大部分高速水流动能的任务。大坝消能塘的安全同样直接影响到大坝坝址处边坡安全，因此，需要对其进行监测。根据消能塘的工作特点，主要进行底板抗浮稳定监测。监测的项目有：底板扬压力、锚杆应力以及接缝变形。

根据消能塘的结构及主要地质条件，选择桩号 0＋028.00m、0＋071.50m、0＋111.00m 三个观测断面，分别布置渗压计、锚杆应力计及测缝计。其中，每个断面布置渗压计 5 支，均布置在混凝土底板与基岩接触面；为监测锚杆应力每个监测断面布置 5 支锚杆应力计，布置原则为底板布置 3 支，两边护坡各布置 1 支；每个监测断面布置 5 支测缝计，分别布置在混凝土底板及两边护坡与基岩接缝处，底板布置 3 支，两边护坡各布置 1 支。

第56章 引水系统监测设计

引水系统布置在左岸山体内，由进水口、引水隧洞及压力管道组成，采用一洞四机的布置方式，进水口位于左岸坝头上游侧约50m处，引水隧洞在拱坝22号坝段下穿过，经"卜"字形分岔由四条压力钢管与蝶阀相连进入厂房。

56.1 引水隧洞

引水隧洞位于渐变段后，桩号为引0+020.00～引0+099.07m，为圆形断面，隧洞内径为11m，采用钢筋混凝土衬砌，衬砌厚0.8m。根据具体的围岩地质条件、支护结构和地下水环境，采用钢筋应力计、测缝计及孔隙水压力计，对衬砌结构钢筋应力、衬砌与围岩接缝位移和衬砌围岩部位的渗透压力进行监测，必要时进行混凝土应力、应变监测。根据现行标准及工程实际，确定的监测项目有：围岩变形、接缝变形、渗透压力、应力应变及温度监测。其监测断面的选择如图56.1所示。

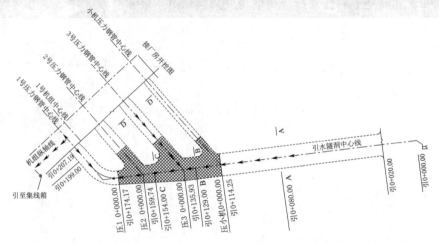

图56.1 龙江水电站引水洞监测平面布置图

在引水发电洞选取1个监测断面，监测断面桩号为引0+080.00m。围岩变形监测在选取的监测断面上布设了3套3点式多点位移计；为监测围岩与混凝土衬砌间的缝隙变化，在观测断面上布置4支测缝计；为观测钢筋混凝土衬砌结构外水压力，在相应的观测断面布设4支渗压计；为监测钢筋混凝土衬砌结构应力应变及温度，在观测断面上布置4支应变计和1支无应力计，为观测在引水洞四周埋设的锚杆受力情况，在观测断面布置5支锚杆应力计。

56.2 钢岔管

钢岔管及压力钢管位于引水隧洞后，从桩号引0+099.07～引0+207.70m（厂房上游墙），压力钢管主管段内径为11m，外包混凝土厚1.0m，经由两个月牙肋钢岔管分出4条支管，3条支管内径为 6m，外包混凝土厚 0.8m，生态机组支管内径为 3m，外包混凝土厚 0.8m。

　　在岔管部位选择 2 个监测断面，监测断面桩号分别为引 0＋129.00m 和引 0＋154.00m，每个监测断面布设钢板计 4 支、应变计 8 支、无应力计 2 支。2 个监测断面共布设钢板计 8 支、应变计 16 支、无应力计 4 支。龙江水电站引水洞监测剖面布置见图 56.2。

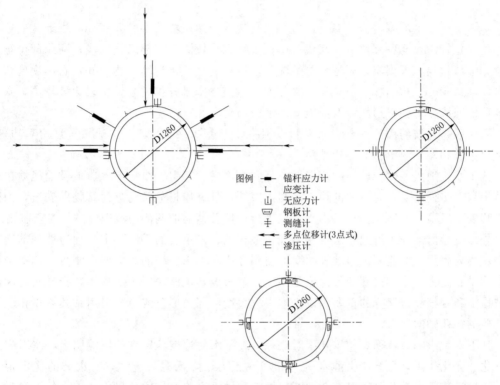

图 56.2　龙江水电站引水洞监测剖面布置图

　　考虑 3 条大机组引水支管的压力钢管结构、位置、运行条件差别不大，选择 3 号钢管的 1 个断面作为典型监测断面布置观测仪器。布设轴向和环向钢板计各 4 支。龙江水电站钢岔管监测剖面布置见图 56.3。

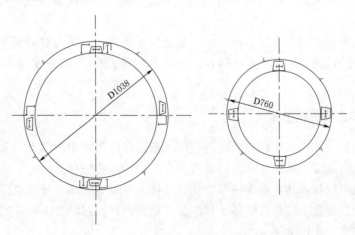

图 56.3　龙江水电站钢岔管监测剖面布置图

第57章 工程边坡监测设计

本工程枢纽区的基岩为片麻岩，岩石风化较深。两岸覆盖层厚 2~7m。坝址区一般山脊部位风化较深，沟谷部位风化较浅；岸坡上部风化较深，下部风化变浅；河床部位很少有全、强风化层。根据实际开挖部位情况，左岸坝肩全风化带厚度达 36m，右岸坝肩全风化带厚度达 55m。枢纽区岩石全风化带较深，建筑物基础开挖的全风化岩边坡较高，永久边坡稳定问题较重要。边坡涉及的地质环境较为复杂。

枢纽区高边坡的部位主要为大坝两岸坝头以上边坡、消能塘两岸边坡、厂房后边坡、进水口边坡和左岸缆机移动端边坡。

鉴于坝区地质条件及环境的复杂性，且右岸坝头、厂房、缆机平台边坡及消能塘边坡岩体中存在多处断层，对边坡的稳定不利，边坡一旦失稳将危及附近建筑物的安全，为降低工程安全风险，右岸坝头、厂房、缆机平台边坡及消能塘两侧边坡需要进行安全监测。

外部变形监测是了解边坡宏观变形规律最直观、最重要的手段。本工程边坡外部变形监测主要为表面变形监测。边坡表面变形监测方法是采用传统的大地变形测量，包括平面变形测量和高程测量；内部变形监测是用于了解边坡岩土体深层变形规律，指导实施深部支护措施和复核稳定计算的重要手段。本工程边坡内部变形监测主要采用钻孔埋设相应仪器，监测钻孔轴向变形。

地下水是影响边坡稳定的重要因素之一，地下水对边坡稳定性的影响明显，水对岩土有软化、泥化作用，且会产生静水压力和动水压力，降低有效应力，对边坡的稳定很不利。通过渗流状况的监测，可综合判断边坡工程排水设施的排水效果、地表水的下渗量及地下水的变化情况，揭示边坡地下水有无集中渗漏和排水失效等现象，以及水环境因素对边坡安全状况的影响程度。

锚索（杆）锚固力变化在一定程度上可客观反映边坡的稳定状态及变形速率。采用锚索（杆）测力计监测锚索（杆）荷载的大小及变化规律，了解锚索（杆）对边坡的加固效果和长期工作性态。

综上所述，根据工程的实际情况，本工程边坡主要宜监测高边坡的变形稳定性以及锚杆等支护措施的加固效果，监测项目为：外部和内部变形和地下水位和锚索（杆）的应力。

57.1 右岸坝头高边坡

右岸坝头边坡的外部水平位移监测，利用水平位移监测网中的基点，采用边角交会方法进行观测。在马道等处布置 9 个高边坡监测点（兼作垂直位移测点）。

岩体钻孔轴向位移和钻孔横向位移监测，选择 1 个监测断面布置多点位移计和活动测斜仪进行观测，共布置 1 套多点位移计和 3 套滑动测斜仪，同时在测斜孔底布置 1 支渗压计，观测渗流或地下水位情况。

锚杆应力监测，在深入岩石 4.5m 和 8m 的锚杆中选择 10 根锚杆，分别布置 10 支锚杆应力计进行监测。

57.2　厂房、变电站高边坡

　　选择 2 个监测断面布置多点位移计，以观测岩体内部轴向位移，共布置 4 套多点位移计。

　　外部水平位移监测利用水平位移监测网中的基点，在马道等处布置 8 个高边坡监测点，采用边角交会方法进行观测。

　　在深入岩石 4.5m 的锚杆中选择 10 根锚杆布置 10 支锚杆应力计，观测支护效果。

　　此外，高边坡渗流监测结合绕坝渗流监测孔的布置，统筹合理布设，进行地下水长期、重点监测。

57.3　消能塘边坡

　　消能塘开挖边坡较高，且局部存在地质缺陷，为监测消能塘两侧高边坡的变形情况，在左岸选择 4 个不同高程的马道布设 6 个表面监测墩，外部变形测点高程分别为 817.00m、840.00m、860.00m、875.00m；在右岸选择 3 个不同高程的马道布设 6 个表面变形测点，高程分别为 820.00m、845.00m、875.00m；共计 12 个外部水平位移测点。采用大地测量的方法对边坡水平位移进行监测。

　　为监测边坡锚固效果，在消能塘边坡锚索中选择 7 个锚索布设 7 套（6 弦）锚索测力计，监测锚索张力的变化情况。

57.4　左岸缆机 930.00m 高程以上高边坡

　　根据左岸缆机平台后边坡的地质情况，选择两个监测断面，其中一个断面为边坡最大剖面，作为安全监测的主要观测剖面，另一个断面作为辅助观测剖面。对缆机平台后边坡进行内、外部变形监测布置。

　　在选择的 2 个观测剖面上选定 6 个不同高程的马道分别布设 6 个表面变形监测点，高程分别为：960.00m、990.00m、1005.00m、1095.00m，共计 18 个外部水平位移测点。利用水平位监测网中的基准点，采用大地测量的方法对边坡水平位移进行监测。

　　为监测边坡岩体不同深度的变形情况，在选择的 2 个监测断面上，选择 2 个不同高程的马道分别布置多点位移计和测斜孔，分别进行岩体钻孔轴向位移监测和岩体钻孔横向位移监测。监测仪器布设高程分别为：960.00m 和 1005.00m；共计 4 套多点位移计（4 点）和 4 个测斜孔，测斜孔采用活动测斜仪进行观测。

　　边坡锚固效果监测主要是监测锚索（杆）的受力状态，在 2 个观测剖面的 3 个不同高程支护系统中布置锚索测力计 3 套（3 弦）和锚杆应力计 3 套（1 点）。锚索测力计高程分别为 957.00m、982.00m 和 987.00m；锚杆应力计高程分别为 940.00m、970.00m 和 975.00m。

　　为监测边坡地下水位的变化情况及地下水位对边坡的影响，选择 1 个监测断面布设 4 个地下水位监测孔，高程分别为 990.00m、1005.00m、1035.00m 和 1065.00m。

第58章 巡视检查

仪器检测与现场检查不同，仪器检测是定量的，可以量测到坝体及基础的状态，提供长期连续系列资料，能发现大坝结构在不同荷载条件下微小变化趋势，定量评估大坝安全运行性态与发展趋势，现场检查能够在时间和空间上补充仪器量测的不足，更能全面地直观地对工程结构性态有快速、整体的初步诊断。

由于自然因素变化无常，观测仪器布设有限，因此从施工期到运行期都要进行巡视检查。巡视检查包括：日常巡视检查、年度巡视检查和特别巡视检查。

巡视检查是根据工程的具体情况和特点，制定切实可行的巡视检查制度，具体规定检查时间、部位、内容和要求，并确定巡回检查路线和检查顺序，由有经验的技术人员负责进行。

对各项巡视检查作好记录，必要时绘出草图，加以描述，对检查过程中发现的问题，及时上报，并采取有效措施。

58.1 检查方法

（1）常规检查。用眼看、耳听、手摸、鼻嗅、脚踩等直观方法，或辅以锤、钎、钢卷尺、放大镜、望远镜、摄像机、石蕊试纸等简单工具对工程表面和异常现象进行检查。

（2）特殊检查。采用开挖表层、拆除块石护坡、探坑（或槽）、探井、钻孔取样或孔内电视、向孔内注水试验、投放化学试剂、潜水员探摸或水下电视、水下摄影或录像、超声波探测及锈蚀检测、材质化验或强度检测等方法，对工程内部、水下部位或坝基进行检查。当遇到严重影响安全运行的情况（如出现暴雨、大洪水、有感地震等）发生比较严重的破坏现象或其他危险迹象时，也可采用此种检查方法。

58.2 检查工作要求

巡视检查必须由熟悉本工程情况的工程技术和管理人员参加。日常巡视检查人员要相对稳定，检查时带好必需的辅助工具和记录笔、簿。

（1）年度巡视检查和特别巡视检查，均须制定详细的检查计划并做好准备工作。

（2）做好水库调度，为检查输水、泄水建筑物或进行水下检查创造条件。

（3）做好电力安排，为检查工作提供必要的动力和照明。

（4）排干检查部位积水和清除堆积物。

（5）安装或搭设临时设施，便于检查人员接近检查部位。

（6）准备交通工具和专门车辆、船只，以及量测、记录、绘草图、照相、录像等器具。

（7）采取安全防护措施，确保检查工作及设备、人身安全。

58.3 检查项目和内容

（1）坝体检查。坝体主要检查以下内容：

1）相邻坝段之间的错动。

2）伸缩缝开合情况和止水的工作状况。

3）上下游坝面及廊道壁上有无裂缝及裂缝中漏水情况。

4）混凝土有无破损。

5）混凝土有无溶蚀或水流侵蚀现象。

6）坝体排水孔的工作状态，渗漏水的水量和水质有无显著变化。

（2）坝基和坝肩。坝基和坝肩主要检查以下内容：

1）基础岩体有无挤压、错动、松动和鼓出。

2）坝体与基岩（或岸坡）接合处有无错动、开裂、脱离及渗水等情况。

3）两岸坝肩区有无裂缝、滑坡、溶蚀及绕渗等情况。

4）基础排水设施的工作状况、渗漏水的水量及浑浊度有无变化。

（3）引水建筑物。引水建筑物检查内容主要为：进水口和引水渠道有无堵淤，进水口、拦污栅有无损坏等。

（4）泄水建筑物。泄水建筑物检查内容包括：

1）进口段有无坍塌、崩岸、淤堵或其他阻水现象，流态是否正常。

2）堰顶或边墙、溢流面、底板：有无裂缝、渗水、剥落、冲刷、磨损、空蚀等现象；伸缩缝、排水孔是否完好。

3）消力池有无冲刷或砂石、杂物堆积等现象。

（5）闸门及启闭机。闸门及启闭机检查的内容包括：

1）闸门及其开度指示器、门槽、止水等能否正常工作，有无不安全因素。

2）启闭机能否正常工作，备用电源及手动启闭是否可靠。

（6）通信、照明及交通设施

观测及通信设施是否完好、畅通；照明及交通设施有无损坏及障碍。

58.4 检查时间及频率

巡视检查分为日常巡视检查、年度巡视检查和特别巡视检查 3 类。

（1）日常巡视检查。应根据工程的具体情况和特点，制定切实可行的巡视检查制度，具体规定巡视检查的时间、部位、内容和要求，并确定日常的巡回检查路线和检查顺序，由有经验的技术人员负责进行。本工程日常巡视检查的次数要求如下：

1）在施工期每周 2 次，每月不得少于 4 次。

2）在初期蓄（充）水以前，对整个工程进行 1 次全面细致的巡视检查。

3）在初蓄期从开始蓄水到正常蓄水位时段或库水位上升和水位下降期间，每天或每两天检查 1 次，但每周不少于 3 次；在库水位相对稳定时段，2～3 天检查 1 次；在管道充水过程中以及在电站机组有水调试期间每天检查 1 次，在首次充水的 3 个月内加强各监测项目的巡视检查；必要时也可进行连续检查。

4）在初蓄期，库水位达到正常蓄水位后的 3 年内，在前一个月每天或每两天 1 次，此后时段每周检查 1~2 次，每月不少于 4 次。

　　5）在进入运行期后，每周或每两周检查 1 次，每月不少于 2 次。

　　（2）年度巡视检查。在每年的汛前汛后可对工程进行比较全面或专门巡视检查。检查次数一般每年不少于 2 次。

　　（3）特别巡视检查。当遇到严重影响电站安全运行的情况（如发生暴雨、大洪水、有感地震，以及库水位骤升骤降或持续高水位等），发生比较严重的破坏现象或出现其他危险迹象时，由主管单位负责组织特别检查，必要时组织专人对可能出现险情的部位进行连续监视。

　　（4）当水库放空时须进行全面巡视检查。

58.5　检查记录和报告

　　（1）每次检查做好现场记录，及时整理，并将本次巡视检查结果与以往巡视检查结果进行比较分析，有问题或异常现象，立即进行复查，以保证记录准确性。如发现异常情况，除详细记述时间、部位、险情和绘出草图外，必要时测图、摄影或录像。

　　（2）日常巡视检查中发现异常现象时，立即采取应急措施，并上报主管部门，必要时可编写简要报告。年度巡视检查和专门、特别巡视检查结束后，编写简要报告，并对发现的问题及时采取应急措施，然后根据设计、施工、运行资料进行综合分析比较，写出详细报告，立即报告主管部门。

　　（3）各种巡视检查的记录、图件和报告等均应整理归档。

第 59 章 安全监测自动化系统总体设计

在水利水电建设快速发展的今天，工程规模和难度越来越大，且建筑物分散，故枢纽工程需要监测的范围广、测点多，监测系统庞大、分散，若仅采用人工数据采集及其管理，难以保证安全监测系统能够及时、准确、完整地同步采集工程建设、运行各个阶段建筑物的状态信息和关联信息，以达到对工程实时监测和快速反馈的要求。

随着计算机技术的深入发展，各级政府、各大中型企业和工程管理部门基本上实现了办公自动化和管理现代化，大多数发电厂基本采用了"无人值班、少人值守"现代企业的管理模式。因此，建立一套可靠的安全监测自动化系统，在满足工程安全监控需要的同时，以适应现代化工程运行管理需要，就显得更为必要。

59.1 安全监测自动化系统设计原则

监测自动化系统以工程安全监测为目的，遵循"实用、可靠、先进、经济"的原则，并应满足电厂现代化管理的需求。安全监测自动化系统的设计原则如下：

（1）监测自动化系统的测点以满足监测工程安全运行需要为主，主要用于施工期监控等设置的测点原则上不完全纳入监测自动化系统。

（2）需进行高准确度、高频次监测而用人工观测难以胜任的监测项目。监测点所在部位的环境条件不允许或不可能用人工方式进行观测的监测项目，已有成熟的、可供选用的监测仪器设备监测项目，原则上均纳入监测自动化系统。

（3）纳入自动化系统的测点应能反映工程建筑物的工作性态，目的明确；测点选择宜相互呼应，重点部位的监测值宜能相互校核，必要时进行冗余设置。

（4）纳入自动化系统的监测仪器设备在准确度上应能满足相关规程规范和设计要求。

（5）系统原则上选用稳定可靠的监测仪器设备，其品种、规格尽量统一，以降低系统维护的复杂性。

（6）监测自动化系统力求构架简单、稳定可靠、扩展及维护方便，能满足本工程数据采集、资料处理分析和安全管理等需求，并具备人工比测功能。

59.2 自动化系统总体功能

（1）监测功能。系统能自动采集本工程各类传感器的输出信号，能把模拟量转换为数字量，具备选点测量、巡回测量、定时检测定时、任设测点群的功能，数据采集方式应有中央控制（应答式）和自动控制（自报式）两种方式。并能够对每支传感器设置其警戒值，当测值超过警戒值，系统能够进行自动报警。

中央控制方式：数据采集装置按照监测计算机发出的指令进行数据的采集、存储。

自动控制方式：数据采集装置按照设定的时间进行数据采集和存储，并将数据上传到采集计算机。

（2）显示功能。显示枢纽工程建筑物及监测系统的总体布置、各监测子系统组成、监测布置图、过程曲线、监测数据分布图、监控图、报警状态显示窗口等。

（3）操作功能。在监测管理站的计算机或监测管理中心站的计算机上实现监视操作、输入/输出、显示打印、报告现在测值状态、调用历史数据、评估系统运行状态等；根据程序执行状况或系统工作状况给出相应的提示；整个系统的运行管理（包括系统调度、过程信息文件的形成、进库、通信等一系列管理功能，以及调度各级显示画面及修改相应的参数等）；修改系统配置、进行系统测试和系统维护等。

（4）掉电保护功能。系统应具备数据自动存储和数据自动备份功能。在外部电源突然中断时，保证数据和参数不丢失。

（5）数据通信功能。包括数据采集装置与监测管理站（或中心站）计算机之间的双向数据通信，以及监测管理站和监测管理中心站内部及其同系统外部的网络计算机之间的双向数据通信。

（6）网络安全防护功能。具有多级用户管理功能，设置有多级用户权限、多级安全密码，对系统进行有效的安全管理，确保网络的安全运行。

（7）远程操作功能。对某些授权用户，可按用户级别通过网络远程实现其权限内的系统操控。

（8）系统防护、自检和报警功能。系统具有防雷、抗干扰措施，在雷击和电源波动等情况下能正常工作。具有自检功能，能在管理主机上显示故障部位及类型，为及时维修提供方便；系统在发生故障时，能以屏幕文字或声音方式示警。具有运行日志、故障日志记录功能。

（9）系统数据库。除自动采集数据自动入库外，还应具有人工输入数据功能，能方便地输入未实现自动化监测的测点或因系统故障而人工补测的数据。

（10）工程安全监测管理分析系统。安全监测管理分析系统总体结构为"五库四系统"。"五库"主要包括工程库、模型库、方法库、知识库和信息库；"四系统"主要由信息管理系统、综合分析评价系统、信息发布系统和维护管理系统组成。

"五库"是系统的具体承载实体，工程库用于存储自动采集数据（各种监测仪器的观测值）、人工键入数据（例如修正的数据、补充的参数信息、人工校核的数据信息）、环境类监测值、强震数据、外部观测数据（坝体位移、沉降等）、其他文件输入；知识库、模型库和方法库是综合分析评价的依据；信息库记载了系统维护管理的信息、运行日志、报警信息及修正的记录等。

"四系统"中信息管理系统主要包括数据录入、资料管理、图形管理、采集馈控和信息查询，是综合分析的前提；综合分析评价系统是通过知识库及推理系统提供具有一定智能化的技术支持，是整个系统的核心部分；维护管理系统记录系统运行的情况和维护的过程；信息发布系统则包括外部显示（电子大屏、LED 显示等）、文档的输出、写入外部存储，而且本系统留有网络接口，网络发布功能齐全，如接入外网或者专线，就可以实现远程发布，以及远程浏览控制功能等。

（11）人工补测和比测功能。系统备有与便携式计算机或读数仪通信的接口，能够使用便携式计算机或读数仪采集监测数据，以便进行人工补测、比测或防止资料中断。

59.3　自动化监测系统总体方案

59.3.1　系统结构

从目前水电站运行管理技术的发展来看，基本是"无人值班、少人值守"。实现主要监测项目的自动化观测，高速、及时地提供大坝变形资料，有利于大坝的安全监控。

由于工程监测自动化系统具有规模大、测点多、常年处于潮湿、高低温、强电磁场干扰环境下连续不间断工作的特点，对监测系统提出了功能强、可靠性高、抗干扰能力强、数据测量稳定的要求。

自动化监测系统由上位计算机及数据采集单元（DAU）组成。上位计算机可为一台通用微机或工控机或服务器；各个数据采集单元置于测量现场，数据采集单元自身具有自动数据采集、处理、存储及通信等功能，可独立于系统运行，是自动化监测系统中的关键部分，上位计算机与数据采集单元之间通过现场总线网络进行通信，用于命令和数据的传输。分布式系统具有以下特点：

（1）可靠性高。数据采集单元化，其结构相对简单，而且各 DAU 相互独立互不影响，某一单元出故障不会影响全局。系统故障的危险降低，可靠性提高。

（2）实时性强。各数据采集单元并行工作，整个系统的工作速度大为提高，整个系统中各个数据测量时间的一致性好。

（3）测量精度高。各数据采集单元均在传感器现场，模拟信号传输距离短，测量精度得到提高。

（4）可扩充性好，配置灵活。用户可根据需要增加或减少数据采集单元以增减测量的内容。

（5）维护方便。由于数据采集单元采用了模块化设计，如某一单元出故障，只要更换备用模块即可。

（6）电缆减少。各数据采集单元均在现场，距离传感器很近，各 DAU 之间通过通信。

本工程自动化监测系统结构见图 59.1，采用二级管理、分布式结构模式。根据自动化监测系统中监测仪器分布情况布设 1 个监测中心站，13 个 DAU 数据采集站，1 个强震观测站。采集站与监测中心站通过光纤连接，采用双环自愈组网方式，以提高运行可靠性，数据采集受集控楼的监测中心站控制。各 DAU 的供电就近取用，在进入 DAU 前加电源防雷器，防雷器的地线就近并入工程接地网。

拱坝数据采集站共布设 10 个，分别位于 10 号坝段的 791.00m、803.00m、842.00m 高程；14 号坝段 770.00m、803.00m、842.00m 高程（2 个）及 17 号坝段 791.00m、803.00m、842.00m 高程的观测廊道内，包括大坝内部变形、渗流、应力应变及温度监测埋设的仪器设备；左岸 801.00m 马道布设 1 个数据采集站，包括引水系统和消能塘监测布设的仪器设备；左岸厂房开关站休息室（强震观测室）布设 1 个数据采集站，包括左岸边坡和左岸绕坝渗流布设的仪器设备；右岸强震观测室布设 1 个数据采集站，包括右岸绕坝渗流布设的仪器设备；共布设 13 个数据采集站。各数据采集站内监测仪器电缆就近集中，引至监测站，通过总线连接，形成监测系统内的现场通信网络。

在中控楼预留监测室，安置采集计算机等设备，建立监测管理中心站，作为现场通信网络的中枢，对整个系统监测数据的采集进行管理。另外，在监测管理中心站设置与业主单位大坝安全信息系统的外部网络信息接口，开放自动化系统规约。

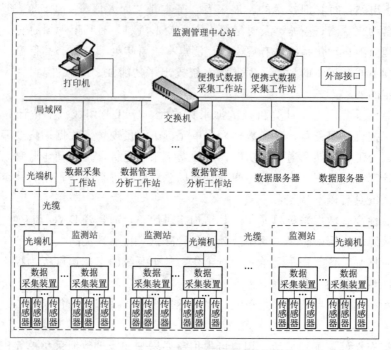

图 59.1　自动化监测系统结构框图

59.3.2　接入自动化系统项目

原则上除自成独立系统的仪器、仅用于施工期安全监测的仪器、经鉴定确已损坏的仪器和只能人工观测的仪器外，其他能接入监测自动化系统且经鉴定正常工作的监测仪器均纳入安全监测自动化系统。

龙江水电站拟纳入监测自动化系统的监测项目详见表 59.1～表 59.4。

表 59.1　　　　　　　　拱坝监测纳入自动化监测系统的监测项目一览表

序号	监测类别	监测项目	仪器设备	是（√）否（×）纳入自动化系统	备注
一	巡视检查	—	—	×	单独进行
二	变形	表面变形	—	×	人工观测
		坝体位移	沉降	×	人工观测
		坝肩位移	测斜管	×	人工观测
		倾斜		×	人工观测
		接缝变形	测缝计	√	
		坝基位移	多点位移计	√	
		近坝岸坡位移	多点位移计	√	

续表

序号	监测类别	监测项目	仪器设备	是（√）否（×）纳入自动化系统	备注
三	应力应变及温度	坝体应力、应变	应变计、无应力计	√	
		混凝土温度	温度计	√	
		坝基温度	温度计	√	
四	渗流	渗流量	精密量水堰计	√	
			量水堰	×	
		扬压力	渗压计	√	
			测压管	×	
		绕坝渗流	渗压计	√	
			测压管	×	
		水质分析		×	人工观测
五	环境量	上下游水位	水位计	√	
			水尺	×	人工观测
		气温	小型气象站	√	
		库水温监测	小型气象站	√	
		降水量	小型气象站	√	
六	专项监测	坝体地震反应	工程数字地震仪	×	自成系统自动监测

表 59.2　消能塘监测纳入自动化监测系统的监测项目一览表

序号	监测类别	监测项目	仪器设备	是（√）否（×）纳入自动化系统	备注
一	巡视检查		—	×	单独进行
二	变形	接缝变形	测缝计	√	
三	应力应变	锚杆应力	锚杆应力计	√	
四	渗流	扬压力	渗压计	√	

表 59.3　引水系统监测纳入自动化监测系统的监测项目一览表

序号	监测类别	监测项目	仪器设备	是（√）否（×）纳入自动化系统	备注
一	巡视检查		—	×	单独进行
二	变形	围岩变形	多点位移计	√	
		接缝变形	测缝计	√	
三	应力应变及温度	应力应变	应变计、无应力计	√	
		锚杆应力	锚杆应力计	√	
		钢板应力	钢板计	√	
四	渗流	渗透压力	渗压计	√	

表 59.4　　　　　　　　边坡监测纳入自动化监测系统的监测项目一览表

序号	监测类别	监测项目	仪器设备	是（√）否（×） 纳入自动化系统	备注
一	巡视检查		—	×	单独进行
二	表面变形	水平、垂直位移	—	×	人工观测
三	内部变形	钻孔轴向岩体 相对位移	多点位移计	√	
四	应力应变	锚杆应力	锚杆应力计	√	
		锚索应力	锚索测力计	√	
五	渗流	地下水位	渗压计	√	

59.3.3　测站布置及接入自动化系统的仪器数量

自动化监测系统的监测站指安装自动化系统数据采集装置（DAU）的位置或场所。在监测站设置数据采集装置（DAU），其数量根据接入该监测站的传感器数量确定。监测站是自动化系统数据采集和数据暂存的前端，采集装置（DAU）具有人工采用便携式计算机或读数仪实施现场测量的接口。数据采集系统所有参数和测量数据存储于专用非易失性存储器中，当系统停电或电池耗尽时确保掉电后参数和数据的安全。监测站具有良好的接地，对于设置在露天或可能受到水淋的地方，要求做好防护措施。DAU 接入数量见表 59.5。

表 59.5　　　　　　　　　　　　　　DAU 接 入 数 量 表

序号	接入点位置	DAU 数量	仪器类型	仪器编号	仪器数量	备注
一	TS01	2	渗压计	10P01～10P03	3	10 号坝段高程 791.00m
			测缝计	10J01～10J02	2	
			压应力计	10C01～10C02	2	
			扬压力	10UP1～10UP3、12UP1	4	
			量水堰		2	
			双金属标	10SP1	1	
			正垂线	10PL3	1	
			倒垂线	10IP1	1	
二	TS02	2	渗压计	14P01～14P03	3	14 号坝段高程 770.00m
			测缝计	14J01～14J02	2	
			七向应变计	14～1S7、14～2S7	14	
			无应力计	14N01、14N02	2	
			温度计	14T01	1	
			扬压力	14UP1～14UP3、15UP1	4	
			量水堰		2	
			双金属标	14SP1	1	
			正垂线	14PL3	1	
			倒垂线	14IP1	1	
			集水井测量仪		1	

续表

序号	接入点位置	DAU 数量	仪器类型	仪器编号	仪器数量	备注
三	TS03	2	渗压计	17P01～17P03	3	17 号坝段高程 791.00m
			测缝计	17J01～17J02	2	
			压应力计	17C01～17C02	2	
			多点位移计	17M1～17M4	4	
			扬压力	17UP1～17UP3	3	
			量水堰		2	
			双金属标	17SP1	1	
			正垂线	17PL3	1	
			倒垂线	17IP1	1	
四	TS04	2	七向应变计	10～1S7、10～2S7	14	10 号坝段高程 803.00m
			无应力计	10N01、10N02	2	
			温度计	10T01～10T04	4	
			测缝计	3FJ01～3FJ06	6	
			锚杆应力计	PRS3～PRS8	6	
			扬压力	8UP1	1	
			正垂线	10PL2	1	
五	TS05	2	七向应变计	14～3S7、14～4S7	14	14 号坝段高程 803.00m
			无应力计	14N03、14N04	2	
			温度计	14T02～14T15	14	
			测缝计	4FJ01～4FJ06	6	
			正垂线	14PL2	1	
六	TS06	2	七向应变计	17～1S7、17～2S7	14	17 号坝段高程 803.00m
			无应力计	17N01、17N02	2	
			温度计	17T01～17T04	4	
			测缝计	5FJ01～5FJ06	6	
			正垂线	17PL2	1	
七	TS07	5	七向应变计	10～3S7，10～4S7	14	10 号坝段高程 842.00m
				10～5S7、10～6S7	14	
			无应力计	10N03、10N04	2	
				10N05、10N06	2	
			温度计	10T05～10T18	14	
			测缝计	1FJ01～1FJ06	6	
				2FJ01～2FJ06	6	
				3FJ07～3FJ12	6	
			渗压计	6P01～6P05	5	
			压应力计	6C01～6C02	2	

续表

序号	接入点位置	DAU 数量	仪器类型	仪器编号	仪器数量	备注
七	TS07	5	多点位移计	6M1～6M4	4	10 号坝段高程 842.00m
			锚杆应力计	PRS1～PRS2、PRS9～PRS10	4	
			扬压力	6UP1	1	
			正垂线	10PL1	1	
八	TS08	3	七向应变计	14～5S7、14～6S7	14	14 号坝段高程 842.00m
				14～7S7、14～8S7	14	
			无应力计	14N05、14N06	2	
				14N07、14N08	2	
			温度计	14T16～14T20	5	
			测缝计	4FJ07～4FJ09	3	
九	TS09	2	七向应变计	14～9S7、14～10S7	14	14 号坝段高程 842.00m
			无应力计	10N09、10N10	2	
			温度计	14T21～14T28	8	
			测缝计	4FJ10～4FJ12	3	
			正垂线	14PL1	1	
十	TS10	5	七向应变计	17-3S7～17-6S7	28	17 号坝段高程 842.00m
			无应力计	17N03～17N06	4	
			温度计	17T05～17T18	14	
			测缝计	5FJ07～5FJ12	6	
				6FJ01～6FJ06	6	
				7FJ01～7FJ06	6	
			渗压计	6P01～6P05	5	
			压应力计	21C01～21C02	2	
			多点位移计	21M1～21M4	4	
			扬压力	19UP1、21UP1	2	
			正垂线	17PL1	1	
十一	TS11 消能塘	5	渗压计	XP01～XP15	15	左岸高程 801.00m 马道
			测缝计	XJ01～XJ15	15	
			锚杆应力计	XPR01～XPR13	13	
			锚索测力计	BMR01～BMR03、BMR07	28	
				BMR04～BMR06	21	
	TS11 引水隧洞	4	渗压计	XP01～XP15	15	左岸高程 801.00m 马道
			测缝计	XJ01～XJ15	15	
			锚杆应力计	XPR01～XPR13	13	
			锚索测力计	BMR01～BMR03、BMR07	28	
				BMR04～BMR06	21	

续表

序号	接入点位置	DAU 数量	仪器类型	仪器编号	仪器数量	备注
十二	TS12 厂房边坡	2	多点位移计	M2−1～M2−5、M3−1～M3−5	10	左岸厂房开关站休息室（强震观测室）
			锚杆应力计	PRC1～PRC10	10	
			渗压计	BP2～BP3	2	
	TS12 绕坝渗流	1	渗压计	LUP1	1	
			渗压计	LUP2～LUP9	8	
十三	TS13 绕坝渗流	1	渗压计	RUP1～RUP9	9	右岸强震观测室
	合计	40			542	

数据采集站主要完成数据采集工作，可独立工作，可接收总站的控制命令。具体功能如下：

（1）控制 DAU 按指定的检测方式和观测次数进行数据采集。

（2）有自己的数据库，记录采集数据。

（3）数据采集软件有灵活的控制方式，具有多点、单点、测次控制功能；定时采集时，对故障点、超差点自动重测。

（4）具有人工输入接口，可将现场人工观测的数据输入到工作站，并与前次或前数次的测值进行比较，粗检本次测值的可信度。

（5）有自检功能，自检各 DAU 的工作状况，并自动保存，以备查阅。

59.3.4　监测管理中心站

监测管理中心站布设在永久办公区的中控楼内。DAU 数据采集站与监测中心站连接，接受监测中心站控制。考虑到监测中心站与数据采集站有一定的实际距离，网络的防雷问题十分重要，所以其采用的连接方式有：在大坝内部布置的 DAU 数据采集站采用 EIA－RS－485 总线进行连接，并加信号防雷器；引水发电洞及消能塘根据各 DAU 的分布情况，采用光纤进行连接，各 DAU 的供电就近取用，在进入 DAU 前加电源防雷器。防雷器的地线就近并入工程接地网，如就近无工程接地网，需自建接地装置。

监测管理中心站配置数据库服务器、采集计算机、打印机、网络设备、扫描仪、可靠的供电线路和防雷接地设施等，配置能完成日常工程安全管理的工程安全监测管理软件。具有可视化用户界面，能方便地修改系统设置、设备参数及运行方式，能根据实测数据反映的状态进行修改、选择监测频次和监测对象；具有对采集数据库进行管理的功能；具有画面、报表编辑功能；以及其他功能。

在监测管理中心站，能通过采集计算机对整个监测自动化系统进行数据采集和控制，完成工程监测数据的管理及日常工程安全管理工作（在线监测、离线分析、图表制作、测值预报、厂区和远程网络通信、数据库及其管理、系统管理、安全保密等），实现同有关管理部门及远程上级主管部门数据通信，并具备报警功能。

59.3.5　现场通信网络

基本采集系统指仅包含一个监测管理站和若干个监测站的采集系统。基本采集系统的通信网络即为现场通信网络，包括监测站之间、监测站与监测管理站之间的数据通信，其通信介质可以是双绞线、光纤、无线连接，应符合现场通信网络的标准（如 EIA－RS－232C、EIA－RS－485/422－A、CANbus 以及其他国际标准）。

本工程现场通信网络采用以光纤通信为主的方式构建符合 RS－485 标准的总线型通信网络。监测站内的监测仪器接入相应的数据采集装置（DAU），仪器数据信号通过 DAU 统一转换为数字信号传输。监测站内数据采集装置接入光端机，由光端机将数字信号转换为光信号在光纤总线内传输，在监测管理站内，由光端机再次将光信号转换成为数字信号，传输至采集计算机。一般一个监测站设置一台光端机，条件许可时也可将若干个监测站（近距离）的 DAU 连接到一台光端机上。

59.3.6　局域网

监测管理站之间、监测管理站与监测管理中心站之间的通信是计算机之间的通信，可采用局域网通信方式。通信介质可采用双绞线、光纤、无线。网络拓扑结构可为总线型、星型结构。

本工程拟采用光纤组建局域网络，各监测管理站均通过光纤接入监测管理中心站，以监测管理中心站作为网络中心，可实现各监测管理站与监测管理中心站的双向通信，监测管理站之间亦可进行通信。

59.3.7　外部接口

在监测管理中心站预留与电站监控系统以及电站 MIS 系统的传输接口，或根据需要设置与其他局域网或广域网连接的接口。

系统通信接口采用 RS－485 或其他通信方式，提供软件接口（如控件、函数库、动态链接库等）及开放自动化系统规约。

59.3.8　电源及防护

系统供电电源根据系统功率需求和技术指标规定进行配置，实施统一管理，为确保系统电力稳定，采用专线供电方式，电源取自相应监测室的配电箱，并设置供电线路安全防护及接地设施。

系统采用不间断电源，交流电源掉电时 UPS 维护系统正常工作时间不少于 30min。数据采集装置（DAU）具有电源管理、电池供电和掉电保护功能。蓄电池供电可在脱机情况下根据系统的设定自动采集和存储，供电时间不少于 7 天。所有 DAU 的电源、通信和观测仪器的输入输出口均设置过压保护，具有在正常振荡范围内保证电路正常工作电压水平的保护装置。

机箱内应配置交流稳压源，提供 180～260V 的交流宽限稳压，即使交流电压有较大的变化，高性能的电压稳定电路也能保证电源输出稳定。

为确保自动化监测系统稳定、正常运行，自动化系统导线类电缆均要求采用镀锌钢管保护（地下厂房可采用 PVC 管），电源线路接入/接出监测管理站或监测站时需有防雷器保护，系统接地接入工程的接地网，监测站接地电阻不大于 10Ω，监测管理站、监测管理中心站接地电阻不大于 4Ω。

系统防雷电感应为 1500W，瞬态电位差小于 1000V。在 MCU 机箱交流电入口处配置电源避雷保护器。电源避雷器应良好接地，接地电阻应不大于 4Ω。

　　在模块和通信设备之间加装通信口避雷器进行过压保护。

　　在模块和传感器之间加装信号避雷器进行过压保护，使测量回路的直流电压、直流电流、电阻及低频率信号免受雷电或过电压干扰。

第60章 安全监测技术要求

60.1 监测仪器设备选型要求

60.1.1 选型原则

监测仪器的可靠性和准确性直接影响到人们对建筑物结构性态和安全的评估。为实现监测目的，不仅需要一个具备先进、合理性的监测方案，所用监测仪器的性能及使用条件也是不可缺少的主要条件之一。因此，监测仪器必须具备耐久、可靠、适用，满足量程和精度要求。安全监测仪器设备选型应遵循以下原则。

（1）根据工程性态的预测结果、监测精度要求、物理量的变化范围、使用条件和使用年限确定仪器类型。

（2）仪器设备必须有足够的长期可靠性。选择的仪器应该是最简易、最稳定、最牢固并具有良好的运行性能，测值准确、可靠。自身和外界影响引起的误差，均必须在检测或标定控制的容许误差之内。

（3）应该根据各部位监测仪器的工作环境，选择技术成熟，经长期工程运行考验，不易受施工设备和人为损坏，不易受水、灰尘、温度或化学侵蚀损坏的监测仪器。

（4）为了便于运行管理和自动化监测，同一工程监测仪器设备的种类尽可能少，并尽量选用能与常用的数据采集装置兼容的监测仪器。

（5）仪器设备的选择应统筹考虑，综合分析比较，选择性价比优越，技术先进，经济合理的仪器设备。

（6）应选择信誉好、售后服务有保障、有相应的仪器生产资质的厂家生产的监测仪器。

60.1.2 选型及主要技术指标

根据工程有关的计算结果、预测的物理量的变化范围、监测精度要求以及监测仪器设备的发展现状并参考了国内工程的实例，依据上述的选型原则确定本工程监测仪器的主要技术指标见表60.1。

表 60.1　　　　　　　　　　　　主要仪器设备技术指标表

序号	设备名称	主 要 技 术 指 标
1	水准标志	材料：全不锈钢 适用范围：精密水准
2	强制对中底盘	最大对中误差：<0.05mm 材料：全不锈钢并配有保护盖 连接方式：三槽、中心插入、公英制螺栓连接

续表

序号	设备名称	主 要 技 术 指 标
3	全站仪	可自动跟踪棱镜，自动识别目标，进行自动测量 测角精度：0.5″，最小显示 0.1″ 测距精度：1mm＋1ppm，最小显示 0.1mm/1mm，具有气象改正，地球曲率/大气折光改正 记录系统： (1) 计算机工业标准个人计算机（PCMCIA）卡 (2) 标准 RS-232 外部接口 (3) 内置 3MB 记忆器，可设置程序 (4) 数据存储量≥4000 组数据 工作温度：-20～+50℃ 储存温度：-40～+70℃ 采用与之配套的进口单棱镜、三棱镜等配套设备以及专用的机载软件和后处理软件
4	水准仪	采用高精度、自动测高、自动测平、自动记录、且附带数据处理软件的数字水准仪 标称精度：每公里高差测量中误差≤±0.3mm/km 工作温度：-20～+50℃ 应采用配套的进口原装钢钢条码水准尺
5	垂线钢丝	材料：ϕ1.2mm 的不锈钢丝
6	正垂装置	油桶材料：不锈钢 重锤材料：碳钢镀锌 重锤重量：50～60kg
7	倒垂装置	材料：模具成型，自动焊接，全不锈钢 浮力：35～45kg
8	光学垂线仪	测量范围：X：±25mm；Y：±25mm 测量精度：±0.1mm 最小读数：0.01mm
9	遥测双标仪	测量范围：50mm 测量精度：±0.1mm 环境温度：-15～+65℃ 环境湿度：100%RH 通讯方式：RS-485
10	遥测垂线仪	测量范围：X：50mm；Y：50mm 最小读数：0.01mm 测量精度：±0.1mm 环境温度：-15～+65℃ 环境湿度：100%RH 通讯方式：RS-485
11	压力表	型号：0.4 级以上标准压力表 量程：0.1MPa

序号	设备名称	主 要 技 术 指 标
12	平尺水位计	量程：1000m 分辨率：1mm
13	渗压计 （钢弦式；组装）	量程：0.35、0.7、1.0（MPa） 分辨率：最低 0.25％FS 精度：0.5％FS 零漂：≤0.02％FS/℃
14	量水堰微压计 （钢弦式；组装）	量程：≥150mm 综合精度：±0.1～±0.3mm 量水堰堰板材料：不锈钢
15	集水井测量仪	
16	四芯屏蔽电缆 （振弦传感器用）	芯线材料：镀锡紫铜 屏蔽网：高密度镀锡铜网或铝箔 芯线间绝缘电阻：≥100MΩ 工作温度：－25～60℃ 电缆芯线在 100m 内无接头
17	混凝土应力计 （钢弦式；组装）	精度：≤0.25％ FS 分辨率：0.1％ FS 测量范围：5MPa 温度范围：－25～60℃
18	应变计 （钢弦式；组装）	应变范围：2000～3000$\mu\varepsilon$ 灵敏度：≤1.0$\mu\varepsilon$ 温度范围：－20～＋80℃
19	无应力计	
20	温度计	测量范围：－30～＋70℃ 精度：±0.2℃
21	锚杆测力计 （钢弦式；组装）	荷载容量：300MPa 精度：±1（％FS） 工作温度：－30～＋75℃
22	埋入式测缝计 （钢弦式；组装）	量程：25mm 灵敏度：0.025％FS 精度：±0.1％FS 温度范围：－20～＋80℃ 耐水压：＞0.5MPa
23	多点位移计 （钢弦式；组装）	传感器 测量范围：50mm、100mm 精度：±0.1％FS 分辨率：0.01mm 传递杆：不锈钢测杆 4 套 4 点，2 套 5 点（14 芯电缆） 电缆为铝箔屏蔽，镀锡芯线、外径 ϕ11mm

序号	设备名称	主 要 技 术 指 标
24	滑动测微计	包括探头、数据控制器、标定装置、套管、导杆 探头 基距：1000mm 量程：10mm（±5.0mm） 灵敏度：0.001mm 精度：±0.003mm 线性：＜2‰FS 热膨胀：＜2‰FS/10℃ 工作温度：0～+40℃ 数据采集器 量程：±10.0mm 灵敏度：0.001mm 显示器：液晶 电池：充电电池，工作时间 5～10h 通讯端口：RS-232C 串行接口 外部充电器：110V，220V/50～60Hz 标定装置 基距：997.5 和 1002.5mm 温度系数：＜0.0015mm/℃ 测温传感器灵敏度：0.1℃ 测量管 材料：HPVE 管，ABS 接头 直径：50/60mm 套叠式接头直径：70mm 建议的钻孔直径：≥100mm 导杆单根长：2m
25	滑动测斜仪	测斜管：ABS，管径 70mm，扭角≤1°/3.05m 探头 传感器：数字加速度计 轮距：500mm 量程：偏离垂直±53° 分辨率：0.02mm/500mm 重复性：±0.01%FS 温度范围：-20～+50℃ 控制电缆 刻度：每 0.5m 有黄色标记，每 1m 有红色标记，每间隔 5m 有数字标识 结构：配套专用
26	便携式振弦 读数仪	振弦式仪器的人工测读仪表 频率范围：450～6000Hz 环境温度：-35～50℃ 电源：充电电池 温度测量范围：-20～150℃ 温度测量精度：0.5%～1.0%FS

序号	设备名称	主 要 技 术 指 标
27	加速度传感器	记录地动形式：三轴向加速度 测量范围：±1g（±2g） 灵敏度：±5V/g（±2.5V/g） 动态范围：>120dB 噪声：<5μV 阻尼常数：0.7 输出阻抗：<1Ω 输出电流：8mA 自振频率：80Hz（100Hz） 频带：0～80Hz（0～100Hz） 交叉轴灵敏度：<1‰g/g 线性度：<满刻度的 1% 使用温度：-25～+60℃ 湿度：85% 标定线圈：内阻 45Ω 电源：±12V DC 尺寸：12cm×12cm×7cm 重量：2kg
28	强震记录仪	采样率：程控可选 62.5sps，125sps，250sps，500sps 动态范围：90dB 转换精度：24bit 高通滤波：0.01Hz 低通滤波：数字 FIR 滤波器，-3dB 点在采样率的 41%，截止频率为采样的 50% 前置放大：×1，×10（程控） 满量程：±2.5V 触发方式：带通阈值触发，STA/LTA 触发，外触发 记录介质：非易失的 COMS，SRAM.4Mb 记录能力：每 Mb 记录 10min，250sps，3 通道数据 事件预存储：0～40s，250sps，3 通道 后事件存储：1～65000 个 A/D 计数 回放装置：RS-232 连接现场回放或 MODEM 遥控 时间系统：系统时钟和后备时钟，GPS 同步到 UTC 时钟稳定度：10～6 同步精度：1ms 速报与烈度有关信息：根据参数设置，通过 MODEM 自动向中心发送与烈度有关参数 电源及功耗：12V DC，10Ah，<3W 软件：通信软件、显示、打印软件、转换软件 工作温度：-10～+50℃

续表

序号	设备名称	主　要　技　术　指　标
29	钢弦式数据采集装置	频率测量范围：400～6000Hz 频率测量精度：0.05Hz 温度测量范围：−50～+150℃ 温度测量精度：0.5℃ 可接入仪器数量：32 支、24 支、16 支

60.2　监测仪器（设备）检验测试要求

60.2.1　一般要求

（1）观测仪器应按设计图纸和文件以及仪器使用说明书的要求埋设安装。埋设前，所有仪器（设备）均应进行测试、校正和率定。

（2）所有光学、电子测量及国家规定的强制检定设备必须经批准的国家计量和检验部门进行鉴定或校准，合格后才能使用，超过有效期的应重新进行鉴定或校准。对上述仪器应提供经批准的国家计量和检验部门出具的鉴定证书或校准证书。

（3）对电缆应进行通电测试及防水检验。

（4）应编写监测仪器设备检验报告，所有仪器设备应在调试、检验合格后才可安装埋设。

60.2.2　开箱检查验收

监测仪器运抵现场后，均需进行开箱检查验收，主要内容包括：

（1）应检查仪器数量与发货单是否一致。

（2）应对仪器的外观仔细检查，主要内容包括：外观是否平整、光洁、有无锈斑及裂痕、有无明显划痕、是否进行表面防腐处理以及仪器是否标明型号、规格、出厂编号等；各部分连接是否牢固；引出电缆护套有无损伤。

（3）应对仪器设备附带技术文件进行检查，包括产品合格证、出厂前的检验测试文件、使用说明书及产品技术条件规定的其他文件。

（4）用兆欧表测量仪器本身的绝缘电阻是否达到出厂标准；用二次仪表测试仪器测值是否正常等。

（5）经上述检查发现不符合要求的仪器，应及时更换。

60.2.3　仪器设备检验测试

（1）现场检验测试应在配备仪器设备的测试、校准、检验所需的各种设备及工具的专用试验室内进行。

（2）用于检验测试的标准器具，必须经过国家标准计量单位或国家认可的检验单位检定或校准合格，并且检定或校准证书在有效期内，逾期必须重新送检，否则禁用。

（3）对于施工单位不能自行检验的仪器设备，可委托其他具备检验测试资质的机构进行检验测试。

（4）仪器检验测试的结果应符合有关技术条款及规程、规范的要求。

(5) 每支（台）仪器设备在安装埋设前 6 个月内应进行检验测试，只有合格的产品才能在本工程使用。

(6) 检验测试应按有关技术规范或厂家提供的方法及要求进行，并编写检验报告。检验项目主要包括：力学性能、仪器参数、防水密封性、绝缘性、温度性能、过载范围等。

(7) 测压管管口高程，在施工期和初蓄期应每隔 3～6 个月校测一次；在运行期每 2 年校测一次，疑有变化时随时校测。电测水位计测尺长度标记，应每隔 3～6 个月用钢尺校正。

60.2.4　仪器电缆检验测试

埋设的监测仪器是隐蔽工程，埋入后主要通过电缆来观测、检查仪器运用状况，电缆是仪器安全运行的生命线，应使用专用电缆，用专用方法连接电缆，并保证电缆接头的质量。因此，有必要对监测仪器的电缆及接头进行检验测试。

(1) 电缆一般要求。

1) 仪器的接长信号电缆应为具有耐油、耐酸、耐碱、防水和质地柔软的专用电缆。

2) 电缆芯线应为镀锡铜丝，且应在 100m 内无接头。振弦式仪器电缆单芯线截面不应小于 $0.37mm^2$，20℃时单芯标称直流电阻不应大于 $52.30\Omega/km$。

3) 电缆在使用温度（−25～60℃）范围内，各芯线间的绝缘电阻不应小于 $50M\Omega$。振弦式仪器屏蔽接地时，对绝缘电阻不做要求。

(2) 检验测试。

1) 成批电缆采用随机抽样检查法，抽样数量为本批的 10%，且不得小于 200m。

2) 电缆在 100m 内无接头；根据电缆耐水压要求，把被测电缆置于耐水压参数规定的水压环境下 48h，用 500V 直流电阻表测量被测电缆各芯线间的绝缘电阻，电缆和电缆接头在温度为 −25～60℃；承受水压为 1.0MPa 时，绝缘电阻不小于 $100M\Omega$。

3) 电缆使用前应作浸水检查，检查时把电缆浸泡在水中 12h，线端露出水面不得受潮，线与水间的绝缘电阻值大于 $200M\Omega$ 为合格。用万用表测试芯线有无折断，外皮有无破损。

4) 各项检验数据应做好记录与保管。

60.3　仪器设备安装埋设的要求

60.3.1　一般要求

(1) 安全监测仪器设备的安装埋设应与主体工程施工同步进行。

(2) 应将监测仪器设备的埋设计划列入建筑物的施工进度计划中，以便及时为监测仪器设备的安装埋设提供工作面，解决好建筑物施工与监测仪器设备埋设的相互干扰。

(3) 仪器设备安装和埋设中应使用经过批准的编码系统，对各种仪器设备、电缆、监测断面、控制坐标等进行统一编号，每支仪器均须建立档案卡、基本资料表、考证表，绘制竣工图，并将仪器资料按发包人指定的格式录入计算机仪器档案库中。

(4) 各种观测仪器的安装，应严格按照设计图纸和有关规范及制造厂家的说明书进行，如需变更，应征得有关单位同意。

(5) 所有观测仪器在埋设之前，均应按规定对厂家提供的仪器（设备）率定或检验，合格后方可进行埋设。

（6）仪器电缆的敷设应尽可能减少接头，拼接和连接接头应按设计和制造厂商要求进行。电缆长度不得随意改变；必须改变电缆长度时，应在改变前后读取监测值，并做好记录。在所有仪器的电缆上加设至少 3 个耐久、防水的标签，标签应防止锈蚀、混淆或丢失，以保证识别不同仪器所使用的电缆。

（7）从仪器设备埋设地点至观测站之间的电缆埋设走向，以及电缆沟、电缆保护管的布置应平面上按平行于坝轴线和垂直于坝轴线呈直线进行埋设。电缆应距施工缝面 15cm 以上，上游面仪器电缆应分散进行埋设。电缆过缝、进观测站应分别进行过缝、防剪切和防渗处理。

（8）在施工过程中，所有仪器或接头应予以有效的保护，保护的部位均应提供保护罩、标志和路障，所有未完成的管道和套管的开口端应加盖，管道和套管应保证没有异物进入。对于在混凝土中埋设的仪器和电缆，在有灌浆钻孔的部位应在混凝土表面所对应的位置作出明显标记。

（9）仪器设备及电缆安装埋设后，及时提供已埋设安装仪器的编号、坐标和方向、电缆走向图（电缆走向图的误差应控制在 0.3m 范围内），应提交监测基准值。

60.3.2 仪器埋设允许偏差

观测仪器安装时，应保证安装位置、方向和角度准确。仪器安装定位后，应经检查合格和校正，并读取初始值后方可浇筑混凝土。埋设允许偏差见表 60.2。

表 60.2 监测仪器埋设允许偏差表

序号	仪器设备	测量位置	允许偏差/mm		方向精度
			水平	垂直	垂直向
1	应变计组	几何图形中心点	±50	±50	
2	无应力计	圆锥筒中心	±50	±50	
3	压应力计	圆锥筒中心	±50	±50	
4	多点位移计	锚固点	±100	±50	钻孔倾角小于 1°
5	测缝计	仪器中心点	±30	±10	
6	渗压计	仪器中心点	±50	±30	
7	温度计	仪器中心点	±50	±50	
8	正、倒垂、双标孔	孔口中心	±20	±20	
9	其他观测孔	孔口中心	±50	±50	
10	变形监测测墩	标点中心	±10	±10	

60.3.3 变形监测控制网

本工程布设了精密边角网和水准网，以监测大坝、基础、两岸坝肩岩体、泄水建筑物以及下游消能区岸坡、危岩体、边坡的稳定和位移。

60.3.3.1 平面监测控制网

（1）选点造标与埋石。

1）控制网点应按设计概略坐标进行实地踏勘放样，结合现场地形、地质条件可在适当范围内进行位置调整。

2）控制网网点标型应采用带有强制对中基座的混凝土测墩，基座对中误差不超过±0.1mm。结构型式应根据网点处的地质条件进行选择。

3）建在基岩上的可直接凿坑浇筑混凝土埋设；建在土基上的，应对基础进行加固处理，其底座埋入原状土层以下。

4）各类监测墩应保持立柱中心线铅直，顶部强制对中基座水平，其倾斜度不应大于4′，要求监测网点旁离障碍物距离应在 1m 以上。

5）现浇钢筋混凝土所用材料，符合国家相应的建材标准，保证混凝土强度等级满足C20 标准。整体标墩埋造完成后，还应进行为期半个月的养护。应在标墩表面设置永久点号及防护警示标识，以方便使用。

6）监测设施安装埋设后，应及时认真填写安装埋设考证表，表中各种信息均应精确测量，准确记录。

（2）观测要求。

1）平面监测控制网为一等边角网。

2）平面监测控制网观测采用大地测量方法，按《国家三角测量规范》（GB/T 17942—2000）、《中、短程光电测距规范》（GB/T 16818—2008）及《混凝土坝安全监测技术规范》（DL/T 5178—2003）规定执行。

3）边长计算要求归算至坝顶高程面上，并考虑坝区平均曲率半径及大气折光系数。平差计算的点位中误差不宜超过±1.5mm。

4）平面监测网点的边长改平按高程改正，平面监测网高程系统观测至少 2 个测点进行水准联测，水准联测采用二等水准测量。整个高程系统通过观测天顶距后平差得出各点高程。

5）平面监测控制网宜采用独立坐标系，可与国家坐标系联测。

（3）观测频率及复测周期。

1）首次建网时，应连续独立观测两次，取检验合格的平均值为基准值。

2）应每年复测 1 次；在蓄水期间，大坝蓄水前和蓄水后各进行 1 次复测。当发生大当量施工爆破或地震时，应及时复测。

3）平面监测控制网随主体工程的施工尽快建成。

（4）成果报告。

平面监测控制网测量、平差计算完成后应形成成果报告。报告内容至少应包括：

1）控制网施测经过说明。

2）施测期间各网点损坏情况描述：测点外观是否破损、强制对中基座完好情况、测墩基础情况简述。

3）观测仪器、方法、野外观测和内业计算精度控制要求说明。

4）成果计算，含外业成果的检验、控制网平差、测点平差精度检验、测点稳定性评价。

5）平面监测控制网图。

6）成果使用说明等。

60.3.3.2　水准监测控制网

（1）选点造标与埋石。

1）水准网点（含垂直位移监测工作基点）应根据设计的概略位置，进行实地踏勘，结合现场地形、地质条件进行确定，点位选择在隐蔽不易被破坏，基础稳定的地方，尽量利用施工测量控制网点。

2）水准网点（含垂直位移监测工作基点）的结构型式应尽量采用基岩标，条件好时也可采用岩石标，建在土基上的，应对基础进行加固处理，其底座埋入土层的深度应深入原状土以下。水准标芯顶端高出表面 5～10mm。无论采用何种结构，标石顶部均应加装有效的保护装置。

3）埋设完成后，在水准点旁设置指示牌，方便寻找和使用。

4）监测设施安装埋设后，各点均应测量平面坐标并及时认真填写安装埋设考证表，表中各种信息均应准确测量，准确记录。

（2）观测要求。

1）水准监测控制网按照国家一等水准精度施测，垂直位移的监测采用国家二等水准精度施测。

2）在水准测量中，应尽量设置固定测站和固定测点，以提高观测的精度和速度。

3）有关限差参照 GB/T 12897、GB/T 12898 中一、二等水准要求的规定执行。

4）精密水准路线闭合差不得超过表 60.3 的规定。

表 60.3　　　　　　　　　　　精密水准路线闭合差之限差　　　　　　　　　单位：mm

等级		往返测不符值	符合线路闭合差	环闭合差
一等	坝外环线	$2 \times \sqrt{R}$		$1.0 \times \sqrt{F}$
	倾斜观测	$0.3 \times \sqrt{n_1}$	$0.2 \times \sqrt{n_2}$	$0.2 \times \sqrt{n_2}$
二等	坝体及坝基垂直位移	$0.6 \times \sqrt{n_1}$	$0.6 \times \sqrt{n_2}$	$0.6 \times \sqrt{n_2}$

注　R 为测段长度，以 km 计；F 为环线长度或符合线路长度，以 km 计；n_1 为测段站数（单程）；n_2 为环线长度或符合线路站数。

5）用精密水准法进行倾斜测量，应满足表 60.3 关于一等水准的限差规定。

（3）观测频率及复测周期。首期观测进行连续两次的独立观测，首期观测成果合格之后取其均值作为基准值。观测频率及复测周期与平面监测控制网要求相同。

（4）成果报告。经过检查验收的水准测量成果，应按路线进行清点整理，编制目录，形成成果报告，报告内容至少应包括：

1）水准仪、水准标尺检验资料及标尺长度改正数综合表。

2）水准观测手簿；水准测量外业高差表；外业高差各项改正数计算资料。

3）水准路线图。

4）成果使用说明等。

60.3.4　变形监测

60.3.4.1　水平位移测点

（1）测点应与被监测部位牢固结合，不受其他外界因素影响，能切实反映该位置变形。

（2）测点标型应采用带有强制对中基座的混凝土测墩，基座对中误差不超过 ±0.1mm。

（3）测墩应保持立柱中心线铅直，顶部强制对中基座水平，其倾斜度不应大于 4′，测点旁离障碍物距离应在 1m 以上。

（4）现浇钢筋混凝土所用材料符合国家相应的建材标准，保证混凝土强度等级满足 C20 标准。各工序浇筑混凝土注意都要进行养护，待整体标墩埋造完成后进行半个月的养护期。应在标墩表面设置永久点号标识及防护警示标语，以方便使用。

（5）监测设施安装埋设后，应及时认真填写安装埋设考证表，表中各种信息均应精确测量，准确记录。

60.3.4.2　垂直位移测点

（1）垂直位移测点一般按混凝土水准标、基岩水准标形式，条件好时，可按岩石水准标形式浇筑。

（2）可在水平位移标点的基础上，埋设带有钢质保护罩的不锈钢标芯。

（3）混凝土结构上的测点，可直接埋设带有钢质保护罩的不锈钢标芯；安装在基岩上的测点，可直接凿坑浇筑钢筋混凝土埋设。

（4）水准标芯顶端高出表面 5~10mm。

60.3.4.3　倒垂、双金属管标

（1）钻孔基本要求。按设计要求的孔位、孔径和孔深钻孔，施工放样位置与设计孔位坐标偏差不得大于 20mm，孔口导向管中心与设计坐标偏差不得大于 5mm，钻孔的有效孔径不得小于 168mm。钻孔每钻进 1~2m，检测一次钻孔偏斜值，一旦出现偏斜，首先分析原因，采取有效的纠斜措施。

采用岩芯钻，将岩芯尽量取全，尤其是断层、软弱夹层（带）要尽量取出，按工程地质规范进行详细描述，绘制钻孔岩芯柱状图。

（2）倒垂、双金属标保护管埋设要求。

1）保护管采用 φ168mm×6.5mm 的无缝钢管，保护管（套管）每隔 3~8m，接 4 个大小不同的 U 形钢筋，组成断面的扶正环。保护管安装完毕其最终有效管径（内径）不得小于 150mm。

2）埋设前对保护管内外进行清洗去锈污。底部 0.5m 的内壁，加工为粗糙面，以使用水泥浆固结双金属标底部的锚座。

3）保护管应保持平直，底部宜加以封焊，每节保护管采用内外矩形或梯形螺纹连接，每节保护管两端的螺纹应加工精细，不得在接头处产生弯曲，连接时涂铅油，加麻丝，不得漏水。

4）在钻孔底部先放入少量 M25 水泥砂浆，高于孔底约 0.4~0.5m 即可。保护管下至孔底后，宜略提起，但不得超出水泥浆面，并用钻机或千斤顶固定。再准确测定保护管的偏斜值，用倒垂法检查保护管中心线的偏心值与设计孔位中心坐标偏心值小于 20mm。经

适当调整满足设计要求后，用 M25 水泥砂浆将保护管与钻孔孔壁固结。待水泥浆凝固 3 天之后，拆除固定保护管的钻机或千斤顶。

5）保护管埋设采用二次水泥砂浆灌注回填固定。

6）保护管埋设完毕水泥浆凝固后，再次测定保护管的有效孔径，绘制保护管立面图和保护管各高程位置中心投影图，经检查验收，保护管有效管径（内径）大于 150mm，即为合格。

（3）双金属标管安装埋设。

1）双金属管标与倒垂线在一个钻孔内以同心圆的形式埋设，即垂线保护管、双金属标的钢管、铝管三者沿孔轴向以同轴方式埋设在钻孔内。双金属标的钢铝管组装孔内安设后，其铝管的不同高程处的孔中心相对管口中心的偏心距应不大于 15mm。

2）双金属标的钢管采用 $\phi146mm \times 6.5mm$ 的无缝钢管，铝管规格为 $\phi110mm \times 7mm$。作为双金属标的钢管和铝管应为同炉产品，钢管和铝管安装前应进行采样送国家计量单位检测温度线膨胀系数（也可采用厂家提供的系数），所有金属件应进行防锈处理。

3）双金属标锚座与钢管标及铝管标连接，采用矩形或梯形螺纹连接。铝管标底部 0.5m 范围内的内壁应加工为粗糙面，以增强倒垂线锚头的锚固效果。

4）双金属标的钢管与保护管之间、双金属标的两个管之间设置钢性可调节的导向支撑装置，每隔 2m 设 1 组，每 1 组安设 4 个，以防止双金属标的两个管产生侧向弯曲以及满足孔斜的要求，同时又保证两管能够随温度的变化自由伸缩。

5）双金属标的钢铝管组装并在孔内安设验收合格后，将双金属标管底部 0.5m 范围内用 M25 水泥砂浆灌注固定。

双金属标安装完毕后，再次测定铝管标的偏斜值，绘制铝管标立面图和各高程中心投影图，以便确定倒垂锚块的埋设位置。

（4）倒垂线的埋设。

1）埋设锚块时，在测线下端固定好锚块，钢丝应尽量位于双标铝管中心。

2）采用恒力浮子，浮体组件安装时，应使浮子水平、连杆垂直，浮子应位于浮桶中心，处于自由状态。浮子在浮筒中每个方向的活动范围应大于 10cm。

3）倒垂线观测平台应按设计图纸指定位置建造，在观测平台上安装垂线坐标仪的基座底板，基座底板应水平。倒垂线观测墩的墩面与倒垂线保护管管口齐平。在墩面上用二期混凝土埋设垂线坐标仪的基座底板。

4）倒垂线安装完成后应对其复位精度进行检查测试。浮子移动后，应能恢复到原来的位置，其复位精度在 X、Y 两方向上均应小于 0.04mm。

5）其他应符合《混凝土坝安全监测技术规范》（DL/T 5178—2003）的要求。

（5）监测基准值。垂线安装并调试完成后，对某条垂线各测点自上而下或自下而上在最短时间内逐点测定，每测次应观测两测回。采用人工观测时，两测回读数差不大于 0.15mm，取其平均值作为该测点的基准值。

60.3.4.4　正垂线

（1）预埋正垂保护管。

1）按设计位置预埋正垂保护管和固定垂线的部件。正垂线所在闸墩坝段浇筑混凝土时，预埋 ϕ168mm×6.5mm 无缝钢管，作为保护管。每个浇筑层都对钢管中心坐标进行控制测量，实测坐标与设计坐标误差不超过 20mm，保护管安装完毕其最终有效管径（内径）不得小于 100mm。管内壁应做防锈处理。

2）在混凝土浇筑过程中，应经常检测，注意测量保护管的偏斜，一旦出现偏斜，首先分析原因，采取有效的纠偏措施。安装完毕后，再次测定正垂保护管的偏斜值，绘制正垂保护管立面图和各高程中心投影图，以便确定正垂线安装位置。

（2）观测墩。

1）根据垂线位置进行观测墩的放样、立模、浇筑观测墩，安装垂线底盘，底盘对中误差不大于 0.1mm。

2）垂线穿过各层廊道观测间内，在观测间内衔接，垂线下端吊重锤，并将重锤放入油桶内。

3）正垂线和垂线坐标仪的安装应符合《混凝土坝安全监测技术规范》（DL/T 5178—2003）的要求。

（3）监测基准值。垂线安装并调试完成后，对某条垂线各测点自上而下或自下而上在最短时间内逐点测定，每测次应观测两测回。采用人工观测时，两测回读数差不大于 0.15mm，取其平均值作为该测点的基准值。

60.3.4.5 多点位移计

（1）安装埋设。

1）多点变位计钻孔孔径不小于 ϕ90mm，其中孔口 0.5m 段直径不小于 ϕ130mm（根据套筒直径确定），钻孔深度应比最深锚头深 0.5m，孔向朝上的监测孔，造孔深度须比最深锚头的设计深度深 1.5～2m，以确保回填灌浆后最深锚头与孔壁岩石的完全粘结。钻孔时应注意避免与锚杆钻孔相互交错贯通。

2）钻孔过程中应记录钻进深度，对岩芯进行描述，绘制钻孔岩芯柱状图。

3）钻孔结束后应冲洗干净，检查钻孔通畅情况，测量钻孔深度、方位、倾角。

4）按照确定的测点深度，将锚头、位移传递杆、灌浆管、排气管等组装后运至埋设地点。

5）多点位移计入孔后，将模拟传感器安装固定到基座传感器固定杆上，在结合面上涂抹一层硅胶，按对应的孔位对好基座，仅预留灌浆孔和排气孔，以防在灌浆时对传感器安装造成污染。

6）灌浆采用水泥砂浆，水泥砂浆标号一般为 M25。

7）待砂浆初凝后，将模拟传感器拆下，将多点位移计传感器安装固定到基座传感器固定杆上，并同时抹上一些硅胶。此时应记录下每支传感器的出厂编号以及对应的测杆编号和锚头位置，盖上保护罩。

8）传感器固定好后，测读初始读数。

（2）监测基准值。

1）选取位移计埋设灌浆终凝后 24h 以上的读数，并应取 2 次连续读数差小于 1%FS 时的平均值作为基准值。

2）每次监测取连续 2 次稳定读数的平均值作为正式读数，记录在监测记录表内。

60.3.4.6　测缝计

（1）安装埋设。

1）基岩与混凝土接触面。在设计位置钻孔，孔径大于90mm，深度不小于1m。在孔内填满水泥砂浆，砂浆有微膨胀性，将带有加长杆的套筒挤入孔中，筒口与孔口平齐，套筒塞满棉纱，旋紧筒盖。待回填混凝土达到强度后，取出套筒内填充物，将测缝计旋紧于套筒之内，并使之处于适当的张开位置上，检查测缝计读数是否正常。浇筑混凝土时，仪器附近采用人工振捣。检查仪器标识。最后测试读数，填写安装记录。

2）坝体横缝测缝计。在先浇混凝土块上预埋测缝计套筒；当电缆需从先浇块引出时，应在模板上设置储藏箱，用来储藏仪器和电缆；为避免电缆受损，必须将接缝处的电缆长约40cm范围内包上布条；当后浇块混凝土浇到高出仪器埋设位置20cm时，振捣密实后挖去混凝土露出套筒，打开套筒盖，取出填塞物，将测缝计旋紧于套筒之内，并使之处于适当的张开位置上，检查测缝计读数是否正常。浇筑混凝土时，仪器附近采用人工振捣。检查仪器标识。最后测试读数，填写安装记录。

3）钢板与混凝土接触面。将套筒焊接在钢管外壁上，然后将螺纹口涂上机油，筒内填满棉纱，旋上筒盖。混凝土浇至高出仪器埋设位置200mm时，挖去捣实的混凝土，打开套筒盖，取出填塞物，旋上测缝计，并使之处于适当的张开位置上，回填混凝土。检查仪器标识。最后测试读数，填写安装记录。

（2）监测基准值。

1）测缝计安装测试合格后立即开始测读，混凝土内埋设，取回填混凝土24h后的测值为基准值。

2）基准值观测应至少平行观测2次，前后测值之差小于仪器额定输出的1%时，取平均值作为基准值。

60.3.4.7　测斜管

（1）钻孔要求。在设计孔位造孔，孔径不小于130mm，终孔孔径应大于测斜管外径30mm，要求孔壁平整光滑，钻孔完成后，应清孔，并测定钻孔倾斜度，钻孔倾斜度允许偏差±0.5°。

（2）安装要求。

1）测斜管安装前应进行预接，测斜管采用带导槽的ABS管，相邻两管用管接头紧密连接。连接时应使导槽严格对正，不得偏扭，必须保证装配好的测斜管导槽的扭转角每3m不超过1°，全长范围内不超过5°。在管接头处做好对准标记和编号，以保证在现场顺利安装。

2）安装时，首先将最下端的测斜管底部用底盖密封，用两根安全绳扎紧缓慢放入孔内，然后用专用夹具夹紧管口端并固定在孔口，控制其中一组导槽方向与预计位移方向一致；按照预先做好的导槽对准标记和顺序编号逐一对接，接头处及铆钉处用防水胶带缠紧，依照上述方法放入孔内。测斜管按要求全部下放到孔内后，调整导槽方向与预计位移方向一致。

3）钻孔的回填材料依测斜管周围介质、地下水情况及测斜管与钻孔间的间隙来选择。

4）测斜管埋设完成后，在正式测量前，应用测斜仪模具从管口往管底试放1次，测斜仪模具应在管内上下运行自如。

5）测斜管安装完成后，应及时进行管口保护装置施工，并保证其结构坚固牢靠。

（3）监测基准值。活动式测斜仪测斜管埋设完成并稳定 24h 后，便可确定其基准值。确定方法如下：用测斜仪测头从测斜管底自下向上，每隔 50cm 一个测点，逐点测定。应平行测定两个测次，两次读数差，应满足仪器精度要求，将测斜仪反方向再按上述方法测定，得到反方向测值。取正、反向测值的平均值为该测点的基准值。

60.3.5　渗流监测

60.3.5.1　测压管

（1）坝基扬压力测压管安装埋设。坝基扬压力测压孔应在帷幕灌浆和固结灌浆后进行；采用预埋式测压管时，应防止测压管被浆液堵塞，安装测压管时，应准确量测并记录进水管底和孔口高程、平面坐标。套管与孔壁间的间隙应以砂浆填封。在完整的岩石中安装测压管则不需要进水管和导管，仅安设管口装置。当基础岩石比较破碎时，按绕坝渗流测压管安装埋设方法执行。测压管安装、封孔完毕后，应按《土石坝安全监测技术规范》（DL/T 5259—2010）有关规定进行灵敏度检验并及时测量管口高程。

（2）绕坝渗流测压管安装埋设。钻孔用清水钻进，严禁泥浆护壁，终孔孔径 110mm。钻孔结束后用清水冲洗，要达到水清砂净无沉淀。测压管用 DN50 镀锌钢管加工制作，包括花管和导管两部分。花管段长不少于 2m，透水孔孔径 4～6mm，面积开孔率 18％～20％，排列均匀。进水段可能产生塌孔或管涌时，花管段外应有反滤设施。在进水花管段底部充填粒径为 10～20mm 的砂砾石垫层，厚度不小于 30cm。将进水花管和导管依次连接放入孔内，花管段底部位于砂砾石垫层上。在进水花管周围填入粒径为 10～20mm 的砂砾石，再填入细砂，细沙填到覆盖住花管段以上 1m，管外抛入足够膨润土球，膨润土球应沿孔壁均匀抛投，余下的孔段全部用水泥砂浆灌满。进水花管段必须包裹土工布或过滤网。测压管安装、封孔完毕后，应按 DL/T 5259—2010 有关规定进行灵敏度检验并及时测量管口高程。

按照施工图纸所示浇筑孔口混凝土保护墩和安装孔口保护盖板。

（3）监测基准值。测压管安装完成待管内水位稳定后开始测读初始值，用电测水位计观测管内水位时，两次测读误差不大于 1cm。取两次观测的初始读数的平均值作为基准值。

60.3.5.2　渗压计

（1）混凝土浇筑层面安装埋设。应在浇筑下一层混凝土时，在埋设位置层面预留一个深 30cm、直径 20cm 的孔。在孔内铺一层细砂，将渗压计竖直向上，放在砂垫层上。用细砂将渗压计埋好，孔口放一个盖板，再浇筑混凝土。

（2）基岩面上埋设渗压计安装埋设。渗压计可采用施工期预埋方式，也可采用钻孔埋设安装方式。固结灌浆带附近埋设安装的渗压计应在灌浆后钻孔安装。

在埋设的基岩位置上钻一个深 100cm、直径 5cm 的集水孔，孔内填以细砾，将裹有渗压计（平置）的砂包放在集水孔顶部，使渗压计位于建基面上。用砂浆封住砂包，待砂浆凝固后即可浇筑混凝土。

（3）坝基深孔安装埋设。在坝基深孔内埋设渗压计，深孔直径不小于 100mm，先向孔内填入 40cm 厚的粒径约为 10mm 的砾石，然后将装有渗压计的细砂包吊入孔底，在其上填 40cm 厚的细砂，然后再填 20cm 厚的粒径为 10～20mm 砾石，剩余孔段灌入水泥膨润土或防缩水泥砂浆。

（4）水平浅孔安装埋设。在水平浅孔内埋设渗压计，应在埋设部位钻一个孔深 50cm、直径 15～20cm 的浅孔。如孔无透水裂隙，可根据需要，在孔底套钻一个孔径 3cm 的小孔，深度根据现场实际地质情况确定。在小孔内填入细砾，在大孔内填细砂，将渗压计平埋在细砂中，孔口盖上盖板，并用水泥砂浆封住，待砂浆凝固后即可填筑混凝土。

（5）监测基准值。渗压计的基准值监测，应在现场仪器就位约 0.5h 后进行测记，基准值观测应至少平行观测 2 次，前后测值之差小于仪器额定输出的 1% 时，取平均值作为基准值。

60.3.5.3　量水堰

（1）量水堰应能根据排水量的大小进行更换不同类型的堰板（直角三角堰、矩形堰、梯形堰）。

（2）非标准量水堰的堰上水头与流量的关系可现场率定获得，或采用厂家给定公式。

（3）堰槽段的尺寸及其与堰板的相对关系应满足如下要求：堰槽段全长应大于 7 倍堰上水头，但不小于 2m。堰板上游段应大于 5 倍堰上水头，但不得小于 1.5m；下游段长度应大与 2 倍堰上水头，但不小于 0.5m。

（4）量水堰采用不锈钢板制作，过水堰口下游宜成 45°斜角。堰板表面局部不平处不得大于 ±3mm，堰口局部不平处不得大于 ±1mm。堰板顶部应水平，两侧高差不得大于堰宽的 1/500。直角三角堰的直角，误差不得大于 30″。

（5）堰板和侧墙应铅直，倾斜度不得大于 1/200。侧墙局部不平处不得大于 ±5mm。堰板应与侧墙垂直，误差不得大于 30″。两侧墙应平行，局部的间距误差不得大于 ±10mm。

（6）量水堰安装并检测合格后，应准确测量堰口高程和水位测针或量水堰计的零点高程，并做好记录，填写埋设考证表。

60.3.6　应力应变及温度监测

60.3.6.1　单向应变计

（1）可在混凝土振捣后，及时在埋设部位造孔（槽）埋设，或按照说明书的方法用铅丝将应变计固定在周围的钢筋上。

（2）应变计埋设的角度误差不大于 1°，位置误差不超过 2cm。

（3）埋设时，保持仪器的正确位置和方向，及时检测，发现问题及时处理或更换仪器。

（4）埋设仪器周围回填混凝土时，小心填筑，剔除混凝土中 8cm 以上的大骨料，人工分层振捣密实。下料时距仪器 1.5m 以上，振捣时振捣器与仪器距离大于振捣半径，不小于 1m。

60.3.6.2　应变计组

（1）将应变计固定在支座及支杆等附加装置上，保证在浇混凝土过程中仪器有正确的相互装配位置和定位方向，并使其保持不变，支杆伸缩量大于 0.5mm。

（2）根据应变计组在混凝土内的位置，分别采用预埋锚杆或带锚杆的预制混凝土块固定支座位置和方向。

（3）埋设时，设置无底保护木箱，并随混凝土的升高而逐渐提升，直至取出。

（4）仪器埋设后，做好标记，以防人为损坏，整个埋设过程中要设专人守护，仪器顶部已终凝混凝土厚度在 60cm 以上时，防守人员方可离开。

60.3.6.3　无应力计

（1）无应力计与应变计（组）配套布置。根据施工图纸要求或监理人的指示确定无应力计的埋设位置。

（2）埋设时将无应力计筒大口向上固定在埋设位置，然后在筒内填满工作应变计附近的混凝土，剔除混凝土中 8cm 以上的大骨料，人工捣实，在其上部覆盖混凝土时不得在振动半径范围内强力振捣，回填层厚不小于 30cm。

（3）仪器安装前后用读数仪表对仪器进行测量，并记录测量值，仪器在埋设期间必须边埋设边用读数仪表进行测量，以防止在埋设过程中损坏，以便及时补埋，从而确保仪器的埋设成功率。

（4）记录首次读数，并及时填写埋设记录。

（5）将仪器电缆引至临时接线箱并检查仪器标识。

（6）监测基准值。

混凝土水化热影响的应变计，在安装后 48h 内应加密测次，当最后连续 3 次的前后测值之差小于仪器额定输出的 1‰ 时，以 3 次测值的算术平均值作为基准值。或以应变计安装 24h 后的第一次测值作为基准值。同一组的各支应变计的基准值取同一时间的测值。

60.3.6.4　压应力计

垂直压力计的埋设：埋设位置的混凝土面应冲洗凿毛，底面应水平，在底面铺 6mm 厚强度高于混凝土的水泥砂浆。待砂浆初凝后，将稠水泥浆铺在垫层上，压力计放在砂浆上，边旋转边挤压以排除气泡和多余水泥浆，随时用水平仪校正，置放三脚架和约 10kg 压重。12h 后，浇混凝土，捣实后取出三脚架和压重，注意不得碰动仪器。安装埋设前后，应对仪器检测。

水平方向或倾斜方向埋设压力计：混凝土浇筑到埋设位置以上 0.5m 时，在混凝土初凝前挖深 0.5m，将压力计放入定位后，回填剔除 8cm 以上骨料的混凝土轻轻捣实，使混凝土与仪器受压面密合，同时应保证仪器的正确位置和方向。

60.3.6.5　滑动测微计

（1）钻孔。

1）按设计要求钻孔，钻孔孔径不得小于 110mm，钻孔轴线弯曲度应小于钻孔半径。

2）对岩芯进行拍照、描述，作出钻孔岩芯柱状图。

3）钻孔结束后应冲洗干净，检查钻孔通畅情况，测量钻孔深度、方位、倾角。

（2）导管安装。

1）将带有管底盖的第一节导管与测量环对准，采用螺钉连接并裹上密封胶带。

2）重复第一步方法，把余下的导管都连接上测量环，并依照顺序编号。

3）在现场向钻孔中送进第一节导管，在孔口把第二节导管不带测量环一端与第一节导管上的测量环端对准，采用螺钉连接并裹上密封胶带送至孔口。

4）重复第三步方法，把余下的导管都连接好。

5）用模拟探头对已送入孔中的导管全长检查畅通与否，如有问题，及时替换导管。

6）在导管与钻孔壁之间注入事先经浆液配比试验确定的水泥浆回填，1 周后待水泥浆凝固并具有一定强度后开始测读初始值。

（3）观测。

1）根据规定的观测频率进行观测。观测前或观测后进行标定，记下测值，以便修正测量读数。

2）详细操作请遵照仪器使用说明。

60.3.6.6　钢筋计

（1）安装埋设。

1）钢筋计应尽量焊接在同一直径的受力钢筋并保持在同一轴线上，受力钢筋的绑扎接头应距仪器 1.5m 以上。

2）钢筋计的焊接采用斜口对焊。焊接时及焊接后，应在仪器部位浇水冷却，使仪器温度不超过 60℃，但不得在焊缝处浇水。

3）焊接钢筋计时要放好位置，保持钢筋计和钢筋在同一轴线上。

4）混凝土浇筑前后，应制定切实可行的措施，保护好仪器和电缆。

（2）监测基准值。

1）混凝土固化后，钢筋和钢筋计能够跟随其周围混凝土变形时的测值作为基准值，一般取 24h 后的测值。

2）基准值观测应至少平行观测 2 次，前后测值之差小于仪器额定输出的 1% 时，取平均值作为基准值。

3）仪器安装后必须立即观测，以检查仪器工作是否正常。仪器埋设后每日观测 3 次直至本浇筑块混凝土达到最高水化热温升为止；之后每 3 天测读 1 次，持续 1 个月后转入施工期监测。

60.3.6.7　钢板计

（1）安装埋设。

1）将专用夹具焊接在压力钢管外表面，夹具应有足够的刚度保证钢板应力计不受弯。

2）对钢板应力计预压以扩大受拉量程，一般将拉伸范围调整到 $1200\mu\varepsilon$，然后将钢板应力计（小应变计）安装在专用夹具上。

3）仪器外盖上保护罩，保护罩周边与钢管或钢板接触处点焊，盒内充填沥青等防水材料以防仪器受外水压力或灌浆压力损害，防水罩和引出电缆孔应有防水密封橡胶。

（2）监测基准值。

1）仪器埋设后，在上部混凝土浇筑过程中，每间隔 4h 测读 1 次。

2）在仪器周边混凝土达到最高温升前每天测读 4 次，此后每天测读 1 次，持续 1 周，并从中选取基准值。

60.3.6.8　锚杆应力计

（1）安装埋设。

1) 锚杆应力计的施工安装应和加固结构施工结合进行，按设计要求钻孔，钻孔直径应大于传感器外径，以免损坏传感器，钻孔平直，其轴线弯曲度应小于钻孔半径，钻孔结束后应冲洗干净，防止孔壁沾油污。

2) 按锚杆直径选配相应规格的锚杆应力计，将仪器两端的连接杆分别与锚杆焊接或采用螺纹连接，连接后锚杆整体强度不低于锚杆强度。

3) 在已焊接锚杆应力计的监测锚杆上安装排气管，将组装检测合格后的监测锚杆送入钻孔内，引出电缆和排气管，插入灌浆管，用水泥砂浆封闭孔口。

4) 对安装入孔内的仪器进行检查、测试，经监理人批准后进行灌浆。

5) 灌浆参考系统锚杆灌浆要求。

(2) 监测基准值。

1) 水泥砂浆终凝后，锚杆和锚杆应力计能够跟随其周围水泥砂浆变形时的测值作为基准值，一般取 24h 后或水化热基本稳定时的测值。

2) 基准值观测应至少平行观测 2 次，前后测值之差小于仪器额定输出的 1% 时，取平均值作为基准值。

60.3.6.9　锚索测力计

(1) 监测锚索应为无粘结锚索，其锚索的下料长度应大于非监测锚索，超出的长度，应根据锚具、测力计、锚垫板等尺寸确定。外锚头采取细骨料混凝土密封保护。

(2) 在锚索施工时，监测锚索应在对其有影响的周围其他锚索张拉之前进行张拉。

(3) 为获得测力计与千斤顶压力表的荷载关系曲线，并以该曲线指导使用同一千斤顶张拉其他工作锚索。应在现场对测力计和千斤顶、压力表进行两个循环的配套标定，同时记录各张拉吨位时测力计、油泵压力表读数。

(4) 待锚索内锚固段与承压垫座混凝土的承载强度达到允许张拉的设计指标后，即可安装测力计。安装测力计时，应将测力计专用的传力板安装在孔口垫板上，要求钢垫板与锚板平整光滑，并与测力计上下面紧密接触，保证受力均匀。测力计或传力板与孔轴线垂直，其倾斜度应小于 0.5°，偏心不大于 5mm。

(5) 安装张拉机具和锚具，同时对测力计的位置进行检验，以免受压不均或偏载。检验合格后进行预紧。

(6) 测力计安装就位后，加荷张拉前，应准确测量其初始值和环境温度，连续测 3 次，当 3 次读数的最大值与最小值之差小于 1%FS 时，取其平均值作为监测基准值。

(7) 基准值确定后，分级加荷张拉，逐级进行张拉观测：一般每级荷载应测读 1 次，最后一级荷载应进行稳定监测。每 5min 测读 1 次，连续测读 3 次，最大值与最小值之差小于 1%FS 时，则认为稳定。

(8) 张拉荷载稳定后，应及时测读锁定荷载；张拉结束后应根据荷载变化速率确定时间间隔；最后进行锁定后的稳定监测。

(9) 当监测锚索附近的工作锚索张拉时，应对监测锚索测力计进行监测，并与工作锚索张拉时各级荷载同步测读记录。

(10) 当预应力损失较大，达不到设计荷载而需要补偿张拉时，张拉和锁定后均应进行监测。

（11）在预应力锚索监测的同时，应对监测锚索附近进行巡视。

60.3.6.10　温度计

（1）埋设在坝体内的温度计一般可不考虑方向，位置误差不大于 2cm。

（2）埋设在上游坝面内的库水温度计，埋设时应使温度计轴线与坝面平行，且距离坝面 5～10cm。

（3）埋设在混凝土表层的温度计，可在该层混凝土捣实后挖坑埋入，回填混凝土后人工捣实。

（4）埋设在混凝土浇筑层底部或中部的温度计，振动器与温度计的距离应不小于 0.6m。

（5）埋设时要注意剔除 8cm 以上骨料的混凝土，将混凝土人工轻轻振捣密实，同时保证仪器的正确位置和方向。

（6）安装前后用读数仪表对仪器进行测量，及时填写埋设记录。

（7）将仪器电缆引至临时接线箱并检查仪器标识。

60.3.7　强震动监测

60.3.7.1　安装埋设

（1）观测墩需与坝体紧密结合，观测墩在坝面以下的几何形状应是下大上小的梯形体，监测墩露出坝面部分的尺寸（长×宽×高）不小于 40cm×40cm×40cm，顶面要求平整，混凝土墩顶面平整度应小于 3mm；墩体预留出导线穿线孔。

（2）安装加速度计时，将三分量加速度计底板用黏结剂或螺栓牢固固定在混凝土墩上，固定前不仅要调整水平且应使加速度传感器符合设计要求的方位和初动方向。外设保护罩，对于观测房外的测点保护罩不仅要防潮、防盗，还必须有保温，保证加速度传感器正常工作的环境要求。

（3）记录仪应牢固安装在监测室内。室内应有独立的配电盘和过压保护设施，并备有补充直流电源及照明电，室内温度不低于 0℃。信号接通后，应确定加速度计的振动方向与记录图上振动波形方位的对应关系。应根据预测地震的强度调整各记录道的灵敏度，使仪器处于待触发状态。

（4）强震动加速度仪安装后，应进行检查、设置和调试，确认各通道的极性和加速度传感器的零位等其他功能及试验。

（5）监测台阵运行正常后，应进行场地的脉动和水工建筑物的脉动反应测试，记录脉动加速度时间过程和进行分析。

60.3.7.2　强震观测的台阵管理

当库区发生地震以后，管理人员应及时检查强震仪的记录情况。如强震仪没有记录，可能是仪器发生故障或者是地震加速度太小，后者不足以使强震仪触发记录。如强震仪取得记录，则应马上按照规定读取各通道记录的加速度最大值、地震卓越周期、大坝振动主频率和地震持续时间，计算大坝结构的动力放大系数，并上报主管机构。

地震是瞬时的、突发的自然灾害。尽管龙江大坝地处我国西南地震高烈度区，取得强震记录的可能性很大，但很长时间没有地震的可能性仍然存在，容易导致管理人员的管理意识松懈。因此，根据强震台阵的工作特点宜选派 1～2 个管理人员进行专职管理，建立岗位职责，提高管理人员的责任心。在台阵运行初期，应适当增加检查次数。

60.3.8　观测电缆连接

60.3.8.1　橡胶电缆的连接

橡胶电缆的连接采用硫化接头方式，具体要求如下：

（1）根据设计和现场情况准备仪器的加长电缆。

（2）按照规范的要求剥制电缆头，去除芯线铜丝氧化物。

（3）连接时应保持各芯线长度一致，并使各芯线接头错开，采用锡和松香焊接。

（4）芯线搭接部位用黄蜡绸、电工绝缘胶布和橡胶带包裹，电缆外套与橡胶带连接处应锉毛并涂补胎浇水，外层用橡胶带包扎，外径比硫化器钢模槽大 2mm。

（5）接头硫化时必须严格控制温度，硫化器预热至 100℃ 后放入接头，升温到 155～160℃，保持 15min 后，关闭电源，自然冷却到 80℃ 后脱模。

（6）将 1.5 个大气压的空气通入电缆，历时 15min 接头应不漏气，在 1.0MPa 压力水中的绝缘电阻应大于 50MΩ。

（7）接头硫化前后应测量、记录电缆芯线电阻、仪器电阻比和电阻。

（8）电缆测量端芯线应进行搪锡，并用石蜡密封。

60.3.8.2　塑料电缆的连接

塑料电缆的连接常采用常温密封接头或热塑接头方式。

（1）常温密封接头具体要求如下：

1）根据设计和现场情况准备仪器的加长电缆。

2）将电缆头保护层剥开 50～60mm，不要破坏屏蔽层，然后按照绝缘的颜色错落（台阶式）依次剥开绝缘层，剥绝缘层时应避免将导体碰伤。

3）缆连接前将密封电缆胶的模具预先套入电缆的两端头，模具头、管套入一头，盖套入另一头。

4）将绝缘颜色相同的导体分别叉接并绕接好，用电工绝缘胶布包扎使导体不裸露，并使导体间、导体与屏蔽间得到良好绝缘。

5）接好绝缘（可以互相压按在一起）和地线，将已接好的电缆用电工绝缘胶布螺旋整体缠绕在一起。

6）将电缆竖起（可以用简单的方法固定），用电工绝缘胶布将底部的托头及管缠绕几圈，托头底部距接好的电缆接头根部 30mm。

7）将厂家提供的胶混合搅匀后，从模口上部均匀地倒入，待满后将模口上部盖上盖子。

8）不小于 10m 长的电缆，在 3.0MPa 压力水中的绝缘电阻应大于 500MΩ。

9）24h 后用万用表通电检测，若接线良好，即可埋设电缆。

（2）热塑接头具体要求如下：

1）将选好的电缆的电缆头外皮剪除 80mm，按表 60.4 所示，把芯线剪成长度不等的线段。仪器上的电缆头也按相同颜色的对应长度剪短，各芯线连接之后，长度一致，结点错开。切忌搭接处在一起。

表 60.4	电缆连接时对接芯线应留长度表	单位：mm
芯线颜色	仪器电缆接头芯线长	接长电缆接头芯线长
黑	15	65
红	30	45
白	45	30
绿	65	15

2）把铜丝的氧化层用砂布擦去，按同种颜色互相搭接，铜丝相互叉入，拧紧，涂上松香粉，放入已熔化好的锡锅内摆动几下取出，使上锡处表面光滑无毛刺，如有应锉平。

3）将热缩管套入电缆的一端，按要求焊接好电缆后，芯线用 $\phi 5 \sim 7mm$ 的热缩管，加温热缩，用热风枪从中部向两端均匀地加热，使热缩管均匀地收缩，管内不留空气，热缩管紧密地与芯线结合。在热缩管与电缆外皮搭紧段缠上热熔胶，将预先套在电缆上的 $\phi 18 \sim 20mm$ 热缩管移至接头部位，再加温热缩外套。

60.3.8.3 电缆的保护

（1）电缆连接后，在电缆接头处涂环氧树脂或浸入蜡，以防潮气渗入。

（2）应严格防止各种油类沾污腐蚀电缆，经常保持电缆的干燥和清洁。

（3）电缆在牵引过程中，要严防开挖爆破、施工机械损坏电缆，以及焊接时焊接渣烧坏电缆。

（4）电缆牵引时应根据需要穿管保护。

（5）电缆应及时编码、整理并引入现场测控单元。

60.4 施工期观测要求

60.4.1 一般规定

（1）仪器设备安装完毕后及时记录初始读数及相关的环境条件。

（2）施工期监测数据的采集工作应按照设计要求的监测项目、测次和时间进行。必要时，还应适当调整监测次数和时间。各种相互有关的项目，应同时监测。

（3）仪表和测读装置，第一次使用前应进行鉴定或校准，在使用过程中，应定期进行检验和校正，且有检验与校正记录，若发现不合格的应及时修理至符合要求或更换合格产品。

（4）应坚持"四无（无缺测、无漏测、无不符合精度、无违时）、五随（随观测、随记录、随计算、随校核、随分析）四固定（人员固定、仪器固定、时间固定、测次固定）"的现场观测工作原则，及时准确地采集原始数据。

（5）在现场监测或采集的数据应在现场核对无误，防止发生差错，并及时进行数据处理和分析。如发现异常情况，应分析原因，并及时上报。

（6）所有观测资料从施工期开始应采用数据管理软件进行整编处理。原始的观测资料和计算整编数据应完整保存，其数据库格式应与常用数据库兼容。

（7）每年汛前对观测系统进行一次全面检查及维护，确保观测精度。

60.4.2 观测频次

施工期、蓄水期正常情况下，各监测项目测次按表 60.5 中所列的测次要求进行监测。

若遇到特殊情况，如大暴雨、大洪水、汛期、气温骤降和寒潮期间地下水位长期持续较高、库水位骤降、强地震以及建筑物出现异常或损坏等情况，应根据监理人的要求增加测次。

表 60.5　　　　　　　　　　　　各监测项目各阶段测次表

	监测项目	施工期	首次蓄水期	初蓄期	运行期
1	位移	1次/旬～1次/月	1次/天～1次/旬	1次/旬～1次/月	1次/月
2	渗流量	2次/旬～1次/旬	1次/天	2次/旬～1次/旬	1次/旬～2次/月
3	扬压力	2次/旬～1次/旬	1次/天	2次/旬～1次/旬	1次/旬～2次/月
4	绕坝渗流	1次/旬～1次/月	1次/天～1次/旬	1次/旬～1次/月	1次/月
5	应力、应变	1次/旬～1次/月	1次/天～1次/旬	1次/旬～1次/月	1次/月～1次/季
6	大坝及坝基的温度	1次/旬～1次/月	1次/天～1次/旬	1次/旬～1次/月	1次/月～1次/季
7	大坝内部接缝、裂缝	1次/旬～1次/月	1次/天～1次/旬	1次/旬～1次/月	1次/月～1次/季
8	监测控制网	取得初始值	1次/季	1次/年	1次/年

注　1. 表中测次，均系正常情况下人工测读的最低要求。特殊时期（如发生大洪水、地震等），应增加测次。监测自动化可根据需要，适当加密测次。

　　2. 在施工期，坝体浇筑进度快的，变形和应力监测的次数应取上限。在首次蓄水期，库水位上升快的，测次应取上限。在初蓄期，开始测次应取上限。在运行期，当变形、渗流等性态变化速度大时，测次应取上限，性态趋于稳定时可取下限；当多年运行性态稳定时，可减少测次，减少监测项目或停测，但应报主管部门批准；但当水位超过前期运行水位时，仍需按首次蓄水执行。

　　3. 应变计、温度计、锚杆测力计、测缝计在埋设后第一天，按 1h、2h、3h、5h、8h、12h、18h、24h 进行观测；在埋设后第二～第三天，每 4h 观测 1 次。

各观测项目施工完毕后，应及时记录初始读数并按设计图纸《混凝土大坝安全监测技术规范》（DL/T5178—2003）规定的观测频次观测，具体观测频次安排如下：

大坝、渗流及岸坡仪器，在仪器安装完成后，每天观测 1 次，连续观测 2 周，之后至蓄水前每周观测 1 次，蓄水期间每天观测 1 次，以后每半月观测 1 次。

除按规范或监理人要求进行观测外，还对建筑物进行巡视检查并做好记录。若发现建筑物出现异常情况时，增加观测仪器的观测次数。

60.4.3　观测记录要求

各种仪器的读数按照仪器说明书进行测读，观测数据用专门表格记录。观测应该系统、连续地进行，严格遵守观测频率的规定。每次读数时，必须立即同前次测值对照检查。在观测中若发现异常，要及时进行复测，分析原因，记录说明。

观测误差有过失误差、系统误差、随机误差三种，取决于测量系统各个误差的综合影响，对误差的控制要消除以下产生误差的原因：

（1）仪器设备经常标定、修正其各部分的误差。

（2）定期对仪器设备标定、检修，确保性能稳定，消除仪器设备各种物理性质变化产生的误差。

（3）定期对基准点检测，修正由温度、腐蚀、震动等因素引起的基准点移动。

（4）制订操作技术规程、进行人员培训、更换人员和仪器时做好交接、克服观测方法不同和人员设备不同而产生的误差。

（5）仪器性能超限，要及时检修更换。

60.5　监测资料整编及初步分析要求

60.5.1　资料整编的一般要求

（1）监测资料整编包括平时资料整理与定期资料编印。

（2）整编成果应项目齐全，考证清楚，数据可靠，图表完整，规格统一，说明完备。

（3）在整个观测过程中，均应及时对各种观测数据进行检验和处理，并结合巡视检查资料进行分析。分析重点主要是对工程的安全性态作出评价。

（4）全部资料整编、分析成果应建档保存。如停止或减少观测项目的资料整编和分析工作，应经上级主管部门批准。

60.5.2　原始监测资料的收集

原始监测资料的收集包括观测数据的采集、人工巡视检查的实施和记录和其他相关工程资料，主要包括以下内容（不限于）：

（1）详细的观测数据记录、观测的环境说明，与观测同步的气象、水文等环境资料。

（2）监测仪器设备及安装的考证资料。

（3）监测仪器附近的施工资料。

（4）现场巡视检查资料。

60.5.3　原始监测资料的检验和处理

（1）每次监测数据采集后，应随即检查、检验原始记录的可靠性、正确性和完整性。如有漏测、误读（记）或异常，应及时补（复）测、确认或更正。

原始监测数据检查、检验的主要内容（不限于）：

1）作业方法是否符合规定。

2）监测仪器性能是否稳定、正常。

3）监测记录是否正确、完整、清晰。

4）各项检验结果是否在限差以内。

5）是否存在粗差。

6）是否存在系统误差。

（2）在每次监测后立即进行原始数据记录的检验和分析、监测物理量的换算，以及异常值的判别等工作。如遇天气、施工等原因，造成监测数据突变时，应加以说明。

（3）经检查、检验后，若判定监测数据不在限差以内或含有粗差，应立即重测；若判定监测数据含有较大的系统误差时，应分析原因，并设法减少或消除其影响。

60.5.4　原始监测资料整编

（1）应将监测仪器埋设的竣工图、各种原始数据和有关文字、图表（包括影像、图片）等资料，综合整理成安全监测成果，汇编刊印成册。

（2）整编资料内容包括（不限于）：

1）工程建筑物安全监测工作总报告。

2）工程建筑物安全监测要求和安全监测措施计划等的有关文件。

3）仪器资料：包括仪器型号、规格、技术参数、工作原理和使用说明，测点布置，仪器埋设的原始记录，仪器损坏、维护记录等。

4）监测资料：日常监测和巡检的原始记录、报表和报告，包括特征值汇总表、每个测点监测数据过程线、监测成果分析资料、物理量计算成果及各种图表等。

5）其他相关资料：包括咨询会议记录、工程安全检查报告、事故处理报告、仪器设备管理档案，以及工程竣工安全鉴定的结论、意见和建议等。

6）应根据不同的仪器类型和目的分别按照直观反映结构位移、应力等物理量指标进行整编，及时将观测数据换算为相应的温度、应力、位移等物理量，并绘制时间过程线和必要的图表。

7）所有监测资料、监测数据应按指定的格式建立数据库，输入计算机。用磁盘或光盘备份保存并刊印成册。

60.5.5　监测资料初步分析

监测资料包括通过仪器采集得到的大坝效应量和环境量监测数据，以及通过人工巡视检查观察得到的资料。

大坝安全监测资料分析就是对监测仪器采集到的数据和人工巡视观察到的情况资料进行整理、计算和分析，提取大坝所受环境荷载影响的结构效应信息，揭示大坝的真实性态并对其进行客观评价。安全监测资料分析是实现大坝安全监测目的的重要过程之一。

60.5.5.1　监测资料主要分析方法

一般情况下应对搜集并整理完成的监测资料进行定性的常规分析。在工程出现异常和险情的时段，工程竣工验收和安全鉴定等时段，水库蓄水、汛前汛期、隧洞通放水、工程本身或附近工程维修和扩建等外界荷载环境条件发生显著变化的重点时段，通常需要对监测资料进行较深入系统的综合分析，用以查找存在的安全隐患和原因，分析监测资料变化规律和趋势，预测未来时段的安全稳定状态，为可能采取的工程决策提供技术支持。

监测资料采用常规分析方法主要有比较法、作图法、特征值统计法的测值因素分析法等。

60.5.5.2　监测资料常规方法分析的主要内容

（1）分析效应量随时间的变化规律（利用观测值的过程线图或数学模型），尤其注意相同外因条件下的变化趋势和稳定性，以判断工程有无异常和向不利安全方向发展的时效作用。

（2）分析效应量在空间分布上的情况和特点（利用观测值的各种分布图或数学模型），以判断工程有无异常区和不安全部位。

（3）分析效应量的主要影响因素及其定量关系和变化规律（利用各种相关图或数学模型），以寻求效应量异常的主要原因；考察效应量与原因量相关关系的稳定性；预报效应量的发展趋势并判断其是否影响工程的安全运行。

（4）分析各效应观测量的特征值和异常值，并与相同条件下的设计值、试验值、模型预报值，以及历年变化范围相比较。当观测效应量超出它们的技术警戒值时，应及时对工程进行相应的安全复核或专题论证。

（5）将巡视检查成果、观测物理量的分析成果、设计计算复核成果进行比较，以判识工程的工作状态、存在异常的部位及其对安全的影响程度与变化趋势等。

60.5.5.3　监测资料初步分析一般要求

（1）应对整编的仪器监测资料以及巡视检查资料进行常规分析，分析方法应采用比较法、作图法、特征值统计法，当具备条件时还应采用统计模型法。具体方法和内容应符合 DL/T 5178—2003 的相关要求。

（2）各时期监测资料分析报告的主要内容应符合《混凝土坝安全监测技术规范》（DL/T 5178—2003）的相关要求。

（3）分析成果应包括分析内容、方法、工程建筑物工作状态及安全性初步评价，提出处理意见和建议。

（4）在施工过程中，直到所有的监测设施和监测资料（包括软件）移交前，应随时提交符合 DL/T 5178—2003 相关要求报送包括监测原始数据在内的监测记录和初步分析与评价结果。包括月报、季报、年报、蓄水验收、发电验收、竣工验收等监测成果分析报告。在特殊情况下，根据有关的要求应及时提供监测简报、日报等。

第61章 蓄水验收安全监测的主要成果

龙江水电站枢纽工程现有监测系统布置较为完善，至蓄水验收时已获得了大量的监测数据，基本反映了大坝及其附属建筑物的工作性态，取得的主要初步成果如下：

61.1 坝基扬压力监测

扬压力孔观测结果表明，坝基渗压计测值随埋设深度的增大而增大，自2010年4月开始蓄水以来，各支渗压计测值均存在不同幅度的增大，部分安装位置靠近上游面的渗压计实测渗压增大显著，说明这些安装位置的基岩渗透系数较大，渗透压力大小与上游水位变化直接相关。扬压力系数分布见图61.1。

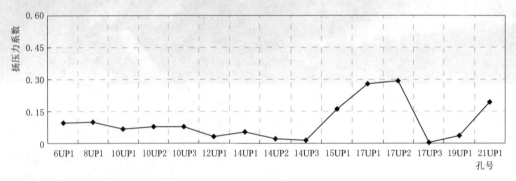

图 61.1　扬压力系数分布图

在主帷幕后布置的扬压力孔测点水头大部分均较小，扬压力系数多小于0.1，变化量亦较小，目前测值较稳定。17UP2测点在排水孔附近，测值相对较大，扬压力系数为0.29，小于设计值0.3，而排水孔后的17UP3测点，距17UP2测点距离5m，扬压力折减为0.005，测值很小。从扬压力孔观测结果看，2012年4月前大坝帷幕及排水孔工作正常，满足设计要求。

61.2 消能塘底板渗压力监测

大坝消能塘共埋设渗压计15支，均安装于消能塘底板，截至2012年4月各仪器均工作正常。

从实测成果看，各测点初期测值平稳，主要受岸坡地下水位变化影响；大坝泄水下游近坝位置水位升高时，各测值增幅明显，说明大坝泄水对仪器安装位置岩体渗透压力影响显著，而2010年10月初大坝上游水位骤升期间，各测点测值变化不大，说明上游水位对该位置渗透压力影响不大。因此消能塘底部渗压主要受下游水位影响，总体稳定。虽然局部渗透压力值较大，但均小于设计值，消能塘底板抗浮稳定满足要求。

61.3　绕坝渗流监测

根据绕坝渗流观测成果分析，右岸在 2010 年 10 月 26 日地下水位最高，RUP9 最高水位测值为 872.02m（地表高程 890.00m，距消能塘中心线 210m），RUP5 最高水位测值为 806.23m（地表高程 845.00m，距消能塘中心线 91m），左岸在 2011 年 11 月 25 日地下水位最高，LUP6 最高水位测值为 840.56m（地表高程 875.00m，距消能塘中心线 166m），LUP8 最高水位测值为 840.56m（地表高程 860.00m，距消能塘中心线 98m），截至 2012 年 4 月左岸、右岸地下水位变化较小，逐渐趋于稳定。在目前监测的地下水位情况下，大坝下游左、右岸边坡、消能塘左、右岸边坡及拱座稳定均满足设计要求，大坝是安全的。

位于厂房后部高边坡的绕坝渗流 LUP4 测点，因该部位回填土受降水影响较大，2010 年 4—10 月观测数值在 826.10～855.33m 之间变动，10 月 8 日观测数据为 855.33m，10 月 26 日观测数据为 851.77m。LUP4 测点 2010 年 10 月 26 日（初期运行）至 2012 年 3 月 30 日（最近测值）观测数值在 851.77～846.56m 之间变动。根据地质断面图，LUP4 测点位置的最高水位 855.33m 位于 F_{41} 断层以上，水位变化范围仍在计算工况考虑范围之内。

总体来说，由于左右岸地质构造等情况不同，左岸绕坝渗流测点变化受库水位变化与降雨的综合影响，而降雨因素是主要因素之一；右岸靠近库区测点测值变化受库水位与右岸山体地下水补给的共同作用，长期来看，测点测值较为稳定。

61.4　大坝右岸边坡监测

根据大坝右岸 920m 高程踏步附近多点位移测点的监测成果分析，其表部 0～6m 范围内的测值在每年雨季增大的趋势相对明显，但 2009—2011 年间，测值增加的趋势明显变缓（在 2010 年、2011 年的汛期位移测值增加分别约为 2mm、1mm），累计总位移测值为 7.861mm；其 6～24m 深部范围内的测值长期以来基本稳定，位移测值在 1mm 左右。

根据该部位测斜孔成果分析，表部 0～10m 范围内为深层水平位移敏感区，10m 以下位移测值较小，该位置边坡深层水平位移变化总体不大，较稳定。测斜管测值与上游水位明显相关，蓄水之前（约 2010 年 4 月以前），位移为向坡外，上下游方向位移基本无变化。蓄水之后（约 2010 年 4 月以后），位移转为向坡内向下游，蓄水之后表部向坡外向的累计位移约为 7mm，且位移随着蓄水位的变化有增减波动的趋势，向下游的累计位移基本稳定在 10mm 左右。

根据《龙江水电站枢纽工程外部变形观测监测月报》（云南华昆水电水利科学研究公司龙江工程外部变形监测项目部，2012 年 3 月 17 日），从 2011 年 8 月至 2012 年 3 月，右岸大坝边坡各测点的变化趋势总体一致，坡外向累计位移在 1.44mm（TP04）～6.06mm（TP07），向下游的累计位移在 2.67mm（TP09）～8.09mm（TP04）。

根据该部位渗压计的测值，最大渗压相当于 20.2m 水头，结合现场检查情况看，该边坡部位地下水位较高，有明显的地下水渗出点，与该部位同高程的其他部位边坡未见有地下水渗出。

右岸边坡上游侧施工缆机固定端上游处出现了局部的塌滑现象，根据现场多次测量勘察，该处为局部垮塌，为防止其进一步发展，设计已对该部位采取了加固处理措施。

综上所述，大坝运行期各测点测值总体变化不大，目前该部位边坡整体基本稳定，多点位移计测值每年雨季增大的趋势相对较大，但测值增加的趋势明显变缓，需密切关注，加强监测，出现异常及时采取相应措施。

61.5　大坝强震监测成果分析

根据大坝强震监测成果，大坝运行未见明显的水库诱发地震现象。周边发生地震时对大坝整体监测情况进行了对比分析，云南德宏州盈江县于 2011 年 3 月 10 日中午 12 时 58 分发生 5.8 级地震，龙江工程坝址区有震感，监测结果表明盈江地震对大坝整体稳定性基本无影响。

61.6　大坝内部监测成果分析

埋设于大坝内部的测缝计、渗压计、温度计、多点位移计、测斜管、压应力计、应变计、无应力计、多点位移计等众多监测仪器自始测日至蓄水验收时均工作正常，且各测点监测数据序列的较长，已有监测资料可较为准确地反映各仪器安装位置坝体的真实性态。

结合上述各类已安装于大坝内的监测仪器成果分析可知：从测缝计实测成果来看，各测点处测值与混凝土温度存在良好的相关性，大坝运行期间，坝缝开合度变形基本稳定，大坝形成整体协调变形，各坝缝间变形较小，相邻坝块间缝隙开度变化主要受温度变化影响，与温度呈负相关关系，与混凝土坝横缝的变化规律一致。根据裂缝开合度的变化规律，采用统计模型对测缝计资料进行回归分析，表明所建模型能够满足精度要求。坝基测缝计在多种因素作用下测值存在一定的波动，随着库水位变化同时缓慢增大或减小，但变化幅值较小，且坝缝开合度实测最大值也较小，大坝混凝土与坝基接缝工作性态正常。渗透压力测点与库水位相关性较好，测值随库水位变化，变化幅度与库水位变化一致，符合混凝土坝坝基渗透压力变化规律。大坝坝体内温度计测值基本稳定，除靠近坝面测点受外界气温影响，存在一定浮动外，内部温度测点温度变化较小，大坝内部温度场已基本稳定，温度场安全性态正常。压应力计测值能够反映库水位变化引起的接触应力的变化，大坝坝体混凝土与基岩建基面接触性态良好。应变计测值符合混凝土坝变形的一般规律，左右岸重力墩处安装的测斜孔观测结果显示，库水位保持较低，随着库水位的降落，测斜管内因水位上升产生的深层水平位移有所恢复，目前测值稳定。大坝内部多点位移计在大坝运行初期水位降低时，岸坡坝基应力有所释放，总体变形较小，岸坡变形性态稳定。综合上述已有监测成果分析，目前大坝安全性态基本正常。

第11篇　工程科研、试验

第62章　火山灰及石灰石粉在拱坝混凝土中的应用研究

62.1　研究目的

为达到减少水泥水化热、降低混凝土绝热温升、节约水泥用量、降低工程造价的目的，目前大体积混凝土多采用粉煤灰作为大坝混凝土掺合料，而龙江水电站枢纽工程本地粉煤灰资源匮乏，如从其他地方长途运输，势必会增加相应工程费用，因此合理利用当地现有资源就显得尤为重要。

龙江水电站枢纽工程当地火山灰及石灰石资源丰富，火山灰的活性低于粉煤灰，石灰石粉在以往的工程经验中又多被认为是惰性材料，因此通过系统的火山灰及石灰石粉不同掺量的混凝土各项性能试验研究，验证了火山灰及石灰石粉替代粉煤灰作为拱坝混凝土掺合料方案的可行性；同时通过对掺合料不同掺量下胶凝材料水化热试验研究，明确了火山灰及石灰石粉对降低水泥水化热的作用及合理掺量。

本项试验研究不仅为龙江水电站枢纽工程设计及施工提供了科学依据，同时成果可为粉煤灰匮乏地区的类似工程混凝土原材料的选择提供借鉴。

62.2　大坝混凝土设计

龙江水利枢纽工程由混凝土双曲拱坝、引水系统及地面厂房组成。混凝土拱坝包括溢流坝段、挡水坝段及重力墩坝段，坝下接消能塘消能；引水发电系统设于左岸，施工期的导流洞布置于右岸。工程混凝土总方量约为 101 万 m^3，主要为坝体、厂房、引水系统及导流工程混凝土。

62.2.1　大坝混凝土强度的设计龄期

大坝混凝土基本上都掺外加剂和掺合料，采用 28 天龄期不能很好地反映和有效地利用外加剂和掺合料的特性，因此，大坝混凝土强度设计龄期应该比普通混凝土长。参照国内外工程的经验，都充分利用了混凝土的后期强度，设计龄期采用 90～360 天，这样不仅可以节约更多的水泥，而且有利于降低混凝土的温度应力，简化温控措施，还能防止混凝土产生裂缝，节约工程费用，加快施工进度。借鉴国外和我国已建工程经验，结合混凝土不同龄期抗压强度的增长，考虑到大坝坝体混凝土体积大、施工期长、坝体承受设计荷载所需时间也比较长，确定本混凝土拱坝工程混凝土强度龄期，大坝混凝土采用 90 天龄期的设计强度，设计保证率为 80%。

62.2.2　抗冻、抗渗设计指标选择

62.2.2.1　抗冻等级

本工程位于低纬度、高海拔的印度洋季风气候区，气候类型由北部的中亚温带逐步过渡到南部的南亚热带气候。四季无寒暑，干湿季分明。一般 11 月至次年 5 月为干季，6—10 月为雨

季，立体气候特征明显。坝址多年平均气温 19.5℃，极端最高气温 36.2℃，极端最低气温 −0.6℃。历年月平均气温见表 62.1。

表 62.1　　　　　　　　　　　　　　历年月平均气温统计表

时间	1 月	2 月	3 月	4 月	5 月	6 月	7 月	8 月	9 月	10 月	11 月	12 月	全年
气温/℃	12.1	14.2	17.6	20.9	23.3	24.0	23.7	23.8	23.3	20.9	16.7	13.0	19.5

按《水工建筑物抗冰冻设计规范》（DL/T 5082—1998）规定，按温和地区年冻融循环次数选取，大坝混凝土抗冻等级为 F50。

62.2.2.2　抗渗等级

本工程最大坝高 115m，属高坝，按《混凝土拱坝设计规范》（DL/T 5346—2006）规定，大坝混凝土抗渗等级为 W8。

62.2.3　大坝混凝土设计指标

根据本工程所处位置的地质条件、坝高和气候条件，在分析各坝段工作条件及应力计算的前提下，按《混凝土拱坝设计规范》（DL/T 5346—2006）规定，坝体混凝土需满足强度、抗渗、抗冻、抗裂、低热等性能方面的要求，以此确定大坝混凝土的设计指标，详见表 62.2。

表 62.2　　　　　　　　　　　　　　大坝混凝土设计指标

混凝土设计强度等级	级配	工程部位	限制最大水胶比	28 天极限拉伸值	强度保证率/%	配制强度/MPa	坍落度/cm
$C_{90}25W8F50$	三、四	大坝混凝土	0.55	$\geq 0.80 \times 10^{-4}$	80	28.8	4~7
$C_{90}30W8F50$	三、四	大坝混凝土	0.50	$\geq 0.80 \times 10^{-4}$	80	33.8	4~7

62.2.4　原材料的选择

建筑材料是大坝等水工建筑物的重要物质基础，工程材料费占整个建筑工程费用的比重较大。另外，建筑材料的品种、质量及规格直接影响工程的坚固、耐久、适用和经济性，并在很大程度上影响着工程的结构形式和施工方法。本工程拱坝混凝土所用的水泥、骨料、活性掺合料、外加剂及拌和用水符合国家现行的有关标准的规定。

62.2.4.1　水泥

水泥是混凝土的主要胶结材料，水泥浆体对骨料起到包裹作用，在其硬化前会提高混凝土的流动性，硬化后会胶结骨料，使其成为一个整体产生一定的强度。水泥质量对混凝土的性能影响很大，其主要技术指标应符合国家技术标准要求。

水泥水化过程中产生水化热，使混凝土的温度升高产生体积膨胀，其后水化放热完毕，混凝土的温度下降，表层部分混凝土温度下降而产生收缩，由于内外混凝土的温差，内部混凝土对表层混凝土收缩产生约束，进而产生开裂。因此使用水化热低的中热硅酸盐水泥对减少混凝土发生温度开裂非常重要。

本工程采用云南红塔滇西水泥股份有限公司生产的"上登"牌 P·MH42.5 级中热硅酸盐水泥，其水泥特性见表 62.3、表 62.4。

表 62.3　　　　　　　　　　　水泥物理力学性能成果表

水泥品牌及等级	密度/(g/cm³)	比表面积/(m²/kg)	标准稠度用水量/%	安定性	凝结时间/(h: min)		抗折强度/MPa			抗压强度/MPa			水化热/(kJ/kg)	
					初凝	终凝	3d	7d	28d	3d	7d	28d	3d	7d
"上登"牌 P·MH42.5	3.37	335	25.4	合格	3: 33	4: 28	6.0	7.2	9.3	24.7	34.9	56.9	233	279
国标 GB 200—2003	—	≥250	—	合格	≥0: 60	≤12: 00	≥3.0	≥4.5	≥6.5	≥12.0	≥22.0	≥42.5	≤251	≤293

表 62.4　　　　　　　　　　　水泥化学成分成果表　　　　　　　　　　　%

水泥品牌及等级	SiO₂	Fe₂O₃	Al₂O₃	CaO	MgO	K₂O	Na₂O	碱含量	SO₃	烧失量	f_{CaO}
"上登"牌 P·MH42.5	21.02	5.71	4.37	60.41	3.75	0.62	0.10	0.51	2.26	0.98	0.19
国标 GB 200—2003	—	—	—	—	≤5.0	—	—	≤0.60	≤3.5	≤3.0	≤1.0

62.2.4.2　火山灰

用矿物质掺合料取代部分水泥，可以减少水泥水化热降低混凝土温升，对减少温度开裂与自收缩开裂是非常有效的。并且在混凝土中掺加掺合料，可以起到改善其结构性能、提高工程质量以及延长使用时间的作用。龙江水电站坝址附近粉煤灰资源匮乏，但其他火山灰质等材料资源丰富。一般而言，在水泥中适量掺用品质优良的火山灰，可以降低水泥水化热，节约水泥、降低工程成本。但是，火山灰粒型、比表面积等因素在某些情况下也会对混凝土和易性产生负面影响。

据调查，江腾火山灰开发有限责任公司为距离工程最近的最大火山灰生产厂家，产品质量稳定，产量大。

江腾火山灰开发有限责任公司生产的火山灰品质检测见表 62.5、表 62.6。

表 62.5　　　　　　　　　　　火山灰化学成分检测成果表　　　　　　　　　　　%

火山灰品牌	SiO₂	Fe₂O₃	Al₂O₃	CaO	MgO	K₂O	Na₂O	碱含量
江腾火山灰	54.21	8.67	16.15	6.35	5.23	2.19	1.64	3.08

表 62.6　　　　　　　　　　　火山灰物理化学性能检测成果表

火山灰品牌	细度/%		密度/(g/cm³)	烧失量/%	SO₃/%	比表面积/(m²/kg)	火山灰性	28天抗压强度比	需水量比/%
	0.08mm 筛余	0.045mm 筛余							
江腾火山灰	0.84	3.28	2.68	2.16	0.03	465	合格	71	103
GB/T 2847—2005	—	—	—	≤10	≤3.5	—	合格	≥65	—

注　评定规范为《用于水泥中的火山灰质混合材料》（GB/T 2847—2005）。

火山灰颗粒微观形貌：火山灰颗粒形状不同于粉煤灰的球形颗粒形貌，主要由粒径不一的片状或板状等不规则体组成。因此，在同等条件下，用火山灰配制的混凝土拌和物和易性要差于粉煤灰混凝土。见图62.1和图62.2。

图 62.1　火山灰颗粒微观形貌（2000 倍）　　　　图 62.2　火山灰颗粒微观形貌（5000 倍）

掺火山灰的胶砂强度与龄期及掺量关系从表62.7、图62.3、图62.4可知，火山灰在不同掺配比例下，胶砂强度均随龄期的增长而增加；龄期相同情况下，水泥胶砂强度随火山灰掺量的增加而减小，胶砂强度比亦随之降低。从不同龄期的强度增长率看，掺火山灰的胶砂90天龄期强度增长率大于中热水泥胶砂，说明火山灰在后期具有一定活性，对强度增长有利。

表 62.7　　　　　　　　　　掺火山灰水泥胶砂强度试验成果表

火山灰掺量 /%	不同龄期下胶砂抗折强度（MPa）/强度比（%）				不同龄期下胶砂抗压强度（MPa）/强度比（%）			
	3d	7d	28d	90d	3d	7d	28d	90d
0	6.0/100	7.2/100	9.3/100	9.9/100	24.7/100	34.9/100	56.9/100	68.3/100
20	4.2/70	5.5/76	7.9/85	8.9/90	17.9/72	26.4/76	40.3/71	52.4/77
25	3.4/57	4.6/64	7.1/76	8.0/81	15.3/62	22.5/64	35.9/63	46.7/68
30	3.1/52	4.4/61	6.6/71	7.6/77	15.0/61	19.6/56	32.9/58	42.8/63
35	2.4/40	4.0/56	6.5/70	7.4/75	11.5/47	18.1/52	31.7/56	41.8/61

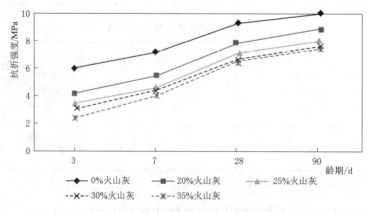

图 62.3　掺火山灰水泥胶砂抗折强度

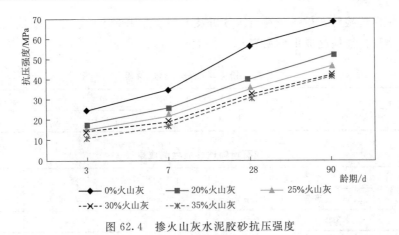

图 62.4　掺火山灰水泥胶砂抗压强度

表 62.8　　　　　　　　　　　　　水化热试验结果表

胶 凝 材 料 组 合	水化热/(kJ/kg)	
	3d	7d
P·MH42.5 水泥（100%）	233	279
P·MH42.5 水泥（80%）＋火山灰（20%）	201	241
P·MH42.5 水泥（75%）＋火山灰（25%）	195	238
P·MH42.5 水泥（70%）＋火山灰（30%）	188	228
P·MH42.5 水泥（65%）＋火山灰（35%）	171	214
GB 200—2003	≤251	≤293

从表 62.8 可知，胶凝材料水化热随火山灰掺量的增加而降低，胶凝材料中掺 35％火山灰能使 3 天水化热降低 27％、7 天水化热降低 23％，说明掺加火山灰确实能显著降低胶凝材料水化热。

62.2.4.3　石灰石粉

矿物掺合料已经成为现代混凝土不可缺少的组分。随着我国基础建设的大规模展开，粉煤灰、矿渣粉等传统矿物掺合料在一些地区日益紧缺。而石灰石粉作为容易获取、质优价廉的新型矿物掺合料已在行业内逐步得到应用。掺用石灰石粉，可以节约水泥用量、改善混凝土和易性、降低水化热及减少收缩等，技术性能优良，经济效益明显。在本工程建设期间我国尚没有标准对石灰石粉在混凝土中的应用技术给予明确规定，石灰石粉在实际工程应用中也出现一些质量问题，本次试验研究对石灰石粉作为掺合料用于拱坝混凝土可行性进行验证，为设计和施工提供科学依据。

有资料表明，石灰石粉细度对活性有较大影响，石粉越细，其活性越强。当石灰石粉比表面积较小时，石灰石粉细度只改变了粉体材料内部的颗粒级配，起到了改善流变性能的作用。当比表面积较大时，对混凝土强度才有一定增强作用。

石灰石粉采用当地陇遮水泥厂提供的石灰石矿石经过球磨机粉磨加工制成。为比较石灰石粉细度对混凝土性能的影响，本次研究所用石灰石粉磨细度有三种，即比表面积分别为 725m²/kg、571m²/kg、414m²/kg。其中选择比表面积为 725m²/kg 的石灰石粉进行化学成分、物理性能检验、粉体微观结构分析及不同掺配比例下的胶砂强度试验。石灰石粉化学成分、物理性能检测成果详见表 62.9、表 62.10。

表 62.9 石灰石粉化学成分检测成果表 %

石灰石粉产地	SiO_2	Fe_2O_3	Al_2O_3	CaO	MgO	K_2O	Na_2O	碱含量	SO_3
陇遮水泥厂	5.82	0.73	0.39	49.77	2.20	0.15	0.03	0.13	0.05

表 62.10 石灰石粉物理性能检测成果表

石灰石粉产地	细度/%		比表面积 /(m^2/kg)	密度 /(g/cm^3)	需水量比 /%
	0.08mm 筛余	0.045mm 筛余			
陇遮水泥厂	3.2	16.0	725	2.74	103

石灰石粉颗粒微观形貌：石灰石粉颗粒微观形貌与火山灰颗粒形状类似，主要由粒径不一的片状或板状等不规则体组成。因此在同等条件下，用石灰石粉配制的混凝土拌和物和易性要差于粉煤灰混凝土。

图 62.5 石灰石粉颗粒微观形貌（2000 倍）

图 62.6 石灰石粉颗粒微观形貌（5000 倍）

由表 62.11、图 62.7、图 62.8 可见，石灰石粉掺量不同时，水泥胶砂强度随其掺量的增大而降低，其中石灰石粉掺量为 10% 时，石灰石粉水泥胶砂与普通水泥胶砂 3 天、7 天强度差别不大，说明少量掺入石灰石粉对水泥胶砂早期强度影响不大。掺石灰石粉的胶砂 90 天龄期强度增长率与中热水泥胶砂接近，说明此细度的石灰石粉不具有活性或活性微弱。

表 62.11 掺石灰石粉水泥胶砂强度检测成果表

石灰石粉掺量/%	不同龄期下胶砂抗折强度(MPa)/强度比(%)				不同龄期下胶砂抗压强度(MPa)/强度比(%)			
	3d	7d	28d	90d	3d	7d	28d	90d
0	6.0/100	7.2/100	9.3/100	9.9/100	24.7/100	34.9/100	56.9/100	68.3/100
10	6.6/110	7.1/99	8.4/90	9.2/93	26.8/109	32.5/93	54.6/96	65.2/95
20	5.0/83	5.9/82	7.6/82	8.7/88	23.2/94	28.7/82	45.5/80	54.1/79
30	4.0/67	5.0/69	7.0/75	8.0/81	16.8/68	20.1/58	32.3/57	38.4/56

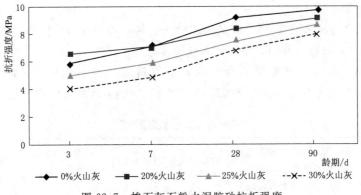

图 62.7　掺石灰石粉水泥胶砂抗折强度

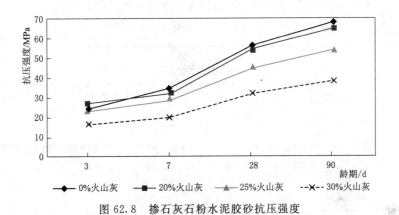

图 62.8　掺石灰石粉水泥胶砂抗压强度

从表 62.12 可知，胶凝材料水化热随石灰石粉掺量的增加而降低，说明掺加石灰石粉确实能显著降低胶凝材料水化热。

表 62.12　　　　　　　　　　　　　水 化 热 试 验 结 果 表

水 泥 品 种	水化热/(kJ/kg)	
	3d	7d
P·MH42.5 水泥（100%）	233	279
P·MH42.5 水泥（90%）＋石灰石粉（10%）	225	256
P·MH42.5 水泥（80%）＋石灰石粉（20%）	204	238
P·MH42.5 水泥（70%）＋石灰石粉（30%）	184	225
GB 200—2003	≤251	≤293

62.2.4.4　骨料

砂、石骨料质量占混凝土的 70% 左右。优良的骨料级配和合理的用量可以提高混凝土力学性能、耐久性能及变形性能，并能降低工程造价节约成本。骨料品质质量对混凝土性能影响显著，所以合理选用砂石品种、级配及用量对改善混凝土拌合物性能及提高混凝土整体性能具有重要作用。

本工程采用 MY 砂砾石料场生产的天然砂石骨料，砂石骨料品质均满足《水工混凝土施工规范》（DL/T 5144—2001）中对砂石质量要求。

（1）细骨料。混凝土用细骨料为 MY 砂砾石料场生产的天然砂，该砂细度模数为 3.14，属粗砂，其品质检验结果见表 62.13、表 62.14，砂颗粒级配曲线见图 62.9。

表 62.13　　　　　　　　　　　　　天然砂品质检验成果表

骨料种类	饱和面干表观密度/(kg/m³)	松散堆积密度/(kg/m³)	空隙率/%	泥含量/%	坚固性/%	硫化物及硫酸盐含量/%	饱和面干吸水率/%	细度模数	有机质检验
砂	2600	1520	42	0.3	1	0.05	1.4	3.14	浅于标准色
《水工混凝土施工规范》(DL/T 5144—2001)	≥2500	—	—	≤3.0	≤8	≤1.0	—	—	浅于标准色

表 62.14　　　　　　　　　　　　　天然砂级配检验成果表

筛孔尺寸/mm	分计筛余		累计筛余百分率/%	通过百分率/%
	质量/g	百分率/%		
5	11.4	2.3	2.3	97.7
2.5	63.5	12.7	15.0	85.0
1.25	118.7	23.7	38.7	61.3
0.63	160.0	32.0	70.7	29.3
0.315	117.1	23.4	94.2	5.8
0.16	25.7	5.1	99.3	0.7
<0.16	3.5	0.7	100.0	0.0

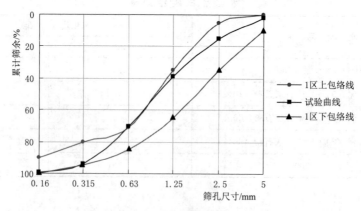

图 62.9　砂子颗粒级配曲线

（2）粗骨料试验。龙江水电站混凝土用粗骨料系 MY 砂砾石料场生产的天然卵石，骨料中含有大量木屑等轻物质杂质，试验前对其进行了剔除漂洗。由于木屑等轻物质会对混凝土强度及耐久性产生不利影响，因此在施工中必须采取分离措施，以防其对混凝土产生不利影响。粗骨料物性检验结果见表 62.15。

　　试验结果显示，粗骨料各项物理力学性能指标均满足《水工混凝土施工规范》（DL/T 5144—2001）要求。

表 62.15　　　　　　　　　　　　　　粗骨料物理性能检测成果表

粒径 /mm	饱和面干表观密度 /(kg/m³)	吸水率 /%	含泥量 /%	坚固性 /%	针片状含量/%	超径含量/%	逊径含量/%	压碎指标/%	硫化物及硫酸盐含量/%	有机质检验
5～20	2580	1.32	0.4	1	3	2	0		0.09	
20～40	2580	1.26	0.3	0	3	0	1	10.6	0.06	浅于
40～80	2600	0.90	0.2	0	0	0	0		—	标准色
80～120	2600	0.67	0.2	0	0	0	0		—	
《水工混凝土施工规范》（DL/T 5144—2001）	≥2550	≤2.5	D_{20}、D_{40} 粒径级≤1.0 D_{80}、D_{120} 粒径级≤0.5	≤5	≤15	<5	<10	≤16	≤0.5	浅于标准色

62.2.4.5　外加剂

　　外加剂作为混凝土的第五组分对混凝土的性能起着不可替代的作用。为提高混凝土质量，改善混凝土性能，改进施工工艺，加快施工进度，节约水泥用量和降低混凝土成本，工程中常根据需要掺用不同类型的外加剂。常用的外加剂有高效减水剂和引气剂等。高效减水剂是一种高分子的表面活性剂，其能够吸附在水泥颗粒的表面，而使得水泥颗粒带有负电，致使颗粒分散开来而提高流动性；引气剂分为离子型和非离子型，其可以降低气体和液体的表面张力作用，会在水泥浆中产生大量均匀分布的微小气泡，使得水泥浆形成稳定的三相分散体系，进而提高了混凝土的抗冻性以及抗渗性。

　　综合考虑龙江水电站所处的气候条件和混凝土的技术要求，为适应水工混凝土高强度、大仓面浇筑的特点，本次试验在混凝土中掺加了缓凝高效减水剂以尽可能降低混凝土的水胶比，同时，为提高混凝土耐久性并改善混凝土拌和物的和易性，还掺入了适量引气剂。

　　外加剂的掺入效果随工程所用原材料的不同而异，其中尤以外加剂与所使用水泥的相容性最为重要。同一外加剂掺用于不同品种水泥配制的拌和物中的减水缓凝效果可能差别很大。此外，大坝混凝土中的掺合料品种及细骨料所含颗粒的量均对外加剂的掺入效果有一定影响，因此外加剂的掺用必须经试验确定。

　　本次混凝土性能试验以成都长安育才生产的 GK-4A 缓凝高效减水剂和 GK-9A 引气剂为主，对其他几种外加剂有选择地进行了配合比复核。检测结果见表 62.16、表 62.17，各厂家缓凝高效减水剂及引气剂满足《水工混凝土外加剂技术规程》（DL/T 5100—1999）要求。

表 62.16　　　　　　　　　　掺缓凝高效减水剂混凝土性能检验成果表

外加剂品种	减水率/%	含气量/%	泌水率比/%	凝结时间差/min		抗压强度比/%			28d 收缩率比/%	抗冻等级
				初凝	终凝	3d	7d	28d		
GK-4A 缓凝高效减水剂	17.0	2.9	12	220	235	142	129	125	109	≥F50
KDSP 缓凝高效减水剂	16.6	3.0	31	130	142	125	126	129	108	≥F50
FS-G-Ⅲ 缓凝高效减水剂	19.4	2.5	40	235	230	129	126	130	104	≥F50
SH-2 缓凝高效减水剂	15.1	2.1	5	210	220	146	134	126	112	≥F50
SFG 缓凝高效减水剂	17.0	1.7	7	197	207	137	140	128	109	≥F50
《水工混凝土外加剂技术规程》（DL/T 5100—1999）缓凝高效减水剂	≥15	<3.0	≤100	120~240	120~240	≥125	≥125	≥120	<125	≥F50

表 62.17　　　　　　　　　　掺引气剂混凝土性能检验成果表

外加剂品种	减水率/%	含气量/%	泌水率比/%	凝结时间差/min		抗压强度比/%			28d 收缩率比/%	抗冻等级
				初凝	终凝	3d	7d	28d		
GK-9A 引气剂	8.2	5.5	21	82	71	92	95	87	121	≥F200
DH9 引气剂	8.5	5.3	18	65	58	94	95	90	116	≥F200
FS 引气剂	9.0	5.5	8	89	97	96	97	93	112	≥F200
《水工混凝土外加剂技术规程》（DL/T 5100—1999）引气剂	≥6	4.5~5.5	≤70	−90~+120	−90~+120	≥90	≥90	≥85	<125	≥F200

62.2.5　合理选择混凝土粗骨料级配及最大粒径

骨料级配对混凝土的和易性、强度和耐久性等都有较大的影响，合理的石子级配应是在相同体积条件下，混合料的比表面积小、空隙率小、水泥砂子用量少、密实度和强度高的级配。

为了确定骨料最佳级配，选择采用最大容重法进行骨料空隙率试验，龙江水利枢纽工程混凝土所用天然骨料较圆滑、整体粒径较好，因此紧密堆积密度较大、空隙率较小。

本次试验四、三级配骨料最优级配选择试验结果见表 62.18。三级配小石：中石：大石＝30：30：40 时紧密堆积密度最大空隙率为 25.7%；四级配骨料级配比例根据经验并结合混凝土试拌结果确定小石：中石：大石：特大石＝20：20：30：30，空隙率为 25.0%。

表 62.18 粗骨料最优级配试验成果表

骨料级配/mm	比例/%	最大紧密堆积密度/(kg/m³)	空隙率/%
四级配 (5～20)∶(20～40)∶(40～80)∶(80～120)	20∶20∶30∶30	1750	25.0
三级配 (5～20)∶(20～40)∶(40～80)	20∶30∶50	1850	27.3
	30∶40∶30	1840	28.7
	30∶30∶40	1860	25.7

62.2.6　坝体混凝土配合比设计

大坝混凝土配合比设计的实质上是在满足坝体结构要求的强度、耐久性和施工和易性及尽可能经济的条件下，通过试验优化选择配合比设计参数，经济合理地确定混凝土单位体积中各组成材料的用量。混凝土配合比的参数包括用水量、水胶比、骨料级配、掺合料品种及掺量、外加剂品种与最优掺量以及砂石骨料用量。

混凝土配合比的优化设计包括配合比计算、试拌和调整等步骤。混凝土配合比的计算采用绝对体积法，含气量按 3% 计算，砂石骨料以饱和面干状态下的质量计算。

混凝土配合比优选试验的原则：既要满足颗粒充分填充包裹，又不发生颗粒干扰。选取用水量最少的配合比，同时要保证混凝土具有优良的工作性。在此原则下，根据给定原材料品质，调整各组分用量进行混凝土配合比的优化试验。

62.2.6.1　混凝土配制强度

在实际施工中因各种因素的影响，混凝土强度会在一定范围内产生波动。为保证成品混凝土的强度总平均值应满足设计指标要求，同时还应满足一定强度保证率的要求。

根据《水工混凝土施工规范》（DL/T 5144—2001）规定，混凝土配合比设计中的配制强度按下式计算：

$$f_{cu,o} = f_{cu,k} + t\sigma \tag{62.1}$$

式中：$f_{cu,o}$ 为混凝土配制强度，MPa；$f_{cu,k}$ 为混凝土立方体抗压强度标准值，MPa；σ 为混凝土强度标准差；t 为概率度系数。

《水工混凝土施工规范》（DL/T 5144—2001）中规定大体积混凝土强度保证率一般取 80%，大坝混凝土的配制强度见表 62.19。

表 62.19 大坝混凝土配制强度表

编号	混凝土设计强度等级	工程部位	级配	保证率/%	概率度系数 t	标准差 σ	配制强度/MPa
1	$C_{90}25W8F50$	大坝混凝土	三、四	80	0.842	4.0	28.4
2	$C_{90}30W8F50$	大坝混凝土	三、四	80	0.842	4.5	33.8

62.2.6.2　混凝土配合比参数选择

（1）混凝土水胶比。混凝土水胶比的选择，应同时兼顾混凝土的各项性能指标，既要参考设计技术要求及《水工混凝土施工规范》（DL/T 5144—2001）对最大水灰比限值的规定，又要参考类似工程经验，本次试验选定的水胶比范围为 0.32～0.55。

（2）混凝土最优用水量。混凝土最优用水量的选择是指通过混凝土试拌，确定满足坍落度要求的最小用水量。三级配大坝混凝土用水量为 $90kg/m^3$ 左右；四级配大坝混凝土用水量为 $80kg/m^3$ 左右。

（3）混凝土砂率。在骨料级配比例、水胶比、水泥用量固定不变下，通过变换砂率进行混凝土试拌，在混凝土和易性满足技术要求时，最优砂率为用水量最小时所对应的砂率。经试拌，三级配大坝混凝土最优砂率为 $27\%\sim29\%$；四级配大坝混凝土最优砂率为 $24\%\sim26\%$。

（4）火山灰掺量。本次试验研究火山灰掺量分别为 20%、25%、30%、35%，掺用方式为等量取代水泥。

（5）大坝混凝土石灰石粉掺量选择。本次试验石灰石粉掺量分别为 10%、20%、30%，掺用方式为等量取代水泥。

62.3　掺火山灰混凝土配合比及其性能试验成果

62.3.1　掺火山灰混凝土配合比

根据各项参数成型的混凝土配合比详见表 62.20、表 62.21。混凝土各项性能试验成果详见表 62.22、表 62.23。

62.3.2　火山灰对混凝土抗压强度

试验结果显示，各级配混凝土抗压强度均随水胶（灰）比的增大而减小，符合水灰比强度发展规律。

火山灰大坝混凝土抗压强度基本呈现随火山灰掺量的增大而降低的趋势。同时，由于火山灰水化反应滞后，且水泥用量较低，掺火山灰混凝土早期抗压强度一般较低，但 90d 龄期的混凝土均可选择出满足设计技术要求的配合比。

62.3.3　火山灰对干缩率的影响

从混凝土干缩试验结果来看，火山灰混凝土中火山灰的掺量不宜超过 35%，否则容易引发干缩裂缝。

62.3.4　火山灰会混凝土抗拉强度、抗拉弹模及极限拉伸值的影响

混凝土极限拉伸值的大小是反映混凝土抗裂性能好坏的重要指标，混凝土 28 天抗拉强度、极限拉伸值总体表现出随水胶比的减小而增大的趋势。在水胶比相同的情况下，火山灰不同掺量对抗拉强度略有影响，但对混凝土极限拉伸值影响不大。本次试验中，水胶比对混凝土极限拉伸性能影响较大，不同水胶比大坝混凝土 28d 极限拉伸值为 $0.68\times10^{-4}\sim1.20\times10^{-4}$。

62.3.5　混凝土抗渗性

混凝土抗渗性试验采用逐级加压法进行，由于混凝土各项参数选择得当，被测试的各配合比混凝土在分别经受 0.8MPa 的水压力下均未产生渗漏现象。

62.3.6　混凝土抗冻性

混凝土抗冻试验采用快速冻融法进行，即将养护至 28 天龄期、尺寸为 $10cm\times10cm\times40cm$ 的棱柱体试件饱水后，在试件中心温度为 $(-17\pm2)\text{℃}$ 和 $(8\pm2)\text{℃}$ 的条件下使之冻融，每一冻融循环历时约 $2\sim4h$，最终以试件相对动弹性模量下降至 60%、质量损失率小于 5% 时所对应的冻融循环次数作为混凝土抗冻性的评定指标。

表 62.20　火山灰大坝混凝土配合比表

骨料级配	火山灰掺量/%	水胶比	砂率/%	外加剂品种及掺量/%		单方混凝土材料用量/(kg/m³)					
				GK-4A 高效缓凝减水剂	GK-9A 引气剂	水	水泥	火山灰	胶凝材料总量	砂	石
四级配 20:20:30:30	20	0.50	25	0.50	0.003	80	127	32	159	536	1603
		0.45	24	0.50	0.003	80	142	36	178	513	1619
		0.38	23	0.50	0.003	75	160	40	200	489	1631
		0.32	22	0.50	0.003	74	183	46	229	462	1634
	25	0.50	25	0.50	0.003	80	120	40	160	538	1607
		0.45	24	0.50	0.003	80	134	44	178	511	1611
		0.38	23	0.50	0.003	76	150	50	200	487	1625
		0.32	22	0.50	0.003	74	172	57	229	463	1634
	30	0.50	25	0.50	0.003	80	111	48	159	534	1595
		0.45	24	0.50	0.003	80	124	53	177	510	1609
		0.38	23	0.50	0.003	76	140	60	200	487	1623
		0.32	22	0.50	0.003	74	160	69	229	461	1628
	35	0.52	25	0.50	0.003	83	105	56	161	543	1622
		0.45	24	0.50	0.003	79	115	62	177	511	1612
		0.38	23	0.50	0.003	76	130	70	200	488	1626
		0.33	22	0.50	0.003	76	149	80	229	460	1624

表62.21　火山灰大坝混凝土配合比表

骨料级配	火山灰掺量/%	水胶比	砂率/%	GK-4A 高效缓凝减水剂	GK-9A 引气剂	水	水泥	火山灰	胶凝材料总量	砂	石
				外加剂品种及掺量/%		单方混凝土材料用量/(kg/m³)					
三级配 30:30:40	20	0.55	30	0.50	0.002	94	137	34	171	632	1470
	20	0.45	29	0.60	0.002	87	154	38	192	609	1486
	20	0.40	28	0.60	0.002	87	174	43	217	582	1491
	20	0.33	27	0.60	0.002	83	199	50	249	559	1505
	25	0.54	30	0.60	0.002	95	131	44	175	635	1476
	25	0.47	29	0.60	0.002	91	145	48	193	612	1492
	25	0.38	28	0.60	0.002	84	164	55	219	584	1495
	25	0.33	27	0.60	0.002	82	186	62	248	557	1501
	30	0.54	30	0.60	0.002	95	123	53	176	636	1479
	30	0.47	29	0.60	0.002	91	134	58	192	609	1485
	30	0.44	29	0.60	0.002	88	141	61	202	608	1483
	30	0.39	28	0.60	0.002	85	153	66	219	586	1500
	30	0.33	27	0.60	0.002	83	174	75	249	557	1500
	35	0.54	30	0.60	0.002	95	115	62	177	638	1483
	35	0.48	29	0.60	0.002	94	126	68	194	612	1494
	35	0.40	28	0.60	0.002	88	143	77	220	588	1506
	35	0.34	27	0.60	0.002	85	163	88	251	561	1510

表 62.22

火山灰大坝混凝土试验成果表

骨料级配	火山灰掺量/%	水胶比	砂率/%	胶凝材料总量/(kg/m³)	坍落度/cm	含气量/%	抗压强度/MPa 7d	28d	90d	180d	抗拉强度/MPa 28d	90d	180d	抗拉弹模/万MPa 28d	90d	180d	极限拉伸值/(×10⁻⁴) 28d	90d	180d	抗冻性	抗渗性
四	20	0.50	25	159	4.0	4.5	12.4	20.6	23.6	—	1.65	—	—	3.01	—	—	0.78	—	—	—	—
		0.45	24	178	7.0	4.2	18.0	28.3	31.2	—	1.79	—	—	3.53	—	—	0.85	—	—	—	—
		0.38	23	200	7.0	4.5	21.2	37.3	40.1	—	2.22	—	—	2.99	—	—	0.96	—	—	—	—
		0.32	22	229	6.9	4.6	31.6	40.6	44.8	—	2.35	—	—	2.78	—	—	0.99	—	—	—	—
	25	0.50	25	160	4.7	4.2	13.4	23.4	28.3	—	1.60	—	—	3.00	—	—	0.78	—	—	—	—
		0.45	24	178	7.0	4.5	14.6	24.6	29.7	—	1.74	—	—	2.68	—	—	0.85	—	—	—	—
		0.38	23	200	6.8	4.6	19.5	34.0	36.9	—	2.21	—	—	2.68	—	—	1.04	—	—	—	—
		0.32	22	229	7.0	4.5	29.5	39.1	43.6	—	2.54	—	—	3.57	—	—	1.12	—	—	>F50	>W8
	30	0.50	25	159	5.0	4.8	12.6	21.7	26.4	—	1.50	1.90	1.96	2.76	3.17	3.24	0.82	0.89	1.04	>F50	>W8
		0.45	24	177	5.7	4.6	14.5	24.5	28.4	30.2	1.80	2.25	2.28	3.12	2.99	3.01	0.82	1.06	1.12	>F50	>W8
		0.38	23	200	6.5	4.6	20.3	29.8	35.1	36.6	2.06	—	—	2.88	—	—	0.99	—	—	>F50	>W8
		0.32	22	229	6.5	4.7	27.8	37.5	41.8	—	2.41	—	—	2.71	—	—	1.00	—	—	—	—
	35	0.51	25	161	4.3	3.0	11.8	19.6	22.9	—	—	—	—	—	—	—	—	—	—	>F50	>W8
		0.45	24	177	7.0	4.5	13.4	22.6	24.8	—	1.63	—	—	2.60	—	—	0.78	—	—	—	—
		0.38	23	200	6.5	4.4	18.6	28.7	33.4	—	1.86	—	—	2.92	—	—	0.92	—	—	>F50	>W8
		0.33	22	229	6.9	4.6	22.6	31.1	39.6	—	2.13	—	—	2.65	—	—	0.91	—	—	>F50	>W8

表 62.23

火山灰大坝混凝土试验成果表

骨料级配	火山灰掺量/%	水胶比	砂率/%	胶凝材料总量/(kg/m³)	坍落度/cm	含气量/%	抗压强度/MPa 7d	28d	90d	180d	抗拉强度/MPa 28d	90d	180d	抗拉弹模/万MPa 28d	90d	180d	极限拉伸值/(×10⁻⁴) 28d	90d	180d	抗冻性	抗渗性
三	20	0.55	30	171	4.0	4.2	10.6	18.1	22.2	—	—	—	—	—	—	—	—	—	—	—	—
		0.45	29	192	4.2	4.5	15.7	24.2	28.6	—	1.61	—	—	3.10	—	—	0.72	—	—	—	—
		0.40	28	217	6.9	4.6	19.3	27.3	38.9	—	2.06	—	—	3.04	—	—	0.94	—	—	—	—
		0.33	27	249	7.0	4.3	22.4	29.3	41.2	—	2.58	—	—	3.22	—	—	1.14	—	—	—	—
	25	0.54	30	175	4.0	3.6	11.1	17.2	21.9	—	—	—	—	—	—	—	—	—	—	—	—
		0.47	29	193	5.6	3.7	13.5	21.5	26.9	—	1.50	—	—	3.46	—	—	0.68	—	—	—	—
		0.38	28	219	6.9	4.5	16.8	29.0	35.7	—	2.08	—	—	3.25	—	—	0.94	—	—	—	—
		0.33	27	248	6.3	4.6	23.6	33.2	39.6	—	2.19	—	—	3.53	—	—	0.87	—	—	—	—
	30	0.54	30	176	6.3	3.3	11.0	16.6	20.9	—	—	—	—	—	—	—	—	—	—	—	—
		0.47	29	192	5.7	4.0	12.7	20.7	26.0	—	1.50	—	—	2.75	—	—	0.81	—	—	>F50	>W8
		0.44	29	202	5.0	4.1	14.8	20.9	28.9	30.8	1.70	1.78	1.82	2.70	2.82	3.03	0.82	0.86	0.92	>F50	>W8
		0.39	28	219	5.5	4.0	17.3	26.7	34.9	37.1	2.04	2.10	2.19	2.76	3.13	3.22	0.90	0.94	1.10	>F50	>W8
		0.33	27	249	5.8	4.4	24.6	33.0	39.5	—	2.05	—	—	2.83	—	—	0.93	—	—	—	—
	35	0.54	30	177	4.0	2.0	9.1	14.0	17.6	—	—	—	—	—	—	—	—	—	—	—	—
		0.48	29	194	4.0	2.9	12.1	18.7	23.3	—	1.64	—	—	2.16	—	—	1.01	—	—	>F50	>W8
		0.40	28	220	4.1	3.3	17.8	26.6	32.3	—	1.78	—	—	2.66	—	—	0.86	—	—	>F50	>W8
		0.34	27	251	5.0	3.5	22.6	32.6	38.9	—	2.07	—	—	2.93	—	—	0.92	—	—	—	—

混凝土配合比抗冻等级均能满足 F50 的技术设计要求。

62.4　掺石灰石粉混凝土配合比及其性能试验成果

62.4.1　掺石灰石粉混凝土配合比

根据选定的各项参数成型的混凝土配合比，详见表 62.24。掺石灰石粉混凝土与火山灰混凝土配合比及性能试验成果对比详见表 62.25～表 62.29。

62.4.2　石灰石粉对混凝土抗压强度的影响

试验结果显示，各级配混凝土抗压强度均随水胶（灰）比的增大而减小，符合水灰比强度发展规律。

石灰石的粉磨细度按比表面积控制。本次试验首先采用比表面积为 $725m^2/kg$ 且水胶比较小的配合比进行石灰石粉混凝土性能试验，混凝土拌和物和易性较好。此后，又对比表面积为 $725m^2/kg$、$571m^2/kg$、$414m^2/kg$ 三种规格的石灰石粉，在掺量为 25％、30％、35％情况下与火山灰混凝土进行对比，考察石灰石粉磨程度对混凝土性能的影响。

试验结果显示，在水胶比、胶凝材料用量基本相同的前提下，随着石灰石粉、火山灰掺量的增大，混凝土抗压强度呈下降趋势，与不掺掺合料的混凝土相比，强度降低显著。

在掺量相同的情况下，石灰石粉磨细度对大坝混凝土抗压强度影响不明显。在水胶比、胶凝材料用量基本相同、掺合料掺配比例相同的情况下，就整体而言，火山灰混凝土的 60 天抗压强度高于石灰石粉混凝土。

62.4.3　石灰石粉对混凝土干缩率的影响

由于干缩试件成型时需要湿筛，四级配混凝土中粗骨料的筛除率比三级配混凝土大得多。因此，在石灰石粉掺量相同的情况下，三级配混凝土干缩率测试结果表现出受石灰石粉磨细度影响不大的现象，而粗骨料含量较少的四级配混凝土干缩试件测试结果则表现出较强的规律性，即干缩率随石灰石粉磨细度的加大而增大。

从混凝土干缩试验结果来看，石灰石粉的比表面积以大于 $400m^2/kg$ 为宜。

62.4.4　石灰石粉对混凝土抗拉强度、抗拉弹模及极限拉伸值的影响

混凝土 28 天抗拉强度、极限拉伸值总体表现出随水胶比的减小而增大的趋势。

在胶凝材料用量基本相同、掺合料掺配比例相同的情况下，三级配火山灰混凝土 28 天抗拉强度和极限拉伸值均较石灰石粉混凝土高；四级配火山灰混凝土 28 天抗拉强度虽较石灰石粉混凝土略低，但其极限拉伸值则略高一些。

62.4.5　石灰石粉对混凝土抗渗性的影响

混凝土抗渗性试验采用逐级加压法进行，由于混凝土各项参数选择得当，被测试的各配合比混凝土在分别经受 0.8MPa 的水压力下均未产生渗漏现象。

62.4.6　石灰石粉对混凝土抗冻性的影响

混凝土抗冻试验采用快速冻融法进行，即将养护至 28 天龄期、尺寸为 $10cm×10cm×40cm$ 的棱柱体试件饱水后，在试件中心温度为（$-17±2$）℃和（$8±2$）℃的条件下使之冻融，每一冻融循环历时约 2～4h，最终以试件相对动弹性模量下降至 60％、质量损失率小于 5％时所对应的冻融循环次数作为混凝土抗冻性的评定指标。

推荐的混凝土配合比抗冻等级均能满足 F50 的技术设计要求。

表 62.24　石灰石粉大坝混凝土配合比表

骨料级配	石灰石粉比表面积/(m²/kg)	石灰石掺量/%	水胶比	砂率/%	外加剂品种及掺量/% GK-4A 高效缓凝减水剂	GK-9A 引气剂	水	水泥	石灰石	胶凝材料总量	砂	石
四级配 20:20:30:30	725	10	0.37	23	0.40	0.002	74	180	20	200	489	1630
		20	0.38	23	0.40	0.002	76	160	40	200	490	1633
		30	0.39	23	0.40	0.002	78	140	60	200	489	1632
		30	0.45	24	0.40	0.002	80	125	53	178	513	1619
三级配 30:30:40		10	0.32	27	0.50	0.002	80	224	25	249	560	1508
		20	0.32	27	0.50	0.002	80	199	50	249	559	1504
		30	0.33	27	0.50	0.002	83	174	75	249	557	1499
		30	0.40	28	0.50	0.002	86	150	64	214	583	1494

表 62.25　不同细度石灰石粉混凝土与火山灰大坝混凝土配合比对比表

骨料级配	水胶比	砂率/%	掺合料掺量/%	掺合料比表面积/(m²/kg)	外加剂品种及掺量/% GK-4A 高效缓凝减水剂	GK-9A 引气剂	水	水泥	掺合料	胶凝材料总量	砂	石
三级配 30:30:40	0.40	28		—	—	0.001	87	218	0	218	588	1507
			石灰石 25	571	0.50	0.002	87	164	55	218	586	1500
			石灰石 30	725	0.50	0.002	87	153	65	218	585	1500
			石灰石 30	571	0.50	0.002	87	153	65	218	585	1500
			石灰石 30	414	0.50	0.002	87	153	65	218	585	1500
			石灰石 35	571	0.50	0.002	87	142	76	218	585	1497
			火山灰 25	465	0.60	0.002	87	164	55	219	585	1500
			火山灰 30	465	0.60	0.002	87	153	65	218	585	1497
			火山灰 35	465	0.60	0.002	87	142	76	218	584	1497

表 62.26　不同细度石灰石粉混凝土与火山灰大坝混凝土配合比对比表

骨料级配	水胶比	砂率/%	掺合料掺量/%	掺合料比表面积/(m²/kg)	外加剂品种及掺量/% GK-4A 高效缓凝减水剂	外加剂品种及掺量/% GK-9A 引气剂	水	水泥	掺合料	胶凝材料总量	砂	石
四级配 20:20:30:30	0.38	23	—	—		0.001	75	201	—	201	491	1636
			石灰石 25	571	0.50	0.002	77	151	50	201	495	1651
			石灰石 30	725	0.40	0.002	77	141	60	201	487	1624
			石灰石 30	571	0.40	0.002	77	141	60	201	490	1634
			石灰石 30	414	0.40	0.002	77	141	60	201	490	1634
			石灰石 35	571	0.40	0.002	77	131	70	201	490	1632
			火山灰 25	465	0.50	0.003	76	150	50	200	487	1625
			火山灰 30	465	0.50	0.003	76	140	60	200	487	1623
			火山灰 35	465	0.50	0.003	76	130	70	200	488	1626

注：单方混凝土材料用量/(kg/m³)

表 62.27　掺石灰石粉大坝混凝土试验成果表

骨料级配	水胶比	砂率/%	胶凝材料总量/(kg/m³)	石灰石掺量/%	石灰石比表面积/(m²/kg)	坍落度/cm	含气量/%	抗压强度/MPa 7d	抗压强度/MPa 28d	抗压强度/MPa 90d	28d抗拉强度/MPa	28d抗拉弹模/万MPa	28d极限拉伸值/(×10⁻⁴)	抗冻性	抗渗性
四	0.37	23	200	10	725	7.0	4.8	29.1	33.5	38.4	2.43	2.84	0.92	>F50	>W8
	0.38	23	200	20		5.2	4.3	23.2	29.0	34.1	2.29	2.88	1.01	>F50	>W8
	0.39	23	200	30		4.6	4.0	22.8	26.8	33.8	1.98	2.56	0.91	>F50	>W8
	0.45	24	178	30		4.0	4.1	16.8	26.1	32.9	1.80	2.43	0.88	>F50	>W8
三	0.32	27	249	10		7.0	4.7	33.2	35.0	41.1	2.70	2.97	1.11	>F50	>W8
	0.32	27	249	20		5.1	4.7	32.5	35.4	40.2	2.62	3.14	1.11	>F50	>W8
	0.33	27	249	30		5.8	4.5	26.8	30.0	39.0	2.29	2.71	0.99	>F50	>W8
	0.40	28	214	30		4.0	4.8	19.3	29.0	33.2	2.10	2.88	0.96	>F50	>W8

表 62.28 不同细度石灰石粉混凝土与火山灰大坝混凝土性能试验成果对比表

骨料级配	水胶比	砂率/%	掺合料掺量/%	掺合料比表面积/(m²/kg)	坍落度/cm	含气量/%	抗压强度/MPa			28d抗拉强度/MPa	28d抗拉弹模/万MPa	28d极限拉伸值/(×10⁻⁴)	抗冻性	抗渗性	90d干缩率(×10⁻⁴)
							7d	28d	90d						
三级配	0.40	28	—	—	4.0	4.0	24.9	31.1	37.0	—	—	—	>F50	>W8	−4.538
			石灰石 25	571	3.5	3.8	21.4	26.2	34.4	2.01	2.62	0.95	>F50	>W8	−3.286
			石灰石 30	725	5.0	4.0	16.4	24.6	28.7	1.86	2.70	0.80	>F50	>W8	−3.257
			石灰石 30	571	5.5	4.6	16.2	25.6	27.5	1.94	2.86	0.87	>F50	>W8	−3.478
			石灰石 30	414	4.0	4.7	16.7	26.0	27.6	1.95	2.83	0.96	>F50	>W8	−3.274
			石灰石 35	571	3.5	4.0	14.6	22.8	23.8	1.94	2.87	0.86	>F50	>W8	−3.518
			火山灰 25	465	5.0	4.7	20.4	29.8	33.2	2.46	3.11	1.20	>F50	>W8	−3.494
			火山灰 30	465	5.5	4.0	15.1	26.2	31.6	2.17	3.05	1.00	>F50	>W8	−4.482
			火山灰 35	465	5.0	4.0	13.6	22.7	27.4	2.14	2.74	0.92	>F50	>W8	−4.936

表 62.29 不同细度石灰石粉混凝土与火山灰大坝混凝土性能试验成果对比表

骨料级配	水胶比	砂率/%	掺合料掺量/%	掺合料比表面积/(m²/kg)	坍落度/cm	含气量/%	抗压强度/MPa			28d抗拉强度/MPa	28d抗拉弹模/万MPa	28d极限拉伸值/(×10⁻⁴)	抗冻性	抗渗性	90d干缩率(×10⁻⁴)
							7d	28d	90d						
四	0.38	23	—	—	5.0	4.5	24.5	32.8	39.6	—	—	—	>F50	>W8	−3.413
			石灰石 25	571	6.5	3.8	24.6	28.9	34.2	2.38	3.01	1.02	>F50	>W8	−3.297
			石灰石 30	725	5.3	4.5	21.0	24.9	32.2	2.34	2.98	0.91	>F50	>W8	−3.564
			石灰石 30	571	6.5	4.0	19.9	26.5	31.9	2.34	3.33	1.06	>F50	>W8	−3.235
			石灰石 30	414	6.5	4.0	22.2	26.8	29.4	2.15	3.32	0.99	>F50	>W8	−2.912
			石灰石 35	571	5.0	3.0	18.4	24.4	27.7	2.38	3.01	1.02	>F50	>W8	−2.519
			火山灰 25	465	6.8	4.6	19.5	34.0	35.5	2.21	2.68	1.04	>F50	>W8	−2.450
			火山灰 30	465	6.5	4.6	20.3	29.8	33.2	2.06	2.88	0.99	>F50	>W8	−3.110
			火山灰 35	465	6.5	4.4	18.6	28.7	33.4	1.86	2.92	0.92	>F50	>W8	−3.703

62.5　掺火山灰、石灰石粉混凝土热学性能

62.5.1　混凝土导热系数、比热及线膨胀系数

反映混凝土传导热量难易程度的一种系数称为材料的导热系数 λ。是指热流通过厚度为 d，两侧温差 $\theta_1 - \theta_2$ 的热量为 Q 的传导率。

影响混凝土导热系数的主要因素是骨料的热学性质、骨料的用量及混凝土拌和物用水量等。

比热表示 1kg 物质温度升高或降低 1℃ 时所吸收或放出的热量。混凝土比热主要受骨料数量、水泥净浆及温度影响比较明显。一般情况下，岩石比热为 $0.60 \sim 0.84$kJ/（kg·℃）。水泥净浆的比热又比岩石的大，且水泥净浆的比热随温度的增高和水灰比的增大而增大，故混凝土的比热一般为 $0.80 \sim 1.15$kJ/（kg·℃）。

混凝土线膨胀系数定义为单位温度变化导致混凝土单位长度的变化。水的热膨胀系数约为 210×10^{-6}/℃，高于水泥石的线膨胀系数 10 倍多，骨料的线膨胀系数变动范围为 $5 \times 10^{-6} \sim 13 \times 10^{-6}$℃。因此，混凝土的线膨胀系数介于两者之间，并随着骨料用量增加而减少。

龙江水电站大坝混凝土导热系数、比热及线膨胀系数试验结果见表 62.30。

表 62.30　　　　　　　　　　混凝土热学性能指标试验成果表

试验编号	骨料级配	水胶比	掺合料品种及掺量	导热系数 /[kJ/(m·h·℃)]	比热 /[kJ/(kg·℃)]	线膨胀系数 /(×10⁻⁶/℃)
L-4-8	四级配	0.45	火山灰30%	7.707	0.775	6.9
L-4-9	四级配	0.38	火山灰30%	7.016	0.893	7.1
L-3-19′	三级配	0.44	火山灰30%	6.718	0.771	6.8
L-3-11	三级配	0.39	火山灰30%	7.990	0.722	7.0
LS-4-6	四级配	0.39	石灰石粉30%	7.319	0.785	7.1
LS-3-6	三级配	0.33	石灰石粉30%	7.670	0.738	6.9

62.5.2　混凝土绝热温升

混凝土的绝热温升是指在绝热条件下，水泥水化所产生热量使混凝土升高的温度。所谓绝热条件是指水泥水化产生的热量与外界不发生热交换，既不散热也不吸热。

大体积混凝土的绝热温升主要受水泥品种、水泥用量、混合材料品种及用量、水灰比和浇筑温度等因素影响。在水泥品种、骨料种类及用量确定的情况下，混凝土的绝热温升值主要取决于混合材的品种及掺量等。

混凝土的绝热温升值可以拟合为公式：

$$Tr = \frac{m \times t}{n + t} \tag{62.2}$$

式中：m，n 为拟合系数；t 为龄期，d。

拟合公式的参数及混凝土绝热温升值见表 62.31，混凝土绝热温升过程曲线见图 62.10。

表 62.31　　　　　　　　　　　混凝土绝热温升值拟合公式成果表

编号	骨料级配	水胶比	掺合料品种及掺量/%	混凝土初温/℃	绝热温升值/℃					回归方程表达式
					1d	3d	7d	14d	28d	
L-4-8	四级配	0.45	火山灰 30	22.3	7.8	14.3	18.5	22.3	25.2	$T=\dfrac{28.29t}{3.35+t}$
L-4-9	四级配	0.38	火山灰 30	23.0	8.0	16.5	23.1	26.6	27.9	$T=\dfrac{30.25t}{2.28+t}$
L-3-19′	三级配	0.44	火山灰 30	23.2	6.8	16.8	22.9	26.2	28.2	$T=\dfrac{30.76t}{2.61+t}$
L-3-11	三级配	0.39	火山灰 30	24.6	9.3	17.4	24.3	27.1	29.5	$T=\dfrac{32.37t}{2.55+t}$
LS-4-6	四级配	0.39	石灰石粉 30	22.2	6.8	17.3	23.6	26.2	27.6	$T=\dfrac{30.05t}{2.19+t}$
LS-3-6	三级配	0.33	石灰石粉 30	22.5	10.5	19.0	25.9	28.3	30.1	$T=\dfrac{32.21t}{1.86+t}$

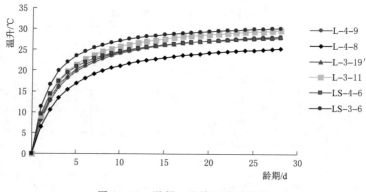

图 62.10　混凝土绝热温升过程线

62.6　研究结论

（1）江腾火山灰开发有限责任公司生产的火山灰，各项物理力学性能、化学成分指标满足《用于水泥中的火山灰质混合材料》（GB/T 2847—2005）要求。与云南红塔滇西水泥股份有限公司生产的上登牌 P·MH42.5 中热硅酸盐水泥适应性良好，明显改善混凝土拌和物性能和热学性能。参照《水工混凝土掺用粉煤灰技术规范》（DL/T 5055—1996）对拱坝混凝土粉煤灰取代水泥最大限量的规定，综合考虑拱坝混凝土的温控以及混凝土干缩率等各项性能指标，大坝混凝土火山灰掺量宜为胶材总量的 30%。

（2）本次研究采用的混凝土减水剂为萘系高效减水剂，选用的各种混凝土外加剂性能指标均满足《水工混凝土外加剂技术规程》（DL/T 5100—1999）的要求。火山灰及石灰石粉对萘系高效减水剂适应性较好。

（3）陇遮水泥厂提供的石灰石经球磨机粉磨，比表面积分别为 $725m^2/kg$、$571m^2/kg$、$414m^2/kg$。对比试验表明，石灰石粉作为掺合料使用时，其比表面积以大于 $400m^2/kg$ 为宜。

（4）从内掺石灰石粉的水泥水化热结果看，比表面积小的石灰石粉基本不参与水化反应。其对胶砂和混凝土的贡献在于微集料填充效应和改善胶凝材料的颗粒级配，对 28 天龄期混凝土的各项性能有较大影响。

（5）对于设计龄期为 28 天的大体积混凝土，采用石灰石粉掺合料效果较好；但是对于设计龄期为 90 天的大体积混凝土则宜采用火山灰掺合料。

（6）如果仅从改善混凝土的工作性和降低水化热考虑，可以采用石灰石粉作为掺合料。使用时应注意石粉对混凝土后期强度贡献不大，且干缩较大的特点。

（7）采用石灰石粉作为掺合料时，应对粉磨细度进行技术经济评价。从本次研究的试验效果看，比表面积为 $571m^2/kg$ 的石粉作为掺合料拌制的混凝土综合性能更好一些。

62.7 研究成果的应用价值及意义

通过火山灰及石灰石粉不同掺量对比，研究混凝土各项性能的变化，确定了火山灰及石灰石粉替代粉煤灰作为拱坝混凝土掺合料方案的可行性；为国内首次在拱坝混凝土中应用火山灰作为掺合料提供依据；本项试验研究成果不仅为龙江水电站枢纽工程设计及施工提供了科学依据，同时可为粉煤灰匮乏地区的类似工程混凝土原材料的选择提供借鉴。

第 63 章　人工与天然混合骨料对混凝土性能影响研究

63.1　研究目的

龙江水电站枢纽工程在混凝土天然骨料开采工程中出现个别级配粒径骨料数量不足现象，为不影响现场施工进度，需在相关级配粒径中采用人工碎石代替天然骨料。因此进行人工骨料与天然骨料混合试验，研究不同粒级骨料掺人工碎石对混凝土拌和物性能、力学性能、变形性能、热学性能的影响。

采用云南红塔滇西水泥股份有限公司生产的 P·MH42.5 水泥、缓凝型减水剂及引气剂、江腾火山灰开发有限责任公司生产的火山灰掺合料、ZF 料场灰岩人工碎石、MY 砂砾石料场天然砂石骨料进行混凝土配合比设计及性能试验。通过试验研究，确定人工碎石不同掺配方案对混凝土性能的影响，确定火山灰在混凝土中的掺配比例，在经济合理的前提下，提出满足设计要求的混凝土配合比骨料掺配方案，指导施工单位进行混凝土施工，同时为混凝土天然骨料资源匮乏地区类似工程提供借鉴。

63.2　混凝土原材料

本次试验研究所用水泥、缓凝型减水剂、引气剂、火山灰掺合料、灰岩人工碎石及天然砂石骨料等原材料性能均满足相应行标、国标技术指标要求。

63.2.1　水泥

采用云南红塔滇西水泥股份有限公司生产的"上登"牌 P·MH42.5 中热硅酸盐水泥。水泥物理力学性能检测结果见表 63.1。

表 63.1　　　　　　　　　　　　水泥物理力学性能检验结果表

水泥品牌及等级	密度 /(g/cm³)	比表面积 /(m²/kg)	标准稠度用水量/%	安定性	凝结时间 /(h：min)		抗折强度 /MPa			抗压强度 /MPa		
					初凝	终凝	3d	7d	28d	3d	7d	28d
"上登"牌中热 P·MH42.5	3.18	360	25.6	合格	4：09	5：37	4.8	6.3	9.6	20.4	28.0	49.2
技术要求 GB 200—2003	—	≥250	—	合格	≥ 0：60	≤ 12：00	≥ 3.0	≥ 4.5	≥ 6.5	≥ 12.0	≥ 22.0	≥ 42.5

63.2.2　火山灰掺合料

在水泥中适量掺用品质优良的火山灰，可以降低水泥水化热、节约水泥、降低工程成本。但火山灰粒型、比表面积等因素在某些情况下也会对混凝土和易性产生负面影响。本次选用由云南龙陵江腾火山灰开发有限责任公司生产的火山灰。火山灰物理力学及化学性能检测结果见表 63.2。

表 63.2　　　　　　　　　　　　火山灰物理化学性能检验结果表

火山灰品牌	密度 /(g/cm³)	烧失量 /%	SO₃ /%	比表面积 /(m²/kg)	火山灰性	28d 抗压 强度比	需水量比 /%
江腾火山灰	2.68	1.48	0.09	540	合格	68	101
技术要求 GB/T 2847—2005	—	≤10	≤3.5	—	合格	≥65	—

63.2.3　天然砂

采用 MY 砂砾石料场生产的天然砂，该砂细度模数为 3.18，属粗砂，其物性检验结果见表 63.3、表 63.4。

表 63.3　　　　　　　　　　　　天然砂品质检验结果表

骨料种类	饱和面干 表观密度 /(kg/m³)	松散堆积 密度 /(kg/m³)	空隙率 /%	泥含量 /%	坚固性 /%	硫化物及 硫酸盐 含量/%	饱和面干 吸水率 /%	细度 模数	有机质 检验
砂	2580	1520	41	0.0	1	0.05	1.37	3.18	浅于 标准色
《水工混凝土 施工规范》 (DL/T 5144—2001)	≥2500	—	—	≤3	≤8	≤1.0	—	—	浅于 标准色

表 63.4　　　　　　　　　　　　天然砂级配检验结果表

筛孔尺寸 /mm	分计筛余		累计筛余百分率 /%	通过百分率 /%
	质量/g	百分率/%		
5	2.9	0.6	0.6	99.4
2.5	63.3	12.6	13.2	86.8
1.25	117.7	23.5	36.7	63.3
0.63	178.8	35.8	63.5	27.5
0.315	122.2	24.4	96.9	3.1
0.16	13.3	2.7	99.6	0.4
<0.16	1.9	0.4	100.0	0.0

63.2.4　人工砂

人工砂为灰岩碎石破碎加工制得，细度模数为 3.0，属中砂，其物性检验结果见表 63.5、表 63.6。

表 63.5　　　　　　　　　　　　人工砂品质检验结果表

骨料种类	饱和面干 表观密度 /(kg/m³)	松散堆积 密度 /(kg/m³)	空隙率 /%	石粉含量 /%	饱和面干 吸水率/%	细度模数	有机质检验
人工砂	2650	1530	42	9.8	2.0	3.0	浅于标准色
《水工混凝土施工规范》 (DL/T5144—2001)	≥2500	—	—	6～18	—	—	浅于标准色

表 63.6 人工砂级配检验结果表

筛孔尺寸 /mm	分计筛余		累计筛余百分率 /%	通过百分率 /%
	质量/g	百分率/%		
5	0.2	0.0	0.0	100.0
2.5	115.1	23.0	23.1	76.9
1.25	116.6	23.3	46.4	53.6
0.63	97.3	19.5	65.8	34.2
0.315	65.1	13.0	78.8	21.2
0.16	40.9	8.2	87.0	13.0
<0.16	65.0	13.0	100.0	0.0

63.2.5 天然卵石

天然卵石粗骨料系 MY 砂砾石料场生产，天然卵石骨料物性检验结果见表 63.7。

表 63.7 天然卵石物理性能试验结果表

粒径 /mm	饱和面干表观密度 /(kg/m³)	吸水率 /%	含泥量 /%	坚固性 /%	针片状含量/%	超径含量/%	逊径含量/%	压碎指标/%	有机质检验
5～20	2600	1.12	0.4	1	3	1	3		
20～40	2610	1.05	0.3	0	3	4	0	10.1	浅于标准色
40～80	2620	0.90	0.2	0	0	0	0		
80～120	2620	0.67	0.2	0	0	0	0		
《水工混凝土施工规范》(DL/T 5144—2001)	≥2550	≤2.5	D_{20}、D_{40}粒径级≤1D_{80}、D_{120}粒径级≤0.5	≤5	≤15	<5	<10	≤16	浅于标准色

63.2.6 灰岩人工碎石

灰岩人工碎石由 ZF 料场石灰岩破碎加工制得，人工灰岩碎石物性检验结果见表 63.8。

表 63.8 灰岩人工碎石物理性能试验结果表

粒径 /mm	饱和面干表观密度 /(kg/m³)	吸水率 /%	含泥量 /%	坚固性 /%	针片状含量/%	超径含量/%	逊径含量/%	压碎指标/%	硫化物及硫酸盐含量/%	有机质检验
5～20	2700	0.64	0.2	0	12	1	2			
20～40	2710	0.42	0.1	0	10	2	8	6.5	0.2	浅于标准色
40～80	2710	0.36	0.0	0	6	0	8			
80～120	2710	0.27	0.0	0	5	0	5			
《水工混凝土施工规范》(DL/T 5144—2001)	≥2550	≤2.5	D_{20}、D_{40}粒径级≤1 D_{80}、D_{120}粒径级≤0.5	≤5	≤15	<5	<10	≤16	≤0.5	浅于标准色

63.2.7　骨料碱活性试验

骨料碱活性反应是指水泥、外加剂中的碱与骨料中的活性成分在潮湿情况下产生具有膨胀性质的碱-硅酸凝胶或碱-碳酸凝胶，从而对混凝土产生破坏作用。碳酸盐骨料的碱活性检验采用岩石小圆柱法、混凝土棱柱法进行。

63.2.7.1　岩石小圆柱法

岩石小圆柱法试验用于在规定条件下测量碳酸盐骨料试件在碱溶液中产生的长度变化，以鉴定其作为混凝土骨料是否具有碱活性。本次灰岩人工碎石骨料碱活性试验采用此试验方法。

试验结果详见表 63.9。灰岩人工碎石 84d 试件膨胀率为 0.078%，膨胀率小于 0.10% 可以判定该骨料不具有碱活性危害。

表 63.9　　　　　灰岩人工碎石骨料碱活性试验结果表（岩石小圆柱法）

骨料品种	不同试验龄期下的试件膨胀率/%						
	0d	7d	14d	21d	28d	56d	84d
灰岩人工碎石	0.000	0.010	0.021	0.034	0.041	0.054	0.078
《水工混凝土试验规程》（SL 352—2006）	浸泡 84d 试件膨胀率在 0.10% 以上时，该岩样应评为具有潜在碱活性危害，不宜作为混凝土骨料。必要时应以混凝土试验结果作出最后评定						

63.2.7.2　混凝土棱柱法

混凝土棱柱法试验用于评定混凝土试件在温度 38℃ 及潮湿条件养护下，水泥中的碱与骨料反应所引起的膨胀是否具有潜在危害。本试验方法适用于碱－硅酸盐反应和碱－碳酸盐反应。

灰岩人工碎石碱活性混凝土棱柱法试验见表 63.10，由表可见，未掺火山灰试件一年膨胀率为 0.038%，表现为膨胀，膨胀率小于 0.04%，可以判定该骨料不具有碱活性危害。掺 25% 火山灰试件一年膨胀率为 0.008%，各龄期试件膨胀率均低于未掺火山灰试件。

表 63.10　　　　　灰岩人工碎石骨料碱活性试验结果表（混凝土棱柱法）

骨料品种	火山灰掺量/%	不同试验龄期下的试件膨胀率/%							
		0d	14d	28d	56d	91d	126d	273d	354d
灰岩人工碎石	0	0.000	0.006	0.006	0.005	0.016	0.026	0.032	0.038
	25	0.000	−0.192	−0.071	−0.064	−0.051	−0.040	−0.015	0.008
《水工混凝土试验规程》（SL 352—2006）	当试件一年的膨胀率不小于 0.04% 时，则判定为具有潜在危害性反应的活性骨料；膨胀率小于 0.04% 时则判定为非活性骨料。								

63.2.8　外加剂

外加剂作为混凝土的第五组分对混凝土的性能起着不可替代的作用。综合考虑龙江水电站所处的气候条件和混凝土的技术要求，本次试验在混凝土中掺加了缓凝高效减水剂以降低混凝土的水胶比，同时为提高混凝土耐久性并改善混凝土拌和物的和易性，还掺入了适量引气剂。

试验选用的缓凝高效减水剂和引气剂为：云南山峰 SFG 缓凝高效减水剂、安徽赛华 SH - C 引气剂。缓凝高效减水剂及引气剂满足《水工混凝土外加剂技术规程》（DL/T 5100—1999）要求。

63.3　混凝土技术要求

各部位混凝土设计指标详见表 63.11。

表 63.11　　　　　　　　　　　混 凝 土 技 术 要 求 表

序号	混凝土设计技术指标	级配	工程部位	坍落度/cm	龄期/d	强度保证率/%	水泥品种	备注
1	C$_{90}$25W8F50	四	坝体约束区、坝体回填基础	4~7	90	80	P·MH 42.5	掺火山灰质材料 28d 龄期极限拉伸值≥0.85×10^{-4}，水胶比<0.50
2	C$_{90}$30W8F50			4~7	90	80		
3	C$_{90}$25W8F50	三	坝体约束区、坝体回填基础	4~7	90	80		
4	C$_{90}$30W8F50			4~7	90	80		

63.4　混凝土试验研究方案

63.4.1　大坝混凝土粗骨料掺配方案

混凝土粗骨料掺配方案为以下 9 种：

（1）三级配大坝混凝土粗骨料组合方式：

1）小石为灰岩碎石，其余粒级为天然卵石骨料。

2）中石为灰岩碎石，其余粒级为天然卵石骨料。

3）大石为灰岩碎石，其余粒级为天然卵石骨料。

4）粗骨料全粒级采用灰岩碎石骨料。

（2）四级配大坝混凝土粗骨料组合方式：

1）小石为灰岩碎石，其余粒级为天然卵石骨料。

2）中石为灰岩碎石，其余粒级为天然卵石骨料。

3）大石为灰岩碎石，其余粒级为天然卵石骨料。

4）特大石为灰岩碎石，其余粒级为天然卵石骨料。

5）粗骨料全粒级采用灰岩碎石骨料。

63.4.2　混掺人工砂大坝混凝土对比试验方案

为节约成本、充分利用生产过程中的副产品、降低工程造价，采取部分人工砂替代天然砂进行三级配大坝混凝土性能对比试验，研究采用人工砂替代部分天然砂的可行性。采用的人工砂为灰岩骨料破碎时产生的副产品。

63.5　混凝土配合比设计

63.5.1　混凝土配制强度

混凝土配合比设计中配制强度按照公式（62.1）计算。

根据《水工混凝土施工规范》有关规定及施工技术服务合同要求，大体积混凝土强度保证率取 80%，不同施工部位混凝土的配制强度见表 63.12。

表 63.12　　　　　　龙江水电站人工骨料混凝土配合比试验方案设计表

技术要求	部位	强度保证率	配制强度/MPa	石子级配比例/%	火山灰掺量/%	粗骨料掺配方案
C$_{90}$25W8F50/ C$_{90}$30W8F50	坝体约束区、坝体回填基础	80%	28.4/33.8	小石：中石：大石：特大石 20：20：30：30	25、30	小石为灰岩碎石 其余为天然卵石骨料
						中石为灰岩碎石 其余为天然卵石骨料
						大石为灰岩碎石 其余为天然卵石骨料
						特大石为灰岩碎石 其余为天然卵石骨料
						全部采用灰岩碎石
C$_{90}$25W8F50/ C$_{90}$30W8F50	坝体约束区、坝体回填基础	80%	28.4/33.8	小石：中石：大石 30：30：40	25、30	小石为灰岩碎石 其余为天然卵石骨料
						中石为灰岩碎石 其余为天然卵石骨料
						大石为灰岩碎石 其余为天然卵石骨料
				小石：中石：大石 20：30：50	25、30	全部采用灰岩碎石

63.5.2　混凝土配合比参数选择

63.5.2.1　骨料最优级配及砂率选择

砂率是砂子占砂石总体积的百分率，最佳砂率选择则是在选定的骨料级配比例和水胶比的前提条件下，固定水泥用量，变换砂率进行混凝土试拌，在满足混凝土和易性的前提下，用水量最小时所对应的砂率即为最佳砂率。

根据混凝土试拌结果，单粒级掺配碎石对混凝土和易性无明显影响，单粒级掺配碎石四级配混凝土最佳砂率范围 22%～25%，单粒级掺配碎石三级配混凝土最佳砂率范围 27%～30%；全级配采用人工碎石四级配混凝土最佳砂率范围 24%～27%，全级配采用人工碎石三级配混凝土最佳砂率范围 28%～31%。

骨料级配对混凝土的和易性、强度和耐久性等都有较大的影响，合理的石子级配应是在相同体积条件下，混合料的比表面积小、空隙率小、水泥砂子用量少、密实度和强度高的级配。一般骨料最优级配选择采用最大容重法。

本次试验三级配骨料最优级配选择试验结果，单粒级掺配碎石三级配小石：中石：大石＝30：30：40 时紧密堆积密度最大，全粒级掺配碎石三级配小石：中石：大石＝20：30：50 时紧密堆积密度最大，因此选定上述两个比例为三级配骨料最优比例；四级配骨料级配比例根据经验并结合混凝土试拌结果确定为小石：中石：大石：特大石＝20：20：

30：30。

63.5.2.2 混凝土水胶比及最优用水量的选择

混凝土水胶比的选择，应同时兼顾混凝土的各项性能指标，既要参考设计技术要求及《水工混凝土施工规范》（DL/T 5144—2001）对最大水灰比限值的规定，又要参考类似工程经验，本次试验选定的水胶比范围为 0.35～0.45。

混凝土最优用水量的选择是指通过混凝土试拌，确定满足坍落度要求的最小用水量。三级配普通混凝土用水量为 90kg/m³ 左右；四级配普通混凝土用水量为 80kg/m³ 左右。

63.5.2.3 混凝土坍落度及含气量控制

普通混凝土坍落度控制在 4～7cm。混凝土含气量控制在 4％左右，混凝土具有一定含气量，一方面均匀细小气泡可以起到阻塞混凝土毛细孔隙的作用，提高混凝土抗渗性；另一方面引进均匀细小的气泡可以改善混凝土和易性、减少泌水，提高混凝土工作性。

63.5.2.4 火山灰掺量选择

根据龙江水电站枢纽工程混凝土配合比及热学性能试验成果，火山灰分别选用 25％、30％两个掺量进行试验，掺用方式为内掺法等量取代部分水泥。

63.5.3 混凝土配合比试验成果

根据选定的上述各项参数成型的混凝土配合比详见表 63.19～表 63.24，混凝土各龄期试件抗压强度、抗拉强度、抗拉弹模、极限拉伸值及抗渗、抗冻试验结果见表 63.25～表 63.30。

63.6 混凝土试验成果分析

63.6.1 水胶比对混凝土抗压强度的影响

在用水量一定的情况下，混凝土强度和胶水比成直线关系，回归方程是处理试验数据的一种常用方法，水胶比与混凝土抗压强度的一元线性回归方程公式：

$$R_{推} = A \cdot (C + F)/W + B \qquad (63.1)$$

式中：$R_{推}$ 为不同混凝土强度推算值；A、B 为回归系数；C 为水泥用量；F 为掺合料用量；W 为用水量。

根据一元线性回归方程可以较准确的推断出混凝土强度与水胶比的关系，根据设计要求选择相应于保证强度的水胶比。不同掺量火山灰水胶比与混凝土抗压强度一元回归方程见表 63.13、表 63.14。从回归方程中看出，混凝土抗压强度与水胶比有较好的相关性，回归方程的相关系数大部分在 0.95 以上。

从图 63.13 胶水比与抗压强度关系曲线中可见，不同掺量火山灰及不同龄期混凝土抗压强度均随水胶比的增大而减小，符合水灰比强度发展规律。

63.6.2 掺合料对混凝土抗压强度的影响

从图 63.1 胶水比与抗压强度关系曲线中可见，掺火山灰大坝混凝土在水胶比、胶凝材料用量基本相同的前提下，随着火山灰掺量的增大，混凝土抗压强度呈下降趋势；当火山灰掺量相同时，混凝土抗压强度随龄期的增加而增大，随水胶比的增大而降低。

同时，由于火山灰水化反应滞后，且水泥用量较低，掺火山灰混凝土早期抗压强度一般较低。随着龄期的增长，掺合料后期火山灰效应显现，混凝土 90 天强度有所提高。由表 63.15、表 63.16 可见，掺 25% 火山灰混凝土抗压强度 90 天平均增长率为 119.4%，掺 30% 火山灰混凝土抗压强度 90 天平均增长率为 122.4%。

表 63.13　　　　　　　　水胶比与混凝土抗压强度一元线性回归方程成果表

骨料级配及组合方式	火山灰掺量/%	龄期/d	一元线性回归方程	相关系数	抗压强度/MPa 水胶比			
					0.35	0.38	0.42	0.45
四级配 小石为灰岩碎石 其余为天然骨料	25	7	$R_7 = 10.879C/W - 7.8229$	0.9927	23.2	20.7	18.6	16.0
		28	$R_{28} = 13.552C/W - 5.0416$	0.9890	33.5	30.6	28.0	24.5
		90	$R_{90} = 11.79C/W + 3.5282$	0.9905	36.8	35.2	31.6	29.5
	30	7	$R_7 = 11.061C/W - 9.8329$	0.9932	21.6	19.7	16.1	14.9
		28	$R_{28} = 16.767C/W - 16.027$	0.9939	31.7	28.1	24.6	20.7
		90	$R_{90} = 12.289C/W - 0.129$	0.9842	34.9	32.0	30.0	26.6
四级配 中石为灰岩碎石 其余为天然骨料	25	7	$R_7 = 12.704C/W - 11.226$	0.9773	24.7	22.4	20.0	16.2
		28	$R_{28} = 12.994C/W - 4.2097$	0.9908	33.0	29.6	27.4	24.3
		90	$R_{90} = 12.607C/W + 1.8163$	0.9754	37.4	35.3	32.8	29.0
	30	7	$R_7 = 13.074C/W - 14.585$	0.9986	22.6	20.1	16.5	14.4
		28	$R_{28} = 14.246C/W - 10.318$	0.9376	29.7	27.5	25.5	19.8
		90	$R_{90} = 12.77C/W - 1.8181$	0.9923	34.7	31.5	29.2	26.2
四级配 大石为灰岩碎石 其余为天然骨料	25	7	$R_7 = 10.349C/W - 7.661$	0.9889	22.3	19.0	16.9	15.6
		28	$R_{28} = 12.371C/W - 2.7858$	0.9822	32.5	29.5	27.6	24.1
		90	$R_{90} = 12.631C/W + 1.582$	0.9975	37.6	34.8	32.0	29.4
	30	7	$R_7 = 10.286C/W - 11.15$	0.9597	18.5	15.1	14.4	11.2
		28	$R_{28} = 13.207C/W - 8.8723$	0.9906	29.2	25.2	23.0	20.4
		90	$R_{90} = 14.799C/W - 7.2134$	0.9832	35.3	31.0	29.0	25.2
四级配 特大石为灰岩碎石 其余为天然骨料	25	7	$R_7 = 10.608C/W - 7.7377$	0.9997	22.6	20.1	17.6	15.8
		28	$R_{28} = 13.005C/W - 4.2366$	0.9990	33.0	29.8	26.9	24.6
		90	$R_{90} = 12.641C/W + 2.0312$	0.9931	38.2	35.0	32.7	29.8
	30	7	$R_7 = 11.997C/W - 15.068$	0.9563	19.8	15.2	14.5	11.3
		28	$R_{28} = 13.418C/W - 9.0784$	0.9888	29.6	25.5	23.4	20.6
		90	$R_{90} = 15.356C/W - 8.167$	0.9821	36.0	31.4	29.4	25.5
四级配 粗骨料全部 为灰岩碎石	25	7	$R_7 = 6.8087C/W + 3.7718$	0.9695	23.0	21.8	20.6	18.4
		28	$R_{28} = 11.353C/W + 1.2813$	0.9993	33.8	31.0	28.4	26.5
		90	$R_{90} = 13.394C/W + 0.2809$	0.9999	38.5	35.6	32.2	30.0
	30	7	$R_7 = 11.034C/W - 8.7879$	0.9595	22.4	20.3	18.7	14.8
		28	$R_{28} = 13.804C/W - 7.0272$	0.9788	32.6	28.6	26.9	23.1
		90	$R_{90} = 12.666C/W - 0.3824$	0.9964	35.8	32.8	30.2	27.5

表 63.14 水胶比与混凝土抗压强度一元线性回归方程成果表

骨料级配及组合方式	火山灰掺量/%	龄期/d	一元线性回归方程	相关系数	抗压强度/MPa 水胶比			
					0.35	0.38	0.42	0.45
三级配 小石为灰岩碎石 其余为天然骨料	25	7	$R_7 = 7.9252C/W - 1.4703$	0.9894	21.0	19.5	17.8	15.8
		28	$R_{28} = 13.256C/W - 5.444$	0.9858	32.3	29.3	27.0	23.4
		90	$R_{90} = 14.348C/W - 1.3508$	0.9848	40.2	35.4	33.2	30.6
	30	7	$R_7 = 9.3872C/W - 7.0589$	0.9969	19.8	17.7	15.0	14.0
		28	$R_{28} = 13.944C/W - 10.404$	0.9830	29.5	25.8	23.8	20.0
		90	$R_{90} = 17.739C/W - 13.256$	0.9971	37.6	33.0	29.4	26.0
三级配 中石为灰岩碎石 其余为天然骨料	25	7	$R_7 = 7.6532C/W - 1.1091$	0.9740	20.8	18.7	17.8	15.5
		28	$R_{28} = 12.274C/W - 3.1424$	0.9943	31.9	29.0	26.6	23.8
		90	$R_{90} = 12.537C/W + 2.444$	0.9860	38.5	34.8	33.0	30.0
	30	7	$R_7 = 9.4555C/W - 8.738$	0.9979	19.6	17.6	15.4	13.5
		28	$R_{28} = 13.283C/W - 10.318$	0.9752	29.4	25.5	24.0	20.2
		90	$R_{90} = 16.335C/W - 9.8122$	0.9660	36.8	32.6	30.8	25.4
三级配 大石为灰岩碎石 其余为天然骨料	25	7	$R_7 = 5.3228C/W + 4.8207$	0.9915	20.2	18.6	17.4	16.8
		28	$R_{28} = 11.347C/W - 0.7275$	0.9875	31.6	29.0	27.0	24.0
		90	$R_{90} = 12.027C/W + 3.2053$	0.9888	37.7	34.4	32.5	29.6
	30	7	$R_7 = 6.2352C/W + 0.5686$	0.9649	18.8	16.3	15.5	14.6
		28	$R_{28} = 12.434C/W - 6.4453$	0.9433	29.3	25.3	24.8	20.3
		90	$R_{90} = 13.467C/W - 2.5283$	0.9749	35.5	33.2	30.6	26.5
三级配 粗骨料全部为 灰岩碎石	25	7	$R_7 = 7.9602C/W - 0.4336$	0.9996	22.3	20.5	18.6	17.2
		28	$R_{28} = 9.5524C/W + 4.7242$	0.9629	31.8	29.8	28.5	25.2
		90	$R_{90} = 13.118C/W + 1.9779$	0.9936	39.8	35.9	33.4	31.2
	30	7	$R_7 = 11.035C/W - 10.642$	0.9989	21.0	18.2	15.7	13.9
		28	$R_{28} = 13.351C/W - 7.0173$	0.9115	30.3	28.6	26.9	20.9
		90	$R_{90} = 15.895C/W - 7.6787$	0.9741	37.8	33.5	31.6	26.8
		90	$R_{90} = 14.638C/W - 6.2561$	0.9882	36.0	31.4	29.1	26.2

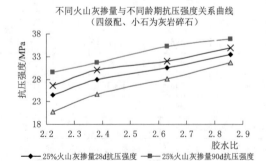

不同火山灰掺量与不同龄期抗压强度关系曲线
（四级配、小石为灰岩碎石）

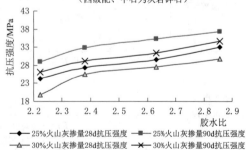

不同火山灰掺量与不同龄期抗压强度关系曲线
（四级配、中石为灰岩碎石）

图 63.1（一） 胶水比与混凝土抗压强度关系曲线

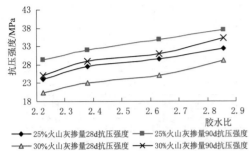

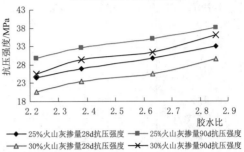

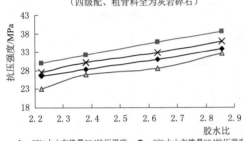

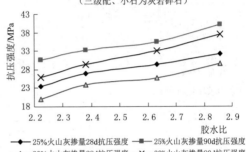

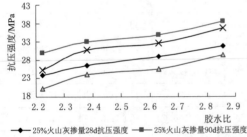

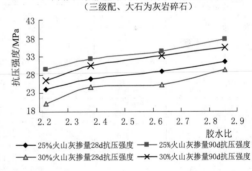

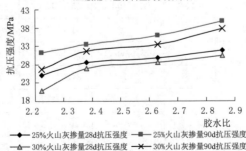

图 63.1（二）　胶水比与混凝土抗压强度关系曲线

表 63.15　　　　　　　**不同掺量火山灰混凝土抗压强度增长率成果表**

骨料级配及组合方式	火山灰掺量/%	龄期/d	抗压强度/MPa/强度增长率/%			
			水胶比			
			0.35	0.38	0.42	0.45
四级配 小石为灰岩碎石 其余为天然骨料	25	7	23.2/69.3	20.7/67.6	18.6/66.2	16.0/65.3
		28	33.5/100.0	30.6/100.0	28.0/100.0	24.5/100.0
		90	36.8/109.9	35.2/115.0	31.6/112.9	29.5/120.4
	30	7	21.6/68.1	19.7/70.1	16.1/65.4	14.9/72.0
		28	31.7/100.0	28.1/100.0	24.6/100.0	20.7/100.0
		90	34.9/110.1	32.0/113.9	30.0/122.0	26.6/128.5
四级配 中石为灰岩碎石 其余为天然骨料	25	7	24.7/74.8	22.4/75.7	20.0/73.0	16.2/66.7
		28	33.0/100.0	29.6/100.0	27.4/100.0	24.3/100.0
		90	37.4/113.3	35.3/119.3	32.8/119.7	29.0/119.3
	30	7	22.6/76.1	20.1/64.1	16.5/64.7	14.4/63.7
		28	29.7/100.0	27.5/100.0	25.5/100.0	19.8/100.0
		90	34.7/116.8	31.5/114.5	29.2/114.5	26.2/132.3
四级配 大石为灰岩碎石 其余为天然骨料	25	7	22.3/68.6	19.0/64.4	16.9/61.2	15.6/64.7
		28	32.5/100.0	29.5/100.0	27.6/100.0	24.1/100.0
		90	37.6/115.7	34.8/118.0	32.0/115.9	29.4/122.0
	30	7	18.5/63.4	15.1/59.9	14.4/62.6	11.2/54.9
		28	29.2/100.0	25.2/100.0	23.0/100.0	20.4/100.0
		90	35.3/120.9	31.0/123.0	29.0/126.1	25.2/123.5
四级配 特大石为灰岩碎石 其余为天然骨料	25	7	22.6/68.5	20.1/67.4	17.6/65.4	15.8/64.2
		28	33.0/100.0	29.8/100.0	26.9/100.0	24.6/100.0
		90	38.2/115.8	35.0/117.4	32.7/121.6	29.8/121.1
	30	7	19.8/66.9	15.2/59.6	14.5/62.0	11.3/54.9
		28	29.6/100.0	25.5/100.0	23.4/100.0	20.6/100.0
		90	36.0/121.6	31.4/123.1	29.4/125.6	25.5/123.8
四级配 粗骨料全部 为灰岩碎石	25	7	23.0/68.0	21.8/70.3	20.6/63.5	18.4/69.4
		28	33.8/100.0	31.0/100.0	28.4/100.0	26.5/100.0
		90	38.5/113.9	35.6/114.8	32.2/113.4	30.0/113.2
	30	7	22.4/68.7	20.3/71.0	18.7/69.5	14.8/64.1
		28	32.6/100.0	28.6/100.0	26.9/100.0	23.1/100.0
		90	35.8/109.8	32.8/114.7	30.2/112.3	27.5/119.0

表 63.16　　　　　　　　不同掺量火山灰混凝土抗压强度增长率成果表

骨料级配及组合方式	火山灰掺量/%	龄期/d	抗压强度/MPa/强度增长率/% 水胶比			
			0.35	0.38	0.42	0.45
三级配 小石为灰岩碎石 其余为天然骨料	25	7	21.0/65.0	19.5/66.6	17.8/65.9	15.8/67.5
		28	32.3/100.0	29.3/100.0	27.0/100.0	23.4/100.0
		90	40.2/124.5	35.4/120.8	33.2/123.0	30.6/130.8
	30	7	19.8/67.1	17.7/68.6	15.0/63.0	14.0/70.0
		28	29.5/100.0	25.8/100.0	23.8/100.0	20.0/100.0
		90	37.6/127.5	33.0/127.9	29.4/123.5	26.0/130.0
三级配 中石为灰岩碎石 其余为天然骨料	25	7	20.8/65.2	18.7/64.5	17.8/66.9	15.5/65.1
		28	31.9/100.0	29.0/100.0	26.6/100.0	23.8/100.0
		90	38.5/120.7	34.8/120.0	33.0/124.1	30.0/126.1
	30	7	19.6/66.7	17.6/69.0	15.4/64.2	13.5/66.8
		28	29.4/100.0	25.5/100.0	24.0/100.0	20.2/100.0
		90	36.8/125.2	32.6/127.8	30.8/128.3	25.4/125.7
三级配 大石为灰岩碎石 其余为天然骨料	25	7	20.2/63.9	18.6/64.1	17.4/64.4	16.8/70.0
		28	31.6/100.0	29.0/100.0	27.0/100.0	24.0/100.0
		90	37.7/119.3	34.4/118.6	32.5/120.4	29.6/123.3
	30	7	18.8/64.2	16.3/64.4	15.5/62.5	14.6/71.9
		28	29.3/100.0	25.3/100.0	24.8/100.0	20.3/100.0
		90	35.5/121.2	33.2/131.2	30.6/123.4	26.5/130.5
三级配 粗骨料全部 为灰岩碎石	25	7	22.3/70.1	20.5/68.8	18.6/65.3	17.2/68.3
		28	31.8/100.0	29.8/100.0	28.5/100.0	25.2/100.0
		90	39.8/125.2	35.9/120.5	33.4/117.2	31.2/123.8
	30	7	21.0/69.3	18.2/63.6	15.7/58.4	13.9/66.5
		28	30.3/100.0	28.6/100.0	26.9/100.0	20.9/100.0
		90	37.8/124.8	33.5/117.1	31.6/117.5	26.8/128.2

63.6.3　骨料对混凝土抗压强度的影响

63.6.3.1　粗骨料不同组合方式对混凝土抗压强度的影响

试验结果显示，由于人工碎石结构致密强度较高，在其他条件相同下，其配制的混凝土强度也较高。

由图 63.2 不同骨料组合混凝土抗压强度关系曲线中可见，相同水胶比、相同火山灰掺量下，粗骨料全级配采用人工碎石较单粒级掺人工碎石混凝土各龄期抗压强度要高，单粒级采用人工碎石混凝土抗压强度由高到低的顺序大致规律为 $R_{小石} > R_{中石} > R_{大石}$。

在四级配混凝土中，由于采用的是筛除 40mm 以上骨料进行混凝土抗压强度试验，而非全级配混凝土试验，因此大石和特大石单粒级分别采用碎石的混凝土在筛除 40mm 以上骨料后，混凝土抗压试件中已无碎石骨料，混凝土抗压强度差别不大。

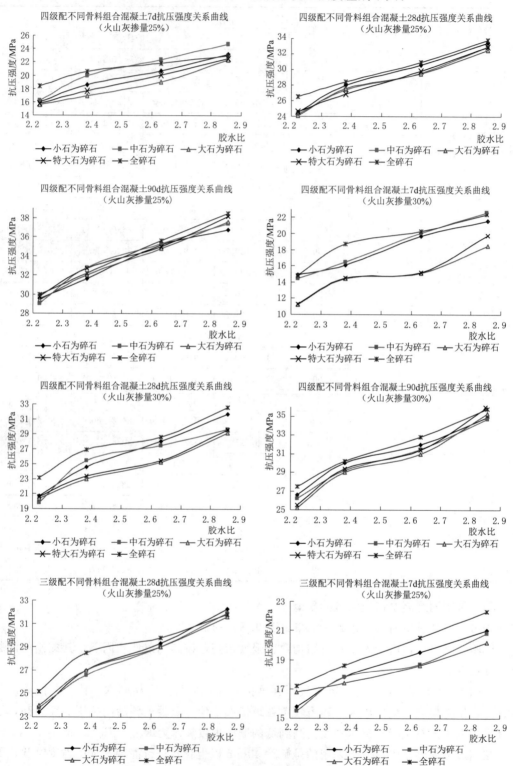

图 63.2（一）　不同骨料组合混凝土抗压强度关系曲线

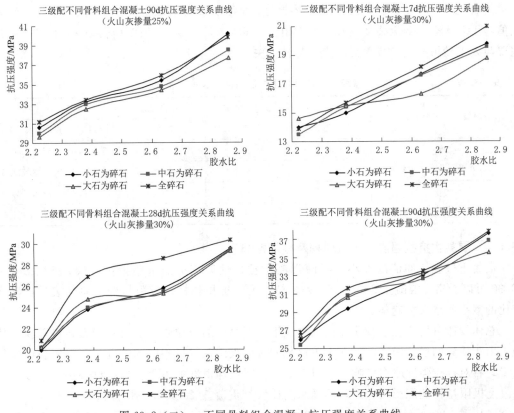

图 63.2（二）　不同骨料组合混凝土抗压强度关系曲线

63.6.3.2　掺配人工砂对混凝土抗压强度的影响

掺配细度模数为 3.0 的人工砂，由于人工砂颗粒级配合理，同时石粉具有良好的球型效应和填充效应，显著改善了天然砂及骨料级配，使拌和混凝土具有良好的和易性。

由图 63.3 掺配人工砂对混凝土抗压强度影响关系曲线中可见，其他条件相同时，掺配 18％人工砂较不掺人工砂混凝土抗压强度各龄期强度均有增加，强度增长率最小为 110.2％，最大为 126.7％。

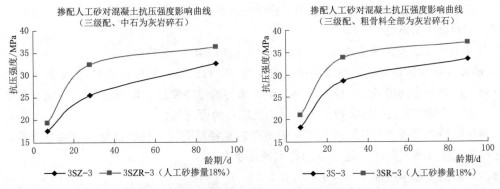

图 63.3　掺配人工砂对混凝土抗压强度影响关系曲线

由表 63.17 可见，掺配人工砂对混凝土早期强度增长率贡献较大，7 天强度增长率最大值为 115.4％，28 天强度增长率最大值为 126.7％，而 90 天强度增长率为 111.3％，这主要与人工砂填充效应改善混凝土和易性有关。

表 63.17　　　　　　　掺配人工砂混凝土抗压强度增长率成果表

骨料级配及组合方式	火山灰掺量 /％	人工砂掺量 /％	抗压强度（MPa）/强度增长率（％）		
			7d	28d	90d
三级配	30	—	17.6/100.0	25.5/100.0	32.6/100.0
中石为灰岩碎石其余为天然骨料	30	18	19.4/110.2	32.3/126.7	36.3/111.3
三级配	30	—	18.2/100.0	28.6/100.0	33.5/100.0
灰岩碎石全部为天然骨料	30	18	21.0/115.4	33.8/118.2	37.3/111.3

63.6.4　混凝土抗拉强度、抗拉弹模及极限拉伸值

混凝土极限拉伸值的大小是反映混凝土抗裂性能好坏的重要指标，从表 63.26～表 63.30 可以看出，混凝土 28 天、90 天抗拉强度、抗拉弹模、极限拉伸值总体表现出随水胶比的减小而增大的趋势。

总体规律可见，在水胶比相同的情况下，混凝土的抗拉强度、抗拉弹模、极限拉伸值随火山灰掺量的增加而降低。在水胶比相同时，火山灰掺量相同的情况下，不同粒级掺用人工碎石对抗拉强度略有影响，但对混凝土极限拉伸值影响不大。本次试验中，水胶比对混凝土极限拉伸性能影响较大，不同水胶比大坝混凝土 28 天极限拉伸值为 0.66×10^{-4}～1.08×10^{-4}，90 天极限拉伸值为 0.83×10^{-4}～1.13×10^{-4}。推荐混凝土配合比 28 天极限拉伸值满足设计指标要求。

一般而言，混凝土抗压强度高其弹模也高，从总体上看，全部采用灰岩人工骨料混凝土 28 天龄期弹性模量最小值为 2.81 万 MPa，最大值为 3.62 万 MPa，平均值为 3.09 万 MPa，混凝土 90 天龄期弹性模量最小值为 3.20 万 MPa，最大值为 3.68 万 MPa，平均值为 3.40 万 MPa。

63.6.5　混凝土抗渗性

混凝土抗渗性试验采用逐级加压法进行，由于混凝土各项参数选择得当，被测试的各配合比混凝土在分别经受 0.9MPa 的水压力下均未产生渗漏现象，抗渗等级完全满足 W8 技术要求。通过试验研究成果可见，改变单一粒级骨料品种对混凝土抗渗性能没有明显影响。

63.6.6　混凝土抗冻性

混凝土抗冻试验采用快速冻融法进行，即将养护至 28 天龄期、尺寸为 10cm×10cm×40cm 的棱柱体试件饱水后，在试件中心温度为（-17±2）℃和（8±2）℃的条件下使之冻融，每一冻融循环历时约 2～4h，最终以试件相对动弹性模量下降至 60％、质量损失率小于 5％时所对应的冻融循环次数作为混凝土抗冻性的评定指标。

通过试验研究成果可见，改变单一粒级骨料品种对混凝土抗冻性能没有明显影响，混凝土配合比抗冻等级均能满足 F50 的技术设计要求。

63.6.7　混凝土热学性能

63.6.7.1　导温系数

骨料的种类对混凝土导温系数、导热系数、线膨胀系数等影响较大。

导温系数又称热扩散系数，它反映材料内部可能发生的温度变化的速率，表示材料中传热快慢程度。影响导温系数的因素，主要有以下几个规律：

（1）混凝土的导温系数随骨料用量的增加而增大。混凝土（$W/C=0.65$）导温系数为$0.0034\mathrm{m^2/h}$，水泥砂浆（$W/C=0.60$）导温系数为$0.0023\mathrm{m^2/h}$，而水泥石（$W/C=0.30$）导温系数为$0.0012\mathrm{m^2/h}$。

（2）骨料的种类对混凝土导温系数影响较大。石灰岩混凝土导温系数为$0.0047\mathrm{m^2/h}$，花岗岩混凝土导温系数为$0.0040\mathrm{m^2/h}$，玄武岩混凝土导温系数为$0.0030\mathrm{m^2/h}$。

（3）加气会降低混凝土的导温系数。

导温系数的测定是先把混凝土试件放入热水中加热均匀，然后把试件迅速放入恒温的流水中冷却，记录试件中心温度在冷却过程中随时间发生的变化，根据温度与时间的关系可算出混凝土的导温系数。

公式表示为

$$D = \lambda/(C \cdot \rho_0) \tag{63.2}$$

式中：D为导温系数，$\mathrm{m^2/h}$；λ为导热系数，$\mathrm{W/(m \cdot K)}$；C为比热，$\mathrm{J/(kg \cdot K)}$；ρ_0为表观密度。

由此式可见，导温系数与导热系数成正比，与比热成反比。因此影响导热系数和比热系数的因素也同样影响导温系数。已知导温系数就可以进一步算出导热系数。

63.6.7.2　比热

比热是指1kg重的材料，在温度每改变1K时所吸收或放出的热量。公式表示为

$$C = Q/[M(T_1 - T_2)] \tag{63.3}$$

式中：C为材料的比热，$\mathrm{J/(kg \cdot K)}$；Q为材料的热容量，J；M为材料的重量，kg；$T_1 - T_2$为材料受热或冷却前后的温度差，K。

骨料品种对比热几乎不起作用，因为岩石的比热不会随矿物类型不同而变化很多。因此不同粒级骨料品种的改变不会影响混凝土的比热。

63.6.7.3　混凝土线膨胀系数

混凝土线膨胀系数定义为单位温度变化导致混凝土单位长度的变化。水的热膨胀系数约为$210 \times 10^{-6}/\mathrm{℃}$，高于水泥石的线膨胀系数十倍多，骨料的线膨胀系数变动范围为$5 \times 10^{-6} \sim 13 \times 10^{-6}/\mathrm{℃}$。因此，混凝土的线膨胀系数介于两者之间，并随着骨料用量增加而减少。龙江水电站掺人工骨料大坝混凝土线膨胀系数试验结果见表63.18，可见改变单一粒级骨料品种对混凝土线膨胀系数影响不大。

表 63.18　　　　　　　　　混凝土线膨胀系数试验成果表

序号	骨料级配	水胶比	单方胶凝材料用量 /(kg/m³)	粗骨料组合方式	线膨胀系数 /(×10⁻⁶/℃)
1	三级配	0.45	200	小石为灰岩碎石 其余粒径为天然卵石	8.1
2	三级配	0.45	200	中石为灰岩碎石其余 粒径为天然卵石	8.2

续表

序号	骨料级配	水胶比	单方胶凝材料用量 /(kg/m³)	粗骨料组合方式	线膨胀系数 /(×10⁻⁶/℃)
3	三级配	0.45	200	骨料全部采用灰岩碎石	7.8
4	四级配	0.45	178	小石为灰岩碎石其余粒径为天然卵石	8.1
5	四级配	0.45	178	中石为灰岩碎石其余粒径为天然卵石	8.1
6	四级配	0.45	178	骨料全部采用灰岩碎石	8.0

63.7 混合骨料对混凝土性能影响结论

（1）掺配级配合理的人工砂可改善混凝土和易性，提高混凝土各龄期抗压强度、抗拉强度、极限拉伸值等性能指标。其他条件相同时，掺配 18% 人工砂较不掺人工砂混凝土抗压强度各龄期强度均有增加，强度增长率最小为 110.2%，最大为 126.7%。掺配人工砂对混凝土早期强度增长率贡献较大，7 天强度增长率最大值为 115.4%，28 天强度增长率最大值为 126.7%，而 90 天强度增长率为 111.3%，这主要与人工砂填充效应改善混凝土和易性有关。

（2）由于人工碎石结构致密强度较高，在其他条件相同下，其配制的混凝土强度也较高。

不同骨料组合混凝土抗压强度关系：相同水胶比、相同火山灰掺量下，粗骨料全级配采用人工碎石较单粒级掺人工碎石混凝土各龄期抗压强度要高，单粒级采用人工碎石混凝土抗压强度由高到低的顺序大致规律为 $R_{小石} > R_{中石} > R_{大石}$。

在四级配混凝土中，由于采用的是筛除 40mm 以上骨料进行混凝土抗压强度试验，而非全级配混凝土试验，因此大石和特大石单粒级分别采用碎石的混凝土在筛除 40mm 以上骨料后，混凝土抗压试件中已无碎石骨料，混凝土抗压强度差别不大。

（3）混凝土极限拉伸值的大小是反映混凝土抗裂性能好坏的重要指标，试验成果可以看出，混凝土 28 天、90 天抗拉强度、抗拉弹模、极限拉伸值总体表现出随水胶比的减小而增大的趋势。总体规律可见，在水胶比相同的情况下，混凝土的抗拉强度、抗拉弹模、极限拉伸值随火山灰掺量的增加而降低。

在水胶比、火山灰掺量相同的情况下，不同粒级掺入人工碎石对抗拉强度略有影响，但对混凝土极限拉伸值影响不大。本次研究中，水胶比对混凝土极限拉伸性能影响较大，不同水胶比大坝混凝土 28 天极限拉伸值为 $0.66 \times 10^{-4} \sim 1.08 \times 10^{-4}$，90 天极限拉伸值为 $0.83 \times 10^{-4} \sim 1.13 \times 10^{-4}$。

（4）一般而言，混凝土抗压强度高其弹模也高，从总体上看，全部采用灰岩人工骨料混凝土 28 天龄期弹性模量最小值为 2.81 万 MPa，最大值为 3.62 万 MPa，平均值为 3.09 万 MPa，混凝土 90 天龄期弹性模量最小值为 3.20 万 MPa，最大值为 3.68 万 MPa，平均值为 3.40 万 MPa。

表63.19　　掺人工碎石骨料大坝三级配混凝土配合比表（一）

粗骨料品种	骨料级配	试验编号	水胶比	砂率/%	火山灰掺量/%	外加剂品种及掺量/% SFG 高效缓凝减水剂	SH-C 引气剂	单方混凝土材料用量/(kg/m³) 水	水泥	火山灰	胶凝材料总量	砂	石
小石为灰岩碎石其余为卵石骨料	三级配 30:30:40	3SX-1	0.45	30	30	0.6	0.001	90	140	60	200	622	1486
		3SX-2	0.42	29		0.6	0.001	90	150	64	214	598	1497
		3SX-3	0.39	28		0.6	0.001	90	162	69	231	573	1507
		3SX-4	0.36	27		0.6	0.001	90	175	75	250	548	1517
		3SX-5	0.45	30	25	0.6	0.001	90	150	50	200	622	1486
		3SX-6	0.42	29		0.6	0.001	90	161	53	214	598	1500
		3SX-7	0.39	28		0.6	0.001	90	173	58	231	574	1510
		3SX-8	0.36	27		0.6	0.001	90	188	62	250	549	1517
中石为灰岩碎石其余为卵石骨料	三级配 30:30:40	3SZ-1	0.45	30	30	0.6	0.001	90	140	60	200	622	1486
		3SZ-2	0.42	29		0.6	0.001	90	150	64	214	598	1497
		3SZ-3	0.39	28		0.6	0.001	90	162	69	231	573	1507
		3SZ-4	0.36	27		0.6	0.001	90	175	75	250	548	1517
		3SZ-5	0.45	30	25	0.6	0.001	90	150	50	200	622	1486
		3SZ-6	0.42	29		0.6	0.001	90	161	53	214	598	1500
		3SZ-7	0.39	28		0.6	0.001	90	173	58	231	574	1510
		3SZ-8	0.36	27		0.6	0.001	90	188	62	250	549	1517

表 63.20 掺人工碎石骨料大坝三级配混凝土配合比表（二）

粗骨料品种	骨料级配	试验编号	水胶比	砂率 /%	火山灰掺量 /%	外加剂品种及掺量/%		单方混凝土材料用量/(kg/m³)						
						SFG 高效缓凝减水剂	SH－C 引气剂	水	水泥	火山灰	胶凝材料总量	砂	石
大石为灰岩碎石 其余为卵石骨料	三级配 30：30：40	3SD－1	0.45	30	30	0.6	0.001	90	140	60	200	622	1490
		3SD－2	0.42	29		0.6	0.001	90	150	64	214	598	1503
		3SD－3	0.39	28		0.6	0.001	90	162	69	231	573	1513
		3SD－4	0.36	27		0.6	0.001	90	175	75	250	548	1523
		3SD－5	0.45	30	25	0.6	0.001	90	150	50	200	622	1493
		3SD－6	0.42	29		0.6	0.001	90	161	53	214	598	1504
		3SD－7	0.39	28		0.6	0.001	90	173	58	231	574	1514
		3SD－8	0.36	27		0.6	0.001	90	188	62	250	549	1524
骨料采用灰岩碎石	三级配 20：30：50	3S－1	0.45	31	30	0.7	0.001	90	140	60	200	643	1503
		3S－2	0.42	30		0.7	0.001	90	150	64	214	618	1516
		3S－3	0.39	29		0.7	0.001	90	162	69	231	594	1526
		3S－4	0.36	28		0.7	0.001	90	175	75	250	569	1536
		3S－5	0.45	31	25	0.7	0.001	90	150	50	200	643	1504
		3S－6	0.42	30		0.7	0.001	90	161	53	214	619	1516
		3S－7	0.39	29		0.7	0.001	90	173	58	231	594	1528
		3S－8	0.36	28		0.7	0.001	90	188	62	250	569	1537

表 63.21　掺人工砂大坝三级配混凝土配合比表

粗骨料品种	细骨料品种	骨料级配	试验编号	水胶比	砂率/%	人工砂掺量/%	火山灰掺量/%	外加剂品种及掺量/% SFG高效缓凝减水剂	SH-C引气剂	单方混凝土材料用量/(kg/m³) 水	水泥	火山灰	胶凝材料总量	天然砂	人工砂	石
中石为灰岩碎石其余为卵石骨料	天然砂	30:30:40	3SZ-3	0.39	28	—	30	0.6	0.001	90	162	69	231	573	—	1507
中石为灰岩碎石其余为卵石骨料	天然砂、人工砂掺配	30:30:40	3SZR-3	0.39	28	18	30	0.6	0.001	90	162	69	231	476	99	1507
骨料采用灰岩碎石	天然砂	20:30:50	3S-3	0.39	29	—	30	0.7	0.001	90	162	69	231	594	—	1526
骨料采用灰岩碎石	天然砂、人工砂掺配	20:30:50	3SR-3	0.39	29	18	30	0.7	0.001	90	162	69	231	528	67	1526

备注　人工砂掺量（%）＝$m_{人工砂}/(m_{人工砂}＋m_{小石})$×100%
主要考虑为将破碎加工小石（含人工砂不经筛分）直接用于拌制混凝土

表63.22

掺人工碎石骨料大坝四级配混凝土配合比表（一）

粗骨料品种	骨料级配	试验编号	水胶比	砂率/%	火山灰掺量/%	外加剂品种及掺量/%		单方混凝土材料用量/（kg/m³）					
						SFG 高效缓凝减水剂	SH－C 引气剂	水	水泥	火山灰	胶凝材料总量	砂	石
小石为灰岩碎石 其余为卵石骨料	四级配 20：20：30：30	4SX－1	0.45	25	30	0.6	0.001	80	124	54	178	529	1620
		4SX－2	0.42	24		0.6	0.001	80	133	57	190	506	1634
		4SX－3	0.38	23		0.6	0.001	80	147	64	211	481	1640
		4SX－4	0.35	22		0.6	0.001	80	160	69	229	456	1650
		4SX－5	0.45	25	25	0.6	0.001	80	133	45	178	530	1620
		4SX－6	0.42	24		0.6	0.001	80	143	47	190	506	1634
		4SX－7	0.38	23		0.6	0.001	80	158	53	211	481	1640
		4SX－8	0.35	22		0.6	0.001	80	171	58	229	457	1650
中石为灰岩碎石 其余为卵石骨料	四级配 20：20：30：30	4SZ－1	0.45	25	30	0.5	0.001	80	124	54	178	529	1620
		4SZ－2	0.42	24		0.5	0.001	80	133	57	190	506	1634
		4SZ－3	0.38	23		0.5	0.001	80	147	64	211	481	1640
		4SZ－4	0.35	22		0.5	0.001	80	160	69	229	456	1650
		4SZ－5	0.45	25	25	0.5	0.001	80	133	45	178	530	1620
		4SZ－6	0.42	24		0.5	0.001	80	143	47	190	506	1634
		4SZ－7	0.38	23		0.5	0.001	80	158	53	211	481	1640
		4SZ－8	0.35	22		0.5	0.001	80	171	58	229	457	1650

表 63.23　掺人工碎石骨料大坝四级配混凝土配合比表（二）

粗骨料品种	骨料级配	试验编号	水胶比	砂率/%	火山灰掺量/%	外加剂品种及掺量/%		单方混凝土材料用量/(kg/m³)					
						SFG 高效缓凝减水剂	SH-C 引气剂	水	水泥	火山灰	胶凝材料总量	砂	石
大石为灰岩碎石 其余为卵石骨料	四级配 20:20:30:30	4SD-1	0.45	25	30	0.5	0.001	80	124	54	178	529	1626
		4SD-2	0.42	24		0.5	0.001	80	133	57	190	506	1640
		4SD-3	0.38	23		0.5	0.001	80	147	64	211	481	1646
		4SD-4	0.35	22		0.5	0.001	80	160	69	229	456	1656
		4SD-5	0.45	25	25	0.5	0.001	80	133	45	178	530	1626
		4SD-6	0.42	24		0.5	0.001	80	143	47	190	506	1640
		4SD-7	0.38	23		0.5	0.001	80	158	53	211	481	1648
		4SD-8	0.35	22		0.5	0.001	80	171	58	229	457	1656
特大石为灰岩碎石 其余为卵石骨料	四级配 20:20:30:30	4ST-1	0.45	25	30	0.5	0.001	80	124	54	178	529	1626
		4ST-2	0.42	24		0.5	0.001	80	133	57	190	506	1640
		4ST-3	0.38	23		0.5	0.001	80	147	64	211	481	1646
		4ST-4	0.35	22		0.5	0.001	80	160	69	229	456	1656
		4ST-5	0.45	25	25	0.5	0.001	80	133	45	178	530	1626
		4ST-6	0.42	24		0.5	0.001	80	143	47	190	506	1640
		4ST-7	0.38	23		0.5	0.001	80	158	53	211	481	1648
		4ST-8	0.35	22		0.5	0.001	80	171	58	229	457	1656

表63.24　掺人工碎石骨料大坝四级配混凝土配合比表（三）

粗骨料品种	骨料级配	试验编号	水胶比	砂率/%	火山灰掺量/%	外加剂品种及掺量/% SFG 高效缓凝减水剂	SH-C 引气剂	单方混凝土材料用量/(kg/m³) 水	水泥	火山灰	胶凝材料总量	砂	石
粗骨料品种 骨料采用灰岩碎石	骨料级配 四级配 20:20:30:30	4S-1	0.45	27	30	0.7	0.001	80	124	54	178	572	1624
		4S-2	0.42	26		0.7	0.001	80	133	57	190	548	1638
		4S-3	0.38	25		0.7	0.001	80	147	64	211	522	1646
		4S-4	0.35	24		0.7	0.001	80	160	69	229	498	1656
		4S-5	0.45	27	25	0.7	0.001	80	133	45	178	572	1624
		4S-6	0.42	26		0.7	0.001	80	143	47	190	548	1640
		4S-7	0.38	25		0.7	0.001	80	158	53	211	523	1646
		4S-8	0.35	24		0.7	0.001	80	171	58	229	498	1656

表 63.25　掺人工碎石骨料大坝三级配混凝土配合比试验成果表（一）

试验编号	水胶比	砂率/%	胶凝材料总量/(kg/m³)	火山灰掺量/%	坍落度/cm	含气量/%	抗压强度/MPa 7d	抗压强度/MPa 28d	抗压强度/MPa 90d	抗拉强度/MPa 28d	抗拉强度/MPa 90d	抗拉弹模/万MPa 28d	抗拉弹模/万MPa 90d	极限拉伸值/(×10⁻⁴) 28d	极限拉伸值/(×10⁻⁴) 90d	抗冻性	抗渗性
3SX-1	0.45	30	200	30	7.0	4.2	14.0	20.0	26.0	1.67	2.15	3.00	3.19	0.66	0.84	>F50	>W8
3SX-2	0.42	29	214		7.0	4.5	15.0	23.8	29.4	1.94	2.38	3.13	3.35	0.80	0.96	>F50	>W8
3SX-3	0.39	28	231		6.3	4.2	17.7	25.8	33.0	2.10	2.42	2.92	3.38	0.88	0.98	>F50	>W8
3SX-4	0.36	27	250		6.8	4.4	19.8	29.5	37.6	2.18	—	3.08	—	0.96	—	>F50	>W8
3SX-5	0.45	30	200	25	6.1	4.1	15.8	23.4	30.6	1.90	2.41	3.04	3.32	0.86	0.95	>F50	>W8
3SX-6	0.42	29	214		6.7	4.3	17.8	27.0	33.2	2.05	2.52	3.08	3.43	0.88	0.99	>F50	>W8
3SX-7	0.39	28	231		6.8	4.2	19.5	29.3	35.4	2.15	2.68	3.14	3.65	0.95	1.05	>F50	>W8
3SX-8	0.36	27	250		7.0	4.6	21.0	32.3	40.2	2.26	—	3.19	—	0.99	—	>F50	>W8
3SZ-1	0.45	30	200	30	7.0	4.2	13.5	20.2	25.4	1.62	1.92	3.00	3.32	0.76	0.77	>F50	>W8
3SZ-2	0.42	29	214		6.2	4.5	15.4	24.0	30.8	1.73	2.20	3.31	3.45	0.78	0.85	>F50	>W8
3SZ-3	0.39	28	231		6.5	4.3	17.6	25.5	32.6	1.89	2.34	3.19	3.51	0.85	0.88	>F50	>W8
3SZ-4	0.36	27	250		6.8	4.5	19.6	29.4	36.8	2.08	—	3.14	—	0.93	—	>F50	>W8
3SZ-5	0.45	30	200	25	5.0	4.4	15.5	23.8	30.0	1.87	2.37	3.02	3.38	0.87	0.92	>F50	>W8
3SZ-6	0.42	29	214		5.0	4.0	17.8	26.6	33.0	1.93	2.45	3.06	3.48	0.88	0.94	>F50	>W8
3SZ-7	0.39	28	231		6.0	4.6	18.7	29.0	34.8	1.99	2.58	3.14	3.59	0.93	0.99	>F50	>W8
3SZ-8	0.36	27	250		6.4	4.5	20.8	31.9	38.5	2.19	—	3.21	—	0.98	—	>F50	>W8

表63.26　掺人工碎石骨料大坝三级配混凝土配合比试验成果表 （二）

试验编号	水胶比	砂率/%	胶凝材料总量/（kg/m³）	火山灰掺量/%	坍落度/cm	含气量/%	抗压强度/MPa 7d	抗压强度/MPa 28d	抗压强度/MPa 90d	抗拉强度/MPa 28d	抗拉强度/MPa 90d	抗拉弹模/万MPa 28d	抗拉弹模/万MPa 90d	极限拉伸值/（×10⁻⁴） 28d	极限拉伸值/（×10⁻⁴） 90d	抗冻性	抗渗性
3SD-1	0.45	30	200	30	6.5	4.2	14.6	20.3	26.5	1.76	1.99	2.55	2.92	0.85	0.88	>F50	>W8
3SD-2	0.42	29	214		7.0	4.0	15.5	24.8	30.6	1.83	2.30	2.83	3.29	0.86	0.92	>F50	>W8
3SD-3	0.39	28	231		6.3	4.5	16.3	25.3	33.2	1.88	2.40	2.87	3.31	0.94	0.95	>F50	>W8
3SD-4	0.36	27	250		6.5	4.4	18.8	29.3	35.5	1.95	—	2.96	—	0.95	—	>F50	>W8
3SD-5	0.45	30	200	25	6.1	3.9	16.8	24.0	29.6	1.85	2.30	2.85	3.16	0.87	0.94	>F50	>W8
3SD-6	0.42	29	214		6.3	4.5	17.4	27.0	32.5	1.93	2.50	2.88	3.32	0.89	0.97	>F50	>W8
3SD-7	0.39	28	231		6.8	3.7	18.6	29.0	34.4	1.98	2.72	2.94	3.45	0.94	0.98	>F50	>W8
3SD-8	0.36	27	250		7.0	4.6	20.2	31.6	37.7	2.05	—	3.04	—	0.98	—	>F50	>W8
3S-1	0.45	31	200	30	5.0	4.5	13.9	20.9	26.8	1.74	2.26	2.81	3.22	0.82	0.85	>F50	>W8
3S-2	0.42	30	214		5.4	4.3	15.7	26.9	31.6	2.24	2.38	3.29	3.37	0.85	0.86	>F50	>W8
3S-3	0.39	29	231		7.0	4.5	18.2	28.6	33.5	2.31	2.53	3.46	3.50	0.86	0.88	>F50	>W8
3S-4	0.36	28	250		6.5	5.0	21.0	30.3	37.8	2.56	—	3.62	—	0.88	—	>F50	>W8
3S-5	0.45	31	200	25	5.6	3.8	17.2	25.2	31.2	1.94	2.32	2.85	3.27	0.88	0.92	>F50	>W8
3S-6	0.42	30	214		5.8	4.5	18.6	28.5	33.4	2.44	2.71	3.00	3.40	0.91	0.94	>F50	>W8
3S-7	0.39	29	231		6.0	4.6	20.5	29.8	35.9	2.51	3.00	3.04	3.48	0.96	1.04	>F50	>W8
3S-8	0.36	28	250		6.4	4.6	22.3	31.8	39.8	2.82	—	3.10	—	1.00	—	>F50	>W8

表 63.27　掺人工碎石骨料大坝四级配混凝土配合比试验成果表（一）

试验编号	水胶比	砂率/%	胶凝材料总量/(kg/m³)	火山灰掺量/%	坍落度/cm	含气量/%	抗压强度/MPa			抗拉强度/MPa		抗拉弹模/万MPa		极限拉伸值/(×10⁻⁴)		抗冻性	抗渗性
							7d	28d	90d	28d	90d	28d	90d	28d	90d		
4SX-1	0.45	25	178	30	6.9	4.2	14.9	20.7	26.6	2.03	2.35	2.73	3.17	0.88	0.90	>F50	>W8
4SX-2	0.42	24	190		7.0	4.4	16.1	24.6	30.0	2.06	2.38	3.03	3.25	0.89	0.92	>F50	>W8
4SX-3	0.38	23	211		7.0	4.4	19.7	28.1	32.0	2.22	2.70	3.17	3.43	0.90	0.98	>F50	>W8
4SX-4	0.35	22	229		6.8	4.3	21.6	31.7	34.9	2.32	—	3.26	—	0.96	—	>F50	>W8
4SX-5	0.45	25	178	25	6.5	3.6	16.0	24.5	29.5	2.05	2.37	2.94	3.03	0.89	0.96	>F50	>W8
4SX-6	0.42	24	190		6.8	4.3	18.6	28.0	31.6	2.18	2.58	3.14	3.32	0.91	0.98	>F50	>W8
4SX-7	0.38	23	211		7.0	4.4	20.7	30.6	35.2	2.30	2.81	3.20	3.49	0.94	1.00	>F50	>W8
4SX-8	0.35	22	229		7.0	4.0	23.2	33.5	36.8	2.46	—	3.28	—	0.98	—	>F50	>W8
4SZ-1	0.45	25	178	30	7.0	4.1	14.4	19.8	26.2	2.00	2.40	2.65	3.16	0.83	0.93	>F50	>W8
4SZ-2	0.42	24	190		7.0	4.6	16.5	25.5	29.2	2.21	2.59	2.89	3.20	0.96	0.98	>F50	>W8
4SZ-3	0.38	23	211		6.8	4.1	20.1	27.5	31.5	2.48	3.04	3.18	3.49	0.98	1.00	>F50	>W8
4SZ-4	0.35	22	229		6.8	4.4	22.6	29.7	34.7	2.54	—	3.25	—	1.03	—	>F50	>W8
4SZ-5	0.45	25	178	25	6.7	4.6	16.2	24.3	29.0	2.20	2.62	2.75	3.33	0.87	0.98	>F50	>W8
4SZ-6	0.42	24	190		7.0	4.2	20.0	27.4	32.8	2.41	2.85	2.99	3.42	0.97	1.05	>F50	>W8
4SZ-7	0.38	23	211		6.4	4.2	22.4	29.6	35.3	2.58	2.97	3.22	3.55	0.98	1.09	>F50	>W8
4SZ-8	0.35	22	229		6.5	4.0	24.7	33.0	37.4	2.64	—	3.28	—	1.05	—	>F50	>W8

表 63.28　掺人工碎石骨料大坝四级配混凝土配合比试验成果表（二）

试验编号	水胶比	砂率/%	胶凝材料总量/(kg/m³)	火山灰掺量/%	坍落度/cm	含气量/%	抗压强度/MPa			抗拉强度/MPa		抗拉弹模/万MPa		极限拉伸值/(×10⁻⁴)		抗冻性	抗渗性
							7d	28d	90d	28d	90d	28d	90d	28d	90d		
4SD-1	0.45	25	178	30	6.7	4.3	11.2	20.4	25.2	2.01	2.30	2.65	2.99	0.91	0.92	>F50	>W8
4SD-2	0.42	24	190		6.5	4.3	14.4	23.0	29.0	2.03	2.18	2.76	3.33	0.92	0.97	>F50	>W8
4SD-3	0.38	23	211		6.8	3.4	15.1	25.2	31.0	2.30	2.68	2.84	3.39	1.04	1.12	>F50	>W8
4SD-4	0.35	22	229		7.0	4.4	18.5	29.2	35.3	2.56	—	2.92	—	1.06	—	>F50	>W8
4SD-5	0.45	25	178	25	6.7	4.6	15.6	24.1	29.4	2.05	2.43	2.78	2.87	0.93	1.04	>F50	>W8
4SD-6	0.42	24	190		6.6	4.4	16.9	27.6	32.0	2.23	2.63	2.89	3.18	0.99	1.01	>F50	>W8
4SD-7	0.38	23	211		7.0	4.4	19.0	29.5	34.8	2.52	2.96	2.93	3.65	1.02	1.07	>F50	>W8
4SD-8	0.35	22	229		7.0	4.2	22.3	32.5	37.6	2.66	—	3.05	—	1.09	—	>F50	>W8
4ST-1	0.45	25	178	30	6.5	4.5	11.3	20.6	25.5	2.05	2.33	2.75	2.99	0.93	0.96	>F50	>W8
4ST-2	0.42	24	190		6.8	4.5	14.5	23.4	29.4	2.13	2.36	2.86	3.18	0.95	1.01	>F50	>W8
4ST-3	0.38	23	211		7.0	4.4	15.2	25.5	31.4	2.35	2.71	2.94	3.32	1.02	1.13	>F50	>W8
4ST-4	0.35	22	229		7.0	4.3	19.8	29.6	36.0	2.64	—	3.12	—	1.06	—	>F50	>W8
4ST-5	0.45	25	178	25	6.4	4.4	15.8	24.6	29.8	2.12	2.38	2.84	3.05	0.94	0.99	>F50	>W8
4ST-6	0.42	24	190		6.0	4.1	17.6	26.9	32.7	2.20	2.65	2.91	3.24	0.98	1.02	>F50	>W8
4ST-7	0.38	23	211		6.8	4.5	20.1	29.8	35.0	2.55	3.05	3.16	3.62	1.04	1.10	>F50	>W8
4ST-8	0.35	22	229		7.0	4.3	22.6	33.0	38.2	2.70	—	3.18	—	1.08	—	>F50	>W8

表 63.29　掺人工碎石骨料大坝四级配混凝土配合比试验成果表（三）

试验编号	水胶比	砂率/%	胶凝材料总量/(kg/m³)	火山灰掺量/%	坍落度/cm	含气量/%	抗压强度/MPa 7d	28d	90d	抗拉强度/MPa 28d	90d	抗拉弹模/万MPa 28d	90d	极限拉伸值/(×10⁻⁴) 28d	90d	抗冻性	抗渗性
4S-1	0.45	27	178	30	5.5	4.1	14.8	23.1	27.5	1.95	2.18	3.21	3.33	0.77	0.86	>F50	>W8
4S-2	0.42	26	190		5.8	4.2	18.7	26.9	30.2	2.02	2.40	3.07	3.45	0.79	0.86	>F50	>W8
4S-3	0.38	25	211		6.0	4.2	20.3	28.6	32.8	2.32	2.84	2.90	3.58	0.95	0.98	>F50	>W8
4S-4	0.35	24	229		6.5	4.0	22.4	32.6	35.8	2.57	—	3.02	—	0.98	—	>F50	>W8
4S-5	0.45	27	178	25	5.4	4.4	18.4	26.5	30.0	2.00	2.42	2.89	3.20	0.90	0.95	>F50	>W8
4S-6	0.42	26	190		5.6	4.2	20.6	28.4	32.2	2.26	2.74	2.94	3.36	0.95	1.00	>F50	>W8
4S-7	0.38	25	211		5.6	4.0	21.8	31.0	35.6	2.54	3.11	3.05	3.60	0.97	1.03	>F50	>W8
4S-8	0.35	24	229		6.2	4.3	23.0	33.8	38.5	2.76	—	3.16	—	1.02	—	>F50	>W8

表 63.30　掺人工砂大坝三级配混凝土试验成果对比表

试验编号	水胶比	砂率/%	胶凝材料总量/(kg/m³)	火山灰掺量/%	坍落度/cm	人工砂掺量/%	含气量/%	抗压强度/MPa 7d	28d	90d	抗拉强度/MPa 28d	90d	抗拉弹模/万MPa 28d	90d	极限拉伸值/(×10⁻⁴) 28d	90d	抗冻性	抗渗性
3SZ-3	0.39	28	231	30	6.5	—	4.3	17.6	25.5	32.6	1.89	2.34	3.19	3.51	0.85	0.88	>F50	>W8
3SZR-3	0.39	28	231	30	6.0	18	4.2	19.4	32.3	36.3	2.28	2.57	3.21	3.64	0.89	0.95	>F50	>W8
3S-3	0.39	29	231	30	7.0	—	4.5	18.2	28.6	33.5	2.31	2.53	3.46	3.50	0.86	0.88	>F50	>W8
3SR-3	0.39	29	231	30	5.6	18	4.4	21.0	33.8	37.3	2.50	2.82	3.50	3.68	0.91	0.99	>F50	>W8

（5）改变单一粒级骨料品种对混凝土抗冻、抗渗性能没有明显影响。

（6）骨料的种类对混凝土导温系数、导热系数、线膨胀系数等影响较大。但只改变单一粒级骨料品种情况下，掺配不同粒级灰岩碎石的混凝土线膨胀系数之间差异较小。

骨料品种对比热几乎不起作用，因为岩石的比热不会随矿物类型不同而变化很多。因此不同粒级骨料品种的改变不会影响混凝土的比热。

63.8　研究成果的应用价值及意义

本项目通过对天然、人工骨料不同混合方案的大坝混凝土性能进行测试，对混凝土坍落度、抗压强度、抗拉强度、极限拉伸值、抗冻性、抗渗性、导热系数、比热、性膨胀系数等性能进行了对比研究，揭示了不同粒级骨料掺人工碎石对混凝土拌和物性能、力学性能、变形性能、热学性能、耐久性能的影响。

本次试验成果，提出了满足设计要求的混凝土配合比骨料掺配方案，为工程施工提供了科学依据，同时为混凝土天然骨料资源匮乏地区类似工程提供借鉴。

第64章 木质杂物对混凝土性能的影响及其分选工艺研究

64.1 研究目的

龙江水电站枢纽工程由混凝土双曲拱坝、引水隧洞及发电站厂房等组成。工程混凝土总方量约为 75.92 万 m^3，混凝土骨料场为 MY 砂砾石料场。MY 砂砾石料场在 2007 年汛期开采时发现存在较多木质杂物，导致骨料中轻物质含量超标。按照我国现行水利行业标准《水工混凝土试验规程》（SL 352—2006）和国家标准《建设用砂》（GB/T 14684—2001）中轻物质的试验方法，表观密度不大于 1950kg/m^3 的物质即为轻物质。另据《水利水电工程天然建筑材料勘查规程》（SL 251—2000）中规定：细骨料轻物质含量不大于 1‰，粗骨料中不允许含有轻物质。轻物质含量超标将对混凝土的强度、耐久性、变形性能产生不利影响，易导致裂缝产生，在高压水头的作用下，形成渗水通道，当混凝土受拉时极易从木质杂物处断裂，影响大坝混凝土耐久性，危及大坝安全。

根据工程建设需要，针对骨料中存在的木质杂物从分选工艺和木质杂物对混凝土性能影响两方面开展研究工作，为骨料生产和混凝土性能保证提供科学依据。

64.2 木质杂物对混凝土性能影响

64.2.1 骨料中木质杂物的含量和密度

试验骨料为取自现场的含木屑天然骨料。木质杂物含量和密度见表 64.1 和表 64.2。

表 64.1   骨料中木质杂物的含量表

骨料粒径 /mm	取样数量 /kg	样品中木质杂物质量 /g	木质杂物含量/%	
			分计含量	总含量
5～20	304.40	125.90	0.041	0.082
20～40	313.79	388.80	0.120	

注 1. 5～20mm 骨料所含木质杂物中，朽木质量为 26.7g，木棍质量为 99.2g。
　　2. 20～40mm，树皮状木质杂物质量为 129.60g，木棍质量为 259.20g。

表 64.2   木质杂物的密度表

骨料粒径 /mm	表观密度大于水的木质杂物的平均密度/(g/cm^3)	表观密度小于水的木质杂物的平均密度/(g/cm^3)	加权平均 /(g/cm^3)
5～20	1.088	0.749	0.823
20～40	1.193	0.811	0.895

64.2.2 木质杂物对混凝土性能的影响

为了解木质杂物对混凝土强度、变形性能及耐久性的影响程度，根据木质杂物含量的检测结果，对强度等级为 C25 的三级配、四级配混凝土进行不同木质杂物含量的对比试验，研究不同木质杂物含量对各龄期大坝混凝土抗压强度、抗渗性能、抗拉强度、干缩性能、极限拉伸值的影响。

64.2.2.1　混凝土配比

本次针对木质杂物对混凝土性能影响研究所采用的混凝土配合比见表 64.3。

表 64.3　　　　　　　　　　　混 凝 土 配 合 比 表

编号	骨料级配	水灰比	砂率/%	火山灰掺量/%	外加剂品种及掺量/%		单方混凝土材料用量/(kg/m³)				
					GK-4A 高效缓凝减水剂	GK-9A 引气剂	水	水泥	火山灰	砂	石
L3-15	三级配 30∶30∶40	0.40	28	35	0.60	0.002	88	143	77	589	1511
L4-12	四级配 20∶20∶30∶30	0.38	23	35	0.50	0.003	76	130	70	488	1626

64.2.2.2　混凝土性能试验成果

木质杂物对混凝土性能影响的试验成果见表 64.4。

64.2.2.3　混凝土试验成果分析

(1) 木质杂物对混凝土拌和物坍落度的影响。试验数据表明，在配合比其他参数一致的前提下，骨料中木屑含量（质量比）由 0% 递增至 0.05%、0.1%、0.2% 时，三级配混凝土拌和物的坍落度由 9.6cm 递减至 7.0cm、6.0cm、4.2cm，四级配混凝土拌和物的坍落度由 8.5cm 递减至 7.5cm、7.0cm、5.8cm。可见木质杂物的含量对混凝土坍落度影响显著，随着木质杂物含量的增加，混凝土坍落度呈降低趋势。分析认为，混凝土拌和物中的一部分水分被木质杂物吸收，是导致坍落度降低的直接原因。

根据表 64.4 中的试验数据绘制的木质杂物含量与三级、四级配混凝土坍落度的关系曲线见图 64.1、图 64.2。由图可见，骨料中木质杂物与混凝土坍落度基本呈线性关系。

(2) 木质杂物对混凝土抗压强度的影响。由混凝土抗压强度试验成果可知，当骨料中含有 0.05%～0.2%（质量比）的木质杂物时，三级配混凝土 7 天、28 天、90 天平均抗压强度分别为基准混凝土的 80%、98.1%、90%；其中木质杂物含量为 0.05% 的混凝土 7 天抗压强度为基准混凝土的 83.7%，28 天抗压强度超过基准混凝土，90 天抗压强度为基准混凝土的 93.5%。四级配混凝土 7 天、28 天、90 天平均抗压强度分别为基准混凝土的 77.4%、93.4%、90.1%；其中木质杂物含量为 0.05% 的混凝土 7 天、28 天、90 天平均抗压强度分别为基准混凝土的 80.6%、98.6%、94.9%。

以上分析数据说明骨料中木质杂物含量为 0.05%、0.1%、0.2% 时均对混凝土抗压强度有不利影响，木质杂物含量为 0.05% 的混凝土在 28 天龄期时其抗压强度与基准混凝土差异不大，至 90 天龄期时强度较基准混凝土低 5%，说明 28 天后，随着火山灰反应的进行，木屑对混凝土密实性和抗压强度的影响开始显著增加。

以上数据还表明，木质杂物对四级配混凝土 28 天龄期以前抗压强度的影响总体较三级配混凝土明显。其原因是试件成型时需按照《水工混凝土试验规程》（DL/T 5150—2001）对混凝土拌和物进行湿筛，因四级配混凝土筛除的超径骨料较三级配混凝土多，使得四级

表 64.4　木质杂物对混凝土性能影响试验成果表

试验编号	骨料级配	水胶比 W/C	砂率 /%	火山灰掺量 /%	木屑掺量 /%	坍落度 /cm	抗压强度 /MPa 7d	28d	90d	劈拉强度 /MPa 7d	28d	90d	轴拉强度 /MPa 28d	90d	极限拉伸值 /(×10⁻⁴) 28d	90d	抗渗性 (90d)	干缩率 /(×10⁻⁴) 60d	90d
L3-15	三	0.40	28	35	0	9.6	17.8	26.6	32.3	1.05	1.87	2.12	1.78	2.11	0.86	0.91	W8	−3.352	−3.566
ML3-15-1					0.20	4.2	14.1	25.1	27.6	0.84	1.73	2.08	1.67	2.12	0.80	0.82	W4	−3.565	−3.685
ML3-15-2					0.10	6.0	13.7	26.2	29.3	0.83	1.80	1.89	1.77	2.13	0.80	0.92	W5	−3.193	−3.300
ML3-15-3					0.05	7.0	14.9	27.0	30.2	1.01	1.84	2.05	1.77	2.11	0.87	0.91	W8	−3.610	−3.792
L4-12	四	0.38	23	35	0	8.5	18.6	28.7	33.4	1.27	1.82	2.13	1.86	2.28	0.92	0.98	W8	−4.171	−4.207
ML4-12-1					0.20	5.8	13.8	26.4	29.6	0.63	1.60	2.10	1.70	2.21	0.78	0.86	W4	−4.812	−5.085
ML4-12-2					0.10	7.0	14.4	25.7	29.0	0.76	1.72	2.01	1.81	2.10	0.90	0.87	W5	−4.198	−4.272
ML4-12-3					0.05	7.5	15.0	28.3	31.7	1.10	1.78	2.12	1.84	2.30	0.92	0.93	W8	−3.798	−3.962

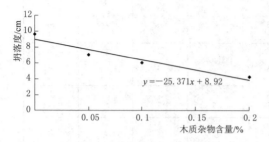

图 64.1　木质杂质对三级配混凝土坍落度的影响

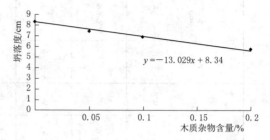

图 64.2　木质杂质对四级配混凝土坍落度的影响

配混凝土中的木质杂物含量和灰浆量相对提高，由此出现木质杂物对四级配混凝土抗压强度的影响较三级配混凝土显著的情况。但 28 天以后，火山灰反应对混凝土强度增长的影响程度增大，至 90 天龄期时，两种级配混凝土与其基准混凝土相比强度增长速度趋于相近。

（3）木质杂物对混凝土劈拉强度的影响。由混凝土劈拉强度试验成果可知：当骨料中木质杂物的含量（质量比）分别为 0.2%、0.1%、0.05% 时，三级配混凝土 7 天劈拉强度分别为基准混凝土的 80%、79%、96.2%；28 天劈拉强度分别为基准混凝土的 93%、96%、98%；90 天劈拉强度分别为基准混凝土的 98%、89%、97%。四级配混凝土 7 天劈拉强度分别为基准混凝土的 50%、60%、87%；28 天劈拉强度分别为基准混凝土的 88%、95%、98%；90 天劈拉强度分别为基准混凝土的 99%、94%、99.5%。

以上分析数据说明骨料中木质杂物对混凝土 7 天劈拉强度影响较大，但木质杂物含量为 0.05% 的混凝土在 28 天和 90 天龄期时其劈拉强度均与基准混凝土接近。另外，以上试验结果还表明木质杂物对四级配混凝土早龄期劈拉强度的影响比三级配混凝土显著，其同样是由于湿筛使得四级配混凝土中的木质杂物含量相对提高所致。

（4）木质杂物对抗拉强度和极限拉伸值的影响。由混凝土抗拉强度和极限拉伸值的试验成果表明：在骨料中木质杂物含量（质量比）分别为 0.2%、0.1%、0.05% 的情况下，三级配混凝土 28 天抗拉强度分别为基准混凝土的 94%、99%、99%，极限拉伸值分别为基准混凝土的 93%、93%、101%；90 天抗拉强度分别为基准混凝土的 100%、101%、100%，极限拉伸值分别为基准混凝土的 90%、101%、100%。四级配混凝土 28 天抗拉强度分别为基准混凝土的 91%、97%、99%，极限拉伸值分别为基准混凝土的 85%、98%、100%；90 天抗拉强度分别为基准混凝土的 97%、92%、101%，极限拉伸值分别为基准混凝土的 88%、89%、95%。

以上分析数据说明骨料中木质杂物含量对混凝土的抗拉强度和极限拉伸值有一定影响，但木屑掺量为 0.05% 的混凝土在 28 天龄期和 90 天龄期时其抗拉强度和极限拉伸值与基准混凝土的上述两项技术指标接近。需要注意的是，编号为 ML4 - 12 - 2 的四级配混凝土，受其所含木屑形状和木屑在混凝土试件中所处的位置影响，90 天极限拉伸值较 28 天极限拉伸值略低。

（5）木质杂物对混凝土干缩的影响。0.2%、0.1%、0.05% 三个木屑掺量的三级配混凝土 60 天干缩率为 $-3.193 \times 10^{-4} \sim -3.610 \times 10^{-4}$，分别为基准混凝土的 106%、95%、108%；90 天干缩率为 $-3.300 \times 10^{-4} \sim -3.792 \times 10^{-4}$，分别为基准混凝土的 103%、93%、106%。四级配混凝土 60 天干缩率为 $-3.798 \times 10^{-4} \sim -4.812 \times 10^{-4}$，分别为基准

混凝土的 115％、101％、91％；90 天干缩率为 $-3.962\times10^{-4}\sim-5.085\times10^{-4}$，分别为基准混凝土的 121％、102％、94％。

混凝土干缩率试验成果显示，四级配混凝土的干缩率总体上比三级配混凝土的干缩率大一些，其原因亦为湿筛使装入干缩试模中的四级配混凝土骨料含量降低、胶凝材料用量和木质杂物含量相对提高所致。

掺木屑混凝土试件的干缩率除与木屑含量有关外，也与木屑自身的形状及其在试件中的分布位置有关。如试验成果中木屑掺量为 0.1％的三级配混凝土和木屑掺量为 0.05％的四级配混凝土干缩均较基准混凝土低，分析认为是混凝土中木屑分布位置与试件表面距离适中，木屑中所含水分在补偿混凝土表面失分的同时，其自身变形又对混凝土不构成实质影响，故而其干缩较基准混凝土低。

（6）木质杂物对混凝土抗渗性的影响。混凝土抗渗性试验采用逐级加压法，混凝土试件龄期为 90 天，骨料中木质杂物含量（质量比）分别为 0.2％、0.1％、0.05％、0％。

由试验成果可知，木质杂物含量（质量比）超过 0.05％就使混凝土的抗渗性等级陡降。试验中只有木质杂物含量为 0.05％的试件抗渗等级达到 W8。

64.2.3　混凝土试验结论

木质杂物对混凝土性能影响的研究结果表明，当骨料中木质杂物的含量为 0.05％时，将会使三级、四级配混凝土拌和物坍落度降低 1～3cm，并使混凝土 90 天抗压强度降低 5％左右。该含量木屑对混凝土 90 天劈拉强度和抗渗性能虽有影响但并不显著，但对四级配混凝土极限拉伸值和三级配混凝土干缩有一定影响，四级配混凝土 90 天极限拉伸值较基准混凝土降低 5％，三级配混凝土 90 天干缩率较基准混凝土增大 6％。

综上，木质杂物的含量为 0.05％时，对混凝土抗压强度、坍落度、劈拉强度、极限拉伸、抗拉强度、干缩等指标均有影响，影响程度较基准混凝土最大在 5％左右，因此现场分选时控制标准以木质杂物的含量小于 0.05％为宜。

64.3　骨料与木质杂物的分选工艺研究

64.3.1　分选方案

骨料与木质杂物的分选原理为密度选别。即采取不同的措施使表观密度差异较大的骨料和木质杂物区分开来。本次研究采取以下 3 种方案对骨料中的木质杂物进行分选。

（1）复合式干法分选。复合式干法分选工艺是采用自生介质（入选物料中所含细颗粒）与空气组成气固两相混合介质分选；借助机械振动使分选物料做螺旋翻转运动，形成多次分选；充分利用逐渐提高的床层密度所产生的颗粒相互作用的浮力效应而进行分选。

（2）跳汰法分选。跳汰法的工作原理是靠外力驱动筛板（或物料）在水介质中作上下运动，造成物料周期性松散，实现按密度分选。煤炭行业多用跳汰法排除矸石，取代人工拣矸。

（3）斜槽法分选。斜槽分选是借鉴煤炭行业斜槽分选工艺，骨料在斜槽移动过程中采用高压风或高压水流实现木质杂物与骨料的分离。

64.3.2　试验设备

因工程建设需要，本次研究选用的设备均为国内已定型产品。通过调研，确定采用神州机械有限公司生产的 FGX 复合式干法分选机、YDT 动筛跳汰机、斜槽分选成套设备进行工艺试验。

64.3.3　工艺试验

64.3.3.1　复合式干法分选试验

（1）FGX 复合式干法分选机结构。复合式干法分选机由分选床、振动器、风室、机架和吊挂装置、电气控制部分以及产品输送部分组成。分选床由床面、背板、格条、排料挡板组成。床面下有可控制风量的风室，由离心通风机供风，气流通过床面上的风孔作用于分选物料。由吊挂装置将选床、振动器悬挂在机架上，可任意调节分选床的纵向和横向角度。

床面形状、振动形式、物料运动轨迹、床层厚度控制、风力分布、风量控制、床面角度调节均将影响分选效果。复合式干法分选机的结构示意如图 64.3 所示。

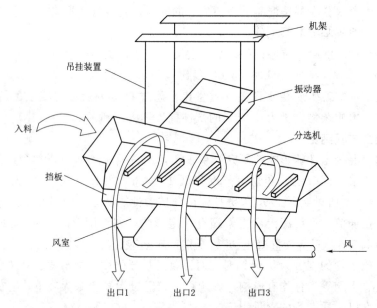

图 64.3　复合式干法分选机结构示意图

（2）FGX 复合式干选机分选原理。

1）物料在螺旋运动中的翻转剥离分选原理。入选物料由给料机送到分选床的给料口，在床面上形成具有一定厚度的床层。最下层颗粒直接与振动的床面接触，床面振动产生的惯性力使下层颗粒由排料挡板向背板运动，由于背板的阻挡，引导物料向上运动。而上层物料受背板的推力和重力作用，沿表层向排料边下滑，在整个料层上下形成正反方向速度梯度。最上层密度最小的木质杂物首先通过排料挡板排出，其余物料则继续做下一周期循环运动。

由于振动力和连续进入分选床的物料压力，使不断翻转的物料形成近似螺旋运动，并向骨料排出端移动。因床面宽度逐渐减缩，上层密度相对较低的骨料和密度较大的木质杂物不断排出，直到最后排出密度大的骨料。风力的作用一方面加强物料粒群的松散，另一方面与骨料中的细颗粒组成气固两相混合介质，提高了分选精度。

2）自生介质的分选作用。FGX 复合式干选机最大入料粒度为 80mm。干选机床面上方，由细粒物料和空气组成的气固两相混合介质，形成具有一定密度且相对稳定的气固悬浮体。物料通过悬浮体时，密度低的木质杂物上浮，而密度高的骨料下沉。随着分选过程进行，细颗粒排出，剩余粒度较粗，密度较高的中等颗粒又与空气组成新的密度更高的气固悬浮体，有利于木质杂物和骨料的分选。

　　3）离析作用及风力作用的综合效应。复合式干法分选机床面上物料的松散与分层是由机械振动和上升气流的悬浮综合作用而实现的，松散强度随机械振动强度和风速的提高而增加。分层前床层的位能高于分层后的位能，只要给以适当的松散条件，重颗粒就要进入下层，分层即通过不同密度颗粒的再分布达到位能降低的过程。如果仅有振动松散，就不可避免使物料粒群造成离析分层，密度小的大颗粒被挤入上层，密度小的细颗粒则降到底层，达不到按密度分层的目的。如果仅有风力作用，只能是将细粒物料吹向上层，也不能按密度分层。只有在风力和振动力的综合作用下，物料才能按密度分层。

　　复合式干法分选机各段不同分选作用如图 64.4 所示。

　　4）骨料颗粒相互作用产生的浮力效应强化骨料和木质杂物分离。复合式干选机在分选过程中会在床层底部自然形成骨料床层。不同粒度的骨料颗粒在振动作用下相互挤压碰撞，产生一种浮力效应。骨料层向排出端移动过程中，密度低的木质杂物不断浮出，从而使骨料得到净化。

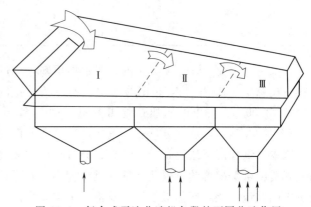

图 64.4 复合式干法分选机各段的不同分选作用

Ⅰ—自生介质分选区；Ⅱ—离析介质分选区；Ⅲ—风力净化区

　　（3）复合式干法分选设备及试验效果。

图 64.5 FGX-1 复合式干选机

　　1）试验设备。复合干选试验设备为 FGX-1 复合式干选机，分选床面积为 1m²。分选床倾角通过试验调整确定为 -2°。试验设备见图 64.5。

　　2）试验效果。用于分选的试验原材料为 5～40mm 骨料 580kg，浸泡饱水的木质杂物 10.7kg。采用 FGX-1 复合式干选机进行木质杂物分选的效果如图 64.6、图 64.7 和表 64.5 所示。

图 64.6 FGX-1 复合式干选机分选前骨料状况

图 64.7 FGX-1 复合式干选机分选效果

表 64.5　　　　　　　　　　　　FGX - 1 复合式干选机分选效果表

考察内容	骨　料　出　口			
	出口 1	出口 2	出口 3	合计
各出口骨料质量/kg	128.66	76.05	376.20	580.91
各出口骨料中 木质杂物质量/kg	10.50	0.15	0.05	10.70
各出口骨料中所含 木质杂物比例/%	7.55	0.20	0.01	1.81
各出口骨料占骨料 总量的比例/%	22.15	13.09	64.76	100.00

3）试验分析。从表 64.5 中的试验数据可知，经过 1 次复合式干选后，出口 1 排出的骨料占其总量的 22.15%，排出的木质杂物占其总量的 98.13%；出口 2 排出的骨料占其总量的 13.09%，排出的木质杂物占其总量的 1.87%。因此，1 次分选砾石的损失率为 22.15%~35.24%，这部分砾石应重新进行分选或作为弃料。

因本次试验用干选机是用于煤炭、矸石分离的成型设备，其风量和风压是按煤和矸石的表观密度选型配置的。因此风量、风压较小，而砾石的表观密度比矸石大得多，所以干选机中的风量不能对床面上的砾石及木质杂物完全松散，从而影响分选效果。

现场应用时若采用复合式干法分选工艺，则经 1 次分选后的木质杂物和小颗粒砾石的混合物料由连接出料口 1 和出料口 2 的皮带送入振动筛，将 30mm 以下物料送到上料皮带上进行回选。这样可以有效减少砾石的损失率。选后砾石由皮带输送到场地堆放。若适当加大风量、风压，骨料和木质杂物则能较彻底地分离。

64.3.3.2　跳汰法分选试验

（1）跳汰分选机结构。动筛跳汰机由主机、液压驱动系统、电气控制系统三大部分组成。其主机结构见图 64.8。主要由槽体、动筛机构、提升轮装置、溜槽、驱动执行机构等部件组成。

槽体用于盛水介质，同时作为提升轮、动筛机构、油缸托架和油马达等部件的支撑。

动筛机构作为动筛跳汰机的分选槽。在其中部设有溢流堰，在溢流堰前端设有可调闸门，可以调节排出砾石大小。在溢流堰下方设有排砾石轮，由液压马达驱动以控制砾石排出量。

提升轮装置由提升轮及传动装置组成。提升轮内设有提料板将分选好的木质杂物和砾石提起后倒入产品溜槽。产品溜槽可设计成双层结构，上层为木质杂物，下层为砾石。

驱动执行机构是液压油缸安装在油缸托架的主横梁上，用来驱动筛机构上下运动；液压马达安装在槽体上驱动排料轮转动。通过液压系统和电控系统调节它们的速率变化，以满足分选要求。

液压驱动系统主要由油箱、油泵、电机组、主油缸控制阀块、油马达控制阀块、冷却系统等组成。

国内自主研发的液压驱动系统采用国际先进的二通插装阀控制技术，又因其主要元件全部采用进口件已经具有相当高的可靠性和先进性。而且价格比进口液压系统要经济很多。电气控制系统是动筛跳汰机的控制核心，通过控制液压系统中的电气部件来实现动筛跳汰机各部件的协调运动，以达到物料分选的目的。

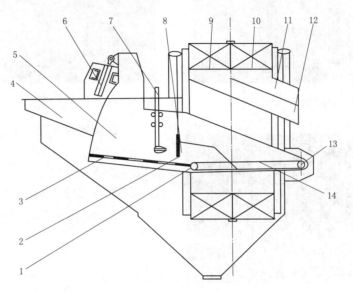

图 64.8　跳汰分选机结构示意图

1—排矸轮；2—闸板；3—筛板；4—槽体；5—动筛机构；6—液压油缸；

7—浮标；8—溢流堰；9—提升轮前段；10—提升轮后段；

11—木质杂物溜槽；12—砾石溜槽；13—销轴；14—传动链

电气控制系统是由信号检测部分、输入输出接口、LCD 触摸显示屏、PLC 可编程控制器、强电控制回路等几部分构成。主要完成动筛的上下往复运动及运动曲线的控制，砾石床层的检测及控制，主要工艺参数的检测、显示及在线调整，系统故障的声光报警及显示，各动力部件的顺序启停等功能。其中动筛运动曲线的控制和保持砾石床层厚度的稳定是电气控制系统的核心内容。

系统运动通过 1 台触摸式显示屏进行操作完成动筛运动参数及调节参数的设定及报警信息等内容。形象直观、调整方便，是目前自动控制领域中一种先进的入机接口方式。采用自动/手动交替操作功能，方便操作和检修。

（2）跳汰机工作原理。动筛跳汰机槽内盛一定高度的水，动筛机构在液压油缸的驱动下绕销轴做上下往复运动，物料给入动筛机构后，在筛板上形成一定厚度的床层。动筛机构在上升时，水介质相对于物料颗粒向下运动，动筛机构在下降时，水介质形成相对于动筛机构的上升流，物料颗粒在水介质中作干扰沉降，实现按密度分层。木质杂物越过溢流堰落入提升轮的后端，提出后倒入溜槽上层排出机外；砾石越过溢流堰落入提升轮的前端，提出后倒入溜槽下层排出机外。而透筛细骨料则由槽体底部排料口进入斗式提升机脱水后排出。

（3）跳汰法分选设备及试验效果。

1）试验场地。图 64.9、图 64.10 为参数调整试验时在骨料中掺入人工木屑的照片。

图 64.9　在骨料中掺入人工木屑

图 64.10　骨料中掺入人工木屑后用装载机拌和

2）试验效果。用于分选的试验原材料为 5～40mm 骨料 34.5t；浸泡饱水的木质杂物 300kg，其中，人工加工的木屑 245kg，取自现场的天然木质杂物 55kg。为便于挑选，人工木屑加工时其长度按 10cm 控制。

跳汰法分选试验分参数调整试验和工艺模拟试验两部分。参数调整试验用料量为骨料 22.9t，人工木屑 245kg，进行跳汰机风压、风量的参数调整。

图 64.11　通过跳汰机洗选后的骨料

工艺模拟试验用骨料 11.6t，取自龙江工程现场的天然木质杂物 55kg，模拟现场实际情况进行分选。试验结果见图片 64.11 和表 64.6。

表 64.6　　　　　　　　　　　　　跳汰机分选效果表

考察内容	试验顺序		备注
	参数调整试验	工艺模拟试验	
骨料质量/t	22.9	11.6	（1）试验骨料由装载机运至地称处称量；
木质杂物质量/kg	245.0	55.0	（2）木质杂物采用磅秤称量；
木质杂物在骨料中所占比例/%	1.07	0.47	
分选后木质杂物含量/kg	1.00	3.00	（3）人工木屑均由柞木、桦木等表观密度较大的木材加工而成；
骨料分选后含木质杂物比例/%	0.004	0.03	（4）天然木质杂物均由现场运回
木质杂物经 1 次分选去除比例/%	99.6	94.5	

3）试验分析。由试验数据可知，采用跳汰机经过 1 次分选，表观密度较小的人工木屑可去除 99.6%；取自龙江工地且表观密度较大的木质杂物可去除 94.5%。

跳汰机是用于煤炭洗选的设备，适用煤炭排矸。与风选机械一样，跳汰机的风量和风压也是按煤和矸石的表观密度进行选型配置。煤炭中矸石含量仅占 10%～20%，而且矸石的表观密度一般为 1.6～1.8g/cm³，砾石的表观密度则为 2.5～3.0g/cm³，因此在对骨料进行分选时尽管增大了风压、风量，但仍显不足，使得物料不能有效松散，砾石在筛面上向前移动缓慢，造成物料堆积。

若现场采用跳汰机分选，首先应加大风机风量、风压，其次应对跳汰机进行局部改造，将振动筛面改为大倾角筛板，采用单段跳汰机，则可满足要求。

分选时将待选骨料经上料皮带送入跳汰机，经洗选后，砾石由斗式提升机脱水后在指定场地堆放，同时木质杂物经弧形筛脱水后，集中堆放，筛下水进入循环水池循环使用。

64.3.3.3　斜槽法分选

（1）斜槽分选机结构。斜槽分选机是用来洗选劣质煤的设备，入选煤含矸量可以在70%以上。20世纪70年代以前该设备在煤炭行业有较多应用，此后逐渐被其他选煤设备取代。

斜槽分选机主要配套设备为斜槽、渣浆泵、斗式提升机、入料皮带机、循环水箱组成。斜槽为倾角50°的长方形封闭槽体，断面尺寸为600mm×600mm，入料粒径最大可达300mm。槽体内部设置上下可调的紊流板。槽体中部设物料进口，备选骨料由皮带机通过入料口进入槽体。骨料洗选介质为有压水流，在槽体下部通过渣浆泵注入。

（2）斜槽分选机工作原理。采用斜槽法分选骨料和木质杂物就是借鉴煤炭行业斜槽洗煤工艺，当骨料在斜槽中高压水流内移动时实现表观密度不同的木质杂物与骨料的分离。其工作原理是斜槽内的上升水流在紊流板的作用下形成紊流，使进入的物料松散，并且保持初加速沉降，表观密度大的砾石沉降速度高于上升水流速，砾石沉降后由脱水斗提机提出，而表观密度小的木质杂物则随高压水流溢流排出。砾石与木块表观密度差别较大，比煤的分选更容易，效果也会更好，图64.12为斜槽分选机工作原理示意图。

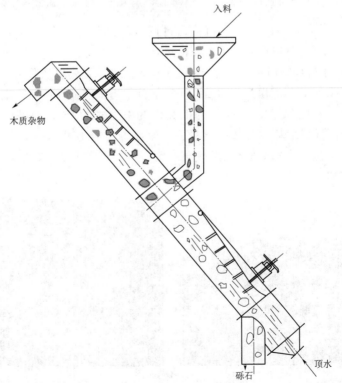

图 64.12　斜槽分选机工作原理示意图

　　（3）斜槽法分选设备及试验效果。

　　1）试验设备。图 64.13 为本次试验所用的斜槽分选系统。本次试验研究由于没有上料皮带，试验中采用人工入料和吊斗入料两种方式。吊斗为圆锥台体吊斗，斗容为 1m³。

　　2）试验原材料。用于分选的试验骨料为粒径 5～40mm 且混有煤矸石和煤屑的砾石 3t，木质杂物 13.6kg（浸泡饱水后质量）。骨料中的杂质为采用槐木（饱水后密度为 0.88g/cm³）等表观密度较大的材质加工的木屑 7.5kg，取自现场的天然木质杂物 6.1kg，表观密度为 1.42～1.54g/cm³ 的煤块 11.0kg。

　　3）试验效果。斜槽法分选试验按分选水流量区分共进行 3 次：

　　a. 高压试验。高压试验时分选水流量为渣浆泵额定出力 500m³/h，试验目的是考察在分选水流量最大时骨料的损失率。试验结果如表 64.14 所示，图 64.14 为高压试验时水流带出骨料的情况，可清晰看到骨料颗粒。

图 64.13　斜槽分选机

图 64.14　高压试验时洗出部分骨料

　　b. 中压试验。中压试验时分选水流量通过调节阀控制为渣浆泵额定出力的 85%，约 420m³/h。试验目的是考察斜槽分选对于表观密度大于 1.193g/cm³，尺寸小于 40mm 轻物质的分选效果，以便于现场应用时将骨料中密度大于木质杂物的轻物质除去。试验中采用表观密度为 1.42～1.54g/cm³ 的煤模拟轻物质，同时部分木屑捆绑铁丝或钉入钢钉，使之能够在静水中下沉。试验结果如表 64.15 所示，图 64.15 为中压试验时洗出的煤和木质杂物。

　　c. 低压试验。低压试验时分选水流量为渣浆泵额定出力的 75%，约 380m³/h。试验目的仅限于考察斜槽法分选木质杂物的效果。图 64.16 为低压试验时洗出的木质杂物。试验结果如表 64.7 所示。

图 64.15　中压试验时洗出的煤和木质杂物

图 64.16　低压试验时洗出的木质杂物

d. 试验分析。从表 64.7 中三次试验的统计结果可知，斜槽机分选木屑效果极佳，当分选水流量不小于 $380m^3/h$ 时，骨料中木质杂物的分离率可达 100%。

试验中发现，表观密度较大的杂质如煤矸石、加铁木块等从溢流口排出，而部分表观密度较小的木质杂物则上浮于入料口，若现场采用斜槽机分选，入料口处应安排专人打捞上浮的木质杂物。分选后的骨料如图 64.17 所示。

表 64.7　　　　　　　　　　　斜 槽 法 分 选 效 果 表

考察内容	试 验 顺 序		
	高压试验	中压试验	低压试验
骨料质量/t	0.5	1.4	1.4
骨料中杂质含量/kg	—	27.4kg	13.6
杂质在骨料中所占比例/%	—	1.96（煤 0.79，木屑 1.17）	0.97
分选后骨料中杂质质量/kg	0.00	0.00（木屑），3.0（煤）	0.00
分选后骨料中含杂质比例/%	0.00	0.21（煤），0.00（木屑）	0.00
杂质去除比例/%	100	100	100
骨料损失率/%	1～2	<0.5	<0.5
备注	骨料中含有矸石、煤屑和木屑等杂质	骨料中掺入煤 11.0kg，加铁木屑 6.5kg，木屑 9.9kg	槐木等材质加工的木屑 7.5kg，取自现场的天然木质杂物 6.1kg

64.4　骨料分选工艺效率分析

根据木质杂物对混凝土性能影响的研究结果，以木质杂物在混凝土骨料中的含量（质量比）小于 0.05% 为控制标准，对各分选工艺进行经济分析。

（1）复合式干法分选效率。采用复合式干法工艺对木质杂物含量（质量比）为 1.81% 的骨料进行 1 次分选后，木质杂物含量（质量比）小于 0.05% 可用于拌和混凝土的骨料占被选骨料的 77.85%，其余 22.15% 的骨料应重新进行分选。

试验设备为 FGX-1 型复合式干选机，分选床面积为 $1m^2$，生产效率为 10t/h。现场应用时为提高分选效率，分选床面以大于 $12m^2$ 为宜。$12m^2$ 分选床的效率约为 80～120t/h。

图 64.17　分选后的清洁骨料

现场应用时若采用复合式干法分选工艺，则经 1 次分选后的木质杂物和小颗粒砾石的混合物料由连接出料口 1 和出料口 2 的皮带送入振动筛，将 30mm 以下物料送到上料皮带上进行回选。这样可以有效减少砾石的损失率。选后砾石由皮带输送到场地堆放。若适当加大风量、风压，骨料和木质杂物则能较彻底地分离。

（2）跳汰法分选效率。工艺试验采用跳汰机对 11.6t 木质杂物含量为 0.47% 的骨料进行 1 次分选后，骨料中木质杂物含量即降至 0.03%，满足木质杂物在混凝土骨料中的含量

（质量比）小于 0.05％为控制标准。

若现场采用跳汰机对骨料和木质杂物进行分选，则需对供风设备根据骨料表观密度进行配置，加大风量、风压，增大振动筛板倾角，采用单段跳汰机，则分选精度可以进一步提高。含木质杂物的待选骨料经上料皮带送入跳汰机，经洗选后，砾石由斗式提升机脱水后场地堆放，木质杂物经弧形筛脱水后，集中堆放，筛下水进入循环水池循环使用。

分选床为 8m² 的跳汰机处理量为 80～120t/h。

（3）斜槽法分选效率。试验用斜槽分选设备处理量为 80～120t/h。工艺试验结果表明，斜槽机分选木屑效果极佳，当分选水流量不小于 380m³/h 时，骨料中木质杂物的分离率可达 100％，且可对表观密度大于木屑的轻物质进行有效分离。该工艺骨料损失率低，同时分选水可以循环使用。

64.5　分选工艺研究结论

（1）根据木质杂物对混凝土拌和物坍落度的影响及其对混凝土抗压强度、劈拉强度、抗拉强度、极限拉伸值、干缩、抗渗性影响的研究结果，以木质杂物在混凝土骨料中的含量（质量比）小于 0.05％为现场骨料分选控制标准。

（2）复合式干法工艺试验结果表明，木质杂物含量（质量比）为 1.81％的骨料进行 1 次分选后，木质杂物含量（质量比）小于 0.05％可用于拌和混凝土的骨料占被选骨料的 77.85％，其余 22.15％的骨料应重新进行分选。

（3）跳汰法分选工艺试验结果表明，木质杂物含量（质量比）为 0.47％的骨料进行 1 次分选后，骨料中木质杂物含量即降至 0.03％，满足木质杂物在混凝土骨料中的含量（质量比）小于 0.05％为控制标准。

（4）斜槽分选工艺试验结果表明，当分选水流量不小于 380m³/h 时，骨料中木质杂物的分离率可达 100％，分选效果极佳。

（5）根据工艺试验研究成果综合分选效率及设备成本，推荐采用斜槽分选工艺或跳汰法分选工艺。

（6）无论采用何种工艺，骨料进入分选系统前应尽量人工拣出长度超过 30cm 的木屑，以免过长的木屑对设备造成堵塞。

64.6　研究成果的应用价值及意义

本项目针对龙江水电站枢纽工程混凝土用粗骨料中木质杂物对混凝土性能的影响及其分选工艺开展了研究工作。研究内容涉及混凝土、机械、水力学等多学科知识，属跨行业、多学科联合技术攻关。项目对四种木屑含量的三、四级配大坝混凝土的性能进行测试，对坍落度、抗压强度、劈裂抗拉、极限拉伸值、抗渗等级、干缩率等性能进行了对比研究，提出了现场骨料生产木质杂物的控制标准。

针对木质杂物的设备选型、改进和分选工艺进行了大量的研究工作。根据密度分选原理，结合龙江工程实际情况，从不同介质、不同选矿设备入手，通过试验及设备参数修正，确定改进的斜槽分选机作为本工程木质杂物分选设备。

项目研究成果对于轻物质含量较高的天然粗骨料的有效利用具有重要意义，可为类似工程借鉴。与重介质分选工艺相比，减少了污水排放和骨料反复清洗的过程，可有效节约水资源，环保效益显著，更适合我国国情。研究成果可有效利用天然骨料资源、减少植被破坏、提高混凝土质量并减少工程投资，具有显著的经济效益、社会效益和环保效益。

第65章 双曲拱坝抗震动力影响分析

65.1 计算目的及意义

龙江工程在施工图阶段进行了优化，河床坝段大坝建基面抬高了 5.00~765.00m 高程，需进一步论证大坝抗震安全性，考虑拱坝在实际强震情况下，横缝必然张开和无限地基辐射阻尼的综合影响等，进行以下研究工作：

(1) 按照《水工建筑物抗震设计规范》（DL 5073—2000）及《水电工程防震抗震研究设计及专题报告编制暂行规定》（水电规计〔2008〕24 号）的相关原则、方法和评价标准，应用拱梁分载法进行大坝在设计和校核地震作用下的动力分析，并采用有限单元法进行复核对比，在此基础上初步评价大坝的抗震安全。

(2) 计入坝体横缝张开和无限地基辐射阻尼的综合影响，采用非线性有限元波动分析技术进行设计和校核地震作用下的大坝动力响应分析，据此进行大坝抗震安全的深入评价。

虽然当时规范所规定的动力分析方法中未能体现上述复杂因素的影响。对于龙江拱坝，开展考虑地基辐射阻尼影响的深入分析，更为实际合理地分析研究大坝地震动力反应，进一步评价大坝的抗震强度安全，具有特别现实和重要的意义。

65.2 按现行规范进行的大坝动力分析

65.2.1 分析方法

在坝体抗震设计所依据的计算方法上，《水工建筑物抗震设计规范》（DL 5073—2000）规定，采用振型分解反应谱法对于拱梁分载法和有限单元法均进行分析。研究重点分析和评价大坝在设计地震作用下的大坝强度，在此基础上，进行校核地震作用下的大坝动力反应与设计地震工况下的对比，初步论证其抗震安全性。

65.2.2 计算参数和计算方案

65.2.2.1 大坝几何参数

龙江工程挡水建筑物设计采用椭圆双曲拱坝。大坝最低建基面高程765.00m，坝顶高程875.00m，最大坝高110.00m。顶拱拱冠处厚6m，拱冠梁底厚23.01m，厚高比0.21。坝顶中心线弧长389.8m，弧高比3.54。

65.2.2.2 坝体混凝土和基岩力学参数

坝体混凝土静弹性模量 2.20 万 MPa，根据现行抗震规范规定，动弹性模量为静弹性模量的 1.3 倍。泊松比 0.167，容重 2.4t/m³；线胀系数 0.8×10⁻⁵/℃。

各拱圈高程基岩静变形模量列于表 65.1。基岩的动变形模量参照坝体混凝土的取值原则，同样取静态的 1.3 倍。

表 65.1　　　　　　　　　　各高程基岩变形模量和泊松比参数表

高程	左　　岸		右　　岸	
/m	变形模量/GPa	泊松比	变形模量/GPa	泊松比
875.00	4.6（重力墩）	0.33	4.6（重力墩）	0.33
862.00	4.6（重力墩）	0.33	4.6	0.33
849.00	4.5	0.33	4.7	0.33
835.00	5.4	0.31	6.6	0.28
821.00	5.0	0.32	7.0	0.28
807.00	7.0	0.28	7.0	0.28
793.00	7.0	0.28	7.0	0.28
776.00	7.0	0.28	7.0	0.28
765.00	7.0	0.28	7.0	0.28
765.00	拱冠梁处变形模量 6.0GPa，泊松比 0.30。			

65.2.2.3　作用荷载

（1）静态荷载。计算分析中作用于坝体的静力荷载应包括上下游水压力、淤砂压力、温度荷载和坝体自重。各项荷载参数如下：

水库正常蓄水位 872.00m，相应下游水位 791.99m。

水库死水位 845.00m，相应下游水位 791.99m。

水体容重 $1.0t/m^3$。

坝前淤砂高程 816.50m，淤砂内摩擦角 31°，浮容重 $10kN/m^3$。

坝体自重。

温度荷载列于表 65.2。

表 65.2　　　　　　　　　　拱圈设计温度表

高程/m		875.00	862.00	849.00	835.00	821.00	807.00	793.00	776.00	765.00
正常蓄水位 设计温降/℃	均匀	−2.27	1.02	1.98	2.69	2.49	2.48	2.52	1.55	1.14
	线性	0.000	0.18	0.75	1.71	2.49	2.47	2.66	1.57	1.06
死水位 设计温升/℃	均匀	9.19	7.80	7.79	6.29	4.69	3.98	3.94	2.45	1.86
	线性	0.000	0.000	0.000	5.22	8.54	10.54	10.26	6.43	4.94

（2）地震荷载。现行抗震规范规定采用用专门地震危险性分析确定的水平向加速度代表值。按照云南省地震工程研究院提出的龙江场地地震危险性分析结果，龙江大坝设计地震的基岩水平向峰值加速度代表值为 0.36g，校核地震的基岩水平峰值加速度为 0.41g。本分析按此进行，相应的竖向峰值加速度代表值取为水平向的 2/3，即设计地震时 0.239g，校核地震时 0.273g。

对于龙江拱坝应以现行抗震规范规定的标准设计反应谱作为设计依据。标准反应谱参数为：场地为一类场地，相应特征周期为 0.2s，反应谱最大值 $\beta_{max}=2.5$。

65.2.2.4　计算方案

采用静动拱梁分载法和有限元法两种计算方法。动力分析采用振型叠加反应谱方法。根据现行《混凝土拱坝设计规范》（DL/T 5346—2006）、《水工建筑物抗震设计规范》（DL 5073—2000）以及《水电工程院抗震研究设计及专题报告编制暂行规定》（水电规计〔2008〕24 号）中关于荷载组合的原则，分别应用拱梁分载法进行了以下四种方案的计算：

（1）正常蓄水位上下游水压力＋坝体自重＋设计温降＋淤砂压力＋设计地震。

（2）水库死水位上下游水压力＋坝体自重＋设计温升＋淤砂压力＋设计地震。

（3）正常蓄水位上下游水压力＋坝体自重＋设计温降＋淤砂压力＋校核地震。

（4）水库死水位上下游水压力＋坝体自重＋设计温升＋淤砂压力＋校核地震。

采用有限单元法进行了以下两种方案的计算：

（1）正常蓄水位上下游水压力＋坝体自重＋设计温降＋淤砂压力＋设计地震。

（2）水库死水位上下游水压力＋坝体自重＋设计温升＋淤砂压力＋设计地震。

坝体应力按整体坝计算，坝体自重按分缝自重考虑。

65.2.3　大坝静动反应分析结果

65.2.3.1　坝体动力特性

针对水库正常蓄水位和水库死水位两种情况，采用拱梁分载法和有限元法计算了龙江大坝前 8 阶自振特性。正常蓄水位和水库死水位时的自振频率及振型参与系数详见表 65.3 和表 65.4。

表 65.3　　　　　　　　正常蓄水位自振频率和振型参与系数

阶次	动 力 试 载 法			有 限 元 法			
	自振频率 /Hz	振型参与系数		自振频率 /Hz	振型参与系数		
		顺河向	横河向		顺河向	横河向	竖向
1	2.2743	2.6763	0.0629	2.3427	−2.7272	−2.7272	−0.1830
2	2.3269	0.1536	−0.9430	2.3881	−0.6745	−0.6745	−0.0461
3	3.2351	1.0391	0.0462	3.5221	1.4874	1.4874	0.2907
4	4.1768	0.4540	−0.7883	4.5677	0.0414	0.0414	−0.0031
5	4.4241	−2.8046	0.1020	5.0064	−1.6236	−1.6236	−1.6428
6	5.1767	1.0182	−0.3920	5.6170	0.2760	0.2760	−0.3666
7	5.6575	0.0184	1.2153	5.6596	−0.7794	−0.7794	1.6356
8	6.4385	−0.5329	0.5990	5.8296	0.2646	0.2646	1.0682

表 65.4　　　　　　　　水库死水位自振频率和振型参与系数

阶次	动 力 试 载 法			有 限 元 法			
	自振频率 /Hz	振型参与系数		自振频率 /Hz	振型参与系数		
		顺河向	横河向		顺河向	横河向	竖向
1	2.7022	2.8412	0.1112	2.6066	−2.7690	0.2701	−0.4038
2	2.7566	0.2196	−1.0757	2.6827	0.3611	1.4222	0.0533

阶次	动力试载法			有限元法			
	自振频率 /Hz	振型参与系数		自振频率 /Hz	振型参与系数		
		顺河向	横河向		顺河向	横河向	竖向
3	3.7774	0.9769	0.0647	3.9853	1.4444	0.0076	0.4803
4	4.8138	1.2016	−0.7993	5.1236	0.3042	0.8348	0.2710
5	4.9286	−3.2237	0.1544	5.1519	−1.5546	0.3070	−1.8316
6	5.9005	0.9883	−0.7282	5.6699	−0.0671	−1.9311	0.0453
7	6.2399	0.1408	1.6571	5.7468	−0.5886	0.0572	1.2570
8	7.2811	−1.3284	1.0403	6.4787	0.4367	−0.1349	0.4672

65.2.3.2　大坝静动力反应

在传统的确定性方法设计中，忽略了作用荷载和结构抗力实际存在的随机性而将它们看作确定的定值，采用主要依靠工程经验确定的单一安全系数作为判断结构安全与否的依据。事实上，工程结构承受的各类作用以及结构本身的抗力都是随机的，而地震作用随机性更大。已有研究表明，地震峰值加速度的变异系数高达 1.3 以上，远大于水工结构的其他作用，而设计反应谱值 β 的变异系数也高达 0.3。

现行抗震规范按照《水利水电工程结构可靠度设计统一标准》（GB 50199—94）的要求，基于概率极限状态设计原则，原则上实现了抗震验算从确定性设计向基于概率理论的可靠度设计转轨，采用作用和抗力的分项系数和结构系数表达的承载能力极限状态设计式：

$$\gamma_0 \psi S(\cdot) \leqslant R(f_k/\gamma_m, a_k)/\gamma_d \tag{65.1}$$

式中：γ_0 为结构的重要性系数，龙江大坝属 1 级建筑物，相应的结构安全级别也为 1 级，γ_0 取 1.1；ψ 为设计状况系数，地震时取 0.85；$S(\cdot)$ 为作用效应函数；$R(\cdot)$ 为结构抗力函数；f_k 为材料性能的标准值；γ_m 为材料性能的分项系数；a_k 为几何参数的标准值；γ_d 为承载能力极限状态结构系数。

承载能力极限设计式与传统的单一安全系数设计式不同，传统的安全系数已经被考虑工程安全级别、设计状况、作用和材料性能变异以及计算模式不定性等因素，且与目标可靠度相联系的 5 种系数所"替代"。作用分项系数和抗力分项系数仅反映各自本身的变异性。结构系数考虑了计算模式的不确定性并与目标可靠度相联系。混凝土拱坝的抗拉、抗压强度结构系数是在大量实例可靠度验算基础上，并保持规范连续性的原则上确定的。

大坝高拉应力区的混凝土采用 C30，混凝土抗拉强度标准值取抗压的 7.65%。参照《水工建筑物抗震设计规范》（DL 5073—2000）以及《混凝土重力坝设计规范》（DL 5108—1999）有关大坝混凝土抗压强度标准值的相应规定，强度等级为 C30 混凝土的抗压强度的标准值为 26.2MPa。计算中 γ_m 取 1.5，抗压、抗拉强度的结构系数 γ_d 分别取 1.30 和 0.70，地震时的混凝土动强度标准值较静态时提高 30%。因此，C30 混凝土能抵抗的压应力为 26.2×1.3/1.5/1.3/1.1/0.85＝18.68（MPa）；C30 混凝土能抵抗的拉应力为 26.2×7.65%×1.3/1.5/0.7/1.1/0.85＝2.65（MPa）。

两种水位条件下拱梁分载法和有限单元法计算的大坝静力、动力以及静动叠加的坝体应力和位移反应的最大值见表 65.5～表 65.7。试载法计算的正常蓄水位坝体静动位移分布见图 65.1，设计地震下拱梁分载法和有限元法计算的正常水位上游面静动综合主应力等值线见图 65.2、图 65.3。

表 65.5　　　　　　　　　　　　　　坝体静力反应最大值

计算方法和工况			部位	最大主拉应力		最大主压应力		最大径向位移	
				数值/MPa	部位	数值/MPa	部位	数值/cm	部位
拱梁分载法	正常蓄水位	设计温降	上游面	0.09	765.00m 高程拱冠	4.18	835.00m 高程拱冠右侧	5.14	顶拱拱冠
			下游面	1.02	776.00m 高程左拱端	3.69	765.00m 高程左拱端		
	死水位	设计温升	上游面	0.03	765.00m 高程拱冠	2.45	776.00m 高程拱冠左侧	1.21	807.00m 高程拱冠
			下游面	0.98	776.00m 高程左拱端	2.27	793.00m 高程拱冠		
有限单元法	正常蓄水位	设计温降	上游面	1.80	坝踵	3.97	842.00m 高程拱冠右侧	5.23	顶拱拱冠
			下游面	0.16	顶拱拱冠附近	8.95	坝底右端		
	死水位	设计温升	上游面	1.33	800.00m 高程右拱端	3.68	770.50m 高程左拱端	1.09	807.00m 高程拱冠
			下游面	0.59	842.00m 高程右拱端附近	6.59	坝底右端		

表 65.6　　　　　　　　　　　　　　坝体动力反应最大值

计算方法和工况			部位	最大主拉应力		最大主压应力		最大径向位移	
				数值/MPa	部位	数值/MPa	部位	数值/cm	部位
拱梁分载法	正常蓄水位		上游面	6.71 7.64	顶拱拱冠	4.73 5.39	821.00m 高程拱冠	6.33 7.21	顶拱拱冠
			下游面	3.90 4.44	顶拱右 1/4 拱圈	4.96 5.65	821.00m 高程拱冠		
	死水位		上游面	6.23 7.09	顶拱拱冠右侧	4.27 4.86	821.00m 高程拱冠	5.67 6.46	顶拱拱冠
			下游面	3.60 4.10	顶拱右 1/4 拱圈	4.48 5.10	821.00m 高程拱冠		
有限单元法	正常蓄水位		上游面	5.84	顶拱拱冠右侧	5.18	坝底右端	6.28	顶拱拱冠
			下游面	4.69	顶拱拱冠左侧	3.62	821.00m 高程右拱端		
	死水位		上游面	5.18	顶拱拱冠右侧	4.66	坝底右端	5.70	顶拱拱冠
			下游面	4.10	顶拱拱冠左侧	3.09	坝趾		

注　试载法结果单元格中上行数字为设计地震下的数值，下行数字为校核地震下的数值有限单元法结果为设计地震下的结果。

表 65.7　　　　　　　　　**坝体静动综合主应力最大值**　　　　　　　　　单位：MPa

计算方法和工况				部位	最大主拉应力		最大主压应力	
					部位	数值	部位	数值
设计地震	拱梁分载法	正常蓄水位	设计温降	上游面	4.84	顶拱拱冠	9.37	862.00m 高程拱冠右侧
				下游面	4.13	835.00m 高程右 1/4 拱	6.94	862.00m 高程右 1/4 拱
		死水位	设计温升	上游面	5.43	顶拱拱冠	7.05	顶拱拱冠右侧
				下游面	4.05	862.00m 高程右 1/4 拱	6.21	835.00m 高程右 1/4 拱
	有限单元法	正常蓄水位	设计温降	上游面	6.50	坝踵	9.69	855.50m 高程拱冠右侧
				下游面	4.83	828.00m 高程右拱端	12.95	768.00m 高程左拱端
		死水位	设计温升	上游面	5.63	顶拱拱冠右侧	8.33	768.00m 高程右拱端
				下游面	4.94	顶拱拱冠左侧	10.49	768.00m 高程左拱端
校核地震	拱梁分载法	正常蓄水位	设计温降	上游面	5.77	顶拱拱冠	10.22	862.00m 高程拱冠右侧
				下游面	4.87	835.00m 高程右 1/4 拱	7.65	862.00m 高程右 1/4 拱
		死水位	设计温升	上游面	6.28	顶拱拱冠	7.92	顶拱拱冠右侧
				下游面	4.75	862.00m 高程右 1/4 拱	6.88	835.00m 高程右 1/4 拱

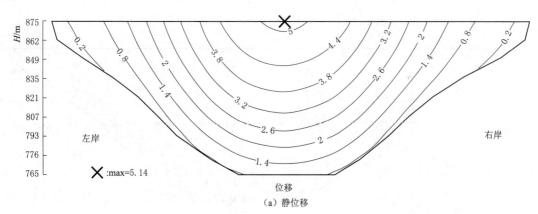

（a）静位移

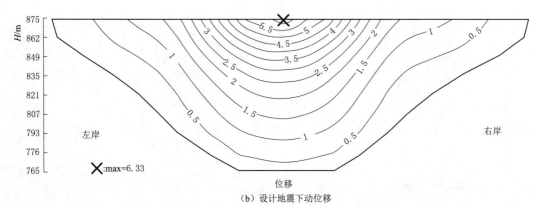

（b）设计地震下动位移

图 65.1　试载法计算的正常蓄水位坝体静动位移（单位：cm）

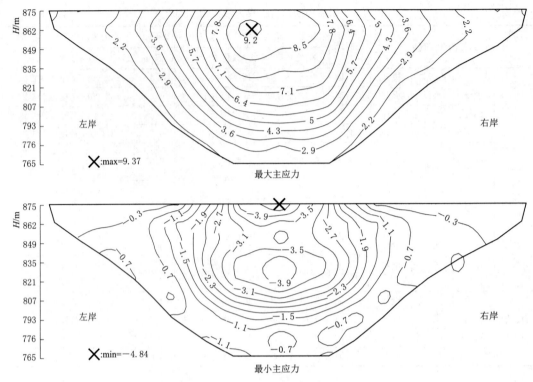

图 65.2　设计地震下试载法计算的正常蓄水位上游面静动叠加综合主应力图（单位：MPa）

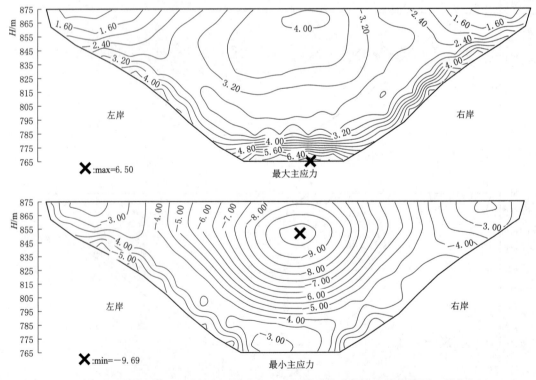

图 65.3　设计地震下有限元法计算的正常水位上游面静动综合主应力等值线图（单位：MPa）

由上述表可见：

（1）正常蓄水位时静态荷载作用下大坝最大顺河向位移出现在顶拱拱冠部位，拱梁分载法结果显示其值为 5.14cm，而死水位时由于上游水位的大幅降低，坝体位移明显减小至 1.21cm，发生位置也从坝顶拱冠转移至中下部的 807.00m 高程拱冠处。有限单元法给出了相同的发生位置，数值上亦十分接近。设计地震荷载作用下，试载法给出的大坝最大动态顺河向位移出现在顶拱拱冠，分别为 6.33cm（正常蓄水位）和 5.69cm（死水位）。有限单元法发生位置相同，数值上略小不多。

（2）大坝静态应力反应符合一般双曲拱坝规律，且拉、压应力水平不高。

拱梁分载法显示，正常蓄水位时大坝上、下游面最大主拉应力分别为 0.09MPa 和 1.02MPa，分别出现在高程 765.00m 的拱冠和高程 776.00m 的左拱端。坝面最大主压应力为上游面 4.18MPa（出现于 835.00m 高程拱冠右侧），下游面 3.69MPa（765.00m 高程左拱端）。死水位时大坝静态最大主拉应力与正常蓄水位时差异不大，最大主压应力则有明显降低，上、下游面最大主压应力仅为 2.45MPa 和 2.27MPa。

有限单元法在坝体中部区域给出了与拱梁分载法类似的分布规律和接近的应力数值，但在坝基交接面附近的应力水平受应力集中影响明显偏高。

（3）由于设计地震水平较高，龙江大坝的动态应力数值相对较大。

拱梁分载法结果表明，正常蓄水位时的大坝动态控制性拱梁应力，上游面最大拱、梁应力分别为 6.71MPa（顶拱拱冠）、4.73MPa（821.00m 高程拱冠），下游面最大拱、梁应力分别为 3.90MPa（顶拱高程右 1/4 拱圈）、4.96MPa（821.00m 高程拱冠）。动态应力分布表现出拱坝的一般规律：上游面最大拱应力出现在顶拱拱冠，下游面最大拱应力出现在左、右 1/4 拱圈，上、下游面最大梁应力出现在中部高程拱冠附近。死水位时大坝动态拱梁应力较正常蓄水位时有不同程度的下降，反映库水附加质量减小总体上降低了大坝的动态响应。拱向应力降低约 7%，梁向应力约降低 11%，说明对于龙江这种河谷较宽的梁向作用较强的拱坝，库水的动力作用对梁向应力的影响更为显著。

有限元法给出了基本相同的动态拱梁应力的分布规律，数值上略有差异。总体表现为上游面拱应力拱梁分载法为大，下游面有限单元法为大，除坝基交接面区域外，大坝上、下游面梁应力拱梁分载法结果均大于有限单元法结果。

校核地震作用下的大坝动态反应较设计地震时按照地震加速度的增加比例（约 14%）线性增加，最大值发生部位完全一致。

（4）正常蓄水位时上游面最大主拉应力 4.84MPa，出现于顶部拱冠。由图 65.2 可见，上游面主拉应力大于 2.65MPa 的区域有两个，一个是坝顶拱冠附近，由较大的动态拱应力引起；另一个则位于中部高程拱冠附近，由较高水平的梁向动应力引起。下游面高拉应力区主要分布于中部高程左 1/4 拱圈至右 1/4 拱圈的区域，范围较大。下游面出现高主拉应力区，一方面由于该区域的下游面动态梁应力水平较高，更主要的原因是该处的动态剪应力较大。

死水位时坝面主拉应力分布规律与正常蓄水位时大体相同。由于水位降低大坝上部高程拱冠附近的静态拱向压应力大幅降低，导致该部位的主拉应力有所增加，增幅约为 19%，高拉应力区域的分布范围亦有所扩大。下游面最大主拉应力，与正常蓄水位时相比，由于梁向动应力的降低，主拉应力最大值略有下降，高拉应力分布区域也略有缩小。

有限元法表现出与拱梁分载法基本类似的最大主拉应力的分布规律。除中上部拱冠区域和 1/4 拱圈区域外，在上游坝踵区域受角缘应力集中效应影响，有限元法给出了较高水平的拉应力，且正常水位时更大。至于大于 2.65MPa 的高拉应力区，两种水位条件下有限元结果显示其范围更大，死水位时的下游面更是如此。

（5）考察按反应谱法计算得到的设计地震下的大坝静动叠加的坝面最大主压应力。试载法结果显示，由于大坝静态荷载下的压应力水平较低，其正常蓄水位时上、下游面静动综合的最大主压应力分别为 9.37MPa 和 6.94MPa，死水位时更小。有限元法在坝体中上部给出了与拱梁分载法较为接近的数值，而在下游坝趾、上游坝踵区域，有限元法给出了较高水平的压应力，尤以正常水位时下游坝趾附近更大。

（6）校核地震下试载法结果显示，两种水位条件下大坝静动综合的坝面最大拉应力较设计地震时均有所增加，高拉应力区范围亦有所扩大，而最大主压应力增幅明显小于主拉应力增幅。有限元结果给出了与试载法大致相同的变化规律。

综上所述，龙江大坝在静态作用下的坝体应力水平较低，不起控制作用。而静动荷载综合作用下的高拉应力区域分布范围较广，数值较大，上游面主拉应力由死水位控制，下游面主拉应力则由正常蓄水位控制。

考虑地震作用是龙江拱坝设计的控制工况，应进行深入分析，确保大坝安全。规范规定的试载法是按整体坝进行计算，没有考虑拱坝在实际强震情况下，横缝必然张开和地震能量向远域地基逸散的"辐射阻尼"因素，需计算分析大坝在强震下开缝和计入辐射阻尼影响的情况，以进一步了解更接近实际的坝体应力状态。

65.3　计入地基辐射阻尼和横缝张开影响的大坝非线性有限元波动反应分析及评价

国内外的研究成果表明，拱坝地震反应受许多复杂因素的影响，诸如坝体—库水—地基的动力相互作用、地震动能量向无限地基的逸散、拱坝横缝强震开裂、坝基地震动不均匀输入等。对我国拉西瓦、小湾、龙羊峡高拱坝的研究表明，拱坝在遭遇强烈地震时大坝上部产生很高的拉应力，但由于坝体设置有伸缩横缝，其缝间抗拉强度极低或根本不能承受拉应力，强烈地震时必将张开，从而导致坝体应力的重分配，又由于横缝的张开导致整个大坝系统的整体刚度下降，降低其自振频率，也会引起大坝地震反应的改变。地震动能量向无限地基的逸散（辐射阻尼）会给拱坝的动力特性及动力反应带来重要影响，根据对小湾拱坝的计算结果，地基辐射阻尼使得大坝的动力反应大致降低 20%～40%。另外，从美国帕科依玛拱坝在 1971 年和 1994 年两次遭受强烈地震，常规结构应力分析结果表明其最大拉应力达 5.2MPa，但大坝坝体本身并未造成严重损害的具体事例来看，进一步表明上述复杂因素对大坝地震反应的影响可能非常重要。最为典型的是按照我国现行的水工抗震设计规范设计的沙牌碾压混凝土拱坝，其抗震设防的基岩峰值加速度为 0.14g，而此"5·12"汶川地震在该座大坝坝址区的基岩峰值加速度远超过了上述设计值，但实际上沙牌拱坝表现出了较强的超载能力和抗震能力，无明显震损现象，大坝仍可继续发挥正常挡水任务，经初步抗震安全复核分析，沙牌拱坝抗震潜能较大，表明现有的拱坝设计理论与方法，完全能够确保大坝设计安全。当时在建的大岗山工程，混凝土双曲拱坝为 1 级建筑物，最大坝高 210.00m，地震加速度高达 $0.557g$，动应力水平很高，其抗震安全评价考虑了强震下横缝张开并计入无限地基辐射阻尼影响的实际情况。

　　当时的《水工建筑物抗震设计规范》（DL 5073—2000）所规定的动力分析方法中未能体现上述复杂因素的影响。对于龙江拱坝，开展考虑地基辐射阻尼影响的深入分析，更为实际合理地分析研究大坝地震动力反应，进一步评价大坝的抗震强度安全，具有特别现实和重要的意义。

65.3.1　大坝—地基系统三维有限元网格的生成

　　根据龙江拱坝坝区地形地质特点和坝区各类基岩材料性质，应用 MSC PATRAN 有限元网格自动剖分技术，生成大坝—基础系统三维有限元网格，其中坝体网格设置与 ADAP 程序计算所用网格一致，坝体用沿厚度方向布置 3 层的三维块体元离散。大坝坝体—地基系统有限元网格见图 65.4。

　　大坝横缝共模拟 17 条，横缝布置及编号见图 65.5。

　　坝体—库水的动力相互作用是影响大坝动力反应的重要因素。目前工程界普遍接受忽略库水可压缩性的所谓"库水附加质量"的处理方法表征动水压力的影响。本分析采用 ADAPCH89 程序计算出库水附加质量，经对角化后施加于坝面相应节点。

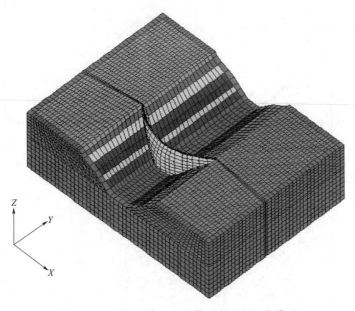

图 65.4　大坝坝体—地基体系有限元网格模型

65.3.2　坝体和基岩物理力学参数

　　坝体混凝土材料的物理力学参数同 2.2。坝基各类材料综合变形模量见表 65.1。岩体容重取 $2.65t/m^3$。

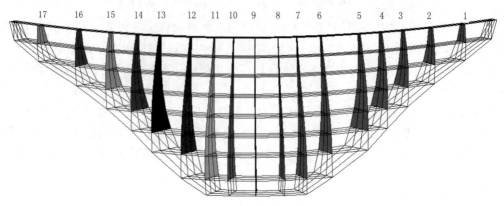

图 65.5　大坝横缝布置及编号

65.3.3　作用荷载

作用于大坝的各类静力荷载作用和地震动参数与 2.2 节相同。

根据地震波动分析的需要，以规范标准反应谱为目标谱拟合人工地震波，见图 65.6。图中可见，拟合人工地震波的加速度反应谱与规范标准反应谱十分接近，拟合精度满足要求。

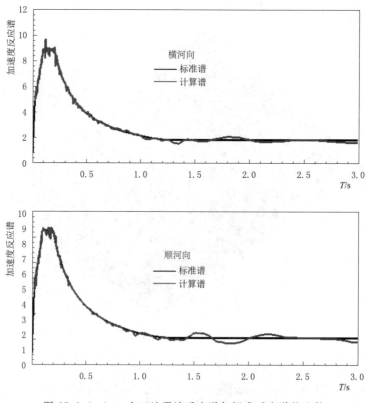

图 65.6（一）　人工地震波反应谱与标准反应谱的比较

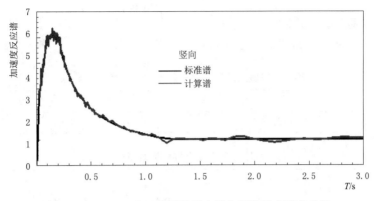

图 65.6（二）　人工地震波反应谱与标准反应谱的比较

65.3.4　计算方案

考虑正常水位和死水位两种情况下在规范标准反应谱生成的人工地震波作用下的静动力反应，计算方案见表 65.8。其中，考虑到无限地基辐射阻尼对坝体动力响应影响的不确定性，分别计算完全不考虑辐射阻尼（无质量地基）、完全考虑辐射阻尼（即表中辐射阻尼按 100％计入）和计入 50％辐射阻尼（按照留有裕度的设计思路提出的一种近似的工程处理方式）三种情况。

表 65.8　　　　　　　　　　　　计 算 方 案 汇 总 表

方案编号	辐射阻尼/%	横缝	上游水位		温度荷载	坝体分缝自重	地震作用		备注
			正常水位	死水位			设计地震	校核地震	
1	—	√	√		√	√	—	—	静力分析
2	—	√		√	√	√	—	—	静力分析
3	无		√		√	√	0.36g		
4	100		√		√	√	0.36g		整体坝分析
5	无			√	√	√	0.36g		
6	100			√	√	√	0.36g		
7	100	√	√		√	√	0.36g		
8	无	√	√		√	√	0.36g		
9	50	√	√		√	√	0.36g		
10	100	√	√		√	√		0.41g	分缝坝分析
11	100	√		√	√	√	0.36g		
12	无	√		√	√	√	0.36g		
13	50	√		√	√	√	0.36g		
14	100	√		√	√	√		0.41g	

时域有限元数值分析方法中计算时间步长的选取直接关系到计算过程的稳定和计算结果的精度。根据以往经验，参照龙江拱坝—基础系统有限元网格最小尺寸，取计算时间步

长 0.0002s。

65.3.5　计算成果及研究分析

计算结果详见表 65.9～表 65.12 和图 65.7～图 65.24。

表 65.9　　　　　　　　各方案坝顶拱冠最大相对顺河向动位移统计表

方案	3	4	5	6	7	8	9	10	11	12	13	14
位移/cm	6.27	5.47	5.80	5.06	5.65	6.72	—	6.52	4.64	6.82	—	5.38

表 65.10　　　　　　　　坝体静态主应力最大值特征表

方案编号	计算条件			最大主拉应力		最大主压应力	
				数值/MPa	发生部位	数值/MPa	发生部位
1	分缝坝	正常蓄水位	上游面	0.78	高程 770.00m 拱冠附近	4.01	高程 842.00m 拱冠附近
			下游面	0.10	高程 871.00m 左端	5.86	高程 772.00m 右拱端
2		死水位	上游面	0.03	高程 868.50m 右拱端	2.64	高程 871.00m 左端
			下游面	0.18	高程 828.00m 左拱端	3.99	高程 772.00m 右拱端

表 65.11　　　　　　　　设计地震下坝体动态最大拱梁应力最大值特征表　　　　　　　　单位：MPa

方案编号	计算条件			最大拱应力		最大梁应力	
				数值/MPa	发生部位	数值/MPa	发生部位
4	100％辐射阻尼整体坝	正常蓄水位	上游面	5.22	高程 871.00m 左拱端	3.10	高程 772.00m 左拱端
			下游面	3.02	高程 869.00m 拱冠右侧	1.91	高程 771.00m 右拱端
6		死水位	上游面	4.19	高程 871.00m 左拱端	2.73	高程 772.00m 左拱端
			下游面	2.63	高程 869.00m 拱冠左侧	1.76	高程 771.00m 右拱端
7	100％辐射阻尼分缝坝	正常蓄水位	上游面	4.51	高程 871.00m 左拱端	3.08	高程 772.00m 左拱端
			下游面	2.65	高程 871.00m 左拱端	2.15	高程 828.00m 拱冠附近
11		死水位	上游面	3.88	高程 871.00m 左拱端	2.70	高程 771.00m 拱冠附近
			下游面	2.39	高程 871.00m 左拱端	2.86	高程 814.00m 拱冠左侧
8	无辐射阻尼分缝坝	正常蓄水位	上游面	3.52	高程 871.00m 左拱端	4.00	高程 772.00m 左拱端
			下游面	2.94	高程 828.00m 左拱端	3.80	高程 771.00m 拱冠附近
12		死水位	上游面	3.53	高程 871.00m 左拱端	4.05	高程 828.00m 拱冠左侧
			下游面	2.83	高程 871.00m 右拱端	4.73	高程 842.00m 拱冠左侧

表 65.12　　　　　　　　坝体静动综合主应力最大值特征表

方案编号	计算条件			最大主拉应力		最大主压应力	
				数值/MPa	发生部位	数值/MPa	发生部位
7	100％辐射阻尼设计地震分缝坝	正常蓄水位	上游面	3.98	高程 871.00m 左拱端	6.55	高程 856.00m 拱冠附近
			下游面	1.91	高程 871.00m 左拱端	8.00	高程 772.00m 右拱端
11		死水位	上游面	1.78	高程 814.00m 左拱端	7.15	高程 871.00m 右拱端
			下游面	1.81	高程 814.00m 右拱端	6.13	高程 772.00m 右拱端

续表

方案编号	计算条件			最大主拉应力		最大主压应力	
				数值/MPa	发生部位	数值/MPa	发生部位
9	50%辐射阻尼设计地震分缝坝	正常蓄水位	上游面	3.75	高程771.00m拱冠附近	7.31	高程856.00m拱冠附近
			下游面	1.60	高程842.00m拱冠左侧	7.86	高程772.00m右拱端
13		死水位	上游面	1.65	高程842.00m拱冠附近	5.45	高程871.00m左拱端
			下游面	2.42	高程828.00m拱冠右侧	6.11	高程772.00m左拱端
8	无辐射阻尼设计地震分缝坝	正常蓄水位	上游面	4.57	高程771.00m拱冠附近	9.05	高程856.00m拱冠附近
			下游面	3.20	高程842.00m拱冠右侧	9.56	高程772.00m左拱端
12		死水位	上游面	3.37	高程869.00m拱冠附近	7.79	高程869.00m拱冠右侧
			下游面	3.71	高程842.00m拱冠附近	8.20	高程869.00m拱冠附近
10	100%辐射阻尼校核地震分缝坝	正常蓄水位	上游面	4.47	高程871.00m左拱端	6.98	高程856.00m拱冠附近
			下游面	2.22	高程871.00m左拱端	8.29	高程772.00m右拱端
14		死水位	上游面	2.12	高程814.00m左拱端	7.78	高程871.00m左拱端
			下游面	2.14	高程828.00m拱冠右侧	6.37	高程772.00m右拱端

（1）无限地基辐射阻尼效应使得大坝地震动力响应显著降低。

（2）坝体横缝张开对大坝地震动力反应影响显著。

（3）考虑横缝张开的非线性影响后，与不计地基辐射阻尼效应的无质量地基相比，考虑无限地基辐射阻尼影响的大坝的静动综合应力水平有较大幅度降低。

（4）设计地震情况下，考虑横缝张开影响后，两种水位条件下，无论是否计入辐射阻尼影响，大坝静动综合最大主压应力不超过10MPa，对大坝抗震安全不起控制作用。

（5）无限地基辐射阻尼总体上全面降低了大坝的静动综合应力反应，对大坝的抗震安全无疑是有利因素。

（6）计入无限地基辐射阻尼影响后，尽管校核地震下大坝静动综合拉应力较设计地震有所增加，但增幅不大，除去坝踵局部区域外，坝体最大拉应力为2.14MPa，未超过大坝混凝土的动态抗拉强度。

65.4　研究结论

针对龙江工程椭圆双曲拱坝，遵循现行抗震规范以及《水电工程防震抗震研究设计及专题报告编制暂行规定》（水电规计〔2008〕24号）的设防依据、分析方法和校核标准，应用拱梁分载法和有限元法进行大坝动力特性分析；应用反应谱法计算坝体在正常蓄水位和水库死水位时遭遇设计地震情况下的静、动态响应；按照承载能力极限状态设计原则验算和初步评价大坝的抗震强度安全；计入坝体横缝张开和无限地基辐射阻尼的综合影响，采用非线性有限元波动分析技术进行设计和校核地震作用下的大坝动力响应分析，据此进行大坝抗震安全的深入评价。通过上述分析成果，可得以下初步结论：

（1）龙江拱坝在静态荷载作用下的主拉、压应力水平不高。分载法最大主拉应力出现在水库正常蓄水位时下游面拱端，其值为1.02MPa。

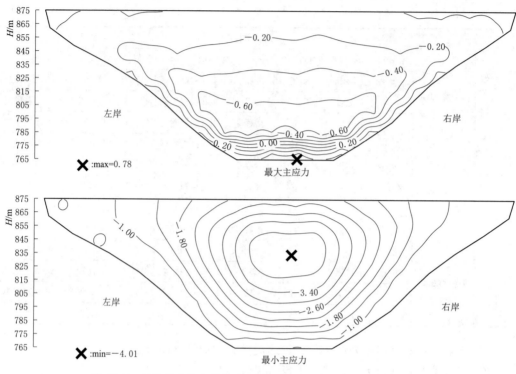

图 65.7　正常蓄水位大坝静态上游面主应力等值线（单位：MPa）

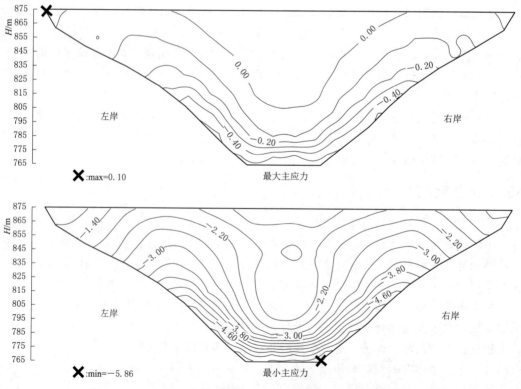

图 65.8　正常蓄水位大坝静态下游面主应力等值线（单位：MPa）

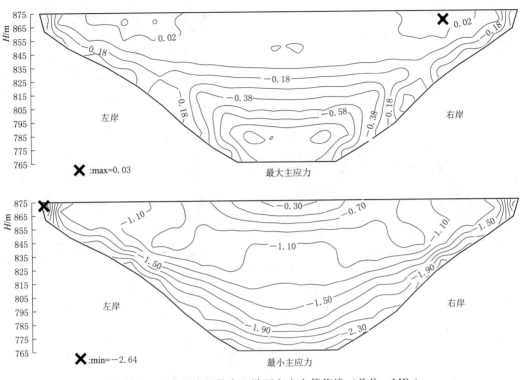

图 65.9　死水位大坝静态上游面主应力等值线（单位：MPa）

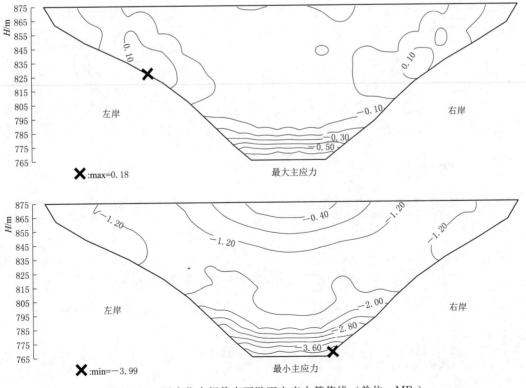

图 65.10　死水位大坝静态下游面主应力等值线（单位：MPa）

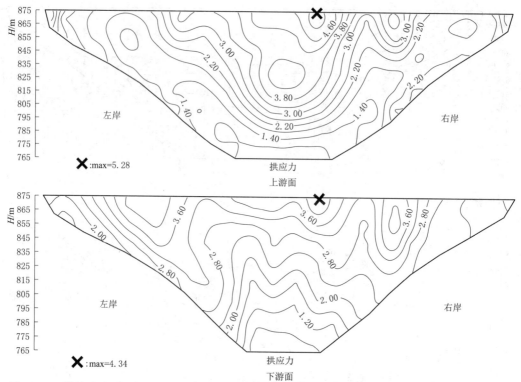

图 65.11 设计地震无辐射阻尼整体坝正常蓄水位最大拱向动应力等值线图（单位：MPa）（方案 3）

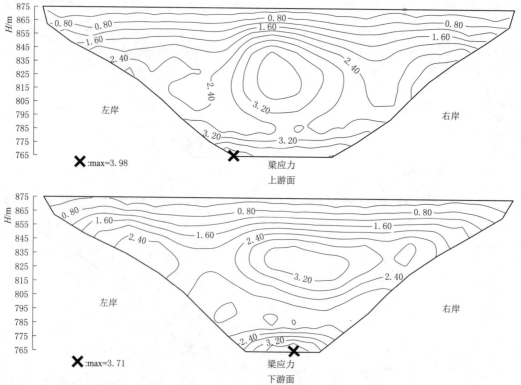

图 65.12 设计地震无辐射阻尼整体坝正常蓄水位最大梁向动应力等值线图（单位：MPa）（方案 3）

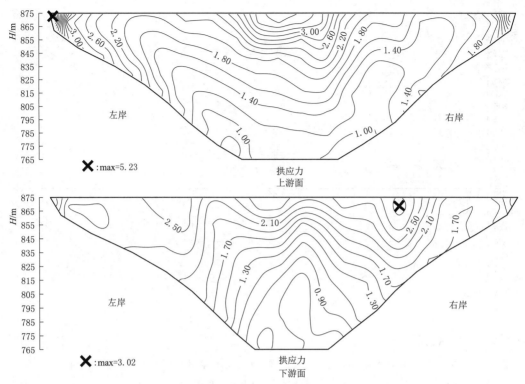

图 65.13　设计地震有辐射阻尼整体坝正常蓄水位最大拱向动应力等值线图（单位：MPa）（方案 4）

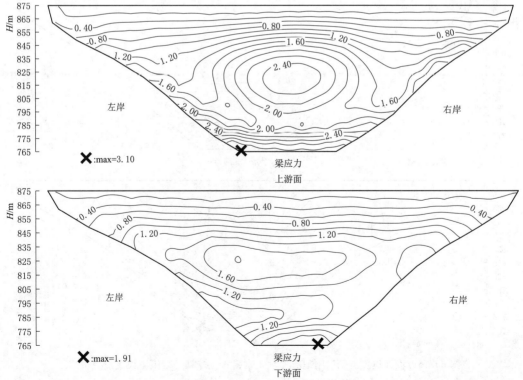

图 65.14　设计地震有辐射阻尼整体坝正常蓄水位最大梁向动应力等值线图（单位：MPa）（方案 4）

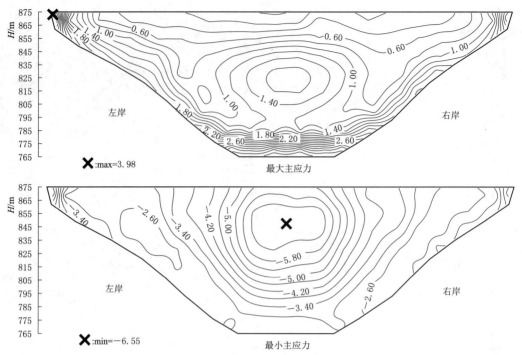

图 65.15　设计地震有辐射阻尼有缝坝正常蓄水位静动综合上游面主应力极值
等值线图（单位：MPa）（方案 7）

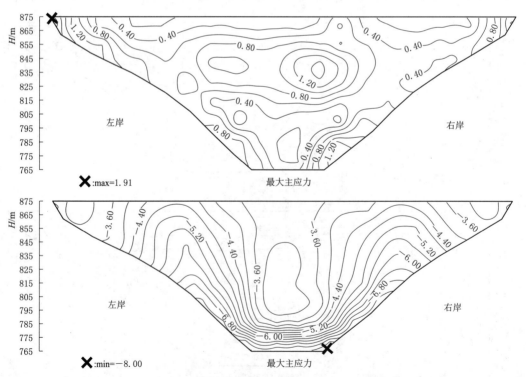

图 65.16　设计地震有辐射阻尼有缝坝正常蓄水位静动综合下游面主应力极值
等值线图（单位：MPa）（方案 7）

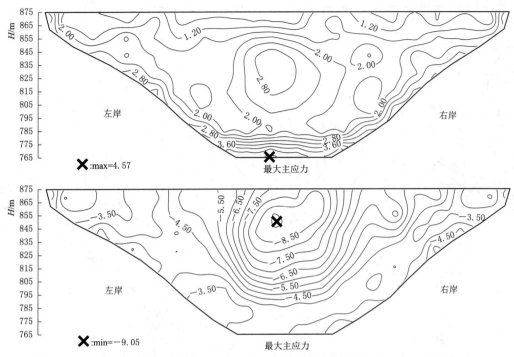

图 65.17　设计地震无辐射阻尼有缝坝正常蓄水位静动综合上游面主应力极值
等值线图（单位：MPa）（方案 8）

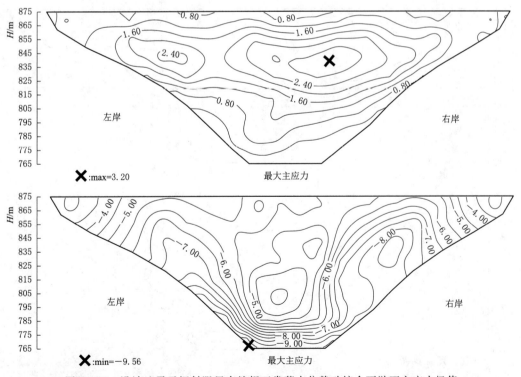

图 65.18　设计地震无辐射阻尼有缝坝正常蓄水位静动综合下游面主应力极值
等值线图（单位：MPa）（方案 8）

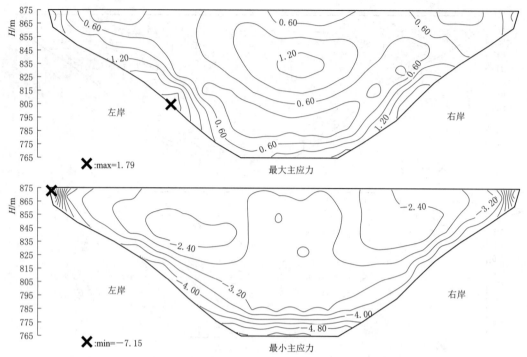

图 65.19　设计地震有辐射阻尼有缝坝死水位静动综合上游面主应力极值
等值（单位：MPa）（方案 11）

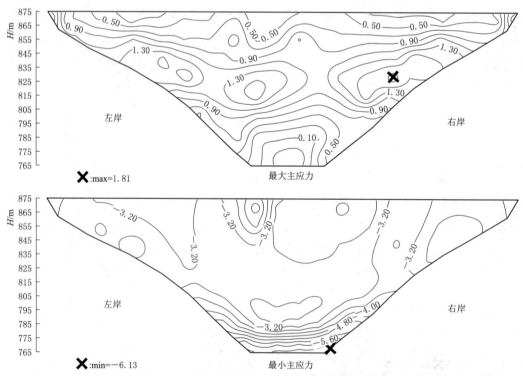

图 65.20　设计地震有辐射阻尼有缝坝死水位静动综合下游面主应力极值
等值线图（单位：MPa）（方案 11）

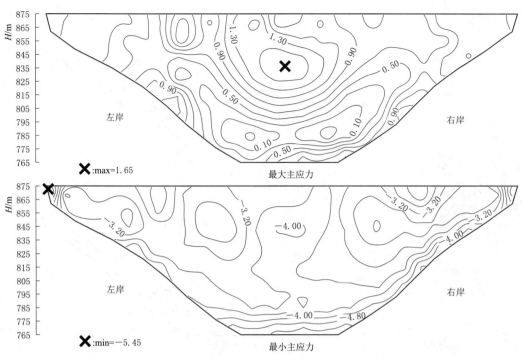

图 65.21　设计地震 50％辐射阻尼有缝坝死水位静动综合上游面主应力极值
等值线图（单位：MPa）（方案 13）

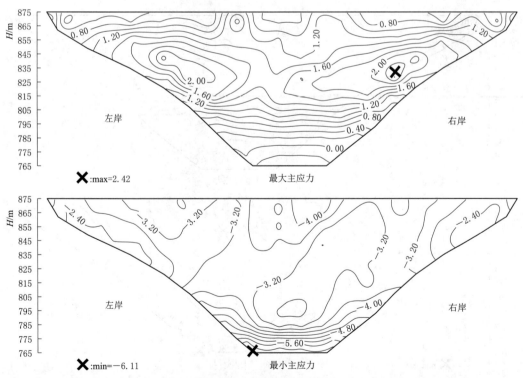

图 65.22　设计地震 50％辐射阻尼有缝坝死水位静动综合下游面主应力极值
等值线图（单位：MPa）（方案 13）

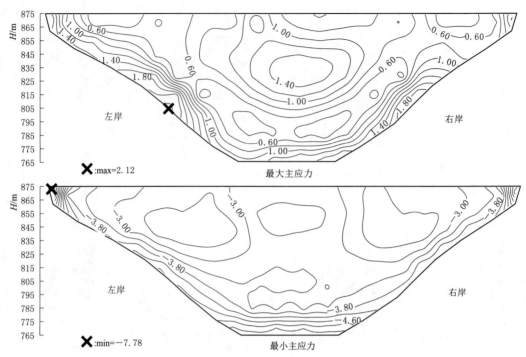

图 65.23　校核地震有辐射阻尼有缝坝死水位静动综合上游面主应力极值
等值线图（单位：MPa）（方案 14）

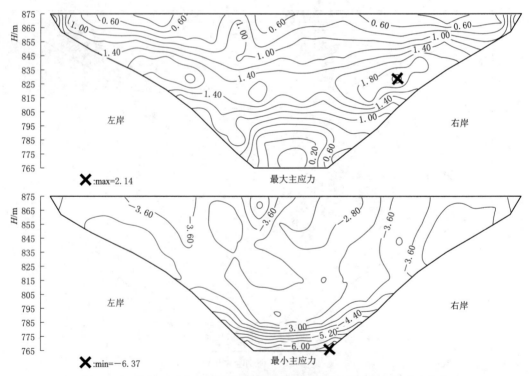

图 65.24　校核地震有辐射阻尼有缝坝死水位静动综合下游面主应力极值
等值线图（单位：MPa）（方案 14）

（2）龙江拱坝基本振型为正对称振型。拱梁分载法与有限单元法给出了十分接近的自振频率。正常蓄水位时基本振型自振频率为 2.28～2.34Hz，死水位时基本振型自振频率约为 2.61～2.70Hz。各阶模态分布较为密集。

（3）采用拱梁分载法（整体坝）结果表明在正常蓄水位和水库死水位两种工况下，静动荷载作用下的大坝主拉应力水平较高，大坝上游面上部高程拱冠和中下部坝踵局部范围、下游面中上部相当大范围出现大于 2.65MPa 的高拉应力区，是大坝抗震安全的薄弱部位。

（4）设计地震作用下，采用拱梁分载法分析结果进行校核表明，大坝正常蓄水位和水库死水位时的坝面静动综合最大主压应力分别为 9.37MPa 和 7.05MPa，大坝混凝土抗压强度抗震安全满足现行抗震规范要求，且有较大安全裕度。校核地震作用下正常蓄水位和死水位时大坝静动综合最大主压应力分别为 10.22MPa 和 7.92MPa，也可满足相应于抗震规范相应与设计地震的动力抗压强度要求。

（5）采用拱梁分载法分析结果进行校核表明，设计地震作用下，大坝在正常蓄水位遇设计地震时的上、下游面静动综合最大主拉应力分别为 4.84MPa 和 3.90MPa，水库死水位遇设计地震时上、下游面静动综合最大主拉应力分别为 5.43 和 4.05MPa，均不同程度超出了现行抗震规范承载能力极限状态的设计要求。校核地震作用下，进一步增强了大坝超过相应于设计容许抗拉强度的范围。

（6）无限地基辐射阻尼效应使得大坝地震动力响应显著降低。两种水位条件下，考虑无限地基辐射阻尼的影响，总体上动拱梁应力都有较大幅度的降低，最大降幅约为 40%～50%。已有研究成果表明，地基岩体越软弱，其辐射阻尼的影响越显著。龙江拱坝地基综合变形模量一般为 4.5～7.0GPa，仅为坝体混凝土弹模的 1/4～1/3，无限地基辐射阻尼对龙江拱坝地震动力反应影响十分显著。

（7）地震作用下，大坝横缝出现了不同程度的张开，坝体横缝张开对大坝地震动力反应影响显著。不计地基辐射阻尼时，正常蓄水位和死水位时的横缝最大张开度分别为 12.02mm 和 13.50m。考虑辐射阻尼影响后横缝张开度大幅下降，正常蓄水位和死水位时分别为 4.60mm 和 5.48mm。总体上龙江大坝的横缝张开度明显小于小湾、溪洛渡、大岗山、上虎跳峡等拱坝（低水位时分别约为 6.7mm、8.2mm、8.7mm、14.75mm）。最大不超过 6mm 的横缝张开不会引起缝间止水破坏。

（8）地震作用下横缝张开对大坝动力反应有重要影响。无论是否计入地基辐射阻尼影响，不计横缝影响的整体坝在坝体中上部拱冠附近的拱向动态拉应力，在考虑了横缝张开的有缝坝情况下大幅下降。

（9）考虑横缝张开及无限地基辐射阻尼的综合影响后，大坝的静动综合应力大幅度降低。全部计入无限地基辐射阻尼影响时（即 100% 辐射阻尼），大坝的静动综合拉应力，除应力集中区域外，不超过 2.0MPa，较不计辐射阻尼影响时降幅达 47%。折半计入无限地基辐射阻尼影响时（即 50% 辐射阻尼），大坝的静动综合最大拉应力，除应力集中区域外，不超过 2.5MPa，较不计地基辐射阻尼影响时降幅为 34%。

（10）设计地震情况下，考虑横缝张开影响后，两种水位条件下，无论是否计入辐射阻尼影响，大坝静动综合最大主压应力不超过 10MPa，对大坝抗震安全不起控制作用。

（11）从控制性的主拉应力来看，计入横缝张开和无限地基辐射阻尼影响后，设计地震时，除正常蓄水位工况在应力集中效应显著的坝顶左拱端及上游坝踵处出现主拉应力大于 2.65MPa 的局部区域超出该区域混凝土的动态容许抗拉强度外，其他部位的主拉应力均不超过 2.0MPa，小于混凝土容许动态抗拉强度，可以满足大坝抗震强度安全要求。

（12）从折半考虑无限地基辐射阻尼影响的结果来看，尽管总体上大坝拉应力水平有所提高，但两种水位条件下，除坝踵应力集中区域外，设计地震时的大坝最大主拉应力不超过 2.5MPa，也小于混凝土容许动态抗拉强度，大坝抗震强度安全可以满足。

（13）计入无限地基辐射阻尼影响后，尽管校核地震下大坝静动综合拉应力较设计地震有所增加，但增幅不大，除坝踵局部区域外，坝体最大拉应力为 2.14MPa，未超过大坝混凝土的动态抗拉强度。

综上所述，龙江拱坝的设计地震烈度较高，在强震下，应考虑坝体横缝张开及地震能量向远域地基逸散的"辐射阻尼"对大坝地震反应的综合影响，更接近实际地分析坝体的应力状态，评价大坝的抗震强度安全。研究成果表明，考虑上述复杂因素综合影响后，龙江大坝的抗震强度安全可以满足要求。

第 66 章 双曲拱坝地质力学模型
三维有限元分析

66.1 计算目的及意义

为了解大坝和地基的实际工作状态，建立三维有限元计算模型，并对大坝与地基联合作用进行分析。

（1）研究拱坝整体稳定性，包括坝肩稳定安全度和坝体应力位移分布及破坏发展过程。

（2）研究拱坝在正常蓄水位和超载情况下，大坝的位移场。了解拱坝和坝肩的变形规律、破坏机理及对超载安全做出评价，并对拱坝基础处理方案进行验证，为下闸蓄水和竣工验收提供依据。

66.2 计算方法

为了解大坝和地基的实际工作状态，根据地质资料和枢纽布置，建立三维有限元计算模型，对大坝与地基联合作用进行分析，采用三维有限元方法进行计算。计算过程中模拟了坝体自重施工加载过程，考虑了分期水荷载、泥沙荷载、温度荷载、地震荷载等，明确坝体在各种工况下的应力与变形的各种规律；考查了分期蓄水时封拱高程以上坝体横缝张开度；对设计地震及校核地震两种情况进行了动力时程分析，并讨论了无限地基辐射阻尼效应对计算结果的影响，分析了地震情况下横缝张开度的大小和分布。运用有限元内力法得到各种工况下的拱推力，为坝肩稳定分析提供所需要的力系，并用规范规定的坝肩稳定分析的基本方法——刚体极限平衡法对左右岸典型滑块的静、动力稳定安全系数进行了计算分析。动力的抗滑稳定计算中考虑了粘弹性边界（100%辐射阻尼）、固定边界（无辐射阻尼）和考虑50%辐射阻尼三种情况，其中考虑50%辐射阻尼的情况中所用到的加速度和地震产生的拱端力，是块体在粘弹性边界和固定边界（无辐射阻尼）条件下分别所得的加速度和拱端力的和的一半。通过整体地质力学模型三维非线性有限元计算，对典型滑块采用降强法分析确定其坝肩稳定安全度，并以超水容重的方式确定坝体及地基的整体超载安全系数，以超地震峰值加速度的方式进行了动力整体超载计算，对断层等地质构造的压缩变形进行了分析，给出了坝基置换块部位基岩以及左右岸重力墩的应力分布情况。通过三维稳定渗流场分析，确定在不同水位下的地基浸润面位置，同时求解得到软岩、帷幕等部位的水力坡降，分析其渗透稳定性，确定各种水位工况下的坝基渗流量。对孔口、闸墩等外伸部位进行静动力应力分析，并按规范推荐的方法进行配筋量计算。

66.3 计算模型

66.3.1 坝体应力分析有限元模型

对大坝及地基建立有限元模型，运用三维有限元计算方法进行计算，分析大坝在各种荷载作用下的各工况应力变形的情况。网格布置情况如下：

（1）坝体：沿坝的厚度方向剖分 3 份。为满足分期蓄水的要求，大坝沿高度方向在高程 765.00～825.00m 之间每 10.00m 一层，在高程 825.00～865.00m 之间每 5.00m 一层，在高程 865.00～866.00m 之间每 3.30m 一层。

（2）地基：模拟范围为左右岸方向 2 倍坝高，上下游方向 2 倍坝高，深度方向 2 倍坝高。沿地表层往下考虑 4 层不同岩性的地基，依次分为全风化岩体、弱风化岩体、微风化岩体及新鲜基岩，共 4 种岩层。网格密度为上、下游方向剖分 10 份，左右岸岩体剖分 11 份，最底一层岩体竖直向剖分 6 份，底部地基剖分 10 份。

（3）置换块：根据提供的资料，在坝体左右岸分别有置换块，左岸（高程 853.80～822.00m），右岸（860.5～813m），对其采用混凝土进行置换。

由于坝体计算时考虑分期施工、分期蓄水，所以在建立三维有限元模型时需充分考虑分期施工的情况，这是建立模型的一个重点。为较精确模拟龙江拱坝的受力特点，使计算得到的结果更加精确，对龙江拱坝坝址处的地质条件进行了详细的研究，其中不同区域弹模的确定是一个较大的难题。所建立的模型中能比较全面地反映龙江拱坝坝址区域的弹模分布。

龙江大坝设计地震的基岩水平向峰值加速度代表值为 0.36g，校核地震的基岩水平峰值加速度为 0.41g。本报告按此进行，相应的竖向峰值加速度代表值取为水平向折减一半的 2/3，即设计地震时 0.12g，校核地震时 0.137g。故当计算采用固定边界模型时：横河向及顺河向地震波按实际地震输入，竖向地震波按实际地震折减一半的 2/3 输入，即 $X:Y:Z = 1:1:1/3$ 输入。当计算采用粘弹性边界时：横河向及顺河向地震波按实际地震的一半输入，竖向地震波按实际地震折减一半的 1/3 输入，即 $X:Y:Z = 0.5:0.5:1/6$ 输入。

模型的约束条件为：静力计算及采用固定边界模型时对地基部分的四个侧边界进行法向约束，地基底部边界进行固定约束。

模型坐标系取为：x 轴取为坝轴向，向左岸为正；y 轴取为顺河向，向上游为正；z 轴取为竖直向，向上为正。模型分析中全部采用六面体八节点等参单元，共计 20076 个节点，17114 个单元。整体有限元模型网格如图 66.1 所示，坝体横缝示意图如图 66.2 所示，横缝在坝体中的位置如图 66.3 所示。

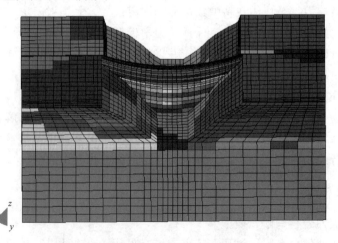

图 66.1　整体有限元模型网格图

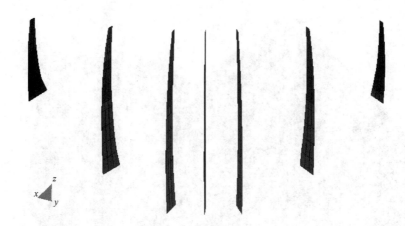

图 66.2　坝体横缝示意图

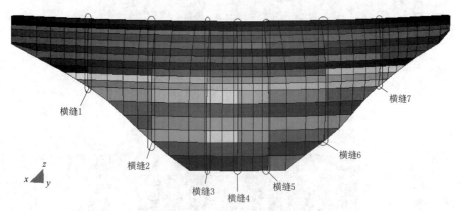

图 66.3　横缝在坝体中的位置示意图

66.3.2　渗流计算模型

渗流计算模型中主要考虑了帷幕及地基材料的渗透系数差异。帷幕沿坝基向下，坝体中间部分较深，到 720.00m 高程向两岸逐渐变浅，帷幕渗透系数为 1Lu。地基材料的渗透系数分为 4 种，10～100Lu、3～10Lu、1～3Lu、0.1～1Lu。

渗流模型见图 66.4 和图 66.5。

66.3.3　整体地质力学有限元模型

本模型共计 41548 个节点，37517 个单元，单元大部分为六面体单元，部分为五面体单元，极少的为四面体单元。整体地质力学模型见图 66.6 和图 66.7。

66.3.3.1　坝体

坝体并非整体地质力学模型研究的重点，所以进行了简化处理，不考虑上部孔口结构。沿坝的厚度方向剖分为 4 份，沿高度方向大致每 10m 一层，在分期蓄水位置对网格进行了相应的调整。坝体有限元网格见图 66.8。

66.3.3.2　地基

地基是本模型研究的重点和难点，由于龙江拱坝地质条件的特殊性和复杂性，课题组

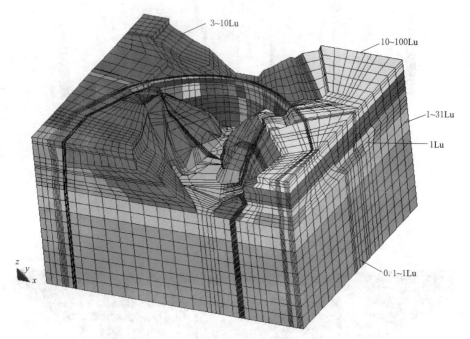

图 66.4　渗流计算模型

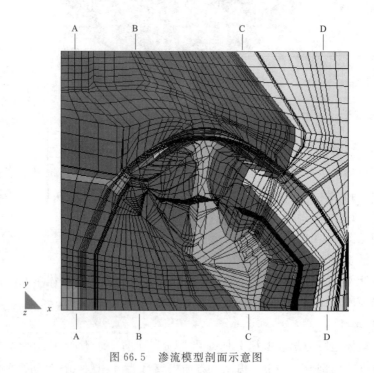

图 66.5　渗流模型剖面示意图

在地基的建模过程中，花费了大量的时间和精力。

66.3.3.3　模拟范围

本模型模拟范围包括左右岸方向 1 倍坝高，上下游方向 2 倍坝高，深度方向 3 倍

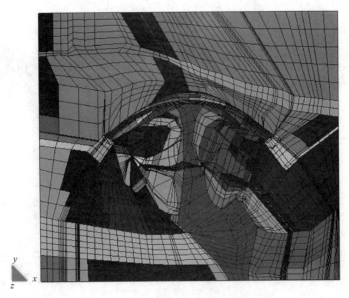

图 66.6　整体地质力学模型示意图（一）

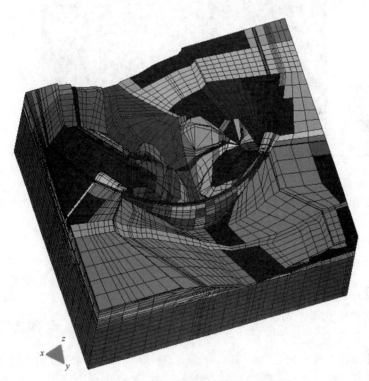

图 66.7　整体地质力学模型示意图（二）

坝高。

66.3.3.4　复杂地基的模拟

为了能更好地进行复杂地基条件下的坝肩稳定分析，本模型对坝肩稳定影响较大的裂

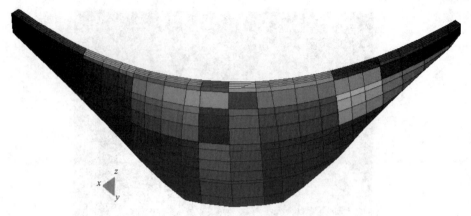

图 66.8 坝体有限元网格示意图

隙、断裂带、软岩和节理进行了模拟。

在上、下游,远离拱坝的位置,主要模拟了 F_1 和 F_2 两个大的断裂带。

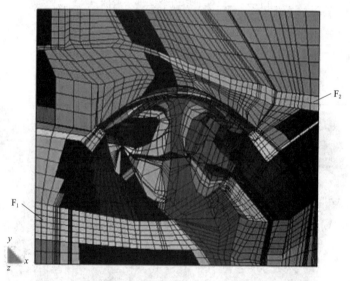

图 66.9 断裂带 F_1、F_2 示意图

左岸坝肩部分,主要对断层 F_{30}、断层 $F_{43}\sim F_{46}$、软岩 R_{01}、R_{02}、R_{15}、R_{16} 及与滑块组合的 4 个节理侧滑面和 3 个节理底滑面(双滑面)进行模拟。在左岸坝肩共计模拟了 11 块典型滑块。

右岸坝肩部分重点对以断层 F_{37}、F_{16}、F_8,软岩 R_{19}、R_{20} 及与滑块组合的 1 个节理侧滑面和 3 节理底滑面(双滑面)进行了模拟。对软岩 R_{19}、R_{20} 不但进行了压缩变形的模拟,还对其前方帷幕失效后的渗流计算进行了模拟。右岸坝肩共计模拟了 3 个典型滑块。

坝基作为拱推力的传递对象,其作用直接影响到拱推力的分布。因此模型中也做了重点模拟。首先模拟的是坝基浅层置换块部位基岩,左岸(853.80~822.00m),右岸(860.50~813.00m),对其外形进行了模拟,并对其采用混凝土进行置换。其次考虑了不

图 66.10　左岸坝肩地质力学模型示意图

图 66.11　右岸坝肩地质力学模型示意图

同坝段，坝基材料的差异，对坝基材料分区进行了划分。

66.3.3.5　材料分组

由于地基较为复杂，左右岸坝肩及坝基岩石性质差异较大，在模拟过程中充分考虑了岩石之间的材料差异。首先在整体上按地质图沿地表层往下考虑 4 层不同岩性的地基，依次分为全风化岩体、弱风化岩体、微风化岩体及新鲜基岩。在此基础上，对计算重点考虑的左右坝肩部位及坝基部位按照岩石材料又进行了更详细的材料分区，共计模拟了 32 种不同的材料。

66.3.4　孔口应力分析及配筋计算模型

66.3.4.1　整体网格模型

根据施工过程和计算分析要求需要，对坝身孔口进行了较详细的模拟，建立了三维有限元模型。网格布置情况如下：

（1）坝体。沿坝厚度方向剖分 3 份。大坝沿高度方向基本是每 10m 一层，孔口及周边部位剖分较密，坝身其余部分及地基剖分相对稀疏，在计算中采用了局部非协调网格插值算法，对粗密网格之间位移进行了插值使其位移协调，为方便泄水部分与坝体其他部分的网格协调，在 785.00m 高程与 795.00m 高程、795.00m 高程与 805.00m 高程之间各加剖 1 份；在 825.00m 高程与 835.00m 高程、845.00m 高程与 855.00m 高程之间各加剖 2 份。

（2）地基。模拟范围为左右岸方向 1 倍坝高，上下游方向 2.5 倍坝高，深度方向 3 倍坝高。沿地表层往下考虑 4 层不同岩性的地基，依次分为全风化岩体、弱风化岩体、微风化岩体及新鲜基岩，共 4 种岩层。网格密度为上游方向剖分 9 份、下游方向剖分 7 份，左右岸岩体均剖分 5 份，最底一层岩体竖直向剖分 5 份。

模型的约束条件为：对地基部分的四个侧边界进行法向约束，地基底部边界进行固定约束。

模型坐标系取为：x 轴取为坝轴向，向左岸为正；y 轴取为顺河向，向上游为正；z 轴取为竖直向，向上为正。模型分析中全部采用六面体八节点等参单元，共计 26804 个节点，22740 个单元。整体有限元模型网格如图 66.12 所示。

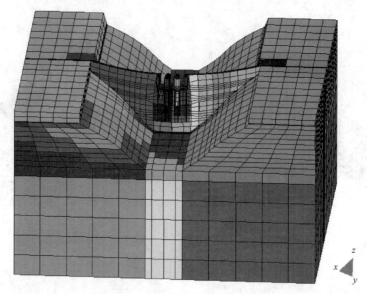

图 66.12　整体有限元模型网格图

66.3.4.2　孔口局部网格加密模型

按照应力图形配筋的方法进行配筋设计，要求内力计算较为精确。若采用整体计算的方法计算得到坝体在各种荷载等作用下坝体应力分布，并以此为依据进行配筋设计，由于网格较粗，孔口部位的应力结果不足够精确，会给配筋量的计算带来较大误差。孔口在坝体中位置如图 63.13 所示。

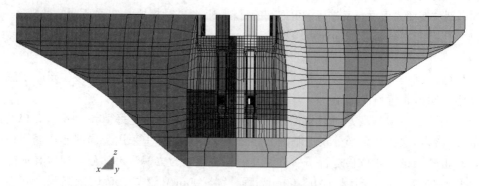

图 66.13　孔口在坝体中位置示意图

为使配筋结果更精确，需要对粗网格加密。由于龙江拱坝孔口对称，故只对右边其中一半取出并对其进行局部加密，加密后子模型有 43767 个节点，36663 个单元，加密后网格尺寸基本为 1～2m。

右边孔口加密子模型与左边未加密孔口模型对比如图 66.14 所示。

66.4　计算参数

66.4.1　静水荷载

水库运行期特征水位见表 66.1。

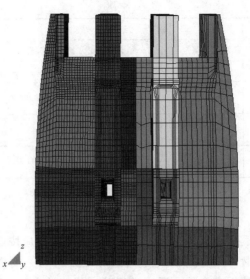

图 66.14 加密后孔口对比图

表 66.1 水库运行期特征水位表

项 目	库水位/m	相应下游水位/m	备 注
正常蓄水位	872.00	791.99	三台机运行尾水位
设计洪水位	872.72	799.55	
校核洪水位	874.54	800.83	
死水位	845.00	791.99	三台机运行尾水位

66.4.2 泥沙压力

水库运行 50 年坝前淤沙高程为 809.50m。淤沙浮容重为 $10kN/m^3$，内摩擦角 31°。

66.4.3 坝体温度荷载

按照《拱坝设计规范》（DL/T 5376—2006）推荐公式，各设计高程的特征温度荷载见表 66.2。

表 66.2 坝体温度荷载表

高程/m	温 度 荷 载/℃					
	组合 1（正常蓄水位温降）		组合 2（正常蓄水位温升）		组合 3（死水位温升）	
	T_m	T_d	T_m	T_d	T_m	T_d
875.00	−2.27	0.00	9.19	0.00	9.19	0.00
862.00	1.02	0.18	5.58	4.46	7.80	0.00
849.00	1.98	0.75	4.68	7.77	7.79	0.00
835.00	2.69	1.71	4.75	9.25	6.29	5.23
821.00	2.49	2.49	4.25	9.86	4.69	8.58
807.00	2.48	2.47	3.98	10.45	3.98	10.54

续表

高程/m	温 度 荷 载/℃					
	组合 1（正常蓄水位温降）		组合 2（正常蓄水位温升）		组合 3（死水位温升）	
	T_m	T_d	T_m	T_d	T_m	T_d
793.00	2.52	2.66	3.94	10.26	3.94	10.26
776.00	1.55	1.57	2.45	6.43	2.45	6.43
765.00	1.14	1.06	1.86	4.94	1.86	4.94

注 表中的 T_m 为平均温度；T_d 为等效温差；T_d＝下游面温度－上游面温度。

66.4.4 地震动参数

龙江拱坝地处高地震烈度区，大坝为 1 级挡水建筑物，应按照《水电工程防震抗震研究设计及专题报告编制暂行规定》（水电规计〔2008〕24 号）的要求，除进一步分析论证其在设计地震作用下的抗震安全外，还应进行其在校核地震工况下的抗震安全校核评价。根据地震部门提供的相应于基准期 100 年超越概率 2％的基岩水平向峰值加速度为 0.36g（设计地震），超越概率 1％的基岩水平向峰值加速度为 0.41g（校核地震）。大坝的抗震设防类别及基岩地震设计动参数见表 66.3。

表 66.3   基岩地震设计动参数表

建筑物	工程抗震设防类别	概率水准	设计地震水平加速度代表值 a_h	特征周期 T_g/s	反应谱最大代表值 β_{max}
大坝	甲类	基准期 100 年内超越概率为 2％	0.36g	0.2	2.5
大坝	甲类	基准期 100 年内超越概率为 1％	0.41g	0.2	2.5

计算采用上述表格数据人工生成地震波，地震波三个方向加速度、速度、位移见图 66.15～图 66.23。

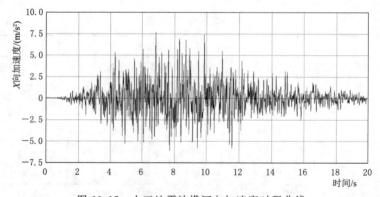

图 66.15 人工地震波横河向加速度时程曲线

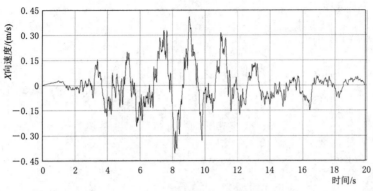

图 66.16   人工地震波横河向速度时程曲线

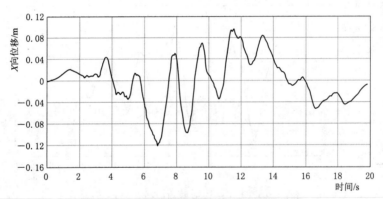

图 66.17   人工地震波横河向位移时程曲线

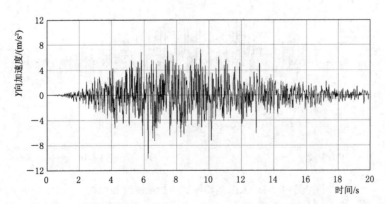

图 66.18   人工地震波顺河向加速度时程曲线

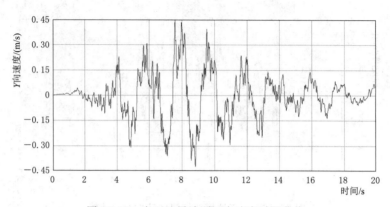

图 66.19 人工地震波顺河向速度时程曲线

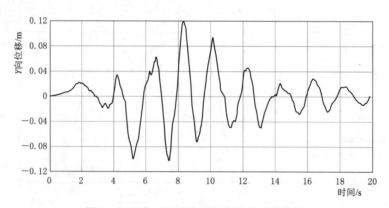

图 66.20 人工地震波顺河向位移时程曲线

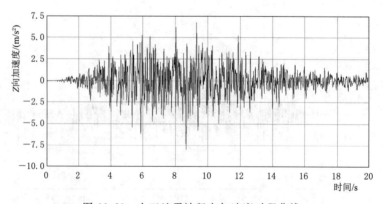

图 66.21 人工地震波竖向加速度时程曲线

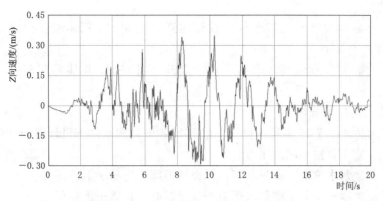

图 66.22　人工地震波竖向速度时程曲线

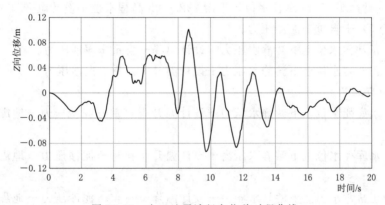

图 66.23　人工地震波竖向位移时程曲线

66.5　计算工况

66.5.1　坝体应力分析计算工况

考虑死水位温升、正常水位情况下的温升温降，模拟了施工期分期蓄水的过程，研究大坝及地基的应力变形。对比坝体在这些工况下的应力变形，分析坝体应力变形的情况。

66.5.1.1　施工过程

一期：大坝浇筑至 860.00m 高程，封拱灌浆至 831.00m 高程，水位至 831.00m 高程；

二期：大坝浇筑至 869.00m 高程，封拱灌浆至 852.00m 高程，水位至 846.78m 高程；

三期：大坝浇筑至 875.00m 高程，封拱灌浆至 875.00m 高程，水位至 872.00m 高程。

66.5.1.2　静力工况

（1）施工期空库情况应力分析。

工况 1：自重。

（2）蓄水一期应力分析。

工况 1：上游 831.00m 水位静水压力＋自重。

（3）蓄水二期应力分析。

工况 1：上游 846.78m 高程水位＋设计温升（表 66.16 坝体温度荷载组合 3）＋自

重＋泥沙压力。

工况 2：上游 846.78m 高程水位＋设计温降（表 66.16 坝体温度荷载组合 1）＋自重＋泥沙压力。

工况 3：上游 846.78m 高程水位＋设计温升（表 66.16 坝体温度荷载组合 2）＋自重＋泥沙压力。

（4）蓄水三期应力分析。

工况 1：上游 846.78m 高程水位＋下游 792.00m 高程水位＋设计温升（表 66.16 坝体温度荷载组合 3）＋自重＋泥沙压力。

工况 2：正常蓄水位上下游静水压力＋设计温降＋自重＋泥沙压力。

工况 3：正常蓄水位上下游静水压力＋设计温升＋自重＋泥沙压力。

（5）整体（荷载一次性施加）应力分析。

工况 1：上游 846.78m 高程水位＋下游 792.00m 高程水位＋设计温升（表 66.16 坝体温度荷载组合 3）＋自重＋泥沙压力。

工况 2：正常蓄水位上下游静水压力＋设计温降＋自重＋泥沙压力。

工况 3：正常蓄水位上下游静水压力＋设计温升＋自重＋泥沙压力。

66.5.1.3 动力工况

工况 1：水库死水位上下游静水压力＋设计温升＋自重＋泥沙压力＋地震（设计地震 $0.36g$）。

工况 2：水库死水位上下游静水压力＋设计温升＋自重＋泥沙压力＋地震（校核地震 $0.41g$）。

工况 3：正常蓄水位上下游静水压力＋设计温降＋自重＋泥沙压力＋地震（设计地震 $0.36g$）。

工况 4：正常蓄水位上下游静水压力＋设计温降＋自重＋泥沙压力＋地震（校核地震 $0.41g$）。

上述工况 1～工况 4 采用粘弹性人工边界条件模拟无限地基辐射阻尼效应。为与采用粘弹性人工边界的情况作对比，再计算以下采用固定边界模型的四种工况：

工况 5：水库死水位上下游静水压力＋设计温升＋自重＋泥沙压力＋地震（设计地震 $0.36g$）。

工况 6：水库死水位上下游静水压力＋设计温升＋自重＋泥沙压力＋地震（校核地震 $0.41g$）。

工况 7：正常蓄水位上下游静水压力＋设计温降＋自重＋泥沙压力＋地震（设计地震 $0.36g$）。

工况 8：正常蓄水位上下游静水压力＋设计温降＋自重＋泥沙压力＋地震（校核地震 $0.41g$）。

对设计地震 50％辐射阻尼时考虑了以下两种工况：

工况 9：水库死水位上下游静水压力＋设计温升＋自重＋泥沙压力＋地震（设计地震 $0.36g$，50％辐射阻尼）。

工况 10：正常蓄水位上下游静水压力＋设计温降＋自重＋泥沙压力＋地震（设计地震

0.36g，50％辐射阻尼）。

66.5.2　渗流分析计算工况

工况 1：正常蓄水位上下游静水压力。

工况 2：水库死水位上下游静水压力。

66.5.3　刚体极限平衡分析计算工况

（1）静力工况。

工况 1：正常蓄水位上下游静水压力＋设计温降＋自重＋泥沙压力。

（2）动力工况。

工况 1：正常蓄水位上下游静水压力＋设计温降＋自重＋泥沙压力＋地震（设计地震 0.36g），固定边界模型（无辐射阻尼）。

工况 2：正常蓄水位上下游静水压力＋设计温降＋自重＋泥沙压力＋地震（校核地震 0.41g），固定边界模型（无辐射阻尼）。

工况 3：正常蓄水位上下游静水压力＋设计温降＋自重＋泥沙压力＋地震（设计地震 0.36g），粘弹性边界（100％辐射阻尼）。

工况 4：正常蓄水位上下游静水压力＋设计温降＋自重＋泥沙压力＋地震（校核地震 0.41g），粘弹性边界（100％辐射阻尼）。

工况 5：正常蓄水位上下游静水压力＋设计温降＋自重＋泥沙压力＋地震（设计地震 0.36g），50％辐射阻尼。

工况 6：正常蓄水位上下游静水压力＋设计温降＋自重＋泥沙压力＋地震（校核地震 0.41g），50％辐射阻尼。

66.5.4　整体地质力学模型计算工况

（1）静力整体稳定计算工况。

工况 1：正常蓄水位上下游静水压力＋设计温升＋自重＋泥沙压力。

工况 2：正常蓄水位上下游静水压力＋设计温降＋自重＋泥沙压力。

（2）静力超载计算工况。

工况 1：正常蓄水位上下游静水压力＋设计温降＋自重＋泥沙压力（地基为 D－P 准则）。

工况 2：正常蓄水位上下游静水压力＋设计温降＋自重＋泥沙压力（地基采用弹性）。

（3）动力整体稳定计算工况。

工况 1：正常蓄水位上下游静水压力＋设计温升＋自重＋泥沙压力＋地震（设计地震 0.36g，固定边界模型）。

工况 2：正常蓄水位上下游静水压力＋设计温升＋自重＋泥沙压力＋地震（校核地震 0.41g，固定边界模型）。

工况 3：正常蓄水位上下游静水压力＋设计温升＋自重＋泥沙压力＋地震（设计地震 0.36g，粘弹性边界）。

工况 4：正常蓄水位上下游静水压力＋设计温升＋自重＋泥沙压力＋地震（校核地震 0.41g，粘弹性边界）。

（4）动力整体超载计算工况。

工况 1：正常蓄水位上下游静水压力＋设计温降＋自重＋泥沙压力＋地震（粘弹性边界）。

工况 2：正常蓄水位上下游静水压力＋设计温降＋自重＋泥沙压力＋地震（固定边界模型）。

66.5.5　孔口应力分析及配筋计算工况

（1）静力工况。

工况 1：坝体自重＋上游水荷载（正常蓄水位）＋下游水荷载（正常蓄水位）＋上游泥沙荷载＋温度荷载（温降）。

（2）动力工况。

工况 1：坝体自重＋上游水荷载（正常蓄水位）＋下游水荷载（正常蓄水位）＋上游泥沙荷载＋温度荷载（温降）＋地震（校核地震 0.41g，粘弹性边界，100％辐射阻尼）。

工况 2：坝体自重＋上游水荷载（正常蓄水位）＋下游水荷载（正常蓄水位）＋上游泥沙荷载＋温度荷载（温降）＋地震（设计地震 0.36g，50％辐射阻尼）。

66.6　计算成果

66.6.1　坝体应力模型有限元计算成果

66.6.1.1　静力情况下应力分析

（1）施工期空库情况下。坝体按分期施工浇筑，考虑一期蓄水前坝体在空库时坝体应力和位移的分布最大值见表 66.4。

表 66.4　　　　　　　施工期空库坝体应力和位移的最值及分布表

工况	项目	最大主拉应力 /MPa	最大主压应力 /MPa	最大横河向 位移/mm	最大顺河向 位移/mm	最大竖向位移 /mm
工况 1	数值	0.40	−4.29	−2.21	4.00	−11.72
	位置	上游左岸拱端 775.80m 高程	上游左岸底部靠近拱冠梁 765.00m 高程	下游左岸拱端 804.80m 高程	下游右岸靠近拱冠梁 825.00m 高程	上游左岸靠近拱冠梁 786.00m 高程

（2）分期蓄水一期应力分析。模拟坝体分期蓄水的过程，一期蓄水时：大坝浇筑至 860.00m 高程，封拱灌浆至 831.00m 高程，水位至 831.00m 高程。对 831.00m 高程以下的坝体进行应力与位移分析，具体坝体应力及位移最值见表 66.5。

表 66.5　　　　　　　分期蓄水一期坝体应力和位移的最值及分布表

工况	项目	最大主拉应力/MPa	最大主压应力/MPa	最大横河向 位移/mm	最大顺河向 位移/mm	最大竖向位移 /mm
工况 1	数值	0.57	−3.70	2.15	−16.06	−9.75
	位置	拱坝与地基连接处 775.80m 高程	下游面底部靠近坝趾 765.00m 高程	上游坝面右岸 830.00m 高程	下游拱冠梁 830.00m 高程	下游面靠近拱冠梁 786.00m 高程

（3）分期蓄水二期应力分析。坝体二期蓄水时大坝浇筑至 869.00m 高程，封拱灌浆

至 852.00m 高程，水位至 846.78m 高程。对 846.78m 高程以下的坝体进行应力与位移分析。二期蓄水时，坝体蓄水至死水位，同时施加温度荷载，分别施加死水位温升、正常蓄水位温降、正常蓄水位温升时的温度荷载，具体坝体应力及位移最值见表 66.6。

表 66.6　　　　　　　　分期蓄水二期坝体应力和位移的最值及分布表

工况	项目	最大主拉应力/MPa	最大主压应力/MPa	最大横河向位移/mm	最大顺河向位移/mm	最大竖向位移/mm
工况 1	数值	0.95	−4.93	4.07	−19.70	−10.22
	位置	上游左岸拱端794.80m 高程	下游左岸靠近拱冠梁765.00m 高程	左岸 845.00m高程	下游拱冠梁835.00m 高程	下游左岸靠近拱冠梁786.00m 高程
工况 2	数值	0.63	−4.70	3.54	−27.58	−10.30
	位置	上游左岸拱端794.80m 高程	下游左岸靠近拱冠梁765.00m 高程	左岸 845.00m高程	下游拱冠梁835.00m 高程	下游左岸靠近拱冠梁786.00m 高程
工况 3	数值	0.99	−5.02	3.90	−21.96	−10.29
	位置	上游左岸拱端794.80m 高程	下游左岸靠近拱冠梁765.00m 高程	左岸 845.00m高程	下游拱冠梁835.00m 高程	下游左岸靠近拱冠梁786.00m 高程

（4）分期蓄水三期应力分析。有限元计算得到的分期蓄水三期各工况下坝体应力及位移的最值及分布见表 66.7。

（5）整体应力分析（荷载一次性施加）。考虑坝体分期施工，荷载在坝体浇筑完后一次性施加情况下的位移及应力最值及分布见表 66.8。

（6）有限元等效应力及比较。对施工期空库、二期蓄水、三期蓄水和荷载一次性施加的有限元结果进行等效应力计算，等效应力最值及分布见表 66.9，相应等效应力见图 66.24～图 66.35。

66.6.1.2　动力情况下应力分析

为了考察大坝静动叠加情况下的坝体应力变形情况，将静力工况下的计算成果与相应工况下动力的计算成果相叠加，对坝体的应力及位移进行了比较分析。坝体应力及位移最值分布见表 66.10～表 66.12。

正常蓄水位工况下横缝最大张开度的包络图见图 66.36，可以从中可以看出横缝张开的分布情况。从横缝最大张开度沿坝轴线方向的分布来看，坝体两侧尤其是左岸部位张开度较大，而其他部位相对较小。整体来讲，地震下横缝张开度不大，最大不超过 6mm 的横缝张开不会引起缝间止水破坏。

正常蓄水位设计地震固定边界（无辐射阻尼）坝体应力及位移最大值包络图见图 66.37～图 66.47。

66.6.2　渗流计算成果

渗流场计算采用了三维有限元渗流模型，对正常蓄水位和死水位两种工况进行了渗透压力及渗流量的相关计算。计算中，重点考虑了帷幕的防渗作用及不同材料之间渗透系数对渗流的影响，并对软岩 R_{19}、R_{20} 处帷幕正常与失效对渗流场的影响进行了比较分析。各工况下地基渗流量见表 66.13。

表 66.7　　分期蓄水三期坝体应力和位移的最值及分布表

工况	项目	最大主拉应力 /MPa	最大主压应力 /MPa	最大梁向拉应力 /MPa	最大拱向拉应力 /MPa	最大横河向位移 /mm	最大顺河向位移 /mm	最大竖向位移 /mm
工况1	数值	0.94	-5.12	0.28	0.45	5.59	-20.27	-10.69
	位置	坝踵 765.00m 高程	坝趾 765.00m 高程	右岸下游面上部 855.00m 高程	右岸上游面坝肩 863.34m 高程	左岸下游面上部 860.00m 高程	上游面拱冠梁上部 860.00m 高程	左岸下游面靠近拱梁底部 786.00m 高程
工况2	数值	3.15	-7.07	2.05	0.20	7.87	-66.61	-11.82
	位置	坝踵 765.00m 高程	坝趾 765.00m 高程	下游面左岸底部 775.80m 高程	右岸上游面上部 850.00m 高程	右岸上游面上部 850.00m 高程	上游面拱冠梁上部 860.00m 高程	下游面靠下左岸 786.00m 高程
工况3	数值	3.02	-7.39	2.00	0.59	6.74	-57.10	-11.85
	位置	坝踵 765.00m 高程	坝趾 765.00m 高程	坝趾 765.00m 高程	右岸上游面下部 794.80m 高程	上游面靠近右岸梁中上部 845.00m 高程	拱冠梁下游面上部 855.00m 高程	下游面靠近左岸下部 786.00m 高程

表 66.8　　　　　　　　**荷载一次性施加坝体应力和位移的最值及分布表**

工况	项目	最大主拉应力 /MPa	最大主压应力 /MPa	最大横河向 位移/mm	最大顺河向 位移/mm	最大竖向位移 /mm
工况 1	数值	0.90	−5.34	6.33	−15.14	−10.63
工况 1	位置	上游拱坝与地基连接处 794.80m 高程	上游面右侧坝肩 863.34m 高程	上游左岸顶部 875.00m 高程	下游拱冠梁中上部 845.00m 高程	下游面靠近拱冠梁 786.00m 高程
工况 2	数值	2.89	−6.98	7.25	−59.35	−11.61
工况 2	位置	坝踵 765.00m 高程	下游面靠近坝趾 765.00m 高程	上游右岸中上部 850.00m 高程	下游拱冠梁中上部 860.00m 高程	下游面靠近底部 786.00m 高程
工况 3	数值	2.76	−7.30	6.96	−50.57	−11.65
工况 3	位置	坝踵 765.00m 高程	下游面靠近坝趾 765.00m 高程	下游面左岸顶部 875.00m 高程	下游拱冠梁中上部 855.00m 高程	下游面靠近底部 786.00m 高程

表 66.9　　　　　　　　**施工期空库等效应力最值及分布表**

工况		项目	等效第一主应力/MPa	等效第三主应力/MPa
施工期空库	工况 1	数值	0.37	−1.93
		位置	上游右岸拱端 775.80m 高程	下游左岸拱冠梁附近 795.00m 高程
二期蓄水	工况 1	数值	0.90	−2.69
		位置	上游右岸拱端 804.80m 高程	下游左岸拱冠梁附近 776.00m 高程
	工况 2	数值	0.50	−2.49
		位置	上游右岸拱端 775.80m 高程	下游左岸拱冠梁附近 776.00m 高程
	工况 3	数值	0.87	−3.01
		位置	上游右岸拱端 814.80m 高程	下游左岸拱端 830.60m 高程
三期蓄水	工况 1	数值	0.71	−4.20
		位置	上游面右岸下部 755.80m 高程	下游面右岸坝肩 854.80m 高程
	工况 2	数值	1.19	−4.62
		位置	上游面右岸下部 794.80m 高程	下游右岸拱冠梁附近 775.80m 高程
	工况 3	数值	0.92	−4.93
		位置	上游面右岸下部 794.80m 高程	下游右岸拱冠梁附近 775.80m 高程
荷载一次性施加	工况 1	数值	0.68	−4.48
		位置	上游面右岸下部 755.80m 高程	下游面右岸坝肩 854.80m 高程
	工况 2	数值	1.09	−4.46
		位置	上游面右岸下部 794.80m 高程	下游右岸拱冠梁附近 775.80m 高程
	工况 3	数值	0.65	−4.77
		位置	上游面右岸下部 794.80m 高程	下游右岸拱冠梁附近 775.80m 高程

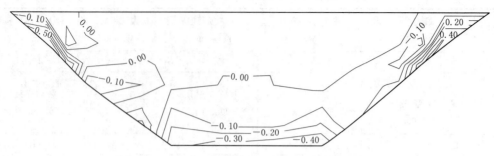

图 66.24 空库上游等效第一主应力（单位：MPa）

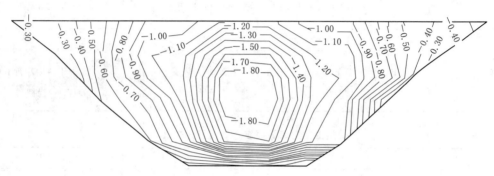

图 66.25 空库下游等效第三主应力（单位：MPa）

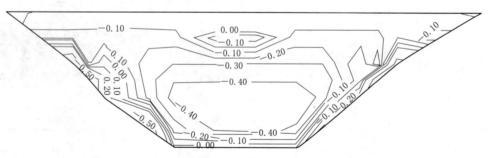

图 66.26 二期蓄水死水位温升时上游等效第一主应力（单位：MPa）

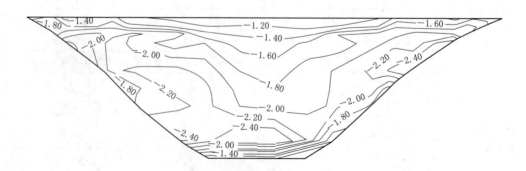

图 66.27 二期蓄水死水位温升时下游等效第三主应力（单位：MPa）

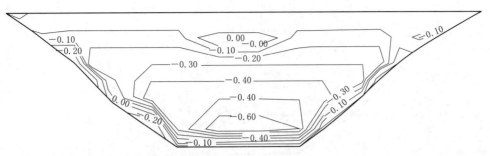

图 66.28　二期蓄水时正常蓄水位温降时上游等效第一主应力（单位：MPa）

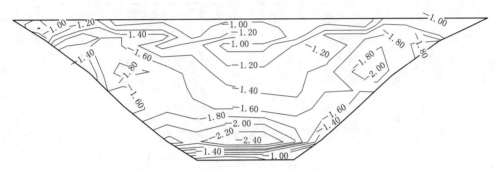

图 66.29　二期蓄水时正常蓄水位温降时下游等效第三主应力（单位：MPa）

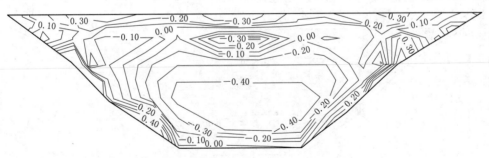

图 66.30　二期蓄水时正常蓄水位温升时上游等效第一主应力（单位：MPa）

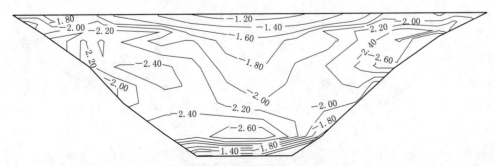

图 66.31　二期蓄水时正常蓄水位温升时下游等效第三主应力（单位：MPa）

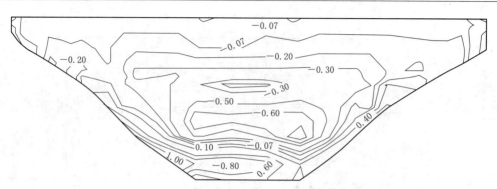

图 66.32　三期蓄水正常蓄水位温降上游坝等效第一主应力（单位：MPa）

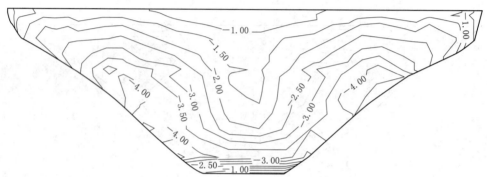

图 66.33　三期蓄水正常蓄水位温降下游坝等效第三主应力（单位：MPa）

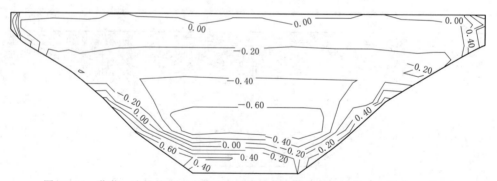

图 66.34　荷载一次性施加正常蓄水位温降上游坝等效第一主应力（单位：MPa）

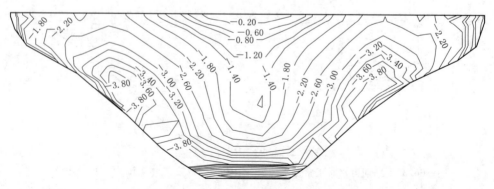

图 66.35　荷载一次性施加正常蓄水位温降下游坝等效第三主应力（单位：MPa）

表 66.10　固定边界模型动静叠加时坝体应力位移最值分布表（无辐射阻尼）

工况	项目	第一主应力/MPa	第三主应力/MPa	梁向拉应力/MPa	拱向拉应力/MPa	横河向位移/mm	顺河向位移/mm	竖直向位移/mm
工况 1	数值	2.93	-6.55	0.96	2.68	9.88	42.10	-13.20
	位置	拱冠梁上游面上部865.00m高程	左岸拱冠梁附近底部765.00m高程	左岸上游面靠拱冠梁近底部765.00m高程	右岸坝肩上游面863.34m高程	左岸下游面上部860.00m高程	拱冠梁上游面顶部875.00m高程	左岸靠近冠拱梁上游面下部786.00m高程
	发生时刻/s	7.78	7.98	6.32	7.78	7.98	7.78	10.24
工况 2	数值	5.56	-8.09	2.41	5.02	16.90	73.10	-17.20
	位置	拱冠梁上游面上部871.68m高程	左岸拱冠梁附近底部765.00m高程	左岸上游面靠拱冠梁近底部830.00m高程	右岸下游面中部765.00m高程	左岸上游面顶部875.00m高程	拱冠梁上游面顶部875.00m高程	左岸靠近拱冠梁上游面中下部805.00m高程
	发生时刻/s	8.64	8.00	10.24	11.72	9.62	10.28	10.24
工况 3	数值	5.89	-8.77	4.54	1.65	13.60	-92.30	-13.30
	位置	坝踵765.00m高程	左岸下游面下部与岸坡连接处795.00m高程	左岸拱冠梁附近底部765.00m高程	拱冠梁下游面中部830.16m高程	右岸上游面中上部850.00m高程	拱冠梁上游面上部860.00m高程	左岸靠近拱冠梁上游近岸坡处786.00m高程
	发生时刻/s	8.06	8.04	8.06	7.82	13.60	5.08	9.70
工况 4	数值	8.56	-10.10	6.59	4.20	-18.40	-112.00	14.80
	位置	坝踵765.00m高程	左岸拱冠梁附近底部765.00m高程	左岸拱冠梁附近底部765.00m高程	拱冠梁下游面中部830.16m高程	左岸上游面顶部875.00m高程	拱冠梁下游面上部860.00m高程	右岸上游面顶部近中上部830.00m高程
	发生时刻/s	9.22	9.72	9.22	8.36	9.90	5.10	11.28

表66.11　采用粘弹性人工边界模型动静叠加时坝体应力位移最值分布表（100%辐射阻尼）

工况	项目	第一主应力/MPa	第三主应力/MPa	梁向拉应力/MPa	拱向拉应力/MPa	横河向位移/mm	顺河向位移/mm	竖直向位移/mm
工况5	数值	1.43	-5.96	0.59	1.33	-43.90	60.60	-21.40
	位置	拱冠梁上游面上部868.34m高程	左岸拱冠梁附近底部765.00m高程	左岸下游面靠底部近拱冠梁765.00m高程	右岸坝肩上游面863.34m高程	右岸上游面860.00m高程	拱冠梁上游面顶部875.00m高程	拱冠梁上游面下部776.00m高程
	发生时刻/s	7.98	7.72	7.94	7.98	7.12	8.62	9.74
工况6	数值	2.27	-6.45	0.93	2.18	-50.50	66.80	-22.90
	位置	拱冠梁上游面顶部875.00m高程	左岸拱冠梁附近底部765.00m高程	左岸拱冠梁附近底部765.00m高程	右岸坝肩上游面765.00m高程	右岸上游面顶部875.00m高程	右岸拱冠梁近上游面顶部875.00m高程	左岸下游面底部776.00m高程
	发生时刻/s	5.31	8.18	3.96	8.38	7.02	8.60	9.76
工况7	数值	5.73	-8.04	4.32	0.71	-45.50	-107.00	-22.70
	位置	坝踵765.00m高程	左岸拱冠梁附近765.00m高程	左岸拱冠梁下游面765.00m高程	拱冠梁下游面中部830.16m高程	左岸上游面860.00m高程	拱冠梁上游面顶部860.00m高程	左岸下游面底部靠岸坡处786.00m高程
	发生时刻/s	7.78	7.74	7.74	8.26	7.12	7.78	9.76
工况8	数值	5.73	-8.64	9.38	1.18	-50.70	-113.00	-24.10
	位置	坝踵765.00m高程	左岸拱冠梁附近765.00m高程	左岸拱冠梁下游面765.00m高程	拱冠梁下游面中部830.16m高程	左岸上游面860.00m高程	拱冠梁下游面顶部860.00m高程	左岸下游面底部靠岸坡处786.00m高程
	发生时刻/s	7.78	9.38	9.38	8.26	7.12	7.80	9.76

表66.12　动静叠加时坝体应力位移最值分布表（设计地震50%辐射阻尼）

工况	项目	第一主应力/MPa	第三主应力/MPa	梁向拉应力/MPa	拱向拉应力/MPa	横河向位移/mm	顺河向位移/mm	竖直向位移/mm
工况9	数值	2.18	−6.26	0.78	2.01	−17.01	51.35	−17.3
	位置	拱冠梁上游面上部865.00m高程	左岸拱冠梁附近底部765.00m高程	左岸上游面拱冠梁附近底部765.00m高程	右岸坝肩上游面863.34m高程	左岸下游面860.00m高程	拱冠梁上游面顶部875.00m高程	左岸靠近拱冠下游面底部786.00m高程
	发生时刻/s	7.78	7.98	6.32	7.78	7.98	7.78	10.24
工况10	数值	5.60	−8.41	4.25	1.18	−15.95	−99.65	−18.00
	位置	坝踵765.00m高程	左岸下游面下部与岸坡连接处795.00m高程	左岸拱冠梁附近底部765.00m高程	拱冠梁下游面中部830.16m高程	右岸上游面中上部850.00m高程	拱冠梁上游面上部860.00m高程	左岸下游面底部靠近岸坡处786.00m高程
	发生时刻/s	8.06	8.04	8.06	7.82	8.00	5.08	9.70

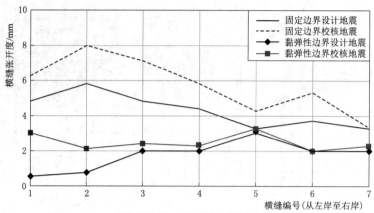

图 66.36　正常蓄水位工况下最大横缝张开度分布图

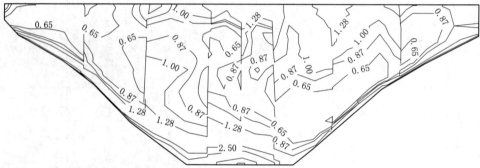

图 66.37　正常蓄水位设计地震固定边界（无辐射阻尼）上游第一主应力最大值包络图（单位：MPa）

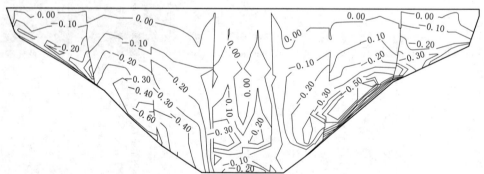

图 66.38　正常蓄水位设计地震固定边界（无辐射阻尼）下游第一主应力最大值包络图（单位：MPa）

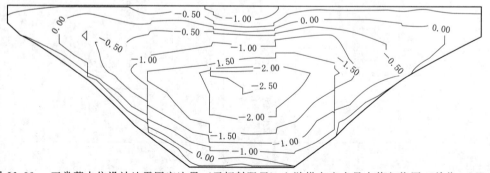

图 66.39　正常蓄水位设计地震固定边界（无辐射阻尼）上游拱向应力最大值包络图（单位：MPa）

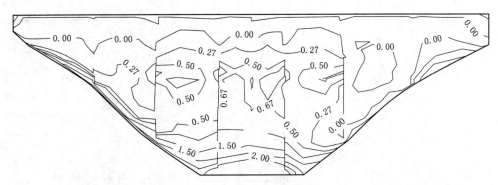

图 66.40　正常蓄水位设计地震固定边界（无辐射阻尼）上游梁向应力最大值包络图（单位：MPa）

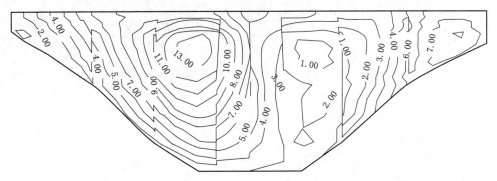

图 66.41　正常蓄水位设计地震固定边界（无辐射阻尼）上游 X 向位移最大值包络图（单位：mm）

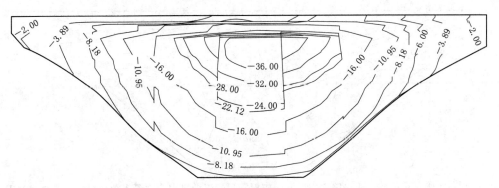

图 66.42　正常蓄水位设计地震固定边界（无辐射阻尼）上游 Y 向位移最大值包络图（单位：mm）

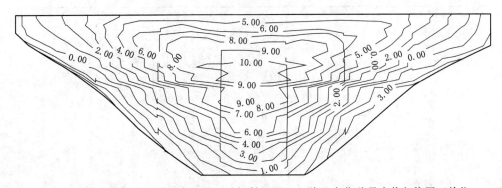

图 66.43　正常蓄水位设计地震固定边界（无辐射阻尼）上游 Z 向位移最大值包络图（单位：mm）

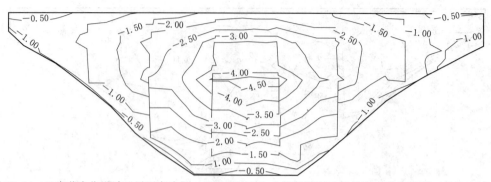

图 66.44　正常蓄水位设计地震固定边界（无辐射阻尼）上游面第三主应力最大值包络图（单位：MPa）

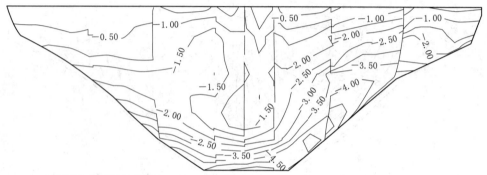

图 66.45　正常蓄水位设计地震固定边界（无辐射阻尼）下游面第三主应力最大值包络图（单位：MPa）

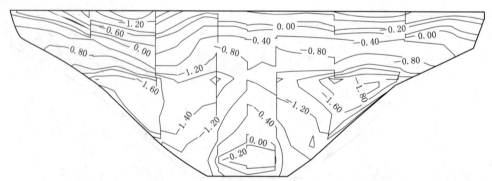

图 66.46　正常蓄水位设计地震固定边界（无辐射阻尼）下游拱向应力最大值包络图（单位：MPa）

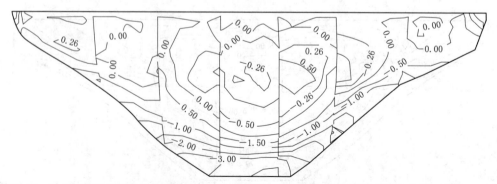

图 66.47　正常蓄水位设计地震固定边界（无辐射阻尼）下游梁向主应力最大值包络图（单位：MPa）

表 66.13　　　　　　　　　　　　　　地 基 渗 流 量 表

工　　况		地基渗流量/(m³/d)
R₁₉、R₂₀处帷幕正常	正常蓄水位	73.60
	死水位	44.40
R₁₉、R₂₀处帷幕失效	正常蓄水位	74.50
	死水位	44.90

　　计算中，在上下游的库底表面分别施加相应的水位，其他边界作为不透水边界处理。正常蓄水位的上游面水位到 872.00m 高程，下游面水位到 792.00m 高程，最大渗透压力为 7.673MPa，发生在上游面左岸地基最低处；死水位的上游面到 845.00m 高程，下游面水位到 792.00m 高程，最大渗透压力为 7.45MPa。正常蓄水位工况和死水位工况的浸润面和浸润线有明显差异。从浸润面和浸润线上看出，帷幕的防渗作用明显，浸润面和浸润线在帷幕处陡降。正常蓄水位工况时帷幕处的渗透坡降为 1.64，死水位工况时帷幕处的渗透坡降为 1.11。

　　在软岩 R₁₉、R₂₀处，帷幕失效时比帷幕正常时渗流量稍大。正常蓄水位工况帷幕正常时渗流量为 73.6m³/d，帷幕失效时渗流量为 74.5m³/d，渗流量增加了 1.2%；死水位工况帷幕正常时渗流量为 44.40m³/d，帷幕失效时渗流量为 44.90m³/d，渗流量增加了 1.1%。

　　软岩 R₁₉、R₂₀处帷幕正常时的软岩 R₁₉、R₂₀的渗透坡降为 0.194，帷幕失效时的渗透坡降为 0.65，均小于允许坡降 1.0，满足设计要求。

　　由此可以看出软岩 R₁₉、R₂₀处帷幕失效与正常对渗流量的有一定的影响，但效果不显著。软岩 R₁₉、R₂₀处帷幕失效与否对软岩 R₁₉、R₂₀渗透坡降的影响明显。

　　正常蓄水位和死水位地基渗流场压力等值线见图 66.48～图 66.53，死水位与正常蓄水位渗透压力的变化不大。这主要是因为死水位（上游水位到 845.00m 高程）与正常蓄水位（上游水位到 872.00m 高程）的水头差为 27m，因此两种工况下，渗透压力相差为 0.3MPa 左右，相对影响较小，所以两种工况下的渗透压力变化不明显。

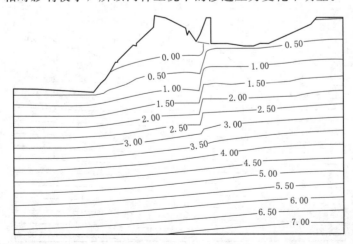

66.48　正常蓄水位下地基渗流场左岸顺河向渗透压力等值线图（单位：MPa）

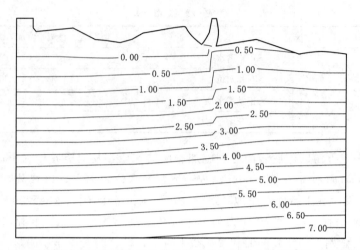

66.49 正常蓄水位下地基渗流场右岸顺河向渗透压力等值线图（单位：MPa）

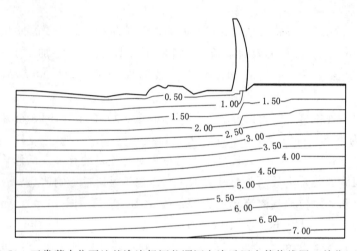

66.50 正常蓄水位下地基渗流场河谷顺河向渗透压力等值线图（单位：MPa）

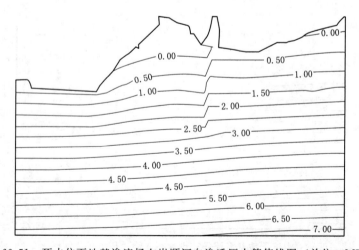

图 66.51 死水位下地基渗流场左岸顺河向渗透压力等值线图（单位：MPa）

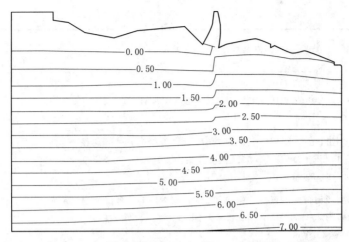

图 66.52　死水位下地基渗流场右岸顺河向渗透压力等值线图（单位：MPa）

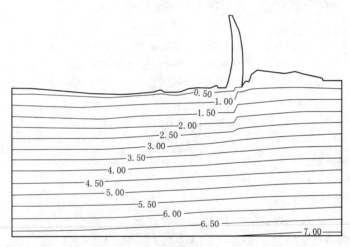

图 66.53　死水位下地基渗流场河谷顺河向渗透压力等值线图（单位：MPa）

66.6.3　刚体极限平衡分析计算结果

根据《混凝土拱坝设计规范》（SL 282—2003）基本组合允许安全系数为 3.5；根据《混凝土拱坝设计规范》（DL/T 5346—2006）和《水工建筑物抗震设计规范》（DL 5073—2000），地震工况允许安全系数为 1.31（为方便分析，由可靠度公式推得 $K = 1.1 \times 0.85 \times 1.4 = 1.31$）。

（1）静力抗滑稳定。左岸及右岸一共 14 块滑块的静力抗滑稳定安全系数见表 66.14、表 66.15。

表 66.14　　　　　　　　　左岸典型滑块静力抗滑稳定安全系数值表

编号	左岸典型滑块块体名称	安全系数 K
		组合 1（正常水位温降）
1	滑块 1：侧滑面 F_{30} 走向 NW45°，倾向 NE80°；底滑面 803.00m 高程，走向 NE40°，倾向 SE20°＋NW15°，切到建基面上游高程为 836.00～845.00m、下游为 830.00～845.00m	5.77

续表

编号	左岸典型滑块块体名称	安全系数 K
		组合 1（正常水位温降）
2	滑块 2：侧滑面走向 NW25°，倾向 NE75°；底滑面 770.00m 高程，走向 NE40°，倾向 SE20°+NW15°，切到建基面上游高程为 815.00～845.00m，下游为 805.00～845.00m	4.52
3	滑块 3：侧滑面走向 NW25°，倾向 NE75°；底滑面 787.00m 高程，走向 NE40°，倾向 SE20°+NW15°，切到建基面上游高程为 822.00～845.00m，下游为 815.00～845.00m	5.13
4	滑块 4：侧滑面走向 NW25°，倾向 NE75°；底滑面 803.00m 高程，走向 NE40°，倾向 SE20°+NW15°，切到建基面上游高程为 832.00～845.00m，下游为 827.00～845.00m	5.58
5	滑块 5：侧滑面走向 NW25°，倾向 NE75°；底滑面 816.00m 高程，走向 NE40°，倾向 SE20°+NW15°，切到建基面上游高程为 839.00～845.00m，下游为 835.00～845.00m	6.73
6	滑块 6：侧滑面走向 NW25°，倾向 NE75°；底滑面 770.00m 高程，走向 NE40°，倾向 SE20°+NW15°，切到建基面上游高程为 814.00～835.00m、下游为 805.00～835.00m	4.54
7	滑块 7：侧滑面走向 NW25°，倾向 NE75°；底滑面 787.00m 高程，走向 NE40°，倾向 SE20°+NW15°，切到建基面上游高程为 822.00～835.00m，下游为 815.00～835.00m	5.66
8	滑块 8：侧滑面走向 NW25°，倾向 NE75°；底滑面 803.00m 高程，走向 NE40°，倾向 SE20°+NW15°，切到建基面上游高程为 832.00～835.00m，下游为 826.00～835.00m	6.27
9	滑块 9：侧滑面走向 NW25°，倾向 NE75°；底滑面 770.00m 高程，走向 NE40°，倾向 SE20°+NW15°，切到建基面上游高程为 815.00～825.00m，下游为 805.00～826.00m	4.79
10	滑块 10：侧滑面走向 NW25°，倾向 NE75°；底滑面 787.00m 高程，走向 NE40°，倾向 SE20°+NW15°，切到建基面上游高程为 822.00～825.00m，下游为 815.00～826.00m	5.67
11	滑块 11：侧滑面走向 NW25°，倾向 NE75°；底滑面 770.00m 高程，走向 NE40°，倾向 SE20°+NW15°，切到建基面上游高程为 814.00～815.00m，下游为 805.00～815.00m	4.85

表 66.15　　　　　　　　　　**右岸典型滑块静力抗滑稳定安全系数值表**

编号	右岸典型滑块块体名称	安全系数 K
		组合 1（正常水位温降）
12	滑块 12：侧滑面 F_{16} 走向 NW64°，倾向 NE73°；底滑面 770.00m 高程，走向 NE15°，倾向 SE15°+NW15°，切到建基面上游高程为 790.00～800.00m，下游为 783.00～800.00m	4.9

续表

编号	右岸典型滑块块体名称	安全系数 K
		组合 1（正常水位温降）
13	滑块 13：侧滑面走向 NW60°，倾向 NE55°；底滑面 808.00m 高程，走向 NE15°，倾向 SE20°+NW15°，切到建基面上游高程为 832.00～835.00m、下游为 825.00～836.00m	9.37
14	滑块 14：侧滑面 F_{37} 走向 NW65°，倾向 NE65°；底滑面 821.00m 高程，走向 NE15°，倾向 SE30°+NW15°，切到建基面上游高程为 845.00～835.00m、下游为 836.00～855.00m	4.25

左岸所有滑块中最小的安全系数 4.52 为滑块 2 在正常水位温降工况下所得的安全系数，最大的安全系数 6.73 为滑块 5 在正常水位温降工况下所得的安全系数。左岸滑块的安全系数均大于 3.5，满足规范的要求。

右岸所有滑块中最小的安全系数 4.25 为滑块 14 在正常水位温降的工况下所得的安全系数，最大的安全系数 9.37 为滑块 13 在正常水位温降的工况下所得的安全系数。右岸滑块的安全系数均大于 3.5，满足规范的要求。

（2）动力稳定分析。所有滑块的动力稳定安全系数见表 66.16。所有滑块的动力抗滑稳定安全系数均大于 1.31，满足规范要求。

表 66.16　　　　　　　　　　　动力稳定安全系数表

滑块	最小的安全系数					
	粘弹性边界（100%辐射阻尼）		固定边界（无辐射阻尼）		50%辐射阻尼	
	$a_h=0.36g$	$a_h=0.41g$	$a_h=0.36g$	$a_h=0.41g$	$a_h=0.36g$	$a_h=0.41g$
	正常水位温降	正常水位温降	正常水位温降	正常水位温降	正常水位温降	正常水位温降
1	3.32	3.04	2.84	2.56	3.22	3.10
2	2.53	2.25	2.20	1.97	2.36	2.13
3	2.98	2.72	2.60	2.24	2.83	2.64
4	3.46	3.10	2.88	2.56	3.32	3.04
5	3.89	3.70	3.46	3.17	3.74	3.56
6	2.90	2.65	2.32	2.07	2.74	2.57
7	3.40	3.14	3.15	2.74	3.31	2.87
8	3.94	3.58	3.34	2.97	3.75	3.42
9	2.94	2.73	2.63	2.26	2.80	2.65
10	3.40	3.31	3.25	2.77	3.36	3.19
11	3.16	2.94	2.85	2.41	2.95	2.80
12	2.80	2.74	2.51	2.34	2.69	2.57
13	4.20	3.66	4.06	3.46	4.05	3.54
14	2.40	2.23	2.26	1.98	2.30	2.13

（3）重力墩稳定分析。重力墩基面抗滑稳定分析：左右岸重力墩基面的静力、动力抗滑稳定安全系数见表 66.17、表 66.18。静力情况下两种工况安全系数均大于 3.5，动力情况下所有安全系数均大于 1.31，均满足规范要求。

表 66.17　　　　　　　　　重力墩基面静力抗滑稳定安全系数表

岸　　别	安全系数 K
	正常水位温降
左岸	6.64
右岸	6.95

表 66.18　　　　　　　　　重力墩基面动力抗滑稳定安全系数表

岸别	最小的安全系数 K					
	粘弹性边界（100%辐射阻尼）		固定边界（无辐射阻尼）		50%辐射阻尼	
	$a_h=0.36g$	$a_h=0.41g$	$a_h=0.36g$	$a_h=0.41g$	$a_h=0.36g$	$a_h=0.41g$
	正常水位温降	正常水位温降	正常水位温降	正常水位温降	正常水位温降	正常水位温降
左岸	3.68	3.49	1.78	1.66	2.87	2.74
右岸	2.97	2.77	1.84	1.59	2.54	2.32

66.6.4　整体地质力学模型有限元计算结果

（1）静力整体稳定计算结果。对整体模型进行静力整体稳定性评价时，考虑到刚体极限平衡法的计算成果，只针对安全系数较小的三块典型滑块进行了稳定性计算。在计算过程中，块体四周设置接触面薄层，然后逐步对块体周围的接触面进行降强，相应块体上特征点位移突变时刻降强系数的倒数即为块体的安全系数。滑块安全系数见表 66.19，滑块 2 正常温降安全系数见图 66.54。

表 66.19　　　　　　　　　滑 块 安 全 系 数 表

滑　　块	工况	安全系数
滑块 2：侧滑面走向 NW25°，倾向 NE75°；底滑面 770.00m 高程，走向 NE40°，倾向 SE20°+NW15°，切到建基面上游高程为 815.00～845.00m，下游为 805.00～845.00m	正常蓄水位温降	4.3
	正常蓄水位温升	4.7
滑块 12：侧滑面 F_{16} 走向 NW64°，倾向 NE73°；底滑面 770.00m 高程，走向 NE15°，倾向 SE15°+NW15°，切到基面上游高程为 790.00～800.00m，下游为 783.00～800.00m	正常蓄水位温降	5.0
	正常蓄水位温升	5.25
滑块 14：侧滑面 F_{37} 走向 NW65°，倾向 NE65°；底滑面 821.00m 高程，走向 NE15°，倾向 SE30°+NW15°，切到基面上游高程为 845.00～835.00m、下游为 836.00～855.00m	正常蓄水位温降	4.0
	正常蓄水位温升	4.25

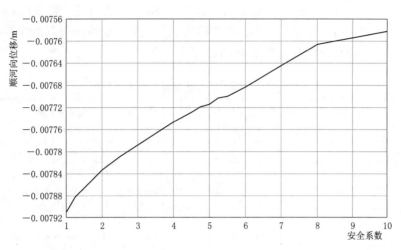

图 66.54　滑块 2 正常蓄水位温降安全系数图 （$K=4.3$）

（2）超载方案计算结果。计算模型采用两种，模型 1 为坝身采用损伤本构模型，地基采用 DP 本构模型，模型 2 为坝身采用损伤本构模型，地基采用弹性本构模型。不同模型下的坝体超载安全系数见表 66.20，坝体超载安全系数见图 66.55。在超载过程中，两种方案模型地基和坝体的破坏过程、破坏位置及破坏形式是基本相同的。

表 66.20　　　　　　　　　不同模型下坝体的超载安全系数表

荷载组合	安全系数
正常蓄水位温降（模型 1）	4.2
正常蓄水位温降（模型 2）	4.3

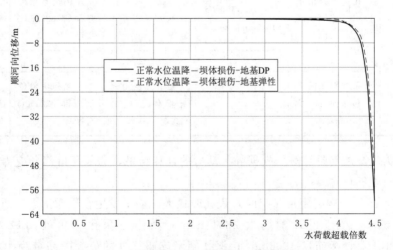

图 66.55　坝体超载安全系数图 （两种模型比较）

66.6.5　孔口应力分析及配筋计算结果

（1）静力计算结果。通过整体模型孔口部分与加密后子模型孔口部分应力及位移的比较，可以看出，加密后子模型孔口部位的位移与加密前是一致的，应力稍有不同。两种模型孔口部分应力及位移最值及分布见表 66.21。

表 66.21　　　　　　　　两种模型孔口部分应力及位移最值及分布表

模型	项目	最大主拉应力 /MPa	最大主压应力 /MPa	最大横河向 位移/mm	最大顺河向 位移/mm	最大竖向位移 /mm
整体模型	数值	3.50	−8.26	14.23	−51.35	16.61
	位置	右侧边墩下部 860.00m 高程	上游面右侧边墩旁边 854.50m 高程	溢流面最左侧上部 858.00m 高程	中间闸墩顶部 875.00m 高程	孔口下游外伸部分顶部 822.50m 高程
子模型	数值	3.62	−11.38	14.23	−51.35	16.61
	位置	右侧边墩下部 860.00m 高程	上游面右侧边墩旁边 854.50m 高程	溢流面最左侧上部 858.00m 高程	中间闸墩顶部 875.00m 高程	孔口下游外伸部分顶部 822.50m 高程

（2）深孔静力应力分析。为了解深孔及相应部位闸墩的应力变形情况，取出深孔及相应部位闸墩的应力、位移进行比较分析，具体应力、位移最值及分布见表 66.22。

表 66.22　　　　　　　　深孔及相应部位闸墩应力、位移最值及分布表

模型	项目	最大主拉应力	最大主压应力	最大横河向位移	最大顺河向位移	最大竖向位移
整体模型	数值	0.72	−6.47	1.04	−3.17	−15.38
	位置	孔口下游出水口底部中间 808.60m 高程	进水口顶部 815.50m 高程	右侧闸墩外伸处底部 808.60m 高程	左侧闸墩最外侧顶部 822.50m 高程	右侧闸墩外伸处底部 808.60m 高程
加密模型	数值	1.85	−7.02	−1.25	−3.31	−16.61
	位置	靠近坝体的下游外伸部位 822.50m 高程	上游进水口顶部 815.50m 高程	孔口右侧中部与坝体连接处 813.30m 高程	左侧闸墩最外侧顶部 822.50m 高程	右侧闸墩最外侧顶部 822.50m 高程

（3）动力工况配筋量计算。根据静、动力的计算结果，选取孔口部分应力值较大的典型剖面，进行配筋计算。

在设计地震 50％辐射阻尼工况时，表孔时最大配筋量发生在边墩剖面，所需总配筋量为 13269.35mm²，小于设计配筋量 23311mm²；坝体与深孔交角处的最大配筋量为 1905mm²，小于设计配筋量 4906mm²；深孔闸墩支座梁处的最大配筋量为 1879mm²，小于设计配筋量 4559mm²。原设计配筋量均满足配筋要求。

在校核地震 100％辐射阻尼工况时，表孔时最大配筋量在中墩剖面，所需总的配筋量为 11943.8mm²，小于设计配筋量 36608mm²；深孔坝体与深孔交角处的最大配筋量为 1753mm²，小于设计配筋量 4906mm²；深孔闸墩支座梁处的最大配筋量为 2740mm²，小于设计配筋量 4559mm²。原设计配筋量均满足配筋要求。

综上所述，在设计地震 50％辐射阻尼工况及校核地震 100％辐射阻尼工况时，原设计的配筋量均满足配筋要求。

66.6.6　压缩变形分析

各工况下压缩变形分析计算结果见表 66.23，由表中数值可知，断层和软岩的压缩变形位移和压缩率总体来说还是比较小的。

表 66.23　各工况下压缩量分析计算成果表

工况	地质构造	压缩量/m	压缩率/％
正常蓄水位温降工况	软岩 R_{01}、R_{02}	0.0035326	0.883
	软岩 R_{15}、R_{16}	0.005064	1.266
	断层 $f_{43} \sim f_{46}$	0.001256	0.0837
	软岩 R_{19}、R_{20}	0.001739	0.435
	断层 F_8	0.0059031	0.328
正常蓄水位温升工况	软岩 R_{01}、R_{02}	0.0035045	0.876
	软岩 R_{15}、R_{16}	0.005049	1.262
	断层 $f_{43} \sim f_{46}$	0.0012207	0.0814
	软岩 R_{19}、R_{20}	0.0016911	0.4229
	断层 F_8	0.0058449	0.3247

66.6.7　坝基置换块部位基岩静力应力计算结果

置换块部位基岩第三主应力见图 66.56～图 66.58。右岸坝基混凝土置换部位基岩所受的应力值较左岸要高，在正常蓄水位温升工况下所受应力最大。

下游侧所受第三主应力最大值：左岸为 2.0MPa，发生在正常蓄水位温升和温降工况，位于 20～21 号拱坝坝段垫座下游侧，小于 3.0MPa，满足下游侧岩体承载力要求；右岸为 3.5MPa，发生在正常蓄水位温降工况，小于 4.0MPa，满足下游侧岩体承载力要求。

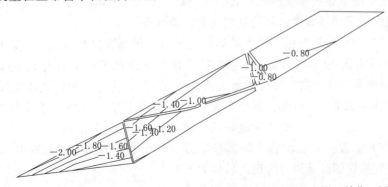

图 66.56　正常蓄水位温升左岸下游置换块部位基岩第三主应力图（单位：MPa）

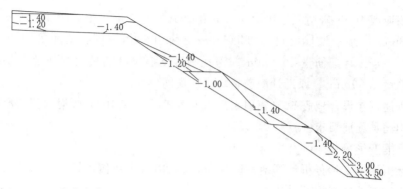

图 66.57　正常蓄水位温升右岸下游置换块部位基岩第三主应力图（单位：MPa）

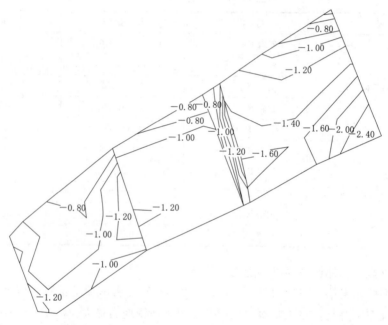

图 66.58　正常蓄水位温降右岸底部置换块部位基岩第三主应力图（单位：MPa）

置换块底部基岩所受第三主应力最大值发生在右岸正常蓄水位温升工况，最大值为 3.4MPa，小于垫座坑底岩体承载力 6.0MPa，满足承载力要求。

66.6.8　地震作用下坝基置换块部位基岩应力计算结果

校核地震（100％辐射阻尼）动力粘弹性人工边界坝基置换块部位，垫座坑底岩石所受第三主应力最大值为 2.6MPa，发生在左岸靠近下游侧部位，小于坑底岩石承载力 6.0MPa；下游侧岩石所受第三主应力最大值为 2.8MPa，发生在右岸置换块部位下游侧，小于下游侧岩体承载力 3.0MPa。右岸垫座坑底岩石所受第三主应力最大值为 3.6MPa，发生在右岸靠近下游侧部位，小于坑底岩石承载力 6.0MPa；下游侧岩石所受第三主应力最大值为 3.8MPa，发生在右岸置换块部位下游侧，小于下游侧岩体承载力 4.0MPa。地震作用下坝基置换块部位基岩应力满足承载力要求。

66.7　研究结论

通过本研究项目的计算分析可以得到以下结论:

66.7.1　静力情况下坝体应力分析结果

(1) 施工期空库情况下可以得到:最大主拉应力为 0.40MPa;最大主压应力为 4.29MPa;最大顺河向位移为 4.00mm。坝体的应力水平不高,位移较小。

(2) 坝体在一期蓄水时,最大主拉应力为 0.57MPa,最大主压应力为 3.70MPa。应力水平不高,位移较小。

(3) 坝体在二期蓄水时,死水位温升的最大主拉应力为 0.95MPa,最大主压应力为 4.93MPa;正常蓄水位温降的最大主拉应力为 0.63MPa,最大主压应力为 4.70MPa;正常蓄水位温降的最大主拉应力为 0.99MPa,最大主压应力为 5.02MPa。应力水平不高,位移较小。

(4) 坝体三期蓄水时,温度荷载对位移的影响较大,温升情况下位移要小一些,顺河向位移温降时 66.61mm,温升时 57.10mm,温升时降低 14% 左右。

应力结果显示,龙江拱坝总体应力水平不高。死水位时第一主应力最大值不到 1MPa,第三主应力最大值为 5.12MPa;正常温降时第一主应力最大值为 3.2MPa,第三主应力最大值为 7.07MPa;正常温升时第一主应力最大值为 3MPa,第三主应力最大值为 7.39MPa。由第一主应力最大值受温度的影响,正常蓄水位时温升的应力状态稍好于温降的应力状态。

(5) 坝体分期施工,荷载一次性施加的应力及位移情况与荷载随坝体浇筑时、施加时应力及位移变化规律是一致的。荷载的施加方式不同,对坝体的应力及位移有一定的影响,总体来说,荷载一次性施加时坝体的应力及位移要小一些。最大主拉应力死水位温升工况时荷载一次性施加时为 0.90MPa,荷载分期施加时为 0.94MPa,减小 0.04MPa,降低 4.26%;正常蓄水位温降工况时荷载一次性施加时为 2.89MPa,荷载分期施加时为 3.15MPa,减小 0.26MPa,降低 8.25%;正常蓄水位温升工况时荷载一次性施加时为 2.76MPa,荷载分期施加时为 3.02MPa,减小 0.26MPa,降低 8.61%。

最大主拉应力三种工况平均降低 7.04%;最大顺河向位移三种工况平均降低 15.88%。

(6) 通过坝体三期蓄水的应力,及施工期空库时应力、坝体分期施工,荷载一次性施加的应力来看,坝体的总体应力水平不高,满足安全的要求。

66.7.2　静力情况下等效应力分析结果

(1) 施工期空库的等效应力结果显示:等效第一主应力为 0.37MPa,等效第三主应力为 1.93MPa。这与有限元的结果较为一致。

(2) 二期蓄水的等效应力结果显示:死水位温升时的等效第一主应力为 0.90MPa,等效第三主应力为 2.69MPa;正常蓄水位温降时等效第一主应力为 0.50MPa,等效第三主应力为 2.49MPa;正常蓄水位温升时等效第一主应力为 0.87MPa,等效第三主应力为 3.01MPa。这与有限元的结果较为一致。

(3) 等效应力部分对坝体在三期蓄水、荷载一次性施加时的上下游坝面等效应力结果进行分析。等效应力的变化规律与有限元计算的变化规律是一致的。比较荷载施加的方式对等效应力的影响，可以得到：荷载一次性施加时坝体的应力及位移要好一些，这与有限元计算的结论基本一致；等效主拉应力：荷载一次性施加时，死水位温升时为 0.68MPa，正常蓄水位温降时为 1.09MPa，正常蓄水位温升时为 0.65MPa。三期蓄水时，死水位温升时为 0.71MPa，正常蓄水位温降时为 1.19MPa，正常蓄水位温升时为 0.92MPa。通过比较，荷载一次性施加时坝体的应力要小一些，死水位温升小 4.23%，正常蓄水位温升小 29.35%；等效主压应力：正常蓄水位温降小 3.46%，正常蓄水位温升小 3.25%。

66.7.3 动力情况下坝体应力分析结果

（1）固定边界模型（无辐射阻尼）情况：设计地震时，死水位时第一主应力为 2.93MPa，正常蓄水位时为 5.89MPa；顺河向位移死水位时为 42.10mm，正常蓄水位时为 92.30mm。在相同水位下，由于校核地震的作用比设计地震强，导致校核地震下应力及位移数值比设计地震下稍大。

（2）采用粘弹性人工边界（100%辐射阻尼）情况：设计地震时，死水位时第一主应力为 1.43MPa，正常蓄水位时为 5.31MPa；顺河向位移死水位时为 60.60mm，正常蓄水位时为 −107.00mm。在相同水位下，由于校核地震的作用比设计地震强，导致校核地震下应力及位移数值比设计地震下稍大。

（3）计入 50%辐射阻尼情况：设计地震时，死水位时第一主应力为 2.18MPa，正常蓄水位时为 5.60MPa；顺河向位移死水位时为 51.35mm，正常蓄水位时为 99.65mm。

（4）在死水位时计入 50%辐射阻尼时得到的最大第一主应力、第三主应力分别为 2.18MPa 和 6.26MPa，与固定边界模型得到的 2.93MPa 和 6.55MPa 相比较减少了 0.75MPa 和 0.29MPa，分别降低了 26%和 4.4%。

（5）在正常蓄水位时计入 50%辐射阻尼时得到的最大第一主应力、第三主应力分别为 5.60MPa 和 8.41MPa，与固定边界模型得到的 5.89MPa 和 8.77MPa 相比较减少了 0.29MPa 和 0.36MPa，分别降低了 5%和 4.1%。

（6）在动静叠加的情况下，计入 50%辐射阻尼的计算结果比采用固定边界（无辐射阻尼）的结果减小，最大降幅在 28%左右。

（7）综合各种计算工况下的动静叠加坝体应力计算结果可以看出，龙江拱坝动应力除坝踵处个别点由于应力集中导致应力值偏大之外，其他绝大部分区域的动应力均小于 2.65MPa，能够满足设计要求。

66.7.4 强震下横缝张开度分析结果

设计地震情况下采用固定边界模型时横缝最大张开度为 5.88mm，采用粘弹性边界考虑无限地基的辐射阻尼效应时横缝张开度不但幅值大幅降低，沿坝轴线方向的分布也有所不同。设计地震下考虑无限地基的辐射阻尼效应时横缝张开度为 3.09mm。与设计地震工况相比，校核地震情况下坝体横缝张开度有所增大。采用固定边界模型时横缝最大张开度为 7.97mm，考虑无限地基的辐射阻尼效应时横缝张开度为 3.28mm。整体来讲，地震下横缝张开度不大，最大不超过 6mm 的横缝张开不会引起缝间止水破坏。

66.7.5 分期施工分期蓄水横缝张开度分析结果

通过对分期施工分期蓄水横缝张开度进行分析，计算得到的绝大多数的横缝张开度超过 0.5mm，能够满足灌浆要求。

66.7.6　刚体极限平衡法坝肩稳定分析结果

（1）静力的情况下，左岸计算滑块中最小的安全系数 4.52 为滑块 2 在正常水位温降工况下所得的安全系数。右岸计算滑块中最小的安全系数 4.25 为滑块 14 在正常水位温降的工况下所得的安全系数。

所有滑块的安全系数均大于 3.5，满足规范的要求。

（2）动力的抗滑稳定计算中，左岸 1～11 号滑块最小的安全系数为 1.97，是滑块 2 在固定边界（无辐射阻尼）条件，正常水位温降＋校核地震的工况下所得到的。正常水位温降＋设计地震的工况下，最小的安全系数是 2.20，是滑块 2 在固定边界（无辐射阻尼）的条件下得到的。右岸 12～14 号滑块最小的安全系数为 1.98，是滑块 14 在固定边界（无辐射阻尼）条件，正常水位温降＋校核地震的工况下得到的。正常水位温降＋设计地震的工况下，最小的安全系数是 2.26，是滑块 14 在固定边界（无辐射阻尼）的条件下得到的。

动力的抗滑稳定计算中 50％辐射阻尼条件下，左岸最小的安全系数为 2.13，是滑块 2 在正常水位温降＋校核地震的工况下得到的。正常水位温降＋设计地震的工况下最小的安全系数为 2.36。右岸最小的安全系数为 2.13，是滑块 14 在正常水位温降＋校核地震的工况下得到的。正常水位温降＋设计地震的工况下最小的安全系数为 2.30。

动力的抗滑稳定计算中，所有滑块的动力抗滑稳定安全系数均大于 1.31，满足规范要求。

66.7.7　刚体极限平衡法重力墩稳定分析结果

（1）重力墩基面的抗滑稳定中，分别计算了左右岸重力墩基面静力和动力的安全系数。

（2）静力的情况下，左右岸重力墩基面在正常水位温降工况下的安全系数，分别为 6.64 和 6.95，满足规范的要求。

（3）重力墩基面的抗滑稳定的动力的情况下，左右岸重力墩基面的动力抗滑稳定安全系数最小的为 1.59，是右岸重力墩基面在固定边界（无辐射阻尼）条件下，正常水位温降＋校核地震的工况下得到的。正常水位温降＋设计地震的工况下，最小的安全系数是 1.78 是右岸重力墩基面在固定边界（无辐射阻尼）的条件下得到的。

重力墩基面的抗滑稳定的动力的情况下，考虑 50％辐射阻尼的条件，最小的安全系数为 2.32，是右岸重力墩基面在正常水位温降＋校核地震的工况下得到的。正常水位温降＋设计地震工况的最小安全系数是 2.54。

重力墩基面的抗滑稳定的动力的情况下，所有的安全系数均大于 1.31，均满足规范要求。

（4）重力墩的深层抗滑稳定分析中，同样计算了静力和动力的情况。

（5）静力的情况下，左右岸重力墩滑块正常水位温降工况下的安全系数分别为 10.13 和 8.71。均满足规范的要求。

（6）重力墩的深层抗滑稳定分析的动力情况下，最小的安全系数为 1.93，是左岸重力墩滑块在固定边界（无辐射阻尼）条件下、正常水位温降＋校核地震的工况下所得到的。正常水位温降＋设计地震的工况下，最小的安全系数是 2.28，是左岸重力墩滑块在固定边界（无辐射阻尼）的条件下得到的。

　　考虑 50％辐射阻尼的条件，最小的安全系数为 3.36，是右岸重力墩滑块在正常温降＋校核地震的工况下所得到的。正常水位温降＋设计地震工况的最小安全系数是 3.70。

　　重力墩的深层抗滑稳定分析动力情况下，所有安全系数均大于 1.31，均满足规范要求。

66.7.8　静力整体（降强法）稳定分析结果

　　对刚体极限平衡法计算中安全系数较小的滑块 2、12、14 进行静力整体稳定计算，最小安全系数为 4.0 是滑块 12 在正常蓄水位温降下得到的，满足规范要求。

66.7.9　静力超载分析结果

　　以超水容重的方式进行整体超载安全度的计算。正常蓄水位温升时模型 1 超载安全系数为 4.1，模型 2 超载安全系数 4.3；正常蓄水位温降时模型 1 超载安全系数 4.1，模型 2 超载安全系数 4.2。其中得到的安全系数为弹性极限安全系数，模型 1 为坝身采用损伤模型，地基采用 DP 模型，模型 2 为坝身损伤模型，地基为弹性材料。

66.7.10　动力整体分析结果

　　(1) 动力整体地质模型有限元计算。粘弹性边界（100％辐射阻尼）较固定边界（无辐射阻尼），塑性破坏区小。从地震结束后的 y 向永久位移上看，固定边界（无辐射阻尼）产生的 y 向永久位移，设计地震和校核地震差距不大，最大顺河向位移发生在坝体顶部，位移值分别为 0.05753m，0.0639m。粘弹性边界（100％辐射阻尼）产生的顺河向最大位移在设计地震和校核地震时分别为 0.0659m 和 0.07542m。

　　(2) 通过动力整体地质模型有限元计算发现，龙江拱坝工程运行过程发生设计地震及校核地震时，坝基及坝体可能会出现一些不可避免的局部屈服破坏，但远没有形成完整的滑动通道，屈服范围与静力情况相比有所增大，但增大不多，而与处于极限平衡状态的超载情况相比，屈服范围要小很多。从总体上来看，龙江工程的整体抗震安全性是有保障的。

66.7.11　动力超载分析结果

　　以超峰值加速度的方式进行动力整体超载的计算。粘弹性边界（100％辐射阻尼）超载峰值加速度为 0.91g，固定边界（无辐射阻尼）超载峰值加速度为 0.71g。两者相比，粘弹性边界比固定边界大 28.2％，辐射阻尼的作用明显。两者与校核加速度相比，粘弹性边界是其 2.195 倍，固定边界为 1.732 倍。为设计加速度的 2.528 倍和 1.972 倍。龙江工程有一定的抗震安全储备。

66.7.12　渗流计算分析结果

　　(1) 渗流场计算中，正常蓄水位最大渗透压力为 7.673MPa，死水位最大渗透压力为 7.453MPa。正常蓄水位工况帷幕处的渗透坡降为 1.637，死水位工况帷幕处的渗透坡降为 1.11，小于允许坡降 3.0，满足设计要求。帷幕正常时的软岩 R_{19}、R_{20} 的渗透坡降为 0.194，帷幕失效时的渗透坡降为 0.65，小于允许坡降 1.0，满足设计要求。

　　(2) 软岩 R_{19}、R_{20} 处帷幕正常工作时，正常蓄水位渗流量为 73.6m³/d，死水为 44.4m³/d；帷幕失效时正常蓄水位渗流量为 74.5m³/d，死水位 44.9m³/d。渗流量与同类工程相比渗流量较小。

66.7.13　变形稳定分析结果

压缩变形最大处发生在断层 F_8 处，最大位移值发生在正常蓄水位温降工况下，最大值为 5.9031mm，压缩变形率为 0.328%。最大压缩率为 1.266%（最大压缩量仅为 5.064mm），发生在正常蓄水位温降工况下的软岩 R_{15}、R_{16} 处。

66.7.14　回填基础（置换块）应力分析结果

（1）右岸坝基混凝土置换部位基岩所受的应力值较左岸要高，在正常蓄水位温升工况下所受应力最大。下游侧所受第三主应力，左岸最大值为 2.0MPa 发生在正常蓄水位温升和温降工况，位于 20～21 号拱坝坝段垫座下游侧，小于 3.0MPa，满足岩体承载力要求；右岸最大值 3.5MPa，发生在正常蓄水位温升右岸下游侧，小于 4.0MPa，满足下游侧岩体承载力要求。置换块底部基岩所受第三主应力最大值发生在右岸正常蓄水位温升工况，最大值为 3.4MPa，小于垫座坑底岩体承载力 6.0MPa，满足要求。

（2）地震工况下左岸垫座坑底岩石所受第三主应力最大值为 2.6MPa，发生在左岸靠近下游侧部位，小于坑底岩石承载力 6.0MPa；下游侧岩石所受第三主应力最大值为 2.8MPa，发生在右岸置换块部位下游侧，小于下游侧岩体承载力 3.0MPa。右岸垫座坑底岩石所受第三主应力最大值为 3.6MPa，发生在右岸靠近下游侧部位，小于坑底岩石承载力 6.0MPa；下游侧岩石所受第三主应力最大值为 3.8MPa，发生在右岸置换块部位下游侧，小于下游侧岩体承载力 4.0MPa。满足要求。

66.7.15　孔口应力分析及配筋计算结果

（1）孔口部分加密前后的位移是一致的，这是由于在加密孔口部分时采用加密前空口部分的位移作为约束条件的原因。

（2）通过对孔口部分的应力分析，得到整体模型孔口部分的最大拉应力为 3.50MPa，最大主压应力为 8.26MPa，加密模型的最大拉应力为 3.62MPa 最大主压应力为 11.38MPa。由于施加的荷载是相同的，故应力最值的发生位置是一致的，只是数值有点不同，这是由于加密前后的网格尺寸不同。

（3）对深孔及闸墩部分进行分析，由于闸墩及深孔进水口的前部是相对于坝体外伸的部位，比孔口的其他部位危险。整体模型与加密模型在深孔及闸墩部分的最大应力值及位移值大多发生在孔口的外伸部位。以最大主拉应力为例，整体模型中孔口及闸墩的最大主拉应力发生在孔口下游出水口底部中间；加密模型中孔口及闸墩的最大主拉应力发生在靠近坝体的下游外伸部位。

（4）对孔口部分进行配筋计算，可以得到，配筋量较大的部位一般都在静、动力计算受力较大的部位。

（5）通过计算的配筋量，可以看出，在校核地震 100% 辐射阻尼工况及设计地震 50% 辐射阻尼工况时，均有以下规律：表孔典型剖面出现最大配筋量的线号处在扇形筋密集的部位，深孔典型剖面出现最大配筋量的线号处在深孔坝体与深孔交角处及闸墩支座梁处。深孔外悬部位，特别是与坝体连接处的部位及闸墩的支座梁，所受应力较为集中，所需配筋量较大。

（6）设计配筋量：坝体与深孔交角处的配筋量为 4906mm²，深孔闸墩支座梁处的配筋为 4559mm²，深孔其他部位为 1500mm²，此时配筋量是指单位长度（每米）上的配筋量。

对于表孔，边墩所需的配筋量是 23311mm^2，中墩所需的配筋量是 36608mm^2，此时的配筋量为相应剖面上总的配筋量。

（7）在设计地震 50％辐射阻尼工况时，表孔时最大配筋量发生在 B—B 剖面（边墩），B—B 总配筋量为 13269.35mm^2，小于 23311mm^2；坝体与深孔交角处的最大配筋量为 1905mm^2，小于 4906mm^2；深孔闸墩支座梁处的最大配筋量为 1879mm^2，小于 4559mm^2。原设计配筋量均满足配筋要求。

（8）在校核地震 100％辐射阻尼工况时，表孔时最大配筋量在 H—H 剖面（中墩），H—H 剖面总的配筋量为 11943.8mm^2，小于 36608mm^2；深孔坝体与深孔交角处的最大配筋量为 1753mm^2，小于 4906mm^2；深孔闸墩支座梁处的最大配筋量为 2740mm^2，小于 4559mm^2。原设计配筋量均满足配筋要求。

综上所述，在设计地震 50％辐射阻尼工况及校核地震 100％辐射阻尼工况时，原设计的配筋量均满足配筋要求。

第 67 章　混凝土拱坝温度应力仿真分析

67.1　计算目的

混凝土温控是为了防止大体积混凝土产生温度裂缝,以保证建筑物的整体性和耐久性。当大体积混凝土的体积变形受到约束时,就会产生拉伸应变与应力,当拉应力或拉伸应变超过混凝土的极限值时,将会产生裂缝。大体积混凝土的体积变形主要来自混凝土的水化热温升,由于混凝土导温系数小,在其硬化过程中相对于初始温度其内部各点温度不同,存在非线性温度场,即受内部约束又有外部约束,因而产生温度应力。而拱坝一般比较单薄,对外界气温和水温的变化比较敏感,坝内温度变化比较大,而且其三面受到基岩的约束,温度变形受外界约束比较大,在其内部将可能产生较大的温度应力,因此,通过混凝土拱坝温度应力仿真计算,确定温控标准和温控措施,是保证混凝土的浇筑质量、消除坝体裂缝,尤其是危害性较大的裂缝的重要手段。

67.2　基本资料及设计参数

67.2.1　水文气象资料

根据潞西气象站资料统计,坝址多年平均气温 19.5℃,极端最高气温 36.2℃,极端最低气温−0.6℃。流域内多西南风,潞西站最大风速为 15.7m/s,相应风向为西风。坝址区气象条件见表 67.1。

表 67.1　　　　　　　　　　潞西市气象站气温特征值统计表

月份	1	2	3	4	5	6	7	8	9	10	11	12	全年
平均气温/℃	12.1	14.2	17.6	20.9	23.3	24.0	23.7	23.8	23.3	20.9	16.7	13.0	19.5
极端最低/℃	−0.6	1.4	3.6	8.1	13.5	16.7	15.9	17.6	15.1	9.3	3.9	−0.1	−0.6
极端最高/℃	25.7	28.9	32.9	35.4	36.2	34.9	34.1	35.3	34.5	32.4	29.7	26.8	36.2

考虑到无实测的河水温度资料,为了进行温控计算,参考附近其他工程,确定各月河水温度,水温资料见表 67.2。

表 67.2　　　　　　　　　　　　水 温 资 料 表

月份	1	2	3	4	5	6	7	8	9	10	11	12	全年
平均水温/℃	13.8	15.1	16.9	19.8	21.4	21.8	22.2	22.8	22.6	21.8	18.5	15.6	19.36

67.2.2　混凝土原材料

龙江水电站枢纽工程大坝混凝土原材料主要为:

水泥:采用云南红塔滇西水泥股份有限公司生产的中热硅酸盐水泥(P·MH42.5)。

掺合料：采用江腾火山灰开发有限责任公司火山灰（单掺）。

外加剂：选用成都长安育才生产的 GK-4A 缓凝高效减水剂及 GK-9A 引气剂。

骨料：采用 MY 砂砾石料场天然料。

水：拌和用水采用江水或其他无污染的水源。

67.2.3　混凝土技术指标

混凝土设计主要技术指标见表 67.3。

表 67.3　　　　　　　　　大坝混凝土设计主要技术指标表

编号	工程部位	混凝土设计强度等级	龄期 /d	水泥品种	级配	限制水灰比	极限拉伸值 /28d	备注
1	坝体、二道坝内部	C25W8F50	90	中热硅酸盐水泥	三、四	0.5	$\geqslant 0.8 \times 10^{-4}$	加火山灰25%
2	坝体约束区、坝体回填基础	C25W8F50	90	中热硅酸盐水泥	三、四	0.5	$\geqslant 0.85 \times 10^{-4}$	加火山灰25%
3	坝体	C30W8F50	90	中热硅酸盐水泥	三、四	0.5	$\geqslant 0.8 \times 10^{-4}$	加火山灰25%
4	坝体约束区、坝体回填基础	C30W8F50	90	中热硅酸盐水泥	三、四	0.5	$\geqslant 0.85 \times 10^{-4}$	加火山灰25%
5	深孔、表孔闸墩	C30W8F50	28	普通硅酸盐水泥	二、三	0.5		
6	深孔、表孔过水面、消能塘底板和二道坝表面及消能塘边墙	C35W8F50	28	普通硅酸盐水泥	二、三	0.45		抗冲耐磨

67.2.4　混凝土材料的力学、热学性能

67.2.4.1　混凝土推荐配合比

龙江水电站枢纽工程大坝混凝土试验推荐配合比见表 67.4。

67.2.4.2　混凝土热学性能和绝热温升指标

根据混凝土热学试验，龙江水电站混凝土推荐配合比的热学性能见表 67.5。

混凝土的绝热温升主要受水泥品种，水泥用量，混合材料品种、用量和浇筑温度等因素影响。不同龄期混凝土的水化热绝热温升用式（67.1）来拟合：

$$T(t) = \frac{\theta_0 t}{d + t} \tag{67.1}$$

式中：$T(t)$ 为混凝土绝热温升，℃；t 为混凝土龄期，d；θ_0 及 d 为常数。

根据混凝土热学试验，推荐配合比绝热温升见表 67.6。

表 67.4　　混凝土推荐配合比统计表

混凝土种类	技术标号	骨料级配	水泥品种	水胶比	砂率/%	火山灰掺量/%	外加剂品种及掺量/% GK-4A 高效缓凝减水剂	GK-9A 引气剂	坍落度/cm	含气量/%	单方混凝土材料用量/(kg/m³) 水	水泥	火山灰	石灰石	胶凝材料总量	砂	石
大坝混凝土	C25W8F50	四 20：20：30：30	上登中热 P·MH 42.5	0.45	24	30	0.50	0.003	5.7	4.6	80	124	53	—	177	510	1609
	C30W8F50	四 20：20：30：30		0.38	23	30	0.50	0.003	6.5	4.6	76	140	60	—	200	487	1623
	C25W8F50	三 30：30：40		0.44	29	30	0.60	0.002	5.0	4.1	88	141	61	—	202	608	1483
	C30W8F50	三 30：30：40		0.39	28	30	0.60	0.002	5.5	4.0	85	153	66	—	219	586	1500

表 67.5　　　　　　　　　　　　混凝土热学性能指标试验结果表

技术标号	导温系数 a /(m²/h)	导热系数 λ /[kJ/(m·h·℃)]	比热 C /(kJ/kg·℃)	容重 ρ /(kN/m³)	线胀系数 α /(10⁻⁶/℃)
C25W8F50 四级配	0.00417	7.707	0.775	24	6.9
C30W8F50 四级配	0.00417	7.016	0.893	24	7.1
C25W8F50 三级配	0.00417	6.718	0.771	24	6.8
C30W8F50 三级配	0.00417	7.990	0.722	24	7.0

表 67.6　　　　　　　　　　混凝土绝热温升试验成果及拟合公式结果表

技术标号	混凝土初温 /℃	绝热温升/℃					拟合公式
		1d	3d	7d	14d	28d	
C25W8F50 四级配	22.3	7.8	14.3	18.5	22.3	25.2	$T = \dfrac{28.29t}{3.35+t}$
C30W8F50 四级配	23.0	8.0	16.5	23.1	26.6	27.9	$T = \dfrac{30.25t}{2.28+t}$
C25W8F50 三级配	23.2	6.8	16.8	22.9	26.2	28.2	$T = \dfrac{30.76t}{2.61+t}$
C30W8F50 三级配	24.6	9.3	17.4	24.3	27.1	29.5	$T = \dfrac{32.37t}{2.55+t}$

67.2.4.3　混凝土力学性能指标

（1）混凝土弹性模量。混凝土弹性模量试验成果见表 67.7。

表 67.7　　　　　　　　　　混凝土弹性模量试验成果表

技术标号	E_0/GPa		
	28d	90d	180d
C25W8F50 四级配	31.2	31.7	32.4
C30W8F50 四级配	28.8	29.9	30.1
C25W8F50 三级配	27.0	28.2	30.3
C30W8F50 三级配	27.6	31.3	32.2

（2）徐变参数。混凝土徐变参数见表 67.8。

表 67.8　　　　　　　　　　混 凝 土 徐 变 参 数 表

龄期 /d	徐 变 参 数								
	持荷时间/d								
	0	3	7	14	28	45	90	180	360
7	0	13.3	17.4	21.0	25.2	27.6	31.5	34.6	37.4
28	0	6.4	8.0	9.7	11.0	12.4	14.3	15.6	17.5
90	0	2.7	3.4	4.1	5.3	6.0	7.2	8.4	9.9
180	0	1.9	2.5	3.0	4.0	4.5	5.5	6.6	7.9

（3）自生体积变形。根据试验成果，龙江大坝混凝土为收缩型，自生体积变形成果见表 67.9。

表 67.9　　　　　　　　　　　混凝土自生体积变形试验结果表

技术标号	自生体积变形/($\times 10^{-6}$)					
	0d	1d	2d	7d	10d	15d
C25W8F50 四级配	0	−1.3	−1.8	−2.4	−4.2	−7.9
C30W8F50 四级配	0	−1.5	−2.6	−6.4	−10.3	−13.5
C25W8F50 三级配	0	−2.7	−3.0	−9.6	−14.2	−18.0
C30W8F50 三级配	0	−1.6	−3.4	−11.2	−15.9	−21.3
技术标号	自生体积变形/($\times 10^{-6}$)					
	25d	28d	35d	60d	70d	80d
C25W8F50 四级配	−13.1	−13.7	−14.8	−23.0	−24.3	−25.5
C30W8F50 四级配	−17.2	−20.9	−22.2	−27.1	−28.4	−29.6
C25W8F50 三级配	−24.9	−27.1	−30.0	−35.4	−36.4	−37.7
C30W8F50 三级配	−29.3	−31.7	−34.2	−40.8	−42.1	−42.8

67.2.5　基岩热、力学性能

枢纽位于遮冒村上游约 6km 处的峡谷河段上，坝址地层为寒武系变质岩，坝址左右岸坝肩及尾岩抗力体部位主要为糜棱岩化花岗片麻岩，河谷除零星陡崖外，地表天然露头少见，均覆盖有第四系松散堆积层。

片麻岩（Gn）：灰白—深灰色，矿物成分主要为碱性长石、斜长石、石英和黑云母等。斑状变晶结构、糜棱结构，片麻构造和条带状构造。岩石质密、坚硬。

第四系松散层（Q）：主要分布于河谷及两岸山坡，残坡积层厚度一般小于 3m，河床冲积层厚度 12~15m，其表部有 2m 左右的中粗砂，下部主要为砂砾石层。

坝址岩体主要地质参数见表 67.10 和表 67.11。

表 67.10　　　　　　　　　　　基岩变形模量及泊松比表

高程 /m	左　岸		右　岸	
	变形模量/GPa	泊松比	变形模量/GPa	泊松比
875.00	3.0（重力墩）	0.28	3.0（重力墩）	0.28
862.00	3.0（重力墩）	0.28	3.0	0.30
849.00	5.0	0.30	4.6	0.32
835.00	6.4	0.30	6.3	0.30
821.00	6.0	0.30	6.0	0.30
807.00	7.0	0.30	7.0	0.30
793.00	7.0	0.28	7.0	0.28
776.00	7.0	0.28	7.0	0.28
760.00	7.0	0.28	7.0	0.28

| 表 67.11 | 基岩主要力学及热学参数表 | | | |

泊松比	导温系数 /(m²/h)	导热系数 / [kJ/(m·h·℃)]	比热 / [kJ/(kg·℃)]	线膨胀系数 /(×10⁻⁶/℃)
0.28	0.007435	14.5	0.75	6

67.2.6　坝体分缝分块

大坝分缝分块主要根据坝体结构要求，混凝土浇筑能力和温控防裂等要求进行划分。龙江水电站枢纽工程大坝不设纵缝，通仓浇筑。大坝设置横缝间距一般为 16.00～20.00m，从右至左将大坝分成 26 个坝段。其中 1～3 号重力墩坝段沿坝轴线展开长度 16.00m，底宽 28.17～34.30m；24～26 号重力墩坝段沿坝轴线展开长度 20m，底宽 33.08～41.50m；12～15 号坝段顶部设 3 个表孔，河床 13 号、14 号坝段为放水深孔（进口底板高程 810.00m，单孔洞身尺寸 3.50×5.50m，单孔出口孔口尺寸 3.50×4.50m），坝段 20.00m；其余均为 18.00m，最大底宽 23.76m。

67.3　水库水温模拟计算

水库水温是水电站大坝的一个重要的温度边界条件，直接影响到大坝运行期稳定温度场的分布和大坝的基础温差，以及温度控制标准，是大坝温度应力和温控设计的重要影响因素之一。影响水库水温分布的主要因素有：水库的形状参数、水文气象参数、水库运行条件参数和水库初始蓄水参数。

通过计算，龙江水电站枢纽工程运行期水库水温计算成果见表 67.12 和图 67.1、图 67.2。

| 表 67.12 | 龙江水电站枢纽工程运行期水库水温计算成果表 | | | | | | | | | | | | |

高程 /m	水　温/℃												
	1 月	2 月	3 月	4 月	5 月	6 月	7 月	8 月	9 月	10 月	11 月	12 月	年平均
872.00	14.02	16.30	19.16	21.73	23.80					22.70	18.21	15.30	20.88
865.00	14.30	15.82	18.34	21.00	22.44	24.60	24.97	25.10	24.15	22.19	18.12	15.35	20.53
860.00 溢流表孔	14.40	15.46	17.78	20.05	21.34	24.00	24.50	25.00	24.00	21.93	18.09	15.38	20.16
855.00	14.47	15.33	17.35	19.13	20.60	23.36	24.00	24.65	23.73	21.68	18.00	15.39	19.81
850.00	14.53	15.27	17.05	18.40	19.50	22.62	23.48	24.00	23.42	21.36	17.91	15.40	19.41
845.00	14.57	15.22	16.80	18.09	18.89	21.28	22.62	23.42	23.00	21.08	17.87	15.41	19.02
840.00	14.59	15.16	16.50	17.66	18.58	19.74	21.64	22.40	22.40	20.53	17.78	15.43	18.54
835.00	14.61	15.16	16.19	17.29	18.15	18.99	20.05	20.80	21.46	19.74	17.66	15.45	17.96
830.00	14.63	15.15	16.07	17.11	17.85	18.28	19.44	19.68	20.00	18.95	17.42	15.45	17.50
823.00 进水口底板	14.64	15.14	15.88	16.80	17.35	17.85	18.70	19.07	19.25	18.24	17.05	15.45	17.12
820.00	14.65	15.13	15.76	16.50	16.99	17.34	18.09	18.34	18.00	17.69	16.62	15.45	16.71
815.00	14.67	15.12	15.58	16.00	16.44	16.63	17.17	17.20	17.31	17.23	16.13	15.45	16.24

续表

高程/m	水　温/℃												
	1 月	2 月	3 月	4 月	5 月	6 月	7 月	8 月	9 月	10 月	11 月	12 月	年平均
810.00 深孔	14.69	15.11	15.46	15.88	16.00	16.15	16.20	16.34	16.37	16.30	15.76	15.45	15.81
805.00	14.72	15.11	15.33	15.54	15.82	15.82	15.88	16.00	15.96	15.84	15.76	15.45	15.60
800.00	14.75	15.10	15.29	15.30	15.50	15.50	15.50	15.48	15.52	15.45	15.45	15.45	15.36
795.00	14.79	15.10	15.27	15.33	15.46	15.46	15.50	15.46	15.50	15.45	15.45	15.45	15.35
790.00	14.81	15.10	15.23	15.33	15.40	15.40	15.50	15.45	15.46	15.45	15.45	15.45	15.34
785.00	14.84	15.10	15.20	15.33	15.37	15.37	15.46	15.45	15.45	15.45	15.45	15.45	15.33
780.00	14.87	15.10	15.19	15.33	15.35	15.35	15.40	15.45	15.45	15.45	15.45	15.45	15.32
775.00	14.90	15.10	15.18	15.20	15.33	15.35	15.40	15.45	15.45	15.45	15.45	15.45	15.31
770.00	14.92	15.10	15.16	15.20	15.33	15.35	15.40	15.45	15.45	15.45	15.45	15.45	15.31
760.00	14.98	15.09	15.15	15.20	15.33	15.35	15.40	15.45	15.45	15.45	15.45	15.45	15.31
气温	12.1	14.2	17.6	20.9	23.3	24	23.7	23.8	23.3	20.9	16.7	13	19.46
入库水温	13.8	15.1	16.9	19.8	21.4	21.8	22.2	22.8	22.6	21.8	18.5	15.6	19.36

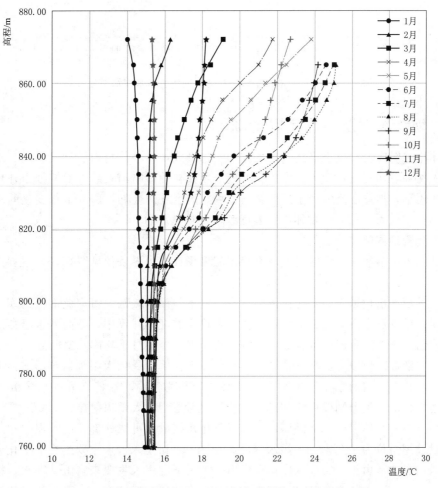

图 67.1　龙江水电站枢纽工程运行期月平均水库水温分布图

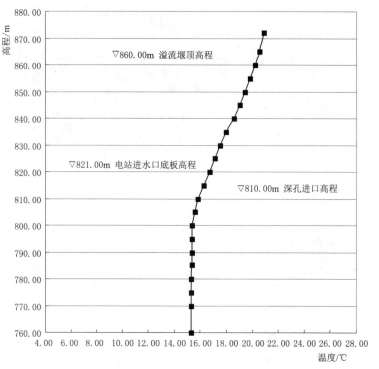

图 67.2　龙江水电站枢纽工程运行期年平均水库水温分布图

67.4　坝体稳定及准稳定温度场

坝体稳定温度场取决于当地气候条件和结构型式，与坝体材料、浇筑温度、水化热温升、人工冷却等初始条件无关。大体积混凝土坝在初始影响消失后，长期处于外界气温和水温的作用下，坝体温度为稳定温度场与不稳定温度场的叠加，边界上年变化的水温和气温的影响深度仅为 7～8m，坝体内部温度基本上是稳定的。

67.4.1　计算边界条件

龙江水电站枢纽工程坝体稳定及准稳定温度场计算边界条件见图 67.3，主要边界条件为：

（1）上游面水位以下。上游面正常蓄水位以下与库水接触，可取此部位的库水温，上游库水温采用龙江水库水温数值计算成果。在稳定温度场计算中，各高程水温参照年平均库水温取值；在准稳定温度场计算中，各高程水温参照各月平均库水温取值。

（2）上游面水位以上、坝顶及下游面水位以上。由于受到太阳辐射热影响，上游面水位以上、坝顶及下游面水位以上坝面温度将高于平均气温。在稳定和准稳定温度场计算中，上述部位的温度分别按照年和月的平均气温考虑增加太阳辐射热 2℃ 取值。

（3）下游面水位以下。下游面水位以下与尾水接触，可取此部位的水温。龙江水利枢纽下游设计尾水位为 799.58m，尾水深度约 40m。下游尾水温度主要受季节变化、地温及水库下泄的影响，由于无实际水库运行资料，考虑下游尾水主要来自电站弃水。根据上游库水温计算结果，在稳定温度场计算中，年平均下游尾水温度取 17.5℃；准稳定温度场计算中，各月平均下游尾水温度取上游库水水位 821.00~830.00m 各月平均水温。

（4）地温。由于潞西站无多年平均地温资料，计算中参考坝址区气象要素统计资料，取坝基多年平均地温为 20~22℃。

67.4.2　计算成果

13 号河床坝段为龙江水利枢纽拱坝高度最高的坝段，考虑上述边界条件后，其稳定温度场及准稳定温度场如下：

（1）稳定温度场。13 号河床坝段基础约束区内，上游至下游稳定温度为 15.5~17.5℃；非约束区，上游至下游稳定温度为 16~21℃；坝体中心部位的稳定温度为 16.5~21.0℃。13 号坝段中心剖面的稳定温度场分布见图 67.4。

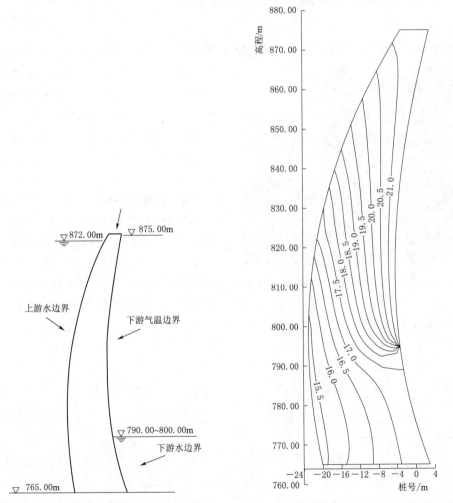

图 67.3　稳定及准稳定温度场计算边界条件　　图 67.4　13 号河床坝段稳定温度场分布图

（2）准稳定温度场。各月准稳定温度场随着季节发生着变化，13 号河床坝段准稳定温度场计算结果见表 67.13。

表 67.13　　　　　13 号河床坝段准稳定温度场计算结果表　　　　　单位：℃

部位	月份											
	1	2	3	4	5	6	7	8	9	10	11	12
基础约束区	15.50~15.50	15.50~15.50	15.50~16.50	15.50~17.00	15.50~17.50	15.50~18.00	15.50~19.00	15.50~19.50	15.50~19.50	15.50~19.00	15.50~18.00	15.50~15.50
非约束区	15.00~15.50	15.00~16.50	16.00~19.00	16.50~22.00	17.00~24.00	17.00~24.00	17.50~24.00	18.00~24.00	18.00~24.00	17.50~23.00	17.00~19.50	15.50~16.50
坝体中心部位	16.50~20.00	16.50~20.00	16.50~19.50	16.50~19.00	16.50~19.50	16.50~19.50	16.50~20.00	16.50~20.50	16.50~21.00	16.50~21.50	16.50~21.50	16.50~21.50

67.5　典型河床坝段温度应力仿真计算

67.5.1　计算模型

选取典型 13 号河床坝段，建立三维有限元模型。13 号河床坝段底宽 23.01m，坝段约束区高程 765.00~775.00m，非约束区高程 775.00~875.00m。计算模型及网格见图 67.5，计算网格单元总数 17774，节点总数 23004，厚度方向 0.5m 一层，顺水流方向分为 8 层，靠近坝面 0.5m 一层，横河向分为 5 层。

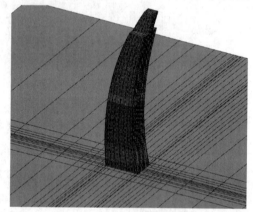

图 67.5　典型 13 号河床坝段三维有限元计算模型

67.5.2　计算边界条件

计算过程中模拟坝体分层施工过程，考虑外界气温和水温随时间的变化，考虑混凝土水化热、弹性模量、徐变、自生体积变形等性能参数随龄期的变化，考虑自重荷载、水荷载的加载过程。计算时边界条件见图 67.6 和图 67.7。

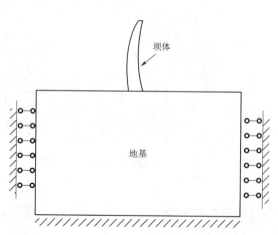

图 67.6　13 号河床坝段约束边界条件示意图

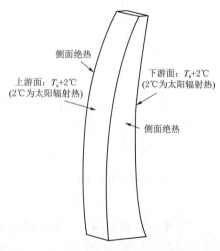

图 67.7　13 号河床坝段温度边界条件示意图

计算中地基底面、地基 4 个侧面、坝段横缝及坝段厚度中截面为绝热边界；坝体上下游面在蓄水前按第三类边界（坝面与空气接触）处理。蓄水以后，在水面以上为第三类边界；水面以下如不覆盖保温板，按第一类边界处理，如覆盖保温板按第三类边界处理。

67.5.3　计算工况和施工进度安排

仿真计算主要对混凝土开始浇筑时间分别为春（4 月 1 日）、夏（7 月 1 日）、秋（10 月 1 日）和冬（1 月 1 日）四种工况进行研究，同时，根据四个工况仿真计算的结果，提出了进一步优化的温控措施与方案，共 6 个方案，各工况的计算条件见表 67.14，不同混凝土开始浇筑时间的进度见表 67.15。

表 67.14　　　　　　　　　　　　各 工 况 计 算 条 件 表

工况	混凝土开始浇筑时间	浇筑温度（基础约束区/非约束区）/℃	水管间距（约束区/非约束区/m）	冷却水温/℃ 一期	冷却水温/℃ 二期	一期冷却通水天数/d	二期冷却高度/m	自身体积变形
工况 1	春	≤15/18	1.5×1.5/2.0×3.0	12	12	18	24/12	不考虑
工况 2	夏	≤15/18	1.5×1.5/2.0×3.0	12	12	18	24/12	不考虑
工况 3	秋	≤15/18	1.5×1.5/2.0×3.0	12	12	18	24/12	不考虑
工况 4	冬	≤15/18	1.5×1.5/2.0×3.0	12	12	18	24/12	不考虑
工况 5	夏	≤15/18	1.5×1.5/1.5×1.5	12	8	18	24/12	不考虑
工况 6	夏	≤15/18	1.5×1.5/2.0×3.0	12	12	18	24/12+6+6	不考虑

注　1. 二期冷却高度中"24/12"表示基础约束区二期冷却高度为 24m，非约束区为 12m，"12+6+6"表示非约束区冷却模式为"12m 拟灌区+6m 同冷区+6m 过渡区"，过渡区目标温度 25℃；
　　2. 二期冷却天数根据封拱温度确定。

表 67.15　　　　　　　　　　　　13 号河床坝段浇筑进度表

春季开浇工况 浇筑时间（月/日）	春季开浇工况 浇筑高程/m	夏季开浇工况 浇筑时间（月/日）	夏季开浇工况 浇筑高程/m	秋季开浇工况 浇筑时间（月/日）	秋季开浇工况 浇筑高程/m	冬季开浇工况 浇筑时间（月/日）	冬季开浇工况 浇筑高程/m
1/1	765.00～766.50	4/1	765.00～766.50	7/1	765.00～766.50	10/1	765.00～766.50
1/8	766.50～768.00	4/8	766.50～768.00	7/8	766.50～768.00	10/8	766.50～768.00
1/15	768.00～769.50	4/15	768.00～769.50	7/15	768.00～769.50	10/15	768.00～769.50
1/22	769.50～771.00	4/22	769.50～771.00	7/22	769.50～771.00	10/22	769.50～771.00
1/29	771.00～772.50	4/29	771.00～772.50	7/29	771.00～772.50	10/29	771.00～772.50
2/5	772.50～774.00	5/6	772.50～774.00	8/5	772.50～774.00	11/5	772.50～774.00

春季开浇工况		夏季开浇工况		秋季开浇工况		冬季开浇工况	
浇筑时间 （月/日）	浇筑高程 /m	浇筑时间 （月/日）	浇筑高程 /m	浇筑时间 （月/日）	浇筑高程 /m	浇筑时间 （月/日）	浇筑高程 /m
2/12	774.00～776.00	5/13	774.00～776.00	8/12	774.00～776.00	11/12	774.00～776.00
2/20	776.00～779.00	5/21	776.00～779.00	8/20	776.00～779.00	11/20	776.00～779.00
3/1	779.00～782.00	5/31	779.00～782.00	8/30	779.00～782.00	11/30	779.00～782.00
3/11	782.00～785.00	6/10	782.00～785.00	9/9	782.00～785.00	12/10	782.00～785.00
3/21	785.00～788.00	6/20	785.00～788.00	9/19	785.00～788.00	12/20	785.00～788.00
3/31	788.00～791.00	6/30	788.00～791.00	9/29	788.00～791.00	12/30	788.00～791.00
4/10	791.00～794.00	7/10	791.00～794.00	10/9	791.00～794.00	1/9	791.00～794.00
4/20	794.00～797.00	7/20	794.00～797.00	10/19	794.00～797.00	1/19	794.00～797.00
4/30	797.00～800.00	7/30	797.00～800.00	10/29	797.00～800.00	1/29	797.00～800.00
5/10	800.00～803.00	8/9	800.00～803.00	11/8	800.00～803.00	2/8	800.00～803.00
5/20	803.00～806.00	8/19	803.00～806.00	11/18	803.00～806.00	2/18	803.00～806.00
5/30	806.00～809.00	8/29	806.00～809.00	11/28	806.00～809.00	2/28	806.00～809.00
6/9	809.00～812.00	9/8	809.00～812.00	12/8	809.00～812.00	3/10	809.00～812.00
6/19	812.00～815.00	9/18	812.00～815.00	12/18	812.00～815.00	3/20	812.00～815.00
6/29	815.00～－818.00	9/28	815.00～－818.00	12/28	815.00～－818.00	3/30	815.00～－818.00
7/9	818.00～821.00	10/8	818.00～821.00	1/7	818.00～821.00	4/9	818.00～821.00
7/19	821.00～824.00	10/18	821.00～824.00	1/17	821.00～824.00	4/19	821.00～824.00
7/29	824.00～827.00	10/28	824.00～827.00	1/27	824.00～827.00	4/29	824.00～827.00
8/8	827.00～830.00	11/7	827.00～830.00	2/6	827.00～830.00	5/9	827.00～830.00
8/18	830.00～833.00	11/17	830.00～833.00	2/16	830.00～833.00	5/19	830.00～833.00
8/28	833.00～836.00	11/27	833.00～836.00	2/26	833.00～836.00	5/29	833.00～836.00
9/7	836.00～839.00	12/7	836.00～839.00	3/8	836.00～839.00	6/8	836.00～839.00
9/17	839.00～842.00	12/17	839.00～842.00	3/18	839.00～842.00	6/18	839.00～842.00
9/27	842.00～845.00	12/27	842.00～845.00	3/28	842.00～845.00	6/28	842.00～845.00
10/7	845.00～848.00	1/6	845.00～848.00	4/7	845.00～848.00	7/8	845.00～848.00
10/17	848.00～851.00	1/16	848.00～851.00	4/17	848.00～851.00	7/18	848.00～851.00
10/27	851.00～854.00	1/26	851.00～854.00	4/27	851.00～854.00	7/28	851.00～854.00
11/6	854.00～857.00	2/5	854.00～857.00	5/7	854.00～857.00	8/7	854.00～857.00
11/16	857.00～860.00	2/15	857.00～860.00	5/17	857.00～860.00	8/17	857.00～860.00
11/26	860.00～863.00	2/25	860.00～863.00	5/27	860.00～863.00	8/27	860.00～863.00
12/6	863.00～866.00	3/7	863.00～866.00	6/6	863.00～866.00	9/6	863.00～866.00
12/16	866.00～869.00	3/17	866.00～869.00	6/16	866.00～869.00	9/16	866.00～869.00
12/26	869.00～872.00	3/27	869.00～872.00	6/26	869.00～872.00	9/26	869.00～872.00
1/5	872.00～875.00	4/6	872.00～875.00	7/6	872.00～875.00	10/6	872.00～875.00

67.5.4　计算结果

67.5.4.1　工况 1 计算结果

工况 1 计算结果见图 67.8～图 67.11。

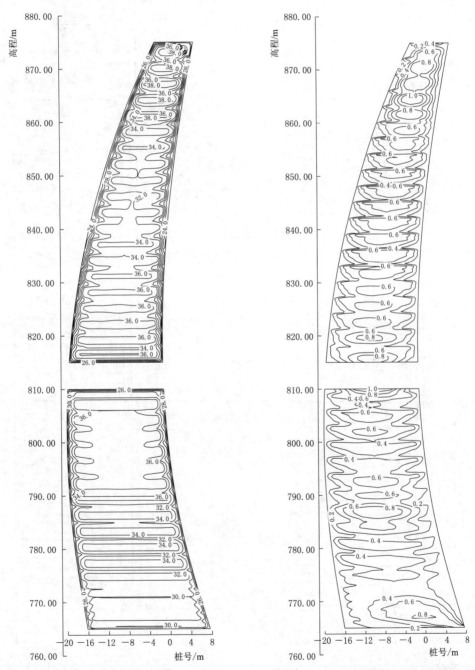

图 67.8　工况 1 最高温度包络图（中心剖面）（单位：℃）

图 67.9　工况 1 最大顺河向应力包络图（中心剖面）（单位：MPa）

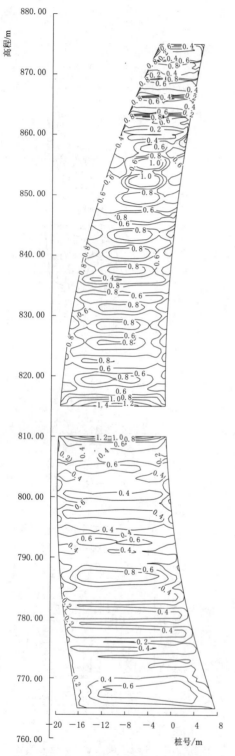

图 67.10　工况 1 最大轴向应力包络图
（轴向剖面）（单位：MPa）

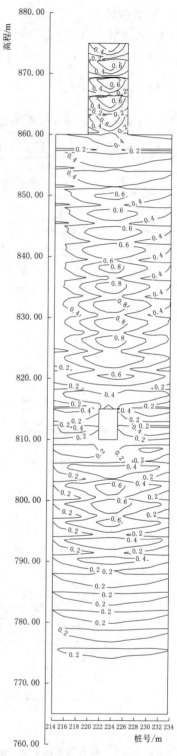

图 67.11　工况 1 上游面最大轴向应力
包络图（单位：MPa）

根据工况 1 温度应力仿真计算结果：

（1）从最高温度看：基础约束区混凝土最高温度在 29.0～31.5℃，非约束区混凝土最高温度为 34.0～37.5℃，孔口区混凝土最高温度约为 40.7℃，不同季节浇筑的混凝土最高温度随季节不同稍有差异。非约束区二期冷却至封拱温度所需时间较长，均在 3 个月以上，可能会对大坝整体的施工进度产生影响。

（2）从应力情况看：无论是约束区还是非约束区，顺河向最大应力均出现在二期冷却末期；内部轴向最大应力也出现在二期冷却末期；表面最大应力出现在高季节浇筑的混凝土进入第一个冬季时。表面最大应力约为 1.0MPa，出现在 820.00～850.00m 高程范围；基础约束区最大顺河向应力为 1.0MPa，非约束区最大顺河向应力为 1.1MPa，出现在大坝中心部位；基础约束区轴向最大应力为 0.9MPa，非约束区轴向最大应力为 1.2MPa；孔口区最大应力为 1.5MPa，主要由于孔口区结构应力相对复杂，浇筑时间在高温季节所致。

（3）采用本工况对应的温控措施后，混凝土最高温度基本能够得到较好的控制，最大应力都能够满足混凝土的抗裂要求。

67.5.4.2　工况 2 计算结果

根据工况 2 温度应力仿真计算结果：

（1）从最高温度看：与工况 1 相比，约束区浇筑温度均控制在 15℃ 以内，但受高温季节气温影响，混凝土最高温度平均高出 1℃，在 30.0～32.5℃；而非约束区混凝土最高温度差别不大，最高温度在 34.0～37.6℃，孔口区混凝土最高温度约为 39℃。与工况 1 相同，非约束区二期冷却至封拱温度所需时间较长，均在 3 个月以上，可能会对大坝整体的施工进度产生影响。

（2）从应力情况看：由于高温季节开始浇筑基础强约束区混凝土，约束区混凝土最大顺河向应力比工况 1 明显增大，最大应力达 1.36MPa，增加了 0.36MPa，基础区约束区混凝土轴向应力也由 0.9MPa 增大为 1.3MPa。

季节浇筑差异对非约束区应力影响则相对较小，混凝土最大顺河向应力为 1.1MPa，出现大坝中心部位；非约束区混凝土轴向应力达 1.3MPa，与工况 1 基本相当，且 790～820m 高程的上游表面也出现接近 1.0MPa 的拉应力，存在一定开裂风险。此外，由于孔口区混凝土在低温季节浇筑，因此，应力明显得到改善，孔口区混凝土最大应力只有 1.1MPa 左右。

（3）浇筑季节变化影响主要体现在基础约束区，在采用相同温控措施的前提下，基础约束区混凝土高温季节浇筑时，混凝土应力明显增加，因此应考虑适当加大温控力度。对于非约束区，季节差异对应力的影响并不明显。

67.5.4.3　工况 3 计算结果

根据工况 3 温度应力仿真计算结果：

（1）从最高温度看：工况 3 与工况 1 相类似，无论是基础约束区，还是非约束区，混凝土最高温度差异不大。基础约束区混凝土最高温度在 28.0～31.2℃，非约束区混凝土最高温度为 34.0～37.5℃，孔口区混凝土最高温度约为 40.5℃。混凝土最高温度随浇筑季节不同稍有差异。与工况 1 相同，非约束区二期冷却至封拱温度所需时间较长，均在 3 个月以上，可能会对大坝整体的施工进度产生影响。

（2）从应力情况看：工况 3 约束区混凝土最大顺河向应力为 1.1MPa，非约束区混凝土最大顺河向应力为 1.15MPa，出现大坝中心部位；基础约束区混凝土轴向应力 1.0MPa，非约束区混凝土顺轴向应力达 1.0MPa，孔口区混凝土最大应力达到 0.9MPa，均能够满足设计温控抗裂要求。

67.5.4.4　工况 4 计算结果

根据工况 4 温度应力仿真计算结果：

（1）从最高温度看：由于冬季气温相对较低，因此，基础约束区混凝土最高温度也明显偏低，仅在 25.0～29.3℃；非约束区混凝土最高温度则与工况 1～工况 3 类似，在 34.0～37.7℃。孔口区混凝土最高温度在 40.7℃。与工况 1 相同，非约束区二期冷却至封拱温度所需时间较长，均在 3 个月以上，可能会对大坝整体的施工进度产生影响。

（2）从应力情况看：低温季节浇筑约束区混凝土，应力有明显改善，混凝土顺河向和轴向最大应力仅为 0.8MPa 左右；而非约束区的混凝土则与工况 1～工况 3 类似，最大应力在 1.2MPa 以下，均能够满足混凝土温控抗裂要求。

（3）工况 4 计算结果表明，对于基础约束区混凝土，最好安排在低温季节施工，这样可大大降低约束区混凝土最大应力，减小大坝开裂的风险。

67.5.4.5　工况 5 计算结果

工况 1～工况 4 分别计算了春夏秋冬不同季节开浇基础约束区混凝土对坝体应力的影响，从计算结果看，主要存在以下几个主要问题：

（1）一期通水冷却过后温度回升问题较为突出，使得二期冷却前混凝土温度仍在 30℃以上，部分区域在 35℃以上。二期通水冷却温降幅度过大约 15～22℃，将会导致二期冷却结束时的温度应力较大，存在一定的开裂风险。

（2）高温季节浇筑的混凝土，进入冬季时，由于尚未进行二期冷却，内外温差作用导致表面出现约 1.0MPa 的拉应力，若遇寒潮等不利因素时，容易导致混凝土表面出现裂缝。

为了解决上述问题，在工况 2 的基础上，对温控措施进行调整：①加密非约束区混凝冷却水管布置间距，由原来的 2.0m×3.0m 调整为 1.5m×1.5m；②二期通水冷却水温由 12℃降低至 8℃。

根据工况 5 温度应力仿真计算结果：

1）从最高温度看：由于加密了非约束区混凝土冷却水管间距，混凝土最高温度明显降低，平均温降幅度 2～3℃，除表孔附近混凝土外，最高温度基本在 35℃以下，二期冷却前温度均在 30℃以下，对于减小低温季节的内外温差极为有利。另外，由于适当调整了冷却水管间距和二期冷却水温，缩短了二期冷却至封拱温度所需的时间，基本控制在 2 个月以内，有利于大坝接缝灌浆工期安排。但由于增加了二期冷却降温梯度，将会增加二期冷却末期的混凝土开裂风险。

2）从应力结果看：非约束区二期冷却末应力并没有出现降低的现象，这是因为虽然二冷前最高温度降低了，但由于加密了水管间距且降低了二冷冷却水温，混凝土二期冷却的温降速度也加快了（速度越快，应力越大），因此，应力反而增加了。从应力值来看，降低二冷前的温度带来的影响与温降速度加快的影响基本相当，局部区域甚至出现应力增大的现象，如在 820.00~840.00m 高程区域，与工况 2 相比，无论是顺河向应力还是坝轴向应力，平均应力增幅在 0.2~0.3MPa。

对于上游表面的轴向应力来说，由于二期冷却前温度的降低，内外温差减小，应力得到一定程度的改善，最大应力在 0.7MPa 左右，应力平均降幅在 0.2MPa 左右。值得一提的是，本工况中上游表面并没采用表面保温措施，如果低温季节来临前进行适当的表面保温，那么施工期表面开裂的可能性将大大降低。

3）计算结果表明，加密水管间距与降低水温带来的影响是双重的，一方面能减少二期冷却所需时间，另一方面二期冷却速度的加快又会加大二冷末的应力水平，但最大应力仍然能满足温控设计抗裂标准。

67.5.4.6　工况 6 计算结果

根据工况 5 的计算结果，加密冷却水管间距和降低冷却水温后，虽然可以明显缩短二期冷却所需的时间，但由于冷却降温的加快，可能会带来一定开裂风险。

为了减小二期冷却降温速度，增加了中期通水冷却措施，按目标温度 25℃ 控制；同时为了减小混凝土上下层温差的影响，调整了二期冷却范围，冷却模式调整为"12m 拟灌区 ＋6m 同冷区＋6m 过渡区"的温控方案。

工况 6 计算结果见图 67.12~图 67.15。

根据工况 6 温度应力仿真计算结果：

（1）从最高温度看：由于增加了一个过渡区，一期冷却后温度不是直接冷却至封拱温度，而是先进行了中期预冷。显然，增加中期冷却对于缓解二期冷却速度过快，温降幅度过大是有利的。且由于中期冷却不占用二期冷却时间，因此，并不影响二期冷却时的工期。

（2）从应力结果来看，增加中期冷却后，大部分区域混凝土应力均比工况 5 减小了 0.2~0.3MPa。可见在二期通水冷却前，增加中期通水冷却是非常有利的。

（3）高温季节进行二期通水冷却时，由于外界环境温度较高，坝体相对较薄，热量倒灌问题较为突出。因此，在高温季节进行二期通水冷却时，需要进行表面保护或在上、下游表面淋水降温，以减小热量倒灌导致二期通水冷却时间过长。

67.5.5　小结

根据典型河床坝段温度应力仿真计算结果，主要结论如下：

（1）春、夏、秋、冬不同季节开工浇筑基础混凝土时，夏天浇筑基础约束区混凝土的应力最大，冬季最小。考虑到本工程的混凝土的自生体积变形为收缩型，浇筑基础约束区混凝土时，应尽可能安排在低温季节。高温季节浇筑基础约束区混凝土时，应适当加大温控力度，如加密水管，降低浇筑温度或者降低一期冷却水温等措施。

（2）浇筑季节不同对非约束区混凝土的温度应力分布影响相对较小，不同区域、不同季节的温度和应力变化分布规律基本相似。

（3）适当的加密非约束区的水管布置，并降低二期冷却水温，可明显降低二期通水冷却前混凝土温度，同时大大缩减二期冷却至封拱温度所需时间，基本控制在 2 个月以内。

（4）加密冷却水管布置，降低二期冷却水温，带来了冷却降温速度过快的问题，但可通过在二期通水冷却前增加中期通水冷却解决以上问题。

（5）通过多方案的温度应力仿真计算，最终推荐工况 6 作为本工程的温控方案。

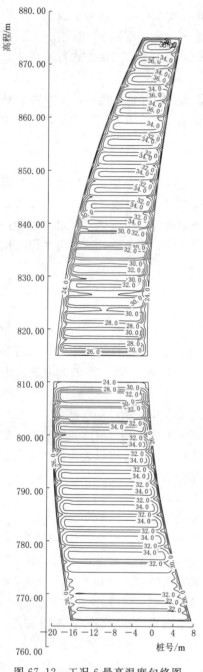

图 67.12　工况 6 最高温度包络图
（中心剖面）（单位：℃）

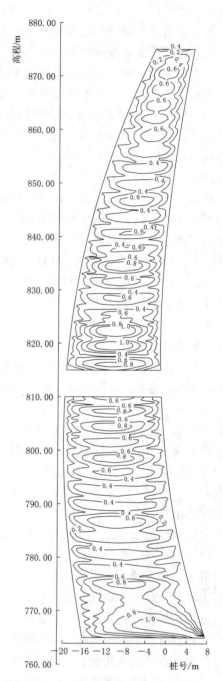

图 67.13　工况 6 最大顺河向应力包络图
（中心剖面）（单位：MPa）

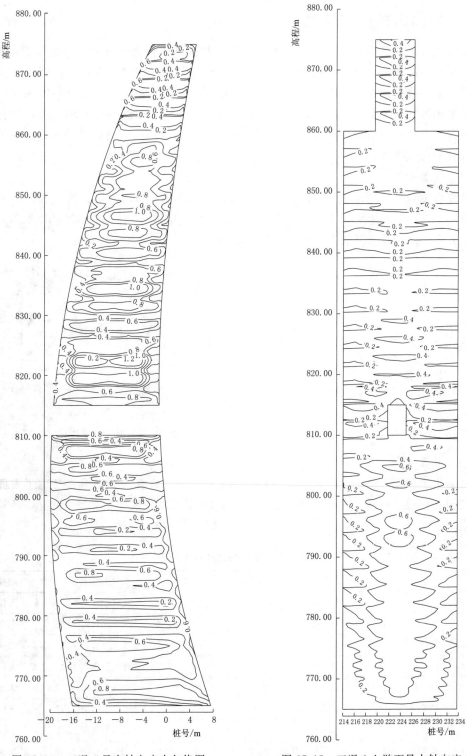

图 67.14 工况 6 最大轴向应力包络图
（轴向剖面）（单位：MPa）

图 67.15 工况 6 上游面最大轴向应力
包络图（单位：MPa）

67.6 表面保护措施研究

龙江坝址区昼夜温差较大，寒潮频发，气温骤降对坝体表面会引起相当大的拉应力。由于短时间内的单纯温降引起的温度应力是一个线性问题，即应力大小与温降的幅度呈线性关系，如果能算出某个降温周期内单位温降的应力，用叠加值即可求出相同周期内不同温降幅度的温度应力。基于这种原理，以比较典型常见的 2 天温降过程为代表，结合工程区气象资料，对气温骤降幅度为 12℃时的坝体混凝土温度应力进行模拟分析，从而确定温度骤降时的保温措施。

67.6.1 计算模型

计算模型考虑到混凝土浇筑块坝体段和基础段（深槽）长度不同，因此选取两个浇筑块长分别为 23.76m 和 43.76m，分别模拟坝体段和基础段长度；浇筑块宽取 20m；高取 10m。采用三维有限元模型进行模拟，计算模型见图 67.16 和图 67.17。

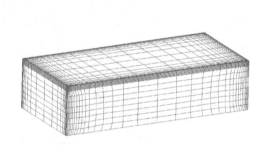
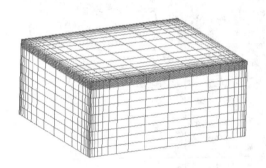

图 67.16 基础浇筑块计算模型图　　　　图 67.17 坝体浇筑块计算模型图

67.6.2 计算工况

计算中考虑了不同龄期、不同浇筑块长的影响，同一计算工况还分别考虑了表面无保温和表面有保温 [等效放热系数 $\beta \leqslant 10kJ/(m^2 \cdot h \cdot ℃)$ 的保温材料] 2 种情况，计算工况详见表 67.16。

表 67.16　　　　　　　　表面保护措施影响计算工况表

工况	位置	龄期/d	浇筑块长/m	浇筑块宽/m	浇筑块高/m	温降过程	保温措施
工况 1	坝体	3	23.76	20.0	10.0	2 天气温骤降 12℃	无保温
工况 2	基础	3	43.76	20.0	10.0	2 天气温骤降 12℃	无保温
工况 3	坝体	7	23.76	20.0	10.0	2 天气温骤降 12℃	无保温
工况 4	基础	7	43.76	20.0	10.0	2 天气温骤降 12℃	无保温
工况 5	坝体	14	23.76	20.0	10.0	2 天气温骤降 12℃	无保温
工况 6	基础	14	43.76	20.0	10.0	2 天气温骤降 12℃	无保温
工况 7	坝体	28	23.76	20.0	10.0	2 天气温骤降 12℃	无保温
工况 8	基础	28	43.76	20.0	10.0	2 天气温骤降 12℃	无保温
工况 9	坝体	90	23.76	20.0	10.0	2 天气温骤降 12℃	无保温

工况	位置	龄期/d	浇筑块长/m	浇筑块宽/m	浇筑块高/m	温降过程	保温措施
工况 10	基础	90	43.76	20.0	10.0	2 天气温骤降 12℃	无保温
工况 11	坝体	3	23.76	20.0	10.0	2 天气温骤降 12℃	有保温
工况 12	基础	3	43.76	20.0	10.0	2 天气温骤降 12℃	有保温
工况 13	坝体	7	23.76	20.0	10.0	2 天气温骤降 12℃	有保温
工况 14	基础	7	43.76	20.0	10.0	2 天气温骤降 12℃	有保温
工况 15	坝体	14	23.76	20.0	10.0	2 天气温骤降 12℃	有保温
工况 16	基础	14	43.76	20.0	10.0	2 天气温骤降 12℃	有保温
工况 17	坝体	28	23.76	20.0	10.0	2 天气温骤降 12℃	有保温
工况 18	基础	28	43.76	20.0	10.0	2 天气温骤降 12℃	有保温
工况 19	坝体	90	23.76	20.0	10.0	2 天气温骤降 12℃	有保温
工况 20	基础	90	43.76	20.0	10.0	2 天气温骤降 12℃	有保温

67.6.3　计算结果

（1）无保温情况下 2 天气温骤降 12℃混凝土温度应力计算结果。无保温情况下 2 天气温骤降 12℃时，混凝土表面最大应力见表 67.17。

表 67.17　　　　无保温情况下 2 天气温骤降 12℃混凝土表面最大应力表　　　　单位：MPa

位　置	龄期/d				
	3	7	14	28	90
基础块体表面（$L=43.76\text{m}$）	1.06	1.31	1.49	1.63	1.74
坝体块体表面（$L=23.76\text{m}$）	0.91	1.12	1.28	1.40	1.50

根据计算成果，无保温情况下 2 天气温骤降 12℃时的影响深度在 3.0m 左右，最大拉应力出现在表面。气温骤降混凝土表面应力与坝块长度和混凝土龄期有关：坝块长度越大，受到约束越强，表面应力越大；混凝土龄期越久，混凝土弹性模量越大，表面应力越大。在无保温情况下，2 天气温骤降 12℃时：基础块体龄期为 3 天混凝土表面最大应力为 1.06MPa，龄期为 28 天混凝土表面最大应力为 1.63MPa；坝体块体龄期为 3 天混凝土表面最大应力为 0.91MPa，龄期为 28 天混凝土表面最大应力为 1.40MPa。

（2）采取保温措施后 2 天气温骤降 12℃混凝土温度应力计算结果。采取保温措施后 ［等效防热系数 $\beta=10\text{kJ}/(\text{m}^2\cdot\text{h}\cdot℃)$］2 天气温骤降 12℃时，混凝土表面最大应力见表 67.18。

表 67.18　　　　采取保温措施后 2 天气温骤降 12℃混凝土表面最大应力表　　　　单位：MPa

位　置	龄　期/d				
	3	7	14	28	90
基础块体表面（$L=43.76\text{m}$）	0.46	0.56	0.64	0.70	0.75
坝体块体表面（$L=23.76\text{m}$）	0.37	0.46	0.52	0.57	0.61

根据计算成果，采取保温措施后 2 天气温骤降 12℃时的影响深度也在 3.0m 左右，最大拉应力出现在表面，但最大应力水平明显降低。采取保温措施后气温骤降混凝土表面应力与坝块长度和混凝土龄期有关，规律同上。采取保温措施后，2 天气温骤降 12℃时：基础块体龄期为 3 天混凝土表面最大应力为 0.46MPa，龄期为 28 天混凝土表面最大应力为 0.70MPa；坝体块体龄期为 3 天混凝土表面最大应力为 0.37MPa，龄期为 28 天混凝土表面最大应力为 0.57MPa。

（3）结论。根据以上计算成果，可以得出以下结论：

1）气温骤降引起的混凝土应力深度变化在 3.0m 左右，且混凝土表面的拉应力最大，随着深度的增加拉应力逐渐减小，应力最大也是开裂风险最大的区域位于混凝土表面。

2）气温骤降混凝土表面应力与坝块长度有关，坝块长度越大，受到约束越强，混凝土表面应力越大，施工过程中尺寸越大的浇筑块体更应加强气温骤降过程中的临时保温。

3）气温骤降混凝土表面应力与混凝土龄期有关，混凝土龄期越久，混凝土弹性模量越大，混凝土表面应力越大。但由于早龄期混凝土对应的抗拉强度也较小，因此无论是早龄期还是晚龄期，气温骤降导致的混凝土表面开裂风险是类似的。

4）2 天气温骤降 12℃，在采取表面保温后，对于基础块体龄期为 3 天混凝土表面最大应力由 1.06MPa 降至 0.46MPa，下降了 56.6%；对于基础块体龄期为 28 天混凝土表面最大应力由 1.63MPa 降至 0.70MPa，下降了 57.1%；对于坝体块体龄期为 3 天混凝土表面最大应力由 0.91MPa 降至 0.37MPa，下降了 59.3%；对于坝体块体龄期为 28 天混凝土表面最大应力由 1.40MPa 降至 0.57MPa，下降了 59.3%。可见，采用表面保温措施对降低寒潮带来的开裂风险效果是非常明显的。

67.7　建议的温控标准和措施

根据龙江水利枢纽温度应力仿真计算成果，最终推荐的温控标准见表 67.19、表 67.20，温控措施见表 67.21、表 67.22。

表 67.19　　　　　　　　　　基　础　温　差　表

温控参数	约束区			内外温差	
	河床坝段	陡坡坝段	重力墩	基础区	非约束区
基础温差/℃	18	16	16	15	18

表 67.20　　　　　　　　　　容　许　最　高　温　度　表

约束区	容许最高温度/℃			
	3—5 月	6—8 月	9—11 月	12 月至次年 2 月
基础约束区	30～32	31～33	30～32	28～30
弱约束区	32～34	32～34	32～34	30～32
非约束区	34～36	36～38	34～36	32～34

注　1. 表中温度表示不同季节、不同温控分区的允许最高温度。

　　2. 陡坡坝段按低温控制，河床坝段按高温控制。

表 67.21 浇 筑 温 度 控 制 表

约束区	浇 筑 温 度 /℃			
	3—5 月	6—8 月	9—11 月	12 月至次年 2 月
基础约束区	14～16	14～16	14～16	自然入仓
弱约束区	18	18	18	自然入仓
非约束区	18～20	20～22	18～20	自然入仓

注　1. 表中温度表示不同季节、不同温控分区的允许最高浇筑温度。
　　2. 陡坡坝段按低温控制，河床坝段按高温控制。

表 67.22 其他温控措施统计表

项目	春季开浇		夏季开浇		秋季开浇		冬季开浇	
	约束区	非约束区	约束区	非约束区	约束区	非约束区	约束区	非约束区
浇筑层厚/m	1.5	3.0	1.5	3.0	1.5	3.0	1.5	3.0
层间歇期/d	5～7	7～10	5～7	7～10	5～7	7～10	5～7	7～10
通水冷却水温	基础约束区一期冷却水温 8～12℃（夏季基础约束区采用低值水温），中期冷却采用河水，二期冷却水温 8～10℃							
通水流量	一期冷却前 10 天不小于 1.3m³/h，后 10 天 0.6～0.8m³/h 中期冷却和二期冷却控制在 0.9～1.1m³/h							
水管间距/(m×m)	1.5×1.5	1.5×1.5	1.5×1.0	1.5×1.5	1.5×1.5	1.5×1.5	1.5×1.5	1.5×1.5
二期通水冷却模式	基础约束区冷区高度不小 24m，非约束区采用"12～15m 拟灌区＋6m 同冷区＋6m 过渡区"方案							

注　高温季节施工需进行喷雾、洒水、上下游表面流水养护等。

第68章　进水口结构抗震分析研究

68.1　计算依据

（1）计算目的和意义。由于进水口结构属于地面高耸结构型式，结构体型比较复杂，地震峰值加速度相对较高，抗震问题成为设计中的关键问题之一，而结构力学法对于复杂的空间结构计算处理上十分困难，需要借助于有限单元法进行详细的地震动反应分析，确定进水口在各种工况下的稳定性和各部位的应力值，进而根据计算结果优化进水口结构，为设计提供可靠依据。

根据《水利水电工程进水口设计规范》（SL 285—2003）和《水工建筑物抗震设计规范》（DL 5073—2000）的规定，本工程进水口为3级建筑物，且在8度地震区，抗震稳定中的地震力计算应采用动力法计算确定，进水口体形高耸，应根据其边界条件进行动力分析。

（2）计算的主要内容和要求。根据《水利水电工程进水口设计规范》（SL 285—2003），计算的荷载组合如下：

基本组合：①设计洪水位；②正常蓄水位。

特殊组合：①校核洪水位；②正常蓄水位＋地震；③检修。

计算的内容和成果要求：①进水口在各种工况下的稳定性；②进水口地基应力描述；③进水口各部位在各工况下的应力描述；④根据计算成果提出改进意见，并复核计算；⑤确定合理的进水口结构尺寸。

计算基本荷载：①自重（结构重量及永久设备重量）；②设计运行水位时的静水压力；③设计运行水位时的扬压力；④拦污栅前、后的设计水压差；⑤设计运行水位时的浪压力；⑥回填土压力；⑦风压力；⑧活荷载。

计算特殊荷载：①校核运行水位时的静水压力；②校核运行水位时的扬压力；③校核运行水位时的浪压力；④地震荷载。

（3）计算的基本参数。①进水口建筑物级别。进水口为3级建筑物。②设计标准。设计标准见表68.1～表68.3。③进水口体型。结构体型和断面形式见图68.1～图68.4。④地质资料。进水口基础的地质参数：片麻岩岩体变形模量：Ⅲ类围岩变形模量为 $E=5GPa$；片麻岩岩体弹性模量：Ⅲ类围岩弹性模量为 $E_0=7GPa$；岩石弹性抗力系数：Ⅲ类

表68.1　　　　　　　　　　　　进水口整体稳定安全标准表

建筑物级别	抗滑稳定安全系数				抗倾覆稳定安全系数		抗浮稳定安全系数	
	抗剪断公式		抗剪公式					
	基本组合	特殊组合	基本组合	特殊组合	基本组合	特殊组合	基本组合	特殊组合
3	3	2.5	1.05	1	1.3	1.15	1.1	1.05

表 68.2　　　　　　　　　　进水口建基面允许应力标准表　　　　　　单位：MPa

建筑物级别	建基面最大压应力		建基面拉应力	
	基本组合	特殊组合	基本组合	特殊组合
3	小于地基允许压应力		0.1	0.2

表 68.3　　　　　　　　　　进水口材料强度设计值表　　　　　　单位：N/mm²

C20 混凝土	
轴心抗压 f_c	轴心抗拉 f_t
10	1.1

围岩弹性抗力系数为 $K_0 = 3\text{GPa/m}$；岩石泊松比：Ⅲ 类围岩泊松比为 $\mu = 0.3$；岩石湿密度与干密度：Ⅲ 类围岩湿密度为 2.64g/cm^3，干密度为 2.62g/cm^3；侧压力系数：Ⅲ 类围岩 $\lambda = 1/6$；围岩的内摩角和凝聚力：Ⅲ 类围岩为 $\phi = 45°$，$c' = 1\text{MPa}$，摩擦系数 $0.6 \sim 0.65$，抗压强度 $65 \sim 75\text{MPa}$，抗拉强度 $2 \sim 3\text{MPa}$。⑤自重（结构重量及永久设备重量）。⑥正常蓄水位：872.00m；设计洪水位：872.72m。⑦拦污栅前后的设计水位差取 4m。

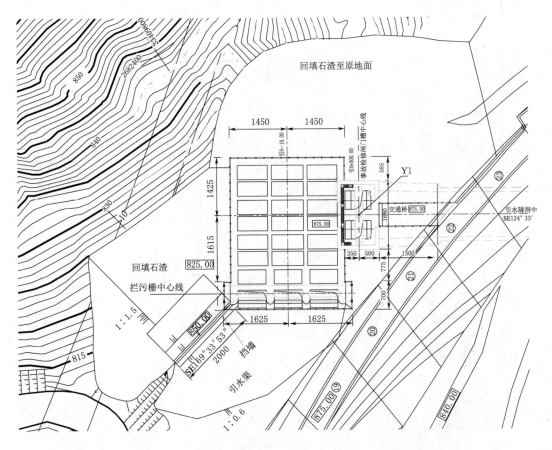

图 68.1　进水口平面布置图（单位：高程为 m；长度为 cm）

⑧ 地震力。根据《水工建筑物抗震设计规范》（DL 5073—2000）及《龙江水电站枢纽工程场地地震安全性评价与水库诱发地震研究报告》，引水发电系统的抗震设防类别及基岩地震设计动参数见表 68.4。⑨风压力。风速：多年平均最大风速为 8.6m/s，最大风速为 15.7m/s，相应风向为 W；水库吹程：6.5km。

表 68.4　　　　　　　　　　基岩地震设计动参数表

建筑物	工程抗震设防类别	地震烈度	概率水准	设计地震加速度代表值 a_h/g	特征周期 T_g/s	反应普最大代表值 β_{max}
引水发电系统	丙类	Ⅷ度	基准期 50 年内超越概率为 5%	0.23	0.4	2.25

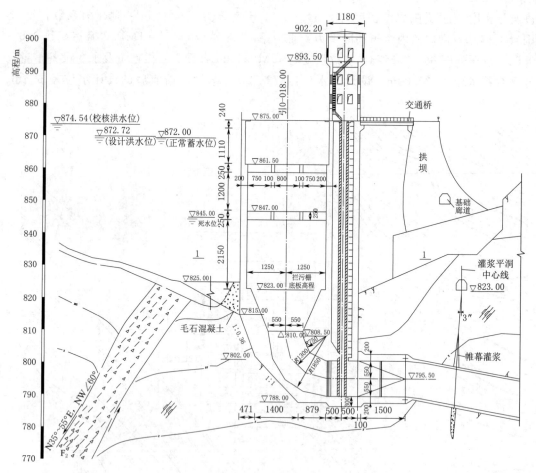

图 68.2　进水口纵剖面图（单位：高程为 m；长度为 cm）

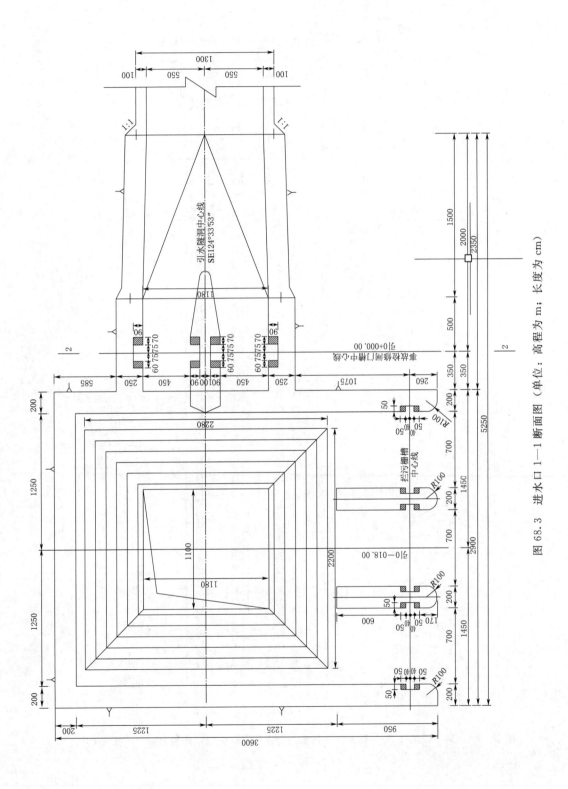

图 68.3　进水口 1—1 断面图（单位：高程为 m；长度为 cm）

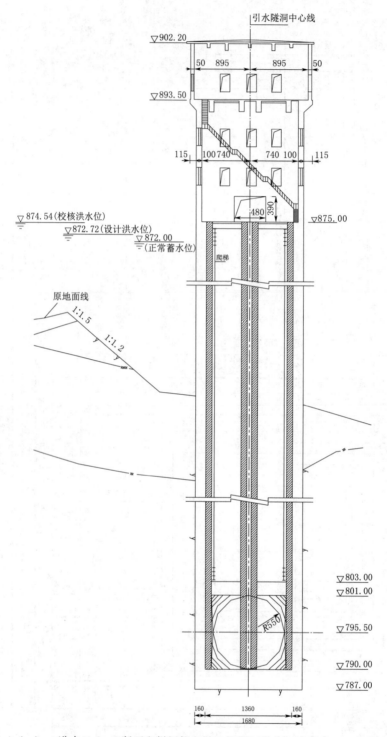

图 68.4（一）　进水口 2—2 断面和拦污栅上游立视图（单位：高程为 m；长度为 cm）

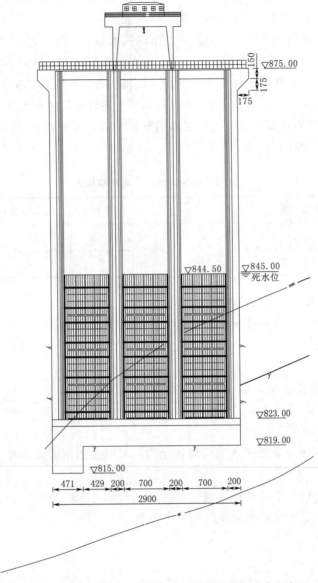

图 68.4（二）　进水口 2—2 断面和拦污栅上游立视图（单位：高程为 m；长度为 cm）

68.2　计算模型和计算方法

（1）计算模型的选取。按进水口平面布置图，建立了三维进水口静动力计算模型。进水口的墙体结构采用 shell63 壳单元，梁结构采用 beam181 单元，回填混凝土采用实体 solid73 单元，附加质量采用 mass21 三方向质量单元。其整体模型和典型结构见图 68.5 和图 68.6。

（2）边界条件。半无限域地基按照传统的无质量地基模型进行模拟。进水口四周和底部各向外取 300m 岩基。面向进水口拦污栅，进水口左侧基岩面高程为 815.00m，右侧和后侧基岩面高程为 824.50m，前侧基岩面高程为 822.00m。岩基四周边界采用法向位移约束，岩基底部采用法向和水平两向的三向位移约束。

（3）坐标选取和材料参数。计算模型的坐标选取如下：面向进水口拦污栅，平行胸墙底板的水平方向为 X 轴，指向下游为 X 的正方向；垂直 X 轴的水平方向作为 Y 轴，以拦污栅指向进水口后侧墙体的方向为 Y 的正向，Z 轴与 X、Y 轴成右手定则，故 Z 正方向竖直向上。为方便分析，下文的 X、Y、Z 方向均指上述规定的坐标系方向。

表 68.5 给出静力计算中混凝土和岩体的材料参数，另外动力计算时相应材料强度较静力材料强度提高 20%。

表 68.5 混凝土和岩体的静力材料参数表

物理力学参数	C20 混凝土	岩体	物理力学参数	C20 混凝土	岩体
弹性模量/GPa	25.5	7.0	密度/(kN/m³)	23.50	26.20
泊松比	0.167	0.35			

（4）计算荷载及相应处理方法。

计算荷载分静力和动力两种工况。

1）静力工况计算荷载。

a. 结构自重。

b. 塔体内外静水压力。

c. 回填土压力：按《水工建筑物荷载设计规范》（DL 5068—1997）中的淤沙压力公式计算回填土的主动土压力。

d. 扬压力：对于完全处于水中的塔体结构，可以按照水面以下结构取浮容重的方法模拟扬压力作用。

e. 风荷载：按《水工建筑物荷载设计规范》（DL 5068—1997）计算并施加在出漏水体的塔体和高程 875.00m 以上高耸结构相应表面。

f. 浪压力。

浪高为

$$2h_l = 0.0166 V^{5/4} D^{1/3} \tag{68.1}$$

浪波长为

$$2L_l = 10.4 \times (2h_l)^{0.8} \tag{68.2}$$

波浪中心线高出静水面高度为

$$h_0 = \pi (2h_l)^2 / 2L_l \tag{68.3}$$

单宽浪压力计算公式为

$$pl = \gamma L_l (h_l + h_0) / 4 \tag{68.4}$$

式中：V 为多年平均最大风速，取值为 15.7m/s；D 为库面吹程，取值为 6.5km；γ 为水容重。

g. 永久设备自重：选取中水东北院提供的金属结构设备资料中对进水口结构稳定性影响较大的主要设备，转化成节点集中力的形式进行施加。金属结构设备资料见表 68.6。

表68.6　　　　　　　　　　　　　进水口金属结构设备资料表

序号	名称及规格	数量	估算重量/t	
			单重	总重
1	引水发电进水口7.0×21.5−4m拦污栅	3扇	64	192
2	进水口拦污栅埋件	3套	33	99
3	进水口拦污栅2×630kN单向门机	1台	160	160
4	2×630kN单向门机轨道	双32m	11	11
5	进水口4.5×11.0−82m事故闸门	2扇	88	176
6	进水口事故闸门埋件	2套	72	144
7	进水口事故闸门1×4000kN启闭机	2台	180	360
8	事故闸门铸铁配置	2套	275	550
9	事故闸门及拦污栅锁定装置	2套	15	15

2）动力工况计算荷载。

动力工况主要考虑塔体内外动水压力及主要金属设备对进水口结构整体动力响应的影响。塔体内外动水压力以附加质量的形式计算。将金属设备的自重转化成三向附加质量节点单元来体现主要金属设备的影响。

拦污栅动水压力栅条动水压力也以附加质量的形式来考虑，单根栅条总的附加质量的计算公式见下式：

$$W = V\left(\gamma + \frac{b}{d}\gamma_\omega\right) \tag{68.5}$$

式中：V为栅条的体积，γ和γ_ω分别为结构和水体密度；b为栅条的净间距；d为栅条厚度。

（5）计算假定及依据。

1）计算主要以《水利水电工程进水口设计规范》（SL 285—2003）和《水工建筑物抗震设计规范》（DL 5073—2000）为基本依据。

2）计算几何模型的建立和相应结构材料参数依据设计结构和材料试验确定。

3）根据云南省地震工程研究院所做的工程场地地震安全评价，地震动力计算的地震动相关参数见表68.7。按照设计要求，分别取峰值加速度为0.23g和0.184g进行计算，并分别对其计算结果加以分析作为设计依据。

4）混凝土和岩体均认为是线弹性介质，不考虑其塑性变形效应。

5）一般测得的地震波大都为地表加速度波谱。鉴于有质量地基会对地震波产生放大和扭曲作用，本章计算借鉴抗震计算较为成熟的经验，岩质地基部分采用无质量地基模型。

6）对进水口结构稳定性有影响的金属设备自重，静力计算中以节点集中力的形式来体现，动力计算时以三向附加节点质量单元来体现。

7）回填土石渣在地震过程中具有耗能的作用，将有利于抗震，动力计算时不考虑回填土石渣的影响，静力计算时以静土压力的形式考虑回填土石渣的影响。

8）动力计算分别以 X 向（顺流向）、Y 向（横流向）和竖直 Z 向进行计算。水平方向的动力反应结果按照平方和方根法进行计算。

9）地震作用效应折减系数为 0.35。

10）同时考虑水平向和竖直向地震作用效应时，总的地震作用效应取竖向地震作用效应乘以 0.5 的遇合系数后再与水平向地震作用效应直接进行叠加。

表 68.7　　　　　　　　　　　基岩地震设计动参数表

设计地震动参数	50 年超越概率 10%	50 年超越概率 5%	设计地震动参数	50 年超越概率 10%	50 年超越概率 5%
A_{max}/gal	168	228	T_g/s	0.40	0.40
β	2.25	2.25	A_h/g	0.18	0.23

（6）计算方法。

1）采用振型分解反应谱分析方法研究进水口的动力特性和力学性能。地震反应谱见图 68.7。需说明的是，在地震安全评价报告中，给出了一致概率反应谱，中国水利水电科学研究院在进行双曲拱坝的抗震计算时，对此问题做了专门的分析，认为采用现行抗震规范规定的标准反应谱更为合理，在大坝的抗震分析中即采用了标准反应谱，所以这里也采用标准反应谱，参数选取为：峰值加速度 $0.23g/0.184g$（分别按照 50 年超越概率 5% 和 10% 计算），$T_g = 0.40s$（按照 Ⅲ 类岩石考虑），2.25。

2）进水塔混凝土结构作为线弹性结构考虑，在进行动力计算时，阻尼比取 5%。

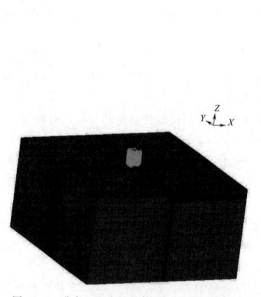

图 68.5　进水口和岩基整体有限元模型示意图

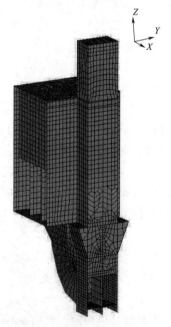

图 68.6　进水口结构网格图

3）以附加质量体现塔体内外动水压力的作用时，为了保证计算精度，在侵入水中塔体高度上每隔不大于 10m 的间距对塔体进行水平切割分块，并对每块塔体上的所有节点施加相应的附加质量。

4）为了保证计算精度，应计算尽可能多阶的振型进行组合。自振频率较高的振型可忽略不计，因为其周期已经位于地震反应谱峰值之下。但由于岩基和机房刚度的影响使得振型较为密集，为此本书计

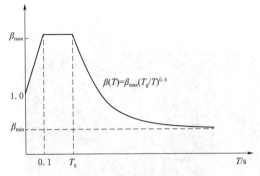

图 68.7　地震反应谱特征曲线

算了进水口前 50 阶的振型，取前 20 阶参加反应谱计算。

68.3　进水口结构动力分析

（1）进水口结构自振特性。进水口结构自振特性计算时计算了结构前 50 阶的振型，提取前 20 阶振型频率列于表 68.8 中，并对进水口自振特性进行分析，部分阶次的振型图见图 68.8～图 68.11。

表 68.8　　　　　　　　　　　　进 水 塔 自 振 频 率 表

阶次	1	2	3	4	5	6	7	8	9	10
频率/Hz	1.60	2.22	3.66	5.22	6.86	7.32	7.72	8.28	9.18	9.30
阶次	11	12	13	14	15	16	17	18	19	20
频率/Hz	9.85	10.87	11.26	11.50	11.85	12.64	12.86	12.92	13.41	13.61

第 1 阶和第 2 阶振型分别是塔体和机房即整个进水口 X 向和 Y 向的弯曲振型；第 3 阶振型是塔体和机房 X 向的弯曲和沿 Z 向的扭转振型，但扭转振动分量很小；第 4 阶振型是机房 X 向的弯曲振型；第 5 阶振型是塔体和机房 X 向和 Y 向的弯曲和绕 Z 向的扭转振型，但 X 向的弯曲和绕 Z 向的扭转振动均不大；第 6 阶振型是塔体和机房 X 向的弯曲振型，但塔体和机房弯曲的方向彼此相反；第 7 阶振型同第 6 阶振型，只是塔体有略微绕 Z 向扭转的振型；第 8 阶振型同第 7 阶振型，但塔体绕 Z 向扭转的振型占优；第 9 阶振型是机房 Y 向的弯曲振型和塔体绕 Z 向的扭转振型；第 10 和第 11 阶振型分别是塔体绕 Z 向的扭转和机房 Y 向的弯曲振型；第 12 至第 14 阶振型是塔体绕 Z 向的扭转振型；第 16 和第 18 阶振型是整个进水口沿 Z 向（竖向）的振动振型；第 15、第 17 和第 20 阶振型均是进水口的高阶振型；第 19 阶振型是进水口绕 Z 向的扭转振型。

总之，塔体结构的自由振动符合典型高耸结构的振动特征，且柔度较大，一阶基本频率只有 1.60Hz，自振周期为 0.625s，距离地震波的卓越周期较远，对抗震有利。

（2）进水口地震动力分析（工况一）。首先取反应谱设计地震加速度峰值代表值 0.184g 进行计算，作为工况一。

1）水平 X 向地震动。反应谱设计地震加速度峰值代表值 0.184g，首先计算水平 X 向的振动反应，即沿引水发电隧洞轴线方向的地震动反应。

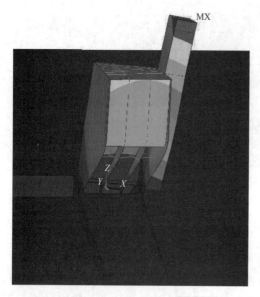

图 68.8　第 1 阶振型图

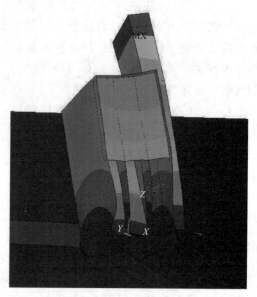

图 68.9　第 2 阶振型图

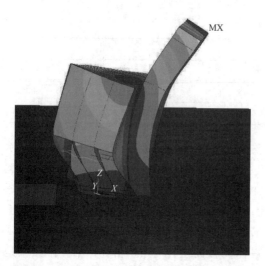

图 68.10　第 3 阶振型图

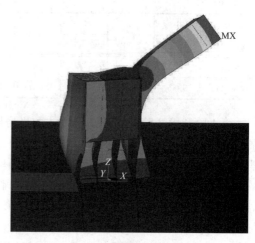

图 68.11　第 4 阶振型图

动位移反应，选取 790.00～898.50m 高程且过闸门槽右侧与其前侧墙体交线的不同高程的一列节点总体动位移表示于图 68.12。

由图 68.12 整体进水口的总动位移云图可知，出露基岩面的进水口结构的位移从上至下呈梯度分布，但梯度云图并不完全近水平，而是与水平面成一定交角，此水平交角由上至下逐渐减小到基岩面的近水平角度，其原因与拦污栅位置为开口状，使得进水口前面在该处无竖向支撑，使得同一个水平面靠近拦污栅位置的位移较远离拦污栅位置的位移要略大。

下面将各个代表点高程和其对应的总动位移以直角坐标系作图，见图 68.13，可更直观地表现进水口在水平 X 向地震动作用下位移沿高程的变化规律。地震加速度反应见图 68.14。

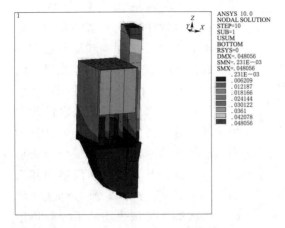

图 68.12　总动位移云图：水平 X 向地震作用（0.184g）

注：top 表示内表面，bottom 表示外表面；

应力的单位为 Pa，下同。

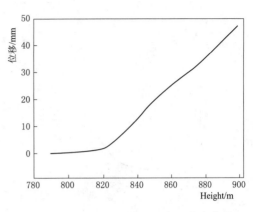

图 68.13　进水口总动位移沿高程分布曲线：

水平 X 向地震作用（0.184g）

由图 68.15 中进水口的加速度放大系数沿不同高程分布曲线可知，加速度的变化不像位移随高程变化规律那么十分显著，即随高程的增加而线性增加。整个进水口结构从下往上的加速度分布可分为四个阶段：①从进水口引水隧洞底板到高程 824.50m 基岩面之间，进水口的加速度变化梯度很小；②基岩面到 845.00m 高程这一段的进水口加速度随高程的增加而迅速线性增加；③但 845.00～875.00m 这一段高程内，进水口加速度基本保持不变；④875.00m 高程至机房顶部

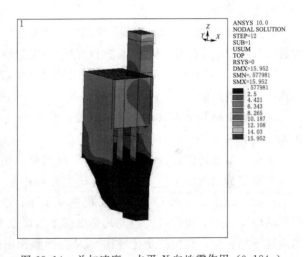

图 68.14　总加速度：水平 X 向地震作用（0.184g）

这一段高程内，加速度又随高程的增加而迅速增加，增加幅度略大于基岩面至 845.00m 高程这一段加速度的增加幅度。875.00m 高程以上加速度随高程迅速增加的原因应与这一段高度结构刚度变化有关，最大放大系数为 7.33。总体来看，进水口加速度随高程总体上还是逐渐增加的，进水口顶部加速度的放大效应仍然比较明显。另外，根据经验，水平向地震作用下，加速度最大（放大系数最大）的位置应该位于机房的顶部，此工况最大加速度区域除了位于启闭机室顶部外，还分布在拦污栅底坎和胸墙底部之间垂直地震作用方向的左右边墙靠近墙体中间的前侧和闸墩中间（图 68.15），其原因与进口拦污栅的位置为开口状态有关，致使左右边墙在此位置无横向支撑，拦污栅边墩的高度较大，刚度较低。

　　第一主应力分布在图 68.16、图 68.17 中给出应力分布云图，可以直观地反映出应力分布的规律和最大应力区域。

　　从进水口整体模型第一主应力云图可知，基岩面以上的进水塔有近三分之一的混凝土

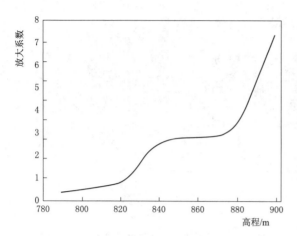

图 68.15　进水口加速度放大系数沿高程分布
曲线：水平 X 向 0.184g

墙体和闸墩的最大主应力都超过 1MPa；具体范围是：胸墙与左侧边墙交线上 853.00m 高程和胸墙与右侧边墙交线上 857.00m 高程的连线以下的胸墙部分，闸门槽前方右侧边墙 857.00m 高程水平连线至基岩面的右侧边墙部分，闸门槽 857.00m 高程与右侧边墙 824.50m 高程后墙角连线至 824.50m 高程基岩面的闸门槽和其后右侧边墙部分，以及左侧边墙 853.00m 高程与该边墙后下方墙角连线至 824.50m 高程的左侧边墙大部分区域。最大主应力局部可达到 5～6MPa，建议结合进水口应力分布进行相应的配筋设计。

各高程横梁的动应力、各截面梁轴力和弯矩最大值的发生位置主要分布在梁与四周墙体和进水口闸墩的接触段。但总结来讲，除个别梁的轴力很大外，梁的轴力和弯矩不是很高。

2）水平 Y 向地震动反应。仍取反应谱设计地震加速度峰值代表值 0.184g，计算沿 Y 向水平地震动反应。

动位移反映整个进水口结构的总动位移云图及相应的位移-高程曲线图见图 68.18 和图 68.19。

从进水口总动位移云图可知，与 X 向地震作用下相比，在 Y 向地震作用下，整个进水口的动位移呈近水平均匀渐变的等梯度分布；最大动位移发生在机房顶部，位移幅值为 35.01mm，进水口底部 790.00m 高程位移最小；图 68.20 进一步表明进水口总动位移随高程的增加而逐渐线性增大，尤其是出露基岩面以上的进水口结构部分的位移随高程增加的规律更加明显，其位移变化规律与 X 向地震作用位移变化规律相似。

加速度反应进水口结构总加速度分布云图见图 68.20。

动力放大系数沿高程分布曲线见图 68.21，可更直观地看出进水口加速度动力放大系数随高程的增加也是逐渐增大的规律，但并非按一个斜率增加，其变化规律与 X 向作用下进水口加速度动力放大系数沿高程变化规律基本一致；动力放大系数的最大值发生在机房顶部，为 8.15。

最大主应力分布进水口整体结构和进水口关键构件的第一主应力分布分别汇总列出了各构件的最大应力值及其发生位置。可以看出，最大应力多出现在边墙和闸墩上，一般在与岩基表面结合部位。结构底部、变截面变体型的地方也有一定的应力集中。

各高程横梁的内力分布横梁的内力不是很突出，其中轴力作用更显著一些，说明同一高程结构的体型基本保持箱形，截面内动力变形不是特别突出。

（3）地震动力反应分析（工况二）。以下对反应谱设计地震加速度峰值代表值 0.23g 的工况进行计算分析，定义为工况二。计算模型和计算方法等均与上述计算相同，只是峰

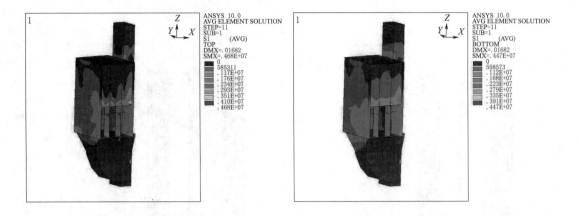

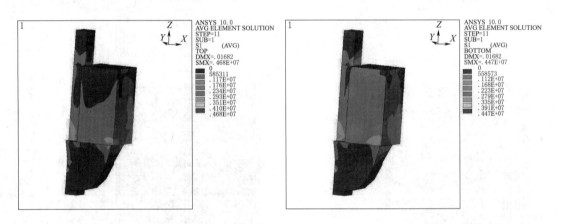

图 68.16　进水塔整体模型第一主应力内外表面应力云图：水平 X 向 $0.184g$

值加速度从 $0.184g$ 提高到 $0.23g$。

反应谱设计地震加速度峰值为 $0.23g$ 工况时，进水口在各个方向地震激励下的计算结果，与加速度为 $0.184g$ 工况的分布规律大都相同，只是计算结果数值上有所增大，为此工况二下进水口的位移、加速度、应力等云图可参考 $0.184g$ 工况相应的计算结果，除非计算结果有较大差异，否则将不再给出计算结果的分布云图。下面仅以数据表格的形式给出计算结果的幅值，并与 $0.184g$ 工况的结果进行对比分析。

1）水平 X 向地震动反应。

动位移反应，$0.23g$ 工况进水口动位移沿高程分布规律与 $0.184g$ 工况相同，只是 $0.23g$ 工况较 $0.184g$ 工况同一高程的动位移要大，如机房顶部 $898.50\mathrm{m}$ 高程的总动位移和 X 向动位移分量分别由工况一的 $47.32\mathrm{mm}$、$44.96\mathrm{mm}$ 增加到工况二的 $60.07\mathrm{mm}$、$57.07\mathrm{mm}$，动位移各增加近 27%。

加速度反应，进水口各代表点的加速度与 $0.184g$ 工况相比，$0.23g$ 工况进水口加速度沿高程的变化规律与 $0.184g$ 工况的规律基本是一致的，不同之处一是 $0.23g$ 工况 X 向地震作用下，进水口最大加速度的区域除了左侧边墙前缘和闸墩中间段前缘外，启闭机机

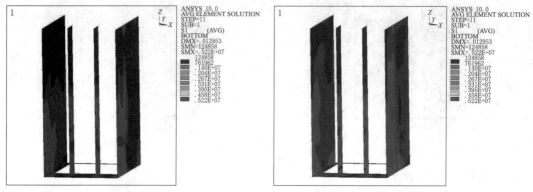

（a）进水塔左右侧墙、闸墩，进水口平台内外表面第一主应力

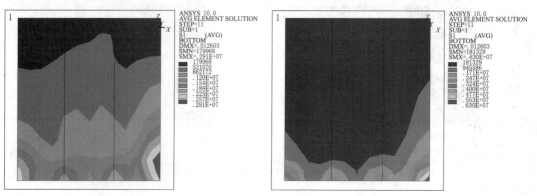

（b）胸墙内外表面第一主应力

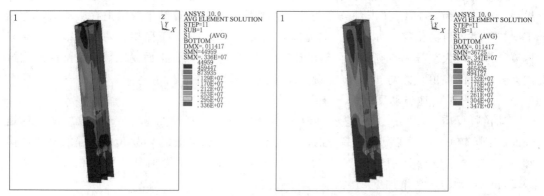

（c）闸门槽内外表面第一主应力

图 68.17（一）　进水口关键部位第一主应力云图：水平 X 向地震作用（0.184g）

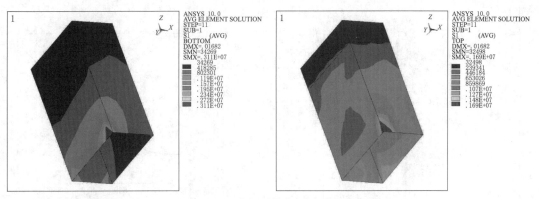

（d）875.00m高程以上墙体内外表面第一主应力

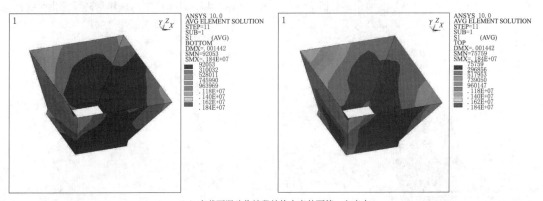

（e）变截面漏斗收缩段结构内表外面第一主应力

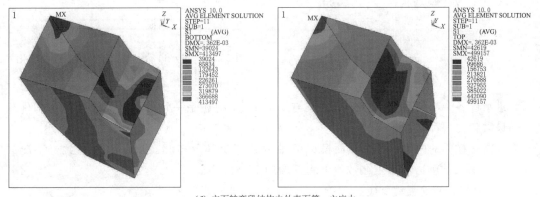

（f）立面转弯段结构内外表面第一主应力

图 68.17（二）　进水口关键部位第一主应力云图：水平 X 向地震作用（0.184g）

房的顶部的加速度也较大；二是在于同一高程加速度数值有所增加，但相应的加速度动力放大系数没有变。

分析进水口整体模型第一主应力云图可知，0.23g 工况的整个进水口的应力分布与 0.184g 工况的应力分布相同，但对应的主应力的幅值有所增大，增加 25% 左右。

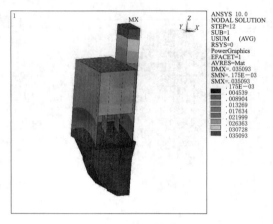

图 68.18　进水口总动位移云图：
水平 Y 向 $0.184g$

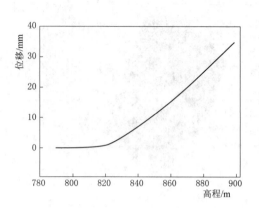

图 68.19　进水口总动位移沿高程变化曲线：
水平 Y 向 $0.184g$

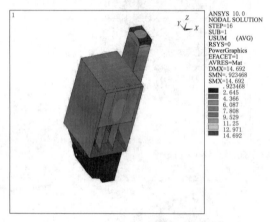

图 68.20　进水口总加速度云图：
水平 Y 向 $0.184g$

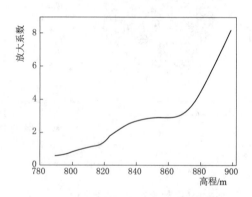

图 68.21　进水口动力放大系数沿高程的变化
曲线：水平 Y 向 $0.184g$

进水口各个部位最大应力分布区域与 $0.184g$ 工况还是一致的，不同之处是各构件相应的最大应力大都增加 27% 左右。

各高程横梁的内力，各个截面横梁的轴力和弯矩其分布和工况一基本一致，工况二（$0.23g$）下梁的轴力和弯矩在数值上大都增加 25% 左右。

2）水平 Y 向地震动反应。

动位移反应，在 $0.23g$ 工况水平 Y 向地震作用下下，进水口的动位移随高程的增加而增大，但与 $0.184g$ 工况相比较，此工况下的 Y 向动位移增大 25% 左右，与 X 向地震的情况相同。

加速度反应，水平 Y 向 $0.23g$ 工况地震动作用下加速度分布规律与工况一的分布规律基本相似，进水口加速度数值有所增加，但放大系数基本没有增加。

第一主应力，Y 向 $0.23g$ 工况地震动作用下，进水口各个部位的应力分布规律与工况一也基本一致；与工况一相比，Y 向 $0.23g$ 地震工况下进水口各个部位的应力增加在 25%

左右。

各截面梁的应力，对比工况一和工况二可知，在水平 Y 向地震动作用下，$0.23g$ 工况与 $0.184g$ 工况相比，各个截面大部分梁的轴力和弯矩有所增加，但部分横梁的内力却有所减小。

68.4　静力工况

（1）正常蓄水位工况。正常蓄水位静力工况的计算结果表明：在静力荷载作用下，进水口结构的位移以自重沉降位移为主；进水口墙体内外表面应力以竖向压应力为主，后侧及左侧回填土的土压力，尤其是后侧土压力对进水口后墙和截面梁的应力分布有一定的影响，但对整体进水口结构应力分布影响不大；基岩面下的进水口结构在内水压力作用下，在墙体连接处有一定的应力集中，但应力不是很大，且分布面积很小。整个进水口最大压应力分布在进水口最小高程处的输水隧洞侧墙和底板，最大压应力大小为 $1.7MPa$；进水口主应力分布较大区域主要分布在基岩面以下变截面连接处，最大主应力（拉应力）大小为 $2.82MPa$，位于立面转弯段底板和侧墙的连接处，属应力集中，其他部位的拉压力均很小。

（2）设计洪水位工况。设计洪水位工况与正常蓄水位工况水头相差仅 $0.72m$，设计洪水位静力工况受此水头差的影响甚小，其计算结果与正常蓄水位静力工况的计算结果完全一致。

（3）校核洪水位工况。校核洪水位与正常蓄水位水头相差 $2.54m$，静力计算结果云图分布规律同正常蓄水位静力工况（见图 68.22、图 68.23 和图 68.24），其计算结果较正常蓄水位的计算结果增大不到 0.8%。

（4）检修工况。计算检修工况时，检修闸门放下，输水隧洞无水，检修闸门槽上承受来自塔体水体施加在检修闸门上的压力，为此，检修工况的静力计算结果与正常蓄水位唯一不同的就是闸门槽的应力分布，下面给出两种工况下检修闸门槽及其左侧（即上游侧）墙体的应力计算结果，图 68.25 为检修闸门槽及其上游侧墙体示意图，图 68.26 和图 68.27 分别为两种工况下检修闸门槽第一主应力和水平 X 向应力云图。

由应力云图可知，与正常蓄水位工况相比，受闸门传递的水压力影响，检

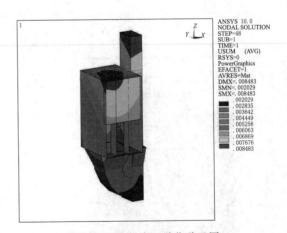

图 68.22　进水口总位移云图

修工况下闸门槽上游侧墙体外表面第一主应力（此处第一主应力为压应力）的分布面积明显减小；内表面第一主应力（此处第一主应力为拉应力）的分布面积和数值都有所增加。

水平 X 向的应力分布规律同其第一主应力分布规律，在此不再赘述。

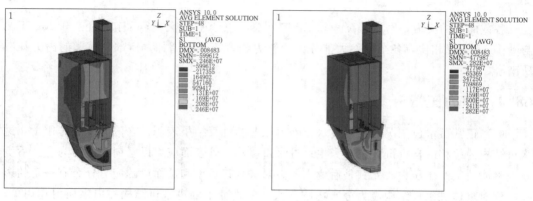

图 68.23　进水口内外表面第一主应力云图

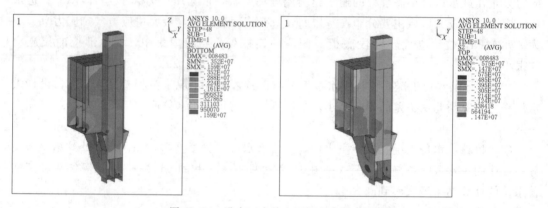

图 68.24　进水口内外表面竖向应力云图

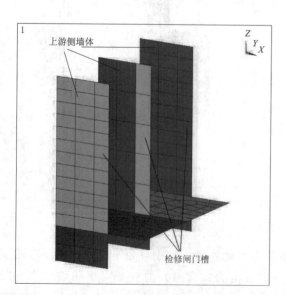

图 68.25　检修闸门槽及其上游侧墙体示意图

（5）小结。

1）四种静力工况除检修工况的检修闸门槽及其附近墙体应力分布略有不同外，其他计算结果均相同，即四种工况水头差对整体进水口结构的静力计算结果影响很小。

2）检修工况闸门槽附加墙体的应力分布较其他三种静力工况的计算结果有一定的改变，应力大小上变化幅度不大。

3）整个进水口静力工况以竖向压应力状态为主。

4）受岩基约束的影响，进水口最大主应力位于进水口基岩面下方立面转弯段底板和侧墙的连接处，属于应力集中。

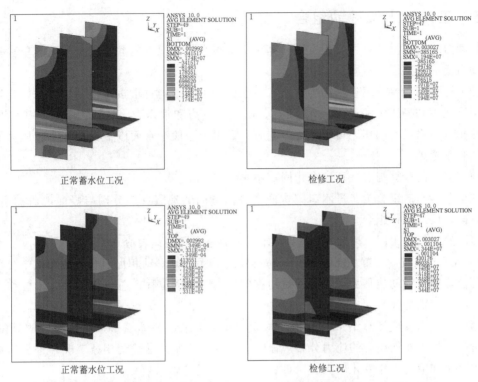

图 68.26　两种工况下检修闸门槽及其上游侧墙体内外表面第一主应力云图

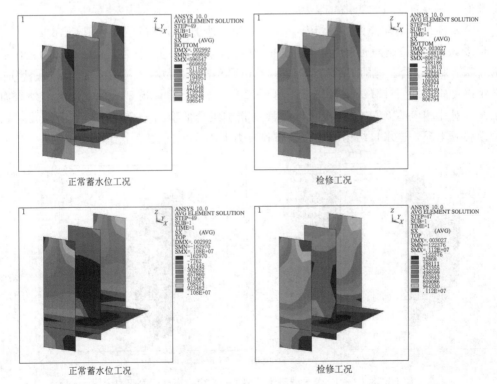

图 68.27　两种工况下检修闸门槽及其上游侧墙体内外表面水平 X 向应力云图

68.5　正常蓄水位静动组合工况

静动力组合工况的计算，是分别计算在正常蓄水位工况下的静力反应和地震单独作用下的动力反应，然后进行叠加。

静力计算的主要荷载包括结构自重（在水面以下的结构自重按照浮容重考虑，相当于考虑了浮托力和扬压力的作用）、水压力、回填土压力和浪压力、风压力等，由于考虑内外水位相对，水压力的作用可不考虑。同时，回填土一般在水面以下，在计算土压力时也按照浮容重考虑。

地震工况的计算与上一章完全相同，不再细述。

这里所考虑的组合为：进水口结构两个轴向方向的地震反应分别与竖向地震的组合，最后与静力反应进行组合。

（1）静动组合工况（一）。反应谱设计地震加速度峰值代表值 0.184g。

1）XZ 向地震动与静力工况组合。位移反应，无论是静动相加组合还是相减组合，进水口的位移还是以动位移为主，尤其是地震作用方向的动位移；总位移和各分量位移大都随高程的增加而增加。

第一主应力反应计算结果与分析，图 68.28 是进水口整体模型，对比相应的 0.184g 工况可知，静动相加组合的应力分布规律略有所变化，尤其是静动相减工况，进水口结构的应力分布和应力大小变化较大。

各高程横梁的内力，对比 X 向地震动力工况可知，动静组合工况下梁的内力分布无论是数值还是分布区域的变化都很大。

2）YZ 向地震动与静力工况组合。反应谱设计地震加速度峰值代表值 0.184g。

位移反应，无论是静动相加组合还是相减组合，进水口的位移还是以动位移为主，说明静力计算结果对组合工况的贡献相对较小；总位移和各分量位移大都随高程的增加而增加。

第一主应力反应计算结果与分析，图 68.29 是进水口整体模型第一主应力内外表面应力云图，对比相应的 0.184g 工况可知，静动相加组合的应力分布规律略有所变化，尤其是静动相减工况，进水口结构的应力分布和应力大小变化较大。

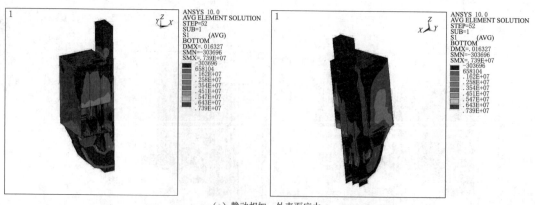

（a）静动相加：外表面应力

图 68.28（一）　进水塔整体模型第一主应力内外表面应力云图

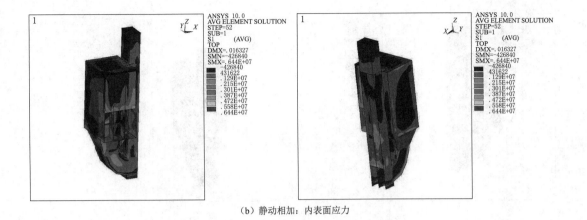

（b）静动相加：内表面应力

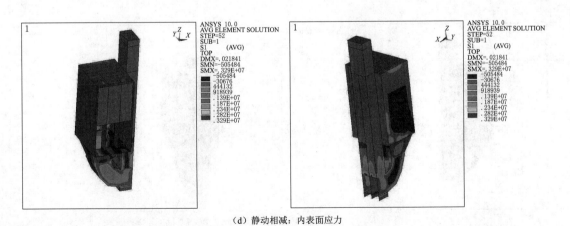

（c）静动相减：外表面应力

（d）静动相减：内表面应力

图 68.28（二） 进水塔整体模型第一主应力内外表面应力云图

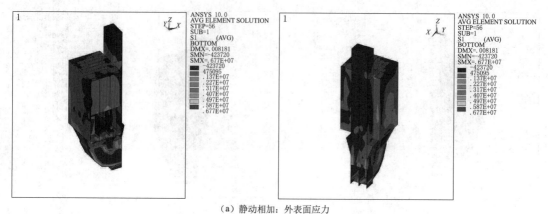

（a）静动相加：外表面应力

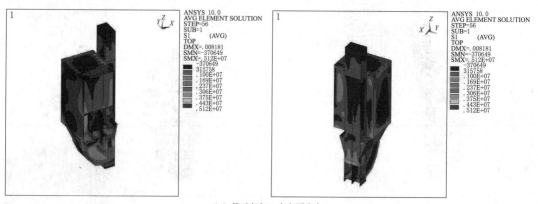

（b）静动相加：内表面应力

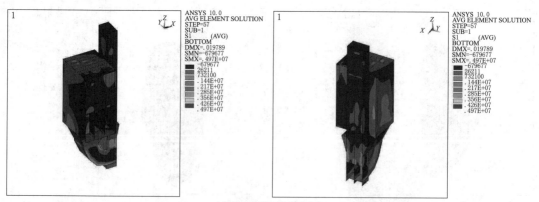

（c）静动相减：外表面应力

图 68.29（一）　进水塔整体模型第一主应力内外表面应力云图

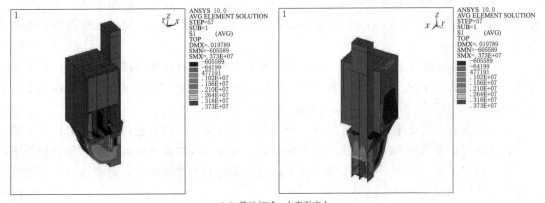

(d) 静动相减：内表面应力

图 68.29（二）　进水塔整体模型第一主应力内外表面应力云图

各高程横梁的内力，对比 X 向地震动力工况可知，动静组合工况下梁的内力分布无论是数值还是分布区域的变化都很大。

（2）静动组合工况（二）。反应谱设计地震加速度峰值代表值 $0.23g$。

进水口结构的静动组合工况（二）和静动组合工况（一）的计算结果相似，在此不再给出应力云图，可参照工况（一）的应力分布云图。

1）水平 X 向和竖向 Z 地震动与静力工况组合。位移反应，无论是静动相加组合还是相减组合，进水口的位移还是以动位移为主，总位移和各分量位移大都随高程的增加而增加。

第一主应力反应计算结果与分析，各典型构件的最大主应力值及其出现位置。

各高程横梁的内力，对比 X 向地震动力工况可知，动静组合工况下梁的内力分布无论是数值还是分布区域的变化都很大。

2）水平 Y 向与竖向 Z 向地震动与静力工况组合。反应谱设计地震加速度峰值代表值 $0.23g$。

68.6　进水口抗震安全评价

（1）进水口抗震安全评价方法。水工建筑物的抗震强度，主要按照《水工建筑物抗震设计规范》（DL 5073—2000）标准采用承载力极限状态设计式进行复核。

$$\gamma_0 \psi S\left(\gamma_G G_k, \gamma_Q Q_k, \gamma_E E_k, \alpha_k\right) \leqslant \frac{1}{\gamma_d} R\left(\frac{f_k}{\gamma_m}, \alpha_k\right)$$

式中：γ_0 为结构重要性系数，进水口结构属 Ⅲ 级构件取 1.0；ψ 为设计状况系数，可取 0.85；$S(\cdot)$ 为结构作用效应函数；γ_Q、γ_G 分别为可变作用分项系数和永久作用分项系数，在抗震分析中为简单均计取为 1.0；γ_E 为地震作用分项系数，取 1.0；γ_d 为承载能力极限状态的结构系数，按照规范规定，钢筋混凝土结构的结构系数对于抗压和抗拉可分别取 1.30 和 0.70；$R(\cdot)$ 为结构的抗力函数；f_k 为材料性能标准值；γ_m 为材料性能的分项系数，按照规范，对混凝土强度取为 1.5。

（2）水工混凝土材料的动态性能。按照规范的规定，混凝土动态强度的标准值可较其静态标准值提高 30%；混凝土动态抗拉强度的标准值可取为动态抗压强度标准值的 10%。

参照《混凝土重力坝设计规范》（DL 5108—1999），C20 混凝土的轴心抗压静态强度标准值为 18.5N/mm² （90d），则动态强度标准值为 24.05N/mm²，轴心抗拉强度标准值取 2.405N/mm²。

（3）进水口抗震安全评价结果。对两种工况下的静动组合计算结果进行分析，将各个部位的评价结果按工况不同列表，见表 68.9 和表 68.10，表中"○"表示满足承载力极限状态设计式，"×"表示不满足承载力极限状态设计式。

下面两表均是对进水口截面各个部位最大拉应力和最大压应力进行评价，由评价结果可知：进水口混凝土结构的抗压强度均得到满足，且有很大的强度富裕，但有些部位的抗拉强度不满足要求；另外，如果不考虑进水口各个部位的应力集中后，进水口各个部位的抗拉强大都可以得到满足。

表 68.9　　　正常蓄水位进水口抗震强度安全校核结果：*XZ* 向地震动与静力组合表

项　　次		位　置	$S(\cdot)$ /MPa	$R(\cdot)$ /MPa	$\gamma_0 \psi S(\cdot)$ /MPa	$R(\cdot)/\gamma_d$ /MPa	校核结论
抗拉强度	0.184g	左侧墙	3.0	1.60	2.295	2.29	×
	0.23g		4.0		3.06		×
抗压强度	0.184g	左侧墙	9.5	16.03	7.27	12.33	○
	0.23g		10.3		7.88		○
抗拉强度	0.184g	右侧墙	3.0	1.60	2.295	2.29	×
	0.23g		4.0		3.06		×
抗压强度	0.184g	右侧墙	11.1	16.03	8.49	12.33	○
	0.23g		12.5		9.56		○
抗拉强度	0.184g	后侧墙	2.30	1.60	1.76	2.29	○
	0.23g		2.55		1.95		○
抗压强度	0.184g	后侧墙	4.67	16.03	3.57	12.33	○
	0.23g		5.05		3.86		○
抗拉强度	0.184g	胸墙	6.89	1.60	5.27	2.29	×
	0.23g		8.54		6.53		×
抗压强度	0.184g	胸墙	2.06	16.03	1.58	12.33	○
	0.23g		2.67		2.04		○
抗拉强度	0.184g	875.00m 以上墙体	1.26	1.60	0.96	2.29	○
	0.23g		1.67		1.28		○
抗压强度	0.184g	875.00m 以上墙体	2.89	16.03	2.21	12.33	○
	0.23g		3.33		2.55		○
抗拉强度	0.184g	漏斗段	5.78	1.60	4.42	2.29	×
	0.23g		6.07		4.64		×
抗压强度	0.184g	漏斗段	3.10	16.03	2.37	12.33	○
	0.23g		3.54		2.70		○

项　次		位置	$S(\cdot)$ /MPa	$R(\cdot)$ /MPa	$\gamma_0\psi S(\cdot)$ /MPa	$R(\cdot)/\gamma_d$ /MPa	校核结论
抗拉强度	0.184g	转弯段	3.34	1.60	2.56	2.29	×
	0.23g		3.43		2.62		×
抗压强度	0.184g	转弯段	2.14	16.03	1.64	12.33	○
	0.23g		2.20		1.68		○
抗拉强度	0.184g	闸门槽	3.49	1.60	2.67	2.29	×
	0.23g		3.79		2.90		×
抗压强度	0.184g	闸门槽	5.74	16.03	4.39	12.33	○
	0.23g		6.55		5.01		○
抗拉强度	0.184g	闸墩	4.88	1.60	3.73	2.29	×
	0.23g		6.21		4.75		×
抗压强度	0.184g	闸墩	9.14	16.03	6.99	12.33	○
	0.23g		10.5		8.03		○
抗拉强度	0.184g	2—2 截面梁	3.73	1.60	2.85	2.29	×
	0.23g		4.60		3.52		×
抗压强度	0.184g	2—2 截面梁	3.15	16.03	2.41	12.33	○
	0.23g		4.00		3.06		○
抗拉强度	0.184g	3—3 截面梁	3.10	1.60	2.37	2.29	×
	0.23g		3.87		2.96		×
抗压强度	0.184g	3—3 截面梁	2.97	16.03	2.27	12.33	○
	0.23g		3.73		2.85		○
抗拉强度	0.184g	4—4 截面梁	2.54	1.60	1.94	2.29	○
	0.23g		3.14		2.40		×
抗压强度	0.184g	4—4 截面梁	2.48	16.03	1.90	12.33	○
	0.23g		3.08		2.36		○
抗拉强度	0.184g	7—7 截面梁	0.30	1.60	0.230	2.29	○
	0.23g		0.36		0.27		○
抗压强度	0.184g	7—7 截面梁	0.114	16.03	0.087	12.33	○
	0.23g		0.166		0.127		○
抗拉强度	0.184g	8—8 截面梁	0.0048	1.60	0.00367	2.29	○
	0.23g		0.0126		0.0096		○
抗压强度	0.184g	8—8 截面梁	0.058	16.03	0.044	12.33	○
	0.23g		0.064		0.049		○

表 68.10　正常蓄水位进水口抗震强度安全校核结果：YZ 向地震动与静力组合表

项　次		位置	$S(\cdot)$ /MPa	$R(\cdot)$ /MPa	$\gamma_0\psi S(\cdot)$ /MPa	$R(\cdot)/\gamma_d$ /MPa	校核结论
抗拉强度	0.184g	左侧墙	2.55	1.60	1.95	2.29	×
	0.23g		3.05		2.33		×
抗压强度	0.184g	左侧墙	11.4	16.03	8.72	12.33	○
	0.23g		12.6		9.64		○
抗拉强度	0.184g	右侧墙	2.13	1.60	1.63	2.29	○
	0.23g		2.76		2.11		○
抗压强度	0.184g	右侧墙	10.8	16.03	8.26	12.33	○
	0.23g		11.9		9.10		○
抗拉强度	0.184g	后侧墙	2.81	1.60	2.15	2.29	○
	0.23g		3.16		2.42		×
抗压强度	0.184g	后侧墙	4.42	16.03	3.38	12.33	○
	0.23g		4.7		3.60		○
抗拉强度	0.184g	胸墙	2.89	1.60	2.21	2.29	○
	0.23g		3.39		2.59		×
抗压强度	0.184g	胸墙	2.06	16.03	1.56	12.33	○
	0.23g		2.47		1.89		○
抗拉强度	0.184g	875.00m 以上墙体	2.16	1.60	1.65	2.29	○
	0.23g		2.79		2.13		○
抗压强度	0.184g	875.00m 以上墙体	3.34	16.03	2.56	12.33	○
	0.23g		4.01		3.07		○
抗拉强度	0.184g	漏斗段	2.53	1.60	1.94	2.29	○
	0.23g		2.71		2.07		○
抗压强度	0.184g	漏斗段	2.07	16.03	1.58	12.33	○
	0.23g		2.21		1.69		○
抗拉强度	0.184g	转弯段	3.84	1.60	2.94	2.29	×
	0.23g		4.06		3.11		×
抗压强度	0.184g	转弯段	2.15	16.03	1.64	12.33	○
	0.23g		2.21		1.69		○
抗拉强度	0.184g	闸门槽	2.29	1.60	1.75	2.29	○
	0.23g		2.85		2.18		○
抗压强度	0.184g	闸门槽	4.4	16.03	3.37	12.33	○
	0.23g		4.87		3.73		○
抗拉强度	0.184g	闸墩	1.48	1.60	1.13	2.29	○
	0.23g		1.76		1.35		○

项　次		位置	$S(\cdot)$ /MPa	$R(\cdot)$ /MPa	$\gamma_0\psi S(\cdot)$ /MPa	$R(\cdot)/\gamma_d$ /MPa	校核结论
抗压强度	$0.184g$	闸墩	6.53	16.03	4.90	12.33	○
	$0.23g$		7.25		5.55		○
抗拉强度	$0.184g$	2—2 截面梁	1.92	1.60	1.47	2.29	○
	$0.23g$		2.2		1.68		○
抗压强度	$0.184g$	2—2 截面梁	3.03	16.03	2.32	12.33	○
	$0.23g$		3.24		2.47		○
抗拉强度	$0.184g$	3—3 截面梁	1.16	1.60	0.88	2.29	○
	$0.23g$		1.31		1.00		○
抗压强度	$0.184g$	3—3 截面梁	1.49	16.03	1.14	12.33	○
	$0.23g$		1.73		1.32		○
抗拉强度	$0.184g$	4—4 截面梁	1.50	1.60	1.15	2.29	○
	$0.23g$		1.84		1.41		○
抗压强度	$0.184g$	4—4 截面梁	0.17	16.03	0.130	12.33	○
	$0.23g$		0.12		0.09		○
抗拉强度	$0.184g$	7—7 截面梁	0.25	1.60	0.19	2.29	○
	$0.23g$		0.29		0.22		○
抗压强度	$0.184g$	7—7 截面梁	0.08	16.03	0.06	12.33	○
	$0.23g$		0.11		0.084		○
抗拉强度	$0.184g$	8—8 截面梁	0	1.60	0	2.29	○
	$0.23g$		0		0		○
抗压强度	$0.184g$	8—8 截面梁	0.046	16.03	0.035	12.33	○
	$0.23g$		0.05		0.038		○

（4）小结。对进水口采用承载力极限状态设计式进行复核可得到如下结论：

1）除了进水口结构各个部位混凝土的最大拉应力有部分不满足抗拉强度外，其他部位混凝土的抗拉强度和各个部位的抗压均可得到满足。

2）如不考虑进水口各个部位的应力集中，进水口各个部位混凝土的抗拉和抗压强度均可得到满足。

68.7　进水口结构修改设计方案的动力计算

进水口结构主要做如下设计修改：①2—2 和 3—3 截面梁分别上移至 847.00m 和861.50m 高程（梁顶高程），胸墙连接处的胸墙局部加厚；2—2 截面引水隧洞轴线方向由原来两根梁增加到三根，且该三根梁的截面变为 2.5m×1.5m，2—2 截面另外两根梁和4—4 截面的大截面梁和 3—3 截面梁的截面都变为 2.5m×1.0m；②进水口闸墩之间及闸墩与两侧侧墙增加 2.5m 厚的板连接；③861.50～875.00m 高程的塔体后墙和大部分左右侧墙由原设计的 2.0m 减至 1.2m；④漏斗段局部加厚使得与转弯段的过渡较为平滑。

（1）修改方案计算结果分析。通过对修改后的设计方案的计算结果分析可知：

1）除修改部位应力的数值大小略有差别外，整体结构的应力分布规律和原设计方案基本相同。

2）静力计算结果受修改方案的影响很小。

3）动力计算结果数值变化相对较大的区域为胸墙底坎，左右侧墙和闸墩与进水平台相连处，基岩面以下漏斗段。由于 2—2 截面闸墩间和闸墩与左右侧墙间采用板连接，且胸墙底坎局部加厚，使得胸墙的应力有所降低。各个典型构件的最大应力见表 68.11 和表 68.12。

4）漏斗段由于其外围局部混凝土加厚，与转弯段的过渡变得较为平滑，使得漏斗段的应力降低较为明显。

5）除上述几处位置外，其他部位的动应力基本无变化。

表 68.11　　　　进水塔关键部位第一主应力分布表：水平 X 向地震单独 $0.23g$

名　称	最大值/MPa	分布区域及描述
进水塔左右边墙	6.11/7.93	最大应力仍位于左右两边墙与进水口平台连接处，应力最大区域分布很小，属局部应力集中
进水塔后墙	1.69/2.01	最大应力位于墙体底部中间略偏左和与 824.50m 高程岩基接触处的一个单元附近，分布面积很小
进口段闸墩	6.00/6.63	最大应力位于闸墩与进水口平台和胸墙底部的连接处，高应力的分布区域也很小
胸墙	5.74/7.59	最大应力位于胸墙底部与闸墩和左右边墙的连接处，属应力集中
875.00m 高程以上墙体	1.78/2.82	最大应力主要位于 875.00m 高程的截面靠近进水塔一侧墙体的两个墙角，此高应力区与墙体厚度突变有关，分布区域不大
闸门槽	2.98/4.53	最大应力位于 824.50m 高程闸门槽与进水塔右侧边墙和岩基相交的截面上下，分布面积较小
漏斗收缩段	1.32/1.45	最大应力主要位于 823.00m 高程的截面上的四个角点，应力集中区域的面积很小
立面转弯段	0.50/0.50	最大应力位于上部弯段与漏斗收缩段右下后方的连接处和下部弯段与水平引水隧洞的连接的墙角处

表 68.12　　　　进水塔关键部位第一主应力分布表：水平 Y 向地震单独 $0.23g$

构　件	最大值/MPa	分布区域及描述
进水塔左右边墙	4.73/7.53	最大应力位于右侧边墙底部与进水口平台和边墙右侧 824.50m 高程基岩面的连接处，应力最大区域分布很小，属局部应力集中
进水塔后墙	1.63/2.28	最大应力位于后侧墙体与下方漏斗收缩段和右侧边墙下方的连接处，高压力区分布面积不大

构　件	最大值/MPa	分布区域及描述
进口段闸墩	2.92/4.85	最大应力位于闸墩与进水口平台，高应力区域也很小
胸墙	1.44/1.88	最大应力位于胸墙底部与闸墩和左右边墙的连接处，属应力集中
875.00 高程以上墙体	2.23/2.93	最大应力主要位于 875.00m 高程的截面靠近进水塔一侧墙体的两个墙角，与墙体厚度突变有关，分布区域不大
闸门槽	1.75/2.13	最大应力位于 824.50m 高程闸门槽与进水塔右侧边墙和岩基相交的截面上下，分布面积较小
漏斗收缩段	1.03/1.51	最大应力主要位于渐变段与后侧墙体的连接处，分布区域不大
立面转弯段	0.63/0.82	最大应力位于弯段上方顶板，但最大值没有超过 1MPa

（2）小结。鉴于原设计中局部的高应力集中现象，经设计方的慎重考虑和充分讨论，从抗震角度对结构布置和尺寸进行了局部调整。计算结果表明，修改后的结构设计，使得胸墙底部和漏斗段的应力有一定程度的降低。结构修改对静力计算结果和其他部分的整体应力状态影响不大。总体评价，结构修改对抗震设计是有效的和有利的。

68.8　结论

通过三维有限元计算，对进水口结构的整体受力状态、抗震性能、局部受力特征和整体稳定性有了比较全面的认识，计算成果可以作为设计的依据和参考。总体评价的结论和设计建议归纳如下：

（1）进水口结构的布置和构造设计是合理的，塔体基本体型和断面遵循了抗震设计所要求的对称、规则和均匀等基本要求，断面尺寸足够，结构的强度和刚度均有保证，抗震稳定性较好。进水塔基本属于柔性结构，对抗震有利。

（2）静力计算结果表明，结构受力主要以结构自重所产生的压应力为主，竖向压应力能一定程度上提高结构的竖向抗震承载能力。单侧回填土对边墙受力不利，高程越高越不利于结构的静力强度。拦污栅前后水压差（4m）对拦污栅静动力响应影响不大。

（3）水平向地震动作用下，最大应力主要位于基岩面以上的塔体的各个结构的连接处和变截面处，具体位置为：进水口拦污栅闸墩与进水平台和胸墙的连接处，竖向侧墙与进水平台的连接处，胸墙底坎与侧墙的连接处，875.00m 高程的变截面处。结构动力反应类似于高耸和悬臂结构的受力特点，固端处的弯曲应力最大。

（4）水平地震时的高应力区，大部分表现为局部应力集中，高应力区面积相对整个结构较小，因此，在结构抗震设计中，可考虑通过局部重点配筋和加强性构造措施解决。

（5）由于左侧基岩面较右侧基岩面低近 10m，此高度范围内采用回填土，与塔体右侧相比，左侧地基对塔体的支撑刚度较弱，使得在水平 X 向的地震动作用下，塔体的动力反应相对比较剧烈。

（6）鉴于原设计中局部的高应力集中现象，从抗震角度对结构布置和尺寸进行了局部调整。修改后的结构设计，使得胸墙底部和漏斗段的结构动应力有一定程度的降低。结构修改对静态应力和结构整体受力状态影响不大。总体评价，结构修改对抗震设计是有效的和有利的。

（7）本工程的进水塔结构，下部结构伸入岩体内部，没有明显的建基面（滑动面），只要处理好混凝土与围岩的连接，不存在地震滑动稳定性和倾覆问题。塔体混凝土结构的层间滑动稳定复核，实际上是混凝土的抗剪强度问题，从计算结果分析，可以得到保证。

综上所述，四种静力工况除检修工况的检修闸门槽及其附近墙体应力分布略有不同外，其他计算结果均基本一致，即四种工况的上下游水头差对整体进水口结构的静力计算结构影响很小。检修工况闸门槽附加墙体的应力分布较其他三种静力工况的计算结果有一定的改变，但应力数值上的变化幅度不大。整个进水口静力工况的受力状态以竖向压应力为主。受岩基约束的影响，进水口最大主应力位于进水口基岩面下方立面转弯段底板和侧墙的连接处，属于局部应力集中。进水口岩石基础承载力为 4MPa，大于结构最大压应力1.7MPa，进水口基础满足要求，C20 混凝土抗压强度为 9.6MPa，结构最大压应力均不大于 9.6MPa/1.2＝8MPa，结构抗压强度满足要求。静力情况下的拉应力和动力情况进行比较，取其大值进行配筋。以上计算结果表明，最大应力主要位于基岩面以上的井体的各个结构的连接处和变截面处，具体位置为：进水口拦污栅闸墩与胸墙的连接处，竖向侧墙与胸墙底部连接处等部位，结构动力反应类似于高耸和悬臂结构的受力特点，固端处的弯曲应力最大。各个典型构件在水平 X 向和竖向 Z 地震动与静力组合作用下的第一主应力分布见表68.13，在水平 Y 向和竖向 Z 地震动与静力组合作用下的第一主应力分布见表 68.14。

表 68.13　　　　水平 X 向和竖向 Z 地震动与静力组合的静动相加：
进水塔关键部位第一主应力分布表

名　称	最大值/MPa	分布区域及描述
进水塔左右边墙	4.72/4.80	最大应力位于左右两边墙与进水口平台和胸墙底部的连接处，应力最大区域分布很小，属局部应力集中
进水塔后墙	2.28/2.55	最大应力和相对应力较大的区域位于后墙与四周墙体连接的边角处，面积很小，属于应力集中
进口段闸墩	5.22/6.21	最大应力位于闸墩与胸墙的连接处，分布区域也很小
胸墙	3.88/8.54	最大应力位于胸墙底部与闸墩的连接处，分布面积不大
875.00m 高程以上墙体	1.67/4.38	最大应力主要位于 875.00m 高程的截面上下墙体的连接处，此高应力区与墙体厚度突变有关，分布区域不大
闸门槽	7.22/8.11	最大应力位于闸门槽右侧与输水隧洞的连接处，分布面积较小
漏斗收缩段	5.54/9.05	最大应力主要位于与上下墙体的连接处和四周墙体之间的连接处
立面转弯段	3.03/3.43	最大应力位于上部弯段与漏斗收缩段和输水隧洞的连接处及各个墙体之间的连接处

表 68.14　　　　水平 Y 向和竖向 Z 地震动与静力组合的静动相加：
进水塔关键部位第一主应力分布表

名　称	最大值/MPa	分布区域及描述
进水塔左右边墙	2.71/3.05	最大应力位于左右两边墙与基岩、胸墙和后侧边墙的连接处
进水塔后墙	2.43/3.16	外表面最大主应力位于后墙中间位置，与后墙土压力有关；内表面最大应力和相对应力较大的区域位于后墙与四周墙体连接的边角处，面积很小，属于应力集中

续表

名　称	最大值/MPa	分布区域及描述
进口段闸墩	1.72/1.76	最大应力位于闸墩与胸墙的连接处，分布区域不大
胸墙	2.41/3.39	最大应力位于胸墙底部与闸墩及两侧墙的连接处
875.00m 高程以上墙体	1.78/2.79	最大应力主要位于 875.00m 高程的截面上下墙体的连接处，此高应力区与墙体厚度突变有关，分布区域不大
闸门槽	5.54/7.01	最大应力位于闸门槽右侧与输水隧洞的连接处，属应力集中
漏斗收缩段	2.71/3.00	最大应力主要位于与上下墙体的连接处和四周墙体之间的连接处
立面转弯段	3.37/4.06	最大应力位于上部弯段与漏斗收缩段和输水隧洞的连接处及弯段各个墙体之间的连接处

第69章 钢岔管有限元分析

69.1 计算目的和要求

龙江引水洞主洞内径为11m，1号钢岔管最大公切圆直径达12m，属国内尺寸最大的钢岔管，采用传统的结构力学方法的计算结果相对粗糙，无法了解岔管整体的应力分布，对岔管与围岩联合受力较为模糊。采用有限元方法计算分析，可得到岔管的应力分布和变形情况，尽可能减薄钢板厚度，降低工程费用和施工难度，为合理设计岔管提供依据。

（1）计算目的。

1）确定较为合理的钢岔管型式。

2）确定钢岔管在各种工况下的管壁应力值和加强构件应力值。

3）根据计算结果优化岔管体型及结构尺寸。

（2）计算要求。

1）计算分析应采用三维有限元方法。

2）确定较为合理的钢岔管型式。

3）应考虑围岩的联合作用（埋藏式岔管）。

69.2 基本资料

（1）地质资料。

1）钢岔管段全部位于片麻岩上，属Ⅲ类围岩。

2）片麻岩岩体变形模量：Ⅲ类围岩变形模量为 $E=5\mathrm{GPa}$。

3）片麻岩岩体弹性模量：Ⅲ类围岩弹性模量为 $E_0=7\mathrm{GPa}$。

4）岩石单位弹性抗力系数：Ⅲ类围岩弹性抗力系数为 $K_0=3\mathrm{GPa/m}$。

5）岩石泊松比：Ⅲ类围岩 $\mu=0.3$。

6）围岩松动圈厚度为：1.5m。

7）平均地温为12℃。

8）最低水温为4℃。

（2）内水压力。

1）正常运行情况的最高内水压力为132m。

2）现场水压试验取正常运行情况的最高内水压力的1.25倍，为165m。

（3）钢衬外包混凝土。厚度0.8m；强度等级为C20。

（4）钢材。钢材初步考虑采用Q345或Q390，各种参数按《水电站压力钢管设计规范》（DL/T 5141—2001）采用，钢材的材质可根据计算需要进行调整。龙江钢岔管钢材力学性能及抗力限值见表69.1。

（5）缝隙参考值。

表 69.1　　　　　　　　　　　　　　**龙江钢岔管钢材力学性能及抗力限值表**

钢种	厚度/mm	屈服强度 σ_s/MPa	抗拉强度 σ_b/MPa	强度设计值 /MPa	应力分类	运行工况 抗力限值/MPa
Q345	16～35	325	470	300	整体膜应力	170
					局部膜应力	210
					局部膜应力+弯曲应力	248
	50～100	275	470	250	肋板峰值应力	189
Q390	16～35	370	490	330	整体膜应力	188
					局部膜应力	231
					局部膜应力+弯曲应力	273
	50～100	330	490	295	肋板峰值应力	223

1）施工缝隙 δ_b 取 0.3mm。

2）钢管冷缩缝隙 δ_s 取 0.7mm。

3）围岩冷缩缝隙 δ_r 参考其他类似工程取值。

按照工程经验可取总缝隙 $\delta=(3.5\sim4.5)\times R\times10^{-4}$。

4）R 为主管半径，系数取平均值，得到总缝隙 $\delta=4\times5500\times10^{-4}=2.2$mm（1 号岔管）。

（6）计算工况。

1）正常运行情况。

2）水压试验工况。

69.3　计算原理和分析方法

岔管是由锥管、柱管、肋板（梁）焊接而成，是一种板壳组合结构，在内水压力作用下应力分布和变形很不均匀，传统结构力学方法计算结果粗糙，且无法得到岔管整体的应力分布，也无法求解岔管与围岩联合受力问题。采用有限元方法计算分析，可得到岔管的应力分布和变形情况，为合理设计岔管提供依据。

本计算采用的有限元方法基于正交曲线坐标系，其等参曲壳单元描述管壳不同于通用程序的板壳单元，有如下优点：

正交曲线坐标系下的有限元分析方法以壳体中面的主曲率和外法线构成右手系正交曲线坐标，从三维弹性理论几何方程出发，用壳体中面位移和中面法线转角表示壳体上任意点的位移，构造 8 节点 40 自由度的四边形和 6 节点 30 自由度的三角形等参曲壳单元，两种单元配合使用可生成满意的有限元网格来描述各种类型的岔管和其他工程中常见的板壳结构物。

壳体理论和岔管结构应力分析试验均证明，相邻管节的母线夹角大小对岔管的局部应力集中程度影响很大，因而正确描述母线间的几何关系正是岔管有限元分析精度的关键。等参曲壳单元精度高，且其几何形态和要描述的壳体一致，能正确反映组成岔管的各管节间的几何关系，从而减少了几何描述上的离散误差。

等参曲壳单元刚度生成时，沿单元厚度方向直接用显式积分，沿单元的自然坐标系方

向用 2×2 高斯积分和 3×3 高斯积分，故比一般三维厚壳单元刚度生成时间短，精度高。

结构上各个构件的节点坐标属于各自独立的局部正交曲线坐标系，这使节点信息输入十分方便，而沿构件交线上的节点同时属于交线两侧的构件，具有不同的节点编号和各自的局部坐标值，程序采用罚单元来保证结构的整体性和相邻构件之间的位移协调关系。

采用正交曲线坐标系输出各节点的位移和应力，即是工程上极易理解的壳体的周向、母线方向及法线方向的量值，易被工程界接受且直观性强，可方便地直接给出符合水电站压力钢管设计规范所要求的应力。这种表达方式对于有原型观测或模型试验要求岔管的仪器布置极有意义。

本计算程序所用的单元不同于通用程序的平板元，后者以折板方式描述壳体，精度较低。本程序所用单元还能反映横向剪切应变能的贡献，这对于高水头电站的岔管计算尤为重要。

很多工程实践证明正交曲线坐标系下的等参曲壳单元对工程常见范围内的中厚壳、中厚板和薄壳、薄板结构均有满意的精度。

SDFEA 计算程序基于正交曲线坐标系下的有限元理论开发，历经近 20 年的发展，可以解决工程中大部分由板壳组成的复杂结构物的有限元计算问题，同时对于地下埋藏式板壳组合结构物，本程序可以计算其与围岩的非线性接触问题。应用本程序不仅可以进行内水压力作用下明岔管的有限元计算，而且还可以进行有围岩分担内水压力情况下的有限元分析。对埋藏式岔管的计算分析，本程序不仅可以反映围岩弹性抗力和缝隙各相同性情况下的影响，还可以反映工程实际上存在的各相异性的影响。于 1991 年通过国家自然科学基金委员会组织的专家鉴定和原水利水电规划设计总院电算处组织的软件验收。

69.4　有限元计算

（1）边界条件。为减少边界约束对钢岔管主体部分的影响，主直管和支直管长度分别取该处钢管半径的 2 倍以上，因结构上下对称，取岔管上半部分进行计算，对结构上下的分界面上各个节点作相应约束。

在运行工况下，管内壁受 132m 内水压力，肋板两侧所受水压力大小相等方向相反相互平衡。各管节的管壁及肋板厚度均扣除 2mm 的锈蚀磨损裕度。假定三个直管管口，因回填混凝土的约束，无轴向位移。

水压试验工况下按照实际厚度作为计算厚度。试验水压力为 165m 水头，主管侧加封头，支管侧的各个节点上加上轴向力，两个支管上各个节点轴向力的合力和各自封头上所受的水压力一半相等。但按照本工程实际情况不具备做现场水压试验条件。

（2）基本假定。对埋藏式岔管与围岩联合受力计算做如下假定：

1）初始缝隙为钢岔管与回填混凝土以及回填混凝土和围岩之间的缝隙之和（包含施工缝隙、钢管和围岩通水冷却缝隙）；1 号岔管的总缝隙值取 2.2mm，2 号岔管的总缝隙值取 2.0mm。

2）在内水压力作用下回填混凝土发生径向开裂，只起径向传递内水压力的作用，开挖面上的围岩起到约束岔管变位和分担内水压力作用。

3）围岩的弹性反力作用简化为岔管各个节点上法向文克尔弹簧。

按照 1 号岔管最大公切球半径加超挖量 R（cm 为单位），开挖面上围岩弹性抗力 k 值 $= K_0 \times 100/R = 3 \times 100/750 = 0.4\text{GPa/m} = 4\text{MPa/cm}$；考虑到 2 号岔管开挖尺寸需要考虑

1 号岔管的部件运输需要，姑且开挖半径和 1 号岔管处相同，其开挖面上围岩弹性抗力也取 4MPa/cm（偏于保守）。

在以下计算中为了定量地描述围岩与岔管结构联合受力以及其对内水压力的分担作用，并对围岩分担率有所限制，定义围岩分担率如下：

围岩分担率＝（明岔管结构平均等效应力－埋藏式岔管结构平均等效应力）/明岔管结构平均等效应力。

岔管结构的平均等效应力＝所有节点等效应力之和/节点总数。

（3）1 号岔管计算。按照设计给定的水道布置图，对 1 号岔管分别做两种不同管节数的方案比较，记为 lj1a 和 lj1an，根本差异是主管侧的管节数不同，本岔管管径大，增加管节数仍可以满足最短边长条件下的方案 lj1an，比前者母线转折角可以减小，自然有利于降低母线转折处的局部膜应力。

两个方案的结构见图 69.1 和图 69.2。

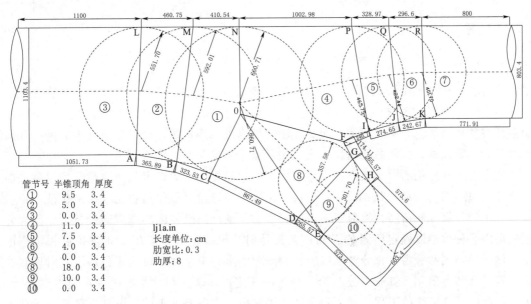

管节号	半锥顶角	厚度
①	9.5	3.4
②	5.0	3.4
③	0.0	3.4
④	11.0	3.4
⑤	7.5	3.4
⑥	4.0	3.4
⑦	0.0	3.4
⑧	18.0	3.4
⑨	10.0	3.4
⑩	0.0	3.4

lj1a.in
长度单位：cm
肋宽比：0.3
肋厚：8

图 69.1　管节数为 3、4、3 的方案 lj1a

通过计算调整岔管管节的半锥顶角、公切球半径、肋板厚度和肋宽比，以求优化结构并满足应力控制要求。

明岔管运行工况下调整目标是尽可能使管壳最大的局部膜应力和肋板内缘中面应力分别接近 Q390 钢材相应钢材厚度的屈服强度。

明岔管受内水压力作用，不论是运行工况还是水压试验工况状态下，其变形特点是岔管上下向外变形，而其左右向内变位，这种不均匀的变形使得管壳出现严重的应力集中，尤其是在岔管上下对称面上各个母线转折处。通过调整各个管节的半锥顶角，可使各个管壳控制点处应力尽可能均匀化，这是明岔管结构优化的目标。

而埋藏式钢岔管因有围岩约束，使得上述不均匀的变位情况从根本上得到改观，整个岔管的变位显得相当均匀，这就导致各个母线转折处的应力集中现象也显著缓和，同时围岩

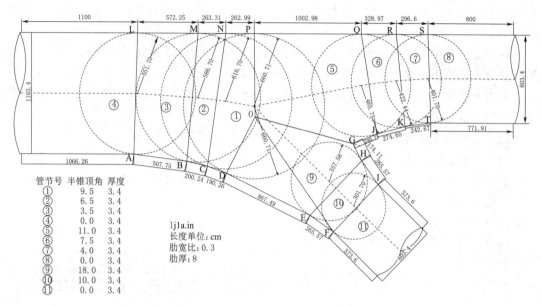

图 69.2　管节数为 4、4、3 的方案 lj1an

还起到内水压力的分担作用。正因为如此，岔管的结构优化首先在明岔管运行工况下进行。

因本电站布置上要求，1 号和 2 号岔管都是不对称的月牙肋岔管，管壳上所有应力控制点都在岔管顺水流方向的右侧，而其左侧因母线成一条直线，相邻管节在该处保持几何上 0 阶和 1 阶连续，这从本质上保障了该侧各点应力集中不严重。

完全按照理想化的力学模型计算埋藏式岔管，尽管计算成果得到西龙池现场模型试验的验证（包括明岔管和埋藏式模型岔管模型试验）和以往少量原型观测成果的佐证，证实计算方法的可靠性和精度。但对于地下工程还必须预计到因缝隙、围岩弹性抗力、围岩开挖松动圈等种种难以确定因素的影响，尤其是回填混凝土和灌浆施工质量控制和检查困难，设计埋藏式岔管需要充分考虑以上种种不利因素。至今现行设计规范还没有对埋藏式钢岔管设计和有限元计算应力控制给出恰当的规定，而套用明岔管有关规定显然不合适。为此，我们结合以往的工程实践（西龙池、铜官山、溧阳等抽水蓄能电站埋藏式月牙肋钢岔管）和上述工程的设计人员商量提出设计埋藏式岔管的准则，暂用来保证设计的埋藏式岔管有足够的安全储备。

对于围岩条件好、管径大的埋藏式钢管，按照联合受力设计，得到的管壁往往过薄，担心工程上出问题。为此要求当围岩完全不起作用时，在内水压力作用下钢管的环向应力名义值不超过钢材的屈服强度，以保证在任何不利情况下钢管不会破坏。类似地，对于埋藏式钢岔管我们商定以岔管上任意点的局部膜应力和肋板内缘应力不超过钢材的屈服强度，作为埋藏式岔管的结构控制附加条件。

通过多方案结构优化计算，1 号岔管以 lj1hn 为推荐方案，管壁厚 36mm，肋板厚 66mm，Q390C 钢材，在明岔管运行工况下各个控制点的应力能满足 Q390 钢材屈服强度以及在埋藏式联合受力条件下各个控制点的应力也满足抗力限值要求。

计算表明，通过相关管节的半锥顶角大小的调整，可使得在明岔管运行工况时最大公切球半径处的 D 点局部膜应力降低到钢材 Q390 的屈服强度之下，为使明岔管条件下肋板应力也满足要求，作 lj1hn 方案，最终得到其明岔管和埋藏式岔管运行工况的成果。按照埋藏式岔管计算，在围岩约束和分担内水压力的作用下，岔管各个控制部位应力非常低，具有很大的安全裕度。

lj1hn 可作为 1 号岔管的推荐方案，岔管结构见图 69.3，肋板结构见图 69.4，岔管应力见图 69.5，肋板应力见图 69.6。

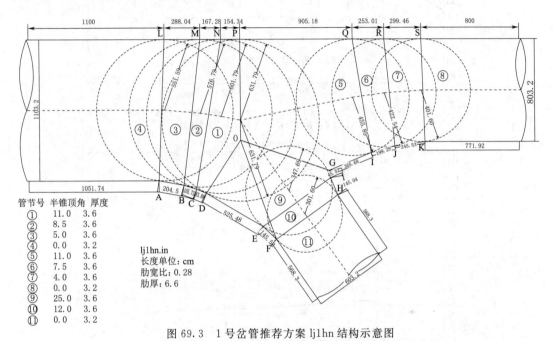

图 69.3　1 号岔管推荐方案 lj1hn 结构示意图

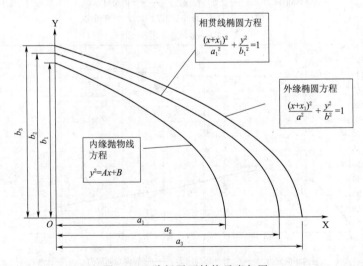

图 69.4　肋板平面结构示意如图

注：月牙肋板外缘与相贯线为同心平行的椭圆曲线，内缘为抛物线。肋板腰部外缘与相贯线之间在上下对称面处的距离为肋板的外伸宽度 100mm。

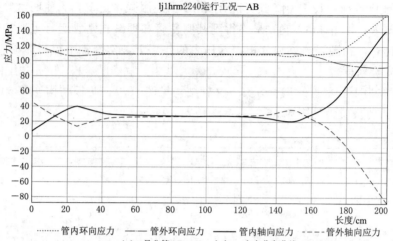

（a）1号岔管lj1hrm2240方案AB应力分布曲线

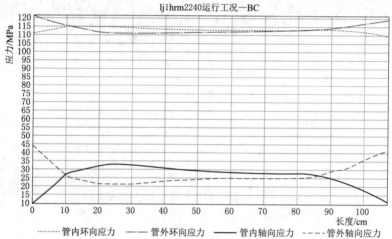

（b）1号岔管lj1hrm2240方案BC应力分布曲线

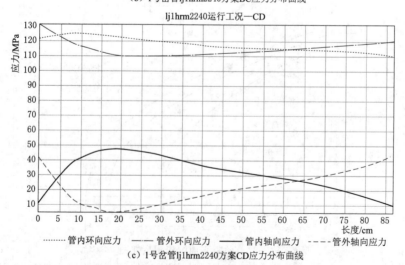

（c）1号岔管lj1hrm2240方案CD应力分布曲线

图 69.5（一）　岔管应力分布图

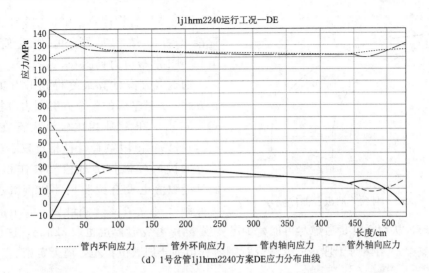

（d）1号岔管1j1hrm2240方案DE应力分布曲线

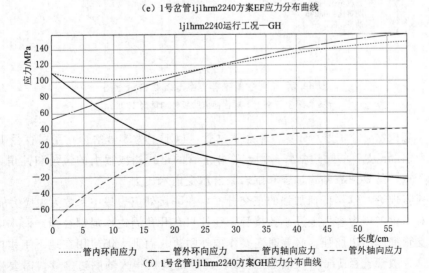

（e）1号岔管1j1hrm2240方案EF应力分布曲线

（f）1号岔管1j1hrm2240方案GH应力分布曲线

图 69.5（二）　岔管应力分布图

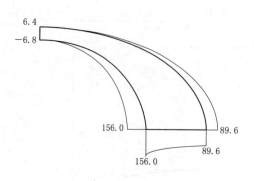

图 69.6　1 号岔管肋板各部位应力

（4）2 号岔管计算。lj2h 方案作为 2 号岔管推荐方案结构见图 69.7，岔管应力见图 69.8，肋板应力见图 69.9。

通过多方案计算最终得到 lj2h 方案为推荐方案。2 号岔管的各个方案围岩分担率多在 30％左右。和 1 号相比较（大都在 40％左右），可以看出因主管管径相对较小，而开挖面上的围岩弹性抗力取值没有作相应增加，而且缝隙值也没有按照尺寸比例减小。另外考虑到 1 号岔管支管侧最后一管节的钢板厚度为 32mm，从钢板订货考虑尽可能减少厚度规格，2 号岔管厚度也取 32mm，这也比实际所需略有富余。当然对于埋藏式岔管究竟围岩分担率合理数值，至今尚无定论。

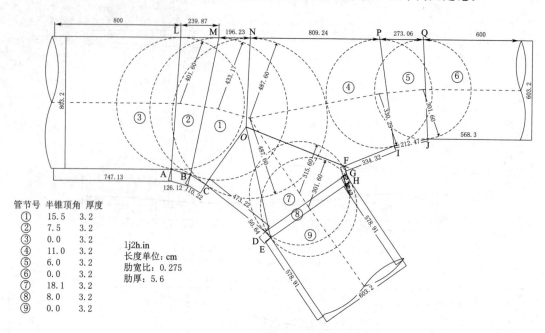

管节号	半锥顶角	厚度
①	15.5	3.2
②	7.5	3.2
③	0.0	3.2
④	11.0	3.2
⑤	6.0	3.2
⑥	0.0	3.2
⑦	18.1	3.2
⑧	8.0	3.2
⑨	0.0	3.2

lj2h.in
长度单位：cm
肋宽比：0.275
肋厚：5.6

图 69.7　2 号岔管推荐方案 lj2h 结构示意图
注：2 号岔管在上下对称面出肋板外伸量为 100mm。

（5）生态机岔管（3 号）计算。生态机岔管（以下记为 3 号岔管）系在直径 11m 的主管上开孔引出 3m 支管的贴边岔管，因支管和主管的母线构成很大的锐角和钝角，其应力集中十分严重，需要依靠贴边加强和围岩联合承受内水压力。

按照板壳理论，不作任何加强的正交分岔，在联接处应力集中系数为膜应力的 10～12 倍以上。对于化工压力容器上开小孔接管，往往只在开孔周边作局部补强。而水电系统则在主管和支管都作贴边加强，必要时还要作内外贴边，而且大都应用在地下工程中。本电站的 3 号岔管主管管径 11m，支管管径 3m，已经是规模很大的贴边岔管，需要格外重视对待。

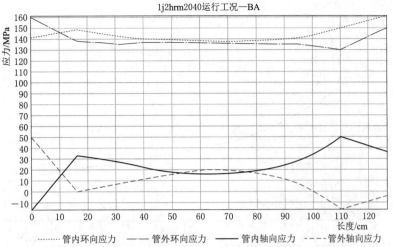

（a）2号岔管1j2hrm2040方案BA应力分布曲线

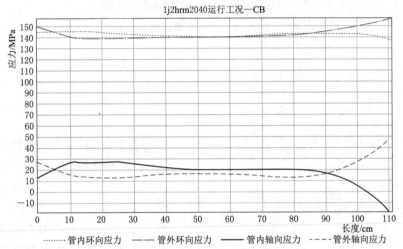

（b）2号岔管1j2hrm2040方案CB应力分布曲线

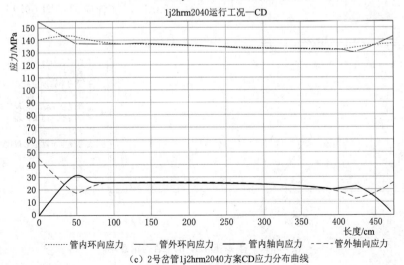

（c）2号岔管1j2hrm2040方案CD应力分布曲线

图 69.8（一）　2 号岔管应力分布曲线

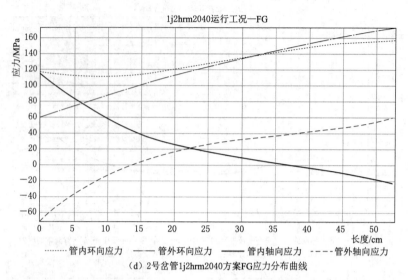

(d) 2号岔管1j2hrm2040方案FG应力分布曲线

图 69.8（二）　2 号岔管应力分布曲线

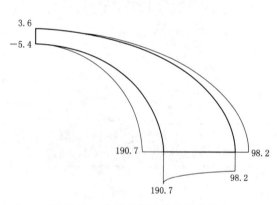

图 69.9　2 号岔管肋板各部位应力

进行 3 号岔管有限元计算时，开挖面上围岩弹性抗力仍取 4.0MPa/cm，缝隙值还取 2.2mm。3 号岔管分岔角 55°，主管管径为 11m，支管管径 3m，皆为直管。取主管和支管管壁厚度为 34mm，主管侧和支管侧贴边厚度为 28mm，因分岔处应力集中度高，而随着离开转折点，应力会迅速下降，取贴边宽度为 500mm，以利于制作。Lj3a 方案作为 3 号岔管推荐方案结构见图 69.10，岔管应力见图 69.11。

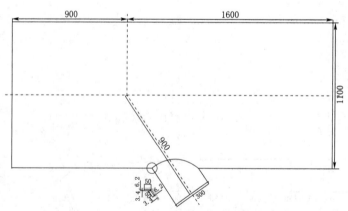

文件名：lj3a
分叉角：55°
主管的半锥顶角：0°
主管厚度：　3.4cm
主管厚度 + 贴边总厚度：　6.2cm
支管的半锥顶角：0°
支管厚度：3.4cm
支管厚度 + 贴边总厚度：　6.2cm

图 69.10　生态机岔管 lj3a 结构示意图

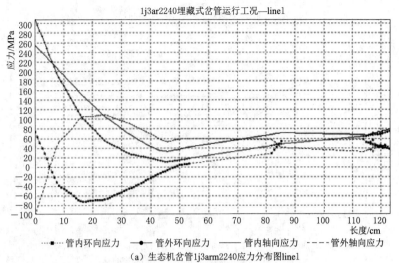

（a）生态机岔管1j3arm2240应力分布图line1

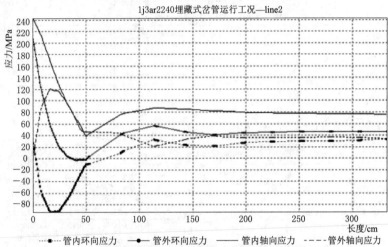

（b）生态机岔管1j3arm2240应力分布图line2

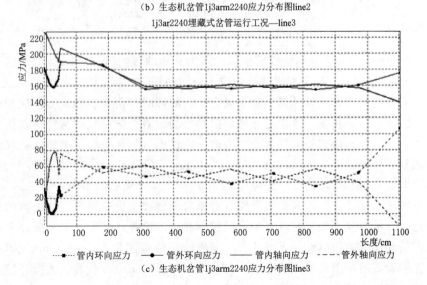

（c）生态机岔管1j3arm2240应力分布图line3

图 69.11（一）　岔管应力分布图

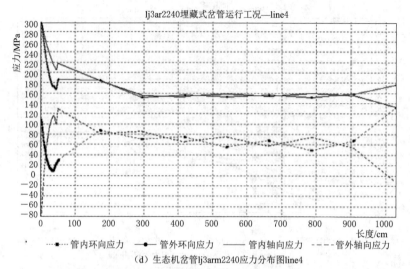

（d）生态机岔管lj3arm2240应力分布图line4

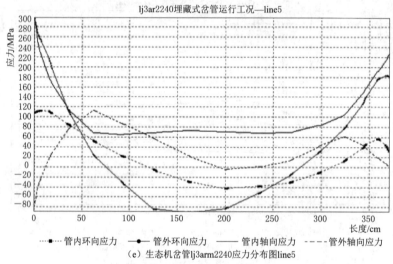

（e）生态机岔管lj3arm2240应力分布图line5

图 69.11（二）　岔管应力分布图

　　下面图中 line1、line2 分别为支管两侧的应力分布曲线，line3、line4 是主管开孔处两侧的应力分布曲线，line5 是沿相贯线处的应力分布曲线。

　　（6）围岩弹性抗力敏感性计算。鉴于联合受力的埋藏式岔管实际受力情况和围岩弹性抗力值以及缝隙值密切相关，考虑到地质部门给出的围岩力学参数和岔管所在位置实际开挖后有出入，也还受到爆破松动的影响。为此分别作围岩弹性抗力敏感性计算和缝隙敏感性计算。选择开挖面处围岩弹性抗力值范围为 0.5～8.0MPa/cm 进行如下各个方案计算。计算时缝隙取值为 1 号岔管的设计缝隙值 2.2mm，计算成果见图 69.12。

　　（7）缝隙敏感性计算。比起围岩弹性抗力值对埋藏式岔管的影响，缝隙值的作用更为重要。考虑到回填混凝土和灌浆质量的难以控制和难以检查，需要对不利的过大缝隙影响给予估计，为此作缝隙敏感性一系列计算，其缝隙取值范围为 1.0～6.0mm。明岔管可视为缝隙为无穷大，但在图像上无法表示，仅在横坐标上以 10mm 代表。选择开挖面处围岩弹性抗力值范围为设计值 4.0MPa/cm，计算成果见图 69.13。

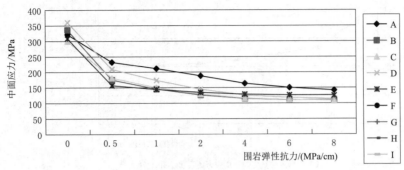

（a）围岩弹性抗力与中面应力关系曲线图

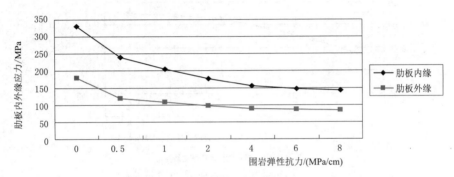

（b）围岩弹性抗力与肋板内外缘应力关系曲线图

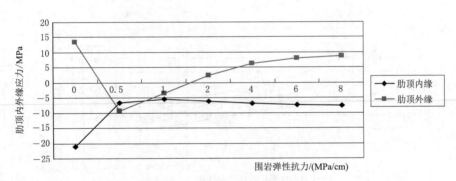

（c）围岩弹性抗力与肋顶内外缘应力关系曲线图

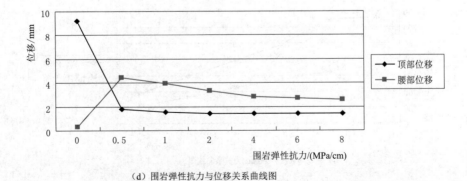

（d）围岩弹性抗力与位移关系曲线图

图 69.12（一）　围岩弹性抗力敏感性计算结果

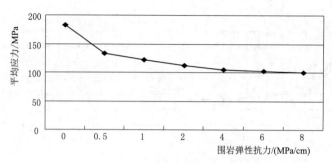

（e）围岩弹性抗力与平均应力关系曲线图

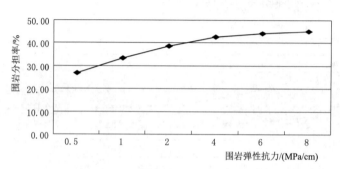

（f）围岩弹性抗力与围岩分担率关系曲线图

图 69.12（二）　围岩弹性抗力敏感性计算结果

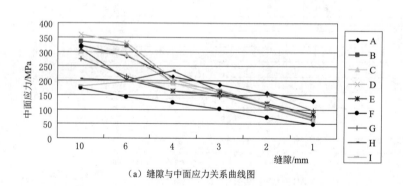

（a）缝隙与中面应力关系曲线图

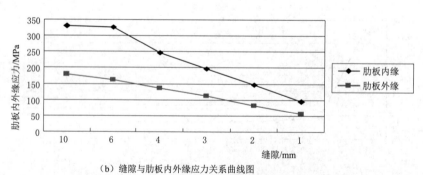

（b）缝隙与肋板内外缘应力关系曲线图

图 69.13（一）　缝隙敏感性计算成果

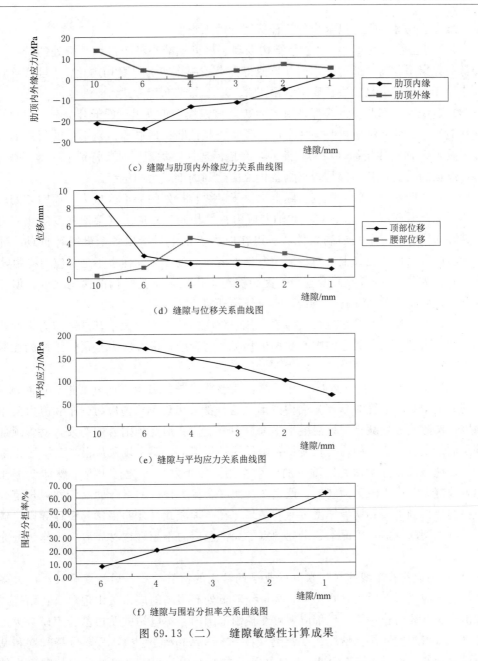

（c）缝隙与肋顶内外缘应力关系曲线图

（d）缝隙与位移关系曲线图

（e）缝隙与平均应力关系曲线图

（f）缝隙与围岩分担率关系曲线图

图 69.13（二）　缝隙敏感性计算成果

69.5　结论

（1）计算分析 1 号和 2 号岔管管壁厚度分别为 36mm、32mm。为了安全起见，在推荐方案的基础上岔管壁厚增加 4mm，肋板厚度增加 6mm，经复核，整体趋势没有变化，应力有所改善。通过岔管体型合理优化，采用月牙肋型式钢岔管，钢材采用 Q390C，钢岔管的各项应力指标均满足规范要求，其中 1 号钢岔管的管壁厚度为 40mm，肋板厚度为 72mm，肋宽比 0.28；2 号钢岔管的管壁厚度为 36mm，肋板厚度为 62mm，肋宽比 0.274。

（2）1 号岔管管径大宜在洞内组装，通过有限元计算和结构优化尽可能减薄钢板厚度和减小最大公切球半径，以求降低工程费用和施工难度。

（3）1 号岔管采用 4、4、3 管节结构以利于尽可能减小各个母线转折处的转折角，以求降低应力集中程度。通过一系列计算使得各个控制点应力尽量均匀化；2 号岔管管径相对较小，要满足管节最短边长要求宜采用 3、3、3 管节布置方式。

（4）建议管壳和肋板钢材都采用 Q390C，该钢板系正火出厂的低合金钢，力学性能和焊接性能好；C 级可保证 0° 时的冲击值，是防止脆性断裂所必需。对于作肋板用的厚钢板还必须要求 Z 向拉伸指标（Z25）。此外，在招标选择供货钢厂时要特别了解钢厂是否有能力保证厚板的质量，其芯部是否仍具备正火应达到的细晶金相组织。

（5）月牙肋岔管的管壳厚度实际上取决于母线转折处的局部膜应力，而因该处位于上下对称面上，其剪应力为 0，环向和轴向应力符号相同，总应力（第四强度等效应力）还小于其环向应力，并不是控制条件，所以在应力表格中只给出各个母线转折点的环向应力。肋板的最大应力也在上下对称面上，该处剪应力为零，同样也不是总应力控制处。

（6）在分岔处（FG 线）及其附近因肋板约束作用，不是结构的薄弱之处，但该处刚度变化大，要特别关注其施工质量，防止焊接开裂。

（7）月牙肋型明岔管在运行条件下，其肋板内缘拉应力远大于其外缘应力，远非规范推荐的结构力学方法所假定的中心受拉板状况。岔管肋板内缘应力是岔管结构的控制部位之一。

（8）1 号和 2 号明岔管运行工况下岔管变形特点是岔管上下向外变形，而腰部（1 号岔管的 D 点，2 号岔管的 C 点）向内变形，这是岔管出现不均匀应力分布和应力集中的根本原因。实际岔管埋藏于回填混凝土—围岩中，上述变形受到围岩的约束，岔管顶部和腰部都是向外变位，变位的均匀化使得各个母线转折点应力集中现象从根本上得到缓和。

（9）埋藏式月牙型岔管因围岩的约束作用，使得岔管在运行工况下整体变形比较均匀，各处应力集中现象大为缓解，但完全按照联合受力设计的月牙肋岔管并以规范的抗力限值控制会得到管壳和肋板厚度过薄的结果，在"埋藏式月牙肋钢岔管设计导则"颁布之前，暂时以明岔管运行工况下各个控制点的局部膜应力不超过钢材屈服应力作为补充控制条件。

（10）贴边岔管是我国水利水电行业早期常用的岔管型式，通常规模较小，大多在埋藏式场合下应用。在明岔管状态下，其母线转折处有很高的应力集中现象。在贴边局部加强和围岩联合受力作用下，局部应力可在控制范围内。本电站的贴边岔管规模甚大，主管和支管管壁可视实际供货情况适度调整（在 40～32mm 范围内），只要保持管壁和贴边合计总厚度为 62mm。从施工角度，3 号岔管的局部贴边补强，可采取分内外贴边或外侧分两层贴边，贴边宽度分别为 450mm 和 500mm。要求贴边钢板分片事先压制成合适的弧度，和主、支管能良好贴合，这样可以仅在周边焊接角焊缝。为防止过高的局部应力集中，不得采用电铆钉。

（11）围岩敏感性计算表明，在计算范围内随着开挖面上的围岩弹性抗力下降，各个控制部位的应力有所增加，岔管平均应力和围岩分担率下降，只要开挖面上的围岩弹性抗力在 1.5MPa/cm 以上可以无虑。对于本电站地质实际情况，这并不存在问题。

（12）缝隙敏感性计算表明，缝隙对岔管的应力等各项指标影响比围岩弹性抗力更为敏感，因本工程管径大，施工缝隙相对较小，问题不严重。尽管如此，仍应严格要求控制好回填混凝土和灌浆的施工质量。

（13）大型月牙肋岔管在洞内组装要格外小心谨慎，要确保管节组装和焊接质量，尤其是管壳和肋板之间的角焊缝，该部位焊接量大，拘束刚度大，角焊缝焊接检查不易，极易出现问题。在洞内焊接施工质量受潮湿影响更为严重，对于厚板焊接，尤其是管壳和肋板之间的角焊缝必须预热后施焊。

（14）本电站岔管体型较大，肋板和管壳都需要分片加工。肋板分片位置要离开上下对称处，宜作径向分缝。尺寸较大的管节也需要在其环向和母线上分缝，要根据到货钢板的实际尺寸来具体确定分缝的合理位置，并避免出现十字焊缝，轴向分缝也要离开上下对称面有不小于 300mm 的距离。

（15）对于没有从事过 Q390C 钢材厚板焊接工程实践经验的承包商，必须作焊接工艺评定，从而制定出严格的现场焊接施工工艺规程。对焊工需要进行专门的专业培训，严格控制输入线能量，防止在热影响区晶粒过分增大。

（16）1 号岔管无法作水压试验，为保证工程质量，应要求承包商尽早作出施工组织设计，明确分节在洞内组装细节和焊接质量保证措施，以及由此确定合理的支洞开挖宽度。对承包商的施工组织设计建议业主邀请专家进行审查。

（17）1 号岔管是目前国内洞内组装尺寸最大的钢岔管，应要求承包商在洞外对岔管进行预组装。2 号岔管具备水压试验条件，为不影响总工期，宜提前安排有关试验工作。

（18）目前国内 Q390C 可以生产最大板宽达 4700mm，在可能的条件下，应订购板幅尽可能宽的钢板，以减少分缝数量。

第70章　泄水建筑物整体水工模型试验

70.1　试验目的和意义

（1）验证大坝表孔的泄流能力、泄流角度及流态，研究三表孔泄流时纵向拉开，改善下游河道的冲刷坑深度。量测下游河道的流态、流速分布及对厂房尾水的淤积情况，为冲坑的防护和支护提供依据，如需护底则测试底板的冲击压力和脉动压力。

（2）验证表孔敞泄及局部开启时的泄流能力；观测进口及溢流坝段的流态；量测溢流面、闸墩侧墙等部位的动水压力；以及出口挑坎体型的比较试验。为设计提供依据。

（3）验证深孔泄流能力（备用）；观测深孔的放流流态；量测进水口、出口洞顶中心线、底中心线及侧墙等部位的动水压力。同时验证深孔泄流时下游河道流态、流速及对河床和两侧边墙的冲刷影响。为设计提供依据。

70.2　试验内容和要求

70.2.1　溢流表孔试验

（1）观测表孔敞泄及局部开启时的泄流能力（局部开启、单孔泄流、双孔泄流、三孔泄流）。

（2）观测进口及溢流坝段的流态；量测溢流面中心线及闸墩侧面水面线。测量溢流面中心线、闸墩侧墙、挑坎顶及侧面等部位的动水压力。

（3）下游护岸及河床分别做定床和动床试验，量测其流态、流速、动水压力和雾化范围；对动床提出河床的冲刷深度及影响范围，提出不冲的最小水垫厚度及河床冲坑预挖深度和范围；量测冲坑的水垫深度、长度、水舌入水范围；观测下游水流衔接情况以及对两岸边坡、下游河床的冲刷、淤积情况（下游河道范围400m长）。

70.2.2　深孔试验

（1）观测深孔泄流能力及流态。

（2）量测深孔顶中心线、底中心线及侧墙等部位的动水压力。重点量测闸门槽进口及出口墩面的动水压力。

（3）下游护岸及河床分别做定床和动床试验，量测其流态、流速、动水压力和雾化范围；对动床提出河床的冲刷深度及影响范围，提出不冲的最小水垫厚度及河床冲坑预挖深度和范围。

（4）对872.00m水位深孔放流时，观测下游河道的水流流态、水垫深度、水舌入水范围。

70.3　试验工况

表孔运行工况八个，深孔运行工况两个，表深孔联合运行两个。试验工况见表70.1。

表 70.1　　　　　　　　　　　　　　　　试　验　工　况　表

工况			洪水频率 $P/\%$	库水位 /m	总泄量 /(m³/s)	坝身泄量 /(m³/s)	机组泄量 /(m³/s)	下游水位 /m
1	表孔 运行	闸门全开	0.05	874.54	3983	3983		799.71
2			0.2	872.72	3256	3256		798.56
3			0.5	872.12	3017	3017		798.51
4			1	872.00	3194	2788	406	798.45
5		闸门 局部开	2	871.89	2340	1934	406	796.88
6			5	871.50	2000	1594	406	796.19
7			10	871.10	1350	944	406	794.61
8			20	869.74	1300	894	406	794.47
9	深孔 运行	两孔全开		872.00	1330	924	406	794.56
10				860.00	1129	823	406	794.28
11	表、深孔 联合运行	表、深孔 全开		874.54	4918	4918		801.66
12				872.00	3718	3718		800.36

注　1. 下游水位为坝下 400m；
　　2. 深孔单孔泄流量按以下公式计算：
　　　$Z \geqslant 816.75\text{m}$ 时，$Q = 69.764\,(0.39 - 1.35/H_z)\,H_z^{0.5}$，$H_z$ 为孔口中心线处的作用水头（m）。

70.4　模型设计与制作

水工模型按重力相似准则进行设计，根据试验内容及要求，确定为正态整体模型，几何比尺为 60，模型各参数比尺见表 70.2。模型坝上游库区取长 750m，宽 540m；坝下游河道取长 750m，宽 540m。

表 70.2　　　　　　　　　　　　　　　模　型　各　参　数　比　尺　表

名称	几何比尺	流速比尺	流量比尺	压强比尺	糙率比尺
比尺	Lr	$Lr^{1/2}$	$Lr^{5/2}$	Lr	$Lr^{1/6}$
正态模型	60	7.746	27885	60	1.9789

根据坝址区 1∶1000 地形图制作地形，坝下预挖消能冲坑及坝下 300m 内河床和岸坡按动床制作，其余定床地形用水泥砂浆抹制，表孔溢流堰用水泥砂浆刮制，闸墩及弧门用有机玻璃制作；深孔用有机玻璃制作。定床地形用水泥砂浆抹制，动床地形按坝址区岩体及覆盖层有关指标模拟，表孔溢流堰用水泥砂浆刮制，闸墩及弧门用有机玻璃制作；深孔用有机玻璃制作。

70.5　表孔试验成果

70.5.1　表孔泄流能力验证

三孔全开时，流量 $Q = 894 \sim 3983\text{m}^3/\text{s}$，测得库水位 Z，Z 与 Q 的关系曲线见图 70.1。

从试验结果看，当宣泄 2000 年一遇校核洪水 $Q=3983\mathrm{m^3/s}$ 时，测得 $Z_库=874.25\mathrm{m}$，低于设计值（$Z_库=874.54\mathrm{m}$）0.29m，流量系数 $m=0.4646$；当宣泄 500 年一遇设计洪水 $Q=3256\mathrm{m^3/s}$ 时，$Z_库=872.46\mathrm{m}$，低于设计值（$Z_库=872.72\mathrm{m}$）0.26m，$m=0.4645$。因此表孔泄流能力可以满足设计要求。

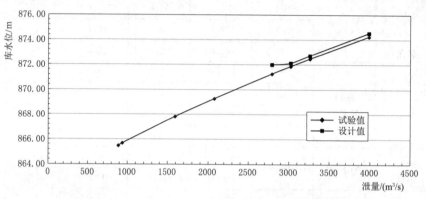

图 70.1　三孔全开库水位-泄量关系曲线

两孔泄流时，同一水位条件下，2 号孔分别与 1 号孔和 3 号孔组合，泄流能力基本相同；比 1 号、3 号孔组合时流量系数略大。三个单孔分别泄流时，同一水位条件下，1 号孔和 3 号孔泄流能力基本相同，随库水位的增加，2 号孔较其他两孔流量系数增大。

1 号孔和 3 号孔泄流能力基本相同，试验观测了 1 号孔、2 号孔分别在：开度 $e=2\mathrm{m}$、$e=4\mathrm{m}$、$e=6\mathrm{m}$、$e=8\mathrm{m}$ 情况下的泄流能力，单孔闸门局部开启泄流能力曲线见图 70.2。同一开度在同一水位下，2 号孔较 1 号孔流量系数稍大；随库水位的降低、闸门开度的减小，泄流量趋于接近。

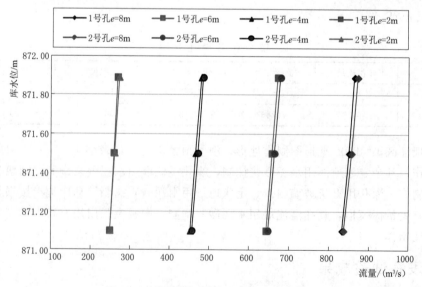

图 70.2　单孔闸门局部开启泄流能力曲线

70.5.2　溢流面中心线、闸墩侧墙的动水压力

在 1 号孔、2 号孔溢流面中心线、2 号孔闸墩侧墙布置的时均动水压力测点。试验在 1 号孔、2 号孔无坎无收缩条件下，分别测量了校核洪水位、设计洪水位、100 年一遇洪水的堰面中心线和闸墩侧墙的时均动水压力见表 70.3。由试验成果可见，当校核洪水位下，$Q = 3983 m^3/s$ 泄洪时，各孔堰顶堰面中心线有负压，最大值为 $-0.67 \times 9.81 kPa$，在 2 号孔堰顶下游 1.2m 处，其他两工况没有负压。2 号孔闸墩侧墙在各工况下没有负压发生。

表 70.3　　　　　　　　　　　　表孔各部位时均动水压力统计表

位置		高程/m	$Q=3983 m^3/s\ (P=0.05\%)$		$Q=3256 m^3/s\ (P=0.2\%)$		$Q=2788 m^3/s\ (P=1\%)$	
			侧压管水头/m	时均压力/(×9.81kPa)	侧压管水头/m	时均压力/(×9.81kPa)	侧压管水头/m	时均压力/(×9.81kPa)
1号孔	1 号	860.00	860.15	0.15	860.43	0.43	860.61	0.61
	2 号	859.92	859.35	−0.57	860.51	0.59	860.59	0.67
	3 号	859.69	859.19	−0.50	860.09	0.40	860.51	0.82
	4 号	859.02	859.19	−0.17	859.45	0.43	860.00	0.98
	5 号	858.01	858.06	0.05	858.64	0.63	859.07	1.06
	6 号	856.03	859.13	3.10	858.89	2.86	858.47	2.44
	7 号	853.71	861.29	7.58	858.05	4.34	856.49	2.78
	8 号	851.86	860.69	8.83	860.27	8.41	859.73	7.87
	9 号	850.45	856.07	5.62	855.29	4.84	854.81	4.36
	10 号	849.79	851.76	1.97	851.43	1.64	850.83	1.04
2号孔	11 号	859.64	860.52	0.88	860.65	1.01	860.81	1.17
	12 号	860.00	860.08	0.08	859.01	0.29	860.51	0.51
	13 号	859.92	859.25	−0.67	860.51	0.59	860.61	0.69
	14 号	859.69	859.13	−0.56	860.39	0.70	860.45	0.76
	15 号	859.02	858.53	−0.49	859.31	0.29	859.91	0.89
	16 号	858.01	858.05	0.04	858.59	0.58	858.95	0.94
	17 号	856.03	858.95	2.92	858.59	2.56	857.99	1.96
	18 号	853.71	861.23	7.52	860.33	6.62	859.67	5.96
	19 号	851.86	860.39	8.53	859.31	7.45	858.59	6.73
	20 号	850.45	857.69	7.24	856.67	6.22	856.49	6.04
	21 号	849.79	851.23	1.54	851.09	1.30	850.80	1.01
	23 号	870.80	872.15	1.35				
	24 号	869.90	871.79	1.89	869.99	0.09		
	25 号	868.10	871.85	3.75	870.35	2.25	869.51	1.41
	27 号	868.10	869.33	1.23	869.15	1.05		
	28 号	864.50	867.59	3.09	867.29	2.79	862.73	1.47

位置		高程/m	$Q=3983m^3/s$ ($P=0.05\%$)		$Q=3256m^3/s$ ($P=0.2\%$)		$Q=2788m^3/s$ ($P=1\%$)	
			侧压管水头/m	时均压力/(×9.81kPa)	侧压管水头/m	时均压力/(×9.81kPa)	侧压管水头/m	时均压力/(×9.81kPa)
2号孔	29号	861.50	863.45	1.95	863.99	2.49	864.41	2.91
	30号	860.50	860.75	0.25	862.01	1.51	862.73	2.23
	31号	861.28	862.25	0.97	862.91	1.63	863.21	1.93
	32号	860.28	860.03	0.25	861.17	0.89	861.89	1.61
	34号	862.84	864.35	1.51	864.11	1.27	863.99	1.15
	35号	859.84	860.99	1.15	861.29	1.45	861.47	1.63
	36号	858.84	859.43	0.59	859.85	1.01	860.15	1.31
	37号	863.31	864.59	1.28				
	38号	859.71	861.65	1.94	860.89	1.18	860.63	0.92
	39号	856.71	860.51	3.80	859.97	3.26	859.55	2.84
	40号	855.71	860.45	4.74	860.15	4.44	859.45	3.78
	41号	854.36	856.07	1.71	855.47	1.11	855.41	1.05
	42号	852.86	854.69	1.83	854.39	1.53	854.21	1.35
	43号	851.36	853.67	2.31	853.49	2.13	853.37	2.01
	44号	850.36	852.35	1.99	852.53	2.17	852.41	2.05

70.5.3　表孔堰上水面线

各表孔敞泄时，1号孔和3号孔受侧收缩和差动坎影响，孔两侧水位不完全对称，2号孔水位略低于其他两孔。当校核洪水（2000年一遇）泄洪时，1号、2号、3号孔弧门轴处，桩号为表0+26.12m（表0+00.00m为2号孔墩前），最高水位分别为：864.75m、863.98m、864.90m。表孔堰上水面线成果见表70.4和图70.3。

表 70.4　　　　　　　　　　表孔堰上水面线表　　　　　　　　　单位：m

位　置		1号孔		2号孔		3号孔		备注
		左	右	左	右	左	右	
$P=0.05\%$ $Q=3983m^3/s$ $Z_库=874.25m$	表0+00.00m	874.21		873.99	873.96		874.24	进口2号孔墩前
	表0+04.00m	873.55		872.33	872.35		873.54	
	表0+07.00m		873.71			873.71		进口1号、3号孔墩前
	表0+10.00m	872.59	871.68	871.20	871.17	871.78	872.53	
	表0+16.00m	870.45	869.08	870.03	869.99	869.27	870.48	
	表0+22.00m	867.23	866.67	866.97	866.88	866.77	867.17	
	表0+26.12m	864.43	864.75	863.95	863.98	864.90	864.49	弧门轴
	表0+28.00m	863.13	863.87	862.64	862.58	863.98	863.18	
	表0+34.04m	859.83	861.67	858.42	858.42	861.73	859.78	出口坎顶

续表

位　置		1号孔		2号孔		3号孔		备注
		左	右	左	右	左	右	
$P=0.2\%$ $Q=3256\text{m}^3/\text{s}$ $Z_库=872.46\text{m}$	表0+00.00m	872.28		872.07	872.05		872.28	进口2号孔墩前
	表0+04.00m	871.59		870.50	870.51		871.57	
	表0+07.00m		871.89			871.87		进口1号、3号孔墩前
	表0+10.00m	870.96	869.70	870.27	870.24	869.72	870.94	
	表0+16.00m	869.04	867.01	868.45	868.47	867.00	869.06	
	表0+22.00m	865.56	865.51	865.35	865.31	865.50	865.59	
	表0+26.12m	862.46	862.92	862.58	862.59	862.98	862.45	弧门轴
	表0+28.00m	861.58	861.81	860.97	860.93	861.85	861.55	
	表0+34.04m	858.44	860.03	856.93	856.95	860.04	858.44	出口坎顶
$P=0.5\%$ $Q=3017\text{m}^3/\text{s}$ $Z_库=871.86\text{m}$	表0+00.00m	871.77		871.65	871.67		871.80	进口2号孔墩前
	表0+04.00m	871.26		870.56	870.58		871.25	
	表0+07.00m		871.26			871.27		进口1号、3号孔墩前
	表0+10.00m	870.41	869.58	870.21	870.26	869.53	870.45	
	表0+16.00m	868.39	866.58	868.20	868.25	866.61	868.44	
	表0+22.00m	865.20	865.21	864.73	864.75	865.27	865.17	
	表0+26.12m	862.27	862.54	862.02	862.06	862.53	862.28	弧门轴
	表0+28.00m	860.69	861.40	860.85	860.86	861.43	860.73	
	表0+34.04m	857.97	859.45	856.55	856.57	859.47	857.94	出口坎顶
$P=1\%$ $Q=2778\text{m}^3/\text{s}$ $Z_库=871.25\text{m}$	表0+00.00m	870.99		870.79	870.81		870.96	进口2号孔墩前
	表0+04.00m	870.54		869.86	869.84		870.51	
	表0+07.00m		870.45			870.49		进口1号、3号孔墩前
	表0+10.00m	869.25	868.20	869.04	869.04	868.22	869.27	
	表0+16.00m	867.75	866.39	867.21	867.19	866.37	867.78	
	表0+22.00m	864.32	864.40	863.89	863.85	864.42	864.30	
	表0+26.12m	861.39	861.73	861.18	861.16	862.15	861.40	弧门轴
	表0+28.00m	859.92	860.29	859.68	859.68	861.27	860.20	
	表0+34.04m	857.85	858.94	856.05	856.03	858.99	857.85	出口坎顶

70.5.4　消能塘底板时均动水压力特性

消能塘底板时均压力测点在底板上受力区按梅花形分布（1.5～3m 间距），共布置 284 个测点；各工况底板 ΔP 的等值线分布见图 70.4。消能塘底板动水冲击压力 ΔP 定义为

$$\Delta P = P_{\max} - \gamma 5 Z_下 \tag{70.1}$$

式中：$P_{\max}$ 为冲击区最大动水压力；$Z_下$ 为二道坝后下游水深。

当宣泄消能防冲设计 100 年一遇洪水、泄流量 $Q=2788\text{m}^3/\text{s}$ 时，消能塘底板最大

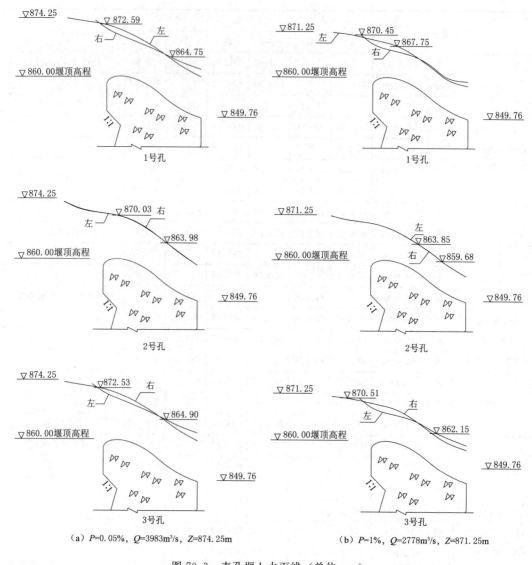

（a）P=0.05%，Q=3983m³/s，Z=874.25m　　　　（b）P=1%，Q=2778m³/s，Z=871.25m

图 70.3　表孔堰上水面线（单位：m）

动水冲击压力是：ΔP=8.42×9.81kPa，ΔP 最大值桩号为消 0+62.5m，在底板中心线上右 1.5m；其次 ΔP=6.3×9.81kPa，ΔP=6.05×9.81kPa，桩号为消 0+71.5m，分别距底板中心线右 6m 和左 6m。当 50 年一遇洪水 Q=1934m³/s 泄洪时，1 号孔开 4.0m，2 号孔开 8.0m，3 号孔开 6.0m，最大动水冲击力 ΔP=2.91×9.81kPa，ΔP 最大值桩号为消 0+64.0m，在底板中心线上，次大值为 ΔP=1.97×9.81kPa，桩号为消 0+58.0m，中心线左 9m 处。当校核洪水 2000 年一遇和设计洪水 500 年一遇泄洪时，ΔP 最大值分别为 18.68×9.81kPa 和 12.67×9.81kPa。以上各工况消能塘底板受力较为集中的区域为消 0+50~0+73m。消能塘底板上最大动水冲击压力见表 70.5。

表 70.5　　　　　各工况下消能塘底板上最大动水冲击压力值及其位置表

洪水频率 /%	泄洪组合	表孔泄流量 /(m³/s)	冲击压力最大值 $\Delta P/9.81$kPa	桩号 /m	距中心线 /m
0.05	三孔全开	3983	18.68	消 0+64.0	0.0
0.20	三孔全开	3256	12.67	消 0+65.5	右 1.5
0.50	三孔全开	3017	8.48	消 0+64.0	0.0
1	三孔全开	2788	8.42	消 0+64.0	左 1.5
2	1号 e=4m，2号 e=8m，3号 e=6m	1934	2.91	消 0+64.0	0.0
5	1号 e=4m，2号 e=6m，3号 e=4m	1594	1.88	消 0+64.0	右 3.0
10	1号 e=2m，2号 e=4m，3号 e=2m	944	0.56	消 0+64.0	左 1.5
20	1号 e=2m，2号 e=4m，3号 e=2m	894	0.36	消 0+67.0	左 6.0

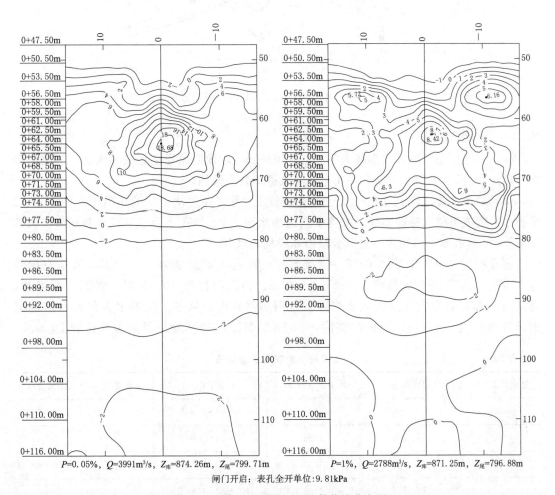

P=0.05%，Q=3991m³/s，$Z_库$=874.26m，$Z_尾$=799.71m　　　　P=1%，Q=2788m³/s，$Z_库$=871.25m，$Z_尾$=796.88m

闸门开启：表孔全开单位：9.81kPa

图 70.4　各工况底板 ΔP 的等值线分布图

70.5.5　底板脉动压力特性

消能塘底板脉动压力均方根σ的沿程分布见图70.5。当宣泄100年一遇洪水时，底板脉动压力均方根最大值$\sigma=3.42\times9.81\text{kPa}$，桩号为消0+62.5m；当50年一遇洪水泄洪时，最大$\sigma=1.61\times9.81\text{kPa}$，桩号为消0+62.5m。均发生在底板中心线上。当校核洪水2000年一遇和设计洪水500年一遇泄洪时，σ最大值分别为$6.95\times9.81\text{kPa}$和$4.11\times9.81\text{kPa}$。各工况下消能塘底板上的脉动压力过程属于低频大振幅脉动，脉动压力能量主要集中在0～10Hz范围内（$\lambda_f=1$时），冲击区脉动压力基本符合正态分布。

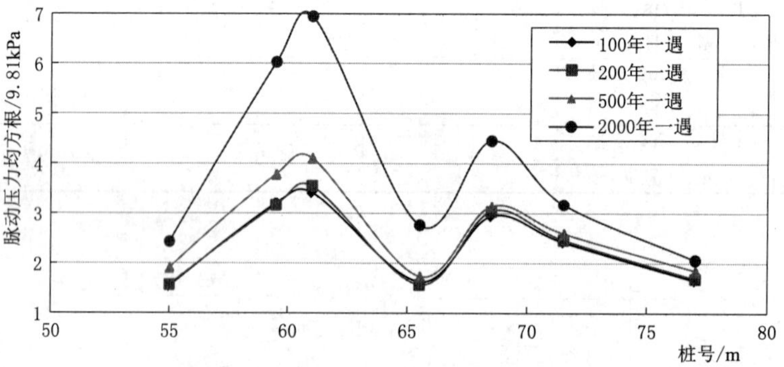

图70.5　底板中心线脉动压力均方根沿程分布曲线

70.5.6　水流流态

（1）库区流态。库区水面较为平静，进流顺畅，敞泄时闸墩附近未见漩涡，当闸门局部开启控泄时，1号孔右侧、3号孔左侧闸墩进口处有漩涡。

（2）水舌形态。因1号孔与3号孔消能形式对称，在差动齿坎的作用下，1号孔与3号孔水舌组成近似大椭圆弧线，跌落于消能塘水面上，2号孔水舌独自以小椭圆弧线被括在1号、3号孔水舌弧线内，分区分层沿弧线均匀散开。

表孔闸门全开，宣泄100年一遇洪水时，水舌入水角度为50°～62°，入水宽度约为50m，入水范围为桩号消0+33～0+61m。当闸门控泄50～5年一遇洪水泄洪时，受闸门局部开启影响，水舌入水宽度、范围仍然较大。从各工况看水舌射入水面的范围最近约在消0+32m，最远约在消0+65m。各工况表孔泄洪射流参数见表70.6。

表70.6　各工况下泄洪射流参数表

洪水频率/%	泄洪组合	泄流量/(m^3/s)	入水范围/m	入水宽度/m	入水角度/(°)
0.05	三孔全开	3983	0+32～0+63	52	50～65
0.20	三孔全开	3256	0+33～0+62	51	50～65
0.50	三孔全开	3017	0+33～0+61	50	50～63
1	三孔全开	2788	0+33～0+61	50	50～62

洪水频率/%	泄洪组合	泄流量/(m³/s)	入水范围/m	入水宽度/m	入水角度/(°)
2	1号 e=4m，2号 e=8m，3号 e=6m	1934	0+34~0+64	52	
5	1号 e=4m，2号 e=6m，3号 e=4m	1594	0+34~0+64	52	
10	1号 e=2m，2号 e=4m，3号 e=2m	944	0+34~0+65	52	
20	1号 e=2m，2号 e=4m，3号 e=2m	894	0+34~0+65	52	

（3）消能塘流态。在齿坎挑流的作用下，水舌以双层椭圆弧线落入消能塘内，形成射流冲击底板，在塘内扩散，相互掺混、剪切同时受到边壁的碰撞折冲，使消能塘内水流紊动剧烈，水面水团翻滚，水体挟带着大量的气体与下游水流衔接平稳。由于坝下游河道狭窄，三个表孔同时开启时（闸门全开或局部开），入水的水舌横向基本布满消能塘，在二道坝上游消能塘两侧没有回流，其下游受两岸地形影响，分别在左岸山体与电厂厂房之间和右岸沟口处有回流，详见图 70.6、图 70.7。

$P=0.05\%$，$Q=3983\mathrm{m^3/s}$，$Z_库=874.25\mathrm{m}$，$Z_尾=799.71\mathrm{m}$，三表孔全开　流速比尺 5m/s

图 70.6　2000 年一遇洪水泄洪下游河道流态及流速分布图

70.5.7　下游河道流速流态

当 2000~50 年一遇大洪水泄洪时，水流出塘后一般在断面消 0+190m 调整平顺，20~5 年一遇中小洪水泄洪时，一般在二道坝前调整平稳。水流出塘后，沿主河槽向下游两岸扩散，在左岸水流越过电厂尾水渠右侧挡墙，冲向其左侧末端，使电厂尾水渠上游形成三角形回流区。由图可见，各工况下，因二道坝断面比下游河道窄，该断面流速较大，

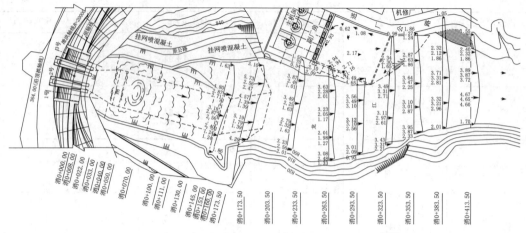

$p=1\%$, $Q=2788\mathrm{m}^3/\mathrm{s}$, $Z_库=871.25\mathrm{m}$, $Z_尾=798.45\mathrm{m}$, 三表孔全开　流速比尺：$\dfrac{5\mathrm{m/s}}{}$　表流速 中流速 低流速

图 70.7　100 年一遇洪水泄洪下游河道流态及流速分布图

且随流量减小，流速降低。受弯道影响，右岸边流速比较大。当宣泄 100 年一遇洪水和 50 年一遇洪水时，右岸边最大流速分别为 3.95m/s、2.59m/s。各泄洪工况下游河道流速流态分布见图 70.6、图 70.7。

70.5.8　消能塘及下游河道涌浪

由于坝下游河道狭窄，三个表孔同时开启时（闸门全开或局部开），入水的水舌基本布满消能塘水面宽，水垫塘内波动大，使水垫塘内两岸涌浪较高，当宣泄 2000 年一遇洪水时，在消 0+150m 断面，左岸水位（涌浪爬坡高程）达最高为 805.05m，右岸为 806.39m。二道坝后没有明显的跌落。当超过 100 年一遇洪水流量泄洪时，在左岸的电厂尾水平台和进厂公路均受涌浪冲击，100 年一遇洪水流量泄洪时，电厂尾水平台涌浪最高约为 1.4m。各工况消能塘内及下游两岸水位（涌浪）统计见表 70.7。

70.5.9　冲刷与淤积

大洪水泄洪时，因在二道坝护坦末断面（消 0+173.5m）至下游河道消 0+290m 两岸流速较大，故引起河道两侧冲刷，中间淤积。在右岸受弯道影响，岸坡淘刷较大，二道坝护坦末右侧局部随泄流量的增加冲刷较大，因二道坝高程低于下游河道 10 余米，并受两岸地形及厂房侧墙和尾水渠挡墙的影响，在二道坝后左侧有不同程度的淤积，随流量的增加淤积越大。当 100 年一遇洪水泄洪时，二道坝护坦末右侧冲刷高程为 771.19m，二道坝后左侧最大淤积高程为 778.95m，在消能塘末端发现有少量覆盖层和砾石，见图 70.8；当 50 年一遇洪水泄洪时，二道坝护坦末右侧冲刷高程为 773.43m，二道坝后左侧最大淤积高程为 775.56m，消能塘内没有砾石。

大洪水泄洪时，在沿电厂厂房至尾渠挡墙末的外侧均有冲刷，在电厂尾水渠内有淤积。100 年一遇洪水泄洪时，最大冲刷在尾水平台外侧高程为 775.71m，尾渠挡墙末外侧冲刷高程为 788.43m。尾水渠内淤积最大在其末端，高度约 1.0m。各工况泄洪时在尾水渠内均有不同程度的淤积，随流量的减小淤积范围和淤积量也减小，从淤积物看大多为覆

表 70.7　消能塘及下游河道两岸水位涌浪统计表

部位	开启方式	P=0.05% Q库=3983m³/s Z库=874.25m	P=0.2% Q库=3256m³/s Z库=872.46m	P=0.5% Q库=3017m³/s Z库=871.85m	P=1% Q库=2788m³/s Z库=871.25m	P=2% Q库=1934m³/s Z库=871.48m	P=5% Q库=1594m³/s Z库=871.69m	P=10% Q库=934m³/s Z库=870.16m	P=20% Q库=894m³/s Z库=870.16m
		表孔 1~3号孔全开,深孔全关				1号孔e=4m, 2号孔e=8m, 3号孔e=6m 深孔全关	1号孔e=4m, 2号孔e=6m, 3号孔e=4m 深孔全关	1号孔e=2m, 2号孔e=4m, 3号孔e=2m 深孔全关	1号孔e=2m, 2号孔e=4m, 3号孔e=2m 深孔全关
0+28m		797.96	796.79	798.45	797.67	796.68	795.54	794.28	793.83
0+40m	左	800.43	800.35	800.25	799.32	799.95	797.76	796.71	796.35
	右	801.27	800.88	800.35	799.08	800.19	797.88	797.46	797.01
0+70m	左	802.43	801.36	801.15	800.92	801.01	800.58	797.76	797.66
	右	803.39	802.08	801.97	801.86	801.68	799.41	798.69	798.27
0+100m	左	803.39	802.98	802.71	801.94	799.18	798.54	796.50	796.47
	右	806.03	803.58	802.65	801.72	802.20	801.14	798.52	797.74
0+130m	左	804.98	803.54	803.01	802.69	799.32	799.02	797.10	796.95
	右	805.03	803.56	802.35	802.06	800.64	799.24	797.22	796.51
0+150m	左	805.05	803.16	802.34	802.12	799.42	798.57	797.52	797.31
	右	806.39	804.06	803.37	803.02	800.71	799.44	798.13	797.43
0+190m	左	802.01	800.92	800.27	799.84	798.01	797.49	796.61	796.35
	右	805.25	801.78	801.27	800.86	797.34	796.98	796.13	795.45
0+220m	左	802.07	800.72	800.42	799.72	797.71	797.46	795.73	795.45
	右	803.77	801.12	800.79	800.26	797.28	796.98	795.61	795.51

续表

工况（开启方式 / 部位）	P=0.05% Q=3983m³/s $Z_{库}$=874.25m	P=0.2% Q=3256m³/s $Z_{库}$=872.46m	P=0.5% Q=3017m³/s $Z_{库}$=871.85m	P=1% Q=2788m³/s $Z_{库}$=871.25m	P=2% Q=1934m³/s $Z_{库}$=871.48m 1号孔e=4m,2号孔e=8m,3号孔e=6m,深孔全关	P=5% Q=1594m³/s $Z_{库}$=871.69m 1号孔e=4m,2号孔e=6m,3号孔e=4m,深孔全关	P=10% Q=934m³/s $Z_{库}$=870.16m 1号孔e=2m,2号孔e=4m,3号孔e=2m,深孔全关	P=20% Q=894m³/s $Z_{库}$=870.16m 1号孔e=2m,2号孔e=4m,3号孔e=2m,深孔全关
	表孔1~3号孔全开，深孔全关							
0+250m 左	801.71	800.58	800.01	799.49	797.42	797.04	795.73	795.63
0+250m 右	803.45	801.62	800.64	799.84	797.28	797.04	795.84	795.69
0+280m 左	801.08	800.37	799.74	799.31	797.41	796.99	795.55	795.33
0+280m 右	802.51	801.29	800.73	799.91	797.43	797.04	795.67	795.45
0+310m 左	800.93	800.41	799.74	799.53	797.64	796.98	795.41	795.27
0+310m 右	802.27	801.36	800.58	799.78	797.71	797.04	795.62	795.45
0+340m 左	800.75	800.34	799.72	799.49	797.63	797.04	795.31	795.21
0+340m 右	802.27	801.71	800.82	799.97	797.69	797.04	795.39	795.21
0+370m 左	800.83	800.37	799.95	799.74	797.55	797.14	795.34	795.31
0+370m 右	802.21	801.71	800.69	799.81	797.59	797.18	795.37	795.35
0+400m 左	800.95	800.55	799.95	799.61	797.61	797.09	795.39	795.28
0+400m 右	802.12	801.36	800.97	799.96	797.67	797.12	795.41	795.29
控制尾水位（坝下400m）	799.71m	798.56m	798.51m	798.45m	796.88m	796.19m	794.61m	794.47m

盖层和砾石。小洪水泄洪时，河道地形冲淤变化较小。各工况运行时二道坝下游冲刷情况见图 70.9、图 70.10。

图 70.8　100 年一遇洪水冲刷淤积

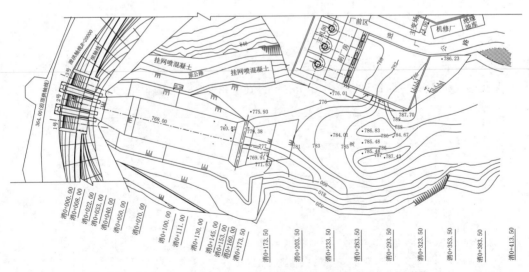

$P=0.05\%$，$Q=3983\mathrm{m}^3/\mathrm{s}$，三表孔全开，$Z_库=874.25\mathrm{m}$，$Z_尾=799.71\mathrm{m}$

图 70.9　2000 年一遇洪水泄洪二道坝下游冲刷图

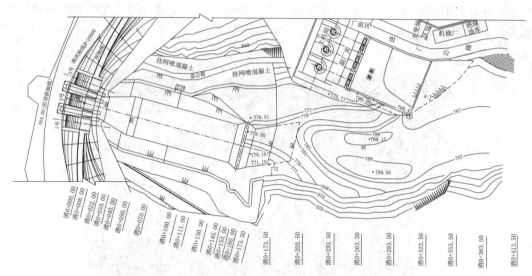

$P=1\%$，$Q=2788\mathrm{m}^3/\mathrm{s}$，三表孔全开，$Z_库=871.20\mathrm{m}$，$Z_尾=798.54\mathrm{m}$

图 70.10　100 年一遇洪水泄洪二道坝下游冲刷图

70.6　深孔试验成果

70.6.1　深孔泄流能力验证

试验观测了两孔同时放流的泄流能力，Z 与 Q 的关系曲线见图 70.11。流量系数 μ 按下式计算：

$$\mu=\frac{Q}{be\sqrt{2gH_o}} \tag{70.2}$$

式中：$b=3.5\mathrm{m}$；$e=5.5$；$H_o=Z_{库水位}-Z_{孔底高程}$。

深孔两孔流量 $Q=641.59\sim910.37\mathrm{m}^3/\mathrm{s}$ 的流量系数为 $\mu=0.6503\sim0.6784$。

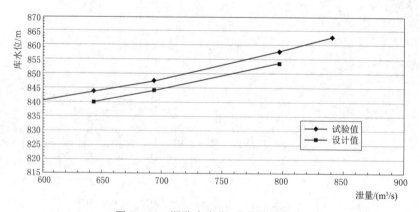

图 70.11　深孔库水位-泄量关系曲线

70.6.2　深孔顶、底中心线及侧墙等的动水压力

在深孔顶中心线、底中心线、1 号深孔侧墙及门槽布置的时均动水压力测点见

图 70.12，试验测量库水位为 $Z=872.00\text{m}$、$Z=860.00\text{m}$ 两孔全开的时均动水压力，见表 70.8。由表可见，两深孔在运行时，在其顶部、底部、侧墙及其门槽均没有负压发生。

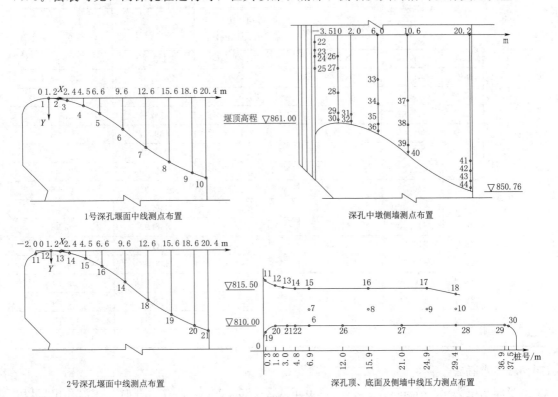

图 70.12　深孔时均压力测点布置图

表 70.8　　　　　　　　　　　　　　　　深孔各部位时均动水压力表

位　置		高程 /m	$Z_库=872.0\text{m}$，$Q=924\text{m}^3/\text{s}$		$Z_库=860.0\text{m}$，$Q=823\text{m}^3/\text{s}$	
			侧压管水头/m	时均压力 /($\times9.81\text{kPa}$)	侧压管水头/m	时均压力 /($\times9.81\text{kPa}$)
深孔门槽	1 号	812.28	838.71	26.43	835.59	23.31
	2 号	811.38	840.51	29.13	837.34	25.96
	3 号	810.00	835.59	25.59	832.84	22.84
	4 号	811.20	842.31	31.11	839.28	28.08
	5 号	810.00	835.23	25.23	823.12	23.12
深孔侧墙	6 号	810.48	842.31	31.83	838.26	27.78
	7 号	812.40	842.01	29.61	838.64	26.24
	8 号	812.40	841.11	28.71	838.38	25.98
	9 号	812.40	838.11	25.71	835.43	23.03
	10 号	812.40	824.61	12.21	823.21	10.81
孔顶中线	11 号	816.74	863.31	46.57	851.28	34.54
	12 号	815.98	852.51	36.53	845.16	29.18
	13 号	815.70	843.51	27.81	840.37	24.67
	14 号	815.55	836.83	21.28	835.56	20.01

位　置		高程 /m	$Z_库=872.0m$, $Q=924m^3/s$		$Z_库=860.0m$, $Q=823m^3/s$	
			侧压管水头/m	时均压力 /($\times9.81kPa$)	侧压管水头/m	时均压力 /($\times9.81kPa$)
孔底中线	15 号	815.50	840.51	25.01	838.16	22.66
	16 号	815.50	840.99	25.49	837.96	22.46
	17 号	815.50	845.01	29.51	840.94	25.44
	18 号	814.63	822.51	7.88	823.11	8.84
	19 号	809.05	871.77	62.72	859.77	50.72
	20 号	809.85	869.36	59.51	857.36	47.51
	21 号	810.00	844.41	34.41	840.25	30.25
	22 号	810.00	844.21	34.21	839.96	29.96
	23 号	810.00	844.11	34.11	839.35	29.35
	24 号	810.00	841.33	31.33	836.98	26.98
	25 号	810.00	841.11	31.11	836.78	26.78
	26 号	810.00	840.41	30.41	836.58	26.58
	27 号	810.00	839.79	29.79	835.91	25.91
	28 号	810.00	824.19	14.19	823.34	13.34
	29 号	810.00	813.59	3.59	813.34	3.34
	30 号	809.84				

70.6.3　水面线

当库水位为 $Z=872.00m$、$Z=863.00m$、$Z=860.00m$，两孔全开时，在深孔出口段，收缩断面桩号深 $0+14.40m$（桩号 $0+00.00m$ 为孔顶压板末端）水位最高，分别为 815.42m、815.39m、815.07m。见表 70.9 和图 70.13。

表 70.9　　　　　　　　　　　　两深孔泄流水舌水位表　　　　　　　　　　单位：m

库水位	位置	左	右	备注
$Z=872.00$	深 $0+03.60$	814.66	814.69	
	深 $0+06.00$	814.67	814.64	
	深 $0+09.00$	814.33	814.36	
	深 $0+12.00$	814.81	814.79	
	深 $0+14.40$	815.39	815.42	收缩断面
	深 $0+24.00$	815.68	815.74	
	深 $0+30.00$	815.29	815.23	
	深 $0+42.00$	813.07	813.10	水舌最高点
	深 $0+54.00$	809.58	809.55	
	深 $0+66.00$	805.06	805.09	
	深 $0+78.00$	798.76	798.73	
	深 $0+90.00$	790.00	790.00	水舌入水点

续表

库水位	位置	左	右	备注
Z＝863.00	深 0＋03.60	814.43	814.40	
	深 0＋06.00	814.34	814.37	
	深 0＋09.00	814.28	814.25	
	深 0＋12.00	815.00	815.03	
	深 0＋14.40	815.36	815.39	收缩断面
	深 0＋24.00	815.42	815.48	水舌最高点
	深 0＋39.00	812.96	812.90	
	深 0＋51.00	808.70	808.76	
	深 0＋60.00	803.66	803.60	
	深 0＋75.00	793.73	793.79	水舌入水点
Z＝860.00	深 0＋03.60	814.33	814.30	
	深 0＋06.00	814.27	814.24	
	深 0＋09.00	814.17	814.23	
	深 0＋12.00	814.65	814.68	
	深 0＋14.40	815.04	815.07	收缩断面
	深 0＋24.00	814.72	814.78	水舌最高点
	深 0＋27.00	814.26	814.30	
	深 0＋42.00	811.12	811.18	
	深 0＋51.00	807.72	807.80	
	深 0＋60.00	802.80	802.88	
	深 0＋75.00	790.47	790.50	水舌入水点

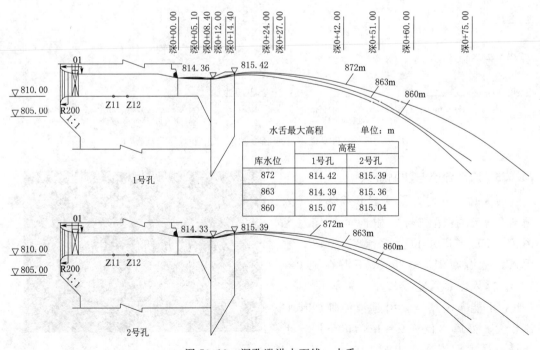

图 70.13　深孔泄洪水面线、水舌

70.6.4　消能塘底板时均压力与脉动压力特性

深孔采用窄缝消能形式，水舌纵向拉长，消能效果很好，两深孔泄洪时对底板的冲击较小。当 $Z=872.00\text{m}$、$Z=860.00\text{m}$ 时，消能塘底板 ΔP 的等值线分布见图70.14；底板时均压力 σ 最大值分别为 $1.76\times9.81\text{kPa}$ 和 $1.18\times9.81\text{kPa}$。

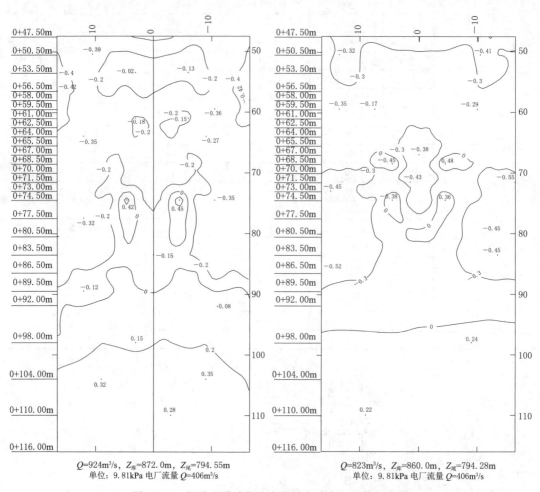

$Q=924\text{m}^3/\text{s}$，$Z_{库}=872.0\text{m}$，$Z_{尾}=794.55\text{m}$
单位：9.81kPa 电厂流量 $Q=406\text{m}^3/\text{s}$

$Q=823\text{m}^3/\text{s}$，$Z_{库}=860.0\text{m}$，$Z_{尾}=794.28\text{m}$
单位：9.81kPa 电厂流量 $Q=406\text{m}^3/\text{s}$

图 70.14　深孔泄洪消能塘底板动水冲击压力等势线图

70.6.5　流速流态与冲刷淤积

两深孔全开时，受窄缝收缩影响，入塘两孔水舌各呈扫帚状撒向消能塘（见图70.15），当库水位为 $Z=872.00\text{m}$，水舌入水上游在消 $0+28\text{m}$，下游在消 $0+80\text{m}$。因入塘水舌宽度较小，一般在 $16\sim19\text{m}$，不能布满塘宽，引起消能塘两岸回流较大，当库水位为 $Z=860.00\text{m}$ 时，消能塘内最大回流流速为 3.19m/s。下游河

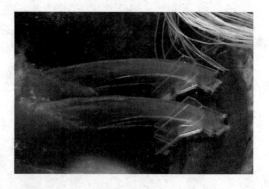

图 70.15　两深孔泄洪（$Z=872.00\text{m}$）

道水面比较平稳。

由于下游河道高于二道坝，且受消能塘两岸回流卷带影响，使下游河道的覆盖层和砾石，回淤至消能塘内上游消 0+40m 附近。考虑到深孔的作用是放空库容，此工况运行概率很少，可不作为控制工况。

因两深孔泄流量较小，$Z=872.00\text{m}$ 时 $Q=924\text{m}^3/\text{s}$，故下游河道受冲刷影响也较小。

70.7　表孔深孔联合泄洪试验成果

70.7.1　流速流态与冲刷淤积

表孔深孔联合泄洪时，由于深孔泄流量小，不能托起表孔水舌，并被三个表孔水舌完全覆盖，流态见图 70.16，水舌入水最远点为表孔水舌，水舌基本与消能塘水面等宽。当校核洪水位 $Z=874.24\text{m}$，表、深孔全开时，流速流态见图 70.17，深孔水舌最近，入水在上游消 0+25m；表孔水舌最远，在下游消 0+63m。消能塘末端和电厂尾水渠仍然有覆盖层和砾石。

图 70.16　深、表孔联合泄洪（$Z=872.00\text{m}$）

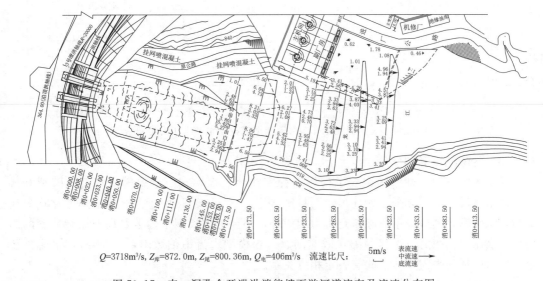

$Q=3718\text{m}^3/\text{s}$, $Z_库=872.00\text{m}$, $Z_尾=800.36\text{m}$, $Q_电=406\text{m}^3/\text{s}$

图 70.17　表、深孔全开泄洪消能塘下游河道流态及流速分布图

70.7.2　消能塘底板时均压力与脉动压力特性

当校核洪水位 $Z=874.24\text{m}$ 和 $Z=872.00\text{m}$，表、深孔全开时，泄流量为 $Q=4918\text{m}^3/\text{s}$ 和 $3823\text{m}^3/\text{s}$，消能塘底板受冲击较大。ΔP 最大值分别为 $20.89\times9.81\text{kPa}$ 和 $14.91\times9.81\text{kPa}$；脉动压力均方根 σ 最大值分别为 $11.3\times9.81\text{kPa}$ 和 $7.65\times9.81\text{kPa}$，均大于该水位下表孔单独泄洪的 ΔP、σ 值，底板 ΔP 的等值线分布见图 70.18，底板脉动压力特征

值见表 70.10。

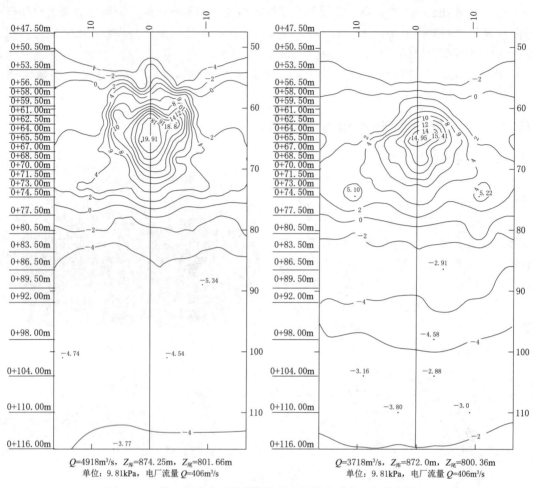

$Q=4918\text{m}^3/\text{s}$, $Z_库=874.25\text{m}$, $Z_尾=801.66\text{m}$　　　　$Q=3718\text{m}^3/\text{s}$, $Z_库=872.0\text{m}$, $Z_尾=800.36\text{m}$

单位: 9.81kPa, 电厂流量 $Q=406\text{m}^3/\text{s}$　　　　　单位: 9.81kPa, 电厂流量 $Q=406\text{m}^3/\text{s}$

图 70.18　表、深孔全开泄洪消能塘底板动水冲击压力等势线图

70.7.3　两岸溅水降雨

根据我院白山、刘家峡、藤子沟等工程实践经验表明, 由于要模拟水流的破裂和掺气, 模型比尺应尽可能采用大比尺, 而且挑坎流速 $v>7\text{m/s}$。由于泄洪溅水与雾化现象属于两相流问题, 其模拟手段除满足重力相似外, 还要考虑模型韦伯数对模型试验数据的影响, 即水流表面张力所引起的缩尺效应问题。当模型水流韦伯数 $We>500$ 时, 水流失稳抛洒溅水区和雨强与原体之间有一定相应关系。

本模型比尺 $Lr=60$。经计算, 模型挑流水舌韦伯数 $We<500$, 挑坎流速 $v<7\text{m/s}$。因此试验没有对泄洪引起的溅水降雨强度进行定量分析, 仅对两岸强溅水密集区域和溅水最高点进行了观测, 见表 70.11 和图 70.19～图 70.22。

消能塘内水舌入水区的上、下游两侧消 $0+28\sim0+130\text{m}$ 范围内为密集溅水区和溅水最高点发生区, 宣泄 2000 年一遇洪水时, 密集溅水区最高点在消 $0+70\text{m}$ 断面, 右岸高程为 835.14m, 左岸为 842.16m; 溅水最高点在消 $0+55\sim0+70\text{m}$ 断面, 右岸高程为 861.12m, 左岸高程为 874.08m。当宣泄 5 年一遇洪水时, 由于闸门开度小, 水舌受进口

表 70.10　脉动压力特征值统计表

单位：9.81kPa

库水位	860.00m				872.00m				872.00m				874.54m			
闸门调度	两深孔全开				两深孔全开				表深孔全开				表深孔全开			
测点号	均方根	最大值	最小值	主频	均方根	最大值	最小值	主频	均方根	最大值	最小值	主频	均方根	最大值	最小值	主频
2	0.18	0.01	−1.55	0.012	0.2	12.08	10.28	0.037	3.75	45.10	9.47	0.037	5.68	52.92	7.07	0.025
3	0.20	−0.26	−2.26	0.012	0.2	13.44	11.54	0.037	3.26	41.53	9.88	0.012	4.08	44.60	10.26	0.025
4					0.61	16.03	13.03	0.012	0.82	23.65	15.75	0.012	1.30	19.90	9.15	0.013
6	0.19	−1.24	−2.83	0.012	0.52	11.63	7.93	0.012	0.85	24.04	12.23	0.073	2.22	32.01	11.76	0.114
7	0.51	1.74	−1.60	0.012	0.27	17.5	15.12	0.012	1.73	57.95	43.72	0.012	1.19	28.57	16.29	0.013
8	0.23	0.86	−1.65	0.012	1.76	26.52	19.36	0.012	1.06	26.53	11.24	0.024	1.97	33.98	5.49	0.013
10	1.18	2.17	−3.61	0.195	0.39	23.9	19.96	0.037	3.74	49.74	22.48	0.012	4.53	68.86	33.27	0.013
11	0.38	1.29	−3.40	0.012	0.43	25	21.38	0.012	6.61	69.83	21.13	0.012	7.51	71.88	17.74	0.013
13	0.51	2.21	−3.65	0.012	0.34	23.66	19.47	0.012	3.29	62.06	20.24	0.012	4.04	57.58	17.43	0.013
14					0.36	24.2	20.29	0.012	5.52	79.17	18.99	0.037	5.44	74.31	14.38	0.013
15	0.31	0.98	−2.83	0.012	0.43	23.58	19.77	0.012	2.35	44.36	16.39	0.012	4.57	71.43	6.28	0.203
16	0.33	1.14	−1.95	0.012	0.29	24.2	22.43	0.012	1.61	45.25	14.83	0.012	2.91	69.69	12.74	0.280
17	0.40	0.55	−1.85	0.012	0.38	24.02	20.1	0.037	2.17	23.12	−3.74	0.012	3.90	61.65	26.59	0.025
18	0.34	1.33	−1.73	0.012	0.37	24.7	21.9	0.037	7.65	74.56	15.03	0.024	11.30	73.47	15.02	0.025
19	0.50	1.68	−4.32	0.012	0.38	20.65	18.85	0.012	2.77	54.70	14.38	0.024	3.59	53.43	14.70	0.089
20													1.73	43.56	29.06	0.013
21	0.42	1.44	−3.24	0.012	0.41	24.34	20.06	0.012	4.84	69.85	15.14	0.012	6.12	75.77	16.53	0.013
22	0.34	0.08	−5.27	0.012	0.34	22.92	15.57	0.012	2.58	58.37	16.74	0.061	3.07	58.75	16.82	0.013
24	0.33	0.81	−2.94	0.012	0.37	23.43	19.52	0.012	3.41	55.96	16.71	0.037	5.31	74.04	4.28	0.076
25	0.37	1.15	−3.06	0.012	0.36	24.21	21.16	0.037	3.23	52.82	12.39	0.024	4.70	69.75	11.46	0.089

表 70.11

各工况坝下游两岸溅水统计表

工况	P=0.05% Q=3983m³/s Z库=874.25m Z尾=799.71m		P=0.2% Q=3256m³/s Z库=872.46m Z尾=798.56m		P=1% Q=2788m³/s Z库=871.25m Z尾=798.45m		P=2% Q=1934m³/s Z库=871.48m Z尾=796.88m		P=5% Q=1594m³/s Z库=871.69m Z尾=796.19m		P=20% Q=894m³/s Z库=870.16m Z尾=794.47m		Q总=4918m³/s Q深=934.7m³/s Z库=874.25m Z尾=801.66m		Q总=3823m³/s Q深=926m³/s Q电=406m³/s Z尾=800.36m	
开启方式	表孔 1~3 号孔全开、深孔全关						表孔 1 号孔 e=4m，2 号孔 e=6m，3 号孔 e=8m		表孔 1 号、3 号孔 e=4m，2 号孔 e=6m		表孔 1 号孔 e=2m，2 号孔 e=4m，3 号孔 e=2m		表、深孔全开		表、深孔全开	
坝下距离/m	溅水高程/m	密集区高程/m	溅水高程/m	密集区高程/m	溅水高程/m	密集区高程/m	溅水高程/m	密集区高程/m	溅水高程/m	密集区高程/m	溅水高程/m	密集区高程/m	溅水高程/m	密集区高程/m	溅水高程/m	密集区高程/m
左岸 0+022	859.54	829.42	860.88	829.68	860.22	829.56	856.74	827.78	855.16	826.52			860.13	829.87	859.34	829.32
0+037	862.48	833.76	862.38	832.68	859.92	832.56	856.38	829.86	853.66	829.50	854.36	826.56				
0+040	869.08	839.10	867.55	837.98	865.20	837.18	858.18	833.10	855.00	831.00	856.06	828.84	863.83	834.75	862.98	832.96
0+055	873.58	841.16	873.3	839.24	871.08	838.40	867.58	834.98	861.80	833.10	857.64	830.46			867.22	838.40
0+070	871.85	838.78	871.03	836.00	868.96	835.45	865.10	834.20	861.00	831.86	860.16	832.56	871.61	842.87	870.02	837.96
0+085	868.88	833.76	868.04	832.13	865.38	831.78	859.40	831.22	857.52	829.08	859.00	830.88		838.70	871.40	834.28
0+100	864.48	829.12	863.88	827.80	858.20	827.50	855.00	827.00	854.70	824.76	856.68	827.76	871.07		869.32	832.92
0+115	856.60	823.16	855.26	823.08	854.06	823.00	850.80	822.56	849.72		854.78	819.36	864.75	832.60	856.72	827.23
0+130	854.28		852.96		850.02		848.00		846.90		849.36			828.70		
0+145	848.80		844.60		842.80		841.14		841.64						845.12	
0+160	842.50		838.20		837.00		831.82		831.00		835.00		846.89			
0+175	838.08		836.10		835.08		830.44		830.62		830.80		839.09			
0+190													829.22		836.55	

续表

坝下距离/m	P=0.05% Q=3983m³/s Z库=874.25m Z尾=799.71m 溅水高程/m	密集区高程/m	P=0.2% Q=3256m³/s Z库=872.46m Z尾=798.56m 溅水高程/m	密集区高程/m	P=1% Q=2788m³/s Z库=871.25m Z尾=798.45m 溅水高程/m	密集区高程/m	P=2% Q=1934m³/s Z库=871.48m Z尾=796.88m 溅水高程/m	密集区高程/m	P=5% Q=1594m³/s Z库=871.69m Z尾=796.19m 溅水高程/m	密集区高程/m	P=20% Q=894m³/s Z库=870.16m Z尾=794.47m 溅水高程/m	密集区高程/m	Q总=4918m³/s Q深=934.7m³/s Z库=874.25m Z尾=801.66m 溅水高程/m	密集区高程/m	Q总=3823m³/s Q深=926m³/s Q电=406m³/s Z尾=800.36m 溅水高程/m	密集区高程/m
开启方式	表孔1~3孔全开、深孔全关						表孔1号孔e=4m, 2号孔e=8m, 3号孔e=6m		表孔1号、3号孔e=4m, 2号孔e=6m		表孔1号孔e=2m, 2号孔e=4m, 3号孔e=2m		表、深孔全开		表、深孔全开	
0+022	855.48	829.92	854.24	828.56									852.47	831.43	852.48	826.92
0+037	860.88	833.16	857.96	831.36	854.16	828.12	850.58	825.24	849.34	823.61	849.34	822.78	861.18	835.89	858.16	831.60
0+040	864.12	835.14	860.80	833.88	856.44	830.76	851.18	827.08	848.72	824.26	858.06	824.52	864.47	832.77	861.34	834.08
0+070	860.88	833.94	858.68	833.64	859.28	832.68	853.98	830.42	851.04	829.20	860.16	829.74	861.07	827.60	858.96	830.00
0+085	857.78	831.30	856.38	831.00	856.88	832.57	853.42	832.08	853.14	830.10	858.00	829.68	858.49	824.80	857.28	825.70
0+100	854.75	826.86	853.68	825.98	855.20	830.70	852.10	830.54	851.26	829.26	858.68	823.74	852.23		852.00	
0+115	851.86	822.30	850.90	821.00	852.96	825.36	852.00	825.00	849.76	826.44	849.36	821.40	846.07		850.32	
0+130	849.78		848.75		849.68	820.62	847.42	820.74	846.32	821.88	839.76	819.18			845.06	824.30
0+145	845.78		844.58		847.02	819.48	840.34	816.36	840.60	820.26	833.00					
0+160	841.44		838.00		842.88		834.14		834.86		826.80					
0+175	828.30		825.24		832.28		828.36		827.00							
0+190					825.24		825.18		825.10					828.03	825.13	

右岸

漩涡影响，水舌不很稳定，引起溅水也不小，密集溅水区最高点在 0+70m 断面，右岸高程 829.74m，左岸为 832.56m；溅水最高点在 0+70m 断面，右岸高程为 860.16m，左岸为 861.26m。溅水最远点在消 0+190m，由于左岸比右岸坡陡，所以溅水高度较右岸大。

当 $Z=874.54m$ 和 $Z=872.00m$，表、深孔联合泄洪时，密集溅水区最高点在消 0+70m 断面，右岸高程分别为 835.89m、834.08m，左岸分别为 842.87m、838.4m；溅水最高点在消 0+70m 断面，右岸高程分别为 864.47m、861.34m，左岸分别为 871.61m、871.40m。

由于电厂地面厂房位于坝下 200m 左右，距水舌落点约 150m，根据试验及有关电站原型观测研究的经验，认为当大坝表孔或表、深联合泄洪时，尾水平台和进厂公路应处在暴雨或大雨区，此时溅水降雨引起的风大雨强，能见度差，行人和车辆应注意躲避。地面的主、副厂房应注意防护。

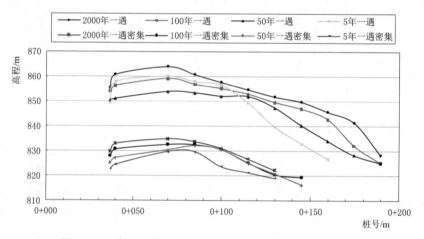

图 70.19　表孔泄洪右岸溅水最大高程及溅水密集范围曲线

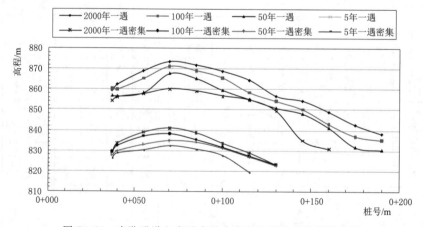

图 70.20　表孔泄洪左岸溅水最大高程及溅水密集范围曲线

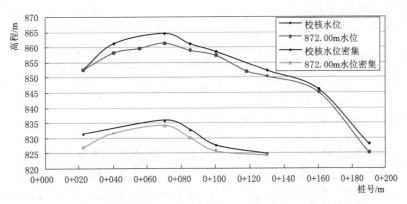

图 70.21　表、深孔联合泄洪右岸溅水最大高程及溅水密集范围曲线

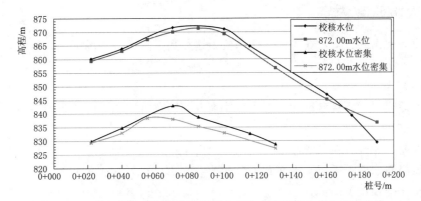

图 70.22　表、深孔联合泄洪左岸溅水最大高程及溅水密集范围曲线

70.8　模型试验主要结论

（1）本工程坝下河谷狭窄，地质条件较差，冲坑过深、距坝脚太近，冲坑两岸护坡不稳定，威胁大坝的安全。故不适合坝下游预挖冲坑护坡不护底的方案，应采用既护坡又护底的消能塘方案。

（2）推荐方案的表孔和深孔的泄流能力满足设计要求。

（3）推荐方案表孔采用差动齿坎，三孔水舌组成近似两个椭圆弧线，分区分层沿弧线均匀散开，跌落于消能塘水面上。增大了水舌入水的面积，减小了消能塘底板受力。

（4）深孔出口采用窄缝的消能形式，水舌纵向拉长，流态较好，使底板受力较小。

（5）各工况运行时，有覆盖层和砾石不同程度地淤积在电厂尾水渠内，应注意防护或采取相应的工程措施。当表孔大洪水泄洪、深孔单独运行和表深孔联合运行时，二道坝后左侧淤积较高，在消能塘内有覆盖层和砾石等淤积物，应考虑它们对二道坝表面和消能塘底板的磨蚀作用。

（6）由于山体陡峭、河谷狭窄，表孔参与泄洪时，溅水降雨的范围和强度都较大，因此从坝脚直到 0+200m 断面两岸应分区防护，消能塘内两岸山体应加强防护。应加强对左岸地面厂房、开关站的防护。泄洪时在厂前区域、进厂公路应注意行人和车辆的安全。

第71章 进水口水工模型试验

71.1 试验目的

进水口水工模型试验用于验证和指导电站引水系统进水口体形和引水明渠设计，通过试验，寻求具有良好水力学条件的合理进水口体形，在满足引水明渠流速分布均匀的条件下，确定引水明渠较经济合理的断面形式，以最大限度地减少引水明渠开挖和进水口边坡处理工程量。

71.2 试验研究内容

根据设计提出的方案，在不同水位和机组运行数量的运行工况下进行试验，针对方案存在的问题，进行必要的修改，并通过试验，确定合理的进水口体形及引水明渠断面形式。试验内容为：

（1）不改变拦污栅孔口尺寸、中边墩厚度及闸门孔口尺寸，可适当调整拦污栅与闸门井中心线的交角。

（2）调整漏斗式收缩段的布置。

（3）调整引水明渠断面及平面布置形式。

进水口水力模型见图71.1。

71.3 试验要求

通过试验给出推荐的进水口和引水明渠的布置方案，推荐方案应满足以下要求：

（1）进水口在各种运行工况下，闸室内水面平稳，各孔流量、流速分布均匀，平均过栅流速不应大于1.00m/s，流速分布不均匀系数满足规范要求（不宜大于1.5），孔内不得有反向水流。

（2）进水塔内无吸气漩涡产生，进水口段的水头损失较小。

图71.1 进水口水力模型

（3）引水明渠内水流顺畅，流速分布均匀，进水口前沿处水位与库水位应接近。

71.4 试验工况

库水位为845.00m（死水位）、859.00m和872.00m（正常蓄水位）时，分别进行一台机、二台机和三台机运行试验，共计9个工况，详见表71.1。单机引用流量为145m³/s。

表 71.1　　　　　　　　　　　　　　试验工况表

机组运行数量/台	流量/(m³/s)			试验组次/次
	水位/m			
	845.00（死水位）	859.00	872.00（正常蓄水位）	
一		145		3
二		290		3
三		435		3

71.5　试验成果

对试验过程不再详细描述，在试验过程中对结构进行了适当的调整，调整后的方案引水明渠、进水口前和进水塔内流态较好，无回流、漩涡等不良流态，仅库水位为 861.09m 和 871.03m 三台机组运行时，个别闸孔平均流速和过栅流速分布不均匀系数略大，基本满足了规范和试验任务书的要求。可以将该方案作为推荐方案，供工程采用。按试验任务书的要求，推荐方案试验将测试各工况的有关水力学参数，上述试验所作的三个工况，不再重作，有关数据一并汇总整理到推荐方案中，三个水位的进水口流态见图 71.2～图 71.4。

图 71.2　死水位运行引水明渠及进水口前流态　　图 71.3　库水位 861.09m 运行进水口前流态

水流流态及流速分布情况，各试验工况，库区水面平稳，无波动。库水位低于挡墙时，水流全部经引水明渠进入进水口，引水明渠内水流平稳、顺畅，流线与进口中心线的交角 35°左右；库水位高于挡墙时，水流直接由库区流向进水口，主流仍然位于引水明渠内，引水明渠和进水口前，无回流、漩涡等不良流态；库水位高于 869.00m，进水口左侧的水体向进水口运动过程中，在左边墩的绕流作用下，进水口上游 0−001m 断面 1 号闸孔处有一逆时针旋转的游离旋转水体，未形成稳定的漩涡，随着运行机组数量的减少，旋转水体的面积逐渐减小，一台机组运行时，水体旋转已不十分明显。进水塔内，表面水流紊乱，死水位和 871.00m 库水位时，在 1 号和 3 号闸孔侧水面各有一个较大面积的旋转水体，旋向相反，旋转水体不稳定，时大时小；其他库水位，进水塔内水面顺时针旋转，旋转水体游移不定。随机组运行数量的减少，旋转水体减小，强度减弱，各工况进水塔内均未观测到漩涡。

图 71.4　库水位 871.03m 运行进水口前流态

各运行工况，引水明渠和进水口上游的流速分布较均匀，主流均位于引水明渠底部～844.50m 高程处，流速顺水流方向逐渐增大，最大流速位于 0－001m 断面，随水位的升高、过流面积的增大，流速逐渐降低。引水明渠各断面流速，3 台机组运行时最大，随运行机组数量的减少，流速逐渐降低。进水口前 0－001m 断面，各库水位三台机组运行时流速最大，为 0.69～0.85m/s，一台机组运行时，最大流速为 0.26～0.33m/s。库水位高于 869.00m 以上，1 号闸孔前的游离旋转水体的线速度小于 0.20m/s。过栅垂向流速分布呈底大上小的梯形，下半部流速偏大，上半部偏小，但随运行机组数量的减少，发电引水流量的减小，下半部和上半部的差值亦逐渐趋于减小。各闸孔过栅流速最大值绝大部分位于距底坎上方 3.19m 处，只有个别点位于 0.56m 处，三台机组运行时各库水位垂向最大过栅流速为 1.04～1.51m/s，一台机组运行时为 0.32～0.44m/s。进水塔内旋转水体的线速度，死水位三台机组和两台机组运行时最大，分别为 0.68m/s 和 0.59m/s，位于进水口闸墩尾部，其他工况均小于 0.30m/s。

各试验工况，三个闸孔的流量分配较均匀，死水位（844.98m）时由于水流全部经引水明渠进入进水口，2 号闸孔的流量大于两侧边孔，三台机组运行时，2 号闸孔比 1 号闸孔大 16.1%，比 3 号闸孔大 6.5%；当库水位高于挡墙时，1 号闸孔流量最大，2 号闸孔、3 号闸孔依次减小；库水位为 853.98m 三台机组运行时，1 号闸孔比 2 号闸孔大 9.0%，比 3 号闸孔大 16.0%。

各运行工况水位，库区至进水口前的水面平稳，水位变化幅度较小，详见表 71.2。进水口上游 0＋008m 处的水位与库区水位基本相同，进水口前 0＋000m 处水位与库水位较接近，水位差在 0.02～0.09m。库水位为 861.09m 三台机组运行时最大为 0.09m，0＋008m 至进水口的水面坡降在 2.5‰～11.3‰。进水塔内水面平稳，无明显水位壅高或跌落。闸门井内水位稳定，未观测到明显的波动。

表 71.2　　　　　　　　推荐方案各工况引水明渠和进水塔内水位表　　　　　　　　单位：m

机组数量	库水位	0＋016m（引水明渠进口）	0＋008m（引水明渠中部）	0＋000（进水口前）	闸墩下游墩头	进水塔中心	进水塔底边墙
3	844.98	844.97	844.97	844.91	845.02	845.04	844.98
	853.98	853.97	853.97	853.96	853.93	853.92	853.92
	861.09	861.09	861.09	861.00	861.00	860.86	860.97
	869.06	869.05	869.05	869.02	869.01	869.01	869.00
	871.03	871.03	871.02	871.00	871.01	871.02	871.00

续表

机组数量	库水位	0+016m （引水明渠进口）	0+008m （引水明渠中部）	0+000 （进水口前）	闸墩 下游墩头	进水塔 中心	进水塔 底边墙
2	845.02	845.01	845.00	844.99	845.01	845.04	845.00
	853.98	853.98	853.98	853.96	853.96	853.95	853.95
	861.00	861.00	861.00	860.97	860.98	860.98	860.98
	869.02	869.02	869.02	868.98	869.01	868.98	868.98
	871.02	871.02	871.00	870.99	870.97	870.95	870.94
1	845.03	845.03	845.03	845.00	845.05	845.02	845.03
	861.08	861.08	861.08	861.06	861.06	861.05	861.05
	871.02	871.02	871.00	871.00	871.02	871.00	871.03

拦污栅断面的平均流速，除三台机组运行库水位为 853.98m 和 861.09m 时个别闸孔略大于 1.00m/s 外，其余均小于 1.00m/s，基本满足试验要求。各闸孔过栅流速，三台机组运行时最大，为 1.04～1.51m/s。过栅流速分布不均匀系数在 1.19～1.53 之间，除三台机组运行，库水位为 853.98m，详见表 71.3。

表 71.3　　　　　　　推荐方案各工况过栅最大流速和流速分布不均匀系数表

机组运行数量	库水位 /m	闸孔	最大流速 /(m/s)	距进水口底坎高度 /m	平均流速 /(m/s)	流速分布 不均匀系数
3	844.98	1号	1.04	0.56（右垂线）	0.78	1.33
		2号	1.19	5.82（左垂线）	0.93	1.28
		3号	1.19	3.19（左垂线）	0.87	1.37
	853.98	1号	1.33	3.19（左垂线）	1.00	1.33
		2号	1.30	3.19（左垂线）	0.91	1.43
		3号	1.27	3.19（左垂线）	0.84	1.51
	861.09	1号	1.51	3.19（左垂线）	1.06	1.42
		2号	1.42	3.19（左垂线）	0.93	1.53
		3号	1.34	3.19（左垂线）	0.93	1.44
	869.06	1号	1.33	3.19（左垂线）	0.91	1.46
		2号	1.21	0.56（左垂线）	0.81	1.49
		3号	1.09	3.19（左垂线）	0.80	1.36
	871.03	1号	1.25	0.56～3.19（左垂线）	0.85	1.47
		2号	1.27	0.56（左垂线）	0.83	1.53
		3号	1.14	3.19（左垂线）	0.77	1.48

机组运行数量	库水位/m	闸孔	最大流速/(m/s)	距进水口底坎高度 Δ/m	平均流速/(m/s)	流速分布不均匀系数
2	845.02	1 号	0.63	5.82（中垂线）	0.53	1.19
		2 号	0.77	5.82（左垂线）	0.61	1.26
		3 号	0.73	3.19～8.45（左垂线）	0.57	1.28
	853.98	1 号	0.84	3.19（左垂线）	0.67	1.25
		2 号	0.84	3.19（左垂线）	0.59	1.42
		3 号	0.80	0.56（左垂线）	0.57	1.40
	861.00	1 号	1.00	3.19（左垂线）	0.71	1.41
		2 号	0.90	3.19（左垂线）	0.64	1.40
		3 号	0.78	3.19（右垂线）	0.62	1.26
	869.02	1 号	0.88	0.56（中垂线）	0.65	1.35
		2 号	0.81	3.19（左垂线）	0.58	1.40
		3 号	0.70	0.56（左垂线）	0.52	1.35
	871.02	1 号	0.86	3.19（左垂线）	0.61	1.41
		2 号	0.78	3.19～5.82（左垂线）	0.55	1.42
		3 号	0.72	0.56（左垂线）	0.53	1.36
1	845.03	1 号	0.32	5.82～8.45（中垂线）	0.26	1.23
		2 号	0.38	3.19（中垂线）	0.30	1.27
		3 号	0.37	3.19（左垂线）	0.29	1.28
	861.08	1 号	0.42	0.56～3.19（中垂线）	0.33	1.27
		2 号	0.44	0.56（左垂线）	0.32	1.38
		3 号	0.42	3.19（左垂线）	0.32	1.31
	871.02	1 号	0.36	8.45（左垂线）	0.29	1.24
		2 号	0.41	3.19（左垂线）	0.30	1.37
		3 号	0.36	3.19（左垂线）	0.28	1.29

3 号闸孔不均匀系数为 1.51，库水位为 861.09m 和 871.03m，2 号闸孔均为 1.53 外，其余工况各闸孔的过栅流速分布不均匀系数均小于 1.5，基本上满足规范"不宜大于 1.5"的要求。

进水口段的水头损失，试验测试了三台机组运行时，进水口至闸门井段的水头损失，并计算出水头损失系数。三台机组运行进水口段的水头损失在 0.64～1.10m，库水位为 861.09m 时最大，达 1.10m，这是因为此水位发电引水流量最大（$Q=409.5\text{m}^3/\text{s}$），详见表 71.4。由表可见，进水口段的水头损失系数随库水位的升高而增大，库水位为 844.98m 时水头损失系数为 0.89，库水位为 871.02m 时，增大到 1.28。水头损失系数随库水位变化的原因，是水流经过胸墙进入进水塔，相当于经管路流入明渠的出水口，而流入明渠的出水口水头损失系数与明渠的过水面积有关，若矩形断面，就只与水位有关，水位越高水头损失系数越大。

对于本进水口，由于库水位与进水塔内水位接近，因此库水位一定，水头损失系数就是常数，利用表 71.4 的水头损失系数，可以近似地计算出各库水位一台机组和二台机组运行时，进水口至闸门井段的水头损失，供机组运行时参考，见表 71.5。

表 71.4　　　　　　　　推荐方案三台机组运行进水口至闸门井段水头损失表

库水位 /m	进水口前水位 H_1/m	闸门井水位 H_2/m	水头损失 ΔH/m	闸门井平均流速 v/(m/s)	水头损失系数 ξ
844.98	844.91	844.27	0.64	3.75	0.89
853.98	853.96	853.06	0.90	4.13	1.04
861.09	861.00	859.90	1.10	4.33	1.15
869.06	869.02	868.08	0.94	3.84	1.25
871.03	871.00	870.08	0.92	3.75	1.28

表 71.5　　　　　推荐方案一台、二台机组运行进水口至闸门井段的水头损失表　　　　　单位：m

库水位	水头损失		库水位	水头损失	
	一台机组	二台机组		一台机组	二台机组
845.00	0.28	0.07	869.00	0.42	0.10
854.00	0.40	0.10	871.00	0.41	0.10
861.00	0.49	0.12			

通过试验可知，推荐方案基本满足规范的要求，可以在工程中应用。

参 考 文 献

［1］ 龙江水电站枢纽工程可行性研究修改补充报告（综合说明）［R］. 长春：中水东北勘测设计研究
有限责任公司，2006.

［2］ 龙江水电站枢纽工程可行性研究修改补充报告（水文）［R］. 长春：中水东北勘测设计研究有限
责任公司，2006.

［3］ 龙江水电站枢纽工程可行性研究修改补充报告（工程地质）［R］. 长春：中水东北勘测设计研究
有限责任公司，2006.

［4］ 龙江水电站枢纽工程可行性研究修改补充报告（工程任务和规模）［R］. 长春：中水东北勘测设
计研究有限责任公司，2006.

［5］ 龙江水电站枢纽工程可行性研究修改补充报告（工程布置及建筑物）［R］. 长春：中水东北勘测
设计研究有限责任公司，2006.

［6］ 龙江水电站枢纽工程可行性研究修改补充报告（水力机械、电工、金属结构及通风空调）［R］. 长
春：中水东北勘测设计研究有限责任公司，2006.

［7］ 龙江水电站枢纽工程可行性研究修改补充报告（消防设计）［R］. 长春：中水东北勘测设计研究
有限责任公司，2006.

［8］ 龙江水电站枢纽工程可行性研究修改补充报告（施工组织设计）［R］. 长春：中水东北勘测设计
研究有限责任公司，2006.

［9］ 龙江水电站枢纽工程可行性研究修改补充报告（水库淹没处理及工程占地）［R］. 长春：中水东
北勘测设计研究有限责任公司，2006.

［10］ 龙江水电站枢纽工程可行性研究报告（水土保持设计）［R］. 长春：中水东北勘测设计研究有限
责任公司，2006.

［11］ 龙江水电站枢纽工程可行性研究报告（工程管理设计）［R］. 长春：中水东北勘测设计研究有限
责任公司，2006.

［12］ 龙江水电站枢纽工程可行性研究报告（劳动安全与工业卫生）［R］. 长春：中水东北勘测设计研
究有限责任公司，2006.

［13］ 龙江水电站枢纽工程可行性研究修改补充报告（环境保护设计）［R］. 长春：中水东北勘测设计
研究有限责任公司，2006.

［14］ 龙江水电站枢纽工程可行性研究修改补充报告（设计概算）［R］. 长春：中水东北勘测设计研究
有限责任公司，2006.

［15］ 龙江水电站枢纽工程可行性研究修改补充报告（经济评价）［R］. 长春：中水东北勘测设计研究
有限责任公司，2006.

［16］ 龙江水电站竣工验收技术鉴定（工程设计竣工验收报告）［R］. 长春：中水东北勘测设计研究有
限责任公司，2012.